다윈
컬러판 종의 기원
송철용 옮김

잡지에 실린 풍자 삽화 "인간은 지렁이에서 시작되었다."

동서문화사

우리 선조는 공룡이 었대! 그래서 발에 비늘이 있는 거야.

문득 걸음을 멈추고 곤충을 관찰하거나 꽃을 들여다보거나 새소리에 귀를 기울여 본 적이 있는가?

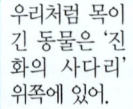

우리처럼 목이 긴 동물은 '진화의 사다리' 위쪽에 있어.

어째서 모든 생물은 자신이 사는 환경에 잘 적응하고 있는 걸까?

진화론은 허점투성이인 엉터리 이론이라고 생각하는 사람들이 아직도 있단 말이지!

이 세상에 얼마나 많은 종류의 동물과 식물이 존재하는지 생각해 본 적이 있는가?

인류는 오랜 옛날부터 같은 의문을 품고 있었다. 그중에서도 가장 큰 수수께끼는 바로 이것이다.

"이토록 다종다양한 생물이 대체 어떻게 생겨난 걸까?"

 # 진화론의 역사적 배경

창조설

일렁이는 모닥불 빛을 받으면서 옛날 사람들은 동식물과 인간이 어떤 식으로 생겨났는지 설명하려고 했다. 그리하여 생명이 유일신 또는 복수의 신들이나 정령에 의해 창조되었다는 온갖 창조설이 세계 각지에서 탄생하게 되었다. 이러한 이야기들은 수세기에 걸쳐 전승되었다.

그리스 신화

고대 그리스 신화에서 강의 정령 다프네는 그녀를 사랑하는 아폴론 신에게 쫓겨 달아난다. 다프네가 대지의 여신 가이아에게 도움을 청하자, 여신은 다프네를 월계수로 만들어 주었다. 이리하여 월계수가 이 세상에 탄생했다.

월계수로
변신하는
다프네

천지창조 신화

구약성서 제1서 〈창세기〉를 보면 하느님이 세상 만물을 6일 동안 창조하셨다고 적혀 있다. 모든 종은 저마다 특정한 목적에 어울리는 완전한 형태로 만들어졌다. 하느님과 비슷한 형태로 창조된 아담과 이브는 일반 동물과는 달리 중요한 역할을 맡게 되었다. 서유럽에서는 이 천지창조 신화가 오랫동안 뿌리내리고 있었으므로 진화론이 빛을 보기 힘들었다.

〈□지를 창조하는 하느님〉라파엘로 작

창조신 브라마

힌두교 신화에 의하면, 어둡고 광대한 바다에서 연꽃 위에 앉아 있던 창조신 브라마가 연꽃을 이용해 세계와 모든 생물을 창조했다고 한다. 브라마는 식물에게는 감정을 주고, 동물에게는 촉각·후각·시각·청각·이동력을 주었다.

진화론의 서장

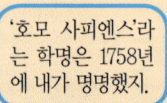

확실한 증거를 제시할 수 없었어.

'호모 사피엔스'라는 학명은 1758년에 내가 명명했지.

생물분류법 탄생

스웨덴 박물학자 칼 폰 린네는 '하느님이 창조하신 만물의 신비로운 질서'를 밝히기 위해, 온갖 생물 종류를 다섯 가지 계층—계, 강, 목, 속, 종—으로 구별하는 방법을 고안했다. 또 라틴어로 표기하는 속명과 종명을 합쳐서 각 종에 이름을 붙였다. 이는 '라틴어 2명법'이라고 불리며, 오늘날에도 보통 '학명'으로 널리 알려져 있다. 인류의 학명은 '지혜로운 사람'을 뜻하는 호모 사피엔스이다.

칼 린네
(1707~1778)

1735

1749

종 H.sapiens
학명 Homo sapiens

속
Homo (인간속)

원숭이도 '영장목'에 속하지!

과
Hominidae (인간과)

목
Primates (영장목)

'문'보다 더 큰 분류가 '계'야.

강
Mammalia (포유강)

문
Chordate (척추동물문)

조르주-루이 르클레르
(1707~1788)

뷔퐁의 자연법칙

흔히 뷔퐁 백작으로 알려져 있는 프랑스 박물학자 조르주 루이 르클레르 드 뷔퐁은 1749년부터 1778년에 걸쳐 서른여섯 권이나 되는 박물지를 출판했다. 이 책에서 뷔퐁은 이렇게 주장했다. "모든 생물은 환경의 자연법칙이나 우연에 의해, 단일한 선조로부터 여러 형태로 변화해 온 것이다." 이 주장은 엄청난 논쟁을 불러일으켰다. 성서 《창세기》에 반하는 것으로서 신에 대한 모독이라고 여겨졌기 때문이다. 또한 이 가설은 과학적으로 증명되지 않았으므로 뷔퐁은 뒷날 자신의 의견을 철회할 수밖에 없었다.

18세기 식물학자와 박물학자들은 열심히 식물을 관찰하고 분류했으며, 척추동물 및 무척추동물을 연구했다. 그 결과 사람들은 "하느님이 이 세상 모든 종을 창조하셨다"는 그 시대의 기정사실에 의문을 품기 시작했다. "종은 변화하는지도 모른다"는 가설이 나오기 시작하면서 격렬한 논쟁이 벌어졌다.

라마르크의 진화론 공표

뷔퐁의 제자 장 바티스트 라마르크는 처음으로 확신을 가지고 진화론을 공표한 인물이다.

라마르크는 이렇게 주장했다. "생물은 두 가지 힘이 서로 줄다리기하는 가운데 변화한다." 이 두 가지 힘과 관련된 변화는 '신경유동체'에 의해 일어난다. 즉 행동 및 변화를 담당하는 유동체가 몸속에서 흘러다닌다는 것이다.

이를테면 달팽이의 선조에게는 촉각이 없었다. 그런데 시력이 약한 달팽이가 나아갈 방향을 열심히 찾는 동안, '신경유동체'나 그밖에 체내에 존재하는 유동체가 대량으로 머리 쪽으로 흘러가서 촉각이 생겨났다는 것이다.

드디어 촉각이 생겼어!

장 바티스트 라마르크 (1744~1829)

1809

그러나 라마르크의 이 획득한 형질이 유는 처음부터 튼튼한 생각은 다른 연구자들에게 쉽게 논파되었다. 생물 전된다는 그의 학설이 옳다면, 역도 선수의 아이 근육질로 태어날 테니까.

라마르크의 진화 법칙

첫 번째 힘 : 라마르크는 모든 생물이 단순한 형태에서 보다 복잡하고 완전한 형태로 점점 진화했다고 주장했다. 또 인간은 이 진화 과정에서 완성의 경지에 다다라 있다고 생각했다. 그렇다면 단순한 생물은 어디서 생겨났을까? 라마르크는 단순한 생물이 축축한 볏짚 같은 물질에서 점진적으로 '자연발생'한다고 주장했다(그러나 뒷날 프랑스 세균학자 파스퇴르가 다양한 실험을 통해 '생물은 자연발생하지 않는다'는 사실을 증명했다).

두 번째 힘 : 라마르크의 주장에 따르면 동물들은 평생 동안 환경에 적응하기 위해 신체 기관을 변화시킨다. 그 유리한 변화는 자식에게 유전된다. 이러한 변화는 두 종류로 나뉜다. 기관이 사용되면서 발달하는 변화와, 사용되지 않으면서 퇴화하는 변화이다. 이를테면 라마르크는 기린이 높은 곳에 있는 잎사귀를 먹으려고 하다가 점점 목이 길어졌다고 생각했다.

화석의 수수께끼

먼 옛날부터 화석 발견은 사람들의 흥미를 불러일으켰다. 그 정체는 수수께끼였다. 화석에 신비한 힘이 있다고 생각한 사람들도 있었다. 그러다가 화석의 정체가 죽은 생물임이 밝혀지자, 이번에는 수많은 해양생물의 화석이 왜 산꼭대기에서 발견되느냐는 의문이 생겼다. 이에 대해 사람들은 성서에 나오는 대홍수 때문이라고 했다. 그런데 현재는 존재하지 않는 생물의 화석이 잇따라 발견되자 의문은 더욱 심해졌다.

홍수설

성서에 따른 홍수설이란, 40일 동안 밤낮으로 퍼부은 비 때문에 대홍수가 일어나 지구의 지형이 변했다는 설이다. 세상이 대홍수의 위험에 빠졌을 때, 노아가 모든 생물의 암수 한 쌍씩을 방주에 태웠는데 그때 타지 못한 생물들은 홍수에 휩쓸려 모두 멸종했다고 한다. 화석은 이때 물에 빠져 죽은 생물로 여겨졌다. 대홍수로 인해 해수면이 상승하여 해양생물의 사체가 산꼭대기까지 운반되었고, 그 뒤 해수면만 낮아졌다는 것이다. 홍수설은 18세기 말까지 일반적으로 널리 퍼져 있었다.

1817

모사사우루스 이빨 화석

거대한 생물 화석

1700년대에 해양 파충류 모사사우루스를 비롯한 거대 생물의 화석이 차례차례 발견되었다. 노아가 모든 동물을 구했다면 모사사우루스도 지금까지 살아 있어야 했다. 그러나 이 생물을 본 사람은 아무도 없었다. 지금도 어딘가에 살아 있다면, 아무리 외진 미개지에 살고 있더라도 그토록 커다란 생물이 이제껏 발견되지 않았을 리 없다.

절멸설

프랑스 박물학자 조르주 퀴비에는 파리 근교에서 발견된 화석을 신중하게 조사했다. 그 결과 지구의 나이는 그 시대 통념과는 달리 6천 년이 훨씬 넘는다는 사실이 밝혀졌다. 또한 퀴비에는 화석 생물 가운데 이제는 존재하지 않는 생물도 있다는 사실을 알아내고 '절멸설'을 주장하게 되었다.

천변지이설

퀴비에는 화석과 박물학을 연구한 결과, 지구의 지형은 지금까지 몇 번이나 발생한 홍수와 지진과 기후 변화 등 천재지변에 의해 크게 변화했다는 학설을 내놓았다. 그중 가장 최근에 일어난 것이 노아의 대홍수라는 것이다. 또 천재지변이 일어날 때마다 생물 종족 대부분이 죽었고, 얼마 안 남은 생존자가 그 뒤 번식해서 번성하게 됐다고 생각했다.

조르주 퀴비에
(1769~1832)

퀴비에의 이론은 잘못되었어! 세라피스 신전 기둥을 보면 바다 속에 잠겨 있었던 흔적이 있어. 이것은 지난 2천 년 동안 한 번은 지면이 해수면보다 낮아졌다가 다시 높아졌음을 의미하는 거야.

지형 변화

영국 지질학자 찰스 라이엘은 퀴비에의 천변지이설과 정반대되는 의견을 내놓았다. 그는 암석과 지층을 주목하여, 지구 지형은 천천히 변화했으며 지금도 계속 변하는 중이라고 주장했다. 그의 저서 《지질학 원리》 첫머리에는 이 가설을 증명해 주는 세라피스 신전 유적 삽화가 실려 있다.

찰스 라이엘
(1797~1875)

세라피스 신전 유적

1830

1831

운명의 여행

1831년 영국의 젊은 박물학자 찰스 다윈은 모국 해군 측량선 비글호를 타고 5년에 걸친 세계 여행을 떠났다. 이 배에서 라이엘의 《지질학 원리》를 읽은 다윈은 항해 도중에 암석층을 관찰하거나 지진을 경험하거나 하면서, '지형은 천천히 변화한다'는 라이엘의 가설이 옳다고 확신하게 되었다.

거대 생물 복원

파리자연사박물관에서 일하던 퀴비에는 화석 뼛조각 몇 개를 바탕으로 생물 전체를 복원하는 기술로 유명해졌다. 그가 복원한 생물 중에서도 가장 유명한 것은 코끼리처럼 생긴 마스토돈이다. 퀴비에는 놀랄 만큼 정확하게 고대 생물을 복원했다.

대혁명!

5년에 걸친 항해를 마치고 돌아온 다윈은 채집해 온 화석 같은 자료들을 정리하기 시작했다. 이 과정에서 '혹시 생명은 진화하는 게 아닐까' 하는 생각이 떠올랐다. 그러나 이 가설을 과학적으로 설명하지 않으면 라마르크나 다른 사람들과 마찬가지로 비판만 받을 것이 뻔했다. 그래서 그는 다양한 연구와 실험을 했다. 귀국한 지 20년 이상 지났을 때 그는 마침내 '자연선택설'을 발표했다. 다윈의 주장은 과학계에 돌풍을 일으켰다.

다윈의 진화론

자연선택설에는 세 가지 중심 개념이 존재한다.

① 변이

같은 종이라도 각 개체는 서로 다른 성질을 지니고 있다. 즉 변이 현상이 나타난다. 또 세상에 태어난 모든 개체들이 무사히 살아남아 성장할 수 있는 것은 아니다.

나는 다른 토끼들보다 귀가 크고 털이 많아. 그래서 귀가 밝고 추위에도 잘 견디지.

1859   **1860**

《종의 기원》 출판!

1859년 《종의 기원》이 마침내 출판됐다. 이 책을 가리켜 다윈은 '자연선택이라는 과정을 통해 생물이 진화해 온 내력을 정리해 놓은 것'이라고 설명했다. 그는 더 자세한 내용을 책으로 써 내려고 했지만, 이 책은 결국 완성되지 못했다.

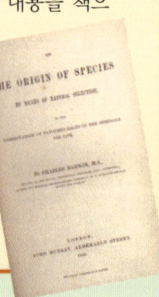

월버포스

헉슬리

엄청난 반향!

《종의 기원》이 출판된 지 7개월 두 영국 옥스퍼드 대학 박물관에서 저다한 과학자들과 철학자들이 다윈의 진화론에 관해 토론을 벌였다.

"찬성!"

영국 생물학자 토머스 헉슬리가 다윈을 강력하게 지지했다.

"반대!"

그리스도교 대표자 월버포스 주교가 진화론을 심하게 비판했다. 이 토론회는 대혼란을 일으킨 채 끝나 버렸다고 한다.

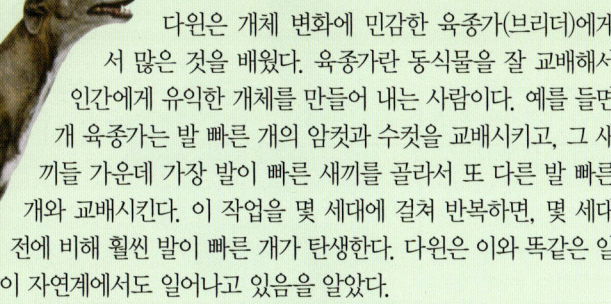

그레이하운드는 육종가(育種家)에 의해
시력이 뛰어나고 발이 빠른 종이 되었다.

인간의 선택

다윈은 개체 변화에 민감한 육종가(브리더)에게
서 많은 것을 배웠다. 육종가란 동식물을 잘 교배해서
인간에게 유익한 개체를 만들어 내는 사람이다. 예를 들면
개 육종가는 발 빠른 개의 암컷과 수컷을 교배시키고, 그 새
끼들 가운데 가장 발이 빠른 새끼를 골라서 또 다른 발 빠른
개와 교배시킨다. 이 작업을 몇 세대에 걸쳐 반복하면, 몇 세대
전에 비해 훨씬 발이 빠른 개가 탄생한다. 다윈은 이와 똑같은 일
이 자연계에서도 일어나고 있음을 알았다.

② 생존경쟁

많은 개체들이 생존경쟁을 펼
치는 와중에, 환경에 보다 잘 적
응한 변이 성질을 지닌 개체는
그렇지 않은 개체보다 무사히
살아남아 자손을 남길 가능성
이 더 크다.

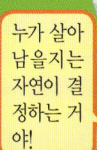

누가 살아
남을지는
자연이 결
정하는 거
야!

③ 유전

유리한 변이 성질을 지닌 개체가 살아남
으면 그 변이는 자손에게 유전된다. 그 자
손에게도 다시금 비슷한 변이가 발생한다.
이것이 몇 세대에 걸쳐 반복되면, 종 전체
에 뚜렷한 변화 및 적응 현상이 나타나게
된다. 이리하여 새로운 종이 탄생한다.

1871   **1872**   **1880**

다윈의 책이 차례
차례 출판되다

다윈은 자연선택 방식에 대한 자
신의 생각을 다양한 생물에 적용
시킨 책을 연달아 출판했다.
《인류의 유래와 성선택》에서 다윈
은 인류와 원
숭이의 조상
이 같다고
주장했다.

《인간과 동물의 감정 표현에 대하
여》에서 다윈은 동물과 인간의 감
정 표현법 사이에 관련성이 있음
을 밝혔다. 이를 계기로 과학자들
은 동물 행동에 커다란 관심을 보
이게 되었다.

그 시대 사람들은 식물이 움직
이지 않는다고 생각했다. 그런데
《식물의 운동력》에서 다윈은 덩
굴식물 등을 자세히 연구하여,
갖가지 식물의 모든 부분은 생장
하는 한 운동한다는 것을 밝혀
냈다.

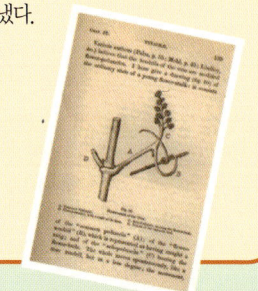

생명의 역사

지구 나이는 약 45억 년이라고 한다. 초기 구는 유독가스에 둘러싸인 뜨거운 바윗덩어였다. 그러다가 지표면의 다양한 화학물질 바다로 흘러들면서 생명이 탄생하게 된다. 학물질이 서로 반응하여 분자를 만들었고, 중 어떤 분자는 자기를 복제하기 시작했다. 금씩 차이가 나는 온갖 분자들 가운데 '핵'이라는 분자가 더 많이 자기를 복제해서 전 증식했다. 이때부터 이미 자연선택이 시작되던 것이다.

지구가 형성되자 화산에서 여러 가지 기체가 밖으로 분출되었다. 그중 하나인 수증기가 비로 변해 지상으로 내려와 바다를 만들었다. 이때 지구는 무척 뜨거웠고 산소도 없었다.

생명의 분출구

해저 분출구 주변에서 최초의 생명이 탄생했다는 설. 지구 중심에 있는 뜨거운 화학물질이 이런 분출구를 통해 밖으로 나와서 서로 결합하여 커다란 분자를 만들었다고 추측된다.

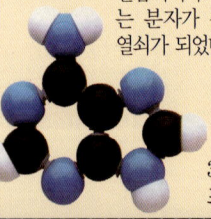

결합하거나 복제할 수 있는 분자가 생명 탄생의 열쇠가 되었다.

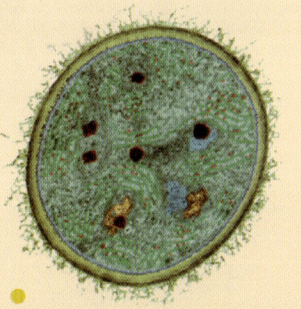

오스트레일리아에 현존하는 스트로마톨라이트

38억 년 전, 단세포 세균이 탄생

남조류가 지구의 유독한 바다에서 산소를 만들어 냈다.

32억 년 전, 대기 중에 산소가 증가했다.

40억 년 전　　　　**36억 년 전**　　　**32억 년 전**

세포

효율적인 복제 구조는 복잡한 화학물질 DNA로 진화했다. 이번에는 그 DNA를 감싸서 바깥 환경으로부터 지키는 보호막이 형성됐다. 이것이 세포로 진화하면서 단세포 세균(박테리아)에 가까운 단순한 생물이 탄생했다.

산소를 늘려라

유독한 바다가 생물이 살 만한 환경으로 바뀌게 된 첫 번째 계기는 바로 남조류(시아노박테리아)의 등장이었다. 남조류는 태양 에너지를 이용해 광합성을 함으로써, 이산화탄소와 물로부터 탄수화물과 산소를 만들어 냈다.

스트로마톨라이트

스트로마톨라이트란 남조류가 모래와 섞여 퇴적함으로써 생성된 바위이다. 남조류가 만들어 낸 산소는 대기 속에서 자외선과 반응하여 지구 상공에 오존층을 형성했다. 오존층은 생물에게 유해한 자외선을 흡수한다.

최초의 동물

초기 다세포동물들의 흔적은 오스트레일리아 에디아카라 화석군에서 발견된다. 그중 상당수는 말미잘처럼 단단한 골격이 없는 동물이었는데, 이를 통해 이 시대에 이미 생물이 다양하게 진화하고 있었음을 알 수 있다.

지의류는 조류와 균류가 공생하여 하나가 된 생물이다.

생동물

생생물이란 핵을 단세포·다세포로, 모든 동물·식균류의 조상이다.

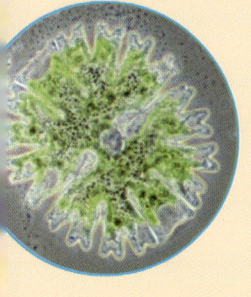

에디아카라에서 발견된 이 화석은 해파리의 선조라고 짐작된다.

내 이름은 할루키게니아. 많은 다리와 가시와 긴 몸뚱이가 특징이지.

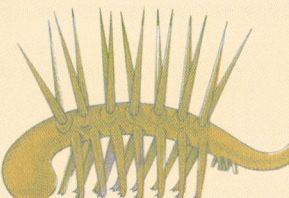

쾅! 캄브리아 폭발

지의류

지의류는 처음으로 육지에 정착한 복잡한 생물이다. 이 생물은 대기 속에서 대량의 이산화탄소를 흡수하고 산소를 뱉었다. 이리하여 이산화탄소 양이 줄자 기온이 내려갔다. 이것이 일련의 빙하기를 초래한 원인 가운데 하나로 추정된다. 또한 산소량이 증가함으로써 초기 동물들은 보다 크고 복잡한 형태로 진화할 수 있게 되었다.

다윈은 캄브리아기 초기에 갑자기 새로운 생물 화석이 많이 출현했다는 사실에 깜짝 놀랐다. 이러한 생물 대폭발의 원인은 산소량이 급속히 증가했거나, 생물이 서식할 수 있는 장소가 많이 생겨났기 때문인 듯하다.

18억 년 전, 최초의 복잡한 생물(원생생물)이 탄생

6억 3천5백만 년 전, 마지막 눈덩이 지구 시대가 끝났다.

18억 년 전　　7억 년 전　　6.3억 년 전　　5.42억 년 전

13억 년 전, 최초의 균류가 탄생했다.

눈덩이 지구

초기 지구는 여러 번 눈덩이가 된 적이 있다. 지구가 두꺼운 얼음으로 뒤덮이자 수많은 생물이 죽었다. 그러나 추위에 강한 단백질을 지닌 일부 조류, 세균류, 균류는 이 혹독한 빙하기에도 살아남았다.

약육강식

캄브리아기 초기에 진화한 동물들은 그들이 서로 포식했음을 보여 주는 특징을 갖고 있다. '먹느냐, 먹히느냐' 이 냉혹한 세계가 이빨, 다리, 소화기관, 가시, 단단한 껍질 등을 진화시킨 것이리라.

캄브리아기

5억 4천2백만 ~ 4억 8천8백만 년 전

캄브리아기는 생물이 본격적으로 다양해지기 시작한 시대. 육지는 지금보다 훨씬 적었으며 적도 근처에 모여 있었다. 대기 중에는 아직 산소가 부족했으므로 대부분의 생물들은 바다 속에서 생활했다. 해면류, 설사봉물, 언체봉물, 조초생물(造礁生物)이 크게 번성했다. 그중에서도 가장 먼저 등장한 것은 단단한 껍질을 가진 무척추동물, 삼엽충류였다. 캄브리아기 생물은 대개 오늘날 생물에서는 찾아볼 수 없는 기묘한 겉모습과 특징을 가지고 있었다. 이 시대에는 아직 육상식물이 출현하지 않았다.

삼엽충류는 약 3억 년에 걸쳐 바다를 주름잡았다. 그들은 먹이를 찾는 독특한 눈을 가지고 있었다.

오르도비스기

4억 8천8백만 ~ 4억 4천3백만 년 전

오르도비스기에 접어들자 대륙이 동시에 이동하기 시작. 그중 일부는 남극에 도달하여 얼음으로 뒤덮였다. 최초의 산호류, 달팽이, 이매패, 오징어와 비슷한 동물이 등장했다. 해저에서는 해백합류라는 식물 비슷한 생물이 번성했고, 그 사이로 단단한 겉껍질을 지닌 턱 없는 물고기가 헤엄쳐 다녔다. 또 일부 절지동물이 육지에 오르기 시작했다.

해백합류는 불가사리나 갯고사리와 마찬가지로 극피동물의 일종이다.

실루리아기

4억 4천3백만 ~ 4억 1천6백만 년 전

실루리아기가 되자 오르도비스기 후기에 생겼던 얼음이 녹아 해수면이 상승. 이때 많은 종이 멸종했지만 어떤 종은 무사히 살아남아 번성했다. 턱 없는 물고기도 그중 하나다. 이 물고기는 담수에서 크게 번성했다. 이 시대에 턱 있는 물고기가 최초로 나타났다. 해저에서는 길이가 2m 가까이 되는 바다선살이 헤엄쳐 다녔고, 산호가 산호초를 이루었다. 또한 이 시대에 최초의 육상식물이 등장했다.

최초의 육상식물은 현재의 솔이끼와 비슷하게 생겼고, 원시적인 뿌리를 갖고 있었다.

5.42억 년 전　　　**4.88억 년 전**　　　**4.43억 년 전**

캄브리아기 바다 속에는 완족동물이 많이 있었다. 지금도 개맛 같은 생물이 남아 있긴 하지만, 그 종류는 매우 적다.

해고류(海果類) 동물

이 기묘하게 생긴 생물은 인간을 비롯한 모든 척추동물의 선조라고 여겨진다.

초기 물고기는 턱이 없었다. 일부 물고기는 머리를 방패 같은 골판으로 보호하고 있었다. 또 근육을 하는 골격도 가지고 있었다.

데본기

4억 1천6백만 ~ 3억 5천9백만 년 전

데본기 호수에는 많은 종류의 물고기가 살고 있었다. 원시적인 상어가 번성했고, 뼈와 지느러미를 가진 물고기가 새로이 등장했다. 연체동물 암모나이트가 나타났으며 삼엽충은 점점 사라져 갔다.

데본기 후기에는 지느러미 있는 물고기들이 지느러미를 써서 육지에 올라와 최초의 네발짐승이 되었다. 한편 육지식물도 점점 다양해지면서 날개 없는 곤충들에게 보금자리를 제공해 주었다.

석탄기

3억 5천9백만 ~ 2억 9천9백만 년 전

석탄기에는 바다 근처 습지에서 원시적인 거목들이 자라나 커다란 숲을 형성했다. 네발동물은 육지를 걷기 시작하더니 양서류로 진화했다. 곤충은 날개가 생겨 날아다닐 수 있게 되었다. 연체동물, 산호, 해백합류 등 해양생물은 더없이 번성했다. 상어도 수가 늘었고 종류도 다양해졌다. 석탄기 후기에는 최초의 파충류가 나타나 육지에서 알을 낳기 시작했다.

페름기

2억 9천9백만 ~ 2억 5천1백만 년 전

이 시대에는 거의 모든 대륙이 합체해서 '판게아'라는 거대한 대륙을 이루었다. 이러한 변화 때문에 얕은 바다가 줄어들어 많은 해양생물이 멸종했다. 또 내륙은 거대한 사막으로 변했다. 한편 종자식물(침엽수)과 이끼가 등장했다. 양서류와 파충류는 종류가 다양해졌다. 뒷날 공룡이나 포유류가 될 종도 나타났다.

규화목
(나무 화석)

이것은 나에게는 작은 한 걸음이지만, 진화 전체로 본다면 매우 커다란 비약이야!

석탄은 어떻게 생겨났을까? 낙엽과 나무는 진흙으로 뒤덮인 채 오랫동안 압축되어 석탄층을 형성했다. 즉 석탄은 식물 화석이다.

디메트로돈은 포유류와 닮은 파충류이다. 날카로운 이빨로 보건대 육식동물이었음을 알 수 있다.

4.16억 년 전

3.59억 년 전

2.99억 년 전

신선한 공기를 마시고 싶어……

데본기에는 폐와 아가미가 진화된 지느러미 어류인 '폐어'가 출현했다. 이 물고기들은 수면에서 산소를 흡수할 수 있었다.

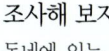

조사해 보자!

동네에 있는 암석을 살펴보고, 그 암석이 어느 지질시대에 속하는지 조사해 보자(박물관의 도움을 받아도 좋다). 그다음에는 그 시대 화석이 무엇인지 조사하고, 지금 내가 살고 있는 장소에 존재했던 동물과 식물을 그림으로 그려 보자.

실러캔스는 4억 년 전에 출현하여 백악기 후기에 멸종했다고 여겨진 어류였는데, 1938년 현생종이 발견되자, '살아 있는 화석'으로 큰 화제를 불러일으켰다. 이 원시 어류는 양서류 형태와 닮았다.

트라이아스기

2억 5천1백만 ~ 1억 9천9백만 년 전

트라이아스기에는 온난하고 건조한 기후 덕분에 육지에서 파충류가 번성. 하늘을 나는 익룡이나 바다를 헤엄치는 어룡 같은 파충류도 출현했다. 강가에는 초기 악어와 거북이 서식하고 있었다. 바다에서는 암모나이트가 번성했으며, 최초의 불가사리와 성게가 등장했다. 식물계를 보자면 석탄이 되던 거목들 대신에 침엽수, 은행나무, 소철, 양치식물이 크게 번성했다. 이때 꽃을 피우는 속씨식물이 최초로 출현했다. 트라이아스기가 끝날 무렵에는 많은 생물이 멸종했지만, 야행성 소형 포유류 일부는 살아남았다.

소철류는 트라이아스기에 번성했던 식물이다.

쥐라기

1억 9천9백만 ~ 1억 4천5백만 년 전

쥐라기는 공룡 시대로 유명. 소철이나 양치식물을 먹는 초식 용각류도 있었고, 이런 공룡을 잡아먹는 거대한 육식공룡 알로사우루스나 메갈로사우루스도 있었다. 또 깃털 난 소형 공룡이 조류로 진화하기 시작했다. 현대와 같은 상어가 등장하고, 현생 개구리와 흡사한 양서류도 출현했다. 판게아가 점점 분열되는 바람에 육지의 상당 부분이 바다 밑으로 가라앉았다.

초기 조류는 이빨도 있었고 날개에 발톱도 달려 있었다. 이것은 그 시조인 공룡의 흔적이었다.

백악기

1억 4천5백만 ~ 6천5백만 년 전

백악기에 접어들자 대륙은 현재와 비슷한 형태가 되었다. 티라노사우루스·렉스를 비롯한 거대한 육식공룡이 번성하였다. 꽃피는 속씨식물이 세계 각지에 퍼지고, 그와 동시에 화분을 나르는 곤충이 다양해졌다. 익룡은 멸종했고, 대신 조류가 활개 쳤다. 또 캥거루 같은 유대류의 선조에 해당하는 최초의 포유류가 출현했다.

2.51억 년 전 | 1.99억 년 전 | 1.45억 년 전

트라이아스기 바다에서는 돌고래를 닮은 파충류, 어룡이 헤엄치고 있었다.

브라키오사우루스를 비롯한 용각류(도마뱀 비슷한 공룡) 대부분은 거대한 초식공룡이었다.

메가조스트로돈은 땃쥐와 유사한 포유류이다. 온몸이 털로 덮여 있어서, 밤에 먹이를 찾아다닐 때 체온이 유지되었다. 이 동물은 알을 낳고 새끼를 길렀다.

대량 멸종

6천5백만 년 전

백악기는 공룡을 비롯한 수많은 생물이 멸종함으로써 막을 내렸다. 이 대량 멸종 현상이 일어난 이유는 확실치 않다. 가장 유력한 가설은 소행성이 지구와 충돌했다는 것이다. 이 때문에 엄청난 먼지가 지구를 뒤덮어 기후가 급변하고 먹이사슬이 무너져 버렸다는 것이다. 새로운 환경에 적응하는 데 성공한 종만이 이 대량 멸종의 위기에서 벗어날 수 있었다.

티라노사우루스·렉스

제3기

6천5백만 ~ 180만 년 전

거대한 생물 대신 포유류가 번성하고 점점 다양해졌다. 그들은 멸종한 공룡과 일부 파충류가 살던 곳을 점령하기 시작했다. 현대와 같은 물고기, 무척추동물, 새, 곤충, 속씨식물이 이 시대에 등장했다. 제3기 마지막에는 '호미닌'(인간족)이라 불리는 초기 인류가 나타났다. 날씨가 급격히 추워지자 목초지가 증가하고 초식동물이 많이 늘어났다..

길이가 6m나 되는 대형 나무늘보는 나무 위에서 생활하기에는 지나치게 컸다.

제4기

180만 년 전 ~ 현재

제4기는 빙하기로부터 시작되었다. 대륙의 위치는 현재와 같았지만 몇몇 대륙은 연결되어 있어 생물들은 대륙 사이를 육로로 이동할 수 있었다. 매머드처럼 추위에 적응한 거대 동물이 번성했는데, 기후가 점점 따뜻해지자 이 동물들은 사라져 갔다. 아마 인간의 수렵 활동도 매머드의 멸종을 부추겼을 것이다. 스밀로돈과 동굴곰 같은 거대한 육식동물도 멸종했다. 인류도 여러 종으로 갈라졌는데, 현생인류인 호모 사피엔스 이외의 종은 모두 사라져 버렸다.

스밀로돈은 매우 사나운 육식동물이었다.

6천5백만 년 전　　180만 년 전

가장 오래된 인류는 약 500만 년 전에 등장한 것으로 추정된다.

현생인류인 호모 사피엔스는 약 25만 년 전에 등장했다. 2만 5천년 전까지는 보다 체격이 다부졌던 네안데르탈인도 존재했다. 그들이 멸종해 버린 이유는 아직 밝혀지지 않았다.

어떤 훌륭한 아이디어가 떠올랐다고 하자. 그것을 친한 친구 두세 명 말고는 아무에게도 이야기하지 않고 20년도 넘게 개인적으로 천천히 발전시켜 나갔다고 상상해 보라. 찰스 다윈은 바로 그런 일을 해냈다. 그리고 그 노력은 충분히 보답 받았다.

"다윈은 증거를 충분히 모으고 나서 마침내 자연선택설을 발표하여 세상에 이름을 떨쳤다."

그로부터 200년이 흐른 지금도 다윈은 여전히 과학계에 영향을 미치고 있다.

 다윈의 진화론

다윈의 성장

찰스 다윈의 가족들은 그가 의사가 되기를 바랐으나 본인은 전혀 그럴 생각이 없었다.

소년 시절에 찰스는 틀에 박힌 지루한 학교 공부는 제쳐 두고, 곤충이나 조개껍데기나 광물을 수집하는 데 열을 올렸다.

그는 의사가 되기 위해 대학에 들어갔지만 적응할 수 없었다. 의학 실습에서 피를 보고 질겁했을 정도이다. 그는 그 대신 사냥이나 자연관찰에 열중했다.

찰스는 이대로 그의 아버지 말처럼 '구제불능 멍청이'가 되고 마는 것일까?

소년 시절의 다윈
세월이 흐른 뒤 다윈이 이렇게 말했다. "나는 여러 면에서 말썽꾸러기였다."

청년 시절

열여섯 살이 된 찰스는 의사가 되기 위해 영국 스코틀랜드 에든버러 대학에 입학했다. 그러나 의사는 적성에 맞지 않았다. 그래서 이번에는 목사가 되기 위해 케임브리지 대학에 입학했지만, 여기서도 동식물에 관심 있는 친구들과 어울려 다니느라 바빴다.

에든버러 대학에서 찰스는 동물학 교수인 로버트 그랜트 박사를 만났다. 해면이나 태형동물(이끼벌레류) 같은 바다 생물에 관심을 갖게 된 찰스는 박사와 함께 해안 생물을 채집하러 다녔다. 케임브리지 대학에서는 식물·곤충·화학·광물·지층에 해박한 식물학 교수 존 헨슬로와 친해졌다. 헨슬로가 야외 관찰을 하러 갈 때면 찰스도 자주 동행하여 신기한 동식물에 대해 공부했다.

가스, 그만둬!

찰스는 형과 함께 창고를 실험실로 개조해서 기체(가스) 및 화합물 제조 연구에 열중했다. 그래서 친구들은 그에게 '가스'란 별명을 붙여 줬다. 그러자 과학보다 라틴어 같은 고전을 중시하던 교장은 찰스에게 "허튼 일에 시간 낭비하지 마라" 충고했다.

의사 일은 내 적성에 맞지 않아!

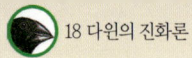

인생을 바꾼 여행

대학 졸업시험을 마친 다윈은 뚜렷한 장래 계획도 없이 집으로 돌아왔다. 그런데 집에 편지 한 장이 와 있었다. 그의 인생을 바꿔 놓을 편지였다. 보낸 사람은 케임브리지 대학의 헨슬로 교수였다. 그는 자기 대신 박물학자로서 모국 해군 측량선 비글호를 타고 세계 각지를 조사하러 가지 않겠느냐는 제안이었다.

비글호에 승선한 다윈이 맡은 일 가운데 하나는 으스물여섯 살의 함장 로버트 피로이와 함께 저녁을 먹고 대화 나누는 것이었다.

피츠로이(1805~1865)

다윈의 망원경

비글호는 1831년 12월 영국에서 출항하여, 5년 뒤인 1836년 10월에 돌아왔다.

GENERAL CHART showing the PRINCIPAL TRACKS of H.M.S. BEAGLE. 1831-6.

1835
1832
1831년 출항
1833~1834
1836년 귀항
1836
1836

갈라파고스 제도로 간 항로
영국으로 돌아온 귀로

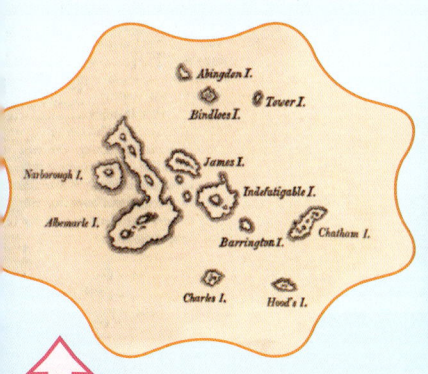

고유종의 보고

남아메리카 해안을 4년 가까이 조사하고 나서 비글호는 에콰도르 해안에서 1천km쯤 서쪽으로 떨어진 곳에 있는 갈라파고스 제도로 갔다. 작고 검은 화산섬들이 모여서 형성된 제도였다. 이곳에서 다윈은 암석과 식물을 채집하고, 새를 비롯한 여러 동물들을 포획해서 영국으로 가져갔다.

갈라파고스에는 많은 종류의 코끼리거북이 살고 있었다. 현지인은 다윈에게 말했다. "등껍데기만 봐도 어느 섬에 사는 거북인지 알 수 있다" 또한 다윈은 바다에서 육지에 올라와 몸을 데우는 이구아나를 보고 깜짝 놀랐다. 이 바다이구아나는 발가락 일부에 물갈퀴가 있어 헤엄치기에 적합한 구조였다.

부리의 비밀

다윈은 갈라파고스 제도에 사는 새들의 부리 모양이 제각각인 데 흥미를 느꼈다. 그런데 서로 다른 종인 줄 알았던 이 새들 중에서 13종은 똑같은 핀치류에 속한다는 것을 알았다. 다윈은 이 핀치들이 공통된 선조에게서 출발했는데, 저마다 먹는 먹이에 맞게 부리를 진화시킴으로써 생존경쟁에서 살아남았다고 생각했다.

바다이구아나

인기 작가가 되다

1839년 8월 다윈은 비글호 항해기를 출판했다. 다윈이 현지 및 식민지 사람들에 관해서 새로 발견한 내용이나 생각한 내용을 적어 놓은 책이었다. 이 책은 호평을 받았으며 다윈은 인기 작가가 되었다.

수집한 생물 보존 방법

다윈은 항해 도중에 수많은 표본을 수집했다. 그는 조수 심스 코빙턴의 도움으로 생물의 내장을 제거하고 안에다 솜을 채우거나, 백포도주(알코올)로 채운 병에 넣고 밀봉함으로써 생물의 부패를 막았다. 영국으로 돌아온 뒤에는 각 표본을 전문 식물학자나 박물학자에게 보내 상세한 도판을 그려 달라고 부탁했다.

다윈이 채집해서 백포도주에 담가 보관한 비늘돔

파란만장

5년간의 여행을 마치고 영국으로 돌아왔을 때 다윈은, 이미 과학계에서는 꽤 유명해져 있었다. 항해 도중에 다윈이 보낸 편지를 헨슬로 교수가 학자들에게 보여 주었는데, 그 편지 내용이 그들의 관심을 끌었기 때문이다.

다윈은 노트에 적은 내용을 정리하고 수집한 표본을 꼼꼼히 조사하는 작업에 착수했다. 그러나 원인 불명의 병 때문에 일을 제대로 할 수 없는 고통스런 시기도 있었다.

1840년 서른한 살 때의 다윈. 이때 남은 생애 동안 고통받을 병이 시작되고 있었다.

다운하우스

아내 엠마

딸 아

수수께끼의 병

귀국한 지 얼마 안 되어 다윈은 심한 고통과 현기증을 느끼게 되었다. 아버지를 비롯한 여러 의사들이 다윈을 진찰했으나 원인을 알 수 없었고 치료법도 찾을 수 없었다. 항해 도중 벌레한테 물린 걸까? 다윈은 평생 동안 이 원인 불명의 병에 시달렸다. 그 때문에 종종 집에 틀어박혀 지내기도 했다.

결혼 생활

다윈은 결혼을 할지 말지 고민하다가 결혼의 장단점을 목록으로 만들어 보았다. 결국 장점이 많다고 결론지은 그는 사촌인 엠마 웨지우드와 결혼했다. 엠마는 별명이 '게으름뱅이'일 정도로 야무지지 못한 여성이었지만 다윈은 별로 개의치 않았다. 그들 부부는 셋째 아이가 태어나기 직전에 '다운하우스로 이사했다. 런던에서 멀지 않은 곳에 있는 정원 딸린 대저택이었다. 이곳에서 다윈은 엠마와 열 명의 자녀들과 함께 행복하게 살았다.

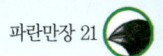

"편지를 쓰자, 편지를 쓰자, 편지를 많이 써서 똑똑해지자."

수많은 편지

다윈은 병 때문에 자주 집에 틀어박혀 있으면서도 편지를 이용해 다양한 사람들과 교류했다. 그와 편지를 교환했던 사람은 아마 2천 명은 족히 될 것이다. 그는 학자를 비롯한 원예가, 수렵관리인, 동식물 육종가, 외국인들과도 편지를 교환했다. 다윈이 받은 편지는 1만 4천 통, 쓴 편지는 7천 통이 넘는다고 한다.

비밀 노트

1837년 7월 다윈의 머릿속에 어떤 생각이 떠올랐다. 그 시대의 종교적 신앙을 완전히 부정하는 생각이었다. 다윈은 이 생각을 노트에 적었다. 이렇게 작성된 네 권이나 되는 진화론 노트는 비밀리에 소중히 보관되었다.

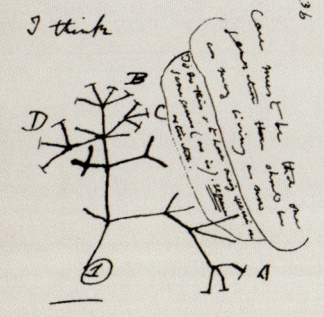

다윈은 '생물이 공통된 선조에서 여럿으로 갈라져 나온 양상'을 나무에 빗대어 표현했다. 종이 시간의 흐름에 따라 진화했다는 사실을 그는 이미 확신하고 있었다. 그런데 진화 자체는 어떤 식으로 일어나는 걸까? 이에 대한 증거가 필요했다. 그는 증거를 수집하고 실험을 개시했다.

박쥐 날개는 길고 가느다란 손가락뼈로 지탱되어 있다.

다윈은 진화에 관한 자신의 생각을 친한 친구 두 사람에게만 털어놓았다. 지질학자 찰스 라이엘과 식물학자 조셉 후커였다.

비슷한 골격

모든 포유류의 손발 골격은 매우 비슷하다. 이는 포유류에 속하는 종들이 공통된 선조를 가지고 있음을 의미한다.

박쥐 날개

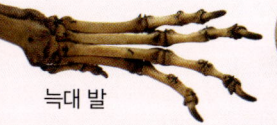

늑대 발

돌고래 지느러미

실험과 연구의 나날

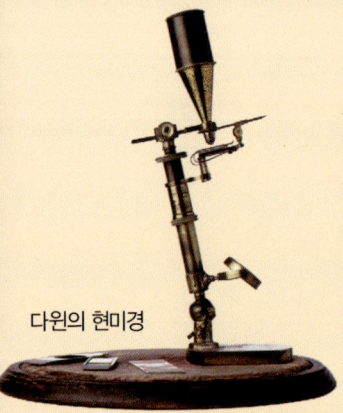

다윈의 현미경

다윈은 날마다 서재와 정원에서 몇 시간이나 동물·식물·암석을 실험하고 관찰하고 분석했다. 종이 진화한다는 사실을 뒷받침하는 증거를 찾았다 싶으면 무엇이든지 다 '비밀 노트'에 적어 놓았다. 그러다가 1844년에 진화에 관한 이론 개요를 189쪽에 달하는 원고로 정리했다. 하지만 그는 이 원고를 발표하지 않은 채 계속해서 증거 수집에만 몰두했다.

다윈이 채집한 각종 표본이 들어 있는 서랍

다윈은 항해 중에 1,529종의 생물을 알코올에 담가 보존했다

정원에서 한 연구

다운하우스 정원은 다윈의 실험실이었다. 담장으로 둘러싸인 커다란 정원에는 채소와 꽃이 심어져 있었으며 직접 만든 온실도 있었다. 이곳에서 다윈은 다양한 실험을 통해 식물의 수분·생식·적응을 연구했다.

> 속았어! 암벌인 줄 알았더니 난초 꽃이잖아!

다윈의 일과 : 아침 식사 전 산책 | 8:00 서재에서 작업 | 9:30 편지 읽기 | 10:30 작업 | 12:00 산책 | 13:00 점심 식사 | 1

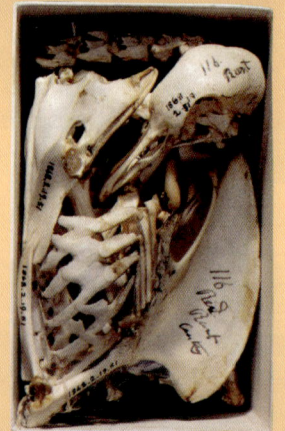

진화를 연구하기 위해 다윈이 사육하고 관찰하고 표지해 놓은 비둘기뼈.

비둘기 연구

다윈은 다양한 집비둘기 품종을 손에 넣어 각각의 특징을 분석했다. 그리고 모든 종이 야생 양비둘기에서 진화한 것이라고 결론지었다. 또한 다윈은 비둘기 연구를 통해, 동물의 한 종류 안에서 색깔·형태·날개·골격 등에 수많은 변이가 존재한다는 사실을 알아냈다.

쥐뼈 표본

가족 총동원

다윈은 종종 가족들에게 연구를 도와 달라고 했다. 아이들은 우수리뒤영벌의 비행 우을 관찰하거나 거미집 장소를 기록하는 기를 맡았다. 다윈은 아이들 가정교사까지 동원하여 목초지로 가서 식물 종세어 오라고도 했다. 또 하들에게 작은 쥐나 새 사체 삶게 하여 그 뼈를 조사하도 했다.

화석은 말한다

다윈은 남아메리카에서 거대한 등껍질이 있는 글립토돈의 화석을 발견했다. 꼭 아르마딜로를 확대해 놓은 듯한 생물이었다. 과연 이것은 종이 진화한다는 증거일까?

글립토돈

아르마딜로

만각류 분류

다윈은 특정한 종에 대해 자세히 알고 싶었다. 그래서 거북손이나 따개비 같은 만각류를 연구 대상으로 삼았다.

따개비

그는 만각류에 푹 빠져서 8년이나 그것을 연구했다. 다윈의 집에는 온갖 현생종 표본과 절멸종 화석이 모여들었다. 다윈은 그 모든 것을 분류했으며, 만각류의 다양성과 각 종들의 관계성을 밝혀냈다.

다윈 레아

다윈 레아(타조)

남아메리카 어느 지역에서는, 흔히 볼 수 있는 타조와는 달리 몸집이 작은 희귀한 타조가 살고 있었다. 이 두 종류의 레아는 공통된 선조를 가지고 있는 것이 아닐까?

3,907종의 건조표본(생물 피부, 뼈)을 만들었다.

온실에서 한 연구

다윈은 복잡하게 생긴 난초 꽃에 흥미를 느껴 여러 가지 실험을 했다. 그 결과 화분을 옮기는 곤충과 난초 꽃은 함께 진화하면서 서로에게 적응한 게 틀림없다는 확신을 얻었다.

아래쪽 꽃잎은 마치 벌과 비슷하게 생겼다. 수벌은 그 모양새에 속아 다가왔다가 수분을 도와 주게 된다.

| 15:00 휴식 | 16:00 산책 | 16:30 작업 | 17:30 휴식 | 19:30 저녁 식사 | 20:00 가족들과 함께하는 시간 | 22:30 취침 |

손으로 만든 표본상자!

빈 상자, 골판지, 끈 등을 이용하여 표본상자를 만들어 보자!

❸ 골판지 끄트머리에 구멍을 내고 끈을 꿴다. 이 골판지에다 작은 상자를 풀로 붙인다.

❶ 커다란 빈 상자(과자 · 케이크 상자)와 작은 상자 준비.

운동화끈

❹ 작은 상자를 붙인 골판지를 세 층으로 겹쳐서 큰 상자에 넣는다.

❺ 작은 상자 하나보다 더 큰 표본을 넣고 싶다면, 작은 상자들 사이의 벽을 가위로 잘라서 큰 공간을 확보한다.

❷ 큰 상자 바닥 크기에 맞춰 골판지를 세 장 자른다.

방울양배추

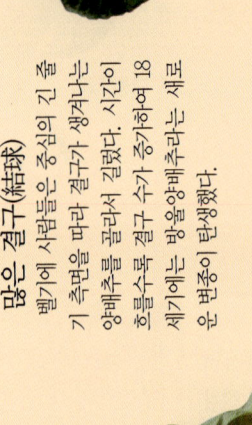

큰 꽃봉오리

유럽 남부 사람들은 점점 꽃봉오리(꽃망울과 꽃줄기)가 커다란 양배추를 골라서 기르게 되었다. 이러하여 15세기 무렵에는 콜리플라워가 탄생했다.

엽구

양배추는 결구(잎사귀들이 겹겹이 둥글게 뭉치는 짓 성질이 있다. 이것은 사람들이 계일 중에서, 줄기 윗부분에 잎사귀가 빽빽이 있는 종류를 골라 꾸준히 씨를 뿌린 결과 생겨난 진화이다. 수백 년에 걸쳐서 점점 더 잎사귀가 단단히 뭉치게 되자, 줄기가 거의 없는 둥글고 큰 변종이 생겨났다. 이것이 오늘날 양배추와 비슷한 형태가 된 것은 13세기 무렵

양배추

많은 결구(結球)

볼기에 사람들은 중심의 긴 줄기 속에을 따라 결구가 생겨나는 양배추를 골라서 길렀다. 시간이 흐를수록 결구 수가 증가하여 18세기에는 방울양배추라는 새로운 변종이 탄생했다.

브로콜리

콜리플라워

결구 + 큰 꽃봉오리
= 콜리플라워 & 브로콜리

큰 잎사귀 + 결구 = 양배추

변종 탄생

……인간의 선택

인류는 수천 년에 걸쳐 식물을 기르는 동안, 자신들이 좋아하는 특징을 가장 잘 갖추고 있는 개체를 선택해서 그 씨앗을 뿌렸다. 다윈은 이와 똑같은 일이 자연계에서도 일어날 것이라고 주장했다. 즉 종은 자연에서 선택되어 진화한다는 것이다. 야생 양배추라는 하나의 종에 겉모습이 크게 다른 다양한 변종이 존재한다는 사실은, 생물이 진화한다는 것을 증명하는 좋은 예라고 할 수 있다.

인위선택

인간의 선택을 통해 야생 양배추로부터 더 수많은 변종이 탄생했다.

배추

적양배추

야생 양배추의 두 가지 변종을 인위적으로 교배시켜 특이한 형태의 새로운 채소를 만들어 낼 수도 있다. 이를 교잡이라 하며, 새로 생겨난 종을 교잡종이라고 한다.

 +  =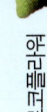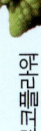

브로콜리플라워

품종 만들기

기원전 500년부터 걸쳐 사람들은 케일 중에서도 줄기가 굵고 짧은 종류를 골라서 가꿨다. 이 선택으로 인해 줄기는 점점 더 굵게 진화했고 마침내 콜라비라는 새로운 변종이 태어났다. 오늘날에는 흰색, 녹색, 자주색 줄기를 가진 콜라비가 존재한다.

콜라비

큰 잎사귀 + 굵은 줄기 = 콜라비

큰 잎사귀

기원전 5세기에는 잎사귀가 크고 주름주름한 케일이라는 종이 이미 존재했다. 케일은 지금도 재배되고 있는 작물들 중에서 가장 원종에 가까운 변종 가운데 하나이다.

케일

식용식물 재배

야생 양배추는 십자화과 십자화속 식물로, 유럽 지중해 연안에 자생하고 있다. 사람들은 이 식물의 잎사귀를 따기 위해 씨앗을 모아 뿌리기 시작했다. 그리고 모든 야생 양배추 종에서 가장 잎사귀가 큰 개체의 씨앗이 이듬해 수확용으로 선택됐다. 이러하여 잎사귀는 조금씩 커지게 되었다.

야생 양배추

이것이 원종이다!

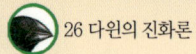
생존경쟁

많은 동물들은 해마다 수백 개나 되는 알을 낳는다. 그러나 무사히 부화해서 충분히 성장하는 개체 수는 적다. 다윈은 이 점을 일찍부터 알고 있었지만, 몇 년이 지난 뒤에야 생존경쟁이 생물 진화의 원동력이라는 사실을 깨달았다.

《종의 기원》이 출판되기 9년 전에 영국 시인 알프레드 테니슨은 《인 메모리엄》(1850년)을 발표했다. 그중에 자연의 냉혹함을 묘사한 구절이 있었다. 이는 뒷날 다윈의 자연선택설을 연상시키는 것으로서 세간의 주목을 받았다.

"자연은 이빨과 손톱을 붉게 물들이고……."

> 내 책이 이토록 엄청난 발견의 계기가 될 줄은 미처 몰랐어.

1798년 영국 경제학자 토머스 맬서스는 《인구론》에서 '인구 증가는 기아나 병에 의해 억제된다'고 주장했다. 이 책은 다윈이 진화론을 생각해 내는 계기가 되었다.

토머스 맬서스
(1766~1834)

"해마다 천 개의 씨앗이 생성되어도 그중 하나밖에 성장하지 못하는 식물은 이미 살아가고 있는 식물과 맞서 싸우고 있는 셈이다."—찰스 다윈

뱀에게 잡아먹히는 개구리

새에게 잡아먹히는 개구리

위험한 자연계

새끼개구리는……

- 대부분 천적에게 잡아먹힌다.
- 상당수는 병에 걸려 죽는다.
- 굶어 죽기도 한다.
- 자손을 남기는 개체는 극소수이다.

개굴개굴!
저쪽은 위
험해!

새끼개구리가 모두 다 성장한다면 10년 안에 이 세상은 개구리로 가득 찰 것이다.

유리한 특징의 진화

생존경쟁에서 승리해 자손을 남기는 개체는 생존하는 데 경쟁자보다 유리한 특징을 갖고 있다. 이 사실을 깨달은 다윈은 다음과 같이 결론지었다.

"유리한 특징을 가진 개체는 자연에 의해 선택되어 충분히 성장해서, 그 유리한 특징을 지닌 자손을 남길 가능성이 높다."

생존경쟁에 유리한 특징

어때! 반할 것 같지?

내 특기는 숨바꼭질이야!

화려한 장식깃

공작 수컷의 꽁지깃은 눈알 모양이 잔뜩 있는 것일수록 암컷을 유혹하기 쉽다. 생물계에는 암컷이 수컷을 선택하는 '성선택' 현상이 존재한다. 화려한 수컷은 수수한 수컷보다 암컷에게 선택되기 쉬우며, 자손을 남길 가능성도 높다. 이리하여 그들의 깃털은 오랜 세월에 걸쳐 점점 화려해졌다.

멋진 뿔

수사슴들이 암사슴을 차지하려고 결투를 벌일 때에는 커다란 뿔을 가진 강력한 개체가 훨씬 유리하다. 따라서 그 강력함과 크기가 자손에게 전해질 가능성이 높다. 성선택에 의해 수사슴은 암사슴보다 커다란 덩치와 멋진 뿔을 가지게 되었다.

보호색·의태

같은 뇌조과에 속해 있어도 은뇌조는 히스가 우거진 들판에서 살고, 검은뇌조는 이탄지에 산다. 그들은 생식지의 빛깔에 잘 녹아들어 천적의 눈을 속여 제 몸을 지킨다. 만일 검은뇌조가 히스 들판에서 산다면 금세 천적에게 발견되어 자손도 못 남기고 죽을 것이다.

타가수분과 자가수분

타가수분(서로 다른 개체들끼리의 수분)은 자가수분(한 개체 안에서 일어나는 수분)보다 생존경쟁에 강한 자손을 남기는 경우가 많다. 그래서 꽃 피는 식물은 타가수분을 하는 데 유리한 방향으로 진화했다. 꽃들이 대체로 알록달록하고 아름다운 까닭은, 곤충을 유혹해 타가수분을 해서 건강한 자손을 남기기 위함이다.

인간의 눈

다윈은 자연선택으로 설명하기 어려운 진화의 예로서 인간의 눈을 들었다. 눈의 구조와 기능은 매우 복잡하고 완벽해 보인다. 오늘날에 비하면 그 시대에는 눈에 관한 과학적 지식이 턱없이 부족했을 텐데도, 다윈은 인간의 눈도 단순한 기관에서 복잡한 기관으로 점차 진화했음에 틀림없다고 확신했다. 그리고 어느 진화 단계에서나 눈은 생물에게 편리한 기관이었을 것이라고 생각했다. 눈도 변이를 일으켰으며, 유리한 변이 성질이 유전되어 진화해 온 것이다.

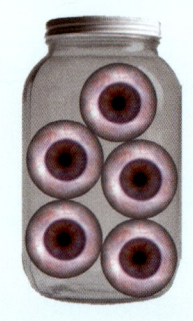

오늘날 인간의 눈은 이런 식으로 진화했다고 추정된다.

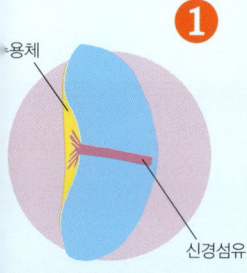

1

빛을 감지하는 능력
표면에 단순 빛수용체가 존재하는 눈: 창고기

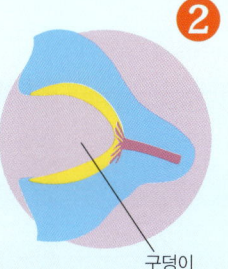

2

바늘구멍 형태의 눈
빛의 방향을 감지할 수 있는 눈: 멍게

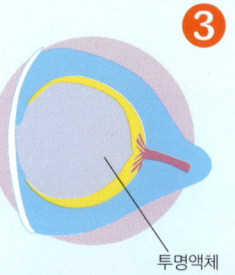

3

시각 향상
투명액체가 채워진 눈
: 먹장어

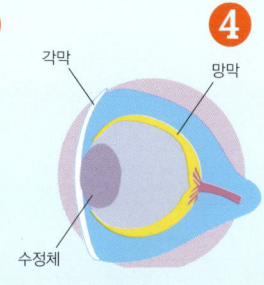

4

거의 완벽한 상태
인간의 눈과 흡사한 눈
: 칠성장어

창조주의 존재

1802년 성직자 윌리엄 페일리는 시계를 예로 들어 창조주의 존재를 주장했다. 시계가 그 부품을 조립한 시계사의 존재를 나타내는 증거이듯이, 동식물은 그들을 디자인한 창조주의 존재를 나타내는 증거라는 것이다.

윌리엄 페일리(1743~1805)

이 '디자인론'을 지지하는 사람들은 다음과 같이 주장한다.

"인간의 눈처럼 훌륭한 기관이 우연히 생겨났을 리 없다. 회중시계같이 정교한 인간의 눈은 그 목적에 알맞게 '인텔리전트 디자이너(지적 창조자)'에 의해 설계된 것이다."

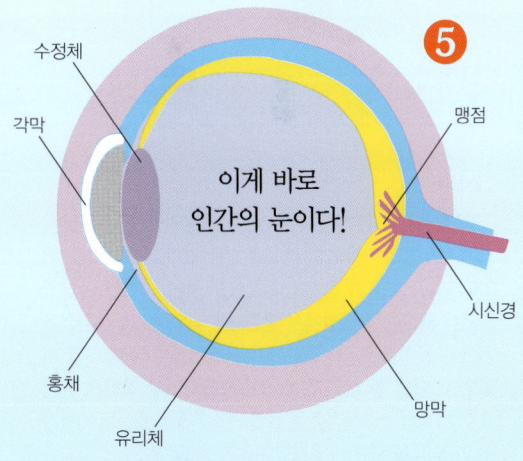

5

이게 바로
인간의 눈이다!

결점이 있는 인간의 눈

인간의 눈은 움직일 수 있는 한 쌍의 기관이다. 구조는 카메라와 비슷하다. 수정체는 두께를 바꿈으로써 망막에 뚜렷한 영상이 맺히도록 초점을 맞추는 역할을 한다. 그런데 인간의 눈은 완벽하지 않다. 눈 안쪽에 있는 시신경이 망막을 관통하고 있으므로, 그 부분에 맺힌 영상은 감지하지 못한다. 이것이 이른바 '맹점'이다.

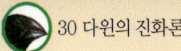

수수께끼 속의 수수께끼

새로운 종은 어떻게 형성될까? 다윈은 이 문제를 '수수께끼 속의 수수께끼'라고 했다. 이 '종 분화'라는 진화 과정이 어떻게 일어나는지에 관해서는 의견이 분분하지만, 섬에 사는 생물의 진화에는 지리적 격리(다른 장소와 분리된 상태)가 커다란 요인으로 작용한다는 점은 많은 학자들이 인정한 바이다.

다윈이 밝혀냈듯이 갈라파고스 제도에는 많은 종류의 핀치가 살고 있다. 이 사례는 지금도 새로운 종의 탄생을 설명하는 데 많은 도움을 준다.

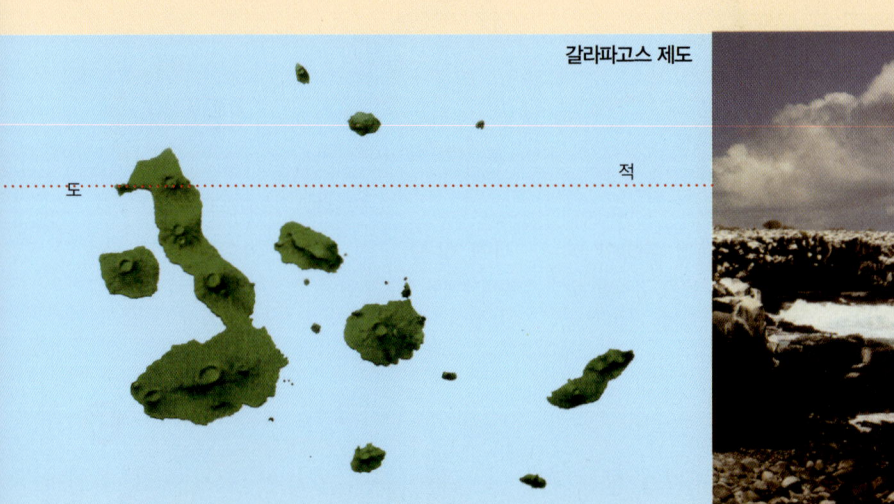

갈라파고스 제도

도

적

이동

약 300만 년 전에 땅 핀치 한 무리가 기류를 타고 남아메리카에서 갈라파고스 제도로 건너왔다. 본디 식물 씨앗을 먹고 살던 이 핀치는 고향에서 보지 못했던 다양한 먹이를 새로운 화산섬에서 발견하게 되었다. 그 자손들은 저마다 살 만한 장소를 찾아서 환경에 맞춰 진화하기 시작했다. 어떤 종은 나무 위에서 생활하기에 알맞은 몸집으로 바뀌었고, 어떤 종은 과일·꿀·곤충·거미 등 먹잇감에 따라 부리 모양이 바뀌었다.

적응

과거 300만 년 동안 갈라파고스 제도는 끊임없이 변화했다. 새로운 섬이 나타나거나 기후가 변하자 핀치가 먹는 식물과 동물 종류도 저절로 바뀌게 되었다. 핀치는 비행 능력이 뛰어나지는 않지만 기류를 타고 다른 여러 섬으로 이동해서 새로운 환경에 잘 적응하기 위해 독자적으로 진화해 갔다.

이야기 주인공들이 모험을 떠났다가 겉모습과 행동거지가 완전히 달라지자……
……고향에 돌아가도 아무도 그들을 몰라봤다. 종 분화는 이와 비슷하다.

같은 종에 속하는 두 집단의 차이가 너무 커지는 바람에 그들이 서로
같은 종임을 인식할 수 없게 되면 '새로운 종이 탄생했다'고 할 수 있다.

(왼쪽 설명) 다윈핀치는 한 섬에서만 발견되었다. 어떤 연구자들은 이것이 큰 다윈핀치와 작은 다윈핀치 사이에서 생긴 교잡종이라고 한다.

(오른쪽 설명) 곤충먹이핀치 중에는 회색과 녹색 종류가 있다. 어쩌면 이 둘은 앞으로 다른 종이 될지도 모른다.

나무 핀치

[짧고 단단한 부리로 곤충을 잡아먹는다]

[선인장 가시 같은 도구를 입에 물고 구멍을 찔러서 곤충을 끌어내 잡아먹는다]

작은 다윈핀치
다윈핀치
큰 다윈핀치
망그로브핀치
떡따구리핀치

앵무새 같은 부리로 과일이나 꽃을 따 먹는다.

오리핀치

곤충먹이핀치

길고 가느다란 부리로 곤충을 끌어내어 먹는다.

히 긴 부리로 선인장을 먹는다]

선인장핀치

씨앗을 먹는 선조 땅 핀치

번식
여러 종들은 저마다 어떻게 교미할 상대를 찾을까? 핀치는 부리 형태와 몸집에 따라 울음소리가 다르다. 새끼는 자기 종 특유의 울음소리를 부모에게 배워서 그 소리를 내는 새하고만 교미한다.

교잡
이따금 젊은 핀치가 엉뚱한 울음소리를 기억하는 바람에 다른 종과 교미하여 잡종을 낳기도 한다. 이런 교잡종은 오래 살지 못하거나 번식하지 못할 수도 있지만 무사히 살아남아 새로운 종을 탄생시킬 가능성도 있다. 교잡종이 자손을 남기면 두 종에 유전적인 다양성이 생겨나기 때문에 유전자가 보존될 확률이 높아진다.

갈라파고스핀치
작은 갈라파고스핀치
뾰족부리 갈라파고스핀치
큰 갈라파고스핀치

땅 핀치

튼튼한 부리로 씨앗을 부숴 먹는다.

인류 진화에 관한 모든 증거를 해석하기 위해, 인류 진화에 결정적인 역할을 한 독자적이고 중요한 적응인 '이동 방식'의 진화를 살펴보고, 또한 그들이 살아가는 데 꼭 필요한 '식성 적응'에 대하여도 아울러 살펴보아야 한다.

인류 진화에 관한 우리의 지식은 문화의 발달에 제약을 받기도 하고 그로 인해 해답을 이끌어 내기도 한다. 우리와 가장 가까운 친척인 유인원을 연구함으로써 우리는 초기 인류의 신체적·정신적 능력을 복원할 수 있다. 도구 제작과 언어 발달은 호모속 인류의 진화를 촉진하는 강력한 촉매가 되었다. 문화적 적응을 마치자, 인류는 신체적인 한계를 뛰어넘어 지구상의 모든 대륙의 다양한 환경으로 퍼져 나갔다.

> 인류의 역사는 내가 두 발로 직립보행을 하면서 숲을 빠져나왔을 때부터 시작됐어.

아르디피테쿠스 라미두스

> 아직 달리지는 못만, 두 발로 직립보는 데 익숙해져서 어기 돌아다닐 수 있었어. 게다가 키도고 몸도 튼튼해졌어.

오스트랄로피테쿠스(A) 아나멘시스

A. 아파른

직립보행

영장류 중 상당수는 두 발로 설 수 있다. 그러나 언제나 두 발로 서 있는 생물은 인간뿐이다. 어떤 학설에 따르면, 역사적으로 기후가 건조했던 시기에 초기 인류는 음식물을 찾아 먼 거리를 이동해야 했다고 한다. 지상에서 이동할 때에는 직립보행을 하는 편이 덜 힘들다. 더구나 직립보행을 하면 두 손이 자유로워지므로 음식물을 붙잡거나 뭔가를 던지거나 도구를 사용할 수 있다는 이점도 있었다. 엄지손가락은 다른 손가락 네 개에 닿을 수 있는 형태로 진화했다. 덕분에 우리는 손을 잘 사용할 수 있게 되었다.

체모 퇴화

인간은 다른 영장류에 비해 털이 적다. 체모가 퇴화한 이유는 다음과 같이 추측해 볼 수 있다.

① 얕은 강이나 바다에서 먹이를 찾기 쉬워서.
② 더운 사바나에서 체열을 방출하기 쉬워서.
③ 몸에 달라붙는 기생충을 줄일 수 있어서.

체모가 적어진 대신 인간은 동물 가죽을 입고 추위를 견디는 법을 터득했다.

 # 인류 진화의 화석 증거 해석

유인원에서 인류로

　인류는 다른 어떤 포유류보다도 눈부시게 진화했다. 인류의 초기 선조는 유인원과 비슷했다. 우리와 마찬가지로 두 발로 서서 걸었지만, 허리와 무릎을 구부리고 걸었던 듯하다. 처음에 그들은 숲 속에서 나뭇잎이나 과일을 따 먹었다. 그러다가 다른 음식을 찾아 사바나(초원)로 나왔다.

　현재 인간족의 가장 오래된 선조로 여겨지는 것은 바로 원인(오스트랄로피테쿠스 등)이다. 원인은 직립보행으로 체중을 지탱하면서 도구를 쓰거나 사냥을 했다. 식생활이 충실해지자 뇌가 커지고 능력도 향상되었다. 원인은 언어를 쓰게 되었고, 공동체를 만들어 서로 협력하기 시작했다. 25만 년 전에는 드디어 호모 사피엔스가 등장했다. 우리 모두는 그의 자손이다.

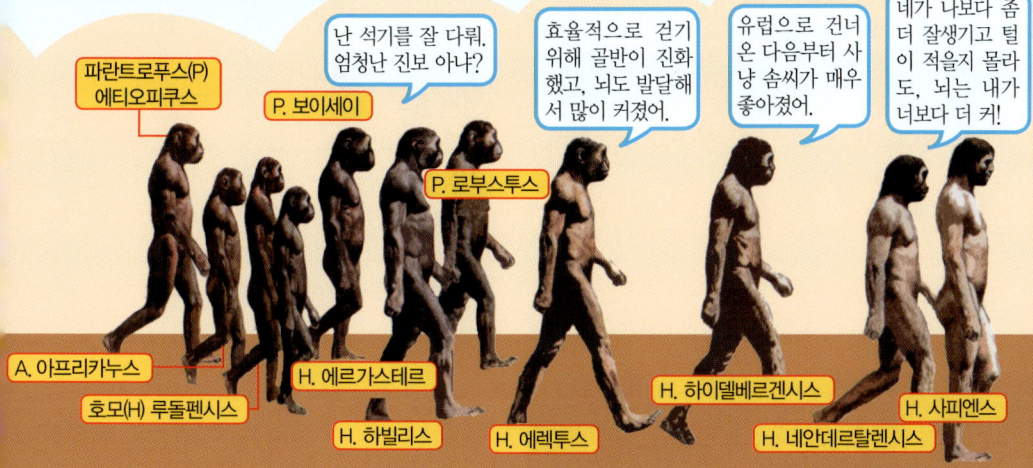

난 석기를 잘 다뤄. 엄청난 진보 아냐?

효율적으로 걷기 위해 골반이 진화했고, 뇌도 발달해서 많이 커졌어.

유럽으로 건너온 다음부터 사냥 솜씨가 매우 좋아졌어.

네가 나보다 좀 더 잘생기고 털이 적을지 몰라도, 뇌는 내가 너보다 더 커!

파란트로푸스(P) 에티오피쿠스

P. 보이세이

P. 로부스투스

A. 아프리카누스

호모(H) 루돌펜시스

H. 에르가스테르

H. 하빌리스

H. 에렉투스

H. 하이델베르겐시스

H. 네안데르탈렌시스

H. 사피엔스

뇌 크기

　인류 진화 과정의 가장 중요한 특징 가운데 하나는 뇌의 크기가 400㎤에서 오늘날 1,400㎤로 커졌다는 것이다. 연구 결과에 의하면, 이렇게 뇌가 커진 것은 식생활이 충실해진 것과 깊은 관계가 있다. 인류가 단백질, 지질 그리고 질 좋은 탄수화물을 섭취하게 되자 더 많은 에너지가 뇌에 전달되었다. 그리하여 인류의 뇌는 커졌고, 더 높은 지능과 기술을 획득했다.

친구들과 잘 사귀거나 기억력을 발휘하거나 언어를 사용하거나 오감을 느끼는 것은 모두 다 뇌의 주름 덕분이야!

뇌에 비하면 두개골의 크기는 별로 변하지 않았다. 그래서 뇌는 점점 쭈그러지는 방식으로 자신의 부피를 늘렸다.

유인원에서 현대인에 이르기까지 뇌는 조금씩 커졌다.

유인원과 인류의 이동방식 진화

유인원과 인류의 이동방식은 다른 영장류나 포유동물과 뚜렷이 구별될 만큼 매우 다양한 형태로 나타난다. 긴팔원숭이는 근육이 발달한 긴 팔을 이용해 나뭇가지에 매달려 이 가지에서 저 가지로 서식지인 숲 속을 빠르게 이동한다. 이러한 현수형(懸垂型) 이동은 긴팔원숭이 특유의 이동방식이다. 다른 유인원이나 남아메리카 거미원숭이 같은 몇몇 원숭이들은 나뭇가지를 붙잡고 매달릴 수는 있지만 보통은 현수형 이동을 하지 않는다.

침팬지와 고릴라의 너클 보행

침팬지와 고릴라는 너클 보행이라는 독특한 방식으로 이동한다. 그들은 덩치도 크고 팔도 길며 손도 길쭉하다. 그 팔과 손을 똑바로 뻗어 손가락 가운데 관절로 체중을 떠받친다. 이때 몸 앞부분이 위로 들리기 때문에 허리보다 어깨가 높은, 이른바 직립자세로 땅 위를 걷는다. 그들은 낮 시간에는 대체로 땅 위에서 지낸다.

사람의 이족보행

앞에서 말한 유인원의 이동방식은 동물 세계에서 특이한 방식이지만, 똑바로 서서 두 발로 걷는 사람의 이동방식도 매우 독특하다. 이를 직립이족보행이라고 한다. 포유류 가운데 몇몇 동물이 두 발로 이동하지만, 사람과 같이 보행하지 않고 캥거루처럼 통통 뛰어다닌다. 이족보행은 달리는 속도가 느리므로 빠르게 달리는 포식동물의 공격을 받기 쉽다는 약점이 있다. 이처럼 제한적인 이동방식을 선택한 인류는 도구를 이용하여 적의 공격으로부터 몸을 지켜야 했다. 이족보행은 인류의 조상을 인류답게 만든 첫 번째 특징이다. 사람의 몸 전체는 이족보행에 적응

위 : 직립이족보행, 너클 보행, 사족보행에 나타나는 자세의 차이. 너클 보행은 모든 유인원에게 나타나며 반직립 자세를 취하므로 사족과 이족의 중간 단계라고 할 수 있다.

왼쪽 : 침팬지나 고릴라의 너클 보행 자세는 다리보다 긴 팔을 더 쭉 뻗는 효과가 있어 몸 앞부분이 반쯤 일어선 자세로 걷는다.

했다. 머리는 앞으로 숙여져 있지 않고 척추 위에서 균형을 잡게 되었다.

땅 위 생활에 적응한 화석유인원

후기 화석유인원에게 나타난 중요한 변화의 하나는 바로 땅 위 생활에 적응한 것이다. 동아프리카의 케냐피테쿠스와 터키의 그리포피테쿠스는 1600만~1400만 년 전에 서식했는데, 그들의 네 다리에는 나무 위에서 생활한 프로콘술과 같은 조상의 특징이 많이 남아 있지만 땅 위 생활에 적응한 흔적도 꽤 나타난다. 이러한 변화는 그들의 서식지에 계절변화가 있었기 때문이다. 계절이 바뀌면서 그들이 살던 숲에는 나무가 듬성듬성해지고 먹을 것이 부족해지는 등 서식환경이 열악해지기도 했다. 이러한 환경에서는 몸무게가 3~5킬로그램 이상인 대형 동물은 나무 사이로 이동하기가 어렵기 때문에 땅 위로 내려올 수밖에 없었다. 이러한 현상은 그 뒤의 화석유인원에게도 나타나는데, 인도와 파키스탄에서 발견된 시바피테쿠스가 그 대표적인 예이다. 시바피테쿠스는 두개골과 얼굴이 유사하여 오랑우탄의 조상으로 여겨지지만, 네다리뼈에서는 오랑우탄 고유의 적응이 나타나지 않는다.

라에트리의 발자국 화석

발자국 증거는 약 400만 년 전의 탄자니아 라에트리 유적에서 발견되었다. 인류의 조상(오스트랄로피테쿠스 아파렌시스)으로 여겨지는 세 사람이 넓은 땅 위를 걸어간 흔적으로, 당시 이 땅에는 근처의 화산에서 분출된 대량의 화산재가 수차례에 걸쳐 쌓이고 굳어서 지층이 형성되어 있었다. 화산재에 발자국이 찍힌 뒤 그 화산재와 성질이 조금 다른 화산재가 쌓였다. 이때 우연히 비가 조금 내려 발자국이 찍힌 화산재가 단단하게 굳었다.

라에트리의 발자국을 보면 A. 아파렌시스는 의심할 여지없이 직립보행을 했다.

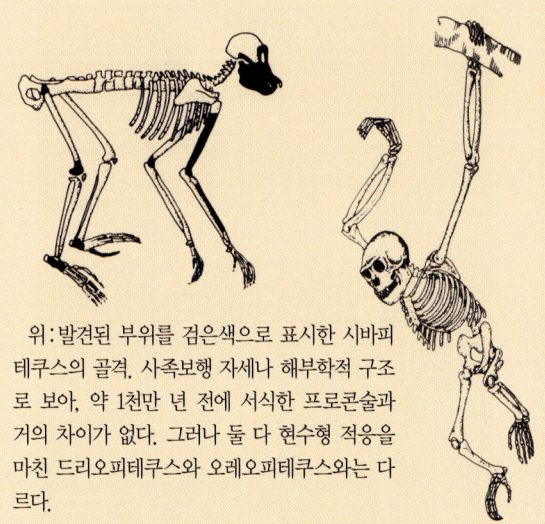

위：발견된 부위를 검은색으로 표시한 시바피테쿠스의 골격. 사족보행 자세나 해부학적 구조로 보아, 약 1천만 년 전에 서식한 프로콘술과 거의 차이가 없다. 그러나 둘 다 현수형 적응을 마친 드리오피테쿠스와 오레오피테쿠스와는 다르다.

위 오른쪽：팔다리 비율과 몸통이 짧은 것으로 볼 때 오레오피테쿠스는 어느 정도 현수형 행동을 했다. 즉 길고 튼튼한 팔로 가지에 매달려 숲 속 서식지를 이동했음을 알 수 있다.

아래：라에트리에서 발굴된 인류의 발자국 화석. 이 지역의 유일한 인류화석은 A. 아파렌시스이며 뼈의 특징으로 보아 이족보행을 했으므로, 이 발자국의 주인은 아파렌시스일 가능성이 가장 높다.

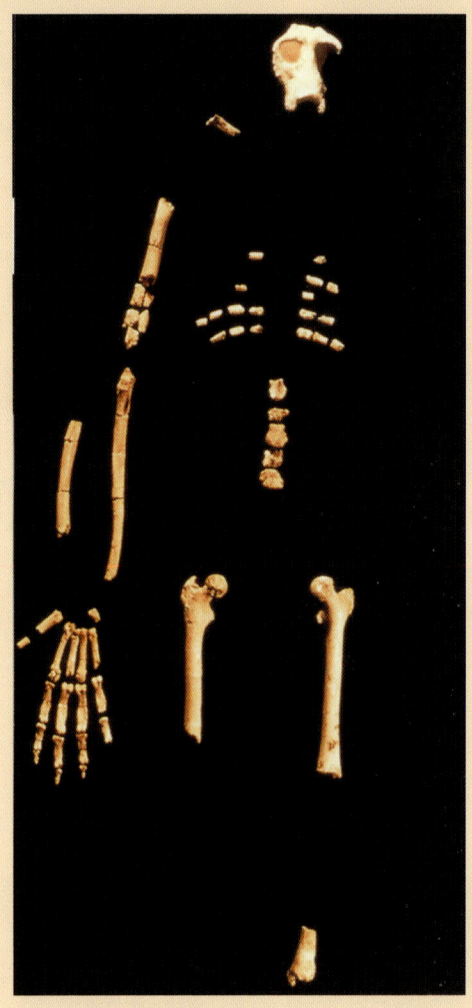

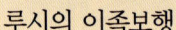

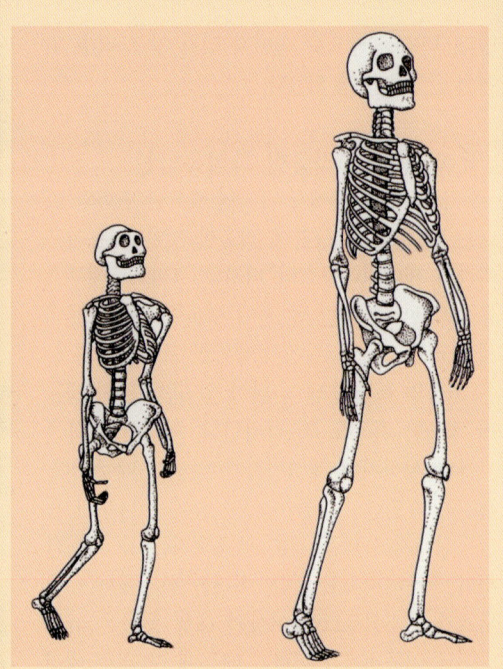

위 : 루시는 호모 사피엔스(오른쪽)와 비교하면 몸집이 매우 작다. 둘 다 완전히 직립했지만, 골반의 형태와 다리 길이가 다르다. 즉 루시는 호모 사피엔스처럼 성큼성큼 걷지 못하고, 발을 끌며 불안정하게 걸었다고 추측할 수 있다.

왼쪽 : 에스파냐의 칸 로바테레스에서 출토된 드리오피테쿠스의 뼈는 가장 널리 알려진 유인원 화석의 하나이다. 오레오피테쿠스처럼 길고 튼튼한 팔을 가졌으며, 엉덩관절 형태로 보아 다리의 가동성이 매우 컸음을 알 수 있다. 이러한 점은 현생 오랑우탄과 비슷하다.

루시의 이족보행

에티오피아의 하다르에서 발견된 루시라는 부분골격은 이족보행을 충분히 해석할 수 있을 만큼 보존상태가 좋은, 가장 오래된 인류화석이다. 루시는 A. 아파렌시스에 속하지만 몸 비율이 현대인과 다르며, 다리는 유인원처럼 짧다. 한편 이족보행과 깊은 관계가 있는 골반은 폭이 넓고 윗부분이 넓어 유인원보다는 사람에 가깝다.

A. 아파렌시스: 땅 위 생활과 나무 타는 능력

인류 진화의 초기 단계에서 다리는 이족보행에 적합하도록 발달했지만, 팔에는 가지에 매달리도록 적응한 유인원과 같은 특징이 여전히 남아 있었다. A. 아파렌시스는 나무 위와 땅 위 세계의 생활방식, 즉 나무 타는 능력과 땅 위에서의 새로운 이동방식에 두루 능숙했다. 진화적인 관점에서 이족보행은 후세 인류와의 관계를 나타낸다는 점에서 중요하고 새로운 적응이지만, 기능적인 관점에서 나무타기는 포식동물에 대한 최선의 자기방어책이며 초기 인류에게는 여전히 없어서는 안 될 능력이었다.

초기 호모속(屬)의 이동방식

초기 호모속에 속하는 집단은 오스트랄로피테쿠스류에 비하여 이족보행에 유리한 특징을 지

다리뼈의 구조와 고관절

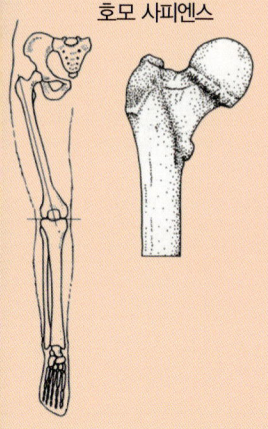

호모 사피엔스

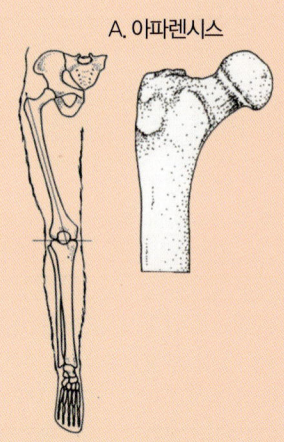

A. 아파렌시스

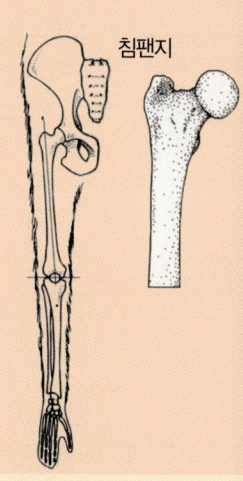

침팬지

A. 아파렌시스의 넙다리뼈목(뼈머리와 뼈줄기 사이)은 길고, 침팬지와 호모 사피엔스 어느 쪽과도 비슷하지 않다. 그러나 침팬지(또는 중신세 유인원)와 유사한 몇 가지 특징도 나타난다. 넙다리뼈의 축을 보면, 루시(A. 아파렌시스)와 호모 사피엔스는 바깥쪽으로 기울어 있으나 침팬지는 수직이다. 따라서 침팬지는 무릎관절이 몸 중심축에서 바깥쪽으로 빠져 있다.

넜다. 많은 종의 팔다리 비율이 호모 사피엔스에 가까워지고 있었다. 초기 호모속은 여전히 강력한 악력을 자랑했지만 엄지관절은 전형적인 인류의 형태였다. 다리가 길어지고 종아리와 발은 현대인과 비슷했다. 엉덩관절도 현대인만

큼 커지고 넙다리뼈목은 오스트랄로피테쿠스류처럼 길었다. 그 뒤로 수십 만 년이 흘러 인류 진화사의 마지막 100만 년 사이에 인류는 마침내 현대인과 같은 이동방식에 적응했다.

약 4백만 년 전 라에트리에서 두 A. 아파렌시스가 내린 지 얼마 되지 않은 화산재 위를 걸어가며 발자국을 남기고 있다. 화산이 분화하여 이 주변을 뒤덮고 있던 식물이 말라죽었으므로 그들의 모습은 포식동물의 눈에 잘 뜨였을 것이다.

음식 획득 방식의 진화

앞에서는 유인원과 인류의 다양한 이동방식을 살펴보았다. 그런데 음식 획득 방식에서는 이와 대조적으로 영장류 사이에 많은 공통점이 있다. 유인원과 인류는 본디 과일을 먹도록 적응한 과식(果食) 동물인데 잎까지 먹는 종도 몇몇 있었다. 침팬지와 인류는 고기도 먹었지만, 다른 동물을 사냥하여 먹는 생물학적 적응은 이루지 못했다.

긴팔원숭이류

현생유인원에 포함되는 긴팔원숭이류는 일반적으로 과일을 먹는다. 그러나 그중에 몸집이 가장 큰 주머니긴팔원숭이는 잎도 먹으므로 부분적으로는 엽식성(葉食性)이다. 그들의 치아에는 뾰족한 교두(咬頭)와 융선(隆線)이 발달해 뻣뻣한 잎을 뜯어먹도록 적응했다.

오랑우탄, 침팬지, 고릴라

오랑우탄은 거의 완전한 과식동물이므로 치관이 낮다. 그러나 특이하게도 치아 융선이 발달했고 현생 긴팔원숭이보다 에나멜질이 두껍다. 침팬지의 식성은 오랑우탄과 매우 비슷하며 과일을 주식으로 섭취한다. 고릴라는 일 년 내내 주로 잎을 먹으며, 특히 마운틴고릴라는 거의 엽식이다.

화석유인원

화석유인원의 식성을 나타내는 증거는 많다. 먹이를 씹는 치아는 화석 가운데 가장 보존이 잘 되는 부위이기 때문이다.

현생유인원과 마찬가지로 화석유인원의 주식도 과일이었다. 프로콘술도 과일을 먹었지만 같은 시기, 같은 지역에 서식하던 다른 유인원 가운데에는 고릴라 같은 엽식성 동물도 있었다. 랑과피테쿠스는 치아만 다를 뿐 프로콘술과 매우 비슷했다. 그 뒤에 출현한 드리오피테쿠스와 같은 많은 화석유인원의 식성은 프로콘술과 유사하다. 그러나 그 뒤에 아프리카에 등장한 아프로피테쿠스와 케냐피테쿠스로, 그들의 근연종이 맨 처음 아프리카에서 나와 유럽과 아시아로 이동했다. 이러한 유인원은 공통적으로 치관이 낮고 에나멜질이 두껍고 치아가 크다. 이 점은 인류와 유

왼쪽 : 침팬지의 큰 앞니는 잎이나 곤충보다 과일을 주식으로 먹는 영장류에게 나타나는 특징으로, 과일을 베어 먹을 때 유리하다.

아래 : 오랑우탄의 뒤어금니 표면의 마모 상태를 찍은 현미경 사진. 이 유인원은 단단한 과일을 주로 먹으므로 표면에 큰 흠집이 무수히 나 있다.

사하다.

오스트랄로피테쿠스류

A. 아파렌시스나 오로린투게넨시스 등 인류의 조상으로 여겨지는 몇몇 종의 치아 에나멜질은 얇지만, A. 아나멘시스 등은 에나멜질이 두꺼워 유인원의 치아와 매우 비슷하다.

호모속 인류

인류 진화의 초기 단계에서는 치아가 커지고 에나멜질이 두꺼워지는 경향을 보였지만 후기에는 그 반대였다. 호모하빌리스의 치아에는 오스트랄로피테쿠스류처럼 딱딱하고 거친 음식을 습관적으로 먹느라 생긴 극심한 마모 흔적이 보이지 않는다. 호모하빌리스는 과일과 고기 같은 좀 더 질이 좋은 음식을 먹었을 것이다. 호모에렉투스의 치아는 더욱 작아졌다. 훌륭한 사냥꾼인 그들은 고기를 많이 먹게 되었을 것이다. 이러한 경향은 약 1만 년 전 농업혁명이 일어날 때까지 이어졌다. 딱딱한 음식을 씹기 편하도록 부드럽게 만드는 조리법이 발달하면서 치아는 점점 더 작아졌다.

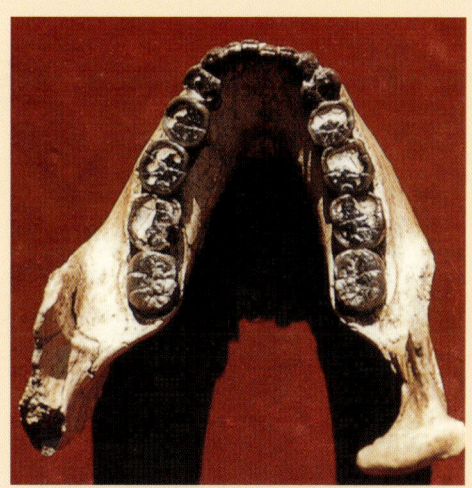

위: 거대한 뒤어금니와 앞어금니에 비해 앞니가 매우 작은 파란트로푸스 보이세이의 아래턱뼈. 이러한 치아 패턴은 씨앗이나 작은 과일처럼 한입에 먹을 수 있는 단단한 음식을 먹는 영장류와 똑같다.

아래: 그레코피테쿠스, 오스트랄로피테쿠스, 시바피테쿠스의 치아 단면. 이들은 뒤어금니 에나멜질이 두껍고 교두 형태도 유사한 것으로 보아 식성도 비슷했을 것이다.

과식동물과 엽식동물 비교

	과식	엽식
단백질	적다	많다
지방	적다(씨앗에 많다)	적다
탄수화물	많다	적다
장의 길이	짧다	길다
먹이의 특성	쉽게 으깨진다 (단단한 것과 부드러운 것이 있다)	단단하다 (섬유질이 많다)
치아 구조	치아 표면은 평평하고 에나멜질이 얇다	치아 융선이 발달하고 에나멜질이 두껍다

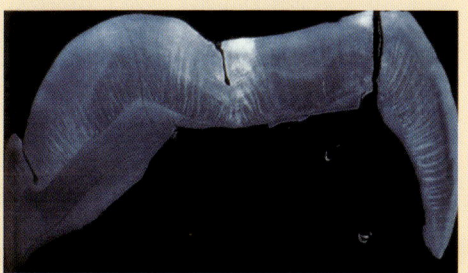

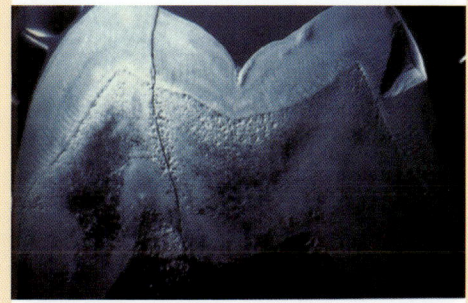

주식이 과일(과식성)인지 나뭇잎(엽식성)인지의 식성 차이에 따라 종마다 큰 차이가 나타난다. 과일은 특히 당질(탄수화물) 등 영양가가 높으므로 과식동물은 장이 짧고 치아 형태가 독특하다. 그러나 과일 나무는 곳곳에 널리 퍼져 있는 경우가 많으므로 과식동물은 과일나무가 자라는 곳과 열매가 열리는 계절을 기억해 두어야 한다.

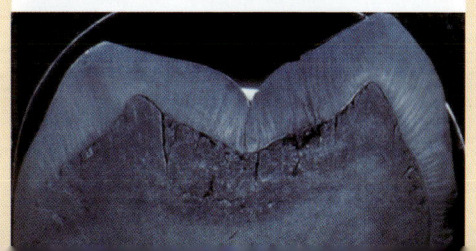

유인원과 인류의 지리적 확산

19세기 후반 이후, 인류가 아프리카에서 처음 진화했다는 학설이 받아들여졌다. 이 점을 증명하는 화석증거는 없었지만 다윈이 침팬지와 고릴라를 사람과 가장 근연한 사람상과(上科)의 영장류로 인정했고, 이러한 유인원이 아프리카에 서식했기 때문에 인류도 아프리카에서 진화했을 가능성이 높다고 생각했다. '다윈의 불도그'라 불린 동물학자이자 해부학자, 헉슬리는 이러한 다윈의 주장을 지지하고 이 학설을 더욱 다듬어 인류와 유인원의 밀접한 관계와 이들이 아프리카에서 기원했음을 처음으로 밝혀냈다.

아프리카 유인원의 진화

아프리카의 유인원 화석은 케냐 서부에서 가장 먼저 발견되었다. 런던자연사박물관의 고생물학자 틴달 홉우드는 이 화석을 보자 케냐로 갔다. 그리고 1931년 코르 유적에서 몇 가지 화석을 수집했다. 이때 처음으로 아프리카에서 유인원 화석이 발견되었고, 그 뒤에는 루이스 리키와 그의 조수 도널드 매키네스가 수집활동을 계속했다. 그들은 유럽과 아시아에서 발견된 것보다 훨씬 이른 시기에 화석유인원이 아프리카에서 번영했음을 밝혀냈다. 리키는 유인원이 아프리카

그리포피테쿠스 아르파니가 서식하던 환경 복원도. 이 화석유인원은 이따금 지상생활을 했을 것이다. 아열대 밀림환경에서 서식했지만, 이 정도 크기의 영장류가 이 나무에서 저 나무로 뛰어다닐 만큼 숲이 빽빽하지 않았기 때문이다.

에서 출현했으며, 2천6백만 년 전에 시작된 유인원의 진화사 가운데 적어도 처음 1천만 년 동안 많은 유인원이 아프리카에서 살았음을 증명했다. 오늘날에는, 그 시기의 동아프리카에 카모야피테쿠스, 프로콘술, 랑과피테쿠스, 냔자피테쿠스, 케냐피테쿠스, 에콰토리우스, 모로토피테쿠스, 아프로피테쿠스 같은 많은 유인원종이 살았다는 사실이 밝혀졌다. 그들의 모습은 오늘날 아프리카에 널리 퍼져 있는 원숭이류와 비슷했을 것이다.

아프리카에서 이주한 화석유인원

화석유인원은 적어도 세 차례에 걸쳐 아프리카에서 이주했다. 첫 번째로 긴팔원숭이 계통이 이주했는데, 동아시아의 현생 긴팔원숭이류

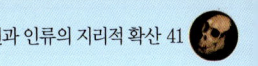

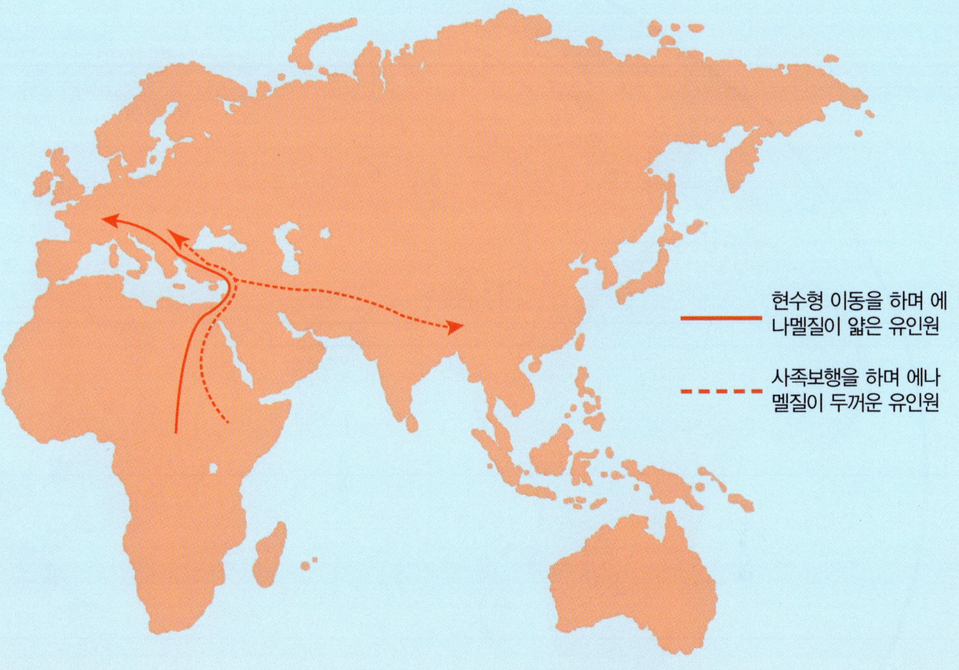

현수형 이동을 하며 에나멜질이 얇은 유인원

사족보행을 하며 에나멜질이 두꺼운 유인원

중신세의 화석유인원이 아프리카에서 나올 때의 두 갈래 이주 흐름이 화석증거로 밝혀졌다. 그러나 긴팔원숭이와 오랑우탄이 왜 아시아에 서식하는가에 대해서는 어느 쪽도 충분히 입증하지 못한다. 화석증거를 보면 에나멜질이 두꺼운 유인원이 가장 먼저 유럽으로 진출했으며, 그 뒤 약 1천5백만 년 전에 그들은 거주 지역을 동방으로 확장했다. 현수형 유인원의 유럽 진출은 약 3백만 년 전 이후에 일어났다.

이외의 계통은 알려져 있지 않다. 분자유전학적인 증거에 따르면 현생 긴팔원숭이의 분기가 일어난 시기는 후기 중신기이다. 두 번째는 치아 에나멜질이 두꺼운 유인원이 이주했다. 아프리카 밖에서 처음 발견된 유인원은 독일, 체코공화국, 터키 중기의 중신기의 지층에서 발견된 케냐피테쿠스와 그리포피테쿠스이다. 후기 중신세의 유인원은 동유럽, 중동, 인도, 파키스탄으로 확산되었다. 이들 일부가 오랑우탄으로 이어지는 계통으로 추정된다. 세 번째로는 앞의 두 차례와 달리 드리오피테쿠스, 오레오피테쿠스로 이어지는 계통이 이주했다. 첫 번째와 마찬가지로 나무 위 생활을 하는 유인원들이 퍼져 나갔는데, 그들은 치아 에나멜질이 두껍고, 땅 위 생활에도 어느 정도 적응한 상태였다고 여겨진다. 이 시기에는 아프리카에서 유인원이 계속 이주했겠지만, 아프리카 안에서 유인원과 인류의 계통으로 이어지는 진화도 계속 일어났을 것이다. 아프

리카의 화석기록에는 1천4백만~6백만 년 사이의 긴 공백 기간이 있는데, 이 시기에 인류와 유인원이 분기했다고 추정된다. 이 시기에 어떤 일이 있었는지를 나타내는 증거는 거의 찾아볼 수 없다. 에티오피아와 북부 케냐에서 1천만~9백만 년 전의 화석유인원 삼부루피테쿠스, 코로라피테쿠스, 나칼리피테쿠스가 발견되었다. 그러나 유연관계는 알 수 없고, 단지 아프리카에 유인원이 살았다는 사실밖에 증명하지 못한다.

아프리카에서 진화한 인류의 조상

초기 인류가 5백만~2백만 년 전 아프리카에서 살았음이 틀림없다. 그들은 아프리카의 넓은 지역에 서식했으며, 실제로 말라위와 차드에서도 화석이 출토되고 있다. 그 가운데 에티오피아, 케냐, 탄자니아 같은 동아프리카의 화석군집이 가장 유명하며, 로사감에서는 약 5백만 년 전의 아래턱뼈 조각이, 아라미스에서는 약 4백

시베리아

중앙아시아

4만년 전 (?)

유럽
4만 5000년 전

4만년 전

4만년 전 (?)

대한민국

중국

10만년 전 (?)

카프제
10만년 전 (?)

사하라 사막

남아시아
7만년 전

아프리카

현대인의 조상 집단
16만~10만년 전

뉴기
4만

오스트레일리
5만년 전

타스만
4만년 전

호모 사피엔스 무리가
세계 각지에 처음 도착했
을 때의 대략적인 연대. 약 1만
8천 년 전 대륙빙하의 범위와 해수면
저하로 인해 생긴 당시 해안선도 표시했다.

40만 년 전의 아르디피테쿠스 화석 등이 출토되
었다. 케냐 카나포이에서는 4백만 년 이전에 살
았던 첫 번째 오스트랄로피테쿠스인 A. 아나멘
시스 화석이 발견되었고, 북부 차드와 탄자니아
에서는 4백만~3백만 년 전의 화석이 출토되고
있다. 선신세(鮮新世)의 초기 인류들이 분기한
지역이 한정되어 있는 까닭은 아마도 환경 때문
으로, 이 단계의 초기 인류는 여전히 소림(疏林)
환경에 적응해 있었다. 초기 인류는 아프리카의
다른 지역에서도 살았겠지만 화석은 발견되지
않았다.

'출(出)아프리카'

4백만 년 전 이후에 오스트랄로피테쿠스는 화
사형(華奢型)과 강건형(强健型)으로 나뉘었다.
케냔트로푸스와 A. 가르히라는 변이종도 존재
했다. 어느 종에서 진화했는지는 분명하지 않
지만 약 250만 년 전에는 최초의 호모속으로 추
정되는 종이 출현한다. 호모속과 오스트랄로피
테쿠스속의 계통은 모두 그들의 근거지인 아프
리카에 머물러 있었다. 그러나 머지않아 인류는
처음으로 아프리카에서 벗어난다. 이 사건은 종
종 '출아프리카I'로 불리지만, 사실 사람상과(호
미노이드, 유인원과 인류)의 네 번째 이주이다.

베링기아

알래스카

1만 1000년 전

클로비스 유적
1만 3500~1만 3000년 전

하와이 제도
1400년 전

페루
1만 2000년 전(?)

남아메리카

소시에테 제도
1500년 전

통가

이스터 섬
1500년 전

칠레
1만 4000년 전(?)

적어도 10만 년 전
에 사피엔스가 처음 아프
리카에 출현하였으며, 그 무렵
카프제 같은 이스라엘 유적에서 화석
뼈가 발견되었다.

출아프리카를 달성한 인류는 호모 에렉투스였
거나, 호모 하빌리스나 호모 루돌펜시스와 근연
한 종이었다고 추정된다. 마다가스카르는 여전
히 아프리카에서 단절된 상태였으며, 뉴질랜드
도 오스트레일리아에서 고립되어 있었다. 뉴기니
는 동남아시아와 이어지지 않았다. 처음 이곳에
도달한 인류는 호모 사피엔스였다.

호모 사피엔스의 확산은 '출아프리카 Ⅱ'라고
불리며 약 12만 년 전에 시작되었다. 초기에는
북아프리카에서 중동으로 퍼져 나갔다. 그들은
동쪽으로 나아가 아열대지역과 열대지역을 지나
약 5만 년 전에 마침내 배를 타고 오스트레일리

아에 도착했다. 유럽에는 약 4만 5천 년 전에 처
음 진출한 듯하다. 이 밖의 지역에서는 호모 사
피엔스의 발자취가 거의 발견되지 않았으며, 약
3만 년 전의 스리랑카에서 찾아볼 수 있을 뿐이
다. 중국에도 약 4만 년 전에 나타났지만 실제로
는 더 빨리 도착했을 것이다.

극사막과 높은 산 등 기후가 혹독한 지역에는
약 1만 2천 년 전 무렵에 마지막 빙하기가 끝나
고 나서야 인류가 발을 들여놓기 시작했다. 그리
고 그 뒤인 3천 년 전부터 인류는 마침내 마다가
스카르와 뉴질랜드, 폴리네시아 등 더 멀리 있
는 섬으로까지 이주하게 되었다.

최초의 아메리카인

유럽인이 아메리카 대륙으로 이주한 초기에, 아메리카 선주민의 눈과 머리칼 등의 특징이 아시아인과 매우 유사하다는 사실이 밝혀졌다. 또한 치아 형태와 DNA 분석 같은 인류학적 연구가 진행되면서 그들의 유사성이 확인되었다. 그렇다면 최초의 이주자는 언제 어떻게 아메리카 대륙으로 건너갔을까?

클로비스 문화는 아메리카의 고고학 기록으로 보아 약 1만 3천 년 전에 출현했다. 그러나 그보다 앞선 문화가 존재했다는 증거도 속속 나오고 있다. 사진의 찌르개는 애리조나 주 나코에서 매머드 뼈와 함께 발견되었다.

클로비스 석기

최초의 아메리카인은 클로비스라 불리는 독특한 석기를 만들어 썼으며, 1만 3천~1만 2천 년 전에 건너왔다고 추정된다. 또한 메도크로프트 록셸터 유적과 몬테베르데 유적처럼, 클로비스 문화기 이전에 인류가 이주했음을 나타내는 증거도 속속 나오고 있다.

몬테베르데 유적이 말하는 점

남아메리카의 유적들은 클로비스 문화기와 거의 같은 시기에 형성되었으며, 그 무렵 이미 아메리카 대륙에 다양한 문화를 가진 사람들이 있었다고 추정되므로, 처음 아메리카에 이주한 시기는 그보다 더 빨랐을 것이다. 남아메리카 칠레의 개척지 유적인 몬테베르데에서도 약 1만 4천 5백 년 전의 거주터가 발견되었다. 인류가 처음 알래스카를 건넌 시기를 마지막 빙하기의 최한기인 약 2만 년 전 이전으로 보지 않으면 이러한 장거리 이동은 불가능하다고 고고학자들은 주장한다.

신체적 다양성

최근 아메리카 북부, 중부, 남부에서 발견되었으며 적어도 9천 년 전의 것으로 보이는 화석증거에 따르면, 아메리카의 초기 거주자 집단은 신체적 특징이 다양하고 현재의 아메리카 선주민과 닮지 않았다는 사실을 알 수 있다. 큰 논쟁을 불러일으킨 약 9천 년 전의 두개골 '케네윅 맨'이나, 1만 년 전의 스피릿 동굴에서 발견된 뼈가 그 증거이다.

최초의 아메리카인은 비해협의 남쪽 섬을 따라를 타고 건너왔을 것으알래스카의 누니바크 소이누이트족이 이용하는인용 카약과 같은 작은는 몇 천 년 전에도 사었다. 고대 해양민족은레의 몬테베르데까지 어리카 서해안을 따라 남했으며, 위험한 내륙 길이용하는 것보다 더 빨도착할 수 있었을 것이다

육교 루트

베링기아

네나나문화복합 · · 블루피시 동굴

콜디레라 빙상

로렌타이드 빙상

대서양항행 루트

해안선 루트

케네윅

스피릿·동굴
클로비스

메도크로프트 록쉘터 유적

현재의 해안선

당시의 해안선

페트라 프라다

몬테베르데

이 지도는 아메리카 각지로 이주한 고대
인의 고고학적 증거가 발견된 장소를 표시
하고 있는데, 이 지역은 선사시대 연구 가운
데 가장 활발한 논쟁을 불러일으킨 곳이다. 경
빙기에는 대체로 해수면 저하에 의해 시베리아
와 알래스카 사이의 배링 해협이 드러나 면서 베
링기아라는 육교로 연결되어 있었다. 따라서 바로 근
처에 대륙빙하가 있었지만 매머드 같은 포유동물은 아
시아 대륙에서 북아메리카 대륙으로 건너갈 수 있었다. 인
류도 그들의 뒤를 따라 건너기 시작했다. 그것이 과연 언제였을
까? 메도크로프트 록쉘터 유적과 몬테베르데 유적 등에서 나온 고고학
적 증거는 그들이 클로비스 문화 이전에 이주했다는 주장을 뒷받침한다.

유전학적 증거

방대한 유전자 데이터도 아메리카 선주민의 기원을 해명하는 데
에 활용된다. 이 유전자 데이터의 대부분은 현생 아메리카 선주민
집단의 미토콘드리아 DNA(mtDNA)를 해석한 데이터로, 집단 내
의 다양성을 알아보기 위해 이용된다. 또한 많은 동아시아의 비교
DNA 시료와 몇 안 되는 고대 DNA를 복원한 데이터를 참고하여
분석한 결과, 드넓은 아메리카 대륙 전역에서 변이가 아주 조금밖
에 일어나지 않았다는 사실을 알아냈다.

몬테베르데 유적에서 발견된 뼈·돌·나무로 만들어진 이러한 도구는 매우 단순하
며 자연석을 이용한 것도 있다. 오른쪽 사진은 함께 발견된 사람의 발자국이다.

환경과 관련된 진화와 행동

유인원과 인류의 이동방식 진화와 식성과 행동이 환경 변화와 어떠한 관련이 있는가? 영장류는 사회적인 동물로, 원숭이와 유인원은 매우 복잡한 사회적 상호관계를 맺어 왔다. 무리에서 떨어진 채 혼자 있는 영장류는 거의 없으며 대체로 다른 구성원과 함께 있다. 종에 따라 집단의 형태는 크게 달라진다.

그러나 적에게서 떨어진 곳에 특정한 거주지가 있고, 포식동물로부터 몸을 지키고 먹이를 확보하는 기본적인 기능은 거의 비슷하다. 오늘날의 다양한 문명사회는 조상 영장류의 사회와 크게 다르지 않다.

현생유인원

현생유인원은 열매를 주식으로 삼고 숲 속에 살며 복잡한 사회구조를 형성하고 있다. 열매를 먹으며 숲 속에 사는 종은 분포역이 제한되어 있다. 그 종이 주로 열매에 의존해서 생활한다면 열매가 열리는 환경이 뒷받침되어야 한다. 그러나 많은 환경은 이 단순한 요구를 들어주지 않는다. 많은 과식(果食)동물이 열대림에 사는 까닭은 일 년 내내 열매를 구하기가 쉽기 때문이다. 현생유인원은 열대, 특히 열대우림에 살 수밖에 없었다.

숲 속에서 사는 유인원에게 그 다음으로 필요한 것은 나무이다. 많은 유인원이 포식동물을 피하고 먹이를 얻기 위해 나무 위에서 지낸다. 유일하게 긴팔원숭이류만이 나무들을 이동 경로로 이용한다. 침팬지와 고릴라와 오랑우탄 같은 대형 유인원은 이동할 때면 어김없이 땅 위로 내려온다. 나무를 타고 이동하기에는 몸집이 너무 크고 무겁기 때문이다. 나무가 듬성듬성한 소림 지대는 물론 빽빽한 밀림에 살 때에도 그랬다. 다양한 숲 속 환경에서 살던 유인원이 진화하면서 땅 위에서도 지내게 된 것은 결코 놀라운 일이 아니다. 나무가 듬성듬성하게 자란 소림 환경에서 살려면 어쩔 수 없이 땅 위로 내려와야 하기 때문이다.

유인원의 사회구조

유인원의 사회구조는 다양하다. 긴팔원숭이류는 암수 한 쌍과 새끼로 이루어진 일부일처제를 이룬다. 일부일처제는 조류에서는 흔하지만 포

거의 모든 유인원이 열대우림 환경에서만 서식하지만 유일하게 침팬지는 동아프리카 사바나 지역과 같은 숲 주변에서도 살아갈 수 있다.

현생유인원과 인류의 사회적 구조

보노보

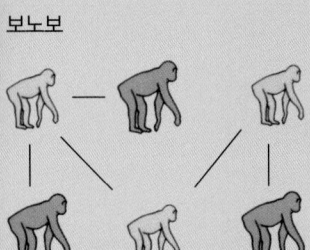

보노보는 평등한 가족 단위로 이루어진 사회를 형성한다. 암컷이 수컷과 유대를 맺기도 하지만 가장 강력한 관계는 암컷끼리의 유대이다. 수컷의 지위는 어미의 지위에 따라 정해지며, 어미와 강력한 유대를 맺는다. 이러한 모권 사회는 영장류는 물론 포유류 전체에서도 아주 드물다.

침팬지

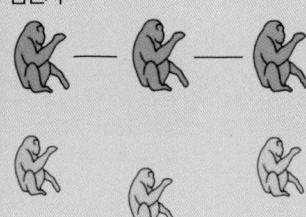

보노모와 대조적으로 침팬지 무리는 수컷이 지배한다. 수컷들은 암컷들이 사는 영역을 감시하며 외부에서 침입하는 수컷으로부터 보호한다. 수컷과 암컷의 유대는 단기간 지속되지만 암컷은 다른 암컷과 그다지 깊은 유대를 맺지 않는다.

긴팔원숭이

긴팔원숭이는 일부일처제이며 수컷과 암컷은 영역을 지키는 것을 포함하여 많은 활동을 분담한다.

사람

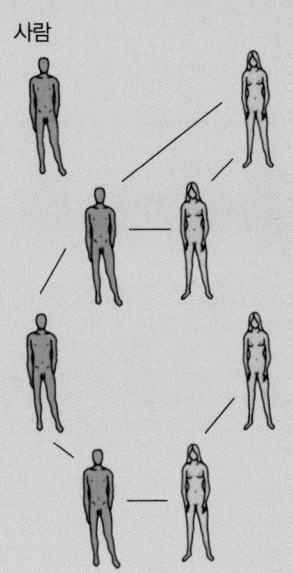

사람의 행동은 다양하며, 유인원의 '사회구조와 겹치는 부분이 많다. 대부분의 사람 사회는 긴팔원숭이와 같은 일부일처제이지만, 침팬지와 같은 일부다처나 고릴라와 같은 복혼제(複婚制)도 존재한다.

고릴라

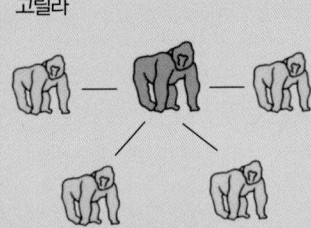

고릴라 사회는 우위에 있는 수컷이 이끄는 무리 내에서 복혼을 한다. 무리는 암컷 여러 마리와 새끼로 이루어지는데, 새끼수컷은 우위에 있는 수컷에 도전할 수 있을 만큼 충분히 자라기 전까지만 무리에 머물 수 있다.

오랑우탄

오랑우탄은 혼자 살아간다. 수컷과 암컷은 거의 접촉하지 않고 저마다 독립된 행동범위 안에서 활동한다. 수컷의 행동범위는 크고, 그 안에 암컷 한 마리 또는 여러 마리의 행동범위가 포함된다.

유동물 중에서는 보기 드문 체제이다.

침팬지 사회는 현생유인원 가운데 가장 복잡하다. 침팬지 사회는 느슨하게 결합된 무리의 집합으로, 각 무리는 하위 무리로 나뉘거나 단독행동을 하기도 한다. 이는 먹이를 구할 가능성과 포식동물이나 다른 무리의 침팬지 등 적이 얼마나 위험한가에 따라 달라진다.

보노보도 먹이를 구하는 데에 매우 유연하게 대응한다. 보노보는 나뭇잎을 먹으며, 사회구조도 침팬지와는 다르다. 보노보 사회에서는 수컷보다 암컷끼리의 유대가 강하고, 고정된 무리든 먹이 채집을 위해 일시적으로 모인 무리든 침팬지 무리보다 규모가 크다.

오랑우탄 사회도 느슨하게 결합된 사회적 집단이다. 오랑우탄은 침팬지류처럼 긴밀하게 결합하지 않는다. 오랑우탄은 대체로 고독을 좋아하고 이동하거나 먹이를 구할 때도 단독으로 행동한다.

초기 중신세의 유인원

2천만~1천8백만 년 전인 초기 중신세의 아프리카에는 프로콘술이 서식했다. 그들은 열대밀림에 살면서 부드러운 과일을 먹고 나무를 타는 일반적인 사족동물이었다. 프로콘술은 적어도 4종이 있었으며, 기본적으로 동일한 생활 형태를 보이지만 차이점도 있다. 오히려 서로 다르게 적응한 매우 근연한 유인원이었다고 볼 수 있다. 루싱가 섬에 살던 2종은 변화무쌍한 환경에 살았으며, 나무가 빽빽한 삼림과 듬성듬성한 소림 양쪽에서 두루 발견된다.

후기 중신세의 유인원

1천만~9백만 년 전의 후기 중신세에는 화석유인원이 매우 다양해졌다. 화석유인원은 적어도 두 계통이 존재했다. 앙카라피테쿠스와 드리오피테쿠스인데, 그들은 각각 다른 환경에 적응하여 서로 전혀 다른 생활양식을 보인다. 프로콘술과 달리 앙카라피테쿠스 메테아이는 치아와 머리뼈의 특징으로 보아 강력한 저작력(씹는힘)에 적응했음을 알 수 있다.

화석유인원의 대표는 앙카라피테쿠스이다. 화석증거로 보아, 이 무리에 속하는 모든 개체는어느 정도 땅 위 생활에 적응하도록 준비하고

위 : 보노보 사회는 모권 사회이다. 무리의 개체는 모두 평등하며 유연하게 행동한다. 수컷의 지위는 어미의 지위에 따라 정해진다. 영장류 가운데 이처럼 암컷이 우위에 있는 경우는 극히 드물고, 포유류 전체를 보아도 드문 현상이다.

아래 : 침팬지 사회의 구조는 매우 복잡하다. 수컷이 우위를 차지하며 사회의 중추를 이룬다. 침팬지가 불리한 환경에서도 지혜롭게 대처하는 데에는 유연한 무리의 구조도 한몫한다. 과일이 부족해도 다른 먹이로 보충하거나 먹이를 얻기 위해 도구를 만들거나 사용할 줄 안다. 왼쪽 사진의 침팬지는 흰개미집 앞에서 가느다란 나뭇가지로 쑤셔 흰개미를 사냥해 먹고 있다.

남유럽 아열대 소택림(沼澤林)에서 나뭇가지에 매달려 있는 드리오피테쿠스 가족.

있었다. 그들은 프로콘술처럼 네 발로 나무 위와 땅 위를 이동했다. 초기 유인원과 마찬가지로 나무 위에 거주했으나 장거리를 이동할 때에는 주로 땅 위를 걸었을 것이다.

드리오피테쿠스가 살던 남유럽 환경은 치아 에나멜질이 두꺼운 유인원이 살던 것과 같은 아열대였는데, 기후는 더 습윤하여 아열대성 상록수 숲으로 뒤덮여 있었을 것이다. 어쩌면 여전히 긴팔원숭이가 서식하고 있는 미얀마의 아열대성의 계절풍림이나 인도 동부의 습윤한 지역과 비슷했을 것이다. 드리오피테쿠스종은 열매를 먹었으며 오로지 나무 위에서 생활했다. 중신세 환경에서 드리오피테쿠스는 긴팔원숭이류와 같은 생태적 위치를 차지했을 것으로 추정된다.

인류의 가장 오래된 조상

후기 중신세의 앙카라피테쿠스와 드리오피테쿠스가 서로 근연했다고 볼 수는 없으나, 이들이 중신세 말부터 선신세 초기에 인류의 조상이 태어날 바탕을 형성했다고는 말할 수 있다. 인류가 탄생한 정확한 연대는 모르지만 중신세 끝 무렵인 700만~5백만 년 전이라고 추정한다. 똑바로 서서 두 발로 걷는 직립이족보행에 적응한 사실이 확인되면 일반적으로 가장 오래된 인류의 조상으로 여긴다.

화석이 출토된 퇴적층과 그 동물상(相)의 증거에 따르면, 서식지는 열대의 울창한 소림이나 밀림이었던 듯하다. 에티오피아에서 발견된 아르디피테쿠스 라미다스는 인류 조상의 하나로 여겨지며 이족보행의 가능성을 나타내는 몇 가지 증거가 발견되었다. 케냐의 카나포이에서 출토된 오스트랄로피테쿠스 아나멘시스는 아르디피테쿠스보다 조금 나중 연대에 나타났지만, 이족보행을 했다는 것을 분명하게 증명하는 다리뼈도 발견되었다.

초기의 오스트랄로피테쿠스류

오래된 인류의 화석에서는 증거를 충분히 얻지 못하지만, 초기 오스트랄로피테쿠스류가 소림이나 밀림 환경에서 살았으며, 모든 종이 적어도 부분적으로 나무 위 생활을 했다는 것을 확인할 수 있다. 조금 더 젊은 연대에서는 A. 아파렌시스의 화석증거가 늘어나, 남아프리카에서 중앙아프리카, 북동아프리카에 이르는 광대한 지역의 4백만~3백만 년 전 퇴적층에서 발견되었다. 탄자니아 라에트리에서는 카나포이에서 출토된 아나멘시스 화석과 유사한 아파렌시스의 턱뼈와 치아가 발견되었다. 또한 아파렌시스의 것으로 여겨지는 발자국 화석은 초기 인류가 이족보행을 했다는 확실한 증거이다

후기의 오스트랄로피테쿠스류

동아프리카와 남아프리카의 후기 오스트랄로피테쿠스는 더욱 개방된 환경에 적응했다. 그 과정은 올두바이 협곡의 조사로 드러났다. 몇 가지 독립된 증거에 따라 Bed I 중층으로 불리는 지층의 환경을 복원하자 그곳은 밀림지대의 경계에 있는 우거진 숲이었음이 밝혀졌다. 후기 중시세의 화석유인원과 선신세 인류의 조상은 열대 및 아열대의 소림과 밀림이라는 비슷한 환경에서 살았다. 주식이 과일이었다는 점도 일치한다. 이동할 때에도 나무와 땅 위를 비슷하게 활용했다. 그러다가 유인원 가운데 어느 종은 이족보행을 하고 다른 종은 사족보행을 계속했다.

오스트랄로피테쿠스 아파렌시스 무리. 그들은 부분적으로 나무 위 생활을 했다고 여겨진다.

도구와 사람의 행동 :

① 가장 오래된 증거

"일반적으로 동물은 죽으면 몸의 흔적을 남기지만 인간은 지성의 산물을 남긴다."

고고학자 제이콥 브로노우스키의 말이다. 지난 200만 년 이상에 걸쳐 인류는 석기에 다양한 지혜의 흔적을 남겨 왔다. 그러나 우리와 가장 근연한 현생 침팬지도 도구를 만들 줄 안다. 개미집에 나뭇가지를 찔러 넣어 흰개미를 사냥하고, 최근에는 견과류 알맹이를 빼먹기 위해 돌을 사용하는 모습이 기니에서 관찰되는 등 침팬지와 사람의 행동에 큰 차이가 없음이 밝혀졌다. 그리고 적에게서 떨어진 곳에 특정한 거주지가 있고, 포식동물로부터 몸을 지키고 먹이를 확보하는 기본적인 기능은 거의 비슷하다. 오늘날의 다양한 문명사회는 조상 영장류의 사회와 크게 다르지 않다.

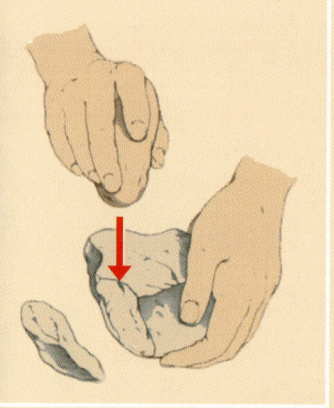

찍개라 불리는 가장 오래된 석기(아래). 이러한 도구는 자갈과 용암덩어리에서 하나 또는 여러 조각의 박편을 떼어내 만든 석기이다. 이것이 자연석이 아니라 도구로서 인식되는 것은 그 돌을 먼 곳에서 옮겨 왔으며, 절단되고 부서진 동물 뼈와 함께 발견되었기 때문이다.

가장 오래된 석기

가장 오래된 석기는 약 250만 년 전의 동아프리카 유적에서 발견되었으며 대부분 화산암으로 만들어졌다. 이것은 냇돌석기문화 또는 가장 처음 발견된 올두바이 협곡의 이름을 따서 '올두바이 문화'라 부른다. 이 석기는 매우 단순하다. 냇가에서 둥근 돌을 주워 다른 돌로 얇게 조각을 떼어내 만든다. 깎여 나가고 남은 둥근 돌의 날카로운 부분을 사용하거나, 떨어져 나온 조각을 칼처럼 사용하기도 했다.

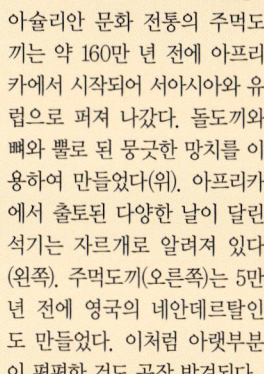

아슐리안 문화 전통의 주먹도끼는 약 160만 년 전에 아프리카에서 시작되어 서아시아와 유럽으로 퍼져 나갔다. 돌도끼와 뼈와 뿔로 된 뭉긋한 망치를 이용하여 만들었다(위). 아프리카에서 출토된 다양한 날이 달린 석기는 자르개로 알려져 있다(왼쪽). 주먹도끼(오른쪽)는 5만 년 전에 영국의 네안데르탈인도 만들었다. 이처럼 아랫부분이 평평한 것도 곧잘 발견된다.

아래 왼쪽 : 독일 동부 비르친크슬레벤은 주위에 고대 샘과 강이 있던 개지(開地) 유적으로, 약 40만 년 전 인류(호모 하이델베르겐시스로 추정)가 살고 있었다. 코끼리나 코뿔소 같은 대형 포유류의 뼈에 해체당한 흔적이 남아 있다. 사람의 손으로 배열한 돌이 움막의 구조를 나타낸다고 여겨진다.

아래 오른쪽 : 약 50만 년 전에는 주먹도끼와 찍개의 분포 범위가 달랐다. 고고학자 할람 모비우스는 주먹도끼 분포 범위의 동쪽 경계선에 자신의 이름을 붙였다. 이 라인이 정말로 문화의 경계선이라면 동아시아인 집단과 분리되어 있었음을 의미한다. 아니면 환경이 달라서 사람도 다른 방식으로 적응했는지도 모른다.

주먹도끼의 등장

그 석기가 바로 주먹도끼로, 대량으로 발견된 프랑스 생아슐의 이름을 따서 이 석기문화를 '아슐리안 문화'라 부른다. 이 석기는 호모 에르가스타나 호모 에렉투스가 가장 먼저 만들었다고 여겨지며, 나중에는 호모 하이델베르겐시스가 만들어 사용했다. 그들은 유럽의 네안데르탈인과 아프리카의 호모 사피엔스의 조상이다. 이 석기는 일반적으로 아몬드 또는 눈물방울 모양이지만, 칼끝이 직선인 '가로날도끼'도 만들었다. 아프리카에서는 주로 용암 같은 화산암을 이용해 만들었고, 다른 지역에서는 주변에서 쉽게 구할 수 있는 돌을 사용했다.

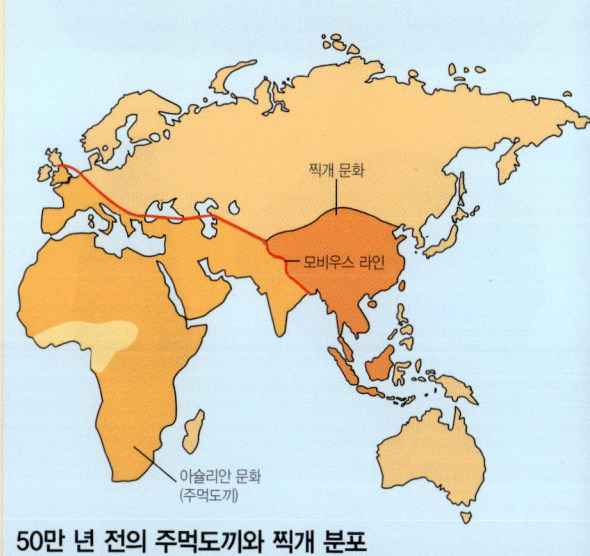

찍개 문화

모비우스 라인

아슐리안 문화
(주먹도끼)

50만 년 전의 주먹도끼와 찍개 분포

② 중기 구석기시대

구석기시대(250만~1만 2000년 전)는 흔히 세 시대로 구분한다. 하지만 이 시대 구분은 유럽에서 유래했으므로 다른 지역에는 적용되지 않는 경우도 있다. 전기 구석기시대(250만~30만 년 전)는 처음 석기를 제작한 시대로, 냇돌석기부터 아슐리안 문화까지를 가리킨다. 중기 구석기시대(30만~4만 년 전)는 유럽과 서아시아에서는 네안데르탈인이, 아프리카와 서아시아에서는 초기 호모 사피엔스가 만든 석기문화 시대이다. 마지막 후기(상부) 구석기시대(4만~1만 년 전)에 대해서는 다음 단락에서 설명하겠다.

제작 방식에 기초하여 분류하면, 냇돌석기 문화를 〈모드 1〉, 아슐리안 문화를 〈모드 2〉, 르발루아 기법을 〈모드 3〉, 후기 구석기 기법을 〈모드 4〉, 세석기(매우 작은 석기로, 종종 작살이나 살촉 등)문화를 〈모드 5〉라고 한다.

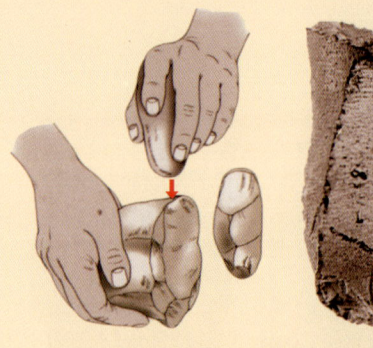

중기 구석기문화(무스티에 문화) 때는 몸돌을 미리 조서 만드는 르발루아 기법이라는 석기제작기법이 곧잘되었다. 석기제작자는 만들어 낼 박편 형태를 미리하여 몸돌을 다듬고 나서 단번에 계획한 박편을 잘라다듬은 몸돌은 형태가 둥근 주먹처럼 독특하여 일반로 귀갑형 몸돌이라고 한다.

르발루아 기법

중기 구석기 시대가 시작된 약 30만 년 전에 르발루아 기법이라는 석기 제작기술이 발명되었다(르발루아는 이 도구가 처음 발견된 프랑스 유적지 이름). 이 기법을 사용한 석기제작자는 목표한 박편(얇은 조각)의 최종 형태를 머릿속으로 그리며 계획성 있게 몸돌에서 박편을 떼낸다. 이 기법은 처음에는 전통적인 주먹도끼를 만들기 위해 주로 이용되었으나, 중기 구석기시대의 발명 가운데 가장 중요한 기술이 되어 유럽을 비롯 아시아, 아프리카에서 다양한 석기문화를 낳게 된다.

네안데르탈인의 도구와 행동

유럽 네안데르탈인의 중기 구석기문화는 맨처음 발견된 유적의 하나인 프랑스의 르무스티에 동굴의 이름을 따서, '무스티에 문화'라고 한다. 네안데르탈인은 다른 종류의 박편석기를 만들었다. '긁개', '자르개', '찌르개'인데, 이 도구들이 어떠한 용도로 쓰였는지는 확실히 알려지지 않았다.

이따금 검은 망간산화물과 같은 천연 안료가 네안데르탈인의 유적에서 발견된다. 제작한 도구나 그들의 몸에 발랐을 것으로 추정된다. 네안데르탈인은 죽은 사람을 매장했던 듯하다. 유

네안데르탈인은 다양한 석기를 만들었다. 석기 구성의 차이는 그들의 작업과 양식의 차이를 반영한다. 사진의 석기는 위와 왼쪽이 긁개이고 오른쪽이 찌르개이다.

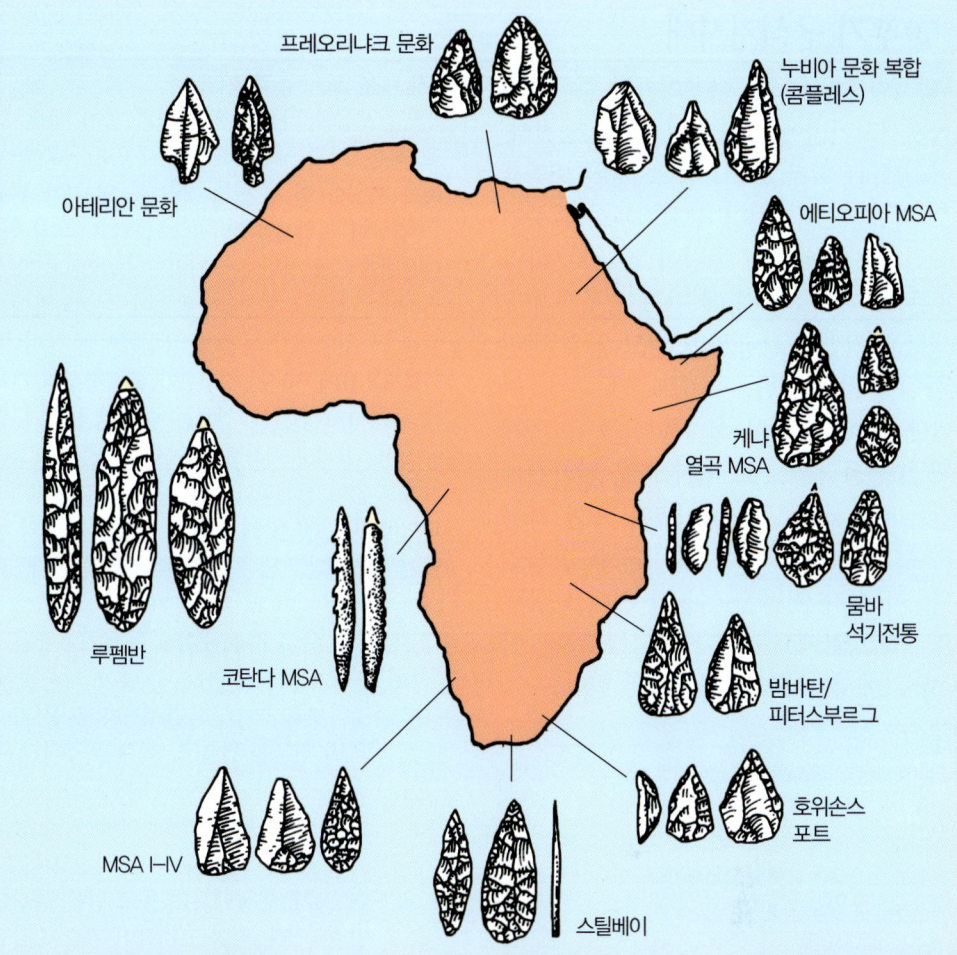

아프리카 중기 석기시대의 문화전통은 유럽과 아시아의 대조적인 문화전통보다도 훨씬 다양하다. 이 지도에는 북서부의 아테리안 문화부터 남부의 스틸베이 문화에 이르기까지 아프리카 전역에서 나타나는 석기 문화의 다양한 양식이 표시되어 있다. 중기 석기시대의 문화계통 가운데에는 여전히 주먹도끼를 사용하는 문화와 복합도구와 뼈제품 등 고도의 도구를 사용하는 문화도 있다.

럽과 서아시아의 유적에서는 의도적인 매장터로 추정되는 곳에서 네안데르탈인의 뼈가 대량으로 발굴되었다. 동아시아에 호모 사피엔스가 도착했다고 여겨지는 5~6만 년까지의 시대에는 인간을 매장한 증거가 발견되지 않았다.

아프리카 중기 구석기시대

아프리카에서 중기 구석기시대는 중기 석기시대라고도 불린다. 북부의 석기 문화는 네안데르탈인의 석기문화와 유사한 점이 많지만, 북부

이외 지역의 문화는 다양하다. 중앙아프리카 '상공'에는 뾰족끝찍개 같은 대형 석기가 있었으며 나무를 벌채할 때 쓰인 듯하다. 한편 남부 '호위손스 포트'라 불리는 문화에서는 길고 얇은 박편석기와, 훨씬 나중인 후기 구석기시대의 유럽에 나타나는 돌칼이 보급되었다. 그런데 초기에 아프리카를 떠난 초기 호모 사피엔스의 석기 기법은 중동보다 약 10만 년 앞서 스쿨과 카프제 유적에서 발견되는데, 네안데르탈인의 기법과 아주 비슷하다.

③ 후기 구석기시대

약 4만 5천 년 전, 아프리카와 중동에서 석기제작기법에 주요한 변화가 생겼다. 이 변화는 머지않아 유럽 등 다른 지역으로 확산되었다. 전기 구석기문화와 중기 구석기문화에서는 돌덩이 하나로 하나 또는 몇 개의 석기밖에 만들지 못했지만, 새로운 기법을 사용하면 길고 얇은 박편(돌칼)을 많이 만들 수 있으므로 원석 하나에서 효율적으로 석기를 만들 수 있게 되었다. 돌칼은 주로 뼈나 뿔을 날카롭게 만든 펀치로 두드려 떼어냈다. 또한 가공하여 자르개, 긁개, 끌, 송곳 등도 만들었다. 이 석기 기법을 이용한 시대를 유럽과 서아시아에서는 '후기 구석기문화', 아프리카에서는 '후기석기시대'라 한다.

새로운 도구들과 예술

돌칼 보급과 더불어 뼈와 뿔과 상아 제품, 점토 제품, 그물 제품, 바구니 세공도 급증했다. 촉을 끼웠다 뺄 수 있는 작살 등 몇 가지 부품을 결합한 복합적인 도구도 보급되고, 투창기를 사용함으로써 창던지는 거리도 늘어났다. 오스트리아에서는 조개껍데기 목걸이, 아프리카에서는 타조 알껍데기 목걸이, 유럽에서는 상아 펜던트 등 몸에 지니는 장신구가 고고학상의 기록에 등장하게 되었다. 안료는 다양한 물건과 동굴 암벽, 그리고 매장할 때 몸에 발랐는데 그 증거가 수없이 발견되었다. 마침내 인류가 현대인과 같은 마음을 갖게 되면서 이러한 '창조의 폭발'이 일어났다고 많은 고고학자는 생각한다.

생산적인 삶과 사회생활

후기 구석기문화 시대에는 천막이 커지고 내구성도 좋아져서 주거가 복잡해졌다. 동물 가죽으로 천막을 만들고, 목재를 구하기 어려운 곳에서는 매머드의 뼈로 집을 만들었다. 돌을 두른 화로와 아궁이의 등장으로 불을 이용하는 기술도 진보하였으며, 몇몇 동굴에서는 돌로 만든 등잔도 발견되었다. 배와 고기잡이 기술이 발달하여 그물과 함정을 만들고, 식량 채집 기술도 다양해졌다. 일부 특정한 사람들이 다른 사람들보다 많은 부장품과 함께 매장되는 등 사회적 계층이 생긴 증거도 나타났다. 러시아의 숭기르 유적에서는 엄청나게 많은 상아구슬과 함께, 한 남성과 두 아이의 뼈가 발견되었다. 구슬은 그들이 매장되었을 때 입고 있던 옷에 장식되어 있었던 듯하다. 이탈리아의 그로토 데 장팡에서도 두 아이의 매장 흔적이 발견되었다. 매장양식은 점차 복잡해졌다. 체코의 돌니 베스토니체에서는 함께 매장된 10대 젊은이 셋의 무덤이 발견되었다. 유체에는 붉은색 오커 가루가 뿌려져 있었다.

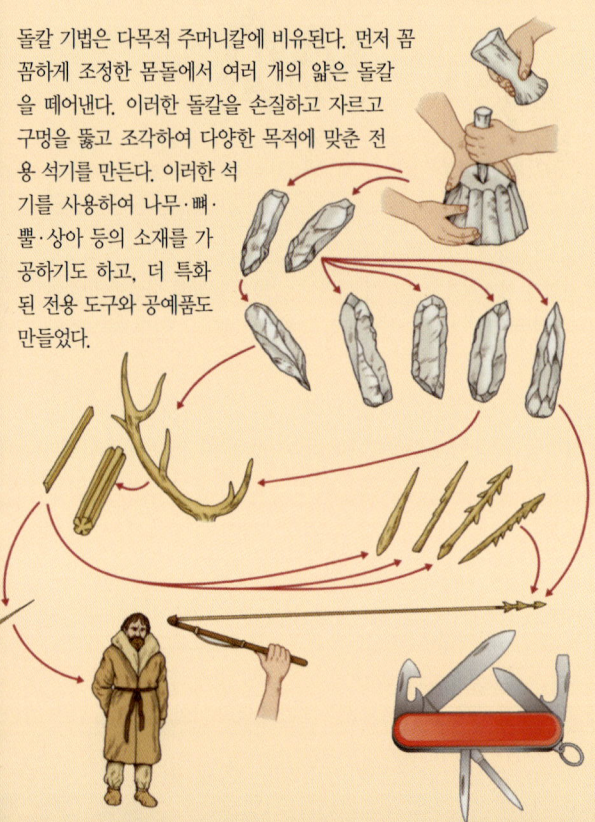

돌칼 기법은 다목적 주머니칼에 비유된다. 먼저 꼼꼼하게 조정한 몸돌에서 여러 개의 얇은 돌칼을 떼어낸다. 이러한 돌칼을 손질하고 자르고 구멍을 뚫고 조각하여 다양한 목적에 맞춘 전용 석기를 만든다. 이러한 석기를 사용하여 나무·뼈·뿔·상아 등의 소재를 가공하기도 하고, 더 특화된 전용 도구와 공예품도 만들었다.

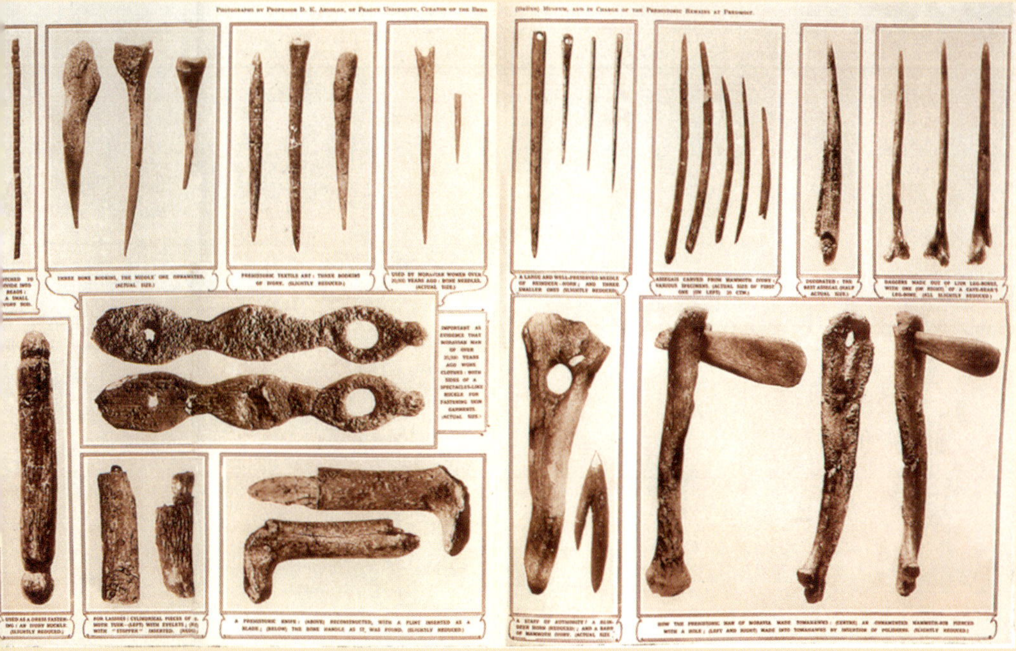

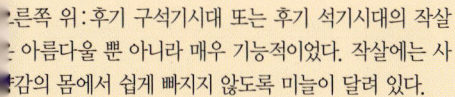

: 체코공화국 프셰모스티 유적에서는 사람 뼈뿐 아니
그라베트 문화의 다양한 석기, 뼈 연장, 상아 도구들
출토되었다. 그러나 안타깝게도 이러한 많은 유물은
2차 세계대전 때 파괴되어 사진에 표시된 것만 남았
. 이 중에는 도구와 무기도 있고 쓰임을 알 수 없는 것
있다. 뼈로 된 손잡이에는 보다 새로운 시대의 돌도
머리 부분이 달려 복원되었다.

른쪽 위: 후기 구석기시대 또는 후기 석기시대의 작살
아름다울 뿐 아니라 매우 기능적이었다. 작살에는 사
감의 몸에서 쉽게 빠지지 않도록 미늘이 달려 있다.

른쪽 가운데: 영국의 고프스 동굴에서 발굴된 순록
로 된 '봉(baton)'. 나선 모양의 구멍이 있는 것으로 보
도르래로 사용한 것으로 추정된다.

른쪽 아래: 호모 사피엔스의 특징은 상징적인 의미와
술을 창조하는 것이며, 이러한 특징은 유럽의 후기 구
기시대에도 널리 나타난다. 그런데 이러한 행동은 언
어디서 시작되었을까? 남아프리카의 브롬보스 동굴
적에서는 7만 5천 년 전의 증거가 발견되었다. 산화철
적색 오커가 안료로 사용되었던 것이다. 이것으로 크
파스를 만들어 몸을 장식하는 데 이용했을 것이다. 이
진의 적색 오커 덩어리에는 상징적인 의미를 표현한
한 선이 그어져 있다. 만들어진 당시 이러한 덩어리는
빛처럼 매우 선명했을 것이다.

빙하기 중앙유럽과 동유럽에는 춥고 건조한 평원이 펼쳐지며 때때로 숲이 사라졌다. 따라서 중기·후기 구석기시대 사람들은 큰 매머드의 뼈를 부자재로 사용하거나 때로는 연료로 사용했다. 매머드와 털코뿔소와 같은 대형 동물의 뼈는 평원에서 많이 흩어져 있었으므로 이것을 주워 우크라이나의 메취리히 유적(사진)과 같은 큰 오두막을 지었다.

오른쪽 : 러시아의 숭기르 유적지의 한 무덤에서 상아구슬 약 3천 개와 수많은 상아 팔찌가 남성 뼈와 함께 발견되었다.
아래 : 1874년, 이탈리아 그로토 데 장팡에서 발굴된 두 아이의 매장터. 수천 개의 조개껍데기와 구명 뚫은 치아로 장식되어 있다.

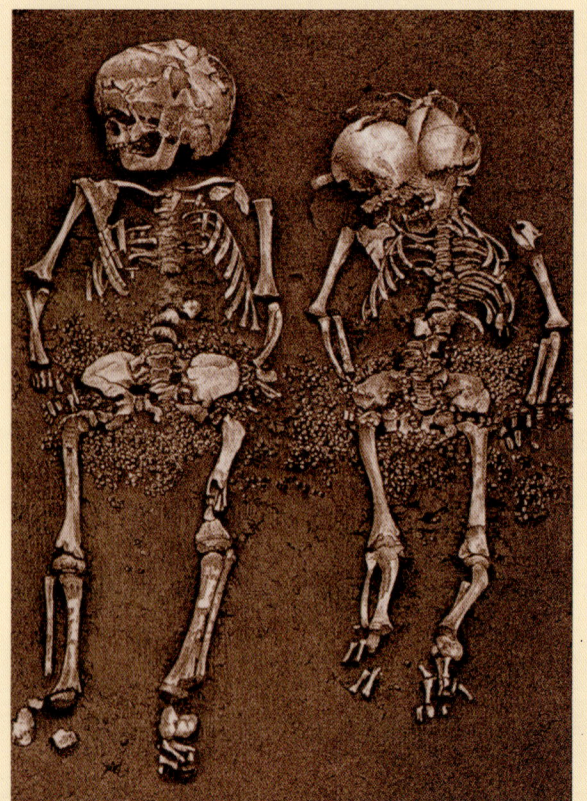

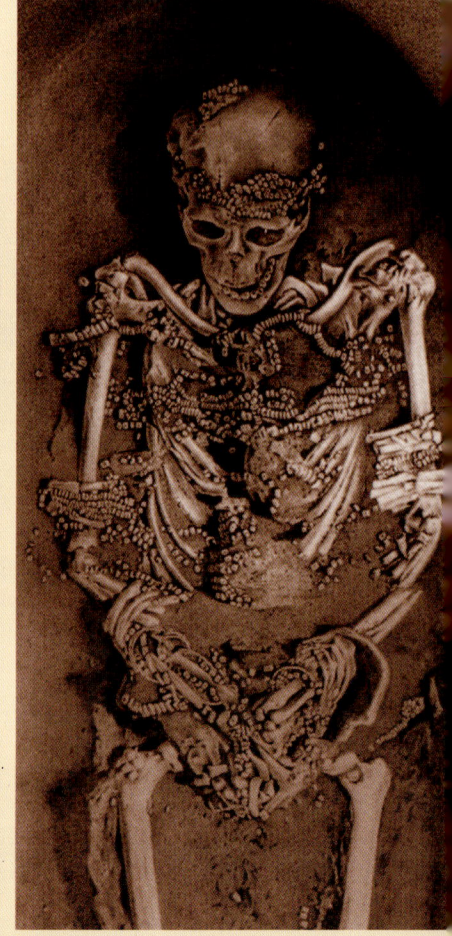

돌니 베스토니체에 매장된 세 사람. 가운데에 있는 여성의 뼈는 기형이다. 양 옆의 뼈는 강인한 육체의 남성으로, 머리뼈 주위에는 구멍이 뚫린 치아와 상아목걸이가 둘러져 있다.

석기의 문화 전통

	추정되는 연대 범위 (년 전)
샤텔페롱 문화	3만 8천~3만 3천
오리냐크 문화	3만 5천~2만 9천
그라베트 문화	2만 9천~1만 7천
솔뤼트레 문화	2만 2천~1만 7천
마그달렌 문화	1만 7천~1만 1천

유럽의 석기 문화

유럽에서는 다양한 후기 구석기문화가 계속되었으며 대부분 맨 처음 인정받은 프랑스의 유적 이름을 따서 명명되었다. 가장 오래된 오리냐크 문화는 약 4만 년 전에 시작되어 유럽 대륙 전역으로 확산되었다. 그 주역은 초기 호모 사피엔스(크로마뇽인)로, 가장 오래된 표상 예술을 낳았다. 유럽의 몇몇 지역에서 그라베트 문화가 그 뒤를 이었으며 프셰모스티와 돌니 베스토니체와 같은 유명한 유적이 있다. 그 뒤에는 솔뤼트레 문화와 마그달렌 문화가 이어진다. 유명한 라스코 동굴의 벽화는 초기 마그달렌 문화 시대의 사람들이 그렸다.

그 문화는 약 1만 1천5백 년 전의 빙하기 말기까지 이어졌고, 후기 구석기문화는 중석기시대(구석기시대와 신석기시대 사이로, 훨씬 오래 전인 아프리카의 중기 후석기시대를 말하는 것이 아니다)의 문화로 이행한다.

프랑스의 르 프라카르에서 발견된 솔뤼트레 문화의 찌르개.

최초의 예술가

　음악·춤·그림·조각·시·직물·금속세공 같은 예술적인 표현은 오늘날 인간사회에서는 세계 공통적인 것이다. 대부분의 수렵 채집 민족에게 예술은 그들의 생활양식과 복잡하게 얽혀 있다. 예술은 언어처럼 사람 사는 곳이라면 어디서나 볼 수 있다. 따라서 예술은 7만 5천 년 전에 아프리카에서 생겨난 뒤부터 온 인류에게 이어져 내려온 공통된 특징이라고 볼 수 있다.

구석기시대 예술의 발견

　전 세기(前世紀)에 유럽에서 구석기시대 예술 몇 가지가 처음 발견되었을 때, 고고학자들은 기술적으로 발달하지 못한 사람들이 이처럼 세련된 예술품을 만들기란 어렵다고 판단했다. 그러나 가지고 다닐 수 있는 작은 '동산(動産) 예술'은 점차 진품으로 여기게 되었다. 프랑스 라마들렌 유적에서는 매머드 그림을 조각한 매머드 상아의

일부가 발견되었지만, 동굴 벽에 그려진 벽화가 진짜라고 인정받기까지는 더 오랜 시간이 걸렸다. 몇몇 동굴이 주거 유적과 떨어져 있고, 벽화의 놀라운 예술적 솜씨는 석기시대 사람들의 능력으로는 재현할 수 없다고 생각했다. 그러나 동산예술과 동굴예술의 양식이 일치하자, 그것이 모두 같은 예술가의 작품이라고 여기는 고고학자가 나타나기 시작했다.

후기 구석기시대 예술이 발견된 유적 지도

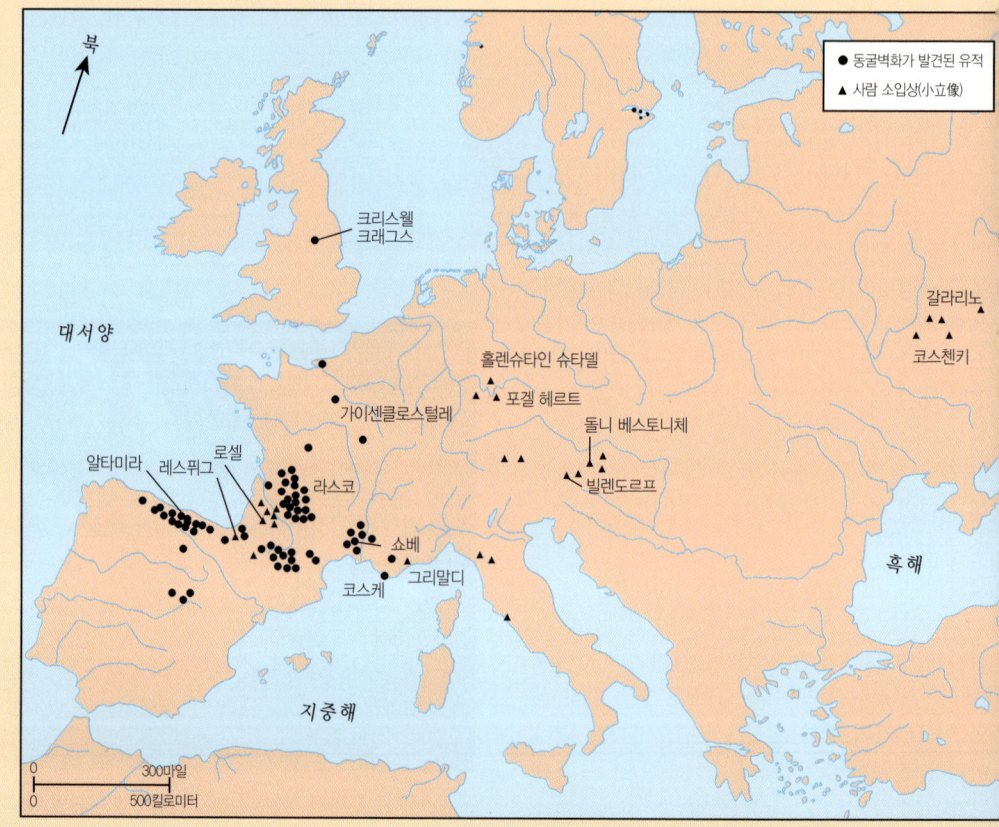

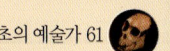

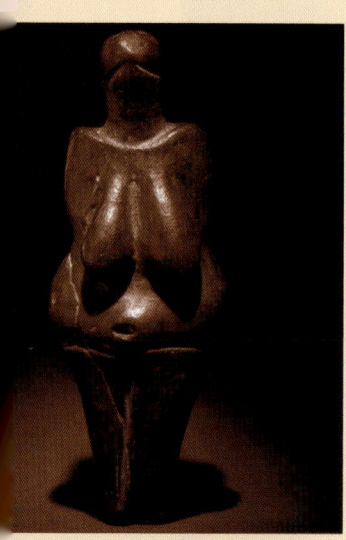

왼쪽 : 돌니 베스토니체에서 출토된 비너스 상. 높이는 약 11센티미터로, 풍만한 여체를 표현했다. 이러한 소형 입상의 경우 얼굴 표현은 생략된다. 소상(小像)은 점토와 골회로 만들어 고온에서 구운 듯하며, 가장 오래 된 세라믹 조각품이라고 할 수 있다.

오른쪽 : 상아로 만들어진 이 작은 얼굴 조각상은 약 2만 7천 년 전의 것으로, 체코공화국 파블로프에서 발견되었다. 얼굴이 자세하게 표현된 것으로 보아 실존한 인물의 초상으로 추정된다.

왼쪽 : 로셀의 비너스는 라스코 근처의 암굴에 거주할 때 새긴 것으로, 1911년에 발견되었다. 비너스가 들고 있는 뿔에 대해서는 다양한 해석이 제기되었다. 아이벡스의 뿔을 충실하게 묘사한 것인지, 아니면 13개의 선에 어떤 의미가 있는지는 알 수 없다.

오른쪽 : 완성도 높은 사자인간 조각상은 독일 홀렌슈타인 슈타델에서 출토되었다. 이 반인반수 신(神)은 사람의 몸에 사자머리를 하고 있는데, 오리냐크 문화의 제작자는 어떤 신성한 뜻을 담아 이 조각상을 만들었을 것이다.

왼쪽 : 매머드 상아로 만든 작은 두상은 프랑스의 브라상푸이에서 출토되었으며, 후기 구석기시대 조각상 가운데 가장 아름다운 작품으로 손꼽힌다. 이 '머리카락'이 당시의 두발 형태를 표현한 것인지 모자인지는 알 수 없다.

무엇을 위한 예술인가?

지금은, 이러한 구석기시대 예술은 약 2만 5천 년 전에 유럽에서 살았던 크로마뇽인의 솜씨라고 여긴다. 그 시절에는 아마도 다양한 이유에서 예술이 생겨났을 것이다. 고고학자들은 예술작품의 일부가 종교적 제사나 통과의례에 사용되었을 것이라고 추측한다. 동굴벽화는 동굴 안쪽 깊숙한 곳에 그려져 있는 경우가 많아 쉽게 보기 힘들다. 또한 벽화가 그려진 장소는 소리가 잘 울린다는 사실이 확인되었으므로, 그곳에 특별한 음향효과가 있었을 것으로 생각된다. 그곳에서 북을 치고 노래를 부른다면 효과가 더욱 커질 것이다. 벽화 가운데에는 환각을 일으킨 특징이 나타난 그림도 있으므로 무아지경 상태이거나 약물에 취한 상태에서 그렸을 가능성도 있다.

동물 그림부터 사람 소형 입상(立像)까지

크로마뇽인은 동굴벽화에 주로 주변에서 흔히 보는 사슴이나 말을 많이 그렸지만, 야생 소, 매머드, 코뿔소, 아이벡스, 그리고 간단한 사람의 모습을 그리기도 했다. 한편 '비너스'라 불리는 사람의 소형 입상은 유럽 전역의 구석기문화 유적에서 발견된다. 풍만한 체형의 여성을 돌과 뼈에 조각하거나, 상아 조각상이나 불에 구운 점토상으로 표현했다. 남성 조각상은 드물지만 가장 오래되고 가장 주목할 만한 작품이 하나 있다. 1939년, 가공된 상아 조각 200개가 독일 남부의 홀렌슈타인 슈타델의 동굴에서 발견되었는데, 1969년에 이것을 복원하자, 높이 30센티미터의 사자 머리를 한 사자인간이라는 사실이 밝혀졌다. 이 조각상은 3만 5천 년 전으로 추정되는 동굴의 오리냐크 문화층에서 발견되었다.

유명한 동굴벽화가 있는 유적들

가장 유명한 동굴벽화는 새로운 연대의 동굴들에 있다. 에스파냐의 알타미라 동굴벽화는 약 1만 5천 년 전, 프랑스의 라스코 동굴벽화는 약 1만 8천 년 전의 것이다. 프랑스의 코스케 유적은 동굴벽화가 있는 다른 동굴에서 멀리 떨어진 지중해 연안에서 발견되었으며, 바다 속으로 잠수해야만 동굴벽화가 있는 곳까지 갈 수 있다.

위 : 프랑스 도르도뉴 지방에 있는 라스코 동굴 벽화. 구석기시대 기원전 1만 5천 년 전부터 기원전 1만 년 전까지 이어진 마들렌 문화의 유산.

오른쪽 : 프랑스의 마들렌유적에서 약 1만 3천 년 전의 들소 뿔 조각이 출토되었다. 예술가는 원근 감을 잘 살려 동물이 목을 옆으로 돌리고 옆구리를 핥는 모습을 훌륭하게 표현했다.

이 동굴벽화는 2만 7천 년~1만 8천 년 사이의 것이다. 이 동굴에는 벽에 손을 대고 그 주위에 물감을 뿌려 그린 스텐실 그림과, 멸종한 펭귄의 일종인 큰바다쇠오리가 그려져 있다. 라스코 근처에 있는 쿠삭 동굴 암벽에는 거대한 조각이 새겨져 있고, 바닥에는 크로마뇽인의 뼈가 여러 구 있었다.

프랑스 아비뇽 근처에 있는 쇼베 동굴은 1994년 발견된 유적으로, 이제까지 발견된 동굴 가운데 가장 중요한 동굴벽화 유적이다. 그림의 대부분은 검정 또는 붉은색 한 가지로 그려져 있는데, 서로 달려드는 코뿔소, 무시무시한 사자와 곰 그림 등 벽 곳곳에 그려진 그림의 숫자와 기교가 놀랍기만 하다. 그러나 그보다 놀라운 사실은 그림에 사용된 목탄 안료의 연대가 3만 5천 년 전이라는 점이다. 기교가 돋보이는 동굴벽화 가운데 가장 오래된 것이다. 홀렌슈타인 슈타델에서 사자머리를 한 사람을 조각하거나, 쇼베 동굴에서 벽화를 그린 초기 크로마뇽인은 유럽과 다른 지역에서 일찌감치 전통기술을 확립하고 그 기술을 꽃피워나갔을 것이다.

인간의 진화는 어떻게 진행될까?

복잡한 고등 생물의 진화는 매우 천천히 일어나기 때문에 진화 과정을 눈으로 직접 보기는 어렵다. 게다가 유전자 변이는 예측할 수 없다. 환경 변화에 따라 변이가 일어날 수도 있다. 인류는 지금도 계속 진화하고 있을까 아니면 생물학적 절정에 다다라 있을까. 이 문제에 관해서는 연구자들 사이에서 의견이 분분하다. 결국 미래를 아는 사람은 아무도 없다.

앞으로는 인간이 진화를 주도한다?

인간의 몸은 겉모습이나 기능으로 볼 때 5만 년 전과 별로 달라지지 않은 듯하다. 그러나 요즘 사람들은 이전 세대에 비해 키도 커지고 몸집도 커졌다. 또 수명이 연장되고 인구가 증가한 결과 유전적인 다양성, 이른바 유전자 풀(gene pool)이 커진 것이다. 그런데 과학 기술이 눈에 띄게 발전한 오늘날에는, 오직 자연선택이나 돌연변이만이 진화를 일으키는 것은 아닐지도 모른다.

유전자 선택

> 푸른 눈과 갈색 머리카락을 가진 딸을 낳고 싶어.

태어날 아이의 특징—지능이나 머리카락 색깔 등—을 선택하는 유전자 조작 기술을 사용한다면 인류는 빠르게 진화할 수 있을지도 모른다. 그런데 이때 공격적 성격이나 유전적 질병처럼 이른바 '바람직하지 않은 형질'을 배제해야 할까 아니면 유전자 풀에 그냥 남겨둬야 할까? 우리는 다양한 윤리적 문제에 관해 논의해 보아야 할 것이다.

초능력

언젠가 인간은 기계의 힘을 빌리지 않고도 하늘을 날거나 벽 너머 풍경을 투시할 수 있게 될까? 인간이 하늘을 날기 위해서는 유전자를 크게 바꿔야 할 것이다. 게다가 어떤 유전자가 사라져 버리면, 그 유전자가 형성하던 형질은 두 번 다시 회복되지 않는다. 실제로 초능력을 지닌 슈퍼맨이 탄생한다는 것은 허황된 꿈같은 이야기이다.

> 중력이 작은 곳에서 살았더니 키가 커져 버렸어.

사이보그

앞으로 과학 기술이 추구해야 할 목표 가운데 하나는 인간과 기계의 융합이다. 기능이 약해진 손발이나 기관을 기계로 대체하는 기술은 이미 실용화되어 있다. 앞으로는 인간 두뇌에 칩을 집어넣어서 언어장애를 고치거나 시력을 향상시키거나 새로운 특기를 만들어 내는 일이 가능해질지도 모른다.

행성 이주

인류는 다른 행성으로 이주해 새로이 진화할지도 모른다. 지구보다 중력이 작고 산소가 희박한 새로운 환경에 직면했을 때 인류는 그 환경에 적응해서 진화하게 될 것이다. 수 세기에 걸쳐 인류(그리고 함께 이주한 동식물)는 지구에서와는 다른 겉모습, 사고방식, 행동을 발달시켜 나갈 것이다.

Charles Robert Darwin

ON THE ORIGIN OF SPECIES
BY MEANS OF NATURAL SELECTION
OR THE PRESERVATION OF FAVOURED RACES
IN THE STRUGGLE FOR LIFE

종의 기원
찰스 로버트 다윈 지음/송철용 옮김

자연선택에 따른 종의 기원
또는 생존 경쟁에서 유리한 종족 보존에 대하여

'우리는 물질계에 대해 다음과 같이 생각할 수 있다. 즉, 여러 가지 현상은 신이 개입하여 일어나는 것이 아니라 신이 정한 일반 법칙에 따라 일어나는 것이라고.'

윌리엄 휴얼 〈브리지워터 학술지〉

'자연적이라 함은 일정한 것, 불변의 것, 또는 확정된 것이라는 뜻이다. 자연적이기 위해서는, 다시 말해 늘 또는 일정한 때에 작용하기 위해서는, 초자연적 또는 기적적인 힘의 작용과 같은 직접원인이 필요하고 또 그것이 전제되어야 한다.'

조지프 버틀러 《계시종교의 비교》

'근엄이라는 근거 없는 자부심, 또는 잘못 알고 있는 절도에 사로잡혀 신의 말씀이나 사역에 관해 쓰인 서책을 연구하는 것, 다시 말해 신학이나 자연철학에 깊이 빠지거나 지나치게 정통하다는 것은 있을 수 없는 일이다. 그보다는 오히려 끊임없는 발전과 숙달을 위해 노력해야 한다.'

프랜시스 베이컨 《학문의 진보》

종의 기원
차례

종의 기원에 대한 학설 그 진보의 역사 간추림
이 책 초판 간행에 이르기까지

    나는 종(種)의 기원에 관한 학설 진보에 대해 그 주된 내용을 간추려 쓰고자 한다. 요즈음까지 내추럴리스트들은, 종은 변하지 않으며 저마다 창조된 것으로 믿어왔다. 이 견해는 여러 학자들의 강력한 지지를 얻어왔다. 그러나 몇몇 내추럴리스트들은 종은 변하는 것이고, 현존하는 생물의 종류는 이전에 있었던 것으로부터 생식 과정을 거쳐 태어난 자손이라 믿고 있었다. 고대 저작자들[1]이 이 주제에 대해 다룬 것을 제외하면, 근대에 이르러 과학적 정신으로 이 주제를 다룬 최초의 학자는 뷔퐁(Buffon)이었다. 그러나 그의 견해는 시대의 흐름에 따라 동요를 거듭해 왔다. 그는 종의 변천 원인이나 방법에 대해서는 깊이 파고들지 않았기 때문에 그에 대해 자세히 설명할 필요는 없을 것이다.

    라마르크(Lamarck)는 처음으로 이 문제에 대해 가치 있는 결론을 내린 사람이다. 그는 탁월한 내추럴리스트로서 1801년 자신의 견해를 처음 발표했다.

---

1) 아리스토텔레스(Aristoteles)는 자신의 저서 《자연학(Physicae Auscultationes)》(제2권 제8장 제2절)에서 비가 내리는 것은 곡식을 기르기 위해서도 아니고, 농부가 거둬들인 들판에 있는 곡식을 썩히기 위해서도 아니라고 말한 뒤, 생물의 체제에도 이 설을 적용하여 다음과 같이 덧붙였다(나에게 처음으로 이 대목을 가르쳐 준 클레어 그리스 씨의 번역에 의한다). '따라서 (몸의) 여러 부분이 자연계에 있어서 이러한 단순히 우연한 관계밖에 갖고 있지 않다고 생각하면 안 되는 것일까? 예를 들면 치아는 필요에 의해 생기며 앞니는 끊는 것에 적응하여 날카로워지고, 어금니는 평평해져서 음식을 잘게 부수는 데 적합하도록 되어 있다. 그러나 이것은 그러한 일을 위해 만들어진 것이 아니라 다만 우연한 결과이다. 어떤 하나의 목적에 대해 적응하도록 되어 있는 것처럼 보이는 다른 여러 부분도 마찬가지이다. 그리하여 모든 것(즉 하나의 개체의 모든 부분)이 마치 어떤 것을 위해 만들어진 것처럼 보이는 경우에는, 언제나 내재적인 우발성에 의해 만들어지고 보존된 것이며, 그렇게 만들어지지 않은 것은 모두 이미 멸망했거나 멸망해 가고 있다.' 이 글에서는 자연도태의 원리가 어렴풋이 예견되어 있지만, 아리스토텔레스가 자연도태의 원리를 충분히 이해하지 못하고 있었다는 것은 치아의 형성에 대한 설명을 보아도 알 수 있다.

1809년《동물철학(Philosophie Zoologique)》에서, 그 뒤 1815년에는《무척추동물지 (Hist. Nat. des Animaux sans Vertébres)》서론에서 보다 폭넓게 이 문제를 다루었다. 이들 저서에서 라마르크는 인류를 포함한 모든 종은 다른 종에서 유래했다는 설을 주장했다. 또 생물계는 물론 무생물계에 있어서도 모든 변화는 법칙에 따라 이루어지며, 결코 기적적인 어떤 개입이 있는 것은 아니라는 사실을 환기했다는 점에서 중요한 공헌을 했다. 라마르크가 종은 변화해 가고 있다는 결론에 도달한 것은 다음과 같은 몇 가지 이유 때문이다. 종과 변종을 구분하는 것은 어렵고, 어떤 유(類)에 속하는 여러 종류는 완전한 단계성을 보여주며 또 사육하고 재배하는 생물의 서로 다른 성질을 가졌다는 것이다. 변화 방법에 대해서도, 어떤 것은 생활의 물리적 조건에, 어떤 것은 기존 종류의 교잡에, 그리고 대부분의 것은 쓰임과 쓰이지 않음, 즉 습성(동일한 동물종(動物種) 안에서 공통되는 생활 양식이나 행동 양식) 영향을 받은 것이라고 했다. 또 자연계에서 이루어지는 모든 뛰어난 적응—이를테면 나뭇가지에 난 연한 나뭇잎을 먹고 사는 기린의 긴 목—을 이 마지막 요인에 의한 것으로 보고 있으며 전진적 발달 법칙도 믿고 있었다. 모든 종류의 생물은 진보하는 성향을 갖고 있기 때문에, 오늘에도 생물이 존재하고 있는 것을 설명하기 위해 생물은 지금도 자연적으로 진보하고 있다고 주장했다.[2]

조프루아 생틸레르(Geoffroy Saint Hilaire)는, 그의 아들(이시도르)이 쓴《전기》에 따르면 우리가 종이라고 부르고 있는 것을 1795년에 이미 같은 형태의 다양한

---

[2] 나는 라마르크가 최초로 이 학설을 발표한 날짜를 이 문제에 관한 이시도르 조프루아 생틸레르 씨의 탁월한 저서 《일반 박물학사(Hist. Nat. Générale)》(제2권 405쪽, 1859년)에서 알아냈다. 그의 저서에는 이 문제에 대한 뷔퐁의 결론도 상세하게 설명되어 있다. 나의 할아버지인 에라스무스 다윈(Erasmus Darwin) 박사가 1794년에 간행한 《동물생태론(Zoonomia)》(제1권 500~510쪽)에서 라마르크의 견해 및 그의 의견이 틀린 근거를, 그보다 먼저 대폭으로 설명하고 있는 것은 흥미로운 일이다. 이시도르 조프루아에 의하면 괴테(Goethe)도 1794년과 1795년에 써 두었으나, 훨씬 뒤에 이르기까지 간행하지 않았던 저작의 서론을 통해 똑같은 견해를 가지고 열심히 주장했다는 것을 알 수 있다. 그는 소는 무엇 때문에 뿔을 사용하는가가 아니라 어떻게 해서 뿔을 가지게 되었는가 하는 것이, 내추럴리스트에게 있어서 문제가 될 것이라고 적확하게 지적했다(칼 메딩 박사가 쓴 《자연연구자로서의 괴테》 34쪽). 독일에서는 괴테, 영국에서는 다윈, 프랑스에서는 조프루아 생틸레르가(바로 뒤에 설명하겠지만) 1794~95년에 종의 기원에 대해 같은 결론에 도달했다는 것은, 대체로 유사한 학설이 거의 같은 시기에 나타난 매우 드문 예라고 할 수 있다.

변형이라고 추정했다. 기원 이후, 모든 생물이 같은 종류로 이어져 온 것이 아니라는 그의 확신은 1828년까지 공표되지 않았다. 조프루아는 변화의 원인을 주로 생활조건, 즉 '환경(monde ambiant)'이라고 생각했던 것 같다. 그는 매우 조심스럽게 결론을 내렸는데, 이제까지 있던 종이 지금도 여전히 변화하고 있다고 믿지는 않았다. 그의 아들은 다음과 같이 덧붙였다. "이 문제는 앞으로 논의되어야 할 것이며, 미래에 맡겨야 할 문제다."

1813년 웰스(W.C. Wells) 박사는 왕립학회(王立學會 : Royal Society, 1660년 영국에서 설립된 자연과학학회)에서 '피부의 일부가 흑인과 비슷한 백인 여성에 대한 보고'를 낭독했다. 그러나 이 논문은 1818년 그의 유명한 '이슬과 단일 시각(視覺)에 대한 두 가지 논문'이 등장할 때까지 공표되지 않았다. 그의 이 논문은 자연도태의 원리를 인정한 최초의 것이다. 그는 이 원칙을 인종 간의 어떤 일정한 형질에만 적용했다. 그는 흑인과 흑백 혼혈아가 어떤 열대병에 면역성이 있다고 기술했다. 모든 동물은 어느 정도 변이성이 있다는 것, 이어서 농업 전문가가 선택에 의해 가축을 개량하는 것에 주목했다. 그는 다음과 같이 덧붙였다. 즉, 선택에 의한 개량에 있어서 '인위적으로' 이루어지고 있는 것은 "자연에 의해, 비록 그 진행 속도는 더디더라도 동등한 효과를 가지며, 그들이 살고 있는 나라에 적합한 '사람'의 모든 변종이 형성될 때도 이루어졌을 것이라 생각한다. 아프리카 중부지방에 최초로 흩어져 살았던 소수 원주민들 사이에 있었던 '사람'의 우연한 변종에 있어서, 어떤 인종은 다른 인종보다 그 나라에서 발생하는 질병을 훨씬 잘 이겨냈을 것이다. 이러한 인종은 결과적으로 번성하고 그렇지 못한 종족은 쇠퇴했다. 그것은 질병을 이겨내지 못해서가 아니라 더 강한 인근 종족과 경쟁할 수 없었기 때문이다. 이미 언급한 바와 같이, 나는 이 강한 인종의 피부색은 검은색이었을 거라고 생각한다. 이러한 변종은 아직도 존재하고 있으며, 시간이 흐름에 따라 더 많은 검은 인종이 생겨났을 것이다. 가장 검은 인종이 그 기후에 가장 적합했기 때문에 결국 그 인종은 그들이 태어난 나라에서 유일한 인종은 아닐지라도 가장 널리 분포한 인종이 되었을 것이다." 그는 한랭한 지방의 백인 주민들에게도 위의 예와 같은 견해를 보였다. 미국의 롤리(Rowley) 씨는, 브레이스(Brace) 씨를 통해 웰스 박사의 저서에 나오는 위의 대목에 대해 주의를 환기했다.

나중에 맨체스터의 부감독이 된 허버트(W. Herbert) 목사는 '원예잡지' 제4권 (1822년)과 상사화과(相思花科 ; Amarylidaceae)에 대한 그의 저서(1837년, 19쪽, 339쪽)에서 "원예의 실험은, 식물학상의 종(種)은 더욱 고차원적이고 영속적인 변종에 지나지 않는다는 것을 반론의 여지없이 증명했다"고 잘라 말했다. 그는 동물들에 대해서도 같은 견해를 적용했다. 허버트 부감독은 각각의 종은 처음에 가변적인 상태에서 창조되고, 교잡 또는 변이를 통해 현재의 모든 종을 발생케 한 것으로 믿었다.

1826년에 그랜트(Grant) 교수는 담수해면(淡水海綿 ; Spongilla)에 관한 유명한 논문(《에든버러 철학 잡지》제14권, 283쪽)의 결론 부분에서 종은 다른 종에서 유래한 것이며, 그 종은 변화 과정에서 개량된 것이라는 신념을 분명히 밝혔다. 이 견해는 1834년 〈란세트〉라는 주간 의학잡지에 게재된 그의 제55회 강연내용에도 들어 있다.

1831년에 패트릭 매튜(Patrick Matthew) 씨는 《군함용 목재와 수목 재배》라는 저서를 냈다. 이 저서에서 그는 월리스(Wallace) 씨와 내가 〈린네 학회지〉에 발표했고 이 책에도 부연되어 있는―곧 설명하겠지만―견해와 완전히 같은, 종의 기원에 대한 견해를 피력하고 있다. 그런데 유감스럽게도, 매튜 씨는 자신의 견해를 다른 주제에 대한 저작 속에 군데군데 간단하게 설명하고 있을 뿐이다. 그런 까닭에 매튜 씨 자신이 1860년 4월 7일자 〈원예신문〉에서 이 문제에 대해 주의를 환기할 때까지는 전혀 주목을 받지 못했다. 매튜 씨와 나의 견해 사이의 차이점들은 그다지 중요하지 않다. 그는 여러 시대를 통해 서식물(棲息物)이 거의 끊어졌다가는 다시 번성하기를 거듭하고 있다고 생각하고 있다. 만약 그렇지 않다면 새로운 종류가 '이전 생물군 속의 어떤 틀, 또는 배종(胚種) 없이' 발생한 것이 된다고 설명했다. 내가 그의 문장의 어떤 구절에 대해 확실하게 이해하고 있는지 어떤지 자신이 없지만, 그는 생활조건의 직접적인 작용이 많은 영향을 미친다고 생각하는 것 같다. 그러나 자연도태가 가진 충분한 힘은 분명히 인정하고 있다.

저명한 지질학자이자 내추럴리스트인 폰 부흐(Von Buch)는 그의 저서 《카나리아제도 자연지》(1836년, 147쪽)에서 변종은 서서히, 더 이상 교잡이 불가능한 영구적인 종으로 변화해 간다는 확신을 명쾌하게 표명했다.

라피네스크(Rafinesque)는 1836년에 간행된 《북아메리카의 새로운 식물상(New Flora of North America)》이라는 저서에서(6쪽) 다음과 같이 기술했다. "모든 종은 한때는 다 변종이었을 것이다. 그리고 다수의 변종이 안정된 특수한 형질을 갖게 됨으로써 점차 종이 되어가고 있다." 그러나 '그 속의 원형이나 선조를 제외하고'(18쪽)라고 덧붙였다.

1843~44년에 홀더먼(Haldeman) 교수는 (《보스턴 박물학잡지》 제4권 468쪽) 종의 발달과 변화에 대한 가설을 지지하는 논의와 반대하는 논의를 훌륭하게 기술했다. 그는 변화를 지지하는 쪽에 기울어져 있었던 것 같다.

《창조의 흔적(Vestiges of Creation)》이라는 저서가 1844년에 발간되었는데, 크게 개정된 제10판에서(1853년) 익명의 저자는 다음과 같이 말했다(155쪽). '심사숙고를 거듭한 끝에 도달한 명제는 다음과 같다. 가장 단순하고 오래된 것부터 가장 차원 높은 새로운 것에 이르기까지 생물의 수많은 계열은 신의 섭리 아래, 첫째, 모든 생명에게 주어진다. 그것은 일정한 시간 동안 생식을 통해 가장 고등한 쌍자엽류 및 척추동물로 끝나는 체제의 모든 단계에 그것을 강행하는 충동의 결과이다. 그 단계의 수가 많지 않고 일반적으로 생물적 형질의 차이가 뚜렷하기 때문에, 그 유연(類緣)관계(동식물에 있어서 혈통이 비슷한 것)를 확인하는 것은 어렵다. 둘째, 생명력과 결합한 또 하나의 충동의 결과이다. 그 생명력은 여러 세대를 거치는 동안 생물체의 구조와 먹이, 서식지의 성질, 기상 요인과 같은 외적 환경에 따라 변화하는 성질을 가진 것으로, 이것이 자연신학자들이 말하는 '적응(생물이 주위 환경에 적합하도록 형태적·생리적으로 변하는 것, 또는 그 과정)'이다.' 저자는, 체제는 급격한 도약에 따라 발전하지만, 생활조건에 따라 나타나는 결과는 점진적인 것이라고 믿고 있다. 또한 종은 불변하는 것이 아니라는 일반적인 근거에 힘을 싣고 있다. 그러나 나는 이 두 가지 가정된 '충동'이 자연계를 통해 보는 여러 아름다운 상호적응 속에서 과학적으로 어떻게 설명될 것인지 알 수가 없다. 예를 들어 딱따구리가 어떻게 그런 특수한 생활 습성에 적응하게 되었는지 그것을 통해 통찰할 수 있을 거라고는 생각하지 않는다. 이 저작은 정확하지 않은 지식이 담겨 있는 데다가 과학적인 주의가 부족했으나, 힘차고 훌륭한 문체 덕분에 발간 즉시 널리 읽혔다. 나의 관점에서 볼 때 이 책은, 영국에서 이 주제에 대한 관심을 불러일으키고 편견을 없앴다. 또 그렇게 함으로써 이와 유사한 견해를 수용하는 토대를 마련했다는 점에서 큰 역할을 했다고 본다.

1846년 노련한 지질학자인 도말리우스 할로이(M.J. d'Omalius d'Halloy) 씨는 짧지만 매우 훌륭한 논문(《브뤼셀 왕립 아카데미 학보》 제13권, 581쪽)을 발표했는데, 여기서 그는 새로운 종은 저마다 개별적으로 창조되었다기보다는 변화 과정에서 생성되었다고 하는 편이 정확할 것이라는 의견을 밝혔다. 이 의견이 최초로 공표된 것은 1831년이었다.

오언(Owen) 교수는 1849년(《사지(四肢)의 본질》 86쪽)에 다음과 같이 썼다. "원형의 개념은 실제적으로 그것을 예시하는 동물의 종이 존재하기 훨씬 전부터 지구상에 생물 모습의 변형으로 나타나고 있었다. 이와 같은 생물현상의 질서 있는 계승과 발달이 어떠한 자연법칙 또는 2차적인 원인에 의해 일어난 것인가에 대해서는, 아직도 모르고 있다." 1858년 영국학술협회(British Association) 강연에서 그는(51쪽) '창조력의 끊임없는 작용, 즉 생물의 예정적 생성의 공리'에 대해 말했다. 더 나아가 지리적 분포에 대해 설명한 뒤 이렇게 덧붙였다(90쪽). "이러한 현상은 뉴질랜드의 키위(Apteyx)나 영국의 붉은 뇌조(Red Grouse)가 저마다의 섬에서, 또 그러한 섬을 위해 따로 창조되었다는 결론에 대한 우리의 믿음을 뒤흔들고 있다. 또한 동물학자들은 '창조'라는 말을 '무엇인지 알 수 없는 과정'이라는 뜻으로 사용하고 있다는 것을 염두에 두어야 한다." 그는 이 생각에 덧붙여, 붉은 뇌조가 '동물학자들에 의해, 그 섬에서, 또 그 섬을 위해 특수하게 창조되었다는 증거로서 거론할' 경우에는, "그 동물학자는 주로, 붉은 뇌조가 어떻게 그곳에 있게 되었으며, 또 그곳에만 있는 것인지 알 수 없다는 것을 표현한 것이다. 또한 그 무지를 이러한 방법으로 표현함으로써, 조류와 섬의 기원이 위대한 최초의 '창조 원인'에 있다는 신념을 드러낸 것이기도 하다." 이 강연에서 발표된 이와 같은 문장의 앞뒤를 참작하여 판단하건대, 이 탁월한 철학자는 1858년에 키위와 붉은 뇌조가 저마다 그 고장에 나타난 것은 '어떻게 해서인지 알 수 없는', 또는 '무엇인지 알 수 없는' 어떤 과정에 의한 것이라는 그의 소신이 흔들리고 있었던 것 같다.

이 강연은 이제부터 말하려는 '종의 기원'에 대한 월리스 씨와 나의 논문을 린네학회에서 발표한 뒤에 있었다. 이 책의 초판이 발간되었을 때 나는 다른 많은 사람과 마찬가지로 '창조력의 끊임없는 작용'이라는 표현에 완전히 매료되어, 오언 교수도 다른 생물학자들과 마찬가지로 종의 불변성을 확신하고 있다고 생각했다. 그러나 이것은 나의 터무니없는 착각이었다(《척추동물 해부학(Anatomy of Vertebrates)》 제3권 796쪽). 이 책 이전 판의 '의심할 여지없이 원형체 생물은……'이라는 말로 시작하는 대목(이 책 제1권 35쪽)에서, 오언 교수는 자연도태가 새로운 종의 형성에 조금이나마 영향력을 미친 것을 인정하고 있다고 추론했고, 지금도 그 추론이 옳았다고 여기고 있다. 그러나 이것은 부정확하고 증거도 없는 것이다(이 책 제3권 798쪽). 나는 또 오언 교수와 〈런던평론〉의 편집자 사이에 오간 편지를 조금 인용했다. 이에 따르면 오언 교수가 나보다 먼저 자연도태설을 발표했다고 주장하고 있음이 그 편집자나 나 자신에게도 분명하게 느껴졌다. 나는 이 보고에 대해 무척 놀랐으며 만족스럽다고 밝혔다. 그러나 최근에 발표된 어떤 부분(이 책 제3권 798쪽)을 보고 나는 또다시 부분적 또는 전체적으로 오해에 빠지게 되었다. 오언 교수의 논쟁적인 문장은 이해하기 어려우며 앞뒤가 맞지 않는다는 다른 사람들의 말이 나에게 큰 위안이 되었다. 오언 교수가 먼저 자연도태의 원리를 선언했는지 아닌지는 전혀 중요하지 않다. 이 역사적 개요에서 말한 것처럼, 우리보다 훨씬 이전에 웰스 박사와 매튜 씨가 선구에 있었기 때문이다.

이시도르 조프루아 생틸레르(M. Isidore Geoffroy Saint Hilaire) 씨는 1850년에 한 강연(강연의 요지는 1851년 1월의 〈동물학평론〉에 실려 있다)에서, 종의 형질은 '각각의 종이 동일한 상태의 환경에서 있는 한, 그 종은 고정되어 있고, 환경이 바뀌면 그 형질도 변화한다'는 것을 믿는 이유를 간단하게 설명하고 있다. '요약해서 말하면, 야생동물에 대한 '관찰'을 통해 종에는 국한된 변이성이 있다는 것을 보여주고 있다. 가축화한 야생동물과 다시 야생화한 가축의 실험은, 그것을 한층 더 명백하게 보여주고 있다. 이러한 실험은 또 그렇게 해서 생긴 차이가 '속(屬 : 과(科)와 종(種) 사이에 있는 생물 분류의 한 단위)의 가치'를 가질 수 있다는 것을 증명하고 있다.' 그의 《일반박물학사(Hist. Nat. Générale)》(제2권 420쪽, 1859년)에는 똑같은 결론이 상세히 기술되어 있다.

최근에 발행된 문서에 따르면 프리크(Freke) 박사는, 1851년(〈더블린 의학잡지〉 331쪽)에 모든 생물은 하나의 원시형태에서 나왔다는 학설을 발표한 것 같다.

그가 그것을 믿는 근거와 그가 주제를 다루는 방법은 나의 견해와는 사뭇 다르지만 프리크 박사는 현재(1861년) 〈생물의 친화성에 의한 종의 기원〉이라는 논문을 세상에 내놓았기 때문에, 내가 굳이 그의 견해를 설명하려는 어려운 시도를 할 필요가 없어졌다.

허버트 스펜서 씨는 한 논문(1852년에 〈리더〉지 3월호에 먼저 실리고, 1858년에 나온 그의 《논문집》에서 재발표됨)에서, 생물의 '창조설'과 '발전설'을 매우 훌륭하게, 또 확실하게 대조하고 논의했다. 종은 사육재배 생물의 유사성, 많은 종의 배아가 거치는 모든 변화, 종과 변종을 구별하는 어려움, 일반적인 점진성의 원칙 등을 바탕으로 변화해 왔다고 주장했다. 그리고 이 변화는 주위 환경의 변화에 따라 일어난 것이라고 했다. 이것 말고도 저자는 심리학을 정신력이나 지능이 점진적으로 발달함으로써 필연적으로 갖게 된다는 원리에 입각하여 다루었다(1855년).

1852년 유명한 식물학자인 노댕(Naudin) 씨는 '종의 기원'에 대한 훌륭한 논문(《원예평론》 102쪽. 〈박물관 신보〉 제1권 171쪽에서 부분적으로 재발표되었다)에서 종은 변종이 재배할 때 생기는 것과 비슷한 방법으로 형성된다는 확신을 명쾌하게 말하고 있으며, 재배과정에서 변종이 만들어지는 것을 인간의 선택의 힘으로 돌렸다. 그러나 자연계에서 선택이 어떻게 작용하는지에 대해서는 언급하지 않았다. 그는 하버트 목사와 마찬가지로, 종이 처음 생겨났을 때는 현재보다 더 가변적이었다고 믿고 있으며 궁극적인 목적의 원리를 강조했다. 그것은 '신비롭고 일정하지 않은 힘이다. 어떤 자들에게는 숙명적이고, 또 어떤 자들에게는 신의 뜻이다. 생물의 부단한 작용은 세계의 모든 시대에 각각의 생물의 형태, 크기, 수명이 그 일부를 이루고 있는 만물의 질서 속에서 운명에 따라 결정된다. 각각의 구성원을 자연의 일반적 체제 속에서 그것이 수행해야 할 기능, 즉 그 존재 이유인 기능에 맞추어 전체와 조화를 이루게 하는 것은 바로 이러한 힘이다.'[3]

---

3) 브롱(Bronn)의 《진화법칙에 관한 연구(Untersuchungen über die Entwicklungs Gesetze)》 중의 인용문에 의하면, 저명한 식물학자이자 고생물학자인 웅거(Unger)는 1852년에 종은 진보와 변화를 거듭한다는 소신을 발표한 것 같다. 또한 돌턴(Dalton)은 1821년에 나온 팬더(Pander)와의 공저 《나무늘보의 화석》에서 똑같은 소신을 밝혔다. 이와 같은 견해는 널리 알려진 바와 같이, 오

1853년에 저명한 지질학자 카이절링(Keyserling) 백작(《지질학회보》 제2계열, 제10권 357쪽)은 늪지에서 발생하는 독기에 의한 것으로 추측되는 새로운 질병이 전 세계로 퍼져가는 것처럼, 어떤 시기에는 기존의 종의 씨눈이 특수한 성질을 띤 주위의 분자에 의해 화학적인 작용을 일으켜 새로운 종류가 생겨났을 것이라는 의견을 제시했다.

같은 해, 즉 1853년에 샤프하우젠(Schaaffhausen) 박사는 뛰어난 소책자(《프러시아 라인란드 박물학회보》)를 발표했다. 지구상의 생물의 발달에 대해 주장한 이 소책자에서 대부분의 종은 장기간에 걸쳐 변화하지 않았지만 소수의 종은 변화했다고 추론했다. 그리고 종의 차별은 중간적 단계를 나타내는 종류가 절멸했기 때문이라고 설명했다. '이와 같이 현존하는 식물과 동물은 절멸한 것과 다른 것으로 새롭게 창조된 것이 아니라, 절멸한 것에서 연속적인 생식에 의해 태어난 자손으로 보아야 한다.'

프랑스의 저명한 식물학자인 르코크(M. Lecoq) 씨는 1854년(《식물지리학 연구》제1권 250쪽)에서, '종이 불변하는 것인가 변이하는 것인가에 대한 우리의 연구는, 두 탁월한 학자, 조프루아 생틸레르와 괴테가 주장한 사상으로 우리를 안내해 간다'고 했다. 르코크 씨가 쓴 대작의 곳곳에 실린 다른 글들을 보면, 종의 변화와 관련된 것 가운데 어디까지가 그의 견해인지 의심스러운 생각이 든다.

'창조 철학'은 1855년에 바덴 포웰(Baden Powell) 목사의 저작 《세계의 일치에 대한 논집(Essays on the Unity of Worlds)》에서 매우 훌륭하게 다뤄졌다. 새로운 종의 생성은 '규칙적인 것이며 우연한 현상이 아니라는 것', 또는 존 허셜(John Herschel) 경의 표현을 빌리면 '기적적인 과정과는 반대인 자연적 과정'이라는 것을 보여주는 그의 수법은 참으로 훌륭했다.

켄(Oken)이 자신의 신비로운 저작 《자연철학(Natur-Philosophie)》에서 주장한 것이다. 고드롱(Godron)의 저서 《종에 대하여(Sur l'Espéce)》의 인용문에 의하면, 보리 생 뱅상(Bory St. Vincent)과 부르다하(Burdach), 푸아레(Poiret), 그리고 프리스(Fries) 등은 모두 새로운 종이 끊임없이 생기고 있는 것을 인정하고 있었던 것 같다.

나는 이 '역사적 개요'에서 종의 변화를 믿는 자로서, 또는 적어도 개별적인 창조행위를 믿지 않는 자로서 이름을 든 34명 가운데 27명이 박물학의 특수한 여러 분과, 또는 지질학에 대해 저작을 남긴 적이 있는 사람들임을 덧붙여 둔다.

〈린네학회 잡지〉 제3권에는 1858년 7월 1일에 낭독한 월리스 씨와 나의 논문이 실려 있는데, 이 책 서문에서 서술한 것과 같이 그 논문에서 월리스 씨는 '자연도태' 이론을 놀라울 정도로 힘차고 명확하게 주장하고 있다.

모든 동물학자들이 깊은 존경을 바치고 있는 폰 베어(von Baer)는 1859년 무렵(루돌프 바그너 저 《동물학적 인류학적 연구》 1861년, 51쪽 참조)에, 주로 지리적 분포의 여러 법칙을 근거로 하여 완전히 다른 여러 종류가 단일한 조상에서 유래한 것이라고 밝혔다.

1859년 6월에 헉슬리(Huxley) 교수는 왕립과학연구소에서 '동물생명의 영속적인 여러 형태'에 대해 강연했다. 그는 그것에 해당하는 여러 예를 인용하여 다음과 같이 말했다. "만약 우리가 동식물의 각각의 종 또는 체제의 형태가 오랜 간격을 두고 지구 표면에 저마다 창조적 행위에 따라 만들어졌다고 가정한다면, 그러한 사실을 이해하기는 곤란할 것이다. 이러한 가정은 자연계의 일반적인 유사성과 상반되는 것이며, 또 전설이나 신의 뜻과도 맞지 않는다. 이에 반해 '영속적인 여러 형태'의 종은 어떠한 시기에 생존했는지, 그 이전에 존재했던 종이 점차 변화한 결과로 간주하는 가설은 지금까지 증명되지 않았을 뿐만 아니라 어떤 지지자들에 의해 오히려 비참한 혹평을 받았다. 그러나 유일하게 생리학의 지지를 얻고 있는 그 가설과 관련하여 생각한다면 영속적인 여러 형태의 존재는, 생물이 지질시대 동안 받은 변화의 양은 생물이 받아온 모든 종류의 변화에 비하면 극히 작은 것에 지나지 않는다는 사실을 보여주는 것이라 할 수 있다."

1859년 12월에 후커(Hooker) 박사는 《호주의 식물상서론(Introduction to the Australian Flora)》을 출판했다. 이 대작의 제1부에서 그는 종의 유래와 변화의 진리를 인정하고, 자신이 한 수많은 관찰을 토대로 이 설을 지지했다.

이 책의 초판은 1859년 11월 24일에, 제2판은 1860년 1월 7일에 간행되었다.

머리글

　나는 내추럴리스트로서 군함 비글(Begal)호를 타고 항해하는 동안 남아메리카의 생물 분포와 또 과거에 서식했던 생물과 현존하는 생물의 시간을 초월한 관계에 깊은 감명을 받았다. 이러한 사실은 우리나라의 한 위대한 철학자가 말한 것처럼, 참으로 신비스럽기 그지없는 종의 기원을 밝히는 데 조금이나마 빛을 비춰준 느낌마저 든다. 귀국한 이듬해인 1837년에는 종의 기원과 관련된 모든 종류의 사실들을 꾸준히 수집하고 검토하면, 수수께끼가 풀릴 것이라는 예감이 들었다. 그로부터 5년 동안 연구를 거듭할 시점에서, 그동안 고찰했던 것을 정리해도 되겠다는 판단을 했다. 그리하여 몇몇 장을 썼고, 1844년에는 납득할 만한 결론을 만들어냈다. 이렇게 사적인 사항까지 이야기하는 것은, 내가 쉽게 결론을 내린 것이 아님을 독자들이 알아주기를 바라기 때문이다.

　나의 연구는 거의 끝나가지만, 완성하려면 2, 3년은 더 걸릴 것이다. 하지만 나의 건강 상태가 그다지 좋지 않아 먼저 그 요약본이라도 출판해야 한다는 주변의 많은 권유가 있다. 이것 말고도 특별히 이 책을 간행하게 된 계기가 있다. 그것은 현재 말레이 제도에서 박물학을 연구하고 있는 월리스가 종의 기원에 대해 나와 거의 같은 결론에 도달해 있기 때문이다. 그는 지난해에 이 주제에 대한 논문 한 편을 나에게 보내면서, 그것이 린네학회지 제3권에 어울리는 내용인지 찰스 라이엘(Charles Lyell) 경에게 보내 알아봐달라고 요청해 왔다. 라이엘 경이 그것을 다시 린네학회에 보냄으로써 동학회지 제3권에 수록되었다. 나의 연구에 대해 이미 알고 있었던 라이엘 경과 후커 박사는—후커 박사는 1844년에 쓴 내 논문의 개요를 읽은 적이 있다—영광스럽게도 나의 초고에서 몇 편을 간추려 월리스의 훌륭한 논문과 나란히 발표하라고 권했다.

　이번에 간행하는 이 '초본'은 어디까지나 요약본에 불과하며 따라서 불완전할 수밖에 없다. 이 책에는 여러 가지 참고문헌이나 저자 이름을 다 실을 수가 없다. 다만 신뢰도에 대해서는 독자 여러분이 믿어주기를 기대하는 수밖에 없다. 믿을 수 있는 출전만을 참고하려고 늘 신중하게 주의를 기울였지만, 잘못된 부분이 있을지도 모른다.

이러한 몇 가지 사정들로 인해 이 책에서는 내가 도달한 일반적 결론과 그 예가 되는 몇 가지 사실을 설명하는 데 그쳐야 했지만 이 정도로도 충분하리라고 생각한다. 내가 내린 결론의 바탕이 된 모든 사실과 참고문헌에 대해 언젠가는 상세하게 보완하여 발표할 필요를 절감하고 있다. 그것은 앞으로 내게 될 저작을 통해 실천할 생각이다. 왜냐하면 이 책에서 실례를 들지 못한 채 언급하는 것 가운데 이따금 내 생각과 반대되는 결론에 이를 위험이 있는 부분이 있음을 잘 알고 있기 때문이다. 어떤 문제이든 그 양면에 대한 사실을 충분히 설명하고 저울질하지 않으면 올바른 결과를 얻어낼 수 없지만, 이 책에서는 그렇게 할 수 없다는 것이 안타까울 뿐이다.

개인적으로 내가 잘 모르는 사람들도 포함하여, 나에게 친절한 도움을 베풀어 준 수많은 내추럴리스트 한 사람 한 사람마다 지면 부족으로 인해 충분히 감사의 마음을 전할 수 없다는 것이 유감이다. 다만 이 기회에 후커 박사가 내게 베푼 깊은 은혜에 대해서만큼은 언급하지 않을 수 없다. 그는 지난 15년 동안 그 해박한 지식과 탁월한 판단력으로 모든 방법을 동원하여 나에게 도움을 주었다.

종의 기원에 대한 문제에서 보면, 내추럴리스트들이 생물 상호 간의 유사성과 그 발생·수정란의 착화, 출산에 이르기까지의 과정—학적 관계, 지리적 분포, 지질학의 변천 과정 속에 있는 생물의 계열을 검토했다고 해보자. 그 결과로써 종은 모두 개개의 독립성을 갖고 창조된 것이 아니고, 변종과 마찬가지로 다른 종에서 유래한 것이라는 결론에 이를 수도 있다. 그러나 이와 같은 결론은 그 논거가 충분하다 해도 지구상에 살고 있는 무수한 종이 어떻게 변화해 왔는지, 어떻게 그 완전한 구조와 상호적응을 얻을 수 있게 되었는지 밝혀질 때까지는 만족할 수 없다.

내추럴리스트들은 변이의 원인이 될 수 있는 것으로서 기후나 먹이 같은 외적 조건을 흔히 꼽는다. 뒤에 밝혀지겠지만, 극히 제한된 의미로는 그것이 옳을지도 모른다. 그러나 예를 들어 딱따구리의 발, 꼬리, 부리, 혀의 구조가 나무껍질 속에 있는 곤충을 잡아먹게 되어 있는 것을 외적 조건으로만 설명할 수는 없다.

겨우살이는 또 어떤가. 겨우살이는 기생한 나무로부터 영양을 섭취하고, 그 씨는 특정한 새에 의해 운반되며, 꽃은 암수의 구별이 있어서 꽃가루를 옮기는 데는 반드시 곤충이라는 매개가 필요하다. 이 기생식물의 구조와 몇몇 다른 생물과의 특수한 관계를 외적 조건이나 습성, 식물의 속성으로 설명하는 것 또한 억지스럽다.

최근 출판된 《자연사의 흔적 Vestiges of the Natural History》을 쓴 저자라면, '몇 세대를 거치는 사이 어떤 종의 새에게서 딱따구리가 태어났고, 어떤 종의 식물에게서 겨우살이가 생겨났다. 이들은 처음부터 지금과 같이 완벽한 상태였다'고 설명할지 모른다. 그러나 이것은 억측이다. 그게 사실이라면 생물끼리 서로 적응하거나 물리적 조건에 적응하고 있는 것에 대해 설명할 수가 없다.

그러므로 변화와 상호 적응방법을 분명하게 꿰뚫어 보아야 한다. 처음에 관찰을 시작하면서 나는 가축과 재배식물에 대해 면밀히 연구하여 종의 기원이라는 불분명한 문제를 이해하는 절호의 기회를 얻을 수 있을 것이라 생각했다. 내 예상은 틀리지 않았다. 이 경우와 함께 다른 복잡한 경우에서도, 사육과 재배 과정에서 발생하는 변이에 관한 지식이 아무리 불완전한 것이라 해도 가장 유익하고 확실한 열쇠를 제공해 준다는 것을 알았다. 많은 내추럴리스트들은 사육 재배 생물에 관한 연구를 대부분 무시하지만, 그 연구야말로 가치 있다는 신념을 갖게 되었다.

이와 같은 고찰을 바탕으로, 이 책 1장에서 '사육 재배에서의 변이'를 다룰 것이다. 그럼으로써 우리는 적어도 대량의 유전적 변이가 가능하다는 것을 알게 될 것이다. 또 그보다 더 중요한 것은, 늘 일어나고 있는 경미한 변이가 인간의 '선택'에 의해 크게 집적될 수 있다는 사실이다. 2장에서는 자연 상태에서의 종의 변이성을 다룰 것이다. 다만 이 주제는 매우 간단하게밖에 다룰 수 없어 유감이다. 이 문제를 이해하기 쉽게 충분히 다루기 위해서는 매우 많은 사실을 하나하나 열거해야만 하기 때문이다. 그렇지만 변이에 가장 적합한 환경이 어떤 것인지는 다루어 나갈 것이다.

3장에서는 세상 모든 생물이 기하급수적으로 증식한 결과 일어나는 '생존

경쟁'을 다루려 한다. 이것은 맬서스의 이론(The Malthusian Theory)[1]을 모든 동식물계에 적용한 것이다. 모든 종은 살아남는 것보다 훨씬 많은 개체가 태어난다. 그 결과, 생존 경쟁이 끊임없이 거듭된다. 따라서 생존을 위해 조금이라도 유익한 변이를 갖고 있는 생물은 복잡하고 변화하기 쉬운 생활 조건 속에서도 살아남을 기회가 더 많아지고, 그리하여 '자연적으로 선택'받게 된다. 이와 같이 유전 법칙에 따라 선택된 변종은 어느 것이나 새롭게 변화한 형태로서 번식하게 된다.

자연선택[2]이라는 이 기본적인 문제는 4장에서 좀 더 자세히 설명할 것이다. 여기서는 '자연선택'이 어떻게 해서 개량되지 않은 종류의 많은 생물을 '절멸'하는지, 그리고 '형질의 분기(分岐)'라고 부르는 것으로 이끌어가는지를 살펴볼 것이다. 5장에서는 변이의 법칙과 성장의 관계에 대한 복잡하면서도 알려져 있지 않은 법칙에 대해 논할 생각이다.

또 그 다음 4개의 장에서는 이 학설에서 가장 두드러진 중요한 난제를 다루고자 한다. 그 첫 번째는 단순한 생물 또는 기관이 어떻게 해서 고도로 발달된 생물 또는 정교한 구조의 기관으로 변화하고 완성되어 가는지에 대한 이해, 즉 '이행(移行)'이라는 문제이다. 두 번째는 '본능', 즉 동물의 심리적 잠재력에 대한 문제이다. 세 번째는 '잡종형성'으로, 종을 교잡(유전적으로 서로 다른 타입의 개체 사이에 이루어지는 수정이나 수분(受粉), 즉 교배를 교잡이라 한다)하면 불임(不妊, 不稔), 변종을 교잡하면 임성(妊性, 稔性)을 띠게 되는 이유에 대한 것이다. 네 번째는 '지질학적 기록'의 불완전함에 대한 문제이다.

10장에서는 시간적으로 본 생물의 지질학적 천이에 대해, 11장과 12장에서는 생물의 공간적인 지리적 분포에 대해, 13장에서는 생물의 분류, 또는 성숙한 상태 및 발생기 상태의 상호 유연관계(類緣關係)에 대해 고찰한다. 그리고 마지막 장에서는 이 책 전권의 간단한 요약과 몇 가지 결론을 제시할 것이다.

---

1) 인구는 기하급수적으로 늘어나다가 언젠가 전염병, 피임, 전쟁, 기근 등으로 그 수가 억제될 것이다. 살아남은 사람들이 먹을 만큼의 충분한 식량이 확보될 때까지 인구가 줄어들 것이라는 이론.

2) 자연계에서 그 생활 조건에 적응하는 생물은 살아남고 그렇지 못한 생물은 저절로 사라지는 현상.

종과 변종의 기원에 대해 아직 설명할 수 없는 것이 너무나 많다. 우리 주위에 살고 있는 모든 생물의 상호관계에 대해 우리가 얼마나 무지한지 알게 된다면, 종과 변종의 기원에 대해 아직도 설명할 수 없는 것이 아무리 많다 해도 그리 놀랍지는 않을 것이다. 왜 어떤 종은 분포가 넓고 개체수가 많은가. 그것과 비슷한 어떤 종은 왜 분포가 좁고 개체수가 적은가. 이에 대해 설명할 수 있는 사람이 누가 있겠는가? 그런데 이러한 생물의 상호관계는 이 세상에 서식하는 모든 생물이 현재의 번영과 장래의 성공, 그리고 변화를 결정하는 데에 매우 중요한 요인이다.

오랜 옛날, 여러 지질시대에 살았던 무수한 생물들의 상호관계에 대해 우리가 알고 있는 것은 아주 적은 부분에 지나지 않는다. 수많은 일들이 아직 밝혀지지 않은 상태로 남아 있다. 앞으로도 오랫동안 모르는 상태로 남아 있을 것이다. 하지만 나는 내가 할 수 있는 한 가장 신중한 연구를 거듭하여 냉정하게 판단한 결과, 수많은 내추럴리스트들이 거듭 받아들였던 견해, 즉 종은 저마다 개별적으로 창조되었다는 견해가 틀렸다는 것을 더 이상 의심하지 않는다.

종(種)은 변한다. 이른바 같은 속(屬)에 속하는 몇몇 종들은 일반적으로는 이미 절멸한 어떤 다른 종에서 유래한 자손이다. 그것은 어떤 종의 변종으로 인정받고 있는 것이 그 종의 자손인 것과 마찬가지다. 또한 '자연선택'이 종의 변화에 중요한 방법이기는 하지만 유일한 방법은 아니라고 확신하고 있다.

1장 사육과 재배 과정에서 발생하는 변이

변이의 원인—습성 및 여러 기관의 쓰임과 쓰이지 않음의 영향—상관변이(相關變異)—유전—사육 재배 변종의 형질—변종과 종을 구별하는 데에서의 어려운 점—하나 또는 그 이상의 종으로부터 생기는 사육 재배 변종의 기원—집비둘기의 품종, 그 차이와 기원—예부터 행해진 선택의 원리와 그 작용—방법적 선택과 무의식적 선택—사육 재배 생물의 기원이 뚜렷하지 않은 점—선택하기에 유리한 환경

변이(變異)의 원인

예부터 사육 재배되어온 동식물의 같은 변종[1] 또는 아변종(亞變種)[2]의 여러 개체를 비교해 볼 때, 가장 먼저 주의를 끄는 것은 자연 상태에 있는 종 또는 변종의 개체보다 사육 재배되고 있는 변종이나 아변종 개체의 변이[3]가 훨씬 두드러진다는 점이다. 다시 말해 야생상태와는 다른 기후 조건이나 사육 재배 조건 속에서 키워져 세대를 거듭하면서 변이를 늘려온 동식물이 훨씬 다양하다는 것이다.

사육 재배종의 변이가 많은 이유는, 원종이 야생상태로 방치되어 있던 환경 조건보다 사육 재배 조건이 훨씬 다양하고, 어떤 의미로는 이질적이기 때문일 것이라는 결론에 이르게 된다. 이 변이성은 먹이의 과잉과도 관계가 있다고 하는 앤드류 나이트(Andrew Knight)의 의견에도 일리가 있다고 생각한다. 생물이 눈에 띌 정도로 현저한 변이를 일으키려면 여러 세대에 걸쳐 새로운 생활 조건 속에 방치될 필요가 있다. 그리고 변화를 시작한 생물은 여러 세대에 걸쳐 거

---

1) 분포와는 상관없는 형태적 변이체.
2) Linne종 가운데 더 작은 단위로 분류한 몇 갈래를 이름. 아종 또는 변종이라고도 함.
3) 같은 종의 생물 개체에서 나타나는 서로 다른 특성.

듭 변이를 일으킬 것이 분명하다. 그 증거로 변이를 일으키기 쉬운 식물이 사육 재배에 의해 그 변이를 그친 예는 기록에 남아 있지 않다. 예를 들면, 밀과 같은 가장 오래된 재배식물도 아직까지 새로운 변종이 나오고 있을 뿐 아니라, 사람 손에 길러진 지 매우 오래된 가축 또한 짧은 기간 안에 개량 또는 변화시킬 수 있다.

이 문제를 오랫동안 연구한 내가 판단하건대, 생활 조건은 두 가지 작용을 하는 것 같다. 직접적으로는 체제 전체 또는 어떤 부분에만 한하며, 간접적으로는 생식계통에 영향을 끼쳐 작용한다는 것이다. 이 직접작용에 대해서는, 최근에 바이스만(Weismann) 교수가 주장했으며 나 또한 《사육상태에서의 변이》라는 저서에서 말한 바와 같이, 그 어떤 경우에도 두 개의 요소, 즉 생물체의 성질과 외적 조건의 성질이 존재한다는 것을 꼭 기억해 두어야 한다. 생물체의 성질은 특히 중요하다. 왜냐하면 우리가 판단할 수 있는 한도 안에서는 거의 같은 변이가 전혀 다른 조건에서 발생할 때도 있고, 또 그와 반대로 다른 변이가 거의 동일한 것처럼 생각되는 조건에서 발생하는 일도 있기 때문이다. 자손에게 미치는 영향은 때로는 확정적이고 때로는 불확정적이기도 하다. 여러 세대에 걸쳐 일정한 조건 아래 방치된 개체의 모든, 또는 거의 모든 자손이 똑같이 변화했을 때는 그것은 확정적이라고 생각할 수 있다.

결정적으로 야기된 변화의 범위에 대해 결론 내리는 것은 매우 어려운 일이다. 그러나 먹이의 분량에 따라 달라지는 몸집의 크기나 식물의 성질에 따라 생기는 색깔의 차이, 기후에 따라 생기는 피부와 털의 두께와 굵기의 차이와 같은, 여러 가지 아주 작은 변화는 거의 의심할 여지가 없다. 가금류(家禽類)[4]의 깃털에서 볼 수 있는 끝없는 변이는 뭔가 필요한 원인이 있는 게 분명하다. 또 여러 세대에 걸쳐 같은 원인이 많은 개체에 똑같이 작용했다면 모든 개체는 대체로 똑같이 변화했을 것이다. 담즙을 분비하는 곤충에 의해 극히 미량의 독이 한 방울 주입됨으로써 복잡하고 비정상적인 암을 일으킨다는 사실은, 식물의 경우에서는 수액의 성질로 인한 화학적 변화에서 어떻게 기묘한 변화가 일어나는가를 보여주고 있다.

---

4) 야생 조류를 인간 생활에 쓸모 있게 길들이고 품종을 개량하여 기른 조류.

변화된 외적 조건에 미치는 결과로서 불확정적인 변이성은 확정적인 변이성보다 훨씬 보편적이다. 이는 지금의 사육 품종 형성에도 중요한 역할을 했을 것이다. 같은 종의 모든 개체를 구별하는 것으로서, 그 부모 또는 먼 조상으로부터 이어받은 유전으로 설명하기 어려운 수많은 사소한 특성에서 불확정한 변이성을 엿볼 수 있다. 흔히 어미가 같은 새끼나 같은 씨앗에서 싹튼 묘목 사이에서 현저한 차이가 나타날 수 있다.

같은 나라에서 태어나 거의 같은 먹이를 먹고 자라난 몇 백만의 개체 속에서 기형이라고 말할 수 있을 만큼 구조가 다른 것이 오랜 세월에 걸쳐 나타나는 일이 있다. 하지만 비교적 경미한 변이와 기형을 명백하게 구별할 수는 없다. 함께 살고 있는 많은 개체 위에 나타나는 구조상의 변화는, 생활 조건이 개개의 생물체에 미치는 불확정적 효과라고 볼 수가 있다. 한기(寒氣)가 여러 사람에게 미치는 효과가 그 신체 상태 또는 체질에 따라 기침·감기라든가, 혹은 류머티즘이라든가, 여러 기관에 염증을 일으키는 것처럼 저마다 다른 증상을 보인다. 그 증상이 지극히 경미하든 뚜렷하든 상관없이 말이다.

내가 변화한 조건의 간접작용이라고 이름 붙인 것, 즉 영향을 입은 생물의 생식계통을 통한 작용에 대해서는, 변이가 일어나는 것은 어떤 부분은 이 계통의 외적 조건에 매우 민감하다는 사실에서 추측할 수 있다. 쾰로이터(Kölreuter)나 그 밖의 다른 사람들이 설명한 바와 같이 다른 종과의 교잡(交雜)[5]에서 생기는 변이와 동식물이 새로운 조건과 부자연스러운 조건에서 길러졌을 때 보이는 변이의 유사성으로부터 생긴다는 것을 어느 정도 추측할 수 있다. 이 생식 계통이 주위 조건의 근소한 변화에 대해서도 예민하게 느끼는 것은, 드러난 많은 사실들이 말해주고 있다.

동물을 길들이는 것은 매우 쉬운 일이지만, 우리 안에서 자유롭게 번식시키는 것은 지극히 어려운 일이다. 암수가 교접하는 경우가 많더라도 새끼는 태어나지 않는다. 원산지에서 거의 자유로운 상태로 풀어놓아도 새끼를 낳지 않는 동물이 얼마나 많은가! 그 원인은 본능이 손상을 입었기 때문인 것으로 알려져 있다. 그러나 매우 힘차면서도 열매를 거의 맺지 않거나 전혀 맺지 않는 작

---

5) 유전적 조성이 다른 두 개체 사이의 교배.

물도 많다. 아주 드문 일이기는 하지만, 성장의 어떤 시기에 수분이 약간 많거나 적은 사소한 변화에도 식물이 열매를 맺기도 하고 안 맺기도 한다. 이 흥미로운 문제에 대해 내가 모은 수많은 자료를 여기서 열거할 수는 없지만, 우리 속에 갇혀 자라는 동물의 생식을 결정하는 법칙이 얼마나 특수한지를 보여주기 위해 다음과 같은 예를 들 수 있다.

육식포유류는 척행동물(蹠行動物), 즉 곰(熊)과를 제외하면 아무리 열대지방에서 온 것이라도 갇혀 있는 것에 개의치 않고 자유롭게 번식한다. 그러나 육식조류는 일부를 제외하고는 부화하는 알을 거의 낳지 못한다. 외래식물에는 전혀 쓸모없는 꽃가루를 생산하는 것이 많은데, 그것은 극도로 불임(不稔)[6]인 잡종[7]과 상태가 같다. 한편으로는 가축과 작물이 허약하거나 병에 잘 걸리면서도 갇힌 상태에서 매우 자유롭게 번식하는 것을 볼 수 있다. 다른 한편으로는 어릴 때 자연 상태에서 분리된 뒤 완전히 길들여져서 오래도록 건강하게 살고 있음에도(이에 대해서 나는 많은 예증을 들 수 있다) 어떤 알 수 없는 원인에 의해 생식계통이 그 기능을 잃을 만큼 중대한 영향을 받은 개체도 있다. 그러므로 생식계통이 갇힌 상태에서 작용할 때 불규칙해져서 부모와 닮지 않은 새끼가 태어난다 하더라도 그렇게 놀랄 일은 아니다.

어떤 생물은 극히 비자연적인 조건 아래에서 자유롭게 번식하며—우리 속에서 사육되는 토끼나 페럿(Ferret)[8]이 그 예이다—생식계통이 침해되지 않았다는 것을 보여 준다. 어떤 종류의 동식물은 사육과 재배를 견디면서 자연 상태의 경우와 거의 비슷한, 미미한 변이밖에 일어나지 않는 경우가 있다.

어느 내추럴리스트는 모든 변이는 암수의 생식작용과 관계가 있다고 주장한다. 이것은 잘못되었다. 나는 다른 저서에서 원예가들이 말하는 '기형식물(畸形植物 ; sporting plant)', 즉 같은 나무에서 다른 싹과는 매우 다른 새로운 형질의 싹을 틔우는 식물의 목록을 발표한 적이 있다.

싹의 변이라고 이름 붙일 수 있는 것은 접목(接木), 취목(取木), 씨앗을 통해 번식시킬 수 있다. 이 변이가 자연 상태에서 생기는 일은 드물지만 재배할 때는

---

6) 식물이 씨를 맺지 못하거나 성숙한 암·수 간에 새끼를 낳지 못함.
7) 서로 다른 종이나 계통 사이의 교배에 의해 생긴 자손.
8) 유럽산 족제비의 변종.

드물지 않게 일어난다. 같은 조건, 같은 식물에 해마다 돋아나는 몇 천개의 싹에서 오직 하나의 싹이 새로운 형질을 띤다는 것이 알려져 있다. 또 다른 조건에서 자라난 다른 나무의 싹이 때로는 거의 동일한 변종을 생기게 할 때가 있으므로—예컨대 복숭아나무에서 승도(僧桃 ; 천도복숭아)의 싹이 나오고, 또 보통 장미에서 들장미의 싹이 나온다—변이하는 그들대로의 특수한 형태를 결정하는 데 있어서, 외적 조건의 성질은 생물의 성질만큼 중요하지 않은 것이 분명하다. 대체로 한 덩어리의 불타는 물질에 불을 붙일 때 불똥의 성질이 그 불꽃의 성질을 결정하는 데 아무런 상관도 없는 것과 같다.

습성의 영향

기후가 한 장소에서 다른 장소로 이식된 식물의 개화기에 영향을 미치는 것처럼, 습성도 확실한 영향을 미친다. 그 영향은 동물 쪽에 더욱 두드러지게 나타난다. 이를테면 나는 골격 전체의 무게에 대한 비율로 따져 날개뼈의 중량은 집오리 쪽이 가볍고, 다리뼈는 들오리 쪽이 무겁다는 것을 발견했다. 이 차이는 집오리가 원종(原種)인 들오리보다 적게 날고 걷는 일이 많기 때문이라고 생각해도 틀림없을 것이다. 소와 염소의 젖을 짜는 나라에서는 그렇지 않은 나라보다 동물의 젖이 유전적으로 발달했다. 이 또한 사용 빈도가 형태에 영향을 미치는 한 예이다. 어느 나라이든 귀가 처져 있는 품종이 있게 마련이다. 이와 같이 귀가 처졌다는 것은 동물이 위험에 빠지는 일이 별로 없고, 그래서 귀의 근육을 사용하지 않기 때문이라고 한 어떤 학자들의 주장은 옳다.

성장에서의 상호작용

변이를 제어하는 많은 법칙이 있다. 그중 두세 가지 법칙에 대해 간단하게 설명하기로 한다. 여기서는 단지 상호작용(相互作用)이라고 불리는 것에 대해서만 언급하기로 한다. 배(胚), 또는 유생(幼生)에 일어난 중요한 변화는 거의 틀림없이 성체가 될 때까지 지속될 것이다.

기형에서, 완전히 동떨어진 부분 사이에서 성장의 상관작용을 볼 수 있다는 점이 매우 흥미롭다. 이시도르 조프루아 생틸레르의 위대한 연구에서 그런 예가 많이 제시되어 있다.

동물 육종가(育種家)들은 사지가 긴 동물은 거의 모두 머리가 길다고 믿고 있다. 상관관계의 어떤 실례 중에는 참으로 기묘한 것이 있다. 즉 눈이 파란 고양이는 귀머거리이다. 최근에 테이트(Tait)가 말한 바에 의하면 이것은 수컷에만 한정된다. 색깔과 체질상의 특징은 상관관계가 있으며, 이에 대해서는 동물과 식물 모두에서 많은 실례를 들 수 있다. 호이징거(Heusinger)가 수집한 자료에 의하면, 흰색 양과 돼지에 대한 어떤 식물독(植物毒)의 작용은 유색 개체가 보이는 반응과는 다른 것 같다.

와이만(Wyman) 교수는 이 사실에 대해 훌륭한 실례를 나에게 알려 주었다.

버지니아에 사는 농부에게 돼지가 대부분 까만색인 이유를 물었더니, 돼지는 페인트루트(paint-root)[9]를 먹기 때문에 뼈가 분홍색으로 물들고, 또 까만색 변종 이외의 모든 돼지의 발굽이 모두 갈라져 버렸기 때문이라는 것이다. 또 목축업자 한 사람은 이렇게 덧붙여 말했다. "우리는 같은 배에서 나온 새끼 중에서 까만 놈만 골라서 길러요. 이 까만 놈만이 살아남아 잘 자라니까요."

털이 없는 개는 이빨이 무디고, 털이 길거나 거친 동물은 뿔이 길거나 그 수가 많은 것으로 알려져 있다. 다리에 깃털이 있는 비둘기는 바깥쪽을 향한 발가락 사이에 피부가 발달했고, 부리가 짧은 비둘기는 발이 작으며, 부리가 긴 것은 발이 크다. 그러므로 인간이 어떤 특징을 계속 선택하여 그것을 확대해 간다면, 뜻하지 않은 부위까지 변화시키는 결과를 낳게 될 것이다. 이는 성장의 상호작용이라는 의문스러운 법칙 탓이다.

유전

전혀 알려지지 않거나 어렴풋이 알려져 있는 변이의 법칙은 매우 복잡하고 다양하다. 히아신스나 감자, 또 달리아에 이르는 옛날부터 있었던 재배식물에 관한 몇몇 연구 보고는 주의 깊게 살펴보아야 할 가치가 있다. 변종간, 아변종간 비교해 보면 구조 및 체질 면에서 서로 조금씩 다른 점이 많다는 것에 주의를 기울이면 참으로 놀라움을 느끼게 될 것이다. 전체적인 체제—생물체 구조의 기본적인 모양이나 상태—는 가변적인 것 같으며, 또 조상형으로부터 조금

---

9) 有色根草의 일종.

씩 멀어져가는 경향을 볼 수 있다.

유전되지 않는 변이는 우리에게 중요하지 않다. 그러나 구조에서 볼 수 있는 유전적 변이는 사소한 것이나 중요한 것이나 그 수와 다양성은 무한에 가깝다. 프로스퍼 루카스(Prosper Lucas) 박사가 저술한 전2권의 연구 논문은 이 주제를 다룬 것 가운데 가장 완전하고 뛰어난 것이다. 어찌되었든 유전의 경향이 얼마나 중요한 것인지 의심하는 육종가는 아무도 없을 것이다. 비슷한 것이 비슷한 것을 낳는다는 것은 육종가의 기본 신념이다. 이 원리에 의문을 던지는 자는 이론에 치우친 저술가들뿐이다.

어떤 변이가 나타나는 것은 부모와 자식 양쪽에 같은 원인이 작용했기 때문이라고 단언할 수는 없다. 그러나 같은 조건 아래에 있는 것으로 보이는 개체 가운데 비정상적인 환경조건에서의 결합이 원인이 되어 극히 드문 변이가 부모에게 나타나고—수백만의 개체 가운데 단 하나 정도—그 변이가 자식에게도 다시 나타난다면, 그것은 확률의 법칙으로 말한다 해도 유전 탓으로 돌릴 수밖에 없다. 피부색소 결핍증, 상어 피부증, 다모증 등이 동일한 가족 구성원 중에 나타난다는 것은 누구나 들어서 알고 있다. 기묘하고 희귀한 변이가 정말 유전한다면 그다지 기묘하지 않고 더욱 일반적인 편차도 유전한다고 인정할 수 있다. 문제를 전체적으로 볼 때 어떤 성질이든 유전하는 것이 규칙이고 유전하지 않는 것은 비정상이라고 보는 것이 옳은 방법일 것이다.

유전을 지배하는 법칙은 대부분 알려져 있지 않다. 동종의 모든 개체, 또는 종이 다른 개체에서도, 어떤 특수한 성질이 있을 때는 유전하고 어떤 때는 유전하지 않는 이유는 무엇인가. 왜 자손은 종종 어떤 형질이 그 조부모, 또는 더 먼 조상으로 되돌아가 닮는 것인가. 한쪽 성이 가지고 있던 특징이 양쪽 성에 전해지거나, 다른 한쪽 성에만 전해지거나, 또는 대개 같은 성에 전해지는 이유도 알지 못한다. 가축 가운데 수컷에 나타나는 특질이 예외 없이, 또는 매우 자주 수컷에만 전해지는 것은 그리 중요하지 않다. 그보다 훨씬 중요하고 또 규칙적이라고 생각되는 현상은, 어떤 특질이 일생의 어느 시기에 처음으로 나타나면 그 특질은 자손에게 있어서 거기에 상응하는 시기에, 때로는 그보다 일찍 나타나는 경향이 있다는 것이다. 대부분의 경우에는 당연히 그렇게 되는 수밖에 없다. 예를 들어, 뒤에서 살펴보겠지만 소의 뿔에서 볼 수 있는 유전적 특징은 새끼가 거의 성장해야만 나타난다. 또 누에의 특징도 그에 상당하는 유충이나 고치의 시기에만 나타나는 것으로 알려져 있다.

그러나 유전병이나 그 밖의 여러 사실들은 이 규칙이 더 넓은 범위에 적용된다는 것을 보여준다. 또 어떤 특질이 어떤 특별한 시기에 반드시 나타나야 하는가에 대해 명백한 이유가 없는 경우에도, 그 특질은 자손에게 있어서, 처음 부모에게 나타났던 것과 같은 시기에 나타나는 경향을 보여 준다. 이 규칙은 발생학(發生學)[10]의 법칙들을 설명하는 데 매우 중요하다. 물론 이러한 것은 특질이 처음 나타났을 때에만 한정되는 말이다. 알이나 웅성생식요소(雄性生殖要素)에 작용했을지도 모르는 처음 원인에 대해 하는 말은 아니다. 그것은 뿔이 긴 황소의 씨를 받은 뿔이 짧은 암소에게서 난 새끼가 뿔이 길어지는 것은 성장 후기에 나타나는 현상이지만, 뿔이 긴 성질 자체는 웅성요소에서 기인한 것이라는 말과 같다.

사육 재배 변종의 형질

앞에서 조상의 모습이나 성질이 후손에게 나타나는 문제에 관하여 언급했으므로, 여기서는 내추럴리스트들이 흔히 주장하는 말을 인용하고자 한다. 그것은 사육 재배의 변종을 방목 상태로 두면, 점차 그러나 확실하게 원종(原種)의 형질로 돌아간다는 것이다. 그리고 그것을 근거로 사육 재배 품종을 가지고 야생 상태의 종에 대해 추측하는 것은 불가능하다는 논의가 있어 왔다. 나는 어떤 근거로 그렇게 논의되어 왔는지 밝히려고 노력했으나, 헛수고였다. 그것이 진실임을 증명하는 것은 매우 어려운 일이다. 가장 뚜렷한 특징이 있는 사육 재배 변종의 대부분은 야생상태에서는 생활할 수 없다고 결론짓는 것이 안전하다. 또 많은 경우, 그 원종이 어떠한 것이었는지 모르기 때문에, 조상으로 되돌아가는지의 여부도 판정할 수가 없다. 교잡의 영향을 피하기 위해 오직 하나의 변종만을 새로운 서식지에 풀어놓는 것도 절대적으로 필요하다. 그러나 사육 재배 변종에서는 이따금 그 어떤 형질이 조상의 형태로 되돌아가는 것이 분명하다. 예를 들어 양배추 같은 몇몇 품종을 몹시 메마른 땅에 적응시켜 여러

---

10) 생물의 발생 과정과 발생 체제를 연구하는 생물학의 한 분야.

세대 동안 재배하는 데—하기는 이 경우에 나타난 영향의 일부는 메마른 땅의 '확정적' 작용으로 돌릴 수 있을지도 모른다—성공한다면 그러한 품종은 거의, 때로는 완전히 야생 원종으로 되돌아갈 수도 있을 것이다.

이 실험의 성공 여부는 지금 이 논의에서는 그리 중요하지 않다. 왜냐하면 실험 그 자체에 의해 생활 조건이 변해버리기 때문이다. 만일 사육 재배 변종을 늘 같은 조건에 두고, 또 상당한 수를 사육하며 자유롭게 교잡하고 혼교하게 한다 치자. 그리고 구조의 경미한 편차가 생기지 않게 한다 해도, 여전히 조상으로 되돌아가려 하는 경향이 있다. 즉 얻어진 형질을 잃는 경향이 강하게 나타난다면 그 경우에는 사육 재배 변종을 통해 종에 대해 추측할 수는 없다는 견해에 나도 찬성한다. 그러나 이 견해에 대해서는 증거를 찾아볼 수 없다. 짐 말이나 경주용 말, 뿔이 긴 말이나 뿔이 짧은 소, 다양한 품종의 닭, 여러 채소 등을 번식 재배할 수 없다고 주장하는 것은 모든 경험에 위배되는 것이라고 할 수 있다. 덧붙여 말하자면 자연조건 상태에서는 생활 조건이 바뀌면 형질 변이나 조상으로 돌아가려는 경향을 보인다. 그러나 그 경우에도 새로운 형질이 어느 정도 보존될 것인지는 자연선택에 따라 결정된다.

변종과 종의 구별

가축과 작물의 유전적 변종 또는 품종을 조사하여 그것과 매우 비슷한 종과 비교해 보자. 이미 설명한 바와 같이 진짜 종보다 형질이 일정하게 갖춰져 있지 않다는 것을 발견하게 된다. 같은 종에 속하는 사육 재배한 여러 품종은 약간 기형적인 형질을 띠고 있다. 즉, 사육 재배 품종은 몇 가지 사소한 점에서 서로 다르고 또 같은 속(屬)의 다른 종과도 다르지만, 서로 비교했을 때, 특히 매우 가까운 모든 자연계의 종과 비교했을 때는 한 부분에서 극단적인 차이가 있는 경우가 많다.

이것—및 변종은 교잡했을 때 완전히 생식이 가능한 것, 이 문제에 대해서는 뒤에 논할 것이다—을 제외하면, 같은 종의 사육 재배 품종은 자연 상태에 있는 같은 속의 근연종(近緣種)[11]끼리와 마찬가지로, 대부분의 경우 서로 차이를

---

11) 생물의 분류에서 유연관계가 깊은 종류. 예를 들어 물까치는 까마귀의 근연종이다.

나타내는 것에 불과하다. 이것은 진리로서 인정해야 한다. 그것은 많은 동식물의 사육 재배 품종은 감정가(鑑定家)에 따라서는 본디 다른 종의 자손으로 인정되기도 하고, 단순한 변종으로 인정되기도 하기 때문이다. 만일 사육 재배 품종과 종 사이에 뭔가 확실한 구별이 있다면, 이와 같은 의문이 끊임없이 일어날 리가 없다. 사육 재배 품종은 속(屬)을 나눌 만큼, 형질이 서로 다른 경우는 없다는 견해도 있었다. 이 학설이 옳지 않다는 것은 증명할 수 있다. 하지만 어떤 형질이 속을 나눌 가치를 가지는지는 내추럴리스트들 사이에 의견이 분분하다. 그러한 평가는 모두 현재로서는 경험에 의존하고 있을 뿐이다. 그뿐만 아니라, 이제부터 말하려 하는 속의 기원에 대한 견해에 의하면, 사육 재배 생물에서 속의 양적 차이를 볼 수 있을 거라는 기대를 가져서는 안 될 것이다.

같은 종에 속하는 사육 재배 품종이 구조적으로 얼마나 차이가 나는지 알아보기는 어렵다. 왜냐하면 그것이 한 조상종으로부터 나온 것인지, 여러 개의 조상종으로부터 나온 것인지 모르기 때문이다. 만약 이 점을 명백하게 밝힐 수 있다면 참으로 흥미로운 일이 될 것이다. 예컨대 그레이하운드·블러드하운드·테리어·스패니얼 또는 불도그 등은 널리 알려진 바와 같이 저마다 순수한 품종을 이어가고 있다. 만약 이들이 단일한 종의 자손이라는 것이 증명된다면, 세계의 여러 다른 지역에서 사는 수많은, 그리고 유사한 자연종—예컨대 대부분의 여우류—의 불변성(不變性)이 의심받게 될 것이다. 뒤에서 논의하겠지만, 개(犬)의 여러 품종 사이에 보이는 차이가 모두 사육 중에 생겨났다고는 믿지 않는다. 그 차이의 작은 부분은 그 개들이 다른 종으로부터 나왔기 때문이라고 믿고 있다. 뚜렷한 특징을 갖고 있는 다른 사육 품종의 경우에는 모두 단일한 야생원종(野生原種)에서 나온 것이라고 추측할 수 있으며, 그에 대한 믿을 만한 증거가 있기도 하다.

사육 재배를 위해 변이하는 경향과 갖가지 기후에 견뎌내는 경향이 비정상적으로 강한 동식물을 선택해 온 것에 대해 이따금 논의되어 왔다. 이러한 능력이 사육 재배 생물의 가치를 크게 높여 왔다는 데 이론을 제기할 생각은 없다. 그런데 야만인은 처음으로 동물을 길들일 때 그것이 세대를 거듭하는 동안 변화할 것인지, 또 다른 기후에 견뎌낼 수 있을 것인지 어떻게 알 수 있었을까? 당나귀와 거위가 변이성이 적고, 순록은 더위에 약하고, 낙타는 추위에 약하다는 사실이 그들의 사육을 방해했을까? 만일 오늘날 사육 재배되고 있는 생물과 수도 같고, 다른 강(綱 ; class)[12]에 속하며 다른 나라에 사는, 서로 다른 동식물을 자연 상태에서 옮겨와 같은 수의 세대만큼 사육 재배할 수 있다면, 평균적으로 현재의 사육 재배 생물의 조상종과 똑같이 변이할 것이 틀림없다고 나는 생각한다.

예부터 사육 재배해온 동식물의 대부분은 그들이 유래한 야생종이 단 하나인가, 아니면 그 이상인가에 대해 일정한 결론에 도달할 수 있다. 가축의 다원적인 기원을 주장(다기원설)하는 자들이 주로 의지하고 있는 것은 가장 오래된 기록이다. 특히 이집트의 유적 및 스위스 호수 위의 집에서도 가축의 품종에서 큰 다양성을 볼 수 있다. 그러한 품종 가운데 어떤 것은 현재의 것과 매우 비슷하며, 어쩌면 동일한 것이라고 생각할 수 있다. 만약 이 후자가 일반적인 진실이라 하더라도, 그것은 현재 가축의 모든 품종 가운데 4, 5천 년 전에 그곳에 있었던 것도 있다는 것 말고는 아무것도 증명하지 못한다. 스위스 호반에서 살았던 주민들은 밀과 보리, 완두콩, 양귀비, 그리고 아마(亞麻)를 재배했고, 또 여러 종류의 가축을 키우고 있었다. 그들은 또한 다른 나라 사람들과 교역도 했다.

이러한 모든 것은 호너(Horner)가 말한 것처럼, 고대 문명이 어지간히 발달했음을 명백히 시사하고 있다. 또한 문명이 그다지 발달하지 않았던 기나긴 시대가 이어지는 동안에도 여러 부족이 다양한 지방에서 가축을 기르면서 변화하여 별개의 품종을 낳았다는 것을 의미한다. 세계 각지의 상부지층(上部地層) 속에서 부싯돌이 발견된 이래, 모든 지질학자는 아득히 먼 옛날에도 야만인이 살고 있었다는 것을 믿는다. 또 오늘날 개를 키우지 못할 정도로 미개한 부족은 없다는 것을 알고 있다.

대부분의 가축의 기원은 영원히 밝혀내지 못할 것이다. 그러나 전 세계에서 사육하는 개를 보고 이미 알려져 있는 모든 사실을 고심하여 수집한 결과, 개 종류 가운데 몇몇 야생종이 길들여졌고, 어떠한 계기로 그 피가 섞여 오늘날의 사육 품종의 혈관 속에 흘러왔다는 결론에 이르렀다―현재는 개의 원종의 하나라는 견해가 일반적이다―. 양과 염소에 대해서는 아직도 확정적인 의견을

---

12) 생물의 계급 분류 중 하나. 문(門)과 목(目) 사이에 존재.

발표할 수가 없다. 근육질의 혹이 있는 인도혹소의 습성, 소리, 체질 및 구조 등에 대해 블라이스(Blyth)가 나에게 알려준 바에 의하면, 이 소는 유럽소와는 다른 조상종에서 나온 것이 확실하다. 대부분의 숙련된 감정가들은 유럽소의 야생 조상은 하나가 아니라고 믿고 있다. 이 결론과 더불어, 인도혹소와 보통소의 종적(種的) 구별에 관한 결론은 뤼티마이어(Rütimeyer) 교수의 탁월한 연구에 의하여 확립된 것으로 보아도 무방할 것이다. 말에 관해서는 여기서는 말할 수 없다. 많은 저자의 의견과는 반대로 모든 품종이 단일한 야생원종에서 유래하는 것임을 믿는 편이지만 여전히 의심도 남아 있다. 나는 거의 모든 영국산 닭을 기르면서 교잡시켜 놓고 그 골격을 조사해 보았는데, 그 품종 모두가 인도산 야생닭(Gallus bankiva)의 자손이란 것이 거의 확실하다고 생각한다. 또한 인도에서 이것을 연구한 블라이스와 그 밖의 사람들의 결론도 마찬가지였다. 집오리와 집토끼를 보면 어떤 품종은 서로 두드러지게 다르지만, 모두 공통의 야생오리나 야생토끼에서 나온 것임을 의심하지 않는다.

일부 학자들은 이치에 맞지 않게 여러 가축의 품종이 몇 가지 원종에 기원을 두고 있다고 주장해 왔다. 그 학자들은 변화하지 않고 자손을 번식해 가는 품종은 저마다의 특질을 나타내는 형질이 아무리 작은 것이라도 모두 야생 원형을 가지고 있다고 믿고 있다. 이 비율로 나간다면, 적어도 야생소는 20종, 양도 그 정도, 염소는 유럽에서만 몇 종, 아니 영국에서만도 여러 종이 있었을 것이라는 이야기가 된다. 어떤 학자는 이전에는 영국에 고유의 야생양이 11종이나 있었다고 믿고 있다. 현재 영국에는 포유류의 고유종은 거의 없고, 프랑스에는 있으면서 독일에는 없는 고유종도 없다. 또 헝가리, 스페인 등도 다를 것이 없다. 이러한 나라 어디에나 소와 양 등의 고유품종이 몇 종씩 있는 것을 생각하면, 대부분의 가축 품종은 유럽에서 태어난 것으로 보지 않을 수 없다. 만약 그렇지 않다면 이러한 나라들에는 확실한 조상종인 고유종이 없으므로, 이 많은 가축 품종은 도대체 어디서 생겨난 것인지 설명할 수 없기 때문이다. 인도에서도 마찬가지이다.

몇몇 야생종에서 유래한다고 내가 완전히 인정하고 있는 전 세계의 가축용 개의 경우도, 다량의 유전적 변이가 일어났음이 분명하다. 이탈리안 그레이하운드, 블러드하운드, 불도그, 블렌하임, 스패니얼 등—이들은 야생 개과의 어느 것과도 닮지 않았다—과 매우 비슷한 동물이 일찍이 자연 상태에서 자유롭게 살고 있었다는 것을 믿는 사람이 얼마나 될까? 매우 막연하게, 개의 모든 품종은 소수 원종의 교잡으로 태어난 것으로 알려져 있다. 그러나 교잡에 의해서는 부모의 중간적인 것을 얻을 수 있을 뿐이다. 그러므로 몇몇 가축 품종이 이 과정에서 생겼다고 설명하기 위해서는 이탈리안 그레이하운드·블러드하운드·불도그 등과 같은 매우 극단적인 형태의 것은 전부터 야생상태에서 살았다고 인정하지 않을 수 없게 된다. 그리고 교잡에 의해 품종을 만들어낼 수 있으리라는 가능성도 과장되어 왔다. 바람직한 형질을 나타내는 잡종의 개체를 주의 깊게 선택한다면 교잡으로 가축을 변화시킬 수 있다. 그러나 극단적으로 다른 두 품종 또는 종 사이에서 거의 중간적인 품종을 얻을 수 있다는 것은 믿기 어렵다.

세브라이트(J. Sebright) 경은 특히 이 목적으로 실험을 했지만 실패했다. 순수한 두 품종이 처음으로 교잡하여 태어난 자손이 일정한 것을 보면, 모든 것은 매우 단순한 문제라고 여겨진다—나 자신 비둘기에서 그것을 보았지만—. 그런데 이러한 잡종개체를 몇 대 동안 서로 교배해 가면 비슷한 것이 거의 없다. 그리고 이러한 일은 극도로 어렵다기보다 불가능하다는 것이 명백해진다. 서로 다른 두 품종의 중간적 품종을 얻기 위해서는 세심한 주의와 오랜 시간에 걸친 선택이 필요하다. 내가 알기로는 아직 영속하고 있는 품종은 없다.

집비둘기의 품종과 기원

어떤 특수한 군(群)을 연구하는 것이 가장 좋은 방법이라고 믿기에, 고심한 끝에 집비둘기를 연구하기로 했다. 나는 내가 사들이거나 구할 수 있는 모든 품종을 길렀고 세계 각지에서, 특히 인도의 엘리엇(W. Elliot)과 페르시아의 머리(Murray)로부터 박제한 새를 선물로 받았다. 비둘기에 대해서는 많은 논문이 각 국어로 출판되어 있고, 그중에는 고대에 쓰인 매우 중요한 것도 있다. 나는 몇몇 뛰어난 사육가와 교제했고, 또 런던에 있는 두 개의 비둘기협회에도 가입했다.

비둘기의 품종이 얼마나 다양한지 참으로 놀라울 정도다. 영국산인 전서구(傳書鳩 ; Carrier)와 단면공중제비비둘기(Short-faced tumbler)를 비교했을 때 그 부리와 두개골에도 차이가 있는 것을 보면 알 수 있다. 전서구, 특히 수컷은 머리 둘레의 육수(肉垂)가 놀랄 만큼 발달한 점이 특이하다. 그 밖에도 눈꺼풀이 매우 길고 콧구멍이 무척 크며 입도 매우 큰 특징이 있다. 단면공중제비비둘기는 부리의 모습이 거의 핀치(finch ; 되새류)와 똑같다. 일반 공중제비비둘기는 하늘 높이 무리 지어 날아다니면서 공중제비를 도는 기묘한 유전적 습성이 있다.

런트(runt)[13)는 몸집이 크고, 부리는 길고 굵으며 발도 크다. 런트의 몇몇 아종은 목이 매우 길며, 어떤 것은 날개와 꼬리가 길고, 어떤 것은 꼬리가 기묘할 만큼 짧다. 바브(barb)는 전서구와 비슷하지만, 부리는 전서구만큼 길지는 않고 오히려 짧고 폭이 넓다. 파우터(pouter)는 몸집과 날개, 다리가 모두 매우 길고, 모이주머니[14)가 커다랗게 발달하여 이것을 부풀려서 자기를 과시하는데, 그 모습은 우리를 놀라게 하기는커녕 오히려 웃음을 자아낸다. 터빗(turbit)은 부리가 원추형인 데다 매우 짧고, 가슴에는 거꾸로 선 깃털이 한 줄 나 있다. 또 이 비둘기는 식도 위를 언제나 가볍게 부풀리고 있는 습성이 있다. 자코뱅(Jacobin)종은 뒷 목덜미를 따라 깃털이 거꾸로 서서 두건처럼 덮고 있다. 그리고 몸집에 비해 날개와 꽁지깃이 매우 길다. 트럼페터(trumpeter)와 래퍼(laugher)비둘기는 그 이름처럼 다른 품종과는 전혀 다른 소리를 낸다. 많은 구성원을 가진 비둘기과의 어느 것도 꽁지깃의 수는 보통 12개나 14개지만, 공작비둘기는 그것이 30개, 때로는 40개나 있다. 공작비둘기는 이러한 꽁지깃을 늘 펼친 채 똑바로 세우고 있는데 좋은 품종은 머리와 꼬리가 서로 맞닿을 정도이다. 지방선(脂肪腺)은 완전히 사라지고 없다. 이 밖에도 이만큼의 뚜렷한 특징은 없지만 몇몇 품종이 더 있다.

이러한 여러 품종의 비둘기의 골격을 비교해 보면, 얼굴뼈의 발달에서 길이와 폭과 굴곡에 매우 큰 차이가 있다. 아래턱 좌우 지골(枝骨)의 모양과 폭, 그리고 길이가 크게 다르다. 꼬리뼈와 엉덩이뼈의 수가 다르고, 늑골의 수, 그 상대적인 크기 및 돌기의 유무(有無)에서도 변이가 보인다. 가슴뼈에 난 구멍의 크기와 모양도 큰 차이를 보이고, 쇄골이 양쪽으로 벌어진 정도와 상대적인 크기 또한 다르다. 입이 벌어진 상대적인 폭, 눈꺼풀과 콧구멍, 혀—부리의 길이

---

13) 집비둘기의 일종.

14) 식도의 일부가 확대된 기관. 여기서 피전 밀크라는 영양분을 분비하여 새끼에게 먹인다.

와 반드시 비례하지는 않는다―의 상대적인 길이, 모이주머니와 식도 윗부분의 크기, 지방선의 발달과 퇴화, 첫째 날개깃과 꽁지깃의 수, 날개와 꼬리 및 몸의 상대적인 길이, 다리 전체와 발의 상대적인 길이, 발가락에 있는 비늘의 수, 발가락 사이의 피부의 발달 같은 구조상의 여러 점들은 모두 변이할 수 있는 것이다. 깃털이 완전히 갖춰지는 시기도, 갓 부화한 새끼의 몸을 덮고 있는 솜털 상태도 차이가 있다. 알의 모양과 크기도 다르고, 나는 방법에는 더욱 두드러진 차이를 보인다. 어떤 품종은 목소리와 기질이 다르기도 하다. 마지막으로 어떤 품종에서는 수컷과 암컷이 약간의 차이를 보이고 있다.

만일 조류학자에게 들새라고 말하며 비둘기를 보여준다 해도, 명확한 품종으로 적어도 20종 정도는 구별해낼 것이다. 어떤 조류학자도 영국산 전서구·단면공중제비비둘기·런트·바브·파우터 또는 공작비둘기 등을 같은 속에 넣지는 않을 거라고 생각한다. 이러한 여러 품종에서 변화하지 않고 유전해 가는 두세 가지의 아품종(亞品種),[15] 즉 조류학자가 종(種)이라는 것을 제시할 수 있을 때는 더 말할 것도 없다.

이처럼 비둘기의 여러 품종 사이의 차이는 크지만, 나는 그 모두가 들비둘기 (Columba Livia)에서 나온 것이라고 하는 내추럴리스트들 사이의 일반적인 의견이 옳다고 확신하고 있다. 단, 들비둘기에는 매우 미세한 점에서 서로 다른 지리적 품종 또는 아종이 포함되어 있다. 내가 그렇게 확신하게 된 이유 가운데 몇몇은 어느 정도까지 다른 예에도 적용되므로 여기서 그것을 간단히 살펴보기로 한다.

이처럼 많은 품종이 변종이 아니고 들비둘기에서 나온 것이 아니라면, 그것은 적어도 7, 8종의 원종에서 나온 셈이 된다. 이보다 적은 수의 원종을 교잡하여 오늘날의 사육 품종을 만들어낼 수는 없기 때문이다. 예컨대 파우터 같은 것을, 조상종의 한쪽이 뚜렷하게 큰 모이주머니를 갖고 있지 않다면 어떻게 두 품종의 교잡을 통해 만들 수 있단 말인가? 상상되는 원종은 모두 들비둘기, 즉 나무 위에 알을 낳지 않고 그 위에 살려고도 하지 않는 비둘기가 아니면 안 된다. 그런데 이 들비둘기와 그 지리적 아종 외에는 2, 3종의 들비둘기가 알려져

---

15) 분류학적 형질에 따라 다른 개체와 명확히 구별되는 집합 가운데 약간의 차이를 보이는 개체. 품종이라고도 함.

있을 뿐이다. 그러한 것들은 비둘기의 사육 품종의 형질을 조금도 갖고 있지 않다.

여기서 상상할 수 있는 원종은 그것이 처음 사육된 나라에 지금도 살고 있고, 게다가 조류학자에게도 알려져 있지 않거나, 그렇지 않으면 야생상태 속에서 절멸해 버렸거나 어느 하나에 속하지 않으면 안 된다. 그러나 앞에서 말한 의견은, 그 크기와 습성, 특징을 생각하면 있을 법한 일이 아니다. 절벽 위에서 알을 낳으며 잘 날아다니는 새는 쉽게 절멸하지 않을 것이다. 사육 품종과 같은 습성이 있는 일반 들비둘기는 영국의 작은 섬이나 지중해 연안에 아직도 남아 있다. 따라서 들비둘기와 같은 습성을 지니고 있는 종에서 많은 수가 절멸했다고 가정하는 것은 쓸데없는 추정이다. 그뿐만 아니라 위에 열거한 많은 사육 품종은 세계 각지에 널리 퍼졌기 때문에, 어떤 것은 태어난 곳으로 다시 돌아갔을 것이다. 그러나 야생상태로 돌아갔다고 알려진 것은 하나도 없다. 극히 일부가 변화한 들비둘기, 즉 집비둘기(dovecot-pigeon)가 여러 곳에서 야생상태로 돌아갔을 뿐이다. 요즈음의 온갖 실험은, 야생동물을 길러 자유롭게 생식시키기는 어렵다는 것을 보여주고 있다. 그러나 비둘기의 기원이 다원(多元)이라는 가설에 따른다면, 고대의 반문명인에 의해 적어도 7, 8종의 비둘기가 우리 속에서도 충분히 새끼를 낳을 수 있도록 완전히 가축화했다고 가정할 수 있다.

다른 여러 경우에 적용할 수 있을 것으로 보이는 하나의 논의는, 앞에서 열거한 모든 품종이 체질·습성·소리·털의 색깔 및 구조의 많은 점에서 야생 들비둘기와 거의 일치하고 있으나, 구조는 확실히 다르다는 사실이다. 비둘기과 전체를 샅샅이 살펴보아도, 영국산 전서구나 단면공중제비비둘기, 바브와 같은 부리, 자코뱅비둘기처럼 거꾸로 선 깃털, 파우터 같은 모이주머니, 공작비둘기 같은 꽁지깃을 가진 것은 달리 찾아볼 수 없다. 따라서 반문명인이 7, 8종을 완전히 가축화했을 뿐만 아니라, 의도적이든 우연에 의해서든 지극히 비정상적인 종을 선택했다는 것, 더 나아가 바로 이러한 종이 그 뒤 모두 절멸했거나 아니면 행방불명되었음을 가정하지 않을 수 없다. 이처럼 많은 불가사의한 우연이 거듭되었다는 것은 믿기 어려운 일이다.

비둘기의 털 색깔에 대한 어떤 사실은 고찰해볼 가치가 있다. 들비둘기는 충충한 회색을 띤 청색으로, 허리는 하얀 색이다. 스트릭랜드(Strickland)가 기록한 인도산 아종 인터메디아비둘기(Columba intermedia Strickland)의 허리 부분은 푸른 빛을 띠고 있다. 꼬리 끝에 까만 줄이 나 있고 바깥쪽 깃털 뿌리 부근에는 하얀 테두리가 있다. 날개에는 두 개의 검은 줄이 있다. 반사육(半飼育) 품종과 명백한 차이를 보이는 진짜 야생품종의 날개에는 두 개의 검은 줄 말고 까만 바둑판무늬가 있다. 비둘기과의 다른 종에서는 이렇게 다양한 무늬가 함께 나타나는 일이 없다.

그런데 사육 품종 가운데 충분히 좋은 사육을 받은 개체에서는, 위에서 말한 모든 무늬가 바깥쪽 꽁지깃의 하얀 테두리에 이르기까지 때로는 완전히 발달한 상태로 공존하고 있다. 그 어느 쪽도 파랗지 않고, 또는 위에 말한 무늬를 가지고 있지 않은 서로 다른 품종의 새 두 마리를 교배하면, 잡종의 새끼는 느닷없이 이러한 형질을 띠게 되는 일이 있다. 내가 관찰한 많은 실례 가운데 한 가지를 들어 보자. 나는 몇 번이나 한결같이 하얀 공작비둘기와 검은 바브를 교배해 보았는데 그 결과 태어난 자손은 청회색 몸에 흰 허리, 날개에 검은 줄이 2개, 꼬리에는 검은 줄과 흰 테두리를 가진 아름다운 개체가 되었다. 그야말로 야생 들비둘기와 날개색이 같아진 것이다. 또 바브비둘기의 파란색 변종은 매우 드물기 때문에, 영국에서는 그런 예에 대한 이야기를 들어본 적이 없지만, 그 잡종은 검은색과 갈색과 잡색으로 되어 있었다.

나는 또 바브와 반점비둘기를 교배해 보았다. 반점비둘기는 그 이름에 걸맞게, 꼬리가 빨갛고 앞이마에 빨간 반점이 있는 흰 비둘기이다. 하지만 그 잡종은 담흑색, 갈색인 것과 여러 색깔이 뒤섞인 것이 있었다. 나는 더 나아가서 그 바브와 공작비둘기의 잡종과, 바브와 반점비둘기의 잡종을 교잡시켜 보았다. 이번에는 야생 들비둘기와 같은 고운 청색인 데다 허리가 하얗고, 날개에 까만 줄이 두 개 있으며, 꽁지깃에는 가로선과 하얀 테두리가 있는 비둘기가 태어나는 것이 아닌가!

이러한 사실로 미루어 사육 품종 모두가 들비둘기에서 유래한 것이라고 한다면, 우리는 조상의 형질로 되돌아간다는 유명한 원리를 통해 이러한 사실을 이해할 수 있다. 그러나 만약 이 유래를 부정한다면, 다음의 매우 의심스러운 두 가지 가정 중 어느 하나를 채택하지 않을 수 없게 된다.

그 하나는 모든 가상의 원종(原種)이 들비둘기와 같은 색깔과 무늬를 가지고,

그 밖의 현존종(現存種)에는 그러한 색깔과 무늬를 가진 것이 전혀 없다는 것, 따라서 각각의 품종은 모두 같은 색깔과 무늬로 돌아가는 경향이 있다는 것이다. 그러나 현존하는 들비둘기 말고 야생 비둘기로서 들비둘기와 같은 날개색과 모양을 가진 것이 없다는 사실이 곤혹스럽다.

또 하나는 어떤 품종이든 가장 순수한 것조차 12세대 이내에, 많아도 20세대 안에 들비둘기와 교잡한 일이 있다는 가설이다. 여기서 내가 10세대 또는 20세대 안이라고 말한 것은, 교잡한 자손이 매우 많은 세대를 거친 조상으로 복귀한다는 것을 믿게 해주는 근거가 없기 때문이다.

다른 품종과 오직 한 번밖에 교잡한 적이 없는 품종에서는 세대를 거듭할 때마다 다른 계통의 피가 줄어들 것이므로, 그 교잡을 통해 얻은 형질로 되돌아가려는 경향이 점차 줄어든다. 그러나 한 번도 교잡하지 않았을 뿐 아니라 이전 세대에 잃었던 형질로 되돌아가려는 경향이 그 품종에 있을 경우에는 끊임없이 세대를 거듭하는 사이 조금도 줄어들지 않고 전해져 갈 것이다. 이 두 가지의 경우는 유전을 연구하는 사람들도 혼동하고 있다.

마지막으로, 비둘기의 모든 사육 품종 사이에 태어난 종간(種間) 잡종 또는 아종간 잡종은 생식이 가능하다는 것을 말해두고 싶다. 가장 다른 품종에 대해, 나 자신이 의도적으로 관찰한 결과를 바탕으로 이렇게 말할 수 있다. 그런데 명백하게 다른 두 동물 사이에서 완전히 생식이 가능한 잡종 새끼를 낳은 예를 드는 것은 어려운 일일 뿐만 아니라, 불가능할 것이다. 어떤 학자들은 오랫동안 사육을 계속하면 종이 갖는 이 강한 생식불능의 경향이 소멸된다고 믿고 있다. 개 또는 다른 사육동물의 역사를 살펴보면, 서로 극히 근연종(近緣種)일 때는 이 가설은 전적으로 옳다. 그러나 이 가설을 확대하여 오늘날의 전서구, 단면공중제비비둘기, 파우터 및 공작비둘기 같은 차이를 처음부터 가지고 있었던 종(種)이, 생식이 가능한 새끼를 낳을 수 있을 것이라고 가정하는 것은 지나친 속단이다.

이와 같은 여러 가지 이유를 통해 다음과 같은 결론이 나온다. 즉 인간이 최초에 존재했다고 가정한 7, 8종의 비둘기를 키우면서 번식시켰다는 것은 믿기 어렵다. 이 가정된 종은 야생상태에서는 전혀 알려져 있지 않고 어디서도 야생화하지 않았다는 것, 그리고 이러한 종은 대개 들비둘기와 많이 닮았다 하더라도 비둘기과의 다른 모든 것과 비교해 보면 어떤 점에서 극히 비정상적인 형질을 나타내고 있다는 것이다. 청색과 흑색 반점이 순수하게 유지된 것이든 교잡한 것이든 모든 품종에서 때때로 나타나며, 잡종 새끼는 생식이 가능하다. 이러한 갖가지 이유를 종합해 보면 우리는 모든 사육 품종은 들비둘기, 즉 콜룸바 리비아와 그 지리적 아종에서 나온 것이라는 결론을 내릴 수 있다.

이 견해를 지지하면서 내가 덧붙여 말할 수 있는 것은, 첫째로 야생의 콜룸바 리비아를 유럽 및 인도에서 사육할 수 있음이 밝혀졌고, 이 비둘기는 습성이나 구조면에서 많은 점들이 모든 사육비둘기들과 일치한다는 점이다. 둘째로는, 영국산 전서구와 단면공중제비비둘기의 어떤 형질은 들비둘기와는 매우 다르지만 이러한 두 품종의 갖가지 아품종, 특히 먼 나라에서 가져온 것과 비교해 보면, 아품종과 들비둘기 사이에 거의 완전한 계열을 만들 수 있다. 이것은 모든 품종에서 가능한 것은 아니다. 셋째로, 주로 각 품종을 구별하는 형질—예를 들어 전서구의 아랫볏과 부리, 공중제비비둘기의 짧은 부리, 공작비둘기의 꽁지깃의 수—은 각각의 품종 안에서 뚜렷한 변이를 보인다. 이에 대한 설명은 나중에 선택에 대해 논의할 때 명백해질 것이다. 비둘기는 세계 각지에서 수천 년에 걸쳐 사육되면서 많은 사람들의 주의 깊은 보살핌을 받으며 사랑받아왔다.

비둘기에 대한 가장 오래된 기록은 레프시우스(Lepsius) 교수에 따르면, 기원전 약 3000년, 이집트의 제5왕조시대로 거슬러 올라간다. 그러나 버치(Birch)는, 그 이전의 왕조시대에 이미 요리 메뉴 속에 들어가 있었다고 나에게 알려주었다. 고대 로마의 플리니우스의 책에 따르면, 로마 시대에 비둘기는 아주 비쌌다고 한다. 그뿐만 아니라 로마인들은 비둘기의 혈통과 품종의 이름까지 늘어놓을 정도로 비둘기를 중시했다.

1600년 무렵 인도의 아크베르 칸(Akber Khan)은 비둘기를 매우 귀하게 여겨, 궁전에서 기르는 비둘기가 2만 마리 아래로 내려간 적이 없었다고 한다. 궁정의 서기들은 '이란 및 툴란의 왕들은 매우 진귀한 비둘기를 선물로 보내왔다'고 기록하고, 또 '폐하께서는 완전히 새로운 방법으로 품종을 교잡시켜 놀라울 정도로 비둘기를 개량했다'고 썼다. 이와 거의 똑같은 시대에 네덜란드인들도 고대 로마인과 마찬가지로 비둘기에 관심을 쏟고 있었다.

비둘기가 지금까지 얼마나 많은 변이를 거쳐 왔는지 설명하는 데 이러한 고찰이 더할 수 없이 중요하다는 것도, 선택에 대해 논의할 때 명백해질 것이다. 그리고 갖가지 품종이 어떻게 기형적인 형질을 갖게 되는지에 대해서도 알게 될 것이다. 비둘기는 암컷과 수컷이 평생 금슬 좋게 산다. 또 다른 품종을 같은 새장에서 함께 키울 수도 있는데 이것은 다른 품종을 만들어내는 데 매우 유리한 조건이다. 나는 집비둘기의 기원으로서 확실하다고 생각되는 것에 대해, 충분하다고는 할 수 없지만 오랫동안 설명해 왔다. 처음으로 다양한 종류의 비둘기를 사육하면서 관찰한 결과, 그것이 조금도 변화하지 않고 번식한다는 것을 잘 알 수 있었다. 이런 비둘기가 공통된 조상에서 유래했다고 믿기에는, 마치 어떤 내추럴리스트가 자연계에 있는 방울새 또는 그 밖의 새들의 많은 종에 대해 같은 결론에 도달할 때 느끼는 것과 똑같은 곤란을 느낀다.

나는 가축을 기르거나 작물을 재배하는 사람들을 여럿 만나보고 그들이 쓴 논문을 읽어보았다. 그들은 하나같이, 자신들이 기르고 재배하는 여러 품종은 모두 그와 같은 수의 기원적으로 다른 종에서 유래한다고 굳게 믿고 있다. 나도 경험한 일이지만, 누구든지 헤리퍼드종 소(Hereford cattle)의 사육자에게 그 소는 장각우(長角牛 ; longhorns)에서 나온 것이 아니냐고 물어보라. 그는 아마 코웃음을 칠 것이다. 나는 비둘기·닭·집오리 또는 토끼 사육자로서 각각의 주된 품종이 다른 종에서 나왔다는 것을 조금이라도 의심하고 있는 사람은 한 번도 만난 적이 없다.

반 몬스(Van Mons)는 배와 사과에 관한 논문에서, 립스턴 피핀(Ribston-pippin) 또는 코들린 애플(Codlin apple)과 같은, 몇몇 종류가 같은 나무의 종자에서 나왔다는 것은 전혀 믿지 않는다고 말했다. 그 밖에도 예는 얼마든지 있다. 그에 대해서는 매우 간단하게 설명할 수 있다. 그들은 오랫동안 연구해온 결과, 수많은 품종 사이의 차이에 강한 인상을 받은 것이다.

그들은 각각의 품종에서 작은 차이를 선택한 대가(代價)를 얻음으로써 그러한 품종이 조금씩 변이한다는 것을 알고 있다. 그러나 일반적인 논거는 전부 무시하고 오랫동안 누적되어온 세대 간의 조그만 차이를 종합해 보려고 하지 않는다.

유전 법칙에 대해 육종가보다 훨씬 무지하고, 또 오랜 유래 속에 있는 많은 중간 고리에 대해서는 훨씬 더 무지하다. 많은 사육 재배 품종이 같은 조상에서 유래한다는 것을 인정하는 내추럴리스트들이, 자연 상태의 여러 종이 다른 종에서 나온 직계 자손이라는 관념을 비웃는다면 아무런 교훈도 얻을 수 없을 것이다.

선택의 원리와 그 결과

하나의 종 또는 몇 개의 유사한 종에서 사육 재배 품종들이 생기게 된 단계에 대해 고찰해 보고자 한다. 어떤 부분은 외적 생활 조건의 직접적이고 확정적인 작용에, 또 어떤 부분은 습성에 의한 것이라고 해도 무방할 것이다. 그러나 짐 말과 경주용 말, 그레이하운드와 블러드하운드, 전서구와 공중제비비둘기의 차이를 이러한 작용으로 설명하려 한다면 대담한 사람이라고 해야 할 것이다.

사육 재배 품종의 가장 두드러진 특징 하나는, 동물이나 식물 그 자체의 이익을 위해서가 아니라, 인간의 사용 또는 애완이라는 목적을 이루기 위한 적응이라는 것이다. 인간에게 쓸모 있는 변이 가운데 어떤 것은 갑자기, 다시 말해 1세대에 일어났을 것이다. 많은 식물학자들은 어떤 기계적 장치도 당할 수 없는 갈고랑이를 가진 나사말산토끼꽃(dipsacus-fallonum)의 꽃턱잎[16]의 날카로운 갈고리 모양은 인위적으로 만들어낼 수 없다. 그런데 많은 식물학자들은 이 재배품종이 은 야생 산토끼꽃(dipsacus)의 한 변종일 뿐이며, 또 그만한 양(量)의 변화가 하나의 종묘(種苗)에 갑작스레 생긴 것이라 믿고 있다. 턴스피트 개(turnspit dog)도 그러했을 것이고, 앵콘 양(ancon sheep)도 그러했다는 것이 알려져 있다.

그러나 짐 말과 경주용 말, 단봉낙타(單峰駱駝 ; dromedaru)와 보통 낙타, 경작지 또는 산지 목장, 어디에나 적합하지만 털의 용도가 저마다 다른 양의 여러 품종을 비교해 보자. 또 갖가지 다른 용도로 인간에게 도움을 주는 개의 많은 품종을, 끈질기게 물어뜯으며 싸우는 투계(鬪鷄)와 그다지 호전적이지 않은 품종을, 결코 알을 품으려 하지 않고 '알을 계속 낳기만 하는 닭'을, 작고 우아한 당닭(bantam)을 비교해 보라. 그리고 식용 또는 관상용으로, 여러 계절에 갖가지 용도로 쓰이며 인간에게 쓸모 있거나 아름답게 보이는 각종 농작물, 채소, 과

---

16) 이삭을 구성하고 있는 작고 뾰족한 잎.

수, 화초의 품종을 비교할 때 단순히 한 번의 변이를 통해 나타난 것이라고 보아서는 안 된다. 이러한 품종들은 모두 오늘날에도 볼 수 있는 완전하고 유익한 것으로서 돌연히 생긴 것이라고는 생각되지 않는다. 실제로 여러 예에서 품종의 역사는 그렇지 않았다는 것을 알 수 있다. 이 복잡한 현상을 밝혀줄 열쇠는 인간의 선택 능력에 달려 있다. 자연은 잇달아 일어나는 변이를 제공하고, 인간은 그것을 자기에게 쓸모 있도록 만들어 간다. 이런 의미에서 인간은 자기 자신에게 쓸모 있는 품종을 스스로 만들어간다고 할 수 있다.

이 선택의 원리가 큰 힘을 가진다는 것은 가설이 아니다. 뛰어난 육종가들은 자기 대(代)에서 소와 양을 크게 변화시켰다. 그들이 한 일을 충분히 이해하기 위해서는, 이 문제를 다룬 여러 논문을 읽고 그 동물을 실제로 조사해볼 필요가 있다. 육종가들은 자신이 생각하는 대로 동물의 체제를 만들어낼 수 있다는 듯이 말한다. 나는 지면만 허락한다면, 매우 뛰어난 권위자의 저서에서 이 효과에 대한 글을 수없이 인용할 수 있다.

누구보다 농업가의 저서에 대해 잘 알고 있으며 뛰어난 동물감정가였던 유아트(Youatt)는 선택의 원리에 대해, '이것은 농업가로 하여금 가축의 형질을 변화시킬 수 있게 할 뿐 아니라 그 가축을 완전히 바꿔버리게 할 수 있다. 또 원하는 형질과 형태에 생명을 불어넣을 수 있는 마법의 지팡이다'라고 말했다. 서머빌(Somerville) 경은 육종가들이 양에 대해 한 일을 언급하면서, '그것은 마치 벽에 백묵으로 이상적인 모습을 먼저 그려놓고, 거기에 숨을 불어넣는 것과 같다'고 했다. 최고의 육종가인 존 세보라이트(John Saunders Sebright) 경은 비둘기에 대해 '어떤 날개라도 3년이면 만들어낼 수 있지만 머리와 부리는 6년이 걸린다'고 했다. 독일의 작센 지방에서는 메리노 종(種)의 양에 대한 선택 원리의 중요성이 잘 알려져 있어 그것을 직업으로 가진 사람이 있을 정도이다. 양을 테이블 위에 올려놓고, 마치 미술감정가가 그림을 살펴보는 것처럼 연구하는 것이다. 이것이 몇 달의 간격을 두고 세 번씩 이루어지며, 그때마다 양에 낙인을 찍어 등급을 매긴다. 마지막에 가장 좋은 것을 육종용(育種用)으로 선택한다.

영국의 육종가가 실제로 얼마나 성공했는지는 혈통 좋은 동물에 매겨지는 막대한 가격으로 증명되었다. 그리고 그 동물은 거의가 전 세계로 수출되기에 이르렀다. 개량은 다른 품종의 단순 교잡으로 이루어지는 것이 아니다. 뛰어난 육종가들은 아주 가까운 아품종 사이에서 이따금 교잡이 이루어지는 것을 제외하면 이 방법, 즉 교잡에 강력하게 반대하고 있다. 그뿐만 아니라 교잡을 할 때는 보통의 경우보다 훨씬 엄중한 선택이 요구된다.

선택이, 단순히 확실한 변종을 분리하여 그것을 번식시키는 것이라면, 그 원리는 특별히 주목할 가치도 없는 지극히 명백한 것이리라. 이 원리의 중요성은 훈련되지 않은 눈으로는 절대로 분별할 수 없는 정도의 차이—나는 어떤 생물에 관해 그러한 차이를 판별하려고 노력했으나 실패했다—를 일정한 방향으로 대대로 누적함으로써 큰 효과를 얻는 데 있다. 훌륭한 육종가가 될 수 있는 정확한 눈과 판단력을 가진 사람은 천 명에 한 사람도 없을 것이다. 만일 이러한 능력을 부여받은 자가 몇 년 동안 이 문제를 연구하거나 한결같은 인내로 생애를 바친다면, 위대한 개량종을 만들어낼 것이다. 그러나 만일 이런 재능이 부족하다면 실패할 것이 틀림없다. 숙련된 비둘기 사육가가 되는 것조차 타고난 재능과 오랜 경험이 필요하다는 것을 쉽게 믿을 사람은 흔치 않다.

원예가도 이 같은 원리에 따라 일하는데, 이 경우에는 변이가 더 자주 돌발적으로 나타난다. 가장 정선(精選)된 식물이 단 한 번의 변이에 의해 생겼다고 믿는 사람은 아무도 없을 것이다. 정확한 기록이 남아 있는 많은 예에서는 그렇지 않다는 증거가 있다.

그 예로 보통의 구스베리(gooseberry)의 크기가 쉴 새 없이 커져가는 사실을 들 수 있다. 또한 오늘날 꽃집에서 보는 꽃들을 불과 2, 30년 전의 그림과 비교해 보면, 그 꽃들이 얼마나 현저하게 개량되었는지 알 수 있다. 어떤 품종의 식물이 훌륭하게 만들어지면, 종묘가(種苗家)는 가장 좋은 식물을 가려내지 않고서 정해진 표준에서 벗어난 이른바 '불량품(不良品 ; rogues)'을 뽑아낼 뿐이다. 동물의 경우에도 실제로 이와 같은 종류의 선택이 이루어지고 있다. 왜냐하면 품종 나쁜 동물이 번식하는 것을 허용할 만큼 부주의한 사람은 없기 때문이다.

식물에 대해서는 선택의 누적 효과를 관찰하는 다른 방법이 있다. 그것은 꽃밭에 심겨진 꽃들에서 같은 종에 속하는 갖가지 변종의 꽃들의 차이를 비교하고, 채소밭에서는 잎, 콩깍지, 덩이줄기, 그 밖의 부위가 중시되고 있다. 과수원에서는 동종의 과실에 나타난 차이를 동종의 여러 변종의 잎이나 꽃과 비교한다. 양배추의 잎이 얼마나 다르고, 그 꽃이 얼마나 닮았는지, 삼색제비꽃의 꽃이 얼마나 다르고, 그 잎이 얼마나 닮았는지, 여러 가지 구스베리 열매가 크기나 색깔, 그리고 모양과 털의 생김새가 얼마나 다르며 꽃이 나타내는 차이는 얼마나 경미한지를 살펴보자. 그것은 어떤 점에서는 서로 다른 변종이 어떤 점에서는 조금도 다르지 않다는 말은 아니다. 내가 주의 깊게 관찰한 결과로는 그런 일은 좀처럼 없다. 아니, 결코 없을 것이다. 상관변이의 법칙은 결코 그 중요성을 소홀히 할 수 없지만, 이러한 법칙에는 필연적으로 약간의 차이가 생기게 마련이다. 그러나 일반적인 규칙으로서는 잎이나 꽃, 또는 열매에 나타난 조그마한 변이를 계속해서 선택한다면, 그와 같은 형질이 서로 다른 품종을 낳는 것은 의심할 나위가 없다.

세심한 선택과 무의식적인 선택

선택의 원리가 방법적으로 실행에 옮겨진 지 겨우 4분의 3세기밖에 안 되었다는 반론이 있을지도 모른다. 이 원리는 최근에 다시 주목받았고 그것에 대해 많은 논문이 간행되었다. 그에 따라 그 발전 속도도 빨라지고 중요성도 커졌다. 그러나 이 원리를 최근의 발견이라고는 결코 말할 수 없다. 아주 오래전 책에서도 이 원리의 중요성을 충분히 인정한 문장을 수없이 인용할 수 있다.

영국의 미개하고 야만적인 시대에도 우수한 가축이 이따금 수입되었고, 그 수출을 방지하는 법령이 내려졌다. 기준 크기보다 작은 말(馬)은 죽이도록 결정되었는데, 이것은 묘목업자가 '불량품'을 제거하는 것과 비교할 수 있다. 나는 또 고대중국의 백과사전에서 선택의 원리가 적혀 있는 것을 발견했다. 이 명백한 규칙을 설명한 고대 로마의 작가도 있다. 창세기에 있는 어떤 문장을 통해서도 그 옛날에 일찌감치 가축의 털 색깔이 주목받았음을 알 수 있다. 오늘날의 야만인은 이따금 개를 야생 개과의 동물과 교잡시켜 그 개량을 꾀한다. 플리니우스에 의하면, 옛사람들도 그런 일을 했다고 한다.

남아프리카의 야만들은 짐을 싣는 소를 털 색깔이 같은 것끼리 교배하고, 에스키모인도 썰매 끄는 개에게 같은 일을 하기도 한다. 리빙스턴(Livingstone)은 유럽인과 접촉한 적이 없는 아프리카 오지의 흑인이 뛰어난 가축을 얼마나 소중히 다뤘는지에 대해 말했다. 이러한 사실 가운데 어떤 것은 선택이 아닌 것도 있지만, 고대에도 가축을 키우고 번식시키는 데 세심한 주의를 기울였으며,

미개한 야만인이라 하더라도 선택에 주의를 기울이고 있음을 증명하고 있다. 좋은 형질과 나쁜 형질이 유전한다는 것은 명백한 사실이므로, 만약 번식에 주의가 기울여지지 않았다고 한다면 그것이 오히려 이상한 일이다.

오늘날의 뛰어난 육종가들은 뚜렷한 목적을 가지고 질서 있는 선택에 의해 그 나라에 현존하는 것보다 우수한 새로운 계통 또는 아품종을 만들어 내려고 노력하고 있다. 그러나 그 목적을 놓고 볼 때 '무의식적'이라 할 수 있는, 모든 사람이 저마다 가장 좋은 동물을 소유하고 번식시키려고 하는 결과인 '선택'이 무엇보다 중요하다. 예컨대 포인터종 개를 기르려 하는 사람은 당연히 좋은 개를 갖고 싶어하며, 자기가 소유한 개 가운데 가장 훌륭한 개를 번식시키려고 한다. 그러나 그는 품종을 완전히 바꾸기를 바라거나 기대하지는 않는다.

그렇기는 하지만 이 방법이 몇 세기에 걸쳐 계속된다면 어떠한 품종도 개량되고 변화할 것이 분명하다.

베이크웰(Bakewell)과 콜린스(Collins) 등이 소의 생김새나 성질에 대해 한 것과 완전히 같다. 이들은 그것을 더욱 효과적으로 수행하여 자기 세대에 커다란 변화를 일으켰다. 앞서 말한 종류의 변화는 완만하고 알아채기 어려워, 문제의 품종이 훨씬 이전에 실제로 측정되거나 주의 깊게 묘사되어 비교 자료로서 도움되는 경우가 아니라면 인정할 수 없는 것이다. 그러나 같은 품종이라도 전혀 또는 조금밖에 변화하지 않은 개체가, 문명화가 늦고 품종이 그다지 개량되지 않은 지방에서 발견되는 경우도 있다.

찰스왕의 스패니얼[17]은 이 왕의 시대 뒤에 무의식적 선택에 의해 크게 변화했다고 믿을 만한 이유가 있다. 권위자로 충분히 인정받고 있는 어떤 사람들은, 세터[18]는 스패니얼에서 직접 나온 것이며, 스패니얼이 그 뒤 서서히 변화했다고 믿고 있다. 영국산 포인터는 17세기에 두드러지게 변화한 것으로 알려져 있는데, 이 변화는 주로 폭스하운드[19]와의 교잡으로 얻어진 것이라 믿고 있다. 그러나 지금 여기서 우리의 주의를 끄는 것은 이 변화가 무의식적으로 서서히 이루어

---

17) 몸집이 작은, 새 사냥용 개의 품종을 통틀어 이름.
18) 사냥개의 일종.
19) 원산지 영국. 18세기 이래 영국 수렵가들이 여우 사냥용으로 개량한 사냥개. 오스트레일리아에서는 목양용으로 쓰임.

졌다는 점이다. 게다가 이미 개량되어버린 까닭에, 영국산 포인터의 원종 가운데 하나인 스페인종 포인터를 원산지인 스페인에서 찾아봐도 영국산 포인터와 닮은 원종은 거의 볼 수 없다는 사실이다. 이것은 보로(Borrow)가 알려준 것이다.

영국의 경주용 말은 간단한 선택 과정과 세심한 훈련에 의해 속력이나 크기에서 그 조상인 아랍종을 능가했다. 그래서 굿우드 경마에서는 아랍종 말은 짐의 무게를 줄이는 규정이 정해져 있다. 스펜서 경(Lord Spencer)과 몇몇 사람들은 영국의 소가 옛날 이 나라에 있었던 원종에 비해 얼마나 빨리 자라며 무게도 얼마나 더 나가는지 말해주고 있다. 비둘기에 대한 오래된 보고서에 쓰여 있는 전서구와 공중제비비둘기에 관한 내용과 지금 영국·인도·페르시아에 있는 그 품종을 비교해 보자. 그러면 그러한 종류가 눈에 보이지 않을 정도로 조금씩 변화하여 들비둘기와 현저하게 달라진 모든 단계를 확실하게 증명할 수 있다고 나는 생각한다.

유아트는 실제로 일어난 결과—두 개의 확실하게 다른 계통의 육성—에 대해 육종가들이 예상하지도 기대하지도 않았던 선택, 즉 무의식적으로 이루어진 것으로 여겨지는 선택이 이어짐으로써 일어난 효과를 보여주는 좋은 예를 들었다. 버클리(Buckely)와 버제스(Burgess)가 기르던 두 무리의 레스터종 양(羊)은, 유아트가 쓴 바에 의하면, '베이크웰의 원종에서 50년 넘게 순수하게 번식해온 것이었다. 이것을 알고 있는 사람이라면 누구나 두 소유자가 한 번이라도 베크웰의 원종의 순수한 혈통을 어지럽히는 일을 했다고는 생각하지 않는다. 하지만 이 두 사람이 저마다 기르고 있는 양은 완전히 다른 변종처럼 보일 정도로 큰 차이를 보인다.'

사육하고 있는 동물의 자손에게 유전해가는 형질에 대해 전혀 생각하지 않을 만큼 미개한 야만인이라도, 기근이나 재난이 일어났을 때라도 자기들에게 특별히 쓸모 있는 동물이라면 잡아먹기보다는 오히려 보존하려고 노력할 것이다. 또 그처럼 선택한 동물은 다른 열등한 동물보다 많은 새끼를 남길 것이다. 따라서 이 경우, 일종의 무의식적인 선택이 이루어지고 있는 셈이다. 티에라 델 푸에고[20]의 미개인들도 동물에 큰 가치를 인정하고 있다. 그것은, 그들이 기근

---

20) 티에라 델 푸에고 군도. 남아메리카 대륙 남쪽 끝에 있는 군도.

을 만나면 노파들을 개보다 더 가치가 없는 것으로 여기고 개보다는 인육을 먹는 것으로 알 수 있다.

　재배식물의 경우도 그렇다. 한눈에 변종으로 분류될 만큼 명백한 차이가 있는지 여부, 혹은 둘 또는 그 이상의 종이나 품종이 교잡하여 혼합된 것이 아닌가 하는 것과 상관없이, 그때마다 가장 좋은 개체를 보존함으로써 차츰 개량되어 왔다. 이것은 지금의 삼색제비꽃, 장미, 제라늄, 달리아, 그 밖의 식물을 오래된 변종이나 조상종과 비교하여 그 크기와 아름다움이 얼마나 더해가고 있는지를 보면 명백해진다.

　야생식물의 씨를 뿌려 최상의 삼색제비꽃과 달리아를 얻을 수 있으리라고 생각하는 사람은 아무도 없을 것이다. 또한 야생배(梨)의 종자에서 최상의 멜팅종 배(melting pear)[21]가 자랄 것을 기대하는 사람도 없다. 하기는, 야생의 빈약한 묘목이라도 그것이 과수원의 배나무에서 나온 것이라면 성공할 수 있을지 모른다. 플리니우스가 기술한 바에 의하면, 배는 고대부터 재배해 왔지만 그 품질은 매우 좋지 않았던 것 같다. 나는 원예 책에서, 빈약한 재료로 훌륭한 결과를 만들어낸 원예가의 훌륭한 기술에 대해 감탄하고 있는 글을 본 적이 있다. 그러나 그 기술은 매우 단순한 것이고 최종 결과에 관한 한, 그것은 거의 무의식적으로 이루어진 것임은 의심할 여지가 없다고 생각한다. 그 기술이란 항상 가장 좋은 변종을 재배하고 그 씨앗을 뿌려 그 속에서 조금이라도 뛰어난 변종이 나타날 경우 그것을 선택하는 것을 말하며, 그 선택을 계속해 가는 것이다.

　그런데 고대의 원예가들은 자기가 구할 수 있는 가장 좋은 배를 재배했지만, 우리가 얼마나 훌륭한 과일을 먹게 될지 생각한 적은 없었다. 그러나 오늘날 우리가 먹을 수 있는 훌륭한 과일은 어느 정도까지는 그들이 구할 수 있는 가장 좋은 변종을 자연스레 선택하여 보존해온 덕분이다.

사육 재배 품종의 기원이 불분명한 이유

　이처럼 재배식물은 모르는 사이에 조금씩 변화하면서 큰 변화를 누적해 왔

---

21) 과육이 부드러운 배.

다. 화원이나 채소밭에서 오랫동안 재배해 온 식물의 야생 조상을 우리가 찾아갈 수 없고, 따라서 당연히 알지 못하는 경우가 대부분이라는 것은 널리 알려진 사실이다. 재배식물에서는 대량의 변화가 서서히 또 무의식적으로 집적되어 왔다는 것으로 설명할 수 있다고 나는 확신한다. 갖가지 식물을 현재와 같이 인간에게 도움이 되는 수준까지 개량 또는 변화시키는 데 수백 년 또는 수천 년이 걸렸다고 한다면, 호주나 희망봉 또는 그 밖의 매우 미개한 사람들이 사는 지방 어디서도, 재배할 가치가 있는 식물을 하나도 얻을 수 없는 것은 무엇 때문인지 이해할 수 있다. 종의 수가 풍부한 곳에는 뭔가 알 수 없는 우연 때문에 쓸모 있는 식물의 원종이 없는 것이 아니다. 다만 토착식물이 고대 문명이 발달한 나라의 식물에 비교될 만한 완성도를 보이기까지, 연속적인 선택에 의해 개량되지 않았을 뿐이다.

미개인이 사육한 동물에 대해서는, 적어도 어떤 계절에 가축의 먹이를 찾아 투쟁해야만 했다는 사실을 간과해서는 안 된다. 그리고 환경이 매우 다른 두 나라에서, 같은 종류에 속하며 체질이나 구조면에서 약간 차이 나는 개체가 어느 한쪽 나라보다 다른 나라에서 성공하는 경우를 곧잘 볼 수 있다. 이와 같은 식으로, 뒤에 더 자세히 설명할 '자연선택' 과정에서 두 개의 서로 다른 지역에서 두 개의 서로 다른 아품종이 형성되는 것이다. 이것은 아마 몇몇 저자들이 지적하는 바와 같이, 야만인이 사육한 변종들이 문명국에서 사육한 변종보다 종의 형질을 더 많이 갖고 있다는 것을 어느 정도 설명해 줄 것이다.

인간에 의한 선택이 매우 중요한 역할을 했다고 하는 견해에 의하면, 사육 재배 품종이 구조와 습성에서 인간의 필요성이나 기호에 적응하고 있는 이유가 이내 명백해진다. 더 나아가 사육 재배 품종에 이따금 이상한 형질이 나타나거나, 그 외면적인 형질에 나타나는 차이가 매우 크고, 체내 기관에서는 차이가 비교적 적다는 것도 이해할 수 있을 거라고 생각한다.

밖에서 보이는 부분이나 구조를 바꾸려 해도 그것은 거의 불가능하거나, 아니면 엄청난 노력을 기울여야 겨우 가능하다. 무엇보다 내부적인 것에 주의를 기울이는 일은 드물다. 처음에 자연이 안겨주는 매우 적은 변이 없이 인간 스스로 변이를 선택할 수는 없다. 보통보다 조금 발달한 꼬리를 갖고 있는 비둘기를 보기 전에는 그 누구도 공작비둘기를 만들어 내려고 하지 않았을 것이고, 보통보다 조금 큰 모이주머니를 갖고 있는 비둘기를 보기 전에는 아무도 파우터비둘기를 만들어 내려고 하지 않았을 것이다. 또 어떤 형질도, 그것이 최초로 나타났을 때 보통 것과 다른 비정상적인 것일수록 인간의 주의를 끌기 쉽다.

공작비둘기를 만들려고 한다는 표현을 쓰는 것은, 대부분의 경우 옳지 않다. 맨 처음 약간 큰 꼬리를 갖고 있는 비둘기를 선택한 사람은 일부는 무의식적으로, 또 일부는 방법적으로 오래 계속된 선택에 의해 그 비둘기의 자손이 어떻게 되어갈 것인지는 예상하지 못했을 것이다.

아마 모든 공작비둘기의 조상이 된 새는 14개의 꽁지깃을 가진 것으로, 현재의 자바산(産) 공작비둘기나 꽁지깃이 17개까지 있는 다른 어떤 품종의 개체처럼, 다만 그 깃의 폭이 약간 넓었을 것이다. 최초의 파우터는 지금의 터빗비둘기가 식도 위쪽을 부풀리는 것—이 종류의 특징은 아니므로 사육가들의 주목을 받지 못하고 있다—이상으로는 모이주머니를 부풀리지 않았을 것이다. 터빗비둘기의 이런 습성에 관해서는 이 품종의 특징이라고까지는 할 수 없는 까닭에 여기에 주목하는 사육가는 없다.

사육가의 시선을 사로잡으려면 반드시 구조에 큰 편차가 필요한 것은 아니다. 아주 작은 차이를 발견할 수 있거나 자기가 소유한 것에 뭔가 새로운 것이 있다면, 아무리 작은 것이라 하더라도 소중히 다루어야 한다. 또 이전에 동종 개체 사이의 작은 차이에 주어진 가치를, 많은 세대를 거치면서 차이가 확실해진 뒤에 주어진 가치로 판단해서는 안 된다. 비둘기에게는 조그마한 변이가 많이 나타날 수 있다. 실제로 나타나 있지만, 그것은 완전한 각 품종의 표준에서 벗어난 불구(不具)로서 배제되고 있다. 일반 거위는 눈에 띄는 변종이 없다. 그래서 가장 불안정한 형질인, 색깔만 다른 툴루즈(Toulouse)종과 일반 품종이 얼마 전 가금전람회(家禽展覽會)에서 별개의 품종으로 전시된 적이 있다.

이러한 견해는 또 이따금 논의되었던 다음과 같은 사실, 즉 가축의 모든 품종의 기원이나 역사에 대해 아무것도 알려져 있지 않은 이유를 설명해주는 것이다. 실제로 품종이라는 것은 국어의 사투리와 같은 것으로, 거기에 확실한 기원이 있다고 말하기는 어렵다. 누군가가 구조에 경미한 편차를 가진 한 개체를 기르며 자손을 번식시킨다. 또는 자신이 소유한 가장 좋은 동물들을 특별히 주의를 기울여 교배시킴으로써 개량해 간다. 그리고 개량된 동물이 점차 인근 지

역으로 퍼져나간다. 그러한 동물들은 거의 제대로 된 이름이 없고 또 그 가치
도 아주 조금밖에 인정받지 못하기 때문에, 그 내력은 주의를 끌지 못하고 무
시된다. 이와 같은 완만하고 점차적인 과정으로 개량이 진행되면 그 보급 범위
가 넓어지고, 마침내는 가치가 있는 특별한 것으로 인정받게 된다. 그때야 비로
소 지방적인 이름이 붙여질 것이다.

자유로운 왕래가 거의 없는, 그래서 정보 전달이 발달하지 않은 반문명국에
서는 새로운 아품종은 느린 속도로 알려지고 전파될 것이다. 그러나 새로운 아
품종의 가치를 보여주는 여러 가지 사항이 충분히 인정받으면, 내가 이름 붙인
무의식적 선택이라는 원리가 그 품종의 특징적인 성질—그것이 어떤 것이든
상관없이—을 점점 더 키우게 된다. 다만 품종은 유행을 타므로, 어떤 시기에
는 다른 시기보다 현저하게 진행될 것이다. 어쨌든 이렇게 완만하고 다양하며
눈에 보이지 않는 변화가 기록되고 보존될 기회는 거의 없다고 할 수 있다.

선택에 유리한 조건

이쯤에서 인간의 선택에 유리한 조건과 불리한 조건에 대해 잠시 살펴보고
자 한다. 변이성이 뛰어난 것은 선택하는 데 많은 재료를 공급하는 것과 같으
므로 분명히 유리하다. 개체 사이의 단순한 차이라도, 세심한 주의를 기울이면
자기가 원하는 어떤 방향으로도 많은 변화를 쌓을 수 있다. 그러나 인간에게
명백하게 쓸모 있거나 인간을 기쁘게 하는 변이는 드물게 나타난다. 그 출현 기
회는 많은 개체를 사육함으로써 두드러지게 늘어난다. 따라서 성공을 위해 가
장 중요한 것은 대량사육과 대량재배라 볼 수 있다.

마샬(Marshal)은 오래전 이 원리를 바탕으로, 요크셔의 여러 지방에 분포한 양
(羊)에 대해 '양은 일반적으로 빈민들이 사육하는데 대개 그 수가 적어 결코 개
량될 수 없다'고 말했다. 그러나 육묘가들은 같은 종의 식물을 대량으로 기르고
있으므로, 가치가 높은 새로운 변종을 얻는 데 일반적으로 비전문가보다 훨씬
성공하기 쉽다. 어느 지방이든 같은 종의 개체를 많이 기르려면, 그 종을 그 토
지에서 자유롭게 번식할 수 있는 유리한 생활 조건 속에 두어야 한다.

어떤 종이라도 개체의 수가 적을 때는, 어떤 품질의 것이든 모든 개체가 번식
하는 것이 일반적이며, 이것이 선택에서 큰 장애가 된다. 가장 중요한 것은 인

간이, 동물이든 식물이든 각 개체의 품질과 구조의 매우 경미한 편차에도 엄밀한 주의를 기울이며 매우 소중하게 다루어야 한다는 것이다. 그러한 주의를 기울이지 않으면 아무것도 성취할 수 없다.

원예가가 딸기에 세심한 주의를 기울인 바로 그때, 딸기가 변이하기 시작한 것은 크나큰 행운이었다고 진지하게 쓴 글을 읽은 적이 있다. 두말할 것도 없이 딸기는 재배하기 시작했을 때부터 항상 변이하고 있었던 것이 틀림없지만, 경미한 변종은 무시되어 왔다. 그러나 육묘가가 조금이라도 크거나, 조숙하고, 좋은 열매를 선택하여 그 종묘를 키우고, 다시 그중에서 가장 우량한 종묘를 선택하여 번식시키자—때로는 다른 종과의 교잡도 원용하여—, 지난 3, 40년 동안 재배해 온 딸기의 많은 훌륭한 변종이 출현한 것이다.

동물의 경우에는 교잡을 쉽게 방해할 수 있는 것이, 적어도 다른 품종이 사육되고 있는 나라에서 새로운 품종의 육성에 성공하기 위한 중요한 요소가 된다. 이 점에서 토지 봉쇄가 하나의 역할을 하고 있다. 이동해 다니는 야만인이나 평야에 사는 주민이 같은 종에 속하는 것을 한 품종 이상 가지고 있는 일은 거의 없다. 비둘기는 한 생애를 통해 짝을 이루어 살게 할 수 있는데, 이것은 사육자에게는 매우 편리한 것이다. 왜냐하면 그로 인해 많은 품종을 우리 하나에 섞어 두어도 순수하게 유지되기 때문이다. 이것은 개량과 새로운 품종의 육성에 크게 도움이 될 것이다. 여기에 덧붙여 말한다면 비둘기는 아주 많이, 매우 빨리 번식시킬 수 있고, 질이 떨어지는 새는 고민할 것 없이 제거하여 식량으로 이용하면 된다.

이에 비해 고양이는 밤중에 돌아다니는 습성이 있어서 정해진 짝을 맺어줄 수가 없다. 그래서 여성과 아이들로부터 매우 사랑받고 있음에도 예부터 확실한 품종이 거의 유지되어 오지 않았던 것이다. 우리가 이따금 볼 수 있는 품종은 대개 모두 다른 나라에서 수입된 것이다.

어떤 가축은 다른 가축보다 변이하기 어려운 것이 있다. 고양이, 당나귀, 공작, 거위 등에 명백한 품종이 드물거나 전혀 없는 것은 주로 선택이 이루어지지 않았기 때문이다. 고양이는 정해진 짝을 맺어주기가 어렵기 때문이고, 당나귀는 빈민들이 많지 않은 수를 기르며 그 번식에 거의 주의를 기울이지 않기 때문이다. 최근 스페인과 미국의 어떤 지방에서는 주의 깊은 선택으로 이 동물을 놀랄 만큼 변화시키고 개량했다. 또 공작의 경우는 기르기가 매우 힘들고 사육하는 개체수도 몹시 적다. 거위는 고기와 깃털의 두 가지 목적 외에는 가치가 없고, 특히 다른 품종을 많이 만들어낸다 해도 그다지 즐거움이 느껴지지 않기 때문이다. 그러나 거위는 다른 데서 내가 설명한 것처럼 그것이 사육되는 상태에서는 경미한 변이는 하지만, 두드러지게 변하지는 않는 체제를 가지고 있는 것 같다.

어떤 학자들은 가축의 변이는 신속하게 일정량에 도달하며 한도가 있다고 말하지만, 어떤 경우에도 한도에 도달했다고 단정하는 것은 속단이다. 동식물은 거의 근대에 이르러서야 갖가지 방법을 통해 두드러지게 개량되었는데, 이 개량은 변이를 의미하기 때문이다.

일반적으로 볼 수 있는 극한까지 불어난 그 특질은 몇 백 년 동안 고정된 상태다. 그렇다고 해서 생활 조건이 달라지더라도 다시는 변이하지 않을 것이라고 주장하는 것 역시 성급한 판단이다. 의심할 것도 없이 월리스가 말한 것은 대체로 진실이며, 어떤 극한 상태에 도달해 있다는 것도 사실이다. 예를 들어 어떤 육생동물(陸生動物)은 달리는 속도에 한계가 있다. 이것은 극복할 수 있는 마찰, 유지해야 하는 몸무게, 근육섬유의 수축력 등에 의해 결정된다. 그러나 여기서 문제 삼고 있는 것은 같은 종에 속하는 사육변종에게서 인간이 주의 깊게 선택한 거의 모든 형질상의 차이를 볼 수 있으며, 그것이 같은 속의 종과 종 사이의 차이보다 크다는 사실이다. 이시도르 조프루아 생틸레르는 이것을 모양과 크기로 증명하고 있으나, 그것은 털의 색깔이나 길이에서도 마찬가지일 것이다. 속력은 몸의 여러 가지 형질에 의한 것으로, 이클립스(Eclipse)[22]는 속력이 엄청나게 빨랐다. 이것은 같은 속에 속하는 두 개의 자연종 그 어느 것과도 비교할 수 없을 만큼 강하다.

식물의 경우도 마찬가지이다. 콩이나 옥수수의 여러 변종 종자에서 볼 수 있는 크기의 차이는 똑같이 이들 두 과(科) 중 어떤 속의 종과 종 사이에서 볼 수 있는 씨앗의 크기 차이보다 훨씬 두드러진다. 이것은 여러 자두의 변종이 맺는 열매나 멜론과 그 밖의 많은 유사한 경우도 매우 비슷하다.

---

22) 18세기 후반에 이름을 떨친 준마.

이제 동식물의 사육 재배 품종의 기원에 대해 요약해 보기로 한다.

직접적으로 체제에, 간접적으로 생식계통에 작용하는 생활의 모든 조건이 변이를 일으키는 데 가장 중요한 역할을 한다고 믿는다. 그러나 어떤 학자들이 생각하는 것과는 달리 변이성이 모든 환경 아래에서, 또 모든 생물에게 태어나면서부터 갖춰진 필연적인 것이라고는 믿지 않는다. 변이성의 효과는 정도가 다른 온갖 유전과 격세유전(隔世遺傳)[23]에 의해 변화를 겪는다. 변이성은 아직 알려져 있지 않은 많은 법칙, 특히 상관성장(相關成長)의 법칙에 의해 지배되고 있다. 어떤 것은 생활 조건의 확정적인 작용에 의한 것으로 생각되고, 또 어떤 커다란 영향은 쓰임과 쓰이지 않음의 결과로 돌아갈 것이 분명하다. 이와 같이 하여 최종 결과는 무한하게 복잡한 것이 된다.

어떤 경우 본디 달랐던 종의 교잡이 가축과 작물의 기원에 중요한 역할을 한 것은 의심할 여지가 없다. 어느 나라에서나 갖가지 사육 재배 품종이 확실하게 형성되면, 선택을 이용하여 그것을 이따금 교잡시키는 것이 새로운 아품종 형성에 크게 보탬이 될 것이다.

지금까지 동물에 대해서나 종자에 의해 번식하는 식물에 대해서나 교잡의 중요성은 무척 과장되어 왔다. 가지나 싹에 의해 일시적으로 전파되는 식물의 경우 교잡의 중요성은 매우 크다. 이 경우 재배자는 종간잡종(種間雜種)[24]이나 아종간잡종(亞種間雜種)[25]의 극단적인 변이성이나 잡종의 생식불능성을 무시해도 되기 때문이다. 그러나 종자에 의해 전파되지 않는 식물은, 그 존재가 일시적인 것에 지나지 않으므로 우리에게는 그리 중요한 문제가 아니다.

'변화'의 원인으로 열거한 이 모든 것에 비해 '선택'의 반복은, 그것이 방법적으로 급속하게 이루어진 것이든 무의식적으로 서서히, 그러나 훨씬 효과적으로 이루어진 것이든 훨씬 큰 힘으로 작용했다고 나는 확신한다.

---

23) 한 생물의 계통에서 우연 또는 교잡 뒤에 선조와 같은 형질이 나타나는 현상. 부모의 형질에는 없으나 조상에게 있었던 것이 세대를 건너 뛰어 손자 세대 이후에 나타나는 유전.
24) 종이 다른 생물의 암수가 교배하여 나온 잡종.
25) 종으로 독립할 만큼 다르지는 않지만 변종으로 하기에는 서로 다른 점이 많고 사는 곳이 차이 나는 생물의 암수가 교배하여 나온 잡종.

2장 자연 상태에서 발생하는 변이

변이성—개체차—불확실한 종—분포 구역이 넓고, 분포 구역 안에서도 분산되며, 종의 개체 수가 많을수록 변이가 많다—큰 속의 종이 작은 속의 종보다 변이가 많다—큰 속 종의 대부분은 제각각이나 서로 매우 닮았다는 점과 분포 구역이 한정되어 있다는 점에서 변종과 비슷하다

변이성

1장에서 도달한 모든 원리를 자연 상태의 생물에 적용하기 위해서는 이러한 생물이 변이를 보이는지 아닌지에 대해 간단하게 논의할 필요가 있다. 이 주제를 정당하게 다루기 위해서는 무미건조한 사실을 길게 늘어놓지 않으면 안 된다. 이에 대해서는 앞으로 나올 저서에서 설명하고자 한다. 또 종(種)이라는 전문 용어에 대한 갖가지 정의는 여기서 논하지 않기로 한다. 모든 내추럴리스트들을 만족시킬 수 있는 정의는 없지만, 어느 내추럴리스트도 종에 대해 이야기할 때는 막연하나마 그것이 무엇을 의미하는지 알고 있다. 일반적으로 이 말은, 어떤 특수한 창조의 작용이라는 미지의 요소를 가지고 있다. '변종'을 정의하는 것 또한 어려운 일이다. 여기서는 그 증명은 거의 불가능하더라도, 우선 일반적으로는 공통된 유래를 갖는다는 것이 그 말 속에 포함되어 있다. 또 기형이라고 불리는 것이 있는데, 이것은 점차 변종으로 이행하는 것이다. 기형이란 종에서 일반적으로 유해하거나 무익한 어떤 구조상의 현저한 편차를 나타내는 것이다.

사람에 따라서는 '변이'라고 하는 말을 전문용어로서 사용할 경우, 생활에서 물리적 조건의 직접적인 결과인 변화를 의미하는 것으로 보고 있다. 이런 의미에서의 '변이'는 유전되지 않는 것으로 추정하고 있다. 그러나 발틱해의 담해수(淡海水) 속에 사는 패류(貝類)의 왜소해진 상태나, 알프스 산정의 왜소해

진 식물, 또는 북극지방에 사는 동물의 두꺼운 털가죽 등이 경우에 따라서는 적어도 몇 세대 동안 유전되지 않는다고 누가 단언할 수 있겠는가? 이런 경우, 그 생물은 변종이라고 불러도 무방하다고 생각한다.

우리가 기르고 있는 생물, 특히 식물 가운데서 이따금 볼 수 있는 것처럼 구조상의 급하고 두드러진 편차가 자연 상태에서 변함없이 오래도록 전파된 적이 있는지 의문이다. 여러 가지 생물의 어떤 부분도 그 복잡한 생활 조건과 미묘한 관계를 갖고 있다. 어떤 부분이라 하더라도 그것이 완성된 상태로 갑자기 태어났다고 하는 것은, 어떤 복잡한 기계가 완성된 상태로 발명되었다고 하는 것처럼 있을 수 없는 일이다. 사육할 때 자칫 잘못하면 매우 다른 동물의 정상적인 구조와 비슷한 기형이 나타날 때가 있다. 이를테면 광대코를 가진 돼지가 태어날 때가 있는데, 만일 같은 속(屬)의 어느 야생종이 광대코를 가지고 있다면, 이것은 기형으로 나타난 것이라 해도 괜찮을 것이다. 그러나 나는 혈연이 매우 가까운 것에서 정상적인 구조와 비슷한 기형의 예는 찾을 수가 없었다. 이런 것이 늘 문제이다. 만일 이 종류의 기형이 자연 상태에서 나타나고 또 생식력을 갖고 있다면—반드시 그렇다고 할 수 없지만—, 이러한 것들은 드물게, 더욱이 단독으로 생기는 것이므로, 그것이 존속하는 것은 비정상적으로 유리한 상황에서나 비로소 가능하다. 또 이와 같은 기형은, 첫 세대와 그 뒤 세대에서 일반적인 형체와 교잡할 것이다. 따라서 그로 인해 그 본디 특질은 대부분 잃어버리게 될 것이다. 다음 장에서는 단독으로, 또 우발적으로 나타나는 변이의 보존과 존속 문제로 되돌아가고자 한다.

개체차

같은 부모에게서 태어난 자식에게 나타나는 개체적 차이라고 불리는 것과 같은 한정된 지역에 사는 같은 종의 여러 개체에서 빈번하게 관찰되는 것으로 위의 경우와 똑같이 태어난 것으로 추측되는 것에는 많은 사소한 차이가 있다. 같은 종의 모든 개체가 전적으로 같은 형으로 생성되었다고 생각하는 사람은 아무도 없다. 이러한 개체 차이는 우리에게 매우 중요하다.

왜냐하면 그것은 자연선택을 위해, 인간이 사육 재배 생물의 개체 차이를 어떤 방향으로든 누적시킬 수 있는 것과 똑같은 누적 재료를 제공하기 때문이다. 이러한 개체 차이는 일반적으로는, 내추럴리스트가 중요하지 않다고 생각하는 부분에 작용한다. 그러나 나는 생리학 견지에서나 분류학 견지에서 중요한 부분이 같은 종의 개체 사이에서는 이따금 다르다는 것을, 다수의 사실을 들어 보여줄 수 있다.

많은 경험을 쌓은 내추럴리스트라도, 구조상의 중요한 부분에도 변이성의 예가 얼마나 많은지 알면 매우 놀랄 것이다. 그러한 예는 내가 그랬던 것처럼 몇 년 시간을 들이면 훌륭한 책에서 수집할 수 있다. 여기서 기억해 두어야 할 것은, 분류학자는 중요한 형질에서 변이성을 발견하는 것을 좋아하지 않는다는 것이다. 또 내부의 중요한 기관을 검사하여 그것을 같은 종에 속하는 많은 표본과 비교하는 사람도 많지 않다.

곤충의 대중추신경절(大中樞神經節)에 가까운 중요한 신경의 분지(分枝)가 같은 종 안에서 변이하고 있다는 것은 예상하지 못한 일이었다. 이와 같은 성질의 변화는 오직 서서히 일어날 수 있다는 것만 예측되었다. 러보크(J. Lubbock) 경은 연지벌레(Coccus)의 이와 같은 주요 신경에서 나무줄기가 불규칙하게 갈라지는 것과 같은 정도의 변이성이 보이는 것을 증명했다. 덧붙여 말하면, 이 철학적 내추럴리스트는 역시 최근에, 어떤 곤충의 유충은 근육이 일정하다고는 말할 수 없다는 것을 보여주었다.

많은 저자들은 중요한 기관은 결코 변이하지 않는다고 말하며 순환론법(循環論法)[1]에 빠지기도 한다. 왜냐하면 그들은 이 변이하지 않는 부분을 중요하다고 보고—몇몇 내추럴리스트들이 정직하게 고백한 것처럼—실제로 그렇게 분류하고 있기 때문이다. 이러한 관점에서 보면 중요한 부분이 변화하는 예는 전혀 없는 것이 되지만, 관점을 바꾸면 그러한 예가 다수 있다는 것을 알 수 있다.

불확실한 종

개체적 차이와 관련하여 당황스러운 점이 하나 있다. 그것은 이따금 '다변적(多變的 ; protean)' 혹은 '다형적(多形的 ; poly-morphie)'이라고 불리는 속(屬)에 대한

---

1) 순환논증이라고도 함. 논증되어야 할 명제를 논증의 근거로 삼는 잘못된 근거나 이유.

것이다. 속에서는 그것에 속하는 종이 많은 양의 변이를 보이며, 어느 것을 종으로 하고 어느 것을 변종으로 하는가에 대해 두 내추럴리스트의 의견이 일치한 적이 거의 없다. 그 실례로, 식물에서는 호로딸기속(屬)(Rubus), 장미속(Rosa), 조팝나무속(Hieracium)을, 또 동물에서는 곤충류의 수많은 속과 완족류(腕足類)[2]의 조개 가운데 몇몇 속을 들 수 있다. 대부분의 다형적인 속에는 고정된 명확한 형질을 가진 종이 있다.

조금 예외는 있지만 어느 한 나라에서 다형적인 속은 다른 나라에서도 역시 다형적이며, 또 완족류인 조개로 미루어 볼 때 이것은 훨씬 옛날에도 그랬을 것이다. 이런 종들의 변이성은 생활 조건과는 무관한 것으로 보이기 때문에 매우 당황하게 만든다. 이렇듯 다형적인 속에서는 구조의 모든 점에서 종을 위해 도움도 주지 않고 해도 입히지 않는다. 따라서 나중에 설명하듯이 자연선택의 작용을 받지 않으며 그것에 의해 확정되지 않는 변종을 볼 수 있다고 추측하는 쪽으로 기울어져 있다. 예를 들어 여러 동물의 암수, 곤충의 암컷이 알을 낳는 것, 일개미 같은 두세 가지의 계급을 가진 것, 또는 많은 하등동물의 미숙한 유충시기가 바로 그것이다. 이것 말고도 동물이고 식물이고 이형성(二形性)이나 삼형성(三形性)인 예가 있다. 예컨대, 최근에 이 문제에 대해 주의를 환기한 월리스는 말레이 제도에서 어떤 종의 나비 암컷은 규칙적으로 2개 또는 3개의 뚜렷한 다른 형태를 가지고 나타나며, 중간종(中間種)을 통해 이어지지 않는다는 것을 표시했다.

프리츠 뮐러(Fritz Müller)는 브라질의 어떤 갑각류 수컷에 대해 더 이상한 예를 보여주었다. 즉 타나이스(Tanais)게(蟹)의 수컷은 규칙적으로 두 개의 다른 형태로 나타나며, 그 하나는 강력하고 모양이 다른 집게를 갖고 있으며, 다른 하나는 후모(嗅毛)가 많은 더듬이를 갖고 있다.

이들은 대부분의 경우에, 옛날에는 그런 식으로 연결되어 있었다고 추측해봄직한 일이다. 예컨대 월리스가 기술한 바에 따르면, 말레이 제도의 어떤 나비는 한 섬 안에서 넓은 범위의 변종을 이루며, 그것이 중간의 연관(聯關)에 의해 연결되어 있지만, 그 연관의 양끝에 있는 것은 말레이 제도의 어떤 지방에

---

2) 완족동물 또는 의연체(擬軟體)동물이라고도 함.

살고 있는, 이것과 매우 근연(近緣)[3]의 이형성 종류가 보여주는 두 형태와 매우 닮았다고 한다. 그리고 개미의 경우, 여러 일을 맡고 있는 일개미의 계급은 일반적으로 전혀 다르지만, 어떤 경우에는 뒤에 설명하는 바와 같이, 그 계급이 훌륭하게 단계를 이룬 여러 개의 변형에 의해 연결되는 일도 있다. 또 내가 관찰한 바에 따르면 어떤 이형성 식물도 이것과 똑같다. 동일한 나비 암컷이 동시에 세 가지 다른 모습을 한 암컷 나비와 한 가지의 수컷을 낳을 능력을 갖추고 있다. 양성식물이 동일한 종자삭(種子蒴)으로부터 세 종류의 암컷과 세 종류 내지 여섯 종류의 수컷을 가진 세 가지의 서로 다른 양성식물을 낳는다고 하는 것은, 언뜻 이해되지 않는다. 그러나 이와 같은 예는 같은 암컷이 낳는 자손이라 하더라도, 그 성(性)에 따라 달라진다는 일반적인 사실이 확대된 것에 불과하다.

종으로서의 특징은 어느 정도 갖추고 있으나 다른 것과 매우 닮았다거나 중간 단계가 존재함으로써 다른 생물종과 밀접하게 연결되어 있는 것처럼 보여, 독립된 종으로 분류하기 어려운 생물집단이 있다. 이런 집단은 몇 가지 점에서 그 중요성을 시사하고 있다. 이와 같이 독립된 집단으로는 보기 어려운 매우 비슷한, 생물집단의 대부분은 그런 형질을 자기 생식 구역에서 진짜 종에 뒤처지지 않을 정도로 오랫동안 유지해 왔다고 믿을 만한 이유가 있다.

두 가지 생물을 중간적 변이의 개체를 나열함으로써 하나로 통합할 수 있는 경우가 있다. 이때 내추럴리스트는 그중 하나를 다른 하나의 변종으로 보고, 가장 보편적인 것이나 때에 따라 처음에 기재한 것을 종의 지위에 놓고, 다른 하나를 변종으로 분류한다. 그러나 여기에 열거하지는 않겠지만 그 두 가지가 중간적인 고리로 밀접하게 연결된 경우에도, 한쪽을 다른 쪽의 변종으로 분류하는 데 큰 어려움을 느끼는 경우가 자주 있다. 일반적으로 설정되어 있는 가정, 즉 중간적인 고리가 잡종의 성질을 가진다는 가정에 의해서도 이 어려움이 제거되지는 않는다. 그런데 중간적인 고리가 발견되지 않았는데도, 관찰자 스스로 비교한 것에 따라 그러한 중간적인 고리가 현재 어딘가에 있다거나 전에는 있었을 거라고 상상하고, 그로 인해 한쪽을 다른 쪽의 변종으로 분류하는

---

3) 하나의 국지적 집단. 하나의 유전적 정보원을 공유하고 있는 상호교배 개체군의 한 단위.

경우가 매우 잦다. 그리고 여기에 의혹과 억측이 드나들 수 있는 문이 활짝 열려 있는 것이다.

어떤 생물을 종으로 할 것인지 변종으로 할 것인지를 결정하기 위해서는 건전한 판단력과 광범위한 경험을 지니고 있는 내추럴리스트의 의견 말고는 의지할 데가 없다. 그래서 대부분의 경우, 내추럴리스트의 다수 의견에 따라 결정한다. 특징이 뚜렷하고 잘 알려져 있는 변종 가운데 약간의 유능한 감정가들에 의해 종으로 분류되지 않은 것은 거의 없기 때문이다.

이처럼 그 형질에 의문이 있는 변종이 결코 흔하지 않다는 것에 옳고 그름을 가릴 여지는 없다. 영국, 프랑스, 미국의 식물학자들이 정리한 갖가지 식물지(植物誌)를 비교해 보면 어떤 식물학자에게는 충분히 자격이 있는 종으로 분류되고 있는 것이 얼마나 많은지 알 수 있다. 내게 아낌없는 도움을 준 H.C. 왓슨(Watson)은 보통 변종으로 간주되긴 하지만 식물학자에게는 종으로 열거되어 있는 182종의 영국 식물을 나에게 보여주었다. 그리고 왓슨은 이 표(表)를 작성할 때 어떤 식물학자들은 종으로 분류하지만 실제로는 작은 변종으로 생각되는 것을 대부분 없앴다. 그리고 또 고도로 다형적인 속(屬)도 완전히 제외했다. 가장 다형적인 것을 포함한 속에서 바빙턴(Babington)은 251개, 벤담(Bentham)은 112개의 종을 열거하고 있다. 무려 139개나 되는 의심스런 종의 차이가 있는 셈이다.

번식할 때마다 상대를 바꾸고 또 먼 거리를 옮겨다니는 동물을 어떤 동물학자는 종으로 분류하고, 다른 동물학자는 변종으로 분류하는 따위는 같은 나라 안에서는 드물게 나타나지만, 멀리 떨어진 지역 사이에서는 흔히 볼 수 있다. 서로 미세한 차이밖에 없는 북아메리카와 유럽의 많은 조류와 곤충에 대해 어떤 뛰어난 내추럴리스트는 의심할 여지없는 종으로, 다른 내추럴리스트는 변종으로 분류한다. 이밖에도 지리적 품종으로 분류하는 일이 얼마나 많은가! 월리스는 대(大)말레이 제도에서 살고 있는 동물, 특히 인시류(鱗翅類)[4]에 관한 귀중한 논문에서, 이러한 동물이 변이성이 있는 형태, 지역적 형태, 지리적 종족, 또는 아종(亞種) 및 진정한 대표적인 종 등, 4개 항목으로 분류될 수 있음을 시사

---

4) 나비류와 나방류.

하고 있다.

첫 번째, 즉 변이성이 있는 형태는 같은 섬의 범위 안에서 큰 변이를 이룬다. 지역적 형태는 격리된 각 섬 안에서는 변함이 없고 특수한 것이다. 그러나 많은 섬의 것을 함께 비교해 보면 그 두 극단의 형태는 어느 정도 다르기는 하지만, 그 차이는 분류하거나 기록할 수 없을 만큼 경미하고 점진적이다. 지리적 품종 또는 아종은 매우 일정하고 고립되어 있다. 이러한 것들 사이에는 매우 확실한 형질의 차이가 있어 '어느 것을 종으로 분류하고, 어느 것을 변종으로 분류할 것인지 결정하는 데는 개인적 의견 말고는 유력한 표준은 아무것도 없다'는 것이다.

마지막으로 대표적인 종은 여러 섬의 자연 질서 속에서 지방적 형태, 즉 아종이 차지하고 있는 것과 같은 지위를 차지하고 있다. 그러나 대표적인 종은 지방적 형태나 아종 사이에 있는 것보다 큰 차이로 구별되고 있으므로, 거의 내추럴리스트에 의해 진정한 종으로 분류된다. 그러나 변이하기 쉬운 형태와 지역적 형태, 아종과 대표적인 종을 식별할 수 있는 표준은 아무것도 없다.

오래전 일이지만 나는 갈라파고스 제도의 여러 섬에서 채집한 조류를 서로 비교하고, 또 그것을 미국 본토의 조류와도 비교했다. 또 다른 연구자가 비교한 결과를 조사한 적이 있다. 이때 종과 변종의 구별이 얼마나 애매하고 임의적인 것인지 강하게 느끼지 않을 수 없었다. 마데이라 제도의 작은 섬들에서는, 울러스턴(Wollaston)의 저서에는 변종으로 인정되고 있지만 많은 곤충학자는 반드시 독립적인 종으로 분류할 것으로 생각되는 곤충이 많이 있다. 아일랜드에서조차도 지금은 일반적으로 변종으로 간주되고 있는데도 어떤 동물학자는 계속 종으로 분류하는 동물들이 적은 수이지만 아직 살고 있다. 경험이 많은 조류학자 가운데 어떤 이는 영국의 붉은멧닭을 단순히 노르웨이에 있는 종의 한 품종으로, 다만 그 특징이 확실한 것에 지나지 않는다고 생각한다. 하지만 더 많은 학자들이 그것을 의심할 여지없는 영국 고유의 종으로 분류하고 있다. 종과 변종의 구별은 이처럼 모호하다.

두 개의 의심스러운 종류가 서식하고 있는 토지가 서로 멀리 떨어져 있으면, 대부분의 내추럴리스트들은 양쪽을 다른 종으로 분류한다. 이때 거리가 얼마나 떨어져 있어야 하는지 알아 두어야 한다. 미국과 유럽 사이의 거리로 충분하다면, 유럽과 아조레스(Azores) 제도, 마데이라섬, 카나리아 제도, 아일랜드 사이의 거리, 아니면 이와 같은 작은 제도의 각각 수많은 작은 섬과의 거리는 과연 충분한 것일까?

미국의 유명한 조류학자 B.D. 월시(Walsh)는 이른바 식식물변종(食植物變種)과 식식물종(食食物種)에 대해 기술하고 있다. 식물을 먹는 많은 곤충은 어느 한 종류 또는 한 무리의 식물을 먹는다. 어떤 것은 여러 종류를 닥치는 대로 먹어 치우지만 그로 인해 변이하지는 않는다. 그러나 경우에 따라서는 다른 식물을 먹으며 살아가는 곤충이 유충기나 성숙기에, 또는 그 전기(全期)에 색깔, 크기, 분비물의 성질에 경미하기는 하나 일정한 차이를 나타내는 것이 관찰되었다. 어떤 경우에는 오직 수컷만, 또 어떤 경우에는 암수 모두 이와 같은 경미한 정도의 차이를 보여주었다. 이런 차이가 가장 뚜렷하게 나타났을 때, 그리고 암수 양쪽이 모든 시기에 그 영향을 받을 때, 곤충학자들은 그 동물을 확실한 종으로 분류한다. 그러나 그 어떤 관찰자도 이와 같은 식식물 형태의 어떤 것을 종으로 보고, 어떤 것을 변종으로 보아야 하는지를 결정할 수는 없다.

월시는 자유롭게 교잡하는 것으로 생각할 수 있는 것을 변종으로 분류하고, 그 힘을 잃은 것같이 생각되는 것을 종으로 분류하고 있다. 이 차이는 곤충이 오래 이종류(異種類)의 식물을 먹고 있는 데서 기인하는 것이므로, 갖가지 형태를 연결하는 중간적 형질을 찾아내는 것은 오늘날에는 기대하기 어렵다. 그래서 내추럴리스트는 의심스러운 형태를 변종으로 분류할 것인가, 아니면 종으로 분류할 것인가 하는 문제에 이르면 가장 좋은 이정표를 잃어버리게 되는 것이다. 이것은 또한 서로 다른 대륙 또는 섬에서 살고 있는 아주 유사한 생물에서도 반드시 일어나는 일이다. 이에 반해 어떤 동물이나 식물이 같은 대륙에 분포되어 있고, 혹은 같은 제도 속 많은 섬에서 살면서도 각 지역마다 여러 가지 형태를 나타낼 때는 그 양극단의 상태를 연결하는 중간 형태를 발견할 수 있는 좋은 기회가 늘 존재한다. 그리고 그때 이러한 것들은 변종의 지위로 떨어지게 된다.

몇몇 내추럴리스트들은 동물은 결코 변종을 만들어 내지 않는다고 주장한다. 그러면서도 그들은 근소한 차이를 종으로서의 가치로 꼽는다. 그리고 동일한 형태가 다른 두 나라에서 또는 두 개의 지층에서 발견될 때는, 그들은 두 개의 다른 종이 같은 포장 속에 감추어져 있다고 믿는다. 종이라는 명칭은 이와 같이, 개별적 창조작용을 의미하거나 가정하는 쓸데없는 추상이 되고 만다.

　매우 유능한 감정가들이 변종으로 생각하는 종류 가운데, 다른 유능한 감정가들이 진짜 종으로 분류할 만큼 완전한 종의 형질을 갖추고 있는 게 많다는 것은 인정해야 한다. 그러나 종과 변종에 대해 널리 인정되는 정의가 주어지기 전에는, 그러한 종류를 종으로 분류하는 것이 옳은지 변종으로 분류하는 게 옳은지에 대해 논하는 것은 헛된 논의에 불과하다.

　특징이 뚜렷한 변종 또는 의심스러운 종은 고찰할 만한 가치가 있다. 왜냐하면 그러한 것들의 지위를 결정하기 위해 지리적 분포, 상사적(相似的) 변이, 잡종 등의 관점에서 출발한 몇 가지 흥미로운 논의가 있어 왔기 때문이다. 이에 대해 한 가지 예를 들어 보자.

　프리뮬라(Primula)의 프리뮬라 베리스(Primula veris)와 프리뮬라 엘라티어(Primula elatior)의 예이다. 이 두 종류는 겉모습이 아주 다르며 향기도 다르다. 개화기도 조금 차이가 난다. 생육 장소도 다르다. 고산지대에서의 생식 고도(高度)도 다르고 지리적인 분포도 다르다. 게다가 주도면밀하게 관찰하는 게르트너가 몇 년에 걸쳐 실험한 바에 따르면 이 두 가지의 교잡은 성립하기 어렵다. 게다가 이 두 가지가 하나의 종에서 유래한 것임을 나타내는 실험적 증거가 여럿 있을 것이라고 생각한다. 따라서 이 두 가지는 별종이 아니라 변종으로 분류해야 마땅하다. 종인지 변종인지 불분명한 경우라 해도 자세히 조사해보면 의견일치를 이끌어낼 수 있다. 그러나 분류학상의 위치가 불분명한 종류가 가장 많이 발견되는 곳은 어찌 된 일인지 가장 많은 조사가 이루어지고 있는 것이다.

　나는 자연 상태에 있는 동식물이 인간에게 매우 유익하거나 어떤 원인에서 인간의 주의를 강하게 끌 경우, 그 생물의 변종에 대한 기록은 거의 어디서나 발견된다는 사실에 놀라지 않을 수 없었다. 그뿐만 아니라, 이러한 변종은 어떤 학자들이 흔히 종으로 분류하고 있다.

　일반 떡갈나무가 얼마나 꼼꼼하게 연구되어 있는가를 보라. 그러나 독일의 어떤 학자는 다른 식물학자들이 대부분 변종으로 간주하고 있는 것에서 12개 이상의 종을 설정하고 있다. 영국에서는 꽃자루가 없는 떡갈나무와 그것이 있는 떡갈나무를 확실히 다른 종으로 볼 것인가, 아니면 단순한 변종으로 할 것인가에 대해 양쪽 예를 식물학의 최고 권위자나 전문가의 저술에서 인용할 수 있다.

여기서 전 세계의 모든 떡갈나무에 관해 캉돌(A. de Camdolle)이 최근에 공표한 훌륭한 연구보고를 살펴보자. 종을 판별함에 있어서 그처럼 풍부한 재료를 가진 사람도 없거니와, 그 이상으로 열심히 연구한 사람도 없을 것이다. 그는 우선 많은 종에서 구조상으로 변이하는 점들을 상세히 열거하고, 그 변이의 상대적 빈도를 수치로 계산했다.

다음으로, 때로는 연령 및 발달에 따라, 또 때로는 이렇다 할 일정한 이유도 없이 같은 가지에서도 변이하는 것을 볼 수 있는 형질을 12개 남짓 자세하게 기술했다. 그러한 형질은 종으로서의 가치는 없지만, 그레이(Asa Gray)가 이 기록을 비판하여 말한 것처럼 일반적으로 종의 정의에 들어갈 수는 있는 것이다.

캉돌은 여기서 더 나아가 같은 나무에서는 변이하지 않는 형질에 의해 서로 달라지고, 또 중간 상태에 의해 연결되지 않는 형질에는 종의 지위를 부여한다고 말했다. 그는 고심한 결과로서 이루어진 이 이론을 주장한 뒤 다음과 같이 역설했다. "대체로 우리의 종에는 분명한 한계가 있다. 속(屬)이라고 하는 것이 완전히 알려져 있지 않고, 그 종이 몇 안 되는 표본을 바탕으로, 다시 말해 잠정적으로 설정되어 있었을 때는, 이 학설은 진실한 것으로 생각했다. 그러나 그에 대해 더 자세히 알게 된 지금은 중간 형태가 문제가 되고, 종의 한계에 대한 의혹은 더욱 커져가고 있다."

또한 그는 자발적인 변종과 아변종이 가장 많이 나타나는 것은 가장 잘 알려진 종이라고 덧붙여 말했다. 케르쿠스 로부르(Quercus Robur)에는 28개의 변종이 있지만―케르쿠스는 떡갈나무 속의 이름임―, 그 가운데 6개를 제외하면 나머지 것은 모두 3개의 아종, 즉 케르쿠스 페둔쿨라타(Q. pedunculata), 케르쿠스 세실리플로라(Q. sessiliflora) 및 케르쿠스 푸베센스(Q. pubescens) 주위에 모여 있다.

이 세 개의 아종을 연결하는 형태는 비교적 드물다. 그리고 그레이가 말한 것처럼 현재 드물게 보이는 이 연결형이 절멸해 버렸다면, 이 세 가지 아종의 상호관계는 전형적인 케르쿠스 로부르를 중심으로, 임시로 인정된 네다섯 가지 종 사이의 관계와 똑같은 것임에 틀림없다.

마지막으로 캉돌은 떡갈나무에 속하는 것으로서 그의 서론에 열거되어야 할 300개의 종 가운데 적어도 3분의 2는 잠정적인 것이라는 것, 즉 진정한 종에 대해 앞서 진술한 정의를 만족시키는 것인지 의문이라는 것을 인정했다. 덧붙이자면 캉돌은 종은 불변의 창조물이라는 것을 믿지 않고, 파생설(派生說)이 가장 자연스러운 학설이며 이는 '고생물학적, 지리적 식물학 및 동물학, 해부학적 구조 및 분류에서 이미 알려진 사실과 잘 일치한다' 결론 내렸다.

젊은 내추럴리스트가 자기가 전혀 알지 못하는 생물들을 연구할 때, 종과 변종은 어떤 차이에 의해 구별할 것인지를 결정하는 데 당혹감을 느낄 것이다. 왜냐하면 그는 한 무리에서 일어나는 변이의 양과 종류에 대해 아무것도 모르기 때문인데, 적어도 이것은 변이가 얼마나 보편적으로 일어나는지를 보여주는 것이다.

내추럴리스트가 한 나라 안에서 어느 한 무리의 집단에만 관심을 쏟는다면, 의심스러운 종을 어떻게 분류할 것인지 금세 결심이 서게 될 것이다. 그리고 많은 종을 만드는 것이 그의 일반적인 경향이 될 것이다. 왜냐하면 앞에서 말한 비둘기와 닭의 사육자와 마찬가지로, 자기가 연구하는 생물에서 아주 큰 차이가 보이는 것에 강한 인상을 받을 게 분명하다. 게다가 이 첫인상을 바꾸게 만드는 다른 무리나 다른 나라에서 그것과 유사하게 생기는 변이에 대한 지식이 없기 때문이다. 그는 관찰 범위를 넓혀감에 따라 곤란한 경우를 더 많이 만나게 될 것이다. 왜냐하면 비슷한 생물을 더 많이 발견할 터이므로.

관찰이 널리 확대된다면, 마지막에는 일반적으로 어느 것을 종으로 부르고 어느 것을 변종으로 부를 것인가에 대해 스스로 결정할 수 있게 된다. 그러나 그의 성공은 많은 변이를 승인하는 대가를 치른 뒤의 일이다. 그리고 이 승인이 진리라는 것에 대해 다른 내추럴리스트들로부터 곧잘 반론을 받을 것이다. 더 나아가, 그 내추럴리스트는 지금은 육지로 연결되어 있지 않은 나라에서 가져온 비슷한 생물을 연구하게 될 경우, 의심스러운 생물 사이의 중간 고리를 발견할 수 없어 거의 유추에 의지하게 되면서 곤란은 극단에 이른다.

확실히 종과 아종—즉, 어떤 내추럴리스트들의 견해에 따르면 종에 매우 가깝지만 그 계급에 완전히 도달하지는 않은 것—사이에는, 그리고 아종과 두드러진 특징을 가진 변종 사이에, 또는 낮은 정도의 변종과 개체적 차이 사이에도 명백한 경계선이 그어져 있지 않다. 이와 같은 차이는 서로 융합하며 구별이 명확하지 않은 계열을 이루고 있다. 그러한 계열을 보면, 그 생물이 실제로 거쳐온 경로가 보인다.

분류학자들은 개체차에는 흥미를 갖지 않는다. 개체 차이가, 간신히 박물학 책에 기록할 가치를 갖는 경미한 변종으로 옮겨가는 첫걸음으로서, 또 우리에게 가장 중요성을 가지는 것으로 간주하고 있다. 또 나는 그보다 조금이라도 저명하고 영속적인 변종을 한결 더 현저하고 영속적인 변종으로 이끄는 단계로 보았다. 그 변종이 아종으로 이어지고 또 종으로 이끄는 단계라고 생각한다. 차이가 있는 단계에서 다른 단계로 옮겨가는 것은, 단순히 생물의 성질과 물리적 조건이 오랫동안 계속해서 작용한 것 때문으로 돌려지는 경우가 있다. 많은 경우에서 어느 단계에서 다른 단계로 옮겨가는 것은 생물의 성질과 그 생물이 오랫동안 변해 온 갖가지 물리적 조건에 의한 단순한 결과이다. 더욱 중요한 적응적인 성질에 관해서는 차이의 한 단계에서 다른 단계로의 추이를, 다음에 설명할 자연선택의 누적에 의한 작용 및 여러 부분의 사용 증가 또는 쓰지 않은 결과라고 할 수 있다. 그러므로 특징이 두드러진 변종은 '발단의 종'으로 부를 수 있다. 그러나 이 신념이 옳은지 그릇되었는지는 이 책 전체를 통해 열거하는 수많은 사실과 견해의 일반적인 중요성에 따라 판단해야 한다.

모든 변종 또는 발단의 종이, 종의 계급에 도달한다고 생각할 필요는 없다. 그것은 발단 상태에서 절멸할지도 모르고, 또 울러스턴이 마데이라에서의 어느 화석육패(化石陸貝)의 변종에 의해, 그리고 가스통 드 사포르타(Gaston de Saporta)가 식물에 의해 그 사실을 보여준 것처럼, 오랫동안 변종인 채로 머물러 있을지도 모른다. 만일 어떤 변종이 번성하여 개체수에서 조상종을 능가하게 되면, 그것은 종의 지위에 올라서게 되고 종은 변종의 지위로 떨어질 것이다. 어쩌면 그 변종이 조상종을 압도하여 멸망시켜 버릴지도 모른다. 이 문제는 뒤에서 다시 설명하기로 하겠다.

이와 같은 설명을 통해, 내가 종이라는 이름은 서로 비슷한 일련의 개체에게 임의로 주어진 것으로 보고 있다는 것, 또 그처럼 특수하지 않다 하더라도 더 변화하는 형태에 대해 주어진 변종이라는 이름과 본질적으로는 다르지 않다는 것을 이해하게 되었을 것이다. 덧붙여 설명하자면, 변종은 명확하지 않고 분포도가 큰 생물집단을 가리킨다. 더 나아가서 이 변종이라는 이름도, 단순한 개체적 차이와 비교해 보면 임의로 편의를 위해 붙인 것이다.

분포 구역과 변이

나는 이론적인 고찰을 통해 철저히 조사한 몇 개의 기록에서 모든 변종을 표로 만들어 보면, 가장 많이 변이하는 종의 본성과 관계에 대해 재미있는 결과를 얻을 수 있을지도 모른다고 생각했다. 처음에 이것은 간단한 일이라 생각했으나, 이 문제에 대해 나에게 많은 귀한 충고와 도움을 준 왓슨이 이 작업에는 많은 어려움이 있다는 것을 알려주었다. 그 뒤 후커 박사의 더 강력한 조언에 나는 그것을 더욱 확신하게 되었다. 그러한 어려움에 대한 논의와 변이하는 종의 상대적 수에 대한 표 자체에 대해서는, 앞으로의 저서에서 기술하기로 한다. 후커 박사는 나의 원고를 정독하고 도표를 살펴본 뒤, 다음에 기술하는 나의 의견은 훌륭하게 증명되었다고 말했고, 그 말을 여기에 부연하는 것을 허락해 주었다. 이 모든 문제는 여기서는 하는 수 없이 지극히 간단하게 다뤄져 있기 때문에 오히려 몹시 혼란에 빠져 있고, 또 뒤에 논하게 될 '생존 경쟁', '형질의 분기(分岐)' 같은 문제에 대해서도 언급하지 않을 수 없다.

알퐁스 드 캉돌과 그 밖의 사람들은 널리 분포한 식물에는 일반적으로 변종이 있음을 알려주었다. 그러한 식물이 여러 가지 물리적 조건에 의해, 또는 여러 생물군과 경쟁—이것은 뒤에 설명하는 것처럼 물리적 조건 만큼이나, 또는 그 이상으로 중요하다—하는 것에서, 이것은 당연히 예상한 일이었다.

그러나 내가 만든 도표는 어떤 한정된 땅에서도 가장 보편적인 종, 즉 개체 수가 가장 많은 종과 그 나라 안에서 분포성이 가장 높은 종—이것은 분포 구역이 넓다는 것과는 의미가 다르며, 또 보편적이라는 것과도 어느 정도 의미가 다르다—은 식물학 서적에 자주 기록될 만큼 특징이 뚜렷한 변종을 낳는다는 것을 보여주고 있다. 특징이 뚜렷한 변종, 내가 말하는 이른바 발단기의 종을 가장 빈번하게 만들어 내는 것은 가장 번성하는 종, 또는 이렇게 이름 붙일 수 있다면 가장 우세한 종—분포 구역이 넓고, 그 나라에서 가장 넓게 분포되어 있으며 개체 수가 가장 많은 종—이다.

발단종을 만들어내기 쉬운 것은 우세종일 것임을 쉽게 예상할 수 있다. 왜냐하면, 변종이 어느 정도 항구적(恒久的)인 것이 되기 위해서는 그 나라의 다른 생물들과 필연적으로 투쟁하지 않을 수 없다. 이럴 경우 이미 우세한 종은 자손을 쉽게 남길 수 있고, 그 자손은 조금 변형된다 하더라도 조상이 그 나라에서 가장 우세한 지위를 차지하게 만든 이점을 물려받았을 것이라 생각하기 때문이다. 우세(優勢)라고 하는 것은 서로 경쟁하는 생물, 특히 같은 생활 습성을 갖고 있는 같은 속(屬) 또는 강(綱) 속에 있는 것에 대해서만 설명하고 있다는 것을 염두에 두어야 한다. 종의 개체수 또는 종의 보편성은 같은 종류의 개체에 대해서만 비교할 수 있다.

어떤 고등식물이 같은 나라의 다른 식물과 거의 같은 조건 속에서 살고 있고, 개체 수가 많으며 가장 널리 분포해 있을 때는 그것을 우세종이라고 할 수 있다. 그러나 물속에서 서식하는 콘페르바(conferva)[5]나 기생균(寄生菌)이 개체의 수에서는 무한하게 많고 또 더욱 널리 분포되어 있다고 해서, 위의 고등식물보다 우세하다고 할 수는 없다. 그러나 만일 이 콘페르바나 기생균이 위에 기술한 것과 같은 점에서 동류를 능가한다면, 그것은 그 강에서 우세한 종이 된다.

속의 크기와 변이

어떤 한 나라에 살고 있는 식물, 즉 어떤 식물지에 기재되어 있는 식물을 등분하여, 큰 속—즉, 많은 종을 포함한 속—에 속한 모든 것을 한쪽에 놓고 작은 속에 속한 것을 다른 한쪽에 놓는다면, 아주 보편적이고 널리 분포된 종, 즉 우세한 종을 어느 정도 많이 포함하고 있는 것은 큰 속이라는 것을 알 수 있다. 이것도 예상할 수 있는 일이다. 왜냐하면 어떤 나라에서 살고 있는 같은 속의 종이 많다고 하는 사실만으로도, 그 나라의 유기적 또는 무기적인 조건 속에 뭔가 유리한 것이 들어 있다는 것을 나타내기 때문이다. 그리고 큰 속, 즉 많은 종을 포함하고 있는 속에도 우세한 종이 훨씬 더 큰 비례수를 갖는다는 것을 예측할 수 있다. 그러나 이 결과는 많은 원인에 의해 불명료해지기 쉽다. 내가 작성한 모든 표가 큰 속에서 겨우 과반수를 나타내는 경우마저 있다는 것에 놀라지 않을 수 없었다.

---

5) 일종의 민물 녹조류.

여기서 이 불명료함을 낳는 원인 가운데 두 가지에 대해서만 언급하고자 한다. 담수성식물(淡水性植物)과 호염성식물(好鹽性植物)은 보통 분포 구역이 넓고 분산성도 높은데, 그것은 이런 식물의 생육장소의 성질과 관계가 있으며, 그 종이 속해 있는 속의 크기와는 그다지 또는 전혀 관계가 없다. 체제의 단계가 낮은 식물은 일반적으로, 그 단계가 높은 식물보다 분포성이 훨씬 높다. 이 경우에도 속의 크기와는 밀접한 관계가 없다. 체제의 단계가 낮은 식물이 널리 분포되어 있는 원인에 대해서는 '지리적 분포'의 장(章)에서 논하기로 한다.

종이란 특징이 매우 뚜렷하여 구별이 잘 되는 변종에 불과하다. 어떤 지역에서도 큰 속의 종은 작은 속의 종보다 훨씬 더 자주 변종을 만들어낸다고 예상하기에 이르렀다. 왜냐하면 많은 근연종이 형성되는 곳이라면, 어디서든 반드시 일반원칙으로서 다수의 변종, 또는 발단의 종이 지금도 형성되고 있을 것이기 때문이다. 큰 나무가 많이 자라는 곳에서는 그 모종나무들도 자라고 있다는 것을 예상할 수 있다. 하나의 속에 변이에 의해 많은 종이 형성된 곳은 주위 환경이 변이에 유리했기 때문이다. 그래서 일반적으로는 환경이 변이에서 유리하게 작용한다는 것을 예상할 수 있다. 이에 반해 각각의 종을 특수한 창조 작용에 의한 것이라고 볼 때는, 다수의 종을 가지고 있는 무리에서 소수의 종을 가지고 있는 무리보다 훨씬 더 많은 변종이 생기는 명백한 이유를 찾을 수가 없다.

이 예측을 확증하기 위해 12개 나라의 식물과 두 지방의 갑충류를 거의 같은 수의 두 무리로 나누어 놓고 큰 속의 종을 한쪽에, 작은 속의 종을 다른 한쪽에 놓아본 결과, 작은 속에는 큰 속 쪽에서보다 비교적 많은 종이 변종을 일으킨다는 것이 증명되었다. 그리고 큰 속이 작은 속의 종보다 평균적으로 많은 변종이 생긴다. 이러한 두 가지 결과는 다른 방법으로 분류해 보아도, 또 1종에서 4종까지만 포함하는 최소의 속을 전부 도표에서 제거해 버렸을 때도 볼 수 있다.

이상의 사실들은 종이란 뚜렷한 특징을 가진 영속적인 변종에 지나지 않는다는 견해에 입각하면 그 의미가 명백해진다. 같은 속에서 다수의 종이 형성된 곳, 즉 만일 이렇게 말해도 된다면 종의 제조가 활발했던 곳에서는, 지금도 여전히 그 제조가 활발하다는 것을 발견할 수 있다. 특히 새로운 종의 제조과정은 완만하다고 믿을 만한 이유가 많이 있으므로 더 그렇다. 또 변종을 발단의 종으로 본다면, 이 사실은 확실히 적용된다. 왜냐하면 나의 도표가 표시하는 바에 의하면, 일반법칙으로서 어떤 속의 종이 많이 형성되는 곳에서는, 그 속의 종은 평균보다 많은 변종, 즉 발단의 종을 낳는다는 것을 나타내고 있기 때문이다.

하지만 이것이 큰 속 모두가 지금도 많은 변이를 보여주고 있으며 종의 수가 증가하고 있다는 것은 아니다. 또 작은 속은 현재 변이도 하지 않고 증가도 보이지 않는다는 것 또한 아니다. 만약 그렇다면, 그것은 나의 학설에 치명적인 것이 될 것이다. 왜냐하면 지질학이 우리에게 명백하게 말해주고 있는 한에서는, 작은 속은 시간이 지나는 동안 자주 그 크기를 현저하게 증대하고, 큰 속은 이따금 정점에 닿았다가 점차 쇠퇴하여 마침내 소멸한다. 지금 여기서 보여주고 싶은 것은, 큰 속의 종이 많이 형성된 곳에는 지금도 여전히 평균적으로 많은 종이 형성되고 있다는 것이다. 이것은 확실한 사실이다.

큰 속의 종과 기록되어 있는 그 변종 사이에는 이것 말고도 주목할 만한 가치 있는 관계가 있다. 종과 특징이 뚜렷한 변종을 구별하는 절대적인 기준이 없다는 것은 이미 말했다. 또 의심스러운 형태 사이에 중간 고리가 발견되지 않은 경우, 내추럴리스트는 그 형태의 차이의 양에 의해, 즉 그 양이 한쪽 또는 양쪽을 종의 계급으로 격상하는 데 충분한가 아닌가를 유추를 통해 판단하는 수밖에 없다. 즉 그 차이의 양은 두 개의 형태를 종으로 분류할 것인가, 또는 변종으로 분류할 것인가를 결정하는 매우 중요한 기준이 된다. 그런데 프리스는 식물에 대해, 또 웨스트우드(Westwood)는 곤충에 대해, 큰 속에서도 종과 종 사이의 차이의 양이 가끔 매우 적다고 기술했다. 나는 이것을 평균하여 수치상으로 확실하게 하려고 노력한 결과, 불완전하나마 얼마쯤의 오차 범위 안에서 이 견해는 확증되었다.

나는 또 총명하고 경험이 풍부한 몇몇 관찰자에게 물어보기도 했는데, 그들도 숙고한 끝에 이 견해에 찬성해 주었다. 그러므로 큰 속의 종은 작은 속의 종보다 훨씬 더 변종에 가깝다는 결론이다. 이것을 다른 면에서 보면, 다음과 같이 말할 수도 있다. 즉 평균수보다 많은 변종 또는 발단의 종이 현재 제조되고 있는 어떤 커다란 속에서는, 이미 제조된 많은 종의 대부분이 지금도 여전히 어느 정도 변종과 비슷하다. 그 까닭은 그러한 종 사이의 차이의 양은 보통 때의 차이보다 작기 때문이다.

그뿐만 아니라, 큰 속 안의 종끼리는 하나의 종의 변종끼리와 같은 상호관계를 가지고 있다. 하나의 속에 모든 종이 서로 평등한 차이를 가진다고 주장하는 내추럴리스트는 아무도 없다. 그와 같은 종은 보통 아속(亞屬), 항(項 ; section), 또는 그것보다 아래의 분류군으로 묶을 수 있다. 프리스가 훌륭하게 설명한 바와 같이, 대개는 종의 작은 군이 위성과 같이 다른 종의 주위에 모여 있다. 변종은 서로 불평등한 관계를 가지며, 어떤 종류의 주위에—즉, 그 조상종의 주위에—모여 드는 무리가 아닐까.

두말할 것도 없이, 종과 변종 사이에 중요한 차이점이 하나 있다. 여러 변종을 서로 비교하거나 변종과 그 조상종을 비교했을 때의 차이는 같은 속의 종 사이의 차이보다 훨씬 작다는 것이다. 그러나 이것이 어떻게 설명될 것인지, 또 어찌하여 변종 간의 조그마한 차이가 종과 종 사이의 커다란 차이로 증대해 가는지에 대해서는 '형질의 분기(分岐)'에 관한 원칙을 논의하는 데서 다루기로 하겠다.

그 밖에도 한 가지 주의할 만한 가치가 있는 점이 있다. 변종은 보통 분포의 범위가 극히 제한되어 있다. 만일 어떤 변종이 그 조상종보다 넓은 분포 구역을 가지고 있다면 그 명칭은 역전될 것이므로, 위에 말한 것은 그야말로 자명한 이치가 된다. 그러나 또한 다른 종과 매우 비슷하고, 그 점에서 변종과도 유사한 종은 그 분포의 범위가 지극히 제한되어 있다고 믿을 만한 이유도 있다. 예컨대 왓슨은 잘 선택되어 있는 《런던 식물목록 *London Catalogue of Plants*》(제4판)을 조사한 결과, 거기에는 종으로 분류되어 있으나, 그의 생각으로는 다른 종과 매우 비슷하여 그 가치가 의심스러운 식물을 63개나 지적하고 있다. 종으로 간주되어 있는 이 63가지의 식물은, 왓슨이 영국을 구획한 지구 가운데, 6·9지구에 분포되어 있다. 그런데 이 목록에는 변종으로 인정되는 53종류가 기록되어 있고, 그것은 7·7지구에 분포해 있다. 그런데 이러한 변종이 속하는 종은 14·3지구에 분포한다. 이상과 같이 변종으로 인정된 것은, 왓슨이 의심스러운 종으로 지적한 매우 비슷한 종류, 그러나 영국의 식물학자들에 의해서는 대부분 보편적으로 충분한 자격이 있는 진짜 종으로 분류되는 식물과 똑같다고 해도 좋을 만큼, 제한된 평균 분포 구역을 갖고 있다.

간추림

결론적으로 말하면, 변종은 종과 똑같은 일반적 형질을 갖고 있다. 변종은 종과 구별되지 않기 때문이다. 다만 예외인 것은, 첫째로 중간을 연결해 주는 것이 발견되었을 경우이다. 이러한 중간 고리가 존재해도, 그것이 결합하는 종류의 현실적 형질은 아무런 영향도 받지 않는다. 두 번째는 이 둘 사이에 일정한 차이가 있는 경우이다. 두 종류가 아주 조금밖에 차이가 나지 않는다면, 중간을 연결하는 종류가 발견되지 않아도 일반적으로 변종으로 분류되기 때문이다. 그러나 두 종류에 종의 지위를 부여하는 데 필요하다고 생각되는 차이의 양은 전혀 일정하지 않다. 어떤 나라에서든 평균수 이상의 종을 갖고 있는 속에서는, 그 종은 평균수 이상의 변종을 가지고 있다. 큰 속에서는 종은 서로 매우 비슷하지만, 그 비슷한 양상은 일정하지 않고, 또 그러한 종은 어떤 종의 주위에 작은 집단을 이루고 있다. 다른 종과 매우 비슷한 종의 분포 구역은 제한된 것처럼 보인다. 이와 같이 큰 속의 종은 모든 점에서 변종과 매우 비슷하다. 만일 종이 이전에 변종으로서 존재하다가 그렇게 변한 것이라면 그 닮은 점을 이해할 수 있으나, 만일 종이 개별적으로 창조된 것이라면 이와 같이 닮은 이유를 전혀 설명할 수가 없다.

평균수에서 가장 많은 변종을 낳는 것은 각 강의 큰 속에서 가장 번영하고 있는 종, 즉 우세한 종이라는 것도 이미 설명했다. 그리고 변종은 뒤에서도 설명하겠지만 새롭고 확실한 종으로 변해간다. 그리하여 큰 속은 훨씬 커진다. 또 자연계를 통해 현재 우세한 종류는, 변화하는 우세한 자손을 많이 남김으로써 더욱 우세해진다. 그러나 뒤에서 설명할 과정을 통해 큰 속이 작은 속으로 분열하는 경향도 있다. 이처럼 이 세상의 모든 생물은 어떤 집단에서 그 하위집단으로 분할해 가는 것이다.

3장 생존 경쟁

자연선택과의 관계—넓은 의미의 생존 경쟁—기하급수적인 증가율—
야생화한 동식물의 급속한 증가—자연의 힘에 의한 증가 억제—보편적
인 경쟁—기후의 영향—큰 집단에서의 종의 보존—동식물의 복잡한 관
계—같은 종의 개체 간이나 변종 간 생존 경쟁이 가장 치열하고, 같은 종의
별종 간 생존 경쟁도 곧잘 일어난다—생물 간 관계

자연선택과의 관계

이 장의 주제에 들어가기 전에, 생존 경쟁이 자연선택과 어떤 관계를 갖고 있
는지 설명하기 위해 먼저 한 가지 알려 둘 것이 있다. 자연 상태에서의 어떤 생
물에는 경미한 개체적인 변이성이 있다는 것은 앞 장에서 언급했다. 그러나 내
가 알기로는, 실제로 이에 대한 논의가 제기된 적은 한 번도 없었다. 어떻게 자
리매겨야 할지 판단이 서지 않는 많은 생물집단을 종으로 부를 것인지, 아니면
아종 또는 변종으로 부를 것인지, 영국산 식물에서 200 또는 300가지에 이르는
종류를 어떻게 부르던 변종의 존재만 확실하다면 그다지 문제될 것도 없다.

개체적 변이성이 있다거나 어느 정도 뚜렷한 변종이 있다는 것은 이 책의 논
의에 빠질 수 없는 기본적 요건이다. 하지만 그것만으로는 자연계에서 종이 어
떻게 발생하는가를 이해하는 데 도움되지 않는다. 기본적으로 몸을 구성하고
있는 체제의 일부가 다른 부분이나 생활조건에 대해 보여주거나, 어떤 생물이
다른 생물에 대해 보여주는 절묘한 적응은 어떻게 이루어졌을까? 이러한 훌륭
한 상호적응은 딱따구리와 겨우살이에서 가장 뚜렷하게 볼 수 있다. 포유류의
체모나 새의 깃털에 붙어서 살아가는 왜소한 기생충과 물속에서 사는 갑충류
의 몸 구조, 산들바람에 떠다니는 깃털이 있는 씨앗에서도 볼 수 있다. 우리는
생물계의 어느 곳에서나 훌륭한 적응을 보고 있는 것이다.

내가 발단의 종이라고 부르는 변종은 어떻게 하여 확실한 종, 즉 다른 것과 비교했을 경우 같은 종의 변종끼리보다 서로 훨씬 많은 차이를 분명히 나타내는 종으로 변해가는 것일까? 이에 대해서는 다음 장에서 상세하게 기술하겠지만, 그것은 생존을 위한 경쟁 결과 생기는 것이다. 이 생존 경쟁에 의해 아무리 경미한 변이라도, 또 어떤 원인에서 생기는 변이라도, 그 종이라는 개체에 조금이라도 이익이 되는 것이라면, 다른 생물이나 자연환경과의 물리적 조건에 대한 무한하게 복잡한 관계 속에서 그 개체를 보존하도록 작용할 것이고, 그것은 또 일반적으로 자손에게 전해져 내려갈 것이다. 그 자손도 이와 마찬가지로 생존의 기회를 더 많이 얻게 된다. 그것은 어떤 종이든 주기적으로 수많은 자손이 태어나지만, 그 가운데 아주 적은 수만이 존속할 수 있기 때문이다. 아무리 경미한 변이라도 쓸모 있다면 보존되는 이 원리를, 인간의 선택 능력과 구별하기 위해 나는 인위선택(인위도태)의 원리에 따라 '자연선택의 원리'라 부르고 있다. 그러나 허버트 스펜서(Herbert Spencer)가 종종 사용한 '적자생존'이라는 말이 더 정확하며 때로는 편리하기도 하다.

인간은 선택에 의해 확실하게 큰 결과를 얻을 수 있으며, 또 자연에서 얻은 매우 작지만 쓸모 있는 변이를 집적함으로써 큰 생물을 인간에게 도움이 되도록 적응시킬 수 있다. 그러나 자연선택은 끊임없이 작용하는 힘이며, 인위적으로 만들어진 것과 자연을 비교해 보면 알 수 있듯이 인간의 미약한 노력과는 비교도 되지 않을 만큼 위력 있다.

넓은 의미의 생존 경쟁

생존 경쟁에 대해 좀 더 상세하게 알아보기로 하자. 이 주제는 앞으로 출간할 책에서 그 가치에 맞게 충분한 분량을 할애하여 다룰 생각이다. 아우구스틴 드 캉돌(Augustin de Candolle)[1]과 라이엘은 모든 생물은 엄격한 경쟁에 처해 있다는 것을 포괄적이고도 이성적으로 증명했다. 식물에 대해서 맨체스터의 부목사인 허버트(W. Herbert) 만큼 열성과 재능을 가지고 논한 사람은 없을 것이다. 이는 분명 그의 해박한 원예지식에서 비롯된 것이다.

---

1) 스위스의 식물학자. Alphonse Louise Pierr Pyrame de Candolle의 아버지.

보편적인 생존 경쟁의 진리를 말로써 이해하기는 쉽다. 하지만 이에 관한 결론을 늘 유의하는 것만큼 어려운 일은 없다. 일찍이 나는 이 문제가 어렵다는 것을 알고 있었다. 그러나 이 결론이 마음에 철저하게 새겨져 있지 않으면, 자연의 경제—원뜻은 자연계의 질서—전체와 거기에 들어 있는 생물의 분포, 희소성, 절멸, 변이 등의 모든 사실은 어렴풋이 인정될 뿐이거나 완전히 오해받게 될 것이라고 나는 믿는다.

언뜻 보면 자연은 기쁨으로 반짝이고 세상에는 먹을 것이 남아도는 것처럼 보인다. 그러나 우리 주위에서 한가롭게 지저귀는 새가 대부분 곤충이나 씨앗을 먹고 살며, 그리하여 끊임없이 생명을 파괴하는 것은 보지 못한다. 아니면 그것을 잊고 지낸다. 우리는 노래하는 새와 그 알, 또는 병아리가 육식조류와 육식동물에 의해 얼마나 많이 죽어 가는지 잊고 있다. 아무리 지금은 음식이 남아돈다 해도 앞으로 돌아오는 해마다 그럴 거라고 장담할 수 없다는 것도 생각하지 않는다.

나는 생존 경쟁이라는 말을, 하나의 생물이 다른 생물에 의존하는 것과 개체가 살아가는 것뿐만 아니라, 후손을 남기는 것—이것은 한층 더 중요한 것이다—까지 포함하여, 넓은 의미에서 비유적으로 사용할 것임을 미리 말해두고 싶다. 굶주린 육식짐승 두 마리가 먹이를 얻기 위해 서로 경쟁한다고 표현할 수도 있다. 또 사막 가장자리에서 자라는 풀 한 포기도 건조에 대해 생존을 위한 경쟁을 하고 있다고 말할 수 있다. 해마다 천 개의 씨앗이 만들어져 그 가운데 평균 하나만이 성숙하는 식물은 이미 지상을 뒤덮고 있는 같은 종류 또는 다른 종류의 식물과 경쟁하고 있다고 확실하게 말할 수 있다.

겨우살이는 사과와 그 밖에 몇 종류의 수목에 의존하여 생존한다. 굳이 말한다면 이러한 수목과 경쟁하고 있다고 할 수 있다. 기생하는 처지에서도 한 나무에 겨우살이가 너무 무성하면 그 나무는 곧 시들어 버리기 때문이다. 그러나 같은 가지에 촘촘하게 공생하는 겨우살이 수많은 싹이 서로 경쟁하고 있다는 것은 훨씬 더 확실하게 말할 수 있다. 겨우살이의 씨앗은 새에 의해 퍼지므로, 겨우살이의 존속은 새에 의존하는 셈이다. 그래서 비유적으로 겨우살이는 열매를 맺는 다른 식물보다 새를 많이 유인하여 열매를 먹고 씨앗을 퍼뜨리게 하기 위해 경쟁한다고 할 수 있다. 나는 서로 통하는 데가 있는 이러한 여러 현상을, 편의를 위해 생존 경쟁이라는 용어를 사용하려고 한다.

기하급수적인 증가율

생존 경쟁은 모든 생물이 높은 비율로 증식하는 경향에 따라 불가피하게 일어나는 결과이다. 모든 생물은 생애를 통해 알과 씨앗을 수없이 생산하는데 그 생명은 어느 시점에서는 사라진다. 생명이 유한하지 않다면 기하급수적인 증가의 원칙에 따라 이들의 개체수는 급속히 증가하여 어떤 지역에서도 그 많은 수를 수용할 수 없게 된다. 생존할 수 있는 수보다 많은 개체가 생산되기 때문에, 모든 경우에 어떤 개체와 같은 종의 다른 개체, 또는 다른 종의 개체, 나아가서는 생활의 물리적 조건과 생존 경쟁이 일어나는 것은 당연하다.

이것은 모든 동식물계에 적용되는 맬서스의 이론이다. 왜냐하면 이 경우에는 인위적으로 식량을 늘릴 수도 없고 짝을 맞추는 데 제재를 가할 수도 없기 때문이다. 현재 얼마간 빠른 속도로 개체수가 증가하고 있는 종도 있지만, 모든 종이 다 그렇지는 않다. 이 세계가 그것을 다 유지할 수 없기 때문이다.

어떤 생물도 개체수의 증가를 억제하는 어떤 작용이 없다면 단 한 쌍의 짝이 낳은 자손만으로도 금방 지구가 가득 차버리는 높은 비율로 늘어난다는 법칙에는 예외가 없다. 번식이 느린 인간조차도 25년 동안 그 수가 두 배로 늘어나는데, 천 년쯤 지나면 지구상에는 이들 생물들이 낳은 자손으로 발붙일 데가 없게 될 것이다. 린네(Linné)는, 만일 일년생 식물이 단 두 개의 씨앗을 낳는다면―실제 이처럼 생식력이 낮은 식물은 하나도 없지만―그 씨앗은 이듬해에 두 개의 씨앗을 생산할 것이고, 20년 뒤에는 100만 주(株)의 식물로 늘어나게 될 것이라고 했다.

코끼리는 세상의 모든 동물 가운데 가장 번식이 느린 것으로 알려져 있다. 나는 자연증가율에 대한 최저확률을 계산해 보았다. 코끼리는 30세에 생식을 시작하여 90세까지 계속하면서 모두 6마리의 새끼를 낳는다. 이들이 100세까지 살면 740년 내지 750년 뒤에는 최초의 한 쌍에서 생산된 코끼리는 아마 1900만 마리가 될 것이다.

야생화한 동식물의 급속한 증가

이 증가율 문제에 대해서는 단순한 이론적인 계산보다 더 좋은 실례가 있다. 자연 상태에 있는 동물들이 몇 계절 거듭하여 좋은 환경에 있으면서 놀라운 속도로 번식한 예가 기록에 많이 남아 있다. 더욱 놀라운 것은 세계 여러 지방에서 야생화한 여러 종류의 가축들이 보여주는 예이다. 미국 남부지방과 최근에는 호주에서도 번식이 느린 소와 말의 증가율에 대한 보고서가 그다지 정확한 것이 아니었다면 우리는 이를 인정하지 않았을 것이다. 식물의 경우도 마찬가지이다. 이식된 식물이 10년도 못 되어 섬 전체에 퍼져나간 경우가 있다. 오늘날 라플라타(Laplata)의 넓은 평원에서 가장 수가 많은 뻐꾹채와 엉겅퀴는 유럽에서 수입한 것으로, 종의 모든 식물들을 제압해 버리고 거의 수 평방 마일을 뒤덮고 있다.

또한 폴코너(Falconer) 박사에 의하면 미국 대륙이 발견된 뒤 미국에서 수입해 온 식물들이, 이제는 코모린(Comorin)곶으로부터 히말라야산맥에 이르는 인도 일대에까지 퍼져 있다고 한다. 이러한 예를 보거나 이밖에 다른 실례를 보더라도, 동식물의 생식력이 어느 날 갑자기, 또 일시적으로 눈에 띌 정도로 늘어났다고 생각하는 사람은 아무도 없을 것이다. 이를 분명히 설명할 수 있는 것은, 생활조건이 매우 좋아서 늙은 개체이든 어린 개체이든 잘 죽지 않으며 거의 모든 어린 개체까지도 생식할 수 있었다는 것이다. 이러한 경우에는 언제나 그 결과에 놀라지 않을 수 없는 기하급수적인 증가율이, 귀화생물의 새로운 정착지에서의 비정상적으로 빠른 증가와 광범한 분산을 명쾌하게 설명할 수 있다.

자연의 힘에 의한 증가 억제

자연 상태에서 자란 식물은 해마다 씨앗을 생산하며, 동물도 해마다 짝을 짓지 않는 것이 거의 없다. 그래서 우리는 확신을 가지고 다음과 같이 주장할 수 있다. 즉 모든 동식물은 기하급수적 비율로 증가하는 경향이 있고 따라서 생존할 수 있는 모든 장소를 신속하게 차지해 버리지만, 그 기하급수적 증가 경향은 그 생애의 어느 시기에 일어나는 떼죽음에 의해 제한받을 것이 분명하다.

우리는 늘 비교적 큰 가축을 보아왔기 때문에 이를 잘못 이해하게 되는 것이라고 나는 생각한다. 그러한 가축들이 한꺼번에 죽어버리는 경우를 보지 못했기 때문이다. 그리고 해마다 몇 천 마리의 동물들이 사람의 배를 채우기 위해 도살당한다는 것과 자연 상태에서도 그와 같은 수의 동물들이 어떤 방법으로든 제거되고 있다는 것을 염두에 두지 않고 있다.

해마다 알이나 씨앗을 수천 개씩 낳는 생물과 번식이 느린 동물의 유일한 차이는 좋은 환경 속에서 어느 한 지방을 전부 차지하는 데 다만 시간이 좀 더 걸리고 덜 걸린다는 것뿐이다. 콘도르(condor)라는 미국산 매는 알을 두 개 낳고 타조는 스무 개 낳지만, 두 새가 같은 지역에서 서식해도 콘도르가 더 많은 수를 차지하게 된다. 풀머(fulmar)라는 갈매기는 알을 단 하나밖에 낳지 않지만, 세계에서 가장 그 수가 많다고 한다. 집파리는 수백 개의 알을 까는데, 이파리(hippobosca) 같은 다른 것은 단 한 개의 알을 낳는다. 이러한 파리가 낳는 알의 수에 따라 그 새끼들을 그 지역에서 얼마나 많이 번식시키느냐를 결정하는 것은 아니다. 그러나 급격히 증가 또는 감소하는 식물에 의존하는 종에게는 알이나 씨앗의 수가 얼마나 많은지가 무척 중요한 의미를 갖는다. 산란 수가 많으면 식물이 많은 시기에 개체수를 급속히 늘릴 수 있기 때문이다.

산란수나 종자수의 양이 중요한 더 큰 이유는, 일생동안 어느 시기에 개체수가 크게 감소하는 것을 대비하기 위해서이다. 그리고 그 파괴는 대다수의 경우 생애의 이른 시기에 일어난다. 만일 어떠한 동물이 어떤 방법으로든 자기가 낳은 알이나 새끼를 보호할 수 있다면, 비록 그 수가 적다 하더라도 평균수는 충분히 유지할 수 있다. 그러나 만일 알과 새끼가 많이 죽는다면 많이 낳지 않으면 안 된다. 그렇지 않으면 그 종은 멸망하고 말 것이다.

평균수명이 1000년인 수목이 1000년에 단 한 번 씨를 생산하고, 또 그 씨가 파괴되지 않고 좋은 장소에서 싹이 트는 것이 보장된다면, 그 수목의 평균수는 충분히 유지될 것이다. 이러한 이유로 동식물의 평균수는 낳는 알과 씨앗의 수에 간접적으로 의존하고 있을 뿐이다.

보편적인 경쟁

자연을 관찰할 때 가장 중요한 것은 앞에서 살펴 본 것들을 늘 생각하고 있어야 한다는 것이다. 아무리 미생물이라도 그 수를 늘리려고 애쓰면서 각 개체의 일생 중 어떤 시기에 서로 경쟁하며 살아가고 있고, 각 세대마다 또는 어떤 시기에 어린 것이나 늙은 것이 불가피하게 중대한 파멸을 입는다는 것을 잊어서는 안 된다. 조금이라도 억제가 감소하고 대량 죽음을 피할 수 있다면, 종의 개체수는 거의 즉각적으로 조금이라도 늘어날 것이다.

각각의 종의 개체수가 증가해 가는 자연적인 경향을 방해하는 원인이 무엇인지는 확실하지 않다. 번식이 매우 왕성한 종을 살펴보자. 그것이 많이 모여 있을수록 증가 경향은 더욱 커질 것이다. 하지만 실제로 그렇게 되지는 않는다. 증가를 억제하는 요인이 어떤 것인지, 단 하나의 예에서도 정확하게 알아내지 못했다. 어떤 동물과는 비교가 안 될 정도로 잘 알려진 인간조차, 잘 모르고 있다는 것을 고려한다면 이런 사실에 대해 그리 놀랄 것은 없다. 번식을 방해하는 요인에 대한 문제는 여러 저자들이 다뤘다. 나는 특별히 남미의 야생화 동물에 대해 앞으로 나올 나의 저서에서 상세하게 다루어 볼 생각이다. 다만 여기서는 이 문제에 대한 독자들의 주의를 환기하는 정도로 그치고자 한다.

알이나 아주 어린 동물들은 일반적으로 가장 피해를 입기 쉬울 것이라 생각하지만, 반드시 그런 것은 아니다. 식물의 경우 많은 씨앗이 살아남지 못하는 것은 사실이지만 내가 관찰한 바로는 다른 식물이 이미 밀생하고 있는 곳에서 발아하면 피해를 입는다. 어린 새싹들은 여러 가지 적들에 의해 많은 수가 파괴된다. 이를테면 나는 길이 3피트, 폭 2피트쯤 되는 땅을 갈고 풀을 없애 다른 식물의 방해를 받지 않게 해두고, 자생하는 잡초의 싹이 나올 때마다 그것에 표시를 했다. 그랬더니 357포기 가운데 295포기 이상이 주로 달팽이와 곤충에게 먹혔다. 짐승들이 말끔하게 뜯어먹은 풀밭도 마찬가지겠지만, 오랫동안 풀을 베지 않고 풀이 자라는 대로 내버려 두면, 약한 식물은 아무리 완전하게 성장해도, 더 강한 식물에 의해 점차 희생된다. 이렇게 하여 작은 풀밭—가로세로가 3피트와 4피트인—에 자란 20종 가운데 9종이, 다른 종이 마음대로 자라도록 내버려둔 탓에 죽어버리고 말았다.

각각의 종에서 식량의 양이 증가의 한도를 결정하는 것은 말할 것도 없지만, 어떤 종의 평균수를 결정하는 것이 먹이의 양이 아니라 다른 동물의 먹이가 되는 경우도 매우 많다. 예를 들면 넓은 구역 안의 산메추라기, 뇌조, 들토끼의 개체수가 많고 적음은 이것들을 먹이로 하는 동물에 의해 좌우된다고 할 수 있다. 해마다 사냥으로 수천 마리의 짐승이 사살되는데, 앞으로 영국에서 20년 동안 단 한 마리도 사냥을 하지 못하게 되거나, 해를 끼치는 것이 없어 죽지 않는다면 먹잇감이 되는 것의 수는 현재보다 줄어들 것이다. 반면에 코끼리 같은 경우에는, 인도산 호랑이조차 어미코끼리의 보호를 받는 새끼코끼리는 공격하지 않으며, 이들이 다른 동물의 먹이가 되는 예는 거의 없다.

기후의 영향

기후는 종의 평균수를 결정하는 데 중요한 역할을 한다. 주기적으로 찾아오는 혹한이나 한발은 모든 생물의 성장을 방해하는 데 가장 큰 영향을 끼친다. 나는—주로 봄철에 새집의 수가 크게 줄어드는데—1854년에서 1855년 사이의 겨울에 나의 소유지에서 서식하던 새의 80%가 죽어버린 것을 발견했다. 인류가 그 수의 10%가 전염병으로 죽는 것과 비교할 때 80%라는 죽음은 실로 놀랄 만하다.

기후의 작용은 언뜻 생존 경쟁과는 전혀 상관없는 것처럼 보이지만, 실은 먹이를 감소시키는 작용을 한다. 종이 같든 다르든 같은 종류의 먹이로 살아가는 개체 사이에 극심한 경쟁을 불러일으킨다. 이를테면, 혹한이 닥쳐와 직접적으로 생존에 영향을 주는 경우라 하더라도 이로 인해 가장 먼저 피해를 입는 것은 성장력이 가장 약한 개체나, 겨울을 지내는 동안 극히 먹이가 부족한 개체들이다.

남쪽에서 북쪽으로, 습지대에서 건조지대로 여행을 하다보면, 반드시 어떤 종들이 점차로 줄어들다가 나중에는 아주 소멸해 버리는 것을 볼 수 있다. 기후 변화는 뚜렷하게 눈에 보이기 때문에, 우리는 위와 같은 현상을 기후의 직접적인 변화에 돌리기 쉽다. 그러나 이것은 잘못된 견해이다. 각각의 종은 아무리 다수가 있는 곳이라 해도 생애의 어느 시기에서 적이나, 같은 장소에 있는 식량을 원하는 경쟁자에 의해 반드시 많은 수가 죽는다는 사실을 잊어버리는 것이다.

적과 경쟁자는 기후가 아주 조금 변화하고, 그로 인해 아무리 적더라도 이익을 얻는다면, 그 개체수를 늘리게 될 것이다. 그렇지 못한 다른 종은, 그 지역에 이미 다른 생물체가 다 차 있기 때문에 줄어들게 될 것이다. 남쪽으로 여행해 가다가 어떤 종의 개체수가 줄어드는 것을 볼 때는, 이 종이 피해를 입은 만큼 틀림없이 다른 종이 유리해진 것이 원인이라고 생각할 것이다.

북쪽으로 여행할 때도 마찬가지이다. 다만 이 경우에는 모든 종류의 종의 수와 경쟁자의 수가 북쪽으로 갈수록 줄어들기 때문에 그 정도는 조금 낮다. 북쪽으로 가거나 산으로 올라갈 때는, 남쪽으로 가거나 산을 내려갈 때보다 작고 왜소한 식물을 더 자주 보게 된다. 이는 기후의 직접적인 악영향으로 볼 수 있다. 북극지방의 눈 덮인 산꼭대기나 사막에 이르면, 생존을 위한 경쟁은 기후의 영향으로 한정되어 버린다.

기후가 대부분 다른 종을 유리하게 함으로써 간접적으로 작용한다는 것은 영국의 기후에는 정말 잘 견디지만 영국의 자생식물과 경쟁이 되지 않고, 또 영국의 자생식물에 의한 파괴에 저항할 수 없어서 귀화식물이 될 수 없는 식물이 영국 정원에 매우 많은 것을 보면 확실하게 알 수 있다.

큰 집단에서의 종의 보존

하나의 종이 매우 좋은 환경 때문에 좁은 곳에서 비정상적으로 늘어나면, 종종 전염병이 발생한다. 이러한 현상은 사냥짐승들에게는 흔히 일어나는 것 같다. 이는 생존을 위한 경쟁과는 상관없는 제한적인 억압이 일어난 것으로 볼 수 있다. 그러나 이러한 전염병조차도 어떤 것은 기생충에 의한 것으로 생각된다. 이 기생충은 동물이 밀집해 있어서 그 속에 퍼지기 쉽기 때문에, 이익을 더 많이 받는 환경이 된 것이다. 그리하여 여기서는 기생자와 희생자 사이에 일종의 투쟁이 일어난 것이다.

한편 많은 경우에, 종의 보존을 위해서는 절대적으로 천적의 수보다 동종의 개체수가 많아야 한다. 우리는 많은 곡식과 배추씨를 들에서 쉽게 거둬들인다. 그 이유는 그 씨앗을 먹이로 하는 새의 수보다 씨앗이 훨씬 많기 때문이다. 새는 이 한 계절에 먹이가 풍부하더라도 겨울 동안 개체수가 줄어들기 때문에, 씨앗의 공급에 비례하여 증가하지는 않는다. 정원 안에 있는 몇 개의 밀이나 이와 비슷한 식물들에서 씨앗을 얻는 것이 얼마나 어려운지 시험해 본 사람은 알 것이다. 나는 그러한 실험을 통해 단 한 알의 씨앗도 얻지 못했다.

종족 보존을 위해 같은 종의 개체가 많이 필요하다는 이 견해는, 아주 드문 식물이라도 그것이 살고 있는 소수의 장소에서는 때때로 그 수가 매우 풍부하거나, 어떤 군생식물(群生植物)은 그 분포 구역의 한계지점에서도 밀생하고 있다. 이것은 개체수가 매우 많은 자연계에서의 조금 특이한 사실을 설명하는 것이라고 나는 믿는다. 그러한 경우에는 많은 수가 공존할 수 있을 만큼 생활조건이 유리하고, 그에 따라 종이 완전한 멸망을 피할 수 있는 장소에서만 생존할 수 있다고 믿어도 되기 때문이다. 또한 나는 빈번한 교잡의 좋은 영향과 근친 교배의 나쁜 영향이 이러한 경우에도 작용할 수 있다는 것을 덧붙이지 않을 수 없다. 그러나 이 복잡한 문제에 대해, 여기서는 이 정도만 다루기로 하겠다.

동식물의 복잡한 관계

같은 지역 안에서 서로 경쟁해야 하는 생물 사이의 방해작용과 관계가 얼마나 복잡하고 또 상상을 초월하는 것인지를 보여주는 기록들이 많다. 간단한 것이지만 나에게 흥미로웠던 실례를 하나 들어보자. 나는 스태퍼드셔(Staffordshire)에 사는 내 친척의 영지에서 마음껏 연구할 수 있었다. 그곳에는 사람의 손길이 전혀 닿지 않은 극도로 황폐한 넓은 히스—관목이 무성하게 자라는 황무지—가 있었다. 그런데 그것과 똑같은 성질을 가진 수백 에이커의 땅에, 25년 전에 울타리를 치고 유럽소나무를 심었다. 히스의 나무를 심은 부분에서 자라는 자생식물의 변화는 매우 현저하여, 식물을 토질이 완전히 다른 땅으로 옮긴 경우에 일반적으로 볼 수 있는 변화보다 더욱 두드러졌다. 여러 가지 히스 식물의 수의 비율이 완전히 다를 뿐 아니라, 히스에서는 발견되지 않는 12종의 식물—벼과 초본과 사초류(莎草類)는 제외하고—이 나무를 심은 구역에는 무성하게 자라고 있었다. 특히 곤충에 대한 영향이 매우 커서, 히스에서는 볼 수 없는 6종류의 식충성 조류가 식수구역에는 많이 있는 반면, 다른 히스에는 그것과 다른 2, 3종류의 식충성 조류가 날아올 뿐이었다. 단지 울타리를 쳐서 소가 들어가지 못하게 한 것 말고는 아무것도 하지 않고, 그곳에 단 한 그루의 나무를 심어 놓은 것이 얼마나 큰 영향을 미치는지를 이 예에서 볼 수 있다.

울타리를 친 것이 얼마나 중요한가를 나는 서리(Surrey)지방의 판햄(Farnham) 근처에서 볼 수 있었다. 그곳에는 광대한 히스가 있으며, 서로 떨어진 몇 개의 언덕 위에 저마다 늙은 유럽소나무가 몇 그루 모여서 자라고 있었다. 10년 전부터 히스의 넓은 부분에 울타리가 쳐졌고, 그곳에서 저절로 싹이 튼 유럽소나무가 지금은 모두 다 살아갈 수 없을 만큼 빽빽하게 자라고 있었다. 이 어린 유럽소나무들이 씨앗을 뿌리거나 이식한 것이 아님을 확인하고, 그 많은 수에 놀라지 않을 수 없었다. 울타리가 없는 히스의 수백 에이커의 땅을 살펴볼 수 있는 몇몇 장소에도 가보았다. 그곳에는 그전에 심어놓은 나무 외에는, 유럽소나무는 단 한 그루도 볼 수 없었다.

그러나 히스에 있는 식물을 자세히 살펴보니 아주 작은 나무와 싹들이 많이 보였는데, 거기에는 가축이 끊임없이 뜯어먹은 흔적이 있었다. 몇 그루의 늙은 유럽소나무에서 몇 백 야드 떨어진 곳에 있는 1평방 야드의 땅에 32그루의 작은 유럽소나무가 있었다. 그중 한 나무는 26개의 나이테가 있는 것으로 보아, 오랫동안 히스의 나무들 위에 머리를 내밀려고 애를 썼지만 결국 실패했음을 알 수 있었다. 그러므로 토지가 울타리로 막히자마자 왕성하게 자라는 어린 유럽소나무로 가득 차게 된 것은 자연스러운 일이다. 그러나 히스는 매우 황폐해지고 또 넓어서, 그토록 많은 소가 제대로 먹이를 구하러 찾아온다는 것은 아무도 상상할 수 없었을 것이다.

이 경우에는 유럽소나무의 존재를 절대적으로 지배하고 있는 것은 소임을 알 수 있다. 그런데 세계의 도처에서는 곤충이 소라는 존재를 지배하고 있다. 파라과이에서 보여주는 예가 가장 뚜렷한 것이리라. 이 나라에서는 소도 말도 개도 야생으로 돌아간 적이 없다. 그런데 이곳에서 남쪽으로 가든 북쪽으로 가든 그러한 동물이 야생상태에서 무리 지어 살아가고 있다. 아자라(Azara)와 렌거(Rengger)는 이러한 동물들의 새끼가 태어났을 때, 그 배꼽에 알을 낳는 파리가 파라과이에 많은 것이 그 원인이라고 증명했다. 이 파리들은 수가 아무리 많다 해도 상습적으로 어떤 억압을 받아 왔을 것이다. 아마도 다른 기생충에 의해 그 증식을 방해받는 것이 틀림없다. 그리하여 만약 벌레를 잡아먹는 새가 파라과이에서 줄어들면 다른 곤충들은 증가할 것이고, 따라서 배꼽에 알을 낳는 파리의 수도 줄어들게 된다. 그렇게 되면 소와 말은 야생화되고—내가 실제로 남아메리카 지역에서 관찰한 바이지만—식생은 틀림없이 크게 바뀔 것이다. 이러한 변화는 다시 곤충들에게 막대한 영향을 줄 것이고, 우리가 스태퍼드셔에서 본 것처럼 곤충을 잡아먹는 새들이 영향을 받는다. 그리하여 항상 그 수는 더욱더 복잡한 순환을 그리며 나아가게 된다.

자연계에서 모든 동식물의 관계는 이처럼 단순하지 않다. 싸움 중에 또 싸움이 되풀이하여 일어나고 승리의 형태도 다양하다. 그러나 긴 기간을 두고 보면, 결국 모든 힘은 평형을 이룬다. 더없이 하찮은 일이 어떤 생물로 하여금 다른 생물을 밀어내게끔 하는 일도 분명히 종종 있지만, 자연의 면모는 오랜 세월에 걸쳐 늘 같다. 그러나 우리는 너무나 무지하여 지나치게 추측만 하기 때문에, 어떤 생물이 절멸했다는 말을 들으면 그것을 경이로 생각한다. 그리고 그 원인을 알지 못한 채 세상을 멸망시키는 대홍수에 의지해 보기도 하고, 여러 생물의 수명에 대한 법칙을 생각해 내기도 한다.

나는 자연계의 서열에서 매우 멀리 떨어진 식물과 동물이 복잡한 관계의 그물에 얽혀 있음을 보여주는 예를 하나 더 들고 싶다. 외래종인 숫잔대꽃(Lobelia fulgens)이라는 식물이 나의 집 정원에서는 곤충의 방문을 받는 일이 없고, 따라서 그 특수한 구조로 인해 씨앗을 생산할 수 없다. 거의 대부분의 과수원 식물들은 꽃가루를 옮겨 가루받이를 하기 위해 여러 곤충의 방문이 반드시 필요하다. 나는 최근에 땅벌들이 삼색제비꽃(Viola tricolor)의 가루받이에 없어서는 안 되는 곤충이라는 것을 실험으로 알게 되었다. 왜냐하면 다른 벌들은 이 꽃들을 절대로 찾지 않기 때문이다. 또한 꿀벌들이 몇몇 종의 토끼풀들을 꽃피우는 데 필요하다는 것도 알아냈다. 이를테면 네덜란드산인 20종의 토끼풀(Trifolium repens)은 2,290개의 씨앗을 생산하지만, 벌이 찾아들지 않는 다른 20포기의 품종은 단 한 개의 씨앗도 생산하지 못했다. 이 밖에도 100포기의 붉은 토끼풀(T. pratense)은 2,700개의 씨앗을 생산하는데, 벌이 찾아들지 않는 같은 수의 토끼풀은 단 한 개의 씨앗도 생산하지 못했다. 오직 땅벌만이 붉은 토끼풀을 찾아드는데, 다른 벌들은 꿀샘까지 닿을 수 없기 때문이다. 나방이 토끼풀을 가루받이해 주는 것으로 알려져 있는데, 붉은 토끼풀의 경우에 과연 나방의 무게로 꽃잎을 충분히 누를 수 있을지 의심스럽다. 이러한 사실들로 미루어 영국에서 땅벌속이 전부 멸종하거나 희귀해진다면, 삼색제비꽃과 붉은 토끼풀은 아주 그 수가 줄어들거나 완전히 없어지지 않을까 하는 추측이 나올 법하다.

어떤 지방에서든 땅벌의 수는 벌집을 파괴하는 들쥐의 수에 크게 좌우된다. 오랫동안 땅벌의 습관을 연구해온 뉴먼에 따르면 '영국 전역에서 이 벌의 3분의 2 이상이 들쥐에 의해 죽는다'고 믿는다.

널리 알려진 바와 같이 쥐의 수는 고양이의 수에 크게 영향을 받는다. 뉴먼은 다음과 같이 말했다. "마을이나 작은 도시 부근에는 땅벌집이 다른 어떤 곳보다 많다. 이것은 쥐를 죽이는 고양이의 수 때문이라고 생각한다." 그러므로 어떤 지방에 고양이가 매우 많으면, 처음에는 쥐, 다음에는 땅벌의 작용으로 그 지방에 있는 어떤 종류의 꽃의 수가 결정된다는 것은 충분히 수긍할 수 있는 말이다.

어떤 종이든 일생 중의 어떤 시기, 다른 계절이나 다른 해에 숱한 억제작용을 받을 것이다. 일반적으로는 한두 가지가 가장 중요한 억제작용이지만, 서로 다른 많은 억제작용들이 종의 평균 개체수 또는 종의 존속까지 결정한다.

같은 종에 대해 다른 지방에서는 매우 다른 억제작용이 존재한다는 것이 증명되는 경우도 있다. 우리는 제방을 뒤덮은 식물과 숲을 볼 때 이들이 분포, 배분된 수와 종류를 별 생각 없이 우연에 돌리려고 한다. 그러나 이런 태도는 얼마나 잘못된 것인가.

미국의 산림이 벌채되었을 때 전혀 다른 식물들이 싹터 나왔다는 것은 여러 사람이 들어서 아는 바이다. 그런데 옛날에 나무를 벌채해 버린 것이 틀림없는 미국 남부의 고대 인디언 유적에서, 현재 주위의 원시림과 똑같은 훌륭한 다양성과 여러 종류의 비율을 볼 수 있다. 수천 개의 씨앗을 해마다 퍼뜨리고 있는 여러 종류의 수목 사이에서, 몇 세기나 되는 세월 동안 어떠한 싸움이 일어났던가. 곤충과 곤충 사이에—또 곤충, 달팽이 및 다른 동물과 육식동물 사이에—모두가 번식하려고 노력하며, 또 서로를, 또는 나무와 그 씨앗과 싹을, 또 어떤 것은 최초에 지면을 뒤덮은 나무의 성장을 방해하고 있는 다른 식물을 먹이로 얻으려다가 어떠한 재앙을 당했던가! 잡아먹어 가면서 또는 나무 종자와 그 싹을 먹어가면서, 또는 최초에 지면을 덮고 있던 나무들의 성장을 방해하는 다른 식물들을 먹어가면서 숱한 경쟁을 겪었을 것이다. 털깃 한 줌을 던져보라. 모든 것은 일정한 법칙에 따라 떨어진다. 그러나 이 문제는 몇 세기나 걸려, 지금 고대 인디언 유적지에 자라고 있는 수목의 상대적 수와 종류를 결정한, 무수한 동식물의 작용과 반작용에 비교하면 참으로 단순한 것에 지나지 않는다.

생존 경쟁

기생자와 그 희생자 같은, 어떤 생물의 다른 생물에 대한 의존관계는 일반적으로 자연계에서 멀리 떨어진 것 사이에 존재한다. 벼메뚜기와 초식동물의 경우와 같이 서로 생존 경쟁을 하는 것은, 앞서 기술한 바와 같다. 생존 경쟁은 같은 종 사이에 가장 치열한데, 그것은 같은 지역에서 같은 먹이를 구하고 같은 위험지구에 노출되기 때문이다. 같은 종에 속하는 변종의 경우도 경쟁은 치열하다. 때로는 그 경쟁의 승패가 곧바로 결정되는 것을 볼 수 있다. 예컨대 여러 종의 밀알이 함께 파종되었다고 하자. 혼합된 씨알이 다시 싹 터서 토질과 기후가 그 씨알이 자라기에 적합하면, 자연적으로 번성하여 다른 종들을 누르고 더 많은 씨앗을 낳을 것이다. 결과적으로 몇 년이 지난 뒤에는 다른 변종들을 몰아내게 된다.

이를테면, 다양한 색깔의 완두콩과 같은 매우 비슷한(근연) 변종일지라도 해마다 별도로 추수하고 적당한 비율로 씨를 혼합해서 심어야 한다. 그렇게 하지 않으면 열세한 종은 점차 그 수가 줄어들어 결국 멸절해 버린다. 이것은 또한 양의 변종에서도 마찬가지이다. 어떤 야생 변종의 양들은 다른 약한 야생의 변종의 먹이를 빼앗기 때문에 함께 지낼 수가 없다. 이와 똑같은 결과가 의료용으로 쓰이는 여러 변종의 거머리를 함께 키울 때도 나타난다. 그들이 자연 상태에서와 똑같은 방법으로 경쟁하여 그 씨앗과 어린 싹들이 해마다 같은 비율로 유지될 경우에도 5, 6세대 동안 혼합한 것(교잡은 방해받더라도)의 본디 비율이 변하지 않고 유지될 만큼 강하고 습성과 체질이 완전히 같은 것이 있을지 의문이다.

같은 속(屬)의 종은 절대적이라고는 할 수 없지만, 일반적으로는 습성과 체질, 그리고 구조에서 유사한 점이 많다. 따라서 같은 속의 종이 서로 경쟁하게 된 경우, 그들 사이의 싸움은 일반적으로 속을 달리하는 종 사이의 싸움보다 치열하다. 그것은 최근 미국에서 제비 한 종이 여러 지방으로 퍼져, 그로 인해 다른 종이 줄어든 예에서 볼 수 있다. 얼마 전 스코틀랜드의 여러 지방에서는 개똥지빠귀가 늘어나고 그 때문에 노래지빠귀가 줄어들었다. 전혀 다른 기후 아래에서 어떤 한 종의 쥐가 다른 종의 쥐를 쫓아내고 그 자리를 차지했다는 이야기도 곧잘 들려온다. 러시아 지방에서는 소아시아산(産) 작은 바퀴벌레가 큰 바

쿼벌레들을 어디론가 쫓아내 버렸다고 한다. 호주에서는 수입해온 꿀벌이 몸집이 작고 침이 없는 원산지 땅벌들을 눈 깜짝할 사이에 몰살해 버렸다. 들갓(charlock)의 어떤 종은 같은 종의 다른 들갓을 쫓아냈다는 것도 알려져 있다. 이런 예는 얼마든지 있다. 자연의 질서 속에서 거의 같은 장소를 차지하는 서로 비슷한 종류 사이에서 왜 경쟁이 가장 치열하게 일어나는지에 대해 어렴풋이 알 수는 있다. 그러나 생존 싸움에서 어떻게 하나의 종이 다른 종에 대해 승리를 거둘 수 있었는가에 대해, 단 하나의 경우도 정확하게 대답할 수가 없다.

생물 간 관계

지금까지 기술한 것에서 가장 중요한 한 가지 결론을 이끌어낼 수 있다. 모든 생물의 몸 구조는 그 생물과 먹이 및 주거를 경쟁하거나, 이쪽에서 달아나기도 하고 상대를 잡아먹기도 한다. 다시 말해 모든 생물은 겉으로는 나타나지 않는 본질적인 관계를 맺고 있다는 것이다. 그것은 호랑이의 이빨과 발톱에서도, 그 호랑이의 털에 붙어사는 기생충의 다리와 발톱에서도 분명하게 볼 수 있다. 그런데 아름다운 털이 있는 민들레 씨앗이나 물방개의 솜털 있는 넓적한 다리에서는 얼핏 공기 또는 물이라는 요소에 국한되는 것처럼 여겨진다. 그러나 털이 달린 씨앗의 이점은, 의심할 것 없이 지면이 이미 다른 식물로 빽빽하게 덮여 있는 것과 밀접한 관계를 맺고 있다. 왜냐하면 씨앗은 멀리 날아가 빈터에 떨어질 수 있기 때문이다. 물방개는 그 다리의 구조가 다이빙을 하기에 적합하여 다른 수생곤충과 경쟁할 수 있고, 자신의 먹이를 쫓아가거나 다른 동물의 먹이가 되지 않도록 달아날 수도 있다.

식물의 씨앗 속에 저장되어 있는 영양은 얼핏 보기에는 다른 식물과는 무관한 것처럼 보인다. 하지만 키가 큰 수풀 속에 이러한 씨앗—이를테면 여러 가지 콩—을 뿌렸을 때 거기서 어린 식물이 굳세게 자라나는 것을 보며 내릴 수 있는 결론은 씨앗에 있는 영양의 주요 용도는, 어린 싹이 주위에 무성하게 자라고 있는 다른 식물과 싸우면서 성장하는 것을 돕는 데 있다는 것이다.

분포 구역의 중간쯤에 있는 식물을 살펴보자. 어째서 그것은 2배 내지 4배로 늘어나지 않는 것일까? 그 식물은 그곳보다 약간 덥거나 춥고, 또 습하거나 건조한 다른 토지에도 분포하고 있다. 따라서 그것은 조금 더 덥거나 춥거나 습하거나 건조한 기후도 충분히 견딜 수 있음을 알 수 있다. 이 예를 통해 식물에 개체수를 늘리는 힘을 주고자 가정해 볼 경우, 경쟁자에 대한, 또는 그것을 먹이로 하는 동물에 대한, 어떤 이점을 그 식물에 제공해야 한다는 것을 명백하게 알 수 있다.

지리적 분포 구역이라는 제약이나 기후와 관련된 체질의 변화가 그 식물에게 이점이 되는 것은 분명하다. 그러나 혹독한 기후만으로 멸망할 만큼 먼 곳까지 분포해 있는 식물이나 동물은 매우 적다고 믿을 만한 이유가 있다. 북극 지방이나 사막 변두리 같은 생활의 극한선에 이르기까지 경쟁은 그치지 않을 것이다. 극도로 덥거나 추운 지역에서도 몇몇 종들 사이에 또는 같은 종의 개체 간에도 가장 습한 곳이거나 가장 따뜻한 지방을 차지하려는 경쟁은 계속될 것이다. 우리는 어떠한 개체의 동식물들이 낯선 경쟁자들이 살고 있는 새로운 지방에 발을 붙이게 될 경우, 비록 그 지방의 기후가 본디 살고 있던 지방과 똑같다 하더라도 본질적으로 그 생활조건은 변화하는 것을 볼 수 있다. 만일 이러한 동식물의 평균 개체수를 새로 이주한 곳에서 증식하고자 한다면, 우리는 그것을 본디 성장했던 지역과는 다른 방법으로 변화시켜야 한다. 왜냐하면 원래의 지방과는 다른 일련의 경쟁자와 적을 이길 수 있는 어떤 이점이 있어야 하기 때문이다.

이와 같이 어떤 종에 대해 다른 종을 이길 수 있는 이점을 주는 것을 상상 속에서 시도하는 것은 좋은 일이다. 그러나 실제로 어떻게 해야 하는지 우리가 아는 것은 하나도 없다. 그것은 모든 생물의 상호관계에 대해 우리가 아무것도 모른다는 것을 믿게 해준다. 이러한 확신은 매우 얻기 어렵지만 필요하다.

우리가 할 수 있는 것은, 어떤 생물이든 기하급수적인 비율로 증가하고자 한다는 것과 각 생물은 일생의 어느 시기, 1년 중 어느 계절, 각 세대, 또는 이따금 생존을 위해 경쟁하다가 커다란 파괴를 입게 되어 있다는 것을 마음에 깊이 새겨두는 것뿐이다.

이러한 경쟁을 생각해볼 때 자연의 경쟁은 부단한 것이 아니며, 두려움은 느껴지지 않으나 죽음은 바로 찾아온다는 것, 그리고 건강하고 활발하며 또 운이 좋은 것이 살아남아 증식하는 것을 완전히 믿음으로써 자신을 위로할 수 있다.

4장 자연선택 또는 적자생존

인위적 선택과 비교한 자연선택의 위력—가치가 낮은 형질에서의 자연선택의 위력—그 성장 시기와 양성(兩性)에서의 자연선택의 위력—성(性)선택—같은 종의 개체 간 교잡의 보편성—자연선택설에 유리한 상황과 불리한 상황, 교잡, 격세, 개체수—완만한 작용—자연선택에 따라 발생하는 멸절—좁은 지역 거주자의 다양성 및 귀화와 관련된 형질 분기—조상이 같은 자손에게서의 형질 분기, 멸절로 인한 자연선택 작용—모든 생물군을 논하다

인위적 선택과의 비교

앞 장에서 간단하게 설명했지만, 생존 경쟁은 변이에 어떻게 작용할까? 인간의 손에 달려 있는 그토록 강력한 선택의 원리는 자연계에도 적용될까? 나는 그것이 매우 유효하게 작용함을 증명할 수 있으리라고 생각한다. 사육재배 생물이 무한하게 많은 경미한 변이와 개체 차이에서, 또 그보다 정도는 떨어지나 자연계의 생물도 변이한다는 것을, 그리고 유전적인 경향이 얼마나 강한 것인지를 유념해 두면 좋겠다.

사육재배 아래에서는 모든 체제가 어느 정도 가소적(可塑的)[1]이 된다는 것은 분명히 말할 수 있다. 그러나 일반적으로 볼 수 있는 변이는 이미 후커와 에이사 그레이(Asa Gray)가 지적한 바와 같이, 인간에 의해 직접적으로 만들어지는 것은 아니다. 즉 인간은 변종을 창조해낼 수도 없고, 또 변종의 발생을 막을 수도 없다. 다만 그것이 발생한 것을 보존해서 누적할 수 있을 따름이다. 인간은 무의식적으로 생물을 새로운 환경에 옮겨 생활조건을 바꾼다. 그 결과로 변이

---

1) 온도나 압력을 가하여 마음대로 형태를 바꾸거나 만들 수 있는 것.

가 발생하지만, 그러한 생활조건의 변화는 자연 아래서도 이루어질 수 있으며, 또 사실 일어나고 있다. 모든 생물의 상호관계, 또는 그들의 물리적 생활조건에 대한 상호관계는 일정하지 않은 복잡성과 밀접한 적합성을 가지고 있다. 따라서 변화하는 생활환경 속에 있는 생물의 경우에는 그 구조 속에 무한히 변화할 수 있는 다양성이 있다는 것을 기억해 두자. 인간에게 쓸모 있는 변이가 분명히 일어나는 것을 볼 수 있으므로, 각 생물에게도 거대하고 복잡한 생존 경쟁을 위해 뭔가 도움이 되는 다른 변이가, 수천 세대를 거듭하는 동안 이따금 일어난다고는 생각할 수 없을까? 만일 그런 일이 일어난다면—생존 가능한 것보다 훨씬 많은 개체가 태어나는 것을 잊지 않는다면—다른 개체에 비해 뭔가 조그만 이점이라도 가진 개체가 생존과 번식을 위한 기회를 가장 많이 가진다고 생각할 수 없는 것일까? 이와는 반대로 조금이라도 유해한 변이는 엄격하게 파괴된다는 것은 확신할 수 있다. 이렇게 유익한 개체적 차이와 변이는 보존되고, 유해한 변이는 버려지는 것을 가리켜 나는 '자연선택',[2] 또는 '적자생존'[3] 이라고 부른다. 유해하지도 유익하지도 않은 변이는 자연선택의 영향을 받지 않으며, 또 다양한 형태의 종에서 볼 수 있듯이 모든 형질이 변화성을 가진 요소로서 남아 있거나, 그 생물의 성질이나 생활조건의 성질에 따라 결국 변하지 않는 상태가 될 것이다.

몇몇 저자들은 '자연선택'이라는 말을 오해하거나 이의를 제기한다. 자연선택은 변이성을 유도하는 것이라고 오해하는 사람들도 있다. 그러나 그것은 어떤 생활조건 속에 사는 생물에 대해 유익한 변이를 보존한다는 의미밖에 없다. 농업 연구가로서 인위적인 선택의 효과에 대해 이의를 제기하는 사람은 없다. 이 경우 인간이 어떤 목적을 위해 선택하는 개체적 차이는 자연에 의해 필연적으로 먼저 일어나야 한다. 어떤 사람들은 선택이라는 이름이 변화되는 동물 자체의 의식적인 선택을 의미하는 것으로 보고 반대하기도 한다. 또한 식물은 자의식이 없기 때문에 식물의 경우 자연선택을 적용할 수 없다는 이견을 주장하는 사람들도 있다. 물론 글자 그대로의 의미로 말한다면 자연선택이라는 것은

---

2) 자연계에서 그 생활조건에 적응하는 생물은 살아남고, 그렇지 못한 생물은 저절로 사라지는 현상.
3) 자연선택과 같음.

틀린 이름이다. 그러나 화학자들이 여러 가지 원소의 선택적 친화력을 말할 때 그 누가 이의를 제기할 수 있겠는가? 더욱이 산(酸)이 선택적 결합을 할 때 염기(鹽基 ; base)를 선택한다는 것은 엄밀하게 말해 할 수 없는 말이 아닌가?

어떤 사람은 나의 자연선택 학설을 능동적인 힘, 또는 신성(神性)으로서 말하는 것이라고 비난하기도 한다. 그러나 다른 저자가 모든 행성의 운동을 지배하는 것은 중력이라고 말한 것에 대해 누가 반대할 수 있겠는가? 나의 이러한 비유적인 표현이 무엇을 말하고자 하는 것인지는 누구나 쉽게 알 수 있을 것이다. 또 자연을 인격화하는 것을 피하는 것도 어려운 일이지만, 내가 말하고자 하는 자연은 수많은 자연법칙의 총괄적인 작용과 그 결과를 뜻한다. 그리고 이 법칙에 의해 우리가 확정지으려는 사상(事象)의 상관관계를 뜻하기도 한다. 어느 정도 익숙해지면 그런 피상적인 의견은 쉽게 불식될 수 있을 것이다.

예를 들어 기후에 의해 약간의 물리적 변화를 받고 있는 지역을 생각해 보면, 자연선택이 일어날 가능성이 있는 경로를 가장 쉽게 이해할 수 있을 것이다. 즉, 그 지역에 살고 있는 생물의 비례수는 거의 즉시 어떤 변화를 가져와서 그중에 어떤 종은 멸종해 버릴 것이다. 이미 설명한 것처럼 각 지역에 살고 있는 생물은 서로 복잡하고도 밀접한 양상으로 얽혀 있기 때문에, 그곳에 살고 있는 생물의 수적인 비례의 변화는 기후의 변화와 상관없이 다른 수많은 생물에게 큰 영향을 미친다는 결론을 내려도 무방할 것이다. 만일 그 지역의 경계를 쉽게 드나들 수 있다면, 새로운 형태의 생물이 틀림없이 이주해 와서 이전 거주자인 어떤 생물들의 관계를 몹시 교란할 것이다. 여기서 알아두어야 할 것은 앞에서 논한 바와 같이, 수입해 온 나무 한 그루나 짐승 한 마리의 영향이 얼마나 큰가 하는 점이다.

섬이나 일부가 장벽으로 에워싸인 지역, 즉 더욱 적합한 새로운 형태가 자유롭게 들어올 수 없는 경우에, 만일 원래의 거주자인 어떤 생물이 어떤 방법으로 변화했을 때는 그 자연계의 질서 안에서 확실히 다시 채워져야 하는 장소가 생긴 셈이 된다. 본디 그곳에 서식하던 생물이 어느 정도라도 바뀐다면 잘 적응할 수 있는 장소 말이다. 만일 그곳에 자유로운 이주(移住)가 허락된다면, 그런 장소는 새로운 침입자가 차지할 것이다. 이런 경우에는 어떠한 방법으로 어떤 종의 개체에 이익을 주는 약간의 변화가, 그 개체를 변화시킨 생활조건에 더욱 잘 적응시킴으로써 그 적을 보존하려는 경향이 있다. 그리하여 자연선택은 개량을 추진하는 자유로운 영역을 갖게 된다.

이미 1장에서 살펴본 것처럼, 나는 생활조건의 변화, 특히 생식기관에 작용하는 변화가 생기면 변이를 일으키는 원인이 되거나 변이성이 증가하는 경향이 있다고 확신할 만한 증거를 가지고 있다. 그리고 앞의 경우는 생활환경의 변화가 생물의 유리한 변이를 일으키는 데 더욱 좋은 기회를 제공함으로써 자연선택에 편리한 것이라고 생각한다. 유익한 변이가 일어나기 쉬운 상황이 발생한 것으로 볼 수 있기 때문이다. 만일 그런 변이가 일어나지 않는다고 할 때, 자연선택은 아무 역할도 하지 못할 것이다.

나는 많은 변이가 필요하다고 생각하지는 않는다. '변이'라는 이름에는 단순한 개체적 차이가 포함되어 있음은 물론이다. 인간이 단순한 개체 차이를 어떤 일정한 방향으로 축적하여 확실하게 큰 결과를 낼 수 있는 것처럼, '자연'도 그렇게 할 수 있다. 게다가 이 경우에는 비교도 안 될 만큼 오랜 시간을 들일 수 있어서 훨씬 쉽다. 또 나는 기후나 그 밖의 어떠한 물리적 변화도, 그리고 이주를 방해하는 아무리 엄격한 장벽이 실제로 존재하지 않는다 해도 자연선택의 작용에 따라 변화하고 개량된 변이개체가 비어 있는 서식지를 새로이 차지할수 있다고 생각한다. 각 지방에 서식하는 각 생물들은 가장 적합하고 균형 잡힌 힘에 의해 서로 경쟁하고 있으므로, 한 개의 종의 구조와 습성이 조금 변화하더라도 그 생물은 다른 생물보다 유리한 입장이 될 것이다. 그리고 같은 종류의 변화가 더 한층 진행되면 그 종이 같은 생활조건 속에서 살아가며, 같은 생존과 방어의 수단에 의해 이익을 얻고 있는 한, 그 이점은 한층 더 증가하게 된다.

오늘날 이 지구상에는 모든 토착생물이 상호 간 또는 생활환경의 물리적 조건에 적응해 있고, 또 완전히 개량되어 있어서 더 이상 적응과 개량을 할 수 없는 나라는 하나도 없다고 생각한다. 그것은 어떤 나라든 사육재배한 생물이 토착생물을 밀어낸 경우가 더 많고, 또 그들은 다른 외래종이 그 자리를 단단히 차지하도록 허용해 왔기 때문이다. 이처럼 외래자가 곳곳에서 토착생물을 정복해 왔기 때문에, 토착생물은 그러한 침입자에게 더욱 강하게 저항할 수 있도록 유리한 변화를 해 왔다고 결론지을 수 있다.

인간은 방법적이고 무의식적인 선택의 수단으로 위대한 결과를 얻을 수 있고, 또 실제로 그렇게 해왔다. 그런데 자연이 그렇게 못할 이유가 어디 있겠는가? 인간은 다만 외적이고 가시적인 형질에 작용할 수 있을 뿐이다. 그러나 자연이 생존 경쟁에서 변이하고 있는 유리한 개체가 자연적으로 보존되는 것을 인격화할 수 있다면, 어떠한 생물에 대해서도 그것이 쓸모 있는 경우가 아니면 겉모습에는 전혀 상관하지 않을 것이다. 자연의 힘은 모든 내부기관과 체질적 차이, 생명의 모든 조직에 작용할 수 있다. 인간은 다만 자신의 이익을 위해 선택할 뿐이지만, 자연은 오직 자연이 보살피는 생물의 이익을 위해 선택한다. 선택되는 모든 형질은, 그 선택이라는 말이 내포하듯이 모두 자연에 의해 훈련되는 것이다.

인간은 여러 가지 기후의 토지에서 생산한 것을 한 나라 안에서 사육재배하고 있다. 그리고 선택한 각각의 형질을 특수하고 적절한 방법으로 훈련하는 일은 거의 없다. 부리가 긴 비둘기나 부리가 짧은 비둘기나 같은 먹이로 사육한다. 키가 크거나 다리가 긴 짐승을 특수한 방법으로 훈련하지도 않는다. 털이 길거나 짧은 양(羊)도 같은 기후 아래서 사육한다. 또 인간은 가장 힘이 센 수컷에게 암컷을 차지하기 위한 경쟁을 시키지도 않는다. 허약한 동물을 냉혹하게 죽여 버리지 않고, 오히려 계절이 바뀔 때마다 힘이 닿는 데까지 자기가 기르는 생물을 보호한다. 때로는 거의 기형(畸形)적인 것, 또는 적어도 인간의 눈길을 끄는 것, 아니면 쓸모 있다고 확신할 수 있을 만큼 뚜렷한 변화를 하고 있는 것부터 선택하기도 한다.

자연 상태에서는 구조와 체질의 아주 경미한 차이가 생존 경쟁에서의 미묘한 균형을 바꾸어버린다. 그리고 그 차이가 보존되기도 한다. 인간의 열망과 노력은 얼마나 덧없는 것이던가. 또 그 일생은 어쩌면 그렇게 짧은가. 이제까지 인간이 생산한 결과는 지질시대 전체를 통해 자연이 쌓아올린 그것과 비교할 때 얼마나 보잘것없는가. 이러한 것을 생각하면 우리는 '자연'의 산물은 인간의 산물보다 훨씬 '진정한' 성질을 가진다는 것, 또 자연의 산물은 가장 복잡한 생활 조건에 대해 끝없이 더욱 잘 적응하며, 명백하게 훨씬 수준 높은 기능(技能)이라는 각인을 새기고 있다는 것을 엿볼 수 있지 않을까?

자연선택은 날마다, 시간마다, 그리고 전 세계에서 아무리 사소한 것이라도 모든 변이를 자세히 검토하고 있다 해도 될 것이다. 나쁜 것은 버리고 좋은 것은 모두 보존하고 축적한다. 기회가 있으면 언제 어디서나 각각의 생물을, 그 유기적 및 무기적 생활조건에 대해 개량하는 일을 묵묵히 눈에 띄지 않게 계속한다. 오랜 연대가 지나기 전에는, 이렇게 완만한 변화가 진행되고 있음을 깨닫지 못한다. 그래서 먼 과거의 지질시대로 돌아간 우리의 눈길은, 현재의 생물의 종류가 옛날과는 다르다는 것만 아는 불완전한 것에 머물게 된다.

어떤 종에 매우 크고도 많은 변화가 일어나려면 당연히 이미 이루어진 변종은 다시 오랜 시간에 걸쳐, 이전의 상태와 마찬가지로 변이하거나 똑같이 유리한 형질을 가진 개체 차이를 나타내지 않으면 안 된다. 또 그러한 개체 차이와 성질의 변화가 보존되어 한 걸음 한 걸음 전체적 차이가 되풀이될 때, 우리는 그것을 하나의 가정이라고만 생각할 수는 없다. 그러나 이것이 진실인가 아닌가는, 어디까지나 이 가설이 자연의 일반적 현상과 얼마나 일치하고, 그것을 진리로 설명할 수 있는가에 의해 판가름될 것이다. 이에 비해 실제로 할 수 있는 변이의 양은 엄격히 제한된 것이라는 보편적인 생각은 하나의 가정에 불과하다.

자연선택의 위력

자연선택은 각각의 생물의 이익을 통해, 그리고 그것을 위해서만 작용할 수 있다. 우리가 그다지 중요하지 않다고 생각하기 쉬운 형질과 구조도 마찬가지로 작용을 받을 수 있다. 나뭇잎을 갉아먹는 벌레는 녹색, 나무껍질을 갉아먹는 벌레는 얼룩덜룩한 회색, 그리고 높은 산의 뇌조(雷鳥)는 겨울에는 흰색이고, 붉은 뇌조(red grouse)는 자홍색임을 볼 때, 이들 곤충과 조류의 색깔이 그들을 위험에서 보호하는 역할을 하기 위한 것임을 알 수 있다. 뇌조가 육식을 즐기는 조류에게 매우 큰 위해를 받고 있는 존재임은 누구나 아는 사실이다. 특히 매(鷹)는 그 자신의 시력에 의존하여 먹이를 잡는 까닭에, 유럽에서는 지역에 따라 매의 눈에 가장 잘 띄는 흰 비둘기는 사육하지 말 것을 권장할 정도이다. 따라서 자연선택은 각 종류의 뇌조에 알맞은 날개 색깔을 갖추게 하며, 또한 그들이 가진 색깔을 충실하게 오래 보존하는 데 효과적인 것으로 추측된다. 그러나 특수한 색깔을 가진 동물이 때때로 멸종되는 것을 보고 그 색깔의 효과가 사라진 탓이라고 속단해서는 안 된다. 그것은 흰 양의 무리에서는 조금이라도 검은 빛깔을 띤 새끼 양을 죽이는 것이 얼마나 중요한지를 떠올려 보면 된다.

앞장에서 우리는 버지니아주에서 페인트루트, 곧 유색근채(有色根菜)를 먹는 돼지의 색깔에 따라 생사를 결정한다는 사실을 살펴보았다. 식물의 경우 흔히 식물학자들은 과일의 솜털과 과육의 색깔은 중요하지 않은 형질이라고 여긴다. 그러나 저명한 원예가 다우닝(Downing)에 따르면, 미국에서는 껍질이 있는 매끈한 과일은 털이 있는 것보다 바구미(Curculio)라는 딱정벌레에 의해 더 큰 위해를 받으며, 자주색 자두는 노란 자두보다 어떤 특수한 종류의 병에 걸리기 쉽다고 한다. 과육이 노란 복숭아는 그렇지 않은 복숭아보다 어떤 병에 걸리기 쉽다고 한다. 여러 가지 변종을 기를 때 작은 차이가 큰 차이를 만들어 낸다. 그렇다면 그 나무가 다른 종의 나무나 다른 종의 무리와 경쟁하지 않으면 안 되는 자연 상태에서는, 분명히 그 차이는 매끄럽거나 털이 있고, 과육의 색깔이 노랑 또는 자주색인 경우, 그중에서 어떤 변종이 성공할 수 있는지 명백하게 판별할 수도 있을 것이다.

종 가운데 우리의 무지가 판별해 주는 범위 안에서는, 그리 중요하다고 생각하지 않는 아주 작은 차이를 발견할 때, 어떤 기후나 먹이 등이 분명히 그 사소하고도 직접적인 영향을 분명히 주었으리라는 것을 잊어서는 안 된다. 그보다 중요한 것은 성장의 상호작용에 의해 어떤 부분이 변이해서 그 변이가 자연선택에 의해 추가될 때는, 때때로 생각지도 않던 의외의 성질을 가진 다른 변이가 태어날 수 있다는 사실도 고려하지 않을 수 없다.

사육재배하에서 일생을 통해 어느 특정한 시기에 나타나는 변이는 그 다음 세대에서도 다시 같은 시기에 반복되는 경향이 있다. 예를 들어 채소와 농작물의 대부분의 변종에서는 씨앗에, 누에의 열 변종에서는 유충과 고치에, 가금류에서는 알에, 또 병아리의 솜털의 색깔에, 양과 소에서는 거의 성숙했을 때의 뿔에서 나타난다고 알려져 있는 것이다. 자연 상태에서도 자연선택이 생물에 대해 어느 시기엔가 작용하여, 그 시기에 도움이 되는 변이를 축적하고, 또 그것이 해당 시기에 유전됨으로써 그 생물을 변화시킬 수 있을 것이다. 어떤 식물이 만일 바람의 영향으로 씨앗을 널리 퍼뜨리는 것이 유리할 경우, 그것이 자연선택에 의해 이루어지는 것은 목화 재배자가 그 열매 속의 털을 선택에 의해 증가시키고 개량하는 것보다 그리 어려운 일은 아니라고 생각한다. 자연선택은 곤충의 애벌레를 우연히 변화시켜서 성충이 받아들이는 것과는 완전히 다른 방법으로 적응시킬 수 있다. 그러한 변화는 상호작용의 법칙에 따라서 성충의 구조에 영향을 줄 수도 있다. 예를 들어 성충의 수명이 몇 시간밖에 안 되고 먹이도 먹지 않는 곤충이라면 성충에서 보이는 구조의 대부분은 유충의 구조에서 생긴 변화와 관련이 있을 것이다. 이와는 반대로 성충의 변화가 유충의 구조에 영향을 끼칠 수도 있지만, 거의 모든 경우에 자연선택은 그러한 변화가 유해하지만은 않다는 것을 보증하고 있다. 그 까닭은 만일 유해한 것이라면 그 종은 멸종되고 말 것이기 때문이다.

자연선택은 그것이 부모와의 관계를 통해 자식을 변화시키거나 또 부모의 구조도 자식과의 관계를 통해 변화시킬 것이다. 사회적 동물의 경우에 만일 그 사회가 선택한 변화에 의해 이익을 얻을 때에는, 자연선택이 각 개체의 구조를 모든 사회의 이익을 위해 적응시킬 것이다. 그리고 자연선택이 할 수 없는 것은, 어떤 종의 구조를 그 종 자체에는 아무런 이익을 주지 않고 다른 종의 이익을 위해 변화시키는 것이다. 이제까지 나온 박물학에 관한 수많은 저서 속에서 그 효과에 관한 기술을 볼 수 있는 것은 사실이지만, 연구할 만한 가치가 있는 것은 하나도 없었다.

어느 동물의 일생에서 단 한 번만 사용되는 구조가 그 동물에 대해 매우 중요한 것일지라도 자연선택에 의해 어느 정도까지는 변화시킬 수 있다. 가령 어떤 곤충의 경우에 오직 고치를 헤치고 나오기 위해 사용하는 큰 턱이나, 부화하기 전에 알을 깨뜨리는 데 사용하는 새의 부리 끝이 딱딱한 것이 그 좋은 예이다.

가장 우수한 부리를 가진 공중제비비둘기(tumbler)는 알을 깨고 나오지 못해 부화하기 전에 알 속에서 그대로 죽는 일이 많다고 한다. 그러므로 비둘기 사육가들은 그 새끼가 부화하는 것을 도와주지 않으면 안 된다. 이 경우 자연히 비둘기 자신을 위해서 어미 비둘기의 부리를 매우 짧게 해야 한다면, 그 변화의 과정은 매우 느릴 것이다. 그와 동시에 알 속에 있는 병아리 가운데 가장 강력하고 딱딱한 부리를 가진 것이 매우 신중하게 선택되었을 것이다. 부리가 약한 것은 반드시 죽기 때문이다. 어쩌면 얇고 깨지기 쉬운 껍질이 선택되었을지도 모른다. 껍질의 두께도 다른 모든 구조와 마찬가지로 변이하는 것으로 알려져 있다.

여기서 덧붙여서 말해 둘 것은, 모든 생물에는 자연선택 과정에 거의 또는 완전히 영향을 미칠 수 없는, 의외의 많은 파괴가 일어난다는 사실이다. 예를 들어 해마다 막대한 수의 알과 씨앗이 잡아먹히지만, 이런 것들은 만일 그 적으로부터 보호를 받아 어떤 방법으로 변이되었을 때, 처음으로 자연선택에 의해 변화할 수 있다. 그러나 만일 그런 알이나 씨앗이 대부분 죽지 않는다면, 때로는 생존해서 남아 있는 어느 것보다 그 생활조건에 더욱 잘 적응한 개체를 생산할 수 있을 것이다. 또 막대한 수에 이르는 성숙한 동식물이 그 생활조건에 잘 적응하든 못하든, 해를 거듭할수록 어떤 우연한 원인에 의해 파괴된다. 이것은 어떤 방법으로든 그 종에 이익이 되는 구조와 체질의 변화에 의해서도 전혀 완화되지 않는다. 그러나 그 어느 때보다도 성충을 강력하게 박멸한다 해도, 예컨대 한 지방에 살고 있는 수가 송두리째 소멸되지 않는 한—또는 알과 씨앗의 파괴가 매우 심해서 100분의 1 또는 1000분의 1만 살아남는다 해도—그들에게 유리한 방향으로 진행하는 변이성이 있다고 가정한다면, 살아남은 개체 가운데 가장 잘 적응할 수 있는 개체는 적응의 정도가 낮은 것에 비해 더 많은 씨앗을 전파할 것이다. 실제로 곧잘 일어나는 일이지만 만일 그 수가 앞에서 지적한 원인에 의해 억제될 때, 어떤 유리한 방향으로 진행하는 데 있어서 자연선택은 완전히 무력해지고 만다. 그러나 이것이 자연선택이 다른 경우나 다른 방면에 효과가 있다는 데 대한 유력한 반론이 될 수는 없다. 왜냐하면 많은 종이 같은 지역에서 동시에 변화와 개량을 계속한다고 추측할 근거가 없기 때문이다.

암수 사이의 선택

사육되면서 흔히 여러 특수한 성질이 한쪽 성(性)에 나타나서 그것이 그 성에 유전적으로 고정되어 가는 예가 많다. 자연 상태에서도 이와 똑같은 것으로 생각된다. 그리하여 실제로 그런 경우가 생기는 것처럼, 두 암수(雌雄)가 서로 다른 생활습성을 가진 탓으로 자연선택에 의해 변화가 일어날 수 있다. 또 흔히 볼 수 있듯이 한 성의 기능을 이성(異性)과의 관계에서 변화시킬 수 있을 것이다. 곤충의 예를 통해 알 수 있듯이 암수를 전혀 다른 습성으로 바꿀 수도 있을 것이다. 이것이 내가 명명한 '성선택'인데, 이 말에 대해서는 설명이 조금 필요하다.

성선택은 다른 생물이나 외적 조건과 관련된 생존 경쟁에 의하지 않고 하나의 성, 즉 수컷끼리 암컷을 차지하기 위한 경쟁에 의해 일어난다. 그 결과는 경쟁에서 진 쪽이 반드시 죽는 것이 아니라 자손을 조금밖에 남기지 못하거나 전혀 남기지 못하게 된다. 따라서 성선택은 자연선택보다 그리 엄격한 것은 아니다. 보통 가장 힘이 센 수컷, 곧 자연계에서 그 자리를 차지하는 데 가장 적합한 것이 가장 많은 자손을 남기게 마련이다. 그러나 승리는 수컷이 가진 힘이 아니라, 수컷이 갖고 있는 특별한 무기에 의해 결정된다. 예를 들어 뿔이 없는 수사슴과 발톱이 없는 수탉은 자손을 퍼뜨릴 기회가 매우 적다. 성선택은 늘 승자에게 번식을 허락한다. 따라서 투계꾼은 가장 우수한 수탉을 선택하기 위해 그들에게 불굴의 용기를 북돋아주고, 발톱을 길러주고, 또한 발톱이 있는 다리를 공격하는 날개의 힘을 강화하는 데 힘쏟게 된다.

이 투쟁과 서열의 원리가 자연계에 어느 정도 존재하는지는 잘 알 수 없다. 악어의 수컷은 암컷을 차지하기 위해, 마치 인디언의 전쟁춤처럼 괴성을 지르면서 빙글빙글 돈다고 한다. 연어의 수컷 또한 암컷을 얻기 위해 꼬박 하루를 싸운다는 사실이 관찰을 통해 밝혀졌다. 한편 집게벌레의 수컷은 다른 수컷의 큰 턱에 의해 상처를 입는 경우가 있다고 한다. 매우 뛰어난 관찰자인 파브르 (M. Fabre)에 의하면, 어떤 막시류(膜翅類)[4]의 수컷은 암컷을 얻기 위해 싸움을 하는데, 그때 겉으로 볼 때 암컷은 아무 관련도 없는 방관자처럼 옆에 앉아 있다가 승자와 함께 날아가는 것을 흔히 볼 수 있다는 것이다. 이와 같이 암컷을 차지하기 위해 수컷끼리 경쟁하는 것은 특히 일부다처성의 종 사이에서 맹렬할 것이다. 그러한 종의 수컷은 그들 나름의 특수한 무기를 갖고 있는 것으로 추측된다. 육식동물의 수컷은 대부분 충분하게 무장하고 있으며, 육식 동물이 아닐지라도 성선택에 의해 나름의 방어능력을 갖추고 있다.

---

4) 날개가 얇고 투명한 막으로 되어 있으며, 시맥(翅脈 ; 날개에 무늬처럼 갈라져 있는 맥)이 적다. 개미과, 송곳벌과, 말벌과, 잎벌과 등.

또 그러한 동물과 그 밖의 것 중에는 사자의 갈기나 연어의 구부러진 턱뼈처럼, 성선택에 의한 특수한 방어도구를 가진 것도 있다. 왜냐하면 이들 짐승들이 승리자가 되기 위해서는 칼이나 창과 마찬가지로 방패 또한 중요한 구실을 하기 때문이다.

새의 경우, 자웅경쟁은 그리 심각하지는 않다. 이 문제를 연구한 사람들은 대부분 종의 수컷들 사이에는 노래로 암컷을 유혹하려는 경쟁이 치열하다는 사실을 알고 있다. 기니(Guinea)에 있는 바다지빠귀(rockthrush)와 극락조, 그 밖의 몇몇 조류는 집회를 갖는데, 이 모임에 참가한 수컷은 차례로 암컷 앞에 나와 저마다 매우 조심스런 몸짓으로 아름다운 날개를 맵시 있게 펼치며 모양을 부리는 연기를 보여준다. 그러면 암컷들은 수컷의 연기를 지켜본 뒤 가장 마음에 드는 상대를 고르는 것이다. 아마도 새장 안에서 사육하는 새를 자세히 관찰해본 사람이라면, 새들이 때때로 상대편을 좋아하거나 싫어하는 기색을 표시한다는 것을 잘 알고 있을 것이다. 헤론(R. Heron) 경은 얼룩공작새 수컷이 그가 키우는 모든 암컷 공작들에게 자기의 매력을 얼마나 과시하는지에 대해 말한 적이 있다.

성선택이라는 강제력이 약한 방법이 영향력을 발휘한다는 것이 말장난처럼 들릴 수도 있다. 그럼에도 여기서 성선택설을 보충 설명하기 위해 상세한 논의를 할 여유는 없지만, 만일 인간이 단시일 내에 기르는 당닭(bantam)에게 인간 자신의 미적 기준에 따라 아름다운 색깔과 용모를 갖추게 할 수 있다면, 수천 세대를 거치는 동안 암탉도 아마 그 자신의 미의 기준에 따라 가장 아름다운 목소리와 모양을 갖춘 수컷을 흉내 냄으로써 어떤 뚜렷한 결과를 가져올 것임은 의심할 여지가 없다. 암수 새의 날개색과 새끼 새의 날개색의 차이에 대해 잘 알려진 법칙 중에는 주로 번식기에 이른 새나 번식기에 있는 새에게 성선택이 작용한 결과로 설명할 수 있다. 성선택에서 생긴 깃털색의 변화는 수컷에만, 혹은 암수 모두에게 해당하는 시기나, 혹은 특정 계절에 나타나도록 유전적으로 고정된 것이다. 그러나 여기서 나는 그 문제를 깊게 논의할 여유가 없다.

이처럼 어느 동물의 자웅이 일반적으로 생활습성은 같지만 구조와 색깔 또는 장식만 다를 때, 그 차이는 주로 성선택에 의해 생긴 것이라고 나는 믿는다. 즉 여러 세대를 내려오는 동안 어떤 수컷은 무기와 방어수단, 또는 매력이라는 점에서 다른 수컷보다 조금이라도 뛰어나기 때문에, 그 이점을 수컷 자손에게 전해주는 것이다. 그러나 나는 자웅의 차이를 모두 이 작용에 귀결시키려는 것은 아니다. 왜냐하면, 인간이 키우는 사육동물 중에는 확실히 인위적인 선택으로 만들어낼 수 없는 어떤 특이성이 수컷에 나타나서 그것이 고착되는 것을 볼 수 있기 때문이다. 예를 들어 야생칠면조 수컷의 가슴에 있는 북슬북슬한 털은 별다른 역할을 하지 않는 것으로, 그것이 과연 암컷의 눈에 장식으로 보일 수 있을지는 의문이다. 실제로 그것이 사육 도중에 나타난다면 틀림없이 기형이라고 불렸을 것이다.

자연선택의 작용

자연선택이 어떻게 작용하는지, 상상을 더하여 설명해 보겠다.

늑대는 여러 가지 동물을 먹는데 꾀를 내거나, 튼튼한 체력에 의지하거나, 빠른 발로써 먹이를 얻는다고 가정해 보자. 그리고 사슴 같은 발빠른 먹잇감이 그 땅에서 일어난 어떤 변화로 인해 그 수가 늘었다고 하자. 혹은 늑대의 먹잇감이 가장 부족한 계절에 사슴 아닌 다른 먹잇감은 줄었다고 가정해 보자.

이러한 상황에서는 가장 주력이 빠르고 민첩한 늑대가—1년 중 이 시기나 다른 어떤 시기에 늑대가 다른 동물을 사냥하지 않으면 안 되게 되었을 때는, 그것을 사냥할 힘을 여전히 유지하고 있다고 가정하고—생존 기회를 가장 잘 포착함으로써 잘 보존되거나 선택되리라는 것을 의심할 여지가 없다. 그것은 인간이 그레이하운드의 질주력을, 면밀한 방법적 선택에 의해, 또는 한 사람 한 사람이 품종을 바꾼다는 생각은 하지 않고 오직 가장 좋은 개를 보존하고자 하는 데서 이루어지는 무의식적인 선택에 의해 개량할 수 있는 것과 마찬가지로 명백한 일이라고 할 수 있다. 늑대에게 자연선택이 작용한다는 위와 같은 예는 그레이하운드의 경우보다도 가능성이 크다.

우리가 가정하는 늑대의 먹잇감이 되는 동물의 구성비(構成比)가 변하지 않는다 해도 태어나면서부터 특정한 먹잇감만 쫓는 늑대가 태어날 가능성도 있다. 이 가정도 완전히 불가능하지는 않다. 가축의 경우도 태어나면서부터 전혀 성질이 다른 것이 있기 때문이다. 예를 들어 시궁쥐만 쫓는 고양이가 있는가 하면 생쥐만 쫓는 고양이도 있다. 세인트 존에 따르면 어느 고양이는 수렵새만, 다른 고양이는 야생 토끼만, 또다른 고양이는 밤에 습지에서 도요새를 잡는다고 한다. 고양이가 생쥐보다 시궁쥐를 잡는 성질은 유전한다고 알려져 있다.

여기서, 늑대 한 마리의 습성이나 구조에 아주 조금 그 개체에 이익이 되는 태생적 변화가 생겼다고 하자. 그러면 그 개체는 오래 살아 남아 자손을 남길 가능성이 높아진다. 그리고 그 자손의 일부에만이라도 같은 습성이나 구조가 유전될 것이다. 이런 과정이 거듭되어 가면, 늑대의 새로운 변종이 형성되어 본디 늑대 집단과 대체되거나 또는 공존하게 될지 모른다. 어쩌면 산지에 사는 늑대와 이따금 평지에 나타나는 늑대의 먹잇감이 달라지는 것은 필연적 결과가 될 것이다. 각각의 장소에 가장 적합한 개체가 계속 보존되어 간다면 서서히 두 변종이 형성될지도 모른다. 이 두 변종이 만나는 곳에서는 교잡이 일어날 것이다. 이 교잡에 관해서는 뒤에 다시 논하기로 한다. 여기서는 피어스(Pierce)가 소개한 미국 캐츠킬(Catskill)산맥에 살고 있는 두 종류의 변종늑대의 생태에 대해 알아보자. 두 변종 중 하나는 그레이하운드와 약간 닮은 경쾌한 것으로 주로 사슴을 잡아먹고, 또 하나는 다리가 짧고 체구는 크며 양떼를 습격하는 일이 많다고 한다.

그런데 앞의 설명에서 나는 몸이 민첩한 늑대에 대해서만 말했을 뿐, 다른 어떤 뚜렷한 특징을 가진 변종이 보존되어 오고 있다는 것에 대해서는 언급하지 않았다는 사실에 주목하기 바란다. 이 책의 구판(舊版)에서 나는 여러 곳에서 후자의 경우가 일어나는 것처럼 말했다. 개체 차이가 매우 중요하다는 사실을 알고 있었기 때문에 조금이라도 가치가 있는 개체는 모두 보존하고 열등한 개체는 도태시킨다는 데서, 무의식적인 인위적 선택의 결과를 상세히 말했던 것이다. 또한 기형과 같이 구조상의 어떤 우연한 편차가 자연 상태에서 보존되는 것은 극히 드문 예라는 것, 또 처음에는 보존된다 하더라도 그 뒤에 정상적인 개체와 교잡[5]함으로써 일반적으로 사라진다는 것을 알았다.

그런데도 나는 《북부영국평론 *North British Review*》(1867)에 실린 매우 중요한 논문을 읽기 전까지는 특징이 경미한 것이든 강한 것이든, 하나의 변이가 영원히 보존되는 것이 얼마나 드문 일인지 잘 알지 못했다. 그 논문의 필자는 다음

---

5) 계통, 품종, 성질이 다른 암컷과 수컷의 교배.

과 같은 경우를 예로 들고 있다. 즉 일생 동안 새끼 200마리를 낳는 한 쌍의 동물이 여러 원인으로 말살되고, 그 가운데 평균 2마리만 생존하여 그 종을 번식시킨다는 것이다. 이것은 물론 수많은 고등동물에는 좀 극단적인 계산이기는 하지만, 하등동물에게는 그렇지 않다. 나는 또한 만일 어떤 하나의 개체가 어떤 방법으로 변종을 생산했을 때, 설혹 그것이 다른 개체보다 두 배나 뛰어난 생존 계기를 준다 해도 그 생존은 매우 곤란할 것이라고 썼다. 그것이 살아남아서 번식하여 생산된 자손들 가운데 모든 면에서 유리한 변이를 전해준다 하더라도 그 자손들이 살아남아 번식하기 위해 조금 좋은 기회를 갖는 데 지나지 않으며 그 기회는 대를 거듭하는 사이 점차 줄어들리라는 것이다.

나는 이 학설이 정당하다는 것에는 논쟁의 여지가 없다고 확신한다. 예를 들어 어떤 종류의 새는 부리가 구부러졌기 때문에 먹이를 쉽게 얻을 수 있다 하더라도, 또한 어떤 것은 매우 구부러진 부리를 가지고 태어나 번식한다 하더라도, 이 하나의 개체가 다른 형태의 것을 배척하고 그 종류만 영원히 생존할 기회가 계속되는 것은 매우 드문 일이다. 그러나 사육하면서 일어나는 일로 미루어볼 때, 조금이라도 구부러진 부리를 가진 개체가 몇 세대에 한해서 많이 보존되고, 또한 부리가 똑바른 것은 멸망할 확률이 높다는 사실에서 이러한 결과가 나온다는 것은 거의 의심할 여지가 없다.

그러나 비슷한 시스템은 비슷한 작용을 하기 때문에 단순한 개체 차이로는 볼 수 없고, 오히려 어떤 강한 특징을 가진 변이가 빈번히 일어난다는 사실을 잊어서는 안 된다. 이 사실에 대해서는 사육동물에서 많은 실례를 들 수 있다. 변이된 개체가 새로 얻은 형질을 실제로 그 자손에게 물려주지 않는다 해도, 현재 그러한 조건이 변화하려는 성향이 여전히 강하다. 그 때문에 같은 종의 모든 개체가 어떤 방식의 선택에도 구애받지 않고 모두 비슷해질 수는 없다. 그리고 개체들 가운데 3분의 1이나 5분의 1, 또는 10분의 1의 개체가 그러한 형태로 영향을 받아 왔는데 그 사실에 대해서는 몇 가지 실례를 들 수 있다. 그라바(Graba)의 계산에 의하면 페로 제도(Faroe Islands)[6]에 살고 있는 바다오리(guillemots)의 약 5분의 1은 우리아 라크리만스(Uria Lacrymans)라는 명칭으로, 특

---

6) 영국과 아이슬란드 사이에 있는 제도.

별한 종으로 분류될 만큼 뚜렷한 특징을 가진 한 변종으로 이루어져 있다고 한다. 이 경우에 만일 그 변이가 유리한 성질을 가진 것이라면, 본디의 형태는 적자생존의 법칙에 따라 변화된 형태로 대체될 것이다.

상호교잡(相互交雜)이 모든 종류의 변종을 없애버릴 때 나타나는 효과에 대해서는 다음에 다시 논하기로 한다. 다만 여기서는, 대부분의 동식물은 그들에게 적합한 토지에 정착하며 쓸데없이 떠돌아다니지 않는다는 사실만은 지적해 두고 싶다. 따라서 새로 만들어지는 개개의 변종은 자연 상태에서는 어떤 변종끼리의 공통된 규칙같이 보이지만, 처음에는 일반적으로 지방적인 성질을 띤다.

따라서 비슷하게 변화한 개체들은 곧 하나의 무리를 이루어 함께 살게 되며, 함께 생식하는 경우가 많다. 만일 이 새로운 변종이 생존 경쟁에 성공한다면 그들은 서서히 그 지방의 중심부에 널리 퍼져, 점차 사라지는 영토의 경계선에서 변화하지 않은 다른 개체와 싸워서 이기게 될 것이다.

여기서 자연선택의 작용에 대해 더욱 복잡한 예를 들어보자. 어떤 식물들은 달콤한 즙을 분비한다. 그것은 체액에서 어떤 해로운 것을 제거하기 위한 것으로 생각된다. 이 분비는 어떤 콩과 식물의 턱잎(托葉)의 뿌리 부분이나 월계수 잎 뒤에 있는 꿀샘(蜜腺)에 의해 이루어진다. 이 즙은 양은 적으나 곤충들이 탐내어 구하고 있다. 그러나 곤충이 찾아와도 이 나무에는 아무런 이익도 주지 않는다.

어떤 종 가운데 몇 그루의 나무가 그 꽃의 내부에서 즙 또는 꿀을 내보낸다고 가정해 보자. 곤충은 꿀을 찾다가 꽃가루를 묻혀서 빈번히 한 꽃에서 다른 꽃으로 꽃가루를 운반하게 된다. 그리하여 같은 종 가운데 두 개의 다른 개체의 꽃이 교잡하게 된다. 이 교잡 작용으로 매우 튼튼한 싹이 나와서 자란다고 믿어도 되는—나중에 더욱 상세히 설명하겠지만—충분한 이유가 있으며, 그 싹은 당연히 번영하고 생존하는 데 가장 좋은 기회를 갖게 된다. 이러한 싹의 어떤 것은 아마 꿀을 분비하는 능력을 물려받았을 것이다. 꿀샘이 가장 크고 많은 꿀을 분비하는 꽃은, 곤충이 찾아오는 기회가 많아서 빈번하게 교잡이 이루어질 것이다. 결과적으로 다른 것들보다 우위에 서게 된다. 수술과 암술이 찾아오는 특수한 곤충의 크기나 습성과의 관계에서, 꽃가루를 운반하는 데 조금이라도 유리하게 배치된 꽃도 같은 이익을 얻거나 선택을 받을 것이다.

꿀을 모으는 것보다 꽃가루를 모으기 위해 꽃을 찾는 곤충의 경우도 마찬가지이다. 꽃가루는 가루받이라는 유일한 목적을 위해 만들어진다. 따라서 그것을 파괴하는 것은 그 식물에게는 더없는 손실이라고 생각하기 쉽다. 만일 꽃가루를 먹는 곤충에 의해 약간의 꽃가루가 처음에는 우연하게 나중에는 습관적으로 꽃에서 꽃으로 옮겨짐으로써 교잡이 이루어진다면, 꽃가루의 거의 대부분을 잃는다 하더라도 그것은 여전히 그 식물에게 큰 이익이 될 것이다. 그리하여 더 많은 꽃가루를 생산하는 더 큰 꽃밥을 가진 개체가 선택될 것이다.

이처럼 식물은 앞에서 말한 과정을 오랫동안 거쳐옴으로써 곤충을 더욱 강하게 유인할 수 있게 된다. 곤충 자신은 그런 사실을 전혀 모른 채 이 꽃에서 저 꽃으로 꽃가루를 운반한다. 나는 곤충이 그것을 효과적으로 수행한다는 것을 많은 사실을 통해 쉽게 보여줄 수 있다. 이제 그 예와 함께 식물이 암수로 분리되는 한 과정을 살펴보자.

어떤 호랑가시나무(holly-trees)에는 수꽃만 피는데, 그 꽃은 꽃가루를 조금밖에 만들지 않는 4개의 수술과 한 개의 이름뿐인 암술을 가지고 있다. 그런가 하면 다른 호랑가시나무는 암꽃만 있고, 큰 암술을 가지고 있으나 꽃가루주머니가 오그라들어서 꽃가루를 만들지 못하는 4개의 수술을 가지고 있다. 나는 수꽃을 피우는 어떤 나무에서 55미터 정도 떨어진 곳에 바로 암나무가 있는 것을 발견하고, 각 개체의 가지에서 채취한 꽃 20송이의 암술머리(柱頭)를 현미경으로 관찰해 보았다. 그런데 그 모든 것에 예외 없이 약간의 꽃가루가 있었고, 그중에는 많은 꽃가루가 있는 것도 있었다. 바람은 며칠 동안 암나무에서 수나무가 있는 방향으로 불었기 때문에, 바람이 꽃가루를 운반했을 리는 없다. 그때는 날씨가 춥고 음산해서 벌들이 활동하는 데 지장을 주었겠지만, 내가 조사해본 암꽃은 꿀을 찾아 이 나무에서 저 나무로 날아드는 벌에 의해 가루받이가 이루어지고 있었던 것이다.

그런데 여기서 앞에서 상상한 예로 다시 돌아가 보기로 하자. 식물이 곤충을 강하게 유인하여 꽃가루가 꽃에서 꽃으로 규칙적으로 옮겨지게 되면, 거기서 다른 자연선택의 작용이 시작될지도 모른다. 내추럴리스트라면 이른바 '노동에서의 생리적 분업'이 이루어 놓는 이익에 대해 회의를 품는 사람은 아무도 없을 것이다. 따라서 우리는 어떤 꽃이든 식물에는 암술만 존재하는 것이 이롭다고 믿을 수 있게 된다. 새로운 생활조건에 놓인 식물은 때때로 그 웅성기관(雄性器官) 또는 자성기관(雌性器官)이 조금이나마 생식이 불가능해지는 경우가 있다. 이것이 자연 속에서 매우 조금씩이라도 일어난다고 생각하면 이미 꽃가루는 꽃에서 꽃으로 규칙적으로 옮겨지기 때문에, 그리고 노동분업의 원칙에 의해 더욱 완전히 암수로 분리되는 것이 이익을 가져올 것이다. 따라서 점차적으로 그러한 성향을 증가시키는 개체는 계속해서 이익을 얻는다. 즉, 선택되어 가서 마침내 완전한 암수의 분리가 이루어질 것이다. 양성화(兩性花 ; dimorp-hism)와 그 밖의 방법으로 현재 여러 종류의 식물의 암수 분리가 이루어지는 과정을 증명하려면 매우 많은 지면이 필요할 것이다. 그러나 북아메리카산 호랑가시나무의 어떤 종은 에이사 그레이의 말에 따르면, 정확하게 중간상태에 있으며 약간은 암수 이주(異株)가 적은 이성화동주(異性花同株 ; Polygamous)임을 덧붙여 말해둔다.

다음은 꿀을 먹는 곤충에 대해 알아보자. 인위적인 선택을 계속함으로써 서서히 꿀을 증가시키는 식물이 일반적인 식물이고, 또 어떤 곤충은 주로 꿀에 자신의 먹이를 의존한다고 가정해 보자. 나는 벌이 얼마나 열심히 시간을 절약하는지에 대해 알고 있다. 예를 들면, 어떤 꽃에 밑구멍을 뚫어 꿀을 빠는 벌의 습성이 바로 그것인데, 아마도 이 벌은 조금만 더 노력하면 꽃의 정면으로 들어갈 수도 있을 것이다. 나는 이 사실을 염두에 두고 있기 때문에, 어떤 환경 아래에서 우리가 식별할 수 없을 정도로 주둥이(액상 먹이를 섭취하기 위해 길게 변형된 입)가 약간 굽었거나 그 길이 등의 개체적인 차이가 벌이나 그 밖의 다른 곤충에게 이익을 가져다준다면, 결국은 어떤 개체는 다른 개체보다 빨리 먹이를 획득하게 되고 그 개체가 속한 단체는 그로 인해 번영을 이룩하며, 따라서 이러한 특이성을 유전시키는 무리를 많이 산출할 것으로 믿는다.

흔히 볼 수 있는 선홍색 토끼풀과 붉은 토끼풀의 꽃부리의 통(筒)은 얼핏 볼 때 크기에서 큰 차이가 없는 듯하다. 그러나 꿀벌은 붉은 토끼풀의 꿀을 쉽게 빨아들이는 데 비해, 일반적인 선홍색 토끼풀의 꿀은 빨아들이지 못하며, 다만 뒤영벌(humble-bee)만이 그것을 찾아갈 뿐이다. 따라서 선홍색 토끼풀이 자라는 넓은 뜰에서는 풍부하고 귀한 꿀을 헛되이 뒤영벌에게 제공하고 있는 셈이다. 꿀벌이 이 꿀을 매우 좋아하고 있음은 확실하다. 왜냐하면 가을철에 나는 뒤영벌이 뚫은 선홍색 꽃의 꽃통 밑에서 많은 꿀벌이 그 꿀을 빨고 있는 것을 여러 번 보았기 때문이다. 꿀벌의 방문을 결정하는 두 종류 토끼풀의 꽃통에 나타나는 길이의 차이는 매우 작다. 왜냐하면 선홍색 토끼풀을 모두 베어 버린 뒤에 새로 나온 꽃은 매우 작은데 이 꽃에도 많은 꿀벌들이 찾아들기 때문이다. 나는 이 기록이 정확한지 아닌지에 대해서는 아는 바가 없다. 또한 일반적으로 보통 꿀벌의 단순한 변종으로 여겨져 왔고, 보통 꿀벌과 자유롭게 교잡하는 리구리아 벌(ligurian bee)이 선홍색 토끼풀의 꿀샘에서 꿀을 빨아들일 수 있다고 하는, 다른 출판물을 신뢰할 수 있는가에 대해서는 단언할 수가 없다. 다만 이런 종류의 토끼풀이 많이 기생하는 나라의 경우, 약간 길고 또는 그 구조가 다른 주둥이를 가진 꿀벌에게는 많은 이익을 가져다 줄 것이 틀림없다. 이와 반대로 그런 토끼풀의 번식력은 전적으로 꽃을 찾는 벌에 의존하기 때문에, 만일 뒤영벌이 어떤 지역에서 줄어들면 꿀벌이라도 그 꽃의 꿀을 빨아들일 수 있도록 꽃부리의 통이 더 짧아지거나, 아니면 깊게 갈라지는 것이 유리할 것이다. 그리하여 나는 어떤 꽃이나 벌이 동시에, 또는 교대로 서로 유리하도록 그 구조상 아주 작은 편차가 있는 개체를 계속 보존함으로써, 완전한 방법으로 서서히 변모하면서 서로 적응해 가는 과정을 이해할 수 있는 것이다.

앞에서 내가 상상적인 예를 들어 설명한 자연선택설은 찰스 라이엘(Charles Lyell)경의 《지질학의 예증이 되는 지구의 근대적 변화》에 관한 귀중한 견해에 대해 반대론에 부딪치게 될지도 모르겠다. 그러나 오늘날에는 거대한 골짜기가 파이고 내륙의 긴 절벽이 형성되는 것에 대해, 아직도 해변의 파도가 그리 중요하지 않은 사소한 원인밖에 되지 않는다고 말하는 사람은 거의 없다. 자연선택은 보존되어 온 생물에게 모두 유리하지만 아주 미미한 유전적 변화의 보존과 축적에 의해서만 작용할 수 있다. 그리고 현대의 지질학은 어떤 단순한 큰 홍수의 물결에 의해서 거대한 계곡이 만들어졌다는, 그리고 현대의 지질학이 거대한 골짜기가 단 한 번의 대홍수로 생겼다는 견해를 일소한 것과 마찬가지로 자연선택 또한 그것이 올바른 원리라면, 새로운 생물이 끊임없이 창조되었다는 신념과 생물의 구조가 급격한 변화를 해 왔다는 신념을 몰아내 버릴 것이다.

교배

여기서 나는 잠시 본론에서 벗어나 다른 사항에 대해 설명하려 한다. 암수의 구별이 있는 동식물의 경우, 새끼를 번식하려고 할 때마다 반드시 두 개체가—특이하고 잘 알려지지 않은 단성생식(單性生殖)의 경우는 예외로 하고—교잡하는 것은 확실하다. 그러나 암수가 한몸(同體)인 경우에는 이야기가 조금 복잡해진다. 그러나 모든 암수 동체가 생식할 때는 우연히 또는 습관적으로 두 개체가 협력한다는 데 대해서는 믿을 만한 근거가 있다. 이러한 견해는 이미 오래 전에 슈프렝겔(Sprengel), 나이트(Knight), 쾰로이터(Kölreuter)가 주장했다. 우리는 곧 그 중요성을 이해하게 될 것이다. 이에 대해 나는 충분한 물적 준비를 갖추고 있지만, 여기서는 다만 그 문제를 아주 간단하게 말하지 않으면 안 된다.

모든 척추동물과 곤충, 그 밖의 다른 큰 동물군에서는 새끼가 태어날 때마다 교접이 이루어진다. 근대적인 연구에 의해 암수 동체라고 생각되었던 것의 수는 많이 줄어들고, 또 진정한 암수 동체도 교미하는 것이 더러 있다. 즉 생식을 위해 규칙적으로 두 개체가 교미하는 것인데, 이것이 우리가 지금 문제로 다루고자 하는 부분이다. 습관적으로 교접하지는 않는 암수 동체 동물도 많고, 또 식물의 대다수는 암수 동체이다. 여기에 의문의 여지가 있다. 즉 이런 경우 두 개체가 생식을 위해 언제나 교미하는 것으로 생각하는 이유가 어디에 있는 것일까? 이에 대해 자세히 설명하지는 않고 다만 일반적인 고찰에 그치려고 한다.

먼저 나는 육종가들 사이의 거의 보편적인 견해와 합치하는 것으로서 다음과 같은 사항을 보여주는 매우 많은 사실들을 수집했다. 그것은 동식물을 막론하고 서로 다른 변종 사이, 또는 변종은 같지만 계통을 달리하는 개체 사이의 교잡에서는, 건강하고 번식력이 강한 자손이 태어난다는 것이다. 이에 비해 근친 사이의 동계교배(同系交配)에서는 힘과 번식력이 줄어든다. 그리고 이러한 사실만으로도 모든 생물은 혈통을 끊임없이 이어가기 위해 자가수정(自家受精)을 하지는 않는다는 것이 자연계의 일반법칙이며, 다른 개체와의 교잡이 때때로—아마 매우 긴 간격을 두고—필요하다는 것을 나는 믿는다.

이것이 자연계의 법칙이라고 믿는다면, 다른 견해로는 도저히 설명할 수 없는 다음과 같은 여러 가지 사실을 이해할 수 있을 것이다. 잡종을 연구하는 육종가들은 누구나 꽃에 습기가 있으면 가루받이에 해롭다는 것을 알고 있다. 하지만 꽃의 꽃술과 암술머리가 그러한 습기에 노출된 경우가 얼마나 많은가. 이것은 만일 그 식물 자체의 꽃술과 암술이 거의 자가수분을 할 만큼 서로 접근해 있음에도 때때로 교잡이 필요할 때, 다른 개체의 꽃가루가 자유롭게 들어올 수 있다는 것으로 그 노출 상태를 설명할 수 있을 것이다.

한편 종류가 많은 나비꽃부리류, 즉 콩과 식물에서 볼 수 있듯이 결실기관(結實器官)이 밀집해 있어 닫혀 있는 꽃들도 많다. 그러나 대부분은 언제나 곤충의 방문과 관련하여 아름답고 절묘하게 적응되어 있다. 많은 나비꽃부리류에서는 벌의 방문이 필요하며, 만일 이것이 방해를 받으면 수정율이 현저하게 떨어진다.

곤충이 이 꽃 저 꽃으로 날아다니며 꽃가루를 옮기지 않는 것은 있을 수 없는 일이다. 내가 믿는 바로는 이렇게 꽃가루를 옮기는 것은 식물에게 크게 이로운 일이다.

곤충은 낙타 털로 만든 붓과 같은 작용을 하는 것으로, 가루받이를 위해 우선 하나의 꽃술을 건드렸다가 다시 다른 꽃의 암술을 건드리는 것만으로 충분하다. 그러나 그렇게 해서 벌이 다른 종과 종 사이에 수많은 잡종을 만들어내는 것이라고 생각해서는 안 된다. 왜냐하면 어떤 식물 자체의 꽃가루와 다른 종의 꽃가루가 같은 암술 위에 놓여 있을 때에는 앞의 것이 아주 우세하며, 게르트너(Gärtner)가 증명한 바와 같이 별종의 꽃가루의 영향을 반드시 그리고 완전히 파괴해 버리기 때문이다.

어떤 꽃의 수술이 갑자기 암술의 방향으로 구부러지거나 하나씩 차례로 암술 쪽으로 천천히 움직일 때는, 이 장치는 단순히 자가수정을 증명하는 데만 적응한 것처럼 보인다. 그리고 그것이 이 목적에 도움이 되는 것도 의심할 여지가 없다. 그러나 퀼로이터가 매발톱나무(Barberry)의 예에서 증명했듯이, 수술을 앞으로 구부러지게 하기 위해서는 곤충의 작용이 필요하다. 그리고 자가수정을 위한 특수한 장치를 가진 것으로 여겨지는 이 속(屬) 자체에서도 아주 비슷한 개체 또는 변종을 서로 가까이 심어 두면, 순수한 어린 싹을 틔우는 것이 거의 불가능할 만큼 자연적인 교배가 대량으로 이루어지는 것을 알 수 있다.

다른 많은 경우에는 자가수분을 하는 데 도움이 될 만한 것이 없으며, 슈프렝겔과 다른 사람의 저서, 그리고 내가 관찰한 바와 같이 특수한 장치가 있어서 암술머리가 자기의 꽃가루를 받아들이는 것을 교묘하게 방해하고 있음이 밝혀졌다. 그 예로서 로벨리아 풀겐스(Lobelia Fulgens)에는 각각의 꽃에서 하나로 결합된 꽃술에서 그 꽃의 암술머리가 자신의 꽃가루를 받아들일 준비를 하기 전에, 무수히 많은 꽃가루를 하나도 남김없이 털어버리는 참으로 훌륭하고 미묘한 장치가 있다. 나의 정원에 있는 꽃은 적어도 곤충이 찾아오지 않으므로 씨앗을 전혀 생산하지 않는다. 그러나 내가 하나의 꽃가루를 따서 다른 꽃의 암술머리에 묻혀 준 결과 많은 묘목을 얻을 수 있었다.

그 가까운 곳에서 자라고 있는 다른 종의 로벨리아는 벌이 찾아오기 때문에 자유롭게 씨앗을 생산한다. 그 밖의 많은 경우에는 암술머리가 같은 꽃의 꽃가루를 받는 것을 방해하는 특수한 장치는 없지만, 슈프렝겔과 더욱 최근에는 힐데브란트(Hildebrand)와 그 밖의 다른 사람들이 증명했고, 또 내가 확증했듯이 암술머리에서 가루받이를 할 준비가 되기 전에 꽃술이 터지거나 그 꽃의 꽃가루가 준비되기 전에 암술머리는 이미 가루받이를 할 준비가 되어 있었다. 그런 까닭에 실제로는 그러한 식물에서는 성이 나눠져 있어 습성적으로 교잡하지 않으면 안 되는 것이다. 이것은 앞에서 말한 2형화 식물(dimorphic plants), 3형화식물(trimorphic plants)의 경우에도 마찬가지이다. 얼마나 신기한 일인가! 같은 꽃의 꽃가루와 암술머리의 표면이 마치 자가수분을 목적으로 한 것처럼 가까이 있음에도 많은 경우에는 서로 아무 소용이 없다는 것은 얼마나 기묘한 일이란 말인가. 또 이러한 사실들은 다른 개체와의 우연적인 교잡이 유익하거나 불가피하다는 견지에서 본다면, 얼마나 간단명료하게 설명할 수 있는 것인가!

양배추와 무, 양파, 그 밖의 여러 다른 씨앗들을 서로 근접한 곳에서 결실을 맺게 하면, 거기서 자란 묘목은 대다수가 잡종이 되어 버린다. 예를 들어 나는 여러 변종을 서로 접근시켜서 재배하여 얻은 양배추의 어린 싹 233포기를 재배했다. 그 속에서 78포기만이 본디 종류였는데 그중에서도 어떤 것은 완전히 똑같지는 않았다.

그런데 양배추의 꽃은 모두 그 암술머리가 자신의 꽃에 있는 6개의 수술로 에워싸여 있을 뿐만 아니라 같은 식물에 나 있는 다른 많은 꽃의 수술에도 에워싸여 있었다. 그렇다면 왜 이렇게 많은 묘목들이 잡종이 되어 버렸을까? 그것은 다른 변종의 '꽃가루'가 그 꽃 자체의 꽃가루보다 우세하게 작용하는 것이 분명하다. 다시 말해 같은 종에 속하는 서로 다른 개체 사이의 교잡에서 우량한 생물이 나온다는 일반적 법칙의 일부를 이루고 있는 것이다. 종이 서로 다른 것끼리 교잡하는 경우에는 정반대가 된다. 왜냐하면 각각의 식물 자체의 꽃가루는 언제나 거의 외래 꽃가루보다 우세하기 때문이다. 이 문제는 뒤의 다른 장에서 다시 다루기로 한다.

수많은 꽃으로 덮여 있는 큰 나무의 경우, 나무에서 나무로 꽃가루가 옮겨지는 일은 드물며 고작해야 같은 나무의 꽃에서 꽃으로 옮겨질 뿐이다. 같은 나무의 꽃은 단지 한정된 의미에서 다른 개체로 볼 수 있다는 이의가 나올지도 모른다. 나도 이 의견이 옳다고 생각한다. 그러나 자연은 나무에 대해 각각의 성을 가진 꽃을 피우게 하는 경향을 강하게 가짐으로써 그것에 강하게 반대하고 있다는 것도 알고 있다. 암수로 나누어져 있으면, 같은 나무에 암수의 꽃이 피어 있다 해도 꽃가루는 규칙적으로 꽃에서 꽃으로 옮겨지지 않으면 안 된다. 이것은 꽃가루가 나무에서 나무로 옮겨질 기회가 많아지는 결과가 될 것이다.

나는 영국에서 모든 목(目 ; orders)에 속하는 나무들이 다른 나무보다 암수가 더욱 분리되어 있는 것을 흔히 보았다. 또한 나의 요청에 따라 후커 박사는 뉴질랜드의 나무를, 에이사 그레이 박사는 미국의 나무를 목록으로 작성해 주었는데 그 결과도 나의 예상과 들어맞았다. 한편 후커 박사가 나에게 조언해 준 바에 따르면, 이 규칙은 호주에서는 그대로 적용되지 않는다는 것이다. 그러나 호주산 나무의 대부분이 암술과 수술의 성숙 시기가 다른 자웅이숙(雌雄異熟 ; dichogamous)[7]이라면, 그것은 그 나무들이 암수가 다른 꽃을 피우는 결과가 될 것이다. 이상과 같이 나무에 대해 언급한 것은 오로지 이 문제에 주의를 환기하기 위해서이다.

동물에 대해서도 조금만 살펴보기로 한다. 육지에는 달팽이 등의 육생연체동물과 지렁이처럼 약간의 암수 동체동물이 서식하고 있다. 이들은 모두 교미를 한다. 아직까지 나는 육지에 사는 동물이 자가수정을 하는 경우를 한 번도 본 적이 없다. 육지에 서식하는 식물과 뚜렷이 대조를 이루는 이 주목할 만한

---

7) 암수 한 몸인 생물에서 암수 생식세포의 성숙 시기에 차이가 있는 것.

사실은, 이따금 교잡하지 않을 수 없는 경우가 있다는 점에서 본다면 충분히 이해할 수 있는 것이다. 왜냐하면 육지 동물의 경우, 그 수정(受精)의 성질로 보아 식물의 경우처럼 곤충이나 바람의 작용과 같은 방법이 없기 때문에, 두 개체가 한 몸이 되기 전에는 교미할 수가 없기 때문이다. 물속에 사는 동물은 자가수정을 하는 암수 동체도 많지만, 이 경우에는 교미를 위해 물의 흐름이 흔히 큰 도움을 준다.

이 분야 최고 권위자의 한 사람인 헉슬리(Thomas Henry Huxley) 교수에게도 문의해 보았지만, 꽃의 경우와 마찬가지로 생식기가 몸속에 완전히 갇혀 있어서 물리적으로 외부로부터의 접촉이 불가능하거나, 다른 개체로부터 이따금 영향을 받는 것도 불가능하다는 것을 증명할 수 있는 암수 동체동물을 나는 아직 하나도 발견하지 못했다. 이런 점에서 만각류(蔓脚類)[8]는 매우 곤란한 경우라고 나는 오래 전부터 생각해 왔다. 그런데 다행히 두 개체가 모두 자가수정하는 암수 동체동물도 때때로 교미한다는 것을 증명할 수 있었다.

동물이나 식물이나 같은 과는 물론 같은 속에서도, 그것에 속하는 종이 전체적인 체제의 거의 모든 점에서 밀접하게 일치했다. 그와 동시에 어떤 것은 암수 동체이고 어떤 것은 단성(單性)이라고 하는 사실은, 기묘한 변칙으로서 많은 내추럴리스트들을 놀라게 했을 것이다. 그러나 만일 실제로는 모든 암수 동체 생물이 때에 따라 교미한다고 하면, 그러한 종들과 단성인 개체의 차이는 기능에 관한 한 매우 작은 것이다.

내가 수집한 것 중에 여기에 게재할 수 없는 많은 사실과 앞에서 여러 가지로 살펴본 바에 의하면, 동물계이든 식물계이든 다른 개체와 가끔 교잡하는 사실은 비록 보편적인 것은 아니라도 지극히 일반적인 자연 법칙이다. 물론 이 견해를 모두 적용하는 데에는 많은 어려움이 있다. 이 어려움의 일부에 대해서는 앞으로도 계속 연구해가고자 한다. 결론적으로 많은 생물은 번식할 때마다 두 개체 간의 교배가 반드시 필요하다. 매번 교배가 필요한 식물이 아니더라도 교배한 뒤 오랜 시간이 지나고 나면 다시 교배해야 번식이 가능하다. 더 나아가 자가수정을 영원히 계속하는 생물은 하나도 없다고 나는 생각한다.

---

8) 조개삿갓, 거북다리, 굴등, 거북손 같은 것.

자연선택이 작용하는 데 유리한 환경

이것은 매우 복잡한 문제이다. 변이성(variability)이라는 것은 언제나 개체 차이를 포괄하지만, 그 변이성이 많다는 것은 확실히 유리하다. 개체수가 많으면 어느 정도 일정 기간 내에 유리한 변이를 나타낼 더 좋은 기회를 제공하여 각 개체 안에 비교적 적은 변이성을 보충해 주는데, 나는 이것이야말로 아주 중요한 성공의 요소라고 믿는다.

'자연'은 자연선택의 작용을 위해서 오랜 세월을 주고 있지만, 무한한 시간을 제공해 주지는 않는다. 왜냐하면 모든 생물은 자연의 질서 안에서 저마다 그 지위를 얻으려고 노력하고 있으므로, 만일 어떤 한 종이 경쟁자와 비슷한 정도로 변화 또는 개량되지 못한다면 그것은 절멸해 버리고 말 것이기 때문이다. 적어도 유리한 변이가 그 자손에게 일부분조차 유전되지 않는다면, 자연선택은 아무것도 이룩할 수 없을 것이다. 귀선유전(歸先遺傳)[9]의 경향은 때때로 그 작용을 방해하거나 예방한다. 그러나 이러한 경향 역시 인간이 선택에 의해 많은 사육 품종을 만드는 것을 방해하지 못했다면, 어떻게 자연선택에 이긴다고 할 수 있겠는가. 방법적 선택(methodical selection)에 있어서 사육자는 어떤 일정한 목적을 선택하는데, 만일 그 개체가 자유롭게 서로 교잡하는 것을 허락한다면 그의 계획은 완전히 실패하고 말 것이다. 그러나 그 품종을 개량하려는 의지가 없다 하더라도 많은 사람들이 보편적인 품종의 표준을 세워 가장 좋은 동물을 얻으려고 노력한다면, 비록 선택된 개체를 격리하지 않더라도 그 무의식적인 선택과정에 의해 완만하지만 확실한 개량이 이루어지는 것이다.

자연계에서도 마찬가지이다. 왜냐하면 자연의 조직 안에 아직 완전히 점령되지 않은 어떤 지역에서는, 정도의 차이는 있겠지만 올바른 방향으로 계속 변이해가는 개체는 모두 보존되는 경향이 있기 때문이다. 그러나 만일 그러한 지역이 넓으면, 그중 어떤 지방은 거의 반드시 다른 생활조건을 나타내게 된다. 또 만일 같은 종이 저마다 다른 지역에서 변화를 일으킨다면, 새로 생긴 변종은 각각의 경계지역에서 서로 교잡할 것이다. 이 경우, 교잡이 초래하는 영향을 자연선택의 작용으로 없앨 수는 없다. 자연선택은 구획마다 모든 개체를 각각

---

9) 생물의 진화 과정 중 한 번 나타난 형질이 후대에서 이미 그 형질을 상실한 자손에게 갑자기 나타나는 유전 현상. 유전자의 재편성이나 돌연변이 등으로 설명된다.

의 생활조건에 맞추어 변경하고자 하나 경계구역 부근에서는 생활조건이 미묘하게 다르기 때문이다. 이 경우 중간지역에 사는 변종이 일반적으로 근접한 한 변종으로 대체되는 것에 대해서는 6장에서 다시 설명할 것이다.

교잡의 영향이 가장 뚜렷한 것은 새끼를 낳을 때마다 교미하는 동물, 많이 돌아다니는 동물 및 번식률이 낮은 동물이다. 그리하여 이러한 성질을 가진 동물, 예컨대 조류의 경우에는 일반적으로 변종은 각각 다른 곳에서 살게 될 것이다. 실제로도 그렇다고 나는 믿는다. 다만 우연히 교잡하게 되는 암수 동체생물은 새끼를 낳을 때마다 교미한다. 그런데 이동하는 일이 적고 매우 빠른 속도로 번식하는 동물의 경우, 새로이 개량된 변종은 어떤 지점에서도 급속도로 형성될 수 있고, 또 그곳에서 일체가 되어 유지될 수 있다. 그로 인해 설령 교잡이 일어나도 주로 같은 새로운 변종에 속하는 개체 사이에서 이루어지게 된다. 이러한 원칙에 의해 육종가들은 언제나 큰 무리를 이루고 있는 식물 중에서 씨앗을 받으려고 하는데, 그렇게 함으로써 상호교잡의 기회를 줄이기 위해서이다.

새끼를 낳을 때마다 교미하고, 급속하게 번식하지도 않는 동물의 경우에도 교잡이 자연선택을 지연시키는 영향을 과장해서는 안 된다. 왜냐하면 같은 지역 내에 같은 동물의 여러 변종들이 서로 다른 지역을 배회하거나 번식 시기가 다르거나, 또는 여러 변종이 같은 종류의 것과 교미하는 것이 보통이기 때문에, 오랫동안 다른 변종인 채로 있을 수 있음을 보여주는 매우 많은 사례를 나는 열거할 수 있다.

상호교잡은 같은 종, 또는 같은 변종의 개체의 형질을 충실하게, 또 균등하게 유지함으로써 자연계에서 매우 중요한 역할을 한다. 새끼를 낳을 때마다 교미하는 동물의 경우, 이것은 더욱 확실하고 효과적으로 작용한다. 이미 살펴본 바와 같이 앞에서 모든 동식물이 때로는 상호교잡을 한다고 믿을 만한 이유가 있다. 그러한 것이 오랜 시차를 두고 일어난다 하더라도, 그렇게 해서 태어난 자손은 오래도록 자가수정에 의해 태어난 자손보다 활력과 생식력이 강하기 때문에 생존하여 자손을 번식하는 데 더욱 유리한 기회를 가질 것이 틀림없다.

이처럼 장기간에 걸친 교잡은, 예컨대 드물게 일어난다 하더라도 큰 영향력을 가지게 될 것이다. 만약 전혀 교잡하지 않는 생물이 있다 해도 생물에서 형질의 균일성은 생활조건이 같은 동안에는 오직 유전의 원리에 의해, 그리고 자연선택이 본디 형태에서 벗어나는 것을 선택함으로써 보존된다. 그러나 생활조건이 변했을 때는 그 생물은 변화를 받고, 형질의 균일성은 마찬가지로 유리한 변이를 보존하는 자연선택에 의해서만 그 변화한 자손에게 주어질 수 있다.

지리적인 격리 효과

격리 또한 자연선택에 의해 종을 변이시키는 데 중요한 요인이 된다. 한정되거나 격리된 지역에서는, 만약 너무 넓지 않다면 생활의 유기적 및 무기적인 조건은 일반적으로 균일할 것이다. 따라서 자연선택은 변화하고 있는 종의 모든 개체를 전 지역을 통해 같은 조건과의 관계에서 역시 똑같이 변화시키게 될 것이다. 격리되어 있지 않으면 환경이 다른 인접 토지에 서식하고 있었을지도 모르는 같은 종의 개체와의 교잡도 방해받는다. 모리츠 바그너(Moritz Wagner)는 이 문제에 대해 최근 아주 흥미로운 논문을 발표했다. 그에 따르면 새롭게 형성된 변종 사이의 교잡을 방해하기 위해 격리가 작용하는 역할은 내가 상상했던 것보다 더 크다는 것을 입증했다. 그러나 나는 앞서 말한 이유로 이주와 격리가 새로운 종을 만드는 데 없어서는 안 된다는 점에서는 이 생물학자의 의견에 수긍할 수가 없다.

아마도 격리는 기후, 토지의 융기 같은 생활 상태의 물리적 변화가 있는 뒤에 더욱 잘 적응한 생물이 이주해 오는 것을 방해하는 데도 훨씬 유효하게 작용할 것이다. 그리하여 그 지역의 자연계의 경제 질서에서 새로운 장소가, 오래전부터 살아온 거주자의 투쟁과 구조와 체질 변화를 통해 적응해 가기 위한 곳으로 개방되는 것이다.

격리는 이주를 방해하고, 따라서 또한 경쟁을 방해함으로써, 새로운 변종이 서서히 개량될 시간을 준다. 이것은 때로 새로운 종의 형성을 위해 중요한 역할을 한다. 그러나 격리된 지역에 어떤 장벽이 가로놓여 있거나 극히 특수한 물리적 조건으로 인해 격리 지역의 면적이 매우 작을 때에는, 그곳에 생존하는 생물의 총수도 당연히 적어진다. 그리고 이러한 것이 유리한 변이가 일어날 수 있는 기회를 감소시키는 까닭에 자연선택에 의한 새로운 종의 생산을 지연시킬 것이다.

다만 단순한 시간의 경과, 그것만으로는 자연선택에 유리하거나 불리한 영향을 미칠 수가 없다. 내가 이렇게 말하는 까닭은 모든 생물체는 반드시 어떤 본능의 법칙에 의해 변화를 일으키고 있는 것처럼, 시간이라는 요소가 종을 변화시키는 데 매우 중요한 역할을 하는 것이라고 마치 내가 가정이나 한 것처럼 오해되고 와전되어 왔기 때문이다. 시간의 경과는 그것이 유리한 변이를 발생시키고, 그 변이가 선택되고 누적되어 고정되는 데 가장 좋은 기회를 주는 한에서만 중요하다. 또한 그것은 각 생물의 체질에 대한 물리적 생활조건의 직접 작용을 증대시키는 경향이 있다.

이러한 설명이 과연 옳은 것인지 확인하기 위해 자연으로 눈을 돌려 바다 위 섬과 같이 격리된 작은 지역을 조사해 보면, 뒤의 '지리적 분포'의 장에서 이해할 수 있는 것처럼, 그 지역에 사는 종의 수는 적다. 하지만 그러한 종의 대부분은 그 지방의 특유한 것, 즉 그곳에서만 생산되고 다른 세계의 어느 곳에서도 생산되지 않는다는 사실을 알게 될 것이다. 그런 까닭에 얼핏 보아 바다 위의 섬은 새로운 종을 생산하는 데 매우 유리한 것처럼 생각된다. 그런데 우리는 여기서 자칫하면 오해에 빠지기 쉽다. 그 까닭은 격리된 작은 지역과 개방된 대륙과 같은 큰 지역 가운데 어느 곳이 새로운 생물을 생산하는 데 유리한가를 확정짓기 위해, 우리는 똑같은 시간 안에 비교해야 하기 때문이다. 그러나 이것은 불가능한 일이다.

나는 새로운 종의 생성에 격리가 상당히 중요하다는 것은 의심하지 않는다. 다만, 전체적으로 말하면 지역이 넓은 것이, 특히 오랜 기간에 걸쳐 존속하고 널리 분포되는 종의 생성에는 훨씬 더 중요하다고 믿게 되었다. 개방된 넓은 지역에서는 전체적으로 같은 종의 개체가 많기 때문에 유리한 변이가 나타날 기회가 많을 뿐만 아니라, 기존의 종이 다수 있어서 생활조건이 매우 복잡하다. 만약 그러한 다수의 종에서 어떤 것이 변화를 일으키거나 개량되면 다른 것들도 그것에 상응한 정도로 개량해야 할 것이다. 그렇지 않으면 그 종은 모두 절멸하고 만다. 각각의 새로운 변이집단도 또한 크게 개량되면, 개방되고 연속된 지역으로 퍼질 수 있게 되어 다른 많은 것과 경쟁하게 된다. 더욱이 광대한 지역이, 가령 지금은 연속되지만 옛날에는 격심한 변동으로 단절된 상태에 있었기 때문에 일반적으로 격리의 좋은 효과를 어느 정도 얻을 수 있었을 것이다.

결론적으로 말해, 어떤 점에서 격리된 작은 지역은 새로운 종의 생성에 매우 효과적이다. 변화의 과정은 일반적으로 광대한 지역에서 더 빠르다. 이보다 더욱 중요한 것은 이미 광대한 지역에서 수많은 경쟁자를 물리치고 승리를 획득한 생물이 가장 넓게 분포하면서 새로운 변종과 종을 가장 많이 생산한다는 사실이다. 그러므로 이러한 형태가 생물계의 변천사에 가장 중요한 역할을 하고 있는 것이다.

이러한 견해를 통해 우리는, 뒤에 나오는 '지리적 분포'의 장에서 취급할 몇 가지 사실을 이해할 수 있다. 예를 들면 비교적 작은 호주 대륙의 생물이 오늘날 그보다 훨씬 큰 유럽 아시아 지역의 생물에게 이전에 굴복했고, 지금도 명백하게 굴복하고 있다는 사실이다. 그리고 대륙 생물의 다수가 각지에서 섬에 귀화하고 있다는 사실도 있다. 작은 섬에서는 생존 경쟁이 그리 치열하지 않기 때문에 변화도 그다지 크지 않고 절멸하는 일도 비교적 적었던 것 같다. 마데이라 제도의 식물상은 오스왈드 헤르(Oswald Heer)에 의하면 이미 절멸한 유럽의 제3기—현재의 지질 연대 구분으로는 6500만 년 전부터 2000만 년 전에 이르는 시대—식물상과 비슷하다는 것은 아마 그 때문일 것이다.

민물의 수역(水域)은 전부 합친다 해도 바다 또는 육지에 비해 좁다. 따라서 민물에서의 생물들의 경쟁은 다른 곳보다 엄격하지 않았을 것이다. 그리하여 새로운 생물종은 다른 구역에서보다 천천히 형성되고, 낡은 생물이 절멸하는 것도 느릴 것이다. 민물 속에는 전에는 한때 우세했던 목(目)의 유물이라고 할 수 있는 경린어류(硬鱗魚類 ; ganold fishes)[10]의 7가지 속이 서식하고 있다. 또 민물 속에는 오리너구리와 폐어류(肺魚類 ; lepidosiren)[11]인 레피도시렌처럼 오늘날 세계에서 가장 기묘한 생물로 알려져 있다. 또 화석과 마찬가지로 자연의 단계에서 지금은 멀리 떨어져 있는 여러 목(目)을 어느 정도로 연결시켜 주는 생물이 발견되었다. 이렇게 기묘한 생물은 '살아 있는 화석'이라고 불러도 될 것이다. 이러한 생물은 제한된 지역에서 살고 있고, 따라서 지나치게 엄격한 경쟁에 노출

---

10) 어류를 분류한 것 가운데 한 무리. 피부가 크고 판자(板子) 모양의 굳비늘로 덮여 있다. 골격은 연골에서 경골(硬骨)로의 이행단계에 있다. 지질시대에 번영했으나 현재는 거의 전멸 상태. 철갑상어·용상어·칼상어 등이 이에 딸림.

11) 아가미 말고 호흡기관으로서 부레가 발달. 우기에는 물속에서 아가미로 숨을 쉬고, 건기에는 모래펄에 기어들어 부레로 숨 쉼.

되지 않음으로써 현재까지 살아남을 수 있었다.

자연선택에 유리한 환경과 불리한 환경을, 매우 복잡하기는 하지만 총괄해 보기로 한다. 내가 미래를 관망하면서 내린 결론은 다음과 같다. 육지에 서식하는 동물의 경우, 아마 해면이 몇 번이나 변동하여 장기간에 걸쳐서 단절된 상태가 되겠지만, 광대한 대륙 지역이 오래 존속하고 넓게 분포하는 생물의 새로운 조류를 다수 생성시키는 데 가장 적합한 곳이다. 이 지역은 처음에 대륙으로 존속하는 동안 개체수와 종류가 많았던 생물들이 매우 엄격한 경쟁을 하고 있었을 것이기 때문이다.

그 대륙이 아래로 내려 앉아 여러 개의 큰 섬으로 변했다 하더라도 각각의 섬에는 같은 종의 개체가 아직 존속했을 것이고, 그로 인해 각각 새로운 종이 분포한 지역의 경계에서 이종교잡(異種交雜)이 방해를 받았을지도 모른다. 또 어떤 종의 물리적 변화가 생긴 뒤에는 이주가 저지되어, 각각의 섬의 자연 국가(polity) 안에서 형성된 새로운 장소는, 그전부터 살고 있던 거주자에게서 생긴 변이에 의해 채워질 것이다. 그리고 각각의 장소에서 변종이 충분히 변화하고 완성되어 가기 위한 시간이 주어질 것이다.

토지가 다시 융기하면 섬들은 연결되어 대륙이 되고, 그때 다시 치열한 경쟁이 시작된다. 그러면 도태나 개량, 변이가 가장 많이 진행된 변종이 분포 범위를 넓혀 갈 수 있게 된다. 개량이 덜된 종류는 자꾸 절멸하고, 다시 나타난 대륙의 다양한 거주자의 상대적인 비율도 변할 것이다. 그리고 거주자를 더욱 더 개량하여 새로운 종을 생성시키는 자연선택이 충분히 작용할 수 있는 장소가 생길 것이다.

자연선택의 완만한 작용

자연선택의 작용은 늘 느리게 이루어진다는 것을 나는 전적으로 인정한다. 자연선택 작용은 자연 안에 어떤 종류의 변화를 겪으면서 그곳 거주자 가운데 어떤 것이 다른 것보다 더 잘 차지하는 장소가 있는지 여부에 의존한다. 이러한 장소의 존재는 매우 완만한 것이 보통인 물리적 변화와 더욱 잘 적응한 종류의 이입(移入)이 저지되는 것에 달려 있다. 오래된 서식자 중에서 어떤 소수의 것이 변화하면 그에 따라 다른 것들의 상호관계가 교란되어, 가장 잘 적응한 형태에 의해 곧 채워질 새로운 장소를 만들어내게 된다. 그러나 이 모든 것은 매우 서서히 일어난다. 같은 종의 개체는 모두 서로 조금씩 차이가 있지만, 체제의 여러 부분에서 충분한 성질의 차이가 생길 때까지는 이에 대응할 시간이 필요하다. 이러한 결과는 흔히 자유로운 이종교잡에 의해 매우 지연되는 듯하다. 많은 사람들은 이러한 여러 가지 원인이 자연선택 작용을 완전히 정지시키는 데 충분하다고 주장하지만, 나는 결코 그렇게 생각하지 않는다. 다만 나는 일반적으로 자연선택은 매우 서서히 오랜 시간을 두고서 같은 지역에 사는 소수의 서식자에게만 작용할 뿐이라 믿는다. 더욱이 매우 완만하고 단속적인 자연선택 작용이, 이 세계의 거주자가 변화해온 속도와 양상에 관해 지질학이 말해 주는 것과 완전히 일치한다고 확신하고 있다.

자연선택 과정은 완만하게 이루어지지만, 힘이 약한 인간이 인위적인 선택의 힘으로 많은 일을 할 수 있는 것을 보면 변화의 양에 대해서도, 또 자연의 선택력에 의해 오랜 세월이 흐르는 동안 이루어진 모든 생물의 상호 간 및 생활의 물리적 조건에 대한 적응의 아름다움과 복잡성에 대해서도 한계를 정할 수는 없는 일이다.

자연선택과 절멸

이 문제는 지질학에 관한 장에서 다시 충분히 논의될 것이다. 그러나 자연선택은 밀접한 관계가 있기 때문에 여기서도 언급하지 않을 수 없다. 자연선택은 어떤 점에서 유리하기 때문에 존속하는 변이의 보존에 의해서만 작용할 수 있다. 그러나 모든 생물이 높은 기하급수적 비율로 증가하기 때문에 모든 지역에 이미 거주자가 가득 차 있어 선택된 유리한 종류가 각각 개체수를 늘려감에 따라 불리한 것은 일반적으로 감소하게 된다. 지질학이 우리에게 알려주는 것처럼 희귀하다는 것은 멸망의 전조이다. 우리는 소수의 개체에 의해 대표되는 형태—생물의—가 계절의 큰 변동이 있거나 일시적으로 적(敵)의 수가 증가했을 때, 전멸의 위험에 빠지는 일이 많다고 생각할 수 있다.

그러나 우리는 여기서 한걸음 더 나아가야 한다. 왜냐하면 새로운 종류가 끊임없이 완만하게 생기고 있으므로 종의 수가 영원히, 그리고 거의 무한하게 증가해 간다는 것을 믿지 못하는 이상, 대부분의 것이 절멸하기 때문이다. 종의 수가 무한하게 증가하고 있지 않다는 것은 지질학에 의해 명백하게 밝혀져 있다. 그뿐만 아니라 종의 수가 무한하게 증가하지 않은 이유도 알 수 있다. 자연계의 경제 질서 속에서 차지할 수 있는 거주지에는 한계가 있다는 것이다. 그러나 어느 지역의 종의 수가 이미 최대한에 이르렀는지 알 수 있는 방법은 없다. 아마도 가득 차버린 지역은 지금까지 없지 않았을까. 희망봉은 세계에서 식물이 가장 밀생하고 있는 지역이다. 거기서도 몇몇 외래 식물이 고유종을 멸절시키지 않고 귀화했을 정도다. 나는 전 세계를 통해 종의 수가 왜 무한하게 증가하지 않았는지에 대해 이제부터 입증하고자 한다.

개체수가 가장 많은 종은 일정 기간 동안 유리한 변이를 일으킬 기회가 많다는 것을 알고 있다. 그 증거는 앞의 2장에서 말한 것처럼 알려져 있는 변종, 즉 발단의 종을 가장 많이 발생시킨 종은 보편적인 종이라는 데 있다. 그러므로 희귀한 종은 일정 기간 동안 더 느리게 변화되고 개량될 것이다. 그리하여 그러한 종은 생존 경쟁을 할 때 더욱 보편적인 종의 변이 또는 개량된 후손에게 결과적으로 패배하는 것이다.

이러한 몇 가지 고찰에 의해 나는 다음과 같은 결론에 도달했다. 즉 시간이 경과함에 따라 자연선택에 의해 새로운 종이 생기므로 다른 종은 점차 줄어들며, 마침내 필연적으로 절멸해 버린다는 것이다. 변이와 개량을 거듭하고 있는 종류와 밀접한 경쟁을 하고 있는 종류는 당연히 가장 많은 영향을 받을 것이다. 앞의 '생존 경쟁'의 장에서 살펴본 것처럼, 가장 비슷한 종류, 즉 같은 종의 변종, 같은 속의 종, 또는 가까운 속의 종이 거의 같은 구조와 체질, 습성을 가지고 있기 때문에 일반적으로 가장 치열하게 경쟁한다. 그리고 새로운 변종이나 신종이 형성되는 과정에서 종은 일반적으로 그 형성 과정에서 그들과 가장 가까운 것을 가장 심하게 억압하여 절멸로 이끄는 경향이 있다.

사육재배 생물 중에서도 개량된 종류를 인간이 선택함으로써 이것과 똑같은 절멸의 과정이 일어난다. 소나 양, 그 밖의 동물의 새로운 품종, 또는 꽃의 변종들이 낡고 열등한 종류를 얼마나 빨리 축출(逐出)하는가를 보여주는 신기한 사실들을 얼마든지 열거할 수 있다. 요크서 지방에서는 옛날의 검은 소가 긴 뿔을 가진 소에게 축출당하고, 또 이 긴 뿔을 가진 소는 '마치 흉측한 전염병에 의한 것처럼 짧은 뿔을 가진 소에 의해 소탕되었다'—어느 농학자의 말을 인용―는 것이 역사적으로도 잘 알려져 있다.

형질의 분기(分岐)

여기서 '형질의 분기'라는 말로 표현하는 이 원리는 나의 학설에서 매우 중요한 것으로, 그것에 의해 많은 중요한 사실을 설명할 수 있다고 나는 믿는다. 우선 변종은 특징(character)이 뚜렷하고, 종의 형질을 어느 정도 가지고 있는―대부분의 경우 그것을 어느 계급에 소속시키느냐에 대해 해결할 수 없는 회의에 빠지는 것으로 알 수 있듯이―것이라도, 역시 확실한 종의 경우보다 상호 간의 차이가 훨씬 작다. 그런데도 나의 견해를 피력하자면 변종은 형성 과정에 있는 종, 즉 내가 말하는 발단의 종이다.

그렇다면 어떻게 해서 변종 사이의 비교적 작은 차이가 종 사이의 큰 차이로 확대되는 것일까? 이 확대가 상습적으로 일어난다는 것은, 자연계를 통해 수많은 종은 대부분 뚜렷한 차이를 나타내지만, 변종, 즉 가상적인 원형(原型 ; prototype) 및 장래에 뚜렷한 특징을 가질 종의 조상은 경미하거나 불분명한 차이를 나타낸다는 사실에서 추론할 수 있다. 이른바 단순한 우연은 변종을 어떤 형질에서 그 조상과 다른 것으로 만들고, 또 이 변종의 자손을 똑같은 형질에서, 또 더 큰 정도로 그 조상과 다른 것으로 만들 수 있다. 그러나 다만 이 우연만으로는 같은 종의 변종 사이와 같은 속의 종 사이에서 볼 수 있는, 언제나 대량으로 나타나는 차이를 설명할 수는 없을 것이다.

이제까지 늘 해왔던 대로, 이 문제에 대해서도 사육재배 생물에서 그 단서를 찾아보자. 여기서도 우리는 어느 정도 그와 유사한 것을 발견하게 될 것이다. 뿔이 짧은 소와 헤리퍼드(Hereford)소, 경주마와 짐말, 여러 종류의 비둘기의 경우에서처럼 여러 가지 품종이 생산되는 것은 단지 수많은 세대가 이어지는 동안 비슷한 변이가 우연히 축적되었기 때문이 아니다. 실제로 예를 든다면 어떤 사육가는 짧은 부리를 가진 비둘기를 좋아할 수 있고, 또 어떤 사육가는 긴 부리를 가진 비둘기를 좋아할지도 모른다.

그리고 '사육가는 중용(中庸)을 좋아하지 않고 좋아하려고도 하지 않으며, 극단적인 것을 선호한다'고 하는 널리 알려진 원칙에 의해, 이 두 사육가는―공중제비비둘기의 아종의 경우에 실제로 있었던 것처럼―부리가 더 긴 비둘기,

또는 부리가 짧은 비둘기를 선택하여 번식시킬 것이다.

또 우리는 역사의 초기 단계에는 어떤 나라 또는 어떤 지방 사람들은 매우 빨리 달리는 말을 요구했지만, 이와 반대로 다른 나라 또는 다른 지방 사람들은 아주 힘세고 큰 말을 원했다고 가정해 보자. 초기에는 그들의 차이가 매우 미미했지만, 오랜 세월이 지남에 따라 한 지방에서는 빨리 달리는 말을, 다른 지방에서는 힘세고 큰 말을 계속적으로 선택한 결과 그 차이가 점점 커져서 두 개의 아종이 형성되었을 것이다. 그리하여 이러한 아품종은 몇백 년이 지난 뒤에는 각각 독립된 두 개의 확실한 품종이 되어버린다. 이 차이는 서서히 커져가기 때문에 매우 빠르지도 매우 강하지도 않은 중간 형질을 가진 뒤떨어진 동물은, 주목을 받지 못하고 결국 멸절해 버릴 것이다.

여기서 인간이 만든 것 가운데 분기의 원리라 부를 수 있는 것, 즉 처음에는 거의 구별할 수 없을 정도의 차이를 끊임없이 증대시키고, 또 품종을 그 형질의 상호 간에도, 또 그 공통의 조상으로부터도 분기시켜 가는 원리를 볼 수 있는 것이다.

그러나 이와 비슷한 원칙이 어떻게 해서 자연계에 적용되는가 하는 의문이 제기될 수도 있다. 나는 그것이 매우 유효하게 적용될 수 있고, 또 적용되고 있다고 믿고 있다. 그것은 어떤 하나의 종에서 나온 자손이 그 구조와 체질, 습성에서 분기하는 일이 많으면 많을수록, 그 자손은 자연의 국가에서 다양하게 다른 여러 장소를 차지할 수 있고, 따라서 그만큼 개체수를 증가시킬 수 있다는 단순한 사정에 의해서이다. 하기는 내가 그것을 깨달은 것은 훨씬 뒤의 일이었다.

단순한 습성을 가진 동물의 경우에는 이것을 분명하게 판별할 수 있다. 어떤 육식동물이 어느 나라에서 이미 훨씬 전부터, 그 나라에서 서식할 수 있는 최대한의 수에 도달해 버린 경우를 예로 들어보자. 만일 그 동물의 자연적인 증식력이 작용할 수 있는 상태가 되어 있다면—그 토지의 조건에는 어떠한 변화도 일어나지 않는다 치고—, 그 동물은 다만 변이해 가는 자손이 지금은 다른 동물이 차지하고 있는 장소를 점령해 감으로써만 증가할 수 있다. 예컨대 어떤 자손은 죽은 것이든 살아 있는 것이든 새로운 종류의 먹이를 먹게 되며, 또 어떤 것은 새로운 땅에서 살거나 나무에 올라가고, 물에 들어가기도 하고, 또 어떤 것들은 아마도 육식성이 감소해 갈 것이다. 또 육식동물의 자손의 습성과 구조가 다양해질수록, 더 많은 장소를 점거할 수 있게 될 것이다. 하나의 동물에 적용되는 것은 늘 모든 동물에—즉 그 동물이 변이한다면—적용된다. 그렇지 않으면 자연선택은 아무것도 할 수 없다.

이것은 식물의 경우에도 마찬가지이다. 한 구획의 땅에 어떤 종의 풀씨를 뿌리고, 또 이와 같은 크기의 땅에 여러 속의 풀씨를 뿌린 경우를 비교해 보자. 전자보다 후자의 경우에 더 많은 수의 식물과 많은 양의 건초를 얻을 수 있다는 사실이 실험적으로 증명되었다. 처음에는 밀의 한 변종을, 다음에는 여러 변종을 혼합하여 같은 면적의 땅에 뿌렸을 때도 그와 같은 결과가 나온다는 것이 밝혀졌다. 그러므로 만일 어떠한 종의 풀이 변이를 계속하여, 각각 다른 종이나 속의 풀이 서로 다른 것처럼 서로 차이를 나타내고 있는 변종들이 계속해서 선택된다면, 이 종에 속하는 식물의 거의 모든 개체는 그 변화한 자손까지 포함하여 지면의 같은 곳에서 자랄 수 있게 될 것이다. 더욱이 우리는 해마다 풀의 어떤 종, 어떤 변종이든, 또 해마다 무수한 씨앗을 뿌리면서 그 수를 늘리는 데 전력을 다하고 있다는 것을 알고 있다. 따라서 몇 세대가 지나는 사이, 풀의 어떤 한 종에서 가장 특수한 변종이 성공을 거두어 그 수를 늘리는 데 가장 좋은 기회를 얻음으로써 그다지 확실하지 않은 변종을 내쫓아버린다는 것을, 그리하여 서로 매우 확실하게 차이를 나타내는 변종들이 종의 계급에 도달한다는 것을 나는 의심할 수가 없다.

분기에 따른 다양화

형태가 다양해질수록 생식 수도 늘어난다는 원칙은 많은 자연 환경 속에서 찾아볼 수 있다. 극도로 작은 지역, 특히 이입이 자유롭고 개체와 개체 사이의 경쟁이 극심하지 않을 수 없는 곳에 살고 있는 생물은 늘 다양하다. 예를 들어, 나는 여러 해 동안 정확하게 같은 조건 아래 놓여 있는 세로 90cm, 가로 120cm 되는 잔디밭에 20종의 식물이 자라고 있는 것을 발견했다. 그 식물들은 18개의 속과 8개의 목에 속해 있었다. 이것은 그 식물들이 얼마나 큰 차이를 가지고 있는지를 보여준다. 작고 환경에 큰 변화가 없는 섬, 작은 민물 못 등지에 살고 있는 식물과 곤충들도 마찬가지이다. 농부는 서로 다른 목에 속하는 식물을 윤작함으로써 가장 많은 수확을 올릴 수 있다는 것을 알고 있다. 자연은 동시적 윤작(simultaneous rotation)[12]을 하고 있는 것이다.

어떤 작은 지역에서 서로 이웃해 살고 있는 많은 동식물은 그 토지—그곳이 특수한 성질을 아무것도 가지고 있지 않다 해도—에서 생활할 수 있다. 또 그곳에서 살아가기 위해 최대의 노력을 하고 있다고 말할 수 있다. 그러나 이러한 동식물이 매우 치열한 경쟁을 벌이고 있는 곳에서는 다음과 같은 사실을 알 수 있다. 그것은, 구조의 다양화와 그에 따른 습성 및 체질이 다른 쪽이 서로 유리하다. 이렇게 서로 엄격하게 밀어내는 서식자들은 일반 원칙으로서 다른 속 및 목에 속하게 된다는 것이다.

이와 같은 원칙은 식물이 인간의 손에 의해 외국 땅에 귀화하는 경우에도 찾아볼 수 있다. 지금까지 어떠한 토지에서도 귀화하는 데 성공한 식물은, 일반적으로 그 나라의 토착식물과 매우 비슷하다고 여겼다. 그 까닭은 이러한 고유 식물은 보편적으로 그 나라를 위해 특별히 창조된 것이고, 또 적응한 것이라고 볼 수 있기 때문이다. 또한 귀화한 식물은 새로운 지방의 일정한 땅에 상당히 특수적으로 적응한 소수에 속할 것이라고 상상해 왔을 것이다. 그런데 알퐁스 드 캉돌(Alph. de Candolle)은 그의 매우 뛰어난 저서를 통해 귀화에서 얻어지는 식물상에는 원산(原産)인 속과 종의 수에 비례해서 새로운 종보다는 새로운 속이 더 많이 생긴다는 것을 상세히 기술하고 있다.

예를 들면 에이사 그레이 박사가 쓴 《북미의 식물상》의 최신판에서 260종의 귀화식물이 열거되어 있으며, 그것은 162속으로 나누어진다. 이 귀화식물은 성질이 눈에 띄게 분기한 것임을 알 수 있다. 그뿐만 아니라 이들은 토착식물과도 다른 점이 많다. 왜냐하면 162속 가운데 100속 이상이 토착식물이 아니다. 이와 같이 북미 각주의 속에는 비례면에서 보아 큰 추가가 이루어지고 있다.

다른 지역에서 토착생물과 경쟁한 끝에 승리를 얻어 그곳에 귀화하게 된 동식물의 성질을 조사해 보면, 토착생물이 그 나라에 있는 경쟁자들보다 유리해지기 위해 어떤 식으로 변화하지 않으면 안 되었는가에 대해 대략적 알 수 있다. 그리고 적어도 새로운 속의 차이에 도달할 정도로 구조가 다양해지는 것이

---

12) 작물을 일정한 순서에 따라 주기적으로 교대하며 동시에 재배하는 방법.

그러한 것들을 유익하게 만든다고 추론해도 틀림없을 것이다.

같은 지방에 사는 생물의 구조적 다양성이 갖는 이점은, 같은 개체의 기관에 있는 생리적 분업(division of labour), 즉, 동일 개체의 기관이 생리적 기능을 분업할 때의 이익과 실제로 동일하다. 이것은 밀렌 에드와르(Milne Edwards)가 명확히 설명한 문제이다. 식물성 물질만을 또는 육류(肉類)만을 소화하는 데 적합한 위(胃)가, 그러한 물질에서 가장 많은 영양분을 흡수한다는 것은, 생리학자라면 누구나 의심할 수 없는 사실이다. 이와 마찬가지로 어느 땅의 일반적 경제에서도 동식물이 여러 가지 다른 생활 습관을 위해 더욱 넓은 범위에, 또 더욱 완전한 정도로 다양화할수록 더 많은 개체가 그곳에서 서식할 수 있다.

체제가 그리 다양화하지 않은 동물들은, 더욱 완전히 다양화한 구조를 가진 동물들과 경쟁하기가 어렵다. 예를 들어 호주의 유대류(有袋類)[13]는 서로 약간 다른 종류들로 갈라진다. 그러한 종류들은 워터하우스(Waterhouse)와 그 밖의 몇몇 사람들이 지적한 것처럼 영국의 육식류, 반추류, 설치류 같은 포유류를 어느 정도 대표하고 있지만, 그러한 유대류가 이렇게 지극히 확실한 여러 목과 경쟁하여 살아남을 수 있을지는 의심스럽다. 호주의 포유류는 발달의 초기, 또는 불완전한 단계에서 다양화하는 과정을 나타내고 있다.

형질 분기에게서 종의 분기로

앞에서 한 간략한 설명을 이해했다면, 우리는 어떤 종에서 변화된 자손은 그 구조가 다양해지면 다양해질수록 더 많은 성공을 거두게 되고, 따라서 다른 생물이 차지하고 있는 장소를 침범할 수 있다고 가정할 수 있다. 이제 그 특질의 변화에서 오는 이익에 관한 원칙이 자연선택 및 절멸의 원리와 더불어 어떻게 작용하는가를 알아보자.

다음 페이지의 도표는 이 복잡한 문제를 이해하는 데 도움이 될 것이다. 도표의 A에서 L까지는 원래의 산지에서 큰 속에 속하는 종들을 나타낸다. 이러한 종들이 서로 닮은 정도는 자연계에서는 일반적으로 그렇듯이 일정하지 않다고 가정되고 있다. 도표에서는 문자 사이의 간격이 서로 다른 것으로서 그것

---

13) 원시적인 태생 포유동물. 태반이 없거나 있어도 매우 불완전하고, 새끼는 발육이 불완전한 상태로 태어남. 캥거루·주머니쥐 등(等)이 이에 딸림.

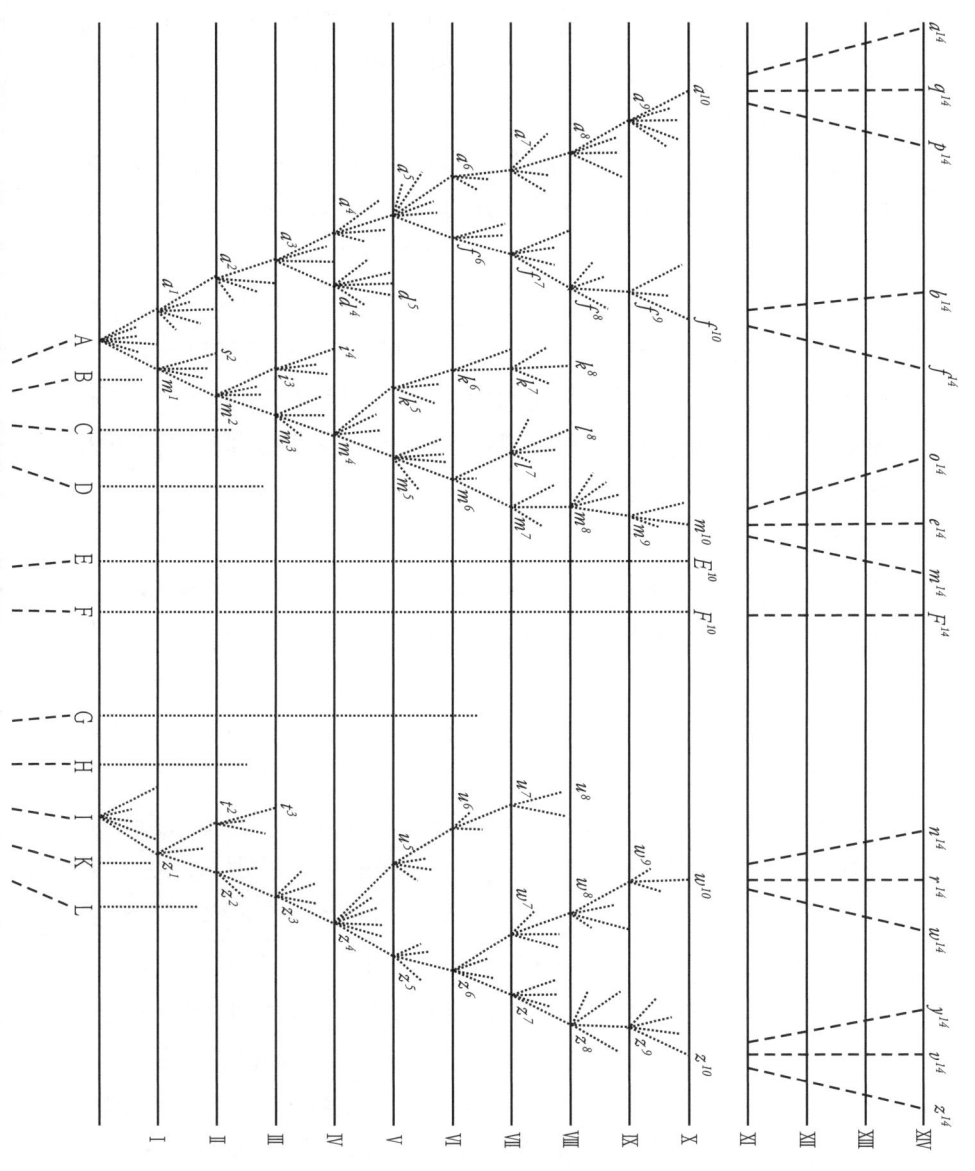

을 표시하고 있다. 나는 여기서 큰 속이라고 말했다. 이는 이미 2장에서 본 바와 같이, 평균적으로 작은 속보다는 큰 속의 종이 더 많이 변이하고, 큰 속의 변이하는 종은 더 많은 수의 변종을 낳기 때문이다. 또한 우리는 가장 보편적이고 가장 널리 분포하는 종이, 분포가 제한된 귀한 종보다 더 많이 변이한다는 것도 이미 살펴본 바이다.

도표에서 A를 원산지에서는 큰 속에 속하는, 일반적이고 널리 분포해 있으며 변이하는 종이라고 하자. A에서 나와 길이가 각기 다른 점선으로 갈라져서 그리고 있는 작은 부채꼴은 그 변이하는 자손을 나타낸다. 변이는 극도로 경미하지만, 매우 다양한 성질을 가진 것이라고 가정한다. 그러한 변이는 모두 동시에 나타나지 않고 흔히 오랜 시간을 두고 나타나는 것으로 가정한다. 또한 그 변이는 모두 동일한 기간에 계속 존재하는 것도 아니라고 가정한다. 다만 어떤 점에서 유리한 변이만이 보존—즉 자연적으로 선택—될 것이다. 그리고 여기에 형질의 분기에서 이익이 생긴다는 원리가 중요성을 가지게 된다. 왜냐하면 일반적으로 이 원리의 결과는 가장 차이가 큰, 즉 가장 분기가 뚜렷한 변이—바깥쪽으로 향하는 점선으로 표시되어 있다—가 자연선택에 의해 보존되고 축적되기 때문이다. 점선이 어느 하나의 가로선에 도달하여 그곳에 숫자를 붙인 문자로 표시된 곳에서는, 분류학 책에 기재될 가치가 충분하다고 생각되는 상당히 뚜렷한 변종이 형성될 만큼 충분한 양의 변이가 축적되었다고 가정되어 있다.

도표에서 횡선 사이의 간격은 각기 1천 또는 그 이상의 세대를 표시한다. 1천 세대 이후에 A종은 상당히 뚜렷한 두 변종—a^1과 m^1—을 만들어낸 것으로 가정한다. 일반적으로 이 두 변종은 똑같이 그 조상을 변이시킨 것과 동일한 조건에 계속 노출되어 있기 때문에, 그 자신의 변이성에 대한 경향은 유전적인 것이다. 따라서 그들은 보통 그 조상이 한 것과 같은 방법으로 변이하는 경향이 있다. 더욱이 이러한 두 변종은 경미하게 변화한 것에 지나지 않기 때문에, 조상종 A를 그 나라의 다른 거주자보다도 다수가 되게 한 여러 이점을 물려받았을 것이다. 또한 두 변종은 조상종이 속해 있던 속을 자기 나라에서 더 큰 속으로 만든 보다 일반적인 이점도 나누어 받았을 것이다. 이러한 사정은 모두 새로운 변종의 생성에 유리하다는 것이 알려져 있다.

그런데 만약 이 두 변종이 변이한다면, 그 가운데 가장 많이 분기한 것이 일반적으로 다음의 1000세대 동안 보존될 것이다. 또한 그 기간이 지난 뒤에 도표에서 변종 a¹은 변종 a²를 만들어내고, 이것은 분기의 원리에 따라 A와의 차이가 a¹보다 크다고 가정할 수 있다. 변종 m¹에서는 두 변종—m²와 S²—이 생기고, 그것은 서로 다르지만 공통의 조상인 A와는 더욱 뚜렷하게 다르다고 가정한다. 우리는 이러한 단계를 거쳐 이 과정이 언제까지나 계속된다고 가정할 수 있다. 어떤 변종은 1천 세대가 지날 때마다 단 하나의 변종밖에 생산하지 않지만, 점점 변화해 가는 조건 속에서 어떤 변종은 2, 3개의 변종을 만들어내고 어떤 것은 아무것도 만들어내지 못할 수도 있다. 그리하여 공통된 조상 A의 변종, 즉 변화한 자손들은 일반적으로 점차 그 수가 늘어나서 형질 분기를 계속할 것이다. 도표에서는 이 과정을 1만 세대까지 나타냈고, 또 압축하고 단순화한 형태로는 1만 4000세대까지 나타냈다.

그러나 이 과정이 도표에 그려져 있는 것처럼 규칙적으로 진행된다고는 생각하지 않으며, 또 영원히 계속되는 것도 아니다. 도표 자체도 약간 불규칙하게 그려져 있다. 모든 형태는 오랫동안 변화하지 않고 멈춰 있다가 다시 변화할 가능성도 있다. 나는 가장 많이 분기한 변종이 언제나 우세하게 늘어난다고 생각하지도 않는다. 중간적인 것이 오랫동안 존속하는 경우도 흔하고, 변화한 자손을 하나 이상 생산하거나 전혀 만들지 않는 것도 있다. 왜냐하면 자연선택은 늘 다른 생물이 차지하고 있지 않거나 완전히 점거되지 않은 장소의 성질에 따라 작용하며, 이것은 무한하게 복잡한 관계에 의존하고 있는 것이라고 생각하기 때문이다.

일반적 규칙에 의하면, 어떤 종의 자손은 그 구조가 다양해질수록 더 많은 장소를 점거할 수 있고 변화한 자손의 수도 증가할 것이다. 이 도표에 표시된 계통선(系統線)은 숫자를 붙인 소문자에 의해 규칙적인 간격을 두고 끊어져 있다. 그 문자는 변종으로서 기재되기에 충분할 만큼 뚜렷하게 연이은 형태를 나타내고 있다. 그러나 이러한 중간점은 가상의 것으로, 분기한 변이가 상당한 양까지 축적될 수 있을 만큼 오랜 시간 간격을 둔 곳이면 어디든 끼워넣을 수 있다.

큰 속에 속하는 흔하고 널리 퍼져 있는 종에서 변화한 자손은, 모두 조상종의 생존을 성공시킨 것과 같은 이점을 가지고 있으므로, 일반적으로 그들은 개체수를 늘리면서 형질 분기를 계속한다. 이것은 도표 속에서는 A에서 나가는 몇 개의 지선(枝線)으로 나타나 있다. 계통도의 모든 선에서 후기에 생긴 더 고도로 개량된 지선에서 나와 변화한 자손은, 그다지 개량되지 않은 초기의 지선을 대신하여, 그들을 소멸시키는 경우가 곧잘 있는 것 같다. 이것은 도표에서 위의 횡선까지 이르지 못하는 낮은 지선에 의해 나타나 있다.

때에 따라 그 변이 과정은 단일한 자손의 계통에만 고정되어 일어나기 때문에, 결국 변화한 자손의 수는 증가하지 않는 경우도 있다는 것을 나는 의심하지 않는다. 그러나 그 경우에도 분기한 변화의 양이 세대를 거듭할 때마다 증가할 가능성은 있다. 도표 가운데 이러한 예는 a^1에서 a^{10}까지의 선만 남기고 A에서 시작하는 모든 선을 제외함으로써 나타낼 수 있다. 이를테면 영국의 경주마와 포인터 개는 모두 이렇게 하여 원종에서 서서히 형질이 분기하되 새로운 지선, 즉 품종은 전혀 내지 않고 생긴 것에 해당한다.

도표에서 A종은 1만 세대 뒤에는 a^{10}, f^{10}, m^{10}의 세 종류가 생겼다고 가정하고 있다. 그들은 세대를 거듭하는 동안 형질의 분기가 일어난 것으로 상호 간에도 또 공통의 조상과도 커다란, 그러나 아마 일정하지 않은 차이를 가지고 있다고 생각된다. 우리의 도표에서 각 가로선 사이의 변화의 양은 매우 작은 것으로 가정한다. 이러한 세 종류는 충분히 뚜렷한 변종에 머무른다. 그러나 우리는 이러한 세 종류를 특징이 확실한 종으로 바꾸려면 변화 과정의 모든 단계를 더 많게 하거나 변화의 양을 더 크게 하기만 하면 된다. 이렇게 도표는 변종을 구별하는 작은 차이가 종을 구별하는 큰 차이로 바뀌어 가는 모든 단계를 설명하고 있다. 똑같은 과정이 더욱 많은 세대에—도표 중에 단축하고 단순화한 형태로 나타낸 것처럼—로 계속 이어지면, a^{14}에서 m^{14}까지 문자로 표시된, 모두 A의 자손인 8종을 얻을 수 있다. 이렇게 하여 종의 수가 증가하고 속도 형성된다고 나는 믿고 있다.

큰 속의 경우 1개 이상의 종이 변화를 일으킬 가능성이 높다. 도표에서는 제2의 종 I가 같은 단계를 따라 1만 세대가 지난 뒤에는 세로선 사이에 나타날 것으로 생각되는 변화의 양에 의해서, 2개의 뚜렷한 특징을 가진 변종 w^{10}과 z^{10}, 또는 2개의 종을 만들어낸다고 가정하고 있다. 1만 4000세대가 지난 뒤에는 n^{14}

에서 z^{14}까지의 문자로 표시한 6개의 새로운 종이 생성될 것이라고 가정하고 있다. 어느 속에서도 이미 형질이 서로 극도로 다른 모든 종은, 일반적으로 변화한 자손을 매우 많이 만들어 내는 경향이 있다. 왜냐하면 그러한 종은 자연의 경제 질서 속에서 새롭고 다양하게 다른 장소를 차지할 기회를 더욱 많이 가지고 있기 때문이다.

그러므로 도표 중에서 나는 극단적인 종A와 거의 극단적인 종I를 크게 변이하여 새로운 변종과 새로운 종을 발생시킨 것으로 선택했다. 본디의 속 중에서 그 밖의 9종—B~H와 K 그리고 L—은 변화하지 않는 자손을 오랫동안 계속 낳은 것으로 보아도 무방하다. 이것은 지면상 도표 위쪽까지 이르지 않는 점선으로 표시되어 있다.

그러나 도표에 나타난 변이 과정에서 또 하나의 원리, 즉 절멸의 원리도 중요한 역할을 담당했을 것이다. 여러 가지 생물이 다양하게 살고 있는 토지의 경우, 자연선택은 생존 경쟁에서 다른 종류에 이길 수 있는 이점을 가진 종류를 선택함으로써 작용한다. 그래서 어느 종이든 그 개량된 자손은, 그것이 생기는 과정의 각 시기에 선행자와 원래의 조상을 몰아내고 멸망시켜버리는 경향을 끊임없이 갖게 된다.

경쟁은 일반적으로 습성, 체질, 구조에서 서로 가장 가까운 것 사이에서 가장 치열하다는 것을 돌이켜 생각하기 바란다. 그러므로 초기 상태와 후기의 상태 사이, 다시 말하면 어떤 종이 그다지 개량되지 않은 상태와 좀 더 개량된 상태 사이에 있는 모든 중간적 형태 및 본디의 조상종 자체는 일반적으로 절멸해 가는 경향을 띨 것이다. 아마도 이것은 다수가 평행으로 나아가는 직계에서 갈라져 나온 계통에 적용되는 것으로, 그러한 모든 계통은 새롭게 태어나 개량이 진행된 계통에 패배하게 될 것이다. 그러나 만일 어떤 종 가운데 변이된 자손이 다른 지역으로 가거나, 자손과 조상이 경쟁하지 않아도 되는 완전히 새로운 장소에 빨리 적응해 간다면, 자손과 조상은 모두 존속할 수 있을 것이다.

그래서 도표가 상당한 양의 변화를 나타내는 것으로 가정할 때, 원종A와 초기의 모든 변종은 8개의 새로운 종(a^{14}에서 m^{14}까지)에 의해 축출되어 절멸하고, 또 종I는 6개의 새로운 종(n^{14}에서 m^{14}까지)에 의해 축출되어 마침내 소멸하고 말 것이다.

그러나 여기서 좀 더 논의를 진행시켜 보자. 앞서 예로 든 속에 속하는 모든 종은 자연계에서 서로 비슷한 정도가 일정하지 않은 것으로 가정되어 있다. 즉 종A는 다른 종보다 B, C 및 D와 더 많이 닮고, 종I는 다른 것보다 G, H, K 및 L과 더 많이 비슷하다. A와 I, 이 두 종은 개체수가 많고 널리 분포된 종이기 때문에, 본디 같은 속의 다른 대다수의 종보다 유리한 점을 가지고 있는 것으로 가정하고 있다. 1만 4000세대에 걸친 변경을 거친 뒤 14종류가 된, 그들로부터 변화한 자손은 아마도 이러한 이점의 일부를 물려받았을 것이다. 이 자손들은 그 나라의 자연 경제에서 서로 관계 있는 많은 장소에 적응하기 위해, 본디의 각 단계에서 여러 가지 방법으로 변이, 개량된 것이다. 그러므로 이들의 자손은 조상종인 A와 I를 대신하여 그들을 절멸시켰을 뿐만 아니라, 조상종에 가장 가까운 본디의 모든 종도 멸망시킨 것이 확실할 것이다.

따라서 본디의 여러 종 가운데 매우 소수만이 1만 4000세대째에 자손을 남기게 된다. 이를테면 다른 9개의 원종과 가장 관계가 적은 2개의 종 E와 F 중에서 오직 F 하나만 위와 같이 훨씬 후대까지 자손을 남겼다고 가정할 수 있다.

도표 중에서 11개의 원종에서 만들어진 새로운 종은 15개에 이른다. 자연선택은 분기를 촉진하기 때문에 종a^{14}와 z^{14} 사이에 형질상 차이의 최대량은 11개의 원종 가운데 가장 뚜렷하게 다른 것들 사이의 차이보다 훨씬 크다. 더욱이 이러한 새로운 종 사이의 관계는 매우 다양하다. A에서 나온 8종의 자손 가운데 a^{14}, q^{14}, p^{14}로 표시된 3종은 최근에 a^{10}에서 분화되어 나온 것이므로 근연종들이다. b^{14}, f^{14}는 이보다 초기의 a^5에서 분화된 것이기 때문에 최초의 3종과는 확실하게 다르고, 마지막의 o^{14}, e^{14}, m^{14}는 서로 근연관계를 갖고 있을 것이다. 그러나 변이 과정이 처음 시작될 때 분기한 것이기 때문에 다른 5종과는 차이가 뚜렷하며, 따라서 그들과는 다른 아속(亞屬) 또는 심지어 속을 형성할 수도 있다.

I에서 나온 6종의 자손은 2개의 아속, 또는 심지어 속을 형성하고 있을 것이다. 그러나 원종 I는 원래의 속 중에서 가장 끝 가까이 있는 A와는 큰 차이가 있다. 따라서 I에서 나온 6종의 자손은 유전에 의해서도 A에서 나온 8종의 자손과는 크게 다르다. 더욱이 이 두 군(群)은 다른 방향으로 분기해 온 것으로 추측된다. 원종 A와 I를 연결시킨 중간적인 종도 F를 제외하고는 모두 절멸하여

자손을 남기지 않았다. 이것은 매우 중요한 고찰이다. 그러므로 I에서 나온 6개의 새로운 종과 A에서 나온 8개의 자손은 매우 뚜렷한 종, 또는 뚜렷한 아과로도 분류될 것이다.

그리하여 내가 확신하는 바로는, 같은 속의 둘 또는 그 이상의 종에서 나온 변이된 자손으로부터 2개 또는 그 이상의 속이 형성된다. 그리고 둘 또는 그 이상의 종은 그보다 초기의 속 가운데 어느 하나의 종에서 나온 것으로 추정된다. 도표에서, 이것은 대문자 밑에 있는 어떤 한 점을 향해 뻗어가서 그 점에 모이게 되어 있는 점선으로 표시되어 있다. 이 점은 단일한 종을 나타내며, 그것이 수많은 새로운 아속과 새로운 속의 단일한 조상으로 추정할 수 있는 것이다.

여기서 잠시 새로운 종 F^{14}의 성질을 살펴보자. 이 F^{14}는 그다지 형질 분기가 일어나지 않고 F의 형태를 변하지 않게 보존하고 있거나, 변한다 하더라도 매우 경미하다고 가정한 것이다. 이 경우에는, 이것과 다른 14개의 새로운 종의 관계는 묘하고 우회적인 성질을 갖게 된다. 그 자손은 현재는 절멸하여 알려지지 않은, 두 개의 조상종 A와 I의 중간에 있었던 종류에서 생긴 것이므로, 어느 정도 그들 두 종에서 나온 두 군의 중간적인 형질을 보여줄 것이다. 그러나 이 두 군은 조상종의 형에서 형질 분기를 계속해 온 것이기 때문에, 새로운 종 F^{14}는 직접적으로 그들 사이의 중간적인 것이 아니라, 두 군의 형의 중간을 나타낸다. 따라서 내추럴리스트라면 이러한 예를 마음에 그릴 수 있을 것이다.

도표에서 모든 세로선은 1000세대를 표시하는 것으로 가정해 왔지만, 100만 세대 또는 1억 세대를 나타내는 것이라고 해도 괜찮다. 또 절멸한 생물의 화석을 보존하고 있는 지각의 지층을 단면으로 한 것이라고 해도 좋다. 이 문제에 대해서는 '지질학'의 장에서 다시 언급할 것이다. 일반적으로는 현생의 생물과 같은 목, 과, 또는 속에 속해 있지만, 종종 어느 정도까지 현존하는 모든 군의 중간 형질을 가지고 있는 절멸 생물의 유연관계에 대해 이 도표가 도움이 되어 줄 거라고 생각한다. 절멸한 종은 갈라져 가는 계통지선(系統枝線)이 그다지 분기하지 않았던 아주 오래된 시대에 생존했음을 생각하면 이 사실을 이해할 수 있을 것이다.

방금 설명한 것처럼 변화 과정을 속의 형성에만 한정할 이유는 없다. 도표에서 분기된 점선이 서서히 군으로 바뀌어 가는 변화의 양이 매우 크다고 가정해 보자. 그러면, a^{14}에서 p^{14}까지, b^{14}에서 f^{14}까지, 그리고 o^{14}에서 m^{14}까지의 각 그룹은, 3개의 매우 다른 속을 형성하게 된다. 또 I에서는 A의 자손과는 아주 다른 2개의 확실한 속이 나올 것이다. 그리하여 이 두 군의 속은 이 도표에 나타나 있다고 가정되는 변이의 양에 의해, 2개의 특수한 과 또는 목을 형성할 것이다. 이러한 과 또는 목은 본디의 속 2종에서 나온 것이고, 또 이 2종은 더 오랜 옛날, 미지의 속에 속하는 한 종에서 나온 것으로 추측된다.

어느 지역에서나 변종, 즉 발단의 종을 매우 자주 생성시키는 것은 비교적 큰 속에 속하는 종이다. 사실 이러한 것은 예측할 수 있다. 왜냐하면 자연선택은 어떤 종류가 다른 종류에 비해 생존 경쟁에서 어떤 이점을 가짐으로써 작용하는 것이기 때문이다. 어떤 군이 크다는 것은 그것에 속한 종이 공통의 조상에게서 어떤 이점을 공통으로 물려받아 왔음을 나타낸다.

그래서 새롭게 변화된 자손을 낳기 위한 투쟁은, 모두 개체수를 늘리려고 노력하고 있는 큰 군 사이에서 주로 일어나게 된다. 어떤 큰 군이 서서히 다른 큰 군을 이겨서 그 개체수를 감소시키고, 변이와 개량이 더 잘 일어날 수 있는 기회를 빼앗는다. 같은 큰 군 중에서는 나중에 생겨서 훨씬 더 완전해진 아군(亞群)이 갈라져 나가고, 또 자연계의 경제질서 속에서 새로운 장소를 많이 차지함으로써, 초기에 생겨나 그다지 개량되지 않은 아군을 끊임없이 배제하고 멸망시키려 한다. 세력이 약해진 작은 군이나 아군은 결국 소멸해버린다.

미래로 눈을 돌리면, 현재 크고 우세하며 세력이 거의 줄지 않은—다시 말하면 절멸한 것이 아직은 매우 적은—생물군은 앞으로도 오랫동안 증가해 갈 것이다. 그러나 어떤 군이 번영하게 될 것인가는 아무도 예측할 수 없다. 왜냐하면 이전에 번성했던 수많은 군이 현재는 소멸해 버리고 만 사실을 알고 있기 때문이다. 더욱이 먼 미래에는 큰 군이 끊임없이 증가할 것이기 때문에, 수많은 작은 군은 완전히 절멸해 버리고 변화한 자손을 남기지 않을 것이다. 따라서 어떤 시기에 생존했던 종 가운데 아득한 미래까지 자손을 남기는 것은 거의 없으리라 예측할 수 있다.

'분류'의 장에서 다시 이 주제로 돌아가겠지만, 여기서는 다음과 같은 사실을 덧붙여두고 싶다. 비교적 오래된 종 가운데 자손을 남긴 것은 극히 적다는 이 견해와 같은 종에서 나온 모든 자손이 하나의 강(綱)을 형성한다는 견해에서 보면, 동물계와 식물계의 각 중요한 분계(分界)에 극소수의 강밖에 존재하지 않는 이유를 이해할 수 있다. 매우 오래된 종 가운데 극소수는 오늘날에도 변화한 자손을 가지고 있지만, 아주 먼 태곳적의 지질시대에도 지구는 현재와 마찬가지로 많은 속·과·목·강에 속하는 수많은 종으로 가득 차 있었을 것이다.

체제가 진화하려는 정도에 대하여

자연선택은 주로 모든 생물이 처하게 되는 유기적, 무기적 환경 속에서 유리한 변이를 보존하고 축적함으로써 작용한다. 그 결과 모든 생물은 환경에 따라더 개량되는 경향을 낳는다. 이러한 개량은 필연적으로 전 세계의 수많은 생물의 체제를 단계적으로 진보시키게 된다.

그러나 여기서 매우 복잡한 문제에 맞닥뜨리게 된다. 왜냐하면 생물학자들은 지금까지 체제의 진보가 무엇을 의미하는지에 대해 서로 만족할 만한 정의를 내리지 못했기 때문이다. 척추동물에서는 지력(智力)의 정도와 구조에서 인간에게 접근하고 있는 것이 분명하다. 신체 각 부분과 기관이 그 배(胚)로부터 성숙(成熟)에 이를 때까지 발달하는 변화의 양이 비교 기준이 되는 데 충분하다고 생각할지도 모른다. 그러나 기생하는 어떤 갑각류처럼 구조의 여러 부분이 점차 불완전해져서, 그 성숙한 동물이 그들의 유충보다 더 고등하다고 할수 없는 경우가 있다.

폰 베어(Von Baer)[14]의 기준이 가장 널리 적용될 수 있고, 또한 가장 우수한 것으로 추정된다. 내가 성숙한 상태의 것이라고 덧붙이고 싶은 동일한 생물의각 부분의 분화량(分化量)과 여러 기능에 대한 특수화, 또는 밀른 에드워스가말하는 이른바 생리적 분업의 완성이 바로 그것이다. 그러나 이 문제가 얼마나모호한지는 어류를 통해 알 수 있다. 어떤 생물학자는 상어처럼 양서류와 가장비슷한 것을 최고로 내세우고 있다. 하지만, 다른 생물학자들은 그것이 엄밀한어류인 한에서는, 그리고 다른 척추동물의 강과 매우 다른 한에서는 보통의 경골어류를 최고로 내세우고 있다. 또한 이 문제가 매우 모호하다는 것은 식물

---

14) 발생학의 아버지라 불린다. '발생의 과정은 동질적인 전체가 이질적인 부분들로 분화하는 과정이며, 종의 일반적인 성질들이 특수한 성질로 분화하는 과정'이라고 주장.

을 통해서도 분명히 볼 수 있다. 식물의 경우는 물론 지력의 기준에서 완전히 제외된다. 여기서 어떤 내추럴리스트들은 꽃받침, 꽃잎, 수술, 암술과 같은 모든 기관이 여러 꽃에서 충분히 발달된 것을 최고로 내세우며, 또 다른 내추럴리스트들은 그 이상의 진리를 가지고 식물의 몇몇 기관이 크게 변하여 그 수가 적어진 것을 최고로 보고 있는 듯하다.

만일 우리가 성숙 상태에 있는 각 생물의 여러 기관의 분기 및 특수화된—여기에는 지력(智力)의 목적을 위한 뇌의 발달도 포함된다—양을 고등한 체제의 기준으로 삼을 때, 자연선택은 분명히 이러한 기준을 향해 이끌려 갈 것이다. 왜냐하면 모든 생리학자들은, 기관의 특수화는 기관이 그 상태에서 가장 잘 작용하는 한 그 생물에 대해 유리한 것이라고 인정하기 때문이다. 그러므로 특수화 방향으로 진행되는 변이의 축적은 자연선택의 범위에 속한다. 이에 비해 모든 생물은 높은 비율로 증가하고자 한다. 또 자연경제하에서 아직 점거되지 않았거나 또는 완전히 점거되지 않은 모든 장소를 얻기 위해 다투고 있다는 것을 생각해 볼 때, 자연선택이 어떤 생물의 여러 기관을 방해하거나 쓸모없는 상태에 적응시켜 가는 것은 가능하다는 것을 이해할 수 있다. 그러한 경우에는 체제의 등급에서 퇴화가 진행될 것이다. 전체에 있어서 가장 오래된 지질시대부터 현재까지, 체제가 실제로 진보해 왔는가에 대해서는 생물의 지질학적 계승에 관하여 논하는 장에서 살펴보기로 한다.

이처럼 모든 생물이 그 등급에서 상위로만 발전하려는 경향을 가졌다면, 아직도 전 세계에 수많은 최하등 형태가 존재하고 있는 것은 어떻게 설명할 수 있는가? 그리고 각각의 큰 강에서 어떤 형태가 다른 형태보다 더 발달되어 있는 것은 무슨 까닭인가? 또 한층 더 발달된 형태가 덜 발달된 형태를 모든 곳에서 쫓아내어 소멸시키지 않은 이유는 무엇인가? 모든 생물이 완성을 지향해 나아가려는 본능적이고 필연적인 경향이 있음을 믿었던 라마르크(Lamark)는 이러한 문제를 절감했던 것 같다. 그래서 그는 새롭고 단순한 형태가 자연발생에 의해 끊임없이 이루어지고 있다는 것을 가정하게 되었다.

미래의 일은 알 수 없지만, 과학은 아직까지 이러한 신념이 과연 옳은 것인지 입증하지 못하고 있다. 그러나 하등생물이 계속 존재하는 것은 아무런 문제가 되지 않는다. 왜냐하면 자연선택 또는 적자생존은 진보적 발달이 더불어 일어나지는 않는다. 다만 그 복잡한 생활 관계 속에서 모든 생물에게 일어난 유리한 변이를 이용하는 데 지나지 않기 때문이다.

그런데 고등한 체제를 가진 것이 적충류(滴蟲類)[15]나 장충(腸蟲), 또는 지렁이와 같은 하등동물에게 어떠한 이익을 줄 수 있는가 하는 의문이 제기될 수 있다. 만일 아무런 이익이 되지 못한다면 이러한 형태들은 자연선택에 의해 전혀, 또는 거의 개량되지 않은 채 방치될 것이다. 그리고 많은 시간이 지나도 현재와 같은 하등 상태로 여전히 남아 있게 될 것이다. 그리고 지질학이 말해 주는 바에 의하면, 적충류와 근족류(根足類) 같은 최하등 형태에서 어떤 것은 오랜 세월이 흐르는 동안 거의 현재의 상태로 남아 있을 것은 의심할 나위가 없다. 그러나 현재 생존하고 있는 대부분의 하등 형태는 생명이 태어났을 때부터 지금까지 전혀 진보하지 않았다고 생각하는 것은 지나친 속단이다. 왜냐하면 현재 가장 낮은 단계에 있는 생물 중의 어떤 것을 분석해 본 적이 있는 생물학자라면 누구나, 그 생물의 놀랄 만큼 미묘한 체제에 감탄했을 것이 틀림없기 때문이다.

만일 우리가 같은 대군(大群) 안에서 여러 체제의 등급을 관찰한다면, 이를테면 척추동물에서는 포유류와 어류의 공존, 포유류에서는 사람과 오리너구리(Ornithorhynchus)[16]의 공존, 어류에서는 상어와 그 구조가 단순하다는 점에서 무척추동물에 가까운 활유어(蛞蝓魚 ; Amphioxus)의 공존을 통해 알 수 있을 것이다.

포유류와 어류는 거의 경쟁을 하지 않는다. 포유류의 모든 강, 또는 그 강의 어떤 것을 최고 등급까지 끌어올리는 진보가 그들을 어류의 위치까지 끌어내리지는 못한다. 내추럴리스트들은 뇌수가 고도의 활동성을 갖기 위해서는 따뜻한 피가 통해야 하며, 그러기 위해서는 공기 호흡을 필요로 한다는 것을 믿고 있다. 따라서 따뜻한 피를 가진 포유류가 물속에서 살 때는 호흡을 하기 위해 끊임없이 수면 위로 떠올라야 하는 불편을 겪는 것이다. 어류의 경우, 상어

---

15) '건초(乾草) 등에서 스며 나오는 액체 속에 나타나는 작은 동물'이라고 하여 붙은 이름. 분류학상으로는 섬모충류의 동의어로 사용되는 경우도 있으나, 편모충류에 포함시키는 일도 있음.

16) 호주 남부의 특산으로, 오리와 포유동물의 중간에 속한다.

과에 속하는 것에는 활유어를 제거하려는 경향이 없다. 내가 프리츠 뮐러(Fritz Müller)에게 들은 바로는 남부 브라질의 황량한 모래 해안에서, 활유어에게는 유일한 벗이자 경쟁자로서 환형동물(環形動物 ; anomalous annelid)이 있을 뿐이라고 한다. 포유류 중에서 최하등의 세 가지 목, 즉 유대류(有袋類)·빈치류(貧齒類)·설치류(齧齒類)는 남아메리카의 경우, 수많은 원숭이들과 같은 지역에서 공존하고 있는데, 이들은 서로 거의 간섭하지 않고 살아간다. 체제는 전체적으로는 전 세계를 통해 진보했고 또 현재까지 진보하고 있지만, 그 단계는 언제나 많은 완성의 단계를 나타내고 있다. 왜냐하면, 어떤 강 전체 또는 일부의 뚜렷한 진보는 그들과 밀접한 경쟁을 하지 않는 이러한 군(群)을 반드시 소멸시킨다고 단정할 수는 없기 때문이다. 나중에 살펴보겠지만, 어떤 경우에는 하등한 체제를 가진 형태는 한정되고 특수한 장소에 살고 있기 때문에 그리 심한 경쟁을 벌이지 않는다. 또 그들은 적은 수가 유리한 변이를 일으키는 기회를 지연시키기 때문에 현재까지 생존해온 것으로 생각할 수 있다.

마침내 나는 수많은 하등한 형태는 여러 가지 원인으로 현재까지 전 세계에 생존하고 있다고 믿기에 이르렀다. 어떤 경우에는 자연선택이 작용하고 축적되는 유리한 변이 또는 개체적 차이가 한 번도 발생하지 않았을지도 모른다. 또 어떤 경우에는 최대한의 발달을 이룩할 수 있는 충분한 시간을 갖지 못했을 수도 있다. 어떤 소수의 경우에는 '체제의 퇴화'가 작용해 왔다. 그 주요 원인은 극히 단순한 생활상태 속에서는 고등한 체제가 별다른 역할을 하지 못한다는 사실, 즉 그 성질이 매우 미묘하고 무질서하며, 해를 입기 쉬운 까닭에 실제로는 유해하다는 데 있다.

우리가 믿는 것처럼 모든 생물이 가장 단순한 구조로 되어 있었던 생물의 여명기를 돌아볼 때, 신체 각 부분의 진보 또는 분화의 1단계가 어떻게 발생했는가 하는 의문이 제기될 수 있다. 아마도 허버트 스펜서라면 다음과 같이 답변할 것이다. 즉 단순한 단세포생물이 성장하거나 몇 개의 세포로 합성하기 위한 분열이 일어나는 동시에, 그 단세포의 발달을 도와주는 어떤 표면에 부착하자마자 스펜서의 법칙이 그 작용을 촉진한다는 것이다. 여기서 스펜서의 법칙이란 어떤 서열의 동질적인 단위는 그 우연한 작용에 의해 다양성이 창출되는 것과 비례하여 분화되어 가는 것을 말한다. 그러나 이 이론은 거의 쓸모가 없다.

많은 형태가 이루어지기까지는 생존 경쟁이 일어나지 않고, 따라서 자연선택 또한 일어나지 않는다고 가정하는 것은 옳지 않다. 어떤 격리된 장소에 살고 있는 단순한 종의 변이도 유리할 수 있고, 그 개체 모두가 변화할지도 모른다. 어쩌면 두 종류의 특수한 형태가 발생할 수도 있다. 그러나 앞서 말한 바와 같이, 과거에 살았던 서식자들의 상호관계에 대해 우리가 너무나 무지하다는 것을 감안하면, 아직도 종의 기원에 대해 설명하지 못한 것이 많이 남아 있다 해도 그리 놀라운 일은 아닐 것이다.

형질의 수렴

H.C. 왓슨은 내가 형질의 분기에 대한 중요성을 지나치게 강조한다고 생각한다—그는 분명히 그렇게 믿고 있다—. 그리고 이른바 형질의 집중이라는 것도 어떤 역할을 하고 있는 것으로 믿고 있다. 만일 근연관계에 있기는 하지만 두 개의 특수한 속에 속하는 두 개의 종이 분기된 새로운 형태를 많이 생산했다고 가정해 보자. 이 경우, 그러한 형태가 다 같은 속에 분류될 만큼 서로 밀접하고 유사한 것이 있을 것이라고 상상할 수 있다. 그러나 대부분의 경우, 그 형태가 뚜렷하게 다른 변이된 자손에서, 일반적으로 비슷한 구조를 형질의 집중으로 돌리는 것은 매우 위험한 일이다. 결정체의 형태는 전적으로 분자력(分子力)에 의해 결정된다. 따라서 서로 다른 물질이 흔히 같은 형태를 갖는 것도 당연하다. 그러나 생물의 경우, 다음과 같은 점에 유의하지 않으면 안 된다. 각각의 형태는 무한히 복잡한 관계, 즉 금방 일어난 여러 가지 변이 또는 도저히 밝힐 수 없을 만큼 복잡한 원인에 의해 생긴 변이—주위의 물리적 변화에, 또 각 생물이 고도로 경쟁하지 않으면 안 되는 주위의 생물에 의해 좌우되는 도태 또는 보존된 변이의 성질 등에 의해—그리고 모든 생물이 동등하고 복잡한 관계를 통해 그들의 형태를 결정짓는 무수한 조상으로부터의 유전—그 자신은 동요하는 요소이다—에 의존한다는 것이다.

그 기원부터 서로 달랐던 두 생물의 자손이 훗날 그 체제의 전체를 통해 거의 동일한 종으로 생각될 만큼 밀접하게 집중되는 일이 있으리라고는 생각하지 않는다. 만일 그러한 일이 일어났다면, 매우 멀리 떨어져 있는 지층 속에서 속적관계(屬的關係)와는 상관없는 동일한 형태가 무수히 발견되어야 한다. 그러나 이를 증명할 만한 균형으로 보아 그것은 인정할 수 없다. 또한 왓슨은 자연선택의 연속적인 작용은 형질의 분기와 더불어 무수한 종의 형태를 만드는 경향이 있다고 하며 이에 반대한다. 단순한 무기적 상태에 관한 한, 수많은 종이 열과 습기 같은 뚜렷한 변화에 곧 적응하게 되는 것은 사실이다. 그러나 나는 그보다 생물의 상호관계가 더 중요하다고 생각한다. 그리고 어느 지역을 막론하고 종의 수는 증가해 가므로 생물의 생활 상태는 더 복잡해질 것이다. 그러므로 얼핏 보아 그 구조가 적응하는 변화량에는 제한이 없고, 또 그런 까닭에 생산될 종의 수에도 별다른 제한이 없는 것으로 여겨진다. 우리는 가장 다산(多産)인 지역에서조차 종의 형태로 가득 차 있는지 아닌지에 대해서는 모르고 있다. 참으로 놀라울 만큼 많은 종을 가지고 있는 희망봉과 호주에도 많은 유럽산 식물이 귀화하고 있다.

지질학적으로 볼 때, 제3기의 초기 이후에는 조개 군(群)의 종의 수가, 그 시대의 중기 이후에는 포유류의 종의 수가 거의 또는 전혀 증가하지 않은 것은 무엇 때문일까? 어떤 지역에 수용될 수 있는 생명의 양—종의 형태를 의미하는 것은 아니다—은 사실상 물리적 환경에 좌우되고 있는 까닭에, 어떤 한계가 있을 것이다. 그러므로 어떤 지역에 매우 많은 종이 살고 있다면, 각각의 종은 소수의 개체에 의해 대표될 것이고, 그러한 종은 계절의 성질 또는 그들의 적(敵)의 수가 우연히 변동하는 데 따라 쉽게 소멸할 수 있다. 이런 경우 그 소멸 과정은 매우 빠르겠지만, 반면에 새로운 종의 생산은 언제나 서서히 이루어질 것이다. 영국의 경우처럼 종의 수가 극단적으로 많은 경우를 생각해 보자. 전에 없던 추위가 극심한 겨울이나 가뭄이 심한 여름은 몇 백만의 종을 소멸시킬 것이다. 만일 어떤 나라의 종의 수가 무한히 증가한다면 각각의 종은 그 수가 매우 적어질 것이다. 이 희소한 종은 앞에서 설명한 원칙에 의해 어떤 일정한 시기에 유리한 변이가 나타나는 일은 거의 없을 것이다. 어떤 종이 그 수가 극히 적어지면 근친 간의 상호교잡이 그 소멸을 돕게 된다. 몇몇 저자들은 리투아니아(Lithuania)의 들소, 스코틀랜드의 붉은 사슴, 노르웨이의 곰 등이 소멸하는 과정에 이 근친상간이 작용했다고 말한다.

끝으로 이것은 내가 가장 중요한 요소 가운데 하나라고 생각하는 것인데, 그 지방에서 이미 많은 경쟁자를 물리친 우세한 종은 널리 번식하여, 다른 많은 종들을 구축하려는 경향을 갖게 된다. 알퐁스 드 캉돌은 이처럼 널리 번식된 종이 여러 지역에서 다른 많은 종들을 구축하고 소멸시킴으로써 전 세계에서 종의 형태가 지나치게 증가하는 것을 방해하는 경향이 있음을 증명한 바 있다. 후커 박사는 최근에 지구상의 각 지방에서 많은 생물이 침입해 온 호주 동남 지역에서는 호주 토착종의 수가 매우 줄었다고 발표한 바 있다. 이와 같은 여러 가지 이유를 우리가 얼마나 신뢰해야 할 것인가에 대해서는 확실하게 말할 수 없지만 이상의 모든 것을 종합해 볼 때, 어느 나라에서나 종의 형태가 무한히 증가하려는 경향이 억제되고 있음은 틀림없다.

간추림

생물이 긴 세월 동안 변화하는 생활환경 속에서 그 체제의 각 부분에서 개체 차이를 나타낸다고 가정해 보자. 또 그 기하급수적인 증가율에 따라 어떤 형태나 계절 또는 그 해에 극심한 생존 경쟁이 일어나고 그때는 모든 생물 상호 간의 생활환경에 대한 관계의 무한한 복잡함이 그러한 생물들에 유리하도록 구조·체질·습성에 무한한 변화를 일으킨다고 하자. 인간에게 쓸모 있는 변이가 많이 일어난 것과 마찬가지로 생물마다 자신의 번영을 위해 유용한 변이가 일어나지 않는다고 가정한다면, 이런 것만큼 이상한 일은 없으리라고 생각한다. 분명 이것은 있을 수 없는 가정에 불과하다.

그러나 만일 어떤 생물에게 쓸모 있는 변이가 일어난다면, 이러한 형질을 가진 개체는 틀림없이 생존 경쟁에서 보존되는 가장 좋은 기회를 얻게 될 것이다. 그리고 유전이라는 강력한 원리에 따라, 그들 개체는 똑같은 형질을 가진 자손을 생산하는 경향을 나타내게 된다. 이러한 보존의 원리 또는 적자생존의 원칙을 나는 '자연선택'이라고 명명했다. 자연선택은 각 생물을 유기적, 무기적 생활환경과의 관계에서의 개량을 뜻하며, 따라서 대부분의 경우 체제의 진보라고 할 수 있는 방향으로 나아가게 된다. 그럼에도 단순한 하등 형태도, 만일 그 단순한 생활환경에 적응하면 언제까지나 그들의 생활을 유지해 갈 수 있을 것이다.

자연선택은 이러한 성질이 해당되는 나이에 유전해 간다는 원칙에 입각하여, 알과 씨앗과 새끼를 성체(成體)와 마찬가지로 쉽게 변화시켜 갈 수 있다. 대부분의 동물에게 성선택은 가장 힘이 세고 또 가장 잘 적응한 수컷이 최대다 수의 자손을 가지도록 보장함으로써 일반적인 선택을 도울 것이다. 또한 성선 택은 수컷이 다른 수컷과 경쟁하기 위해서만 쓸모 있는 형질을 남겨준다. 그리 고 이러한 형질은 그 당시의 유리한 유전 형식에 의해 한 성(性) 또는 양성(兩性) 에 전해진다.

자연선택이 실제로 자연계에서 생물의 다양한 종류를 변화시키고, 수많은 조건과 토지에 적응시키는 데 작용했는지의 여부는 뒤에 나오는 여러 장에서 얘기할 증명의 대요(大要)와 비교 고찰을 통해 판정되어야 한다. 그런데 우리는 이미 자연선택이 어떻게 하여 소멸을 가져오는가를 살펴보았고, 또 얼마나 광 범위한 소멸이 세계 역사에 작용했는지에 대해서는 지질학이 뚜렷이 밝혀주고 있다.

자연선택은 형질의 분기를 낳는다. 왜냐하면 생물이 그 구조, 습성, 체질에 따라 더욱 많이 분기하면 할수록 생존 경쟁에서 성공할 기회는 그만큼 많아지 기 때문이다. 그 증거는, 좁은 지역에 사는 생물이나 귀화식물을 조사해 보면 찾을 수 있다. 그런 까닭으로 어떤 종의 자손이 변해가는 사이나, 모든 종이 개 체수를 늘리려고 늘 투쟁하는 가운데 다양화한 자손일수록 생존 경쟁에서 살 아남을 가능성이 크다. 그리하여 같은 종의 변종을 구별하는 작은 차이는 그들 이 같은 속, 더 나아가서는 다른 속의 종들 사이의 차이가 같아질 때까지 증가 하는 경향이 있다.

가장 많이 변이하는 것은 각각의 강 중에서 큰 속에 속하며, 보편적이고 널 리 전파되어 분포 구역이 넓은 종이라는 사실을 알았다. 그런 종은 자신을 그 지역에서 유리하게 만든 장점을 그들의 변화된 자손에게 전달하는 경향이 있 다. 앞에서 설명한 것처럼 자연선택은 형질의 분기를 불러일으키고, 또 그리 개 량되지 않은 중간적 생물의 종류를 많이 절멸시킨다. 이러한 원칙으로 모든 생 물의 유연관계의 본질을 설명할 수 있으리라고 나는 확신한다.

모든 동식물이 모든 시간과 공간을 통해, 어디서나 볼 수 있는 것처럼 어떤 군은 다른 군에 종속하는 것처럼 서로 유연관계를 가지고 있다. 같은 종의 변 종은 가장 밀접하게 관계되고 같은 속의 종들은 그보다 조금 관계가 적은 부 등(不等)의 관계를 가진 절(節)과 아속(亞屬)을 형성한다. 이것은 다른 속의 종과는 근연성이 떨어진다. 여러 속이 아과·과·목·아강 및 강이라는 유연관계를 형성하는 것은 참으로 놀랄 만한 사실이다. 다만 우리는 이러한 사실에 너무나 익숙해져서 그 경이를 잊어버리는 경향이 있다. 어떤 강에서도 거기에 종속되는 수많은 군을 일렬(一列)로 늘어놓을 수는 없다. 어떤 군은 몇 개의 점을 중심으로 뭉치고, 또 어떤 군은 다른 여러 점을 중심으로 뭉쳐서 거의 무한하게 둥근 원(圓)을 그리면서 진행되는 것처럼 생각된다. 만일 종이 독립적으로 창조된 것이라고 한다면, 이러한 분류에 대해서는 설명할 수 없을 이것은 우리가 도표에서 살펴본 것처럼, 형질의 소멸과 분기를 수반하는 유전과 자연선택의 여러 가지 복잡한 작용으로 설명할 수 있다.

같은 강 안의 모든 생물의 유연관계는 때로는 한 그루의 커다란 나무에서 나타난다. 나는 이 비유가 진리와 매우 가까운 것이라고 생각한다. 새파랗게 싹이 트고 있는 가지는 현존하고 있는 종을 나타낸다. 오래된 가지는 멸절종에 해당한다. 각 성장기마다 성장하고 있는 모든 어린 가지는 여러 방향으로 가지를 뻗어, 마치 종과 종의 군이 생존 경쟁을 통해 언제나 다른 종을 제압했던 것처럼 주위의 어린 가지를 압도하며 그것을 멸망시키려고 한다. 이것은 살아남기 위한 투쟁으로 한 종이 다른 종을 제압하려는 것과 같다.

큰 가지로 나누어진 줄기와 더욱 작은 가지로 나누어지는 가지도 과거 그 나무가 어렸을 때 싹을 틔운 작은 가지였다. 과거의 싹과 현재의 싹이 분기된 가지에 의해 연결되는 것은 모든 절멸종과 현생종이, 어떤 종류가 다른 종류에 종속하는 식과 같이 분류되어 가는 모습을 잘 나타내고 있다. 나무가 아직 어렸을 때 번창한 많은 가지 중에서 현재와 같은 큰 가지로 성장한 것은 고작 2, 3개에 지나지 않으며, 그것은 생존하여 다른 가지를 싹트게 한다. 아주 오랜 지질시대에 살았던 종도 이와 마찬가지로 오늘날까지 생존해 있는, 변화한 자손을 남긴 것은 극소수에 지나지 않는다.

이 나무가 자라기 시작했을 때부터 많은 가지의 줄기가 시들어 떨어졌다. 이 떨어진 가지들은 우리에게 화석 상태로만 알려져 있는 여러 목·과·속을 나타낸다. 곳곳에서 볼 수 있는 것처럼, 나무의 아래쪽 큰 가지에서 어떤 기회를 얻어 분기한 뒤 여기저기 연약하게 흩어져 그 꼭대기에서 아직 살아 있는 가지도 있다. 이와 마찬가지로 오리너구리 또는 폐어속(肺魚屬)과 같이 어느 정도의 유연관계를 통해 두 개의 커다란 생물의 분지(分枝)를 결합하는 것으로, 보호된 장소에서 살아온 까닭에 치명적인 경쟁을 모면한 것으로 생각되는 동물을 이따금 볼 수 있다. 싹은 성장을 통해 새로운 싹을 만들고 그들의 세력이 강하면 다시 가지를 쳐서 모든 방면에서 다른 연약한 가지들을 능가해 버린다. 이와 마찬가지로, '생명의 큰 나무'도 세대를 거듭하면서 죽어서 떨어진 가지로 지각을 채우고, 계속 분기하는 아름다운 가지들로 지표를 뒤덮을 것이라고 나는 믿는다.

5장 변이의 법칙

외적 조건의 효과—용불용(用不用)과 자연선택—비상기관과 시각기
관—기후 적응—성장의 상호작용—성장의 대가와 절약—거짓관계—중
복된 구조, 흔적 같은 구조, 완성도가 낮은 구조는 변이하기 쉽다—비정상
적으로 발달한 기관은 변이하기 쉽다—종 특유의 형질은 속 특유의 형질
보다 변이하기 쉽다—2차 성징은 변이하기 쉽다—동속의 종은 유사하게
변이한다—오랫동안 잃고 있었던 형질로 되돌아가기—간추림

외적 조건의 효과

나는 지금까지 이따금 변이—그것은 사육재배되는 생물에서는 매우 보편적
이고 다양하며, 자연 상태에서는 그보다는 정도가 좀 낮다—는 우연한 기회
에 의해 이루어지는 것처럼 설명해 왔다. 물론 이것은 결코 정확한 표현이라고
는 할 수 없지만, 어떤 특수한 변이의 원인에 관한 우리의 무지를 솔직히 인정
하는 데는 도움이 된다.

어떤 학자는 개체적인 차이 또는 경미한 구조의 편차를 만드는 것은, 자손이
부모를 닮는 것과 같은 생식계통의 기능이라는 것을 믿고 있다. 그러나 변이와
기형이 자연 상태에서보다는 사육상태에서 더 많이 발생한다. 그리고 넓은 분
포 구역을 가진 종의 변이성은 분포 구역이 좁은 종의 변이보다 크다. 따라서
일반적으로 변이성이 각각의 종이 몇 세대를 거듭하는 동안 영향을 받게 되는
생활조건의 성질과 관련이 있다는 결론을 이끌어낼 수 있다.

1장에서는 생식계통에 상태의 변화가 두 가지 방법으로 작용한다는 것을 증
명하고자 했다. 즉 모든 체제 또는 어떤 일부에만 직접적으로, 그리고 생식계
통을 통해 간접적으로 작용한다는 것을 말하고자 한 것이다. 모든 경우에는
두 가지 요소가 있다. 즉 생물 자체의 성질—두 가지 가운데 이것이 더 중요하

다—과 생활상태의 성질이 바로 그것이다.

상태변화에 대한 직접적인 작용은 확정 또는 불확정한 결과로 이끈다. 불확정한 경우 체제는 가소적이 되며, 많은 일정하지 않은 변이성이 나타난다. 또 확정된 결과에 따라 생물의 성질이 어떤 상태에 예속될 때는 거기에 바로 복종하며, 모든 또는 거의 모든 개체는 같은 방법으로 변이하게 된다.

기후, 먹이 등과 같은 환경의 변화가 얼마나 직접적인 작용을 미치는가를 결정하는 것은 매우 까다로운 일이다. 그 영향은 동물의 경우에는 매우 적으나 식물의 경우에는 클지도 모른다. 그러나 우리는 자연계를 통해 볼 수 있는 매우 많은 생물 사이의 수많은 복잡한 구조상의 상호적응(相互適應 ; Co-adaptation)은, 단순히 그러한 작용에 귀착시킬 수 없다는 결론을 쉽게 이끌어낼 수 있다.

다음과 같은 경우에는 생활상태가 경미한 어떤 확정적 효과를 만들어낼 수 있다. 즉 포브스(E. Forbes)에 의하면, 남쪽의 해안이나 얕은 물에 서식하고 있는 조개는 그보다 더 북쪽이나 깊은 곳에 서식하는 조개보다 밝은 색채를 띠고 있다고 단언했지만, 반드시 그렇다고는 할 수 없다. 굴드(Gould)는 같은 종에 속하는 조류라도 공기가 맑은 곳에 있는 것은 섬이나 해안에서 살고 있는 것보다 더욱 밝은 색을 띤다고 믿고 있다. 또한 울러스턴(Wollaston)은 곤충도 해안 가까운 곳에 살게 되면 몸 색깔까지도 그 영향을 받는 것으로 생각하고 있다. 모퀸탄동(Moquin-Tandon)은 다른 곳에서는 그렇지 않으나 해안 근처에서 싹튼 것은 어느 정도 잎이 두꺼워지는 식물을 열거한 적이 있다. 이처럼 조금씩 변이하는 생물은, 그와 같은 환경에 구속받는 종들이 가지고 있는 것과 유사한 성질을 나타낸다는 점에서 우리의 흥미를 끈다.

어떤 종의 변종이 다른 종의 서식지로 옮겨가면 기존에 서식하던 것과 같은 형질을 띠게 되는 경우가 많다는 것은 이미 알려진 바와 같다. 이 사실은, 종이란 현저한 특징을 갖는 영속적인 변종에 불과하다는 것을 말해준다. 예를 들어, 열대지방의 수심이 낮은 바다에서만 서식하는 조개는 추운 바다의 깊은 물에 사는 조개보다 일반적으로 선명한 색을 띤다. 굴드에 따르면 대륙에서만 생식하는 새는 섬에서 생식하는 새보다 색이 선명하다고 한다. 바닷가에 사는 곤충에게 황동색을 띤 것이 많다는 것은 곤충 수집가들의 상식이다. 바닷가에서만 생육하는 식물에게는 다육질인 것이 많다.

이러한 사실에 대해 종의 개별 창조를 믿는 자들은, 예를 들어 그런 조개는 그런 색을 띠도록 창조되었다고 주장할 것이다. 그러나 분포역을 넓힌 다른 조개에 대해서는 더 따뜻한 바다나 얕은 바다로 분포 영역을 넓혔을 때 변이가 발생하고 선명한 색깔이 되었다고밖에 할 수 없을 것이다.

변이가 어떤 생물에 대해 매우 적은 이익밖에 주지 않을 때는 그것을 어느 정도까지 자연선택의 축적 작용으로 돌릴 것인지, 또 어느 정도까지 생활상태의 직접적인 작용으로 돌릴 것인지 분명하게 말할 수는 없다. 모피업자들은 같은 종의 동물이라도 북쪽에 사는 것일수록 모피가 두껍고 질이 좋다는 것을 알고 있다. 이러한 개체 차이의 어디까지를 몇 세대 동안 따뜻한 지역에서 살아온 개체의 혜택과 보존에 귀착시킬 것인지, 또 어디까지를 매우 추운 기후의 작용으로 귀착시킬 것인지 누가 알 수 있겠는가? 왜냐하면, 기후는 우리가 사육하는 가축의 털에 대해 어떤 직접적인 작용을 하는 것으로 생각되기 때문이다.

아주 다른 외적 환경 속에서 같은 종으로부터 같은 변종이 형성되는 예도 있고, 이와는 반대로 뚜렷하게 같은 외적 환경 속에서 서로 다른 변종이 형성되는 예도 있다. 더욱이 정반대인 기후 속에 생활하면서 충실히 그 종을 지켜왔거나, 아주 변이하지는 않은 종의 수많은 예는 모든 내추럴리스트들이 이미 알고 있는 바와 같다. 이러한 고찰들은 나로 하여금, 주위 환경의 직접적인 작용보다 우리가 전혀 모르는 어떤 원인에 기인한 변이의 경향에 중점을 두게 한다.

어떤 점에서 볼 때 생활조건은 직접적으로나 간접적으로 변이성을 일으킬 뿐만 아니라 자연선택도 함께 포괄한다고 할 수 있다. 그것은 A 또는 B의 변종 가운데 어느 것이 생존할 것인가를 결정짓는 것은 생활환경이기 때문이다. 그러나 인간이 선택자인 경우에는, 이 두 가지 변화 요소가 구별되는 것을 뚜렷이 볼 수 있다. 변이성은 어떤 방법에 의해 자극된 것이지만, 그 변이를 어떤 일정한 방향으로 축적하는 것은 인간의 의지이다.

그런 까닭에 자연 속에서 적자생존에 해당하는 것도 이 후자의 경우라고 할 수 있다.

용불용의 작용

1장에서 설명한 사실에 의해 가축의 경우 사용하는 부분은 강하고 커진다는 것, 사용하지 않는 부분은 작아진다는 것, 그리고 이러한 변화가 유전한다는 것은 거의 틀림없는 사실이라고 나는 생각한다. 그 변화가 유전한다는 것 또한 의심할 나위가 없다. 자유로운 자연 상태에서는 조상의 형태를 모르는 까닭에, 오래 계속된 사용 또는 사용하지 않음에 따른 작용을 판정할 수 있는 비교기준을 세울 수가 없다. 많은 동물들은 사용하지 않음에 따른 결과로서 설명할 수 있는 구조를 가지고 있다.

오언(Owen) 교수가 지적한 바와 같이 자연계에는 날지 못하는 새만큼 기이한 것이 없다. 그러나 실제로 날지 못하는 새는 많다. 남아메리카에 서식하는 바다거북오리(logger-headed duck)는 수면을 때리면서 나아갈 수 있을 뿐, 그 날개는 에일즈버리(Aylesbury)라고 하는 집오리와 거의 같은 정도로 빈약하다. 커닝엄(Cunningham)에 의하면, 이 새는 성장하면 나는 힘을 잃어버리지만 어렸을 때는 날 수 있다고 하는데 이것은 주목할 만하다. 땅 위에서 먹이를 구하는 큰 새는 위험을 피할 때 말고는 거의 날지 않기 때문에 맹수가 살지 않는 대양의 많은 섬에 살고 있다. 또 최근까지 살았던 몇 종의 조류는 거의 날개가 없는 상태나 마찬가지이다. 이렇게 된 이유가 날개를 쓰지 않았기 때문이라는 것은 사실인 것 같다. 실제로 타조는 대륙에 살고 있어서 난다 해도 위험을 피할 도리가 없으나, 비교적 작은 네발짐승처럼 적에게 효과적으로 발길질을 함으로써 자신을 방어할 수 있다. 타조속의 조상은 버스타드(bustard)[1]와 같이 나는 습성을 갖고 있었지만, 세대를 거듭하는 동안 몸의 크기와 무게가 늘어나 다리는 더 많이 사용하고 날개는 덜 사용함으로써 마침내 전혀 날지 못하게 된 것이라고 생각한다.

커비(Kirby)가 지적한 바에 따르면—나 자신도 같은 사실을 관찰했지만—, 똥을 먹는 수컷 장수풍뎅이(dung-feeding beetles)의 발목마디가 없어지는 경우가 흔히 있다. 그는 자신이 수집한 17개의 표본을 조사해 보았지만, 발목마디의 흔적이 남아 있는 것은 단 한 마리도 없었다고 한다. 오니테스 아펠레스(Onites

---

1) 유럽 및 아프리카산 능에과의 새.

apelles)에는 발목마디가 소멸된 것이 대부분이어서 이 곤충은 발목마디가 없는 것으로 기록될 정도이다. 다른 어떤 속에서는 발목마디가 있기는 하지만 몹시 퇴화했다. 이집트인들의 이른바 신성갑충(神聖甲蟲)인 아테우커스(Ateuchus)는 발목마디가 전혀 없다.

우연한 불구(不具)가 유전된다는 증거는 없다. 브라운 세카르(Brown Séquard)가 모르모트에서 관찰한, 수술의 결과가 유전된다고 하는 놀라운 사실은, 우리가 경솔하게 이 경향을 부정해 버리는 것에 대해 주의를 환기한다. 그러므로 아테우카스의 발목마디가 모두 없어지고, 다른 어떤 속에서는 불완전한 발육 상태인 것은 불구가 유전된 것이 아니다. 이것은 오랫동안 계속된 사용하지 않은 결과에 따른 것이라고 보아야 할 것이다. 똥을 먹는 대부분의 갑충은 발목마디가 거의 사라졌다. 그것은 어린 시기에 잃어버린 것이 틀림없다. 따라서 발목마디는 이러한 곤충의 경우에는 그다지 중요하지 않았고, 또 많이 사용되었을 리가 없기 때문이다.

어떤 경우에는, 완전히 또는 주로 자연선택에 의해 일어난 구조상의 변화를 사용하지 않은 때문이라고 쉽사리 결론 내리는 일이 있다. 울러스턴은 마데이라섬에 서식하는 갑충 550종—현재는 더 많이 알려져 있지만—가운데 220여 종은 전혀 날지 못할 정도로 날개가 불완전하고, 고유의 속 29개 가운데 23속은 그 모든 종이 날 수 없는 상태라는 것을 발견했다. 또한 몇 가지 사실—즉 세계의 여러 지방에 살고 있는 갑충은 흔히 바람에 날려 바다로 가서 죽는다. 울러스턴이 관찰한 바에 의하면 마데이라섬에 사는 갑충은 바람이 자고 해가 비칠 때까지 숨어 있다. 또 노출되어 있는 데저타스(Desertas) 지방이 마데이라섬보다 갑충이 더 많다. 그리고 울러스턴이 강조하듯이 다른 고장에서 그 수가 매우 많고 날개의 사용이 절대적으로 필요한 갑충 무리가 이 지방에는 거의 없다는 것은 참으로 놀라운 사실이다.

마데이라섬의 수많은 갑충이 날개 없는 상태에 있는 것은 주로 자연선택의 작용에 의한 것이지만, 아마 사용하지 않고 있었던 것도 관련되어 있음을 믿게 해주었다. 왜냐하면 오랫동안 세대가 거듭하면서 날개의 발달이 극히 불완전했거나, 혹은 그 게으른 습성으로 인해 나는 일이 가장 적었던 각 개체는 바다로 날려가지 않고 생존하는 기회를 많이 얻었을 것이다. 그리고 가장 잘 나는 개체는 바다로 날려가는 일이 많아 그로 인해 멸종해 버렸을 것이다.

땅 위에서 먹이를 구하지 않고 꽃에서 먹이를 구하는 어떤 초시류(鞘翅類)[2]와 인시류(鱗翅類)처럼 먹이를 찾기 위해 언제나 날개를 사용해야 하는 마데이라섬의 곤충은, 울러스턴이 관찰한 바와 같이 날개가 확대되어 있다. 이것은 모두 자연선택의 작용과 일치하는 사실이다. 왜냐하면 이 섬에 새로운 갑충이 처음 도착했을 때는, 날개를 축소 또는 확대시키는 자연선택의 경향은 비교적 다수의 개체가 바람과 계속 싸워서 이기느냐, 아니면 바람과의 싸움을 포기하고 거의 날지 않느냐, 또는 전혀 날지 않고 사느냐에 따라 결정되기 때문이다. 마치 해안 부근에서 난파한 선원처럼 헤엄을 잘 치는 사람이면 가급적 멀리 헤엄쳐 가는 것이 좋지만, 반대로 헤엄을 전혀 칠 줄 모르는 사람일 경우에는 그냥 난파선을 붙들고 있는 게 더 유리한 것과 같은 이치이다.

두더지나 땅굴을 파고 사는 설치류(齧齒類)[3]는 눈이 흔적만 남아 털과 피부로 온통 덮여 있는 경우도 있다. 이러한 상태는 일반적으로 사용하지 않아 일어난 점차적인 퇴화로 생각하지만, 아마도 여기에 자연의 어떤 작용이 영향을 미쳐 이를 가속화했을 가능성이 있다. 남아메리카의 투코투코, 즉 크테노미스(Ctenomys)라는 땅구멍에 서식하는 설치류는 두더지보다 더 깊은 지하에서 사는 습성이 있는데, 나는 그것을 종종 잡은 적이 있는 스페인 사람에 의해 투코투코가 흔히 눈이 멀었다는 것을 확인할 수 있었다. 내가 산 채로 잡은 한 마리는 분명히 눈이 먼 상태였는데, 해부해본 결과 눈꺼풀의 염증이 그 원인임을 알 수 있었다.

흔히 눈에 염증이 생기는 것은 어느 동물에게나 해로운 일이며, 더욱이 땅속에 사는 습성을 가진 동물에게는 그 눈이 반드시 필요한 것은 아니므로 그 크기가 작아지고, 동시에 눈꺼풀이 들러붙고 털이 자라서 그것을 덮는 것은 이런 경우에는 오히려 이로울 수도 있다. 만약 그렇다면 자연선택은 불용의 작용, 다시 말해 사용하지 않는 쪽으로 끊임없이 돕게 되는 것이다.

카르니올라와 켄터키의 동굴에 서식하는 매우 다양한 강에 속하는 많은 동물들이 눈이 멀었다는 것은 이미 널리 알려진 사실이다. 어떤 게는 눈은 없어

---

2) 갑충 또는 딱정벌레라고 함.
3) 척색동물 포유강의 한 목을 이루는 동물군. 쥐류라고도 함.

졌지만 눈자루는 남아 있는데, 이것은 렌즈가 달린 망원경은 없어지고 망원경을 받치는 대(臺)만 남아 있는 것과 같다. 어둠 속에서 서식하는 동물의 경우, 눈은 쓸모없는 것이지만 어떤 점에서 유해하다고 상상하기는 어렵기 때문에 눈이 없어진 것은 불용에 의한 것이라고 해도 무방하다.

눈먼 어떤 동물, 즉 굴쥐(Neotoma) 두 마리가 동굴 입구에서 반마일쯤 떨어진 그리 깊지 않은 곳에서 실리만(Silliman) 교수에게 잡혔는데, 그들의 눈은 크고 광채가 있었다. 내가 그 교수에게 들은 바에 의하면, 그 동물은 1개월가량 점차 강한 광선을 받은 뒤 몽롱하기는 하지만 물체를 구별할 수 있었다고 한다―이것은 잘못된 것임이 뒷날 밝혀졌다―. 앞서 살펴본 바와 같이 마데이라섬에서는 일부 곤충의 날개가 용불용의 영향과 자연선택 작용에 따라 커지거나 또는 작아졌다. 굴쥐의 경우도 자연선택의 작용으로 빛이 감소함에 따라 눈을 크게 만든 것이라고 생각한다. 또 동굴에 사는 다른 동물은 모두 불용의 영향으로 눈을 잃은 것이라 생각한다.

거의 비슷한 기후의 깊은 석회석 동굴만큼 생활 조건이 비슷한 장소를 생각해내는 건 어려운 일이다. 따라서 이러한 눈먼 동물이 미국이나 유럽의 동굴에서 따로따로 창조되었다는 낡은 견해에 따른다면, 그러한 체제의 밀접한 유사성과 유연관계를 마땅히 기대할 수 있을 것이다. 그러나 동굴에 서식하는 대부분의 동물은 결코 그렇다고 할 수 없다. 한편 곤충에 국한해서 시외테(Schiödte)는 다음과 같이 말했다.

"그리하여 우리는 어떠한 관점에서 보더라도 이 현상 전체는 오로지 지방적인 것이라고 할 수밖에 없다. 이것은 또 켄터키에 있는 매머드(Mammoth) 동굴과 카르니올라 동굴 사이에 그 일부의 생물에 나타난 유사성, 유럽과 북아메리카의 동물 사이에서 일반적으로 나타나는 유사성의, 매우 뚜렷한 표시라고밖에 달리 생각할 수 없다".

내가 관찰한 바에 의하면, 미국의 동물은 거의 대부분 보통의 시력은 가지고 있으므로 유럽의 동물이 그곳 동굴에 들어갔던 것처럼, 세대가 거듭함에 따라 외부 세계에서 켄터키 동굴의 더 깊은 곳으로 천천히 이동해 들어간 것으로 상상하는 수밖에 없다.

이러한 습성의 점차적인 변화에 대해 우리는 몇 가지 증거를 가지고 있다. 시외테는 다음과 같이 진술하고 있다.

"그리하여 동물들이 서식하던 땅속을 지리적으로 한정된 그 인접 지역의 동물상(動物相)이 침입하여 번식함에 따라 주변 환경에 적응하게 된 작은 분화(分化)로서의 지하 동물 구역으로 본다. 먼저 일반적인 형태와 별로 다르지 않은 동물이 밝은 곳에서 어두운 곳으로 이동할 준비를 갖춘다. 그리고 약간 어두운 곳에 적응하는 구조가 형성되고, 그 다음에는 완전히 어둠 속에서의 생활에 적응하여 마침내 완전히 특수한 구조로 나타나는 것이다."

여기서 우리가 이해해야 하는 것은, 이 시외테의 견해는 같은 종이 아닌 다른 종에 적용된다는 사실이다. 어떤 동물이 무수한 세대를 거듭한 끝에 동굴의 가장 깊은 곳에 이르렀을 때는, 이 견해에 의하면 눈은 불용(不用)에 의해 완전히 없어져야 한다. 그리고 자연선택에 의해 그 눈먼 상태에 대한 보상으로서 더듬이가 생기고 수염이 길어지는 등의 다른 변화가 일어날 것이다.

이러한 변화에도 우리는 여전히 아메리카의 동굴동물과 대륙의 다른 동물의 유연관계, 또 유럽의 그것과 유럽대륙의 다른 동물의 유연관계를 예상할 수 있다. 내가 다나(Dana) 교수에게서 들은 이야기에 의하면, 이것은 실제로 미국의 동굴동물에서 볼 수 있다는 것이다. 유럽의 동굴곤충 가운데 어떤 것은 인접한 지역에 서식하는 곤충과 매우 비슷한 것이 있다.

이 두 대륙에서의 눈먼 동굴동물과 다른 동물의 관계를, 그들이 독립적으로 창조되었다는 일반적인 견해로 설명하기는 매우 어렵다. 구대륙과 신대륙의 여러 동굴에 사는 수많은 생물이 서로 밀접한 관계가 있다는 것은, 두 대륙의 다른 생물 대다수에 대해 널리 알려진 관계에서 예측할 수 있다. 배디시아(Bathyscia)의 한 눈먼 종이 그 동굴에서 떨어진 그늘진 바위에서 많이 발견되는 것을 볼 때, 이 한 속의 동굴종이 시력을 상실한 것은 그들이 서식하는 어두운 장소와는 관계가 없는 것 같다. 왜냐하면, 이미 시력을 잃은 곤충이 어두운 동굴에 쉽게 적응하는 것은 자연스러운 일이기 때문이다. 또 다른 맹목(盲目)속은 머리(Murray)가 이미 관찰한 바와 같이, 아직 동굴 외의 다른 어떤 장소에서도 발견되지 않았다. 그러나 미국과 유럽의 몇몇 동굴에서 서식하고 있는 것들은, 종은 다르지만 그 여러 종의 조상은 지난날 아직 눈을 보존하고 있었을 때 두 대륙에 전파된 것으로, 뒤에 현재 살고 있는 곳 말고는 절멸해 버렸을 거라고 추정할 수 있다. 나는 아가시(Agassiz)가 맹목어(盲目魚)인 앰블리옵시스(Amblyopsis)나 또 유럽의 파충류(爬蟲類) 가운데 눈먼뱀장어(Proteus)의 경우와 같이 동굴동물의 어떤 종이 이상형태(異常形態)를 하고 있는 것은 조금도 놀랍지 않다. 그러나 어두운 곳에 사는 소수의 동물들이 겪었을 것이 거의 확실한 경쟁이 그다지 치열하지 않았던 까닭에, 고대생물의 유물이 별로 남아 있지 않다는 사실에는 놀라지 않을 수 없다.

기후 적응

개화기, 그리고 씨앗이 싹트는 데 필요한 강우량, 휴면(休眠) 시간 등의 식물의 습성은 유전한다. 따라서 기후 적응에 대해 몇 마디 언급해두기로 한다.

같은 속에 속하는 다른 종이 각각 열대와 한대에서 사는 것은 매우 흔한 일이다. 같은 속의 모든 종이 단일한 조상종(Parentform)에서 유래한다고 생각할 때, 기후 적응은 오랜 세대에 걸쳐 쉽게 이루어졌을 것이다. 개개의 종이 서식지의 기후에 적응한다는 것은 누구나 알고 있는 사실이다. 극지방의 종이나 온대의 종은 열대 기후를 견디지 못할 것이고, 그 반대의 경우도 마찬가지이다. 또한 많은 다즙식물(多汁植物 ; succulent)은 습기가 많은 것도 견디지 못한다. 그러나 종이 그들이 살고 있는 장소의 기후에 어떻게 적응하고 있는지에 대해서는 민감하게 보는 경향이 있다. 우리는 수입 식물이 영국의 기후를 견뎌내는지 못하는지를 예측할 수 없으며, 좀 더 따뜻한 곳에서 들어온 많은 동식물이 영국에서 완전하게 성장하고 있다는 점에서 지나치게 집중하게 되는지도 모른다.

자연 상태에서의 종의 분포역을 한정하고 있는 요인 가운데 하나는 특정한 기후에 적응하는 것이다. 그와 동시에, 또는 그 이상으로 다른 생물과의 경쟁에 의해 그 분포 구역이 제한되어 있다고 믿을 만한 이유가 있다. 그러나 그 적응은 일반적으로 매우 밀접하든 그렇지 않든, 어떤 소수의 식물이 어느 정도까지 다른 온도에 익숙해지거나 기후에 대한 적응이 일어난다는 증거를 가지고 있다. 그리하여 후커 박사는 히말라야 산중의 제각기 다른 고도에서 자라는 나무에서 채집한 씨앗을 뿌려서 얻은 소나무와 진달래는, 추위를 견딜 수 있는 체질적인 힘이 다르다는 것을 발견했다. 스웨이트(Thwaites)는 세일론섬에서도 똑같은 사실을 관찰했다고 나에게 알려주었고, 또 비슷한 사실이 H.C. 왓슨에 의해, 아조레스(Azores) 제도에서 영국으로 반입한 유럽종 식물에서도 관찰되었다.

동물의 경우에는 유사시대(有史時代)에 들어선 뒤 분포 구역이 온대지방에서 한대지방으로, 또는 그 반대로 크게 확대된 종에 대해 확실한 예를 몇 가지 들 수 있다. 그러나 우리는 이러한 동물들이 그 땅의 기후에 엄밀하게 적응한 것인지 아닌지 확실하게 알고 있는 것은 아니다. 다만 일반적인 경우에는 늘 그렇다고 추정할 뿐이다. 또 우리는 그러한 동물이 나중에 새로운 서식지에 순화했는지 어떤지 알고 있는 것도 아니다.

본디 가축이 야만인에 의해 선택된 것은 그 동물들이 쓸모 있고 또 쉽게 번식하기 때문이지, 먼 곳까지 데리고 갈 수 있다는 것을 알았기 때문은 아니다. 그러므로 가축은 다른 기후에 견딜 수 있을 뿐만 아니라 그러한 기후 속에서 완전히 생식이 가능하다는—이것은 훨씬 엄격한 조건이다—공통적인 능력이 있다. 이러한 성질은, 다음과 같은 사실의 논증에 이용할 수 있을 것이다. 그것은 현재 자연 상태 속에 있는 다른 많은 동물들을 아주 다른 기후에 쉽게 적응시킬 수 있다는 것이다.

그러나 가축 중에는 다수의 야생종에 기원을 둔 것이 확실한 것도 있으므로, 이러한 논의를 지나치게 극단적으로 발전시킬 수는 없다. 예를 들어 열대와 극지의 늑대 또는 야생개의 피가 사육 품종에 섞여 있는 것은 거의 확실한 듯하다—현재는 야생 늑대를 유일한 원종으로 보고 있다—. 쥐와 생쥐는 가축으로 생각할 수는 없으나, 그것은 인간에 의해서 세계 곳곳에 옮겨져 지금은 어떤 다른 설치류보다 더 넓은 분포 구역을 가지고 있다. 그것은 이 쥐들이 북쪽으로는 페로(Faroe) 제도나 남쪽으로는 포클랜드(Falkland) 제도의 한랭한 기후에서 살고 있고, 열대지방의 많은 섬에도 살고 있는 것으로 알 수 있다.

그래서 나는 특수한 기후에 대한 적응이라는 것은, 대부분의 동물에 공통적으로 내재하는 체질의 광범위한 가소성에 의해 쉽게 뿌리내릴 수 있는 성질로 보고 있다. 이러한 견지에서 볼 때 인간 자신 또는 가축이 매우 다른 기후를 견딜 수 있는 능력과 코끼리와 코뿔소의 현생종이 모두 열대성 또는 아열대성의 습성인데도 과거의 종은 빙하시대의 기후도 견뎌왔다는 사실은, 비정상적인 것이 아니다. 이것은 매우 일반적인 체질의 가소성이 특수한 환경에서 작용하게 된 예로 보아야 할 것이다. 또 이것은 단순히 어느 생물에게도 공통되는 체질이 특별한 환경 속에서 유연성을 발휘한 예에 불과하다.

특수한 기후에 대한 종의 순화는 어디까지를 단순한 습성으로 볼 것인가. 또 어디까지를 각각 다른 체질을 지니고 태어난 변종의 자연선택이 작용한 결과로 볼 수 있을 것인가. 또 어디까지를 이 두 가지의 결합에 의한 것이라고 설명할 수 있을 것인가. 이것은 참으로 판별하기 어려운 문제이다.

습성 또는 습관이 기후 적응에 어느 정도 영향을 미친다는 것은 유추에 의해서도, 또 동물을 한 지방에서 다른 지방으로 이동시키는 데는 깊은 주의가 필요하다는 농학 서적은 물론 고대 중국의 백과사전에도 적혀 있는 충고에 의해서도 믿지 않을 수가 없다. 그러나 인간이 자기가 살고 있는 고장에 특별히 적응할 수 있는 체질을 가진 품종이나 아품종을 다수 선택하는 데 성공했다고는 생각할 수 없다. 따라서 기후에 적응하는 것은 습성에 의한 것이 틀림없다고 생각한다. 한편 나는 향토에 가장 잘 적응하는 체질을 가지고 태어난 개체를 자연선택에 의해 끊임없이 보존하려 한다는 것을 의심해야 할 이유를 발견할 수가 없다.

수많은 종류의 재배식물에 관한 문헌을 보면, 어떤 변종은 다른 것보다 특정 기후를 잘 견딘다고 씌어 있다. 이것은 미국에서 간행된 과수에 대한 저서에 명백히 나타난 것인데, 그 저서에 의하면 어떤 변종은 늘 미국 북부의 여러 주에서, 또 다른 변종은 남부의 여러 주에서 장려되고 있다는 것이다. 그런데 대부분의 이러한 변종들은 근래에 형성된 것이기 때문에, 그 체질상 차이를 습성에 의한 것으로 볼 수는 없다.

씨앗으로는 결코 번식하지 않으므로 새로운 변종이 생긴 적이 없는 뚱딴지(Jerusalem artichoke)—옛날과 마찬가지로 지금도 잘 썩기 때문에—는 기후에 적응하지 못하는 예로 자주 인용된다. 또 강낭콩(Kidney-bean)도 같은 목적을 위해 흔히 열거될 뿐만 아니라 훨씬 더 주목받아 왔다. 그러나 누군가가 강낭콩을 대부분이 서리에 파괴될 만큼 이른 시기에 파종하고, 우연히 잡종이 생기지 않도록 주의하면서 가꾸어 살아남은 소수의 것에서 씨앗을 거둔 다음에 다시 같은 주의를 기울여 그 싹에서 또 씨앗을 거두는 과정을 한 20세대에 걸쳐 해보지 않고는 그 실험을 해봤다는 말조차 할 수 없을 것이다. 그리고 강낭콩 종묘의 체질에는 결코 차이가 나타나지 않을 거라고 생각해서도 안 된다. 한 종묘가 다른 묘목보다 얼마나 더 튼튼한지에 대해 쓴 기사도 있다. 또 이 사실에 대해서는 나 자신도 확실한 실례를 관찰한 적이 있다.

이러한 것들을 통해 다음과 같이 결론 내릴 수 있다. 즉, 습성 또는 용불용(用不用)은 어떤 경우에는 체질의 변화와 여러 기관의 구조 변화에 큰 역할을 해왔다. 그러나 용불용의 작용은 타고난 차이에 대해 작용하는 자연선택과 결합해 있는 경우가 많고, 또 때로는 자연선택 작용이 이를 이긴다는 것이다.

성장의 법칙

상관변이, 이 말을 성장과 발달을 계속하는 동안에는 모든 체제가 긴밀하게 결합해 있고, 어느 부분에 경미한 변이가 일어나 자연선택에 의해 축적되면 다른 부분도 변화하게 된다는 의미로 사용한다. 이것은 매우 중요한 문제임에도 불완전하게 이해되고 있으며 다른 문제와 혼동하기 쉽다. 이제 우리는 단순한 유전이 상관변이를 가장한 겉모습을 나타내는 경우를 보게 될 것이다. 이에 대한 가장 명백한 실례 하나는, 유생(幼生) 또는 유충(幼蟲)에 나타나는 구조상의 변이가 그대로 성숙한 동물의 구조에 영향을 주는 경향이 있다는 것이다.

체부(體部)에서는 상동적기관(相同的器官)[4]이고, 또 초기의 태생시대(胎生時代)에는 구조가 같기 때문에 비슷한 환경에 놓여 있는 부분은 필연적으로 같은 변이를 한다. 그것은 신체의 좌우 양쪽이 동일하게 변화하고, 앞다리와 뒷다리, 턱과 네 다리가 모두 똑같이 변이하는 것에서 알 수 있다. 또 몇몇 해부학자들의 견해에 따른다면, 아래턱은 네 다리와 상응하도록 되어 있다고 한다. 내가 믿는 바로는 이러한 경향이 자연선택에 의해 어느 정도 완성된다는 것은 의심할 여지가 없다. 어떤 사슴은 처음에는 뿔이 한쪽에만 나 있었는데, 만약 그것이 그 품종에 크게 쓸모 있다면 아마도 자연선택에 의해 영구적인 것이 되었을 것이다.

몇몇 학자가 말한 것처럼, 상동부분은 서로 결합하는 경향이 있다. 이러한 것은 때때로 기형식물에서 보게 된다. 꽃부리의 꽃잎이 결합하여 화통(花筒)을

---

4) 생김새나 기능은 달라도 기원은 같은 기관.

이루는 것처럼, 정상적인 구조에서는 상동부분의 결합은 흔하다. 단단한 부분은 그 옆에 있는 연한 부분의 형태에 영향을 주는 것으로 여겨진다. 어떤 학자들은 조류의 경우, 골반 형태의 다양성이 콩팥의 다양한 형태의 원인이 된다고 믿고 있다. 인간의 경우도 어머니의 골반의 모양이—그 압박으로 인하여—자식의 머리 모양에 영향을 준다고 생각하는 사람들도 있다. 슐레겔(Schlegel)에 의하면, 뱀의 경우에는 그 몸의 모양이 먹이를 어떻게 삼키느냐에 따라 여러 내장의 위치가 정해진다고 한다.

상호작용에서 결합의 본질은 전혀 알 수 없는 경우가 많다. 조프루아 생틸레르는 때때로 어떤 기형은 곧잘 공존하며, 어떤 이유에서인지는 알 수 없으나 또 다른 기형도 공존하고 있음을 강조하고 있다. 고양이의 털 색깔이 새하얀 색인 것과 푸른 눈에 귀머거리인 것의 관계, 삼색털고양이와 그 암컷의 성질과의 상호작용은 참으로 기이하다. 비둘기의 다리에 털이 나 있는 것과 바깥 발톱에 피막이 있는 것의 관계, 부화한 직후 새끼 비둘기에 나 있는 솜털의 양과 그 장래의 깃털 색깔의 관계, 그리고 여기서는 혹 상동관계가 작용하고 있다고 생각되지만, 터키의 털 없는 개의 털과 이빨의 관계 같은 것보다 기묘한 것이 또 있을까! 상관관계의 이 마지막의 예에 대해서는 외피가 가장 비정상적인 포유류의 두 목(目), 즉 고래류와 빈치류—아르마딜로, 유인개미핥기 등—를 보면, 모두 똑같이 이빨이 이상한 것은 결코 우연이 아니라고 나는 생각한다. 그러나 마이바르트가 지적한 바에 의하면, 이 법칙에는 매우 많은 예외가 있어서 그다지 가치 있는 것이라고는 할 수 없다.

상관법칙이 유용성과 상관없이, 또 자연선택과도 상관없이 중요한 구조를 변화시키는 것의 중요성을 나타내는 데, 그 좋은 예로 국화과와 미나리과 식물의 겉꽃과 안꽃의 차이를 들 수 있다. 예를 들어 쑥갓의 사출화(射出花 ; 혀꽃)와 중앙화의 차이는, 누구나 다 알고 있듯이 때때로 꽃의 생식기관의 일부 또는 전부를 상실하는 결과를 가져온다. 그리고 이러한 식물 가운데 어떤 것들은 그 씨앗까지 무늬와 모양이 다르다. 카시니에 따르면 씨방과 그 부속 부위까지 변한다고 한다.

이와 같은 차이를 나타내는 원인은 작은 꽃에 대한 총포(總苞)의 압력 또는 이들 각 꽃 사이의 상호압력에 있는 것으로 보았는데, 어떤 국화식물의 사출화에 생기는 씨앗의 모양은 이러한 생각을 지지하고 있다. 그러나 미나리과 식물의 꽃부리의 경우에는, 후커 박사의 얘기처럼 안꽃과 겉꽃이 모두 빈번하게 차이를 나타내는 것은 결코 두상화(頭上花)[5]가 가장 조밀한 종은 아니다. 그리고 사출화의 꽃잎의 발달은 그 안에 있는 생식기관이 다른 부분의 영양을 섭취하므로 그만큼 꽃잎은 발육 부진을 일으키는 것이라고 생각할 수 있을지도 모른다. 그러나 어떤 국화과 식물에 있어서는 꽃부리에 아무런 차이가 없는데도 겉꽃과 안꽃에 생기는 씨앗에 차이가 있다. 이러한 여러 가지 차이는 중앙의 꽃과 바깥쪽의 꽃을 향하는 양분의 흐름에 뭔가 차이가 있는 것과 관계가 있을 수도 있다. 적어도 부정제화(不整齊花)[6]의 경우, 그 축에 매우 가까운 꽃이 가장 정제화(整齊花)[7]가 되기 쉽다는 것, 다시 말해서 이상하게 대칭적이 되기 쉽다는 것을 알고 있다.

이러한 실례로, 그리고 상관관계의 현저한 예로 다음과 같이 부언하고자 한다. 나는 최근에 제라늄의 어떤 원예품종에서, 꽃송이 중앙에 있는 꽃에서는 곧잘 상위 두 장의 꽃잎에 있는 어두운 색 반점이 사라지고, 더욱이 이런 현상이 일어나면 그것에 부속되어 있는 꿀샘이 완전히 발육부진이 되는 것을 관찰했다. 상위 꽃잎 두 장 가운데 한 장만이 색깔이 없는 경우에는 꿀샘은 뚜렷하게 짧아질 뿐이다.

꽃부리의 발달에 관해서는 사출(射出)된 작은 꽃이 곤충을 유인하는 데 큰 역할을 한다. 그 곤충의 매개는 이러한 두 목의 식물이 가루받이하는 데 매우 유용하다는 슈프렝겔(C.C. Sprengel)의 생각은 얼핏 억지처럼 보이지만 나는 그렇게 생각하지 않는다. 곤충의 매개가 쓸모 있는 것이라면, 거기에 자연선택이 작용했을 것이다. 그러나 꽃의 차이와 늘 상관관계가 있다고는 할 수 없는 씨앗의 내부와 외부의 구조의 차이가 식물에 뭔가 쓸모 있게 작용한다는 것은 있을 수 없는 일이라고 생각한다. 그런데 미나리과 식물의 경우, 그러한 차이는 겉모습에서 매우 중요하며—그 씨앗은 어떤 경우에 겉꽃에서는 직립하여 나거나 자라고, 중앙화에서는 공생한다—오귀스탱 드 캉돌(알퐁스 드 캉돌의 아버지)은

---

5) 꽃대 끝에 많은 꽃이 뭉쳐 붙어서 머리모양을 이룬 꽃. 국화, 민들레, 해바라기 등.
6) 꽃잎의 모양과 크기가 고르지 못한 꽃.
7) 꽃받침이나 꽃잎의 모양과 크기가 각각 똑같이 생긴 꽃. 복숭아꽃, 벚꽃 등.

그러한 특질을 기초로 이 목을 분류했을 정도이다. 그런 까닭으로 분류학자들이 매우 가치가 있다고 생각한 구조상의 변화는 전적으로 상관변이에 작용하는 것으로서, 우리가 판단한 바에 따르면 그 종에서는 극히 미미한 역할밖에 하지 않는다.

우리는 때때로 동류의 모든 종에 공통적이고, 실제로는 단순히 유전에 의한 것인 여러 가지 구조를 상관변이로 돌리는 실수를 범하곤 한다. 왜냐하면 과거의 조상이 자연선택를 통해서 어떤 하나의 구조의 변화를 획득하고, 또 수천 세대가 지난 뒤에 그것과는 독립적인 다른 변화를 획득했다고 가정해 보자. 이 두 가지의 변화는 여러 가지 습성을 가진 모든 자손의 군 전체에 전달될 것이므로 당연히 그 사이에 어떤 필연적인 관계가 있는 것으로 생각할 수 있다. 그러므로 또한 모든 종류를 통해 볼 수 있는 외관적인 상관관계는 오직 자연선택작용에 의해서만 생길 수 있는 것임이 틀림없다.

예를 들어 알퐁스 드 캉돌은 날개가 있는 씨앗은 개열과(開裂果)[8]가 아닌 열매에서는 결코 발견되지 않는다고 말했다. 나는 이 규칙을 개열과가 아닌 씨앗은 자연선택으로 점차 날개를 갖지 못하게 되는 것이라고 설명하고 싶다. 바람에 운반되는 데 조금이라도 적응한 씨앗을 생산하는 식물은 널리 산포(散布)하기에 그리 적합하지 않은 씨앗을 생산하는 것보다 분명히 유리하지만, 이 과정은 개열과가 아니면 일어날 수 없기 때문이다.

조프루아 생틸레르와 괴테는 거의 동시에 성장의 보상(報償) 또는 평형의 법칙을 주장했다. 괴테는 '자연은 한쪽의 소비를 위해, 다른 한쪽에서는 절약하지 않을 수 없다'고 말했다. 이것은 어느 정도까지는 우리가 사육재배하는 생물에 적용된다고 생각한다. 만일 영양분이 몸의 어느 한 부분, 또는 한 기관에만 지나치게 많이 흐른다면, 그 밖의 부분에는 적어도 지나치게 많이 흐르는 일은 드물다. 다시 말해 젖도 많이 나오고 살도 찌는 암소를 얻는 것은 매우 어려운 일이다. 양배추의 동일한 변종은 영양분이 많은 잎과 함께 기름이 풍부한 씨앗을 제공할 수는 없다. 과일의 씨앗이 위축되었을 때는 과일 자체는 커지고 질도 좋아진다. 닭의 경우에는 머리에 큰 깃다발(tuft)이 있는 것은 보통 볏이 작

---

8) 열매가 완전히 익은 뒤 껍질이 저절로 벌어져 위쪽이 뚜껑처럼 된다. 쇠비름, 채송화 등.

고 수염이 크면 몸집이 왜소하다.

이에 비해 자연 상태에 있는 종의 경우에는 이 법칙이 보편적으로 적용된다고 말하기는 어렵다. 하지만 뛰어난 많은 관찰자들, 특히 식물학자들은 이 법칙을 진리라고 믿고 있다. 그러나 여기서 나는 어떠한 실례도 들지 않을 것이다. 왜냐하면 어떤 부분이 자연선택에 의해 크게 발달하고, 그것과 연결되어 있는 다른 부분이 이와 같은 과정 또는 불용에 의해 축소되었을 때의 효과와 다른 한편으로는 어떤 부분의 지나친 성장 때문에 그것과 인접한 다른 부분에서 실제로 영양분이 감퇴한 효과를 구별하는 방법을 모르기 때문이다.

나는 또한 위에서 말한 보상작용의 여러 예와 그 밖의 같은 사실들이 더욱 일반적인 원칙—즉 자연선택은 계속적으로 체제의 모든 부분을 절약하려고 한다는 원칙—아래 포괄되는 것이 아닐까 하고 추정한다. 만일 변화된 생활조건 속에서 전에는 유용했던 어떤 구조가, 그 유용성이 사라지게 되면 쓸모없는 구조를 형성하는 데 영양분이 낭비되지 않는 편이 그 개체에 대해서는 유리해지므로, 그 축소가 더 두드러진다.

내가 만각류(蔓脚類)를 조사했을 때 놀란 것 가운데 많은 예를 들 수 있는 사실—즉 만각류의 어떤 것은 다른 만각류 안에 기생하며 그것에 의해 보호받고 있을 때는 자신의 껍질 또는 등딱지(carapace)를 어느 정도 완전하게 잃어버리게 된다는 사실—을 이러한 견해를 통해서만 이해할 수 있다. 이블라(Ibla) 속의 수컷이 그 예이고, 프로테올레파스(Proteolepas) 속의 경우는 매우 극단적인 경우이다. 다른 모든 만각류에서는 등딱지가 거대하게 발달하고, 큰 신경과 근육을 갖췄으며, 머리 앞부분은 매우 중요한 세 개의 마디로 이루어져 있다.

기생함으로써 보호받고 있는 프로테올레파스의 경우는 머리 앞부분 전체가 작은 흔적으로 퇴화하여 포식용(捕食用) 더듬이 밑에 붙어 있을 뿐이다. 그런데 프로테올레파스가 기생함으로써 필요가 없어진 크고 복잡한 구조를 절약하는 것은, 비록 그 작용은 완만하더라도 이 종의 각 세대의 개체에게는 결정적인 이익이 될 것이다. 왜냐하면 모든 동물이 겪게 되는 생존경쟁에서 프로테올레파스의 각 개체는 그 영양의 낭비를 절약함으로써 자신을 존속시킬 수 있는 더 좋은 기회를 얻게 될 것이기 때문이다.

그리하여 나는, 자연선택은 어떤 부분이든 그것이 필요 없게 되었을 때는 어떤 방법으로든 다른 부분을 그와 맞먹을 정도로 크게 발달시키는 것이 아니라, 장기간에 걸쳐 그것을 축소하고 절약하는 데 늘 성공하는 것이라 확신한다. 또 이와는 반대로 자연선택이 어떤 기관을 발달시키는 데는 그와 연결된 부분의 축소 없이도 충분히 성공할 수 있다고 믿는다.

이시도르 조프루아 생틸레르가 말한 것처럼 종이든 변종이든 몸의 어떤 부분 또는 기관이 동일한 개체의 구조 속에 여러 번 반복될—뱀의 등뼈, 또는 수술이 많은 꽃의 수술처럼—때 그 수는 변하기 쉽지만, 동일한 부분 또는 기관의 반복이 적은 경우에 그 수가 일정한 것은 하나의 규칙인 것 같다. 위에서 말한 저자와 몇몇 식물학자들은 더 나아가, 중복되는 부위는 그 구조도 매우 변이하기 쉽다는 것을 강조하고 있다. 오언 교수에 의하면 '식물적 반복(vegetative repetition)'은 몸의 기본적 구성이 열등함을 나타내는 것이라 생각한다. 이렇게 되면 자연의 서열 가운데 낮은 곳에 위치한 생물은 높은 곳에 위치한 생물보다 변이하기 쉽다는 내추럴리스트들의 지극히 일반적인 견해와 관계가 있다고 생각하게 된다.

여기서 낮은 위치라는 말은 몸의 많은 부분이 각각의 기능을 위해 특수화하는 일이 적다는 의미이다. 동일한 부분이 여러 가지 일을 하지 않으면 안 될 때, 그것이 왜 변이하기 쉬운 위치에 있게 되는가—다시 말해 어째서 자연선택은 각각의 형태상의 작은 편차를, 그 부분이 어떤 특수한 목적에만 사용되어야 하는 경우에 비해 그다지 주의 깊게 보존하거나 버리지 않는가—하는 것은 아마 이해할 수 있을 것이다. 그것은 모든 종류의 물건을 자르는 칼은 어떤 모양이라도 상관없지만, 어떤 특수한 목적을 위한 기구는 일정한 모양을 갖춘 것이 좋은 것과 마찬가지이다. 자연선택은 생물마다 각 부위에 대해 이익이 되거나 이익을 위해서만 작용할 수 있는 것임을 잊어서는 안 된다.

흔적기관(痕跡器官 ; rudimentary organ)은 매우 변하기 쉽다. 이것은 몇몇 학자들의 주장이기도 하고 나 또한 그렇게 믿고 있다. 발육이 불완전한 부분은 매우 변이하기 쉽다는 것은 일반적인 통설이다. 이 문제에 대해서는 뒤에서 다시 언급하겠지만, 여기서는 다만 그러한 기관의 변이성은 그것을 사용하지 않음으로써 생기는 것이고, 이것은 자연선택이 그 구조의 편차를 막을 힘이 없기 때문이라는 것이다. 그래서 흔적기관은 여러 성장법칙의 재량에 맡겨진 채, 자주 쓰이지 않은 결과로써 오랜 시간 방치되고, 조상종으로 돌아가려는 경향을 보이게 된다.

부위마다 다른 변이성

유연종에 비해 발달한 부위일수록 변이하기 쉽다. 몇 년 전 나는 워터하우스가 이 표제의 내용과 같은 글을 쓴 데 대해 큰 감명을 받은 적이 있다. 또한 오랑우탄의 팔 길이에 관한 오언 교수의 관찰 기록을 읽어보니 그 또한 거의 같은 결론에 도달했던 것으로 생각된다. 내가 수집한 많은 사실, 아마도 여기에 일일이 열거할 수 없는 많은 사실들을 열거하지 않는 한, 위의 명제가 진실임을 사람들에게 믿게 하는 것은 어렵다. 다만 그것이 아주 일반적인 규칙이라는 것만 분명하게 말할 수 있다. 나는 오해를 불러일으키는 원인이 여러 가지 있다는 것을 알고 있지만, 그것에 대해서도 타당한 고려를 기울였다고 생각한다.

그 규칙은 어떤 부분이 아무리 이상 발달을 했다 하더라도 근연종의 동일한 부분에 비해 비정상적으로 발달하지 않은 한, 결코 적용되지 않는다는 것을 알아 두어야 한다. 이를테면 박쥐의 날개는 포유류로서는 극히 이상한 구조지만, 박쥐류 전체가 날개를 가지고 있기 때문에 이 규칙은 여기에 적용할 수 없다. 다만 박쥐 가운데 어느 한 종이 같은 속의 다른 종과 비교하여 매우 발달된 날개를 가지고 있을 경우에만 적용된다.

이상한 모양으로 발달한 2차 성징(secondary sexual character)의 경우에 이 규칙은 타당성을 갖게 된다. 2차 성징이라는 용어는 헌터(J. Hunter)가 사용한 것으로, 이 말은 암수 어느 한쪽의 성에 부속하는 것이지만 생식작용과는 직접적인 관련이 없다는 특징을 의미한다. 이 규칙은 암컷과 수컷 모두에게 적용된다. 그러나 암컷이 뚜렷한 2차 성징을 나타내는 일은 드물기 때문에 암컷에 적용되는 경우는 비교적 드물다.

이 규칙이 2차 성징에 매우 명백하게 적용되는 것은, 2차 성징이라는 것이 뭔가 비정상적인 형태로 나타나는지의 여부와 관계없이 큰 변이성을 나타내기 때문이라고 봐도 될 것이다. 이 사실은 거의 의심할 여지가 없다고 확신한다. 그러나 앞에서 말한 이 규칙이 2차 성징에만 국한되지 않는다는 것은 암수 동체인 만각류의 경우에도 확실히 증명된다. 나는 이 만각목을 연구하는 동안 특히 워터하우스의 학설에 주목했다. 이 규칙은 거의 대부분의 만각류에 해당한다고 확신하고 있음을 부언하고 싶다.

나는 앞으로 나올 저작에서 이 문제에 관해 뚜렷한 예를 들어 설명할 예정이므로, 다만 여기서는 간단하게 이 규칙의 가장 큰 적용을 보여주는 예를 한 가지만 들어보기로 한다. 따개비의 유개판(有蓋板)은 모든 의미에서 아주 중요한 구조인데, 속이 다르더라도 이러한 구조의 차이는 매우 작다. 그러나 피르고마(Pyrgoma)와 같은 속의 몇몇 종에서 그 개판은 믿을 수 없을 만큼 큰 변이량을 보여준다. 서로 같은 개판이 종에 따라 때로는 전혀 다른 모양을 하고 있다. 또 소수 종에서는 각 개체의 변이가 매우 크다. 이렇게 중요한 기관의 모든 형질에서 변종은 서로 다른 속의 종과 종 사이 이상으로 큰 차이를 보여준다고 해도 지나친 말은 아니다.

같은 지역에 사는 조류에서는 변이의 정도가 극히 작기 때문에 나는 그것에 특별히 주목해 왔다. 위의 규칙은 그 강에서 분명히 잘 적용될 것이라고 생각한다. 나는 특별히 새를 주목했는데 이 규칙이 조류에게는 성립하는 것 같다. 그러나 이 규칙을 식물에도 적용할 수 있는지는 증명할 수 없다. 만일 식물의 큰 변이성이 그 변이성의 상대적인 정도를 비교하는 것을 지극히 어렵게 만들지 않았더라면, 이 규칙이 정당하다는 나의 확신을 크게 뒤흔들고 말았을 것이다.

어떠한 종에서도, 어느 부위 또는 기관이 현저한 정도 또는 양상으로 발달했을 때는 그 부위나 기관을 그 종에게 매우 중요한 것으로 생각하는 것은 정당한 추정이다. 그런데 이 경우에 그 체부는 뚜렷하게 변이하기 쉬운 것이다. 그 까닭은 무엇일까? 각각의 종이 현재 우리가 볼 수 있는 것과 같은 부분을 모두 갖춘 채 독립적으로 창조되었다는 견해에서는, 나는 그것을 설명할 수가 없다. 그러나 몇몇 종을 포함한 군이 다른 어떤 종에서 유래한 것이고, 자연선택에 의해 변화해 왔다는 견해에 선다면, 약간의 광명을 얻을 수 있다고 생각한다.

가축의 경우 어떤 체부 또는 몸 전체가 주목받지 못해서 선택되지 않으면, 그 체부—예를 들면 도킹종 닭의 볏—또는 품종 전체는 거의 균일한 형질을 갖지 못하게 된다. 그렇게 되면 그 품종은 퇴화했다고 말할 수 있다.

흔적기관이나 개개의 목적을 위해 조금밖에 특수화하지 않은 기관, 그리고 아마도 다형적(多形的)인 군에서는 그와 거의 비슷한 자연의 예를 볼 수 있다. 그러한 경우에는 자연선택이 충분히 작용하지 않았거나 작용할 수 없었기 때문에 체제는 유동적인 상태에 놓인다. 그런데 여기서 특히 주의를 끄는 것은, 가축에서는 계속되는 선택에 의해 현재 급격하게 변화하고 있는 모든 점들이 동시에 변이하기 쉽다는 사실이다.

비둘기의 모든 품종을 살펴보자. 다양한 공중제비비둘기의 부리나 전서구(傳書鳩)의 부리와 아랫볏, 공작비둘기의 자세와 꽁지깃 등에 얼마나 현저한 양(量)의 차이가 있는지 알게 될 것이다. 이것이 바로 영국의 사육자들이 주로 주목하고 있는 점이다. 예를 들어, 단면공중제비비둘기와 같은 아품종에서도 완전히 다른 것이 생기도록 번식시키는 것은 매우 어렵다. 그것은 곧잘 기준에서 동떨어진 개체가 빈번하게 태어나기 때문이다. 한편으로는 더욱 불완전한 상태로 돌아가려는 경향과 모든 종류의 변이를 더 만들려고 하는 본능적인 경향이 있다. 또 한편으로는 그 품종을 일정하게 유지하려는 영속적인 선택이 이루어지기 때문에, 이 양자 사이에 끊임없는 경쟁이 벌어지고 있다고 해도 될 것이다. 오랜 세월이 흐르면 인간의 선택이 승리할 것이다.

따라서 우량한 단면공중제비비둘기의 계통에서 일반적인 공중제비비둘기와 같은 열등한 비둘기를 번식시켜 버리는 실패를 걱정할 필요가 없다. 그러나 선택이 급속하게 진행되는 한, 계속 변화하고 있는 구조에는 언제나 많은 변이성을 기대할 수 있다. 또한 다음과 같은 사실은 주목할 가치가 있다. 그것은 인간의 선택에 의해 태어나게 되고, 이와 같이 변이하는 형질은 완전히 미지의 원인에 의해 때로는 더 자주 암수 어느 한쪽의 속성이 된다는 것이다. 또 그것은 전서구의 아랫볏이나 파우터의 비대한 모이주머니에서 볼 수 있듯이 일반적으로 수컷이라는 사실이다.

이제 자연으로 눈을 돌려보자. 어느 종의 몸의 한 부분이 같은 속의 다른 종에 비해 비정상적으로 발달했을 때, 이 부분은 무수한 종이 그 속의 공통 조상에게서 분기한 다음부터 이상하게 많은 양의 변화를 받아온 것으로 결론 내릴 수 있다. 갈라진 시기가 까마득한 옛날인 경우는 좀처럼 없을 것이다. 하나의 종이 어떤 하나의 지질시대보다 오래 존속하는 일은 매우 드물기 때문이다. 이상하게 많은 양의 변화라고 하는 것은, 종의 이익을 위해 계속적인 자연선택에 의해 축적되어온, 양이 비정상적으로 크고 영속적인 변이성이라는 의미가 포함되어 있다.

그러나 이상하게 발달한 체부 또는 기관의 변이는 그리 멀지 않은 시대에 대량으로, 또 오랜 시간에 걸쳐 계속해온 것이다. 따라서 일반적인 규칙으로서 이러한 부분에 대해서는 더 오랜 시간 동안 거의 일정하게 보존되어온 체제의 다른 부분보다도 많은 변이성이 발견될 것으로 기대할 수 있다. 그리고 실제로 그럴 것이라고 나는 확신하고 있다.

자연선택과 다른 한편으로는 귀선유전(歸先遺傳) 및 변이성 사이에 일어나는 경쟁은 세월이 흐름에 따라 종말에 이르리라는 것, 그리고 비정상적으로 발달한 기관이 불변의 것이 될 수 있다는 것을 의심할 만한 이유를 나는 발견하지 못했다. 그래서 박쥐의 날개에서 볼 수 있듯이, 어떤 기관이 아무리 비정상적이라 하더라도 수많은 변화한 자손들에게 거의 같은 상태로 전해지는 경우, 그것은 거의 같은 상태로 지극히 오랜 시대에 걸쳐 존속해 왔을 것이다. 따라서 다른 어떠한 구조보다 더 많은 변이를 일으키지 않게 되었음이 확실하다. 이른바 '발생적 변이성(generative variability)'이 지금까지 존재하는 것은 그 변이가 비교적 근대에 있었고, 그것이 이상하게 큰 경우에 한한다. 그 까닭은, 이 경우에는 변이성, 그것에 필요한 상태와 정도로 변이하는 개체의 계속적인 선택에 의해, 또 이전에 그다지 변화하지 않은 상태로 복귀하는 경향을 가진 개체의 끊임없는 선택에 의해 고정되는 일은 드물기 때문이다.

종과 속의 형질 변이

이상과 같은 설명 속에 들어 있는 원리는 다음과 같은 문제에도 확대하여 적용할 수 있다. 종의 형질은 속의 형질보다 더 변이하기 쉽다는 것은 이미 알려진 사실이다. 이것이 의미하는 것을 간단한 실례를 들어 설명해 보기로 하자. 식물에서 만일 어느 큰 속의 어떤 종들이 푸른 꽃을, 또 다른 종들은 붉은 꽃을 피운다고 할 때 그 색깔은 단지 종의 형질에 지나지 않는다. 푸른 꽃의 종 가운데 하나가 붉은 꽃의 종으로 변하거나, 또 그 반대의 일이 일어난다 해도 놀라는 사람은 아무도 없을 것이다. 그러나 만일 모든 종이 푸른 꽃을 피운다면 그 색깔은 속의 형질이 되고, 또 그것의 변이는 더욱 비정상적인 상태가 될 것이다.

내가 이러한 실례를 선택하게 된 까닭은 많은 내추럴리스트들이 제시하는 설명, 즉 종의 형질이 속의 형질보다 변이하기 쉬운 것은 종의 형질에는 보통 속의 분류에 사용되는 것보다 생리적으로 중요하지 않은 체부가 선택되기 때문이라는 설명이 이 경우에는 적용되지 않기 때문이다. 그것은 종 특유의 형질이 속 특유의 형질보다 변하기 쉽기 때문이다. 이러한 설명은 비록 간접적이기는 하지만, 그 일부분은 진리라고 나는 믿는다. 그러나 나는 나중에 '분류'의 장에서 다시 이 문제에 대해 언급할 생각이다.

일반적으로 종의 형질이 속의 형질보다 변이하기 쉽다는 견해를 뒷받침하기 위한 증거를 제시하는 것은 쓸데없는 일이다. 중요한 형질에 대해 종의 큰 군을 통해 일반적으로 매우 불변적인 어떤 중요한 기관, 또는 체부가 모든 근연종에 있어서 뚜렷하게 '다르다'는 것을 어떤 저자들은 경탄해 마지않으며 기록하고 있다. 그런데 중요시되는 그 기관 또는 체부는 어떤 종에서는 개체 사이에서도 변이하기 쉽다는 것이다. 나는 이미 생물에 관한 여러 저서에서 논술한 바 있다. 그런데 이 사실은 일반적으로 속의 가치를 지닌 어떤 형질이 그 가치를 상실하고 다만 종의 가치만을 지니게 될 경우, 그 생리적인 중요성은 본디대로일지라도 변이하기 쉬워진다는 것을 나타내고 있다.

이러한 설명은 기형의 경우에도 적용된다. 적어도 조프루아 생틸레르는 어떤 기관이 정상인 경우에도 같은 군에 속하는 각각 다른 종에서 많은 차이를 나타낼수록 개체적인 이상이 많다는 것을 전혀 의심하지 않은 것 같다.

각각의 종은 독립적으로 창조되었다는 일반적 견해에서 살펴보자. 그렇다면 독립적으로 창조된 같은 속의 다른 종에서 그 부분과 차이를 나타내는 구조 부분은, 왜 수많은 종에서 비슷한 모든 부분보다 더 쉽게 변이해야 하는 것일까? 이 문제에 대해서는 어떠한 설명도 할 수 없다. 하지만 그와 반대로 종은 특징이 뚜렷하고 고정된 변종이라는 견해에 따른다면, 그러한 종은 여전히 자주 최근에 변이하여 차이를 나타내게 된 구조의 여러 부분에서 계속 변이한다는 것을 확실하게 기대할 수 있다.

이것을 달리 설명하면 하나의 속에 포함되는 종에서는 서로 유사한 부분, 그리고 어느 다른 속의 종과 차이를 나타내고 있는 모든 부분은 속의 형질이라고 할 수 있다. 다소나마 광범위한 차이를 나타내는 습성에 적합한 수많은 종을 자연선택이 똑같이 변화시키는 것은 극히 드문 일이다.

따라서 위에서 말한 공통으로 볼 수 있는 모든 형질을 공통의 조상으로부터 유전된 것으로 본다. 이른바 이러한 속의 형질은 아득히 먼 시대, 즉 종이 공통의 조상으로부터 분기되어 나온 그때부터 유전되어 온 것이고 그 뒤에는 변이하지 않고 어떠한 차이도 나타내지 않았거나, 아니면 극히 미미한 정도의 차이밖에 나타내지 않은 것이다. 그러므로 그들이 오늘날 변이한다는 것은 있을 수없는 일이다. 이와는 달리 어떤 한 종이 같은 속의 다른 종과 다른 점을 종의형질이라고 한다. 이러한 종의 형질은 그 종들이 공통된 조상으로부터 분기한때부터 변이하면서 차이를 나타내게 된 것이므로, 그들이 변이를 일으키기 쉬운—적어도 매우 오랜 시간에 걸쳐 변하지 않은 체제의 모든 부분보다 더 변이하기 쉬운—것은 분명한 것 같다.

2차 성징의 변이

2차 성징이 매우 변이하기 쉽다는 것은 구태여 설명하지 않더라도 모든 생물학자들이 인정할 것이다. 또 같은 군에 속하는 종은 체제의 다른 부분보다 2차성징에서 훨씬 광범위하게 차이를 나타낸다는 것 또한 인정할 것이다. 예컨대 2차 성징이 뚜렷하게 나타나는 닭목(gallinaceous)의 수컷들의 차이를 암컷들의차이와 비교해 보면 내가 말하고자 하는 바를 알게 될 것이다.

이들 형질의 경우, 변이성의 원인은 확인하기 어렵다. 그러나 우리는 그 형질이 왜 다른 형질과 똑같이 변하지 않고 균일하게 되지 않았는지에 대한 해답은찾을 수 있다. 그것은, 2차 성징은 성선택에 의해 축적된 것인데 이 성선택의 작용은 일반적인 자연선택의 작용보다 엄격한 것이 아니다. 따라서 죽음을 초래하지 않는 한계 안에서 비교적 적합하지 않은 수컷에 대해서는 소수의 자손밖에 주지 않는 것일 뿐이기 때문이다. 2차 성징에서 변이성의 원인이 어디에 있든 그 형질은 매우 변하기 쉬운 까닭에 자연선택은 광범위하게 작용했을 것이다. 그리하여 같은 군의 종에 더욱 많은 양의 변이를 주는 데 쉽게 성공한 것은틀림없는 일이다.

같은 종의 암수 사이에 나타나는 2차 성징의 차이가, 일반적으로 같은 속의 여러 종이 서로 차이를 나타내는 것과 똑같은 부위에서 나타난다는 것은 매우 주목할 만한 사실이다. 이 사실에 대해 나는 두 가지의 예를 들고 싶다.

첫째는, 내가 작성한 목록에 있는 것이다. 어느 예에서도 차이는 매우 비정상적인 성질의 것이므로 그 관계는 우연한 것일 수가 없다. 갑충의 매우 큰 군에서는 발목 관절의 수가 대체로 같다는 것이 공통점이다. 그러나 웨스트우드(Westwood)가 지적한 바에 의하면 잉기대(Engidae) 과의 경우는 그 수가 많이 변이해 있고, 그 수는 또 같은 종의 양성에서도 마찬가지로 차이를 나타내고 있다. 또 굴지성(屈地性)인 막시류(膜翅類)에서는, 날개의 맥(脈)의 양식은 큰 군에서 공통되게 보이는 것이므로 가장 중요한 형질이다. 그런데 어떤 속에서는 날개의 맥이 종에 따라 다르고, 마찬가지로 같은 종의 양성에서도 다르게 나타난다. 러보크(J. Lubbock)가 최근에 말한 바에 의하면 작은 갑각류가 이 법칙의 실례를 뚜렷이 보여준다는 것이다. '폰텔라(Pontella ; 요각목)에서는 그 성의 형질은 주로 앞더듬이와 다섯 번째 다리에서 나타난다. 종의 차이도 주로 이 기관에서 나타난다'고 한다.

나는 같은 속의 모든 종은, 어느 종의 암수가 그러한 것처럼 분명히 같은 조상에서 나온 것으로 보고 있다. 따라서 공통의 조상 또는 초기 자손에게서 보이는 구조의 어느 부분에서도 변이가 쉽게 일어난다면, 이 부분의 여러 가지 변이는 자연선택 및 성선택에 의해 수많은 종을 자연 질서 속에서 적응시키기 위한 것이라 할 수 있다. 마찬가지로 같은 종의 암수를 서로 적응시키거나 다른 생활 습성에 적응시키고, 암컷을 차지하려는 경쟁에 수컷을 적응시키기 위해 이용되었을 가능성이 높다.

마지막으로 결론을 정리해 보자.

종 특유의 형질, 즉 종을 서로 구별하는 형질에서는 속의 형질, 즉 그 모든 종이 공유하는 형질 쪽이 속 특유의 형질보다 변이성이 크다. 어떤 종에서 같은 속의 같은 부분과 비교하여 비정상적으로 발달한 부분은 극도의 변이성을 나타내는 일이 빈번하다. 그리고 아무리 비정상적으로 발달한 부분이라도 모든 종에 공통될 경우에는 변이성이 미미하다. 또 2차 성징의 변이성이 크고, 이 형질의 근연종 사이에 나타나는 변이의 양도 크다. 2차 성징과 일반적인 종의 차이는 대체로 체제의 같은 부분에 나타나며 서로 밀접하게 결합된 원칙이라는 결론에 이른다.

이러한 원칙은 모두, 주로 같은 종류의 종은 공통의 조상에서 나와 대부분 많은 것이 유전한다. 최근에 크게 변이한 체부는 오랫동안 유전되면서 변이하지 않은 체부보다 더 많이 계속 변이할 것이다. 자연선택은 시간이 지남에 따라 귀선유전 및 더욱 변이하려는 경향이 강했다. 성선택은 일반적인 선택보다 엄격하지 않다. 같은 체부의 변이는 자연선택 및 성선택에 의해 축적됨으로써 2차적인 성징이나 일반적인 목적에도 적응하게 된 것이다.

유사 변이와 귀선유전

서로 다른 종이 유사 변이를 나타내거나, 한 종의 변종이 근연종의 형질을 갖고 있거나, 먼 조상의 형질로 돌아가는 것—이러한 명제들은 사육재배 품종을 통해서 우리가 가장 쉽게 이해할 수 있는 것이다.

멀리 떨어진 나라에 사는 서로 다른 비둘기의 모든 품종은, 머리에 깃털이 거꾸로 서 있고 다리에도 깃털이 있는—이러한 것들은 원시적인 양비둘기에는 없었던 형질이다—아변종(亞變種)이 되어 있다. 이러한 형질은 2개 이상의 다른 품종에서 일어나는 유사한 변이(analogous variation)이다. 파우터의 꽁지깃이 흔히 14개, 때로는 16개까지 있는 것은 다른 품종, 즉 공작비둘기의 정상적인 구조를 보여주는 변이라고 생각해도 무방하다. 이러한 유사한 변이는 모두 비둘기의 수많은 품종이 공통 조상으로부터 똑같은 체질과 미지의 비슷한 영향을 받았을 때 똑같은 변이를 일으키는 경향이 유전되고 있기 때문임을 의심할 사람은 아무도 없을 것이다.

식물계에서는 식물학자들이 공통된 조상으로부터 재배를 통해 생산된 변종으로 분류하는 식물, 즉 서양유채와 루타바가(Rutta baga)[9]의 비대한 줄기, 우리가 보통 뿌리라고 일컫는 것에서도 이와 비슷한 변이를 발견할 수 있다. 만일 이것이 공통조상으로부터 나온 변종이 아니라면, 이 경우는 두 개의 다른 종의 비슷한 변이이다. 그리고 이것에 제3의 무, 즉 일반 무를 교배할 수 있다. 각각

---

9) 스웨덴 순무.

의 종은 독립적으로 이루어진 것이라는 일반적인 견해에 따른다면, 3가지 식물의 비대한 줄기의 유사성은, 그 진정한 원인인 공통 조상 및 그것을 바탕으로 해서 일어나는 똑같은 변이 탓으로 돌리지 못한다. 즉, 3가지의 창조 행위가 따로따로, 그러나 밀접하게 관련되어 일어났기 때문이라고 보아야 한다. 이처럼 많은 유사 변이의 예를 노뎅(Naudin)은 표주박과에서, 또 몇몇 학자들은 영국의 곡류에서 관찰했다. 최근에 월시는 자연 상태에 있는 곤충의 경우에도 이와 비슷한 현상이 일어나고 있음을 말한 적이 있다. 그는 이것을 그의 '균일변이성(均一變異性 ; equable variability)'의 법칙으로 정리해 놓았다.

여기서 비둘기에 대한 또 다른 실례를 들어보자. 여러 품종 가운데 흔히 날개에 검은 줄이 두 개 있고 허리 부분은 흰색이며, 꼬리 끝에는 한 개의 줄과 바깥날개 아래쪽 복부 가까이 가장자리에 하얀 테가 둘러쳐진 흑청색 비둘기가 때때로 출현하는 것이 그 예이다. 이런 점들은 모두 조상종인 들비둘기의 형질이기 때문에, 많은 품종에서 출현하는 새롭고도 유사한 변이가 아닌 귀선유전의 예라는 것을 의심하는 사람은 아무도 없을 것이다. 앞에서 이미 살펴본 것처럼 이러한 빛깔의 특징은 두 개의 특수한, 그리고 빛깔이 서로 다른 품종을 교잡하여 나온 자손에게 두드러지게 나타나는 경향이 있다. 또한 이 경우 생활의 외적 조건에서 흑청색 몸 색깔 및 여러 가지 특징을 재현하는 것은 단순한 교잡작용이 유전의 여러 법칙에 따라 미치는 영향 외에는 아무것도 없으므로, 확신을 가지고 이상과 같은 결론을 내릴 수 있다.

어떤 형질이 몇 세대에 걸쳐, 아니 수백 세대에 걸쳐 나타나지 않다가 다시 출현하는 것은 매우 놀라운 일이 아닐 수 없다. 그러나 어떤 품종이 단 한 번 다른 품종과 교잡했을 때 그 자손은 흔히 몇 세대 동안—어떤 사람의 말을 빌리면 10세대 또는 20세대 동안—그 외래 품종의 형질로 복귀하려는 경향을 나타내는 수가 있다. 12세대 뒤에는 한 조상으로부터 받은 피의 비율은 2048분의 1에 지나지 않을 뿐이다. 그리고 우리가 이미 알고 있는 것처럼 일반적으로 격세유전(隔世遺傳)의 경향은 이렇게 지극히 낮은 비율로 외부에서 유입된 피의 잉여분(剩餘分)에 의해 보존된다고 여기고 있다.

교잡하지는 않았으나 그 부모가 모두 조상이 갖고 있던 형질을 상실하게 된 품종에서는 잃어버린 형질을 다시 찾으려는 경향이 있다. 그것이 어느 정도가 됐든, 또 앞에서 말한 것처럼 완전히 그 반대로 생각할 수 있음에도 불구하고, 거의 무한한 세대에 전해지는 것이다. 어떤 품종에서 상실했던 형질이 여러 세대가 지난 뒤에 다시 나타날 때, 그것에 대한 가장 적당한 가설은, 자손이 갑자기 수백 세대나 떨어진 조상을 모방하는 것이 아니라, 연속하는 각 세대에 문제의 형질이 숨어 있다가 마침내 미지의 유리한 조건을 만나 지배력을 가지게 된다는 것이다.

예를 들어 매우 희귀하게 청색 비둘기를 낳는 바브(barb) 비둘기에서는 푸른 깃을 만드는 잠복적 경향(latent tendency)이 각 세대마다 있어 왔던 것이 분명하다. 이러한 경향이 수많은 세대에 걸쳐 전달되어 가는 것은 사용하지 않는 기관 또는 흔적기관이 그와 유사한 방법으로 전달되어 가는 것과 비교할 때, 오히려 더 가능성이 높다. 이따금 그저 흔적만 나타내는 경향이 유전되는 것을 관찰할 수 있다. 예를 들어 수술이 4개 밖에 없는 평범한 금어초(金魚草) 가운데 5개의 암술 흔적이 곧잘 발견된다. 다시 말하자면 금어초는 수술의 흔적을 만들어내는 경향을 유전하고 있는 것이다.

나는, 같은 속의 모든 종은 하나의 공통조상으로부터 유래하는 것으로 추정한다. 따라서 그 종이 가끔 비슷한 양식으로 변이한다는 것은 예상할 수 있는 일이다. 한 종의 변종이 다른 종과 매우 닮은 형질을 보이는 경우도 있다. 이때 다른 종이라는 것은 우리의 견해에 따르면, 다만 그 특징이 두드러지고 영속적인 변종에 지나지 않는다. 그러나 이렇게 하여 얻어진 여러 형질은 그다지 중요한 성질의 것은 아니다. 왜냐하면 기능적으로 중요성을 가진 모든 형질의 보존은, 각 종의 서로 다른 여러 가지 습성에 따라 자연선택에 의해 결정되기 때문이다. 생활조건과 유전적 체질과의 상호작용에 의해 결정되는 것이 아니다. 더욱이 때때로 같은 속의 종이 오랫동안 상실했던 형질로 다시 복귀하는 것도 당연히 예상할 수 있다. 그러나 어떠한 자연집단에 대해서도 그 공통조상에 대해 정확한 형질을 전혀 모르고 있기 때문에 위의 두 가지 경우를 구별할 수는 없을 것이다.

예를 들어 조상종인 들비둘기에게는 다리에 깃털이 없고 거꾸로 선 볏도 없다는 것을 몰랐더라면, 사육 품종의 그러한 형질이 귀선유전된 것인지 아니면 단순히 유사한 변이에 지나지 않는 것인지 구별할 수 없었을 것이다. 그러나 푸른 색은, 이 색과 상관이 있고 또 단일한 변이로 모든 것이 함께 나타나는 것으로는 생각할 수 없는 무늬의 수로 보아, 격세유전의 예라고 추론할 수 있다. 이러한 사실은 서로 색깔이 다른 품종을 교잡했을 때 흔하게 나타나는 푸른색과 여러 가지 무늬를 통해서도 추론할 수 있다. 그러므로 자연계에서는 일반적으로 어떤 경우가 이전에 있었던 형질로의 복귀이고, 또 어떤 경우가 새로 발생한 비슷한 변이인지 분명하지 않다. 나의 학설에 의하면, 변이하는 어떤 종의 자손 중에는 같은 종류의 다른 구성원 속에 이미 나타나 있는 형질—격세유전에 의한 것이든 비슷한 변이에 의한 것이든—이 나타나도록 변이하는 것이 이따금 발견되어야 한다고 본다. 자연계가 실제로 그렇게 되어 있다는 것은 의심할 수 없는 사실이다.

변이하는 종을 식별하기가 어려운 이유 가운데 상당 부분은, 변종이 같은 속의 다른 종을 모방한다는 데서 기인한다. 또 변종으로 해야 할지 종으로 해야 할지 의심스럽게 여겨지는 두 종류의 중간형에 대해서도 상당히 큰 목록을 만들 수 있다. 그것은 이러한 종류가 모두 독립적으로 창조된 종이라고 생각하지 않는다면, 변이하는 도중에 어느 정도 다른 종의 형질을 띠게 되었음을 나타내는 것이다.

그러나 가장 좋은 증거는, 중요한 부위나 기관이 때로는 변이하여 어느 정도 비슷한 종에서와 같은 형질을 얻게 되는 부위와 기관에서 찾을 수 있다. 나는 이러한 경우의 실례를 많이 수집했지만, 여기서도 또한 앞의 경우와 마찬가지로 그 예를 제시할 수 없는 것이 안타까울 뿐이다. 다만 그러한 예가 확실히 있다는 것, 그리고 그것이 나에게는 매우 주목할 만한 일이라는 것을 다시 한번 말해둘 수밖에 없다.

어떤 중요한 형질에 영향을 미치는 것은 아니지만, 일부는 사육재배하에서, 또 일부는 자연계에서 같은 속의 몇몇 종에서 발생한 기묘하고 복잡한 예에 대해 언급하고자 한다. 이것은 거의 확실한 격세유전이다. 얼룩말의 다리처럼 당나귀의 다리에서 매우 뚜렷한 줄무늬를 곧잘 볼 수 있다. 이것은 새끼에게 가장 두드러지게 나타나는 것으로 알려져 있다. 여러 사람에게 물어본 결과 그것이 진실임을 확신하고 있다. 어깨의 줄무늬도 이따금 이중으로 되어 있다고 한다.

어깨의 줄무늬는 분명히 길이도 윤곽도 뚜렷한 변이를 나타내고 있다. 흰색이기는 하지만 백변종(白變種 ; albino)이 아닌 당나귀가 등줄기에도 어깨에도 줄무늬가 없다는 기록이 남아 있다. 이러한 줄무늬는 검은 당나귀에서 이따금 매우 희미하게 나타나거나 완전히 없는 경우도 있다. 팔라스 쿨란이라 불리는 야생당나귀는 어깨의 줄무늬가 이중으로 되어 있다고 한다. 블라이스(Blyth)는 어깨에 선명한 줄이 있는 헤미오누스(hemionus)[10]의 표본을 보았다고 했지만, 원래 헤미오누스는 어깨에 그러한 줄무늬를 갖고 있지 않다. 그리고 이 종의 새끼는 일반적으로 다리에 줄무늬가 있고, 어깨 무늬가 희미하다는 얘기를 풀(Poole) 대령한테서 들은 적은 있다. 콰가(quagga)[11]는 얼룩말과 똑같이 온몸에 매우 선명한 줄무늬가 있지만 다리에는 없다. 그러나 그레이 박사는 발굽에 얼룩말과 비슷하게 매우 뚜렷한 줄무늬가 있는 하나의 표본을 기록하고 있다.

말의 경우, 나는 특징이 가장 뚜렷한 여러 품종에서, 또 모든 색깔의 말 가운데 영국에서 그 예를 수집했다. 다리의 줄무늬는 갈색 말과 회갈색 말에서는 드물지 않고, 밤색 말에서도 한 예를 발견할 수 있었다. 갈색 말에서는 때때로 어깨에 희미한 줄무늬가 있는 것을 발견할 수 있는데, 붉은 밤색 말에서도 그 흔적을 본 적이 있다. 내 아들은 나를 위해, 짙은 갈색의 벨기에산(産) 짐말에서 어깨에 이중 줄무늬가 있고, 다리에도 줄무늬가 있는 것을 자세히 관찰하고 그 그림을 그려 주었다. 나 자신도 데번셔(Devonshire)에서 생산된 갈색 망아지를 본 적이 있고, 내가 전적으로 신뢰하고 있는 사람으로부터 웨일스(Welsh) 지방의 작은 갈색 망아지에 대해 자세한 설명을 들은 적도 있다. 둘 다 양쪽 어깨에 세 개의 평행하는 줄무늬가 있었다.

인도 북서부의 캐티워종 말은 대부분 줄무늬가 있으며, 인도 정부를 위해 이 품종을 조사한 적 있는 풀 대령한테서 들은 얘기에 의하면 줄무늬가 없는 말은 순종으로 볼 수 없다는 것이다. 등에도 줄무늬가 있고, 다리에는 보통 가로 줄무늬가 있다. 어깨에는 이따금 이중 또는 삼중의 줄무늬가 있는 것이 보통이고, 얼굴 옆면에도 줄무늬가 있는 경우가 있다. 망아지에게 있는 줄무늬가 가장 선명하지만, 늙은 말의 경우에는 완전히 없어진 경우도 있다. 풀 대령은 회

---

10) 야생당나귀의 일종.
11) 남아메리카산 얼룩말의 일종.

색 캐티워종이나 밤색 캐티워종 말이 갓 태어났을 때는 모두 줄무늬가 있는 것을 보았다고 한다. 나 역시 에드워즈(W.W. Edwards)로부터 얻은 정보에 의해, 영국산 경주마의 경우 등에 줄무늬가 있는 것은 성장한 말보다 망아지의 경우가 더 보편적이라고 추측할 만한 이유가 있다. 나 자신도 최근에 밤색 암말—투르크멘 수말과 플랜더스 암말의 자손—과 영국산 경주마를 교미시켜 새끼 한 마리를 얻었다. 그런데 이 망아지는 태어난 지 1주일이 지나자 엉덩이와 이마에 얼룩말의 무늬처럼 매우 가늘고 검은 줄무늬가 생기기 시작했다. 또 다리에도 엷은 줄무늬가 나타났지만 이것은 얼마 뒤 완전히 사라져버렸다.

여기서는 더 이상 상세한 설명은 하지 않겠지만 나는 영국에서 동쪽의 중국에 이르기까지, 북쪽의 노르웨이에서 남쪽의 말레이 제도에 이르는 여러 나라의 온갖 다른 품종에서 나타난 다리와 어깨의 줄무늬의 예를 수집했다는 것은 말할 수 있다. 이러한 줄무늬는 세계 어느 곳을 막론하고 짙은 갈색과 회갈색 말에서 가장 빈번하게 나타난다. 갈색에는 갈색과 검은 색의 중간색에서 크림색에 매우 가까운 것까지 넓은 범위의 색깔이 포함된다.

이러한 문제에 대해 저서를 낸 적이 있는 해밀턴 스미스(Hamilton Smith) 대령은 말의 여러 가지 품종은 수많은 원종에서 나온 자손들이며, 그 원종의 하나인 짙은 갈색 말에는 줄무늬가 있었고, 앞에서 설명한 것들은 거의 모두 옛날에 짙은 갈색 계통과 교잡함으로써 나타난 것이라고 믿고 있다는 사실을 나는 알고 있다. 그러나 이러한 견해에는 찬성할 수 없다. 왜냐하면, 세계에서 가장 멀리 떨어져 있는 지방에 살고 있는 거구의 벨기에산(産) 짐말과 웨일스 지방의 조랑말(pony), 노르웨이산 캅(cob),[12] 늘씬한 캐티워종 등이 모두 하나의 가상적인 원종과 교잡하는 것은 거의 불가능한 일이기 때문이다.

이제 말속의 여러 가지 종을 교잡한 경우의 영향에 대해 살펴보기로 하자. 롤랑(Rollin)의 견해에 의하면, 당나귀와 말의 교잡에서 태어나는 일반적인 노새에는 특히 다리에 줄무늬가 많다고 한다. 고스(Gosse)의 설명으로는, 미국의 어느 지방에서는 열 마리의 노새 가운데 약 아홉 마리의 비율로 다리에 줄무늬가 있다는 것이다. 내가 언젠가 본 노새는 다리에 줄무늬가 얼마나 많은지,

---

12) 다리가 짧고 땅딸막한 말.

누가 봐도 처음에는 얼룩말의 잡종으로 생각할 정도였다. 마틴(W.C. Martin)이 쓴 말에 관한 매우 뛰어난 저서에도 이와 비슷한 노새에 대한 기술이 있다. 이 밖에도 노새와 얼룩말의 잡종에 대한 원색(原色) 그림 4장을 본 적이 있는데, 그 다리에 몸의 다른 어떤 부분보다 훨씬 더 선명한 줄무늬가 있었다. 그 가운데 한 마리의 어깨에는 이중 줄무늬가 있었다. 호도색(胡桃色) 암말과 얼룩말의 일종인 콰가 수말 사이에서 태어난 유명한 모턴(Moreton) 경의 잡종에서는, 그 잡종은 물론 그 뒤에 같은 암말과 검은 색 아라비아산 종마 사이에서 태어난 것이 확실한 새끼까지, 다리에 순수한 콰가보다 훨씬 많고 선명한 줄무늬가 있었다.

마지막으로 이것은 또 하나의 가장 뚜렷한 예인데, 당나귀와 헤미오누스 사이에서 태어난 잡종에 대해 그레이 박사가 그린 것이 있다—그는 또 하나의 예를 알고 있다고 나에게 알려주었다—. 당나귀의 다리에 줄무늬가 있는 것은 드문 일이고, 헤미오누스도 다리에는 줄무늬가 전혀 없고 어깨에도 없다. 그런데도 이 잡종의 다리에는 모두 줄무늬가 있고, 어깨에도 웨일스의 조랑말과 마찬가지로 세 개의 짧은 줄무늬가 있으며, 얼굴 옆면에는 얼룩말 같은 줄무늬까지 약간 있다. 이 마지막 사실에 대해서는 색깔 있는 줄무늬조차 우연히 생기지는 않는다는 것을 믿는다. 단순히 당나귀와 헤미오누스 사이의 잡종의 얼굴에 줄무늬가 나타날 뿐이다. 그래서 풀 대령에게 뚜렷한 줄무늬를 가진 캐티워 품종의 말에도 이러한 얼굴의 줄무늬가 생긴 적이 있는지 물어보았다. 그의 답변은 앞에서의 경우와 마찬가지로 긍정적인 것이었다.

그렇다면 우리는 이러한 여러 가지 사실에 대해 뭐라고 설명해야 할까? 우리는 말속에 속하는 매우 다른 많은 종이 단순한 변이에 의해, 다리에 얼룩말과 같은 줄무늬가 나타나거나 어깨에 당나귀와 비슷한 줄무늬가 생기는 것을 보았다. 말에서는 짙은 갈색—이 속의 다른 종에서는 일반적인 색깔에 가까운 색—이 나타났을 때는 언제나 이러한 경향이 강한 것을 볼 수 있다. 줄무늬가 나타났다고 해서 체형의 변화나 또 다른 새로운 형질이 같이 나타나는 것은 아니다. 줄무늬가 나타나는 것은 서로 매우 다른 수많은 종 사이의 잡종에서 가장 두드러지게 나타난다.

이제 비둘기의 수많은 품종에 대해서 알아보기로 하자. 사육 비둘기의 품종은 일정한 줄무늬와 그 밖의 무늬를 가진 연한 청색 비둘기—2, 3개의 아종 또는 지리적 품종을 포함하여—한 마리에서 유래한 것이다. 어떤 품종이 단순 변이를 통해 연한 청색을 띠면 이러한 줄무늬나 다른 무늬들이 반드시 나타나게 된다. 하지만, 그 겉모습 또는 형질에는 어떠한 변화도 나타나지 않는다. 여러 가지 색깔을 가졌고 가장 오랜 역사를 가진 가장 순수한 품종을 교잡하면 그 잡종은 청색과 줄무늬, 그리고 여러 가지 무늬를 나타내는 뚜렷한 경향이 다시 나타난다.

오랜 옛날의 형질이 다시 나타나는 현상을 설명하는 가장 신뢰할 수 있는 가설은, 계속되는 각 세대의 자손에게 오랫동안 없어졌던 형질이 다시 나타나는 '경향'이 있다는 것이다. 그리고 이러한 경향이 어떤 미지의 원인에 의해 이따금 지배적이 된다는 것에 대해서는 이미 설명한 바와 같다. 또한 말속의 여러 가지 종에서 줄무늬는 늙은 개체보다 어린 개체에서 훨씬 더 확실하게 나타나며, 또한 훨씬 더 자주 나타난다는 것은 이미 살펴본 바와 같다. 몇 세기에 걸쳐 순수하게 사육된 비둘기의 여러 품종을 만약 종이라고 부른다면, 그것은 말속의 종의 경우와 얼마나 정확하게 평행을 이루는 것인가! 나 자신은 확신을 가지고, 수천, 수만 세대 전의 옛날을 감히 뒤돌아보며, 얼룩말과 같은 줄무늬는 있지만 다른 점에서는 다른 구조를 가진 동물을, 사육하는 말—그것이 하나의 야생원종에서 유래한 것이든 그 이상의 야생원종에서 유래한 것이든 상관없이—, 당나귀, 헤미오누스, 콰가, 얼룩말의 공통의 조상으로 보고 있다.

말속의 종이 저마다 독립적으로 창조되었다고 믿는 사람들은 아마도 각각의 종이 야생이든 사육종이든 상관없이, 같은 속의 다른 종과 마찬가지로 줄무늬를 띠게 되는 특수한 양식으로 변이하는 경향을 가지고 창조되었다고 할 것이다. 또 각각의 종은 세계의 멀리 떨어져 있는 지방에서 생활하는 종과 교잡했을 때, 자신의 부모가 아니라 같은 속의 다른 종을 닮은 줄무늬를 띤 잡종을 만들어내는 강한 경향을 가지고 창조되었다고 주장할 거라고 나는 생각한다. 이 견해를 인정하는 것은, 내 생각에는 비현실적인 원인 또는 적어도 알 수 없는 원인을 받아들이기 위해 진실한 원인을 외면하는 것과 같다. 그것은 신(神)의 사업을 단순한 모방과 속임수로 만들어버리는 것이기도 하다. 그리고 오랜 폐단인 무지한 우주 창조론자들과 함께 화석 패류(貝類)는 옛날에 실제로 있었던 것이 아니라, 현재 바닷가에 서식하고 있는 패류를 본떠서 돌 속에 창조한 것이라고 당장 믿어버리는 것이나 마찬가지이다.

간추림

변이의 법칙에 대해 우리는 너무나 무지하다. 여러 가지 체부가 왜 부모의 똑같은 체부와 조금이라도 다른지에 대해 백 가지 예 가운데 하나도 그 이유를 알아낸 것이 없다. 그러나 우리가 비교할 수 있는 경우에는, 언제나 같은 법칙이 같은 종의 변종들 사이에 비교적 적은 차이를 내고, 또 한편으로는 같은 속의 종들 사이에 큰 차이를 만들어 내도록 작용한 결과라고 생각한다. 환경의 변화는 일반적으로 단순한 동요적(動搖的 ; fluctuating)인 변이성을 일으키는 데 불과하지만, 때로는 직접적 또는 간접적인 효과를 미치기도 한다. 그리고 이러한 효과는 오랜 시간이 흐르는 동안 뚜렷한 특징을 나타낼 수는 있지만, 이러한 문제에 관해서는 아직까지 명확한 증거가 없다. 체질상의 특이성을 만들어 내는 습성과 여러 기관을 사용해서 강화하는 것, 그리고 사용하지 않음으로써 약해지고 퇴화하는 것은, 대부분의 경우 그 효과가 든든한 힘이 되었던 것이 아닌가 생각한다.

몸의 같은 부분은 서로 비슷한 방법으로 변이하거나 결합하는 경향이 있다. 단단한 부분과 바깥 부분이 변화하면, 그것이 부드러운 내부에 영향을 미치는 수가 있다. 일부분이 크게 발달하면 아마 그 부분은 가까이에 있는 부분에서 영양분을 빼앗는 경향을 나타내며, 절약해도 개체에 손해를 주지 않는 구조상의 여러 부분은 절약될 것이다. 발생 초기에 나타나는 구조의 변화는 일반적으로 그 뒤에 발달하는 체부에 영향을 미친다. 그 밖에도 그 성질을 전혀 이해할 수 없는 상호작용이 매우 많다.

반복되고 있는 부위는 수(數)도 구조도 변하기 쉽다. 이러한 부위는 뭔가 특별한 기능을 위해 특수화가 이루어지지 않은 부위에서 발생한 것으로, 그러한 변화가 자연선택에 의해 엄격하게 억제되어 오지는 않았던 것이리라. 자연의 서열에서 하위에 있는 생물은, 전체 체제의 특수화가 이루어져 상위에 있는 생물보다 변이하기 쉬운 것도 같은 원인에 의한 것으로 생각한다. 흔적기관은 쓸모가 없기 때문에 자연선택의 작용을 받지 않는다. 그래서 흔적기관이 변이하기 쉬운 것이다. 종의 형질—즉 같은 속의 수많은 종이 공통조상으로부터 분기된 이후에 달라지게 된 형질—은 속의 형질, 즉 오랜 세월 유전되어 와서 그동안 달라지지 않은 형질보다 변이하기 쉽다.

이상, 최근에 변이하여 다른 것이 되었기 때문에 더욱 변이하기 쉬워진 부위 또는 기관을 다루었다. 이것은 이미 2장에서 살펴본 바와 같은 원칙이 개체 전체에도 적용된다는 것을 알았다. 왜냐하면 같은 속의 많은 종이 발견되는 지역—즉 이전에 많은 변이와 분기가 있었던 곳이나 새로운 종이 활발하게 생산된 곳—에서는 평균적으로, 지금도 가장 많은 변종, 즉 발단의 종이 발견되기 때문이다.

2차 성징은 매우 변이하기 쉽고, 또 이러한 형질은 같은 군의 종들 사이에서는 큰 차이가 있다. 몸속 동일한 부분에서의 변이성은 보통 같은 종의 암수 양성에 대해 2차 성징의 차이를 만들고, 또 같은 속의 많은 종에 대해 종적 차이를 주는 데 이용되었다. 근연종 가운데 같은 부분이나 기관에 비교해서 보통 이상의 크기, 또는 보통 이상으로 발달한 어떤 부분이나 기관은 그 속이 발생하고부터 계속하여 보통 이상으로 양의 변화를 가져왔을 것이 틀림없다. 그리하여 다른 부분보다 더 뚜렷하게 변이하기 쉬운 까닭을 이해할 수 있는 것이다. 변이는 오랜 세월에 걸쳐 거듭되는 완만한 과정이다. 이러한 경우 자연선택은 그 이상으로 변이시키거나 적게 변화된 상태로 복귀하려는 경향을 극복할 만한 시간적 여유가 없었을 것이기 때문이다.

그러나 보통 이상으로 발달한 기관을 가진 어떤 종이, 변화한 수많은 자손의 조상이 된 경우—그것은 나의 견해에 의하면, 오랜 시간의 경과를 필요로 하는 극히 완만한 과정이었음이 틀림없다—에 자연선택은 그 기관이 아무리 보통 이상으로 발달되었다고 할지라도, 그 기관에 일정한 특질을 주는 데 성공한 것이다. 공통의 조상으로부터 거의 같은 체질을 물려받은 뒤에 비슷한 생활환경에 처해 있는 종은 유사한 변이를 나타낸다. 그 같은 종들은 옛날에 조상이 가지고 있었던 형질에서 때때로 어떤 것으로 복귀하는 경우도 있다. 새롭고 중요한 변이는 격세유전과 상사적 변이(相似的變異 ; analogous variation)로부터는 발생하지 않았을지도 모르지만, 그러한 변화가 일어난다면 아름답고 조화를 이룬 자연계의 다양성은 증가할 것이다.

자손과 그 조상들 사이에 나타나는 경미한 차이가 어떻게 생겨나는지는 모른다. 그러나 저마다 원인은 있을 것이다. 땅위에 사는 무수한 생물은 새로운 구조를 갖게 됨으로써 서로 경쟁하고 여기서 이긴 쪽이 살아남는다. 이러한 현상을 가능하게 하는 구조상의 변화가 생기는 것은 각 개체에 유익한 차이를 축적해 가는 자연선택의 작용 때문이다.

6장 학설의 난점

변이가 따르는 계통이론의 난점―이행(移行)―이행적 변종이 결여 되거나 드문 이유―생활 습성의 이행―같은 종이면서 각기 다른 습성―혈연이 가까운 종과 매우 다른 습성을 지닌 종―완성된 기관―이행 방법―난점의 예―자연은 비약하지 않는다―중요하지 않은 기관―기관은 어떤 경우에도 절대로 완전하지는 않다―자연선택설에 포괄된 '형(形)의 일치'와 '생존조건'의 법칙

변이가 따르는 계통이론의 난점

독자들은 이 책에서 여기까지 이르는 동안 이미 많은 문제점과 맞닥뜨렸을 것이다. 그중에는 나를 당혹스럽게 할 만큼 심각한 것도 있을 것이다. 그러나 내가 판단하기에 그 대부분은 피상적인 것에 불과하며, 그 난점이 내 이론에 결코 치명적인 것은 아니라고 생각한다.

이러한 난점과 이론(異論)은 다음과 같은 몇 가지 항목으로 분류할 수 있을 것이다.

첫째, 만일 종이 아주 미세하고 점진적인 변화로 다른 종으로부터 갈라졌다면, 왜 우리는 여러 곳에서 이행 중간단계의 종류를 볼 수 없는가? 그러한 중간단계의 종류가 수없이 존재한다면 왜 종은 우리가 현재 볼 수 있는 것처럼 명확하게 구별되고, 자연 전체가 혼란에 빠지는 일이 없는 것일까?

둘째, 예컨대 박쥐와 똑같은 구조와 습성을 가진 동물이 이와는 전혀 다른 습성과 구조를 가진 동물로 변화하는 일이 가능한가? 자연선택은 파리를 쫓는 데 사용하는 기린의 꼬리처럼 그다지 중요하지 않은 기관을 만드는 한편, 눈처럼 구조가 더없이 완전하고 경이로운 기관을 만들었다는 것을 어떻게 믿을 수 있을까?

셋째, 본능은 자연선택으로 획득하거나 변화할 수 있는가? 학식이 뛰어난 수학자가 몇 가지 법칙을 발견하기 전부터 꿀벌은 학술적으로 보기에 훌륭한 집을 지어왔다. 꿀벌의 그 놀라운 본능은 어떻게 설명하면 좋을까?

넷째, 종이 교잡을 하면 불임이 되거나 불임의 자손밖에 생산할 수 없는데, 변종을 교잡했을 때 생식기능이 조금도 손상되지 않는 것은 어떻게 설명할 수 있는가?

이 장에서는 처음 두 항목에 대해 논하고, 몇몇 반대이론은 다음 장에서, 본능과 잡종에 대해서는 그 다음 두 장에서 다루기로 한다.

이행적 변종의 결여 또는 희소(稀少)

자연선택은 매우 유리한 변화를 보존함으로써 작용한다. 그러므로 각각의 새로운 종류는, 생물이 구석구석 분포되어 있는 지역에서 자신과 경쟁관계에 있는, 자기보다 개량이 덜 된 본디 종류나 자기보다 불리한 다른 종류를 대신하고 마침내는 그것을 멸종시켜버린다. 즉 이미 살펴봤듯이 멸종과 자연선택은 서로 손을 잡고 나아가는 것이다. 그러므로 각각의 종을 다른 미지의 종류에서 유래한 것으로 간주한다면, 일반적으로 원래의 종류와 모든 이행적 변종은 새로운 종류의 형성과 완성해가는 과정에 멸종된다.

그런데 이 학설에 따르면 무수한 이행형이 분명히 존재했을 텐데, 왜 우리는 그들이 지각 속에 수없이 묻혀 있는 것을 발견하지 못하는 것일까? 이 문제에 대한 논의는 지질학적 기록의 불완전함에 대한 장에서 설명하는 것이 훨씬 이해하기 쉬울 것이다. 여기서는 이 의문에 대한 해답으로서 기록이라는 것이 사람들이 일반적으로 생각하는 것보다 훨씬 불완전하다는 것만 말해두고자 한다. 지각이란 하나의 거대한 박물관이라고 할 수 있지만, 자연의 수집은 불완전하게, 아주 오랜 시간에 걸쳐 이루어지는 것이다.

그러나 근연종이 동일한 지역 안에 살고 있을 때는, 현재에도 많은 이행형을 볼 수 있다고 주장할 수 있다. 알기 쉬운 예를 하나 들어보겠다. 대륙을 북쪽에서 남쪽으로 종단해보면, 보통 근연종이 서로 계속되는 거리를 두고 그 지역의 자연조직 안에서 거의 동일한 지위를 차지하고 있다는 사실과 마주치게 된다. 이러한 대체종, 즉 혈연이 가까운 종은 여러 곳에서 서로 마주치고 때로는 겹쳐지기도 한다. 그리고 어느 한쪽의 수가 줄어들면 다른 한쪽은 그 수가 점점 늘어나 마침내 한쪽이 다른 한쪽의 지위를 대신한다. 그런데 이들 대체종이 서로 혼합해 있는 곳에서 두 종을 비교해 볼 때, 각각 서식하는 중심지에서 채집한 표본과 마찬가지로 보통은 구조상의 모든 세부까지 서로 완전히 다르다.

나의 이론에서 이러한 근연종은 모두 같은 조상에게서 나온 것이다. 그리고 각 개체는 변이 과정에서 자기 지방의 생활환경에 적응하여 본디 원형체와 과거 및 현재의 상태 사이에 있는 모든 이행적 변종을 쫓아내고 멸종시켜버렸다. 따라서 지금은 어디서나 수많은 이행적 변종을 볼 수 있으리라 기대해서는 안 된다. 이행적 변종은 일찍이 여러 지역에 존재했겠지만 현재는 땅속에 화석 상태로 묻혀 있을 수도 있다. 그러면 생활 조건이 이행 중인 지역에서도 밀접한 연쇄를 이루는 변종들이 발견되지 않는 까닭은 무엇일까? 이러한 난점은 오랫동안 나를 괴롭혔다. 그러나 이제는 거의 설명할 수 있게 되었다고 생각한다.

첫째, 우리는 어떤 지역이 현재 연속적이라고 해서, 그것이 그전에도 오랫동안 연속적이었을 거라고 단정할 수 없다. 지질학은 우리에게 제3기 후기에도 대부분의 대륙이 여러 섬으로 갈라져 있었다는 것을 믿게 해준다. 그러한 섬들에서는 확실한 종이, 중간지대에서는 중간적 변종이 생겨나는 일 없이 개별적으로 형성되었을 것이다. 지형과 기후의 변화 때문에 지금은 이어져 있는 해역이, 얼마 전 시대에는 지금처럼 이어져 있지 않고 또 일정하지도 않은 상태로 존재했을 것이 틀림없다.

하지만 나는 난점을 이러한 것으로 해결하려는 일은 이쯤에서 그만두려고 한다. 다수의 완전하고 명확한 종이 이어져 있는 지역에서 생성되었다고 믿기 때문이다. 그렇다고 현재 이어져 있지만 전에는 떨어져 있었던 지역이 신종 형성에 중요한 역할을 했다는 것을 의심하지는 않는다. 자유롭게 교잡하며 큰 범위를 이동하는 동물에게 있어 신종을 형성하는 데는 지역 분단이 특히 중요하다고 믿기 때문이다.

현재 넓은 지역에 분포해 있는 종을 보면, 하나의 커다란 구역에 상당히 많은 수의 개체를 가지고 있으며 대부분 주변부에서는 갑자기 줄어들다가 마침내 자취를 감춰버린다. 그러므로 두 가지 대체종 사이를 구분짓는 중간구역은, 일반적으로 각각의 종이 분포하는 고유한 구역에 비해 좁다. 이러한 사실은 산에 올라갈 때도 볼 수 있는데, 드 캉돌이 관찰한 것처럼 수없이 많던 고산성(高山性) 종이 돌연 사라지고 다른 종이 그 자리를 대체하고 있는 모습은 인상적이다. 포브스(Forbes)는 이같은 사실을 저인망을 이용한 심해탐사를 통해 확인했다. 기후와 고도, 수심 따위는 깨닫기 어려울 만큼 조금씩 변해가므로, 위에서 말한 사실들은 기후와 물리적 생활 조건을 분포의 완전하고 중요한 요소로 보고 있는 사람들을 놀라게 할 것이다. 그러나 모든 종은 서식 중심지에서도 경쟁자가 없으면 현저하게 개체수를 늘린다는 것, 거의 모든 종은 다른 종을 잡아먹거나 다른 종에게 잡아먹힌다는 것을 잊어서는 안 된다. 다시 말해 어떤 생물이든 직접적 또는 간접적으로 지극히 중대한 형태에 따라 다른 생물과 관계를 맺고 있다는 것이다. 어느 나라에 서식하는 종이든지 서식범위는 눈에 띄지 않게 변화하는 물리적 조건에만 의존하지 않는다. 그것은 대부분 그 생물이 의존하는 다른 종이나 천적, 또는 경쟁상대 같은 존재에 따라 정해진다. 그리고 이러한 종은 이미 명확한 존재가 되어—그렇게 된 과정은 제쳐두고—다른 종으로 조금씩 변하여 섞여드는 일은 없다. 즉 어느 한 종의 분포 구역은 다른 여러 종의 분포 구역에 의존하면서 차츰 확실하게 정해져 갈 것이다. 그리고 분포 구역의 주변부에서는 각각의 종 개체수가 줄어들어 천적이나 먹이의 수 또는 계절이 변하는 동안 멸종에 이를 위험이 크다. 그리하여 지리적 분포 구역 경계는 더욱 명확해질 것이다.

근연종이나 대체종이 연속되는 지역에 서식할 때는 보통 각각의 넓은 분포 구역을 갖게 된다. 그들 사이에는 매우 좁은 중립지대가 있으며, 여기에서 그들의 개체수가 급격하게 감소한다고 해보자. 그런 경우 변종은 종과 본질적으로 다른 것이 아니므로 양자에게 같은 규칙을 적용할 수 있을 것이다. 그리고 만약 변이 중인 하나의 종이 매우 큰 지역에 적응하는 경우를 상상해 본다면, 2개의 변종을 2개의 큰 지역에 적응시키고 좁은 중간지대에 제3의 변종을 적응시켜야 할 것이다. 그 결과, 중간적 변종은 좁은 지역에 서식하기 때문에 개체수가 적어진다. 내가 실제로 확인한 범위 안에서 이 규칙은 자연 상태에 있는 변종의 경우에도 잘 들어맞는다.

나는 따개비(Balanus) 속의 특징이 뚜렷한 변종 사이에 존재하는 중간적 변종에서 이 규칙이 들어맞는 실례를 볼 수 있었다. 왓슨과 그레이 박사, 울러스턴 등에게서 얻은 정보에 따르면, 보통 2종류 사이에 중간적 변종이 발생하는 경우, 이 중간변종은 그들이 결합하는 2종류보다 개체수가 훨씬 적다. 따라서 만약 이러한 사실과 추론을 믿고 2개의 다른 변종을 결합한 변종이 결합을 이루는 2개의 변종보다 일반적으로 개체수가 적다고 결론 내릴 수 있다고 하자. 그렇다면 왜 중간변종이 오랜 기간에 걸쳐 존속하지 못하는지, 왜 그러한 변종은 일반적인 규칙으로서 그들이 본디 결합시킨 형태보다 일찍 멸종하여 자취를 감춰버리는지 이해할 수 있을 것이다.

이미 말했듯 개체수가 적은 종류는 다수로 존재하는 것보다 멸종할 가능성이 더 크다. 더욱이 이러한 경우에 중간적 종류는 그 양쪽에 사는 근연종류에게 침해받기 쉽다. 그러나 그보다 훨씬 중요한 것은 다음과 같은 사실이다. 나의 학설에 따르면 2개의 변종이 완전히 다른 종으로 변이하여 완성되는 과정에서, 넓은 지역에 많은 개체수가 서식하고 있는 2개의 변종이 좁은 중간지대에 소수로 서식하는 중간적 변종보다 훨씬 유리하다는 사실이다. 왜냐하면 다수로 존재하는 종류는 소수로 존재하는 매우 희소한 종류보다 언제나 자연선택에 의해 선택되는 유리한 변이를 나타낼 가능성을 더 많이 가지고 있기 때문이다. 그러므로 생존 경쟁에서 개체수가 많은 종류는 개체수가 적은 종류를 능가하고 대체하는 경우가 많다. 이것은 후자의 변이와 개량 속도가 느리기 때문이다. 이미 2장에서 언급했듯이 각 지역에서 개체수가 많은 종이 적은 종보다 평균적으로 많은 특징을 가진 극심한 변종을 만들어내는 것도 같은 원리로 설명할 수 있다. 내가 지금 말한 것의 의미를 설명하기 위해, 다음과 같이 양의 세 가지 변종을 사육하는 경우를 상상해 보자. 하나는 넓은 산악지대, 또 하나는 비교적 좁은 구릉지대, 그리고 나머지 하나는 광활한 산기슭의 평원에 적응한 것으로 가정한다. 여기에 사는 주민들은 모두 인내와 숙련된 솜씨로 가축을 선택하고 개량하고자 노력한다고 치자. 이때 산악이나 평원의 대규모 사육자는 좁은 중간적 구릉지대의 소규모 사육자보다 가축을 신속하게 개량할 가능성이 훨씬 높다. 그 결과, 산악지방 또는 평원의 개량품종이 곧 개량이 뒤떨어진 구릉지대의 품종을 대체하게 된다. 그리하여 원래 개체수가 많았던 두 품종이 서로 가까워지게 된다. 그 사이에 있었던 중간적 구릉 품종이 이제는 없기 때문이다.

이것을 정리하면, 종이란 경계가 상당히 뚜렷하며 계속 변이하고 있는 중간 연쇄에 따라 경계가 정해질 수 있다고 나는 믿고 있다. 그 첫 번째 까닭은, 변이가 일어나는 과정이 매우 완만하다는 것이다. 유리한 변이가 이따금씩 일어나면서 한 종류나 여러 개의 생물종이 변이하는 것으로 자연 경제질서 안의 서식장소를 충분히 채울 때까지 자연선택은 아무것도 할 수 없기 때문이다. 이러한 새로운 장소는 기후의 완만한 변화나 이따금 있는 새로운 거주자의 침입이나 오랜 거주자가 느린 변이로 새로운 거주자의 침입에 따라 좌우되는데 이때 서로 충돌하는 데 영향을 받는다는 것이다. 따라서 어떤 지역에서 어떠한 때에든 어느 정도 영속적인 사소한 구조 변화를 나타내는 종은 극소수에 지나지 않을 것이고, 실제로도 그러한 것을 볼 수 있다.

둘째로, 지금은 서로 이어져 있는 지역이 가까운 과거에는 떨어져 있었던 경우가 많다는 것이다. 번식을 할 때마다 암수가 교미하고 이동 범위가 큰 군에 속하는 동물은 특히 그처럼 고립된 곳에서 저마다 개별적으로 뚜렷한 특징을 띠게 되어 대체종으로 분류되었음이 틀림없다. 이 경우에는 몇몇 대체종과 그들의 공통된 조상 사이에 위치한 여러 중간적 변종이 옛날에는 분명 각각 떨어진 땅에서 살고 있었겠지만, 이러한 연쇄는 자연선택의 과정에서 버려지고 멸종되어 더 이상 살아 있는 상태로는 발견되지 않는 것이다.

셋째, 완전히 이어져 있는 지역의 다른 구역에서 여러 개의 변종이 형성되었을 때, 아마 처음에는 중간지대에 중간적 변종이 형성되었겠지만 짧은 기간밖에 존속하지 못했을 것이다. 왜냐하면 중간지대에 분포한 이러한 중간적 변종은 이미 말한 이유, 즉 혈연이 가까운 대체종의 실제 분포나 변종으로서 승인된 것의 실제 분포 정보에 따르면 서로 결합하는 변종보다 개체수가 적기 때문이다. 이 원인만으로도 중간적 변종은 우발적으로 멸종당하기 쉽다. 그리고 자연선택에 의해 변화가 더욱 진행되는 과정에서, 서로 결합한 변종에 패배하여 거의 대체될 것이 확실하다. 왜냐하면 후자는 개체수가 많고 집단 속에 많은 변종을 낳음으로써 자연선택에 따라 훨씬 개량되어 더 우위를 차지하기 때문이다.

마지막으로, 만약 내 학설이 옳다면 어떤 한 시기뿐만 아니라 모든 시기를 두루 살펴보았을 때, 같은 군에 속하는 모든 종을 긴밀하게 이어주는 중간적 변종이 무수히 존재하고 있었을 것이 틀림없다는 사실이다. 그러나 지금까지 몇 번이나 말한 것처럼, 자연선택 과정에서 조상형과 중간형의 연쇄를 가차 없이 없애버린다. 그 결과, 그러한 종류가 존재했다는 증거는 오직 화석 속에서만 찾을 수 있다. 그것이 극도로 불완전하고 단속적인 기록으로 남아 있을 뿐이라는 사실에 대해서는 뒤에 설명하기로 한다.

독특한 습성과 구조를 가진 생물의 기원과 이행

나의 견해에 반대하는 사람은 이를테면 육지에서 서식하는 육식동물이 도대체 어떻게 물속에서 사는 습성을 갖게 되었으며, 그 이행상태에 있는 동물이 어떻게 살아남을 수 있었는가 하는 의문을 제시한다. 동일한 육식동물군에서 완전한 수생동물과 육상동물 사이에 중간적 형태가 있음을 보여주는 것은 어려운 일이 아니다. 그리고 모두 생존 경쟁을 거쳐 존속하고 있으므로, 자연계에서 각각의 서식장소에 알맞은 습성을 갖고 있다. 북아메리카산 밍크(Mustela vison)를 보면 발에 물갈퀴가 있으며 털가죽과 짧은 다리, 꼬리 모양 등이 수달과 매우 비슷하다. 여름에는 물에 들어가 물고기를 잡아먹는데, 긴 겨울 동안에는 얼어붙은 물가를 떠나 다른 족제비류와 마찬가지로 작은 쥐 같은 육상동물을 잡아먹는다. 또 다른 예로는, 식충성(食蟲性) 네발짐승이 어떻게 박쥐로 변할 수 있었는가 하는 의문을 제시할 수도 있다. 이것은 훨씬 어려운 문제이다. 나는 답을 갖고 있지 않지만, 이러한 문제점은 그다지 중요하지 않다고 생각한다.

이 경우에도 나는 매우 불리한 입장에 놓여 있다. 내가 수집한 수많은 중대 사례 가운데 여기서는 같은 속(屬)의 근연종 가운데 습성과 구조가 이행한 예와, 같은 종 안에서 늘 또는 이따금 다른 습성을 볼 수 있는 한두 가지밖에 인용할 수 없기 때문이다. 게다가 나는 박쥐 같은 특수한 예의 난점을 줄이는 데는 이러한 예를 많이 드는 것보다 좋은 방법은 없다고 생각한다.

먼저 다람쥐과(科)를 살펴보자. 여기에는 꼬리가 조금 납작한 것이나, 리처드슨(J. Richardson) 경이 말했듯 몸의 뒷부분이 넓적하고 옆구리의 뱃가죽이 불룩하게 생긴 것에서 날다람쥐에 이르기까지 매우 상세한 단계가 알려져 있다. 날다람쥐는 사지는 물론 꼬리 밑부분까지 넓게 퍼진 피부로 이어져 있다. 그것이

낙하산 역할을 하여 날다람쥐가 나무에서 나무로 놀라운 거리를 날 수 있게 해준다. 각각의 구조는 어떤 종류의 다람쥐에게든 서식장소에서 도움이 된다. 자신을 먹잇감으로 노리는 새나 짐승으로부터 달아날 수 있게 해주고, 먹이를 재빨리 모을 수 있게 하며, 언제든지 일어날 수 있는 우연한 추락의 위험을 줄여주는 것은 틀림없다.

그러나 이 사실이 각 다람쥐류의 구조가 모든 자연조건 속에서 생각할 수 있는 최상의 것이라고 결론 내리게 해주는 근거는 아니다. 기후와 먹이가 변하거나, 경쟁 상대인 설치류나 새로운 천적이 이주해 오거나, 옛날부터 있던 종류가 변하는 일도 있다. 그런 경우 그것에 맞추어 구조가 변하고 개량되지 않으면 다람쥐류 가운데 적어도 일부는 차츰 개체수가 줄거나 멸종될 것이다. 따라서 옆구리의 비막(飛膜)이 발달한 개체일수록 생존에 유리하므로 항상 보존되고 번식하여, 이 자연선택 과정에 따라 축적 작용이 일어나 마침내 완전한 날다람쥐가 생겨날 것이다. 생활 조건이 변하는 상황 속에서는 더더욱 그렇다.

또 박쥐원숭이(Galeopithecus), 즉 전에는 박쥐류로 나뉘었으나 지금은 식충류에 속하는 것으로 알려진 날여우원숭이(Flying lemur)를 살펴보자. 매우 넓은 옆구리의 피부막이 턱 끝에서 꼬리까지 펼쳐지면서 긴 발가락이 붙어 있는 네 다리를 둘러싸고 있다. 이 옆구리의 비막에는 신축성 있는 근육이 발달해 있다. 현재 여우원숭이가 다른 식충류를 잇는 공중을 활주하는 데 알맞은 구조가 점진적으로 변화한 중간단계는 존재하지 않는다. 그래도 이러한 연쇄과정이 이전에는 있었다고 볼 수 있다. 그 하나하나의 중간단계는 활공이 불완전한 다람쥐의 경우와 같은 단계로 형성되었으며, 구조가 어느 단계이든 소유자에게 쓸모 있었을 거라고 추정할 수 있다. 또한 비막으로 결합된 여우원숭이의 발가락과 앞다리가 자연선택에 의해 매우 길어져서, 비행기관(飛行器官)에 관한 한 이것이 여우원숭이를 박쥐로 바꿀 가능성이 있다고 생각한다. 어깨 위에서 꼬리까지 이어져 뒷다리를 감싸는 박쥐의 비막은 어쩌면 비행보다는 활공하기 위해 만들어진 장치의 흔적일 것이다.

만일 약 12속(屬) 정도의 조류가 멸종해 버린다면, 날개가 작은 오리(Microp -terus of eyton)처럼 단순히 날개를 파닥거리는 데 사용하거나, 펭귄처럼 날개를 물속에서는 지느러미로 사용하고 육지에서는 앞다리로 사용하는 것, 타조처럼 날개를 돛으로 사용하는 것, 키위(Apteryx)처럼 날개가 기능적으로 아무런 목적도 없는 것 등이 있었으리라고 감히 추측하는 사람이 있을까? 그러나 이러한 새들이 저마다 가진 구조는, 그들이 처해 있는 생활 조건 아래에서 그들에게 가장 적합한 것이다. 그들은 모두 경쟁하면서 살아가야만 하기 때문이다. 그러나 그러한 구조는 반드시 있을 수 있는 모든 조건 아래에서 가능한 최상의 것은 아니다. 이상의 기술에서 설명한 여러 단계의 날개는 아마도 쓰지 않아서 이루어진 구조일지도 모른다. 따라서 그것이 조류가 완전한 비행력을 획득하기까지 자연스레 거친 이행단계를 나타낸다고 추론해서는 안 된다. 그러나 적어도 이러한 구조는 추이의 방법이 얼마나 다양할 수 있는지 보여주는 데 도움이 된다.

갑각류나 연체류같이 물속에서 호흡하는 동물강 가운데는 적으나마 지상에서 생활하는 데 적응한 것도 있다. 공중을 나는 조류와 포유류도 있고, 날아다니는 곤충류에는 매우 다양한 형태로 존재하며, 전에는 날아다니는 파충류도 있었다. 이런 점을 볼 때 지금은 지느러미를 파득거려서 물 위로 살짝 뛰어올라 선회하며 멀리 활공하는 날치가 완전한 날개를 갖춘 동물로 변한다는 상상도 충분히 해볼 수 있다. 만약 실제로 그런 일이 있다면, 그 동물이 초기의 이행적 상태에서는 드넓은 바다에 살며, 우리가 생각하기에 완성이 덜된 비행기관을 오직 다른 물고기에게 잡아먹히지 않는 데 사용했다고 누가 상상할 수 있을까?

새의 날개처럼 비행이라는 특수한 습성 때문에 완성도가 높은 어떤 구조를 볼 때 염두에 두어야 할 것이 있다. 바로 그 구조의 초기 이행적 단계를 나타내는 동물은 자연선택에 의한 완성 과정에서 버려짐으로써, 오늘날까지 존속하는 일이 거의 없다는 사실이다. 그뿐만이 아니다. 매우 다양한 생활 습관에 적응한 구조 사이의 이행적 단계가 초기에는 많은 개체수로, 또 많은 종속적인 형태를 낳으며 발달한 경우는 드물었다고 결론 내릴 수 있다. 다시 날치에 관한 우리의 가상적 설명으로 돌아가보자. 육지와 물속에 있는 많은 종류의 먹이를 여러 방법으로 잡기 위해 다양하고 종속적인 형태를 거쳐 하늘을 날 수 있는 물고기가 생겨나고, 생존 경쟁에서 다른 동물보다 압도적인 우위를 차지한다는 것은 있을 수 없어 보인다. 따라서 이행단계에 있는 구조를 가진 종이 화석으로 발견될 가능성은 많지 않다. 그런 종류는 구조가 충분히 발달한 종보다 개체수가 적었기 때문이다.

여기서 같은 종의 개체가 다양화된 습성과 변화된 습성을 가진 예를 두세 가지 들어보겠다. 다양화의 경우이든 변화의 경우이든 자연선택이 동물의 구조를 변화한 습성에, 또는 여러 습성 가운데 한 가지 습성에만 적용하도록 하는 것은 쉬운 일이다. 그러나 일반적으로 먼저 습관이 변화한 뒤에 구조가 변화하는지, 또는 경미한 구조의 변화가 습성의 변화를 가져오게 하는지 결정하는 것은 어려운 일이지만 그리 중요한 문제는 아니다. 아마 이 두 가지는 거의 동시에 변화하는 경우가 많을 것이다.

습성이 변화하는 예로서는, 외래식물이나 인공적인 먹이만을 먹고 사는 많은 영국산 곤충에 대해 언급하는 것으로 충분할 것이다. 다양화된 습성에 대해서는 수많은 예를 들 수 있다. 나는 남아메리카에서 노란배딱새(Saurophagus sulphuratus)라는 새가 황조롱이처럼 정지비행¹⁾을 하거나, 물가에 가만히 앉아 있다가 물총새처럼 물고기를 향해 물속으로 쏜살같이 날아드는 것을 보았다. 영국에서는 박새(Parus major)가 나무발바리처럼 나무줄기를 기어오르는 것을 본적 있고, 때까치처럼 작은 새의 머리를 쳐서 죽이는 경우도 많이 봤으며, 동고비처럼 나뭇가지 위에서 가문비의 열매를 쳐서 쪼개는 것을 몇 번이나 보고 들었다. 북아메리카에서는 검은곰이 고래처럼 입을 크게 벌린 채 몇 시간이나 헤엄을 치며 물속의 곤충을 잡는 것을 헌(Hearne)이 목격했다.

같은 종의 다른 개체, 또는 같은 속에서 다른 종의 개체와 매우 다른 습성을 가진 개체를 이따금 볼 수 있다. 그러므로 나의 학설에 따르면, 이러한 개체가 이상한 습성을 발달시켜 본디 형태와 경미하게 또는 매우 다른 구조를 가진 새로운 종을 낳는 일도 가능할 것이다. 그러한 예는 자연계에서 실제로 일어나고 있다. 나무에 기어올라 나무껍질 틈에 숨은 곤충을 쪼아 잡아먹는 딱따구리(Woodpecker)만큼 훌륭한 적응의 예가 또 있을까? 그런데 북아메리카에는 주로 열매를 먹고 사는 딱따구리가 있는가 하면 큰 날개를 가지고 공중에서 곤충을 잡는 딱따구리가 있다. 나무가 거의 자라지 않는 라플라타 평원에는 앞뒤 두

---

1) 날갯짓을 하며 공중의 한곳에 멈춰 계속 비행하는 방법.

갈래로 나뉜 발가락과 곧고 긴 부리를 가진 딱따구리(Colaptes Campestris)도 있다. 이 딱따구리는 길고 뾰족한 혀를 갖고 있으며, 어디서나 자기 몸을 수직으로 유지할 수 있을 만큼 단단하지만 전형적인 딱따구리에 비해 그리 단단하지 않은 뾰족한 꽁지깃을 지녔다. 부리는 전형적인 딱따구리의 부리만큼 곧거나 강하지 않아도 충분히 나무에 구멍을 뚫는다.

따라서 이 딱따구리는 우리가 흔히 볼 수 있는 딱따구리와 구조상 중요한 모든 부분이 같다. 더욱이 색깔이나 날카로운 울음소리, 파상형으로 나는 방법 등, 온갖 작은 형질에 이르기까지 일반적인 딱따구리와 밀접한 혈연관계를 뚜렷이 보여주고 있지만, 어느 큰 지방에서는 나무에 기어오르지 않고 제방에 있는 구멍 같은 곳에 집을 짓는다. 이것은 내 관찰뿐만이 아니라 아자라(Azara)의 정확한 관찰을 통해 단언할 수 있다.

그러나 허드슨(Hudson)의 말에 따르면, 이 딱따구리는 어떤 다른 지방에서는 때때로 나무를 찾아 나무줄기에 구멍을 뚫고 집을 짓는다고 한다. 이 속의 변이된 습성에 대한 또 하나의 예로, 드 소쉬르(De Saussure)가 멕시코산 딱따구리가 도토리를 저장하기 위해 단단한 나무에 구멍을 뚫고 있는 모습에 대해 기술한 것을 들 수 있다.

바다제비는 바닷새임에도 헤엄을 치지 않고 공중에서 생활하는 습성이 강한 새이다. 그러나 파도가 잔잔한 티에라 델 푸에고의 해협에 사는 잠수바다제비(Puffinuria berardi)는, 전반적인 습성과 놀라운 잠수력, 헤엄치는 방법, 가끔씩 날아오를 때의 나는 방법으로 보아 바다오리나 논병아리로 착각할 정도이다. 그러나 이 새는 본질적으로 바다제비이며, 라플라타 평원의 딱따구리와 달리 몸 구조의 많은 부분이 새로운 생활습성과 관련하여 크게 변화한 것이다. 한편 물까마귀의 사체를 자세히 조사해보면 그 새가 반은 물에서 생활한다는 생각이 들지 않는다. 그런데 지빠귀류[2]와 가까운 이 새는 완전히 잠수하여 먹이를 잡는다. 발로 돌을 붙잡고 물속에서 날개를 사용하여 헤엄치는 것이다.

절지동물 곤충강 벌목에 속하는 어떤 것들은 모두 육서동물이지만, 존 러보크(Johon Lubbock) 경은 가는꼬리검정벌(Proctotrupes) 속은 수생성(水生性)을 가지

---

2) 현재는 지빠귀류가 아닌 물까마귀과로 독립 분류됨.

고 있음을 밝혔다. 이것은 때때로 물속으로 들어가 다리는 쓰지 않고 날개를 사용하여 4시간 동안이나 잠수할 수 있다고 한다. 그런데도 이 이상한 습성에 관련된 어떠한 구조상의 변화도 찾아볼 수가 없다.

모든 생물이 현재 우리 눈에 보이는 모습 그대로 창조되었다고 믿는 사람들은, 습성과 구조가 전혀 일치하지 않는 동물을 보고 놀랄 것이다. 오리와 거위의 발에 있는 물갈퀴가 헤엄을 치기 위한 구조라는 사실보다 명백한 것이 어디에 있는가? 그런데 물갈퀴가 있는 발을 지녔으면서도 고지에 서식하며 좀처럼 물가를 찾지 않는 거위도 있다. 또 4개의 발가락에 모두 물갈퀴가 있는 군함조가 물 위에 내려앉는 것을 본 사람은 조류학자이자 화가인 오듀본(Audubon) 말고 아무도 없다. 반면 논병아리나 물닭은 아무리 봐도 물새 같지만 발가락에 막(膜)이 둘러쳐져 있을 뿐 물갈퀴가 없다. 또한 섭금류(涉禽類)[3]의 막이 없는 긴 발가락은 늪이나 수초 위를 걷기 위한 것이 분명하지만, 긴 발가락을 지닌 쇠물닭은 물닭 못지않게 헤엄을 잘 친다. 뜸부기는 물가에 사는 새이지만 흰눈썹뜸부기는 메추라기와 마찬가지로 육지에서 산다. 그 밖에도 많은 예를 들 수 있는데 모두 구조상의 변화 없이 습성이 변화한 것이다. 뭍에서 사는 거위의 물갈퀴가 있는 발은, 구조상으로는 그렇지 않지만 기능상으로 볼 때 발육이 거의 불완전하다고 할 수 있다. 군함조의 경우, 발가락 사이의 깊숙이 파인 막은 구조가 변화하기 시작했음을 말해준다.

모든 개체가 개별적으로 창조되었다고 믿는 사람은, 이러한 예를 가리켜 창조주가 어떤 형(型)의 생물을 다른 형의 생물로 대체한 것이라고 할지도 모른다. 그러나 내가 생각하기에 그것은 사실을 가장 그럴듯한 말로 바꿔 말하는 것에 지나지 않는다. 생존 경쟁과 자연선택의 원리를 믿는 사람은, 모든 생물이 수를 증가시키려고 끊임없이 노력하고 있으며, 습성이나 구조가 조금이라도 변하여 같은 지역의 다른 생물보다 유리해진 생물이 자신의 본디 서식지와 다르더라도 상대가 사는 곳을 빼앗아버린다는 것을 인정할 것이다. 따라서 발에 물갈퀴가 있는 거위와 군함조가 메마른 땅에서만 생활하거나, 거의 물 위에 내려앉지 않더라도, 또 나무가 거의 자라지 않는 곳에 딱따구리가 산다 하더라도,

---

3) 해안에서 밀물과 썰물을 따라 이동하면서 갯벌에 서식하는 동물을 포식하는 조류.

그리고 물속에 들어가는 지빠귀나 벌목, 갈매기와 같은 습성을 가진 바다제비가 있다 해도 아무도 이상하게 여기지 않을 것이다.

완성도가 매우 높은 복잡한 기관

다양한 거리에 초점을 맞추고 빛을 받아들이며 구면수차(球面收差)와 색수차(色收差)를 교정(矯正)하기 위해 교묘한 장치를 갖춘 눈이 자연선택에 의해 만들어졌다는 가정은 솔직히 말해 더없이 비상식적인 일이라고 생각한다. 태양은 멈춰 있고 지구가 그 주위를 회전하는 것이라고 맨 처음 주장될 때, 인류의 상식은 그 학설을 거짓이라고 선언했다. 그러나 철학자라면 '민중의 소리는 신의 소리(Vox Populi, Vox Dei)'라는 오래된 속담을 누구나 알고 있듯이 과학에서는 믿을 수가 없는 것이다. 그러나 만약 완전하고 복잡한 눈에서 매우 불완전하고 단순한 눈에 이르는 무수한 점진적인 단계가 있으며 각 단계가 그 소유자에게 쓸모 있다는 것이 입증된다면 어떨까? 또 만약 눈의 변이가 경미하고 실제로도 그렇듯 그 변이가 유전된다면 어떨까? 그리고 변화하는 생활 조건 속에서 눈이라는 기관의 변이 또는 변화가 생존에 유리하다고 치자. 그렇다면 완전하고 복잡한 눈이 자연선택에 의해 만들어졌다고 믿는 것은 상상하기 어렵더라도 이 학설을 뒤집을 정도는 아니라고 생각한다. 이것은 이성적인 판단에 따른 것이다. 어떻게 신경이 빛을 느끼게 되었는가 하는 문제보다는 어떻게 생명이 발생했는가 하는 문제가 훨씬 중요해 보인다. 그러나 신경을 찾아볼 수 없는 가장 하등한 유기체의 어떤 것이 빛을 느낄 수 있는 까닭에, 이것은 그 형질 안의 어떤 감각적 요소가 축적되고 발달하여 특수한 감성을 갖춘 신경이 되는 것은 결코 불가능한 일이 아니라는 것만은 말할 수 있다.

어떤 종의 한 기관이 완성되기에 이른 점진적 단계를 탐구하려면 직계 조상들을 살펴보아야 하지만, 현실적으로 거의 불가능한 일이다. 그러므로 같은 종류에 속한 여러 종 가운데 중간적 단계를 찾아봐야만 한다. 먼저 공통의 조상형으로부터 분리된 방계자손(傍系子孫) 종에서 어떠한 점진적 이행이 가능한지 알아본다. 그리고 초기 자손 가운데 조상형과 전혀 다르거나 아주 조금밖에 변하지 않은 단계의 기관이 보존된 가능성을 찾는 것이다. 현존하는 척추동물 중에서 눈 구조가 조금씩 이행한 단계는 아주 조금밖에 발견할 수 없고, 이 점에 관해 알 수 있는 화석도 전혀 없다. 눈의 완성에 이르기까지의 이행초기 단계가 척추동물이라는 커다란 문(門)에서 발견된다면, 이미 알려진 맨 아래 화석층보다 더 아래층에서 나타날 것이다.

눈이라고 부를 수 있는 가장 단순한 기관은 색소세포로 둘러싸여 있고 반투명한 살갗으로 덮여 있는 하나의 시신경으로 이루어져 있을 뿐, 수정체나 다른 굴광체는 없다. 그러나 주르댕(M. Jourdain)에 의하면, 한 단계 더 내려가면 신경은 없고 다만 원형질의 조직 위에서 시각기관 역할을 하는 색소세포의 집합을 볼 수 있다. 앞에서 설명한 단순한 성질의 눈은 명료한 시각은 불가능하며 명암만 식별할 수 있다. 어떤 불가사리의 경우에는 신경을 둘러싼 색소층 속에 작고 오목하게 들어간 곳이 있고, 주르댕이 기술했듯이 마치 고등동물의 각막처럼 아교질의 투명한 물질로 가득차 볼록하게 돌출해 있다. 주르댕은 이 구조가 영상을 맺는 일을 하는 것이 아니라, 광선을 집중하여 쉽게 지각할 수 있도록 해줄 뿐이라고 말했다. 이 광선의 집중은 진정한 영상을 비추는 눈의 형성에서 가장 중요한 한 걸음이다. 왜냐하면 하등동물의 어떤 것은 체내에 깊이 묻혀 있고, 또 어떤 것은 표피 가까이 있는 시신경의 노출된 끝을 광선 집중장치로부터 일정한 거리에 두어 그곳에 상이 맺힐 것이 확실하기 때문이다.

문(門)인 체절동물[4]에서는 흔히 일종의 동공을 형성하고 있지만, 수정체나 그 밖의 광학장치가 결여되어 있으며 색소로 싸여 있기만 한 시신경을 출발점에 둘 수 있다. 곤충류에서 큰 겹눈의 각막 위에 있는 다수의 낱눈이 진정한 수정체를 형성하고, 이 원추체(圓錐體)가 기묘하게 변화한 신경섬유를 둘러싸고 있다는 것은 현재 널리 알려진 사실이다. 그러나 체절동물의 이러한 기관은 모양이 매우 다양해서 일찍이 뮐러(Müller)는 7개의 작은 부류를 이룬 3개의 큰 부류로 나누고, 거기에 또 홑눈이 여러 개 모인 집안(集眼)이라는 제4의 중요한 부류를 설정했을 정도이다.

여기서는 매우 적은 예를 간단히 소개할 수밖에 없지만, 현존하는 갑각류의 눈에서는 다양한 이행단계를 볼 수 있다. 현존하는 종의 수가 멸종한 것보다 훨씬 적다는 것을 염두에 두자. 그러면 단순히 색소로 덮이고 투명한 막으로

---

4) 몸이 여러 마디로 나뉘어 있는 동물.

싸여 있을 뿐인 시신경의 구조를 자연선택이 체절동물이라는 큰 문의 구성원이 가진 완전한 시각기관으로 변화시켰다는 것을 믿는 게 그리 어렵지 않다—다른 대부분의 구조와 다를 바 없는 어려움이다—.

이 책을 계속 읽으면서 계통이론만이 수많은 사실을 설명해줄 수 있다고 깨달은 독자는 부디 그 생각에서 더 나아가 주기 바란다. 아무리 이행단계가 알려져 있지 않더라도 자연선택은 매의 눈처럼 완벽한 구조를 만들어내는 힘이 있다고 인정하는 것을 주저해서는 안 될 것이다.

눈을 변화시키고, 더욱이 그것을 완전한 기관으로 보존하기 위해서는 많은 변화가 동시에 일어나야 하는데, 이것이 자연선택에 의해 이루어지는 것이 아니라는 이론이 제기되어 왔다. 그런데 내가 저술한 사육동물의 변이에 관한 책에서 지적하려고 했던 것처럼 만일 변이가 극히 경미한 점진적 단계에 의한 것이라면, 변화가 모두 동시에 일어나야 한다고 생각할 필요는 없다. 마찬가지로 다른 종류의 변이도 일반적인 목적에 쓸모있는 것이다. 월리스는 이에 대해 다음과 같이 말했다. "만약 수정체가 너무 짧거나 긴 초점을 가지고 있다 하더라도 그것은 곡도(曲度)나 밀도의 변경으로 수정될 수 있다. 또 가령 곡도가 불규칙해서 광선이 한 점에 모이지 않는다면, 그 곡도 규칙의 정확성이 높아진 것은 하나의 개량이 된다. 따라서 눈조리개의 수축과 눈의 근육운동은 둘 다 시각작용에 대해 본질적인 것은 아니며 다만 이 기관의 구조에 덧붙여진, 어떤 단계에서 완성된 개량에 지나지 않는다."

동물계에서 가장 고등한 척추동물은, 창고기의 경우처럼 신경과 색소를 갖고 있으나 그 밖의 다른 장치는 없는 투명한 피부 주머니로 이루어진 단순한 눈에서 출발하게 된다. 오언이 말한 것처럼 '광선을 굴절시키는 구조의 점진적 단계 범위는 매우 크다.' 피르호(Virchow)의 탁월한 견해에 따르면, 사람의 태아에서는 '아름다운 결정체인 수정체가 피부 주머니 모양을 한 주름 속 상피세포의 집합으로 이루어져 있고, 유리체가 태아의 피하조직으로 만들어진 것'은 매우 의미심장한 사실이다. 그러나 놀라운 일이기는 하지만, 아직 전적으로 완전하지 않은 여러 가지 특질을 가진 눈의 형성에 대해 정당한 결론에 이르려면 무엇보다 이성이 공상을 극복하는 게 필요하다. 나는 그 어려움을 누구보다 절감하고 있기 때문에, 자연선택 원리를 이 정도로 멀리까지 연장하는 것에 조금이라도 주저하는 사람이 있다 해도 결코 놀라지 않을 것이다.

눈을 망원경과 비교하는 것은 피할 수 없는 일이다. 망원경은 인간이 지닌 가장 고도의 지혜가 오랜 세월을 거쳐 완성한 것이다. 그래서 우리는 자연히 눈도 이와 유사한 과정을 거쳐 이루어진 것이라고 추론한다. 그러나 이러한 추론은 좀 지나치지 않을까? 우리는 창조주가 인간과 같은 지력(知力)으로 일을 했다고 가정할 어떤 권리를 가지고 있는가?

만일 눈을 하나의 광학적인 기계와 비교해야만 한다면 어떠할까? 먼저 빛을 느끼는 신경을 아래에 갖춘 투명한 조직의 두꺼운 층이 있다고 상상한다. 또 그 층의 모든 부분이 느리기는 하지만 서서히 밀도가 변함으로써 밀도와 두께가 다른 여러 개의 층으로 분리되고, 그 층들 사이의 거리도 서로 달라져서 각 층의 표면 모양이 차츰 변해간다고 상상해야 한다. 더 나아가 이 투명한 층에서 일어나는 매우 사소한 변화들을 하나하나 주시하고, 다양한 조건 속에서 조금이라도 선명한 상을 만드는 변이를 주의 깊게 선별하는 힘이 있다고 상상해야 한다. 또한 새롭게 개량한 장치가 그때마다 수백만 배나 증가하여 더욱 뛰어난 것이 생길 때까지 보존되며, 오래된 것은 모두 도태된다고 생각해야 한다. 생물의 몸에서 변이는 사소한 변화를 낳고 생식은 이것을 무한대로 증가시키며, 자연선택은 알맞은 기능으로 각각의 개량을 골라낸다. 이러한 과정이 수백만 년 동안 계속되고, 해마다 수백만 개나 되는 온갖 종류의 개체들에게 작용한다고 생각해 보라. 생물의 광학장치가 이처럼 유리로 만든 광학기계보다 더 훌륭하게 변해간다고 생각하지 않는가? 창조주가 하는 일이 인간의 일보다 위대하듯 말이다.

만일 다수의 연속적이고 경미한 변화에 의해서는 생겨날 수 없는 어떤 복잡한 기관이 있다는 것이 증명된다면, 나의 학설은 절대로 성립될 수 없다. 그러나 나는 그러한 예를 하나도 찾지 못했다. 물론 이행단계를 알 수 없는 기관은 많이 존재한다. 고립되어 사는 종에는 특히 더 많다. 나의 학설에 따르면 그러한 종 주위에서 많은 멸종이 일어났기 때문이다. 또 큰 강(綱)의 모든 구성원에 공통되는 기관을 조사하는 경우에도 이행단계를 알 수 없다. 왜냐하면 그 기관은 아득히 먼 옛날에 형성된 것이며 그 시대부터 수많은 구성원이 발달했기 때문이다. 그 기관이 발달하기 시작한 초기의 이행단계를 발견하려면, 이미 먼 과거에 멸종한 아주 오래된 조상형을 찾아내야 한다.

기관의 전용(轉用)

한 기관이 어떤 종의 이행적인 점진적 변화에 의해 만들어질 수 없었다는 결론을 이끌어내는 데는 매우 신중을 기해야 한다. 하등동물에서는 같은 기관이 매우 다른 기능을 동시에 수행하는 수많은 예를 들 수 있다. 예컨대 잠자리의 애벌레나 기름종개는 소화기관이 호흡과 소화, 배설까지 모두 맡는다. 히드라(Hydra)는 몸의 안팎을 뒤집었을 때 본디의 바깥쪽 표면으로 소화하고 위(胃)로 호흡한다. 이처럼 한 가지 부위나 기관이 여러 기능을 가진 경우, 만일 어떤 이익을 얻을 수 있다면 이전에 두 가지 기능을 맡아보던 하나의 기관 전체 또는 일부가 자연선택에 의해 한 가지 기능만 갖도록 특수화하게 된다. 눈에 띄지 않을 만큼 수많은 단계를 밟아나가며 그 성질을 완전히 변화시켜 버리는 것이다. 많은 식물이 구조가 다른 꽃을 동시에 규칙적으로 만들어낸다는 것은 모두가 알고 있는 사실이다. 만일 이러한 식물이 오직 한 종류의 꽃만 만들어낸다고 하면 그 종의 특질을 비교적 빨리 크게 변화시킬 수 있을 것이다. 그러나 한 식물이 피우는 두 종류의 꽃은 본디 미세한 점진적 단계에 의해 분기된 것이며, 그러한 단계는 지금도 소수의 경우에서 찾아볼 수 있다.

두 개의 기관이 동일한 개체에서 동시에 같은 기능을 하는 경우도 있다. 한 예로서, 아가미로 물속의 공기를 호흡하는 동시에 부레로 공중의 공기를 호흡하는 물고기가 있다. 이 부레는 공기를 공급하기 위한 기도관(氣道管)을 갖추고 있으며, 또 혈관이 풍부한 격벽으로 나뉘어 있다.

다른 예를 식물계에서 들어보겠다. 식물이 위로 뻗어 올라가는 데는 나선으로 감아올리거나 덩굴수염으로 지주를 붙잡거나 공기뿌리를 뻗어 올리는 세 가지 방법이 있다. 이 세 가지 수단은 보통 각기 다른 군에서 볼 수 있는 것인데, 매우 드물기는 해도 어떤 종은 이러한 수단의 두세 가지가 한 개체 안에 결합되어 있는 경우도 있다. 이 같은 경우, 두 개의 기관 가운데 하나는 다른 기관의 도움을 받으면서도 홀로 모든 일을 할 수 있도록 기관으로서 완성도를 높이기 위해 변화하는 일이 쉽게 일어난다. 변화가 이루어진 뒤에는 나머지 다른 기관이 완전히 다른 목적을 위해 변화하거나 완전히 소멸하게 된다.

물고기의 부레가 그것을 설명해 주는 좋은 예이다. 왜냐하면 처음에는 물에 뜨기 위해 만들어진 이 기관이 호흡이라는 다른 기능을 하기 위한 기관으로 변할 수 있음을 알려주기 때문이다. 또 어떤 물고기에서는 부레가 부수적인 청각기관으로 작용하기도 한다. 모든 생리학자는 이 부레가 위치나 그 구조에서 고등한 척추동물의 허파와 상응하며, 또는 '이상적으로 매우 유사하다'는 것을 인정하고 있다. 따라서 나는 자연선택에 의해 부레가 실제로 허파, 즉 호흡만을 하는 기관으로 변했다는 것을 조금도 의심하지 않는다―현재 학설에서는 처음에 호흡을 위해 발달한 기관이 부레로 전용된 것이라 여김―.

이러한 견해에 의하면 허파를 가진 모든 척추동물은 부상기관(浮上器官)인 부레를 갖춘, 고대의 원형에서 일반적인 세대 계승에 의해 생겨난 자손인 셈이다. 이러한 부분에 관한 오언의 흥미로운 연구가 있다. 그에 따라 추론해 보자면 우리는 비록 후두가 닫히는 절묘한 체계를 갖고 있지만 우리가 먹는 음식물은 모두 기관(氣管)의 입구 위를 지나 폐로 흘러들어갈 위험을 무릅쓰고 통과해야 한다. 이 기묘한 사실은 허파가 본디 호흡을 위한 장치가 아니었다고 생각하면 이해가 될 것이다. 고등한 척추동물에서 아가미는 씨눈의 목 양쪽에 갈라진 곳과 고리 모양으로 난 동맥을 통해 흔적을 찾을 수 있어도 이미 완전히 사라지고 없다. 그러나 완전히 사라진 아가미는 완전히 다른 목적을 위하여 자연선택으로 서서히 변했다고 추측할 수 있다. 예컨대 랑두아(Landois)는 곤충의 날개가 기관으로부터 발달한 것임을 알려준다. 따라서 큰 강(綱))에서는 옛날에 숨쉬기 위해 사용한 기관을 비행기관으로 바꾸어 사용할 수 있게 되는 셈이다.

기관의 이행을 고찰할 때는 어떤 기능에서 다른 기능으로 전용되는 가능성을 염두에 두는 것이 매우 중요하다. 그러므로 예를 또 하나 들어보겠다. 유병만각류(有柄蔓脚類)에는 내가 '알을 싸는 띠(ovigerous frena)'라고 명명한 두 개의 작은 피부 주름이 있다. 이것은 끈적끈적한 분비물을 내어 알이 주머니 속에서 부화할 때까지 알을 붙들어두는 역할을 한다. 이러한 유병만각류에는 아가미가 없고, 작은 피부주름을 포함하는 몸과 주머니의 전체 표면으로 호흡을 한다.

한편 굴등과(Balanidae), 즉 고착성 만각류에는 이 피부주름이 없다. 알은 잘 닫히는 껍데기 속 주머니 바닥에 흩어져 있는데, 피부주름과 같은 위치에 주름이 많은 커다란 막이 있어서 주머니와 몸체가 순환하는 작은 구멍으로 자유롭게 드나들 수 있다. 따라서 모든 내추럴리스트들에게는 이것이 아가미의 역할을 하는 것으로 알려졌다. 그러므로 한쪽의 알을 싸는 띠는 다른 한쪽의 아가미와 같은 기관이라는 것에 이론을 제기할 사람은 없으리라 생각한다. 실제로이 두 가지는 서로 단계적으로 이행하고 있다. 따라서 원래는 알을 싸는 띠 구실을 했으나 아주 조금은 호흡작용을 돕기도 했던 피부의 작은 주름이 자연선택에 의해 크기가 커지고, 점착선(粘着腺)이 소멸함으로써 서서히 아가미로 전화한 것이라 생각한다. 유병만각류는 고착성 만각류보다 훨씬 많이 멸종한 상태이다. 만일 모든 유병만각류가 멸종해버렸다면 고착성 만각류의 아가미가 본디 알이 주머니에서 씻겨 나가는 것을 막기 위한 기관으로서 존재했다는 것을 도대체 누가 상상이나 하겠는가?

또 한 가지 가능한 이행방법이 있는데, 그것은 생식 시기의 촉진 또는 지연에 의한 것이다. 이 문제는 최근에 미국의 코프(Cope) 교수와 몇몇 사람들이 주장한 것이다. 어떤 동물이 완전한 형질을 획득하기 전인 아주 어린 시기에도 생식할 수 있었다는 것은 현재 잘 알려진 사실이다. 그리고 만일 이러한 능력이 어떤 종에서 충분히 발달한다면, 머지않아 성숙한 발달 상태가 없어지는 것도 가능할 것이다. 그런데 이 경우에 그 유충이 만일 성체와 매우 다르다면, 그 종의 형질은 분명 변화하고 퇴화할 것이다. 또한 성숙한 뒤에도 일생 동안 성질이 계속 변화하는 동물도 있다. 예컨대 포유류에서는 보통 해를 거듭함에 따라 두개골 모양이 많이 변하는데, 뮤리(Murie) 박사는 물개에 대해 몇 가지 매우 뚜렷한 예를 들고 있다. 누구나 다 알듯이 수사슴은 나이를 먹을수록 뿔이 점점 더 가지를 치게 되고, 어떤 조류의 깃털은 점점 더 훌륭하게 발달한다. 코프 교수는 어떤 도마뱀의 이빨은 나이를 먹을수록 형태가 변한다고 말했으며, 프리츠 뮐러가 기록한 바에 따르면 갑각류에서는 성숙한 뒤에 미세한 부분뿐만 아니라 중요한 부분까지도 새로운 형질을 갖게 된다고 한다. 그 밖에도 많은 예를 열거할 수 있다. 이렇듯 만일 생식 연령이 늦춰진다면 그 종의 형질은 성숙상태에서도 변화할 것이다. 또한 어떤 경우에는 그 이전의 초기 발달 상태가 촉진되어, 결국 완전히 소멸해 버리는 일도 있을 수 있다. 일찍부터 종이 이러한 비교적 갑작스러운 발달방법에 의해 변이한 일이 있는지 없는지의 여부에 대해서는 의견을 내세울 수가 없다. 그러나 만일 그러한 일이 있었다면 어린 것과 성숙한 것, 성숙한 것과 노쇠한 것의 차이는 가장 먼저 점진적인 단계에 의해 얻어졌을 수도 있다.

단계적 이행에서 나타나는 난점의 여러 가지 예

계속적인 이행단계를 거쳐 생겨난 기관은 하나도 없다고 결론을 내리는 데에 우리는 극도로 신중을 기해야 한다. 그런데 그러한 가능성을 의심하게 만드는 중대한 난제가 여러 가지 있다.

가장 중대한 예의 하나는, 수컷이나 암컷과는 구조가 뚜렷하게 다른 중성 곤충이다. 이에 대해서는 다음 장에서 다룰 생각이다. 어류의 발전기관(發電器官)도 특수한 난점을 가진 또 하나의 예이다. 이러한 놀라운 기관이 어떠한 단계를 거쳐 생겨났는지는 알 수 없다. 하지만 우리는 그것이 어떤 작용을 하는 데 쓰였는지 알지 못하므로 별로 놀라운 일도 아니다. 전기뱀장어(gymnotus)나 전기메기(torpedo)의 이러한 기관은 틀림없이 유력한 방어수단으로서, 또는 아마도 먹이를 잡는 수단으로 사용된다. 그런데 마테우치(Matteucci)가 관찰한 바에 따르면 가오리(ray)의 꼬리에 있는 이와 비슷한 기관은 가오리가 심한 자극을 받았을 때에도 극히 적은 양의 전기밖에 내지 못하여, 앞에서 말한 방어수단이나 미끼를 얻는 데는 거의 쓸모가 없을 정도라고 한다. 더욱이 맥도넬(R. MacDonnell) 박사가 지적한 바에 따르면, 가오리는 지금 말한 기관 외에 전기를 띠고 있다고 알려져 있지 않았는데 머리 근처에 전기메기의 발전기와 매우 흡사한 몇 개의 기관이 있다는 것이다. 이러한 기관들과 보통 근육은 내부의 구조나 신경의 분포, 또는 그 기관들이 여러 가지 시약(試藥)에 의해 작용되는 상태에 있어서 밀접한 유사관계를 갖고 있다는 것도 거의 인정된 사실이다. 근육이 수축할 때마다 방전된다는 것은 특별히 주목할 만한 사실이다. 또 래드클리프(Radcliffe) 박사는 다음과 같이 주장했다. "정지되어 있는 전기메기의 발전기관에는, 정지되어 있는 근육이나 신경에서 볼 수 있는, 축전(蓄電)과 모든 점에서 비슷한 축전현상이 있는 듯하다. 그리고 전기메기의 방전은 특수한 것이 아니며, 근육과 운동신경의 활동에 뒤따르는 방전의 다른 형식에 지나지 않는다."

현재 상태에서는 그 이상 설명할 수 없고, 또 이들 기관의 사용법은 물론 현존하는 전기물고기의 조상이 지녔던 습관과 구조에 대해 아는 바가 전혀 없기 때문에, 이러한 기관들이 점진적으로 발달하는 데 유리한 이행은 있을 수 없다고 주장하는 것은 참으로 대담한 일이다.

발전기관은 더욱 심각한 또 하나의 난점을 제시한다. 발전기관은 약 10여 종의 어류에서만 나타나며, 그중 몇 종류는 유연관계가 멀리 떨어져 있기 때문이다. 같은 강에 속하거나, 특히 매우 다른 생활습성을 가진 종류에서 같은 기관이 발견될 때 우리는 보통 그 존재를 공통조상으로부터 유전된 것으로 생각할 수 있다. 또 같은 종류이면서 그 기관을 갖고 있지 않다면 기관을 사용하지 않았거나 자연선택으로 상실되었다고 설명할 수 있다. 그런데 만일 발전기관이 그것을 갖춘 태고 조상으로부터 유전된 것이라고 한다면, 우리는 당연히 모든 전기물고기가 서로 특별한 관계를 갖고 있으리라 기대해도 될 것이다. 그러나 이것은 사실과 거리가 먼 얘기이다. 대부분의 어류가 일찍이 발전기관을 갖고 있었으나 현재 변화된 자손들이 그 기관을 상실했다는 증거는 지질학에서도 찾아볼 수 없다. 그런데 이 문제에 대해 좀더 상세히 살펴보면, 발전기관을 가진 몇몇 어류는 그 기관들이 몸 안의 여러 곳에 자리잡고 있음을 알 수 있다. 골판(骨板)의 배열과 마찬가지로 기관의 구조, 파치니(Pacini)의 견해처럼 전기를 일으키는 과정과 방법이 여러 가지인 것이다. 그리고 여러 근원에서 나오는 신경을 가지고 있다는 점에도 차이가 있는데, 이는 모든 차이 가운데 가장 중요한 것이라고 생각한다. 따라서 발전기관을 갖고 있는 몇 종의 어류에서 이러한 기관이 서로 유사하다고는 생각할 수 없으며, 다만 그 기능이 비슷할 뿐이다. 만일 서로 유사하다면 이 기관이 모든 점에서 밀접한 관계를 유지할 것이기 때문이다. 그러므로 관계가 먼 종에서 언뜻 똑같은 기관이 생겨날 가능성은 낮으며, 이러한 기관은 단계적 이행을 거쳐 각기 다른 군의 어류로 발달했는가 하는 의문만을 남기고서 사라지는 것이다.

과나 목이 다른 소수의 곤충에게 발광기관이 있다는 것도 발전기관과 같은 난점을 제시한다. 이 밖에도 여러 예를 더 들 수 있다. 예컨대 식물에서 난초(Orcis)속과 아스클레피아스(Asclepias)속은 꽃가루덩이가 서로 접착하여 긴 꽃술대 끝에 달라붙는 기묘한 장치를 공통으로 갖고 있다. 그러나 이 둘은 현화식물(顯花植物) 중에서 가장 차이가 많은 속이다. 매우 다른 두 종이 겉보기에 똑같은 기묘한 기관을 갖추고 있는 이 모든 예에서 기관의 일반적인 외관과 기능은 같을지도 모른다. 하지만 잘 살펴보면 근본적인 차이를 발견할 가능성이 있다는 점에 주의해야 한다. 이를테면 두족류(頭足類),[5] 즉 오징어의 눈과 척추동물의 눈은 이상하리만치 비슷하게 보이는데, 이렇게 거리가 몹시 먼 군에서는 그 비슷한 점의 어떠한 부분이든 공통조상으로부터 유전된 것으로 돌릴 수 있다. 미바트는 이러한 경우를 특히 난점의 하나로 주장하고 있지만, 나는 그 견해의 근원을 이해할 수가 없다. 시각기관은 투명한 조직으로 형성되어야 하며, 영상을 암실 뒤쪽에 투사할 렌즈를 갖춰야 한다. 이처럼 피상적으로 비슷한 점 말고도, 헨센(Hensen)이 두족류의 시각기관에 대해 연구한 훌륭한 기록에서 찾아볼 수 있듯이 오징어와 척추동물 사이에는 진정한 유사점이 존재하지 않는다. 여기서 상세히 설명할 수는 없지만 몇 가지 차이점을 들 수 있다. 고등한 오징어류의 수정체는 두 부분으로 이루어지며, 그중 하나는 두 개의 렌즈처럼 다른 하나의 뒤쪽에 놓여 있다. 따라서 모두 척추동물이 지닌 것과는 구조와 성질이 전혀 다르다. 망막도 매우 달라서 중요한 부분은 완전히 반대이며, 눈의 막 속에 큰 신경근이 있다. 근육의 관계도 상상할 수 있는 만큼 차이를 드러내는데, 그 밖의 다른 점에 있어서도 마찬가지이다. 따라서 두족류와 척추동물의 눈을 설명할 때 같은 명칭을 과연 어디까지 쓸 수 있는지 결정하는 것은 매우 어려운 일이다. 물론 이 두 경우에 눈이 계속적인 사소한 변이로 자연선택을 함으로써 발달할 수 있다는 것을 부정하는 것은 누구에게나 자유이다. 그러나 이것이 어떤 경우에 인정된다면 다른 경우에도 가능하다는 것은 명백한 일이다. 또한 두 군의 시각기관 형성방법에 대한 이 견해를 따른다면 시각기관에 나타난 구조상의 근본적 차이는 당연히 기대할 수 있을 것이다. 두 사람이 저마다 완전히 똑같은 발명을 하는 수가 있다. 이와 마찬가지로 공통 조상으로부터 물려받은 공통의 구조를 거의 갖고 있지 않은 두 생물에 자연선택이 거의 같은 변이를 일으키는 경우가 있다. 이때 자연선택은 각각의 생물의 이익을 위해 작용하며, 기원은 다르지만 아주 닮은 변이를 선택하는 것이다.

프리츠 뮐러는 이 책에서 도달한 결론을 검토하기 위해 세심한 주의를 기울

---

5) 연체동물 가운데 가장 진화한 것.

여 거의 비슷한 논의를 전개해 왔다. 갑각류의 많은 과는 공기를 호흡하는 기관을 갖추고 있으며, 물 밖에서 생활하는 데 적합한 몇몇 종도 포함하고 있다. 이러한 과 가운데 특히 뮐러가 상세히 조사한 두 과는 서로 밀접한 관계를 갖고 있다. 모든 중요한 형질, 즉 지각기관이나 순환계통 및 복잡한 위 속의 털뭉치 위치와 물속에서 호흡하는 아가미의 모든 구조, 아가미를 씻어내는 데 쓰이는 매우 작은 갈퀴에 이르기까지 매우 엄밀하게 일치하고 있다. 따라서 땅 위에서 생활하는 이 두 과에 속하는 몇몇 종에서는, 똑같이 공기를 호흡하는 중요한 장치가 같다고 기대할 수 있다. 다른 중요한 기관은 모두 매우 비슷하다기보다는 완전히 동일한데, 동일한 목적을 위해 만들어진 하나의 장치가 어떻게 다를 수 있겠는가?

이처럼 많은 점에서 구조가 매우 비슷한 것은 내가 주장하는 견해에 따른다면 공통의 조상으로부터 유전한 것으로 설명되어야 한다고 프리츠 뮐러는 논하고 있다. 그런데 앞에서 설명한 두 과에 속하는 종의 대부분은 매우 다른 많은 갑각류와 마찬가지로 물속에서 사는 습성을 갖고 있으므로, 그 공통의 조상이 공기호흡에 적응하고 있었다는 것은 도저히 있을 수 없는 일이다. 그리하여 뮐러는 공기호흡을 하는 종이 가진 장치를 상세히 연구하게 되었다. 그 각각이 여러 가지 중요한 점에서, 예컨대 공기가 드나드는 위치와 그것이 개폐되는 모양, 몇 가지 부수적인 세부에서 차이가 있다는 것을 발견했다. 다른 과에 속하는 종들이 점점 물 밖에서 생활하며 공기호흡을 할 수 있도록 적응했다고 가정한다면, 그러한 차이를 이해할 수 있을 뿐 아니라 기대할 수도 있다. 왜냐하면 이러한 종들은 다른 과에 속해 있기 때문에 어느 정도 차이가 있었을 테고, 각각의 변이성은 생물체의 성질과 주위환경의 성질에 의존한다는 두 가지 원칙에 따라 변이가 분명히 똑같지 않았을 것이기 때문이다. 그러므로 자연선택은 똑같은 기능적인 결과에 이르는 데 작용할 여러 가지 다른 재료, 즉 변이를 가지고 있었을 것이다. 이렇게 하여 얻은 구조는 거의 필연적으로 다를 수밖에 없다. 종이 개별적으로 창조되었다는 가설에 따른다면, 이러한 경우는 모두 이해할 수 없는 것으로 남게 된다. 이 논리는 프리츠 뮐러가 이 책에서 내가 제기한 주장을 받아들이는 데 큰 도움이 되었던 것 같다.

마찬가지로 유명한 동물학자인 고(故) 클라파레드(Claparede) 교수도 똑같은 논의 끝에 같은 결론에 도달했다. 클라파레드 교수는 다른 아과 및 과에 속하는 가루진드기(Acaridae)가 있다는 것을 증명했다. 가루진드기는 털로 된 갈퀴를 갖고 있는데, 이 기관은 공통조상으로부터 유전되었을 리가 없기에 독립적으로 발달한 것이 틀림없다. 그리고 많은 군에서 이러한 기관은 앞다리·뒷다리·위턱 또는 입술·몸의 뒷부분 아래쪽에 있는 부속기관의 변화로 형성되고 있다.

앞에서 말한 경우에서, 전혀 관계가 없거나 극히 미미한 관계밖에 없는 생물들이 발달과정은 다르지만 외형상 매우 비슷한 기관에 의해 같은 목적을 이루고, 같은 기능을 하고 있는 것을 볼 수 있다. 반면에 혈연이 매우 가까운 생물들이 이따금 다양한 수단으로 같은 목적을 이루는 것은 자연계를 통해 볼 수 있는 공통된 규칙이다. 깃털이 있는 조류의 날개와 막으로 덮인 박쥐의 날개는 구조가 얼마나 다른가? 나비의 넉 장의 날개와 파리의 두 장의 날개, 딱지날개가 달려 있는 딱정벌레의 날개도 구조가 얼마나 다르던가? 쌍각류의 껍질은 여닫이를 할 수 있도록 되어 있지만 호두조개(Nucula)의 잘 들어맞는 긴 치열(齒列)에서 섭조개(Mussel)의 단순한 인대에 이르기까지, 그 맞물리는 형태는 또 얼마나 다양한가! 씨앗은 얼마나 다양한 방법으로 널리 흩어지게 되는가. 매우 작은 크기를 이용하거나, 꼬투리가 가벼운 공기주머니처럼 감싸도록 변하기도 하고, 여러 부분으로 이루어져 양분을 저장하거나 색깔이 화려한 과육 속에 묻혀 새들의 주위를 끌기도 한다. 많은 종류의 갈퀴나 톱니 같은 털로 짐승의 털가죽에 달라붙고, 모양과 구조가 제각기 다른 깃털이나 날개로 바람 따라 떠다니기도 한다.

그러면 여기서 또 하나 다른 예를 들어보자. 같은 목적이 매우 많은 수단으로 이루어진다는 것은 매우 주목할 만한 가치가 있기 때문이다. 어떤 저자는 생물체가 마치 가게에 진열된 장난감처럼 단순히 변화를 주기 위해 다양한 방법으로 만들어졌다고 주장하는데, 그러한 자연관은 하나도 믿을 것이 못된다. 성별이 다른 식물이나 암수 동체이지만 꽃가루가 저절로 암술머리 위에 떨어지지 않는 식물도 수정(受精)을 하려면 어떤 도움이 필요하다. 몇몇 종류에서는 덩어리지지 않는 가벼운 꽃가루가 오직 바람에 의해 우연히 암술머리 위로 날려가는 방법이 있는데, 물론 이것은 생각할 수 있는 가장 단순한 방법이다. 이와는 매우 다르면서도 마찬가지로 단순한 방법은, 꿀을 몇 방울 분비하여 곤충을 유인하는 것으로 좌우대칭화(左右對稱花)의 많은 식물에서 이루어진다. 곤충은 꽃밥에서 암술머리로 꽃가루를 옮겨간다.

이와 같은 단순한 단계로부터 수많은 장치를 거쳐 나아갈 수 있으며, 이 모두는 같은 목적을 위해 본질적으로 같은 방법으로 이루어진다. 그러나 꽃의 많은 부분에서 변화가 일어난다. 꽃꿀은 다양하게 변화된 암술이나 수술이 있고 때로는 덫과 같은 장치를 형성하며, 때로는 자극과 탄력에 의해 매우 교묘하게 적응된 운동을 할 수 있는 다양한 모양의 꽃턱에 저장되어 있다.

이러한 구조에서 더 나아가 최근에 크뤼거 박사가 코리안테스(Coryanthes)에 대해 논한 놀라운 적응의 예를 볼 수 있다. 이 난초는 입술꽃부리 아랫입술의 일부가 큰 양동이처럼 오목한 모양을 하고 있는데, 그 위에 있는 분비각(分泌角)으로부터 매우 순수한 물이 그 속으로 끊임없이 떨어진다. 이 양동이에 물이 반쯤 차게 되면 물은 한쪽에 있는 수관(水管)으로 흘러나오게 된다. 입술꽃부리의 밑 부분은 그 양동이 밑에 있으며, 이것도 오목하게 이루어져 입구가 2개인 일종의 방 모양을 하고 있다. 그런데 이 방 안에는 이상한 육질(肉質)의 융기가 있다. 아무리 명석한 사람이라도 여기서 일어나는 일을 직접 보지 않는 이상, 이 부분이 도대체 무슨 일을 하는지 도저히 상상이 안 될 것이다. 크뤼거 박사는 큰 땅벌들이 이 커다란 난초꽃을 찾아와 꿀을 빨지 않고 양동이 뒤쪽에 있는 방 안의 융기를 물어가는 것을 관찰했다. 이때 땅벌들은 양동이 속에서 서로 이리저리 밀리다가 날개가 젖어서 날 수 없게 되면, 수관 또는 물이 넘쳐흘러서 생긴 통로를 통해 밖으로 기어 나오는 것이다. 크뤼거 박사는 이 땅벌들이 뜻밖의 목욕을 하고 기어 나오는 '긴 행렬'을 보았다. 통로는 매우 좁고 위쪽이 단체수술의 기둥으로 덮여 있다. 그래서 벌들이 밖으로 기어 나올 때는 먼저 등이 점착성 암술머리에 닿고, 다음으로 꽃가루덩이의 점착선에 닿는다. 그리하여 가까이 피어 있는 꽃의 통로를 처음으로 뚫고 나온 벌의 등에 꽃가루덩이가 붙어 운반됨으로써 꽃이 수정되는 것이다.

또한 크뤼거 박사는 꽃가루를 등에 묻힌 채 완전히 기어 나오기 전에 죽은 벌이 붙어 있는 꽃잎을 알코올액(液)에 담근 뒤 나에게 보여 주었다. 꽃가루를 등에 묻힌 벌은 다른 꽃으로 날아가 버리거나, 같은 꽃을 되찾아왔다가 동료들에게 밀려 양동이 속으로 다시 들어가서 통로를 기어 나온다. 그때 꽃가루덩이는 필연적으로 먼저 점착성이 있는 암술머리에 닿아서 거기에 들러붙게 되는데, 그 결과 꽃이 수정되는 것이다. 여기서 물을 내보내는 분비각, 벌이 날아가는 것을 방해하면서 절반 가량 채워져 있는 물, 벌이 수관을 통해 기어 나가기 알맞은 곳에 있는 점착성의 꽃가루덩이, 암술머리에 자기 몸을 문지르지 않을 수 없게 하는 양동이 등, 우리는 비로소 꽃의 모든 부분의 쓰임새를 이해하게 된다.

코리안테스와 매우 가까운 근연관계인 다른 난초 카타세툼(Catasetum)은 같은 목적으로 쓰이는 매우 기묘한 구조이지만, 상당히 다른 점도 있다. 벌은 입술꽃부리를 물어가기 위해 코리안테스와 마찬가지로 이 꽃에도 날아온다. 벌이 꽃을 찾아올 때는 반드시 길고 뾰족하며 감촉성이 있는 돌기, 즉 내가 말하는 이른바 더듬이에 닿게 된다. 이 더듬이는 무엇이 닿으면 어떤 막에 그 감각이나 진동을 전달하는데, 이 막은 곧 터지게 된다. 이것이 스프링을 움직이게 하여 꽃가루덩이는 마치 화살처럼 오른쪽으로 튀어나가고 그 점착성이 있는 끝부분이 벌의 등에 붙게 된다. 수그루의 꽃가루덩이—이 난초는 암수가 나뉘어 있다—는 이렇게 해서 암그루의 꽃으로 옮겨져 암술머리와 접촉하는데, 탄력 있는 실도 자를 수 있을 만큼 점착력을 가진 암술머리에 꽃가루가 붙음으로써 마침내 수정이 이루어진다.

그런데 앞에서 말한 사실과 아주 많은 예에서 같은 목적을 달성하기 위한 점진적인 단계와 여러 수단을 우리가 어떻게 이해해야 하는가 하는 의문이 생길 수 있을 것이다. 이에 대한 해답은 앞에서 말했듯, 서로 다른 어떤 두 형태가 매우 경미하게 변이할 때 그 변이성은 같지 않다. 그러므로 같은 일반적인 목적을 위한 자연선택으로 얻어지는 결과 역시 같지 않을 것이다. 또한 고도로 발달한 모든 생명체는 같은 변화를 거쳐 왔다는 것을 염두에 두어야 한다. 변화된 여러 구조는 유전하는 경향이 있으므로 각각의 변화는 사라지지 않고 몇 번이나 바뀌어간다. 따라서 여러 종이 지닌 각 부분의 구조는 어떤 목적에 쓰이든 종이 변화한 습성과 생활 상태에 끊임없이 적응하는 동안 거쳐 온, 수많은 유전으로 말미암은 변화의 총계(總計)인 셈이다.

여러 가지 기관이 어떤 이행을 거쳐 현재의 상태에 이르렀는지 추정하는 것은 대부분의 경우 매우 어려운 일이다. 하지만 멸종했거나 알려지지 않은 생물에 비해 지금 살아 있는 생물과 알려져 있는 생물의 수가 매우 적은 것을 생각하면, 이행단계가 알려지지 않은 기관이 적다는 사실이 오히려 놀라울 따름이다. 이 점에 대해서는 박물학에서 오래전부터 인용되고 있으며 조금은 과장된 '자연은 비약하지 않는다(Naturanon facit saltum)'라는 격언대로이다. 이 말은 경험이 풍부한 거의 모든 내추럴리스트의 저술에서 인정하고 있다. 밀네 에드워즈(Milne Edwards)의 적절한 표현을 빌려와, 자연은 변화를 주는 데는 너그럽지만 새로운 것을 창조하는 데는 매우 인색하다고 바꿔 말할 수 있다. 창조설에서 생물은 저마다 알맞은 장소에 걸맞도록 개별적으로 창조된 것으로 보고 있다. 그런데 수많은 개별 생물의 부위와 기관은 모두 단계적인 이행을 거치도록 한 줄로 늘어놓을 수 있다. 이는 어째서일까? 왜 '자연'은 구조에서 구조로 비약하지 않은 것일까? 그 이유는 자연선택설을 통해 분명하게 이해할 수 있다. 자연선택은 아주 작은 변이가 끊임없이 일어나야만 작용할 수 있기 때문이다. 자연은 결코 비약할 수 없으며, 조금씩 천천히 한 걸음 한 걸음 전진할 뿐이다.

중요하지 않은 기관의 수수께끼

자연선택은 삶과 죽음, 즉 유리한 변이를 가진 개체는 존속시키고 구조가 불리한 편차를 낳은 개체를 버림으로써 작용한다. 그렇다면 계속해서 변이하는 개체를 존속시킬 만큼 중요하지 않은 단순한 부위는 어떻게 생겨났을까? 나는 아직 이 문제를 풀이하지 못했다. 내가 이 문제에 대해 느낀 어려움은, 종류는 매우 다르지만 눈이라는 완전하고 복잡한 기관의 경우에 뒤지지 않는다.

우선 첫째로, 우리는 생물이 영위하는 모든 것에 대해 모르는 점이 너무나 많다. 그래서 생물에게 나타나는 사소한 변이가 얼마나 중요한지 또는 그렇지 않은지 확실히 말하지 못한다. 나는 앞 장에서, 과실의 솜털과 과육의 색깔 같은 사소한 형질이 곤충의 공격을 좌우하거나 체질적 차이와 상관관계를 맺음으로써 자연선택 작용을 받을 수 있다는 예를 들었다. 기린의 꼬리는 인공 파리채와 닮았다. 그 꼬리가 파리를 쫓아내는 하찮은 목적을 위해 점점 개량되어 사소한 변이를 거듭한 결과 현재의 목적에 적응했다고 말할 수 있을까? 아무래도 금방 믿기 어려운 일이다. 그러나 이 경우에도 단정적인 태도를 취하는 것은 삼가야 한다. 예를 들어 남아메리카에서 소 따위의 동물 분포와 생존은 곤충의 공격에 대한 저항력에 의해 좌우된다고 알려져 있기 때문이다. 즉 어떤 수단으로든 자그마한 적에게서 자신을 지킬 수 있는 개체는 새로운 초지로 분포를 넓힐 수 있으며, 거기서 큰 이익을 누릴 수 있다. 대형포유류가 파리 때문에 죽는 일은—극소수의 예를 빼고—실제로 일어나지 않는다. 그러나 파리에게 끊임없이 시달리면 체력이 떨어지고 병에 걸리기 쉬워지며, 먹잇감이 부족해지는 시기에 먹을 것을 구하지 못하고 적에게 붙잡히기 쉬워진다.

지금은 그다지 중요하지 않은 기관이라도 먼 옛날의 조상에게는 매우 중요한 기관이었을 수도 있다. 서서히 완성된 기관이 그 뒤에 별로 쓰이지 않게 되었어도 거의 같은 상태로 전해 내려온 경우도 있을 것이다. 다만 그 구조가 조금이나마 유해한 쪽으로 변화한다면 자연선택에 의해 버려질 것이다.

대다수의 수생동물에게 꼬리는 운동기관으로서 중요한 역할을 했다. 부레가 변이한 허파를 보면 육생동물의 기원도 물속임을 알 수 있다. 이것으로 많은 육생동물이 계속 꼬리를 보유하고 여러 목적으로 쓰고 있는 것은 설명할 수 있으리라. 즉 수생동물에서 형성되어 발달한 꼬리는 그 뒤에 파리채, 가지 따위를 붙잡는 기관, 개에게서 볼 수 있듯 방향을 바꾸는 데 쓰이는 균형장치 등 온갖 목적으로 사용되었는지도 모른다. 다만 꼬리가 회전을 돕는 역할을 하는 경우는 개에게서도 보기 드물다. 꼬리가 매우 짧은 토끼는 개보다 2배나 빨리 방향을 바꿀 수 있기 때문이다.

두 번째로, 실제로는 그다지 중요하지 않은 데다 자연선택과 관계없는 이차적 원인으로 생겨난 특질을 중요하다고 믿기 쉽다. 여기서 간과하면 안 될 것이 있다. 기후나 먹이 등이 생물의 기본적인 구조인 체제에 직접적인 영향을 끼치는 일은 적다는 것, 오랫동안 사라졌던 조상 형질로 복귀할 수 있다는 것, 다양한 구조의 변화에서 성장의 상관관계가 매우 중요한 역할을 한다는 것, 어느 정도 의지판단이 가능한 동물의 겉모습이 성선택으로 크게 변화하여 수컷끼리의 싸움에서 유리해지거나 암컷을 유혹하는 데 유리해지는 경우가 많다는 것이다. 그뿐이 아니다. 앞에서 주로 말한 원인이나 알려지지 않은 어떤 원인으로 구조 변화가 생겨난 경우, 처음에는 그 종에게 아무런 이익이 되지 않더라도 나중에 자손이 새로운 생활 조건에서 새로운 습성을 갖게 됨으로써 변화한 구조를 이용할 수도 있다.

이 점에 대해 몇 가지 예를 들어보겠다. 만일 녹색 딱따구리만 있고, 까맣거나 얼룩덜룩한 딱따구리도 많다는 것이 알려지지 않았다면 어땠을까? 녹색은 나무 사이를 날아다니는 딱따구리가 적으로부터 몸을 보호하기 위한 매우 훌륭한 적응일 것이다. 따라서 녹색은 중요한 형질로서 자연선택으로 획득되었다고 결론 내릴 수 있다. 그러나 나는 사실 딱따구리의 깃털 색깔이 전혀 다른 원인, 즉 성선택에 의한 것이라고 확신한다.

말레이 제도에 있는 덩굴성 야자나무는 줄기 끝에 무리 지어 자라나 있는 가시로 커다란 나무에 달라붙어 기어오른다. 이 장치가 야자나무에게 커다란 역할을 하는 것은 말할 나위 없다. 그러나 덩굴식물이 아닌 많은 나무도 이와 비슷한 가시를 갖고 있다. 따라서 이 야자나무의 가시는 처음에 알려지지 않은 어떤 성장법칙에 따라 생겨났다가, 식물이 덩굴성으로 변화하면서 활용된 것인지도 모른다. 살갗이 드러난 독수리의 머리는 일반적으로 썩은 고기에 머리를 들이미는 일에 직접 적응한 것으로 여겨지고 있다. 사실 그럴 수도 있고, 부패물이 독수리의 머리에 직접적인 작용을 끼쳤을 가능성도 있다. 그러나 이러한 추측을 할 때는 매우 신중해야 한다. 칠면조 수컷은 썩은 고기를 먹지 않는데도 머리 살갗이 드러나 있지 않은가.

포유류 새끼의 두개골에 있는 봉합(縫合)은 분만을 돕기 위한 훌륭한 적응이라는 주장이 있다. 봉합이 분만에 도움이 되는 것은 사실이며, 분만에 반드시 필요한 것인지도 모른다. 그런데 알껍데기만 깨고 태어나면 되는 조류나 파충류의 새끼 두개골에도 봉합이 있다. 따라서 두개골의 봉합은 성장법칙에 따라 생겨난 것으로서, 그것이 결과적으로 고등동물의 분만에 도움이 되었다고 생각할 수 있다.

우리는 사소하고 중요하지 않은 변이를 일으키는 원인에 대해 너무나 무지하다. 이것은 나라마다 다른 가축 품종의 차이, 특히 인위적인 선택이 거의 이루어지지 않은 문명이 덜 발달한 나라의 품종과 비교해보면 금방 알 수 있다. 여러 나라에서 미개인에 의해 사육되고 있는 동물들은 이따금 스스로 생존을 위해 경쟁할 수밖에 없으며, 어느 정도 자연선택의 영향을 받게 될 것이다. 그리고 다른 기후 조건 속에서 가장 성공을 거둔 개체의 형질도 조금이나마 달라지리라. 형질은 색깔과 상관관계를 갖고 있다고 볼 수 있다. 색깔까지 자연선택 작용을 받고 있는 것이다. 주의 깊은 관찰자들은 습한 기후가 털이 자라는 데 영향을 주며 털과 뿔은 상호관계를 갖고 있다고 믿는다. 산악지대에서 자라는 품종과 저지대에서 자라는 품종에도 차이가 있다. 산악지대의 품종은 뒷다리를 많이 사용함으로써 그 영향을 받고, 골반의 모양도 영향을 받을 수 있다. 그리고 상동변이의 법칙에 따라 앞다리와 머리에도 영향이 나타날 것이다. 골반의 모양은 자궁 안 새끼의 머리를 압박하여 머리 모양을 변형시킬지도 모른다. 고지대에서는 호흡하기가 힘들기 때문에 흉부의 크기가 커지고 거기에 상관관계가 작용하게 된다. 운동의 감소가 풍부한 먹이와 아울러 전체 체제에 미치는 영향은 매우 중요하다. 그런데 이것은 폰 나투시우스(H. Von Nathusius)가 최근에 발표한 훌륭한 논문에서 표명한 바와 같이, 확실히 돼지의 품종들이 겪어야 했던 큰 변화의 중요한 한 원인이었다.

그러나 변이에 관해 이미 알려져 있거나 아직 알려지지 않은 법칙 가운데 무엇이 더 중요한지 생각하기에는 모르는 것이 너무 많다. 내가 여기서 그러한 법칙에 대해 언급한 것은 다음의 사실을 나타내기 위해서이다. 가축의 품종의 형질 차이는 일반적인 세대계승에 의해 생긴 것으로 널리 인정되고 있다. 그럼에도 왜 그러한 차이가 생기는지 설명할 수 없다면, 종 사이에 사소하고 유사한 차이가 생기는 정확한 원인을 알지 못한다는 사실에 지나치게 얽매일 필요가 없다는 것이다.

완벽하지 않은 기관과 습성

지금까지 살펴본 것과 관련하여 최근 몇몇 내추럴리스트가 제기한 반론에 몇 마디 설명을 해야겠다. 기관의 구조는 세세한 부분까지 모두가 그 소유자에게 이롭게 만들어졌다는 공리주의적 논설에 반대론이 있는 것이다. 그들은 생물이 지닌 대부분의 구조가 인간 또는 창조주—이 창조주는 과학적 논의의 대상에서 제외되지만—의 눈을 즐겁게 해주기 위해서나 단순히 다양성을 위해 창조되었다고 믿는다. 만일 이것이 진실이라면 나의 학설에 치명적인 것이된다. 많은 구조가 그 소유자에게 직접적인 도움을 주지 못하고 그 조상에게도 별다른 도움을 주지 못했을지도 모른다는 것은 나도 충분히 인정한다. 하지만 그렇다고 그 구조가 단순히 아름다움이나 변화를 위해 이루어진 것이라고 증명하는 것은 아니다. 의심할 여지없이 변화한 상태의 확정작용(確定作用)이나, 앞에서 언급한 여러 가지 변화의 원인들은 모두 이렇게 해서 얻어진 이익과는 아무 상관없는 큰 효과를 만들어 냈을 것이다.

그러나 이보다 훨씬 더 중요한 것은 모든 생물의 체제에서 주요 부분이 단순히 유전으로 결정된다는 사실이다. 그 결과, 각각의 생물이 자연계에서 자신의 서식지에 충분히 적응하고 있으면서도 현재 개별 종의 생활습성과 직접적인 관계가 없는 구조를 많이 갖게 되었다.

예를 들어 육지에 사는 거위나 물 위에 내려앉지 않는 군함조의 물갈퀴가 이러한 조류에 특별히 유리한 것이라고는 믿기 어렵다. 원숭이의 팔, 말의 앞다리, 박쥐의 날개, 바다표범의 지느러미에 있는 서로 비슷한 뼈가 이들 동물에게 특별한 역할을 하는 것 같지 않다. 이러한 구조는 유전으로 물려받은 것이라고 여기는 편이 무난하다. 그러나 현재 대부분의 물새에게도 그렇듯 물갈퀴가 있는 발은 육지에 사는 거위와 군함조의 조상에게 쓸모 있는 기관이었을 것이다. 마찬가지로 바다표범의 조상에게는 지느러미가 없고 걷거나 무엇을 잡기에 알맞게 발에 다섯 발가락이 있었다고 믿어도 좋으리라. 또 더 나아가서 원숭이와 말, 박쥐의 다리를 구성하는 뼈는 같은 조상에게서 유전으로 물려받은 것이지만, 그 조상에서는 다양한 생활습성을 가진 현재 자손보다 더욱 특수한 목적에 사용했을지도 모른다. 그러므로 그 뼈는 자연선택 작용으로 얻어진 것이며, 예전에는 지금과 같은 유전법칙이나 격세유전, 성장 상호관계 같은 법칙을 따랐다고 생각해도 좋을 것이다. 따라서 지금 살아 있는 모든 생물의 구조는 세부에 이르기까지 조상에게 특별한 용도로 이용되었거나 지금 그 자손에게 특별히 이용되고 있다고 결론을 내릴 수 있다. 게다가 복잡한 성장법칙에 직접적이거나 간접적인 영향을 받고 있는 것이다―물리적 조건의 직접작용도 어느 정도 가능하다―.

본디 생물체는 사람을 즐겁게 해주기 위해서 아름답게 창조되었다는 견해, 즉 나의 모든 이론에 반대되는 그 견해에 대해 말해두겠다. 먼저의 개념은 찬탄을 받게 되는 물체에 존재하는 진정한 성질과 아름다움에 관계없이 명백히 인간의 마음에 의존한다. 그리고 무엇이 아름다운가 하는 관념은 본질적이지만 불변의 것이 아니다. 예컨대 여러 다른 종족에 속하는 사람들이 자기네 여자들의 아름다움을 평가할 때 서로 기준이 다르다는 점에서 이를 알 수 있다. 만일 아름다운 사물이 인간을 만족시키기 위해 창조되었다면, 지구의 표면은 인간이 나타난 뒤보다 나타나기 전에 추했다고 입증되어야 한다. 에오세(Eocene epoch)[6]의 아름다운 나선형 조개나 원뿔형 조개, 제2기 시대의 아름답게 조각된 암모나이트(Ammonites)는 인류가 후세에 이르러 표본실 속에서 감상할 수 있도록 창조된 것이라고 할 수 있을까? 또 규조과(硅藻科)의 매우 작은 규석질(硅石質) 상자는 별로 아름답지도 않은데, 이것이 높은 배율의 현미경 아래서 검사받고 찬미받기 위해서 창조된 것이라는 말인가? 후자의 경우나 그 밖의 많은 경우 아름다움은 대칭적인 성장에서 비롯된다. 꽃은 자연의 가장 아름다운 산물이라고 생각되는데, 초록색 잎과 대비하여 선명하고 아름답게 보여 곤충의 눈에 잘 띄도록 되어 있다. 바람으로 수정되는 꽃의 빛깔이 결코 화려하지 않다는 불변의 법칙을 발견함으로써 나는 결론에 이를 수 있었다. 몇몇 종은 항상 두 종류의 꽃을 피운다. 하나는 곤충을 유인하기 위해 열려 있고 색깔이 있으나, 다른 하나는 꽃이 닫혀 있고 색깔과 꿀도 없어서 곤충이 전혀 찾아오지 않는다. 따라서 만일 지구상에 곤충이 생겨나지 않았다면, 지구상의 식물들은 그처럼 아름다운 꽃으로 장식되지 않고, 전나무나 참나무, 호두나무, 물푸레나무 같은 나무나 벼과식물, 시금치, 소루쟁이, 쐐기풀처럼 바람을 통해 수정되는 빈약한 꽃들만 있을 것이 틀림없다는 결론을 내릴 수 있다.

　이와 같은 논리는 열매의 경우도 마찬가지이다. 무르익은 딸기와 버찌가 우리의 눈과 입을 즐겁게 해주고 화살나무의 빨간 열매와 사철나무의 진홍색 열매가 매우 아름답다는 것은 누구나 인정한다. 하지만 그 아름다움은 단지 열매가 새나 짐승을 유혹하여 먹이가 된 뒤 씨앗이 배설물에 섞여 널리 퍼지기 위함일 뿐이다. 이는 열매가 아름다운 빛깔로 이루어져 있거나 흰색 또는 검정색이라 쉽사리 눈에 띄는 경우, 열매의 안쪽—즉 과육의 속 부분—에 감춰져 있는 씨가 언제나 이런 방식으로 널리 퍼진다는 규칙에서 아직까지 예외가 발견되지 않았다는 사실로 추론한 결과이다.

　이와 반대로 가장 아름다운 조류나 어류, 파충류, 포유류, 색채가 화려한 나

---

6) 지질 시대의 신생대 제3기를 다섯으로 나눈 가운데 두 번째에 해당하는 시대.

비류처럼 많은 수컷들이 아름다움을 위해 화려하게 만들어졌음을 인정한다. 그러나 이것은 성선택으로서, 사람들을 즐겁게 해주기 위해서가 아니라 암컷의 사랑을 차지하기 위해 더 아름다운 수컷이 만들어진 것이다. 조류의 울음소리도 마찬가지다. 이 모든 사실에서 동물계의 여러 부분은 아름다운 색채와 목소리에 거의 비슷한 취향으로 일관되어 있음을 추론할 수 있다. 조류나 나비류에서 암컷이 수컷 못지않게 아름다운 경우도 드문 일이 아닌데, 그 원인은 분명 성선택으로 얻은 색채가 수컷뿐만 아니라 암컷에게도 전해진 것이라고 할 수 있다. 미적 관념, 즉 어떤 빛깔이나 모양, 소리 등에서 오는 특이한 종류의 쾌감을 받아들이는 일이 어떻게 인간보다 하등한 동물의 마음에 처음으로 발달하게 되었는지는 매우 모호한 문제이다. 어째서 어떤 종류의 냄새와 맛은 쾌감을 주고, 다른 어떤 것은 반대로 불쾌감을 주는가 하는 문제를 밝히고자 할 때도 똑같은 어려움에 부딪히게 된다. 이러한 모든 경우에 어느 정도 습성이 작용한 것 같지만, 각 종의 신경계통 구조에 어떠한 근본적인 원인이 있어야 한다.

자연계에서는 한 가지 종이 다른 종의 구조를 이용하거나 그로부터 이익을 얻는 일이 끊임없이 일어난다. 그러나 한 종에 이익이 되게끔 다른 종에서 자연선택 작용으로 변이가 일어나는 일은 불가능하다. 살무사의 독니, 살아 있는 곤충의 몸에 알을 낳기 위한 기생벌의 산란관이 바로 그 예이다. 오직 다른 종의 이익이 되기 위해 이루어진 생물 구조가 발견된다면 내 학설은 무너지고 말 것이다. 그런 구조가 자연선택 작용으로 생겨날 리 없기 때문이다. 박물학 문헌 중에 다른 종에게만 이로운 구조에 관해 쓴 저서는 많지만, 고려할 만한 예는 하나도 보지 못했다. 북아메리카산 방울뱀(rattlesnake)의 독니는 스스로를 보호하고 먹잇감을 죽이기 위한 구조이다. 여기에 이론은 없다. 그러나 몇몇 저자들은 방울뱀이 방울소리를 내는 기관을 갖고 있는 것이 먹이에게 경고를 주어 달아나게 하기 위함이라고 쓰고 있다. 만일 그렇다면, 고양이가 쥐에게 달려들려고 할 때 꼬리 끝을 마는 것이 쥐에게 경계심을 일깨워주기 위해서라고 볼 수 있게 된다. 방울뱀이 소리를 내고 코브라(Cobra)가 가슴을 부풀리고 아프리카산 독사(Puff-adder)가 쉿소리를 내며 몸을 부풀리는 것은 아무리 유해한 종이라도 자신이 공격할 많은 새와 짐승들을 위협하기 위해서라고 하는 편이 훨씬 더 그럴듯할 것이다. 마치 개가 병아리에게 접근할 때 암탉이 깃털을 세우고 날개를 펴는 것과 똑같은 원칙으로 행동하는 것이다. 동물들이 자기 적을 위협하여 쫓아버리는 많은 방법에 대해 여기서 상세히 언급할 수 없는 것이 유감이다.

자연선택은 오직 생물 저마다의 이익에 따라 그 이익을 위해 작용하므로, 어떠한 생물에게든 해로운 것은 아무것도 생겨나지 않는다. 페일리(Paley)가 말했듯이, 소유자에게 고통을 주거나 해를 끼치려는 기관이 만들어지는 일은 결코 없다. 각 부분이 만들어내는 이익과 손해를 공정하게 평가해 보면, 모두 전체적으로는 이익이 된다는 것을 알게 될 것이다. 시간이 흘러 생활 조건이 바뀌면서 어떤 부분이 유해한 것이 된다면 그 부분은 변화할 것이다. 변화하지 못한다면 그 생물은 이미 수천만 종이 사라진 것과 마찬가지로 멸종해 버릴 것이다.

자연선택은 개별 생물이 같은 땅에서 생존 경쟁을 주고받는 상대에게 지지 않을 만큼 완전하게 만들어주거나 아주 조금 완성도를 높여줄 수 있을 뿐이다. 실제로 자연계가 이룬 완성도는 그 정도 수준이다. 예컨대 뉴질랜드 고유종은 모두 서로에게 뒤지지 않도록 완성되었지만, 지금은 유럽에서 들어온 수많은 동식물에게 급속도로 정복당하고 있다.

자연선택 작용은 절대적인 완벽함을 낳지 않으며, 우리가 판단할 수 있는 범위에서는 자연계에서 고도의 완벽함을 만나볼 수 없다. 뮐러는 가장 완전한 기관이라고 할 수 있는 사람의 눈도 빛의 수차(收差)[7] 수정이 완전하지 않다고 말했다. 그리고 자신의 분야에서 아무도 이의를 제기하지 못할 만큼 권위자인 헬름홀츠(Helmholtz)는 사람의 눈이 지닌 놀라운 위력을 강력하게 설명한 뒤 다음과 같이 주의할 점을 덧붙였다.

"시각기계(視覺機械)와 망막 위에 비치는 영상이 부정확하고 불완전하다는 것을 발견하기란 우리가 감각 영역 안에서 부딪히는 불합리성에 비하면 아무것도 아니다. 외계와 내계 사이에 먼저 존재한 조화가 있다고 주장하는 이론에서 모든 근거를 없애기 위해 자연은 모순을 축적하는 데 흥미를 느끼고 있다고 말해도 좋을지 모른다."

우리의 이성(理性)은 자연계에 무수히 존재하는 수많은 장치를 찬양하기 쉽

---

7) 한 점에서 나온 빛이 렌즈나 거울에 의해 상(像)을 만들 때, 광선이 한 점에 완전히 모이지 않고 상이 흐려지거나 비뚤어지거나 굽거나 하는 현상.

지만, 몇몇 장치는 완성도가 떨어진다고 판단하기도 한다. 그러나 완벽함에 관한 판단 기준은 애초에 존재하지 않는다. 꿀벌의 침은 톱니모양 구조라 적에게 쏘고 나면 도로 빼낼 수가 없기 때문에 내장이 밖으로 끌려나와 벌이 죽고 만다. 그런데 이 벌침을 과연 완전하다고 할 수 있을까?

아득히 먼 조상 때 꿀벌의 침은 같은 벌목(目)에 속하는 많은 개체의 침과 마찬가지로 알을 낳는 장소에 구멍을 뚫기 위해 만들어진 장치였다. 그 장치가 지금과 같은 용도로 불완전하게 달리 사용되는 것이다. 벌의 독도 처음에는 벌레혹[8]을 만들기 위한 것이었다가 나중에 독성이 강화되었다고 생각하면, 벌침을 사용하는 일이 벌에게 죽음을 가져오는 이유도 이해되리라. 벌침을 찌르는 힘이 집단 전체에 유리하다면 그 때문에 일부 개체가 죽을지언정 자연선택이 작용하기 위한 요구를 모두 만족시키기 때문이다.

많은 곤충의 수컷이 암컷을 찾아내는 데 쓰는 예민한 후각은 감탄할 만하다. 그러나 한편으로는 교미할 때 말고 집단에게 아무런 도움이 되지 않으며, 새끼를 낳지 못하는 일벌에게 결국 죽음을 당하는 수벌이 몇 천 마리나 태어나는 것을 찬양할 수 있을까? 여왕벌은 자신의 딸인 어린 여왕벌이 태어나자마자 죽이려 하고, 그 싸움으로 오히려 자신이 죽기도 한다. 이렇게 야만적인 본능을 찬양하기란 어려운 일이지만 그래도 찬양해야만 한다. 그 행동이 집단에게는 분명 이익이 되기 때문이다. 모성애도, 다행히 아주 드문 모성증오도 모두 다 자연선택의 냉혹한 원리인 것이다. 난초를 비롯한 많은 식물들이 곤충을 통해 수정할 수 있게끔 이루어진 절묘한 장치는 찬사를 보낼 만하다. 그러나 바람을 타고 아주 적은 꽃가루가 운 좋게 밑씨에 닿도록, 전나무가 짙은 구름처럼 꽃가루를 흩뿌리는 것도 완벽한 방법이라고 칭찬할 수 있을까?

간추림

이 장에서 나는 자연선택설에 대해 주장할 수 있는 난점과 반론을 몇 가지 기술했다. 이 중에는 매우 중요한 것도 많다. 하지만 생물이 개별적으로 창조되었다는 학설에서는 이해하기 힘든 수많은 사실에 대해 빛을 던져주었다고 생

---

8) 곤충의 기생 등으로 식물에 생기는 혹 모양의 구조.

각한다.

이 장에서 알게 되었듯, 종은 어떤 시대에서나 무한히 변할 수 있는 게 아니며, 종과 종 사이가 수많은 중간적 이행단계로 이어져 있는 것도 아니다. 그 이유 중 하나는 자연선택이 늘 서서히 이루어지며 아주 소수의 종류에만 작용한다는 것이다. 또 하나는 자연선택이 예전에 존재했던 중간적 이행단계를 잇따라 대체하면서 멸종시키는 과정을 뜻하기 때문이다.

현재 서로 이어진 지역에 서식하는 근연종들은 그 지역이 이어지지 않았던 때에 형성되었으며, 서식지마다 생활 조건의 변화도 연속적이지 않은 시기에 이루어진 게 분명하다. 서로 이어진 두 지역에서 두 변종이 형성될 때에는 그 중간지대에 적응한 중간적 변종이 형성된 경우가 많다. 그러나 앞서 말한 이유로 중간적 변종은 자신이 연결해주는 두 종류보다 일반적으로 개체수가 적다. 그 결과 후자의 두 종류가 나중에도 변화를 계속하는 가운데 중간적 변종은 개체수가 적어 불리해지고, 중간지대를 빼앗겨 멸종하고 만다.

이 장에서는 서로 매우 다른 생활습성이 점진적으로 이행하지 않는다거나, 처음에 공중을 활공하기만 했던 동물의 자연선택으로 박쥐가 생긴 것은 아니라는 결론을 내리는 데 신중을 기해야 한다고 확인했다.

그 밖에도 종은 새로운 생활 조건에서 습성을 변화시킬 수 있으며, 습성을 다양화하여 혈연이 아주 가까운 종과 전혀 다른 습성을 얻을 수 있음을 알았다. 이로써 모든 생물은 생활할 수 있는 곳 어디서든 서식하려 한다는 것을 염두에 두면, 물갈퀴가 있는데도 산에 사는 거위, 나무가 없는 땅에 사는 딱따구리, 잠수하는 지빠귀, 바다오리와 같은 습성을 지닌 바다제비가 어떻게 생겨났는지 이해할 수 있다.

눈이라는 완전한 기관이 자연선택으로 형성되었다는 사실을 들으면 누구나 놀랄 것이다. 하지만 어떤 기관이든지 복잡함의 정도가 어느 단계에서나 소유자에게 유익하다면 어떠할까? 생활 조건이 변화하는 것을 고려하면, 계열이 단계적으로 이행하며, 생각할 수 있는 범위에서 가장 완성도 높은 기관이 자연선택으로 얻어진다는 것은 논리적으로 불가능한 일이 아니다. 중간단계나 이행단계 중 알려지지 않은 사례에서도 그런 것이 전혀 존재하지 않았다고 경솔하게 결론 내려서는 안 된다. 대부분의 상동기관이나 그 중간단계 기관을 보면 기능이 단숨에 바뀌는 일이 가능하다는 것을 알 수 있기 때문이다. 예컨대 어류의 부레는 호흡을 위한 허파로 전용했다고 여겨진다. 한 기관이 매우 다른 기능을 동시에 맡다가 한 기능으로 특수화하거나, 같은 기능을 동시에 맡고 있던 두 기관 중 하나가 다른 기관의 도움을 받으면서 완벽해지고, 종의 이행을 촉진시킨 경우가 틀림없이 있었을 것이다.

자연단계에서 서로 매우 동떨어진 두 생물의 경우, 같은 목적에 도움이 되고 외형적으로 매우 닮은 기관이 종종 독립적으로 형성되기도 한다. 그런데 이 기관들을 자세히 관찰해 보면 반드시 본질적인 차이를 발견할 수 있다. 우리는 이 차이가 바로 자연선택의 원리에서 생기는 것임을 알았다. 반면 자연계에 공통되는 규칙은, 같은 목적을 위한 구조가 한없이 다양하며 이 또한 마찬가지로 커다란 원칙에서 형성된다는 것이다.

수많은 경우에서 우리는 몹시 무지하다. 그러므로 어느 부위나 기관을 가리켜 종의 이익에 별로 중요하지 않다거나, 자연선택으로 서서히 변할 리 없다고 주장할 수는 없다. 하지만 확실히 말할 수 있는 것도 있다. 성장법칙으로 생겨나 처음에는 종에 전혀 이롭지 않았던 변이도 나중에 자손이 변화하면서 유익해진 것이 많다는 사실이다. 또한 옛날에는 매우 중요한 부위였음에도 지금은 중요도가 낮아진 탓에 자연선택으로 얻어진 것으로 보이지 않는 부위가 그대로 보존되고 있는 경우도 있다—예컨대 수생동물의 꼬리를 여전히 지니고 있는 육생동물—.

한 종에서 오직 다른 종의 이익이 되거나 손해가 되기 위해 자연선택이 작용하는 경우는 없다. 한편 다른 종에게 매우 유용하고 반드시 필요하거나 아주 해로운 부위와 기관, 분비물 등이 자연선택으로 생겨날 수는 있다. 다만, 그 소유자에게 쓸모 있을 때에만 가능하다. 생물이 풍부한 땅에서 자연선택은 거주자의 상호경쟁을 통해 작용하며, 그 결과 완벽한 구조를 낳거나 생존투쟁에 필요한 힘을 길러준다. 하지만 이는 어디까지나 그 땅의 기준에 따른 것이다. 그러므로 일반적으로 작은 땅의 거주자는 훨씬 넓은 땅의 거주자에게 정복당하는 경우가 종종 일어날 터이며, 실제로도 그런 일이 일어나고 있다. 넓은 땅에는 많은 개체가 서식하고 종류도 다양하여 경쟁이 치열한지라 구조와 행동의 완성도가 높을 것이기 때문이다. 자연선택은 반드시 절대적인 완벽함을 낳지 않는다. 오히려 우리가 알고 있는 한정된 범위에서는 절대적인 완벽함을 어디서도 찾아볼 수 없다.

자연선택설에 입각하면, '자연은 비약하지 않는다'는 박물학의 오랜 격언이 지닌 완전한 의미를 명확히 이해할 수 있다. 현재 세계에 서식하는 생물만을 보면 이 격언은 옳지 않다. 그러나 과거에 서식했던 생물 모두를 포함하면 내 학설로 완전한 진실이 된다. 모든 생물이 '형(型)의 일치'와 '생존조건'이라는 위대한 두 법칙에 따라 형성된다는 것에는 일반적으로 이론이 없다. 형의 일치란 생물의 구조가 근본적으로 일치한다는 뜻이며, 생활 조건의 차이와 전혀 관계없이 같은 강에 속하는 생물에서 인정되는 법칙이다. 내 학설에서 형의 일치는 유래의 일치로 설명된다.

저명한 퀴비에(Cuvier)가 자주 역설한 생존조건이라는 표현은 자연선택의 원리로 설명할 수 있다. 자연선택은 각각의 생물이 변이하는 부위를 생물적인 생활 조건과 물리적인 생활 조건에 적응시키거나, 과거 긴 시간 동안 적응시킴으로써 작용한 원리이기 때문이다. 더욱이 자연선택은 적응을 이루어내는 데 쓰임과 쓰이지 않음의 도움을 받거나, 외적인 생활 조건의 직접작용으로부터 조금 영향을 받고, 수많은 성장법칙에 반드시 따라야 한다. 그러므로 위대한 두 법칙 가운데 생존조건의 법칙이 더 우위에 있다. 얻어진 적응형질이 유전함으로써 생존조건 법칙은 형의 일치 법칙을 포함하기 때문이다.

7장 본능

본능과 습성은 비슷하지만 기원이 다르다 ―본능의 단계적 변경 ―진딧물과 개미 ―본능의 변이 ―길들여진 본능과 그 기원 ―뻐꾸기·타조·기생벌의 본능 ―노예를 만드는 개미 ―꿀벌의 집짓기 본능 ―본능에 대한 자연선택설의 문제점 ―중성인 불임 곤충 ―간추림

본능과 습성의 차이

본능에 대해서는 훨씬 앞에서 다룰 수도 있었다. 그러나 이 문제는 별도로 논하는 것이 더 나으리라고 판단했다. 특히 꿀벌이 기하학적인 모양의 집을 짓는 본능은 학설을 완전히 뒤집을 만큼 어려운 문제라고 생각하는 독자가 많을 것이기 때문이다. 정신 능력이 맨 처음 어떻게 시작되었는지에 대해서는 생명 자체의 기원에 대해서와 마찬가지로 다룰 생각이 없음을 미리 말해 둔다. 여기서는 같은 강에 속하는 여러 동물의 본능 및 심리적 능력의 다양성을 논하고자 한다.

본능에 대해 정의할 생각은 없다. 본능이 몇 가지 다른 심리작용을 가리키는 말로 쓰이는 경우도 어렵지 않게 찾을 수 있다. 그러나 뻐꾸기가 본능에 따라 이동하고 다른 조류의 둥지에 알을 낳는다고 할 때, 그 본능의 의미는 누구나 이해할 수 있다. 인간이 경험을 통해 배우는 행동을 동물, 특히 매우 어린 새끼가 아무런 경험도 없이 해낼 때, 또 다수의 개체가 어떤 목적이 있는지도 모르고 모두 똑같이 행동할 때, 그 행동을 우리는 흔히 본능이라고 한다. 그러나 본능을 규정하는 보편적인 성질은 하나도 없다. 피에르 위베(Pierre Huber)의 표현을 빌리면, 자연계의 질서 가운데 하층에 있는 동물이라도 약간의 판단력과 이성은 있기 때문이다.

프레데릭 퀴비에(Frederick Cuvier)와 그 이전의 몇몇 형이상학자들은 본능을

습성이나 습관에 비교했다. 이 비교는 본능적으로 행동할 때의 심리에 대해 정확한 개념을 주지만, 본능적 행동의 기원에 대해서는 그렇지 않다. 대부분의 습성적 행동은 무의식적으로 이루어진다. 실제로 우리의 의지에 반하는 경우도 드물지 않다. 그러나 그러한 습성적 행동은 의지와 이성으로 바꿀 수 있다. 습성은 다른 습성이나 신체의 일정한 시기 및 상태와 쉽게 결합한다. 나아가 습성은 한번 몸에 익으면 평생 변하지 않는 경우도 더러 있다.

본능과 습성의 유사점은 이밖에도 더 있다. 늘 부르던 노래를 되풀이해 부르듯, 본능에서도 특정한 행동이 일종의 리듬처럼 거듭 되풀이된다. 누구나 노래나 기계적인 행동을 되풀이 하고 있을 때 방해를 받으면 습관적인 사고 순서를 회복하기 위해 처음으로 돌아가 다시 시작하기 마련이다.

P. 위베도 매우 복잡한 그물침대를 만드는 송충이가 이와 같이 하는 것을 보았다. 그는 그물침대를 제6건설기라고 하는 거의 완성된 시기까지 만든 송충이를 꺼내 제3기까지 만들어진 다른 그물침대에 넣어 주었더니, 송충이는 순순히 제4, 5, 6기를 다시 만들었다. 그런데 제3기까지 마친 송충이를 제6기까지 완성되어 일이 대부분 끝난 상태인 그물침대에 넣으면, 송충이는 그 이익을 누리기는커녕 오히려 매우 당황하여 자신이 끝낸 제3기부터 다시 일을 시작한다. 이미 완성된 일까지 다시 완성하려고 애쓰는 것이다.

습성적 행동이 유전될 경우—그러한 경우도 있음을 보여줄 수 있다고 나는 생각한다—를 가정한다면, 원래 습성이었던 것과 본능은 구별할 수 없을 만큼 밀접해진다. 모차르트가 세 살 때 거의 연습하지 않고 피아노를 친 것이 아니라 전혀 연습하지 않고 곡을 연주했다면, 그는 진정 본능적으로 연주했다고 잘라 말할 수 있다. 그러나 대부분의 본능이 습성에 의해 한 세대에서 획득되어 다음 세대로 유전되었다고 생각하는 것은 큰 잘못이다. 꿀벌이나 많은 개미의 본능처럼, 우리가 알고 있는 참으로 경탄스러운 본능이 습성에 의해 얻어졌을 리가 없기 때문이다.

본능의 단계적 변화

본능이 현재의 생활 조건 속에서, 신체 구조 만큼이나 중요하다는 점은 널리 인정되고 있다. 생활 조건이 달라지면, 본능의 작은 변화가 종에 이익을 줄 수 있을 것이다. 그리고 본능이 조금이라도 변화한다는 점을 증명할 수 있다면, 자연선택 작용이 본능의 변이를 이익이 되는 한 끊임없이 보존하고 축적한다 해도 전혀 이상한 일이 아니다. 매우 복잡하고 신비로운 본능은 이렇게 하여 생긴 것이라고 나는 믿는다. 신체 구조의 변화는 사용함으로써, 즉 습성에서 생기고 증대되며, 사용하지 않음으로써 축소되거나 소멸하는데, 본능도 마찬가지임을 의심하지 않는다. 그러나 습성의 영향은, 본능의 우발적인 변이라고 할 수 있는 자연선택이 미치는 영향에 비하면 크지 않다. 본능의 우발적인 변이란 신체 구조의 사소한 편차를 낳는 것과 같은 미지의 원인에 의한 변이를 가리킨다.

복잡한 본능이 자연선택에 의해 일어나는 것은 수많은 사소하면서도 유리한 변이가 시나브로 축적되는 경우뿐이다. 따라서 신체 구조의 경우와 마찬가지로, 복잡한 본능이 얻는 실제 이행단계를 자연계에서 찾으려 해도 헛수고이다. 이러한 이행단계는 각각의 종의 직계 조상에게서만 볼 수 있기 때문이다. 그러한 이행단계의 증거는 방계자손에게서 찾아야 한다. 그 증거가 적어도 어떤 종의 단계를 밟았을 가능성 정도는 증명해줄 것이다. 또 실제로 우리는 그렇게 할 수 있다.

유럽과 북아메리카를 제외한 곳에서는 동물의 본능이 거의 관찰된 바가 없고, 또 절멸한 종의 본능을 알 수 없다. 그럼에도 매우 복잡한 본능으로 이어지는 단계들이 이렇게 보편적으로 발견된다는 사실이 놀라울 뿐이다. "자연은 비약하지 않는다" 이 말은 신체 구조뿐 아니라 본능에도 해당한다. 본능의 변화는, 같은 종이 일생의 여러 시기와 1년의 여러 계절, 또 다양한 환경 속에 있을 때 다른 본능을 가짐으로써 쉽사리 일어날 수 있다. 그 중 어느 한 본능이 자연선택에 의해 보존될 것이다. 실제로 자연계에서는 같은 종이 다양한 본능을 지닌 경우를 목격할 수 있다.

진딧물과 개미의 관계

이 역시 신체 구조의 경우와 마찬가지이고 나의 학설과도 합치하는데, 본능은 스스로에게 이익이 되는 것이지 우리가 판단할 수 있는 한 다른 종의 이익을 위해서만 발생하는 것이 아니다. 겉보기에 다른 종의 이익을 위한 것으로 보이는 행동 가운데 내가 알고 있는 가장 확실한 예는 진딧물이 자신의 달콤한 분비물을 자발적으로 개미에게 제공하는 행동이다. 이것이 자발적인 행동이라는 증거는 다음의 사실들을 통해 확인할 수 있다.

나는 숫양에 달라붙어 있는 10마리 남짓한 진딧물에서 차단한 모든 개미를 몇 시간 동안 진딧물에 가까이 가지 못하도록 했다. 나는 진딧물이 그 사이에도 단물을 분비할 것이라고 생각했다. 그러나 오랫동안 확대경으로 진딧물을 관찰했지만 분비물을 내놓은 진딧물은 한 마리도 없었다. 그래서 나는 머리카락으로 개미가 더듬이로 하는 행동과 되도록 비슷하게 진딧물을 건드리거나 쓰다듬어 보았지만 여전히 분비하지 않았다. 나는 개미 한 마리를 진딧물 앞에 놓아 주었다. 개미는 곧 진딧물이 많이 있다는 것을 알고 부지런히 돌아다니며 더듬이로 진딧물의 배를 건드리기 시작했다. 진딧물은 자기 배에 더듬이가 닿았다는 것을 느끼자마자 엉덩이를 들어올려 투명한 단물을 분비했고, 개미는 그것을 열심히 받아먹었다. 매우 어린 진딧물도 똑같은 행동을 하는 것으로 보아 그것이 경험의 결과가 아니라 본능적인 행동임을 알 수 있다. 관찰을 통해 진딧물이 개미를 싫어하지 않는다는 것이 확실해졌다. 게다가 이 분비물은 매우 찐득찐득해서 제거해 버리는 것이 진딧물로서도 편할 것이다. 그렇다면 진딧물은 오로지 개미의 이익만을 위해서 본능적으로 분비하는 것이 아니다.

동물이 스스로 다른 종의 이익을 위해서 어떤 행동을 한다는 증거는 없으나, 다른 종의 약한 신체 구조를 이용하는 것과 같이 다른 종의 본능을 이용하려고 노력한다. 그러므로 어떤 본능이 절대적으로 완전하지는 않지만, 이러한 점은 크게 중요하지 않으므로 여기서는 자세한 설명을 생략하기로 한다.

본능의 변이

자연 상태에서는 본능에 어느 정도 변이가 생기고 그 변이는 자연선택 작용을 통해 반드시 유전한다. 따라서 되도록 많은 실례를 들어야 하겠지만, 여기서는 지면 사정상 그렇게 하지 못하므로 본능이 틀림없이 변이한다는 사실만 간단하게 말해 두겠다. 그 예로 이주 본능을 들 수 있다. 이주 방향과 거리도 달라지고 아예 이주하지 않은 경우도 있다. 새 둥지의 경우도 마찬가지이다. 새둥지는 선택된 장소나 새들이 서식하는 지방의 환경과 기온에 따라서도 달라지며, 또한 우리가 변이한 원인을 전혀 모르는 경우도 자주 있다.

오듀본(Audubon)은 미국 북부와 남부에서 같은 종의 새 둥지가 현저하게 다른 예를 몇 가지 들고 있다. 만약 본능이 변이한다면, 왜 벌은 '밀랍이 없을 때 다른 재료를 사용하는 능력'을 얻지 못했는지 그 까닭을 질문한 사람이 있었다. 그런데 자연의 어떠한 다른 재료를 사용할 수가 있을까?

내가 본 바로는 벌은 진사(辰砂)로 굳히거나 돼지기름으로 부드럽게 한 밀랍을 사용하여 일을 한다. 앤드류 나이트(Andrew Knight)는 키우는 벌이 힘들여 밀랍을 모으는 대신, 그가 납과 테레빈유(terebinthine)를 섞어 껍질이 벗겨진 나무에 발라 놓은 것을 이용하는 모습을 관찰했다. 최근에는 벌이 꽃가루를 찾아다니는 대신 오트밀 같은 완전히 다른 물질을 즐겨 이용하는 사실이 밝혀졌다. 특정한 적에 대한 두려움은 자신의 경험이나 다른 동물이 같은 적을 두려워하는 것을 봄으로써 커지기는 하지만, 둥지 속의 새끼를 통해 볼 수 있듯이 그것은 분명히 본능적인 성질이다. 그러나 앞에서 이야기했듯, 무인도에 사는 동물들은 사람에 대한 공포를 서서히 획득했다. 영국에서조차 큰 새가 작은 새보다 사람을 두려워한다. 영국에서는 큰 새가 사람들의 박해를 더 많이 받아왔기 때문이다. 사람이 살지 않는 섬에서는 큰 새가 작은 새보다 겁이 많은 것을 보면 알 수 있다. 영국에 사는 까치는 조심성이 많지만, 노르웨이에 사는 까치들은 이집트의 뿔까마귀 못지않게 사람을 무서워하지 않는다.

자연 상태에서 태어난 같은 종류의 개체라도 일반적인 성질이 매우 다양하다는 점을 증명하는 사례는 얼마든지 있다. 일부 종에서 우발적으로 기묘한 습성이 생기고, 그것이 그 종에 유리하다고 판단되어 자연선택에 의해 완전히 새로운 본능으로 자리잡은 예도 수없이 많다. 그러나 사실을 상세히 설명하지 않고 이와 같은 일반론에만 머물면 독자의 마음을 사로잡을 수 없다는 점을 잘 알고 있다. 그래서 나는 충분한 증거 없이는 얘기하지 않겠다고만 다시 한번 말해 두고자 한다.

가축의 본능과 그 기원

자연 상태에서 일어난 본능의 변이가 유전할 가능성과 개연성은 가축의 예를 몇 가지 살펴봄으로써 더욱 뚜렷해질 것이다. 이 예를 통해 습성이나 우발적·자연적인 변이가 가축의 성격을 변화시키는 데 얼마나 큰 역할을 했는지 알수 있다. 가축의 성격이 매우 다양하다는 사실은 이미 잘 알려져 있다. 고양이의 경우 어떤 것은 쥐를, 어떤 것은 생쥐를 잡아먹는다. 그리고 이러한 성향은 유전한다고 알려져 있다. 세인트 존(St. John)의 말에 따르면, 어떤 고양이는 언제나 새를 잡아오고, 어떤 고양이는 산토끼나 집토끼를 잡으며, 어떤 고양이는 늪지대를 돌아다니며 매일 밤 왜가리나 황새를 잡는다고 한다. 정신상태나 일생의 시기와 결합한 모든 성향과 기호, 또한 매우 이상한 버릇 같은 것이 유전한다는 사실을 증명하는, 기묘하지만 확실한 예는 수없이 많다. 인간과 친근한 개부터 살펴보자.

어린 포인터가 처음으로 사냥에 나갔을 때부터 사냥감이 있는 곳을 알리는 동작을 하거나, 다른 개를 도와주려고 하는 것은 틀림없는 사실이다―나는 그러한 장면을 실제로 보고 깜짝 놀란 적이 있다―. 총으로 쏘아 떨어뜨린 사냥감을 물어오는 행동은 확실히 어느 정도 레트리버[1]에게서 유전되었고, 목양견에서는 양떼를 향해 달려들지 않고 주위를 뛰어다니는 성향이 있다. 어린 개가 경험도 없이 각 개체의 성체와 똑같이 행동하고, 각 견종마다 목적도 알지 못한 채 같은 행동을 열심히 자발적으로 한다. 어린 포인터가 주인을 돕는 것인 줄 모르고 사냥감의 위치를 알리는 것은, 흰나비가 양배추 잎에 알을 낳는 이유를 모르는 것과 다를 바 없다. 이러한 행동이 본능과 본질적으로 다르지 않다고 생각한다.

어떤 늑대가 아직 어려서 아무런 훈련을 받지 않았음에도 먹잇감을 알아차린 순간 동상처럼 미동도 하지 않다가 특유의 발걸음으로 천천히 기어간다거나, 또 다른 늑대는 사슴떼 속으로 뛰어들지 않고 주위를 돌면서 사슴떼를 먼지점까지 몰고 가는 것을 볼 때, 그러한 행동이 본능이라고 단언할 수 있다. 가축적 본능은 분명히 자연적 본능보다 훨씬 가변적이다. 그러나 길들여진 본능은, 자연상태보다 변하기 쉬운 생활 조건 속에서 그다지 가혹하지 않은 선택을 거쳐 비교할 수 없을 만큼 짧은 기간에 전해졌다.

이러한 가축의 본능과 습성 및 성향이 얼마나 유전되고, 또 얼마나 기묘하게

---

1) 새 사냥에 적합하도록 교배한 대형견.

섞이는지는 서로 다른 품종의 개를 교잡해 보면 잘 알 수 있다. 불도그[2]와 교잡한 그레이하운드[3]는 몇 세대에 걸쳐 용기와 고집을 보여주며, 그레이하운드와 교잡한 모든 목양견에게서는 토끼를 사냥하는 경향이 나타난다. 교잡을 통해 알아본 가축의 본능은 자연적 본능과 매우 비슷하다. 자연적 혼합 역시 교배에 의해 기묘하게 혼합되어 있으며, 장기간에 걸쳐 한쪽 부모가 가지고 있던 본능의 흔적이 나타난다. 르 루아(Le Roy)는, 늑대를 증조부로 둔 개가 주인이 불러도 곧장 달려오지 않는다는 점에서 야생 조상이 지닌 성질이 그대로 나타난다고 했다.

　가축적 본능은 오랫동안 계속되고 강제된 습성만이 유전된 행동이라고 말하는 사람들이 있다. 그러나 그것은 사실이 아니다. 공중제비비둘기에게 공중제비를 가르친 사람은 아무도 없을 것이고, 가르칠 수도 없었을 것이다. 이 비둘기가 공중제비하는 것을 한 번도 본 적이 없는 어린 새도 공중제비하는 것을 내 눈으로 직접 보았다. 어떤 비둘기 한 마리가 먼저 이 기묘한 습성을 조금 나타나고, 세대를 거듭하면서 가장 좋은 개체를 선택하는 과정이 오래 이어짐으로써 현재와 같은 공중제비비둘기가 생겼을 것이다. 브렌트(Brent)로부터 들은 바로는, 글래스고 부근에는 공중제비를 돌지 않고는 50센티미터 높이도 날지 못하는 집공중제비비둘기가 있다고 한다.

　어떤 개가 스스로 걸음을 멈추고 사냥감이 있는 지점을 가리키지 않았다면, 누가 개에게 그런 훈련을 시키려고 생각할 수 있었겠는가? 이따금 자발적으로 그러한 행동을 보이는 개가 있다는 사실은 이미 널리 알려져 있다. 나는 순혈종 테리어[4]에게서 그것을 목격했다. 사냥개가 사냥감이 있는 위치를 알려주는 행동은, 많은 사람이 생각하고 있는 것처럼 동물이 먹잇감에 달려들기 전에 준비하기 위해 잠시 동작을 멈추는 행동에 지나지 않았을 것이다. 맨 처음 그런 경향이 나타나기만 하면 뒤를 잇는 각 세대에서 방법적 선택과 강제 훈련의 효과가 유전됨으로써 머지 않아 하나의 본능으로 자리잡을 것이다. 그 뒤에도 무의식적인 선택은 계속된다. 주인들이 품종을 개량하려는 의도가 없어도, 가장

---

2) 오랜 역사를 가진 영국의 투견.
3) 이집트 원산의 대형 수렵견.
4) 소형 사냥견.

잘 멈추고 가장 사냥을 잘하는 개를 얻기 위해 노력하기 때문이다.

그러나 어떤 경우에는 습성만으로도 충분하다. 야생 토끼 새끼만큼 길들이기 어려운 동물이 없고, 길들인 집토끼 새끼처럼 다루기 쉬운 동물도 없을 것이다. 그러나 집토끼에게서 다루기 쉬운 성향이 선택되어 왔다고는 생각하지 않는다. 야생상태에서 극도로 길들이기 쉬운 가축이 된 유전적 변화는 단순히 습성과 오랫동안 계속되어 온 구속에 의한 것으로 보인다.

가축은 자연적 본능을 잃는다. 거의 또는 전혀 알을 품지 않는 어떤 종류의 닭이 그 두드러진 예이다. 가축의 마음이 사육하는 중에 얼마나 보편적으로, 크게 변화해 버렸는지 우리가 깨닫지 못하는 까닭은, 우리가 그것을 늘 보고 있기 때문이다. 인간을 사랑하는 것이 개의 본능이 되어버린 사실은 거의 의심할 여지가 없다. 늑대, 여우, 재칼, 그리고 고양이속의 여러 종은 길들어 있음에도 닭이나 양, 돼지에게 맹렬히 덤벼든다. 이러한 성향은 티에라델푸에고나 호주처럼 미개하여 가축을 키우지 않는 나라에서 데리고 온 어린 강아지에게서도 나타나며, 교정할 수 없다고 알려져 있다.

그러나 문명화된 나라의 강아지에게는 닭이나 양, 돼지를 공격하지 말라고 가르칠 필요조차 없다. 물론 때때로 공격을 시도하다가 매를 맞는 개도 있다. 그래도 버릇이 고쳐지지 않으면 그 개를 죽여버린다. 그러므로 유전을 통해 문명화하는 데에는 습성과 어느 정도의 선택이 함께 작용했을 것이다.

한편 병아리는 오로지 습성에 의해 개와 고양이에 대한 공포심을 잃어버렸다. 이 공포심은 의심할 여지없는 본능이다. 나는 인도에서 원종 갈루스 반키바(Gallus bankiva)의 병아리가 암탉의 보호 아래 자랄 때는 처음에는 지극히 겁이 많았다고 허튼 대위한테서 보고받은 적이 있다. 영국의 암탉 품에서 자란 새끼 꿩의 경우도 마찬가지이다. 병아리가 모든 공포심을 잃어버린 것은 아니다. 다만 개와 고양이를 무서워하지 않을 뿐이다. 그 증거로, 암탉이 꼬꼬하고 위험을 알리면 병아리—특히 칠면조 새끼—들은 어미에게서 떨어져 근처에 있는 짚단이나 풀숲으로 몸을 숨긴다. 그것은 지상에서 사는 야생 조류에게서 흔히 나타나는 행동으로, 어미가 자유롭게 날 수 있도록 해주려는 본능적인 행동이 명백하다. 그러나 병아리가 가지고 있는 이 본능은 사육 상태에서는 필요하지 않다. 왜냐하면, 어미닭은 날개를 사용하지 않은 까닭에 하늘을 나는 능력을 거의 잃어버렸기 때문이다.

우리는 다음과 같은 결론을 내릴 수 있다. 가축적인 본능을 획득하고 자연적 본능은 잃어버린 한 원인은 습성 때문이고, 다른 원인은 세대를 거듭하는 동안 특수한 심리적 습성과 행동을 인간이 선택하고 축적했기 때문이다. 이러한 습성과 행동이 처음 나타나게 된 까닭은 지금으로서는 알려진 바가 없어 우연이라고 말할 수밖에 없다. 이러한 심리적 변화의 유전이 강제된 습성만으로 충분한 경우도 있다. 또는 이 강제된 습성이 아무 영향도 끼치지 못하고 모든 것이 방법적, 무의식적으로 수행된 선택의 결과인 경우도 있다. 그러나 대부분은 습성과 선택이 두루 작용한 결과일 것이다.

뻐꾸기·타조·기생벌의 본능

자연 상태에서 본능이 선택에 의해 어떻게 변화했는지에 대해서는 몇 가지 경우를 고찰해 보면 이해가 빠를 것이다. 여기서는 내가 앞으로 쓸 책을 위해 마련해 둔 몇 가지 사례 가운데 세 가지 경우만 들기로 한다. 즉 뻐꾸기가 다른 새의 둥지에 알을 낳는 본능, 어떤 종의 개미가 노예를 만드는 본능, 그리고 꿀벌이 벌집을 만드는 본능이다. 뒤의 두 가지 본능은 내추럴리스트들에 의해 일반적으로 알려진 모든 본능 가운데 가장 놀라운 것으로 인정받고 있다.

뻐꾸기가 다른 새의 둥지에 알을 낳는 직접적인 원인은 이 새가 매일 알을 낳지 않고 이틀이나 사흘 간격으로 알을 낳기 때문이라고 한다. 만일 뻐꾸기가 제 둥지를 짓고 직접 알을 품는다면, 맨 처음 낳은 알은 잠시 품지 않고 방치하거나, 아니면 같은 둥지 안에서 일수(日數)가 다른 알과 새끼가 함께 있게 된다. 그렇다면 알을 낳고 마지막 알이 부화할 때까지의 기간이 길어져 곤란해질 것이다. 뻐꾸기는 유달리 빠른 시일 안에 이동하는 새이기 때문이다. 게다가 처음 부화한 새끼는 아마도 수컷이 돌봐야 할 것이다. 미국의 뻐꾸기가 바로 이러한 곤경에 처해 있다. 미국의 뻐꾸기는 스스로 둥지를 짓고, 알과 잇따라 부화한 새끼를 동시에 거느리고 있다. 미국의 뻐꾸기도 때로는 다른 새의 둥지에 알을 낳기도 한다는 말이 있고 그것을 부정하는 견해도 있다. 나는 최근에 그 방면의 권위자인 아이오와주(州)의 메렐(Merrel) 박사로부터 이런 이야기를 들었다. 그는 일리노이에서 뻐꾸기 새끼가 파랑어치(Garrulus cristatus)의 둥지 속에서 파랑어치 새끼와 함께 있는 것을 발견했는데, 양쪽 다 깃털이 나 있었으므로 쉽게 식별할 수 있었다고 한다. 다른 새의 둥지에 알을 낳는다고 알려진 새들은 그 밖에도 많다.

유럽 뻐꾸기의 오랜 조상이 미국 뻐꾸기와 같은 습성을 지니고 있으며 이따금 다른 새의 둥지에 알을 낳았다고 가정해 보자. 이 새가 빨리 이동할 수 있다는 점과 또 다른 어떤 이유 때문에 이따금 나타나는 이 습성에 의해 이익을 얻었다면, 또 일수가 다른 알과 새끼를 함께 돌보느라 곤궁에 처한 자기 어미의 손에서 자라는 것보다 다른 종의 모성 본능을 이용하여 그 새끼가 더욱 잘 자랄 수 있다면, 그 어미새와 양자로 간 새끼에게 두루 유리할 것이 틀림없다. 그리고 이렇게 자란 새끼는 유전을 통해 그 어미에게 나타난 습성을 좇아 자신도 다른 새의 둥지에 알을 낳게 될 것이다. 이와 같은 과정이 거듭됨으로써 오늘날 뻐꾸기의 기묘한 본능이 발생했다고 나는 믿는다. 뻐꾸기가 때때로 맨땅에 알을 낳고 부화시켜 새끼를 키운다는 사실 또한 아돌프 밀러(Adolf Müller)에 의해 충분한 증거를 통해 확인되었다. 이와 같이 드문 경우는 아마도 오랫동안 잃어버렸던 본능, 즉 스스로 둥지를 짓는 본디의 본능으로 되돌아가고자 한 예라고 할 수 있다.

내가 뻐꾸기나 이와 관련된 다른 본능, 그리고 구조상의 적응과 관련된 것에 대해 모르고 있다는 이론이 제기되어 왔다. 그러나 하나의 종에만 알려져 있는 본능을 억측하는 것은 쓸데없는 일이다. 최근까지는 유럽 뻐꾸기와 스스로 알을 품는 미국 뻐꾸기의 본능만이 알려져 있을 뿐이다. 이제 우리는 램지(Ramsay)의 관찰을 통해 다른 새의 둥지에 알을 낳는 호주 뻐꾸기에 대해 조금 알 수 있게 되었다. 참고할 만한 주요한 점은 다음 세 가지이다. 첫째, 보통 뻐꾸기는 매우 드문 경우가 아니면 한 둥지에 알을 하나만 낳는다는 것이다. 둘째, 그 알은 아주 작아서 종달새—뻐꾸기의 약 4분의 1 크기—의 알보다도 작다. 작은 알이 환경에 적응한 결과라는 것은, 기생하지 않는 미국 뻐꾸기가 매우 큰 알을 낳는다는 사실에서 추측할 수 있다. 셋째, 태어난 지 얼마 안 된 어린 뻐꾸기는 자신의 젖형제들을 밀어내는 본능과 힘, 그리고 특수하게 생긴 등(背)을 가지고 있기 때문에 다른 젖형제들은 추위와 굶주림으로 죽어버린다. 이것은 어린 뻐꾸기가 충분한 먹이를 얻기 위해, 또 젖형제들이 많은 고통을 느끼기 전에 제거하려는 일종의 자비로운 배려라고 한다.

　호주 뻐꾸기 얘기로 돌아가자. 이 새들은 일반적으로 한 둥지에 알을 하나씩만 낳는다. 그러나 같은 둥지 안에서 두 개 내지 세 개까지 알을 발견하는 경우도 드물지 않다. 청동뻐꾸기(Bronze Cuckoo)는 알의 크기가 매우 다양해 8라인—1라인은 12분의 1인치—부터 10라인까지 있다. 이들이 지금보다 훨씬 작은 알을 낳아야 의붓어미를 더 잘 속일 수 있다. 작은 알은 금방 부화하기 때문에—알의 크기와 부화 기간 사이에 관계가 있다고 주장되어 왔으므로—이 종에 이익이라면 더 작은 알을 낳는 품종이 형성되었을 것이다. 작은 알이 훨씬 더 안전하게 부화하고 자라기 때문이다. 램지는, 이 호주 뻐꾸기 중에서 두 종류는 색깔이 비슷한 알이 있는 둥지를 고른다고 했다. 유럽종에서도 똑같은 본능의 경향이 뚜렷이 나타나지만, 그렇지 않은 경우도 흔하다. 뻐꾸기는 흐린 청백색 알을 맑은 청록색 알을 낳는 바위종다리 둥지 안에 낳기도 한다. 뻐꾸기가 항상 위에서 말한 것과 같은 본능을 나타낸다면, 그것은 틀림없이 모두 한꺼번에 획득한 것으로 보이는 본능에 추가되어야 할 것이다.

　램지에 의하면 호주의 청동뻐꾸기 알은 색깔이 두드러지게 변이했다고 한다. 색깔에서도 알의 크기와 마찬가지로 자연선택이 어떤 유리한 변이를 보존하여 확립된 셈이다. 유럽 뻐꾸기의 경우 의붓어미의 새끼는 뻐꾸기가 부화한 뒤 보통 사흘 안에 둥지에서 쫓겨난다.

　뻐꾸기는 이 시기에 매우 무력한 상태이므로, 굴드(Gould)는 전에는 이 배제 행위가 의붓어미에 의한 것이라고 믿었다. 그러나 지금은 아직 눈도 뜨지 못한 어린 뻐꾸기가 자신의 머리조차 지탱할 힘도 없을 때 젖형제들을 밀어버리는 현상을 직접 목격했다는 믿을 만한 보고가 있었다고 한다. 그 관찰자는 밀려난 새끼 한 마리를 둥지 속에 다시 넣어 보았더니 또다시 밀어버리는 것을 보았다. 이 기묘하고 밉살스런 본능이 생기기까지의 과정을 생각해 볼 때, 만일 어린 뻐꾸기가 태어나서 되도록 많은 먹이를 확보하는 것이 매우 중요하다면 아마도 이 것은 사실일 것이다. 하지만 나는 그것이 세대를 거듭하는 동안 맹목적인 욕망과 힘과 배제에 필요한 구조를 조금씩 얻었다는 주장도 그리 터무니없지 않다고 생각한다. 그러한 습성과 구조가 가장 발달한 어린 뻐꾸기가 가장 확실하게 자라기 때문이다. 이 특수한 본능을 얻기 위한 첫걸음은 어린 새끼가 조금 자라 힘이 생길 무렵 느끼는 무의식적인 불안 때문일 것이고, 이 습성이 개량되어 점점 더 빠른 시기에 그러한 행동을 하게 된 것인지도 모른다.

나는 다른 새들이 부화하기 전에 껍질을 깨고 나오는 본능을 얻는 것이나 오언 교수가 말한 것처럼 뱀 새끼가 딱딱한 껍질을 깨고 나오기 위해 일시적으로 날카로운 이빨을 갖는 것보다 이 일이 더 이해하기 힘들다고는 생각하지 않는다. 왜냐하면 각 부분은 모든 나이에서 개체적인 변이를 하기 쉽고, 그 변이가 그에 해당하는 나이나 그보다 일찍 유전되는 경향이 있다—이는 논의할 여지도 없는 분명한 사실이다—면, 새끼의 본능과 구조는 어른의 그것과 마찬가지로 서서히 변화했을 것이기 때문이다. 그리고 이 두 경우는 모두 자연선택의 모든 이론과 일치하고 부합해야 한다.

영국의 찌르레기와 유사하고 미국의 뻐꾸기와는 두드러지게 다른 몰로트루스(Molothrus)의 어떤 뻐꾸기처럼 기생하는 습성을 가지고 있다. 이 종은 본능이 완성되기까지 매우 흥미로운 단계적 변화를 보여준다. 뛰어난 관찰자인 허드슨에 의하면, 몰로트루스 바디우스(Molothrus badius)의 암수는 때로는 무리지어 난교(亂交)하고, 때로는 짝을 지어 생활한다. 이 종은 스스로 둥지를 만들거나, 다른 새가 만든 둥지를 빼앗아 다른 새의 새끼를 둥지 밖으로 밀어내 버린다. 그리고 빼앗은 둥지 안에 알을 낳거나 독특하게도 그 둥지 위에 자신의 둥지를 짓는다. 이 새는 보통 알을 품어서 새끼를 키우지만, 허드슨은 이 새도 대체로 기생한다고 말한다. 이 종의 새끼가 다른 종의 어미 뒤를 따라다니며 먹이를 받아먹는 모습을 그가 보았기 때문이다.

몰로트루스의 다른 종인 몰로트루스 보나리엔시스(M. Bonariensis)는 그보다 훨씬 발달했으나 아직 완전하다고 할 정도는 아니다. 알려진 바에 따르면 이 새는 언제나 다른 새의 둥지에 알을 낳지만 여러 마리가 함께 있을 때는 커다란 엉겅퀴 잎 위와 같은 매우 부적당한 곳에 엉성하고 볼품없는 둥지를 만들기도 한다. 그러나 허드슨이 확인한 바, 이 새는 결코 자신들만의 힘으로는 둥지를 짓지 않는다고 한다. 때때로 매우 많은 알—15개 내지 20개—을 낳기 때문에 부화되는 것이 매우 적거나 전혀 없을 때도 있다. 그뿐만 아니라, 이 새는 같은 종의 것이든 의붓어미의 것이든 빼앗은 둥지에 있는 알을 쪼아 구멍을 내는 묘한 습성이 있다. 알을 땅에 떨어뜨려 못쓰게 만들기도 한다.

제3의 종인 북아메리카의 몰로트루스 페코리스(M. Pecoris)는 뻐꾸기와 똑같은 본능을 지니고 있다. 이 새도 의붓어미의 둥지에 알을 딱 하나만 낳고 그 새끼는 거기서 완전하게 자란다. 허드슨은 진화를 믿지 않는 사람이지만 몰로트루스 보나리엔시스의 불완전한 본능에 대해서는 상당히 놀랐는지 나의 말을 인용하며, 이러한 질문을 했다. "우리는 이러한 습성을, 특별히 부여된 본능이나 창조된 본능이 아니라 하나의 일반적인 법칙, 즉 이행의 작은 결과로 보아야 하는가?"

다른 종의 둥지든 같은 종의 둥지든 때때로 다른 새의 둥지에 알을 낳는 습성은 닭 목(目)의 새들 사이에서는 그다지 드문 일이 아니다. 어쩌면 타조의 기묘한 본능도 이로써 설명할 수 있다. 남아메리카산 타조류(Rhea類)[5]는 여러 마리의 암컷이 한 둥지에 여러 개의 알을 낳고, 다른 둥지에도 알을 낳는데 이 알은 수컷이 품는다. 이 본능은 암컷이 여러 개의 알을 낳지만 뻐꾸기처럼 며칠 간격으로 낳는다는 사실로 설명할 수 있다. 그러나 타조의 본능도 몰로트루스 보나리엔시스처럼 아직 완성되지 않았다. 왜냐하면 놀랄 만큼 많은 알이 들판에 흩어져 있었고, 방치되어 못쓰게 된 알만 주워도 하루에 알 20개가 넘었기 때문이다.

많은 벌은 기생적이며 상습적으로 다른 종류의 벌집에 알을 낳는다. 이 벌은 뻐꾸기보다 더욱 주목할 만하다. 이러한 벌은 기생 습성에 따라 본능뿐만 아니라 형태까지 변하기 때문이다. 이 벌은 새끼가 먹을 양식을 모으기 위해 꼭 필요한 꽃가루 수집 장치마저 없다.

구멍벌(Sphegidae)과의 일부 종도 기생한다. 파브르에 따르면, 검정구멍벌(Tachytes Nigra)은 일반적으로 스스로 구멍을 파고 그 속에 유충을 위해 먹이를 저장하지만, 다른 구멍벌이 구멍을 파서 먹이를 저장해 둔 것을 발견하면 그것을 차지하고 이용함으로써 일시적으로 기생한다고 한다. 이 경우도, 몰로트루스나 뻐꾸기의 경우와 마찬가지로, 어떤 일시적인 습성이 그 종에 이익이 되고, 또 그 둥지와 저장된 먹이를 빼앗긴 곤충이 그래도 절멸하지 않는다면, 그 일시적인 습성이 자연선택에 의해 항구적인 것이 될 수도 있다.

---

5) 날지 못하는 대형새. 타조와 비슷하나 형태상·분류 학상 타조와 분명히 구분되며 더 작고 날씬하다.

노예를 만드는 개미

이 놀라운 본능을 개미의 한 종류인 포르미카 루페센스(Formica rufescens)에게서 처음 발견한 사람은 저명한 그의 아버지보다 더욱 뛰어난 관찰자였던 피에르 위베였다. 이 개미는 전적으로 노예에 의존해서 살아가고 있다. 노예의 도움이 없으면 이 종은 틀림없이 1년 안에 절멸하고 말 것이다. 수개미와 생식이 가능한 암놈은 일하지 않는다. 일하는 개미, 즉 생식 능력이 없는 암개미는 매우 열심히 그리고 용감하게 노예사냥을 하지만 다른 일은 하지 않는다. 자기가 살 집을 짓거나 유충을 키우지도 못한다. 낡은 집이 불편해서 옮겨야 할 때가 되어도, 이사를 결정하고 주인을 턱으로 물어서 나르는 것은 노예들이다.

주인들은 완전히 무력하다. 위베가 30마리쯤을 노예도 가두어 놓고, 그들이 가장 좋아하는 음식과, 일할 의욕을 자극하기 위해 유충과 번데기도 함께 넣어 주었지만 아무 일도 하지 않고 스스로 먹지도 못한 채 많은 개미가 굶어죽어 버렸다. 위베가 그 속에 노예인 반불개미(Formica fusca)를 한 마리 넣어 주자, 노예는 재빨리 일을 시작하여 살아남은 놈에게 먹이를 주어 목숨을 살리고 나서 방을 여러 개 지어 유충을 돌보며 모든 것을 정돈해 놓았다. 충분히 확인된 이러한 사실보다 놀라운 일이 또 있을까? 노예를 만드는 다른 개미를 전혀 알지 못했다면 이토록 불가사의한 본능이 어떻게 완성되었는지 상상도 하지 못했을 것이다.

불개미(Formica Sanguinea)가 노예를 만드는 개미라는 사실도 위베가 처음 발견했다. 이 종은 영국 남부에서 볼 수 있으며, 대영박물관의 F. 스미스가 그 습성을 관찰했다. 나는 이 문제와 다른 문제에 대하여 그에게 많은 도움을 얻었다. 나는 위베와 스미스의 말을 전적으로 신뢰하지만, 조금은 회의적인 자세로 이 문제에 접근했다. 노예를 만든다고 하는 놀라운 본능의 존재를 의심하지 않을 사람은 아무도 없기 때문이다. 그러므로 내가 관찰한 사실을 어느 정도 상세히 설명하고자 한다.

나는 분개미의 집을 열네 군데나 파보았는데 모든 곳에 노예가 몇 마리씩 있는 것을 발견했다. 노예가 된 종의 수컷과 생식력이 있는 암컷은 오직 그들의 집에만 있고, 분개미의 집에서는 발견되지 않았다. 노예 개미는 검은색이고, 붉은 색 주인의 절반 이하 크기이므로 외관상으로도 매우 뚜렷하게 구별할 수 있다. 집을 조금 파헤치면 노예들이 이따금 밖에 나와 주인처럼 크게 흥분하며 집을 방어한다. 집이 크게 파괴되어 유충과 번데기가 밖으로 드러나면 노예는 허둥거리며 주인과 함께 유충을 다른 안전한 장소로 옮긴다. 그러므로 노예가 전적으로 그 지위에 만족하고 있는 것이 분명하다.

나는 3년 동안 6월과 7월에 서리와 햄프셔 두 주(州)에서 많은 개미집을 몇 시간씩 관찰했지만, 개미집을 드나드는 노예는 한 마리도 보지 못했다. 이 두 달 동안에는 노예의 개체수가 매우 적기 때문에 많을 때와는 다르게 행동할지도 모른다고 생각했다. 그러나 스미스가 알려준 바에 의하면, 그는 서리와 햄프셔에서 5월, 6월 및 8월의 각각 다른 시간대에 개미집을 지켜보았지만, 개체수가 많은 8월에도 노예개미가 출입하는 것을 보지 못했다고 한다. 그래서 그는 노예들이 오로지 집안일만 한다고 생각했다. 한편 주인은 집 짓는 재료와 온갖 종류의 먹이를 쉬지 않고 나르는 모습을 볼 수 있다.

그러나 1860년 7월, 나는 유난히 많은 수의 노예를 거느린 무리쯤 발견했다. 그 무리에서는 몇 마리의 노예가 주인과 함께 집에서 나와 23미터쯤 떨어진 거리에 있는 높은 전나무까지 행진하여 나무 위로 올라가는 것을 관찰했다. 아마도 진딧물이나 깍지벌레(Coccidae)를 찾아 간 모양이다. 수없이 관찰한 위베에 의하면, 스위스에서는 노예개미가 항상 주인들과 함께 집 짓는 일을 하고, 아침저녁으로 문을 여닫는 일도 노예들이 한다고 한다. 위베는 노예개미의 주된 역할은 진딧물을 찾는 것이라고 잘라 말했다. 영국과 스위스에서 주인 개미과 노예 개미의 일상적인 습성이 이처럼 다른 까닭은 아마 단순히 영국보다 스위스에서 노예가 더 많이 잡히기 때문일 것이다.

어느 날, 나는 운 좋게 분개미가 다른 집으로 이사하는 모습을 관찰할 기회를 얻었다. 루페센스 종(種)처럼 노예가 주인을 운반하는 것이 아니라, 주인이 노예를 물고 조심스럽게 운반하는 광경이 매우 흥미로웠다. 또 다른 날 같은 장소에서 분개미 약 20마리가 사냥하는 모습을 목격했다. 먹이를 찾을 목적이 아닌 것은 분명했다. 분개미들은 반불개미의 독립된 집단에 접근했다가 거센 반격을 받았다. 때로는 반불개미 서너 마리가 분개미의 다리를 물어뜯기도 했다. 분개미는 몸집이 작은 반불개미를 무자비하게 죽이고 그 시체를 먹이로서 27미터나 떨어진 집으로 운반했지만, 노예로 키울 번데기는 하나도 얻지 못했다.

내가 다른 집에서 반불개미의 번데기를 한 덩어리 파내어 전투가 벌어진 장소 부근의 노출된 지점에 놓아두었더니, 폭군들은 번데기를 물고 열심히 운반했다. 결과적으로 이 폭군들은 자신들이 조금 전 벌어진 전투에서 승리했다고 생각했을 것이다.

동시에 나는 다른 종인 포르미카 플라바(F. flava) 번데기 한 덩어리를, 그 조그만 노란 개미가 아직 몇 마리 붙어 있는 집의 파편과 함께 같은 장소에 놓아보았다. 스미스의 기록에 따르면 이 종도 드문 일이긴 하지만 때로는 노예가 된다고도 한다. 그러나 이 개미는 몸집이 아주 작지만 매우 용감하며, 나는 그 개미가 다른 개미를 맹렬하게 공격하는 모습도 본 적이 있다. 한번은 노예를 사냥하는 분개미 집 옆에 있는 돌 밑에 포르미카 플라바의 독립된 집단이 있는 것을 보고 깜짝 놀란 적이 있다. 내가 실수로 이 두 집을 흩트렸는데, 조그마한 개미는 놀라운 용기를 발휘하여서 덩치 큰 이웃을 공격했다. 그래서 나는 분개미가 늘 노예로 부리는 반불개미의 번데기와 좀처럼 잡히지 않는 작고 용감한 포르미카 플라바의 번데기를 구별할 수 있는지 여부를 확인하려 했다. 분개미는 그것을 정확하게 구별했다. 왜냐하면 분개미가 반불개미의 번데기는 거침없이 물어 나른 것에 비해, 포르미카 플라바의 번데기뿐 아니라 그 집에서 떨어져 나온 흙에 가까이 가기만 해도 흠칫 놀라며 재빨리 도망쳤기 때문이다. 그러나 약 15분쯤 뒤에 조그마한 황색 개미가 모두 그 자리를 떠나자, 분개미는 용기를 내어 번데기를 운반해 갔다.

어느 날 저녁, 나는 다른 분개미 집단을 찾아가 보았다. 많은 개미가 반불개미의 사체와 수많은 번데기를 운반하여—이사하는 것이 아님을 알 수 있다—집으로 들어가는 것을 발견했다. 나는 전리품을 가지고 오는 긴 개미의 행렬을 더듬어 약 37미터쯤 떨어진 히스가 무성하게 자란 수풀까지 따라갔는데, 그곳에서는 마지막 한 마리가 번데기를 물고 나오는 중이었다. 무성한 히스 속을 살펴보았지만 개미집을 발견하지는 못했다. 그 집은 거기서 아주 가까운 곳에 있는 듯했다. 반불개미 몇 마리가 당황하여 허둥거리며 이리저리 돌아다니고 있고, 한 마리는 번데기를 입에 문 채 약탈당한 자신의 집을 뒤덮고 있는 작은 가지 끝에 올라가서 꼼짝도 하지 않고 있었기 때문이다.

노예를 사냥하는 경이로운 본능에 관한 사실은 이와 같으며, 내가 새삼스럽게 증명할 필요도 없는 일이다. 분개미의 본능적 습성이 포르미카 루페센스(F. rufescens)의 습성과 얼마나 대조적인지 살펴보자. 후자는 스스로 집을 짓지 않고 스스로 이사를 결정하지 않으며, 자신과 새끼를 위해서 먹이를 모으지 않고, 스스로 먹지도 않는다. 하나부터 열까지 다수의 노예에 의존하여 생활한다. 반면 분개미는 훨씬 적은 수의 노예를 소유하고, 특히 초여름에는 그 수가 더욱 적다. 언제 어디에 새 집을 지을지는 주인이 결정하고, 이주할 때는 주인이 노예를 운반한다. 스위스나 영국 모두 유충을 돌보는 일은 주로 노예가 맡아서 하는 듯하며, 주인만이 노예사냥을 위해 원정을 나간다. 스위스에서는 주인과 노예가 함께 협력하여 재료를 운반하고 집을 짓는다. 주로 양쪽이 함께 진딧물을 보살피고 단물을 짜는 일은 주인도 하지만 주로 노예가 한다. 즉 주인과 노예 모두 그 집단을 위한 먹이를 모으는 것이다. 영국에서는 오직 주인만이 집 짓는 재료나 자기 또는 그들의 노예와 유충의 먹이를 모으기 위하여 집밖으로 나간다. 영국의 분개미는 노예의 봉사를 받는 양이 스위스의 분개미에 비해 적은 셈이다.

불개미의 본능이 어떠한 단계를 거쳐 발생했는가를 감히 추측할 생각은 없다. 그러나 노예 사냥을 하지 않는 개미도 다른 종의 번데기가 집 근처에 떨어져 있으면 그것을 물고 가는 것을 보았다. 따라서 먹이로서 저장된 번데기가 부화하는 바람에 뜻하지 않게 사육된 다른 종의 개미가 그곳에서 자기 본능에 따라 자신이 할 수 있는 일을 하는 경우도 있을 것이다. 그 개미의 존재가 번데기를 물고 온 종에게 유리하다는 점이 증명되면—일개미를 낳는 것보다 잡아오는 편이 유리하다면—먹이를 위해 번데기를 모으던 습성이 자연선택에 의해 강화되어, 노예를 사육한다는 전혀 다른 목적으로 고정될 수도 있을 것이다. 그러한 본능을 한번 얻으면, 앞에서 살펴본 것처럼 스위스의 분개미에 비해 노예의 도움을 조금밖에 받지 않는 영국의 분개미보다, 훨씬 더 낮은 정도로밖에 진보하지 않았다 하더라도 자연선택이 그 본능을 증대시키고 변화시켜—각각의 변화가 항상 그 종에 쓸모 있는 것이라고 가정할 때—마침내 포르미카 루페센스처럼 불쌍할 만큼 노예에 의존하여 사는 개미가 생겨날 것으로 추측해도 문제 없을 거라고 생각한다.

꿀벌의 집짓기 본능

여기서 나는 이 문제에 관해 자세한 점까지 언급하지는 않고, 다만 내가 얻은 결론의 윤곽만을 기술하고자 한다. 목적에 꼭 들어맞는 벌집의 정교한 구조를 보고 찬사를 보내지 않는 사람이 있다면 그는 틀림없이 어지간히 무딘 사람일 것이다. 수학자들에 따르면, 벌은 심오한 수학 문제를 실제로 풀어 보이고 있다고 한다. 귀중한 밀랍을 최소한으로 사용하여 최대한의 꿀을 저장하기에 가장 적합한 벌집을 만들기 때문이다. 숙련된 기능공이 적절한 도구와 측량기를 사용한다 해도 밀랍으로 실물과 똑같은 벌집을 만들기란 매우 어렵다고 한다. 그런데 벌들은 어두운 벌통 안에서 그 일을 완벽하게 해낸다. 그 어떤 본능을 가정하더라도, 얼핏 보아서는 모든 각도와 평면을 필요한 대로 만들 수 있을 것 같지 않고, 또 그것이 정확하게 이루어졌음을 인식할 수 있다고는 믿기 어려울 것이다. 그러나 그것은 보는 것만큼 크게 어려운 일은 아니다. 이 훌륭한 작업은 모두 몇 가지 단순한 본능에 따라 이루어진다는 점을 증명할 수 있다고 나는 생각한다.

내가 꿀벌의 집짓기 본능을 연구하게 된 것은 워터하우스 덕분이다. 그는 벌집 모양은 인접한 여러 벌집과 밀접한 관계가 있음을 증명했다. 다음의 견해도 그의 이론의 한 변형에 불과하다고 생각해도 좋다.

점진적인 단계라고 하는 대원칙 아래, '자연'이 우리에게 방법을 보여주는지 어떤지 살펴보기로 하자. 짧은 이행 계열의 출발점에는 뒤영벌이 있다. 뒤영벌은 부화가 끝난 고치 안에 꿀을 담아놓고 때에 따라서는 거기에 짧은 밀랍관을 연결하거나, 하나하나 떨어져 있는 매우 불규칙한 원형의 밀랍방을 만들기도 한다. 이행 계열의 종착점에 꿀벌의 벌집이 있다. 이것은 이층으로 되어 있고, 각 방은 잘 알려진 것처럼 육각기둥 모양으로 측면의 밑변은 경사를 이루고 있으며, 그것들이 결합하여 세 개의 마름모꼴로 구성된 역(逆)피라미드를 형성하고 있다. 이러한 마름모꼴은 일정한 각도를 이루고 있으며, 벌집의 한 면에 있는 한 방의 피라미드 바닥을 형성하는 세 마름모꼴은 그 반대쪽에서 이 방과 맞붙어 있는 세 개의 방의 바닥면을 형성하고 있다.

완성도가 매우 높은 꿀벌의 벌집과 단순한 뒤영벌의 벌집 사이의 계열에 피에르 위베가 자세하게 기술하고 도해까지 그려 놓은 멕시코 산 멜리포나 도메

스티카(Melipona domestica) 벌집이 있다. 멜리포나는 꿀벌과 뒤영벌의 중간 형태지만 뒤영벌 쪽에 더 가깝다. 이 벌은 대체로 규칙적인 원통형 밀랍 벌집에서는 새끼를 부화시키고 커다란 밀랍 벌집에는 꿀을 저장한다. 꿀을 저장하는 방은 구형(球形)에 가깝고 크기가 거의 같으며, 한 곳에 모여서 불규칙한 덩어리를 이루고 있다. 그런데 여기서 주목해야 할 점은, 이러한 방이 항상 매우 가까이 붙어 있기 때문에, 구형을 유지하면 서로 접촉하는 면이 평평해지거나 옆 방을 침범할 수 있다는 것이다.

그러나 그런 일은 결코 일어나지 않는다. 벌은 서로 파괴할 것 같은 구형의 방 사이에 완전히 평평한 밀랍벽을 만든다. 그리하여 각 방은 바깥쪽의 구형부와 인접하는 방이 2, 3개 또는 그 이상일 경우 그에 따라 2, 3개 또는 그 이상의 평평한 면으로 구성된다. 그 구형은 크기가 거의 같기 때문에 한 개의 방이 다른 3개의 방 위에 놓이는 경우가 종종 있으며, 그 경우 당연히 3개의 평면이 결합하여 피라미드를 형성한다. 이 피라미드의 구조는 위베도 주목한 것처럼 꿀벌의 벌집에서 볼 수 있는 3개의 측면으로 구성된 피라미드 바닥면과 거의 비슷하다. 꿀벌집의 경우와 마찬가지로 여기에서도 한 방의 세 평면은 반드시 인접한 세 방의 구조에 기여하고 있다. 멜리포나 종은 이러한 양식을 통해 밀랍과, 그보다 더 중요한 노력을 절약할 수 있다. 왜냐하면, 인접한 방 사이에 있는 평평한 벽은 이중으로 되어 있지 않고 바깥을 향한 구형 부분과 두께가 같으며, 하나의 벽이 두 방의 일부를 이루고 있기 때문이다.

이 점을 고찰하는 동안, 다음과 같은 생각이 떠올랐다. 만일 멜리포나 종이 그 구형의 방을 서로 일정한 거리를 두고 같은 크기로 만들고, 대칭을 이루도록 두 줄로 배열했다면 그 결과 꿀벌의 벌집처럼 완전한 구조를 완성했으리라는 것이다. 그래서 나는 케임브리지 대학의 기하학자 밀러(Miller) 교수에게 편지를 보냈다. 그는 내가 그의 논문에서 발췌하여 쓴 다음의 글을 읽어보고 그것이 매우 정확하다고 말해주었다.

중심이 평행하는 두 개의 층 위에 같은 크기의 구형을 여러 개 그려 보자. 각 구의 중심을 같은 층에 있는 그 주위의 여섯 구형의 중심에서 '반지름×2, 즉 반지름×1.41421'의 거리—더 짧아도 상관 없다—에 놓고, 평행하는 다른 층의 인접한 구의 중심에서 동일한 거리에 놓아 양쪽 층의 여러 구형 사이에 교차면이 만들어지면, 3개의 마름모꼴로 이루어진 피라미드의 바닥으로 연결된 육각기둥 층이 이중으로 생긴다. 이 육각기둥의 마름모꼴 면과 측면이 만드는 각도는 모두, 꿀벌의 벌집을 가장 정확하게 측정한 수치와 완전히 같아질 것이다. 그러나 자세한 측정을 여러 차례 실시한 와이만 교수에게서 들은 바에 따르면, 벌의 공작 능력은 지나치게 과장되어 있으며, 벌집의 전형이 어떤 것이든 그런 것이 만들어지는 일은 매우 드물다고 한다.

그러므로 우리가 멜리포나 종이 이미 가지고 있는 본능을 조금이라도 변화시킬 수 있다면, 이 벌은 꿀벌집처럼 완성도 높은 집을 만들게 된다고 결론을 내려도 무방할 것이다. 우리는 멜리포나 종이 정확한 구형이며 똑같은 크기의 방을 만드는 능력이 있다고 가정해야 한다. 이것은 이미 이 벌이 어느 정도 그것을 해내고 있으며, 많은 곤충들이 어느 한 점의 주위를 맴돌면서 완전한 원통형 구멍을 나무에 뚫는 것으로 보아, 그리 놀랄 만한 일이 아니다.

또한 멜리포나 종이 이미 그 원통형의 방을 나란히 배열하고 있는 것처럼, 그 방을 수평의 층으로 나란히 배열한다고 가정해야 한다. 그리고 매우 어려운 일이지만 더 나아가 열러 마리의 멜리포나 종이 구형을 만들고 있을 때, 서로의 거리를 어떤 방법으로든 정확하게 측정할 수 있다고 가정해야 한다. 그러나 이 벌은 구형들이 항상 어느 정도 교차하도록 거리를 판단할 줄 아는 능력을 가지고 있고, 그에 따라 교차하는 점들을 완전한 평면상에서 이어나간다. 그 자체로서는 그다지 놀랍지 않은—그보다는 새가 둥지를 짓는 본능이 훨씬 경이롭다—본능을 이와 같은 방법으로 변화시킴으로써, 꿀벌은 자연선택 작용을 통해 흉내낼 수 없는 건축 능력을 얻었다고 나는 믿고 있다.

이 이론은 실험으로 확인할 수 있다. 테게트마이어(Tegetmeier)의 실험을 참고하여 나는 벌집을 둘로 나누고, 그 사이에 길고 두터운 장방형 밀랍 한 조각을 놓아두었다. 그러자 일벌들이 거기에 작고 둥근 구멍을 뚫기 시작했다. 구멍은 깊이 파면서 입구도 점점 넓혀 마침내 하나의 벌집만한 지름을 가진 완전한 구 또는 그 일부처럼 보이는 납작한 그릇 모양으로 변했다.

가장 흥미로웠던 점은 몇 마리의 벌들이 가까이 모여 구멍을 팔 때 서로 거리를 두는 방식이었다. 구멍이 위에서 말한 폭—즉 보통 방과 같은 너비—과 같아지고, 깊이가 만들고자 하는 그릇이 포함된 구 지름의 약 6분의 1이 되었을 때는 그릇 가장자리가 서로 교차하거나 서로 부수게 되는 간격을 유지하며 일했다. 이러한 상태가 되면 곧 벌들은 일손을 멈추고 그릇과 그릇 사이의 교차선 위에 평평한 밀랍 벽을 쌓기 시작했다. 그러면 육각기둥이, 보통 방의 경우와 같이 3면의 피라미드의 똑바른 가장자리 위가 아니라 평평하고 매끄러운 그릇의 부채꼴 가장자리 위에 세워지는 것이다.

다음에 나는 벌집 속에 두꺼운 장방형 밀랍 대신 빨갛게 물들인 얇은 칼날 같은 밀랍 조각을 벌집 속에 넣었다. 이번에도 꿀벌은 먼저와 같이 서로 접근하여 작은 구멍을 양쪽에서 파기 시작했다. 그러나 밀랍조각은 매우 얇기 때문에 먼젓번 실험과 같은 두께로 판다면 그릇 바닥은 양쪽에서 서로 뚫려버릴 것이다. 그러나 벌들은 그렇게 하지 않고 적당한 때 파는 일을 중지해 버렸으므로, 그릇은 조금 파들어가자마자 평평한 바닥을 이루게 되었다.

주홍색 밀랍판에서 벌이 갉아내지 않고 남긴 얇고 작은 조각으로 이루어진 평평한 바닥은 눈으로 판단하건대, 밀랍의 양쪽에 파인 그릇의 가상적인 교차면을 따라 정확하게 남았다. 마주한 구멍 사이의 어떤 부위에는 마름모꼴의 작은 조각이, 어떤 부위에는 큰 부분이 남아 있었으나, 약간 부자연스러운 상태에서 일을 하다보니 솜씨 좋게 이루어지지는 않았던 모양이다. 벌은 이 평면 또는 교차면에서 일손을 멈추고 그릇 사이에 평면을 남기기 위해, 붉은 밀랍 조각의 양쪽 측면에서 원형으로 갉아서 그릇을 파고 중간 면, 즉 교차면에서 일을 멈추고 양쪽 그릇 사이에 작고 평평한 판을 남기기 위해 거의 같은 보조로 일을 한 것이 틀림없다.

얇은 밀랍이 얼마나 무른가를 생각하면, 벌들이 밀랍 조각 양쪽에서 일을 하다가 밀랍을 적당한 두께로 갉았다는 것을 알고 일을 중지하는 것은 어려운 일이 아니라고 생각한다. 보통 벌집에서도, 벌이 반대쪽에서 언제나 정확하게 같은 보조로 일하지는 못하리라고 생각한다. 나는 막 짓기 시작한 벌집의 방바닥에 절반 가량 완성된 마름모꼴을 살펴보면, 마름모꼴 한쪽은 벌이 너무 빨리 팠는지 움푹 들어가 있고 반대쪽은 일이 느린지 불룩 솟아 있었기 때문이다.

이러한 특징이 뚜렷한 한 벌집을 벌통 속에 도로 넣고 잠시 벌들이 일을 계속하게 한 뒤 다시 벌집의 방을 살펴보니 마름모꼴은 완성되어 있고, 완전히 평평해져 있었다. 이 작은 판은 매우 얇기 때문에 솟아오른 쪽을 벌이 갉아서 평평하게 하기란 불가능하다. 이런 경우에 벌들은 양쪽에서 연하고 따뜻한 밀랍을 누르고 구부려서—나도 해보았는데 아주 쉽게 되었다—정확하게 중간면에 오도록 평평하게 맞추었으리라 생각한다.

우리는 주홍색 밀랍 실험을 통해 다음과 같은 사실을 알 수 있다. 즉 벌이 스스로 얇은 밀랍벽을 만들어야 할 경우에는 서로 적당한 간격을 두고 보조를 맞추어 크기가 같은 둥근 구멍을 파는데, 그러한 둥근 모양을 서로 망가지지 않도록 함으로써 적절한 모양의 벌집을 만들 수 있는 것이다.

그런데 벌집의 끝부분을 살펴보면 알 수 있듯이, 벌은 벌집 주위에 엉성한 울타리나 원형 테두리를 만든다. 그리고 각각의 방을 만들 때와 마찬가지로 항상 둥글게 이 울타리를 반대쪽에서부터 갉아 들어간다. 벌들은 어느 방에서도 역 피라미드 상태의 바닥 3면을 동시에 만들지 않고, 특히 커진 테두리 위의 마름모꼴 판을 한 번에 하나 또는 상황에 따라 2개를 만든다. 그리고 육각기둥 벽이 만들어지기 전에는 마름모꼴 판의 위쪽 끝부분은 완성되지 않는다. 이상 설명한 것 가운데 어떤 부분은 고명한 아버지 쪽 위베의 기록과 다른 점이 있지만, 나는 내 설명이 정확하다고 확신한다. 지면이 허락한다면 나는 이 기술이 나의 학설과 일치한다는 점을 증명할 수도 있다.

위베가 말한 최초의 방이 조그마한 평행측면의 밀랍벽에 뚫린다는 기술은 내가 볼 때 반드시 옳지는 않다. 맨 먼저 시작되는 것은 언제나 작은 갓 모양의 밀랍이지만, 여기서는 더 깊게 논하지 않겠다. 방을 짓기 위한 굴착작업이 얼마나 중요한 역할을 하는지 우리는 알고 있다. 그러나 벌이 엉성한 밀랍벽을 정확한 위치에, 즉 가까이에 있는 두 개의 둥근 교차면을 따라 만들지 못한다는 생각은 큰 착각이다. 나는 벌이 확실히 그렇게 할 수 있음을 나타내는 증거를 여러 개 가지고 있다. 커져가는 벌집 주위의 조잡한 테두리나 밀랍벽에서도 앞으로 벌집이 될 방의 마름모꼴 밑바닥에 해당하는 위치에서 가끔 굴곡을 관찰할 수 있다. 그러나 조잡한 밀랍벽은 양쪽에서 크게 갉아내어야만 완성할 수 있다.

벌이 집을 짓는 방법은 재미있다. 가장 먼저 만들어진 엉성한 벽의 두께는 마지막에 완성한 방의 매우 얇은 벽에 비해 10배 내지 20배나 두껍다. 벌이 일하는 방법은 석공이 일을 하는 경우를 상상해 보면 이해될 것이다. 석공들은 먼저 폭넓은 이랑 위에 시멘트를 쌓아올린 뒤, 양쪽 지면 가까운 곳에서 균등하게 깎기 시작하여, 마침내 중앙에 매끄럽고 매우 얇은 벽을 남긴다. 또 석공들은 깎아낸 시멘트는 반드시 이랑 꼭대기에 쌓아올리고 새로운 시멘트도 보충한다. 그리하여 얇은 벽은 끊임없이 위로 뻗어가고, 또 위에 덮개가 얹혀 있는 모양이 된다. 방은 방금 만들어지기 시작한 것이든 이미 완성된 것이든 모두 견고한 밀랍 덮개를 이고 있기 때문에, 벌은 부서지기 쉬운 육각기둥 벽을 손상시키지 않고도 벌집 위에 모여들거나 기어서 돌아다닐 수 있다. 밀러 교수가 친절하게도 나에게 확인해 준 바에 의하면, 그 벽의 두께는 저마다 다르며, 벌집의 테두리 주위에서 실시한 12회에 걸친 측정의 평균치로는 그 두께가 약 352분의 1인치였으나, 피라미드형 밑면은 매우 두터워서 보통 약 3대 2의 비율이며, 또 21회에 걸친 측정 결과에 의하면 그 평균치는 229분의 1인치 두께였다. 이와 같이 독특한 건축 방법에 의해 밀랍을 절약하면서도 늘 벌집의 강도를 확보할 수 있는 것이다.

수많은 벌들이 서로 협력하여 작업하기 때문에 얼핏 보아서는 그 벌집의 방들이 어떻게 만들어지는지 이해하기가 더욱 어려울 것이다. 벌은 하나의 방에서 짧은 시간 일하고 다음 방으로 옮겨가기 때문에, 위베가 말한 것처럼 첫 번째 방을 만들 때도 약 20마리가 함께 일한다. 나는 이 사실을, 실제로 한 방의 육각기둥 벽의 끝이나 커져가는 벌집 둘레의 테두리를 녹인 주홍색 밀랍의 극도의 얇은 층으로 덮음으로써 증명했다. 어느 경우에나 착색된 밀랍의 미립자가 벌에 의해 본디 장소에서 제거되어, 커져가는 방 테두리에 사용됨으로써 색채가 매우 섬세하게—화가가 붓으로 그린 것처럼 섬세하게—퍼져 가는 것을 볼 수 있었다.

이 건설 작업은 모든 벌이 본능적으로 서로 같은 간격을 두고 위치하여, 모두 같은 크기의 둥근 모양을 파고 그 둥근 부분 사이에 교차면을 만드는, 즉 그것을 갉지 않고 남겨둠으로써 여러 벌 사이에 유지되는 일종의 평형으로 여겨진다. 두 장의 밀랍판이 서로 부딪칠 위험에 처했을 때 벌들은 종종 그 방을 부수고 새로 만들거나 때로는 처음에 파괴했던 형태를 되살리기도 한다. 참으로 흥미로운 현상이다.

벌이 그 일을 하는 데 적절한 위치에 몸을 둘 수 있는 장소를 확보했을 때—이를테면 아래쪽을 향해 커져가는 벌집 한가운데 바로 아래에 나뭇조각이 있고, 벌집이 그 나뭇조각의 한 면 위에 만들어질 때—벌은 새로 만들 육각기둥의 한 벽의 토대를 이미 완성된 방 너머로 밀어냄으로써 원래 있어야 할 정확한 장소에 둘 수 있다. 벌들은 서로, 그리고 새롭게 완성된 방의 벽에서 적절한 거리를 유지할 수 있는 것으로 충분하며, 그렇게 되면 벌은 가상의 여러 구를 떠올리며 인접한 2개의 구 사이의 벽을 만들 수 있다. 그러나 내가 본 바로는, 벌은 하나의 방과 그것에 인접한 여러 개 방이 대체로 완성되기 전에는 그 방의 모서리를 갉아서 완성하지는 않는다.

벌이 일을 시작한 두 개의 방 사이의 적절한 장소에 대강의 벽을 만들어두는 이 능력은 매우 중요하다. 왜냐하면 그것은 얼핏 보면 앞서 말한 학설을 뒤엎어버리는 듯한 사실, 즉 말벌집의 가장자리에 있는 방이 때로는 정밀한 육각기둥과 같다는 사실과 관련이 있기 때문이다. 그러나 여기에는 이 문제에 대해 논의할 지면이 없다. 게다가 나는 한 마리 곤충—이를테면 말벌의 여왕처럼—이 동시에 만들기 시작한 2개 또는 3개의 방 안쪽과 바깥쪽에서 교대로 일하고, 그때마다 만들어지기 시작한 방에서 적절한 상대거리를 유지하며 구또는 원통을 파서 중간 면을 만들어간다면, 벌 한 마리가 육각기둥 모양의 방을 만드는 일은 그리 어렵지 않다고 생각한다. 벌 한 마리가 벌집을 만들 때 어느 한 점을 정하고 거기서 바깥으로 돌아 중심점에서 적절한 거리를 재어 다음한 점을 정하고, 또 그 거리에 따라 남은 다섯 점을 정하여 접합면을 만들어간다면 외따로 떨어진 곳에 육각기둥 방을 하나만 덩그러니 만드는 일도 가능할 것이다. 그러나 그러한 행동이 실제로 관찰되었는지는 알지 못한다. 또는 육각 기둥 한 개를 만들려면 원주를 하나 만들 때보다 재료가 더 많이 들어갈 터인데 굳이 그러한 형태를 고집하는 이유도 나는 모르겠다.

자연선택은 단지 그 생활 조건 속에 있는 각 개체에 유리한 구조나 본능의 사소한 변화를 축적함으로써 작용하는 것이므로, 현재의 완벽한 건설을 가능하게 하기 위해 오랜 기간에 걸쳐 점진적으로 변화한 각 꿀벌의 조상에게 어떤 이익을 주었는가 하는 질문을 던지는 것은 당연한 일이다.

이 물음에 답변 하는 것은 어렵지 않다. 꿀벌이 충분한 꿀을 모으기 위해 종종 매우 힘든 수고도 마다하지 않는다는 것은 널리 알려진 사실이다. 테게트마이어에게 들은 이야기에 의하면, 450그램의 밀랍을 분비하려면 5.4~6.5킬로그램 가량의 건조 설탕을 한 벌집의 꿀벌들이 소비한다는 것이 실험으로 증명되었다고 한다. 따라서 벌집 안의 꿀벌들은 그 집을 만드는 데 필요한 어마어마한 양의 액상 꿀을 모아서 소비해야 한다. 그뿐만 아니라 많은 꿀벌들은 그것을 분비하는 동안 며칠 동안 일을 하지 않고 쉰다. 겨울 동안 꿀벌 한 무리를 먹이려면 대량의 꿀을 저장해 두어야 한다. 그리고 벌집의 안전은 많은 벌이 있어야 유지할 수 있다. 그러므로 꿀을 절약함으로써 밀랍을 절약하는 것이 성공의 가장 중요한 요인이다. 물론 기생충이나 다른 적의 수, 또는 전혀 다른 여러 가지 원인에 성공이 좌우되는 경우도 있으므로 벌이 채집할 수 있는 꿀의 양과 완전히 무관할 수도 있다.

하지만 이 꿀의 양이 영국에 살고 있는 뒤영벌과 근연종 벌의 수를 결정한다고 가정해 보자. 실제로 그런 경우도 많을 것이다. 한 걸음 더 나아가 그 벌들이 겨울 동안 생존하기 위해 꿀을 저장할 필요가 있었다면, 이 경우에 뒤영벌의 본능에 사소한 변화가 생겨 밀랍 방을 서로 접근시켜 만들어야 더 유리해질 것이다. 두 방이 하나의 벽을 공유하면 어느 정도의 노력과 밀랍을 절약해주기 때문이다.

여기서 뒤영벌들이 자신의 방을 멜리포나 종의 방처럼 더욱 규칙적으로 서로 근접하게 만들어 한 덩어리를 이루도록 만들면, 뒤영벌에게 더욱 큰 이익이 될 것이다. 그렇게 되면 각 방의 경계면이 대부분 다른 모든 방의 경계를 이루는 역할을 하여 많은 밀랍이 절약될 것이기 때문이다.

마찬가지로 멜리포나 종이 방을 현재보다 더 가깝게 하고, 또 모든 점에서 훨씬 규칙적으로 만들수록 멜리포나 종에게는 이익이 된다. 그렇게 하면 이미 우리가 살펴본 것처럼, 구형 표면은 완전히 사라지고 모두 평면으로 대체되어, 멜리포나 종도 꿀벌처럼 완전한 벌집을 만들 수 있게 되기 때문이다. 자연선택조차 건축에서의 완성도를 이 이상 끌어 올리지 못한다. 우리가 알 수 있는 한, 꿀벌의 벌집보다 밀랍을 경제적으로 사용하는 경우는 없기 때문이다.

따라서 알려진 본능 가운데 가장 경탄할 만한 꿀벌의 본능은, 비교적 단순한 본능이 보다 순차적이고 사소한 변화를 일으키고, 자연선택에 의한 보존을 거듭 되풀이한 것이라고 설명할 수 있다. 즉 자연선택이 서서히, 그리고 더욱 완전하게 벌로 하여금 2중의 층에 서로 일정한 간격으로 같은 크기의 구를 판 뒤에 교차면을 따라 밀랍을 쌓고 파들어가도록 한 것이다. 물론 벌이 서로 특별한 간격으로 구를 파고 있다는 것과, 육각기둥과 마름모꼴 밑판의 여러 각도에 대해 알고 있는 것은 아니다. 자연선택 과정의 원동력이 되는 힘은 충분히 튼튼하고 유충에게 적당한 크기와 모양을 가진 방을 만드는 것이었다. 이것은 노력과 밀랍을 최대한 절약함으로써 달성할 수 있다. 그리하여 최소의 노력과, 밀랍을 분비하는 데 최소의 꿀을 소비하여 최상의 벌집을 만든 집단이 가장 생존하기 쉽다. 새롭게 얻은 경제적 본능을 새로운 집단에 전해주고 번영시켜, 다음에는 이 새로운 집단이 생존경쟁에서 가장 성공할 수 있는 기회를 얻게 되는 것이다.

본능에 대한 자연선택설의 문제점

본능의 기원에 대해 지금까지 설명한 견해에 대해서는 다음과 같은 이견이 있다. '구조와 본능의 변이는 한쪽의 변화가 다른 쪽과 맞먹는 변화를 산출하지 않으면 치명적이므로, 동시에 또한 서로 정확하게 적응해 있어야 한다'는 것이다. 이 이론의 주안점은 무엇보다 본능과 구조의 변화를 돌발적이라고 보는 가정에 있다. 앞 장에서 열거한 박새(Parus major)를 예로 든다면, 이 새는 나뭇가지 위에서 주목의 열매를 발 사이에 끼우고 그 속알맹이를 부리로 쪼아먹는다. 따라서 자연선택이 점점 이 열매를 쪼기에 알맞은 모든 경미한 개체적 변이를 보존하고, 마침내는 이 부리가 동고비 부리처럼 그 목적에 잘 적응하는 동시에 습성이나 강제 또는 기호의 자발적 변이가 이 새로 하여금 더욱 더 그 씨를 잘 먹을 수 있게 했다고 해도 될 것이다. 이런 경우에 부리는 서서히 변이하는 습성이나 기호에 따라, 또는 자연선택에 의해 서서히 변이했다고 추정된다. 박새의 다리가 그 부리와의 상호관계에 따라, 또는 다른 알 수 없는 원인에 의해 변이하여 커진다면, 그 큰 발로 새는 점점 더 나무를 잘 타게 되어 마침내 동고비와 같은 놀라운 나무타기 본능과 힘을 얻게 될 수도 있을 것이다. 이 경우에 구조상의 변화가 본능적인 습성의 변화까지 유도한다. 예를 한 가지 더 들어보자면, 북아메리카의 갈색제비가 농축된 침만으로 둥지를 짓는 본능만큼 놀라운 것도 흔치 않다. 어떤 조류는 침으로 축축하게 축인 진흙으로 둥지를 짓고, 북아메리카의 갈색제비 중 어떤 것은 내가 본 바, 침으로 붙인 나뭇조각이나 그

부스러기로 둥지를 짓는다. 점점 더 많은 침을 분비하게 된 갈색제비 개체가 자연선택을 통해 마침내 다른 재료 없이 오로지 굳은 침만으로 둥지를 짓는 본능을 갖게 되는 것이 과연 불가능한 일일까? 다른 경우도 마찬가지이다. 그러나 대부분의 경우 우리는 최초에 변화한 것이 본능이었는지, 아니면 구조였는지 추측할 길이 없다는 점을 인정하지 않을 수 없다.

설명하기 매우 어려운 많은 본능으로 자연선택설을 반박할 수 있다는 점은 의심할 여지가 없다. 어떤 본능이 어떻게 발생했는지 증명하지 못하는 경우, 단계적 변화에서의 중간 단계가 알려져 있지 않은 경우, 겉으로 보기에 아주 미미한 차이밖에 지니지 않아 자연선택이 작용했다고 보기 힘든 경우, 자연 단계에서 매우 멀리 떨어져 있는 동물들 사이에서 거의 똑같은 본능을 볼 수 있다. 이것은 공통의 조상으로부터 물려받은 유전에 의한 유사성으로는 설명할 수 없으며 따라서 저마다 자연선택 작용에 의해 독립적으로 얻은 것이라고 믿을 수밖에 없는 경우 등이다.

나는 이러한 여러 경우를 상세히 논할 생각은 없고 다만 하나의 특수한 문제를 다루고자 한다. 그것은 처음에는 내가 도저히 극복할 수 없고, 실제로 나의 모든 학설에 치명적이라고 생각했던 문제이다. 바로 곤충사회에서의 중성자, 즉 생식이 불가능한 암컷에 대한 것이다. 이러한 중성자는 그 본능과 구조 모두 수컷 및 생식 가능한 암컷과 뚜렷하게 다르고, 게다가 생식이 불가능하기 때문에 후손을 낳을 수도 없다.

이 문제는 상세하게 논의할 가치가 충분히 있지만, 여기서는 한 예로 일개미, 즉 생식이 불가능한 개미만을 다루기로 한다. 일개미가 어떻게 해서 생식이 불가능하게 되었는가 하는 것은 어려운 문제이지만, 다른 뚜렷한 구조 변화에 비하면 그리 어렵지는 않다. 자연상태에서 곤충이나 다른 체절동물 가운데 어떤 것이 때때로 생식불능이 되는 사례를 제시할 수 있다. 그리고 공동 생활을 하고 노동은 가능하지만 새끼는 낳지 못하는 곤충이 해마다 일정한 수만큼 태어나는 것이 그 곤충 사회에 이익이 된다면, 자연선택 작용이 그러한 결과를 야기했다 해도 크게 문제될 점이 없다고 생각한다. 그러나 이 첫 번째 난점은 생략해야 한다. 그보다 더욱 큰 문제는 일개미가 수개미 및 생식 가능한 암개미 어느 쪽과도 흉부의 모양이 다르고, 날개나 때로는 눈이 없는 등 구조와 본능 모두 광범하게 차이를 나타낸다는 점이다. 본능에 대해서만 말한다면 이 점에서 일개미와 생식 가능한 암개미 사이의 커다란 차이는, 꿀벌의 경우에 훨씬 두드러진다.

만일 일개미와 다른 중성곤충이 정상이라면, 나는 주저하지 않고 그러한 모든 형질이 자연선택에 의해 서서히 얻은 것이라고 단정해 버렸을 것이다. 어떤 개체가 경미하지만 쓸모 있게 변화한 구조를 갖추고 태어나 그 변화가 자손에게 유전되고, 자손 또한 변이하여 계속 도태되어 간다는 식이다. 그런데 일개미는 부모와 전혀 다르고, 더욱이 완전히 생식이 불가능하다. 따라서 구조 및 본능의 변화가 자손에게 계속 유전되는 것은 불가능한 일이다. 어떻게 하면 이러한 예를 자연선택설과 일치시킬 수 있는지 당연히 문제가 된다.

먼저 일정한 나이와 성과 관련한 유전적 구조에 대한 온갖 종류의 차이가, 사육 생물과 야생 생물 모두에서 매우 많이 나타난다는 점을 떠올려 보자. 여러 조류의 번식기에 볼 수 있는 아름다운 깃털이나 수컷 연어의 구부러진 턱처럼, 단순히 한쪽 성과 관계가 있는 것이 아니라 번식 시스템이 활성화되는 짧은 시기에만 보이는 차이도 있다. 따라서 나는 어떤 형질이 곤충 사회의 일부 구성원의 생식 불능 상태와 상호관계를 가지게 되었다는 것에는 큰 문제가 없다고 본다. 문제는 이러한 구조의 상관적 변화가 어떻게 해서 자연선택에 의해 서서히 축적되었는지, 그것을 이해하는 것이다.

이 문제는 극복하기 어려운 듯 보이지만 자연선택은 개체뿐 아니라 그 종족에게도 작용할 수 있으며, 그로써 원하는 목적을 달성할 수 있다는 점을 생각하면, 문제는 경미해지거나 사라져버린다. 맛있는 채소를 조리하면 그 개체는 죽지만, 같은 계통의 씨앗을 뿌리면 비슷한 변종을 얻을 수 있다는 것을 원예가는 잘 알고 있다. 소 사육자는 고기와 지방이 대리석 무늬처럼 골고루 섞여 있는 것을 좋은 것으로 친다. 그런 동물은 도살되지만, 사육자는 확신을 가지고 그와 같은 종족에게 주목하여 성공을 거둔다. 나는 선택의 힘을 믿는다. 이상하게 긴 뿔을 가진 거세된 수소를 낳는 품종의 소는, 어떤 황소와 암소를 교배할 때 가장 긴 뿔을 가진 거세된 수놈이 태어나는지 주의 깊게 관찰함으로써 서서히 형성되어 왔다고 믿어 의심치 않는다. 그러나 이 거세된 수소가 자신과 똑같은 자손을 낳는 일은 없다.

이보다 더 뛰어난 예증이 있다. 베를로에 의하면, 겹꽃인 1년생 비단향꽃무 (stock)의 어떤 변종은 오랫동안 적절하게 선택되면 반드시 열매를 맺지 않는 겹 꽃을 만들지만, 여전히 열매를 맺는 홑꽃도 어느 정도 만든다고 한다. 그 변종 은 후자에 의해서만 번식하는데, 이는 생식력이 있는 암수 개미와 비교할 수 있고 생식불능인 겹꽃은 그 개미 집단의 중성인 암컷과 비교할 수 있다.

이 비단향꽃무의 변종과 같이 사회적 곤충의 경우에도 어떤 유리한 목적을 달성하기 위해 자연선택이 개체에 적용되지 않고 그 일족(一族)에게 적용된 것 이다. 따라서 그 단체에 속한 구성원의 생식불능 상태와 관계있는 구조 또는 본능의 작은 변화가 집단에 유리하다고 증명되면 생식력이 있는 암수가 번성 하여 생식력 있는 자손에게 전해주었다고 결론 내릴 수 있다. 이 과정이 수없이 되풀이되어 마침내 오늘날 우리가 수많은 사회적 곤충에서 볼 수 있는 것처럼, 같은 종의 생식력이 있는 암놈과 없는 암놈 사이에 어마어마한 차이가 생기는 것이다.

그러나 우리는 아직 가장 어려운 문제에 도달한 것이 아니다. 개미의 여러 종 류에서 중성인 개체는 생식 가능한 암수와 다를 뿐만 아니라 그들끼리도 차이 를 나타내며, 그 차이가 때로는 믿을 수 없을 정도로 크기 때문에 중성개체에 두세 가지의 계급이 나뉘는 사례가 있다. 게다가 그러한 계급끼리는 조금 다른 것이 아니라 완전히 구별된다. 같은 속의 2종, 아니 같은 과의 2속 정도의 차이 를 나타낸다. 이를테면 군대개미(Eciton)[6]에는 일개미와 병정개미가 있는데, 턱 의 형태와 본능이 두드러지게 다르다. 크립토세루스(Cryptocerus) 속에는 일부 일개미만이 용도를 전혀 알 수 없는 이상한 방패를 머리에 이고 있다. 멕시코 산 꿀개미(Myrmecocystus)의 한 일개미 계급은 개미집에서 절대로 나오지 않는 다. 다른 계급의 일개미가 그들을 부양하는데, 거대하게 발달한 그들의 복부에 서 꿀이 분비되기 때문이다. 이 꿀이 유럽 개미가 보호하거나 감금하는 진딧물, 즉 가축이 분비하는 단물을 대신하는 셈이다.

이와 같이 경이롭고 충분히 확인된 사실이 나의 학설을 당장 뒤엎어버리는 것임을 내가 인정하지 않는다면, 그것은 자연선택의 원리에 대한 나의 오만한

---

6) 미국방랑개미속.

자신감이라고 생각할 것이 틀림없다. 자연선택에 의해 생식 가능한 암수와 다른 것이 된―그것은 충분히 가능한 일이라고 나는 확신한다―중성곤충이 모두 같은 계급에 속하는, 즉 모두 같은 종류인 비교적 간단한 경우를 살펴보면, 일반적인 변이에서 유추할 때 이러한 결론을 내릴 수 있다. 순차적으로 일어난 작고 유익한 변화가 처음부터 같은 집의 모든 중성에서 일어난 것이 아니라 단지 일부에게만 나타났고, 유리한 변화를 한 중성개체를 가장 많이 낳은 암놈이 있는 집단이 발생함에 따라 모든 중성개체가 이러한 형질을 가지게 된 것이다. 그렇다면 우리는 때때로 같은 집 속에서 구조의 점진적 단계를 나타내는 중성 곤충을 발견할 수 있어야 한다. 실제로 우리는 그것을 발견하고 있으며, 더욱이 유럽 이외의 지역에서 중성곤충을 주의 깊게 관찰하고 있는 일이 얼마나 드문가를 생각하면 오히려 빈번하다고 할 수 있을 정도이다.

　F. 스미스는 몇 종류의 영국산 개미 가운데 중성 형태 및 색채가 놀라운 차이를 보이며, 또 극단적인 형태를 지닌 것들 사이를 같은 집에서 꺼낸 다른 여러 개체로 연결할 수 있다는 것을 증명했다. 나도 이러한 종류의 완전한 단계적 차이를 열거해 본 적이 있다. 비교적 큰 일개미나 작은 일개미의 어느 한 쪽이 대다수인 경우가 곧잘 있고, 큰 것과 작은 것은 많지만 중간 크기의 개미가 적은 경우도 흔히 있다.

　포르미카 플라바 종에는 큰 일개미와 작은 일개미가 주를 이루며 또 중간 크기의 일개미도 약간 있다. F. 스미스가 관찰한 바로는, 이 종의 큰 일개미는 작지만 분명히 식별할 수 있는 홑눈을 가지고 있고, 작은 일개미에는 홑눈이 흔적만 남아 있다. 이러한 일개미 몇 마리를 해부하여 주의 깊게 살펴본 결과, 작은 일개미의 눈이 흔적만 남은 것은 단순히 몸이 작기 때문만이 아니라는 것을 확인했다. 그리고 나는 중간 크기 일개미의 홑눈은 정확하게 중간적 상태에 있다고 믿고 있다. 즉 한 집에 있는 생식 불능의 일개미 가운데에는 크기뿐만 아니라 시각기관도 다르고, 중간상태에 있는 소수의 구성원에 의해 연결되어 있는 두 집단이 있다.

　얘기가 옆길로 새지만, 다음과 같이 덧붙이고 싶다. 만약 작은 개미가 그 사회에서 가장 유용하며, 작은 개미를 더 많이 낳는 암수가 계속 선택되어 마침내 모든 일개미가 그런 상태가 된다면, 뿔개미(Myrmica)의 일개미와 매우 유사한 상태가 된 중성 개미의 종이 생기게 된다. 왜냐하면 뿔개미의 일개미는 홑눈의 흔적조차 없는데, 이 속의 암수 개미는 잘 발달한 홑눈을 가지고 있기 때문이다.

예를 하나 더 들어보자. 나는 같은 종의 중성 계급 사이에 나타나는 구조의 중요한 점에서 단계적인 변화를 발견할 수 있다고 확신했다. 그래서 F. 스미스가 제공해 준 서아프리카의 운전사개미(Anomma)의 한 개미집에서 잡은 다수의 표본을 이용했다. 실제 계측치를 내세우는 것보다는 엄밀하고 정확한 예를 제시할 때, 아마 독자들도 그 차이를 더욱 잘 이해할 수 있을 것이다. 그 차이는 다음과 같다. 목수들이 집을 짓고 있다고 가정하자. 목수들 중에는 키가 160센티미터인 사람과 480센티미터인 사람도 많다고 하자. 그런데 키가 큰 목수는 작은 목수에 비해 머리가 3배, 4배이고, 턱은 거의 5배나 된다. 그뿐만이 아니다. 다양한 크기의 일개미는 턱 모양이나 이빨 모양과 수에서도 놀라운 차이를 나타낸다.

그러나 중요한 사실은, 일개미는 크기가 다른 계급으로 나뉘는데도 나란히 늘어놓으면 우리가 깨닫지 못할 정도로 점진적으로 이행되고, 광범한 차이를 나타내는 턱 구조를 갖고 있다. 나는 이 사실을 자신 있게 말할 수 있다. 내가 다양한 크기의 일개미에게서 잘라낸 턱을 러보크(lubbock)가 카메라 루시다—현미경용 프레파라트 묘사 장치—를 사용하여 그림으로 그려주었기 때문이다. 베이츠는 그의 흥미로운 책 《아마존 강변의 내추럴리스트 *Naturalist on the Amazons*》에서 이와 비슷한 예를 기술하고 있다.

이러한 사실들을 통해 나는 다음과 같이 단언한다. 자연선택은 생식이 가능한 부모에게 작용함으로써 한 가지 형태의 턱을 가진 대형의 중성개체뿐 아니라, 그것과 매우 다른 턱 구조를 가진 소형의 중성개체 중 어느 한쪽을 규칙적으로 낳는 종을 만든다. 그리고 마지막으로 일정한 크기와 모양을 가진 일개미 무리와, 그것과는 크기도 모양도 다른 일개미 무리를 생산하는 종을 만들 수 있는데, 이것이 바로 가장 어려운 문제이다.—군대개미처럼 점진적으로 이행하는 계열이 먼저 만들어지고, 다음에 그것을 만든 어미에 의해 극단적인 형태를 가진 것들이 점점 많이 생산되어 마침내 중간적 구조를 지닌 것들이 더 이상 생산되지 않았다고 믿는다. 이와 비슷한 경우로, 말레이산(産) 어떤 나비 암컷이 두세 가지 형태를 나타내는 경우를 월리스가, 브라질산(産)의 어떤 갑각류역시 두 가지 수컷 형태를 보이는 것을 뮐러가 설명하고 있다. 그러나 지금은 이 문제에 대해 논할 필요는 없다.

한 개미집에 있는 생식불능인 일개미의 경우에 그들 상호 간 및 부모와도 현저한 차이를 보이는 두 계급은 이렇게 하여 생겨났다고 나는 믿는다. 그들의 생성이 개미의 사회집단에 얼마나 쓸모 있었는지는, 문명인에게 분업이 유용한 것과 같은 원칙에 따라 이해할 수 있다. 그러나 인간은 지식과 기구를 가지고 일하지만 개미는 유전된 본능과 유전된 기관 및 기구로 일한다. 따라서 완전한 분업을 실현하려면 일개미가 생식불능이어야 했다. 일개미가 생식활동을 하면 교잡을 통해 그 본능과 형태가 뒤섞일 수 있기 때문이다. 그리고 자연은 개미집단의 이 훌륭한 분업체제를 자연선택 작용으로 만들어냈다고 확신한다.

그러나 고백하자면, 내가 이 원칙을 아무리 굳게 믿어도 이러한 중성곤충이 나에게 그 사실을 확신시켜주지 않았더라면, 자연선택이 이토록 큰 효과를 거두었다는 사실을 예상하지 못했을 것이다. 따라서 나는 자연선택의 힘을 보여주기 위해, 또 이것이 내 이론이 부딪힌 가장 중대하고 특수한 어려움이었기 때문에, 아직 충분하지 않지만 어쨌든 상당히 길게 설명해 온 것이다. 곤충의 중성개체 사례는 매우 흥미롭다. 식물이든 동물이든 어떤 점에서 이익이 되는 다수의 경미하고 우발적인 변이가 축적됨으로써 연습이나 습성의 작용 없이도 대폭적인 구조 변화가 생길 수 있다는 점을 증명하기 때문이다. 일개미 또는 생식불능인 암컷에 한정된 특수한 습성이 아무리 오랫동안 계속된다 해도, 자손을 남기는 수컷과 생식력이 있는 암컷에게 결코 영향을 미치지 못한다. 나는 이 명확한 중성곤충의 예를, 생물의 변천을 주장한 라마르크(Lamarck)의 유명한 학설에 대한 반론으로 제시한 자가 아무도 없었다는 사실을 이해할 수 없다.

간추림

나는 이 장에서 가축의 심리적 특성은 변이하며, 그 변이는 유전한다는 것을 간단히 보여주려고 시도했다. 그리고 더 간단히, 본능은 자연 상태에서 경미하게 변이한다는 것을 보여주려고 노력했다.

어느 동물에게도 무엇보다 본능이 가장 중요하다는 점에 반대하는 사람은 없을 것이다. 따라서 변화하는 생활 조건 속에서, 자연선택이 본능의 경미한 변화를 일정한 범위에서 쓸모 있는 방향으로 축적해 간다는 것도 당연하다. 때로는 습성이나 용불용도 작용했을 것이다. 이 장에서 다룬 사실들이 나의 학설을 크게 강화했다고 굳이 말할 생각은 없지만, 어떠한 난제도 나의 학설을 뒤엎지는 못했다. 오히려 본능은 늘 완전한 것이 아니라 잘못을 일으킬 수도 있다. 다른 동물의 이익을 위해서만 만들어진 본능은 없으며, 모두 동물은 다른 동물의 본능을 이용하고 있다. '자연은 비약하지 않는다'는 박물학의 격언은 신체 구조 및 본능에도 적용된다. 이것은 앞에서 말한 나의 견해들로 명쾌하게 설명할 수 있지만 다른 견해로는 설명하지 못한다. 이러한 사실들은 모두 자연선택설을 보강하는 작용을 한다.

이 학설은 또 본능에 대한 다른 몇몇 사실로도 강화된다. 매우 근연관계에 있지만 분명히 구별되는 종이, 세계의 멀리 떨어진 어느 지역에서 뚜렷하게 다른 생활 조건하에서 생활하면서도 거의 같은 본능을 보존하고 있는 사례를 종종 볼 수 있다. 남아메리카의 개똥지빠귀가 영국의 개똥지빠귀처럼 특별한 방법으로 둥지에 진흙을 바르는 것이나, 아프리카와 인도의 무소새가 나무구멍 속에 진흙을 발라 암컷을 가두고 작은 구멍만 뚫어서 수컷이 먹이를 날라다 주어 암컷과 부화한 새끼를 부양하는 이상한 본능이나, 북아메리카의 굴뚝새(Troglodytes) 수컷이 영국에 사는 그것과 다른 키티굴뚝새의 수컷처럼 잠을 자기 위한 '수컷의 둥지'를 짓는—우리가 알고 있는 다른 새들과는 전혀 다른 습성이다—것을, 우리는 유전의 원리를 통해 이해할 수 있다.

마지막으로 논리적인 추론은 아닐지 모르지만, 나는 뻐꾸기 새끼가 배다른 형제를 둥지에서 밀어내는 것도, 개미가 노예를 사냥하는 것도, 맵시벌과의 유충이 살아 있는 모충의 체내에서 그 몸을 파먹는 것도 모두 개별적으로 부여되거나 창조된 본능이 아니라, 모든 생물을 증식시키고 변이시키며, 강자는 살리고 약자는 제거하여 진보로 이끄는 일반적인 법칙의 작은 결과라고 생각하는 것이 훨씬 만족스럽다는 점을 덧붙여 두고자 한다.

8장 잡종

최초 교잡의 불임성(不稔性)과 그 잡종의 불임성과의 구별—보편적이 아니고, 같은 계통의 교배에 의해 영향을 받으며, 사육에 의해 제거되는 각각 다른 불임성—잡종의 불임성을 지배하는 법칙—불임성은 특별히 부여된 자질이 아닌 차이에 기인하는 우연적인 것이다—최초 교잡 및 잡종의 불임성의 원인—생활 조건의 변화와 교잡의 영향과의 관계—교잡된 변종 및 그 잡종 자손의 임성(稔性)은 보편적이지 않다—임성과는 관계없는 종간잡종과 변종간잡종의 비교—총괄

교잡과 불임

내추럴리스트들은 보통 종이 교잡하면 불임의 성질이 주어지는데, 그것은 그러한 종이 서로 뒤섞이는 것을 방지하기 위한 것으로 생각하고 있다. 종이 자유롭게 교잡할 수 있다면 한 나라 안에서 모든 종이 저마다의 모습을 유지하기 어려웠을 터이므로, 이 생각은 얼핏 보아 타당한 것처럼 생각된다.

최근에 어떤 연구자들은 잡종이 불임이라는 일반적 사실을 그다지 중시하지 않는 듯하다. 그러나 이 주제는 자연선택설에서는 중요한 문제이다. 그것은 특히 종이 처음 교잡되었을 때의 불임성과 그러한 잡종의 자손이 갖는 불임성은 그 뒤 계속해서 적당한 정도의 불임성이 보존됨으로써 얻어진 것일 리는 없기 때문이다. 불임성은 특별히 얻어지거나 주어진 자질이 아니다. 그것은 부모의 종의 생식계통에서 생긴 차이의 우연한 결과이다.

이 문제에는 근본적으로 다른 두 종류의 사실이 혼동되고 있다. 그것은 종의 교잡이 처음 일어났을 때 볼 수 있는 불임성과 그러한 종에서 태어난 잡종의 불임성이다.

순수한 종의 생식기관은 물론 완전한 상태에 있지만, 그러한 종이 교잡하면

새끼는 극히 소수이거나 아니면 전혀 태어나지 않는다. 한편 잡종의 생식기관은 현미경으로 보면 완전한 것 같아도 기능적으로 불완전하며, 그것은 식물에서도 동물에서도 나타나는 웅성요소[1] 상태에서 명확하게 볼 수 있다. 첫 교잡의 경우, 합체해서 배(胚)를 형성해야 하는 부모 양성의 생식요소는 완전하다. 잡종의 경우에는 생식요소는 완전히 발달하지 않았거나 불완전하게 발달했거나 둘 중 하나이다. 양쪽의 경우에 공통되는 불임성의 원인에 대해 고찰하고자 할 때 이 구별은 상당히 중요하다. 어느 경우의 불임성도 우리의 이해력을 넘어선, 특별히 천부적인 자질로 간주되어 왔기 때문에, 이 구별을 간과한 것이라고 여겨진다.

변종은 공통의 조상으로부터 유래한 것으로 알려져 있거나 그렇게 믿고 있다. 변종 간의 교잡으로 새끼가 태어나는 것과 그 잡종의 새끼가 임성(稔性)을 가지는 것은, 나의 학설에서는 종의 불임성과 동등한 중요성을 갖는다. 왜냐하면 그것은 변종과 종 사이에 광범하고 명확한 구별을 짓는 것처럼 생각되기 때문이다.

우선 종이 교잡했을 때의 불임성과 그 잡종 새끼의 불임성에 대해 설명하기로 한다. 일생을 거의 이 문제에 바친 두 사람의 양심적이고 뛰어난 관찰가 퀄로이터와 게르트너가 쓴 다수의 논문과 저술을 읽어보면, 어느 정도의 불임성은 매우 일반적이라는 것에 깊은 인상을 받지 않을 수 없다. 퀄로이터는 이 규칙을 보편적인 것으로 보고 있다. 그런데 그는 대다수의 학자들이 다른 종으로 간주하는 두 종류 사이에서 완전한 임성을 볼 수 있는 예를 10가지 들고 있다. 그는 아무런 주저도 없이 그 종류들을 변종으로 처리해버렸다.

게르트너도 그 규칙을 마찬가지로 보편적인 것으로 치고 있으나, 그는 퀄로이터가 든 10가지 예에서의 완전한 임성에는 반론하고 있다. 그런데 게르트너는 이 경우는 물론 다른 대부분의 경우에도 어느 정도의 불임성이 존재하는가를 보여주기 위해 종자의 수를 꼼꼼하게 세는 것으로 만족했다. 그는 언제나 두 가지 종을 교잡했을 때와 그러한 잡종새끼가 낳는 종자의 최대수를 헤아리고, 그것을 양쪽 부모의 순종이 자연 상태에서 낳는 종자의 평균수와 비교했다. 그

---

1) 동물의 정자, 식물의 꽃가루 같은 수컷 요소.

러나 여기에 중대한 과오의 원인이 있는 것 같다. 이 실험에서 잡종을 형성하기 위한 식물은 제웅(除雄)[2]하지 않으면 안 되고, 또 더 중요한 것은 곤충에 의해 다른 식물에서 꽃가루가 옮겨 오는 것을 막기 위해 격리해야 한다는 것이다.

게르트너가 실험에 사용한 식물은 거의 모두 그의 집 실내에서 화분에 키운 것 같다. 이러한 방법이 식물의 임성을 해치는 것은 의심할 여지가 없는 사실이다. 왜냐하면 게르트너가 제시한 표에는 제웅하여 인위적으로 자신의 꽃가루로 수정시킨 식물이—조작의 어려움이 인정되고 있는 콩과의 예는 모두 제외하고—20건 정도 열거되어 있는데, 이러한 20가지 식물의 반은 임성이 어느 정도 손상되어 있다.

또한 게르트너는 확실한 근거를 통해 별종이 아닌 변종임을 알 수 있는 프리뮬러 불가리스와 프리뮬러 베리스를 몇 년에 걸쳐 교잡했지만, 임성 있는 종자를 얻는 데 성공한 것은 겨우 한두 번뿐이었다. 그뿐만 아니라 게르트너는 일류 식물학자들이 변종으로 치고 있는 보통 붉은 나도개별꽃과 푸른 나도개별꽃(Anagallis arvensis 및 A. coerulea)이 서로 완전하게 불임이라는 것을 발견했다. 또 그는 다른 몇몇 유사한 예에서도 같은 결론에 이르렀다. 나로서는 다른 대부분의 종이 교잡했을 때, 정말로 게르트너가 믿고 있는 것만큼 불임인지 아닌지 의심해도 무방하다는 생각이 든다.

여러 종을 교잡시켰을 때의 불임의 정도는 모두 다 다르고 또 깨닫지 못할 만큼 서서히 이행하고 있다. 한편으로 순종의 임성은 다양한 환경 상태에 매우 영향을 받기 쉬워서, 실제로 완전한 임성이 어디서 끝나고 불임성이 어디서부터 시작되는지 결정하는 것은 언제나 지극히 곤란한 일이다. 이 어려움을 잘 보여주는 예가 있다. 역사상 경험이 가장 풍부한 두 사람의 관찰가, 즉 쾰로이터와 게르트너가 같은 종류인 어떤 것들에 대해 완전히 정반대의 결론에 도달해 버린 것이다. 아마 이보다 더 훌륭한 예는 없으리라.

어떤 의심스러운 종류를 독립 종으로 쳐야 하는지 변종으로 쳐야 하는지에 대한 문제에서 일류 식물학자들이 제시한 증거를, 여러 가지 잡종육성자 또는 관찰가가 여러 해 동안 실시한 교잡 실험에서 얻어진 임성의 증거와 비교해 보

---

2) 수술의 꽃밥을 따는 일.

는—여기에는 그 상세한 내용을 설명할 지면은 없지만—것도 매우 유익한 일이다. 그러면 불임성과 임성이 종과 변종의 명확한 구별을 제공하지는 않는다는 것을 알 수 있다. 여기서 얻을 수 있는 증거는 점진적으로 이행하는 것이며, 다른 체질적·구조적 차이에서 얻을 수 있는 증거와 거의 마찬가지로 의심스러운 것이다.

세대가 계속되는 동안의 잡종의 불임성에 대해 살펴보자. 게르트너는 소수의 잡종을 순종인 부모의 어느 쪽과도 교잡하지 않도록 주의하여 6세대나 7세대, 어떤 예에서는 10세대나 키워보았는데, 그 임성이 증가하는 일은 전혀 없고 오히려 갑자기 크게 감소하는 것이 보통이었다고 단언했다. 이 감소에 대해서는 먼저 다음과 같은 것에 주목해야 한다. 즉 구조 또는 체질에서의 편차가 부모에게 공통될 때는 종종 증대한 정도에서 자손에게 전해지며, 또 잡종 식물에서의 암수의 생식요소는 이미 어느 정도 영향을 받고 있다는 것이다. 그러나 나는 또 이들의 어느 실험에서도 임성의 감퇴는 완전히 다른 원인, 즉 극히 가까운 동계교배(同系交配)에 의한 것임을 확신하고 있다. 나는 매우 많은 실험을 하고 사실을 수집한 결과, 다음과 같은 사실을 알 수 있었다. 그것은, 한편으로는 이따금 다른 개체나 변종과 교잡하는 것은 자손의 체력과 임성을 증대시키고, 다른 한편으로는 매우 가까운 동계교배는 그들의 체력과 임성을 감소시킨다는 것이다. 이는 육종가들에게는 이미 보편적인 신념이다. 나는 이 결론이 정확하다는 것은 의심할 여지가 없다고 생각한다.

잡종이 실험가에 의해 대량으로 육성되는 일은 드물며, 부모의 종 또는 다른 근연 잡종은 일반적으로 같은 뜰에서 자라므로 꽃이 피는 계절에는 곤충의 방문을 막아야 한다. 즉, 잡종은 그대로 방치해두면 보통 각 세대에 같은 꽃의 꽃가루에 의해 수정된다. 나는 이런 자가수정이 잡종이 됨으로써 이미 약화된 임성을 더욱 손상시킨다고 확신하고 있다. 나의 이 확신은 임성이 매우 낮은 잡종에서도 같은 종류의 다른 잡종의 꽃가루로 인위적으로 수정한다면 그 임성은 그 조작의 악영향을 종종 받기는 하지만, 때로는 명확하게 증대하고 또 계속 증대된다는, 게르트너가 되풀이하여 진술하는 주목할 만한 주장에 의해 더욱 강화되었다.

인공수정 과정에서 꽃가루는 수정되는 꽃 자신의 수술에서 얻는 동시에, 우연히 다른 꽃의 수술에서도—나 자신의 경험으로 아는 한—얻을 수 있다. 두 꽃의 교잡은 이렇게 영향을 받게 된다. 그뿐만 아니라 복잡한 실험을 할 때는 게르트너 같은 주의 깊은 관찰자는 잡종의 제웅을 실시했을 것이 틀림없으므로, 어느 세대에서나 같은 포기 또는 같은 성질의 잡종의 다른 포기에 붙어 있는 다른 꽃의 꽃가루와의 교잡이 보증된다. 인위적으로 수정된 잡종에서는 자연적으로 자가수정한 것에 비해 세대마다 임성이 증대해 간다는 기묘한 사실은, 이렇게 하여 극히 가까운 동계교배를 피할 수 있었던 덕분으로 설명할 수 있다고 나는 믿는다.

교잡의 용이성

여기서 매우 경험이 풍부한 제3의 교잡가인 허버트(W. Herbert)가 얻은 결과로 눈을 돌려보자. 그가 그 결론 속에서 강조한 것은, 어떤 잡종은—순종인 부모와 마찬가지로—완전한 임성을 소유하고 있다는 것이다. 그는 그것을 쾰로이터와 게르트너가 확실히 다른 종 사이에서는 어느 정도의 불임성이 존재하는 것이 자연의 보편적인 법칙이라고 말한 것과 동등하게 강조했다. 그는 게르트너가 실험적으로 사용한 어떤 종과 완전히 동일한 종으로 실험했다. 그런데도 두 사람의 결과가 다른 것은 허버트의 원예기술이 매우 뛰어나다는 것과, 그가 마음대로 사용할 수 있는 온실을 가지고 있었다는 것으로 설명할 수 있다고 나는 생각한다. 여기서는 그의 수많은 중요한 기술 가운데 단 한 가지 예만 들기로 한다. 그것은 '문주란(文珠蘭)속의 일종인 크리눔 레볼루툼(Crinum revolutum)에 의해 수정된 같은 문주란속의 크리눔 카펜스(Crinum capense)의 밑씨는 어느 것이나 자연적인 수정의 경우에는 한 번도 본 적이 없는 식물을 만들어 냈다'는 것이다. 다른 2종 사이의 첫 번째 교잡에서 완전한, 아니 일반적인 경우보다 더욱 완전한 임성이 나타난 것이다.

문주란속의 이 예를 통해 나는 다른 기묘한 사실에 주목하게 된다. 그것은 숫잔대속·뜰담배속·시계풀속의 어떤 종의 개체는 다른 종의 꽃가루로는 쉽사리 수정되지 않는다는 사실이다. 쉽게 수정되는 데도, 같은 포기에서 생긴 꽃가루로는 그것이 다른 포기나 다른 종을 수정시키므로 완전히 건전하다는 것이 증명된다 하더라도 히페아스트룸(Hippeastrum) 속에서도, 힐데브란트 교수가 제시하는 왜현호색(Corydalis) 속에서도, 스코트와 뮐러가 제시하는 여러 가지 난 초에서도 그 개체는 모두 이러한 특수한 상태에 있다. 따라서 어떤 종에서는 일부 또는 모든 개체가 자가수정보다는 교잡을 통해서 훨씬 쉽게 자손을 남길 수 있다.

예를 든다면 히페아스트룸속의 아울리쿰(Aulicum) 종의 한 알줄기는 4개의 꽃을 피우는데, 그 가운데 3개는 허버트에 의해 그 자신의 꽃가루로 수정되고, 나머지 꽃은 그 뒤 다른 3종에서 나온 혼성잡종의 꽃가루로 수정되었다. 그 결 과 '최초의 세 꽃의 씨방은 곧 성장하는 것을 중단하고 며칠 뒤에는 모조리 시 들어버렸지만, 잡종의 꽃가루가 수정된 깍지는 급속하게 성숙해져서 좋은 종 자를 만들었고, 그 종자는 자유롭게 발아했다'는 것이다.

1839년에 내가 받은 편지에서 그는 벌써 5년이나 실험을 계속하고 있다고 말 했다. 그 뒤에도 허버트는 오랫동안 똑같은 실험을 시도했고 언제나 같은 결과 를 얻었다. 이와 같은 결과는 아마릴리스속과 그 아속, 로벨리아속(Lobelia), 시 계꽃속(Passiflora), 버배스컴속(Verbascum)에서도 다른 관찰가가 확인한 바 있다. 이 실험에 이용한 식물들은 모두 다 건강했다. 게다가 같은 꽃의 밑씨와 꽃가 루는 다른 종과는 아무런 문제 없이 관계를 맺었는데도, 자가수정에서는 기능 적으로 불임 현상을 보였다. 그렇다면 이 식물들은 부자연스러운 상태였다고 추측해야 할지도 모른다. 그러나 이 사실들은 어떤 종의 생식력의 크기가 가끔 얼마나 사소하고도 불가사의한 원인에 의존하는지를 보여준다.

원예가의 실제적 실험은 과학적인 정밀성은 부족해도 상당히 주목할 만한 가치가 있다. 아욱속(Pelargonium), 수령초속(Fuchsia), 칼세올라리아속(Calceolaria), 페튜니아속(Petunia), 만병초속(Rhododendron) 같은 종이 얼마나 복잡한 방법으 로 교잡하는가에 대해서는 잘 알려져 있으나, 이러한 잡종의 종자는 대부분 자유롭게 발아한다. 예를 들자면 칼세올라리아속 가운데 일반적인 습성이 현 저히 다른 인테그리폴리아종(C. integrifolia)과 플란타기네아종(C. plantaginea)의 잡 종은 '마치 칠레의 산에서 자생하는 종과 같이 완전히 생식한다'고 허버트는 주장하고 있다. 나는 만병초속의 복잡한 교잡에서 나온 잡종 가운데 어떤 것 은 임성의 정도를 확인하는 데 상당히 고심했지만, 대부분 완전한 임성을 가진 것으로 확신하기에 이르렀다. 또 예를 들면, 노블(C. Noble)은 만병초속의 폰티

쿰(Rhod. ponticum)종과 카타우비엔세(Rhod. catawbiense)종의 잡종을 접목하여 몇 가지 계통나무를 키우고 있으며, 이 잡종은 '상상할 수 있는 한 자유롭게 종자를 낳는다'고 나에게 알려 주었다. 만일 잡종이 적절한 처리를 받았을 때도 게르트너가 믿는 것처럼 세대마다 꾸준히 그 임성이 감소한다면, 그 사실은 묘목 육성가들에게 널리 알려져 있었을 것이다.

원예가들은 같은 종류의 잡종을 큰 모판에서 대량으로 키운다. 이것이 이른바 적절한 처리이다. 이렇게 말하는 것은 곤충의 매개를 통해 많은 개체들이 서로 자유롭게 교배하여, 좁은 범위의 동계교배에 의해 일어나는 유해한 영향을 막을 수 있기 때문이다. 만병초속의 잡종으로서 꽃가루를 전혀 만들지 않는 임성이 비교적 낮은 종류를 조사해 보면, 그러한 암술머리에는 다른 꽃에서 운반되어 온 꽃가루가 많이 발견되고 있으므로, 그것을 통해 누구라도 곤충이 매개하는 효과가 얼마나 큰지 쉽게 믿을 수 있을 것이다.

동물에 관해 주의 깊게 실험한 예는 식물의 경우보다는 훨씬 적다. 만일 우리가 현재의 분류상의 배열을 신뢰해도 된다면, 즉 동물의 속은 식물의 속과 같이 서로 확실하게 구별된다면, 자연계 질서 속에서 비교적 멀리 떨어져 있는 동물은 식물의 경우보다 훨씬 더 쉽게 교잡할 수 있다고 추측해도 무방할 것이다. 그러나 나는 그렇게 해서 생긴 잡종 자체는, 식물의 경우보다 생식 능력—임성—이 낮을 것이라고 생각한다. 과연 잡종동물이 완전한 생식 능력을 갖춘 사례가 하나라도 있을지 의문이다. 그러나 갇혀 있는 상태에서 자유롭게 새끼를 낳는 동물은 극소수이므로 적절하게 이루어진 실험도 극소수밖에 없다는 것을 염두에 두지 않으면 안 된다.

예컨대 카나리아가 9마리 핀치새의 다른 종과 교잡한다고 하자. 이러한 종류는 모두 구속 상태에서는 자유롭게 번식하지 않으므로, 이러한 종류와 카나리아의 첫 번째 교잡이 이루어질 것이며 그 잡종이 완전히 임성을 갖고 있을 거라고 기대하는 것은 정당하지 않다. 더욱이 생식 능력이 비교적 높은 잡종동물의 각 세대의 생식 능력에 대해서는, 극히 가까운 동계교배의 악영향을 막기 위해 같은 잡종의 두 가족을 다른 부모에게서 동시에 만든 예를 나는 한 번도 본 적이 없다. 오히려 그 형제와 자매는 모든 사육가가 쉴 새 없이 경계를 하고 있는데도, 각 세대마다 교잡하는 것이 보통이다. 이 경우에 잡종에게 고유한 생식력 감퇴—불임성—가 점차 심해지는 것은 조금도 놀라운 일이 아니다. 실제로 어떤 원인에 의해 불임이 되는 경향이 조금이라도 있는 순종동물을 형제 자매끼리 교배시킨다면, 그 품종은 수 세대 만에 대가 끊길 것이다.

완전히 생식이 가능한 잡종동물로서 충분히 신용할 수 있는 예를 나는 하나도 알지 못하지만, 사슴속의 일종인 세르불러스속의 바기날리스종(Cervulus vaginalis)과 리비지종(Reevesii) 사이의 잡종, 그리고 파지아누스속의 콜키쿠스종(Phasianus colchicus)과 토르쿠아투스(P. torquatus) 사이의 잡종이 완전히 생식 가능하다고 믿을 만한 이유를 갖고 있다. 콰트르파제는 두 종류의 나방, 즉 신디아(Bombyx cynthia)와 아린디아(B. arrindia)의 잡종이 8세대에 걸쳐 서로 생식이 가능하다는 것이 파리에서 증명되었다고 말했다. 또 최근에는 산토끼와 집토끼처럼 완전히 다른 2종을 교배할 수 있을 때는, 거기서 태어난 새끼를 그 부모의 한쪽과 교배시켰을 때 고도의 생식력을 가진 새끼가 태어난다고 주장하는 사람들이 있다.

일반 거위(Anser anser)와 중국 거위(Anser cygnoides)는 서로 매우 달라서 일반적으로 다른 속으로 분류되는데, 그 잡종은 영국에서는 종종 어느 한쪽의 순종 부모와 교배하여 새끼를 낳고, 어떤 예에서는 그 잡종끼리도 새끼를 낳고 있다. 이것은 이튼(Eyton)이 실험한 것이다. 그는 같은 부모한테서 나왔지만 따로따로 부화시킨 잡종 두 마리를 얻었는데, 이 두 마리 새와 함께 한 둥지에서 8마리 이상(순종 거위의 손자가 된다)의 잡종을 키웠다. 그러나 인도에서는 교잡으로 태어난 이들 거위의 생식력은 훨씬 더 클 것이 틀림없다. 유능한 정보원인 블라이스(Blyth)와 허튼(Hutton) 대위는, 그와 같이 교잡한 거위들이 인도의 여러 곳에서 사육되고 있으며, 그들은 부모인 순종 가운데 어느 쪽도 없는 곳에서 이익을 위해 사육되고 있기 때문에 생식 능력이 매우 높을 것이라고 했다.

현재 내추럴리스트들은 대개 팔라스의 학설을 받아들이고 있다. 그것은 대부분의 가축이 2종 이상의 야생 원종에서 유래했으며 교잡에 의해 섞이게 되었다는 설이다. 이 견해에 따르면 애초에 야생 원종이 임성이 높은 잡종을 낳았든지, 아니면 잡종이 여러 세대에 걸쳐 사육되면서 임성이 높아지게 된 것이 틀림없다. 나는 후자의 가능성이 더 높다고 생각한다. 확실한 증거는 없지만 분명히 그랬을 거라는 생각이 든다.

예컨대 개가 여러 개의 야생 원종으로부터 나온 것은 거의 확실해 보인다. 그런데 대체로 남아메리카의 토착 사육견은 예외적으로 임성이 매우 높다. 여러 개의 원종이 처음에 서로 자유롭게 생식하고, 전적으로 생식 가능한 잡종을 산출했는지의 여부는 매우 의심스럽다. 그러나 나는 최근에 인도혹소와 유럽산 일반소가 교잡해서 태어난 새끼가 생식 가능하다는 결정적인 증거를 입수했다. 그리고 중요한 골격상의 차이에 대한 뤼티메이어의 관찰 및 습성과 소리, 체질에 관한 블라이스의 관찰에 의하면, 이 2가지는 분명히 다른 종이다. 가축 대부분이 여러 개의 야생 원종으로부터 유래했다는 설이 옳다면, 우리는 별개의 종의 동물이 교잡했을 때 불임이 되는 것은 거의 보편적이라는 신념을 버리거나, 또는 불임성을 제거할 수 없는 특성이 아니라 사육에 의해 제거할 수 있는 것으로 보지 않으면 안 된다.

마지막으로 식물 및 동물의 교잡에 대해 확인된 모든 사실을 종합해 보면, 최초의 교잡과 그 잡종에서 엿볼 수 있는 어느 정도의 불임성은 매우 일반적인 결과라고 결론지어도 무방할 것 같다. 그러나 현재 우리의 지식으로는 그것이 절대로 보편적인 것이라고 생각할 수는 없다.

잡종의 법칙

첫 교잡과 잡종의 불임성을 지배하는 법칙을 좀 더 자세히 살펴보기로 하자. 그 주요한 목적은 그러한 규칙이, 종이 무질서하게 교잡하여 뒤섞여버리는 것을 방지하기 위해 종에 불임성이 특별히 부여된 것임을 나타내는지 여부에 대해 생각하는 데 있다. 다음에 제시하는 여러 가지 규칙과 결론은 주로 식물의 잡종 형성에 관한 게르트너의 명저에서 인용한 것이다. 나는 이러한 규칙이 동물에게도 적용되는지 확인하는 데 무척 고심해 왔지만, 잡종동물에 관한 우리의 지식이 얼마나 빈약한지 생각하면 같은 규칙이 식물계는 물론 동물계에도 매우 널리 적용된다는 것에 놀라지 않을 수 없다.

첫 교잡과 잡종의 임성 정도가 0에서 100%까지 점진적으로 이행하고 있는 것에 대해서는 이미 설명했다. 이 이행은 놀라우리만치 여러 가지 기묘한 방법으로 보여줄 수 있지만, 여기서는 극히 대략적인 윤곽만을 설명해두기로 한다.

식물의 어떤 과의 꽃가루가 다른 과의 암술머리 위에 묻었을 때는 무기물인 먼지만 한 영향밖에 미치지 않는다. 이것은 임성이 0인 경우이다. 그런데 같은 속 다른 종의 꽃가루가 다른 종의 암술머리에 묻었을 때 만들어지는 씨앗 수를 살펴보면, 위와 같이 절대적으로 0인 임성에서 거의 완전하거나 전적으로 완전한 임성까지 온갖 단계적 차이를 확인할 수 있다. 그리고 이미 말한 것처럼 어떤 비정상적인 예에서는 그 식물자신의 꽃가루에 의한 수정보다 더 많은 씨앗이 생기는 경우도 있어서 과잉 임성마저 보여준다.

마찬가지로 잡종 자체에서도 순종의 부모 어느 한쪽의 꽃가루로도 임성이 있는 씨앗을 하나도 만들 수 없고, 또 결코 만들 수 있을 것 같지 않은 경우가 많이 있다. 그러나 이러한 사례에서도 어느 한쪽 부모, 즉 순종의 꽃가루를 묻힘으로써 잡종의 꽃을 빨리 시들게 할 수 있다는 사실에서 임성의 처음 흔적을 검출할 수 있다. 꽃이 빨리 시드는 것은 수정의 첫 번째 징후라는 것은 잘 알려져 있는 사실이다. 이러한 극도의 불임성에서, 잡종이 자가수정으로 한층 더 많은 씨앗을 만들어 마침내 완전한 임성에 도달할 때까지 여러 가지가 있는 것이다.

교잡하기가 매우 곤란하고, 또 새끼를 드물게밖에 낳지 않는 2종의 잡종은 일반적으로 불임성이 매우 높다. 그러나 최초의 교잡을 하는 어려움과 그 교잡으로 태어난 잡종의 불임성은 일반적으로 혼동되고 있지만 실은 엄연히 다른 현상이다. 교잡하기 어렵다고 해서 그 사이에 태어난 잡종이 꼭 불임인 것은 아니다. 양자가 반드시 대응하지는 않는 것이다. 이를테면 베르바스쿰속(Verbascum)에서처럼 2개의 순종이 이상하리만치 쉽게 결합하여 잡종의 새끼를 다수 낳는데, 이 경우 잡종이 불임인 경우가 많다. 이것과 반대로 교잡하는 일이 드물거나 교잡하는 데 극도의 어려움이 따르지만, 거기서 태어난 잡종은 매우 임성이 높은 종도 있다. 같은 속의 범위에서도 이렇게 두 가지 상반되는 경우가 나타난다. 이를테면 술패랭이속(Dianthus)이 그렇다.

첫 교잡에서도 그 잡종에서도, 임성은 순종의 임성에 비해 불리한 조건의 영향을 받기 쉽다. 그러나 임성의 정도에도 선천적인 변이가 존재한다. 왜냐하면 같은 2개의 종이 같은 환경 속에서 교잡한 경우에도 임성의 정도는 동일하지 않기 때문이다. 그것은 가끔 실험을 위해 선택된 개체의 체질에 좌우되기도 한다. 이는 잡종의 경우에도 똑같다. 같은 깍지에서 나온 씨앗을 정확하게 같은 조건에서 키워도 잡종의 임성이 개체마다 큰 차이가 있기 때문이다.

분류학적 유연(類緣)이란 종과 종 사이의 구조와 체질의 유사를 뜻한다. 그것도 특히 생리학적으로 몹시 중요한, 같은 종끼리는 거의 차이가 나지 않는 부위의 구조적 유사성을 의미한다. 최초 교잡의 임성과 그 교잡으로 태어난 잡종의 임성은, 그들 종의 분류학적 유연에 크게 지배되고 있다. 이것은 분류학자가 확실하게 다른 과로 분류한 종 사이에서는 잡종이 만들어진 적이 없다는 사실에 의해, 또 한편으로는 유연관계가 매우 가까운 종은 쉽게 결합하는 것이 보통이라는 사실에 의해 명백하게 나타난다.

그러나 분류학적 유연관계와 교잡의 용이성의 대응은 결코 엄밀하게 정해진 것은 아니다. 극히 가까운 종이라도 결합하지 않는 예, 또는 결합이 극도로 곤란한 예를 여럿 들 수 있으며, 또 그것과 반대로 두드러지게 다른 종이 더할 수 없이 쉽게 결합하는 예도 여럿 들 수 있다. 술패랭이속처럼 매우 많은 종이 매우 쉽게 교잡하는 것과, 장구채속(Silene)—둘 다 패랭이꽃과—처럼 매우 끈질긴 노력에도 불구하고 극히 가까운 종 사이에서도 단 하나의 잡종도 만들지 못한 것이 같은 과 속에 함께 있는 경우가 있다.

같은 속 안에서도 이와 같은 차이를 볼 수 있다. 이를테면 담배속(Nicotiana)의 대부분의 종은 거의 모든 다른 속의 종보다 폭넓게 교잡해 왔다. 그러나 게르트너는 특별히 다른 종이 아닌 담배속의 아쿠미나타종(N. acuminata)은 담배속의 8개 이상의 종을 수정시키는 것도, 그것들에 의해 수정되는 것도 도저히 불가능하다는 사실을 발견했다. 이밖에도 이와 비슷한 사례를 얼마든지 들 수 있다.

어떤 명료한 형질을 지목하면서 "이런 차이가 이만큼 있으면 2종의 교잡이 불가능해진다"고 지적할 수 있었던 사람은 한 사람도 없다. 습성과 외관이 매우 뚜렷하게 다르고, 꽃의 각 부분과 꽃가루, 열매, 떡잎 등에서도 현저한 차이를 가진 식물 중에서도 교잡할 수 있는 것이 제시되어 있다. 1년생 식물과 다년생 식물, 낙엽수와 상록수, 또 다른 토지에서 자라 극도로 다른 기후에 적응한 식물끼리도 쉽게 교잡할 수 있는 경우가 종종 있다.

잡종의 임성(稔性)

2종 사이의 상반교잡(相反交雜)이라는 것이 있다. 이를테면 먼저 수말을 암탕나귀와 교잡하고 다음에 수탕나귀를 암말과 교잡하는 경우를 말한다. 이때 이 2종은 상반적으로 교잡되었다고 말한다. 상반교잡의 용이성에는 상당히 광범위한 차이가 있으며 그것의 예는 매우 중요하다. 왜냐하면 어떤 2종이 교잡할 수 있는 능력은 흔히 양자의 계통적 유연관계나 신체 구조 전체의 명확한 차이와는 무관하다는 사실을 증명하기 때문이다. 그러한 예는 교잡 가능성이 우리로선 알 수 없는 체질적·구조적 차이와 관련돼 있으며, 심지어 그것이 생식기 계통에 한정되어 있음을 뚜렷이 보여 준다.

같은 2종 사이에서 상반교잡의 결과가 제각각인 것은 오래전에 쾰로이터가 관찰한 바가 있다. 한 예를 들어보자. 미라빌리스 잘라파종(Mirabilis Jalapa ; 분꽃)은 미라빌리스 롱기플로라종(M. longiflora)의 꽃가루에 의해 쉽게 수정되고, 그로 인해 태어난 잡종은 충분한 임성을 가지고 있다. 그런데 쾰로이터는 8년에 걸쳐 200회 이상 미라빌리스 롱기플로라를 상반적으로 미라빌리스 잘라파의 꽃가루로 수정시키는 것을 시도했다가 완전히 실패하고 말았다.

이와 마찬가지로 그 밖에도 많은 예를 들 수 있다. 투레(Thuret)는 그러한 사실을 해조(海藻)인 푸쿠스(Fucus)류에서 관찰했다. 게르트너는 더 나아가서 상반교잡의 용이성에 이러한 차이가 나타나는 것은, 차이가 너무 심하지만 않다면 극히 일반적인 일이라는 사실을 발견했다. 그는 많은 식물학자들이 변종에 지나지 않는다고 여기는 매우 가까운 관계에 있는 종류—이를테면 매티올라(아라세이투속) 아누아(Matthiola annua)와 글라브라(M. glabra)—사이에서도 같은 현상이 있다는 것을 관찰했다. 상반교잡에서 태어난 잡종은 하나의 종이 먼저 아비로서, 이어서 어미로서 사용된 것이므로 같은 2종의 혼성인 셈이다. 그러한 잡종은 외형적 형질에서는 그다지 차이가 없는데도 일반적으로 임성에서 적게나마, 때로는 눈에 띄게 커다란 차이를 나타낸다는 것도 주목할 만한 사실이다.

게르트너는 다른 몇몇 기묘한 규칙도 밝혀냈다. 이를테면 어떤 종은 다른 종과의 교잡능력을 뚜렷하게 가지고 있고, 같은 속의 다른 종은 그 잡종인 새끼를 자신과 닮게 하는 힘이 두드러진다 해도 이러한 두 가지 능력이 반드시 함께 발휘되는 것은 아니다. 일반적인 경우처럼 부모의 중간적인 형질을 가지는 것이 아니라 언제나 어느 한쪽 부모와 많이 닮는 잡종도 있다. 이러한 잡종은 순종인 부모 한쪽과 겉모습은 많이 닮지만 드문 예외를 제외하면 극도로 불임이다.

또 부모의 중간적인 구조를 가지는 것이 보통인 잡종에서도, 때로는 어느 한쪽 부모의 순종과 매우 닮은 예외적이고 비정상적인 개체가 태어나는 경우가 있다. 이러한 잡종은 거의 늘 불임이며, 같은 깍지의 씨앗에서 자란 다른 잡종이 높은 임성을 가지고 있는 경우에도 불임인 것은 마찬가지이다. 이러한 사실은 잡종의 임성은 순종인 부모의 어느 한쪽과 겉모습이 닮는 것과는 전혀 관계가 없는 것임을 나타내고 있다.

지금까지 첫 교잡 및 잡종의 임성을 지배하는 몇 가지 규칙을 살펴봤다. 이로써 우리는 다음과 같은 사실을 알 수 있다. 명확하게 독립된 종으로 보아야 하는 종류들이 뒤섞였을 때, 그 임성은 0에서 100%에 이르는 단계적 차이를 나타내며, 어떤 조건 속에서는 과잉 임성에 도달하는 수도 있다. 그러한 임성은 유리한 조건이나 불리한 조건의 영향을 받기 쉬운 동시에 처음부터 변이를 가지고 있다. 또 첫 교잡과 그 교잡에서 태어난 잡종에서 임성이 늘 같은 정도로 나타나는 것은 아니다. 나아가서 잡종의 임성은 어느 한쪽 부모와 외견적으로 닮는 정도와 관계를 가진 것도 아니다. 마지막으로 첫 교잡의 용이성은 2종의 분류학적 유연, 즉 서로 닮은 정도에 따라 늘 정해지는 것은 아니다.

맨 마지막 결론은 같은 2종을 상반교잡하여 나온 결과의 차이로 명백하게 증명된다. 왜냐하면 어느 쪽의 종이 아비 또는 어미로 사용되었는가에 따라 결합의 용이성에 일반적으로는 약간의 차이가, 그리고 때로는 더할 수 없이 큰 차이가 생겨나기 때문이다. 그리고 상반교잡에서 태어난 잡종은 곧잘 임성에 차이를 나타낸다.

그런데 이렇게 복잡하고 기묘한 규칙은, 종이 단순히 자연계에서 혼합되어 버리는 것을 방지하기 위해 불임성을 부여받았다는 것을 나타내는 것일까? 나는 그렇게 생각하지 않는다. 서로 섞여버리는 것을 방지하는 일이 중요한 것은 어느 종에서나 똑같을 텐데도, 다양한 종을 교잡했을 때 불임성의 정도가 극단적으로 다른 것은 도대체 무슨 까닭에서일까? 같은 종의 개체에서 불임성의 정도가 나면서부터 변이해 있는 것은 어째서일까? 어떤 종은 쉽게 교잡하면서도 매우 불임성이 높은 잡종을 만들고, 어떤 종은 교잡이 극도로 곤란한데도 임성이 두드러지게 높은 잡종을 낳는 것은 어째서일까? 같은 2종 사이에서 일어난 상반교잡의 결과에 곧잘 큰 차이가 나타나는 이유는 무엇인가? 더 나아가 잡종의 생성이 허용되는 이유는 무엇인가 하는 질문을 던져도 무방할 것이다. 잡종을 생성하는 특수한 능력을 종에 부여해 놓고서는, 부모의 첫 결합의 용이성과는 별 상관 없이 다양하게 나타나는 붙임성을 통해 그러한 잡종이 번식하는 것을 저지하다니, 자연의 섭리치고는 참 이상하지 않은가.

그보다는 앞에서 기술한 규칙과 사실은, 최초 교잡과 그 잡종 양쪽의 불임성이 모두 우연한 것이거나, 아니면 그 생식계통의 알 수 없는 차이에 기인하는 것임을 나타내는 것처럼 보인다. 그 차이는 매우 특수하고 제한되어 있다. 그래서 같은 2종 사이의 상반교잡에서 한쪽의 웅성요소가 때로는 다른 쪽의 자성요소에 자유롭게 작용하지만, 그것과 반대 방향으로는 작용하지 않는다.

접목과 임성

불임성은 다른 차이에 의한 우연적인 것이며, 특수하게 부여된 성질이 아니라는 것이 무엇을 의미하는지 실례를 통해 좀 더 충분히 설명할 필요가 있을 것이다. 어떤 식물이 다른 식물에 접목될 수 있는 능력은 자연 상태에서는 그 식물에게 이익이 되는 것이 아니므로, 이 능력이 특별히 부여된 것이라고 생각하는 사람은 아무도 없다는 것을 나는 잘 알고 있다. 이것은 두 식물의 성장 법칙의 차이에 기인한 우연적인 것이라고 누구나 생각할 것이다.

때때로 우리는 어떤 나무가 다른 나무에 접목되지 않는 이유를 그들의 성장률, 나무의 견고성, 수액이 흐르는 주기나 성질 등에서 찾을 수 있지만, 그래도 대부분의 경우에는 어떠한 이유도 갖다붙일 수가 없다. 두 식물의 크기가 매우 다를지라도, 한 식물은 나무이고 다른 것은 풀이라 할지라도, 한쪽은 상록수이고 다른 한쪽은 낙엽수라 할지라도, 또는 두 가지 식물이 서로 다른 기후에 적응한 것일지라도 반드시 이 두 식물의 접목이 방해받는 것은 아니다. 잡종형성과 마찬가지로 접목에서도 그 능력은 분류학적 유연관계에 의해 제한되고 있다. 그 누구도 완전히 다른 과에 속하는 나무를 접목할 수는 없으며, 또 이와 반대로 극히 가까운 근연종이나 같은 종의 변종은 꼭 그런 것은 아니지만 거의 대부분 쉽게 접목할 수 있다. 그러나 이러한 능력은 잡종형성의 경우와 마찬가지로 결코 분류학적인 유연관계에 완전히 지배되는 것은 아니다.

같은 과의 범주 안에서도 서로 다른 많은 속이 접목되는 경우가 있으며, 이와 반대로 같은 속의 종이 접목되지 않는 경우도 있다. 서양배는 같은 속인 사과보다 오히려 다른 속인 귤에 접목할 수 있다. 여러 종류의 배의 변종도 정도의 차이는 있으나 귤에 접목하기 쉬우며, 살구와 복숭아의 여러 변종들도 서양자두(Plum)의 어떤 변종에 접목할 수 있다.

게르트너는 같은 두 종을 교잡해도 개체에 따라 때때로 타고난 차이가 있는 것을 발견했다. 프랑스 원예학자 사즈레(Sageret)도 2종이 접목될 경우에도 개체에 따라 차이가 난다고 믿고 있다. 상반교잡에서는 결합시키는 작업의 용이성이 매우 다른데, 때로는 접목에서도 마찬가지이다. 예컨대 서양까치밥나무를 어떤 종류의 오리밥나무에 접목할 수는 없지만, 오리밥나무는 어렵기는 해도 일반 서양까치밥나무에 접목할 수 있다.

우리는 생식기관이 불완전한 상태에 있는 잡종의 불임성은 완전한 생식기관을 가진 2개의 순종을 교잡시키는 어려움과는 아무런 관계도 없다는 것을 알고 있다. 다만 이와 같은 두 종류의 경우는 어느 정도 대응한다. 이와 거의 비슷한 일이 접목에서도 일어나고 있다. 파리 식물원에서 일하는 투앙(Touin)은 아카시아(Robinia) 속의 3종이 자신의 뿌리를 내렸을 때는 자유롭게 씨앗을 만들고 별다른 어려움 없이 다른 종에도 접목했는데, 이와 같이 접목된 경우에는 열매를 맺지 않는다는 것을 발견했다. 이에 비해 마가목(Sorbus) 속의 어떤 종이 다른 종에 접목되면 자기의 뿌리를 내리고 씨앗을 맺을 때보다 2배나 많은 열매를 얻는다. 우리는 이 마지막 사실로 보아, 같은 포기의 꽃가루로 수정되었을 때보다 다른 종의 꽃가루로 수정되었을 때 더 많은 열매를 맺는 히페아스트룸속(Hippeastrum)이나 시계풀속과 같은 이상한 예를 떠올릴 수 있다.

그리하여 우리는 접목된 두 식물의 단순한 유착과 생식행위에서의 웅성요소 및 자성요소의 결합 사이에는 명백한 차이가 있지만, 접목의 결과와 다른 종 사이의 교잡의 결과가 얼추 대응한다는 것을 알 수 있다. 접목의 용이성을 지배하는 기묘하고 복잡한 법칙은 그 영양계통상의 분명한 차이로 인해 생기는 우연적인 것으로 간주해야 할 것이다. 마찬가지로 첫 교잡의 용이성을 지배하는 더 복잡한 법칙도 그 생식계통상의 알 수 없는 차이에서 비롯한 우연적인 것이라고 나는 믿고 있다.

이러한 두 경우에서의 차이는 당연히 예상한 것처럼 어느 정도까지는 분류학적 유연에 따르고 있다. 그런데 이렇게 분류학적 유연 때문이라고 말하면, 생물들 사이의 온갖 종류의 유사점과 차이점이 그것으로 다 표현돼 버리는 경향이 있다. 어쨌든 이러한 사실은, 다양한 종을 접목하거나 교잡할 때 생기는 크고 작은 어려움이 종의 혼합을 막기 위해 특별히 부여된 것임을 나타내는 것 같지는 않다. 물론 교잡의 어려움은 종 교유의 형태를 유지하고 안정시킨다는 점에서 중요하지만, 접목의 어려움은 그 종의 번성에 별로 중요하지는 않다.

언젠가 나는 다른 사람들처럼 첫 교잡과 잡종의 불임성은, 어느 한 변종의 개체가 다른 변종의 개체와 교잡했을 때 자발적으로 나타난 임성이 약간씩 감퇴한 것이 자연선택에 의해 점진적으로 얻게 된 것이 아닌가 하는 생각을 한 적이 있었다. 왜냐하면 인간이 동시에 두 변종을 선택했을 경우에 이들 두 변종을 격리해 둘 필요가 있는 것과 같은 원칙 아래서 2개의 변종이나 초기의 종이 서로 교잡하는 것을 피하도록 할 수 있다면, 그것은 분명히 이 두 변종에 유리하기 때문이다. 먼저 우리가 주목해야 할 것은 서로 다른 지역에서 생활하는 종들이 교잡할 때 흔히 불임이 되어 버린다는 사실이다. 이와 같이 격리된 종들 사이에 생식이 불가능한 것은, 그 종들에게 분명히 아무런 이익도 되지 않을 것이므로 그것이 자연선택에 의해 완성될 리는 결코 없지만, 어떤 종이 같은 지역의 어떤 종에 대해 불임이 되면 필연적으로 다른 종에 대한 불임성이 수반된다는 논의가 성립할 수 있을 것이다. 둘째로, 상반교잡에서 어떤 한 형태의 웅성요소가 제2의 형태에 대해 완전히 불임이 되고, 아울러 이 제2의 형태의 웅성요소가 제1의 형태를 자유롭게 수정시킬 수 있다는 것은 특수 창조이론에 대해서와 마찬가지로 자연선택 이론에도 어긋나는 것이다. 왜냐하면 생식계통의 이런 특이한 상태는 어떤 종에도 도움이 되지 않기 때문이다.

자연선택이 종들을 서로 불임이 되게 하는 데 작용할 수 있었는가 하는 점을 고찰할 때 가장 큰 문제는, 차츰 감퇴하는 임성에서 완전한 불임성에 이르기까지 점진적인 여러 단계가 있다는 점이다. 어떤 초기의 어린 종이 그 원형태 또는 어떤 다른 변종과 교잡했을 때 경미하게 불임이 되는 것이 그 초기 종에도 이롭다는 사실은 인정할 수 있다. 왜냐하면 이 현상은 아직 형성과정에 있는 새로운 종의 피를 섞는 사생적(私生的)인 열등한 자손이 생기는 것을 억제하기 때문이다. 그러나 이와 같은 처음 단계의 불임성이 자연선택에 의해 늘어나, 많은 종에 공통되는 속이나 과의 위치까지 분화된 종에 보편적인 것이 될 정도로 고도의 단계에 이른 것을 고찰하고자 노력하는 사람은 이상하게도 이 문제가 복잡하다는 것을 알게 될 것이다. 심사숙고해 보았지만, 나는 이것이 자연선택에 의해 이루어졌을 리가 없다고 생각한다. 어떤 2개의 종을 교잡해서 극소수의 불임성 자손을 생산했을 경우를 생각해 보자. 그런데 약간 높은 정도로 우연히 상호 간에 불임성을 부여받아, 적은 단계에 의해 완전한 불임성에 가까워진 개체의 생존에 이익을 줄 수 있는 것은 과연 무엇일까? 만일 자연선택 이론이 여기에 관계가 있다고 한다면, 상호 간에 완전히 불임인 것이 많이 있을 테니 이런 종류의 진보가 끊임없이 많은 종에서 일어나지 않으면 안 된다. 불임인 중성곤충에 대해 생각해 볼 때, 그 구조와 생식가능성에서 일어나는 변화에 의해 그 곤충이 속한 집단에 대해 같은 종의 다른 집단보다 유리한 어떤 이익이 간접적으로 주어졌기 때문에, 그것이 자연선택에 의해 점진적으로 축적된 것이라고 믿을 만한 이유가 있는 셈이다. 그러나 사회 집단에 속하지 않는 개체 동물들은 어떤 다른 변종과 교잡했을 때 다소 불임이 되어 버린다 해도 그것만으로는 아무런 이익을 얻지 못한다. 그뿐만 아니라 같은 변종의 다른 개체에 간접적으로 어떤 이익을 주어 개체의 보존을 돕는 일도 결코 일어나지 않을 것이다.

그러나 이 문제에 대해 상세히 논하는 것은 쓸데없는 일이다. 왜냐하면 우리는 식물에 대해, 교잡한 종의 불임성은 자연선택과는 별로 관계가 없는 어떤 원칙에서 기인한 것이 확실하다는 결정적인 증거를 가지고 있기 때문이다. 게르트너와 쾰로이터 두 사람은 많은 종이 포함된 여러 속에는 교잡되었을 때 씨앗을 점점 적게 생산하는 종에서부터, 단 하나의 씨앗도 생산하지 않지만 씨방이 부풀어 올라 다른 종의 꽃가루에 의해 영향을 받는 종에 이르기까지 하나의 계열이 이루어진다는 것을 입증하고 있다. 이때 이미 씨앗을 만드는 일을 끝낸 불임성 높은 개체를 자연이 선택하는 것은 있을 수 없는 일이다. 그러므로 씨방이 부풀어 오른다는 이 불임의 최정점은 자연선택에 의해 얻어질 리가 없는 것이다. 우리는 동물계와 식물계를 막론하고 널리 일어나는 불임 과정을 지배하는 법칙에 따라 그 원인이 무엇이든 모든 경우에 전적으로 같거나, 또는 거의 같다고 추측할 수도 있다.

불임의 원인

여기서 첫 교잡과 그 잡종의 불임을 초래하는 원인을 좀 더 자세히 살펴보기로 하자. 이 두 경우는 근본적으로 다르다. 이미 설명했듯이 순수한 2종의 결합에서는 자성요소와 웅성요소가 완전한 데 비해 잡종에서는 불완전하기 때문이다. 첫 교잡에서도 수정의 용이성은 몇 가지 다른 요인에 좌우되는 것으로 보인다.

먼저 웅성요소가 물리적으로 밑씨에 이르지 못하는 경우가 있다. 이를테면 꽃가루관이 씨방에 미치지 못할 만큼 암술이 긴 식물도 있다. 어떤 종의 꽃가루는 유연관계가 먼 종의 암술머리 위에 놓으면, 꽃가루관이 튀어나와 있다 하더라도 암술머리의 표면을 관통하지 않는 것이 관찰되었다. 더욱이 투레가 푸치(Fuci)에 대해 실시한 어느 실험처럼 웅성요소가 자성요소에 도달할 수는 있으나 배아(胚芽)를 발생시킬 수 없는 경우도 있다. 이러한 사실에 대해서는, 왜 어떤 나무는 다른 나무와 접목할 수 없는가라는 질문과 마찬가지로 설명을 하는 것이 거의 불가능하다.

마지막으로 배아가 발생하더라도 일찍 말라죽는 경우도 있다. 이 경우에 대해서는 충분히 관찰된 실례가 없다. 그러나 나는 꿩과 닭의 잡종을 형성하는데 풍부한 경험을 가진 히위트(Hewit)의 관찰 결과를 듣고서, 초기 배아가 일찍 죽는 것이 첫 교잡에 때때로 불임이 되는 원인이 있다고 믿기에 이르렀다. 솔터(Solter)는 최근에 닭속의 3종과 그 잡종 사이의 많은 교잡에 의하여 생긴 약 500개의 알을 조사한 결과를 발표했다. 이 알의 대다수는 수정되었고, 그 대다수의 수정란에서 씨눈의 일부는 발달하여 성숙하다가 곧 죽어버리거나 거의 성숙하더라도 병아리가 껍질을 깨고 나올 수가 없었다. 부화한 병아리 중에서 5분의 4 이상은 처음 며칠 안에 죽어버렸고, 나머지도 몇 주일만 지나면 '뚜렷한 이유 없이 단순히 생활할 힘이 없어서' 죽어버렸다. 500개의 알 중에서 잘 자랄 수 있었던 것은 겨우 12마리뿐이었다. 식물의 경우도 잡종화된 배아는 이따금 시들어 죽는 것 같다. 매우 다른 종에서 키워진 잡종은 더러 몹시 허약하고 작아서 초기에 죽어버리는 것으로 알려져 있다.

이 사실에 대해 막스 위추라(Max Wichura)는 최근에 잡종 버드나무에 관한 뚜렷한 실례를 들고 있다. 여기서 주목할 가치가 있는 것은 단성생식(單性生殖)의 어느 경우에서 수정되지 않은 누에의 알 속에 있는 배(胚)가 초기 발달 단계를 지나가다가, 나중에는 다른 종과의 교잡으로 생긴 배와 마찬가지로 죽어버린다는 것이다. 내가 이런 사실을 알게 되기 전까지는 잡종의 배가 그렇게 빨리 죽는다는 것을 믿으려 하지 않았다. 왜냐하면 암말과 수탕나귀의 잡종인 일반 노새가 그렇듯이, 무사히 태어난 잡종은 거의가 건강하여 오래 살기 때문이다. 그러나 잡종은 태어나기 전과 뒤의 사정이 좀 다르다. 잡종은 그 부모가 생활할 수 있는 지역에서 태어나 살고 있는 경우에는 흔히 적합한 생활 조건 아래 있게 된다. 그런데 잡종은 어미의 성질과 체질을 겨우 반밖에 유전받지 않는다. 따라서 태어나기 전 모체의 자궁 안에서, 또는 어미가 생산한 알이나 씨앗 안에서 어느 정도 부적당한 상태에 노출되기 때문에 어렸을 때 죽을 가능성이 크다. 특히 아주 어린 생물은 유해하거나 부적당한 생활 조건에 매우 민감하기 때문에 더욱 그러하다. 그러나 결국 그 원인은 배가 그 뒤에 노출되는 조건에 있다기보다는 배의 불완전한 발달을 가져오는 어떤 불완전한 배태(胚胎) 방법에 있다고 보는 것이 훨씬 더 타당할 것이다.

불임인 잡종의 경우에는 생식요소가 불완전하게 발달해 있으므로 문제가 좀 다르다. 동식물은 자연 상태에서 벗어나면 생식계통에 중대한 손상을 입기 쉽다는 것을 나타내는 많은 사실에 대해서는 이미 여러 차례 언급한 바 있다. 그것은 동물을 사육하는 데 큰 장애가 된다. 또한 이 환경 변화에 의한 불임과 잡종의 불임 사이에는 매우 흡사한 점이 많다. 어떤 경우든 불임은 전체적인 건강과는 무관하며, 때로는 불임인 개체가 몸이 더 커지거나 아름다워지는 경우도 있다. 어쨌든 불임의 정도는 늘 제각각이다. 어떤 경우에는 웅성요소가 훨씬 더 영향을 받기 쉽지만, 때로는 자성요소가 웅성요소보다 영향을 더 많이 받는 수도 있다.

환경 변화로 인해 불임이 되어버리는 경향은 어느 정도 계통적인 유연관계와 평행한다. 왜냐하면 부자연스러운 환경에 노출되면 같은 분류군에 속하는 동식물 전체가 불임이 되고, 종의 구성원 모두가 불임인 잡종을 낳는 경향이 있기 때문이다. 반면에 커다란 환경 변화를 견뎌서 임성이 손상되지 않은 종이 하나의 분류군 속에 존재하는 수도 있다. 더 나아가 어떤 분류군의 특수한 종만이 임성이 매우 높은 잡종을 생성할 수도 있다.

어떤 특수한 동물을 포획하여 사육할 때 그 상태에서 그것이 잘 번식하는지 어떤지, 또는 특정 식물을 재배할 때 자유롭게 씨앗을 만들 수 있는지 어떤지의 여부는 직접 시험해 보기 전에는 아무도 그 결과를 말할 수 없다. 그리고 같은 속에 속하는 2종의 잡종이 다소나마 불임이 될지 어떨지도 시험해 보지 않으면 모를 일이다. 마지막으로 생물이 몇 세대 동안이나 그 생물에게 부자연스러운 조건 아래에 놓여 있을 때 그 생물은 매우 쉽게 변이한다. 그것은 불임이 일어나는 경우보다 낮은 정도이기는 하지만, 생물의 생식계통이 특수한 영향을 입기 때문이라고 나는 믿고 있다. 잡종에서도 마찬가지이다. 이것은 실험자들이 한결같이 관찰한 것처럼, 잡종의 자손은 세대를 거듭해도 매우 쉽게 변이하기 때문이다.

그리하여 우리는 생물이 새로운 부자연한 조건 속에 있을 경우, 또는 2개의 종의 부자연한 교잡에 의해 태어났을 경우 그 생식계통은 전체의 건강상태와는 관계없이 매우 비슷한 영향을 받아 불임이 된다는 것을 알 수 있다. 전자의 경우에는 생활 조건이 때로는 미처 깨닫지 못할 만큼 경미한 정도일지라도 교란되고 있으며 후자의 경우, 곧 잡종의 경우는 외적인 조건은 같지만 당연히 생식계통을 포함한 2개의 구조와 체질이 하나로 혼합되었기 때문에 그 체제가 교란하는 것이다. 왜냐하면 2개의 체질이 하나로 혼합함으로써 발생과 주기적인 행동, 여러 부위 및 기관의 상호관계, 생활 조건 등이 조금이라도 교란하지 않는 것은 거의 불가능하기 때문이다. 잡종이 자기네끼리 새끼를 낳을 수 있는 경우, 그 자손에게는 대대로 혼합된 체질이 전해져 내려간다. 그러므로 잡종의 불임성이 어느 정도는 변화하더라도 줄어들지 않는 것은 그리 놀라운 일이 아니다. 그것은 오히려 늘어간다. 앞에서 설명한 것처럼 이는 일반적으로 너무 가까운 근연의 상반교잡에 의한 결과이다. 2개의 체질이 혼합되기 때문에 잡종이 불임이 된다는 앞의 견해는 막스 위추라가 강력하게 주장해 온 바이다.

그러나 잡종의 불임성에 대한 몇 가지 사실, 예컨대 상반교잡으로 태어난 잡종의 불임성이 한결같지는 않다는 사실과 순종인 부모의 어느 한쪽을 우연히 예외적으로 매우 닮은 잡종은 불임성이 증가한다는 사실을 애매한 가설로밖에 설명할 수 없음을 인정하지 않으면 안 된다. 나는 또한 앞에서 설명한 견해가 문제의 핵심이라고는 생각하지 않는다. 어떤 생물이 부자연스러운 조건 속에서 왜 불임이 되느냐 하는 문제에 대해서는 아무런 설명도 되어 있지 않기 때문이다. 내가 지적하고자 한 것은 어떤 점에서 비슷한 2가지 경우에—하나는 생활 조건이 교란되는 경우, 또 하나는 2개의 체질이 혼합하여 하나가 되기 위해 잡종의 체질이 교란되는 경우—불임성이 공통적으로 생겨난다는 것뿐이다.

비슷하기는 하지만 완전히 종류가 다른 사실에도 이와 똑같은 대응관계를 적용시킬 수 있을 것이다. 너무 비약적인 견해인 것 같지만 나는 그렇게 생각하고 있다. 생활 조건의 사소한 변화는 모든 생물에 이익이 된다는 사실은 상당히 많은 증거에 따라 옛날부터 거의 보편적으로 믿어져 왔다. 농부와 정원사가 씨앗과 덩이뿌리를 어떤 토양과 기후에서 다른 토양과 기후로 옮겼다가, 다시 있던 곳으로 되돌림으로써 그것을 실천하고 있는 것을 흔히 볼 수 있다. 질병 회복기에 있는 동물에게 생활 습성의 거의 모든 변화가 매우 이로운 것도 사실이다. 또 식물에서도 동물에서도, 같은 종의 아주 다른 개체, 즉 다른 계통이나 아품종의 구성원 사이의 교잡이 자손에게 건강과 임성을 부여하는 것에 대한 증거도 얼마든지 있다. 실제로 나는 4장에서 다룬 여러 사실을 바탕으로 암수 동체라도 어느 정도의 교잡이 반드시 필요하다는 것, 또 매우 가까운 근연종 사이에서 여러 대에 걸쳐 계속해서 밀접한 동계교잡이 이루어졌을 때—그러한 것이 같은 생활 조건 속에서 유지되었을 때—늘 허약한 불임의 자손이 태어난다는 것을 믿고 있다.

그러므로 생활 조건의 사소한 변화는 모든 생물에게 이익이 된다고 할 수 있다. 또한 가벼운 정도의 교잡, 즉 약간 다른 조건에 놓여 있거나 변이하여 약간 다른 것이 된 같은 종의 암수 교잡은 자손에게 건강과 임성을 부여한다고 생각한다. 그러나 앞에서 이미 살펴본 바와 같이 자연 상태에서 어느 일정한 생활 조건 속에 오랫동안 살아온 생물들이, 예를 들면 포획되어 우리 속에 갇힌 상태와 같은 생활 조건에서 매우 큰 변화를 겪게 되는 경우에는 불임을 일으키는 경우가 많다. 우리는 매우 다르게 변화한 두 형태 사이의 교잡이 대체로 늘 어느 정도까지는 불임의 잡종을 만들어낸다는 것을 잘 알고 있다. 나는 이 유사성이 결코 우연도 아니고 망상도 아니라는 것을 확신하고 있다. 코끼리를 비롯한 많은 동물들은 그들이 태어난 본고장에서 경미하지만 부자유스런 상태에 묶여 있음에도 불구하고 번식하지 못하는 까닭을 설명할 수 있는 사람은, 잡종이 그와 같이 불임이 되는 그 첫 번째 이유를 지적할 수 있을 것이다. 아울러 그들은 때때로 새롭지만 반드시 일정하지 않은 조건 속에 있는 사육동물의 어떤 종족이, 교잡했더라면 아마도 불임이 되었을 것이 틀림없는 다른 종에서 나온 것임에도 불구하고 모두 생식이 가능한 까닭도 설명할 수 있을 것이다. 앞에서 기술한 두 계통의 대응되는 계열의 사실은 본질적으로 생명의 원칙과 밀접하게 관련된 미지의 공통적 유대(紐帶)에 의하여 결합된 것이라고 생각한다. 허버트 스펜서에 의하면, 원칙적으로 생명은 여러 가지 힘의 계속적인 작용과 반작용에 의존하고 있으며, 또 그러한 것들에 의해 이루어져 있다고 한다. 그리고 그 경향이 어떠한 변화로 인해 조금이라도 교란되면 생명력이 힘을 얻는 것이다.

이 문제를 여기서 간단히 언급해 보자. 이것은 잡종화 문제에 약간의 실마리를 제공해준다. 서로 다른 목(目)에 속해 있는 몇몇 식물은 거의 같은 개체수를 가지고 있으며, 생식기관 외에는 조금도 다르지 않은 2가지 형태를 나타내고 있다. 하나는 긴 암술과 짧은 수술을 갖고 있으며, 다른 하나는 짧은 암술과 긴 수술을 갖고 있다. 또 이들은 크기가 다른 꽃가루를 가지고 있다. 삼형성 식물에는 역시 암술과 수술의 길이와 꽃가루의 크기, 색깔, 그 밖의 여러 면에서 다른 3가지 형태가 있다. 그 3형태는 각각 2쌍의 수술이 있어서, 3개의 형태가 전부 6쌍의 수술과 3종류의 암술을 갖고 있다. 이 기관은 서로 길이가 비례한다. 3형태 중 2개에 있는 수술의 절반은 제3의 형태의 암술머리와 높이가 같다. 그러므로 나는 이러한 식물이 완전한 생식능력을 얻기 위해서는 한 형태의 암술머리가 다른 형태의 같은 높이에 있는 수술의 꽃가루에 의해 수정될 필요가 있다는 것을 밝혔고, 이 결론은 다른 관찰자에 의해서도 확증되었다. 즉 양형성 종에서는 이른바 적법이라고 할 수 있는 두 교잡은 충분히 생식이 가능하며, 부적법이라고 할 수 있는 두 교잡은 다소 불임성이 있다. 삼형성의 종에서는 6

개의 교잡이 생식 가능한 적법 교잡이고 12개의 교잡은 다소 불임성이 있는 부적법 교잡이다.

여러 가지 양형 및 삼형식물이 부적법, 즉 암술의 높이와 상응하는 높이에 있지 않은 수술의 꽃가루에 의해 수정되었을 경우에 볼 수 있는 불임성은 서로 다른 종을 교잡시킨 경우와 마찬가지로, 극히 낮은 불임성에서 절대적으로 완전한 불임성에 이르기까지 그 정도가 매우 다르게 나타난다. 후자의 경우 불임성의 정도는 생활 조건이 유리한가 아닌가에 크게 의존하는데, 나는 그것이 부적법 교잡의 경우에도 마찬가지라는 것을 발견했다. 다른 종의 꽃가루가 암술머리 위에 놓이고, 상당한 시간이 지난 뒤에 자신의 꽃가루가 같은 암술머리 위에 놓이면 그 작용이 매우 맹렬하여 보통 외래 꽃가루의 효과를 없애버릴 정도라는 사실은 잘 알려져 있다. 이것은 같은 종의 몇몇 형태의 꽃가루가 암술머리에 묻었을 때도 마찬가지이다. 적법의 꽃가루와 부적법의 꽃가루가 같은 암술머리 위에 놓이면, 전자는 후자보다 두드러지게 뛰어난 힘을 발휘한다. 나는 여러 가지 꽃을 우선 부적법으로 수정시켜 놓고, 24시간이 지난 뒤에 색깔이 특수한 변종 꽃가루를 적법으로 수정시켰다. 그 결과 종묘는 모두 후자와 똑같은 색깔을 띠었다. 이것은 적법의 꽃가루가 아무리 24시간 뒤에 부착되더라도, 먼저 부착된 부적법의 꽃가루의 작용을 전적으로 파괴 또는 방해한다는 것을 나타낸다. 더욱이 같은 2종을 상반교잡시킬 경우 그 결과에 커다란 차이가 생기곤 하듯이, 삼형성 식물에서도 같은 현상이 일어난다. 예컨대 까치수염속 자주까치수염종(Lythrumsalicaria)의 중화주(中花柱) 형태가 단화주 형태의 긴 수술 꽃가루에 의해 부적법으로 수정되었을 때는 많은 씨앗이 생겼다. 그러나 후자의 형태가 중화주 형태의 긴 수술 꽃가루로 수정되었을 때는 씨앗이 하나도 생기지 않았다.

이와 같이 모든 점에서, 그리고 더 부가할 수 있는 다른 점에서 부적법으로 교잡한 동일종의 여러 형태는, 2개의 다른 종이 교잡한 경우에도 전적으로 똑같은 현상을 나타낸다. 이러한 사실 때문에 나는 부적법 교잡에 의해 길러진 많은 종묘를 4년 동안 자세히 관찰하게 되었다. 그 중요한 결과를 본다면, 이와 같은 이른바 부적법 양형식물로부터 장화주(長花柱) 및 단화주 등 2개의 부적법 식물을, 또한 삼형성 식물로부터 세 개의 부적법 식물을 남김없이 얻을 수 있었다. 그리고 이 식물을 적법으로 올바르게 교잡시킬 수가 있다. 이때 왜 그 식물은 부모가 적법으로 수정한 경우처럼 많은 씨앗을 만들어내지 못하는지 명백한 이유는 알 수가 없다. 이와 같은 식물은 여러 가지 면에서 불임성이라고 할 수 있다. 어떤 것은 그야말로 완전히 불임이어서 4년 동안 단 한 톨의 씨앗도 만들어내지 못했고 종곡(種穀)조차 건질 수 없었다. 이와 같이 부적법 식물이 서로 적법으로 교잡된 경우의 불임성은 서로 교배된 잡종의 불임성과 엄밀하게 비교할 수 있다. 이에 비해 만일 잡종이 어떤 원종과 교잡하면 불임성이 두드러지게 줄어든다. 이것은 부적법 식물이 적법 식물에 의해 수정된 경우에도 마찬가지이다. 잡종의 불임성이 두 원종의 최초 교잡을 시키는 어려움과 반드시 대응관계를 이룬다고 할 수 없는 것과 마찬가지로, 어떤 부적법 식물의 불임성은 두드러지게 크지만 그 식물의 교잡의 불임성은 그만큼 크지는 않다. 같은 종곡에서 자란 잡종에서는 그 불임성은 본질적으로 변이하기 쉬운데, 이것은 부적법 식물도 마찬가지이다. 끝으로 많은 잡종은 풍부한 꽃을 끊임없이 피우지만 다른 불임성 잡종은 꽃을 조금만 피우며, 그나마도 매우 나약하고 왜소하다. 이와 같은 현상들은 여러 가지 양형식물 및 삼형식물에서 부적법으로 태어난 자손에서도 나타난다.

말하자면 부적법 식물과 잡종 사이에는 형질과 생태상 아주 비슷한 점이 있는 것이다. 부적법 식물은 어떤 형태의 부적합한 교잡에 의해 같은 종의 범위 안에서 발생한 중간잡종이지만, 일반 잡종은 이른바 다른 종 사이의 부적합한 교잡에 의해 발생한다고 주장해도 무방할 것이다. 더욱이 우리는 이미 최초의 부적법 교잡과 다른 종 사이의 최초 교잡에서는 극히 밀접한 유사점이 있는 것을 보았다. 다음과 같은 예를 들면 이 점이 더욱더 분명해질 것이다. 어떤 식물학자가 삼형식물인 부처꽃속 살리카리아종의 장화주 형태에서 특징이 뚜렷한 두 변종을 발견할 수 있고, 또 그 두 변종이 다른 종이라고 할 만큼 다른지 여부를 교잡을 통해 시험해 보려고 결심했다고 하자. 그는 그러한 변종이 원종의 약 5분의 1밖에 씨앗을 만들어내지 못하며, 또 앞에서 설명한 것처럼 다른 모든 점에서 2개의 전혀 다른 종과 같은 현상을 보인다는 사실을 발견할 것이다. 그러나 문제를 확인하기 위해 그가 잡종화한 씨앗이라고 생각하는 식물을 길러본다면, 그 종묘가 보기 흉할 정도로 왜소하고, 완전히 불임성이며, 또 다른 모든 점에서 일반 잡종과 똑같은 현상을 보인다는 사실을 발견하게 될 것이다. 그리하여 그는 일반적인 견해와 다름없이, 그 2개의 변종은 세계의 어느 종에도 뒤떨어지지 않는 훌륭하고 특수한 종이라고 주장하기에 이를지도 모른다. 그러나 그는 완전히 틀렸다.

양형식물과 삼형식물에 대해 지금까지 예를 든 사실은, 첫째로 교잡과 잡종에서 불임성의 정도가 낮아진다는 생리학적 의미를 우리에게 보여주는 것이므로 중요하다. 둘째로, 우리는 부적법 교잡의 불임성과 그 부적법의 자손을 연결하는 어떤 미지의 유대가 있다고 결론지을 수 있고, 또 같은 견해를 첫 교잡과 잡종에까지 확대해서 적용할 수 있다는 점이 중요하다. 셋째로—나는 특히 이것이 중요하다고 생각하는데—같은 종에 2개 또는 3개의 형태가 있을 수 있고, 구조 및 체질 등 외적 조건에 관련해서는 어떤 점에서도 차이가 없음에도 어떤 특정한 방법으로 교잡할 때 불임성이 되는 것이 발견되기 때문에 중요한 것이다. 이때 불임성이 되게 하는 것은 같은 형태의 개체, 예컨대 2개의 장화주 형태의 성적 요소이지만, 임성을 갖게 되는 것은 다른 2개의 형태에 고유한 성적 요소의 교잡이란 것을 기억하지 않으면 안 된다.

말하자면 이 경우는 같은 종에 속한 개체의 일반 교잡 및 다른 종 사이의 교잡에서 일어나는 일과는 완전히 반대가 된다. 그러나 이것이 과연 실제로도 그런지 아닌지는 의문이다. 그러므로 나는 이 불분명한 문제를 가지고 더 이상 이야기하는 것은 그만두기로 한다.

그러나 양형 및 삼형식물에 대한 고찰에서, 개개의 종이 교잡했을 때의 임성과 그 잡종 자손의 불임성은 전적으로 그 성적 요소의 성질에 의존하는 것이고, 그 구조나 일반적 체질에 의존하지는 않는다는 것이 확실하다고 추론할수 있다. 또한 어떤 종의 수컷이 제2의 종의 암컷과 교잡할 수 없거나 교잡하기 매우 힘든 데 비해, 그 반대의 교잡은 매우 쉽게 이루어질 수 있는 상반교잡의 경우를 고찰해도 같은 결론에 이르게 된다. 탁월한 관찰자인 게르트너도, 종은 교잡되었을 때 그 생식기 계통의 차이에 의해 불임이 된다고 결론을 맺고 있다.

변종 간 교잡과 임성
종과 변종의 사이에는 어떤 본질적인 구별이 있는 것이 틀림없다. 그런데 같은 종의 변종끼리는 겉모습이 크게 다르더라도 쉽게 교잡해서 완전한 임성을 가진 자손을 낳지 않는가. 그렇다면 잡종 형성에 관한 지금까지의 의견은 어딘가 잘못된 것이 아닐까? 이런 강경한 반론이 나올 법하기도 하다. 물론 십중팔구 임성을 가진 잡종이 태어난다는 점에 대해서는 나도 이견이 없다. 그러나 자연계에 존재하는 변종에 눈을 돌리는 순간, 우리는 매우 난감한 문제에 부딪치게 된다. 왜냐하면 이때까지 아무 문제 없이 변종으로 간주되었던 두 종류를 교배했을 때 조금이라도 불임성이 나타난다면, 대부분의 내추럴리스트들은 곧바로 그것을 종으로 분류할 것이기 때문이다. 예컨대 푸른나도개별꽃(Pimpernel)과 붉은나도개별꽃을 대다수의 식물학자들은 변종이라고 생각하고 있다. 하지만 게르트너는 이것이 교잡하면 어느 정도 불임이 된다고 했다. 그래서 그는 이것을 틀림없는 종이라고 분류한다. 이런 순환논법에 빠진다면, 우리는 자연 상태에서 태어난 모든 변종의 임성을 확인해야 할 것이다.

사육상태에서 태어난, 또는 그렇게 상상할 수 있는 변종으로 시선을 돌려보아도 역시 의문에 사로잡히고 만다. 예컨대 남아메리카 토종 사육견은 유럽개와 쉽게 교잡하지 못한다. 이에 대해 모든 사람은 본디 이 2종이 서로 다른 야생종에서 유래했으리라고 설명할 것이다. 아마 이것은 적절한 설명이리라.

그러나 이를테면 비둘기나 양배추의 변종처럼, 겉으로 보기에는 전혀 다른 사육 품종이 완전한 임성을 가지고 있다는 놀라운 사실이 있다. 서로 매우 비슷함에도 불구하고 교잡해도 완전히 불임인 종이 얼마나 많은지를 생각할 때 그 놀라움은 한층 커진다.

그러나 여러 가지로 고찰해 볼 때, 사육변종의 임성은 그다지 놀라운 일이 아니다. 첫째로, 쉽게 증명되는 사실이지만 2종 사이의 외면적인 차이의 양은 서로 교접했을 때의 임성의 정도를 뚜렷이 보여주는 지표가 아니다. 따라서 사육변종의 경우에도 그러한 차이가 확실한 지표가 되지는 않는다. 종으로서는 그 원인이 주로 성적인 체질상의 차이에 있음은 확실하다. 그러므로 사육동물과 재배식물의 생활 조건 변화는 서로 불임성으로 이끄는 방법으로서, 그 생식계통을 변화시키는 경향이 그다지 없다. 나는 팔라스(Pallas)의 정반대의 학설, 즉 이러한 조건들이 보통 이 경향을 제거한다는 학설을 인정할 만한 충분한 증거를 갖고 있다. 자연 상태에서 교잡하면 어느 정도 불임이었던 종이 모두 사육재배에 의해 새끼를 낳게 된다는 것이다. 식물 재배에서는 서로 다른 종이 서로에게 불임성의 경향을 주지는 않는다. 오히려 이미 앞에서 열거한 몇몇 충분한 예에서와 같이 어떤 식물은 그것과 전혀 반대되는 영향을 받고 있다. 왜냐하면 그런 식물은 스스로는 불임이면서도 다른 종을 수정시키고 또 다른 종에 의해 수정되는 능력을 유지하고 있기 때문이다. 오랫동안 사육하면 불임성이 제거된다는 팔라스의 견해는 배척하기 어려운 것이지만, 만일 이것을 인정한다면 거의 같은 상태가 오랫동안 계속될 경우 불임성의 경향이 새로이 나타나거나 사라지는 일도 없을 것이다. 그러므로 내가 믿는 바로는 왜 서로 생식이 불가능한 가축에서는 변종이 만들어지지 않았는지, 그리고 어째서 식물에서는 바로 뒤에 보여주는 것처럼 그러한 예를 조금밖에 볼 수 없는지 이해할 수 있게 될 것이다.

이제 우리 눈앞에 비친 이 문제의 난점은, 어찌하여 사육동물의 변종이 교잡하면 서로 불임이 되는 것인가가 아니라 자연적 변종이 종의 지위를 차지할 정도까지 변이를 거듭해갈 경우 왜 그것이 일반적으로 불임성을 낳는가 하는 것이다. 우리는 그 원인을 결코 정확하게 알 수는 없다. 우리가 생식계통의 정상적인 작용 또는 비정상적인 작용에 대해 얼마나 무지한지를 생각할 때 그것은 조금도 놀라운 일이 아니다. 다만 종이 많은 경쟁자와의 생존경쟁 때문에 오랫동안 사육변종보다는 한결같지 않은 상태에 있었으리라는 것은 짐작할 수 있는데, 그것은 그 결과에 큰 차이를 만들 수 있다. 왜냐하면 우리는 야생동물이나 야생식물이 자연 상태에서 옮겨져 구속을 받게 되면 불임이 되는 경우가 얼마나 흔한지 알고 있기 때문이다. 또한 언제나 자연 상태에서 생활해 온 생물의 생식기능은 부자연스러운 교잡의 영향에 매우 민감할 것이다. 그러나 사육동물은 반대로 사육이라는 사실에서 나타나는 바와 같이 본디 생활환경의 변화에는 큰 반응을 보이지 않지만, 현재까지 늘 반복되는 생활환경의 변화에 견디고 적응하면 임성이 줄어들지 않는다. 사육동물은 그렇게 만들어진 다른 변종과의 교잡을 통해 생식기능에 해로운 영향을 덜 받는 변종을 만들어낸다고 짐작할 수 있다.

나는 지금까지 같은 종의 모든 변종은 상반교잡해도 반드시 임성을 갖게 되는 것처럼 말해 왔다. 그러나 내가 다음에 간단히 설명할 몇 가지 예에서는 어느 정도의 불임성이 존재한다는 증거를 부정할 수 없을 것 같다. 그 증거는 적어도 우리가 무수한 종의 불임성을 믿는 증거만큼이나 충분하다. 또 이 증거는 교잡의 임성과 불임성이 종을 구별할 수 있는 틀림없는 기준이라고 생각하고 있는 증인으로부터 얻은 것이다.

첫 번째 증인 게르트너는 노란 씨앗을 맺는 작고 마른 옥수수의 변종과 붉은 씨앗을 맺는 키가 큰 변종을 여러 해에 걸쳐 그의 정원에서 나란히 재배했는데, 이들은 암수가 분리되어 있음에도 자연적으로는 결코 교잡하지 않았다. 그리하여 그는 한 종류의 13개의 꽃을 다른 종류의 꽃가루로 수정시켜 보았다. 그러나 오직 하나의 꽃만이 씨앗을 맺었을 뿐이고, 게다가 그 꽃도 겨우 5알의 씨앗밖에 맺지 않았다. 이 식물의 암수는 분리되어 있었으므로 이 경우에 인위적인 조작이 유해했을 리는 없다. 또한 이런 옥수수의 변종을 각기 서로 다른 종이라고 의심하는 사람은 아마 없을 것이다. 여기서 주목해야 할 중요한 사실은, 이렇게 하여 생긴 잡종식물 자체는 완전한 임성을 가진다는 것이다. 그러므로 게르트너조차 이 두 변종을 감히 다른 종이라고 생각하지는 않았다.

다음 증인 지루 드 뷔자랑그(Girou de Buzareinque)는 옥수수처럼 암수가 분리된 표주박의 세 변종을 교잡시키고, 그러한 상호 수정은 차이가 클수록 어려워진다고 주장했다. 이 실험을 어느 정도 신뢰할 수 있는지에 대해서는 아무 말도 할 수 없다. 그러나 실험에 사용된 식물은, 분류의 기초로서 임성을 중시하고 있는 사즈레(Sageret)가 변종으로 분류한 것이었다. 또한 노당(Naudin)도 같은 결론에 이르렀다.

다음 예는 더욱 주목할 만한 것으로 처음에는 도무지 믿을 수 없을 것처럼 생각되었다. 그러나 그것은 훌륭한 관찰자로서 나와 반대되는 의견을 가진 증인 게르트너에 의해, 뜰담배속(Verdascum)의 9개의 종에 대해 오랫동안 시도된 놀라운 수의 실험 결과이다. 그것은 뜰담배속과 같은 종에 속하는 노란색 꽃의 변종과 흰색 꽃의 변종을 교잡했을 때는, 어느 쪽이든 한 가지 색깔의 변종을 같은 색 꽃의 꽃가루로 수정했을 때보다 산출되는 씨앗의 수가 적다는 실험이다. 그는 또 어떤 종의 노란색과 흰색 변종을 다른 종의 노란색과 흰색 변종과 교잡해 보면, 같은 색 꽃끼리 교잡한 것이 다른 색 꽃끼리 교잡한 경우보다 많은 씨앗을 맺는다고 자신 있게 말하고 있다. 스코트(Scott)도 역시 뜰담배속의 종과 변종으로 실험했는데 다른 종의 교잡에 관한 게르트너의 결과를 확증할 수는 없었으나, 같은 종의 색깔이 다른 변종은 같은 색의 변종에 비해 86대 100의 비율로 씨앗을 적게 맺는다는 사실을 알 수 있었다. 그러나 이러한 변종은 꽃의 색깔 말고는 아무것도 다른 것이 없었다. 심지어 어떤 변종이 다른 변종의 씨앗에서 생겨나는 수도 있다.

나도 어떤 접시꽃 변종을 관찰한 결과 접시꽃에서도 비슷한 일이 일어난다고 생각하게 되었다.

쾰로이터—그의 정확성은 그 뒤의 모든 관찰자들에 의해 확인된 바이지만—는 일반 담배의 어떤 특수한 변종이, 완전히 다른 종과 교잡할 경우에 다른 모든 변종보다 임성이 높다는 주목할 만한 사실을 증명했다. 그는 일반적으로 변종이라고 불리는 5가지 종류로 실험하여 그것을 가장 엄밀한 시험, 즉 상반교잡으로 조사하여 변종 사이의 잡종인 그 자손이 완전한 임성을 가진다는 것을 확인했다. 그런데 그 5가지 변종 가운데 하나가 아버지로든 어머니로든 담배속의 글루티노사(Nicotiana glutinosa)종과 교잡하여 만들어내는 잡종은, 다른 4가지 변종을 글루티노사종과 교잡하여 만든 잡종보다 언제나 임성이 높다. 이 한 변종의 생식계통은 어떤 형태로든 어느 정도 변화하고 있는 것이 틀림없다.

정리해 보자. 교잡했을 때의 변종은 반드시 임성을 가지고 있다고 주장하는 것은 더 이상 불가능하게 되었다. 어떠한 가상적인 변종이든지 어느 정도 불임이 된다고 증명된다면 십중팔구 일반적인 종으로 분류되기 때문에, 자연 상태에 있는 변종이 불임임을 확인하기는 매우 어렵다. 매우 독특한 사육변종을 만들려고 할 때 오직 외형적인 형질에만 관심을 둘 수밖에 없다. 이때 인간은 생식계통의 은밀한 기능 차이를 만들어낼 생각도 없고 그럴 수도 없다. 이런 여러 가지 고찰에 의해, 임성은 교잡되었을 때의 변종과 종을 근본적으로 구별할 수 있는 기준이 아니라고 결론지을 수 있다. 일반적으로 변종 교잡에서 임성이 나타나는 것은 보편적인 일이라고 주장할 수 없는 것이다. 또 변종 교잡에서 공통적으로 임성이 나타난다고 해서, 종 사이의 최초 교잡과 그 잡종이 100%는 아닐망정 일반적으로 불임이 된다는 내 견해가 뒤집어지는 것은 아니다. 종이 교잡했을 경우에 일반적으로 불임이 되는 것은 특별히 주어지는 속성이 아니라, 그 성적 요소의 알 수 없는 변화에 기인하여 우연히 생기는 것이라고 보면 무방할 것이다.

교잡에 의한 종의 구별

종간교잡에 의한 자손과 변종간교잡에 의한 자손은 임성 문제와는 관계없이 몇 가지 다른 점에서 비교할 수 있다. 종과 변종 사이에 확실한 선을 긋고 싶어한 게르트너는 이른바 종간잡종과 변종간잡종 사이에 극히 작은 차이, 그것도 나에게는 전혀 중요하지 않은 것으로 보이는 차이밖에 발견할 수 없었다. 그뿐만 아니라 이 종간잡종과 변종간잡종은 지극히 많은 중요한 점에서 일치하고 있다.

여기서는 이 문제를 아주 간단하게 설명하겠다. 가장 중요한 구별은 변종간잡종 제1대는 종간잡종보다 변이하기 쉽다는 것이지만, 게르트너는 오랫동안 사육되어온 종 사이의 잡종은 종종 제1대에서도 변이하기 쉽다는 것을 인정하고 있다. 나도 이 사실에 대해 뚜렷한 실례를 몇 번 관찰한 적이 있다. 더 나아가서 게르트너는 매우 가까운 근연종 사이의 잡종은 다른 잡종보다 훨씬 변이하기 쉽다는 것을 인정하고 있다. 이것은 종 사이의 멀고 가까움에 따라 변이성의 정도가 점진적으로 이행하고 있는 것을 나타낸다. 변종간잡종과 비교적 임성이 높은 종간잡종을 여러 세대에 걸쳐 번식시켰을 때 그 자손에게 두드러질 만큼의 변이성이 나타난다는 사실은 널리 알려져 있다. 그러나 종간잡종에 대해서도 변종간잡종에 대해서도 조금이기는 하나 형질의 균일성이 오래 유지되고 있는 예를 들 수 있다. 하지만 변종간잡종이 세대를 거듭하는 동안 나타나는 변이성은 종간잡종의 경우보다 클 것이다.

이와 같이 종간잡종보다 변종간잡종의 변이성이 큰 것은 결코 놀라운 일이 아니다. 변종간잡종의 부모는 변종이다. 그것도 주로 사육변종이다—자연 변종에 대해 실험한 예는 매우 적다—. 이것은 대부분의 경우에 그 변이성이 최근에 생겼음을 의미한다. 따라서 우리는 이러한 변이성이 대개 그대로 유지되고, 여기에 교잡 작용만으로 생긴 변이성이 추가되어 갈 것임을 예상할 수 있다.

반면에 첫 교잡으로 생긴 종간잡종 제1대에서의 변이성이 그 다음 세대에서 나타난 엄청난 변이성에 비하면 매우 경미하다는 점은 특이한 사실이고 주목할 만한 일이다. 왜냐하면 그것은 내가 일반적인 변이성의 원인으로 생각하고 있는 것과 관련되어 있으며 내 견해를 보강해주기 때문이다. 즉 생식계통은 생활 조건 변화에 매우 민감하기 때문에 그런 변화로 인해 종종 생식 불능이 되거나, 적어도 부모와 같은 형태의 새끼를 만드는 정상적인 기능이 손상을 입게 된다는 것이 내 견해이다. 따라서 제1대 종간잡종은 생식계통에 어떠한 영향도 받지 않은 종—오랫동안 계속해서 사육되거나 재배된 것은 제외—에서 나오는 것이므로 쉽게 변이하지 않지만, 잡종 자체는 생식계통에 중대한 영향을 입기 때문에 그 자손은 변이하기 쉬운 것이다.

그러면 여기서 종간잡종과 변종간잡종의 비교로 되돌아가 보자. 게르트너는 변종간잡종이 종간잡종에 비해 부모의 어느 한쪽 형태로 돌아가기 쉽다고 말했는데, 만일 이것이 진실이라 하더라도 정도의 차이에 불과한 것은 확실하다. 그뿐만 아니라 게르트너는 오랫동안 재배되어 온 식물의 잡종은 자연 상태에 있는 종에서 나온 잡종보다 훨씬 더 귀선유전을 하기 쉽다고 잘라 말하고 있다. 이것은 대체로 여러 다른 관찰자가 이끌어낸 결과에서 볼 수 있는 기묘한 차이를 설명하는 것이기도 하다. 예컨대 막스 위추라는 종간잡종이 조상의 형태로 돌아가는지 아닌지를 의심하여 버드나무 야생종에 대해 실험을 해보았다. 이에 반해 노당은 주로 재배식물에 대해 실험하고, 종간잡종은 조상으로 되돌아가기 쉬운 보편적인 경향이 있다고 강조한 바 있다. 게르트너는 더 나아가서 임의의 2개의 종이 서로 아무리 가까운 사이여도 그것이 제3의 종과 교잡하면 그 잡종은 서로 크게 달라지지만, 같은 종이면서 매우 다른 2개의 변종을 다른 하나의 종과 교잡했을 때 생기는 잡종끼리는 그다지 다르지 않다고 주장했다. 그러나 이 결론은 내가 검토한 바로는 단 하나의 실험을 근거로 하고 있을 뿐이며, 그것은 쾰로이터가 한 수많은 실험 결과와 정면으로 부딪치는 것처럼 생각된다.

게르트너가 식물의 종간잡종과 변종간잡종을 비교하여 지적할 수 있었던 것은 이처럼 별로 중요하지 않은 차이뿐이다. 그런데 게르트너에 의하면, 변종간잡종 및 종간잡종, 특히 근연종에서 나온 잡종이 각각의 부모를 닮는 정도는 같은 법칙에 따르고 있다. 2개의 종을 교잡했을 때는 한쪽이 잡종에게 자신을 닮게 하는 우월한 유전력을 가지고 있는 경우가 있다. 나는 식물의 변종도 그렇다고 믿고 있다. 또 동물에서는 어떤 변종은 확실히 다른 변종보다도 우월한 유전력을 갖고 있을 때가 있다. 상반교잡에 의해 발생한 종간잡종 식물은 보통 서로 밀접하게 닮으며, 그것은 상반교잡에 의해 발생한 변종간잡종 식물도 마찬가지이다. 종간잡종 및 변종간잡종은 어느 것이나 대대로 처음의 어느 한쪽 부모와 되풀이하여 교잡함으로써 부모의 순종으로 되돌아간다.

이와 같은 견해는 분명히 동물에게도 적용되는데, 동물의 경우에는 문제가 훨씬 복잡하다. 그것은 부분적으로는 제2차 성징의 존재에 의한 것이지만, 그보다는 잡종에게 자기를 닮는 성질을 전달하는 유전력으로 볼 때 한쪽 성이 다른 성보다 훨씬 강하기 때문이다.

그것은 종간잡종이나 변종간잡종이나 마찬가지이다. 이를테면 다음과 같이 주장하는 사람들을 나는 옳다고 생각한다. 즉, 당나귀는 말보다 우세한 유전력을 가지고 있으므로 노새와 버새는 말보다 당나귀를 많이 닮는다. 그리고 수탕나귀가 암탕나귀보다 유전력이 강하기 때문에 수탕나귀와 암말의 잡종인 노새는 암탕나귀와 수말의 잡종인 버새보다 당나귀를 훨씬 더 많이 닮았다.

어떤 사람들은 변종간잡종의 동물만이 한쪽 부모를 많이 닮은 모습으로 태어난다는 상상적인 사실을 강조하고 있다. 그러나 이 현상은 때때로 종간잡종에서도 일어난다. 하기는 그것이 종간잡종에서는 변종간잡종의 경우보다 훨씬 적게 일어난다는 것은 나도 인정한다. 교잡으로 태어난 동물이 한쪽 부모를 많이 닮는 것에 대해 내가 수집한 사례를 검토해 보면, 그 유사점은 주로 돌연히 나타난 기형적 형질—백화현상(白化現象), 흑화현상(黑化現像), 꼬리나 뿔이 없는 것, 발가락이 더 많은 것—에 한정되어 있어 선택에 의해 서서히 얻어진 형질과는 관계가 없는 것으로 보인다. 따라서 어느 한쪽 부모의 완전한 형질로 갑자기 복귀하는 현상은 서서히 자연적으로 발생한 종에서 나온 종간잡종보다, 종종 갑작스럽게 태어나 반기형적인 형질을 가진 변종에서 나온 변종간잡종에서 더 일어나기 쉬울 것이다.

동물에 대한 방대한 사실들을 정리하여 다음과 같은 결론을 내린 프로스퍼 루카스(Prosper Lucas) 박사의 견해에 나는 완전히 동의한다. 즉 새끼가 부모를 닮는 것에 대한 법칙은 부모가 서로 얼마나 다른가 하는 것과는 상관없이, 즉 같

은 변종 개체끼리의 결합인가 다른 변종 또는 다른 종의 개체 사이의 결합인
가와 상관없이 같다는 것이다.

임성과 불임성 문제를 제외한 다른 모든 점에서 볼 때, 종을 교잡하여 태어
난 자손과 변종을 교잡하여 태어난 자손은 전반적으로 별 차이가 없어 보인다.
만약 우리가 종을 특수하게 창조된 것으로 간주하고 변종을 2차적인 법칙에
따라 생긴 것으로 간주한다면, 이들이 서로 유사하다는 사실을 도무지 이해할
수 없으리라. 그러나 이 사실은 종과 변종 사이에는 본질적인 차이가 없다는
견해와 완전하게 조화를 이루고 있다.

간추림

종으로 분류될 수 있을 만큼 다른 생물 사이의 첫 교잡과 그로 인해 생긴
잡종은 일반적으로 불임이지만, 보편적으로 불임인 것은 아니다. 이러한 생식
불능성에는 여러 가지 정도가 있지만 그것은 매우 미약하므로, 가장 주의 깊
은 두 실험자가 이에 관해 전적으로 정반대의 결론을 내리기도 했다. 불임성은
같은 종의 개체 사이에서도 본연적으로 변이를 나타내고, 유리한 조건이나 불
리한 조건의 작용에 매우 민감하다. 불임성의 정도는 엄밀하게 계통적 유연에
따르는 것이 아니며, 갖가지 기묘하고 복잡한 법칙에 지배되고 있다. 같은 2종
사이에서의 상반교잡에서도 불임성은 보통 차이가 있으며 때로는 극심한 차이
를 보이기도 한다. 첫 교잡과 그 교잡을 통해 생긴 잡종에서도 그 정도가 늘 똑
같지는 않다.

접목하는 경우에 어떤 종 또는 변종이 다른 종의 나무에 접목될 수 있는 능
력은 그 영양계통에 존재하는 알 수 없는 차이로 인한 우연적인 것이다. 이와
마찬가지로 어떤 종이 다른 종과 교잡하기 쉬운가 어려운가 하는 것은 그 생
식계통에 존재하는 알 수 없는 차이에 의한 우연적인 것이다. 자연계에서 종
의 교잡과 혼합을 방지하기 위해 여러 가지 정도의 불임성이 특별히 부여된 것
이라고 생각하는 것은, 수목이 숲속에서 접목되는 것을 방지하기 위해 다양한
접목의 어려움을 특별히 부여받았다고 생각하는 것과 마찬가지로 근거가 없는
것이다.

생식기능이 완전한 순종들의 첫 교잡 및 잡종자손의 불임성은 우리가 판단

할 수 있는 한, 자연선택을 통해 얻은 것이 아니다. 처음 교잡할 때의 불임성은 여러 가지 사정에 의존하고 있는 것으로 생각된다. 어떤 경우에는 배(胚)가 빨리 죽어 버리기 때문에 불임이 된다. 생식기가 불완전한 잡종이 불임인 것은 서로 다른 2종의 성질이 혼합되는 바람에 생식기능도 체질 전체도 교란되었기 때문일 것이다. 이러한 불임성은 순종이 새롭고 부자연스러운 생활 조건에 노출되었을 때 종종 영향을 받는 것과 비슷하다. 이 후자의 경우를 설명하고자 하는 사람은 잡종의 불임성을 설명할 수 있을 것이다. 이 견해는 다른 종류의 대응관계에 의해 지지된다. 즉 첫째로 생활 조건의 작은 변화는 모든 생물의 건강과 임성을 증대시킨다. 둘째로 약간 다른 생활 조건에 노출된 형태 또는 변이한 형태의 교잡은, 그 자손의 건강과 임성에 유리하다.

양형 및 삼형식물의 부적법 교잡과 그 부적법 자손의 불임성에 대해 예를 든 사실로 본다면, 아마도 어떤 알 수 없는 유대가 첫 교잡의 임성 정도와 그 자손의 임성 정도를 연결시킨다는 것은 진실인 것 같다. 양형성에 대한 이와 같은 상반교잡의 결과에 관한 고찰과 같이, 교잡된 종의 불임성의 첫 번째 원인은 그 성적 요소에 한정되어 있다는 결론이 나온다. 그러나 다른 종의 경우에는 성적 요소가 일반적으로 변화하여 서로를 불임으로 이끌어 가는지는 알 수 없다. 그러나 그것은 오랫동안 종이 거의 똑같은 생활 조건에 노출되어 온 것과 뭔가 밀접한 관계가 있는 것으로 생각된다.

어떤 2개의 종을 교잡시키는 어려움과 그 잡종자손의 불임성의 정도가 다른 원인 때문이라 하더라도 일반적으로 서로 대응하고 있다는 것은 놀라운 일이 아니다. 어떤 경우에나 그것은 교잡된 종들 사이에 존재하는 차이의 총량에 좌우되기 때문이다. 또 첫 교잡의 용이함과 그로 인해 발생한 잡종의 임성과 접목되는 능력―이 후자의 능력은 교잡과는 전혀 다른 여러 가지 사정에 의존하는 것이지만―이 모두가 어느 정도까지는 실험에 사용된 생물의 계통적 유연관계와 대응하고 있다는 것도 놀라운 일은 아니다. 왜냐하면 분류학적 유연관계는 모든 종류의 유사점을 나타내려 하고 있기 때문이다.

변종으로 알려졌거나 변종으로 생각할 정도로 비슷한 생물 사이의 첫 교잡과 그 변종간잡종의 자손은 필연적인 것은 아니지만 일반적으로 생식이 가능하다. 이 사실도 다음과 같은 사정을 생각하면 그리 놀랍지는 않다. 첫째로, 자연 상태에서의 변종에 대해 그것이 변종인지 아닌지를 논할 때 우리는 순환논법에 빠지기 쉽다. 둘째로, 변종의 대다수는 생식기능과는 상관없이 단순한 외면적인 차이의 선택을 통해 사육상태에서 생산된다. 또한 오랫동안 계속된 사육이 불임성을 제거하는 경향이 있으며, 따라서 그 불임성을 유발할 염려가 적다는 것은 특별히 기억해 둘 필요가 있다.

생식가능성 문제는 별도로 하고, 그 밖의 모든 점에서 종간잡종과 변종간잡종 사이에는—그 변이성으로 보나, 교잡을 되풀이하면 서로가 다른 것을 흡수해 버리는 능력으로 보나, 양쪽 조상으로부터 물려받은 형질유전으로 보나—밀접하고 일반적인 유사성이 있다. 마지막으로, 첫 교잡과 잡종의 불임성의 정확한 원인에 대해서는 왜 동식물이 자연 상태에서 옮겨지면 불임이 되는가 하는 경우처럼 알 수 없다. 하지만, 이 장에 간단히 설명한 여러 가지 사실들은 종과 변종 사이에 근본적인 차이는 없다는 내 소신에 어긋나기는커녕 이를 뒷받침하는 것으로 여겨진다.

9장 불완전한 지질학적 기록

현재는 없는 중간적 변종—소멸한 중간적 변종의 성질과 그 수효—침식과 퇴적의 속도로 추정한 팽대한 시간 경과—연수로 미루어본 시간 경과—고생물학적 수집 표본의 빈약함—지층의 단속성(斷續性)—화강암 지역의 침식—어떤 지층에도 중간적 변종이 존재하지 않는다—군(群)이 갑자기 출현하는 현상—가장 오래된 화석층에서 돌연 출현한 군—생물이 살게 된 고생대

중간적 변종의 부재(不在)

6장에서 나는 이 책에서 주장한 견해에 대해 제기될 만한 여러 가지 이론들을 발췌하여 열거했다. 그 다른 견해들에 대해서는 대체로 모두 논의한 셈이다. 그 가운데 한 가지는, 종의 형태는 명확한 차이를 나타내고 있어서 그것들이 무수한 이행적인 고리로 묶여 있지 않다는 견해이다. 바로 이것이 지극히 어려운 문제임은 명백한 사실이다. 실제로 기후 등 물리적인 조건이 조금씩 변화하고 있는 연속된 광대한 지역에서는 이런 점진적인 이행의 고리가 얼마든지 발견될 법한데도 현재까지 발견되지 않은 이유가 대체 무엇일까? 이에 대해 나는 여러 가지 이유를 설명해 왔다.

이 과정에서 나는, 각각 종들의 생활이 기후보다는 이미 정착한 다른 종류의 생물들의 존재에 더욱 의존하고 있고, 따라서 실제로 지배적인 생활 조건은 온도나 습도처럼 연속적으로 변해가는 것이 아니라는 것을 증명하기 위해 애써 왔다. 또한 중간적인 모든 변종은 그것들에 의해 결합하는 종류보다 개체수가 적기 때문에, 변화와 개량이 점점 진행되는 동안 파괴되어 소멸해버리는 것이 보통임을 보여주려고 노력했다. 그런데 지금은 그 무수한 중간적인 고리를 자연계 어디서도 볼 수 없는 주된 원인은 바로 자연선택 과정 자체라고 할 수

있다. 즉 새로운 변종이 차례차례 나타나서 그 부모의 종류를 대신하고 그것을 파괴하는 것이다.

그러나 이 소멸해 가는 과정이 거대한 규모로 이루어져 온 것에 비례하여, 일찍이 지상에 존재했던 중간적인 변종의 수도 실제로 거대했을 것이 분명하다. 그런데 왜 모든 지층은 이러한 중간적인 고리로 가득 차 있지 않은 것일까? 확실히 지질학은 점진적으로 이행하는 그러한 생물의 연쇄를 보여주지 않는다. 이것은 아마 이 학설에 대해 제기할 수 있는 이견 가운데 가장 명백하고도 중요한 것이리라. 이 점을 설명하자면, 지질학적 기록이 매우 불완전하다는 것이 그 이유라고 나는 믿고 있다.

첫째로, 나의 학설에 따르면 어떤 종류의 중간 형태가 일찍이 존재했던가 하는 것을 늘 염두에 두어야 한다. 나 자신부터도 2가지 종을 볼 때 아무래도 직접적으로 그 둘의 중간에 해당하는 형태를 상상해 보기 쉬운데, 그것은 완전히 잘못된 견해이다. 우리는 언제나 각각의 종과 그들에게 공통적이기는 하지만 알 수 없는 조상 사이의 중간적인 형태를 찾지 않으면 안 된다. 그 조상은 당연히 어떤 점에서 그의 모든 변화된 자손과 다를 것이다.

간단한 예를 들어보자. 집비둘기 품종인 공작비둘기와 파우터비둘기는 모두 야생종인 들비둘기에서 유래했다. 만약 일찍이 존재했던 모든 중간적 변종이 지금도 남아 있다면 이 둘과 들비둘기 사이에는 매우 밀접하게 이어지는 계열이 형성될 것이다. 그러나 이때 공작비둘기와 파우터비둘기의 직접적인 중간 형태를 이루는 변종은 없다. 이를테면 약간 넓은 꼬리와 커다란 모이주머니를 모두 가짐으로써 두 품종의 특징적인 형태를 함께 갖춘 변종은 존재하지 않는다. 게다가 이러한 두 품종은 조상과는 전혀 딴판으로 변해 버렸다. 만약 우리가 양자의 기원에 관한 역사적이고 간접적인 증거가 없어서 그들의 형태를 단순히 들비둘기의 형태와 비교해 보기만 했다면, 그들이 들비둘기에서 유래한 것인지 아니면 다른 근연종, 이를테면 콜룸바 에나스(Columba oenas)에서 유래한 것인지 단정할 수 없었을 것이다.

자연의 야생종도 사정은 마찬가지이다. 만약 우리가 말과 맥(貘)처럼 매우 뚜렷하게 다른 종류를 살펴볼 경우, 그 둘 사이에 일찍이 직접적인 중간적 연쇄가 존재했다고 상상할 근거는 없으며, 그 각각과 미지의 공통 조상 사이에 그러한 연쇄가 존재했을 거라고 상상해야 한다. 그 공통 조상은 전체적인 신체 체제로 본다면 맥이나 말과 대체로 유사했을 테지만, 구조상의 몇 가지 점에서는 그 어느 쪽과도 달랐을 것이다. 어쩌면 그 차이는 둘 사이의 차이보다 더 컸을지도 모른다. 이런 일은 언제 어디서나 일어난다. 그러므로 우리가 한 조상과 그것에서 변화해 온 자손들의 구조를 자세히 비교해 보더라도, 그것과 동시에 중간적인 고리의 거의 완전한 계열을 볼 수 없다면 여러 종의 공통 조상형을 확인할 수 없는 것이다.

나의 학설에 의하면, 현존하는 생물 두 종류 가운데 한쪽이 다른 쪽에서 유래하는 것도 물론 가능한 셈이 된다. 이를테면 말이 맥에서 유래한다는 식으로 말이다. 이 경우에는 둘 사이에 직접적인 중간 연쇄가 존재했을 것이다. 그러나 이때는 당연히 한 종류는 매우 긴 기간 동안 변화하지 않은 반면, 그 자손은 매우 큰 폭의 변화를 달성한 것이 된다. 생물과 생물 사이, 새끼와 부모 사이의 경쟁 원칙에서 생각하면 이것은 매우 드문 일이다. 왜냐하면 어떤 경우에도 새롭게 개량된 생명의 형태는 개량되지 않은 낡은 형태를 구축하는 경향이 있기 때문이다.

자연선택설에 의하면, 모든 현생종은 오늘날 자연 상태에서든 사육상태에서든 같은 종의 변종 사이에서 볼 수 있는 차이보다 작은 차이에 의해 각각 속의 조상종과 연결되어 있다. 그리고 지금은 일반적으로 절멸해버린 그 한 속 전체의 조상종 역시 더 낡은 조상종과 같은 방법으로 연결되어 있다. 이와 같은 식으로 각각의 큰 강의 공통 조상으로 점차 집약되어 가면서 거슬러 올라가는 것이다. 그러므로 모든 현생종과 절멸종 사이의 중간적이고 이행적인 고리의 수는 상상도 할 수 없을 만큼 많았을 것이 분명하다. 그러나 이 학설이 옳다면, 분명히 그 많은 생물이 지상에 존재한 셈이 된다.

팽대한 시간의 기념비

이와 같이 무한하게 많은 결합 고리를 이루는 화석유해가 발견되지 않는 것과는 별도로, 이렇게 많은 양의 생물적 변화가 일어나기에는 시간이 부족하다는 이론(異論)이 제기될 수도 있다. 모든 변화는 자연선택에 의해 매우 서서히 일어났기 때문이다. 실제 지질학자가 아닌 독자에게, 그만한 시간 경과를 어렴풋하게라도 이해할 수 있게 해주는 사실을 떠올리게 하는 것조차 나에게는 쉽지 않은 일이다.

장래의 역사가가 자연과학에 혁명을 일으킨 작품으로 인정할 만한 찰스 라이엘(Charles Lyell)의 대 저작 《지질학 원리 *Principles of Geology*》를 읽고서도, 과거의 시대가 시간적으로 얼마나 무한하고 광대했었는지 인정하고 싶지 않은 사람은 당장 이 책을 덮는 것이 좋다. 그런데 실은 《지질학 원리》만 연구하거나 개개의 누층(累層)에 대해 여러 지질학자들이 쓴 전문적 논문을 읽고, 얼마나 많은 학자들이 각 누층이나 각 지층의 존속 연수를 추정하려고 애쓰면서도 제대로 추정하지 못하고 있는지 깨닫는 것만으로는 충분하지 않다. 우리는 어떤 원인이 작용하고 있는지 알고, 표면이 얼마나 많이 침식되어 왔는지, 얼마나 많은 침적물이 퇴적했는지 조사해봄으로써 과거 시간에 대한 관념을 가장 잘 이해할 수 있을 것이다. 라이엘이 말한 것처럼, 퇴적층의 넓이와 두께는 지각이 곳곳에서 받아온 침식의 결과이자 그것의 측도(測度)이기도 하다. 팽대한 시간 경과를 조금이라도 이해하고자 하는 사람은 스스로 퇴적층을 살펴보고, 작은 강이 진흙을 나르는 모습과 파도가 바닷가 절벽을 깎아내는 모습을 관찰하지 않으면 안 된다. 어마어마한 시간이 새겨진 이 기념비는 실제로 우리 주위에 수없이 존재한다.

그다지 단단하지 않은 암석으로 이루어진 해안선을 걸으며 암석 붕괴 과정을 주의해서 살펴보는 것도 좋은 방법이다. 대체로 밀물이 절벽에 도달하는 것은 하루에 두 번, 그것도 짧은 시간뿐이며, 그때 물결이 자갈이나 모래와 함께 밀려오는 경우에 한해 바위가 깎여나가는 것이다. 물만 가지고는 암석을 거의, 또는 전혀 깎아낼 수 없을 테니까. 마침내 암벽 아랫부분이 깎여나가면 큰 조각이 떨어진다. 그것은 그대로 그 자리에 머물면서 아주 조금씩 깎여나가다가 파도에 굴러다닐 정도의 크기가 되면 더욱 급속하게 부서져 자갈, 모래, 진흙이 되어버린다.

그러나 후퇴해 가는 암벽 아랫부분에 있는 커다란 둥근 돌의 표면이 온통 해산물로 뒤덮인 채 거의 마멸되지도 않고 굴러다니지도 않는 것처럼 보이는 광경을 우리는 얼마나 자주 보고 있는가! 그뿐만이 아니다. 붕괴되고 있는 암벽을 따라 2, 3마일만 걸어가면, 현재 부서지고 있는 것은 해안선의 짧은 구간과 곶(岬) 주변뿐이라는 사실을 발견할 수 있다. 표면과 식생(植生)[1]의 상태로 보아 다른 곳은 아랫부분이 물에 씻긴 지 꽤 오랜 세월이 지났음을 알 수 있다.

그런데 최근에 여러 주크스(Jukes), 가이키(Geikie), 크롤(Croll) 등 뛰어난 여러 관찰자의 선구를 이룬 램지(Ramsay)의 관찰에 의해 공기가 지표를 붕괴시키는 힘이 파도의 힘보다 훨씬 크다는 것이 밝혀졌다.

육지 전체 표면은 탄산이 용해된 빗물이나 공기의 화학적 작용에 의해 녹아 내리고, 또 추운 한대지방에서는 서리에도 용해되고 있다. 용해된 물질은 폭우가 쏟아질 때마다 완만하게 경사진 곳으로 옮겨가는데, 특히 건조한 토지에서는 바람에 실려 상상밖으로 훨씬 더 먼 범위까지 옮겨진다. 그러한 물질은 하천에 의해 운반된다. 하천의 흐름이 급할 때는 그 파편들이 부쉬져 강바닥을 깊이 파면서 흘러간다. 기복이 심하지 않은 곳에서도 비오는 날에는 경사진 곳으로 흘러가는 탁류 속에서 우리는 공중 붕괴 작용의 효과를 볼 수 있다. 램지와 위테이커(Whitaker) 두 사람은 윌던(Wealden)주에서 백악층(白堊層)이 급격한 경사를 이루며 둘러싼 지역—지질학적으로 유명한 영국의 타원형 지역에 있는 깎아지른 듯한 단애(斷崖)의 큰 줄기와 옛날에는 틀림없이 해안이었을, 영국을 가로지르는 가파른 대협곡 줄기가 그와 같은 방법으로 형성되었을 리가 없다고 주장했다.

이 관찰은 참으로 의미 있는 발견이다. 왜냐하면 보통 해안 절벽은 어디서나 여러 가지 지층이 교차함으로써 형성되기 마련이며, 그곳에서는 각 줄기가 같은 지층으로 구성되어 있기 때문이다. 주로 절벽을 구성하고 있는 암석이 그 주위의 표면보다 공중 붕괴 작용에 더 잘 저항했다는 것이야말로 해안 절벽의 기원이라는 사실을 우리는 인정하지 않을 수 없다. 그 때문에 표면은 점차 낮아져서 견고한 암맥을 노출하게 된 것이다. 우리의 시간 관념으로 보면 힘도 별로 없고 극히 완만하게 작용하는 것처럼 보이는 지표에서의 작용요인이 이만큼 위대한 결과를 낳았다는 확신을 주는 것만큼, 광대한 시간 경과에 대해 깊은 인상을 주는 것도 다시 없을 것이다.

이로써 육지가 지표의 작용과 해안의 작용에 의해 천천히 마모되어갔다는

---

1) 어떤 일정한 장소에 모여 사는 식물의 집단.

것을 납득했으면, 이번에는 과거 시간의 연속성을 충분히 이해하기 위해 한편으로는 광대한 지역에 걸쳐 이동한 암석 덩어리와 다른 현존하는 현재의 침전층(沈澱層)의 두께에 대해 생각해 보자. 나는 화산섬(火山島)이 파도에 씻기면서 주위가 깎여나가 1000피트 또는 2000피트 높이의 깎아지른 듯한 절벽이 되어버린 것을 보고 경탄해 마지않았던 적이 있다. 그것은 용암류(熔岩流)의 완만한 경사가 이전에는 액체 상태로 그 단단한 암상(岩床)을 오늘날까지 얼마나 멀고도 드넓은 바다 한복판까지 전개시켰는지를 한눈에 보여주었기 때문이다. 이러한 사정은 단층으로 더욱 간단히 설명할 수 있다. 단층이란 지층이 수천 피트나 되는 높이 또는 깊이로 한쪽에서는 융기되고 다른 쪽에서는 함몰된 땅의 큰 틈새를 말한다. 그 융기는 돌발적으로 일어난 것이든, 아니면 수많은 지질학자들이 지금도 믿는 것처럼 수없이 많은 완만한 약동(躍動)에 의해 생긴 것이든 상관없이, 지각에 빈틈이 생긴 이래 바다의 침식 작용에 의해 대지의 표면이 매우 평탄해져서, 이러한 광대한 단층이 흩어진 흔적은 겉으로는 도저히 알아볼 수 없을 정도가 되어 있다.

이를테면 영국의 크래븐(Craven) 단층은 내륙을 향해 30마일이나 펼쳐져 있으며, 이 선(線)을 따라 지층의 수직적인 변위(變位)는 600피트에서 3000피트에 달한다. 램지 교수는 앵글시(Anglesea)섬에 있었던 2200피트나 되는 지층의 함몰에 관한 기사를 발표하고, 또 메리오네스셔(Merionethshire)에서는 1만 2000피트의 함몰이 발생했다는 사실을 충분히 믿을 수 있다는 것을 나에게 전했다. 그러나 이 경우에 육지의 표면에는 그와 같은 대변동이 일어났음을 알려주는 흔적은 아무것도 없다. 왜냐하면 지층의 양쪽 빈틈에 있는 암석의 퇴적물이 아주 깨끗하게 휩쓸려 나갔기 때문이다.

한편으로는 세계 어느 곳에서나 침전층의 퇴적은 놀랄 만큼 어마어마한 두께로 이루어져 있다. 코르딜레라스(Cordilleras)산에 있는 한 덩어리의 역암(礫岩)은 높이가 1만 피트나 된다. 이 역암은 자잘한 침전물이라기보다는 비교적 급속도로 퇴적했다가 나중에 마모되어 둥글어진 자갈로 이루어져 있다. 그러나 그 자갈 하나하나에 시간이 각인되어 있어서 그 거대한 지층이 얼마나 서서히 만들어졌는가를 충분히 증명하고 있다. "퇴적층의 두께와 넓이는 어딘가의 지표가 꾸준히 침식당한 결과이자 실마리"라는 라이엘의 의미심장한 말이 떠오른다. 수많은 토지에 퇴적 광상(鑛床)이 넓게 형성되어 있다는 점을 생각하면, 이 침식 작용이 얼마나 어마어마한지 알 만하다. 램지 교수는 영국 여러 지방에 있는 누층의 최대 두께를, 대부분 실제로 측정하고 몇 가지는 추측해서 나에게 알려 주었다. 그 결과는 다음과 같다.

고생대[2]층(화성암층은 포함되지 않음) … 5만 7154피트
제2기[3]층 … 1만 3190피트
제3기[4]층 … 2240피트

이것을 모두 합하면 7만2584피트, 즉 거의 13마일 4분의 3이다. 영국에서는 얇은 누층으로 되어 있는 지층이 유럽 대륙에서는 수천 피트 두께가 되는 것도 있다. 그뿐만 아니라 많은 지질학자의 견해에 따르면, 연속해서 퇴적된 각 누층 사이에는 오랜 공백기가 있다. 따라서 영국의 수성암(水成岩) 퇴적이 아무리 두꺼워도, 그것이 퇴적하는 동안 경과한 시간을 정확히 알려 주지는 않는다. 이러한 여러 가지 사실을 살펴보면, 영원이라고 표현되는 관념을 납득하기 위해 헛되이 애쓰는 듯한 인상을 받게 된다. 하지만 이러한 인상은 어느 정도는 그릇된 것이다.

실제 퇴적물이 쌓이는 데 걸리는 시간은 얼마나 될까. 믿을 만한 추정에 따르면 미시시피강의 퇴적 속도는 10만 년에 겨우 183m 정도라고 한다. 물론 이 추정 값은 완전히 잘못되었을 수도 있다. 다만 무척 세밀한 퇴적물이 바닷물에 의해 운반되어 넓은 범위에 쌓인다고 하면, 한 지역에서 일어나는 퇴적 작용은 매우 느리게 진행될 것이 틀림없다.

크롤(Croll)의 매우 흥미로운 논문에서 우리와 견해를 달리하는 것은 '지질학 시대의 길이에 대해 지나치게 큰 개념을 가지는 것'이 아니라, 그것을 연수(年數)에 맞추어서 개산(概算)하는 점이라고 말했다. 지질학자가 크고 복잡한 여러 현상들을 바라보고 뒤이어 수백만 년이라는 숫자를 바라볼 때, 이 두 가지는

---

2) 5억 4천만 년 전부터 2억 5천만 년 전까지.
3) 이른바 중생대, 2억 5천만 년 전부터 6천500만 년 전까지.
4) 이른바 신생대, 6500만 년 전부터 현재까지.

심적으로 전혀 다른 인상을 주어 그 숫자는 너무 작다고 말하는 것이다. 지표의 붕괴 작용에 대해 크롤은 어떤 하천에 의해 해마다 운반되는 침전물의 양을 그 유수(流水) 면적과 비교하여 계산해 보면, 1천 피트의 견고한 바위가 점차 깎여 나가서 전면적의 평균 수준에서 제거되는 데 600만 년이 걸린다는 것을 밝혀냈다. 이것은 실로 놀라운 결과이다. 어찌보면 과장된 것인지도 모른다는 의구심을 가질 수도 있으나, 가령 이것을 반으로 보거나 4분의 1로 보더라도 놀라운 것은 마찬가지이다.

그러나 우리 가운데 100만이란 숫자가 정말로 무엇을 의미하는지 알고 있는 사람은 극히 드물다. 크롤은 다음과 같은 예를 들어 입증했다. 길이가 83피트 4인치인 가느다란 종이끈을 넓은 방 벽면을 따라 늘어놓고, 그 한쪽 끝에서 10분의 1인치가 되는 곳마다 표시를 해나간다. 그런데 그 10분의 1인치는 100년을 뜻하고, 종이끈 전체는 100만 년을 나타낸다고 하자. 여기서 생각해야 할 것은 이때 방의 넓이는 전혀 아무런 의미도 없는 척도로서, 그것이 말해 주는 100년이라는 세월이 본디 문제에서 무엇을 의미하는가 하는 것이다.

몇몇 탁월한 사육가는 보통 한 사람의 생애 동안 다수의 하등동물에 비해 훨씬 느리게 번식하는 고등동물을 현저하게 변화시켜, 이윽고 새로운 아종을 만들어낸다. 어느 한 종류의 동물을 반세기 이상 상당한 주의를 기울이며 키우는 사람은 거의 없기 때문에, 100년이라고 하면 두 사람의 사육가가 연달아 수행한 사업을 나타낸다. 자연 상태에 있는 종이 방법적 선택으로 유도되는 사육동물만큼 급속하게 변화할 수는 없으리라. 그러므로 무의식적인 선택, 즉 그 종류를 변화시키고자 하는 의지가 전혀 없어도 가장 유용하고 가장 아름다운 동물을 보존하려는 데서 발생한 효과와 비교하는 편이 모든 점에서 공정할 것이다. 그런데 이 무의식적인 선택 과정에 의해 여러 가지 품종이 2세기 아니면 3세기 사이에 뚜렷하게 변화하는 것이다.

그러나 대체로 종의 변화는 아마도 그보다 훨씬 더 느릴 것이고, 같은 지역에서 동시에 변화하는 것은 극소수에 지나지 않는다. 이렇게 변화가 느린 까닭은 같은 지방에 살고 있는 모든 거주자가 서로 매우 잘 적응하고 있기 때문이다. 자연조직체 안의 새로운 장소는 어떤 물리적 변화가 일어나거나 새로운 형태의 이주가 이루어짐으로써 오랜 기간 뒤에나 발생할 것이다. 그뿐만 아니라 어떤 거주자가 변화한 여건 속에서 새로운 장소에 더욱 잘 적응하게 되는 올바른 성질의 변이 또는 개체 차이는 결코 즉각적으로 발생하지는 않는다. 불행하게도 우리는 종을 변화시키는 데 얼마나 긴 시간이 필요한지, 시간적 표준에 의해 결정할 만한 수단을 아무것도 갖고 있지 않다. 그러나 우리는 시간이라는 문제로 돌아가지 않으면 안 된다.

빈약한 화석

그러면 이제 우리의 가장 풍부한 지질학적 박물관으로 들어가 보자. 그곳에서는 얼마나 빈약한 진열품들이 우리를 기다리고 있는가! 우리의 고생물학적 화석 수집이 지극히 불완전하다는 것은 누구나 다 알고 있는 사실이다. 유명한 고생물학자인 에드워드 포브스(Edward Forbes)의 말을 잘 기억하자. "우리가 가지고 있는 대부분의 화석종(化石種)은 조금 파손된 단 하나의 표본에 의해, 또는 어느 한 장소에서 수집한 소수의 표본에 의해 알려져 있거나 명명(命名)되어 있다." 지질학적으로 발굴된 지구 표면은 전체의 매우 작은 부분에 지나지 않으며, 더욱이 충분한 주의를 기울여 발굴된 부분은 없다. 실제로 해마다 유럽 지역에서 중요한 발견들이 이루어지고 있지 않은가.

온몸이 연약한 생물은 보존될 수가 없다. 조개껍질이나 뼈도 침전물이 쌓여 있지 않은 바다 속에 남겨지면 이내 분해되어 소멸해 버린다. 어느 곳에서나 침전물이 화석 유해를 파묻어 보존하는 데 충분한 속도로 축적되고 있다고 무심코 가정할 때, 우리는 아마도 잘못된 견해를 가지게 될 것이다.

대양이 끝없이 넓은 지역에 걸쳐 맑은 푸른색을 띠는 것은 그 물이 순수하다는 증거이다. 어느 지층이 매우 긴 시간이 경과한 뒤 나중에 생긴 다른 지층으로 알맞게 덮여지고, 그 아래층에 마멸 현상이 전혀 일어나지 않았다는 많은 실례가 기록에 남아 있다. 이 현상은 바다 밑이 몇 대까지 변함없이 그냥 머물러 있는 일이 드물지 않다는 견해에 의해서만 비로소 설명될 수 있을 것이다.

보통 토사 또는 자갈 속에 매몰되어 있는 시체는 그 지층이 융기했을 때 탄산을 포함한 빗물이 스며들어 분해되어 버린다. 썰물 때 수위(水位)와 밀물 때 수위 중간에 살고 있는 많은 동물 가운데 화석으로 보존되는 것은 극히 조금

뿐이라고 나는 생각한다. 이를테면 사말라스(Chthamalinae)[5] 속의 몇몇 종은 무한히 많은 개체들이 세계 곳곳의 바위를 뒤덮은 채 해안에서 서식하고 있다. 오직 한 종만이 지중해 심해에 사는데, 그 화석은 시칠리아섬에서 발견되었다. 그런데 이 한 종 말고 다른 종이 제3기층에서 발견된 적은 없다. 그러나 사말라스속은 백악기 후기에 존재했다는 것이 현재 알려져 있다. 연체동물인 따가리속(Chiton)도 이와 비슷한 사례이다.

끝으로 축적되는 데 엄청난 시간이 요구되는 많은 거대한 침전물에는 전혀 생물이 없으며, 이것은 우리로서는 참으로 까닭을 알 수 없는 일이다. 그 가운데 가장 뚜렷한 한 가지 예는 플리시(Flysch) 지층으로, 이 층은 수천 피트, 때로는 6천 피트의 두께로 빈(Wien)에서 스위스까지 최소한 300마일이나 이어진 이판암(泥板岩)과 사암(砂岩)으로 이루어져 있다. 사람들은 극히 주의를 기울여 이 큰 덩어리를 조사했다. 그러나 적은 양의 식물성 시체 말고 다른 화석은 발견되지 않았다.

제2기(중생대) 및 고생대(古生代)에 서식했던 육지 생물에 대해 우리가 갖고 있는 증거가 극도로 단편적이라는 것은 설명할 필요도 없을 것이다. 이를테면 이렇게 광대한 어느 시대에 속하는 것으로 알려져 있는 육서패류(陸棲貝類)는, C. 라이엘 경과 도슨(Dowson) 박사에 의해 북아메리카의 석탄기층(石炭紀層)에서 발견된 한 가지 종을 제외하면 최근까지 전혀 알려지지 않았지만, 지금은 푸른색 석탄암에서도 발견되고 있다. 포유동물 시체에 대해서는 라이엘의 소책자에 실린 일람표를 한번 살펴보면, 포유류 화석이 보존된 것이 얼마나 우연하고 희귀한 일인지 알 수 있게 될 것이니, 상세한 서적을 읽는 것보다 훨씬 이해가 빠를 것이다. 제3기 포유류 화석은 대부분 동굴 또는 호소(湖沼)의 침적물 속에서 발견되었다. 그리고 동굴이나 호소층(湖沼層) 가운데 제2기층 또는 고생층 시대에 속하는 것으로 알려져 있는 것은 거의 없다. 이 점을 상기한다면, 포유류 화석이 빈약한 것도 놀랄 일은 아닌 것이다.

---

5) 무병만각류의 아과.

지층의 단속(斷續)

그러나 지질학적 기록이 불완전한 것은 주로 앞에서 서술한 어느 것보다도 중요한 다른 원인 때문이다. 즉 여러 개의 지층이 많은 세월의 경과로 서로 떨어져 있는 것이다. 이 학설은 많은 지질학자나 종의 변화를 전혀 인정하지 않는 포브스(E. Forbes)와 같은 고생물학자도 역설한 바가 있다. 우리가 어떤 저서 속에서 지질 단면도를 보거나 자연계에서 실제 지층의 흔적을 찾아보면, 그 지층들이 밀접하게 연속하고 있다는 것을 믿지 않을 수가 없다. 그러나 놀랍게도 실제로는 그렇지 않다. 예를 들면 머치슨(R. Murchison) 경이 쓴 러시아에 관한 대 저서를 보면, 이 나라에서는 퇴적된 지층과 지층 사이에 크나큰 간격이 있다는 것을 알 수 있다.

이것은 북아메리카에서도 세계의 다른 많은 장소에서도 마찬가지이다. 가장 탁월한 지질학자도 단지 이 같은 대지역(大地域)에만 주의를 기울였더라면, 자기 나라에서는 공백이었던 시기에 다른 나라에서는 새롭고 특수한 형태의 생물을 가진 대량의 침전물이 쌓여 있으리라고는 상상조차 하지 못했을 것이다. 또 만약 각기 떨어져 있는 지역에서 연속된 지층 사이에 경과한 시간의 길이에 대해 어떠한 관념도 가지기 어려웠다면, 어디에 가도 그 시간을 확인할 수 없었을 것이다. 연속하는 지층의 광물적 구성에 커다란 변화가 자주 일어나는 것은 보통 거기에 침적물을 공급한 주위의 육지에 큰 변화가 일어난 것을 의미한다. 이 사실은 여러 지층 사이에는 광대한 시간의 간격이 있다고 보는 신념과 일치한다.

우리는 왜 각 지역의 지질학적 누층이 단속적인지, 왜 서로 밀접한 계열을 이루며 이어져 있지 않은지 이해할 수 있을 것이다. 현세에 수백 피트나 융기한 남아메리카 연안을 수백 마일에 걸쳐 조사했을 때 무엇보다 나를 놀라게 한 사실은, 아무리 짧은 한 지질시대라도 그동안 계속하여 남을 만한 양에 도달할 정도의 침전물이 최근에 없었다는 것이다. 남아메리카 서해안에서는 특수한 해산동물상(海産動物相)을 볼 수 있다. 그런데 이 해안 전역에 걸쳐 제3기층의 발달이 매우 빈약했다. 짐작건대 순차적으로 변해가는 수많은 특수한 해산동물의 기록은 아마도 먼 미래까지는 보존하기 어려울 것이다. 남아메리카 서쪽에 융기하고 있는 해안에서는, 바닷가 암석이 대량으로 붕괴되고 탁류가 바다로 흘러들어가서 장기간에 걸쳐 막대한 양의 퇴적물이 공급됐을 것이다. 그런데도 왜 이 해안을 따라 최근 또는 제3기의 화석을 가진 광범위한 지층이 발견되지 않는 걸까? 그 이유는 조금만 생각해 보면 설명할 수 있다. 연안 및 근해의 퇴적물은 육지가 점차 완만하게 융기했기 때문에 파도의 파쇄(破碎)작용 범위 안에 들어오자마자 끊임없이 씻겨나가 버렸다는 것이다.

처음으로 융기했을 때와 그 뒤에 수준(水準)이 오르내리며 변동하는 기간 동안에, 또 공기 속에서 붕괴 작용이 진행되는 동안에 침적물이 끊임없는 파도의 작용을 견디기 위해서는 두껍고 단단하게, 또는 넓게 쌓이고 쌓이는 수밖에 없다고 결론을 내려도 무방할 것이다. 이와 같이 두껍고 거대한 침적물이 퇴적되는 데에는 두 가지 방법이 있다. 하나는 깊은 바다 밑에 퇴적되는 것으로, 포브스의 연구로 볼 때 심해에는 생물이 그다지 많이 살지 않으므로 그 거대한 덩어리가 융기해도 당시에 존재했던 생물의 종류는 지극히 불완전한 기록으로밖에 남지 않는다고 결론 내릴 수 있다. 또 하나는 얕은 바다 밑이 천천히 침하할 때, 그 위에 침적물이 일정한 두께와 넓이로 쌓여가는 방법이다. 이 경우에는 침하 속도와 침적물의 공급이 서로 거의 균형을 유지하는 한 바다는 여전히 얕고 생명체도 풍부하게 존재할 것이다. 그리하여 융기했을 때 어떤 침식이 일어나도 충분히 견딜 수 있는 두꺼운 화석층이 형성된다.

나는 '화석이 풍부한' 고대 지층은 거의 모두 이렇게 침하하는 동안 형성된 것으로 믿고 있다. 이 문제에 대한 나의 견해를 발표한 1845년 이후 나는 '지질학'의 진보를 주목해 왔는데, 많은 연구가들이 저마다 여러 형태의 커다란 누층을 취급하고 그것이 침하하는 동안 퇴적했을 것이라는 결론에 도달하는 것을 보고 놀랐다. 여기서 한 가지 덧붙여 둘 것은 남아메리카 서해안에 있는 오래되고 유일한 제3기층은 오늘날까지 침식으로 인한 붕괴 작용을 견딜 수 있을 만큼 두꺼운 암층이지만, 지질학상 먼 후대까지는 어차피 지속될 수 없을 것으로 생각되며, 이것은 틀림없이 수면이 상하로 변동하다가 아래쪽을 향해 침하하는 동안 퇴적되어 상당한 두께가 된 것인 듯하다.

모든 지질학적 사실은 모든 지역이 완만한 상하운동을 여러 번 경험했으며 이러한 변동이 광대한 범위까지 영향을 미쳤음을 분명히 말해주고 있다. 따라서 화석이 많고 그 뒤에 오는 붕괴 작용도 견딜 수 있는 두께와 넓이를 가진 지층은 침하하는 시기에 넓은 범위에 걸쳐 형성된 것으로 생각된다. 다만 그것은 얕은 바다가 유지되고, 유해가 분해되기 전에 묻어서 보존하는 데 충분한 침적 물이 그 바다에 공급되는 곳에 한정되어 있다. 이에 비해 바다 밑이 변동하지 않고 있을 때는 '두꺼운' 침전물이 생물에게 가장 유리한 얕은 바다에 퇴적될 리가 없다. 상승하는 기간에는 그런 일은 더욱 일어날 수 없다. 퇴적이 일어난 바다 밑이 융기하여 파도의 파괴 작용 범위 안에 들어오면 퇴적물이 곧바로 침 식하기 시작했을 테니까.

이와 같은 원리는 주로 해안의 침적물과 바다 밑 침적물에 적용된다. 예를 들면 깊이가 30피트 또는 40피트에서 60피트까지 변화하는 말레이 제도의 대 부분과 같이 넓고 얕은 바다의 경우에는 바다 밑이 융기하는 시기에는 광대한 지층이 형성될 수 있었겠지만, 그 완만한 융기에 이어 바다 밑이 두드러지게 침 강하는 일은 없었을 것이다. 그런데 이 지층이 두꺼워질 수 없다는 것은, 융기 운동이 있기 때문에 형성되는 바다의 깊이보다는 지층이 더 얕아지기 때문이 다. 또 침적물은 몹시 단단해지지도 않고 그 위에 다른 지층이 덮이는 일도 없 을 것이므로 오랫동안 대기의 붕괴 작용에 의해, 또 그 뒤에 수준이 변동할 때 마다 지표 붕괴 작용이나 바닷물의 작용에 의해 마멸되어 버리기 쉽다. 그러나 홉킨스(Hopkins)의 주장에 의하면 그 지역의 어느 부분이 융기한 뒤 마멸되기 전에 침하한다면, 융기운동으로 형성된 침적물이 설령 두껍지는 않더라도 나 중에 새로운 퇴적물에 보호를 받아서 기나긴 시대에 걸쳐 보존된다는 것이다.

또한 홉킨스는 수평으로 현저하게 퍼진 침전층이 전적으로 파괴되어 버리 는 일은 드물다는 견해를 밝혔다. 그러나 오늘날 변성편마암과 화성암 등이 지 질의 바탕을 이루고 있었다고 믿는 소수의 사람들을 제외하면, 모든 지질학자 는 이와 같은 암석이 막대한 범위에 걸쳐 표피가 벗겨져버렸음을 인정할 것이 다. 왜냐하면 암석이 표피로 덮여 있지 않았을 때 응고되거나 결정되는 것은 거 의 불가능하기 때문이다. 그러나 만약 변성작용(變成作用)이 대양의 깊은 밑바 닥에서 일어났다면, 암석을 보호한 표피는 그리 두껍지 않았을 것이다. 그래서 편마암이나 운모편마암·화강암·섬록암 등이 일찍이 표피로 덮여 있었다고 인 정한다면, 세계 여러 곳에서 그와 같은 암석이 노출된 광대한 지역이 있는 것 을, 세월이 흘러 이러한 암석을 덮고 있던 층이 전적으로 침식되어 버렸다는 생각을 토대로 하지 않고서야 어떻게 설명할 수 있겠는가?

그와 같은 광대한 지역이 있다는 것은 의심할 여지가 없는 일이다. 훔볼트 박사는 파림(Parime)의 화강암 지역 넓이가 적어도 스위스의 19배나 된다고 기술했다. 아마존강 남쪽 부에(Boué)는 역시 같은 성질의 암석으로 된 것으로 여겨지는데, 그 면적은 스페인·프랑스·이탈리아·독일의 일부 및 영연방 제도를 합친 것과 같다. 이 지역은 아직 면밀한 탐험이 이루어지지는 않았으나, 많은 여행자들의 증언을 토대로 추측해 보면 화강암 지역이 매우 큰 것 같다. 이에 대해 폰 에시베게(von Eschwege)는 리우데자네이루(Rio de Janeiro)에서 265마일에 걸쳐 일직선으로 내륙을 향해 펼쳐져 있는 이들 암석의 상세한 구역을 지적한 바 있으며, 나는 다른 방향으로 150마일에 걸쳐 여행했으나 화강암 외에는 아무것도 볼 수 없었다. 나는 리오데자네이루에서 라플라타강 하구에 이르는 전체 연안의 1100마일 거리에서 채집한 많은 표본을 조사해 보았다. 그 표본은 전부 화강암에 속했다. 라플라타강 북쪽 기슭에 면한 모든 내지에서 나는 근세 제3기층 말고는 약간 변화된 암석의 작은 지점을 보았을 뿐이다. 이 암석은 본디 화강암계의 표피 일부를 이루고 있던 유일한 것이었다. 잘 알려져 있는 지방, 즉 아메리카와 캐나다에 대해서는 로저스(H.D. Rosers) 교수의 훌륭한 지도에 나타나 있는 대로 종이를 잘라 그 지역을 측정해 보았는데, 변성암—반변성암은 제외—과 화강암이 19대 12.5의 비율로 신고생대층(新古生代層) 전체보다 크다는 사실을 발견했다. 많은 지방에서 변성암과 화강암 위를 불안정하게 덮은 침전층을 전부 제거해 보면 그 암석은 겉보기보다 훨씬 넓게 전개되어 있을 것이다. 또한 이 침전물은 그 밑에서 결정된 화강암의 표피는 아니다. 따라서 세계 어느 지역에서는 지층 전체가 모두 마멸되어 전혀 흔적도 남아 있지 않을 수도 있다.

여기서 한 가지 주의할 점이 있다. 융기하는 기간에는 육지와 거기에 이어진 얕은 바다 부분의 면적이 증대하여 생물의 새로운 서식 장소가 생기는 일이 곧잘 있다. 이러한 장소는 앞에서 설명한 것처럼 새로운 변종과 종의 형성에는 유리한 환경이다. 그러나 이 기간은 일반적으로 지질학적 기록의 공백기이다. 이에 비해 침하하는 기간에는 생물이 서식하는 면적도 서식하는 개체수도 감소한다—단, 제도로 분열한 지 얼마 안 되는 대륙 해안의 생물은 예외이다—.

따라서 침하 기간에는 멸종하는 것이 많지만 새로운 변종이나 종이 형성되는 일은 비교적 적다. 더욱이 화석이 풍부한 침적층이 생기는 것은 바로 이러한 침하 기간 동안이다. 자연은 이행기에 해당하는 연결 부분의 모습을 좀처럼 드러내지 않는다.

중간적 변종의 누락

지금까지의 여러 가지 고찰에 의하면 지질학적 기록은 전체적으로 보아 극도로 불완전하다는 것은 의심할 여지가 없다. 그러나 만약 우리가 어느 하나의 누층만 주목한다면, 그 층의 시작과 끝에 생존했던 근연종 사이에 극히 점진적으로 이행하는 변종들이 그곳에서 발견되지 않는 까닭을 이해하는 것은 매우 곤란한 일이다. 같은 누층의 상부와 하부에 같은 종의 다른 변종이 기록되어 있는 경우도 있다. 예를 들면 트라우트숄트(Trautschold) 박사는 암모나이트에 대해 많은 예를 들고, 또 힐겐도르프(Hillgendorf) 박사는 스위스의 담수성 지층의 순차적인 암상에서 멀티포르미스(Planorbis multiformis)[6] 종의 10가지 단계적 변화를 나타내는 흥미로운 예를 들고 있다. 하지만 이런 예는 드물기 때문에 여기서는 일단 제쳐 두자. 어느 누층도 저마다 퇴적하는 데 장대한 세월을 요한 것이 틀림없는데, 왜 각 지층에 처음과 끝에 서식했던 종들을 연결하는 점진적인 일련의 계열이 들어 있지 않은가에 대해 우리는 몇 가지 이유를 들 수 있다. 그러나 나는 다음 몇 가지 고찰에 대해서는 각각에 같은 비중을 둘 수 있다고 주장할 수는 없다.

어쩌면 각 지층이 그야말로 장대한 시간의 경과를 나타내고 있기는 하지만, 아마 그것은 어떤 종이 다른 종으로 변화하는 데 필요한 기간에 비하면 짧을 것이다. 나는 참으로 존경할 만한 의견을 피력한 고생물학자, 브롱(Bronn)과 우드워드(Woodward)가 각 누층의 평균 기록 기간은 종의 평균 형성 기간의 2배 또는 3배라는 결론을 내린 것을 알고 있다. 그러나 나에게는 이 문제에 대해 올바른 결론에 도달하는 것을 방해하는 극복하기 힘든 어려움이 있는 것으로 생각된다. 한 종이 어떤 누층 중앙부에 처음으로 출현한 것을 보고, 그것이 이

---

6) 나사조개의 일종.

전에 다른 데서 존재하지 않았다고 추론하는 것은 그야말로 속단일 것이다. 또한 이 누층의 마지막 층이 퇴적하기 전에 어떤 종이 사라진 것을 보고, 그 종이 이미 완전히 멸종해 버렸다고 상상하는 것도 마찬가지로 속단이다. 우리는 유럽의 면적이 나머지 세계의 부분과 비교하여 얼마나 작은 것인지, 또 유럽 전체에 존재하는 같은 누층의 여러 가지 단계가 완전히 정확하게 대응하는 것도 아니라는 것을 잊어선 안 된다.

모든 종류의 해서동물(海棲動物)은 기후와 그 밖의 변화에 의해 대규모로 이동했다고 추정해도 틀리지 않을 것이다. 어떤 종이 어떤 누층에 처음으로 출현했다면, 그 종은 단순히 그때 처음으로 그 지역으로 이주했을 가능성이 있다. 이를테면 몇몇 종은 유럽 고생대층보다 조금 빨리 북아메리카 고생대층에 출현했다. 이것은 분명히 그러한 종들이 아메리카에서 유럽 바다로 이주하는 데 시간이 걸렸기 때문일 것이다.

세계 여러 곳에서 현세의 퇴적층을 조사해 보면 아직도 현존하고 있는 어떤 소수의 종이 퇴적층 속에 있는데도 바로 그 주위의 바다에서는 전멸해 버린 것을 어디서나 볼 수 있다. 또 이와 반대로 현재 인접한 바다에 많이 있는 종이 퇴적층 속에는 드물게 있거나 때로는 전혀 없는 경우도 있다.

한 지질시대의 극히 일부에 해당하는 빙하시대에 유럽 생물이 얼마나 많이 이주한 것으로 확인되었는지 상기하고, 또 마찬가지로 같은 빙하시대에 일어난 해면 높이의 큰 변동과 엄청난 기후 변화와 장구한 시간의 경과를 상기하는 것은 좋은 교훈이 된다. 그렇다 해도 세계 어느 지역에서나 화석이 들어 있는 퇴적층이 이 빙하시대의 전 기간에 걸쳐 같은 지역에서 계속 퇴적해 왔는지는 의문이다.

이를테면 미시시피강 하구에서 해서동물이 번영할 수 있는 깊이의 범위 안에서 빙하시대 전체에 걸쳐 침적물이 계속 퇴적되는 것은 불가능한 일이다. 왜냐하면 이 기간에 아메리카의 여러 다른 부분에서 광대한 지리적 변화가 일어난 것을 우리는 알고 있기 때문이다. 빙하시대의 한 시기에 미시시피강 하구의 얕은 물속에 퇴적된 암상이 융기했다고 한다면, 퇴적층 처음 부분에는 생물 화석이 있을 테지만 다른 부분에서는 종의 이주와 지리적 변화 때문에 화석이 사라져버릴 것이다. 그리고 먼 장래에 어느 지질학자는 이러한 암상을 조사해 보고 매장된 화석의 평균 존속 기간이 빙하시대보다 짧다고 결론지으려 할 것이다. 그는 그것이 실제로는 훨씬 더 길어서 빙하기 이전부터 현재에 이를 정도라는 결론을 내리려고는 하지 않을 것이다.

같은 누층의 상부와 하부에서 발견되는 두 종 사이를 조금씩 단계적으로 잇는 완벽한 연쇄가 존재하기 위해서는, 변이의 완만한 과정이 일어나기에 충분한 아주 긴 기간 동안 퇴적이 끊임없이 계속되지 않으면 안 된다. 즉 그 침적물은 매우 두꺼워야 한다. 게다가 변화가 계속되고 있는 종은 그동안 내내 같은 지방에서 생활하지 않으면 안된다. 그러나 우리는 이미 이들 전체의 화석을 풍부하게 품고 있는 두꺼운 지층은 침하 기간에만 퇴적될 수 있음을 알고 있다. 그리고 같은 종이 같은 지역에서 생활하기 위해서는 물의 깊이가 거의 일정하게 유지되는 것이 필수조건이다.

수심이 거의 일정하게 유지되려면 침적물의 공급량이 침하 속도와 거의 균형을 이루지 않으면 안 된다. 그런데 이 침하운동 자체가 침적물이 생기는 지역까지 종종 수면 아래로 가라앉히므로, 침하 운동이 계속되는 동안 침전물의 공급이 줄어든다. 사실은 침적물의 공급과 침하의 크기가 거의 정확하게 균형을 이루는 것은 흔히 볼 수 없는 우연이다. 왜냐하면 매우 두꺼운 퇴적층의 상한과 하한 부근을 제외하면 생물체의 유해(遺骸)가 일반적으로 매우 적은 것이 몇몇 고생물학자들에 의해 관찰되고 있기 때문이다.

각각의 누층은 어느 나라에서 퇴적된 모든 누층과 마찬가지로 단속적으로 퇴적한 것으로 생각될지도 모른다. 우리가 흔히 실제로 그러한 것처럼, 하나의 누층이 각각 다른 광물성분을 함유한 암상으로 이루어져 있는 것을 보고, 침적 과정이 이따금 중단된 것으로 추측하는 것은 당연한 일이다. 왜냐하면 해류의 변화나 여러 가지 다른 성질의 퇴적물의 공급 같은 현상은 일반적으로 많은 시간이 필요한 지리적 변화에 의해 일어났을 것이기 때문이다.

하나의 누층을 면밀하게 조사해 보아도, 그 침적에 소비된 시간에 대해 어떠한 관념도 얻을 수 없다. 어떤 장소에서는 수천 피트 두께로 쌓여 있어 그 퇴적에 엄청난 시간이 걸렸을 것이 분명한 누층이, 다른 장소에서는 두께가 불과 몇 피트밖에 되지 않는 예도 많다. 하지만 이 사실을 모르는 사람은 얇은 누층도 실은 장구한 세월의 경과를 나타내고 있다는 것은 꿈에도 생각하지 않을 것이다. 어떤 누층의 아래쪽 암상이 융기해서 깎여 나갔다가 다시 물속에 가라앉아 퇴적 작용을 받으면서 위쪽 암상으로 덮이게 된 예—그 암층에 얼마나 길고도 간과되기 쉬운 퇴적이 일어났는지를 보여주는 사실—도 많이 들 수 있다.

또 다른 예로서는 살아 있었을 때와 마찬가지로 직립해 있는 거대한 화석목(化石木)이 침적 과정에서 생긴 긴 시간의 간격과 해수면의 변화를 뚜렷하게 증명하고 있다. 만약 우연히 수목이 보존되지 않았더라면 누가 그런 일을 생각조차 할 수 있었겠는가. 이를테면 지질학자 라이엘과 도슨(Dawson) 두 사람은 캐나다 노바스코티아에 있는 1400피트 두께의 석탄기 지층 속에 태곳적 식물 뿌리를 품은 층이 68가지가 넘는 여러 가지 다른 층에서 퇴적되어 있는 것을 발견했다. 그래서 같은 종이 하나의 누층 하부와 중앙부와 상부에 나타나 있을 때는, 그러한 수목은 침적의 전 기간 동안 같은 장소에서 계속 자란 것이 아니라, 같은 지질시대 동안 되풀이하여 자취를 감췄다가 다시 나타난 것이 확실한 것 같다. 따라서 만약 이러한 종이 어느 지질시대 동안 현저하게 많은 변화를 일으켰다 하더라도, 누층의 한 단면은 나의 학설에 의하면 반드시 있었던 것이 틀림없는 사소한 중간적인 단계적 변화를 모두 포함하지는 않고, 매우 경미하겠지만 갑자기 변화한 종류를 포함하게 될 것이다.

화석의 종과 변종

내추럴리스트가 종과 변종을 구별하기 위한 황금률(黃金律)을 갖고 있지 않다는 것을 꼭 기억해 두기를 바란다. 그들은 각자 여러 가지 종에서 소량의 변이성을 허용한다. 그러나 내추럴리스트는 두 가지 형태 사이에서 그보다 큰 차이를 발견하고, 그들 사이를 밀접하게 이어주는 중간적 단계가 발견되지 않을 때는 어떤 것이든 종으로 분류한다. 그리고 어느 하나의 지질단면에서 이러한 중간 연결을 찾아내는 것은, 방금 말한 이유에서 거의 불가능한 일이다.

지금 B와 C라는 두 가지 종이 있고, 제3의 종 A가 그 아래 암상 속에서 발견되었다고 하자. 가령 A는 엄밀하게 B와 C의 중간이라 하더라도, 동시에 이 A가 중간적인 변종으로 한쪽 또는 양쪽 모두의 형태와 밀접하게 이어지지 않는 한 그것은 간단하게 제3의 다른 종으로 분류되어 버린다. 앞에서 설명한 것과 같이 A는 실제로 B와 C의 조상일지도 모르나, 그렇다고 해서 그 구조가 반드시 모든 점으로 보아 엄밀하게 B와 C의 중간은 아니라는 사실도 잊어서는 안 된다. 결국 우리가 조상종과 무수히 변화한 자손을 하나의 누층의 하부와 상부 암상에서 발견하는 일이 있어도 다수의 이행적인 중간 단계를 찾지 못하는 한 그 혈연관계를 인정할 수 없으며, 따라서 그것을 모두 다른 종으로 분류할 수밖에 없는 것이다.

여러 고생물학자들이 매우 작은 차이를 바탕으로 종을 강력하게 내세운다는 것은 널리 알려진 사실이지만, 그들은 그 표본이 같은 누층의 여러 층에서 발생하면 대번에 그것을 다른 종으로 취급해 버린다. 경험이 풍부한 몇몇 패류학자들은 도르비니(D'Orbigny)와 그 밖의 내추럴리스트들이 세심하게 분류해 놓은 수많은 종을 단순한 변종으로 격하하고 말았다. 이러한 견해에서 우리는 이 이론상 당연히 발견할 만한 변화의 증거를 발견하게 된다. 다시 한번 제3기 후기의 퇴적을 살펴보자. 그 속에는 대다수의 내추럴리스트들이 현존하는 종과 동일하다고 믿고 있는 조개껍질이 많이 들어 있다. 아가시(Agassiz)나 픽테(Pictet) 같은 탁월한 내추럴리스트들은 그러한 구별이 극히 미미하다는 것을 인정한다 하더라도, 제3기 종은 어느 것이나 종으로서 상이하다고 주장하고 있다. 그러므로 이들 탁월한 내추럴리스트들이 단지 상상에 의존하여 실수를 저질렀다고 믿거나, 아니면 그러한 제3기 후기의 종이 현존하는 종과는 다른 것이라고 인정하거나 둘 중 하나가 아닌 한, 작은 변화가 빈번하게 일어난다는 증거를 가지게 된다. 이번에는 좀 더 광범위한 시간 간격으로, 즉 같은 커다란 누층 속에서 연속되고 있지만 서로 다른 여러 단계로 시선을 돌려 보자. 그러면 그곳에 매장된 화석이 보편적으로는 종으로 분류되고 있다 하더라도, 그것은 더 넓게 떨어진 누층 속에 있는 종에 비한다면 서로가 한층 밀접한 관계에 있다는 것을 알 수 있다. 우리는 여기서도 이 학설이 요구하는 방향에 따른 변화를 증명하는 확실한 증거를 얻는 셈이다. 그러나 이 문제는 다음 장에서 다시 언급하기로 한다.

하나 더 고찰할 만한 주제가 있다. 급속하게 번식하지만 이동성은 낮은 동식물의 변종은 앞에서 본 것처럼 처음에는 보통 국지적으로 존재한다. 이 변종은 어느 현저한 정도까지 변화하여 완성될 때까지는 널리 퍼져나가 그의 조상종을 구축하지는 않을 것이다. 이러한 견해에 따르면 어떤 지역의 어떤 지층 속에서 두 종류 사이에 일어나는 모든 이행 단계를 발견할 가능성은 매우 낮다. 왜냐하면 이렇게 계속되는 변화는 어느 한 지점에서 국지적으로 일어난 것으로 추정되기 때문이다. 대부분의 해서동물은 넓게 분포해 있다. 이미 우리는 분포 범위가 넓은 식물이 가장 빈번하게 변종을 발생시키는 것을 보았다. 따라서 패류나 그 밖의 해서동물 중에서는 유럽에서 이미 알려져 있는 지층의 한계를 훨씬 능가할 만큼 분포범위가 넓은 것이 가장 빈번하게 처음에 국지적인 변종을 발생시켰고, 마침내 새로운 종을 발생시켰을 것이다. 이 사실은 또 우리가 어떤 지층에서 이행적 단계의 흔적을 찾아낼 가능성을 현저하게 감소시킨다.

최근에 폴코너(Falconer) 박사가 주장한 것처럼 각각의 종이 변화를 입은 기간은 햇수로 따지면 길지도 모르겠으나, 그것이 아무런 변화도 입지 않고 정지해 있었던 기간에 비하면 짧은 기간이다. 이것은 상당히 중요한 고찰이다. 또 오늘날 완전한 표본을 조사하려고 해도 두 가지 형태가 중간변종에 의해 이어져서 같은 종이라는 사실이 증명되는 것은 많은 장소에서 많은 표본이 수집되기 전에는 드문 일이고, 특히 화석종의 경우에는 그런 일이 거의 불가능하다는 것을 우리는 기억하지 않으면 안 된다. 많은 미세한 중간적 화석을 늘어놓음으로써 종과 종을 연결시키기는 어렵다.

생각해 보자. 미래의 지질학자는 오늘날의 소나 양·말·개 등의 여러 품종이 단일한 원종에서 나온 것인지, 아니면 몇몇 야생 원종에서 나온 것인지 증명할 수 있을까? 또는 어떤 패류학자들은 유럽산의 것과 다른 종으로 분류하고, 또 다른 패류학자들은 단순히 변종으로 분류하는 북아메리카 연안의 어떤 해산 패류(海産貝類)가 실제로 변종인지, 아니면 이른바 종으로서 차이를 가진 것인지를 과연 누가 증명할 수 있을까? 이 문제는 미래의 지질학자가 다수의 중간적인 단계에 해당하는 화석을 발견함으로써 증명될 수 있겠지만, 그와 같은 성공은 도저히 불가능한 것으로 보인다.

지질학은 어떠한 연쇄적 형태도 나타내고 있지 않다. 종의 불변성을 믿는 학자들은 이렇게 거듭 주장했다. 이 주장은 다음 장에서 보는 바와 같이 확실히 틀린 것이다. J. 러보크 경이 설명한 것처럼 '종은 모두 다른 근연 생물 사이의 연쇄이다.' 만약 20개 정도의 현존하는 종이나 멸종한 종을 갖는 속을 택하여 그 5분의 4를 파괴한다면, 나머지는 서로 뚜렷이 다르다는 것을 의심할 사람은 아무도 없을 것이다. 만약 그 속에 있는 극단적인 형태가 우연히 파괴되었다면, 그 속 자체는 다른 근연속과는 현저하게 다른 지위에 서게 될 것이다. 이들 대부분의 현존하는 종과 멸종된 종을 연결하는, 수없이 많은 미세한 점진적 단계의 변종이 이전에 존재했다는 것을 지질학적 연구는 아직 암시해 주지 않고 있다. 지질학 연구가 이처럼 결실을 맺지 못했다는 사실은 내 학설에 반대하는 여러 이론 중에서도 가장 중대하고 명백한 이론일 것이다. 그럼 여기서 지금까지 설명한 내용을 가상적인 예로 정리해 보자.

아시아 대륙 남동쪽에 위치한 말레이 제도는 유럽으로 치면 남북으로는 거의 노스 케이프(North cape)에서 지중해까지, 동서로는 영국에서 러시아까지의 크기와 같다. 따라서 이 지역은, 미국의 지층은 별도로 하고 어느 정도 정확하게 조사된 어떤 지층 못지않은 것이다. 나는 말레이 제도와 같이 넓고 얕은 바다를 끼고 멀리 떨어져 있는 수많은 섬들이, 유럽에서 오늘날 지층 대부분이 퇴적하고 있었던 시대의 옛날 상태를 대표하고 있다고 한 고드윈—오스틴(Godwin Austin)과 전적으로 견해를 같이한다. 말레이 제도는 생물이 가장 풍부한 지방 가운데 하나이다. 그렇지만 일찍이 그곳에서 생활했던 종을 전부 수집한다 하더라도, 그것은 세계의 자연사를 대표하는 것으로 보기에는 얼마나 불완전한 것이겠는가!

그런데 말레이 제도에서 살았던 육서생물이 그곳에 퇴적해 있을 것으로 추정되는 지층 속에 극히 불완전하게 보존되어 있다고 믿을 만한 갖가지 이유가 있다. 연안성 동물이나 바다 가운데 있는 노출된 암석 위에 서식하는 생물이 땅속에 묻혀 화석이 되는 경우는 별로 없을 것이다. 모래와 자갈 속에 매장된 동물 시체도 먼 시대까지 존속하지는 않을 것이다. 바다 밑에 침전물이 퇴적하지 않거나, 생물체의 몸을 부패로부터 지키기에 충분한 속도로 퇴적되지 않는 곳에서 유해는 보존될 수 없기 때문이다.

말레이 제도의 화석이 풍부한 누층이, 제2기층과 똑같은 정도로 먼 미래까지 존속하는 데 충분한 두께를 가진 지층으로 형성되어 간다면, 그것은 침하 기간 동안만 이루어질 것이다. 이러한 침하시대는 상당한 시간 간격으로 서로 떨어져 있으며, 오랜 기간 동안 그 지역은 조용히 안정되어 있거나 아니면 융기하고 있었을 것이다. 융기하는 동안 화석을 포함한 각 지층은 지금 남아메리카 해안에서 보듯이 쉴 새 없는 파도의 침식 작용에 의해 퇴적하자마자 파괴되어 버렸을 것이다. 전 제도의 넓고 얕은 바다에서도 침전층이 융기하는 기간 동안 현저한 두께로 퇴적되거나 그 뒤의 침전물에 뒤덮여 보호되어, 극히 먼 미래까지 지속될 기회를 갖는 것은 거의 불가능하다. 침하 기간에는 많은 생물이 절멸하고 융기 기간에는 크게 변이가 일어났겠지만, 이 경우 지질학적 기록은 매우 불완전할 것이다.

말레이 제도 전체 또는 일부가 침하함과 동시에 퇴적층이 형성되는 대침하 시대의 지속 기간이 과연 한 종의 평균 지속 기간을 초과할지의 여부는 의문스럽다. 그러나 그와 같은 우발적 사건은 2가지 또는 그 이상의 종에서 이행적 단계를 모두 보존하는 데 없어서는 안 되는 필수조건이다. 만약 그와 같은 단계가 전부 충분하게 보존되지 않는다면, 이행적 변종은 단순히 각각 다른 종으로 간주되고 말 것이다. 게다가 각각의 대 침하 시대가 수준의 변동에 의해 중단되거나 오랜 기간 동안에 경미한 기후 변화가 일어날 수도 있다. 이렇게 되면 제도에 서식하는 생물은 이주해야 하기 때문에 그 생물의 변화에 대한 연속적인 기록은 어느 누층에도 보존될 수 없다.

현재 이 제도의 해서생물 중 상당수는 제도의 경계를 벗어나 몇 천 마일 밖에까지 전파되고 있다. 유추하건대 가장 새로운 변종을 많이 만들어내는 것은 주로 이와 같이 멀리 전파된 종일 것이다. 대개 그와 같은 변종은 처음에는 어느 한 장소에 한정된 국지적인 것이었으리라. 그러나 이것이 무엇인가 결정적으로 유리한 점을 갖고 있든가, 또는 더욱 변화하여 개량되었을 때는 서서히 전파되어 마침내 조상종을 구축하게 되었을 것이다. 그러한 변종이 옛날 고향으로 돌아왔을 때는 아마 극히 미세한 정도이긴 하지만 거의 전부가 옛날 상태와는 다른 상태가 되었기 때문에, 많은 고생물학자들이 채용하고 있는 원칙에 따라 새로운 종으로 분류될 것이다.

나의 이론에 의하면 같은 군에 속하는 과거와 현재의 모든 종은 무수한 이행적 단계를 통해 하나의 긴 분지적(分枝的) 생명의 사슬고리를 형성해야 한다. 그러나 지금까지 내가 설명한 바가 어느 정도 진실이라면, 그런 단계적 이행을 지층 속에서 발견하기를 기대해서는 안 될 것이다. 그저 어떤 것은 서로 비교적 밀접한, 어떤 것은 비교적 먼 유연관계를 가진 소수의 고리를 찾는 것밖에 할 수 없다. 그리고 이러한 고리는 비록 매우 유사한 것이라 하더라도 만약 같은 누층의 다른 단계에서 발견된다면, 대다수의 고생물학자는 그것을 다른 종으로 분류할 것이다.

여기서 솔직히 한마디만 하겠다. 나는 각 지층의 처음과 끝에 생활했던 종 사이에 무수한 이행의 고리가 결여되어 있다는 사실이 나의 이론을 이토록 압박하지 않았더라면, 가장 잘 보존된 지층에서조차 생명의 변전에 대한 기록이 얼마나 빈약한가를 자각하고 굳이 설명하지는 않았을 것이다.

갑작스런 군(群)의 출현

한 종의 모든 군이 어떤 지층에 갑작스럽게 출현하는 양상은 수많은 고생물학자, 이를테면 아가시, 픽테, 시즈윅(Sedgwick) 교수 등에 의해, 종의 변천을 믿는 신념에 대한 치명적인 반증으로서 내세워져 왔다. 만약 같은 속 또는 같은 과에 속하는 여러 종의 생명이 모두 동시에 시작되었다는 것이 진실이라면, 그 사실은 자연선택에 의한 진화론에 치명적인 것이 되리라. 그 까닭은 내 진화론에 따르면 한 조상종에서 유래한 어떤 무리의 번식 과정은 매우 완만했을 것이고, 이들 조상은 변화된 자손보다 훨씬 앞서서 생존했을 것이 틀림없기 때문이다.

그런데 지질학적인 기록의 완전성을 언제나 과대평가하는 버릇이 있다. 그래서 어떤 속 또는 과가 어떤 지층 밑에서는 눈에 띄지 않았다는 이유만으로 그것들이 그전에는 아예 존재하지도 않았다고 잘못된 판단을 내리고 만다. 이러한 경우에도 뚜렷한 고생물학적인 증거라면 신용할 수 있으나, 흔한 경험에 비추어 보면 뚜렷하지 않은 증거는 전혀 쓸모가 없다. 엄밀히 조사된 지층의 면적에 비하면 이 세계가 얼마나 광대한지를 곧잘 망각하곤 한다. 말하자면 수많은 종의 무리가 다른 곳에서 오래오래 살면서 천천히 번식한 뒤에 유럽이나 미국의 고대 제도로 건너왔을 가능성이 있다는 사실도 망각하고 있다. 게다가 연속적으로 쌓인 누층 사이에 삽입되어 있었을지 모르는 광대한 시간 경과도 올바르게 고려하지 않고 있다. 그 시간은 어쩌면 각 누층이 퇴적하는 데 소요된 시간보다 길었을지도 모른다. 이러한 시간 간격은 하나 또는 여러 원형에서부터 많은 종이 생겨나서 증가할 시간을 주었을 것이다. 그리고 잇따른 지층에서는 그러한 군이나 종은 마치 갑작스럽게 생겨난 것처럼 나타나게 된다.

앞에서 얘기한 것을 다시 한번 떠올려보자. 어떤 유기체가 새롭고 특수한 생활, 이를테면 박쥐가 공중을 날아다니는 생활에 적응하여 변화하기까지는 아주 오랜 세월이 걸렸을 것이 확실하다. 그러나 어느 한 지방에서 오랫동안 존재하면서 이러한 적응을 완벽하게 끝낸 소수의 종은 다른 종보다 크게 유리한 이점을 얻게 되고, 또한 대체로 짧은 시일 안에 곳곳으로 널리 퍼지게 된다.

픽테 교수는 이 책에 대한 그의 훌륭한 논평에서 초기의 과도적인 형태를 논하고 그 실례로서 새를 들었다. 그는 가상적인 원형의 앞다리가 계속 변화한다는 것이 도대체 종에게 어떤 이익을 줄 수 있는지 전혀 납득하지 못하고 있다. 그러면 여기서 남태평양에 서식하는 펭귄(Penguin)을 관찰해 보자. 이 새의 앞다리는 '팔다운 팔도 아니고 제대로 된 날개도 아닌' 어중간한 모양이지만, 그래도 이 새들은 생존경쟁에서 우위를 지키고 있다. 그 이유는 이들 여러 종의 무수한 새들이 계속해서 생존하고 있기 때문이다. 그렇다고 여기서 새들의 날개가 변이해온 점진적인 과정을 거친 진정한 과도적 단계를 볼 수 있다고는 생각하지 않지만, 펭귄의 변화된 자손이 처음에는 해면 위로 날개를 치면서 앞으로 나아갈 수 있게 되고 나중에는 해면에서 떠올라 공중을 날 수 있게 되었다고 믿는데, 이렇게 되기까지는 과연 어떤 특별한 어려움이 있었을까?

그러면 여기서 앞에서 말한 바를 더 자세히 설명하고, 종의 모든 군이 돌발적으로 발생한 것이라고 추측할 때 얼마나 쉽게 오류가 일어나는지 몇 가지 실례를 들어 설명해 보겠다. 픽테 교수의 저서 《고생물학》은 1844~1846년에 발간된 제1판과 1853~1857년에 발간된 제2판 사이가 매우 짧았다. 그런데도 제2판에서 저자는 몇몇 동물 군이 처음으로 나타난 것과 사라진 것에 대한 결론을 많이 수정했으며, 그 뒤에 나온 제3판에서는 더 많은 수정을 했다. 그리고 비교적 최근에 발표된 지질학 논문에서는 포유류강이라는 큰 무리가 제3기층 초기에 돌연히 나타났다는 주장이 반복해서 제기되고 있었다는 것도 널리 알려진 사실이다. 그러나 현재 제2기 중반기에 속하는 지층에서 수많은 포유류 화석이 나오고 있으며 진정한 포유류 화석이 제2기 중에서도 초기에 이루어진 신적사암(新赤砂岩) 속에서 발견되고 있다. 퀴비에(Cuvier)는 원숭이가 제3기 어느 층에도 존재하지 않았다고 주장해 왔는데, 실제로는 지금 제3기 모든 층에서 사멸된 원숭이 종의 흔적이 인도·남아메리카·유럽 같은 곳에서 발견되고 있다.

특히 놀라운 것은 고래 일족이다. 골격이 거대한 이 해양생물은 현재 전 세계에 분포해 있다. 그런데 제2기 지층에서는 뼛조각 하나 발견되지 않았다. 이 사실은 '고래목'이라는 특징적인 거대한 무리가 제2기 말 또는 제3기 초기에 갑자기 출현했다는 가설을 정당화하는 것처럼 보이기도 한다. 그러나 라이엘이 1858년에 출판한 《초등 지질학 편람》 부록을 보면, 제2기가 끝나기 조금 전에 형성된 녹색사암 지층 상부에서 고래의 존재를 보여주는 명확한 증거가 발견됐다. 그 흔적이 만약 미국의 신적사암 속에서 발견되지 않았다면, 30여 종이 넘는 이색종(異色種) 조류들 중에 매우 큰 동물들이 그 당시에 살고 있었다는 사실을 감히 누가 상상이나 할 수 있었을까? 고생물학자들은 얼마 전까지만 해도 조류는 모두 다 제3기 시신세(始新世)에 돌발적으로 생겨난 것이라고 주장했다. 그러나 지금 우리는 오언 교수가 밝혀낸 사실, 즉 새들은 분명히 상부의 녹색사암이 퇴적하는 동안 생존했다는 사실을 알고 있다. 또 최근에는 긴 도마뱀 꼬리와 비슷한 꼬리를 가지고 각 뼈마디 위에 한 쌍의 날개가 있으며, 그 날개에는 2개의 움직일 수 있는 갈고리발톱을 가진 아르케오프테릭스(Archeopteryx)라는 괴상한 새가 졸렌호펜(Solenhofen)의 타원형 석반(石盤) 속에서 발견되었다. 이것은 이 지구상에 서식하던 많은 생물에 대해 우리가 밝혀낸 바가 얼마나 적은지를 알려주는 것으로서, 오언 교수의 발견은 근세에 가장 훌륭한 것이다.

또한 나는 내 눈으로 목격한 놀라운 실례도 들 수 있다. 나는 무병만각류(無柄蔓脚類; Sessile cirripedes) 화석에 관한 연구 기록에서, 현존하거나 멸종해 버린 제3기 종이 다수 있다는 것, 북극 지방에서 적도에 이르기까지 전 세계에 걸쳐 고조선(高潮線)에서 50길(fathoms)에 이르는 수심의 수많은 대(帶)에 서식하는 종의 수가 무수히 많다는 것, 또한 가장 오래된 제3기층 속에서 그 완전한 표본을 볼 수 있다는 것을 밝혀냈다. 그리고 이 종은 껍질 조각까지 쉽게 구분할 수 있다. 이런 여러 가지 사정을 감안할 때, 만약 이 무병만각류가 제2기에 생존했더라면 뚜렷이 보존된 화석 상태로 발견되었을 것이 확실하다고 추측할 수 있다. 또 이 시대 지층에서는 아직까지 단 하나의 종이 있었던 흔적도 발견하지 못했으므로 그 많은 무리들은 제3기 초기에 돌연히 생겨난 것이라고 결론지을 수밖에 없었다.

그 당시에 이것은 종의 대군이 돌발적으로 생겨난 또 하나의 예를 추가하는 것이라고 생각했기 때문에, 나에게는 이것이 큰 번민거리였다. 그런데 나의 저작이 발간되자마자 노련한 고생물학자인 보스케(Bosquet)가 벨기에의 상부 백악층—제2기 말—에서 직접 채집한 진짜 무병만각류의 완전한 표본을 그린 그림을 나에게 보내주었다. 그것은 현재 어디서나 흔히 볼 수 있는 커다란 속(屬)에 속하는 만각류로서, 그 종은 오늘날까지 제3기층에서조차 단 하나도 발견된 적이 없었던 크타말루스(Chthamalus) 속이었다. 더군다나 최근에는 이 무병만각류 중에서도 별개의 아과(亞科)로 분류되는 피르고마(Pyrgoma) 속이 백악층 상단에서 우드워드에 의해 발견되었다. 이런 식으로 우리는 제2기 시대에 이 군(群)의 동물이 살아 있었다는 여러 가지 증거를 갖게 된 것이다. 어쩌면 이 만각류는 제3기의 여러 화석종과 현생종의 선조일 가능성도 있다.

종의 모든 군이 돌연히 출현했다는 것을 보여주는 예로서 고생물학자들이 가장 자주 거론하는 것은 백악기 초기 하부층에서 나타난 경골어류(硬骨魚類)의 출현이다. 현생 어류 대부분은 경골어류이다. 그리고 쥐라기 지층과 삼첩기(三疊紀) 지층에서 발견된 어떤 형태는 보통 경골로 알려졌으며, 권위 있는 고생물학자 중에는 태고시대의 형태까지 경골어류로 분류하는 사람도 있다. 만약 아가시의 의견대로 경골어류가 백악기 초기에 돌연히 출현했다고 한다면, 그것은 대단히 주목할 만한 일이다. 그러나 경골어류가 전 세계에서 똑같은 시대에 갑자기 동시에 출현했다는 사실도 아울러 증명되지 않는 한, 그것이 극복할 수 없는 난제를 내 학설에 던져주지는 못할 것이다. 어류 화석이 적도 남쪽에서는 거의 발견되지 않았다는 것은 이미 알려진 사실이다. 더구나 《고생물학》이라는 픽테의 저서를 읽어보면 유럽의 여러 지층에서 나타난 종은 극소수에 불과하다는 것을 알 수 있다.

현재 어떤 작은 과(科)에 속하는 어류 중에는 한정된 지역에서 사는 것이 있다. 경골어류도 처음에는 그와 똑같은 한정된 분포 범위를 가지고 있다가 바다 어느 한곳에서 매우 발달된 뒤에 널리 퍼졌는지도 모를 일이다. 그리고 우리에게는 세계의 모든 바다가 현재와 같이 남북으로 자유롭게 개방되어 있었다고 상상할 권리가 없다. 오늘날에조차 만약 말레이 제도가 육지로 변한다면, 인도양의 열대 부분은 아무리 거대한 바닷물고기도 그 속에서 번식할 수 있는 완전히 폐쇄된 하나의 해분(海盆)이 될 것이다. 그리고 그곳에 사는 바닷물고기 중에 어떤 것은 추운 기후에 알맞도록 적응되어 아프리카나 호주의 남단을 돌아서 다른 먼 바다로 이주해 갈 때까지 그대로 한곳에 머물게 될 것이다.

이와 같은 고찰과 더불어 유럽과 미국 외에 다른 나라의 지질학에 관한 지식이 무지하다는 점, 또 최근에 약 10년 동안 이루어진 여러 가지 발견에 의해 고생물학의 사고방식에 여러 혁명이 일어났다는 점을 생각해보라. 이 경우 전 세계를 통해 생물의 변천에 대해 독단적 결론을 내리는 것은, 우연히 호주의 어느 불모지역에 상륙한 어떤 내추럴리스트가 단 5분 동안 머물면서 그 지방에서 사는 생물의 수와 분포 구역에 대해 논의하는 것처럼 지나치게 경솔한 일이라고 생각한다.

가장 오래된 화석층

지금까지 논의한 것 외에도 비슷하지만 훨씬 더 중요한 난제가 한 가지 남아 있다. 그것은 이미 밝혀진 화석층 가운데 최하층에서 동물계의 대다수에 속하는 종들이 별안간 출현하고 있다는 것이다. 현존하는 동일한 군의 종은 모두 다 하나의 조상에서 발생했다고 하는 이론은, 이미 알려져 있는 가장 오래된 종에도 역시 똑같이 적용된다고 나는 믿는다. 예를 들면 캄브리아기와 실루리아기의 삼엽충류가 전부 어느 하나의 갑각류에서 발생했다는 것은 의심할 여지가 없지만, 이 조상은 캄브리아기보다는 훨씬 전부터 살고 있었던 다른 종류의 동물들과는 그 형태가 판이하게 달랐을 것으로 보인다. 가장 오랜 시대의 동물 중 앵무조개나 링굴라조개 같은 것들은 오늘날의 종과 별로 다르지 않은데, 이런 오래된 종들이 같은 군의 모든 종의 조상이었다고 하는 것은 나의 학설에 어긋난다. 왜냐하면 이러한 오랜 종은 그 중간적인 특질을 조금도 갖고 있지 않기 때문이다. 게다가 이 오래된 종이 다른 종들의 조상이라면, 그들은 개량된 수많은 자손에 의해 일찌감치 구축되어 멸종했을 것이다.

따라서 만약 나의 이론이 진실이라면, 가장 오래된 실루리아기층이 퇴적하기 훨씬 이전에 실루리아기부터 오늘에 이르기까지의 전 기간과 마찬가지로 긴,

아니 아마도 그보다 훨씬 더 긴 시대가 경과했을 것이다. 그리고 이 광대하고 완전한 미지의 기간에 세계는 온갖 생물로 만원을 이루었을 것이 틀림없다. 그런데 바로 이 문제가 우리의 주장과 서로 상이한 이론이 되는 난점이다. 그 까닭은 이 지구가 생물이 살기에 적합한 상태로 얼마나 오랫동안 지속되어 왔는지 의심스럽기 때문이다. 톰슨(W. Thompson) 경의 주장에 의하면, 지각의 응고는 2000만 년 미만 또는 4억 년 이상 옛날에는 일어날 수 없었을 것이고 아마도 9800만 년과 2억 년 사이의 옛날에 일어났을 거라고 한다. 이토록 범위가 넓은 것은 그 자료가 의심쩍다는 것을 나타낸다.

크롤(Croll)은 캄브리아기 이후로 약 6000만 년이 흘렀다고 추정한다. 그러나 이 숫자 또한 빙하시대 이후에 유기적인 변화가 괄목할 만큼 일어나지 않은 것으로 판단한다면, 캄브리아기 이후에 생긴 생물의 대변화와 비교해 볼 때 지나치게 짧은 기간이 되고, 이미 캄브리아기에 존재했던 여러 가지 생물이 발달하기에는 그 이전의 1400만 년이라는 세월이 결코 충분했다고 생각할 수는 없다. 그러나 톰슨 경이 주장하는 것처럼 세계가 훨씬 오래된 초기시대에는 물리적으로 오늘날보다 급속하고도 격렬한 변화를 겪었다는 것, 그리고 이러한 변화를 그 당시 존재했던 생물체에 발생케 하는 경향이 있었다는 것 등은 사실일 것이다.

그렇다면 이 가장 오래된 시대의 기록이 왜 캄브리아계 이전에서는 발견되지 않는 걸까? 이 의문에 대해 나는 만족할 만한 답변을 할 수 없다. 머치슨(R. Murchison) 경을 비롯하여 많은 저명한 지질학자들은 최하부 실루리아기층 속에서 볼 수 있는 생물 화석이야말로 지구상에 출현한 생물의 시초라고 믿었다. 그러나 라이엘이나 포브스와 같은 권위 있는 학자들은 이 결론에 즉각적인 반론을 발표했다. 여기서 우리가 반드시 기억해야 할 점은, 지금까지 인간이 정확하게 밝혀낸 것은 세계의 극히 작은 일부분에 불과하다는 것이다.

바랑드는 최근에 밝혀진 실루리아계 하부층에 새롭고 특수한 종으로 충만한 한층 낮은 단계가 있다는 것을 덧붙였다. 또 힉스(Hicks)는 캄브리아기 하단부보다 더 낮은 장소에 삼엽충류가 풍부하다는 것을 밝혔고, 또한 여러 가지 연체동물과 체절동물들이 들어 있는 지층이 남웨일스 지방에 있다는 것을 발견했다. 최하단부의 생물 없는 암석의 일부에 인산염을 함유한 적은 덩어리나 역청질(瀝靑質) 물질이 있는 것은, 아마 그 시대에 생물이 있었음을 입증하는 것 같다. 또 캐나다의 로렌시아 기층 안에서 시생충(始生蟲)이 존재하는 것은 일반적으로 인정되고 있다.

캐나다의 실루리아 계통 밑에는 3대 계통의 지층이 있으며, 그 가운데 최저부에서는 시생충이 발견된다. 로건(W. Logan) 경은 이렇게 말했다. "그 전체 두께는 고생대 밑바닥에서 오늘날까지 퇴적된 모든 암석의 두께를 대부분 훨씬 초과할 것이다. 이렇게 해서 우리는 먼 옛날까지 회고할 수가 있다. 어떤 사람들은 바랑드가 말하는 이른바 원시동물상의 출현을 비교적 근대의 사건으로 간주하고 있을 정도이다." 시생충은 모든 동물의 강 안에서 가장 낮은 체제의 것에 속해 있으나 그 강에서는 높은 체제를 가지고 있고, 또한 많은 개체수가 생존하면서 도슨 박사의 설명처럼 수많은 다른 작은 생물을 먹고 살았을 것이 틀림없다. 이렇게 해서 내가 캄브리아기보다 훨씬 이전에 살았던 생물의 존재에 대해 1859년에 글을 썼고, 그 뒤 W. 로건 경이 똑같은 말을 한 것은 그것이 진실임을 증명해준다.

그럼에도 실루리아기 이전에 생성된 화석이 풍부한 지층이 없다는 사실을 설명하기란 매우 어려운 일이다. 가장 오래된 지층이 마멸되어 전적으로 사라져버렸다거나, 그 화석이 변성작용에 의해 모두 사라져버렸다는 것은 진실로는 생각되지 않는다. 만약 그것이 사실이라면 우리는 시대적으로 그 다음에 이어지는 지층에서 아주 희미한 흔적을 발견할 수 있을 뿐이고, 그 흔적도 반드시 열이나 압력을 받아 부분적으로 변형된 상태로 존재해야 할 것이다. 그러나 러시아나 북아메리카 같은 광범한 대륙에 형성된 실루리아기 지층에 대해 지금 우리가 가지고 있는 기록은, 지층이 오래되면 될수록 반드시 극도의 마멸과 변형을 겪는다는 견해를 뒷받침하지 못하고 있다.

현재로서는 이 경우를 해명할 수 없는 채로 남겨두는 수밖에 없다. 그것은 실제로 내가 여기에 서술한 견해에 반대하는 유력한 논거가 될 수 있을 것이다. 하지만 이 문제가 언젠가는 해명되리라는 것을 보여주기 위해, 나는 다음과 같은 가설을 제시하고자 한다. 유럽과 미국의 수많은 누층에 있는 생물의 유해는 깊은 물속에서 살았던 것 같지는 않다. 그리고 그 누층을 구성하는 퇴적이 몇 마일 두께나 되는 양이라는 점으로 미루어보아 우리는 이 퇴적이 일어난 큰 섬이나 넓은 육지가 내내 현재의 유럽과 북아메리카 대륙 부근에 있었던 것이라고 추론할 수 있다. 이것과 비슷한 견해는 그 뒤 아가시와 그 밖의 사람들에 의해 주장되기도 했다. 그러나 우리는 계속적으로 일어나는 지층 형성 간격 속에 존재하던 공백의 세계가 과연 어떤 상태였는지 모른다. 그때 유럽과 북아메리카는 건조한 육지였는지, 아니면 퇴적이 일어나지 않는 육지 근처의 얕은 바다 밑이었는지, 아니면 원양의 깊은 바다 밑이었는지, 우리로서는 알 수가 없다.

면적이 육지보다 3배나 되는 지금의 바다에는 다수의 섬들이 흩어져 있는데도, 고생대와 제2기 누층의 자취가 발견된 해양도는 하나도 없다―그중에서 만약 뉴질랜드를 진정한 해양도라고 부를 수 있다면 그것은 제외하고―. 그러므로 고생대와 제2기에는, 오늘날 바다가 펼쳐져 있는 곳에 대륙은 물론 대륙적인 섬조차 존재하지 않았던 것으로 미루어 짐작해도 그다지 틀리지 않을 것이다. 만약 그런 육지가 존재했다면 그것의 마멸과 붕괴 작용에 의해 발생한 퇴적물이 쌓여 고생대 또는 제2기의 누층이 생겼을 것이 틀림없고, 또한 그러한 지층은 그 기나긴 시기 동안 당연히 일어났을 지표의 상하운동 현상에 의해 적어도 부분적으로는 융기했을 것이기 때문이다. 만약 이런 사실에서 무엇인가 추론할 수 있다면, 그것은 오늘날 바다가 펼쳐진 곳에는 현재 기록이 남아 있는 가장 오래된 시절부터 바다가 존재했으리라는 사실일 것이다. 또 한편으로 지금 대륙이 있는 곳에는 가장 오래된 캄브리아기 이래 계속 커다란 육지가 존재했을 것이며, 여기선 의심할 여지없이 수준면의 대변동이 있었을 것이다.

나의 저서 《산호초》의 부록에 실려 있는 채색도는, 나로 하여금 거대한 대양은 지금도 여전히 주로 침하하는 지역이고 큰 제도는 아직도 수준이 변동하는 지역이며, 대륙은 지금까지 융기하는 지역이라는 결론에 도달하게 했다. 그러나 사물이 영원한 옛날부터 이와 같이 변하지 않고 있었다고 가정할 권리가 우리에게 있는 것일까? 현존하는 대륙은 많은 수준면의 변동이 일어나는 사이에 융기의 힘이 우세했기 때문에 형성된 것처럼 보인다. 그런데 오랜 세월이 흐르는 동안 그 힘의 우열관계가 역전되지는 않았을까? 캄브리아기보다 훨씬 앞 시대에 어쩌면 대륙은 지금 바다가 위치한 곳에 존재했을지도 모르고, 깨끗하고 광활한 바다가 지금 우리가 딛고 서 있는 대륙의 자리에 있었는지도 모른다. 또 이를테면 태평양 바다 밑이 지금 대륙으로 변한다 해도 거기에 캄브리아기층보다 오래된 누층이 퇴적해 있다가 우리에게 꼭 발견되리라는 법도 없다. 지구 중심을 향해 몇 마일이나 접근해서 가라앉아 엄청난 바닷물의 무게에 짓눌린 지층은 항상 해면 가까이 머물렀던 층보다는 훨씬 더 많은 변성작용을 받을 것이 당연하기 때문이다. 세계의 어떤 곳, 이를테면 남아메리카에는 커다란 압력 아래 틀림없이 가열되었을 변성암이 노출되어 있는 광활한 지역이 있다. 나는 이 지역에 대해서는 특별한 설명을 해야 할 필요가 있다고 늘 생각해왔다. 우리는 아마도 이런 광대한 지역에서는 캄브리아기보다 훨씬 이전에 생긴 많은 지층이 완전히 변화되어 마멸된 상태에 있는 것을 볼 수 있을지도 모른다.

간추림

이 장에서는 여러 가지 어려운 문제를 논해 보았다. 계속해서 생기는 누층 속에서는 오늘날 존재하는 종과 과거에 존재한 종 사이의 연쇄성이 종종 발견된다 하더라도 그 모든 것을 남김없이 결합하는 수많은 미세한 과도기적 형태는 발견되지 않았다는 점, 유럽에 있는 여러 지층에서 종의 수많은 무리가 돌연히 출현했다는 점, 오늘날 알려진 바로는 캄브리아기보다 아래층에서는 화석을 포함한 지층이 전혀 없었다는 점 등은 어느 것이나 의심할 여지없이 지극히 중요한 문제이다. 이것은 가장 탁월한 고생물학자들, 즉 퀴비에, 오언, 아가시, 바랑드, 픽테, 폴코너, 포브스 등 학자들이나 라이엘, 머치슨, 시즈위크 등의 권위 있는 위대한 지질학자들이 모두 다 한결같이, 때로는 격렬한 태도로 종의 불변성을 역설했다는 사실 속에 명백하게 드러나 있다. 그러나 한 사람의 위대한 권위자 찰스 라이엘 경이 한층 더 깊은 성찰에 의해 종의 불변성에 대해 중대한 의문을 품게 되었다고 확신한다. 다만 현재의 지식을 우리에게 제공해준 이 위대한 학자들에게 이의를 제기하는 것은 너무 성급한 일처럼 여겨지기도 한다.

이 책에 소개된 사실과 논거에 무게를 두지 않는 사람들은 자연계의 지질학적 기록이 더없이 완전하다고 생각하면서 당연히 나의 학설을 거부할 것이다. 그런데 나는 라이엘의 비유에 따라 지질학적 기록을, 불완전하게 유지되고 변화하고 있는 방언(方言)으로 적힌 세계 역사로 간주한다. 우리는 이 역사 중에서도 겨우 두세 나라의 역사에 대해 실려 있는 마지막 한 권만 소유하고 있을 뿐이다. 이 마지막 한 권조차 보통 여기저기의 짤막한 장(章)만 남아 있고 각 페이지도 불과 몇 줄만 남아 있을 뿐이다. 또한 역사를 기록했다고 여겨지는 언어도 서서히 변화하고 있으므로, 띄엄띄엄 이어지는 장과 장 사이에서는 단어도 조금씩 달라진다. 이러한 상태는, 연속적이기는 하지만 공백 기간이 군데군데 존재하는 누층 속에서 갑자기 출현한 듯한 생물종이 발견되는 상태와도 비슷하다. 이렇게 생각한다면 앞에서 말한 난감한 문제들은 크게 감소하거나 완전히 소멸해 버릴 것이다.

10장 생물의 지질학적 천이(遷移)

새로운 종의 끊임없는 출현—종들의 변화 속도는 다르다—한 번 소멸한 종은 두 번 다시 출현하지 않는다—종의 군(群)은 출현하거나 소멸할 때 단일종과 같은 일반적 규칙에 따른다—멸종—온 세계에서 생물의 종류가 동시에 변화하는 일에 대하여—절멸종(絶滅種) 상호 간의 유연(類緣) 및 절멸종과 현생종(現生種)의 유연관계—고대 생물의 발달 상태—동일한 지역 내에서 일어나는 동일 유형의 천이—간추림

새로운 종의 완만하고 연속적인 출현

생물의 지질학적 천이에 대한 여러 가지 사실과 법칙은 종의 불변성이라고 하는 일반적 견해와 가장 잘 일치하는가, 그렇지 않으면 공통된 조상에서 유래한 종의 자연선택에 의한 완만하고 점차적인 변화를 주장하는 견해와 잘 일치하는가. 여기서는 이 점을 고찰해 보기로 하자.

새로운 종은 땅 위에서나 물속에서나 지극히 완만하게 차례차례로 나타난다. 라이엘 경은 제3기 여러 지층을 본다면 이 문제에 관한 증거를 무시하지 못한다는 것을 보여주었다. 그리고 해마다 그러한 지층 사이의 공백은 채워지고, 멸종한 형태와 현존하는 형태의 비율이 서서히 변화했음이 점점 더 확실히 밝혀지게 되었다. 지극히 근세의 지층에서는—물론 햇수로는 매우 오래됐지만—겨우 한두 종이 멸종한 데 불과하고, 또 근소하게나마 한두 가지 새로운 종이 지방적으로, 또는 우리가 알고 있는 한에는 지구 표면에 처음으로 나타난 데 불과하다. 루돌프 A. 필리피가 시칠리아섬 지층을 관찰한 결과를 믿어도 된다면, 이 섬에서는 해양생물이 연속적으로 변화한 사례가 많을뿐더러 그 변화는 점진적으로 이루어졌다. 제2기 지층은 좀 더 단편적이지만, 하인리히 G. 브롱이 지적했듯이 현재는 절멸해버린 많은 종들의 출현과 소멸은 각 누층에서

동시에 일어나지는 않았다.

서로 다른 속이나 강에 속한 종들은 변화 속도도 변화 정도도 제각각이다. 비교적 오래된 제3기 지층에서도 이미 멸종한 다수의 종류와 섞여서 소수이지만 현생 패류가 발견된 바 있다. 폴코너는 히말라야 산기슭의 퇴적층 속에서 발견되는 수많은 멸종한 포유류나 파충류에 섞여서 현존하는 악어 화석이 존재한다는, 위와 똑같은 사실을 나타내는 놀라운 예를 보고했다. 실루리아기(紀)의 링굴라 조개는 이 속의 현존하는 종과는 조금밖에 다르지 않지만, 다른 실루리아기의 연체동물 대부분과 모든 갑각류는 두드러지게 변화해 왔다. 지상의 생물은 해상의 생물보다 빠른 속도로 변화한 것 같은데, 스위스에서 그 현저한 예를 엿볼 수 있다.

자연계에서 높은 단계에 있는 생물은 낮은 곳에 있는 것보다 빨리 변해 버린다고 믿을 만한 몇 가지 이유가 있다. 물론 이 규칙에도 예외는 있다. 픽테가 지적한 것처럼 생물이 변화하는 양은 지질학적 누층의 천이와 정확히 대응되지는 않는다. 따라서 연속된 개별적인 두 누층을 서로 비교했을 때, 생물의 변화 양상이 어디에서나 똑같이 나타나는 경우는 없다고 봐야 한다. 그래도 무척 긴밀한 관계를 가진 누층들을 비교해 보면, 모든 종이 어느 정도 비슷한 변화를 보이고 있다는 것을 알 수 있다.

어떤 종이 한 번 지구 표면에서 사라져버리면 그것과 똑같은 형태가 다시금 나타나는 일이 있다고 믿을 만한 이유는 어디에도 없다. 이 규칙에 대한 가장 유력하게 보이는 예외는 M. 바랑드의 이른바 '식민(植民)'이다. 그것은 비교적 오래된 지층 한복판에 있는 어떤 시기에만 꿰뚫고 들어가서 이전에 존재했던 동물이 다시 출현한 것처럼 보이는 현상이다. 그러나 라이엘에 의하면 그것은 지리적으로 먼 지방에서 일시적으로 이동해 온 예라는 설명으로 마무리된다.

이와 같은 몇 가지 사실은 내 이론과 일치한다. 어떤 지역에서 살고 있는 모든 생물을 돌연히 동시에 똑같은 정도로 변화시킨다는 일정한 발달 법칙은 존재하지 않는 것 같다. 변화 과정은 매우 천천히 이루어진다. 각각의 종의 변이성은 모든 다른 종의 변이성과는 관련이 없다. 이렇게 종 안에서 발생하는 변이와 개체 차이가 자연선택에 의해 점점 축적되고, 그로 인해 조금이나마 영구적인 변화를 일으킬 수 있을 것이다. 그런데 실제로 이런 일이 일어날지 여부는 많고 복잡한 우발적 요인들에 달려 있다. 즉 유리한 성질의 변이나 자유로운 교잡, 번식률, 그 나라에 서서히 변화해 가는 물리적 조건, 그리고 새로운 식민지의 이주, 변이하고 있는 종의 경쟁 상대라고 할 다른 생물의 성질에 따라 변화 양상이 정해진다. 그러므로 하나의 종이 다른 종보다 훨씬 오랫동안 같은 형태를 유지하고 있다는 것이나, 변화를 하고 있더라도 그 변화 정도가 낮은 것은 결코 놀라운 일이 아니다.

우리는 여러 나라에서 현재 살고 있는 생물 사이에서도 같은 관계를 볼 수 있다. 예컨대 말데이라의 육산(陸産) 패류와 갑각류는 유럽 대륙에 있는 가장 가까운 종류와 매우 다르지만, 해산(海産) 패류와 조류는 별로 다르지 않다. 육서생물이나 비교적 고도의 체제를 가진 생물은 해산생물이나 하등생물에 비해 신속하게 변화하는 것처럼 보인다. 이 사실은 아마 앞 장에서 설명한 것처럼 고등생물이 유기적 및 무기적인 생활 조건과 좀 더 복잡한 관계를 맺고 있다는 것으로 이해될 것이다.

어떤 지역에서 살고 있는 대부분의 생물이 변화하고 개량되었을 때, 같은 정도로 개량되지 않은 어떤 형태는 자칫하면 멸망하기 쉽다는 것을 우리는 경쟁 원리의 기초로 삼고, 또 생존경쟁에 대한 생물과 생물의 지극히 중요한 관계에 의해 이해할 수가 있다. 따라서 우리는 장기적으로 볼 때 같은 지방의 모든 종이 결국 변화해 버리는 것은 무엇 때문인지도 알 수 있다. 변화하지 않는 것은 멸종해버리기 때문이다.

같은 강에 속하는 종의 평균 변화량은 장기적으로 본다면 거의 같다. 그러나 화석을 함유한 지층이 얼마나 오래 보존될지는 침하하고 있는 토지에서 퇴적하는 침전물의 양에 달려 있다. 현재의 지층은 거의 모두 광대하고 또 불규칙적으로 끊어졌다 이어졌다를 거듭해 온 것이 틀림없다. 그 결과 연속된 누층에 묻혀 있는 화석에서 발견되는 변화량은 한결같지 않다. 이렇게 생각하면 어느 누층도 새로운 완벽한 창조 행위를 기록하고 있지는 않은 셈이다. 그것은 마치 장면이 서서히 변하는 연극에서 일부 장면만 거의 무작위로 뽑아낸 것과도 비슷하다.

설령 유기적 및 무기적으로 동일한 생활 조건이 되돌아오더라도 한 번 사라진 종은 결코 재현되지 않는다. 그 이유를 우리는 쉽게 이해할 수 있다. 예를 들어 어느 종의 자손이 자연계 질서 속에 있는 다른 종의 장소를 차지하여 그것을 대신하도록 적응하게 되고—의심할 여지없이 그런 경우가 무수히 있었다—그로 인해 다른 종을 구축할 수는 있지만, 2가지 종의 형태—낡은 것과 새로운 것—가 완전히 동일한 것은 아니다. 왜냐하면 양자가 별개의 조상으로부터 다른 형질을 물려받은 것이 확실하고, 또 이미 달라지기 시작한 생물은 다른 방법으로 변이하기 때문이다.

만일 공작비둘기가 모두 멸종해 버리더라도 사육가는 그것과 거의 구별할 수 없는 새로운 품종을 만들 수 있을 것이다. 그러나 그 조상인 들비둘기도 멸종해버리고 더욱이 자연 상태에서는 조상형은 일반적으로 개량된 자손에 의해 대체되어 절멸하는 것이라고 믿을 만한 이유가 있다면 어떨까. 이 경우에는 현재 품종과 동일한 공작비둘기가 비둘기의 다른 종으로부터 육성된다는 것은, 아니 그것이 집비둘기의 이미 확립된 다른 품종으로부터 육성된다는 것조차 도저히 불가능한 일이다. 왜냐하면 새로 생긴 공작비둘기의 변종은 새로운 조상으로부터 어떤 형질의 차이를 유전받은 것이 확실하기 때문이다.

종의 군(群), 즉 속(屬)과 과(科)는 출현하거나 소멸할 때 개개의 종과 마찬가지로 일반적인 규칙에 따른다. 그 변화에는 완급(緩急)과 대소(大小)의 차이가 있다. 어떤 군은 한 번 사라지면 결코 다시 나타나지 않는다. 다시 말하면 그 존재는 존속하는 한 연속적이다. 나는 이 규칙에 어떤 예외처럼 보이는 것이 있다는 것을 알고 있지만 그 예외는 놀랄 만큼 적다. 실제로 E. 포브스, 픽테, 그리고 우드워드까지—그들은 모두 내가 주장하는 견해에 강력하게 반대하고 있지만— 이 규칙의 진실을 인정하고 있을 정도이다. 그리고 이 규칙은 엄밀히 보면 자연선택 이론과 일치한다.

같은 군의 모든 종은 하나의 공통 조상에서 유래한 것이다. 따라서 그 군에 속한 종이 오랫동안 지층 속에 계속해서 등장한다면, 그동안 그 군의 일원이 연속적으로 존속한 셈이다. 그렇지 않다면 새롭게 변한 종을 낳거나, 변화하지 않은 오래된 종을 계속 이어가기란 불가능하기 때문이다. 예컨대 링굴라조개속에서 모든 시대에 계속해서 나타난 종은, 가장 오래된 실루리아기층에서 지금까지 파괴되지 않은 세대의 계열에 의해 연결되고 있었던 것이 분명하다.

우리는 앞 장에서 종의 모든 군이 때때로 갑자기 발생한 것처럼 잘못 보이는 경우가 있다는 것을 알았다. 만일 그것이 진실이라면 나의 견해에 치명적이 될 것이다. 그래서 나는 이 사실을 어떻게든 설명하려고 노력했다. 그러나 그러한 경우는 명백히 예외이며, 종의 군이 점차 수를 더하여 마침내 최대한에 이르렀다가 이윽고 점차 줄어드는 것이 일반적인 규칙이다.

만일 하나의 속에 포함된 종의 수, 또는 하나의 과에 포함된 속의 수가 그러한 종을 볼 수 있는 잇따른 지층으로 올라가는 여러 가지 굵기의 수직선으로 표시된다면, 그 선은 때로는 잘못되어 아래쪽이 뾰족한 점이 아니라 끊어진 선의 형태로 시작하는 것처럼 보이는 경우가 있다. 다음에 이 선은 점차 위쪽을 향해 굵어져서 잠시 동안은 대체로 같은 굵기를 유지하고, 드디어 상층에 이르러서는 가느다랗게 되었다가 사라지는데, 이것은 그 종의 감소와 절멸을 나타낸다.

어떤 군의 종이 이렇게 하여 점차 그 수를 늘리는 것은 나의 이론과 일치한다. 같은 속의 종과 같은 과의 속은 오직 천천히 점진적으로만 증가하는 것이다. 종의 변화도 일련의 근연종의 산출도 반드시 완만하고 점진적인 과정으로 되어 있다. 하나의 종이 먼저 2,3개의 변종을 발생시키면 그것이 서서히 종으로 변화해 가며, 그 다음에는 이 종이 똑같이 완만한 단계를 통해 다른 변종과 종을 만들어나간다. 그리하여 마치 큰 나무가 오직 하나의 줄기에서 가지가 계속 갈라지는 것처럼 점차 그 군이 커지게 되는 것이다.

종의 절멸

지금까지 종과 종의 무리의 소멸에 대해서는 단지 다른 주제에 곁들여서 이야기해 왔을 뿐이다. 자연선택설의 입장에서 볼 때 오래된 종류의 멸종과 새롭게 개량된 종류의 발생은 서로 긴밀하게 결합되어 있다. 지상의 모든 거주자가 천재지변이 일어날 때마다 남김없이 일소되었다는 낡은 관념은 이미 거의 폐기된 상태이다. 엘리 드 보몽(Elie de Beaumont), 머치슨, 바랑드와 그 밖의 일반적인 견해로 보면 당연히 그런 결론에 도달할 것으로 예상되는 지질학자들도 대체로 이런 천재지변설을 포기했다. 이것과는 반대로 제3기층 연구에 의해 종과 종의 무리가 처음에는 어느 한 지점에서 다음에는 다른 지점에서, 마지막에는 전 세계에서 점차 사라져갔다고 믿을 만한 충분한 이유가 있다. 그러나 어떤 소수의 경우에는 육지와 육지를 잇는 좁고 잘록한 땅이 파괴되어 새로운 생물이 인접한 바다로 침입하거나, 어떤 섬이 완전히 가라앉아 버림으로써 멸종 과정이 빨라졌다고도 할 수 있다.

단일한 종도 종의 군 전체도 존속기간은 매우 다양하다. 이미 설명한 것처럼 어떤 군은 생명의 서광이 비치기 시작한 시기부터 오늘날까지 존속해 왔고, 어떤 군은 고생대가 끝나기 전에 멸종해 버렸다. 하나하나의 종과 속의 존속기간을 결정하는 고정된 법칙은 없는 것으로 보인다.

하나의 군에 속하는 모든 종의 완전한 멸종은 일반적으로 종의 출현보다 완만한 과정을 거친다고 믿을 만한 이유가 있다. 만일 그 출현과 멸종을 앞에서와 같이 폭이 변화하는 수직선으로 나타낸다면, 그 선은 종의 절멸과정을 표시하는 위쪽에서는, 그 최초의 출현과 초기 개체수 증대를 표시하는 아래쪽보다 길고 완만하게 끝이 가늘어질 것이다. 그러나 어떤 경우에는 모든 군(群)의 멸종이 제2기 끝 무렵의 암모나이트(Ammonites ; 菊石類)처럼 놀랍도록 급격하게 일어나기도 한다.

종의 멸종이라는 문제는 그 전체가 더할 수 없는 신비에 싸여 있었다. 어떤 학자는 개체가 일정한 수명을 갖고 있듯이 종도 일정한 존속기간을 갖고 있다고 생각했다. 종의 멸종에 대해 나만큼 경이를 느낀 사람은 없을 거라고 생각한다. 나는 라플라타강 유역에서 아득히 먼 빙하시대부터 현존하는 패류와 함께 존재했던 마스토돈(Mastodon), 메가테리움(Megatherium), 톡소돈(Toxodon)—모두 다 멸종한 포유류이다—, 그 밖의 멸종한 거대동물의 화석과 함께 매장된 말의 이빨을 보고 매우 놀란 적이 있다. 나는 말이 스페인 사람에 의해 남아메리카에 수입된 이래 온 나라에 퍼져서 적응하여 엄청난 속도로 그 수를 늘려온 것을 보고, 옛날에 이 땅에 있던 야생마가 이와 같이 분명히 유리한 생활조건 속에 있으면서도 최근에 멸종해 버린 것은 무엇 때문인지 자문했었다. 그러나 나의 놀라움은 근거가 없었다. 그 뒤 오언 교수는 그 말의 이빨이 현존하는 말의 이빨과 매우 비슷하지만 멸종한 종의 것임을 발견하게 되었다.

만일 이 말이 매우 희귀하더라도 지금까지 살아서 존속한다면, 내추럴리스트는 그것이 희귀하다는 것에 대해서는 조금도 놀라지 않을 것이다. 왜냐하면 매우 드물다는 것은, 모든 나라 모든 강의 거의 모든 종에서 볼 수 있는 속성이기 때문이다. 만일 이 종 또는 저 종이 왜 적은가 하는 질문이 나온다면, 그 생활 조건에서 어떤 점이 불리하기 때문이라고 대답하겠지만, 그 점이 구체적으로 무엇이냐고 묻는다면 나는 거의 아무것도 대답할 수 없다. 예를 들어 그 화석마(化石馬)가 희귀종으로서 현존한다고 가정해보자. 번식이 느린 코끼리까지 포함한 온갖 포유류와의 유추를 통해서, 또 남아메리카에서 사육마가 야생마로 귀화한 역사를 통해서도 옛날보다 더욱 유리한 조건에서 그 화석마는 불과 몇 년 안에 전 대륙에 번식해 버릴 것이 틀림없다고 느낄 것이다. 그러나 그 증가를 방해하는 불리한 조건이라는 것이 과연 무엇인지, 그것이 어떤 하나 또는 여러 가지 우연한 요인인지, 그리고 그러한 조건은 말의 일생에서 어떤 시기에 어떤 정도로 작용한 것인지를 말할 수는 없을 것이다. 만일 그러한 조건이 아무리 완만하게 점점 불리해진다 하더라도 우리가 그 사실을 인지할 수 없는 것은 분명하며, 만약 그런 일이 일어난다면 화석마는 틀림없이 점차 줄어들어 마지막에는 멸종해 버릴 것이다. 그리고 화석마가 차지하고 있던 장소는 그것을 능가하는 경쟁자에게 빼앗겨 버릴 것이다.

모든 생물의 증가는 인지하기 어려운 유해한 요인으로 끊임없이 방해받고 있으며, 또 그 인지하기 어려운 요인이 개체수를 감소시키다가 마침내는 멸종을 불러일으키기에 충분할 만큼 강력하다는 사실을 쉽게 잊어버린다. 이 문제를 이해하는 것은 매우 어려운 일이다. 사람들은 마스토돈이나 그보다 훨씬 오래된 공룡류와 같은 거대 동물들이 멸종한 것에 대해 놀라곤 한다. 마치 생존경쟁에서 승리할 수 있는 것은 오로지 체력이 좋은 생물뿐이라는 듯이. 그러나 단순히 몸이 큰 것은, 오언 교수가 말하듯이 많은 식량을 필요로 하기 때문에 어떤 경우에는 오히려 멸종 시기를 앞당기게 된다. 인간이 인도나 아프리카에서 살기 전에는 어떤 원인이 현존하는 코끼리의 연속적인 증식을 방해했음이 틀림없다. 저명한 감정가인 폴코너 박사는 인도코끼리를 끈질기게 괴롭혀 쇠약해지게 함으로써 그 증가를 방해하는 것은 주로 곤충이라고 믿고 있다. 또 아비시니아에 있는 아프리카코끼리에 대한 브루스의 결론도 이와 마찬가지이다. 곤충과 흡혈 박쥐가 남아메리카 곳곳에서 귀화한 네발짐승의 생존을 좌우하는 것은 틀림없는 사실이다.

우리는 비교적 근대의 제3기층에서, 멸종에 앞서서 수가 줄어든 예를 많이 볼 수 있다. 또 부분적으로 또는 전면적으로 인간에 의해 멸종된 동물이라 하더라도, 그 멸종 과정은 똑같다고 알려져 있다. 내가 1845년에《비글호 항해기》에서 발표한 것을 여기에 다시 한번 되풀이하겠다. 그것은 종이 일반적으로 멸종하기에 앞서 희소해지는 것을 자연스럽게 인정하는 것은, 즉 종이 줄어드는 사실에는 조금도 놀라지 않고 그저 그것이 존재하지 않게 된 것에 대해 크게 놀라는 것은, 개인이 질병에 걸리는 것이 죽음의 예고임을 인정하는 것과도 같다. 즉 우리가 질병이란 것에 대해 아무런 놀라움도 느끼지 않다가 환자가 죽고 나면 그때서야 놀라면서 뭔가 알 수 없는 폭력 행위에 의해 살해당한 것은 아닐까 하고 의심하는 것과 마찬가지이다.

　자연선택설은 모든 새로운 변종, 그리고 결국은 모든 새로운 종이 경쟁상대보다 뛰어난 이점을 갖고 있음으로써 발생하고 유지되며, 그 결과로서 불리한 쪽의 멸종이 거의 불가피하게 일어난다는 단순한 확신 위에 성립되어 있다. 이것은 사육재배생물의 경우에도 마찬가지이다. 좀 더 개량된 새로운 변종이 육성되면 그것은 먼저 이웃에 있는 개량 정도가 낮은 변종을 구축한다. 이 품종이 어지간히 개량되면 마치 지금의 단각우(短角牛)처럼 원근을 가리지 않고 각지로 수출되어, 다른 나라들의 다른 품종들까지 대신하게 된다. 이와 같이 새로운 형태의 출현과 낡은 형태의 멸종은 자연히 발생한 경우와 인위적으로 발생시킨 경우를 불문하고 서로 밀접한 관련을 맺고 있다. 번식이 왕성한 무리에서는, 일정한 시간 안에 만들어진 새로운 형태의 수는 멸종된 낡은 형태의 수보다 많았을 것이다. 그러나 우리는 적어도 최근의 지질시대에는 종이 무한하게 증가하지는 않았다는 것을 알고 있다. 따라서 요즈음에는 새로운 종의 발생은 거의 같은 수의 낡은 종을 멸종시킨 것으로 간주해도 무방할 것이다.

　앞에서 말한 것처럼 모든 점에서 서로 가장 닮은 형태 사이에서 일반적으로 가장 경쟁이 심하다. 따라서 개량되고 변화된 자손은 보통 조상종의 멸종의 원인이 된다. 그리고 어떤 종에서 많은 새로운 종류가 발달하면, 그 종의 가장 가까운 근연종, 즉 같은 속의 종이 가장 멸종하기 쉽다. 이리하여 종에서 나온 일련의 새로운 종은 새로운 속을 형성하여, 같은 과에 속하는 오래된 속을 몰아내게 된다. 그러나 어느 하나의 군에 속하는 새로운 종이 다른 군에 속하는 하나의 종이 차지하고 있던 자리를 빼앗아 그 종을 멸종시키는 경우도 자주 있었을 것이다. 만일 이 성공한 침입자에서 많은 근연종이 발생한다면, 다수의 개체가 자신의 자리를 양보하지 않으면 안 된다. 또 근연종은 대개 공통적으로 유전된 어떤 열성 때문에 다 같이 피해를 입게 된다.

그러나 변화되고 개량된 다른 종에게 자리를 양보하게 된 종들이 같은 강에 속하든 다른 강에 속하든, 그 피해자들 가운데 소수는 뭔가 특수한 생존방법에 적합하기 때문에, 아니면 멀리 떨어진 지역에 서식하며 혹독한 경쟁을 피함으로써 이따금 오래 유지되는 수가 있다. 예컨대 제2기에 번영한 패류의 큰 속인 삼각패(三角貝 ; Trigonia)의 어떤 종은 호주 부근의 바다 속에 남아 있다. 또 제2기에 크게 번식했지만 지금은 거의 멸종해 버린 경린어류 중에서도 어떤 소수의 것은 민물 속에서 살고 있다. 따라서 어떤 무리가 전적으로 멸종해 버린다는 것은, 이미 살펴본 바와 같이 그것의 발생보다 일반적으로 완만한 과정을 거친다.

고생대 말에 절멸한 삼엽충류 및 제2기 말에 절멸한 암모나이트류와 같이 과와 목 전체의 돌발적인 멸종에 대해 생각해 보면, 잇따르는 지층 사이에 존재하는 광대한 시간 간격에 대해 이미 설명한 내용을 기억해야 할 것이다. 실제로는 그 공백기에 멸종이 천천히 진행됐을지도 모른다. 그뿐 아니라 갑작스러운 이주에 의해, 또는 이상하게 급속한 발달에 의해 새로운 군의 수많은 종이 어느 지역을 점령했을 경우에는, 그곳에 있던 많은 오래된 종이 그것과 비슷한 빠른 속도로 멸종할 것이다. 이와 같이 자기의 자리를 빼앗긴 것은 보통은 근연종이었을 것이다. 왜냐하면 근연종끼리는 어떤 열등한 성질을 유전적으로 공유하는 것으로 생각되기 때문이다.

내가 보기에는 이렇게 하나의 종이든 전체 군이든 그들이 멸종에 이르는 모습은 자연선택의 이론과 일치한다. 우리는 멸종에 대해 놀랄 필요가 없다. 그보다는 오히려 각 종의 생존이 의존하고 있는 다수의 복잡하고 우연한 요인을 우리가 이해하고 있다고 잠시라도 상상하는 우리의 자부심에 대해 놀라야 할 것이다. 각각의 종이 한없이 증가하려는 경향에 대해—우리가 인지하지 못한다 할지라도—뭔가의 방해요인이 끊임없이 작용하고 있음을 우리가 잠시나마 망각한다면, 자연계 질서의 전체적인 모습은 완전히 암흑 속에 숨어버릴 것이다. 왜 이 종이 저 종보다 개체수가 많은가, 왜 이 종은 어떤 장소에 귀화할 수 있는데 다른 종은 귀화할 수 없는가에 대해 상세하게 대답할 수 있게 되면, 그때야 비로소 우리는 어떤 특수한 종이나 군의 멸종을 설명할 수 없다는 사실에 놀라움을 느껴도 무방할 것이다.

화석에 의한 지층 대비

고생물학적인 발견에서 생물이 온 세계에서 거의 동시에 변화한다는 사실만큼 놀라운 것은 없다. 이를테면 유럽 백악층과 대응되는 지층은 멀리 떨어진 세계 각지의 아주 다른 기후 속에서도, 또 광물로서의 백악은 단 한 조각도 발견되지 않는 곳에서도 찾아볼 수 있다. 즉 북아메리카, 남아메리카 적도 지방, 남아메리카 남단 티에라 델 푸에고, 아프리카 희망봉, 인도반도 등지이다.

실제로 이렇게 멀리 떨어진 여러 지점에서, 어떤 층 속의 생물 화석이 백악층 속의 그것과 조금도 다르지 않은 유사성을 나타내고 있다. 이것은 같은 종이 발견된다는 뜻이 아니다. 어떤 곳에서는 똑같은 종은 하나도 발견되지 않는다. 그러나 그것은 같은 과, 같은 속, 속 안의 같은 절(節)에 속해 있고, 때로는 단순한 표면의 무늬 같은 사소한 점에서 같은 특질을 갖고 있을 때도 있다. 그뿐만 아니라 유럽 백악층에서는 발견되지 않지만, 그 상부 또는 하부의 지층 속에 있는 다른 종류의 화석이, 이러한 세계의 멀리 떨어진 지점에서 같은 식으로 나타날 경우가 있다. 러시아, 서유럽 및 북아메리카에서 서로 겹쳐져 있는 몇 개의 고생대층에서도 이와 같은 생물의 유사점이 여러 학자들에 의해 관찰되었다. 라이엘은 유럽 및 북아메리카의 제3기 퇴적물에서도 똑같은 관계가 발견되었다고 했다. 신구(新舊) 두 세계에 공통되는 소수의 화석종은 제외하고 생각하더라도, 고생대와 제3기의 여러 단계에서 생물의 천이형태가 일반적으로 평행하게 변화하는 것은 명백하며, 이 점에서 우리는 수많은 지층을 쉽게 대비할 수 있다.

그러나 이러한 관찰은 세계의 멀리 떨어진 지역의 해서생물들에 대한 것이다. 우리는 멀리 떨어진 여러 지역의 지상생물과 담수생물이 똑같이 평행하게 변화하고 있는지 여부를 판단하는 데 충분한 자료가 없다. 이들 생물이 어떻게 변화되어 왔는지 의심할 수도 있다. 메가테리움(Megatherium)·밀로돈(Mylodon)·마크라우케니아(Macrauchenia)·톡소톤(Toxodon) 등의 화석을 그 지질학상의 위치에 대한 아무런 설명도 없이 라플라타로부터 유럽으로 운반했다면, 누구나 그것들이 현존하는 해산패류와 공존했다고는 생각하지 못했을 것이다. 그러나 이 거대한 포유류들은 마스토돈이나 말과 공존하고 있었으므로 적어도 제3기 후기에 살았었다고 추측할 수 있다.

해서생물(海棲生物)이 전 세계에서 동시에 변화되었다고는 하지만, 이 표현이 같은 해나 같은 세기를 가리키는 것이라고 생각하거나 극히 엄밀한 지질학상의 의의를 갖는다고 생각해서는 안 된다. 이를테면 현재 유럽에서 살고 있는 모든 해서동물도 홍적기(洪積期)[1]에 유럽에 있었던 모든 해서동물을 지금 남아메리카나 호주에 존재하는 생물과 비교했을 때, 가장 뛰어난 내추럴리스트라도 유럽의 현대 생물과 홍적기의 생물 가운데 어느 쪽이 남반구의 생물과 비슷한지 쉽게 말할 수 없을 것이기 때문이다. 또한 매우 유능한 여러 관찰자들은 미국의 현생생물이 현재 유럽에 살고 있는 것보다도, 제3기 후기에 유럽에 살고 있었던 것과 훨씬 더 밀접한 관계를 가진다고 믿고 있다. 그것이 사실이라면, 지금 북아메리카 해안에서 퇴적되고 있는 화석층이 후세에는 좀 더 오래된 유럽의 지층과 같은 종류로 분류될지도 모른다. 그런데 비교적 근대의 해생지층(海生地層), 즉 유럽이나 남북아메리카, 호주에 있는 선신세(鮮新世), 홍적세 및 엄밀한 의미에서 현세에 해당하는 여러 지층은 어느 정도 비슷한 종류의 화석을 갖고 있으며, 또 그보다 오래된 하부의 퇴적층에서만 발견되는 화석은 갖고 있지 않다. 그러므로 먼 미래의 관점에서 본다면 아마도 이것들을 지질학적인 의미에서 정확하게 동시대의 것으로 열거할 수 있으리라.

이같이 넓은 의미에서, 멀리 떨어진 세계의 여러 지역에서 생물이 동시에 변화한다는 사실은 드 베르뇌유(de Verneuil) 및 다르시아크(d'Archiac)와 같은 탁월한 관찰자들을 매우 놀라게 했다. 그들은 유럽 여러 곳에서 살았던 고생대 생물의 종류에서 볼 수 있는 동시적 평행적 천이현상에 대해 설명한 뒤 다음과 같이 덧붙였다. "이와 같은 기묘한 현상에 놀란 나머지 북아메리카로 시선을 돌려 거기서도 유사한 현상을 발견한다면 이와 같은 종의 변화, 그 멸종 및 새로운 종의 출현이라는 것은 모두가 단순한 해류 변화라든가 다소나마 국지적

---

1) 모든 전빙하기를 포함한 아주 먼 시대.

이고 일시적인 다른 원인에 기인하는 것이 아니라, 동물계 전체를 지배하는 일반적인 법칙에 의존한다고 봐야 할 것이다." 바랑드도 같은 뜻의 의견을 강력히 주장했다.

전 세계에서 매우 다양한 기후 아래 생물이 이렇게 큰 변화를 일으키고 있는 원인으로서 해류, 기후 같은 물리적인 조건 변화를 주목하는 것은 물론 쓸데없는 일이다. 바랑드가 말한 것처럼 우리는 어떤 특수한 법칙을 찾지 않으면 안 된다. 이 점은 우리가 생물의 현재 분포를 조사할 때 훨씬 명백해질 것이다. 우리는 여러 나라의 물리적 조건과 그곳에 서식하는 생물들의 성질 사이의 관계가 얼마나 미미한지 발견할 것이다.

전 세계에서 생물의 종류가 동시에 평행적으로 천이하고 있다는 이 중대한 사실은 자연선택설로 설명할 수 있다. 새로운 종은 오래된 종류에 비해 뭔가 뛰어난 이점을 가진 변종이 출현함으로써 형성된다. 또 그 나라에서 이미 우세하거나 다른 종류보다 이점을 가진 종류는 당연히 가장 빈번하게 새로운 변종, 즉 발단종(發端種)을 발생시킨다. 이렇게 등장한 발단종은 무사히 보존되어 생존할 가능성이 높다.

우리는 이 문제에 관한 명백한 증거를 가지고 있다. 그 나라에서 가장 우세하고, 가장 보편적이며, 가장 널리 분포되어 있는 식물이 새로운 변종을 가장 많이 낳았다는 사실이 그 증거이다. 더욱이 우세하고 변종도 많고 분포 범위도 넓은 종이 이미 어느 범위까지 다른 종의 영토를 침입하고 있다면, 이 종은 더욱 멀리 전파되어 새로운 곳에서 새로운 변종과 종을 발생시킬 기회를 가장 많이 갖고 있을 것이다. 분포의 과정은 기후나 지리상의 변화, 신기한 우발적 사건에 좌우되면서 매우 느리게 진행되는 경우가 많다. 그러나 장기적으로 보면 우세한 종류는 언젠가는 확산에 성공하는 것이 보통이다. 물론 이어진 바다에 사는 생물보다 격리된 대륙에 사는 생물이 좀 더 느리게 확산될 것이다. 따라서 해서생물보다 육서생물에서 평행적인 천이의 엄밀함이 낮다고 보아도 무방할 것이고, 실제로 그러한 것을 볼 수 있다.

어떤 지역에서 확산되기 시작한 우세한 종은 이윽고 더욱 우세한 종과 맞닥뜨릴 수도 있다. 그러면 연전연승 기록이 깨지고, 어쩌면 그 종은 멸종에 이를지도 모른다. 새로 등장한 우세한 종의 증식에 가장 적합한 조건이 무엇인지는 아직 정확히 밝혀지지 않았다. 그러나 개체수가 많다는 것은 유리한 변이가 나타나기 쉽다는 의미에서 유리하다. 또 기존의 많은 종류와 치열한 경쟁을 벌여야 한다는 것도, 새로운 토지로의 확산 능력이 강하다는 것과 마찬가지로 매우 유리한 조건이 될 것이다.

전에도 설명했듯이 어느 정도 격리된 상태가 긴 간격을 두고 반복되는 것도 유리한 조건이 될 수 있을지 모른다. 어쩌면 육지에 사는 우세한 새로운 종이 태어나기에 적합한 토지나, 바다에 사는 종에게 특히 유리한 해역이 이 세계에 존재했는지도 모른다. 만일 넓은 두 지역이 오랫동안 비슷하게 좋은 조건을 갖추고 있었다면, 각 지역에 사는 생물들이 만난 순간부터 길고도 치열한 경쟁이 벌어졌을 것이다. 때로는 그 지역에 사는 종류가 승리하고 때로는 외래종이 승리했을 것이다. 그러나 장기적으로 보면 어디서 탄생했든지 간에 가장 우세한 종류가 어디에서나 승리를 거두게 된다. 이 종류가 승리하면 다른 열등한 종류는 결국 절멸한다. 그리고 이 열등한 종류의 군(群)은 유전적 성질을 공유하고 있으므로, 그 군 전체도 서서히 사라져 간다. 그러나 때로는 그중에 한 종이 오래 존속할 수도 있다.

그러므로 전 세계에서 같은 종류의 생물이 서로 평행적으로 대응하면서, 또 넓은 의미에서 동시적인 천이를 나타내고 있다는 것은 다음과 같은 원칙과 일치한다. 즉, 새로운 종은 그 자신이 유전에 의해, 또 부모의 종이나 다른 종에 비해 이미 뭔가 이점을 갖고 있기 때문에 우세한 것이고, 이러한 종이 더 널리 전파되고 변이하여 새로운 종을 만들어간다는 원칙이다. 새로이 등장해서 성공을 거둔 종류에게 패배하여 자기 자리를 잃어버린 종류는 일반적으로 하나의 군을 이루고 있다. 그들은 뭔가 열등한 형질을 유전적으로 공유하고 있다. 따라서 새롭게 개량된 군이 세계 전 지역에 분포됨에 따라 오래된 군은 세계에서 사라지게 된다. 그리하여 어디서나 첫 출현과 마지막 멸종이라는 생물의 천이는 어디서나 서로 대응하는 경향을 보이게 된다.

이 주제와 관련하여 한 가지 더 주의해야 할 것이 있다. 앞서 설명했듯이 화석이 함유된 큰 지층은 모두 침하하는 사이에 퇴적한 것이다. 그리고 누층에 존재하는 장기에 걸친 공백기는 해저가 변동하지 않거나 또는 융기하고 있을 때, 그리고 퇴적물이 생물의 잔해를 매장하여 보존하는 데 충분할 만큼 빠른 속도로 침전하지 않았을 때 생긴 것이다. 이렇게 내가 믿고 있는 것에 대해서는 여러 가지 이유를 들었다. 이러한 긴 공백 기간에도 여러 지방의 생물들은 매우 큰 양의 변화와 멸종을 겪었고, 또한 세계의 다른 여러 곳에서부터 많은 이주가 이루어졌다고 나는 생각한다. 큰 지역들이 같은 운동에 의해 영향을 받았다고 믿을 만한 근거가 있으므로, 엄밀하게 시대를 같이하는 지층은 종종 세계의 동일한 지역의 매우 넓은 범위에 걸쳐 축적된 것이 확실하다고 생각한다.

그러나 언제나 반드시 그랬다거나 광대한 지역들이 반드시 같은 운동의 영향을 받아왔다고 결론 내릴 권리가 우리에게는 없다. 2개의 지역에서 2개의 지층이 거의 같지만 정확하게 같지는 않은 기간에 퇴적했을 때는, 방금 앞에서 설명한 여러 원인에 의해 양쪽 지층에서 거의 비슷한 종류의 생물 천이를 볼 수 있게 되겠지만, 그 종이 정확하게 대응하는 일은 없을 것이다. 왜냐하면 한쪽 지역에서는 다른 쪽보다 변화, 멸종, 이주를 위해 다소 많은 시간이 소비되었을 것이기 때문이다.

유럽에는 이와 같은 예가 많이 있을 거라고 나는 추측하고 있다. 프레스트위치(Prestwich)는 영국 및 프랑스의 시신세(始新世) 퇴적층에 관한 탁월한 연구 보고서에서, 이 두 나라의 겹쳐진 여러 지층 사이에 밀접한 일반적인 평행성이 있다고 결론짓고 있다. 그러나 그가 영국의 어떤 지층을 프랑스의 그것과 비교하자, 해양생물의 같은 속에 속하는 종의 수는 양쪽 지층에서 신기하게 일치하고 있는데도, 종 그 자체는 전혀 달랐다고 한다. 이 두 지역이 근접해 있는 것을 생각하면—실제로 두 바다를 지협이 가로막고 있어서 같은 시대에 서로 다른 동물상이 존재했다고 가정하지 않는다면—이것은 몹시 설명하기 어려운 일이다.

라이엘은 제3기 후기의 약간의 지층에 관해 그것과 똑같은 관찰을 했다. 바랑드도 보헤미아와 스칸디나비아에서 겹쳐진 실루리아기 퇴적층에서 현저한 일반적 평행성을 찾아냈지만, 그는 종에 뚜렷하게 큰 차이가 있는 것을 발견했다. 만일 이러한 지역의 여러 지층이 정확하게 같은 시대에 퇴적했다면—어떤 지역의 지층이 다른 지역의 지층의 공백인 간극기에 대응하는 일이 실제로 있지만—그리고 만약 두 지역에서 많은 지층이 누적하는 동안에도, 또 그들 사이의 긴 간극기에도 종이 서서히 변화해갔다면, 이 경우에는 두 지역의 여러 지층은 생물 종류의 일반적인 천이 양상에 맞춰 같은 순서로 배열될 수 있을 것이다. 이 순서는 엄밀하게 평행적이라는 그릇된 겉모습을 드러내게 되겠지만, 그렇다고 두 지역에서 외견적으로 대응하는 여러 지층에서 똑같은 종이 발견되지는 않을 것이다.

생물의 유연관계와 유래의 원리

절멸종 상호 간의 유연 및 절멸종과 현생종의 유연에 관하여―이번에는 멸종한 종과 현존하는 종 사이의 유연관계(類緣關係)로 눈을 돌려보자. 절멸종이든 현생종이든 모든 종은 하나의 커다란 체계로 분류된다. 이 사실은 '모든 생물은 공통된 조상에게서 유래한다'는 계통의 원칙에 의하면 쉽게 설명할 수 있다. 일반적인 원칙으로서는 어떤 종류이든 오래되면 될수록 현존하는 종류와 크게 차이가 난다. 그러나 버클랜드(Buckland)가 이전에 설명한 것처럼, 모든 멸종한 종은 지금까지 계속 존재하는 군(群)으로, 또는 그것들의 동료로 분류될 수 있다. 멸종한 생물이 현존하는 속, 과, 목 사이의 넓은 간격을 메우는 데 도움이 되는 것은 확실하다. 그런데 이 설명은 가끔 무시되었고 심지어는 부정되어 왔으므로, 이 문제에 대해 약간의 주의를 환기하고 몇 가지 예를 드는 것이 좋을 듯하다.

우리가 현존하는 종에만, 또는 멸종한 종에만 주의를 기울인다면 양자를 하나의 공통되는 체계로서 결합하는 경우보다 생물의 계열이 훨씬 불완전해질 것이다. 위대한 고생물학자 오언 교수의 저서에서는 멸종동물에 적용된 일반화한 형태라는 말이 끊임없이 나오고, 또 아가시의 저서에서는 선행적 또는 종합적 형태라는 말이 많은데, 이러한 명칭은 그 형태가 사실상 중간적 또는 연결적인 연쇄임을 의미하고 있다. 또 다른 유명한 고생물학자인 고드리는, 그가 아티카에서 발견한 화석 포유류 대부분이 현존하는 속 사이의 간극을 제거하는 데 기여한다는 것을 명쾌하게 표현하고 있다. 퀴비에는 반추류(反芻類)와 후피류(厚皮流)를 같은 포유류 중에서도 전혀 다른 2개의 목으로 분류했다. 그러나 그 두 목 사이를 잇는 수많은 화석이 발견되었기 때문에 오언은 모든 분류를 변경할 수밖에 없었고, 결국 어떤 후피류를 반추류와 함께 같은 아목(亞目)

에 넣었다. 예컨대 그는 돼지와 낙타 사이의 외견상의 넓은 간격을 세세하고 점진적인 이행에 의해 해소시켰다. 유제류(有蹄類)[2]는 지금 우제류(偶蹄類)[3]와 기제류(奇蹄類)[4]로 분리되어 있으나, 남아메리카 마크라우케니아(Macrauchenia)는 어느 정도까지 이러한 2대류(二大類)를 연결하고 있다. 히파리온(Hipparion)이 현존하는 말과 어떤 오래된 유제류의 중간 형태임은 그 누구도 부정하지 않는다. 제르베 교수가 이름을 붙인 남아메리카의 티포테리움(Typotherium)은 포유류의 연쇄에서 극히 불가사의한 연쇄를 나타내며, 현존하는 어떠한 목에도 속하지 않는다.

해우류(海牛類 ; Sirenia)는 포유류 가운데 극히 특수한 무리를 형성하고 있다. 현존하는 듀공(Dugong)과 해우(Lamentin)의 가장 뚜렷한 특징은 뒷다리가 전부 없어졌다는 사실이다. 그러나 플라워 교수에 의하면 멸종한 할리테리움(Halitherium)은 '골반 안에 잘 이루어진 비구(髀臼)와 서로 맞닿았다'고 한다. 이처럼 이 동물은 골화(骨化)한 대퇴골을 가지고 있다고 하는데, 이로써 해우류는 다른 점에서 유연관계에 있는 일반적인 유제류에 한 걸음 더 다가간 셈이다. 고래는 다른 모든 포유류와 매우 다르다. 제3기 주글로돈(Zeuglodon)이나 스콸로돈(Squalodon)은 어느 내추럴리스트에 의하면 그것만으로 하나의 독립된 목으로 분류되어 있고, 헉슬리 교수에 의하면 의심할 여지없는 고래이며, '수서육식동물(水棲肉食動物)과의 고리를 이루는 것'으로 간주된다.

헉슬리 교수는 조류와 파충류 사이의 넓은 간격마저도 매우 특별한 방법, 즉 한편으로는 타조와 멸종한 시조새(Archeopteryx)에 의해, 다른 한편으로는 공룡류—모든 육서 파충류 가운데 가장 거대한 것을 포함하는 무리—의 하나인 콤프소그나투스(Compsognathus)에 의해 부분적으로 연결되었음을 증명했다. 무척추동물을 살펴보면 이 분야 최고의 권위자로 인정되는 어떤 인물과 바랑드가 다음과 같이 증언했다. 즉 고생대 동물은 확실히 현생종과 같은 목, 과, 속에 소속될 수 있으나, 사실 고생대에는 갖가지 군이 오늘날과 같이 판연하게 구분되어 있지 않았다는 것을 매일 배운다는 것이다.

---

2) 발굽을 가지고 있는 포유류.
3) 유제류 가운데 발굽이 짝수인 동물군.
4) 발굽이 있고 뒷발의 발가락 수가 홀수인 동물군.

일부 연구자는 어떤 멸종된 종 또는 군이 2개의 현존하는 종 또는 군의 중간에 해당하는 것으로 보인다는 견해에 대해 반론을 제기하고 있다. 만일 이 중간이라는 명칭에 의해 멸종한 형태가 모든 형질에서 2개의 현존하는 형태 또는 군의 직접적 중간이 된다고 한다면, 아마 그 반대론은 올바른 것이리라. 그러나 내 생각은 다르다. 완전한 자연 분류 체계에서는 많은 화석종은 확실히 현존하는 종 사이에, 또는 멸종한 속과 현존하는 속 사이에, 더 나아가서는 서로 다른 과의 속 사이에 자리잡고 있다. 이를테면 어류나 파충류와 같은 대단히 다른 두 군을 생각해 보자. 그것이 오늘날 20가지 형질에 의해 구별된다고 가정하면, 고대의 두 군은 그보다 적은 형질에 의해 구별되었을 테고, 따라서 그 2개의 군은 이전에는 지금보다 서로 어느 정도 가까운 사이였을 것이다. 실제로 이 사실은 잘 알려져 있다.

어떤 종류가 오래되면 오래될수록, 그것은 몇몇 형질에 의해 현재 멀리 떨어져 있는 군들을 결합시키는 경향이 뚜렷하다는 것이 일반적인 견해이다. 물론 이것은 지질학적인 여러 시대에 많은 변화를 겪은 군에 한정되어야 한다. 그러나 이 명제가 사실이라는 것을 증명하기는 매우 곤란하다. 왜냐하면 예컨대 폐어류(肺魚類)처럼 가끔 현존하는 동물마저 극히 다른 무리에 대해 직접적인 유연관계를 갖고 있는 것이 발견되기 때문이다. 그러나 만일 고대 파충류와 양서류, 고대 어류, 고대 두족류(頭足類), 시신세(始新世) 포유류 등을 같은 강의 한결 새로운 것과 비교해 본다면, 이 명제가 진실이라는 것을 인정하지 않을 수 없을 것이다.

이번에는 이와 같은 몇 가지 사실과 추리가, 변화를 수반하는 유래설과 어디까지 일치하는가를 살펴보기로 하자. 이 문제는 다소 복잡하므로 독자 여러분은 제4장에 실린 도표를 참조해 주기 바란다. 여기서 숫자를 붙인 알파벳은 속을 대표하고, 거기서부터 나누어지는 점선은 각 속의 종을 대표하는 것으로 가정한다. 이 도표는 너무 근소한 속과 너무 근소한 종으로 구성된 단순한 것이지만, 이 점은 현재 논의에서는 별로 중요한 것이 아니다. 횡선은 서로 겹치는 지층을 대표하는 것으로 가정하고, 맨 위 선까지 도달하지 못한 모든 형태는 멸종한 것으로 친다.

3개의 현존하는 속 a^{14}, q^{14}, p^{14}는 작은 과를 형성하고, b^{14}와 f^{14}는 밀접한 근연

의 과 또는 아과를 형성하고, o^{14}, e^{14}, m^{14}는 제3의 과를 형성한다. 이러한 3개의 과는 조상형태—A—로부터 갈라져 나온 여러 가지 계통선상의 많은 멸종한 종과 함께 하나의 목을 형성한다. 왜냐하면 모든 종류는 그 옛날의 조상으로부터 어떤 공통된 형질을 물려받았음이 틀림없기 때문이다.

전에 이 도표에 의하여 설명된 '형질의 분기는 계속되는 경향이 있다'는 원칙에 따라, 어떤 형태가 새로운 종류일수록 일반적으로 그 옛날의 조상과는 더 크게 차이가 난다. 그리하여 가장 오래된 화석이 현존하는 형태와 가장 현저한 차이가 있다고 하는 규칙이 당연하다는 것을 이해할 수 있다. 그러나 형질의 분기가 필연적으로 일어난다고 생각해서는 안 된다. 그것은 종의 자손이 자연의 질서 속에서 갖가지 다른 장소를 획득할 수 있느냐 없느냐에 의해 일어나는 데 지나지 않는다. 따라서 어떤 실루리아기 형태의 경우에서 본 것처럼, 하나의 종이 생활 조건의 미세한 변화에 의해 조금씩 꾸준히 변화한다 하더라도 광대한 기간을 통해 똑같은 일반적 특징을 유지해 갈 가능성도 있다. 이 예는 도표에서는 F^{14}로 나타나 있다.

A에서 나온 다수의 멸종한 종류와 현존하는 종류는, 어느 것이나 다 앞에서도 말한 것처럼 하나의 목을 형성한다. 이 목은 절멸 및 형질의 분기의 연속적인 효과에 의해 여러 가지 아과와 과로 분할된다. 그리고 그 가운데 어떤 것은 다양한 시기에 사멸하고, 어떤 것은 오늘날까지 존속하게 된다.

이 도표에서 겹쳐진 지층 속에 묻혀 있는 것으로 추정되는 멸종한 종류가 아래쪽 지층에서 다수 발견되었다고 한다면, 가장 위쪽의 선상에 있는 현존하는 3개의 과에서는 서로의 차이가 축소된다. 예컨대 a^1, a^5, f^8, m^3, m^6, m^9의 여러 속이 발굴되었다고 한다면, 이러한 3개의 과는 서로 밀접하게 결합되어 아마 하나의 커다란 과로 통합될 것이다. 이와 비슷한 일이 반추류와 후피류에서 일어나고 있다. 그러나 이렇게 하여 세 과의 현존하는 속을 서로 연결하는 멸종한 속을 중간적인 것으로 간주하는 데 반대하는 사람의 의견도 부분적으로는 정당하다. 왜냐하면 그러한 속은 직접적인 것이 아니라, 단지 다수의 다양한 종류를 통해 길게 우회한 경로에 의해 중간적인 것이 되었을 뿐이기 때문이다.

만일 다수의 멸종한 종류가 중앙 횡선(橫線), 즉 지층 중간 정도에서—예컨대 VI의 선상에서—발견되고 이 선 아래에서는 하나도 발견되지 않는다고 한다면, 많은 과 가운데 왼쪽에 있는 단 2개의 과—a^{14}와 b^{14}—만이 하나의 과로 통합될 것이다. 그리고 남은 2개의 과—다섯 속이 하나로 통합된 a^{14}에서 f^{14}까지와, o^{14}에서 m^{14}까지의 두 과—는 개별적인 과가 된다. 그런데 이 2개의 과의 이질성도 화석 발견 전보다는 약해질 것이다. 예컨대 이 2개의 과의 현존하는 속이 10개쯤 되는 형질로 서로 구별되고 있다면, 지층 VI에 해당하는 고대 시점에서는 이들 속을 구별하던 형질의 수가 좀 더 적었을 것이다. 그들이 이 목의 공통 조상으로부터 갈라져 나온 지 얼마 안 된 초기 단계에서는, 나중에 비하면 형질의 분기가 아직은 심하게 일어나지 않았을 것이기 때문이다. 따라서 옛날에 멸종한 속의 형질은 가끔 그들의 변화된 자손들 사이, 또는 방계 자손들 사이의 중간적인 상태를 나타내게 된다.

자연계의 실정은 이 도표에 나타나 있는 것보다 훨씬 복잡하다. 왜냐하면 군의 수는 훨씬 더 많고 각각의 존속 기간도 매우 다르며, 또 변화 정도도 여러 가지로 다를 것이 틀림없기 때문이다. 우리는 겨우 지질학적 기록의 마지막 한 권만 갖고 있을 뿐이며, 더욱이 그 기록도 매우 손상된 상태이다. 그러므로 극히 드문 경우를 제외하고는 자연 체계에서 보이는 넓은 간극을 메우고, 그것으로 개별적인 과와 목을 결합할 수 있다고 기대하기는 어렵다. 우리가 기대할 수 있는 것은 단지 이미 알려진 지질시대 사이에 많은 변화를 받은 여러 군은 오랜 지층 속에서는 그보다 좀 더 가까운 사이였을 테고, 따라서 오랜 군에 속하는 것들은 형질의 어떤 점에서 같은 군에 속하는 현재의 것보다 서로 차이가 적었으리라는 것뿐이다. 그리고 오늘날 뛰어난 고생물학자들이 한결같이 제시하고 있는 증거를 보면 실제로 그런 예가 많은 듯하다.

이와 같이 변화를 수반하는 유래에 의해, 멸종한 생물 상호 간의 유연관계 및 멸종한 형태와 현존하는 형태의 상호 유연관계는 충분히 설명될 거라고 생각한다. 그리고 그러한 사실은 다른 견해로는 전혀 설명될 수 없다.

이 이론에 따르면 지구 역사상 어떤 일정한 시대에 존재했던 동물은 그 일반적인 형질에서, 그 이전과 그 이후의 것의 중간에 해당한다는 것은 명백하다. 도표에서 지층 VI 시대에 살고 있던 종은 지층 V 시대에 살았던 종의 변화한 자손이며, 지층 VII 시대에 더 변화한 종의 조상이 된다. 이와 같은 종의 형질은 상위 및 하위에 있는 생물 사이의 거의 중간이라고 할 수 있다.

그러나 이전에 있었던 여러 종류의 완전한 멸종, 완전히 새로운 종류의 이주에 의한 침입, 그리고 서로 겹치는 지층 사이의 긴 공백의 간극에 축적된 다량의 변화도 있을 수 있다는 것을 생각하지 않으면 안 된다. 그러나 이러한 사실을 인정한다 하더라도, 각 지질시대의 동물상은 의심할 여지없이 그 이전 및 그 이후의 동물상의 중간적인 형질을 보여준다.

이 문제에 대해서는 단 하나의 예로 족할 것이다. 데본계(Devonian system)가 처음 발견되었을 때, 거기서 발견된 화석은 고생물학자들로부터 즉시 그 위에 있는 석탄계(石炭系 ; Carboniferous system) 화석과 그 아래에 있는 실루리아계(Silurian system) 화석의 중간적인 형질을 가진 것으로 인정받았다. 그러나 이러한 동물들도 서로 겹치는 지층 사이에 고르지 못한 시간 간격이 있으므로 반드시 정확하게 중간적인 것은 아니다.

각 시대의 동물상이 전체적으로 형질상 그 이전과 이후의 동물상의 거의 중간적인 것이라는 규칙에 대해서 어떤 속은 예외를 보이고 있지만, 그것은 그 진실을 진정으로 부정하는 것은 아니다. 예컨대 마스토돈류와 코끼리류의 종은 폴코너 박사에 의해 두 계통으로 배열되었다. 처음에는 그들 상호 간의 유사성에 의해, 다음에는 그들이 살았던 시대에 따라 배열됐는데, 그 결과 박사는 일치하는 배열을 얻을 수 없었다.

형질상 극단적인 종이 가장 오래된 것은 아니며 가장 새로운 것도 아니다. 또 어떤 종의 형질이 중간적이기 때문에 시대가 중간이라는 것도 아니다. 그러나 각 종의 최초의 출현과 멸종의 기록이 완전하다 하더라도, 잇따라 발생한 종류가 반드시 그 기록에 상응한 기간만큼 존속했다고 믿을 만한 근거는 어디에도 없다. 지극히 오래된 종류라도 그 뒤에 다른 곳에서 발생한 종류보다 훨씬 오래 존속한다. 그것은 격리된 지방에 살고 있는 육서생물일 경우에 특히 그러하다.

작은 생물의 예를 큰 생물의 경우와 비교해 보자. 만약 집비둘기의 주요한 현생품종 및 멸종품종이 계열적 유사성에 의해 배열된다 해도 그 배열은 그러한 품종이 발생한 시간 순서와 밀접하게 일치하지는 않으며, 또 그 멸종 순서와는 더더욱 일치하지 않는다. 왜냐하면 들비둘기는 지금도 생존하고 있으며, 들비둘기와 전서구 사이의 많은 변종은 멸종했기 때문이다. 게다가 부리의 길이라는 중요한 형질에서 극단적인 특징을 보이는 전서구는, 이 점에서 이 계열의 반대쪽에 위치하는 부리가 짧은 공중제비비둘기보다 빨리 발생했다.

두 개의 서로 겹쳐진 지층 속 화석끼리는 2개의 서로 떨어진 지층 속 화석끼리보다 훨씬 관계가 깊다. 모든 고생물학자들이 입을 모아 주장하는 이 사실은, 중간지층에서 나오는 생물유해는 어느 정도 중간적인 형질을 가진다는 것과 밀접한 관계가 있다. 픽테는 백악층의 여러 단계에서 나온 생물유해가 종으로서는 단계마다 다르기는 하지만 일반적인 유사성을 가지고 있다는 유명한 예를 들었다. 이 한 가지 일반적인 사실만으로, 종의 불변성에 대한 픽테 교수의 굳은 신념이 흔들린 것으로 보인다.

지금 지구상에 현존하는 종의 분포에 대해 알고 있는 사람은 밀접하게 서로 겹치는 지층 속 종 사이의 밀접한 유사성을 설명할 때, 고대 그 지역의 물리적 조건이 언제까지나 거의 같았다는 점으로 설명하려 하지는 않을 것이다. 적어도 바다에서 살고 있는 생물 종류는 전 세계에서 극히 다른 기후나 조건 아래서 거의 동시적으로 변화했다는 것을 떠올려 보자. 빙하시대 전체를 포함하는 홍적세(洪積世) 동안의 기후변화가 얼마나 심했는지를 생각하고, 그럼에도 그동안에 바다생물 종의 변화는 얼마나 적었는가에 주목하기 바란다.

변화를 수반하는 유래설의 이론에 의하면, 밀접하게 겹친 지층에서 나온 화석유물이 서로 다른 종으로 분류되는데도 밀접한 관계가 있다는 의미가 완전히 밝혀진다. 각 지층의 퇴적은 종종 중단되고 서로 겹친 지층 사이에는 긴 공백의 간극이 생겼다. 그러므로 앞 장에서 설명한 것과 같이 어떤 한두 개의 지층에서, 각 시기의 처음과 끝에 나타난 종 사이의 모든 중간적인 변종을 찾아낼 수 있으리라고 기대해서는 안 된다. 그러나 연수로 따진다면 그야말로 길지만 지질학적으로 따진다면 그리 길지 않은 시간 간격을 두고 매우 비슷한 종류가 발견되기를 기대할 수 있다. 그리고 실제로 대표종이라고도 불리는 이런 종류가 분명히 발견되고 있다. 요컨대 우리는 당연히 기대하는 대로, 거의 눈에 띄지 않을 정도로 느린 생물종 형태의 변화에 대한 증거를 발견하게 될 것이다.

생물의 발달상태
제4장에서 우리는 성숙한 생물에서 체부의 분화와 특수화 정도는, 그 완성

도 또는 고등한 정도를 측정하는 가장 좋은 기준임을 알았다. 우리는 또한 각 체부의 특수화는 각각의 생물에 이익을 주는 것이므로, 자연선택은 각 생물의 체제를 더욱더 특수화하고 완성시켜서 고등해지는 경향이 있음을 보았다. 자연선택은 단순한 생활 조건에 적합한 많은 생물을 단순하고 개량되지 않는 구조를 지닌 상태로 내버려 두고, 또 어떤 경우에는 체제를 퇴화시켜 단순하게 만들기도 하지만, 그렇게 퇴화한 생물을 그들의 새로운 생존을 위한 생활방식에 더욱 적합하게 만드는 일이 없는 것은 아니다. 새로운 종은 또 다른, 그리고 가장 일반적인 방법으로 조상보다 뛰어나게 된다. 왜냐하면 새로운 종은 직접 경쟁하게 되는 오래된 형태를 모두 도태시켜 버리지 않으면 안 되기 때문이다.

만일 거의 동일한 기후에서 어떤 지역에 살던 시신세 생물이 같은 곳 또는 다른 곳에 사는 현존생물과 경쟁하게 된다면 전자는 후자에게 패배하여 멸종하고 말 것이다. 마치 제2기 종류가 시신세 종류에 의해, 또 고생대 종류가 제2기 종류에 의해 도태되고 멸망한 것처럼. 따라서 근대의 여러 종류는 생존경쟁에서 승리를 거두었다는 근본적인 기준에 의해, 또 여러 기관이 특수화되어 있다는 기준에 의해 자연선택 이론상 오래된 형태보다 높은 지위에 있어야만 한다. 그러나 실제로 그런 진보가 일어났는가? 고생물학자의 대다수는 그렇다고 대답할 것이다. 그리고 그 대답은, 비록 입증하기는 어렵겠지만 진정한 대답으로 인정되어야 할 것이다.

어떤 완족류가 훨씬 옛날의 지질시대에 지극히 조금밖에 변화하지 않았다는 것과, 어떤 육서생물 및 담수산(淡水産) 패류가 처음 나타났다고 알려졌을 때보다 훨씬 전부터 거의 같은 상태에 머물러 있었다는 것도 이 결론에 대해 아무런 근거 있는 이론이 되지 못한다. 카펜터 박사가 주장하는 바와 같이 유공충류(有孔蟲類)가 로렌시아기(期) 이래, 그 체제상 진보되지 않고 있다는 것도 극복하기 어려운 문제는 아니다. 왜냐하면 어떤 생물은 단순한 생활 조건에 적합한 상태에 있기 때문이다. 이렇게 하등한 체제를 가진 원생동물만큼 이 목적에 적합한 것이 또 있을까? 만일 나의 견해가 체제의 진보를 필연적인 조건으로 삼는다면, 앞에서 말한 이론은 이 견해에 치명적인 것이 된다. 또 앞에서 말한 유공충류가 예컨대 로렌시아기에, 또 완족류가 캄브리아기에 처음으로 발생했다는 것이 증명된다면 이 역시 나의 견해에 치명적인 타격을 줄 것이다. 그것이 사실이라면 이러한 생물이 그 당시 도달해 있었던 기준까지 발달하기에 충분한 시간이 없었을 것이기 때문이다.

자연선택 이론에서 본다면, 생물은 어떤 일정한 수준까지 진보하면 그 뒤에는 제각기 서로 계속되는 시대에, 생활 조건의 가벼운 변화에 따라 그 장소를 지키기 위해 약간 변화할 필요는 있을망정 그 이상 계속하여 진보할 필요는 없다. 그러므로 앞에서 말한 이론은 이 세계가 얼마나 오래되었는가, 그리고 어떤 시대에 어떤 생물들이 처음으로 나타났는가를 우리가 실제로 알고 있는가 어떤가에 귀착되는 것이며, 이것은 당연히 논의되어야 할 사항이다.

체제가 전체적으로 진보했는가 하는 것은 많은 점에서 매우 복잡한 문제이다. 모든 시대를 통한 불완전한 지질학상의 기록은 이미 알려진 세계역사의 범위 안에서 체제가 두드러지게 진보했다는 것을 명백히 나타내는 데 충분할 만큼 옛날로 거슬러 올라가는 것은 아니다. 오늘날에도 같은 강에 속하는 생물을 볼 때, 어떤 종류를 가장 오래된 것으로 분류하느냐에 대해 내추럴리스트들 사이에 의견이 일치하지 않고 있다. 어떤 학자는 상어류가 구조상 어떤 중요한 점에서 파충류에 가깝다고 해서 가장 오래된 어류로 간주하고 있으나, 다른 학자는 경골어류를 가장 오래된 것으로 보고 있다. 경린어류는 상어류와 경골어류의 중간에 있는 것으로, 경골어류는 오늘날 수적으로 매우 우세하나 이전에는 상어류와 경린어류만이 존재했을 뿐이다. 이 경우에는 이른바 '고등함'이라는 기준에 의하면, 어류는 그 체제가 진보했다고도 할 수 있고 퇴보했다고 할 수 있다.

체형이 다른 것들을 놓고 무엇이 얼마나 고등한지 비교하기란 도저히 불가능한 것으로 보인다. 오징어는 과연 꿀벌보다 고등한가? 저 유명한 폰 베어가 '체형이 서로 다르기는 하지만, 사실상 어류보다 고등한 체제를 가지고 있다'고 믿는 이 곤충보다 오징어가 고등한가의 여부를 과연 누가 결정할 수 있을까? 복잡한 생존경쟁에서는 그 강 안에서도 그다지 고등하지 않은 갑각류가 가장 고등한 연체동물인 두족류를 구축한다는 것도 충분히 가능한 일이다. 그러한 갑각류는 체제가 고도로 발달하지 않았다 하더라도 모든 시련 속에서 가장 결정적인 것, 즉 경쟁의 법칙에 따라 판단할 때는 무척추동물의 단계보다 훨씬 높은 위치에 서게 된다.

어느 형태가 체제상 가장 진보한 것인지 결정하는 데는 이와 같이 어쩔 수 없는 어려움이 있다. 그뿐만 아니라 단순히 어떤 두 시대에서 어느 한 강에 속하는 종류 가운데 최고의 것만 비교하는 것이 아니라—물론 그것은 고저를 재는 가장 중요한 요소겠지만—그 두 시대의 고저 전체를 비교하지 않으면 안 된다. 태고의 어떤 시기에는 가장 고등하고 가장 하등한 연체동물, 즉 두족류와 완족류가 많은 무리를 이루고 있었다. 현재 이 두 무리는 많이 줄었고, 체제상 그 중간에 해당하는 다른 종류가 많이 늘어났다. 그리하여 어떤 내추럴리스트는 연체동물이 이전에는 오늘날보다도 훨씬 발달해 있었다고 주장한다. 그러나 완족류는 거의 감소했다는 것과, 현존하는 두족류는 개체수는 줄었지만 옛날의 대표종보다 높은 체제를 갖고 있다는 사실을 생각할 때, 그것과 반대되는 유력한 예를 열거할 수 있다.

또 어느 두 시대에 이어서 전 세계를 통해 고등하거나 하등한 여러 강의 상대적인 비례수를 비교하지 않으면 안 된다. 예컨대 만일 현존하는 척추동물이 5만여 종이나 된다고 가정하고, 또 이보다 조금 빠른 시대에는 겨우 1만 종만 존재했다는 것을 알고 있다면, 이 수의 증가를 가장 고등한 강에서 보아야 하며 하등한 생물들이 구축된 것을 전 세계에 걸친 체제상의 결정적 진보라고 보지 않으면 안 된다. 따라서 이렇게 복잡한 관계 속에서, 지구 역사의 각 시기에 불완전하게밖에 알려지지 않은 동물상에 대해 체제의 기준을 공정하게 비교하는 것을 기대할 수는 없다.

이 난점은 어떤 현존하는 동물과 식물을 보면 더욱 뚜렷하게 알 수 있다. 최근에 유럽 생물이 뉴질랜드에 전파되어 토착생물이 차지하고 있던 장소를 점거해 버렸다. 그 참상으로 보건대 만약 영국의 모든 동물과 식물을 뉴질랜드에 옮겨 놓는다면 영국 생물 가운데 다수가 완전히 그곳에 귀화하여 많은 토착생물을 멸종시켜 버릴 것이라고 짐작할 수 있다.

이에 반해 남반구 생물이 유럽에서 야생화한 예는 거의 없는 것으로 보아, 뉴질랜드의 모든 생물을 영국에 옮긴다 하더라도 과연 어느 정도가 지금 이 나라의 토착 동식물이 차지하고 있는 장소를 빼앗을 수 있을지 의문이다. 이런 관점에서 보면 영국 생물은 뉴질랜드 생물보다 훨씬 고등하다고 할 수 있을 것이다. 그러나 아무리 숙련된 내추럴리스트라도 단순히 이 두 나라의 종을 조사하여 이러한 결과를 예견하는 것은 불가능할 것이다.

아가시와 그 밖의 많은 유능한 감정가들은, 고대 동물의 성체는 같은 강에 속하는 현생동물의 태아와 상당히 비슷하다고 주장한다. 그리고 멸종한 종의 지질학적 천이 과정은 현존하는 생물의 발생학적 발달과 거의 평행한다고도 주장한다. 픽테와 헉슬리는 이 원칙이 옳은지 어떤지 아직 증명되지 않았다고 말한다. 나도 그 의견에 찬성하지 않을 수 없다. 그래도 나는 앞으로 이 원칙의 올바름이 증명되기를 진심으로 바라고 있다. 특히 비교적 최근에 분기된 군에 대해서는 더더욱 그렇다. 왜냐하면 아가시의 이 원칙은 자연선택설과 일치하기 때문이다. 나는 다음 장에서 변이가 그다지 이르지 않은 연령에 발생하고, 그에 상응하는 연령에 발현하게끔 유전되었기 때문에 성체의 모습이 태아와 차이가 난다는 것을 밝히려고 한다. 이러한 과정은 태아에게는 거의 변화를 주지 않으며, 세대를 거듭해 가는 동안 성체에 큰 차이를 더해간다.

그리하여 태아는 아직 그다지 변화하지 않은 종의 옛 상태를 자연에 의해 간직하게 된 것이다. 이 견해는 사실일 수도 있겠지만 완전하게 증명하는 것은 불가능할지도 모른다. 예컨대 지금까지 알려져 있는 것 가운데 가장 오래된 포유류와 파충류와 어류는 이미 각각의 강에 속해 있다. 그러나 이 오래된 종류들은 현재 같은 군에 속해 있는 전형적인 구성원에 비해 서로 약간밖에 차이가 나지 않는다. 그러므로 척추동물에 공통되는 발생학적 특질을 가진 것을 찾아내는 것은 캄브리아기의 최하층보다 훨씬 아래쪽에 화석이 풍부한 지층이 발견되기 전에는 불가능할 것이다. 게다가 그러한 지층이 발견될 가능성은 거의 없다.

형태 천이

클리프트(Clift)는 몇 년 전에 호주의 동굴에서 나온 화석 포유류가 그 대륙에 현존하는 유대류와 밀접한 유연관계에 있다는 것을 시사했다. 남아메리카에서도 이와 비슷한 관계가 일반인도 알아볼 만큼 뚜렷하게 나타난다. 즉 아르마딜로와 비슷한 껍질을 가진 거대 동물 화석이 라플라타의 여러 유역에서 발견된 것이다. 오언 교수는 같은 지역에 지극히 많이 매장되어 있는 화석 포유류 대부분이 남아메리카형 현생 포유류와 유연관계를 가진 것을 시사했다. 이 관계는 브라질의 동굴에서 랑드와 클로상 두 사람이 수집한 놀라운 화석 포유류의 훌륭한 표본에서 훨씬 더 명확하게 볼 수 있다. 나는 이와 같은 사실에 매우 큰 감명을 받고 1839년과 1845년에 《비글호 항해기》에서) 이 '형태 천이의 법칙'에 대해, 즉 '같은 대륙에서 사멸한 것과 현존하는 것 사이에서 볼 수 있는 이 놀라운 관계'에 대해 극력 주장했다. 그 뒤 오언 교수는 이 같은 개념을 구대륙의 포유류에까지 확장시켰다. 우리는 이 학자가 그린 뉴질랜드의 멸종한 거대 조류 복원도에서 같은 법칙을 볼 수 있다. 그것은 또한 브라질의 동굴 조류에서도 엿볼 수 있다. 우드워드(Woodward)는 같은 법칙이 바다조개류에도 잘 적용된다는 것을 시사했으나, 대부분의 연체동물은 널리 분포되어 있기 때문에 이 법칙이 확실하게 드러나지는 않는다. 그 밖에도 마데이라섬에 사는 패류 가운데 멸종한 것과 현존하는 것 사이에서, 그리고 아랄—카스피해의 담해수성(淡海水性) 패류 가운데 멸종한 것과 현존하는 것 사이에서 볼 수 있는 관계도 예로 추가할 수 있다.

그렇다면 같은 지역 안에서 나타나는 동일형의 천이라고 하는 이 주목할 만한 법칙에는 어떤 의미가 있는 것일까? 호주의 현재 기후와 그것과 같은 위도(緯度)에 있는 남아메리카 일부 지역의 현재 기후를 비교한 뒤, 한편으로는 이 두 대륙의 생물이 닮지 않은 것을 그 물리적 조건의 차이로 설명하려 하고, 또 한편으로는 제3기 후기에 이 두 대륙에 동일형이 갖춰져 있었던 것을 물리적 조건의 유사성으로 설명하려는 자가 있다면, 그는 참으로 대담한 사람임에 틀림없을 것이다.

또 유대류는 주로 호주 안에서만 산출되고, 빈치류와 그 밖의 미국형 동물은 거의 남아메리카 산이라는 것을 절대불변의 법칙인 것처럼 말할 수도 없다. 왜냐하면 고대 유럽에 수많은 유대류가 살고 있었다는 것을 잘 알기 때문이다. 또 나는 앞에서 언급한 저서 속에서 미국에서의 육서포유류 분포법칙은 예전에는 지금과 달랐다는 것을 지적한 바 있다. 북아메리카는 이전에는 현재의 남아메리카와 같은 특질을 뚜렷이 가지고 있었고, 남아메리카도 전에는 현재보다 훨씬 더 북아메리카와 비슷했다. 폴코너(Falconer)와 코틀리(Cautley)의 발견을 통해, 포유류에 관해서는 북부 인도가 옛날에는 현재보다 아프리카와 한층 더 밀접했다는 사실을 알게 되었다. 이와 비슷한 사실은 해서동물의 분포에 대해서도 말할 수 있다.

변화를 수반하는 유래설에서 본다면, 같은 지역 안에서 동일형이 계속 변화하면서 오랫동안 꾸준히 천이해 간다는 위대한 법칙을 쉽게 설명할 수 있다. 왜냐하면 세계 각지에서 살고 있는 생물은 계속되는 시대 동안 매우 비슷하기는 하지만 어느 정도 변화한 자손을 그 지역에 차례로 남기는 경향을 가질 것이 명백하기 때문이다. 어떤 대륙에 사는 생물이 다른 대륙에 사는 생물과 이전에 큰 차이를 나타내고 있었다면, 그들의 변화된 자손끼리도 거의 같은 식으로 같은 정도로 차이가 날 것이다. 그러나 매우 긴 세월 뒤에는, 또 큰 지리적 변화가 일어나 대륙 사이의 이주가 활발하게 이루어진 뒤에는, 약자는 더욱 우세한 것에게 자리를 내주게 될 것이다. 따라서 생물의 여러 분포법칙 가운데 불변하는 것은 아무것도 없는 셈이 된다.

누군가가 나에게 조롱삼아, 혹시 이전에 남아메리카에서 살았던 메가테리움이나 그와 같은 종류인 거대한 포유류가 그 퇴화한 자손으로서 왕나무늘보, 아르마딜로, 개미핥기를 남아메리카에 남겼다고 생각하고 있는 것 아니냐고 물을지도 모른다. 아니, 난 절대로 그렇게 생각하지 않는다. 이러한 거대 동물은 완전히 멸종해버려 자손을 전혀 남기지 않았다.

그런데 브라질의 동굴에서는 크기와 그 밖의 특징상 남아메리카에서 지금도 살고 있는 종과 매우 비슷한 멸종된 종이 많이 발견된다. 이러한 화석 가운데 어떤 것은 현존하는 종의 실제 조상이었는지도 모른다. 내 이론에서는 같은 속의 모든 종은 어느 하나의 종의 자손이라는 것을 잊어서는 안 된다. 따라서 만일 각각 8개의 종을 갖고 있는 6개의 속이 하나의 지층에서 발견되고, 이어지는 지층에서 각각 같은 수의 종을 가진 6개의 유사한 대표적인 속이 발견되었다면, 우리는 일반적으로 6개의 오랜 속 각각에 속하는 단 하나의 종이 변화한 자손을 남김으로써 새로운 6개의 속을 만들었다고 결론지을 수도 있을 것이다. 이때 오랜 속에 속하는 다른 7개의 종은 각각 사멸하여 자손을 전혀 남기지 않았다는 것이다.

아니면 그보다 더 그럴싸한 가설도 있다. 6개의 오랜 속 중에서 2,3개의 속 가운데 2,3개의 종이 새로운 6개 속의 조상이 되고, 다른 종과 오래된 속은 멸종해 버린 것이다. 남아메리카 빈치류는 아마도 그러한 예일 것이다. 속과 종의 수가 줄어들어 쇠퇴해가는 어떤 목에서는, 변화한 혈연의 자손을 남기는 속과 종이 더 적을 것이 틀림없다.

간추림

내가 지금까지 밝히고자 한 내용은 다음과 같다. 먼저 지질학적 기록은 극도로 불완전하다. 지질학적으로 주의 깊게 조사된 것은 지구상의 극히 작은 부분에 지나지 않는다. 화석 상태로 다수 보존되어 있는 것은 생물의 어떤 몇 가지 강뿐이다. 박물관에 보존되어 있는 표본의 수와 종의 수는 오직 하나의 지층 사이에서 무수히 경과한 세대수와 비교해 보면 거의 무(無)에 가깝다. 화석종이 풍부한 지층이 장래의 풍화와 침식에도 견딜 수 있는 두께로 쌓이려면 침하가 필요하므로, 서로 겹치는 지층 사이에는 거대한 시간이 경과했음이 틀림없다. 아마 침하 기간에는 멸종이 더 많이 발생하고 융기 기간에는 변이가 더 많이 발생했으며, 또 융기 기간에는 기록이 가장 불완전하게 보관되었을 것이다. 사실 각각 단일한 지층은 연속적으로 퇴적된 것이 아니다. 각 지층의 퇴적 지속 기간은 종의 평균 존속기간에 비하면 짧을 수도 있다. 한편 어떤 하나의 지역이나 지층에서의 새로운 종류의 출현에는 이주가 중요한 역할을 해왔다. 널리 전파되는 종은 가장 많이 변이하고 가장 빈번하게 새로운 종을 발생시켰다.

변종은 처음에는 흔히 국지적으로만 분포한다. 그리고 마지막으로 각각의 종은 많은 과도기적 단계를 거친 것이 틀림없다 하더라도 각각이 변화를 겪는 기간은 햇수로 계산하면 엄청나게 길겠지만, 각각이 불변 상태에서 머물러 있던 시대와 비교하면 극히 짧다. 이 모든 원인은 왜 우리가 경미하고 점진적인 단계를 통해 멸종해 버린 종류와 현존하는 종류를 연결하는 중간적 변종(intermingle varieties)을 찾아내지 못하는지—물론 우리는 많은 연결을 발견하기는 하지만—에 대해 대부분 설명해 준다. 결국 지질학적 기록은 매우 불완전할 수밖에 없는 것이다. 더욱이 발견될지도 모를 두 종류 사이를 연결해 주는 변종은 그 연쇄 전체가 완전히 발견되지 않는 한 새로운 다른 종으로 분류된다는 것을 늘 염두에 두지 않으면 안 된다. 왜냐하면 종과 변종을 구별할 수 있는 어떤 확실한 기준을 가지고 있지 않기 때문이다.

지질학적 기록이 불완전하다는 견해를 거부하는 사람은 당연히 내 이론 전체를 거부할 것이다. 왜냐하면 그는 극히 근연한 대표적인 종을 결합하고 있었을 것이 틀림없는 무수한 이행의 연쇄를 하나의 커다란 지층의 수많은 계층에서 찾아내려고 헛되이 애를 쓰게 될 것이기 때문이다. 그는 현재 서로 겹쳐져 있는 지층 사이에 거대한 시간 간격이 존재한다는 것을 믿지 않을 것이고, 유럽과 같은 하나의 대지역에 한하여 그 여러 지층을 생각했을 때 이주가 얼마나 큰 역할을 했는지도 간과해버릴 것이다. 또 그는 종의 대군(大群)이 느닷없이 출현한 것처럼 보이는 현상에 대해 역설할지 모른다. 하지만 그것은 잘못된 외견상의 현상에 지나지 않는다. 게다가 그는 캄브리아계가 퇴적하기 훨씬 전에 존재한 것이 틀림없는 수많은 생물체의 유해는 도대체 어디에 있느냐고 물어볼 것이다. 현재 적어도 한 동물이 당시에 존재하고 있었다는 사실을 알고 있지만, 나는 이 마지막 물음에 대해서는 단지 일종의 가설로 대답할 수 있을 뿐이다. 즉 오늘날의 바다는 오랜 시대를 통해 현재 장소에 그대로 전개되어 있었고, 또 오늘날 대륙이 존재하는 곳에는 이미 캄브리아기 이후부터 상하운동을 반복하는 대륙이 있었지만, 그보다 훨씬 전에는 세계는 완전히 다른 모습을 드러내고 있었으리라는 것이다. 아마 우리가 아는 어떠한 것보다 오래된 지층으로 구성된 더욱 오래된 대륙은, 지금은 완전히 변성된 상태로 그곳에 존재하거나 바다 밑에 가라앉아 버렸을 것이다.

이러한 어려운 문제를 극복해 버렸다고 한다면, 고생물학에서 그 밖의 중요한 사실은 모두 변이와 자연선택에 의한 변화를 수반하는 유래설과 일치하게 된다고 나는 생각한다. 그리하여 새로운 종이 서서히 또 연속적으로 이루어지는 까닭, 그리고 다른 강의 종은 반드시 동시에 또는 같은 속도로, 또 같은 정도로 변화하지는 않지만 그래도 장기적으로 보면 모두 어느 정도 변화하게 되는 까닭을 이해할 수 있게 된다. 오래된 종류의 멸종은 새로운 종류의 생성에 뒤따르는 거의 필연적인 결과이다. 따라서 어떤 종이 멸종하고 나면 다시는 나타나지 않는 까닭도 이해하게 된다.

종의 군은 서서히 늘어나며 그 존속기간은 다르다. 왜냐하면 변화 과정은 필연적으로 완만하며, 다수의 복잡하고 우발적인 사건에 의존하기 때문이다. 크고 우세한 군에 속하는 뛰어난 종은 많은 변화된 자손을 남기는 경향이 있고, 그리하여 새로운 아군 또는 군을 형성한다. 이러한 것이 형성됨에 따라 그다지 우세하지 않은 종들은 공통된 조상으로부터 물려받은 그 열성 때문에 완전히 멸종해 버리고, 지구상에 어떤 변화된 자손도 남기지 않게 된다. 그렇지만 한 군 전체가 완전히 멸종하는 것은 대개 매우 완만하게 진행된다. 그것은 소수의 자손이 격리되어 보호된 상황에서 가까스로 생존을 계속하기 때문이다. 어떤 한 군은 한번 멸종해버리면 절대로 다시 나타나지 않는다. 왜냐하면 세대의 연쇄가 끊어져 버리기 때문이다.

우리는 널리 전파되고 가장 많은 변종을 만드는 우세한 종류가 어떻게 해서 오랜 세월에 걸쳐, 근연하기는 하지만 변화한 자손을 세계에 퍼뜨리게 되는지를 이해할 수 있다. 그 우월한 자손은 보통 생존경쟁에서 열등한 종들의 자리를 빼앗는 데 성공할 것이다. 그리하여 오랜 시간이 흐른 뒤에는 전 세계 생물들이 동시에 변화한 것처럼 보이는 것이다.

우리는 또 어째서 고대와 현대의 생물이 모여서 하나의 큰 체계를 형성하고 있는지도 이해할 수 있다. 우리는 형질의 분기(分岐)가 계속되는 경향에 의해 왜 형태가 오래되면 오래될수록 일반적으로 현존하는 형태와 점점 달라지는지, 왜 오래되고 멸종된 종류가 현존하는 종류 사이의 간격을 메우고 때로는 전에는 다른 군으로 분류되었던 두 종류를 하나로 혼합시켜버리는지, 또 더욱 일반적으로는 왜 이 두 군을 서로 조금씩 접근시킬 뿐인 것인지도 이해할 수 있다.

어떤 종류는 오래되면 오래될수록, 지금은 확실하게 갈라져 있는 군 사이의 중간에 서는 경우가 많은 것으로 생각된다. 오래된 종류일수록 나중에 널리 갈라지게 된 그 군의 공통 조상과 가깝고 따라서 그 조상을 매우 닮게 된다. 멸종해 버린 종류는 절대로 현존하는 종류들 사이를 직접 연결하는 중간적인 것이 되는 일은 없다. 그것은 단지 멸종한 다수의 매우 다양한 종류를 통해 길게 우회한 경로에서 중간적인 위치에 있을 뿐이다. 우리는 왜 서로 밀접하게 겹쳐진 지층의 생물 유해가 떨어진 지층 속에 있는 것보다 서로 매우 닮은 것인지 그 이유를 뚜렷하게 알 수 있다. 그러한 종류는 조상과 자손이라는 혈연관계상 더욱 긴밀하게 결합되어 있기 때문이다. 같은 맥락에서 중간 지층의 유해는 왜 중간적인 형질을 갖고 있는지도 명백하게 이해할 수 있다.

지구 역사상 잇따른 각각의 시기에 살았던 생물은 생존경쟁을 통해 자기보다 먼저 살던 것을 몰아내고 그만큼 자연의 높은 단계로 올라간다. 많은 고생물학자들이 품고 있는 신념, 즉 생물 체제는 전체로서 진보해 왔다는 신념은 이것으로 설명된다. 멸종해 버린 오래된 동물의 성체는 같은 강에 속하는 새로운 동물의 태아와 상당히 닮았는데, 이 불가사의한 사실은 우리의 견해에 의한다면 단순하게 설명할 수 있다. 비교적 최근의 지질시대에 같은 지역에서 같은 구조형의 천이를 볼 수 있는 것은 더 이상 신비가 아니며, 단순히 유전의 원칙에 따라 설명할 수 있다.

따라서 지질학적 기록이 내가 믿는 것처럼 불완전하다면, 그리고 이 기록이 지금보다 더 완전해질 수 없다고 단언해도 무방하다면, 자연선택 이론에 대한 주요한 이견은 크게 줄어들거나 완전히 사라져버릴 것이다. 한편 고생물학의 중요한 법칙은 한결같이 종이 일반적인 세대 교체에 의해 발생한 것임을 뚜렷하게 보여주고 있다고 나는 생각한다. 다시 말해 '변이'에 의해 생성되고 '자연선택'에 의해 보존된 새로운 개량형 생물의 종류가 오래된 종류를 점점 구축하는 것이다.

11장 지리적 분포

생물의 현재의 분포는 물리적 조건의 차이로 설명할 수 없다―장해물의 중요성―분포의 중심―기후 변화와 육지의 고저(高低) 및 우연한 원인에 의한 산포(散布) 방법―빙하시대의 산포

물리적 조건

지구 표면에 분포한 생물을 고찰할 때, 우리에게 깊은 인상을 주는 사실은 여러 지역에 사는 생물들 사이의 유사성이나 차이가 기후나 그 밖의 물리적 조건으로는 설명이 불가능하다는 것이다. 최근에는 이 문제를 연구한 거의 모든 학자가 이와 같은 결론에 이르렀다. 그것이 진실이라는 것을 입증하려면 아메리카 대륙의 예를 드는 것만으로도 충분할 것이다. 북극지방과 그곳과 이어져 있는 북방의 여러 온대지방을 제외하고는, 지리적 분포의 가장 기본적인 구분은 신대륙과 구대륙으로 나누는 것이라는 점에서 모든 연구자의 견해가 일치한다. 그런데 광대한 아메리카 대륙을 미국 중앙부에서 남쪽 끝까지 여행해 보면 그보다 많은 조건을 목격하게 된다. 즉 습윤한 지역, 건조한 사막, 높은 산악, 푸른 초원, 삼림, 늪지와 호수, 큰 강 등등이 거의 온갖 기온 하에 존재한다. 구대륙의 기후나 물리적 환경이 신대륙에도 존재한다. 더구나 같은 종이 그 양쪽에 있어도 전혀 이상하지 않을 정도로 비슷한 기후와 환경이다. 그저 경미한 정도일지라도 어떤 특수한 조건을 가진 한 작은 지역에 한정적으로 살고 있는 한 무리의 생물이 발견되는 일은 매우 드물다. 구대륙과 신대륙에는 이러한 환경조건의 대응관계가 있는데도, 살고 있는 생물에는 어쩌면 이렇게도 큰 차이가 있는 것인지!

남반구에서 호주, 남아프리카 및 남아메리카 서부의 남위 25도와 35도 사이에 있는 넓은 육지를 비교해 보면, 모든 조건이 매우 비슷한 지역이 발견된다.

그러나 각각의 땅에 사는 3가지의 동물상과 식물상은 유례를 찾기 어려울 만큼 이질적이다. 그런데 다음으로 남위 35도보다 남쪽에 사는 남아메리카의 생물을 25도보다 북쪽에 사는, 다시 말해 기후가 두드러지게 다른 곳에 사는 생물과 비교해 보면, 이 둘은 호주 및 아프리카의 대략 비슷한 기후에서 사는 생물보다 훨씬 뚜렷하게 밀접한 유연관계를 가지고 있다. 이와 같은 예는 바다 생물에서도 찾아볼 수 있다.

지리적 장벽과 생물의 유연관계

개관(概觀)에서 인상적인 두 번째로 큰 사실은, 어떤 종류의 장벽, 즉 자유로운 이동을 막는 장애물이 여러 지역의 생물의 지역차를 만든다는 것이다. 이 사실은 신대륙과 구대륙에서 거의 모든 육상생물이 큰 차이를 나타내고 있는 것으로 확인된다. 다만 북방의 여러 지역은 예외이다. 거기서는 육지가 대개 잇닿아 있고 기후의 차이는 경미해서 북방의 온대생물은 오늘날 극지방 생물이 그렇듯이 자유롭게 이동할 수 있었을 것이다.

호주, 아프리카 및 남아메리카의 같은 위도에 사는 생물의 종류도 크게 다르다. 이 세 지역은 서로 멀리 떨어져 있기 때문이다. 각 대륙에서도 똑같은 사실을 볼 수 있다. 높은 산맥과 대사막의 양끝, 그리고 때로는 큰 강의 양쪽 기슭에도 서로 다른 생물이 살고 있다. 다만 산맥이나 사막은 대륙을 가로막고 있는 바다만큼 횡단하기 불가능한 것이 아니고, 그처럼 오래 존속해 온 것 같지도 않기 때문에, 양쪽에 사는 생물상의 차이는 다른 대륙에 사는 생물의 차이에 비하면 그 정도가 훨씬 덜하다.

바다로 눈을 돌려봐도 똑같은 법칙을 발견할 수 있다. 남아메리카와 중앙아메리카의 동해안과 서해안만큼 바다의 동물상이 판이하게 다른 곳은 없다. 어류나 조개류, 게 등 거의 공통되는 종류가 없다. 그런데 이 두 해역을 가르는 것은 수생동물이 통과할 수 없는 좁은 파나마 지협뿐이다. 아메리카 연안에서 서쪽으로는 광막한 바다가 펼쳐져 있어 이주자가 건너갈 수 있는 섬이 거의 없다. 이것은 또 다른 종류의 장벽이다. 이것을 통과하면 태평양 동부의 여러 섬에 닿으며 그곳에서는 완전히 다른 동물상을 볼 수 있다. 즉 태평양에서는 3가지의 해서동물상이 남북으로 먼 곳까지 각각의 기후에 적응하면서 서로 그다지 멀지 않은 거리를 유지한 채 분포되어 있다. 그러나 그러한 동물상은 육지에서든 바다에서든, 어쨌든 통과할 수 없는 격벽(隔壁)으로 서로 가로막혀 있기 때문에 완전히 다른 양상을 띠고 있다.

한편, 남태평양의 동쪽 섬들에서 서쪽으로 가면, 거기서는 통과할 수 없는 장벽을 만나지 않는다. 쉴 곳이 될 만한 많은 인접한 섬이 있고, 또 지구를 반 바퀴 돌면 아프리카 연안에 이르게 된다. 이 광활한 해역에서는 뚜렷이 구별되는 해상동물상은 볼 수 없다. 위에서 든 동부아메리카, 서부아메리카, 태평양의 동부 제도(諸島) 등 세 인접한 동물상에는 조개와 게, 물고기에서 공통되는 것이 하나도 없다. 그러나 많은 어류가 태평양에서 인도양에 걸쳐 해역을 사이에 두고 분포해 있으며, 많은 조개류는 지도상 거의 정반대에 있는 태평양의 동부 제도와 아프리카 동부 연안에서 공통된다.

세 번째로 뚜렷한 사실은, 이제까지 언급해 온 사실과 일부 일치한다. 같은 대륙이나 바다에 사는 생물은 종(種) 자체는 각각의 지점이나 지역에 따라 다르더라도 유연관계에 있다는 것이다. 그것은 가장 일반적인 법칙으로서, 어느 대륙에서도 실례를 볼 수 있다. 그러나 북쪽에서 남쪽으로 여행하는 내추럴리스트는, 종은 다르지만 명백하게 유연관계에 있는 생물군이 차례차례 나타난다는 사실에 놀라움을 금하지 못한다. 이를테면 유사하지만 종류는 다른 새가 거의 똑같은 소리로 지저귀는 것을 듣고, 완전히 똑같지는 않지만 매우 닮은 구조의 둥지에 거의 같은 색깔의 알이 있는 것을 보게 될 것이다.

마젤란 해협 근처 평원에는 타조 속의 일종이 살고, 북쪽으로 펼쳐지는 라플라타 평원에는 같은 속의 다른 종이 살고 있다. 그러나 같은 위도상에 있는 아프리카나 호주의 타조나 에뮤(Emu)는 아니다. 라플라타 평원에서는 아구티(Agouti)와 비즈카차(Bizcacha)도 볼 수 있다. 이들은 들토끼나 집토끼와 같은 습성을 가지며, 같은 설치목에 속하지만 형태도 명백히 남아메리카 형이다.[1] 코르디예라의 높은 봉우리에 올라가면 고산종 비즈카차를 볼 수 있다.

바닷가를 보면 비버나 사향쥐는 없고 남아메리카형 설치류인 코이푸(Coypu)나 캐피바라(Capybara) 따위가 있다. 다른 예도 얼마든지 들 수 있다. 아메리카

---

1) 현재 토끼는 설치목과는 거리가 먼 토끼목으로 분류된다.

연안 섬들을 보면, 지질학적 구조에서는 크게 다른데도 그곳에 사는 생물은 모두 특유한 종이다. 하지만 본질적으로 모두 아메리카형이다. 앞 장에서 언급한 것처럼 과거 여러 시대를 돌이켜봐도, 그 옛날에는 아메리카 대륙에도 아메리카의 바다에는 아메리카형이 널리 분포해 있었다는 것을 알 수 있다. 우리는 이러한 사실 속에서 같은 지역의 육지와 바다에는 물리적 조건과는 관계없이 시공을 초월한 깊은 유기적인 유대가 널리 작용함을 알게 된다. 그 유대가 무엇인지 밝히려 들지 않는 내추럴리스트는 아마도 호기심이 없는 사람일 것이다.

이 유대는 나의 학설에 의하면 단순히 유전이다. 즉 생물을 완전히 똑같게 하거나, 변종끼리 비슷하게 만드는 유일한 원인인 바로 유전이다. 다른 지역에 사는 생물들이 비슷하지 않은 것은 변이와 자연선택이 주요 원인이다. 물리적 조건의 직접적인 영향을 부수적인 원인에 불과할 가능성이 있다. 닮지 않은 정도를 좌우하는 원인은 몇 가지 있다. 하나는 우세한 종류가 한 지역에서 다른 지역으로 얼마나 먼 과거에 얼마나 쉽게 이동했느냐 하는 것이다. 두 번째는 그 이전 이주자의 성질과 수이다. 세 번째는 서식하는 생물의 상호작용이다. 이제까지 내가 거듭 언급했던 것처럼, 생물 대 생물의 관계가 가장 중요하다. 그리하여 이주를 방해하는 장벽도 자연선택을 통한 완만한 변이에 걸리는 시간만큼의 중요성을 지니게 되는 것이다.

자신의 광범위한 서식지에서 이미 많은 경쟁자를 물리친, 개체수가 많고 널리 분포해 있는 종은 새로운 곳으로 퍼져갔을 때 새로운 장소를 차지하기가 가장 쉬울 것이다. 그들은 새로운 서식지에서 새로운 조건 아래 놓이게 되어 더 많은 변이와 개량을 거듭할 것이다. 그리하여 더욱더 승리를 쟁취하여 변화한 자손 군을 퍼뜨려 나갈 것이다. 변화한 것이 유전한다는 이 원칙에 입각하면, 속 안의 절, 속 전체, 그리고 과의 수준까지가 널리 알려진 바와 같이 동일한 지역에 국한되어 있는 이유를 이해할 수 있다.

분포의 중심

앞 장에서 언급한 바와 같이, 나는 필연적 발달의 법칙이라는 것을 전혀 믿지 않는다. 각각의 종의 변이성은 독립적인 성질이며, 복잡한 생존투쟁에서 개체에 이익을 주는 변이만이 자연선택에 의해 선택된다. 그 결과, 변화의 정도는 종마다 제각각이다.

만약 서로 직접적인 경쟁 관계에 있는 여러 군이 하나의 집단이 되어 새로운 고장으로 이주했다면, 그 지역이 그대로 격리되어 버려도 그 종은 그다지 변화하지 않을 것이다. 이주도 격리도 그 자체로는 아무런 영향을 주지 못하기 때문이다. 이주와 격리가 중요한 역할을 하는 것은 생물이 새로운 상호관계에 놓일 때이다. 그보다는 영향력이 덜하지만, 새로운 물리적 환경조건에 놓일 때도 이주와 격리의 원리가 작용한다. 앞 장에서 어떤 형태가 아득히 먼 지질시대 이래 거의 똑같은 특질을 유지해온 것을 알았는데, 그와 같이 종에는 먼 거리를 이주해도 거의 변화하지 않는 것이 있다.

이와 같은 견해에 따르면, 같은 속의 수많은 종은 세계의 아주 먼 지역에 살고 있다 하더라도 원래는 똑같은 원산지에서 나온 것이 분명하다. 즉 똑같은 조상에게서 나온 자손이다. 지질시대를 거치면서 근소한 변화밖에 하지 않았던 종이라면 똑같은 지역에서 이주해 온 것이라고 믿는데 무리가 없을 것이다. 태고 이래 일어난 대규모 지리적 기후적 변화 속에서는 아무리 먼 지역으로라도 이주할 수 있었을 것이기 때문이다.

그러나 어떤 속의 종이 비교적 최근에 발생했다고 믿을 만한 이유나 예도 많다. 이 문제에 대해 커다란 어려움이 있다. 또, 동일종의 개체라면 현재는 멀리 격리된 지역에 살고 있어도, 그들의 조상이 최초로 생긴 동일한 지역에서 이주해 온 것이 분명하다. 앞 장에서 설명한 것처럼, 다른 종에 속한 조상으로부터 자연선택에 의해 완전히 동일한 개체가 발생했다고는 도저히 생각할 수 없기 때문이다.

그래서 내추럴리스트들이 활발하게 논의해 온 문제, 즉 종은 지구 표면의 한 지점에서 창조되었는가 여러 지점에서 창조되었는가 하는 의문에 부딪치게 된다. 물론 동일한 개체가 어느 한 지점에서 오늘날 발견되는 것과 같이 멀리 떨어진 여러 지점까지 어떻게 이주할 수 있었는지 이해하기가 어려운 예도 많다. 그러나 각각의 종은 처음에 단일한 지역에서 발생했다는 견해의 간명함이 우리의 마음을 사로잡는다. 그 견해를 거부하는 자는 일반적인 생식이 이루어지고, 그 다음에 이주가 일어난다는 진정한 원인(vera causa)을 외면하고 기적을 믿는다.

하나의 종이 서식하는 지역은 연속적이라는 사실이 보편적으로 인정된다. 어떤 식물 또는 동물이 이주로는 쉽게 통과할 수 없을 만큼 멀리 떨어진 두 지점에 서식한다는 사실은 주목할 만한 예외다. 육서포유류가 바다를 건너 이주하는 능력은 다른 어떤 생물보다 한정되어 있다. 그래서 똑같은 종류의 포유류가 세계의 서로 떨어진 지점에 살고 있다는 예를 찾아낼 수 없는 것이다.

브리튼섬(영국)은 이전에는 유럽과 이어져 있었다. 따라서 두 지역에 똑같은 네발짐승이 산다는 사실에 대해서는, 지질학자들은 그다지 어려움을 느끼지 않는다. 그러나 만약 동일한 종이 두 군데의 떨어진 지점에서 발생할 수 있다면, 왜 유럽과 호주, 또는 남아메리카에 공통되는 포유류가 한 종도 발견되지 않는 것일까? 실제로 생활 조건이 거의 비슷하기 때문에 유럽의 대다수 동식물이 미국이나 호주에 야생화해 있지 않은가? 북반구와 남반구는 그토록 멀리 떨어진 지역인데도 완전히 같은 종류의 토착식물이 분포해 있지 않은가? 그에 대한 내 대답은 어떤 종류의 식물은 여러 전파 수단으로 광대한 중단지대 (中斷地帶)를 건너 이주해 갔지만, 포유류는 그러지 못했다는 것이다.

모든 장벽이 생물 분포에 현저한 영향을 끼쳤다는 사실은, 대다수 종이 장벽 한쪽에서 발생하여 다른 쪽으로는 이동하지 못했다는 견해에 의해서만 이해할 수 있다. 소수의 과, 많은 아과, 매우 많은 속, 그리고 그보다 더 많은 속 안의 절은 단일한 지역에 국한되어 있다. 가장 자연적인 속, 즉 매우 밀접한 종들로 구성된 속은 일반적으로 국지적이며, 분포가 한 지역에 국한되어 있다는 것은 많은 내추럴리스트들이 관찰한 사실이다. 동일한 종의 개체까지 분포 단계를 한 단계 낮추면, 거기에는 정반대되는 규칙이 지배하고 있음을 알게 될 것이다. 종의 분포는 국지적이 아니라 둘 이상의 다른 지역에서 발생한다고 한다면, 그야말로 기묘한 변칙이라고 하지 않을 수 없을 것이다.

그러므로 각각의 종은 한 지역에서만 발생하여, 그 뒤에 그 지역에서 과거 및 현재의 조건 속에서 이동 능력과 생존 능력이 허용하는 한 멀리 이주해 갔다는 견해가 가장 확실하다고, 다른 많은 내추럴리스트들과 마찬가지로 나도 생각한다.

동일한 종이 한 지점에서 다른 지점까지 어떻게 가게 되었는지 설명하기 곤란한 예도 많다. 그러나 최근의 지질시대에 일어났던 지리적 및 기후적 변화는,

이전에는 연속적이었던 많은 종의 분포 영역을 끊어놓았을 것이 틀림없다. 그러므로 각각의 종은 한 지역에서 발생하여 그 뒤 가능한 한 멀리 이주했다는 일반적인 고찰을 뒤흔들 만큼 분포범위의 연속성이 깨지는 예외가 많고 또 심각하다는 것을 생각해 보지 않을 수 없다.

동일종이 멀리 떨어진 지점에 분포되어 있다는 예외를 들어서 논의하는 것은 견딜 수 없이 지루한 일일 것이다. 그리고 나는 그런 예외도 설명을 할 수 있다고 허세를 부릴 마음은 없다. 그러나 약간의 예비적인 기술을 하고 나서, 가장 두드러진 몇몇 사실에 대해 논하고자 한다. 그것은 다음과 같은 사실이다. 첫째, 똑같은 종이 멀리 떨어진 산악지방의 산꼭대기나 북극 및 남극지방 같은 서로 멀리 떨어진 지점에 존재한다는 사실이다. 둘째로는—다음 장에서 다룰 예정이다—, 담수생물이 널리 각지에 분포해 있다는 사실이다. 셋째로는 똑같은 육서종(陸棲種)이 몇백 마일이나 떨어진 섬과 대륙에 살고 있다는 사실이다.

같은 종이 지구 표면의 멀리 떨어진 지점에 존재한다는 사실을 어떻게 설명할 것인가? 이때도 각각의 종이 단일한 발생지에서 이주했다는 견해로 설명할 수 있나? 과거의 기후적, 지리적 변화와 그 밖의 갖가지 이동방법에 대해 우리가 무지하다는 점을 고려할 때, 같은 종이 단일출생지를 가진다는 법칙을 믿는 것은 가장 안전한 방법으로 생각된다.

이 주제에 대해 논하면서 마찬가지로 중요한 다음과 같은 문제에 대해서도 고찰할 수 있을 것이다. 나의 학설에 의하면, 공통된 조상에서 유래한 한 속에 속한 수많은 다른 종이, 조상이 살고 있던 지역에서 이주—도중에 변화를 수반하면서—하는 일이 과연 가능했는가 하는 문제이다. 만일 어떤 지역에 사는 종의 대다수가 다른 어떤 지역의 것과 매우 가깝기는 하지만 별개의 것일 경우, 옛날 어느 시기에 한 지역에서 다른 지역으로 이주한 일이 있었다는 것을 증명할 수 있다면 내 학설은 크게 강화될 것이다. 그 설명은 변화를 수반하는 유래의 원칙에 명백히 입각해 있기 때문이다.

이를테면 대륙에서 몇백 마일이나 떨어진 곳에서 융기하여 생긴 화산섬은 아마도 오랜 시간이 경과하는 동안 대륙에서 소수의 이주자를 받아들였을 것이고, 그 이주자의 자손은 변화했다 치더라도 유전에 의해 대륙의 서식자와 명백한 유연관계를 계속 가지고 있을 것이다. 이와 같은 예는 흔히 볼 수 있는 것으로서—뒤에 다시 상세히 설명하겠지만—개별적인 창조 이론으로는 도저히 설명될 수 없는 것이다. 한 지역의 종이 다른 지역의 종과 유연관계를 갖는다는 이 견해는, 월리스(Wallace)가 최근 그 뛰어난 논문에서 피력한 견해와—종이라는 말을 변종이라는 말로 바꾸면—그다지 다르지 않다. "모든 종은 그것과 비슷한 기존의 종과 시간적으로나 공간적으로 일치하여 생성된 것이다." 그리고 나는 그와 편지를 나누면서 그가 이 동시성을 변화를 수반하는 생식에 의한 것으로 생각한다는 사실을 알았다.

앞서 언급한 '창조의 중성은 하나인가 복수인가' 하는 문제는, 그와 비슷한 다른 의문과는 직접적으로 관계가 없다—그 의문이라는 것은 동일한 종의 모든 개체는 한 쌍의 개체에서, 또는 암수 동체의 개체에서 유래하는 것인가, 아니면 어떤 학자들이 상상하고 있듯이 다수의 개체에서 동시에 창조된 것인가 하는 것이다. 절대로 교배하지 않는 생물—그런 것이 있다고 치고—을 생각해 보자. 나의 학설에 의하면 그 종은 다른 개체나 변종과도 혼합하지 않지만, 교대로 개량되어 온 변종의 자손이다. 따라서 계속된 변이와 개량으로 태어난 개개 변종에 속하는 모든 개체는 단일한 부모로부터 나온 것이 된다.

그러나 대다수의 경우, 즉 자손을 낳을 때마다 교잡하거나 이따금 교잡하는 생물은 완만한 변화를 거치는 동안에도 교배에 의해 대체로 균일하게 유지된다. 따라서 많은 개체는 동시에 변화를 계속하며, 각 단계에서 변화의 총량은 단일한 부모의 개체에서 유래한 것은 아닐 것이다.

예를 들어 설명해 보기로 하자. 영국의 경주용 말은 여러 품종과 경미하게 차이가 있다. 경주용 말의 그 차이와 우수성은 어떤 한 쌍으로부터 유래한 것이 아니라 여러 세대를 거듭하며 다수의 개체를 계속해서 선택하고 훈련한 결과인 것이다.

그런데 '창조의 중심은 단일하다'는 나의 학설에 커다란 난점이 있다는 것을 제시하기 위해 선택한 3가지의 사실에 대해 논하기 전에, 산포(散布) 방법에 대하여 약간 언급해 두고자 한다.

생물의 분포방법
라이엘 경과 그 밖의 학자들이 이미 이 주제에 대해 훌륭하게 논의한 바 있다. 나는 여기서 가장 중요한 사실들을 간단하게 요약해 보려 한다. 기후 변화는 이주에 강력한 영향을 끼쳐 왔다. 어떤 지역은 기후 변화 전에는 이주의 중요한 통로였으나, 지금은 통과할 수 없게 되어 있는지도 모른다. 여기서 이러한 문제를 좀더 상세하게 논해야 할 것 같다.

육지의 변화도 크게 영향을 끼쳤을 것이다. 현재는 어떤 지협에 의해 2개의 해서동물상으로 분리되어 있는데, 그 지협이 물속에 잠기거나 과거에 잠겨 있었다면, 2개의 동물상은 지금 혼합되어 버리거나 이미 이전에 혼합되어 버렸을 것이다. 지금 바다가 펼쳐져 있는 곳에서 과거에 육지와 섬들이 또는 대륙끼리 서로 결합해 있어서, 육서생물을 한쪽에서 다른 쪽으로 통과시켰을지도 모른다. 지질학자 가운데는 현생생물 시대에 들어선 뒤 해수면 높이에 커다란 변동이 일어났다는 데 반대하는 사람은 아무도 없다.

에드워드 포브스(Edward Forbes)는 대서양의 모든 섬은 유럽 또는 아프리카와, 그리고 유럽은 아메리카대륙과 결합되어 있었을 것이라고 주장한다. 어떤 학자들은 이런 식으로 모든 대양에 가상으로 다리를 놓고, 거의 모든 섬을 어딘가의 대륙과 결합시켜 버린다. 실제로 포브스의 주장이 믿을 만한 것이라면, 이제껏 어딘가의 대륙과 결합되어 있지 않았던 섬은 한도 없게 될 것이다.

이 견해는 동일한 종이 매우 멀리 떨어진 지점까지 퍼져 있다는 수수께끼를 푸는 데 많은 문제점을 해결해 준다. 그렇지만 나는 현생종이 살아 있던 시대에 그처럼 커다란 지리적 변화가 일어났다는 것을 인정할 수 없다. 대륙이 대규모 승강운동을 일으켰다는 증거가 많은 것은 사실이지만 최근에 대륙끼리 붙거나, 중간에 있는 섬들과 결합할 정도로 광대한 위치와 범위의 변화가 일어났다는 증거는 없다.

지금은 바다 밑에 가라앉아버린 많은 섬이 과거에 존재했으므로, 식물이나 여러 동물이 이주할 때 중계지(中繼地) 역할을 했으리라는 것은 이의 없이 인정한다. 산호초가 형성된 대양에서는 그와 같은 섬의 위치를 그 주위를 둘러싼 산호의 고리, 즉 환초(環礁)를 보고 알 수 있다고 나는 믿고 있다.

각각의 종이 단 하나의 탄생지에서 발생했다는 학설은 훗날 완전히 인정받게 될 것이라고 확신한다. 만일 그와 같이 인정된다면, 그리고 장차 산포 방법에 관해 뭔가 확실한 것이 알려진다면, 과거에 육지가 어떻게 전개되어 갔는지 추측할 수 있게 될 것이다. 그러나 지금은 완전히 분리되어 있는 여러 대륙이 연속적으로, 또는 거의 연속적으로 결합되어 있었을 거라고는 믿지 않는다. 거의 모든 대륙의 양끝에는 해서동물상이 현저하게 다르다. 제3기에 살았던 육상생물과 해상생물이 현재의 생물과 밀접한 유연관계를 가지고 있다. 포유류의 분포와 바다의 깊이 사이에 어느 정도 관계가 있다—뒤에 설명하기로 한다—.

분포에 관한 이러한 사실들은, 포브스가 제창하고 그의 후계자들이 인정한 견해에는 빠지지 않는, 거대한 지리적 변혁이 최근에 일어났다는 설과 대립하지 않는가? 대양도에 사는 생물의 성질과 섬별 분포 비율도 과거에 섬들이 대륙과 연결되어 있었다는 견해와 대립한다고 생각한다. 해양의 섬들이 거의 화산섬인 점도, 그것들이 가라앉은 대륙의 파편이라고 인정하는 데 있어서 불리하다. 이러한 화산섬들이 원래 육지의 산으로 존재했던 것이라면 적어도 몇 개의 섬은 단순히 화산암이나 용암의 덩어리가 아니라, 다른 산꼭대기와 마찬가지로 화강암·변성편암, 오래된 화석을 함유한 암석 등으로 이루어져 있어야 할 것이다.

이제 나는 우연한 분포 방법으로 불리는 것, 더 적절하게는 수시적인 방법이라 불러야 하는 것에 대해 몇 마디 언급하고 싶다. 여기서는 식물에만 이야기를 국한하고자 한다. 식물학에 관한 문헌에서는 이러저러한 식물은 넓은 종자산포(種子散布)에 대한 적응력이 좋지 않다고 기술되어 있다. 그런데 바다를 건너가는 이동의 난이도에 대해서는 거의 알려져 있지 않다고 해도 좋을 정도이다.

내가 버클리(Berkeley)의 도움을 얻어 약간의 실험을 해보기 전까지는, 씨앗이 바닷물의 유해한 작용을 얼마나 견딜 수 있는지에 대해서조차 거의 알려져 있지 않았다. 나는 28일 동안 바닷물에 담가 둔 87종류의 씨앗 가운데 64종류가 발아하고, 그중에서 몇몇 종류는 137일 동안 담가 두어도 살아 있는 것을 발견하고 놀랐다. 어떤 목은 다른 목보다 피해를 입기 쉽다는 것은 주목할 만한 사실이다. 9종류의 콩과식물로 실험한 결과, 1개를 제외하고는 소금물에서 별로 견디지 못했다. 근연한 목에 속하는 잎미나리과와 꽃고비과의 7종은 한 달 동안 담가 두었더니 모두 죽어버렸다.

나는 편의상 주로 꼬투리나 과육이 없는 작은 씨앗으로 실험했는데, 이것들은 모두 며칠이 지나자 가라앉아버렸다. 따라서 바닷물에 손상되는지 여부와 상관없이, 먼 바다를 둥둥 떠서 건너간다는 것은 아예 있을 수 없는 일이다. 그 뒤에 몇 가지의 큰 열매와 꼬투리로 실험해 본 결과, 그중에서 몇몇은 오랫동안 떠 있었다.

생나무와 마른 나무가 부력에서 현저한 차이가 있다는 것은 잘 알려져 있다. 이를 바탕으로 식물이나 그 가지가 홍수로 강가로 떠내려 갔다가 그곳에서 건조되면 다음에 다시 물이 불었을 때 바다로 흘러드는 일이 있을 수 있다는 생각이 들었다. 그래서 나는 익은 열매가 달린 94종류 식물의 줄기나 가지를 말려서 바닷물에 담가 보았다. 대부분은 곧 가라앉아 버렸지만, 일부는 생나무일 때는 잠깐밖에 떠 있지 않았는데 말렸을 때는 훨씬 오래 떠 있었다.

예를 들어 익은 개암나무 열매는 곧 가라앉아 버렸는데 말렸을 때는 90일이나 떠 있었고, 그 뒤에 심어보니 싹이 났다. 익은 열매가 달린 아스파라거스는 23일 동안 떠 있었고, 그것을 말리니 85일이나 떠 있다가 그 뒤에 싹도 났다. 헬로스키아디움(Helosciadium)의 익은 씨앗은 이틀 만에 가라앉았지만 말리자 90일 이상 떠다녔고, 그 뒤에 싹도 났다. 모두 94종류의 말린 식물 가운데 18종류가 28일 이상 떠 있었으며, 그 18종류 가운데 몇몇은 그보다 훨씬 오랫동안 떠 있었다. 87종류 가운데 64종류가 28일간 담가 둔 뒤 싹이 났으며, 익은 열매가 달린 94종류—단 모두 앞의 실험과 똑같은 종은 아니었다—가운데 18종류가 말린 상태에서는 28일 이상 떠 있었다.

이러한 빈약한 실험 결과에서 추리하면 다음과 같은 결론을 얻을 수 있다. 즉, 어느 나라의 식물이든 100종류의 식물 가운데 14종류는 해류에 28일간 떠다닐 뿐만 아니라, 발아 능력까지도 유지할 수 있다는 것이다. 존스턴(Johnston)의 《물리도표(物理圖表)》에 의하면, 대서양의 몇몇 해류의 평균 속도는 하루에 23마일—어떤 해류는 하루에 60마일—이다. 이 평균에 따르면, 어떤 나라의 100종류의 식물 가운데 14종류의 씨앗은 바다를 924마일 건너서 다른 나라로 갈 수 있다. 그리고 그것은 육지로 부는 강풍에 밀려 유리한 지점에 닿은 뒤 그곳에서 싹을 틔운다.

나의 실험에 이어서, 마르탱(Martens)은 똑같은 실험을 훨씬 더 훌륭한 방법으로 했다. 그는 씨앗을 상자에 넣어서 진짜 바다에 띄워, 실제로 떠다니는 식물처럼 번갈아 바닷물에 적셨다가 공기에 노출시켰다. 그는 대부분 내가 했던 것과는 다른 98종류의 씨앗으로 실험했는데 큰 열매를 많이 썼고, 또 바닷가에서 자라는 식물의 씨앗들을 썼다. 이것은 부유하는 평균기간을 연장시키고, 바닷물의 유해 작용에 대한 저항력을 높이는 데 유리할 것이다. 한편 그는 열매가 달린 풀이나 가지를 미리 말리지는 않았는데, 미리 말렸더라면 우리가 앞서 살펴본 것처럼 부유기간이 더 길어졌을 것이다. 실험 결과 98종류 가운데 18종류의 씨앗이 42일 동안 떠 있었고, 그 뒤에 싹도 틔웠다.

그러나 나는 실제 파도에 노출된 식물은 우리의 실험에서처럼 심한 파도로부터 보호될 때보다 부유기간이 짧다는 것을 믿어 의심치 않는다. 그러므로 어떤 식물상을 이루는 100종류의 식물 가운데 약 10종류가, 건조된 뒤에 900마일 폭의 바다를 떠서 건널 수 있으며, 그 뒤에 싹을 틔울 거라고 가정하는 것이 더욱 안전할 것이다. 큰 열매가 작은 열매보다도 오래 떠 있다는 사실은 흥미롭다. 비교적 큰 열매나 씨앗을 맺는 식물은 다른 방법으로 운반되기가 곤란하기 때문이다. 알퐁스 드 캉돌은 그와 같은 식물은 일반적으로 생육범위가 좁다는 점을 밝힌 바 있다.

그러나 씨앗은 다른 방법으로도 옮겨진다. 표류하는 통나무는 대부분의 섬에, 광대한 바다 한가운데 있는 섬에도 흘러와서 해안으로 밀려 올라온다. 태평양에 있는 산호섬의 원주민은 도구를 만들 돌을 오로지 표류한 나무의 뿌리에서 얻는데, 그러한 돌은 왕에게 내는 귀중한 세금이다. 나는 여러 가지로 조사해 본 결과 불규칙적인 모양을 한 돌이 나무뿌리에 박혀 있을 때는, 작은 흙덩이가 돌 사이나 뒤에 붙어서 오랜 수송에도 조금도 씻겨나가지 않을 정도로 완전히 박혀 있는 것을 발견했다. 약 50살 된 참나무 뿌리에 이와 같이 완전히 갇혀 있던 작은 흙덩이서 3개의 쌍자엽식물이 싹을 틔웠다. 나는 이 관찰이 정확했다고 확신한다.

다음에 나는 새의 사체가 바다 위에 떠 있어도 때로는 금방 먹히지 않고 있다는 것을 제시할 수 있다. 떠 있는 새의 모이주머니 속에 있는 여러 종류의 씨앗은 오랫동안 생명력을 유지한다. 예컨대 완두콩이나 살갈퀴의 씨앗은 바닷물에 며칠 동안 담가두기만 해도 죽어버리는데, 인공 소금물에 30일 동안 띄워

둔 비둘기 모이주머니 속에서 꺼낸 몇 종류는 놀랍게도 거의 모두가 싹을 틔웠다.

살아 있는 새는 거의 어김없이 씨앗 수송에 고도로 효과적인 수단이 되어준다. 나는 많은 종류의 새가 얼마나 자주 강풍을 타고 바다 건너 아득히 먼 곳에 다다를 수 있는지 보여주는 많은 사실을 열거할 수 있다. 이런 조건에서 새가 나는 속도는 보통 시속 35마일에 이르는 것으로 생각하면 거의 틀림없을 것이다. 어떤 학자들은 그보다 훨씬 높게 어림잡고 있다.

영양이 되는 씨앗이 새의 창자를 그대로 빠져나오는 예는 아직 본 적이 없지만, 열매가 단단한 씨앗은 칠면조의 소화기관마저 무사히 통과한다. 나는 두 달 동안 집 뜰에서 작은 새들의 똥 속에서 12종류의 씨앗을 가려냈다. 그것들은 아직 상하지 않은 것처럼 보였고, 몇 개를 시험해 보았더니 싹이 나왔다.

그러나 다음 사실은 더욱 중요하다. 조류의 모이주머니는 위액을 분비하지 않으며, 내가 실험해 본 바로는 씨앗의 발아를 조금도 저해하지 않는다. 그런데 새가 많은 먹이를 발견해서 실컷 먹은 지 12시간 또는 18시간이 지나도록 모래주머니에 도달한 씨앗은 한 톨도 없다는 사실이 실제로 확인되었다. 새는 그 동안 500마일이나 되는 거리를 바람을 타고 쉽게 날아갈 수 있으며, 매는 지친 새를 노린다는 것은 널리 알려져 있는 사실이다. 찢어진 모이주머니의 내용물은 이렇게 해서 쉽게 흩어질 수 있는 것이다. 브렌트(Brent)가 나에게 알려 준 바로는 그의 어떤 친구는 프랑스에서 영국으로 전서구를 날려보내는 것을 그만두었다. 영국 연안에 도착하는 비둘기를 매가 족족 죽여 버렸기 때문이다.

어떤 종류의 매와 올빼미는 먹이를 통째로 삼켜버리는데, 12시간에서 20시간 사이에 페리트[2]를 배설한다. 나는 동물원에서 실시한 실험에서 그런 페리트에는 발아 능력을 유지하고 있는 씨앗이 포함되어 있다는 것을 알게 되었다. 귀리·밀·조·능소화·마·토끼풀, 그리고 사탕무의 씨앗은 여러 가지 맹조(猛鳥)의 위 속에 12시간 내지 21시간 머문 뒤에도 싹을 틔웠다. 사탕무 씨앗 2개는 2일하고도 14시간이나 위 속에 머문 뒤 싹을 틔웠다.

나는 담수어가 육생식물과 수생식물의 씨앗을 많이 먹는다는 것을 발견했

---

2) 뼈나 깃털 등 소화되지 않는 덩어리.

는데 물고기는 자주 새에게 먹히므로, 씨앗은 이렇게 해서도 한 장소에서 다른 장소로 수송될 수 있다. 나는 많은 종류의 씨앗을 죽은 물고기의 위 속에 밀어넣고 그 물고기를 좋아하는 독수리·황새·펠리컨에게 먹여 보았다. 이들 새는 몇 시간이나 지난 뒤 그 씨앗들을 덩어리로 뱉어내기도 하고 똥으로 배출하기도 했는데, 씨앗의 대다수가 발아 능력을 유지하고 있었다. 그러나 어떤 종류의 씨앗은 이 과정에서 언제나 손상되었다.

메뚜기는 때로 육지에서 아득히 먼 곳까지 바람을 타고 날아간다. 나 자신도 아프리카 해안에서 370마일이나 떨어진 곳에서 메뚜기를 잡은 적이 있고, 다른 사람은 이보다 먼 곳에서 잡은 적이 있다는 말을 들은 적도 있다. R.T. 로(Lowe)는 라이엘 경에게 1844년 11월에 메뚜기떼가 마데이라섬을 습격한 일에 대해 보고했다. 헤아릴 수 없이 많은 그 메뚜기떼는 눈보라가 칠 때처럼 한 덩어리를 이루어 망원경으로 볼 수 있을 만큼 하늘 높이 날고 있었다고 한다.

이 메뚜기떼는 2, 3일 동안 적어도 지름이 5, 6마일이나 되는 커다란 타원형을 이루어 천천히 회전하면서 나아가다가 밤이 되면 큰 나무 위에 모여들었다. 나무는 완전히 메뚜기로 뒤덮여 버렸다. 이윽고 메뚜기들은 나타났을 때와 마찬가지로 느닷없이 바다 건너로 사라져버린 뒤 다시는 그 섬을 찾아오지 않았다. 지금도 나타우 여러 지방의 농부들은 확실한 증거는 충분하지 않지만, 가끔 이 나라로 몰려오는 거대한 메뚜기 떼가 남기고 간 배설물에 섞여 유해한 씨앗들이 이 초원으로 유입된다고 믿는다. 이러한 견해를 바탕으로 윌(Weale)은 마른 배설물 덩이를 편지에 동봉하여 나에게 보내 주었다. 나는 현미경으로 그 속에서 몇 개의 씨앗을 가려냈고, 그 씨앗에서 2개 속 2개 종에 속하는 7가지 풀을 키울 수 있었다. 마데이라섬을 휩쓸었던 것과 같은 메뚜기 떼는 본토에서 멀리 떨어진 섬으로 많은 종류의 식물을 쉽사리 유입하는 수단인 셈이다.

새의 부리와 발은 보통 매우 깨끗하지만 이따금 흙이 붙어 있는 것을 볼 수 있다. 한 예로서 나는 자고새의 발에서 한번은 61그레인, 다른 한번은 22그레인의 마른 진흙을 채취한 적이 있다. 그 흙 속에는 살갈퀴 씨앗만한 크기의 조약돌이 들어 있었다. 이보다 더 좋은 예도 있다. 어느 날 친구가 나에게 딱따구리를 보내줬는데 그 정강이에는 약 9그레인의 마른 흙덩이가 붙어 있었다. 그리고 그 속에 들어 있던 한 알의 골풀(Juncus bufonius) 씨앗은 싹을 틔우고 꽃까지 피웠다.

지난 40년 동안 영국의 후조(候鳥)에 대해 자세히 연구해 온 브라이튼의 스웨이스랜드(Swaysland)가 나에게 알려준 바에 의하면, 그는 할미새(Motacillae)와 검은 딱새류(Saxicolae)의 새들이 처음으로 영국에 도착하여 아직 땅에 내려앉기 전에 쏘아서 떨어뜨려 보았다. 이때 이 새들의 발에 작은 흙덩이가 붙어 있는 것을 여러 번 관찰했다고 한다. 그 흙에 일반적으로 씨앗이 얼마나 포함되어 있는지를 보여주는 많은 사실을 열거할 수 있다. 이를테면 뉴턴 교수가 다쳐서 날지 못하는 붉은다리황새(Cacabis rufa)의 다리를 나에게 보내주었을 때, 거기에는 6온스 반이나 되는 굳은 흙덩어리가 붙어 있었다. 이 흙을 3년 동안 보관했다가 부수어서 물을 준 뒤 방울 모양의 유리그릇 밑에 두었더니, 거기서 자그마치 82개가 넘는 싹이 났다. 흔히 볼 수 있는 귀리와 적어도 벼과의 한 종류를 포함한 12개의 외떡잎식물과, 그 어린 싹으로 미루어 보건대 적어도 3개의 다른 종으로 이루어진 70개의 쌍떡잎식물들이었다.

이런 사실로 보아 해마다 강풍에 불려 넓은 바다를 날아서 건너가는 많은 새나 해마다 이주하는 새떼, 예컨대 지중해를 횡단하는 수백만 마리의 메추라기가 흔히 발이나 부리에 소수의 씨앗이 묻은 흙을 붙여 운반해 간다는 사실을 어떻게 의심할 수 있겠는가? 그러나 이 문제에 대해서는 나중에 다시 언급하기로 한다.

빙산에 때때로 흙이나 돌이 실려 있다는 것은 널리 알려진 사실이다. 이 빙산은 작은 가지나 뼈, 육생조류의 둥지까지 운반하므로 라이엘 경이 시사한 것처럼, 때때로 북극지방이나 남극지방의 한 지역에서 다른 지역으로, 그리고 빙하기에는 현재의 온대지방에서 다른 지방으로 당연히 씨앗을 운반했으리라는 것을 나는 믿는다. 아조레스 제도의 식물들은 대륙에 훨씬 가까운 다른 대서양의 여러 섬의 식물에 비해 유럽과 공통되는 종이 매우 많다는 점에서, 그리고—H.C. 왓슨이 언급했듯이—그곳의 식물상은 위도에 비해 어느 정도 북방적 성격을 띠고 있다는 점에서, 나는 이들 제도의 식물은 일부분 빙하시대에 얼음이 운반해 온 씨앗에서 나온 것이 아닌가 하고 생각했다. 라이엘 경은 나의 청을 받아들여 하르퉁(Hartung)에게 편지를 보내, 이 섬들에서 표석을 본 일이 있는지의 여부를 문의해 주었다. 그의 대답에 따르면, 이 제도에서는 산출되지 않는 화강암과 다른 암석의 커다란 파편이 발견되었다고 한다. 그러므로 우리는 과거에 빙산이 암석들을 실어와 바다 한복판에 있는 섬들의 해안에 풀어 놓은 것으로 추정해도 틀리지 않을 것이다. 그리고 빙산이 그곳에 북방 식물의 씨앗을 운반한 것도 가능한 일일 것이다.

앞에서 든 것과 같은 여러 수송 방법과 앞으로 틀림없이 발견될 그 밖의 온갖 방법이 몇 세기 동안, 몇만 년 동안 해마다 작용해 왔다는 것을 생각하면, 많은 식물이 그와 같은 방법으로 널리 전파되지 않았다면 그것이 오히려 더 이상한 일일 것이다. 이와 같은 수송 방법들이 우연한 일이라고 할 수도 있겠지만 엄밀하게 말하면 그것은 옳지 않다. 해류는 우연한 것이 아니고 계절풍 또한 마찬가지이다. 거의 어떠한 수송 방법도 씨앗을 아주 먼 거리까지 운반할 수 없다는 것은 확인할 수 있을 것이다. 씨앗은 아주 오랫동안 바닷물의 작용을 받으면 생명력을 유지할 수가 없고, 새들의 모이주머니 또는 창자 속에 들어가서 오랜 시간 운반되는 것도 불가능하기 때문이다. 이와 같은 방법들로는 몇백 마일의 바다를 건넌다든지, 때로는 섬에서 섬으로, 때로는 대륙에서 인접한 섬으로 수송되기에 충분하지만, 한 대륙에서 멀리 떨어진 대륙으로 옮겨지기는 어렵다. 멀리 떨어져 있는 대륙의 식물상은 이와 같은 방법으로는 크게 뒤섞이지는 못하고, 우리가 현재 보는 바와 같이 서로 다른 상태에서 머물 것이다. 해류는 그 경로로 보아 북아메리카에서 영국까지 씨앗을 날라 올 수는 없을 것이다. 해류가 서인도제도에서 영국의 서해안까지 씨앗을 날라 오는 것은 가능하며 실제로 날라 오고 있기도 하지만, 이 경우 씨앗이 바닷물에 오랫동안 잠겨 있으면서도 죽지 않는다 하더라도, 그 씨앗들은 영국의 기후를 견디지는 못할 것이다.

거의 해마다 한두 마리의 육지 새가 대서양을 횡단하여 북아메리카에서 아일랜드나 잉글랜드 서해안까지 바람을 타고 날아오지만, 씨앗이 이러한 길 잃은 새에 의해 수송되는 방법은 단 한 가지, 발에 붙어 있는 더러운 부착물 속에 들어 있는 경우이다. 그러나 이것은 극히 드문 일이다. 이 경우에도 씨앗이 적당한 토양에 떨어져 싹을 틔울 가능성은 지극히 낮다.

그렇다고는 하지만 영국처럼 많은 생물이 잘 자라고 있는 섬이, 우리가 알고 있는 한—이것을 증명하는 것은 매우 어려운 일이다—지난 몇 세기 동안 이와 같은 수송 방법으로 유럽이나 다른 대륙에서 이주자를 받아들인 일이 없다고 해서, 생물이 많이 살고 있지 않은 섬이, 아무리 본토에서 더 멀리 떨어져 있었다 하더라도 똑같은 방법으로 식민자를 받아들이는 일이 없다는 식으로 논하는 것은 큰 잘못일 것이다. 다만, 영국보다 생물이 훨씬 더 적은 섬일지라도, 그 섬으로 옮겨진 20종류의 씨앗 또는 동물 가운데 새로운 땅에 귀화하게 될 정도로 그 땅에 적합한 것이 한 가지 이상 있을지 의심스럽다. 그러나 이것은 어떤 섬이 융기하여 형성되기에 이르는 오랜 지질학적 시간이 경과하는 동안, 그리고 그 섬이 생물로 가득차기 전에, 이따금 있는 수송 방법에 의해 어떤 일이 이루어졌다는 것을 부정하기에 합당한 이유가 아닌 것으로 여겨진다. 거의 생물이 없고, 또 씨앗을 죽이는 곤충이나 조류가 조금밖에 없거나 전혀 없는 땅에 도착한 씨앗은 거의 모두 틀림없이 발아해서 생존을 계속할 것이다.

빙하의 작용

몇백 마일이나 되는 저지대를 사이에 두고 서로 떨어져 있는 산꼭대기에 동일한 동식물이 다수 서식하기도 한다. 그 사이의 저지대에는 고산성 종이 살 수 없으므로 한쪽에서 다른 쪽으로 이주했을 가능성이 없을 것 같다. 이는 같은 종이 서로 떨어진 지점에 존재한다는 사실에 대한 가장 뚜렷한 하나의 예이다. 알프스산맥 또는 피레네산맥의 눈 덮인 여러 지역과 유럽 최북단의 여러 지역에서 동일한 종을 매우 흔하게 볼 수 있는 것은 실제로 주목할 만한 사실이다.

그러나 미국의 화이트산맥[3]에서 자라는 식물이 래브라도의 식물과 똑같고, 또 에이사 그레이가 말했듯이 유럽의 가장 높은 산들의 식물과도 거의 같다는 것은 그보다도 훨씬 더 주목할 만한 사실이다. 일찍이 1747년에 이와 같은 사실을 바탕으로 그멜린(Gmelin)은 같은 종이 많은 다른 지점에서 독립적으로 창조되었을 것이 틀림없다는 결론을 도출했다. 만약 아가시나 그 밖의 사람들이—이제부터 살펴보겠지만—이와 같은 사실을 간단히 설명해 주는 빙하시대에 대해 생생한 주의를 환기시키지 않았더라면, 우리도 그멜린과 똑같은 신념에

---

3) 뉴햄프셔주에 있는 애팔래치아산계의 지맥.

머무르고 있었을지도 모른다.

오늘날과 매우 가까운 지질시대에 중앙 유럽과 북아메리카가 극한 기후 아래 있었다는 사실에 대해서는, 생각할 수 있는 한 거의 모든 종류의 유기적·무기적 증거가 갖춰져 있다. 스코틀랜드와 웨일스의 산들 산중턱에 나 있는 홈이나 매끈매끈한 표면, 발굴된 표석들이 여러 골짜기를 최근까지 채우고 있었던 빙하의 흐름을 말해준다는 것은, 집이 불 탄 자리가 화재를 말해주는 것보다 명백하다. 북이탈리아에서 옛날의 빙하가 남기고 간 거대한 퇴석(堆石)이 오늘날에는 포도나 옥수수로 덮여 있을 만큼 유럽의 기후는 두드러지게 변화했다. 미국의 광대한 구역에 걸쳐 표류하던 빙산이나 연안의 얼음덩어리에 마찰된 표석과 암석들은 옛날의 한랭했던 시대를 우리에게 알려주고 있다.

빙하시대의 기후가 유럽의 생물 분포에 끼친 영향에 대해 에드워드 포브스가 매우 명백하게 설명했다. 그 요점은 다음과 같다. 옛날처럼 지금 새로운 빙하시대가 서서히 도래하여 이윽고 지나가 버린다고 가정해 보면, 그 여러 가지 변화를 더욱 쉽게 더듬어볼 수 있을 것이다.

추위가 닥쳐와 남쪽 여러 지방이 북방 생물에 적합해짐에 따라, 따뜻한 지방의 거주자는 점점 남쪽으로 밀려나게 되고 북방 생물이 그 자리를 빼앗게 될 것이다. 동시에 비교적 따뜻한 지방의 생물은 장벽으로 가로막히지 않는 한 남쪽을 향해 여행을 계속한다. 장벽으로 가로막히게 되면, 그 생물들은 멸종하고 말 것이다. 산은 눈과 얼음으로 뒤덮이게 되고, 전에 그곳에 있었던 고산성 생물들은 평지로 내려온다. 추위가 극에 달했던 시기에는 북극의 동물상과 식물상이 유럽 중앙부를 뒤덮고, 멀리 알프스와 피레네산맥에 이르러 스페인까지 퍼져 갔을 것이 분명하다.

미국의 현재의 온대지역도 북극성의 동식물로 덮여 있었으며, 그것은 유럽의 동식물과 거의 같았을 것으로 추정된다. 남쪽을 향해 온갖 지역을 여행했을 것으로 상상할 수 있는 오늘날의 북극지방의 생물은 전 세계에서 놀랍도록 같기 때문이다.

기후가 다시 따뜻해짐에 따라 북극성 생물들은 북쪽으로 물러가고, 그보다 따뜻한 지역의 생물들이 바로 그 뒤를 따라왔다. 눈은 산기슭부터 녹기 시작하므로 북극성의 종류들은 눈이 녹아서 생물이 없는 땅을 먼저 차지하고, 기후가 더욱 온화해짐에 따라 동족들이 북방으로 계속 이동하는 동안 점차 높은 곳으로 올라가게 된다. 그러므로 기후가 다시 완전히 따뜻해졌을 때는, 최근까지 유럽과 북미의 저지대에서 함께 살고 있던 북극지방의 종이 산봉우리에 고립된 채 남게 되며—저지대에서는 씨가 마른다—, 동시에 두 극지방까지 후퇴하게 된다.

이로써 우리는 미국과 유럽이라는 매우 멀리 떨어진 지점에서도 산악지대에는 많은 식물이 동일한 까닭을 이해할 수 있게 된다. 또한, 어떤 산맥에 있는 고산식물이 그 정북쪽 또는 거의 정북쪽에서 사는 북극성 생물과 밀접한 관계가 있다는 사실도 이해할 수 있다. 추위가 닥쳐옴으로써 일어난 이동과, 기후가 다시 온화해짐에 따른 재이동이 정남쪽과 정북쪽을 향해 이루어졌을 것으로 추측되기 때문이다.

예를 들면 H.C. 왓슨이 지적한 스코틀랜드의 고산식물과 라몬드(Ramond)가 지적한 피레네산맥의 고산식물들은, 스칸디나비아 북부의 식물과 특히 가까운 관계에 있다. 마찬가지로 미국의 것은 래브라도의 것, 그리고 시베리아의 것은 북극지방의 것과 밀접한 관계에 있다. 이와 같은 견해는 옛날 빙하시대에 있었던 확증된 사실을 근거로 하며, 그것은 현재 유럽과 미국의 고산성 및 북극성 생물의 분포를 매우 만족스럽게 설명해 준다.

나는 이 견해가 다른 것에도 적용된다고 생각한다. 예컨대 다른 지방에서도 서로 멀리 떨어진 산꼭대기에서 동일 생물종이 발견되었을 때는, 다른 증거가 없더라도 이전에 추운 기후가 중간의 저지대를 통한 이동을 허용했으며, 그 뒤에 그곳이 살아가기에는 너무 따뜻해진 것이라고 결론을 내려도 되는 것이다.

북극 생물은 모두 멀리 남쪽으로 이동하는 동안과 북쪽으로 재이동하는 동안에 거의 똑같은 기후 아래 있었을 것이다. 더구나 모두 무리지어 살았다는 점에 특별히 주목해야 한다. 따라서 그들 유연관계가 크게 교란되는 일은 없었을 것이다. 이 책에서 언급한 여러 가지 원리에서 볼 때, 그다지 변화를 일으키지 않았을 것이다. 그러나 기후가 다시 따뜻해지기 시작하면서 먼저 산기슭에, 나중에는 산꼭대기에 격리되어 버린 현재의 고산식물에는 그와는 조금 다른 점이 있을 것이다. 동일한 북극성의 종이 모두 서로 멀리 떨어진 산맥에 격리된 채 계속 생존하기란 불가능한 일이기 때문이다. 그 북극성 종들은, 빙하시대가 시작되기 이전에는 산지에서 살다가 가장 추운 시기에 일시적으로 평지로 쫓겨 내려왔을 고대의 고산종과 섞였을 가능성이 높다. 게다가 이러한 종은 어느 정도 다른 기후의 영향을 받아왔을 것이 틀림없다. 그리하여 이들 종의 상호 유연관계는 다소 복잡해졌을 것이고 따라서 크게 변화했을 것이다. 실제로 그런 증거가 발견되고 있다.

오늘날 유럽의 수많은 산맥에 살고 있는 고산성 동식물들을 비교해 보면 완전히 똑같은 종이 매우 많은 것은 사실이지만, 그중 일부는 변종이고, 일부는 의심스러운 종으로 분류된다. 별종이지만 매우 유사한 대체종인 것도 소수 존재한다.

빙하시대 동안 실제로 일어났다고 믿는 사실을 설명하면서, 나는 빙하시대 초기에 북극성의 생물의 분포는 현재와 마찬가지로 극지방에 일정하게 퍼져 있다고 가정했다. 그러나 분포에 대해 지금까지 언급한 것은 엄밀하게 말해서 북극성 종류에만 적용되는 것이 아니고, 다수의 아북극성(亞北極性) 종류처럼 일부 온대 북부 종류에도 적용된다. 북아메리카와 유럽의 낮은 산이나 평지에도 같은 종이 있기 때문이다. 그렇다면 전 세계의 아북극성 및 온대북부성 종류가 빙하시대 초기에는 일정 정도로 동일했어야 한다. 그 이유를 과연 어떻게 설명할 것인가?

오늘날에는 구대륙과 신대륙의 아북극성 생물과 온대북부의 생물들은 대서양과 북태평양에 의해서 격리되어 있지만, 구대륙과 신대륙의 생물이 오늘날보다 더 남쪽에 살았던 빙하시대에는 더욱 넓은 바다에 의해 완전하게 격리되어 있었을 것이다. 따라서 어떻게 그 무렵 또는 그 이전에 같은 종이 두 대륙으로 들어갈 수 있었는가 하는 질문이 당연히 제기될 수 있다.

빙하시대가 시작되기 전 선신세(鮮新世) 후반에는 생물 대다수가 오늘날의 것과 거의 동일했으며, 기후는 오늘날보다 따뜻했다. 그 때문에 현재 위도 60도의 기후에서 사는 생물이 선신세에는 더 북쪽의 북극권(北極圈), 위도 66도에서 67도 사이에서 생활했었으며, 엄밀하게 북극성 생물은 당시 더욱 극에 가까운 고립된 육지에 살았다고 상상할 수 있다. 그런데 지구의를 살펴보면, 북극 아래로는 서유럽에서 시베리아를 거쳐 미국 동부까지 이어져 있는 것을 볼 수 있다. 그리고 지금보다도 온난한 기후에서라면 육지간 이동도 자유로웠을 것이다. 따라서 구대륙과 신대륙의 아북극성 생물이나 온대북부의 생물은 빙하시대 이전 시대에는 나름대로 일정했을 것이다.

앞에서 말한 여러 가지 이유로 현재의 대륙은 부분적으로는 대규모 승강 운동을 일으켰으나, 위치관계는 옛날과 거의 같을 것이다. 또한, 위와 같은 견해를 확대하여 다음과 같이 추리할 수 있다. 그것은 예컨대 고선신세(古鮮新世)와 같이 지금보다 따뜻했던 고대에는 동일한 동식물이 북극점을 중심으로 동그랗게 서식했다는 것과, 이러한 동식물은 구대륙에서나 신대륙에서나 빙하시대가 시작되기 훨씬 이전에 기후가 점차 추워짐에 따라 서서히 남쪽으로 이동하기 시작했다는 것이다. 현재 유럽 중앙부와 미국에서 발견되는 생물이야말로 생김새는 크게 다르나 모두 남쪽으로 이동한 종류의 자손이라고 나는 믿는다. 이와 같은 견해를 바탕으로 하면, 북아메리카와 유럽의 생물 사이는 종의 동일성은 적으나 유연관계가 있다는 것을 이해할 수 있다.

두 지역 사이의 거리와 대서양의 존재를 감안할 때 이것은 매우 주목할 만한 유연관계이다. 게다가 우리는 많은 학자가 지적하듯이 기이하게 보이는 어떤 사실까지 이해할 수 있다. 그것은 제3기 후기의 유럽과 미국의 생물 사이에는 오늘날보다 더욱 밀접한 관계가 있었다는 사실이다. 지금보다 따뜻했던 그 시대에 구대륙과 신대륙의 북쪽 지역은 생물의 상호이주를 위한 다리 구실을 했던 육지가 거의 연속적으로 이어져 있었고, 그 육지는 그 뒤 추위 때문에 통과할 수 없게 된 것으로 추정된다.

선신세의 기후가 차차 추워지면서 신대륙과 구대륙에 살던 공통의 생물종이 북극권의 남쪽으로 이동하자 그러한 종들은 곧 완전히 차단되었을 것이다. 이 격리는 비교적 따뜻한 지역의 생물에 관한 한, 아주 오랜 옛날에 일어났다. 그리고 식물과 동물은 남쪽으로 이동해 감에 따라 아메리카와 유럽에 넓게 퍼져 살던 생물과 혼합되면서 경쟁하지 않으면 안 되었을 것이다. 그 결과, 생물이 커다란 변화를 이루기에 적당한 조건이 모두 갖추어지게 되었다.

한편, 가장 최근에 고립된 고산대와 북극지방에 갇힌 고산성 생물은 그만큼 많은 변화를 일으키지 않았다. 신대륙과 구대륙의 온대지방에 현존하는 생물을 비교해 볼 때, 완전히 동일한 종은 극히 적으며―에이사 그레이는 최근에, 이전에 상상했던 것보다는 많은 식물이 완전히 동일하다고 지적하기는 했지만―, 어떤 큰 강(綱)에서 어떤 내추럴리스트들은 지리적 품종으로 분류하고 다른 사람들은 다른 종으로 분류하는 종류가 많이 발견되고, 또한 모든 내추럴리스트들이 다른 종으로 분류하지만 밀접한 유연관계에 있는 대체종이 다수 발견되는 것은 그 때문이다.

육상에서와 마찬가지로, 완전히 분리되어 있는 바다 속에도 오늘날 밀접한 유연관계에 있는 종류가 생활하고 있다. 선신세 기간 동안, 또는 그보다 좀 더 오래된 시대까지 북극권의 연속된 연안을 따라 서식했던 해서동물상이 서서히 남쪽으로 이동했다. 이렇게 생각하면 지금은 완전히 분단된 해역에 유연관계가 깊은 종류가 다수 서식하는 이유도 설명할 수 있을 것이다. 이를테면 나는 북아메리카 온대의 동서 해안에 현생종과 제3기에 멸종한 종류가 많이 있는 사실과, 더욱 놀라운 예로는 지중해와 일본해―이 두 구역은 현재 거대한 대륙과 광대한 바다로 완전히 격리되어 있다―에 많은 유사 갑각류―다나(Dana)의 훌륭한 저서에 실려 있다―와 약간의 유사 어류 및 다른 해서동물이 있다는 사실을 이해할 수 있을 것으로 믿는다.

북아메리카의 동서 해안이나 지중해 및 일본해, 그리고 북아메리카와 유럽의 온대 지역에 사는 현재 또는 과거 생물의 밀접한 유연관계는 창조이론으로는 설명이 되지 않는다. 그러한 생물들은 여러 지역의 물리적 조건이 거의 같기 때문에 비슷하게 창조되었다고 할 수는 없다. 남아메리카의 일부 지역을 남아프리카 또는 호주의 여러 지역과 비교해 보면, 모든 물리적 조건이 매우 비슷한 지역에서도 생물이 전혀 닮지 않은 것을 알 수 있기 때문이다.

그러나 우리는 좀 더 당면한 주제로 돌아가지 않으면 안 된다. 포브스의 견해는 크게 확장되어야 마땅하다고 나는 확신한다. 유럽에서는 영국의 서해안에서 우랄산맥에 걸쳐, 그리고 남쪽으로는 피레네산맥까지 빙하시대를 명백하게 나타내는 증거를 발견할 수 있다. 우리는 시베리아도 똑같은 작용을 받았다는 것을 냉동된 포유류나 산지의 식생에서 추측할 수 있다. 후커 박사에 의하면 옛날 레바논산은 만년설로 덮여 있어 계곡을 4천 피트나 떨어져 내리는 빙하의 원천을 이루었다고 한다. 그는 최근에 북아프리카 아틀라스산맥 저지대에서 커다란 표석을 발견했다. 히말라야산맥에서는 900마일이나 떨어진 지점에 빙하가 흘러내렸던 흔적이 남아 있으며, 또 후커 박사는 시킴(Sikkim)에서 오래된 거대한 표석 위에 옥수수가 자라고 있는 것을 보았다. 적도 이남에서는 옛날 빙하작용을 직접 보여주는 증거를 뉴질랜드에서 볼 수 있다. 이 섬에 있는 서로 멀리 떨어진 산봉우리에서도 똑같은 식물이 발견되고 있고, 그러한 사실들은 모두 빙하시대를 얘기해 준다. 공표된 어떤 기사(記事)가 믿을 만한 것이라면, 호주 동남부 한 구석에 있는 산지에도 빙하작용의 직접적인 증거가 남아 있다.

아메리카 대륙으로 눈을 돌려보자. 그 북쪽 절반에서는 빙하로 생긴 암석 조각이 동쪽에서는 위도 36~37도 남쪽까지, 그리고 오늘날에는 기후가 현저하게 달라져 버린 태평양 연안에서는 남쪽으로 위도 46도까지 관찰된다. 록키산맥에서도 표석을 볼 수 있다. 적도 바로 밑에 있는 남아메리카의 코르디예라산맥에서도 일찍이 빙하는 현재 높이보다 훨씬 아래쪽까지 퍼져 있었다. 나는 칠레 중부에서도 큰 바위 조각들이 모여 거대한 표석을 형성한 것으로 추정되는 포르틸로 계곡을 조사한 적이 있다. 또 포브스는 남위 13도에서 30도 사이에 있는 코르디예라산맥의 해발 약 1만 2천 피트 지점 여러 곳에서 그가 노르웨이에서 흔히 보았던 것과 비슷한 깊은 주름이 난 암석과 홈이 팬 자갈이 들어 있는 커다란 퇴석 덩어리를 발견했다고 나에게 알려 주었다. 현재 이 코르디예라산맥의 넓은 지역에는 비교적 고지임에도 빙하는 존재하지 않는다. 이 대륙 양쪽 해안의 남쪽으로 41도 지점에서 최남단에 이르는 범위에는 일찍이 빙하가 남긴 명백한 증거가 남아 있다. 모암에서 떨어져 멀리 운반되어 온 거대한 암석들이 그것이다.

이러한 여러 가지 사실들, 즉 빙하작용이 북반구와 남반구 전체에 미치고 있었다는 것, 그 시대가 지질학적 의미에서 양반구 어느 쪽에서나 최근에 속한다는 것, 빙하시대는 그것이 미친 영향의 양에서 추론할 수 있듯이 양반구에 매우 장기간에 걸쳐 계속되었다는 것, 마지막으로 빙하가 코르디예라산맥을 따라 최근에 저지대로 내려왔다는 것 등으로 미루어 볼 때, 전 세계의 온도는 빙하시대와 동시에 저하했다는 결론을 내릴 수밖에 없다.

그러나 크롤은 그의 많은 훌륭한 논문에서 기후의 빙하적 상태는 지구궤도의 편심률(偏心率)이 증가함에 따라 작용하는 여러 물리적 원인의 결과임을 보여주려고 노력했다. 이러한 원인들은 모두 같은 결과로 이끄는 경향이 있다. 그러나 가장 유력한 원인은 궤도의 편심률이 대양의 해류에 미치는 간접 영향으로 생각된다. 크롤에 의하면 한랭기는 1만년 또는 1만 5천년마다 규칙적으로 되풀이된다. 그 한랭기는 장기간에 걸쳐 있으며 어떤 우발적인 이유로 인해 극도로 혹독하다. 그 우발적인 이유 가운데 가장 중요한 것은 라이엘 경이 증명하듯이 바다와 육지의 상대적인 위치이다. 크롤은 최후의 대빙하기는 약 24만년 전에 일어나 약간의 기후변화를 수반하면서 약 16만 년 동안 계속되었다고 믿었다. 더 오래된 빙하기에 대해 많은 지질학자는 그보다 오래된 지층에 대해서는 그만두고, 중신세(中新世)와 시신세(始新世)의 지층에 일어난 것으로서, 직접적인 증거를 통해 확신하고 있다. 그러나 크롤이 증명한 중요한 사실은 북반구가 한랭기를 경과하는 동안에는 남반구의 온도가 주로 해류 변화에 의해 실제로 상승하고 겨울이 현저하게 따뜻해졌다는 것이다. 남반구가 빙하기를 경과하는 동안 북반구에서는 그러한 일이 일어났던 것이다.

이 결론은 지리적 분포를 크게 조명하는 것이므로 나는 이것을 믿는 쪽으로 기울어지고 있지만, 우선 설명이 필요한 사실들을 들어보기로 한다.

후커 박사는 남아메리카의 티에라델푸에고에는, 그곳의 빈약한 식물상으로 봐서는 결코 적지 않은 40 내지 50 종류의 현화식물(顯花植物)이 서로 아득한 거리를 사이에 둔 유럽과 공통되어 있다는 것, 그리고 매우 가까운 근연종도 많이 있다는 것을 보여 주었다.

적도 이남의 남아메리카에 우뚝우뚝 솟아 있는 산들에는 유럽의 속에 포함되는 고유종이 대거 자생하고 있다. 브라질의 오르간산맥에는 소수의 온대 유럽의 속·남극의 속·안데스산맥의 속이 가드너(Gardner)에게 발견되었으며, 더구나 그것은 산지 한복판의 더운 곳에는 존재하지 않았다. 마찬가지로 저 유명한 훔볼트는 오래전에 카라카스의 실라(Silla)산에서 코르디예라산에서만 발견되는 특정 속에 속하는 종을 발견했다.

아프리카에는 수많은 유럽 종과 소수이기는 하지만 희망봉에 특유한 식물상을 대표하는 종이 존재한다. 희망봉에는 인간이 들여온 것이 아니라고 믿어지는 유럽산 종이 극소수 존재하며, 또 그곳의 여러 산에서도 아프리카의 열대지방에서도 발견되지 않는 대표적인 유럽종들이 근소하게나마 발견되었다.

히말라야산맥이나 인도반도의 고립된 산맥, 실론섬의 고지대, 그리고 자바의 원추화산(圓錐火山)에는 동일종이나 대체종에 해당하는 식물이 다수 자생한다. 이들은 유럽 식물의 대체종이기도 하며 중간의 더운 저지대에서는 발견되지 않는 종류다.

자바의 높은 봉우리에서 채집된 속의 일람표는 유럽의 한 언덕에서 채집한 것을 연상시킨다. 더욱 놀라운 사실은, 호주 남부의 여러 식물은 보르네오의 여러 산꼭대기에서 자라는 식물의 대체종이라는 것이다. 내가 후커 박사에게서 들은 바로는 이러한 호주 식물 가운데 몇 종류는 말라카반도의 고지대를 따라 분포되어 있고, 소수는 인도와 일본에까지 퍼져 있다.

뮐러(F. Müller) 박사는 호주 남부의 여러 산에서 수많은 유럽종을 발견했다. 다른 여러 종은 인간이 들여온 것이 아니면서 저지대에서 자연적으로 자라고 있다. 그리고 후커 박사의 보고에 의하면, 호주에서는 발견되고 중간의 열대 지방에서는 발견되지 않는 유럽산 속을 다수 수록한 일람표를 만들 수 있다는 것이다. 후커 박사의 저작인 《뉴질랜드 식물상서론 *Introduction to the Flora of New Zealand*》에는, 이 커다란 섬의 식물에 대한 두드러진 사실들이 지적되어 있다. 즉, 세계적으로 높은 산에 서식하는 식물과 남북 양반구의 따뜻한 저지대에 있는 식물이 때로는 완전히 동일하거나, 완전히 같지는 않더라도 매우 유사한 예가 많다.

그러나 이 식물들이 엄밀히 따져서 북극 형태가 아니라는 점에 유의해야 할 것이다. 왓슨이 강조한 것처럼 '북극에서 적도 쪽으로 후퇴해 감에 따라 고산성 또는 산악성 식물상은 실제로 점점 더 북극형이 아닌 것으로 변해가기' 때문이다. 이러한 동일하거나 밀접하게 근연인 종류를 제외하고 동일하지만 완전히 격리된 지역에 살고 있는 많은 종은 현재 중간 열대의 저지에서는 발견되지 않는 속에 속하는 것들이다.

이상과 같은 간단한 설명은 식물에만 적용된다. 그것과 비슷한 사실을 육서동물의 분포에 대해서도 열거할 수 있다. 해서동물도 유사한 예들이 있다. 그 하나의 예로, 최고의 권위자인 데이나 교수의 말을 인용하기로 한다. 즉 "뉴질랜드산 갑각류는 그 정반대에 위치한 브리튼섬의 갑각류와 세계의 어떤 지역의 종류보다 많이 닮았다는 것은 확실히 경탄할 만한 사실이다." 또한 리처드슨(Richardson) 경도 뉴질랜드, 태즈메이니아 등의 해안에 북방 어류가 있다고 지적했다. 후커 박사는 나에게 25종의 해조류가 뉴질랜드와 유럽에 공통되고 있는데 중간의 열대 바다에서는 발견되지 않는다는 사실을 일러주었다.

앞에서 말한 사실들, 즉 적도 밑의 아프리카 전체를 횡단하는 고지대와 인도반도와 이어져 있는 실론섬과 말레이 제도에 이르기까지, 또 정도는 덜하지만 열대 남미 전체를 횡단하는 고지대에 온대 형태가 존재한다는 사실로 미루어 그 어떤 옛 시대에―라고는 하나 물론 빙하기의 가장 혹독한 시기이지만― 이러한 큰 대륙의 저지대가 적도 밑에 있어서 상당한 수의 온대적 형태가 서식하고 있었던 것은 거의 확실한 것처럼 보인다. 이 시대에 적도 지대의 해수면은 같은 위도의 5천 피트 내지 6천 피트 높이에서 현재 느낄 수 있는 것과 아마도 비슷하거나 그 이하였을지도 모른다. 후커 박사는 히말라야산의 낮은 경사 위, 4천 피트 내지 5천 피트 높이에는 열대와 온대 식물이 뒤섞여서 번성하고 있다고 기술했다. 가장 추운 시대에 적도 바로 밑의 저지대는 이러한 식물들로 덮여 있었음이 틀림없지만 아마도 온대적 형태 쪽이 훨씬 우세했을 것이다. 기니만의 페르난도포섬의 산지에서도 만은 온대 유럽의 형태가 약 5천 피트 높이에서 나타나기 시작한 것을 발견했다. 파나마 산악의 불과 2천 피트 지점에서 박사는 식물이 멕시코의 식물처럼 '열대적 형태와 온대적 형태가 교묘하게 어우러져 있다'는 것을 발견했다.

이제 북반구가 대빙하기의 극심한 추위 속에 있었을 때, 남반구가 실제로 따뜻한 기후에 있었다는 크롤의 결론이 양반구의 온대지방과 열대지방 산악에 여러 생물이 분포되어 있다고 하는, 현재로서는 전혀 설명되지 않는 사실에 다소나마 밝은 빛을 던져주는지 여부를 조사해 보기로 하자. 빙하시대가 햇수로 친다면 엄청나게 긴 것은 틀림없다. 이 몇 세기 동안 몇몇 귀화식물이나 귀화동물이 얼마나 광대한 지역에 퍼졌는지를 상기한다면, 이 지질시대도 수많은 이주가 충분히 이루어졌을 것이라는 결론을 얻을 수 있다. 추위가 점점 심해짐에 따라 북극 종류가 온대 지방에 침입했다는 것은 이미 알고 있는 바이다. 또한 지금 열거한 여러 사실로 미루어, 더 강하고 더 우세하며 더 널리 퍼지는 온대 종류의 일부가 적도 지대 저지대에 침입했다는 것도 거의 의심할 여지가 없다.

이와 동시에 이러한 뜨거운 저지대의 서식자는 남쪽의 열대 지방과 아열대 지방으로 이주했을 것이다. 이 시대에는 남반구가 훨씬 더 따뜻했기 때문이다.

빙하기가 쇠퇴함에 따라 양반구가 모두 이전의 온도를 회복함으로써 적도 바로 밑 저지대에 살던 북쪽의 온대 종류는 이전의 고향으로 돌아가거나, 남쪽에서 돌아온 열대성 종류에 쫓겨나 멸종했을 것이다. 그러나 북쪽의 온대 종류 가운데 어떤 것은 거의 확실하게 일정한 고지로 올라갔을 것이 분명하며, 만약 그 고지가 충분히 높다면 유럽의 산악에서의 북극 종류와 마찬가지로 오래 생존했을 것이다. 또 이러한 종류는, 기후가 완전히 적합하지는 않더라도 온도 변화는 극히 완만했을 것이고, 식물이 더위와 추위에 잘 견딜 수 있는 여러 체질상의 힘을 그 자손들에게 전하는 것을 보아도 알 수 있듯이, 틀림없이 풍토화하는 능력을 가지고 있기 때문에 생존하는 경우도 있을 것이다.

규칙적인 과정을 통해 이번에는 남반구가 극심한 빙하기에 돌입하여 북반구가 더 따뜻해졌을 것이다. 그리고 남쪽의 온대 종류가 적도 지대의 저지대로 침입했을 것이 틀림없다. 이전에 산꼭대기에 남겨졌던 북쪽 종류는 산에서 내려와 남쪽 종류와 혼합되었다. 기후가 다시 온화해지자 이들 남쪽 종류는 소수의 종을 산꼭대기에 남겨두고 그 산꼭대기의 고정된 주거에서 내려온 북쪽 온대 종류를 약간 동반하여 이전 고향으로 돌아간다. 그리하여 우리는 남북 양쪽의 온대와 중간의 열대 산지에서 극소수의 동일한 종을 보게 된다. 그러나 이러한 산악이나 반대쪽 반구에 오랫동안 머물러 있었던 종은 다수의 새로운 종류와 경쟁하지 않으면 안 되었고, 약간 다른 물리적 상태에 놓이게 됨에 따라 쉽게 변화하여 현재는 일반적으로 변종 또는 대표적인 종으로 존재하고 있을 것이다. 실제로도 그러하다. 더욱이 양반구의 어느 쪽에도 일찍이 빙하시대가 있었음을 기억해 두지 않으면 안 된다. 완전히 다른 수많은 종이 똑같이 멀리 떨어진 지역에 살고 있고, 중간의 뜨거운 지대에서 지금은 볼 수 없게 된 속에 속해 있다는 사실을 같은 원칙으로 설명할 수 있기 때문이다.

다수의 동일 종이나 조금 변화된 종은 남쪽에서 북쪽으로보다는 대부분 북쪽에서 남쪽으로 이주했다. 이는 미국에 대해서는 후커 박사가, 호주에 대해서는 캉돌이 강조한 주목할 만한 사실이다. 그러나 보르네오나 아비시니아의 여러 산에서는 근소하나마 남방계 식물을 볼 수 있다. 북쪽에서 남쪽으로의 이주가 이와 같이 압도적으로 많은 것은, 북쪽에서는 육지가 훨씬 넓게 퍼져 있다는 것, 북쪽 종류는 원래 거주지에서 개체수가 많다는 것, 그리고 그 결과로서 자연선택과 경쟁에 의해 남쪽 형태보다 더 고도한 완성단계 또는 지배적 세력으로까지 진화되어 있었다는 데 그 원인이 있을 것이라고 생각한다. 이와 같은 환경 아래에서 그들이 빙하기 동안 서로 혼합되었을 때, 북쪽 종류는 열세인 남쪽 종류를 이기게 되었던 것이다. 그것은 오늘날 우리가 보는 것과 완전히 같은 양상이다. 즉 매우 많은 유럽 생물이 라플라타와 뉴질랜드에서, 또한 그보다는 낮은 정도로나마 호주에서도 지상을 덮고 있으며, 더욱이 어느 정도 원산종을 이기고 있다. 그런데 유럽 어느 곳에서도 씨앗을 날라 오는 것으로 보이는 짐승 가죽, 양털, 그 밖의 품목이 최근 2~4세기 동안에는 라플라타에서, 그리고 최근 3~40년 동안에는 호주에서 유럽으로 대량 수입되었음에도 남쪽 종류는 극도로 소수 밖에 귀화하지 않았다. 그러나 인도의 나일게어리산맥은 그 부분적 예외를 보여주고 있다. 후커 박사한테서 들은 얘기에 의하면, 이곳에서 호주 종류가 막강한 세력으로 증가하면서 귀화하고 있다는 것이다.

빙하시대 이전에는 그러한 산들이 고유한 고산종으로 가득 차 있었을 것은 의심할 여지가 없지만, 그러한 종류는 거의 모든 곳에서, 훨씬 더 효과적인 작업장인 북쪽 넓은 지역에서 생산된 더욱 우세한 종류에 크게 굴복해 버렸던 것이다. 대부분의 섬에서 원산(原産) 생물은 귀화한 것과 거의 같은 수이거나, 그보다 적은 경우도 있다. 이것은 멸종을 향하는 첫걸음이다. 산은 육지 위 섬과 같은 것으로, 빙하시대 이전의 열대의 산들은 완전히 고립되어 있었을 것이다. 이러한 육지 위의 섬에 사는 생물은 진짜 섬의 생물이 어디서나 최근에 인간이 들여와서 귀화한 대륙 종류에 자리를 양보한 것처럼, 북쪽 광대한 지역에서 발생한 생물에 자리를 물려준 것이라고 나는 확신한다.

이같은 원칙은 남북 온대 지방과 열대 산악 지방의 육서동물과 해서동물에도 적용된다. 즉 빙하시대 절정기에 해류가 오늘날의 상태와 판이하게 달랐을 때, 온대 지방 바다의 거주자 가운데 어떤 것은 적도에 이르기도 했었을 것이다. 이들 가운데 소수는 차가운 해류를 찾아 곧장 남반구로 이주했을 것이고, 그 밖의 것들은 남반구가 빙하기 기후의 영향을 받게 되자 최대한 그곳의 차가운 심해에 머무르며 생존할 수 있었을 것이다. 포브스에 의하면 이는 북극 생물들이 서식하는 고립된 장소가 북쪽 온대지역의 심해에 오늘날에도 여전히 존재하는 것과 마찬가지 이유라고 한다.

나는 양반구 온대와 열대지방 산지에 서식하는 근연종의 분포와 유연관계에 대한 모든 문제가 여기서 밝힌 견해로 해결되리라고는 생각하지 않는다. 나는 감히 이주의 정확한 경로나 방법을 밝히려는 생각은 없으며, 왜 어떤 종은 이주했는데 다른 종은 이주하지 않았는지, 왜 어떤 종은 변화해서 새로운 군을 이루었는데 다른 종은 변화하지 않고 그대로 있었는지 밝히고 싶은 생각도 없다. 왜 이 종은 인간의 손으로 옮겨져서 다른 땅에 귀화하게 되었는데 저 종은 그렇게 되지 않았는가, 또 왜 어떤 종은 원래의 땅에만 한정된 다른 종에 비교해 몇 배나 멀리 분포하고 몇 배나 보편적인 것이 되었는지 설명할 수 있게 되기 전에는, 위에 든 여러 문제들을 풀기란 불가능하다.

나는 지금 많은 문제점이 해결되지 못한 채 남아 있다고 했다. 그 가운데 가장 두드러지는 몇 가지 예는, 남극지방을 다룬 후커 박사의 식물학에 대한 여러 저작에서 정확하고 명백하게 지적되어 있다. 그것에 대해 여기에서 논할 수는 없다. 다만 케르겔렌, 뉴질랜드, 푸지아 같은 굉장히 멀리 떨어져 있는 지점에도 동일한 종이 있다는 사실에 대해, 그들 종의 산포는 라이엘 경이 시사한 것처럼 빙하시대 말기 무렵의 빙산과 크게 관련이 있다는 것을 믿고 있다고 밝히는 데 그치고자 한다.

그러나 남반구에만 한정된 속에 포함되는 명백히 다른 많은 종이 남반구 여기저기 멀리 떨어진 지점에 존재한다는 사실은, 변화를 수반하는 유래라고 보는 나의 이론에 매우 중대한 문제점이다. 이러한 종 가운데 어떤 것은 빙하시대에 들어선 뒤, 나중에 그들이 이주하여 변화하는 데 충분한 시간이 있었다고 생각할 수 없을 정도로 판이하게 다르기 때문이다. 이상의 여러 사실들은 같은 속의 다른 종은 어떤 공통의 중심에서 방사상(放射狀)의 경로를 거쳐 이동했다는 사실을 보여주는 것으로 생각된다. 또한 나는 남반구에 대해서도 북반구와 마찬가지로, 현재는 얼음으로 덮여 있는 남극의 육지에 매우 특이하고 격리된 식물상이 있었던, 빙하시대가 시작되기 전의 비교적 따뜻했던 시대에 주목하고 싶다. 이 식물상이 빙하기로 멸종되기 전에 소수의 종류가 남반구 여러 지점으로 이따금 수송되고, 당시에는 존재했지만 오늘날에는 가라앉아버린 섬들이 중계지로서 그 수송을 도와 널리 분포하지 않았을까 생각한다. 내가 믿는 바로는, 이와 같은 방법으로 미국, 호주, 뉴질랜드의 남해안은 경미하나마 동일한 특수 식물의 종류로 채워지게 된 것이다.

C. 라이엘 경은 그의 주목할 만한 저술 속에서 나와 거의 똑같은 말로 기후의 커다란 변화가 지리적 분포에 미친 영향에 대해 추정했다. 그리고 한쪽 반구로 이어진 빙하기는 다른 쪽 반구의 온난한 시대와 일치한다는 크롤의 결론은, 종의 점진적인 변화에 대한 인정과 함께, 지구 여러 부분의 동일종과 유사종 분포에 관한 많은 사실을 설명해준다는 것은 지금까지 살펴본 바와 같다.

생명의 흐름은 어떤 시기에는 북쪽에서, 또 다른 시기에는 남쪽에서 흘러와 어느 경우에나 적도에 도달한다. 그러나 그 생명의 흐름은 남쪽보다 북쪽에서 더 강력하게 흘러왔고, 따라서 더욱 자유롭게 남쪽으로 범람했다고 할 수 있다. 바닷물은 표류물(漂流物)을 수평선에, 단 해변에서는 조위(潮位)가 가장 높아지는 곳에 남겨두고 간다. 그와 마찬가지로, 생명의 흐름은 살아 있는 표류물을 북극지방의 저지대에서 적도 아래의 가장 높은 곳까지 완만하게 상승하는 선을 따라 오늘날의 여러 산꼭대기 남기고 간 것이다. 이렇게 해서 남겨진 갖가지 생물들은 거의 전 세계에서 깊은 산으로 쫓겨 올라가 생존을 계속한다. 이는 일찍이 문명에 쫓겨 산 속 요새로 들어가 오랜 삶을 영위했던 미개인들에 대한 매우 흥미로운 증언을 해 준다.

12장 지리적 분포
(11장에 이어)

담수생물의 분포—대양 제도의 생물—양서류(兩棲類) 및 육서포유류의
결여—섬의 생물과 가장 가까운 본토의 생물과의 관계—가장 가까운 원천
으로부터의 이주와 그에 이은 변화—앞장과 이장의 간추림

담수생물의 분포

호수와 하천은 육지라는 장벽에 의해 서로 멀리 떨어져 있으므로, 담수 생물은 같은 나라 안에서도 널리 분포되는 일은 없을 것이고, 또 바다는 명백하게 그보다 더욱 통과하기 힘든 장벽이기 때문에, 담수 생물이 멀리 떨어져 있는 다른 나라까지 퍼져가는 일은 더더욱 없으리라고 생각할지도 모른다. 그러나 실제로는 그 반대이다. 전혀 다른 강에 속하는 많은 담수생 종이 광대한 분포범위를 가지고 있을 뿐 아니라, 근연종은 전 세계에 매우 많이 퍼져 있다. 나는 브라질의 담수에서 처음으로 채집했을 때, 담수생 곤충과 조개류는 영국산과 많이 닮아 있는 데 비해, 그 부근의 육서생물은 영국산과 닮지 않은 사실에 놀랐던 적이 있다.

그러나 널리 분포할 수 있는 담수생물의 그런 능력은 대부분, 그들 생물이 자신의 나라 안에서 못에서 못으로, 또는 하천에서 하천으로 단거리를 빈번하게 이동하는 데 고도로 유리하도록 적응되어 있다는 것으로 설명할 수 있다고 나는 생각한다. 담수생물이 널리 퍼지기 쉬운 것은 그런 능력에서 나오는 거의 필연적인 결과이다. 여기서는 극히 몇 가지 예만 들기로 하겠다.

그 가운데 가장 설명하기 힘든 문제는 어류에 대한 것이다. 전에는 같은 담수 생물이 멀리 떨어진 두 대륙에 동시에 존재하는 것은 불가능한 일이라고 믿고 있다. 그러나 귄터 박사는 최근에 갈락시아스 아테누아투스(Galaxias attenuatus)가 태즈메이니아와 뉴질랜드, 포클랜드 제도, 심지어 멀리 남미 대륙 본토에서까지 살고 있다고 지적한 바 있다. 이것은 놀라운 예이기는 하지만, 과거 어떤 따뜻한 시기에 남극 지방의 중심에서 전파되어 나왔음을 시사하는 것으로 생각된다. 이것도 그 가운데 어떤 종에는 무엇인지 밝혀지지 않은 수단으로 매우 넓은 바다를 건널 수 있는 능력이 있었던 것을 생각한다면 그리 놀라운 일이 아니다. 즉 뉴질랜드와 포클랜드 제도는 서로 약 230마일이나 떨어져 있지만 동일한 종이 두 곳에 똑같이 서식하고 있다.

같은 대륙에서 종은 매우 넓게, 그리고 엉뚱한 분포를 보여준다. 즉 2개 하천에 공통되는 물고기가 있는가 하면 다른 물고기도 있는 예가 많은 것이다.

이 물고기들이 이따금 우연한 방법으로 운반될 수 있다는 가능성을 떠올리게 해주는 몇 가지 사실이 있다. 이를테면, 인도에서는 살아 있는 물고기가 맹렬한 회오리바람을 탔다가 떨어지는 일이 드물지 않고, 물고기의 알은 물속에서 꺼낸 뒤에도 살아 있는 수가 있다. 그러나 나는 담수 어류가 퍼지게 되는 것은, 주로 최근의 시대에 지면에 매우 경미한 변화가 일어나 하천을 서로 교류하게 한 데에서 그 원인을 찾아야 할 것으로 본다. 지면의 고저 변화는 없었지만 홍수로 인해 퍼질 수 있는 예도 여러 가지 들 수 있다. 라인 강 유역의 황토층에 아주 최근의 지질시대부터 살던 육서 및 담수생 패류가 살기 시작한 이후로, 하천 바닥에 상당한 변화가 일어났던 증거가 남아 있다.

연면히 이어지는 산맥은 오랜 옛날부터 여러 하천계(河川系)를 분리하고, 그것들이 접합하는 것을 완전히 막아온 것이 틀림없는데, 그와 같은 산맥의 양쪽에서 물고기의 종류가 두드러지게 다른 것도 이와 똑같은 결론으로 이끄는 것으로 여겨진다. 그러나 약간의 담수 어류는 매우 고대 종류에 속하며, 그 경우에는 커다란 지리적 변화가 일어나는 데 충분한 시간이 있었을 것이며 많은 이주가 일어날 수 있는 시간과 방법도 충분히 있었을 것이다. 더욱이 최근 귄터 박사는 여러 가지 고찰을 통해 어류는 오랫동안 형태에 변화를 일으키지 않을 수 있다는 추론을 내렸다. 그 뒤 바닷물에 사는 어류는 조심스럽게 서서히 담수 생활에 순응해 나갈 수가 있다. 발랑시앵(Valenciennes)에 의하면, 담수산(淡水産)에만 한정되어 있는 어류군은 하나도 없다고 해도 과언이 아닐 정도이고, 그렇기 때문에 우리는 담수산 군에 속하나 바닷물에 산란하는 어류가 해안을 따라 오랫동안 헤엄치는 사이에 점차 변화해서 육지의 담수에도 적응하게 되었다고 추측해도 무방할 것이다.

　담수 패류 가운데 소수 종은 매우 넓은 분포범위를 보인다. 또 나의 학설로는 공통의 조상에서 유래하며 단일한 원천에서 출발한 것이 분명한 유사종은 전 세계에 널리 퍼져 있다. 그와 같은 분포는 처음에는 나를 크게 당혹시켰다. 왜냐하면 알이 새에 의해 운반된다고는 도저히 생각할 수 없는 데다, 성숙한 것이든 알이든 바닷물에 들어가면 곧 죽어버리기 때문이다. 귀화한 몇몇 종이 어떻게 해서 급속하게 같은 나라 안에 퍼졌는가도 나는 알지 못한다. 그러나 내가 관찰할 두 가지 사실—아직 관찰하지 못한 사실이 이밖에도 많이 있다는 것은 의심할 여지가 없다—은 이 문제를 해결하는 데 어느 정도 빛을 던져준다. 나는 개구리밥으로 덮인 못에서 물오리가 느닷없이 모습을 나타낼 때 그 등에 작은 식물들이 붙어 있는 것을 두 번이나 본 적이 있다. 또 나는 작은 개구리밥 하나를 한 양식지에서 다른 양식지로 옮기면서, 나도 모르게 몇 개의 담수 패류를 함께 옮겨버린 일이 있다. 그런데 다른 어떤 매개작용은 아마 그보다 훨씬 효과적일 것이다. 나는 담수 패류의 알이 많이 부화하고 있던 수조 속에, 자연의 못에서 잠자는 새의 발을 대신하도록 오리의 발을 담가 두었다. 그랬더니 갓 부화한 극히 작은 조개가 발에 수없이 기어 올라가, 물에서 꺼내도 떨어지지 않을 정도로 꼭 달라붙어 있는 것을 볼 수 있었다. 그런데 이것이 조금 더 성장을 하면 스스로 떨어지게 된다. 갓 부화한 이러한 연체동물들은 물속에 있는 것이 본성이기는 하지만, 습한 공기 속에서는 물오리의 발에 붙은 채 12시간에서 20시간이나 살아 있었다. 물오리나 왜가리는 그만한 시간에 6천700마일이나 날 수 있다. 따라서 바람을 타고 바다를 지나 바다 한복판의 섬이나 어딘가 다른 먼곳으로 날아가서 그곳의 못이나 하천에 내릴 수 있다는 것은 거의 확실하다.

　찰스 라이엘 경도 나에게 안실루스 조개(Ancylus)가 단단히 붙어 있는 물방개붙이(Dytiscus)를 한 마리 잡은 적이 있다는 사실을 알려 주었다. 비글호가 가장 가까운 육지에서 45마일이나 멀리 떨어져 있었을 때, 같은 과의 수서갑충(水棲甲蟲)인 콜림비트(Colymbetes)가 갑판 위로 날아온 적도 있다. 그것이 순풍을 타고 그 이상 얼마나 멀리 날아갈 수 있을지는 아무도 모른다.

식물에 대해서 이야기하자면 많은 담수생 종, 그리고 습지생(濕地生) 종조차도 대륙과 가장 먼 바다의 섬에 이르기까지, 그 분포범위가 광대하다는 것이 오래 전부터 알려져 있었다. 알퐁스 드 캉돌이 지적한 것처럼, 이 사실은 수서식물을 매우 조금밖에 포함하지 않는 육서식물의 커다란 군에서 분명히 볼 수 있다. 그 수생 식물은, 수생이라는 사실의 당연한 결과이거나 한 것처럼 순식간에 엄청나게 넓은 분포범위를 획득해 가는 것으로 여겨진다.

이 사실은 산포에 유리한 여러 방법으로 설명할 수 있다고 나는 생각한다. 앞에서 나는 드물기는 하지만, 가끔 새의 발이나 부리에 소량의 흙이 붙어 있는 경우가 있다고 말했다. 섭금류(涉禽類)는 못가의 진흙탕에 자주 내려서는데, 그때 날아오르면서 발에 진흙이 묻기 쉽다. 이 목에 속하는 새는 최대 방랑자로서, 나는 바다 한복판의 아주 먼 불모의 섬에도 때때로 모습을 본 적이 있다. 그런 새들이 해면에 내려서는 일은 없는 것 같으므로, 발에 묻은 진흙이 씻겨서 떨어지는 일은 없을 것이다. 착륙할 때에는 본성에 따라 담수의 서식지까지 날아갈 것이 틀림없다. 식물학자들이 못의 진흙에 식물의 씨앗이 얼마나 들어 있는지 알고 있다고는 생각하기 어렵다. 나는 작은 실험을 여러 가지로 해보았지만, 여기서는 가장 두드러진 예만 들고자 한다.

나는 2월에 작은 못가에서 수면 아래 세 군데 지점의 진흙을 세 숟가락 정도씩 채취했다. 이 진흙을 말렸을 때 무게는 6온스 4분의 3에 지나지 않았다. 그것을 6개월 동안 뚜껑을 덮어서 나의 서재에 두고, 식물의 싹이 나올 때마다 뽑아서 헤아려 보았다. 식물은 다양한 종류였고 모두 537포기나 되었다. 더구나 그 진흙은 끈적끈적한 상태로, 커피 잔 하나에 담을 수 있을 만한 분량이었다. 담수식물의 분포지역이 이토록 넓은 것이 이런 이유 때문이 아니라면, 설명할 여지는 없을 것이다. 이같은 운송수단은 소형 담수 생물의 알이 분포하는 데도 큰 영향을 끼쳤을 것이다.

미지의 다른 여러 가지 작용도 분포범위를 넓히는 역할을 할 것이다. 담수어는 삼킨 씨앗을 뱉어버리는 경우도 많지만 어떤 종류의 씨앗은 먹기도 한다는 것을 앞에서 언급했다. 작은 물고기도 노란 수련이나 가래(Potamogeton) 같은 중간 정도 크기의 씨앗은 삼켜버린다. 왜가리나 그 밖의 새들은 몇 세기 동안 계속해서 날마다 물고기를 먹고 있다. 먹고 나면 날아서 다른 수역으로 가거나,

바람에 날려서 바다를 건너간다. 씨앗이 몇 시간이 지난 뒤 작은 덩어리에 섞여서 토해지거나 배설된 뒤에도 발아능력을 계속 유지한다는 것을, 우리는 앞에서 이미 살펴보았다. 저 탐스러운 수련, 즉 넬룸비움(Nelumbium)의 씨앗이 큰 것을 보고, 또 이 식물에 대해 알퐁스 드 캉돌이 언급한 것을 상기한 나는 그 분포에 대해 도저히 설명할 수 없을 것으로 생각했다.

그런데 오두본(Audubon)은 왜가리의 위 속에 남부산(南部産)의 커다란 수련―후커 박사에 따르면 아마도 넬룸비움 루테움(Nelumbium luteum)일 것이라 한다―의 씨앗이 들어 있었다고 말했다. 그렇다면 왜가리는 가끔 이 씨앗을 위 속에 넣은 채 멀리 떨어진 못으로 날아갔을 것이고, 많은 물고기를 먹은 뒤 싹이 트기에 적당한 시기가 되었을 때 씨앗을 덩어리로 배설한 것으로 추측된다.

분포에 대한 이와 같은 여러 가지 방법을 생각할 때는, 예컨대 융기 중인 섬에서 처음에 생긴 못이나 하천에는 생물이 살고 있지 않아서, 단 한 개의 씨앗이나 알도 충분히 번식할 기회를 얻을 수 있었을 것이라는 사실을 염두에 두지 않으면 안 된다. 같은 못에 자리 잡은 종의 수가 아무리 적더라도 개체 사이의 생존경쟁은 언제나 일어나게 마련이지만, 종류의 수가 땅 위에 있는 것에 비해 적기 때문에 그 경쟁은 수생종 사이에서는 아무래도 육생종 사이만큼 치열하지는 않을 것이다. 따라서 다른 곳에서 들어온 침입자는 육생 식민자의 경우보다 자리를 차지할 기회를 잡기가 쉬울 것이다.

우리는 또한 약간의, 때로는 다수의 담수생물은 자연에서 낮은 단계에 있다는 것, 그리고 그러한 하등 생물은 변화가 고등한 생물보다 급속하지 않다고 믿어도 되는 이유가 있다는 것을 상기해야 한다. 이 사실은 수생종이 이주할 수 있는 시간을 줄 것이다.

우리는 예전에는 담수산 생물에서 볼 수 있는 것처럼 연속적으로 분포해 있었던 다수의 종이 널리 퍼지고, 그 뒤 중간 지역에서는 멸종했을 수 있다는 사실을 잊어서는 안 된다. 그러나 담수식물과 하등동물이 완전히 동일한 형태를 유지하는지 아닌지는 상관없이 넓은 분포범위를 갖는다는 것은, 주로 동물에 의한 씨앗과 알의 광범위한 산포, 그중에서도 특히 큰 비행력을 지니고 있어서 수역에서 수역으로, 또 때때로 먼 수면(水面) 위를 날아가는 담수생 조류에 의한 산포 때문이라고 나는 믿는다.

섬에 사는 생물

이제 마침내 동일한 종이든 근연종이든 모든 개체는 단일한 지역—그들 조상의 출생지—에서 나왔으며, 다만 시간이 경과함에 따라 지구상의 서로 멀리 떨어진 지점에 살게 된 것이라는 견해에 대한 가장 큰 난제로서, 내가 선택한 3종류의 사실 가운데 마지막 것에 도달하게 되었다. 대륙 확장에 대한 견해, 즉 그 생각의 줄거리를 따라 간다면, 현존하는 모든 섬은 최근에 거의 또는 완전히 어느 한 대륙과 결합해 있었음을 믿지 않을 수 없게 되는 견해에 수긍할 수 없다고 이미 밝힌 바 있다. 이 견해는 많은 문제를 해소시켜 주기도 하지만, 섬의 생물에 대한 모든 사실을 설명해 주지는 못할 거라고 나는 생각한다. 이하 기술(記述)에서, 나는 분포 문제에만 국한시키지 않고, 독립적인 창조와 변화를 수반하는 유래라는 두 가지 학설의 정당성과 관계가 있는 다른 몇 가지 사실에 대해서도 고찰하고자 한다.

어떤 형태의 생물이든, 대양도에 서식하는 종의 수는 대륙의 같은 면적의 지역에 비하면 적다. 알퐁스 드 캉돌은 식물에 대해, 울러스턴(Wollaston)은 곤충에 대해 이 사실을 인정했다. 남북으로 780마일 이상 펼쳐져 있는 뉴질랜드의 크기와 갖가지 지세(地勢)를 시야에 두고, 그 주위에 있는 오클랜드, 캠프벨, 체텀 등 여러 섬을 모두 합쳐도 960종의 현화식물이 있을 뿐이다. 호주 남서부나 희망봉의 같은 면적에 있는 식물과 비교해 본다면, 물리적 조건의 차이와는 아무런 관계도 없는 무엇인가가 이처럼 커다란 수의 차이를 만들어내고 있다는 것을 인정하지 않을 수 없을 것이다. 단조로운 케임브리지주(州)조차 847종류, 조그마한 앵글시섬—웨일스에 속한다—에는 764종류의 식물이 있다. 그런데 그중에는 소수의 양치류와 외래식물이 들어 있고, 또 다른 몇 가지 점에서도 그 비교는 전혀 공정하지 않다.

황폐한 어센션섬에도 원산인 현화식물은 6종 이하였던 것을 나타내는 증거가 있다.

그러나 뉴질랜드나 그 밖의 이름을 들 수 있는 한 다른 모든 대양도들과 마찬가지로 많은 종이 이 섬에 귀화해 있다. 세인트헬레나섬에서는 귀화식물과 귀화동물이 많은 원산 생물을 거의 또는 완전히 멸종시켜 버렸다고 믿을 만한 이유가 있다. 종이 각 개체별로 창조되었다는 학설을 믿는 사람도 대양도에서는 가장 잘 적응된 식물이나 동물이 충분한 수만큼 창조되지는 않았다는 것을 인정하지 않을 수 없을 것이다. 인간은 자기도 의식하지 못하는 사이에 자연보다 훨씬 풍부하고 완전하게 온갖 발상지에서 생물을 가지고 들어와 버렸기 때문이다.

대양의 외진 섬에는 생물의 종류가 풍부하지 않지만, 고유종—전 세계의 다른 곳에서는 찾아볼 수 없는 종—의 비율은 매우 크다. 예를 들어 마데이라섬에 고유한 육서 패류의 수나 갈라파고스 제도에 고유한 조류의 수를 어느 한 대륙에 있는 것의 수와 비교하고, 그 다음에 그 섬들의 넓이를 대륙의 넓이와 비교해 본다면, 이것이 진실이라는 것을 알게 될 것이다. 이 사실은 나의 학설에서 명백히 예상할 수 있다. 이미 설명한 바와 같이, 오랜 시간을 사이에 두고 이따금 새로 격리된 땅으로 와서 새로운 이웃과 경쟁하지 않을 수 없었던 종은 변화하기가 매우 쉬워서, 변화된 자손의 군을 만들어낼 것으로 생각되기 때문이다. 그렇다고 해서, 어떤 섬에서는 어떤 강의 거의 모든 종이 특유하니까 다른 강의 종도 그렇다거나, 같은 강에 속하는 어떤 다른 종류의 종도 특유하다고 결론을 내릴 수는 없다. 이러한 차이는 여러 종이 어렵지 않게 그리고 무리를 지어 이주했기 때문에 변화하지 않았고, 따라서 그들의 상호관계가 크게 교란되지 않았다는 데서 기인하는 것이라고 생각한다. 또한 일부분은 변화하지 않은 이주자가 모국에서 자주 도착하여 섬에 서식하는 종류와 교잡한 것에도 기인한다고 생각된다. 여기서 기억해 두어야 할 것은 이와 같이 교잡에 의해 태어난 자손은 생명력이 더욱 강하며, 따라서 가끔 일어날 뿐인 교잡에 의해서도 예상한 것 이상의 효과를 얻을 수 있다는 점이다.

예컨대 갈라파고스 제도에서 육조(陸鳥)는 26종 가운데 21종이, 해조(海鳥)는 11종 가운데 겨우 2종만이 특유하며, 육조보다 해조가 이 군도로 더 쉽게 건너올 수 있었음은 명백한 일이다. 한편 버뮤다섬은 갈라파고스 제도와 남아메리카 사이와 같은 거리만큼 북아메리카에서 떨어진 곳에 있고 매우 특수한 토양을 가지고 있는데도 고유한 육조가 하나도 없다. 버뮤다섬에 대한 존스(J.M. Jones)의 뛰어난 기술에 의하면, 매우 많은 북아메리카의 조류가 해마다 대규모

이동기간에, 아니면 주기적으로, 또는 이따금 이 섬으로 건너온다. 내가 하코트(E.V. Harcourt)에게서 들은 바에 따르면 마데이라섬에는 거의 해마다 유럽이나 아프리카의 새가 다수 바람에 불려서 날아온다. 이러한 까닭으로 버뮤다와 마데이라 두 섬에는 원래의 거주지에서 먼 옛날부터 경쟁을 거듭하며 서로 적응하게 된 새가 살게 된 것이다. 그러한 조류 중 어떤 종류도 새로운 거주지에 정착했을 때 각자의 습성에 맞는 서식지와 습성을 바꾸도록 다른 조류에 어떤 작용을 받는 일은 없었을 것이고, 따라서 변화를 하는 일도 그다지 없었을 것이다.

또한 변화하려는 경향은 때때로 모국에서 이주해온 변화하지 않은 이주자와의 교잡에 의해 방해받았을 것이다. 마데이라섬에는 놀랄 만큼 많은 특유한 육서 패류가 살고 있으며, 해서 패류 중 이 섬 해안에만 있는 것은 한 종류도 없다. 그런데 해서 패류가 어떻게 해서 분포되었는지는 알려지지 않았어도, 그들의 알이나 유충이 해조류나 나무토막 따위, 또는 섭금류의 발에 붙어서, 육서 패류보다 훨씬 쉽게 300~400마일의 바다를 건너서 운반될 수 있다는 것은 잘 알려진 사실이다. 마데이라섬에 사는 여러 다른 목의 곤충도 비슷한 사실을 보여 주는 것으로 생각된다.

대양의 섬에서는 때때로 어떤 강(綱)의 생물이 살지 않는다. 그들 자리는 다른 생물로 채워져 있다. 갈라파고스 제도에는 파충류가, 뉴질랜드에는 날개가 없는 거대한 조류가 포유류 대신 자리를 차지하고 있다. 갈라파고스 제도의 식물에 대해 후커 박사는 여러 목(目)의 비율이 다른 어떤 고장과도 뚜렷하게 다르다는 것을 보여준다. 이는 일반적으로 섬의 물리적 조건에 의해 설명되지만, 그 설명은 나에게는 약간 미심쩍게 생각된다. 이주의 용이함이 그러한 조건의 성질과 적어도 동등하게 중요했다고 나는 믿는다. 그러나 뉴질랜드를 대양도로 볼 것인지에 대해서는 어느 정도 의심스러우며, 최근에 클라크는 이 섬과 뉴칼레도니아를 호주에 부속된 것으로 치고 있다. 식물의 경우 후커 박사는 갈라파고스 제도 안에 있는 각 목의 비율이 그 목이 서식하는 어떤 곳의 비율과도 다르다는 것을 보여주었다. 이와 같은 모든 수적 차이와 동식물 어떤 군 전체의 결여는, 일반적으로 섬의 자연환경을 각각 다르게 가정하면 설명된다. 그러나 그러한 설명에는 많은 의문점이 있다. 이주의 용이함은 자연 환경의 성질과 거의 같은 정도로 매우 중요한 것으로 생각된다.

대양의 섬에 사는 생물에 대해 주목할 만한 작은 사실을 많이 들 수 있다. 이를테면 포유류가 살지 않는 섬에서는, 약간의 고유한 식물이 훌륭한 갈고리가 있는 씨앗을 맺는다. 이 씨앗이 네발짐승의 털이나 모피에 묻어서 운반되는 데 적응해 있는 것은, 다른 데서 유례를 찾아보기 힘든 뚜렷한 관계이다. 이 예는 나의 견해에 난점이 되지는 않는다. 이 갈고리 씨앗은 다른 몇 가지 방법으로도 섬까지 운반되어 올 수 있기 때문이다. 그 식물은 섬으로 돌아온 뒤 얼마 동안 변화하기는 하지만, 여전히 갈고리 씨앗을 계속 지닌 채 고유종이 되었을 것이다.

그 씨앗은 모든 흔적기관과 마찬가지로 필요 없는 부속물—이를테면 그 섬에서 나는 많은 갑충의 유착(癒着)된 날개껍질 밑의 위축된 날개처럼—이 된다. 다음으로 섬에서는, 다른 고장에서는 초본(草本)의 종만 포함하는 목에 속하는 교목이나 관목을 곧잘 볼 수 있다. 그런데 목본은 알퐁스 드 캉돌이 밝힌 것처럼, 그 원인이 무엇이든 간에 일반적으로 분포범위가 한정되어 있다. 그래서 목본이 먼 대양의 섬에 도달하는 경우는 흔치 않을 것으로 여겨진다. 그리고 초본식물은 완전히 발육한 목본식물과 키로는 이길 수 없겠지만, 섬에 정착해서 초본식물만 상대로 경쟁하게 되었을 때는 점점 키가 자라서 다른 식물보다 더 커짐으로써 햇빛을 받기에 유리해질 것이다. 만약 그렇다면, 자연선택은 어떤 목에 속하는가에 상관없이 초본식물이 섬에서 자라게 되었을 때 키가 커지도록 작용하여, 그 결과 그것을 처음에는 관목으로, 그리고 마침내 교목으로 변화시킬 것이다.

대양의 섬에 여러 목이 전혀 없는 것에 대해, 보리 생 뱅상(Bory St. Vincednt)은 오래 전에 넓은 바다에 흩어져 있는 많은 섬 가운데 어떤 곳에서는 양서류—개구리, 두꺼비, 도롱뇽 따위—를 전혀 찾아볼 수 없다는 사실에 주목했다. 나는 그것을 확인하려고 고심한 끝에 그것이 뉴질랜드, 뉴칼레도니아, 앤다만 제도, 솔로몬 제도, 그리고 세이셸 제도에서만 예외일 뿐 다른 곳은 전혀 없다는 사실을 알게 되었다.

그러나 나는 이미 뉴질랜드와 뉴칼레도니아를 대양 속의 섬으로 분류해야 할 것인지 의심스럽다고 말한 바 있으며, 또 이 점에서 앤다만 제도와 솔로몬 제도, 그리고 세이셸 제도는 더욱 의심스럽다고 할 수 있다.

이와 같이 많은 대양도에 개구리, 두꺼비, 도롱뇽 따위가 살지 않는다는 사실은 섬의 물리적 조건으로는 설명이 되지 않는다. 사실 섬은 이러한 동물에게는 매우 적합한 곳으로 여겨진다. 마데이라, 아조레스, 모리셔스 제도에는 개구리가 들어와서 크게 번식하고 있다. 그러나 이러한 동물과 그들의 알도 바닷물을 만나면 금방 죽어버린다. 나의 견해로는 그것이 바다를 건너오는 데는 수많은 어려움이 있다는 것을 알 수 있고, 따라서 그들이 왜 대양도에는 존재하지 않는지도 이해할 수 있다. 한편 창조 이론에 따른다면, 어째서 그것이 섬에서는 창조되지 않았는지 설명하기란 매우 어려운 일이다.

포유류는 그것과 비슷한 예를 보여준다. 나는 이제까지 굉장히 오래된 갖가지 항해기를 꼼꼼하게 조사해 왔으며, 그 작업은 아직도 끝나지 않았다. 그러나 대륙이나 거의 대륙에 가까운 커다란 섬에서 300마일 이상 떨어진 섬에 육서포유류—원주민들이 가축으로 키우는 것은 제외하고—가 있다는 사실을 보여주는 의심할 여지없는 예는 아직 한 가지도 발견하지 못했다. 그보다 훨씬 가까운 곳에 있는 섬에도 대부분—육서포유류는—살고 있지 않다. 늑대를 닮은 여우가 사는 포클랜드 제도는 하나의 예외라면 예외라고도 할 수 있지만, 이 섬들은 약 280마일 떨어진 본토와 이어진 삼각주 위에 자리하고 있어서 대양도는 없다. 옛날에 빙산이 이 섬들의 서해안에 표석을 날라온 일이 있으므로, 오늘날에도 북극 지방에서 흔히 일어나고 있는 것처럼 빙산이 옛날에 여우를 실어왔는지도 모르는 일이다.

작은 섬이라고 해서 작은 포유류가 살 수 없다고 단정할 수는 없다. 세계 곳곳에서 매우 조그만 섬이라도 대륙에 가깝기만 하면 작은 포유류가 살고 있으며, 작은 네발짐승이 귀화하여 크게 번식하지 않았던 섬은 하나도 없다고 해도 지나친 말이 아니다.

창조이론의 일반적인 학설에 따른다 하더라도, 포유류를 창조할 시간이 없었다고 볼 수는 없다. 수많은 화산섬은 대규모 붕괴를 거친 것과 제3기층이라는 것에서도 알 수 있듯이 매우 오래된 것이다. 다른 강에 속하는 고유종의 생성에도 시간은 충분했을 것이고, 또 대륙에서 포유류는 그보다 하등한 동물에 비해 그 출현과 멸종이 빨랐을 것으로 추정된다. 대양도에는 육서포유류가 출현하지 않았지만, 거의 모든 섬에 하늘을 나는 포유류가 존재한다. 뉴질랜드에는 전 세계 어떤 곳에도 존재하지 않는 두 종류의 박쥐가 있고, 노포크섬, 비티 제도, 보닌 제도—오가사와라 제도—, 캐롤라인 제도, 마리아나 제도, 모리셔스섬에는 각각 그 섬 특유의 박쥐가 있다. 그러면 왜 일반적으로 상상되는 창조의 힘은 멀리 떨어져 있는 섬에 박쥐는 생기게 하고 포유류는 생기게 하지 않았는가 하는 의문이 생길 것이다.

나의 견해로는 이 의문에 쉽게 대답할 수가 있다. 즉, 육서포유류는 어느 것도 넓은 바다를 건너올 수 없지만 박쥐는 날아서 바다를 건너올 수 있다는 사실이다. 박쥐가 낮에 대서양 위를 멀리까지 날아다니고 있는 것이 관찰되고, 북아메리카산의 두 종류 박쥐는 규칙적으로, 또는 이따금 본토에서 600마일이나 되는 거리에 있는 버뮤다섬까지 날아간다. 나는 이 박쥐과를 주로 연구한 톰스(Tomes) 씨로부터 많은 종이 매우 넓은 분포범위를 가지며, 대륙에서 멀리 떨어진 섬에서도 발견된다는 말을 들었다. 그리하여 이와 같은 방랑성이 있는 종이 새로운 서식지의 자연 질서 속에서 새로운 위치를 점한 것이나 자연선택에 의해 변화했다고 상상하는 것, 그리고 어째서 대양도에는 육서포유류는 전혀 살지 않는데, 유독 고유한 박쥐가 있는 것인지 이해할 수 있는 것이다.

섬에 포유류가 적은 이유는 전술했듯이 대륙에서 섬까지의 거리가 멀다는 것이다. 다른 상관관계도 있다. 첫째는 섬과 인근 본토를 갈라놓는 바다의 길이이고, 둘째는 섬과 본토 양쪽에 어느 정도 변화한 포유류의 동종이나 근연종이 존재한다는 것이다.

이 문제에 대해 윈저 얼(Windsor Earl)이 괄목할 만한 관찰을 했다. 그 뒤 이 관찰은, 셀레베스섬 근처에서 깊은 해역에 의해 갈라져 있고 이 깊은 해역에 의해 2개의 매우 다른 포유동물대(帶)로 분리되는 말레이 제도에 관한 월리스의 훌륭한 연구에 의해 더욱 발전했다. 양쪽 섬들은 다 약간 깊은 바다 밑의 모래섬 위에 있으며, 그러한 섬들에는 극히 유사하거나 동일한 네발짐승이 서식하고 있다. 나는 아직 세계 다른 모든 장소에 대해 이 문제를 검토하지는 못하고 있으나, 일반적으로 이 관계는 잘 들어맞는다.

영국은 얕은 해협으로 유럽과 분리되어 있는데, 그 해협 양쪽의 포유류는 거의 동일하다는 것이 알려져 있다. 우리는 그와 비슷한 해협으로 호주로부터 분리되어 있는 많은 섬에서도 똑같은 사실을 볼 수 있다. 서인도 제도는 대략 천 길이나 되는 깊은 해저의 모래섬 위에 자리잡고 있다. 여기서는 아메리카종을 볼 수 있으나 종은 물론이고 속조차도 전혀 다르다. 어느 경우에도 변화의 크기는 경과한 시간에 어느 정도 의존하며, 얕은 해협으로 차단된 섬은 깊은 해협으로 차단된 섬보다 비교적 최근에 이르기까지 계속적으로 본토와 이어져 있었을 가능성이 큰 것은 명백하다. 따라서 섬에 인접한 본토에 사는 포유류의 근연관계가 바다의 깊이와 관련이 있는 경우가 많다는 것을 이해할 수 있다. 이는 모든 생물이 개별적으로 창조되었다는 설로는 설명되지 않는 관계이다.

대양의 섬 생물에 대해 지금까지 얘기한 모든 사실, 즉—종의 수가 적고, 게다가 대부분이 고유한 종류라는 것—몇몇 군의 구성원은 변화했지만, 그 군과 같은 강에 속하는 다른 군의 구성원은 변화하지 않았다는 것—양서류와 박쥐는 있지만 육생포유류에서처럼 몇 가지 목 전체가 결여되어 있다는 것—식물의 몇몇 목이 독특한 비율로 되어 있다는 것—초본의 종류가 목본으로 발달했다는 것—등은, 오늘날의 모든 대양도가 이전에 가장 가까운 대륙과 육로로 이어져 있었다는 견해보다는, 이따금 있는 수송수단이 오랜 세월 동안 크게 작용했다는 견해에 더 잘 일치하는 것으로 여겨진다. 전자의 견해에 의하면 다양한 강이 모두 동일하게 이주했을 것이고, 또 여러 종이 무리를 이루어 침입하여 그들의 상호관계가 거의 교란되지 않았을 것이므로 그들은 변화하지 않거나, 변화하더라도 모든 종이 상당히 평등하게 변화했을 것이기 때문이다.

비교적 멀리 떨어진 섬들에 사는 생물의 수많은 개체가 동일 종의 형태를 유지해왔든 그곳에 도착한 뒤 변화했든, 어떻게 해서 현재의 거주지에 왔는지 이해하는 데는 중대한 어려움이 많이 있다는 것을 나는 부정하지 않는다. 그러나 지금은 아무런 흔적도 찾아볼 수 없는 많은 섬이 과거에 존재하여 중계지 구실을 했을 가능성이 있다는 것도 간과해서는 안 될 것이다. 여기서 그 어려운 경우에 대해 한 가지만 예를 들기로 하겠다.

대양의 거의 모든 섬은 매우 뚜렷하게 격리되어 있고, 가장 작은 섬에도 육서패류는 살고 있다. 그것은 일반적으로 고유한 종이지만 다른 고장에서도 찾아볼 수 있는 종인 경우도 가끔 있다. 굴드(Aug. A. Gould) 박사는 태평양의 여러 섬에 사는 육서패류에 대해 흥미로운 예를 많이 보여준다. 그런데 육서패류는 염분 때문에 금방 죽게 된다는 사실은 잘 알려져 있다. 적어도 내가 실험해본 결과에 의하면, 그 알은 바닷물에 담그면 가라앉아서 죽어버린다. 그러나 나의 견해로는, 어떤 미지의, 그러나 고도로 효과적인 수송수단이 있는 것이 틀림없다. 갓 부화한 어린 조개가 기어 다니다가, 땅에 내려앉은 새의 발에 붙어서 운반되는 일이 있지 않을까?

나는 육서패류가 겨울을 나기 위해 껍질 구멍을 격막(膈膜)으로 덮고 있을 때, 떠내려가는 나무토막의 틈새에 들어가 상당히 넓은 바다를 건너갈지도 모른다는 생각이 떠올랐다. 나는 많은 종이 이러한 상태에서 7일 동안 바닷물에 잠겨 무사히 견디는 것을 보았다. 그 조개 중 하나는 헬릭스 포마티아(Helix Pomatia)라는 종으로, 그것이 다시 동면에 들어간 다음 20일 동안 바닷물 속에 넣어 보았는데 완전히 되살아났다. 그 정도 시간이면 패류는 평균 속도로 흐르는 해류에서 660지리 마일[1]이나 옮겨질 것이다. 이 종에는 두꺼운 석회질성 뚜껑이 있기 때문에, 나는 그것을 제거하고 새로운 막질(膜質)의 뚜껑이 만들어진 뒤 14일 동안 바닷물에 담가두었다. 조개는 되살아나서 기어다니기 시작했다. 그 뒤 오카피테인 남작도 같은 실험을 했다. 그는 10종의 육서 패류 100개를 넣은 구멍 뚫린 상자를 바닷물에 2주일 동안 담가 두었다가 꺼냈더니 그 중 22개가 살아났다고 말했다. 뚜껑이 있는 시클로스토마 엘레간스(Cyclostoma elegans)의 표본 12개 가운데 11개가 살아난 사실로 보아 뚜껑이 있다는 것은 매우 중요한 것으로 생각된다.

나의 실험에서 헬릭스 포마티아 종은 바닷물에서 잘 살아 있었는데, 오카피테인 남작이 한 실험에서는 헬릭스 4종의 54개 표본 가운데 하나도 살지 못했다는 것은 주목할 만한 사실이다. 그러나 육서 패류가 바닷물에 의해 옮겨졌을 가능성은 거의 없고, 조류의 다리에 달라붙어 옮겨졌을 가능성이 더 큰 것으로 보인다.

갈라파고스 제도의 생물
섬의 생물에 대해서 가장 눈길을 끄는 사실은, 그들이 가장 가까운 본토의

---

1) Nautical Mile 또는 Geographical Mile, 1,852m에 해당하는 거리표시 단위.

생물과 근연이기는 하지만 실제로 같은 종은 아니라는 것이다. 이 사실에 대해서는 많은 예를 들 수 있다. 남미 해안에서 500마일 내지 600마일 거리인 갈라파고스 제도는 적도 밑에 있다. 여기서는 육서생물이든 수서생물이든, 거의 모든 것에 결코 잘못 볼 수 없는 확실한 아메리카 대륙의 각인이 새겨져 있다. 거기에는 26종류의 육서조류가 있는데, 그 가운데 21종 또는 아마도 23종은 이 제도에서 창조된 독립된 종으로 분류된다. 그러나 이러한 새의 대다수가 모든 형질이나 습성, 거동, 울음소리 등에서 아메리카 종과 흡사한 것은 명백한 사실이었다. 다른 동물의 경우도 마찬가지이고, 후커 박사가 저술한 이 제도의 식물상에 관한 훌륭한 책에서도 볼 수 있듯이 거의 모든 식물의 경우도 마찬가지이다. 내추럴리스트들은 대륙에서 몇백 마일이나 떨어진 태평양상의 화산섬에 사는 생물을 보고 있으면, 자신이 아메리카 대륙에 있는 것 같은 착각을 느낄 정도이다.

왜 그럴까? 왜 다른 어느 곳도 아닌 바로 갈라파고스섬에서 발생한 것으로 여겨지는 종이, 이처럼 분명하게 아메리카 대륙에서 발생한 종과 근연하다는 것을 보여주는 특징을 지닐까? 여기에는 생활 조건, 섬의 지질학적 성질, 섬의 높이와 기후, 수많은 강이 모여 있는 비율 등 남아메리카 연안의 조건과 밀접하게 닮은 점은 아무것도 없다. 사실 이들은 어떤 면에서는 현저한 차이점이 있다. 한편 갈라파고스 제도와 케이프베르데 제도 사이에는 토양이 화산성이라는 것, 또 섬들의 기후나 높이와 크기 면에서 두드러진 유사점이 존재한다. 그런데 생물은 모두 전혀 다르다. 갈라파고스의 생물이 아메리카 대륙의 생물과 유연관계를 가진 것과 똑같이 케이프베르데 제도의 생물은 아프리카의 생물과 유연관계를 가지고 있다. 이 위대한 사실은 개별적인 독립된 창조라는 일반적인 학설로는 설명이 불가능하다고 나는 굳게 믿는다. 그에 반해 내가 이 책에서 주장하는 견해에 의하면 갈라파고스 제도는 아메리카에서, 그리고 케이프베르데 제도는 아프리카에서 이따금 우연한 수송수단에 의하거나, ―나는 그 학설을 믿지 않지만―과거에는 대륙과 이어져 있어서 이주자를 받아들였을 것이라는 사실과, 이러한 이주자들은 변화했을 것이라는 사실과 유전의 법칙에 의해 그 유래는 분명하다는 사실이 명백해진다.

이와 비슷한 사실은 얼마든지 들 수 있다. 실제로 섬의 고유한 생물이 가장 가까운 대륙 또는 다른 이웃한 큰 섬의 생물과 유연관계를 가지고 있는 것은 거의 보편적인 법칙이다. 예외는 매우 드물며, 게다가 대부분 설명이 가능하다. 예를 들어 케르겔렌섬은 아메리카 대륙보다 아프리카 대륙에 더 가까운 곳에 있는데도 불구하고, 그곳 식물은 후커 박사의 보고에 의하면 아메리카 대륙의 식물과 유연관계에 있으며, 더욱이 그 관계는 매우 밀접하다. 그러나 이 섬은 주로 해류를 따라 표착한 빙산 위에 흙이나 돌과 함께 씨앗이 운반되어 왔다는 견해로 볼 때, 앞에서 든 사실은 이상한 일이 아니다.

뉴질랜드의 고유종은 다른 어떤 지역보다도 가장 가까운 본토인 호주의 고유종과 깊은 관계를 가지고 있다. 이 섬은 다시 다음으로 가까운 대륙이기는 하지만 엄청나게 멀리 떨어져 있는 남아메리카와도 명백한 관계를 가지는데, 이러한 사실은 정상이 아니라는 인상을 준다. 그러나 이 문제는 뉴질랜드와 남아메리카 모두, 그리고 다른 남쪽 섬들이 아주 오랜 옛날에, 멀기는 하지만 거의 중간이 되는 지점, 즉 남극권 내의 여러 섬에서 빙하시대 이전에 그곳이 식물로 덮여 있을 무렵, 부분적으로 생물을 받아들인 것이라고 보면 거의 이해가 된다. 나는 호주 서남쪽 한구석과 희망봉이 희미하기는 하지만 식물상이 유연관계에 있다는 것을 후커 박사에게 문의하여 확인한 바 있다. 이것은 매우 주목할 만한 예로서 현재로는 설명이 불가능하다. 그러나 이 유연관계는 식물에 한정된 것으로 훗날 다시 설명이 가능해지리라고 나는 믿어마지 않는다.

제도의 생물을 종으로서는 다를지라도 가장 가까운 대륙의 생물과 매우 근연하게 해주는 그 법칙이, 같은 제도의 범위 안에서 소규모로나마 흥미로운 양상으로 작용한 흔적을 이따금 볼 수 있다. 예를 들면 갈라파고스 제도의 서로 떨어져 있는 각각의 섬에도, 내가 다른 데서 언급한 바와 같이, 매우 근연한 종이 살고 있어서 놀라는 경우가 많다. 각 섬의 생물은 대부분 섬마다 다르지만, 세계 다른 어느 곳의 생물과 비교가 안 될 정도로 서로 밀접한 유연관계를 가지고 있다. 이것이 바로 나의 견해에서 예상되는 사실이다. 섬들은 원래의 동일한 원천에서, 또는 상호 간에 서로 확실하게 이주자를 받아들일 수 있을 정도로 가까이 있기 때문이다.

그러나 섬들의 고유종 간에 차이가 있다는 것은, 나의 견해에 반대하는 논거로 이용될 수도 있을 것이다. 서로 시야에 들어올 수 있을 정도로 가까이 있고, 같은 지질학적 성질과 같은 높이와 기후를 가진 수많은 섬에서 많은 이주자가 미미하나마 서로 다른 것으로 변화하는 일이 도대체 어떻게 가능한지 의심스럽기 때문이다. 나는 오랫동안 이 의문을 커다란 숙제로 생각해 왔다. 그러나 그것은 주로 그 고장의 물리적 조건이 그곳에 사는 생물에게 가장 중요하다는 뿌리 깊은 오해에서 출발하고 있다. 실제로는 그렇지가 않다. 살아남는 데 그 물리적 조건과 마찬가지로 중요한 요인은 경쟁상대인 다른 생물이라는 데 논의의 여지가 없다고 나는 생각한다.

그런데 만약 우리가 갈라파고스 제도의 생물 가운데 세계 다른 곳에서도 찾아볼 수 있는 것으로 눈을 돌린다면, 많은 섬에서 현저하게 커다란 차이를 발견하게 될 것이다. 이 차이는, 때때로 우연한 수송 방법에 의해 섬에 생물이 살게 되었다—예컨대 어떤 식물의 씨앗은 어떤 섬으로 운반되고, 다른 식물의 씨앗은 다른 섬으로 운반된다는 식으로—는 견해에서 당연히 예상할 수 있는 사실일 것이다. 그러므로 옛날에 어떤 이주자가 하나 또는 몇 개 섬에 정착했을 때, 혹은 그것이 그 뒤 한 섬에서 다른 섬으로 퍼져갔을 때, 서로 다른 섬에서는 다른 생물군과 경쟁하지 않으면 안 되었을 것이므로 의심할 여지없이 다른 생활 조건 아래 놓이게 되었을 것이다.

이를테면 어떤 식물은, 어떤 섬에서는 다른 섬과 달리 가장 적합한 지면이 다른 식물로 완전히 뒤덮여 있는 환경을 만났을 것이고, 또 어느 정도 다른 적의 공격에 부딪히게 되었을 것이다. 그때 그 식물이 변이한다면, 자연선택 작용으로 선택된 변종은 섬마다 달라질 것이다. 그렇지만 몇몇 종은 대륙에서 여러 종이 널리 퍼져나가면서도 동일한 종으로서 계속 유지되는 것과 똑같이 널리 퍼져나갈 것이다. 실제로 대륙에는 널리 분포하면 서로 동일 형질을 유지하는 종이 있다.

갈라파고스 제도의 예에서나, 그보다는 정도가 떨어지지만 약간의 비슷한 예에서처럼 참으로 경탄할 만한 사실은, 각각의 섬에서 발생한 새로운 종은 다른 섬으로 급속하게 퍼져나가지는 않았다는 점이다. 그러나 섬들은 서로 시야 안에 있기는 하지만 깊은 바다로 격리되어 있으며, 대부분의 경우에 그것은 영국 해협보다 넓다. 그리고 섬들이 과거에 연속적으로 이어져 있었다고 상상할 만한 단서는 아무것도 없다. 해류는 빠르게 제도를 가로지르며 흐르고 있고,

강한 바람이 부는 일은 매우 드물다. 따라서 섬들은 지도에서 보고 느끼는 것보다 훨씬 효과적으로 격리되어 있는 셈이다.

그렇기는 하지만, 세계 다른 곳에서 찾아볼 수 있는 것이든 군도에만 한정된 것이든, 통틀어서 상당히 많은 종이 섬들에 공통적으로 있다. 그리고 우리는 약간의 사실에서, 이러한 종은 한 섬에서 다른 섬으로 퍼져간 것이라고 추측할 수 있는 것이다. 그런데 근연종은 자유롭게 교류할 수 있는 상태에 놓이면 서로 그 영역을 침범할 것이 틀림없다는 그릇된 생각을 흔히 하는 것 같다. 만일 한쪽 종이 다른 쪽 종에 대해 어떤 이점을 가지고 있다면, 그것은 매우 단기간에 다른 쪽 종을 완전 또는 일부 대체하게 될 것은 의심할 여지가 없는 일이다. 그러나 만일 양쪽이 자신들의 자연 서식지에 동등한 정도로 적합하다면, 아마 둘 다 그 서식지를 유지하면서 거의 언제까지나 독립적으로 분리되어 있을 것이다.

우리는 인간의 손을 통해 귀화한 많은 종이 새로운 곳에서 놀랄 만한 속도로 전파된 사실을 흔히 보았기 때문에, 대다수의 종도 이와 같이 확산될 것이라고 추론하기 쉽다. 그러나 우리는 새로운 지역에 귀화하게 된 종은, 일반적으로 원산(原産) 생물과 완전히 다른 종이며, 알퐁스 드 캉돌이 지적한 것처럼 매우 많은 예에서는 다른 속에 속한다는 점에 주의해야 한다.

갈라파고스 제도에서는 섬에서 섬으로 날아다니는 데 잘 적응된 새조차 대부분 섬마다 다 다르다. 예컨대 제도에는 매우 근연한 3종의 지빠귀앵무새가 있는데, 그 각각의 종은 다 다른 섬에 산다. 그런데 채텀섬의 지빠귀앵무새가 다른 고유종이 사는 찰스섬으로 바람에 날려갔다고 가정해 보자. 그 새는 어떻게 그 섬에 정착할 수 있을 것인가? 찰스섬에서는 해마다 그 섬이 먹여 살릴 수 있는 것 이상으로 많은 알을 까게 될 것이므로, 섬은 고유종만으로 만원이라고 결론지어도 무방할 것이다. 그리고 찰스섬 고유의 지빠귀앵무새는 채텀섬의 고유종과 비슷한 정도로 고향 땅에 적합하다고 봐도 무방할 것이다.

C. 라이엘 경과 울러스턴은 나에게 이 문제와 관계 있는 주목할 만한 사실을 알려주었다. 그것은 다음과 같다. 마데이라와 그 이웃에 있는 작은 섬인 포르트상트에는 다수의 확실히 다른, 그러나 대표적인 육서패류가 있고, 그 가운데 일부는 바위틈에서 살고 있다. 해마다 대량의 암석을 포르트상트에서 마데

이라로 실어가고 있는데도 마데이라에는 포르트상트의 종이 이주해 있지 않다. 그런데 이 두 섬에는 모두 약간의 유럽산 육서패류가 이주해 있으며, 그것은 의심할 나위 없이 자생종에 비해 유리한 점을 가지고 있다.

이상과 같은 고찰에서 나는 갈라파고스 제도의 여러 섬에서 사는 고유종이 모든 섬으로 퍼져나가지 않았다는 사실에 크게 놀랄 필요가 없다고 생각한다. 다른 다수의 예에서는, 같은 대륙 내의 여러 곳에서 볼 수 있듯이, 생활 조건이 같은 종이 존재하지 않도록 하는 데는 선주자의 존재가 아마도 중요한 역할을 할 것이다. 예컨대 호주 동남부와 서남부는 거의 똑같은 물리적 조건을 갖추고 있으며 연속된 육지로 이어져 있는데도 다른 포유류와 조류 및 식물이 매우 많이 서식하고 있다. 베이츠에 의하면 이와 같은 현상은 거대하게 이어져 있는 아마존 유역에 사는 나비류와 다른 동물에 있어서도 마찬가지라고 한다.

분포를 결정하는 다른 요인

대양도의 동물상과 식물상의 일반적인 성격을 지배하는 원칙, 즉 이주 생물이 가장 쉽게 전파될 수 있었던 근원에 대한 관계는 이주 생물의 그 뒤의 변화와 함께 자연계 전체에 가장 폭넓게 적용되는 것이다. 어떤 산이나 호수, 늪에서도 이 원칙을 찾아볼 수 있다.

고산성(高山性) 종은 최근 빙하기에 같은 종이 널리 퍼져간 사실을 제외하면 주변 저지대의 것과 유연관계를 가지고 있다. 예를 들면, 남아메리카에서는 엄밀하게 아메리카 종류 고산성 벌새, 고산성 설치류, 고산성 식물 등을 볼 수 있다. 산이 서서히 융기하는 동안 주변 저지대에서 자연적으로 이주한 것이 분명하다. 호수와 늪의 생물도, 수송이 매우 용이하여 전 세계에 똑같은 종류가 흩어져간 경우를 제외하면 마찬가지이다. 미국이나 유럽의 동굴에 사는 시력이 없는 동물에서도 동일한 원칙을 찾아볼 수 있다. 그 밖에도 비슷한 사실을 몇 가지 들 수 있다.

아무리 멀리 떨어져 있더라도 어딘가 두 지역에 매우 근연한 종 또는 대체종이 있다면, 그곳에서는 몇 가지의 동일한 종도 반드시 발견된다. 그것은 언젠가 옛날에 두 지역 사이에 교섭이나 이주가 있었음을 말해주는 보편적인 진실로서 확인되리라고 나는 믿는다. 그리고 다수의 근연종이 출현한 곳에서는 어디서나, 어떤 내추럴리스트는 명백한 종으로 분류하고 또 다른 내추럴리스트는 변종으로 분류하는 종류가 많이 발견될 것이다. 이러한 의심스러운 종류는 우리에게 변화 단계를 보여준다.

현재든 다른 물리적 조건 속에 있었던 과거 어느 시대든, 종의 이주가 일어나는 힘 및 범위와 세계의 서로 멀리 떨어진 지점에 그 종과 근연한 다른 종이 존재한다는 사실 사이에 관계가 있다는 것은 그 밖의 더욱 일반적인 면에서 제시할 수 있다. 굴드는 오래 전에 조류 가운데 전 세계에 분포되어 있는 속에는 매우 넓은 분포범위를 가진 종이 많다는 사실을 나에게 알려주었다. 이 규칙을 증명하기란 어렵겠지만, 그것이 일반적으로 진실이라는 것을 나는 거의 의심하지 않는다. 포유류 중에서는 박쥐에게서 이 규칙을 뚜렷하게 볼 수 있으며, 그보다 낮은 정도이기는 하지만 고양이과와 개과에서도 볼 수 있다. 나비와 갑충의 분포를 비교할 때도 볼 수 있다. 많은 속이 전 세계에 분포해 있고, 수많은 개개의 종이 광대한 분포범위를 가지고 있는 대다수 담수생물에서도 마찬가지이다.

이상과 같은 사실은, 세계적으로 분포해 있는 속에서는 모든 종이 넓은 분포범위를 가진다는 것을, 또는 그러한 종이 '평균적으로' 넓은 분포범위를 가진다는 것까지 의미하는 것은 아니다. 이 사실은 변화 과정이 얼마나 진전되었는지에 의존하기 때문이다. 이를테면 같은 종의 2가지 변종이 아메리카와 유럽에 살고 있다면, 그 종은 그것으로 광대한 분포범위를 갖는 것이 될 것이다. 그러나 만일 그 변이가 좀 더 크게 일어났다면 2개의 변종은 별종으로 분류될 것이며, 그러한 분포범위는 현저하게 좁혀졌을 것이 틀림없다.

그리고 위의 규칙은, 강력한 날개를 가진 어떤 조류처럼 장벽을 넘어서 널리 분포할 수 있는 능력을 가진 것이 분명한 종은 필연적으로 널리 분포한다는 것을 의미하는 것도 아니다. 즉 널리 분포한다는 것은 단지 장벽을 넘어설 능력뿐만이 아니라, 멀리 떨어진 곳에서 낯선 이웃들과의 생존경쟁에서 승리를 거둘 수 있는 훨씬 더 중요한 능력도 갖추었다는 뜻이기 때문이다. 그런데 같은 속으로 분류되는 모든 종은 비록 지금은 세계의 가장 멀리 떨어진 곳에 분포해 있더라도 원래는 단일한 조상에서 유래한다는 견해 위에 선다면, 당연히 그들 가운데 적어도 어떤 것은 매우 널리 분포해 있다는 사실을 발견하게 될 것이고, 나는 그것이 일반적인 규칙이라고 믿는다.

우리는 모든 강에 속한 많은 속은 오랜 기원을 갖고 있으며, 그 종들은 산포한 뒤에 변화에 필요한 충분한 시간을 갖고 있음이 틀림없다는 사실을 염두에 두어야 한다.

지질학상의 증거에 근거하여, 각각의 강에 속한 하등 생물은 고등 생물보다 변화가 완만하며, 따라서 하등한 종류는 널리 분포하고 동일한 종의 형질을 보존하는 데 성공하기 쉽다고 믿을 만한 이유도 있다. 이 사실을 대부분의 하등 생물의 씨앗과 알이 매우 작아서 멀리 수송되는 데 적합하다는 것과 아울러 생각하면, 아마도 오랫동안 관찰되어 왔고 최근에는 캉돌이 식물에 대해 훌륭하게 논의한 하나의 법칙, 즉 생물군은 하등할수록 더욱 널리 분포하는 데 적합하다는 법칙을 설명할 수 있을 것이다.

이제까지 논한 여러 관계, 즉 하등하고 변화가 완만한 생물은 고등 생물보다 널리 분포한다는 것, 분포범위가 넓은 속 가운데 어떤 종은 그 자신도 널리 분포한다는 것, 고산생물, 호수생물, 늪지생물은 주변 저지대나 건조지의 생물과 서식 장소가 각양각색으로 다름에도 유연관계를 가진다―종의 분화가 일어나기 이전은 제쳐놓고―는 것, 같은 제도의 섬에 사는 다른 종 사이의 매우 밀접한 관계와 특히 각각의 제도 전체 또는 하나의 섬에 사는 생물이 가장 가까운 본토의 생물에 대해 가지는 두드러진 관계 등은 각각의 종이 개별적으로 창조되었다고 보는 일반적인 견해로는 결코 설명할 수 없다. 가장 가까이 있고 가장 잘 준비된 원천에서 이주가 시작되었으며 그 이주자가 끊임없이 변화하여 새로운 거주지에 더욱 잘 적응하게 된다는 견해로는 설명된다고 나는 생각한다.

간추림

앞 장과 본 장에서 나는 다음과 같은 사실들을 밝히려고 노력했다. 즉, 우리가 현세에 들어 틀림없이 일어났거나 일어났을 가능성이 있는 기후와 육지 고저의 변화가 끼친 모든 작용에 우리가 무지하다는 사실을 정당하게 인정한다면, 또한 우리가 이따금 있는 수많은 기상천외한 수송방법에 대해 깊은 무지 속에 있다는 사실을 생각한다면, 그리고 한때는 넓은 지역에 연속적으로 분포했던 종이 그 뒤에 중간 지역에서 어떻게 멸종했는지를 마음에 새겨둔다면, 동일한 종의 개체는 지금 어디에 살고 있건 모두 동일한 조상에서 유래한다는 사실을 믿는 데 어려움을 사라지리라고 나는 확신한다. 그리고 우리는 몇 가지 일반적인 고찰에 의해, 그중에서도 특히 장벽의 중요성이나 아속, 속, 과의 서로 비슷한 분포에 관한 고찰에 의해 다수의 내추럴리스트들이 창조의 단일한 중심이라는 이름 아래 도달했던 이 결론까지 오게 된 것이다.

나의 학설에 의하면 하나의 발생원에서 퍼져 나온 것이어야 하는 같은 속의 다른 종에 대해 앞에서와 마찬가지로 무지를 인정하고, 또 어떤 종류의 생물은 극히 완만하게 변화하며 그로 인해 그 이주에 막대한 시간이 소요되었다는 것을 염두에 둔다면, 여러 가지 난점이 극복하기 어려운 것으로 여겨지지는 않게 된다. 하기는 그러한 곤란은 이 경우에도, 또한 같은 종의 개체의 경우에도 종종 극도로 중대한 것일 때도 있다.

분포에 관한 기후 변화의 효과를 예시하기 위해, 나는 최근의 빙하시대가 얼마나 중요한 역할을 했는지 밝히려고 애썼다. 이 빙하시대는 적도지대까지 영향을 미쳤고, 또 양반구에 한랭한 기후가 교대되는 동안 그 양쪽에 생물이 혼합되는 것을 허용했으며, 세계 모든 지방의 산봉우리에 그 가운데 몇몇 종류를 남겼다. 이따금 있는 우연한 수송방법이 얼마나 다양한지 보여주기 위해, 나는 담수생물의 분포방법에 대해 약간 장황하게 설명했다.

기나긴 시간이 흐르는 동안 같은 종의, 또는 근연종의 모든 개체가 하나의 원천에서 왔다는 것을 인정하는 데 따르는 갖가지 곤란이 극복 불가능한 것이 아니라면, 지리적 분포를 둘러싼 주요 사실은 이주와 그것에 이은 변화 및 신종 출현이라는 이론으로 설명된다고 나는 생각한다. 수많은 동식물의 구계(區系)를 분리하는 수륙(水陸)의 장벽이 고도로 중요하다는 사실도 이해할 수 있다. 아속, 속, 과의 분포가 한정되었다는 사실도, 남아메리카에서 볼 수 있듯이 다양한 위도에서 평원과 산지의 생물, 숲과 늪과 사막의 생물이 극히 신비로운 양상으로 유연관계에 의해 결합되어 있으며, 그러한 생물이 이전에 같은 대륙에서 살았던 멸종종과 유연관계에 있다는 사실도 이해할 수 있다.

생물 대 생물의 상호관계가 가장 중요하다는 사실을 염두에 둔다면, 대략 비슷한 물리적 조건을 갖는 두 지역에 왜 때때로 매우 다른 생물이 서식하는지 그 이유를 알 수 있다. 새로운 생물이 어떤 한 지역에 침입한 뒤, 경과한 시간과 개체수에 조금의 차이는 있을 수 있다. 그러나 어떤 종류에는 침입을 허용하고 다른 종류에는 허용치 않았던 교통로의 형편이나, 침입한 것들이 상호 간에 또는 토착생물과 다소라도 직접적인 경쟁을 하게 되었는가의 여부, 또 이주자가 다소라도 재빨리 변이할 수 있었는지 여부에 따라서, 다양한 지역에서 물리적 조건과는 상관없이 무한하게 다양한 생활 조건이 생겼을 것이다. 또 여기서도 생물의 작용과 반작용이 거의 무한정하게 일어났을 것이 틀림없기 때문이다. 그리고 우리는 세계 여러 곳의 넓은 지리적 구역에서 생물의 어떤 군은 크게, 어떤 군은 아주 조금 변화하고 있다는 사실을—어떤 군은 커다란 세력으로 발달하고, 어떤 군은 보잘것없는 숫자가 존속하고 있을 뿐이라는 사실을—발견하게 될 것이고, 또 실제로 발견하고 있기 때문이다.

우리는 이러한 것과 똑같은 원칙을 바탕으로, 앞에서 내가 밝히려고 애썼던 것처럼, 대양도에는 소수의 생물밖에 없지만 그 대부분이 고유종인 것은 무슨 까닭인가, 또 이주 방법과 관련하여 같은 강 내에도 고유종만 있는 군이 있고 다른 지역과 공통되는 종만 있는 군이 있는 것은 무슨 까닭인가 이해할 수 있다. 우리는 대양도에는 양서류나 육서포유류 같은 생물군이 전체적으로 결여되어 있는데도, 가장 멀리 떨어진 섬들에 하늘을 나는 포유류, 즉 박쥐의 고유종이 있는 것은 무슨 까닭인지 이해할 수 있다. 우리는 다소나마 변화한 상태로 포유류가 존재한다—섬에—는 사실과 섬과 본토의 중간에 있는 바다의 깊이 사이에 어떤 관계가 있는지 이해할 수 있다. 우리는 왜 제도의 모든 생물이 수많은 섬에서 별종이 되긴 했지만 서로 밀접한 유연관계를 가지며 또 그다지 밀접하지 않을지언정 가장 가까운 본토나 이주자가 건너온 것으로 추정되는 원천지의 생물과 유연관계를 가지는지 이해할 수 있다. 그리고 우리는 두 지역에 매우 밀접하게 관련된 생물이 있거나 대표적인 종이 존재한다면, 그 지역들이 서로 아무리 멀리 떨어져 있어도 몇 개의 동일종이 거의 반드시 발견되는 것은 무슨 이유에서인지도 이해할 수 있다.

고(故) 에드워드 포브스가 종종 강조했던 것처럼, 시간과 공간을 통한 생명의 법칙에는 뚜렷한 평행성이 있다. 그것은, 과거에 생물종의 변이를 지배한 법칙은 오늘날 온갖 지역에서 차이를 지배하는 법칙과 거의 같다는 것이다. 우리는 많은 사실에서 그것을 엿볼 수 있다.

각각의 종과 종의 군은 시간적으로 연속한다. 이 규칙에서 벗어나는 것처럼 보이는 것은, 중간 퇴적층의 상하에는 출현하는데 그곳에는 결여되어 있는 종류를 우리가 아직 그 층에서 발견하지 못한 탓으로 돌리는 것이 옳으며 거기에 예외는 거의 없다고 할 수 있다.

공간적으로도 마찬가지이다. 단일한 종 또는 종의 군이 서식하는 지역은 연속되어 있는 것이 일반적인 규칙이다. 예외는 드물지 않다. 그러나 그 예외는 내가 이미 밝히려고 시도해온 바와 같이, 지금과는 조건이 달랐던 과거에 이주가 이루어진 탓인지 우발적인 수송 탓인지는 모르나, 어쨌든 중간 지역에서 종이 멸종해 버린 탓으로 설명할 수 있다.

시간면에서도 공간면에서도 종과 종의 군에 발달이 극에 달했던 점이 있다. 어떤 일정한 시대에 생활하는, 또는 어떤 일정한 지역에 속하는 종의 군에는 때때로 형상이나 색채에서 사소한 공통점을 찾아볼 수 있다. 오랜 기간에 걸친 시대의 변천을 살펴보면, 현재 세계적으로 멀리 떨어져 있는 지역을 건넌 경우와 마찬가지로, 어떤 강의 종은 서로 큰 차이가 없는 반면에, 다른 강의 종은, 또는 같은 목의 다른 종류에 속하는 종은 서로 뚜렷하게 다른 것을 볼 수 있다. 시간면에서도 공간면에서도 각 강의 하등 구성원은 고등한 것보다 일반적으로 조금밖에 변화하지 않지만, 어떤 면에서도 이 규칙에는 눈에 띄는 예외가 있다.

시공간을 초월한 이러한 관계도 나의 학설에 입각하면 이해할 수 있다. 세계 같은 지역에서 시대가 변천하는 동안 변화한 생물의 종류에 주목하든, 멀리 떨어진 지역에 이주한 뒤에 변화한 생물의 종류에 주목하든, 같은 강에 속하는 종류는 모두 일반적인 동세대 자손이라는 공통의 유대로 맺어져 있기 때문이다. 또 어느 경우에도 변이의 법칙들은 언제나 동일했고, 변화는 자연선택이라는 동일한 힘에 의해 축적되었기 때문이다.

13장 생물의 상호 유연성·형태학·발생학·흔적기관

계층적 군에 종속하는 군의 분류—자연 분류—변화를 수반하는 유래설로 설명되는 분류 규칙과 난제—변종의 분류—늘 분류에 사용되는 유래—적응에 따른 유사형질—일반적이고 복잡하며 방사적(放射的)인 유연관계—멸종은 군을 분리하고 정의한다—같은 강의 구성원별 형태학과 동일 개체의 부위별 형태학—성장 초기에 부수적으로 일어나는 변이가 아니라, 적당한 시기에 유전하는 변이로 설명되는 법칙으로서의 발생학—흔적기관, 그 기원의 설명—간추림

계층적 군

역사 이래 모든 생물은 점진적인 단계를 이루고 있어 서로 유사하다는 사실이 알려져 있기 때문에, 모든 생물은 군(群) 밑에 다시 군(群)을 두는 식으로 분류할 수가 있다. 이러한 분류가 별을 별자리로 한데 묶는 것처럼 임의적이지 않다는 것은 명백하다. 만일 어떤 군은 오로지 육지에서의 생활에만, 또 다른 군은 물속에서의 생활에만 적합하고, 어떤 군은 육식에만, 다른 군은 채식에만 적합하며, 또한 다른 점에서도 그런 식이라면 군의 존재는 단순한 의미밖에 가지지 않게 될 것이다. 그런데 실제 자연계에서는 그와 크게 다르다. 같은 아군(亞群)의 구성원들조차 당연한 듯이 각기 다른 습성을 가지고 있다는 것은 이미 알려진 사실이기 때문이다.

각각 '변이'와 '자연선택'을 다룬 이 책의 2장과 4장에서 나는, 최대 변이를 하는 종은 널리 분산하여 각지에서 개체수를 늘리고 있는 종, 즉 비교적 큰 속에 속하는 우세한 종이라는 것을 밝히고자 시도했다. 이와 같이 해서 생긴 변종, 즉 발단종은 결국 신종으로 변화해 갔다고 나는 확신한다. 그리고 이러한 종은 유전 법칙에 따라 다른 우세한 신종을 만드는 경향이 있다. 따라서 현재 대

규모를 이루며 일반적으로 다수의 우세한 종을 포함하는 군은, 그 규모를 한없이 증대시키려고 한다.

또한 나는 각각의 종에서 태어난 변이한 자손이 자연의 질서 안에서 가능한 한 다양하게 다른 장소를 차지하려고 한다는 데서, 그러한 것의 형질은 끊임없이 분기해가는 경향이 있다는 사실을 밝히려고 애썼다. 이 결론은 좁은 지역에서 극심한 경쟁을 겪게 되는 다양한 종류를 관찰함으로써, 그리고 귀화를 둘러싼 몇 가지 사실로 뒷받침되었다.

또한 나는 개체수가 증가하고 형질의 분기가 진행되고 있는 종류는, 그다지 분기하지 않고 개량되지 않은 선행(先行) 종류를 멸종시키고 그 자리를 대신하는 경향이 늘 있다는 사실도 밝히려고 시도했다. 앞에서 설명한 이러한 몇몇 원칙의 작용을 예시한 도표를 다시 한번 봐주기를 독자에게 부탁한다. 그러면 독자들은 한 조상에서 태어나서 변화한 자손들이 차례차례 계층적인 군으로 분할되어 가는 것이 불가피한 결과임을 알게 될 것이다.

그 도표에서 가장 윗줄에 있는 기호는 모두 약간의 종을 포함한 개개의 속을 나타낸다. 이 선 위에 있는 모든 속은 합쳐서 하나의 강을 이룬다. 이러한 속은 모두 이제는 볼 수 없는 태고의 조상으로부터 유래한 것으로, 무언가를 공통으로 물려받은 것이다. 그러나 왼쪽 3개의 속은 그와 똑같은 원리에 따라 많은 것을 공유하는 동시에 하나의 아과를 이루고 있으며, 공통조상에서 유래하는 도중인 제5단계에서 분기한 오른쪽 2개 속을 포함하는 아과와는 구별된다. 이상을 합친 5개의 속은 앞의 경우보다 적기는 하지만 아직도 많은 것을 공유하고 있으며, 더 오래된 시기에 분기한 오른쪽 3개의 속을 포함하는 과와는 다른 과를 만들고 있다. (A)에서 유래하는 이들 속의 전부는 (I)에서 유래하는 여러 속과는 다른 목을 이룬다. 이렇게 해서 우리는 단일 조상에 유래하는 다수 종은 속으로 묶이고, 속은 아과, 과, 목에 포함되거나 그들에게 종속되며, 또 그 모든 것은 하나의 강으로 묶인다는 것을 알 수 있다. 생물은 계층적인 군으로 정리된다는 박물학상 위대한 사실은 너무나도 일반적인 사실이어서 우리를 크게 놀라게 하지는 않지만, 그 사실은 나의 견해로 완전히 설명된다.

생물이 다른 모든 것과 마찬가지로 단일 형질에 의해 인위적으로, 또는 다수의 형질에 의해 더욱 자연적으로, 여러 방법으로 분류될 수 있다는 데에는 의심의 여지가 없다. 이를테면 우리는 광물이나 기본적인 물질을 그렇게 배열할 수 있다는 것을 알고 있다. 이 경우에는 물론 계보적인 계속은 없으며, 현재로 서는 그들이 군으로 성립되는 원인을 제시할 수는 없다. 그러나 생물의 경우는 다르며, 위에 말한 견해는 군 밑에 군을 두는 자연적인 배열과 일치한다. 그리 고 그 밖의 설명은 지금까지 한 번도 시도된 적이 없다.

자연분류와 분류의 기준

내추럴리스트들은 자연분류라고 불리는 방식에 따라 각각의 강 속의 종, 속, 과를 배열하려고 시도한다. 그런데 이 체계란 도대체 무엇을 의미하는 것일까? 어떤 학자들은 그것을 가장 비슷한 생물들을 모아서 배열하고, 가장 다른 생 물들은 분리하기 위한 방편에 지나지 않는 것으로 본다. 일반 명제를 되도록 간명하게 설명하기 위한 인위적인 수단으로 보는 견해도 있다. 예컨대 모든 포 유류에 공통되는 형질을 한 문장으로 나타내고, 육식류 전체에 공통되는 형질 다른 문장으로, 개(犬) 속에 공통적인 형질은 또 다른 문장으로 표현한 뒤, 그 뒤에 또 다른 문장을 덧붙임으로써 개의 각각의 종류에 대한 완전한 기술(記 述)이 이루어지는 것에 불과하다고 보는 것이다.

이 체계가 절묘하고 효과적이라는 데에는 논의의 여지가 없다. 그러나 다수 의 내추럴리스트들은 '자연적 체계'에는 뭔가 더 많은 의미가 내포되어 있다고 생각한다. 그들은 그 체계가 창조자의 계획을 현시하고 있다고 믿고 있는 것이 다. 그러나 창조자의 계획이라는 것이 시간이나 공간 또는 그 둘의 질서를 의 미하는지 아니면 다른 어떤 것을 의미하는지 그 점이 분명히 밝혀지지 않는 한, 우리 지식에 보탬이 될 것은 아무것도 없다고 나는 생각한다.

"형질이 속을 만드는 것이 아니라 속이 형질을 부여한다"는 린네(Linné)의 유 명한 말은 다소 모호하긴 하지만, 그 말은 우리가 행한 분류에는 단순한 유사 뿐만 아니라 뭔가 더 깊은 유대가 들어 있음을 의미하는 것으로 보인다. 나는 그와 같이 더 많은 무언가가 내포되어 있다고 믿는다. 또한 유래의 공통성— 생물의 유사성에 관해 알려져 있는 유일한 원인—이라는 것이 그 유대(紐帶)이 며, 그것은 생물마다 다른 정도로 변화한 탓에 숨겨져 있지만, 우리의 분류에 의해 부분적으로나마 밝혀졌다고 확신한다.

그러면 이제 분류할 때의 규칙에 대해 고찰하고, 또한 분류란 뭔가 아직 알려져 있지 않은 창조 계획을 제시하는 것이라거나, 단순히 일반명제를 계통화하여 서로 비슷한 종류를 한데 묶기 위한 방편에 불과하다는 등의 견해가 부딪치는 문제에 대해 고찰하기로 하자.

생활 습성을 결정하는 체구조와 각각의 생물이 자연 질서 속에서 차지하는 일반적인 장소가 분류에서 매우 커다란 중요성을 갖는다는 것은 누구나 쉽게 생각할 수 있는 사항이다—옛날에는 그렇게들 생각했다—. 그러나 이보다 더 잘못된 생각은 없다. 쥐와 뾰족뒤쥐, 듀공과 고래, 고래와 물고기의 외관상 유사성에서 조그마한 중요성이라도 인정하는 사람은 없을 것이다. 그러한 유사성은 생물의 모든 생활과 긴밀하게 연관되어 있는 것이기는 하지만, 단지 '적응 형질 내지는 상이 형질'에 지나지 않는 것으로 간주된다. 뒤에서 이러한 유사성에 대한 고찰로 되돌아갈 것이다.

특수한 습성과 관계없는 신체 부위일수록 분류기준으로서 중요하다는 것은 일반법칙으로 여겨도 좋을 것이다. 한 예를 인용하면, 오언(Owen)은 듀공에 대해 언급한 글에서 다음과 같이 말했다. "생식기관은 동물의 습성 및 먹이와 가장 관련이 없으므로, 나는 항상 그것을 동물의 진정한 유연관계를 가장 뚜렷하게 나타내는 것으로 여겨왔다. 이러한 기관의 변화에서는 단순히 적응 형질에 지나지 않는 것을 본질적인 형질로 잘못 보는 일은 거의 없다."

이것은 식물에서도 마찬가지여서, 식물이 살아가기 위해 전면적으로 의존하는 영양 기관이 대략적인 분류를 하는 첫 단계를 제외하고는 중요하지 않은 데 비해, 번식기관과 그것이 생산하는 씨앗은 얼마나 중요한가!

앞에서 기능상 중요하지 않은 형태학적 형질을 논했을 때, 우리는 때때로 그것이 분류상 가장 큰 역할을 하는 것을 보았다. 이것은 그와 같은 형질이 다수 종을 포함한 군에서 일관되게 발견되기 때문이라고 나는 믿는다. 그 불변성은 종이 각각의 생활 조건에 적응해 있어도 일반적으로 기관 자체는 그다지 변화하지 않는다는 데서 기인하기 때문이다.

어떤 기관의 생리학적 중요성만으로는 그 기관의 분류상 가치가 결정되지 않는다는 것은 다음의 한 가지 사실로 거의 증명된다고 보아도 무방할 것이다. 동일한 기관이 거의 같은 생리학적 가치를 지닌다고 보기에 근거가 충분한 근연한 여러 군에서도 그 기관의 분류상 가치는 저마다 상이하다는 사실이다. 어떤 군에 대해서든, 연구하면서 이 사실에 놀라지 않은 내추럴리스트는 한 사람도 없었을 것이다.

이 사실은 거의 모든 연구서에서 완벽하게 확인된다. 여기에 대해서는 최근의 권위자인 로버트 브라운(Robert Brown)의 말을 인용하는 것만으로 충분할 것이다. 그는 프로테아 과(Proteaceae)의 몇몇 기관에 대해 언급한 가운데, 그러한 기관의 속적(屬的) 중요성에 대해 다음과 같이 말했다.

"내가 아는 바로는 이 과뿐만 아니라 모든 자연의 과에서, 그것—기관의 속적 중요성—은 모든 체부의 중요성과 마찬가지로 극히 불평등하며, 어떤 경우에는 완전히 상실되어 있는 것으로 보인다." 그는 또 다른 저서에서, "콘나라 과(Connaraceae)의 여러 속은 씨방이 1개인가 그 이상인가, 배젖은 있는가 없는가, 꽃눈층이 인상(鱗狀)인가 판상(瓣狀)인가에 따라 다르다. 이러한 형질 하니 하나가 속적 중요성 이상의 것인데도, 지금 여기서는 그 형질들을 다 합쳐도 크네스티스 속(Cnestis)과 콘나루스 속(Connarus)을 구분하는 데 불충분함을 알 수 있다"고 말했다.

곤충의 한 예를 들어보자. 웨스트우드(Westwood)가 남긴 기록에 의하면, 막시류 중의 한 커다란 유(類)에서도 촉각의 구조는 매우 일정하다. 그런데 또 하나의 유에서는 가지각색이며, 더구나 그 차이는 분류상에서 종속적인 가치밖에 지니지 않는다. 그러나 아마 같은 목에 속하는 이들 두 유에서 촉각의 생리학적 중요성이 다르다고 할 사람은 아무도 없을 것이다. 같은 생물군 가운데 동일한 중요기관이 분류상 여러 차이를 나타내는 사실에 대해서는 얼마든지 예를 들 수가 있다.

또한 흔적기관이나 위축기관에 고도의 생리학적 또는 생활상 중요성이 있다고 말하는 사람은 아무도 없을 것이다. 그러나 이와 같은 상태에 있는 기관이 때때로 분류상 고도의 가치를 지닌다는 것도 의심할 여지 없는 사실이다. 반추류의 새끼의 위턱에 흔적으로 남은 이빨과 다리에 흔적으로 남아 있는 뼈가, 반추류와 후피류의 밀접한 유연관계를 보여주는 매우 중요한 증거라는 데 반론을 제기할 사람은 없을 것이다. 로버트 브라운은 벼과 식물을 분류할 때 흔적으로 남은 작은 꽃이 매우 높은 중요성을 지닌다는 사실을 강조했다.

생리학적 중요성은 보잘것없으나 그 생물군 전체를 정의하는 데는 매우 쓸모 있다고 누구나 인정하는 형질의 예를 다수 들 수 있다. 오언에 의하면 어류와 파충류의 형질은 콧구멍에서 입으로 통하는 통로가 있느냐 없느냐에 따라 구별한다. 유대류의 경우는 아래턱 만곡(彎曲)이나 곤충류의 날개를 접는 모양, 일부 조류(藻類)의 색채, 벼과 꽃의 여러 부분에 부드러운 털이 나 있다는 단순한 사실, 그리고 척추동물의 털이나 깃털과 같은 피부를 덮은 피복물(被覆物) 등으로 구별한다.

오리너구리가 털이 아니라 깃털로 덮여 있다면, 이 사소한 외적 형질은 내추럴리스트들이 이 기묘한 동물과 조류의 근연한 정도를 결정하는 데 도움이 됐으리라고 나는 생각한다.

사소한 형질이 갖는 분류상 중요성은, 주로 그러한 형질이 다소나마 중요한 다른 몇몇 형질과 상호관계를 가지고 있다는 데서 기인한다. 실제로 박물학에서 형질의 집합에 가치가 있다는 것은 명백한 사실이다. 흔히 지적되듯이, 어떤 종의 생리학상 매우 중요한 형질과 거의 모든 종이 갖춘 형질 두 가지가 모두 근연종과 다르더라도, 그 분류학상 위치는 불변할 수 있다.

아무리 중요한 형질이라도 단 하나의 성질에 기초를 둔 분류는 반드시 실패로 끝났다는 사실이 이를 뒷받침한다. 몸의 일부만이 변하지 않는 예는 없기 때문이다. "형질이 속을 만드는 것이 아니라 속이 형질을 부여한다"는 린네의 말은, 중요한 형질은 하나도 없더라도 복수의 형질 전체가 중요하다는 사실을 전제로 할 때만이 설명 가능할 것이다. 이 격언은 확정하기에는 너무나 작고 사소한 유사점이라도 많이 모이면 가치가 생긴다는 진리를 인정한 말이기 때문이다.

말피기아 과에 속하는 어떤 식물에는 완전한 꽃과 퇴화한 꽃을 피우는 것이 있다. 후자는 쥐시외(A. de Jussieu)가 말했듯이, '종, 속, 과, 강에 고유한 대부분의 형질은 사라져 버렸으며, 그것은 우리의 분류를 비웃는' 것이다. 아스피카르파(Aspicarpa)가 프랑스에서 재배된 지 몇 년도 지나지 않아 퇴화한 꽃밖에 피지 않게 되어 다수의 매우 중요한 구조가 그 목의 고유한 형태에서 두드러지게 동떨어지게 된 일이 있었다. 그러나 이때도 리샤르(Richard)는 쥐시외가 관찰한 대로 이 속은 아직도 말피기아 과로 분류해야 한다는 현명한 판단을 내렸다. 이 예는, 우리의 분류의 정신을 보여주는 데 충분한 것으로 나는 생각한다.

실제로 내추럴리스트들은 연구에 임할 때, 한 생물군을 정의하거나 특정한 종을 배열하는 데 사용하는 형질의 생리학적 가치에는 관심을 두지 않는다. 내추럴리스트는 대체로 일정하고 많은 종류에서 공통으로 찾아볼 수 있는 형질이 발견되면 그것을 높은 가치가 있는 것으로 이용하지만, 소수 종에서만 공통적으로 발견되는 형질은 종속적인 가치밖에 없는 것으로 간주한다. 일부 내추럴리스트들은 이 원칙을 옳다고 인정했는데, 그것을 뛰어난 식물학자인 오귀스트 생틸레르(Aug. St. Hilaire)보다 명확하게 설명한 사람은 없다.

어떤 형질이 다른 형질과 항상 짝을 이루고 있는 사실이 알려진다면, 그러한 형질 사이에 명백한 유대는 발견되지 않더라도, 거기에 특별한 가치가 부여된다. 대다수 동물군에서 혈액을 순환시키거나 공기를 불어넣거나 종족을 번식시키는 데 중요한 기관은 대개 일정하므로, 그것은 분류상 유용한 형질로 간주된다. 그런데 어떤 동물군에서는, 가장 중요한 생활기관인 이러한 것들이 모두 종속적인 가치 밖에 지니지 않는 형질이라는 것이 알려져 있다. 뮐러가 최근에 설명했듯이 갑각류 가운데 바다반딧불(Cypridina)에는 심장이 있지만, 이것과 매우 근연한 속인 시프리스(Cypris)나 시테레아(Cytherea)에는 심장이 없다. 바다반딧불 속의 어떤 종은 잘 발달된 아가미를 가지고 있으나 다른 종은 갖고 있지 않다.

우리는 성체(成體)의 형질에서 발견되는 것과 똑같은 중요성을, 배(胚)의 형질에도 두어야 하는 이유를 이해할 수 있다. 그것은 말할 것도 없이, 자연의 분류는 모든 발생단계를 포함하기 때문이다. 그러나 왜 배의 구조가 이 목적을 위해 자연 질서 속에서 유일하게 완전한 역할을 할 수 있는 성체의 구조보다 훨씬 더 중요시되어야 하는지는 통속적인 견해에서 볼 때 결코 자명하지 않다. 그런데 밀른 에드워즈(Milne Edwards)나 아가시(Agassiz) 같은 위대한 내추럴리스트들은 어떠한 동물군에서도 배의 형질이 가장 중요하다고 강조하며, 이 생각은 올바른 것으로서 매우 널리 채택되고 있다. 그러나 유생(幼生)의 적응 형질이 제외되지 않았기 때문에 그 중요성이 때로는 지나치게 과장되어 왔다. 그것을 나타내기 위해 뮐러는 갑각류라는 커다란 강을 그런 형질로만 배열해 보았으나 그 배열은 자연적인 것은 되지 못했다.

이와 같은 사실은 현화식물에서도 찾아볼 수 있다. 현화식물은 배에 관한 여러 가지 형질—떡잎의 수와 위치, 어린 싹과 어린 뿌리의 발생양식—에 따라 2가지의 중요한 종류로 갈라진다. 우리는 나중에 발생학에 대해 논할 터인데, 그때 이러한 형질이 그처럼 높은 가치를 가지는 이유를, 분류에는 생물의 유래라는 개념이 암묵리에 포함되어 있다는 견해에 근거해 검토할 것이다.

변화를 수반하는 유래설에 기초한 분류

분류는 종종 명백하게 유연(類緣)의 연쇄(連鎖)에 의해 영향을 받고 있다. 모든 조류에 공통되는 여러 형질을 정의하기란 매우 쉬운 일이지만, 갑각류에서는 지금으로서는 이와 같은 정의가 불가능하다는 것이 인정되고 있다. 갑각류 계열의 양 끝에는 공통된 형질을 하나도 갖지 않는 종류가 있다. 그러나 양 끝에 위치하는 종 바로 옆에는 명백하게 유연관계에 있는 종이 있으며, 그것은 다시 그 옆의 것과 유연관계가 있다는 식으로 연쇄가 일어나 결국은 절지동물에 속한다는 사실을 알 수 있다.

지리적 분포는 충분히 논리적이지는 않을 것이지만, 곧잘 분류에 이용되고 있다. 그것은 극히 근연한 형태로 이루어지는 매우 큰 군에서 많이 보인다. 테밍크(Temminck)는 조류의 어떤 군에서 이 방법의 유용성과 필요성을 강력하게 주장했으며, 많은 곤충학자와 식물학자들이 그를 따랐다.

마지막으로 목, 아목, 과, 아과, 속 등 종의 여러 가지 군이 갖는 상대적인 가치에 대해 언급하자면, 그들은 적어도 오늘날 거의 임의로 해석되고 있는 것 같다. 벤담(Bentham) 씨나 그 밖의 뛰어난 식물학자 중 대다수는 그러한 것들의 가치가 임의적이라는 사실을 강조했다. 숙달된 내추럴리스트에 의해 처음에는 속에 지나지 않는 것으로 분류되었던 식물과 곤충이 나중에 아과 또는 과의 위치로 올라가는 경우가 있고, 더욱이 그 이유가 처음에는 찾아내지 못했던 중요한 구조적 차이가 그 뒤의 연구를 통해 발견되었기 때문이 아니라, 근소한 정도의 차이를 가진 다수의 근연종이 나중에 발견되었기 때문인 예를 여러 가지 들 수 있다.

앞에서 말한 분류상 규칙과 방법과 난제는 내가 크게 잘못 알고 있지 않다면 다음과 같은 견해로 설명될 수 있다. '자연 분류'는 변화를 수반하는 유래에 기초를 둔 것이라는 사실, 내추럴리스트에 의해 둘 또는 그 이상의 종 사이의 진정한 유연관계를 나타내는 것으로 알려진 형질은 공통의 조상으로부터 유전된 것이며, 그것이 사실인 한 진정한 분류는 모두 계통적이 된다는 것, 유래의 공통성은 내추럴리스트가 무의식적으로 탐색해 온 숨은 유대이며, 미지의 어떤 창조계획이나 일반 명제의 서술이 아니고, 다소나마 비슷한 대상을 그저 한데 묶었다 떼었다 하는 것도 아니라는 사실을 밝히는 견해이다.

그러나 나는 내 생각을 좀 더 충분히 설명해 두어야 한다. 내가 믿는 것은 다음과 같은 것이다. 각각의 강 속의 여러 군과 다른 여러 군 사이의 종속관계 및 유연관계에 따른 배열은, 자연적이기 위해서는 엄밀하게 계통적이어야 한다. 그러나 약간의 분지(分枝) 내지 군에서 그 차이의 정도는 분지 내지 군이 공통의 조상에 대해 혈통상으로 같은 정도의 근연성을 가진 것이라 할지라도, 그들 각각이 받아온 변화의 정도가 제각기 다르기 때문에 크게 다를 수 있다. 이 사실은 이속(異屬), 이과(異科), 이절(異節), 이목(異目)으로 분류되는 여러 형태에 나타나 있다.

독자가 4장에 제시된 도표를 참조하는 수고를 아끼지 않는다면, 여기서 말하는 의미를 더 잘 이해할 수 있을 것이다. A부터 L까지의 문자는 실루리아기에 생존했던 근연한 여러 속을 나타내며, 그러한 속은 미지의 태고에 존재했던 어떤 종류에서 유래한 것이었다고 가정해 보자. 3개의 속(A, F, I) 중 한 종이 변화된 자손을 오늘날까지 남기고 있다고 치고, 그들은 맨 위 가로선상에 있는 15개의 속(a^{14}에서 z^{14}까지)이라고 하자. 그러면 하나의 종에서 변화하여 발생한 이 자손들은 모두 혈통 또는 유래라는 점에서 비슷한 유연관계를 가진 셈이 되며, 비유해서 말하면 그들은 100만분의 1 정도의 친척뻘이 되는 셈이다.

그러나 그들은 서로 커다란, 그리고 여러 가지로 다른 정도의 차이를 보여준다. A에서 유래한 자손은 오늘날에는 2개 또는 3개의 과로 갈라져버려서, 똑같이 2개 과로 갈라진 I의 자손과는 다른 목을 이루고 있다. A에서 유래한 현존하는 여러 종은 조상인 A와, 그리고 I의 자손은 조상인 I와 동일한 속일 수가 없다.

그러나 현존하는 속 F^{14}는 조금밖에 변화하지 않았다고 가정할 수 있다. 이때 F^{14}는 조상과 같은 F 속으로 분류된다. 실제로 매우 드물기는 하지만 실루리아기의 속으로서 오늘날까지 생존해 있는 것이 있다. 이런 식으로 해서, 혈통으로 볼 때는 모두 서로 같은 정도의 유연관계를 갖는 생물 사이에서, 차이의 양 또는 가치가 뚜렷하게 달라진 것이다.

그러나 그러한 계통적 배열에는 여전히 변화가 없고, 그것은 현재뿐만 아니라 계속되는 유래의 각 시기에서 똑같다. A에서 나와 변화한 자손은 모두 이 공통의 조상으로부터 무엇인가를 공통으로 물려받아 내려왔을 것이며, I에서 나온 자손도 모두 그렇다. 각 시기에 차례로 발생한 하위 분지(分枝)에서도 각각 마찬가지일 것이다. 그런데 A 또는 I의 자손 가운데 어떤 것이 혈통의 흔적을 완전히 상실해버릴 정도로 변화했다고 굳이 상상해 보면, 이 경우에는 그와 같은 것들이 자연 분류에서 사라질 것이고, 그것은 그때의 어떤 현존하는 소수 생물에서 발생한 것으로 생각된다. 원래의 속인 F의 모든 자손은 그것의 모든 계통선을 따라 극히 적게 변화한 것이라고 가정되며 그것은 단 하나의 속을 형성한다. 그런데 이 속은 줄곧 고립화되었다 치더라도, 여전히 원래의 중간적인 위치를 계속 차지하고 있을 것이다.

이 자연적 배열을 종이 위에 가능한 한 도표로 나타냈지만 그것은 아직도 너무 단순화된 것이다. 가지는 모든 방향으로 갈라져 나갔을 것이다. 만일 분기의 도표를 사용하지 않고 군의 이름만 직선적으로 나열해 놓았다면, 자연적 배열을 나타낼 가능성은 더욱 줄어들었을 것이다. 또 새삼 말할 필요도 없이, 자연계에서 같은 군에 속하는 생물 사이에 발견되는 유연관계를 평면상의 계열로 나타내기란 불가능하다. 이와 같이 내가 견지하는 견해에 의하면, 자연 분류 가계(家系)와 마찬가지로 배열은 계통적일지언정, 각각의 군의 변화 정도는 그러한 군을 속, 아과, 과, 절, 목, 강으로 분류함으로써 표현해야 한다.

분류에 관한 이 견해를 언어의 예로 나타내는 것은 헛된 일이 아닐 것이다. 만일 인류의 완전한 계보가 만들어져 있다면, 여러 인종의 계통적 배열은 오늘날 전 세계에서 사용하는 갖가지 언어를 가장 훌륭하게 분류해줄 것이다. 그리고 소멸한 모든 언어와 모든 중간적 언어, 또한 서서히 변화하는 방언이 그 속에 포함된다면, 이와 같은 배열이야말로 유일하게 가능한 방법이 될 것이라고 나는 생각한다. 그런데 매우 오래된 언어는 그다지 변화하지 않고 새로운 언어를 거의 파생시키지도 않았던 것에 비해, 어떤 것은 공통의 인종에서 나온 수많은 인종의 확산이나, 그 뒤의 고립 및 그들의 문명 상태로 인해 크게 변화하고 많은 새로운 언어와 방언을 파생시켰을 가능성이 있다.

같은 근원에서 나온 여러 언어 사이의 차이 정도는 군 밑에 또 군을 두는 식으로 표현해야 할 것이다. 그러나 원래의 방법이자 유일하게 가능하기도 한 것은 역시 계통적인 분류이다. 이것은 엄격하게 자연적이다. 그것은 소멸한 것이나 현재의 것을 포함하여 모든 언어를 밀접한 유연관계로 결합하며, 각 언어의 파생과 기원을 나타내기 때문이다.

이 견해를 확인하기 위해, 하나의 종에서 유래하는 것으로 보이는 변종의 분류를 살펴보기로 하자. 이들 변종은 종으로 분류되고 아변종은 변종으로 분류된다. 사육 재배 생물에서는 이미 집비둘기의 예에서 본 것처럼, 그 밖에 몇몇 차이의 단계가 필요하다.

변종 분류에도 종의 분류와 거의 동일한 법칙이 적용된다. 많은 학자가 변종을 인위적인 체계가 아니라 자연적인 체계로 분류해야 할 필요성을 주장해왔다. 예컨대 우리는 파인애플의 두 변종을, 가장 중요한 부분이기는 하지만 과육이 거의 똑같다는 사실만으로 같이 분류해서는 안 된다고 경고한다. 먹는 부분인 굵은 줄기가 닮았다고 해서 스웨덴 순무(Turnip)와 일반 순무를 같은 것으로 보는 사람은 아무도 없다. 어떤 부분이건 가장 일정하고 변하지 않는 형질이 변종의 분류에 사용된다.

예를 들어 위대한 농학자 마샬(Marshall)은, 소에서는 변종을 분류하는 데 뿔이 매우 쓸모 있다고 지적했다. 뿔이 체형이나 몸 색깔보다 근소한 변이밖에 나타내지 않기 때문이다. 그런데 양의 뿔은 그다지 일정하지 않기 때문에 유용성이 훨씬 낮다. 변종을 분류할 때, 만약 진정한 계보가 알려져 있다면 계통적인 분류가 항상 채용되어야 한다고 나는 생각한다. 이것은 일부 연구자가 시도하는 일이기도 하다. 변화가 조금 일어났다 치더라도, 유전 법칙에 따라 생물끼리는 매우 많은 점에서 유연관계를 유지한다고 봐도 무방하기 때문이다.

공중제비비둘기의 몇몇 아변종은 다른 아변종과 부리가 길다는 점에서 차이가 있으며, 그것은 중요한 형질이지만, 모든 아변종은 공중제비를 하는 습성을 공통으로 가지고 있다는 이유로 하나로 묶인다. 그런데 단면(短面)인 품종은 거의 또는 완전히 이 습성이 사라지고 없다. 그런데도 이 점에 대해 설명하거나 고려하지 않고, 공중제비비둘기는 혈통이 가깝고 다른 여러 점이 비슷하다는 이유로 같은 군에 포함시킨다.

야생종에 대해서는 모든 내추럴리스트가 분류 속에 유래를 도입해 왔다. 실제로 종의 최저단계에 수컷과 암컷이 포함되어 있지 않은가! 종류에 따라서는 가장 중요한 형질이 암수라는 특질이며 이 둘은 어마어마하게 다르다는 사실을 내추럴리스트라면 누구나 잘 알고 있다. 몇몇 만각류에서 수컷과 암수 동체의 공통점은 성체에서는 하나도 들 수 없는데, 그럼에도 아무도 이 둘을 별종으로 보겠다는 생각은 하지 않는다. 난초과의 세 종류인 모노칸투스(Monochanthus), 미안투스(Myanthus) 및 카타세툼(Catasetum)은 전에는 각각 다른 3개의 속에 들어갔으나, 때로는 동일한 식물에서 발생했다는 것이 알려지자 곧 변종으로 보게 되었다. 그러나 이제 나는 그것이 같은 종의 암수 및 양성체의 형태라는 것을 증명할 수 있게 되었다. 내추럴리스트는 동일한 개체의 여러 유생기(幼生期)가 상호 간에, 또는 성체와 크게 다르더라도 하나의 종에 포함시킨다. 마찬가지로 내추럴리스트는 전문적인 의미에서만 동일한 개체라고 할 수 있는 스틴스트럽(Steenstrup)의 이른바 교대하는 여러 세대도 거기에 포함시킨다. 내추럴리스트는 기형도 종에 포함시키고 변종도 포함시킨다. 그것은 변종이 조상의 형태를 닮았다는 이유뿐만 아니라, 동시에 변종이 그것에서 유래했다는 이유에 의한 것이다.

암수와 유생이 아주 다르더라도, 유래는 동종 개체를 한데 묶어 분류하는 데 보편적으로 사용되어 왔다. 또한 유래는 약간, 때로는 상당히 변화한 변종을 분류하는 데도 사용되어 왔다. 그러므로 설사 변화의 정도가 더욱 뚜렷하고 완성하는 데 더욱 오랜 시간이 소요되었더라도, 유래라는 똑같은 요소가 종을 속으로 묶고 속을 다시 고차원의 군으로, 즉 모든 것을 이른바 자연적인 체계 아래 묶는 데 무의식적으로 사용되었다고 말할 수 있을 것이다. 나는 유래가 그와 같이 무의식적으로 사용되어 왔다고 믿는다. 그리고 그렇게 해야만 뛰어난 분류자들이 신봉해 온 수많은 규칙과 지침을 이해할 수 있다.

우리는 기록된 계도(系圖)는 가지고 있지 않다. 유래의 공통성은 어떤 유사성에 의해 파악해야 한다. 그러므로 우리는 판단할 수 있는 한, 각각의 종이 최근에 처해 있었던 생활 조건과 무관하게 보이는 형질을 택하는 것이다. 이 견해에 따른다면, 흔적구조는 몸의 다른 부분과 마찬가지로, 아니 그 이상으로 도움을 주는 셈이 된다. 단순한 아래턱의 구부러짐, 곤충의 날개가 접힌 모양, 피부가 털로 덮여 있는가 깃털로 덮여 있는가 등 아무리 사소한 형질이라도 상관없다. 다수의 다른 종, 특히 생활습성이 크게 다른 종에서 널리 찾아볼 수 있는 형질이라면 고도의 가치를 가진다. 그와 같이 여러 다른 습성을 가진 많은 종류에 그 형질이 존재한다는 것은, 공통의 조상으로부터의 유전으로도 설명이 가능하기 때문이다.

구조의 특징만 본다면 오류를 범하는 일이 있을지도 모른다. 그러나 사소한 형질이라 해도 많은 형질이 함께 어울려서 갖가지 습성을 가진 커다란 생물군에 공통으로 존재하고 있다면, 유래설을 바탕으로 그러한 형질들이 공통의 조상으로부터 유전되었음을 거의 확실하게 느낄 수 있다. 그리고 이러한 집합된 형질이 분류상 특별한 가치를 가진다는 것을 알게 된다.

종 또는 종의 군이 가장 중요한 몇몇 형질에서 근연한 것들과 동떨어져 있다 하더라도 그 근연종들 같은 부류로 분류되는 것은 무슨 이유인지 이해할 수 있다. 설사 중요하지 않더라도 충분한 수의 형질로 유래의 공통성의 숨은 유대를 밝힐 수가 있다면, 그와 같은 분류는 무리 없이 할 수 있고, 또한 흔히 이루어지는 일이다. 두 종류가 하나의 형질도 공유하지 않는 경우에도 이들 양극단의 형태가 중간 군의 연쇄로 이어져 있다면, 유래의 공통성을 추론할 수 있으며, 또 그러한 모든 것을 동일한 강에 넣을 수 있다. 생리학상 고도의 중요성을 가지는 기관—극히 다양한 생활 조건 속에서 생명 유지에 작용하는 기관—은 일반적으로 매우 일정하기 때문에 거기에는 특별한 가치가 부여된다. 그러나 이와 같은 기관이 다른 군 또는 군의 일부에서 크게 다르다는 사실이 발견되었을 경우에는 분류상의 가치가 즉시 낮아진다. 우리는 이제 발생학적 형질이 이처럼 높은 분류상 중요성을 지니고 있는 것은 무슨 까닭인지 알게 될 것이다. 때로 지리적인 분포는 크고 분포가 넓은 속을 분류하는 데 유용한 역할을 할 수 있다. 한정되고 격리된 지역에 서식하는 동일한 속의 모든 종은 동일한 조상에서 유래하는 것이 확실하다고 보아도 무방하기 때문이다.

적응에 따른 유사 형질

우리는 이상의 견해를 바탕으로 진정한 유연과 상사적 내지 적응적 유사를 매우 명확하게 구분할 수 있다. 라마르크(Lamarck)가 처음으로 이 구분에 대해 주의를 환기하고, 마클레이(Mecleay)와 그 밖의 사람들이 현명하게도 그의 뒤를 이었다. 듀공과 고래 사이에서 볼 수 있는 체형 및 지느러미와 비슷한 앞다리의 유사, 그리고 이들 두 포유류와 어류 사이의 유사는 상사적이다. 생쥐와 뾰족뒤쥐(Sorex)는 다른 목에 속하지만 그들 사이의 유사성도 그렇고, 생쥐와 호주산의 작은 유대류 안테키누스(Antechinus)에 대해 미바트가 주장한 더욱 밀접한 유사성도 마찬가지이다. 그중 후자의 유사는, 내가 보는 바로는 적으로부터 몸을 숨기는 동시에 숲이나 목초 사이에서 그렇게 민첩하게 움직일 수 있도록 적응했기 때문이라고 설명할 수 있다.

곤충에서도 무수한 예를 들 수 있다. 예컨대 린네는 외관에 사로잡혀 동시류(同翅類)의 한 곤충을 나방으로 분류해 버렸다. 작물(作物)이나 가축의 변종에서도 그것과 비슷한 예를 볼 수 있다. 이를테면 중국 돼지와 일반 돼지 사이에서 개량된 품종은 서로 다른 종에서 유래한 것이지만 체형이 몹시 닮았다. 보통 순무와 스웨덴 순무의 굵은 줄기도 그 예이다. 그레이하운드와 경마용 말의 유사는 어떤 학자들이 전혀 다른 동물 사이의 상이로 들고 있는 것 이상으로 공상적이라고는 할 수 없다.

형질은 유래를 나타내는 것에 한하여 분류상 참으로 중요하다는 나의 견해에 의하면, 왜 상사적 또는 적응적 형질은 생물의 복지를 위해서는 지극히 중요한데 분류학자에게는 거의 가치가 없는 것인지를 명확하게 이해할 수 있다. 즉 완전히 다른 2가지 유래의 계통에 속하는 동물도 비슷한 조건에 쉽게 적응하여 외적으로 매우 닮을 수 있지만, 그러한 유사는 원래의 유래 계통에 대한 혈연관계를 나타내지 않을뿐더러, 오히려 그것을 숨겨버리는 경향이 있기 때문이다. 모순인 것처럼 보이는 다음과 같은 사실도 이해할 수 있다. 완전히 동일한 형질이 어떤 강 또는 목을 다른 강 또는 목과 비교할 경우에는 상사적인데도, 동일한 강 또는 목의 구성원을 서로 비교할 때는 진정한 유연관계를 나타낸다는 사실이다. 이를테면 체형과 지느러미 모양의 다리는 고래와 어류에서 비교한 경우에는, 둘 다 물속을 헤엄치기 위한 적응이고 상사적인 데 불과하지만,

고래 과의 대다수의 구성원 사이에서는 진정한 유연을 나타내는 형질로서 유용한 것이다. 이러한 부분은 고래과 전체를 통해 거의 같으므로, 그것이 공통의 조상에서 나왔다는 것은 의심할 여지가 없다. 이것은 어류에 있어서도 마찬가지이다.

전혀 다른 생물에서는 같은 기능에 적응해 온 단일부분 또는 기관 사이에서 현저한 유사점을 무수히 들 수 있다. 그 예로서 개와 태즈메이니아산 늑대, 즉 타일라시누스(Thylacinus)—자연 체계에서는 서로 멀리 떨어진 동물이다—와 턱이 닮은 예가 바로 그것이다. 그러나 송곳니와 어금니의 유사는 일반적으로 겉모습만 그렇고 이빨의 수, 상대적인 크기와 구조가 다르고 유치도 다르다. 또 영구 치열이 생기기 전에 매우 다른 유치열이 생긴다. 물론 어느 경우에나 계속 변이하는 자연선택을 통해 살을 찢고 나오는 적응을 해왔다고 하면 아무도 인정하지 않겠지만, 한편의 경우는 인정되는데 다른 편의 경우가 부정된다는 것은 나로서는 이해할 수 없는 일이다. 나는 플라워 교수와 같은 훌륭한 권위자가 같은 결론을 얻었다는 것을 알고 기쁨을 느꼈다.

앞장에서 설명한 이상한 예, 즉 서로 몹시 다른 어류가 전기기관을 가지고 매우 다른 곤충이 발광 기관을 가지며, 또 난초류와 아스클레피아드가 점착성 원반형의 꽃가루 덩이를 갖고 있다는 것도 그와 같은 상사적 유사에 속한다. 그러나 이러한 것은 너무나 기이하여 그것이 우리의 이론에 대한 난점이나 이론(異論)으로서 제기되었다. 이러한 모든 경우에는 신체 각 부분의 성장과 발달, 또는 일반적으로 성숙한 구조에서 어떤 근본적인 차이를 발견할 수 있다. 얻어지는 결과는 같지만 그 수단은 비록 겉으로는 같아 보일지라도 본질적으로 다르다. 앞에서 상사적 유사라는 명칭 밑에 암시한 원칙은 이와 같은 경우에 자주 작용한다. 즉 같은 강에 속하는 것은 비록 극히 유연관계가 먼 것이라 할지라도 체질상 많은 것이 공통적으로 유전되어 왔기 때문에 같은 자극 원인에 의해 같은 방법으로 변이하기가 쉽다. 그러므로 이러한 사실은 매우 유사한 부분 또는 기관이 공통 조상으로부터의 직접적인 유전과는 상관없이 자연선택을 통해 얻은 것을 분명히 도와주게 되는 것이다.

상이한 여러 강의 구성원은 거의 같은 환경—이를테면 육지, 공기, 물의 3요소—에서 생활하기 위해 종종 변화를 일으키며 적응해 왔다. 따라서 우리는 그것을 통해, 상이한 강에 속하는 하위 군 사이에서 때때로 수적 평행성(數的平行性)이 관찰되어온 것이 무슨 까닭인지 이해할 수 있을 것이다. 어떤 내추럴리스트는 어떤 한 강에서 볼 수 있는 이와 같은 성질의 평행성에 깊은 인상을 받아, 다른 여러 강의 여러 군의 가치—분류계급—를 임의로 올렸다 내렸다 함으로써—우리의 모든 경험은 그 평가가 이제까지 임의적이었음을 보여주고 있다—, 그 대응관계를 대폭 확대할 수 있었다. 7가지, 5가지, 4가지, 3가지로 분하는 분류법은 아마도 이렇게 해서 생겼을 것이다.

밀접한 외형적 유사가 비슷한 생활습성에 대한 적응에 의한 것이 아니라, 보호를 위해 얻어진 것이라는 또 다른 기묘한 예가 있다. 베이츠가 처음으로 기록한 바와 같이, 어떤 종류의 나비가 전혀 다른 종을 모방하는 놀라운 예가 있음을 말하는 것이다. 이 탁월한 관찰자는 이를테면 이토미아(Ithomia)라고 하는 나비가 매우 많이 서식하는 남미의 한 지방에서, 때때로 그 군 속에 종류가 다른 레프탈리스(Leptalis)라는 나비가 섞여 있는 것을 보았는데 그 색채와 무늬, 날개에 이르기까지 모든 것이 이토미아 나비와 너무나 비슷했다. 11년간의 채집을 통해 눈이 매우 예민해진 베이츠는 늘 신중을 기하는데도 번번이 속아 넘어갔다고 한다.

모방하는 종류와 모방의 대상이 되는 종류를 채집하여 비교해 보면, 그것은 본질적인 구조에서 크게 다르기 때문에 서로 다른 속에 속할 뿐만 아니라 과까지 다른 경우도 있다. 이와 같은 모방이 단순히 한두 가지 경우에만 일어났다면 기묘한 일치라고 보아 넘겨버렸을지도 모른다. 그러나 레프탈리스 나비가 이토미아 나비를 모방한 지방에서는 다른 지방에 가도 똑같이 일정하게 유사한 같은 2개의 속에 속하는 모방종과 피모방종이 되는 종이 발견된다. 다른 나비를 모방하는 종을 포함하는 속은 모두 10개가 넘는다. 모방종과 모방의 대상이 되는 종은 항상 같은 지방에 서식한다. 우리는 모방자가 피모방자와 멀리 떨어져서 살고 있는 사례는 한 번도 본 적이 없다. 모방종은 거의 흔하지 않은 곤충이고, 모방의 대상이 되는 종은 거의 대부분 커다란 군을 형성한다. 레프탈리스 나비의 일종이 이토미아 나비를 매우 비슷하게 모방하고 있는 지방에는 가끔씩 똑같은 방법으로 이토미아 나비를 모방하는 인시류가 있다.

그리하여 같은 장소에서 3개의 나비 속에 속하는 종과, 거기에 어떤 종류의 나방까지 합쳐서 모두 4개 속에 속하는 나비와 유사한 종류를 발견할 수 있다. 레프탈리스 나비를 모방하는 종류, 그리고 흔히 많이 모방당하는 종류도 하나의 정신적인 계열에 의해 단순히 동일종의 변종으로 볼 수 있는 반면에, 다른 것은 의심할 여지없이 다른 종이라는 점은 특별히 주목할 만한 사실이다. 그러나 어째서 어떤 종류는 모방당하는 쪽으로, 또 어떤 것은 모방하는 쪽으로 취급하느냐 하는 질문이 나올 수도 있다. 베이츠는 모방의 대상이 되는 형태는 그것이 속하는 군의 일반적인 옷을 입고 있는 데 비해, 모방하는 형태는 그 옷을 변화시켜서 유연관계가 가장 가까운 것과도 유사하지 않게 된다는 사실을 밝힘으로써 만족할 만한 대답을 제시했다.

우리는 이제 어떤 나비류와 나방류가 그토록 자주 전혀 다른 종류의 옷을 입는 데는 어떠한 이유가 있는지, 왜 자연은 이와 같은 속임수로 내추럴리스트들을 당황하게 만드는지 하는 질문에 부딪치게 된다. 물론 베이츠는 그것을 타당하게 설명을 했다. 많은 군을 이루는 모방의 대상은 지금까지 늘 대량 파멸을 모면해 왔을 것이 분명하다. 그렇지 않다면 그렇게 군을 이루어 존재할 수 없기 때문이다. 또한 이러한 곤충은 조류나 다른 식충 동물의 구미를 당기게 하지 않는다는 사실을 보여주는 많은 증거가 있다. 이와는 반대로 같은 지방에 사는 모방종은 비교적 그 수가 적고, 또 적은 군에 속해 있다. 그렇다면 이 곤충은 언제나 어떤 위험에 처해 있다고 할 수 있다. 그렇지 않다면 모든 나비류가 낳는 알의 수로 추리해 볼 때 그 곤충이 3, 4세대 지나는 동안 그 군은 전국에 퍼지지 않을 수 없기 때문이다.

만일 이러한 위험에 처한 적은 군 속에 속해 있는 편이 잘 보호받는 종과 같은 옷을 입어, 경험이 풍부한 곤충학자의 눈을 속일 수 있다면, 동물을 잡아먹는 조류나 곤충을 가끔 속일 수 있을 것이고, 따라서 때로는 멸종을 면할 수도 있을 것이다. 베이츠는 모방자가 모방 대상과 매우 닮아가는 과정을 실제로 목격했다고 할 수 있다. 그는 매우 많은 다른 나비를 모방하는 레프탈리스 나비의 여러 종류 가운데 어떤 것이 극단적으로 변이하는지 발견했기 때문이다. 어느 지방에서는 수많은 변종이 발생했지만 그 가운데 오직 한 변종만이 그 지방에서 산출되는 일반 이토미아 나비와 유사했다. 또 다른 지방에서는 2개 또는 3개의 변종이 태어났는데, 그 가운데 하나는 다른 것들보다 가장 일반적인 것으로, 이토미아 나비의 한 종류를 교묘하게 모방한 것이다.

이러한 사실을 바탕으로 베이츠는 다음과 같이 결론을 내렸다. 맨 먼저 레프탈리스가 변이하고 그 가운데 동일한 지역에 사는 어떤 일반 나비와 어느 정도 유사한 변종이 발생하면, 이 변종은 번성하며 거의 시달리지 않는 종류를 닮았기 때문에 동물을 잡아먹는 조류나 곤충에게 잡아먹혀 멸종을 면할 수 있는 기회를 많이 가졌고, 따라서 더욱 잘 보존될 수 있다. 즉 "완전도가 덜한 유사는 각 세대마다 선택을 거듭하며 자신과 비슷한 종류만을 전파시킨다." 따라서 여기서 우리는 자연선택에 대한 훌륭한 예증을 갖게 되는 것이다.

월리스와 트라이먼, 두 사람도 말레이 제도와 아프리카의 인시류와 어떤 곤충에 대해 뚜렷한 모방의 예를 기록했다. 월리스는 조류에서도 그와 같은 사례를 발견했으나 커다란 네발짐승에서는 하나의 예도 발견하지 못했다. 곤충에서 다른 어떤 동물보다 많은 빈도로 그와 같은 모방이 일어나는 것은 아마도 크기가 작기 때문일 것이다. 곤충은 실제로 침을 갖고 있는 종류 말고는 자기 몸을 보호할 능력이 없는데, 침을 가진 곤충은 다른 곤충에게 모방의 대상이 되는 일은 있어도 스스로 모방하지는 않는다. 곤충은 자기를 잡아먹으려는 큰 동물로부터 쉽게 위험을 피하지 못한다. 그러므로 비유적으로 말하면, 그들은 대부분의 약한 생물과 마찬가지로 기만과 위장에 의지할 수밖에 없다.

모방 과정은 아마도 색이 매우 다른 종류에서는 결코 시작되지 않았을 것이라는 사실에 주목하지 않을 수 없다. 그러나 이미 어느 정도 서로 비슷한 종에서 출발하여 그것과 매우 흡사한 유사는, 만일 이익이 된다면 앞에서 설명한 방법으로 쉽게 일어날 수 있다. 그리고 피모방자가 어떤 작용에 의해 계속하여 서서히 변화한다면 모방자도 같은 진로를 따라 갈 것이고, 그리하여 어느 정도 같이 변화해 간다. 따라서 그것은 결국 그것이 속하는 과의 다른 구성원과 전혀 다른 모습과 색채를 띠게 된다. 그러나 거기에는 어떤 문제점이 있다. 경우에 따라서는 여러 다른 군에 속한 예전 구성원들이 현재의 정도까지 분기하기 전에 우연히 보호받은 다른 군과 유사하여 뭔가의 사소한 보호를 받을 수 있을 만큼 유사함으로써, 그것이 그 뒤에 가장 안전한 유사를 획득하기 위한 기초가 되었다고 상상하지 않으면 안 되기 때문이다.

비교적 큰 속에 속하는 우세한 종에서 변화한 자손은, 그것이 속하는 군을 증가시키고, 조상들을 우세하게 만들었던 여러 이점이 유전되는 경향이 있을 것이므로, 그러한 종이 널리 분포하여 자연의 질서 속에서 더욱더 많은 자리를 차지해 갈 것은 거의 확실하다. 그러므로 더 크고 더 우세한 군은 더욱더 커지기 쉽고, 그 결과 다수의 더 작고 더 약한 군을 밀어내고 자리를 차지하게 된다. 이 사실로 우리는 현존하는 것이든 멸종한 것이든 모든 생물이 소수의 큰 목에 포괄되며 더욱 소수인 강에, 그리고 모든 것은 하나의 거대한 자연적인 체계에 포함된다는 사실을 설명할 수 있다. 고차원의 군의 수가 얼마나 적은지, 그들이 얼마나 널리 전 세계에 분포해 있는지 보여주는 예가 있다. 호주에서의 신종 곤충이 발견되어도 새로운 목은 한 개도 추가되지 않았다는 사실이다. 또 내가 후커 박사한테서 들은 바에 의하면, 식물계에서도 단지 2,3개의 조그만 목이 추가된 데 불과하다.

나는 지질학적 변이를 논한 장에서 각각의 군은 일반적으로 오랜 변화 과정에서 형질의 분기를 발생시켰다는 원리에 바탕을 두고, 왜 비교적 오래된 생물일수록 현존하는 군 사이를 메울 중간 형질을 나타내는지 설명하려고 시도했다. 우연히 오늘날의 자손에까지 그다지 변화하지 않고 전해진 소수의 오래된, 그리고 중간적인 조상형이 이른바 중간형적(中間形的) 또는 편의적(偏倚的)[1] 군이다.

나의 학설에 의하면 어떤 형태가 편의적이면 편의적일수록 멸종하여 완전히 자취를 감춘 생물의 수가 많아야 한다. 편의적인 군이 대부분 멸종했다는 증거도 가지고 있다. 그러한 군은 일반적으로 극히 소수 종으로 대표되고 있을 뿐이기 때문이다. 더욱이 그러한 종은 존재하는 경우에도 서로 뚜렷하게 다른데, 이 역시 멸종이 많이 일어났음을 시사한다. 예컨대 오리너구리(Ornithorhynchus) 속과 레피도시렌(Lepidosiren)[2] 속은, 각각 한두 가지 종이 아니라 12개쯤의 종이 있었더라면 그처럼 편의적이지는 않을 것이다. 이처럼 편의적인 군은 그보다 성공한 경쟁자에게 정복된 실패한 군이며, 소수 구성원이 예외적으로 우연히 알맞은 환경을 만나서 보존된 것이라고 간주함으로써만 설명이 가능하다고 나는 생각한다.

---

1) 한쪽으로 치우침.
2) 폐어류의 일종.

워터하우스(Waterhouse)는 동물의 어떤 한 군에 속하는 일원이 전혀 다른 군과의 유연관계를 보이는 경우, 이 유연관계는 대부분 일반적인 것이지 특수한 것이 아니라고 지적했다. 예컨대 워터하우스에 의하면, 모든 설치류 가운데 비스카차가 유대류와 가장 가까운 유연관계를 가지고 있다. 그런데 비스카차가 이 목에 접근하는 여러 면을 살펴보면, 그 유연은 일반적인 것이지 유대류의 저 종보다 이 종에 더 가깝다는 식은 아니다. 비스카차가 유대류와 비슷한 여러 점은 같은 뿌리에서 나온 진정한 유사성이지 단순한 적응이 아니었다. 그래서 우리는 비스카차를 포함한 모든 설치류가, 모든 현생유대류에서 보아 어느 정도 중간적인 형질을 가지고 있었을 것으로 여겨지는 태고의 유대류에서 갈라져 나온 것이거나, 아니면 설치류와 유대류가 공통의 조상에서 갈라져 나와 그 뒤 분기하여 다른 방향으로 변화했거나 둘 중의 하나일 것이라고 추정하지 않을 수 없게 된다.

어느 쪽 견해에 바탕을 두든지 우리는 비스카차가 유전에 의해 조상의 형질을 다른 설치류보다 많이 유지해 왔으며, 따라서 그것은 공통의 조상 또는 유대류 초기의 구성원이 가지고 있던 형질을 부분적으로 지니고 있기 때문에, 현생 유대류 가운데 어떤 하나와 특별한 유연관계를 가지고 있는 것이 아니고, 모든 또는 거의 모든 현생유대류와 간접적으로 관계가 있다고 추정할 수도 있다.

한편 워터하우스의 지적대로, 유대류 가운데 파스콜로미스 속(Phascolomys)은 설치류의 어떤 한 종이 아니라 일반적으로 이목에 가장 가깝다. 그러나 이때 유사는 파스콜로미스 속이 설치류와 비슷한 습성에 적응하게 되었기 때문에 생긴 단순한 상사적인 것일 가능성이 더욱 짙다. 아버지 오귀스탱 피라무스 드 캉돌(Augustin-Pyramus de Candolle)은 식물의 상이한 여러 목의 유연에 대한 일반적인 성질에 대해 거의 비슷한 관찰을 했다.

공통의 조상에서 유래하는 여러 종에서 증식이 일어나고 또 점차 형질이 분기해 간다는 학설 및 그러한 종은 유전에 의해 몇몇 형질을 공통적으로 지닌다는 학설에 바탕을 두고, 동일한 과 또는 더욱 고차원의 군의 모든 구성원을 서로 결합시키고 있는 매우 복잡하고 방산적(放散的)인 유연관계를 이해할 수 있다. 같은 과에 속한 모든 현생종은 멸종 때문에 다른 군이나 하위군과 완전히 갈라져 버렸지만, 공통 조상에게서 일부 형질은 똑같이 물려받았을 것이다. 단, 그 형질은 다양한 방향과 정도로 변화해 간다. 따라서 수많은 종이 다수의 조상을 거치면서 다양한 우회로를 지나 유연관계—이미 몇 번이나 참조해 온 도표에서 볼 수 있듯이—로 묶였을 것이다. 유서 깊은 명문 집안의 수없이 많은 혈연관계를 설명하는 것은 가계도를 이용하더라도 어려운 일이며, 가계도를 쓸 수 없는 경우라면 더욱더 절망적이다. 이를 생각할 때, 내추럴리스트들이 어떠한 도표의 도움도 빌리지 않고, 하나의 거대한 자연 강에 속하는 현생 및 멸종한 구성원 사이에서 인지된 갖가지 유연관계를 기술할 때 경험했을 커다란 어려움을 이해할 수 있다.

멸절에 따른 분류

4장에서 설명한 것처럼, 멸종은 각각의 강에 속하는 수많은 군 사이의 간격을 정의하고 넓히는 데 중요한 역할을 했다. 강과 강이 서로 명백하게 구별되는 것도—예컨대 조류가 다른 모든 척추동물과 구별되듯이—그것으로 설명할 수 있다. 또 그것은 조류의 옛 조상을 척추동물의 다른 여러 강의 옛 조상과 수많은 고대 생물종이 완전히 사라져버렸다는 사실을 믿음으로써 설명 가능하다. 과거 어류와 양서류를 이어주던 생물종은 그렇게까지 멸종하지 않았다. 몇몇 다른 강, 예컨대 갑각류에서는 멸종이 더욱 적었다. 이 강에서는 정말 놀랄 만큼 다양한 형태가 지금도 여전히—부분적으로 끊긴 데는 있지만—긴 유연의 연쇄로 이어져 있다.

멸종은 여러 군을 격리시키기는 했어도 군을 발생시키지는 않았다. 이 지구상에 과거에 살았던 모든 종류가 갑자기 다시 나타난다면, 모든 군은 현존하는 가장 변이가 적은 변종 간의 차이만큼이나 미묘한 차이로 연결되어 버릴 것이기 때문에, 각각의 군을 다른 군과 구별하는 정의를 내리기란 완전히 불가능해지겠지만 자연적 분류, 또는 적어도 자연적 배열은 가능할 것이기 때문이다.

이상을 다시 도표에서 살펴보자. A에서 L까지의 문자는 실루리아기에 속하는 11개 속을 나타내며, 그 가운데 몇몇은 변화한 자손의 커다란 군을 이루었다고 가정한다. 이러한 11개 속과 그러한 속 아래의 조상을 잇는 모든 중간 고리도, 또 자손의 분기와 그 분기의 중간 고리도 모두 현재 살아 있고, 그러한 고리는 가장 변이가 적었던 변종 간의 차이만큼이나 미묘하다고 가정하자. 이 경우 수많은 군의 수많은 성원을 그들의 비교적 가까운 조상과 자손으로부터 구별할 수 있는 정의를 내리기란 불가능하다. 그러나 도표 속의 자연적 배열은 여전히 유효할 것이며, 또한 유전법칙에 따르면 A 또는 I의 각각에서 유래하는 모든 종류는 공통의 뭔가를 가지고 있을 것이다.

한 그루의 나무에서 가지들을 구별할 수는 있지만, 그 가지들은 줄기에 붙어서 서로 결합되어 있다. 이미 말한 바와 같이 우리는 수많은 군을 뚜렷하게 구별할 수는 없겠지만, 크든 작든 각 군의 대다수의 형질을 대표하는 형(型) 또는 형태를 추출하고, 그리하여 군별 차이의 유용성에 관해 일반적인 관념을 주장할 수는 있다. 만약 모든 시대와 공간에 살았던 강의 모든 종류를 수집할 수 있었다면, 우리는 이러한 결론에 도달하지 않을 수가 없다. 분명히 그와 같이 완전한 수집을 할 수는 없을 것이다. 그래도 어떤 강에 대해서는 그런 방향으로 나아가고 있다. 최근에 밀른 에드워즈는 자신의 뛰어난 논문에서, 그와 같은 형이 속한 군을 분리하고 구별하는 것이 가능한지 여부와 상관없이 형에 주목하는 것이 고도로 중요하다고 지적했다.

생존 경쟁의 결과로서 자연선택이 일어나며, 그 결과, 우세종에서 유래한 많은 자손에 형질의 분기(分岐)와 멸종이 뒤 따른다. 모든 생물의 유연관계에는 각 군이 계층 구조를 이룬다는 지극히 중요하고 그리고 보편적인 특징이 보이며, 이는 자연선택으로 설명할 수 있다는 것을 알았다. 우리는 같은 종인데도 암수의 차나 나이 차 탓에 같은 형질이 거의 보이지 않는 개체를 같은 종으로 분류할 때 유래, 즉 혈통이라는 요소를 사용한다. 또 유래를, 아무리 조상과 동떨어져 있더라도 변종으로 인정된 것을 분류하는 데 사용한다. 그리고 나는 유래라는 이 요소가 내추럴리스트들이 '자연 분류'라는 어휘 밑에서 찾아왔던 결합의 숨은 유대라고 믿는다.

자연 분류란, 이미 완성된 범위에서 계통적 배열을 이루며, 공통 조상으로부터 나온 자손을 그 차이의 정도에 따라 속·과·목 따위로 나누는 개념이다. 우리는 이 관념에 바탕을 둠으로써 분류에서 채용하지 않을 수 없는 규칙들을 이해할 수 있다. 또한 왜 어떤 유사는 다른 유사보다 훨씬 높이 평가되고, 왜 쓸모없는 흔적 기관, 또는 생리학적으로는 사소한 중요성밖에 지니지 않는 기관을 사용하는 것이 허용되는지, 어떤 군을 그것과 다른 군과 비교할 때 상사적 내지 적응적 형질은 전체적으로 배척되는데 왜 동일한 군의 범위 안에서는 똑같은 이러한 형질이 사용되는지 이해할 수 있다.

그리고 현존하는 것과 멸종한 모든 종류를 어떻게 소수의 큰 강으로 묶을 수 있으며, 또 각각의 강의 수많은 구성원은 어떻게 해서 매우 복잡하고 방산적인 유연관계로 서로 맺어져 있는가 하는 것을 명확하게 알 수 있다. 아마도 어떤 강에서도 그 구성원들 사이의 얽히고설킨 유연관계를 해명할 수는 결코 없겠지만, 명확한 목표를 설정하고 창조 계획 같은 미지의 것에 눈을 돌리지만 않는다면 완만하나마 확실한 진보를 기대할 수 있을 것이다.

헤켈(Haeckel) 교수는 《일반형태학》과 그 밖의 저서에서 이른바 계통발생이라고 하는 것에 대해 자신의 지식과 능력을 유감없이 발휘했다. 여러 계열 작성에 그는 주로 발생학적 형질에 의지하고 있으나, 상동하는 흔적기관 또는 갖가지 생물종이 각각 최초에 출현한 것으로 보이는 지층의 계승 단계에도 의지하고 있다. 그리하여 그는 대담하게 커다란 단서를 만들어, 분류가 장차 어떻게 취급될 것인지를 우리에게 보여주고 있다.

같은 형질의 형태학

우리는 동일한 강의 구성원들의 생활 습성과는 상관없이 체제의 일반적인 구조가 서로 유사하다는 것을 살펴보았다. 이 유사는 때때로 '형의 일치'라는 말로서, 또는 그 강의 여러 가지 종의 체부(體部)와 기관들이 서로 같다는 식으로 표현되어 있다. 이와 같은 문제는 모두 '형태학'이라는 일반적인 명칭 속에 포함된다. 이것은 박물학 중에서 가장 흥미로운 분야로, 그 진수라고도 할 수 있다.

물건을 쥐는 데 적합한 사람의 손, 땅을 파는 데 적합한 두더지의 앞발, 말의 다리, 돌고래의 물갈퀴, 박쥐의 날개가 모두 동일한 구조로 되어 있으며, 상대적으로 같은 위치에 배치된 똑같은 뼈를 가지고 있다는 것만큼 흥미진진한 것이 또 있을까? 넓은 평원을 뛰어다니기에 적당한 캥거루의 뒷다리, 나뭇가지를 붙잡는 데 적당한 식엽성(食葉性)인 코알라의 뒷다리, 그 밖의 호주산 유대류의 뒷다리 같은 것은 모두 동일한 모양으로 만들어져 있다. 즉 제2, 제3의 발가락이 몹시 가늘고, 같은 피부 속에 있어서 마치 2개의 발톱을 갖고 있는 하나의 발가락처럼 보이는 등, 종속적이기는 하지만 뚜렷한 예도 있어 기묘하게 보인다.

이러한 양식의 동일성에도 불구하고 이 동물들의 뒷다리가 상상할 수 있는 한 크게 다른 목적으로 사용되는 것은 분명한 일이다. 이 예는 아메리카의 주머니쥐의 경우에 더욱 뚜렷해진다. 주머니쥐는 호주산 주머니쥐와 생활 습성이 같으면서도 다리는 일반적인 구조로 되어 있다. 이상의 서술은 플라워 교수의 말을 빌린 것으로, 그는 이렇게 말하고 있다. "현상을 더 설명하지 않더라도 형의 일치라고 부를 수 있다면, 그것은 공통의 조상에서 나온 유전의 진정한 관계를 강력하게 암시하는 것이 아닐까?"

조프루아 생틸레르는 상동기관(相同器官)의 상호결합 관계가 매우 중요하다고 강조했다. 즉 여러 체부의 모양과 크기는 거의 무한하게 변화할 수 있지만, 그러한 체부는 같은 순서로 결합된 채 있다는 것이다. 예를 들면 상완(上腕)과 전완(前腕), 또는 넓적다리와 종아리의 뼈가 뒤바뀌는 사례는 결코 볼 수 없다. 그래서 완전히 다른 동물에도 상동하는 뼈에는 똑같은 이름을 붙일 수가 있다.

곤충의 입 구조에도 똑같은 위대한 법칙이 적용된다. 어떤 나방의 매우 길고 나선 모양으로 생긴 주둥이, 벌이나 빈대의 기묘하게 접힌 주둥이, 투구풍뎅이의 커다란 턱보다 모양이 서로 동떨어진 것이 또 있을까? 그런데 매우 다른 목적을 수행하는 이러한 기관은 모두 윗입술, 큰 턱 및 2쌍의 작은 턱이 수없이 많은 형태로 변화하면서 이루어진 것이다. 갑각류의 입과 다리의 구성도 똑같은 법칙에 지배된다. 식물의 꽃도 마찬가지이다.

동일한 강의 구성원들 사이에서 패턴이 같은 이유를 유용성, 즉 목적인이라는 학설로 설명하려고 시도하는 것은 거의 절망적인 일이다. 이와 같은 시도가 절망적이라는 것은, 오언이 그의 매우 흥미로운 저서 《사지(四肢)의 성질》에서 분명히 인정했다. 각각의 생물이 개별적으로 창조되었다는 기존 생각에 따른다면, 우리는 그저 그러니까 그렇다고밖에 말할 수가 없다. 조물주는 각각의 동물과 식물을 각각의 큰 강 속에서 일정한 계획에 따라 만들어내는 것에서 각별한 즐거움을 느꼈다는 얘기가 된다. 이것은 과학적인 설명이 아니다.

계속해서 경미한 변화가 일어난다는 자연선택 이론에 따르면 설명은 더욱 분명해진다. 각각의 변이는 변화한 생물에 어떤 점에서는 유리하지만, 성장 법칙에 따라 몸의 다른 부분에도 영향을 줄 가능성이 크다. 이와 같은 성질의 변화에서는 본디 패턴을 변화시키거나 체부를 뒤바꾸는 일은 거의 또는 전혀 일어나지 않을 것이다. 사지의 뼈는 어느 정도 짧아지거나 폭이 넓어지기도 하고, 점차 두꺼운 막으로 싸여서 지느러미 구실을 하는 것으로 변해갈 수 있다. 또한 물갈퀴가 있는 발에서 전체 뼈 또는 일부 뼈가 약간 길어지고, 그것들을 결합하는 막도 커져서 날개로 유용한 것이 될 수도 있다. 그러나 이상과 같은 커다란 양적 변화가 일어나더라도, 뼈의 구조나 수많은 체부의 결합관계를 변화시키는 일은 일어나지 않을 것이다.

모든 포유류, 조류 및 파충류의 원형이라고 할 수 있는 태고의 조상이 어떤 목적에 사용되었든지간에 현존하는 일반적인 패턴에 따라 구성된 사지를 가지고 있었다고 가정해 본다면, 우리는 금방 포유류 강의 모든 동물이 같은 사지 구조를 갖는 명백한 의의를 인지할 수 있다. 곤충의 입에 관해서도 마찬가지로, 우리는 곤충의 공통된 조상이 윗입술, 큰 턱, 2쌍의 작은 턱을 가지고 있었으며, 그들의 여러 체부는 극히 단순한 형태였다고 가정해 보는 것만으로 충분하다. 그러면 자연선택에 의해 곤충의 입의 구조 및 기능의 무한한 다양성이 설명될 것이다.

그렇지만 어떤 기관의 일반적인 패턴이 매우 모호해서 결국은 사라져 버리는 경우도 상정할 수 있다. 어떤 체부가 점점 위축되다가 마침내 아예 생겨나지 않게 되거나, 다른 여러 체부와 유합(癒合)하거나, 다른 체부와 중복되거나 다수화하는 변이가 일어날 수 있다. 멸종한 거대한 바다도마뱀의 물갈퀴다리나 어떤 흡착성 갑각류(吸着性甲殼類)의 입에서는, 일반적인 패턴이 이런 식으로 어느 정도 모호해져 버린 것으로 여겨진다.

지금 다루는 분야와 비슷한 정도로 흥미로운 문제가 하나 더 있다. 어떤 강의 여러 구성원의 같은 부위를 비교하는 것이, 동일한 개체에서 여러 부분 또는 기관을 비교해 보는 일이다. 대다수의 생리학자는 두개골의 여러 뼈들이 일정한 수의 추골의 기본 부분과 같다고—즉 개수와 결합 위치가 같다고 믿는다. 척추동물 및 관절동물의 어느 강에 속하는 일원이라도, 앞다리와 뒷다리는 명백한 상동 기관이다. 갑각류의 놀랄 만큼 복잡한 턱이나 다리를 비교할 때도 똑같은 법칙을 발견할 수 있다.

꽃에서 꽃받침, 꽃잎, 수술, 암술의 상대적 위치 및 그들의 세밀한 구조가, 줄기 끝에 배치된 그들의 변태한 잎에 따라 배열되었음을 생각하면 알기 쉬워진다는 것은 누구나 잘 아는 사실이다. 기형적(畸形的)인 식물에서는 어떤 기관이 다른 기관으로 변형될 가능성을 보여주는 직접적인 증거를 얻을 수 있다. 또한 우리는 발생과정에 있는 갑각류나 다른 여러 동물, 그리고 꽃에서도, 성숙하면 극도로 다른 모양이 되어버리는 기관이라도 성장 초기에는 완전히 똑같다는 사실을 실제로 볼 수 있다.

이와 같은 사실들을 일반적인 창조이론으로 설명하기란 참으로 어려운 일이 아닐 수 없다. 뇌는 왜 이토록 많고 이처럼 기묘한 모양을 한 뼛조각으로 만들어진 상자 속에 들어가 있지 않으면 안 되는가? 오언이 지적한 것처럼 뼛조각이 분리된 구조로 되어 있는 것은 포유류의 분만 행위에는 틀림없이 편리하지만, 조류의 머리뼈도 그것과 똑같은 구조라는 것은 그것만으로는 아무래도 설명되지 않는다. 전혀 다른 목적으로 사용되는 박쥐의 날개와 다리는 어째서 같은 뼈로 구성되어야 하는가? 많은 부분으로 이루어진 극도로 복잡한 입을 가진 갑각류는 다리의 수가 적은데 반해, 다리의 수가 많은 갑각류의 입은 반대로 단순한 구조이다. 개개의 꽃의 꽃받침, 꽃잎, 수술, 암술은 현저하게 다른 목적에 적합한 것인데, 왜 모두 동일한 패턴으로 구성되어야만 하는가?

자연선택 이론에 따르면, 이러한 의문에 어느 정도 대답해 줄 수 있다. 우리는 여기서 어느 동물의 몸이 처음에 몇 개의 체절로 나눠져 있는지, 그것이 어떻게 해서 대응 기관을 좌우 양쪽으로 나누는지에 대해 고찰할 필요는 없다. 그러한 의문을 연구하기란 거의 불가능하기 때문이다. 그러나 약간의 계열적 구조는 세포가 분열하여 여러 부분의 번식을 가져온 결과일 수는 있다.

모든 하등한 형태, 즉 그다지 변화하지 않은 형태에서는 같은 체부 또는 기관이 일정하지 않은 회수로 반복되는 것이 공통의 특징이다—이것은 오언이 관찰한 바와 같다—. 그것 때문에 척추동물의 미지의 조상은 많은 등골뼈를 가졌고, 체절동물의 미지의 조상에는 많은 체절이 있었으며, 현화식물의 미지의 조상은 잎의 나선형 고리를 많이 가졌다는 것을 쉽게 믿을 수 있다.

앞에서 우리는 몇 번이나 반복되는 체부는 그 수나 구조가 두드러지게 변이하기 쉬운 경향이 있다는 것을 살펴보았다. 따라서 이미 상당한 수로 존재하며 고도로 변이하기 쉬운 여러 체부는 당연히 다양한 목적에 적합하도록 만들어졌을 것이다. 그러나 그 체부는 일반적으로 유전의 힘에 의해 기원, 즉 기본적인 유사의 명백한 흔적을 유지하고 있을 것이다. 그러한 체부는, 나중에 자연선택에 의해 변화하기 위한 기초가 되는 변이는 처음부터 닮은 경향이 있으므로, 성장의 초기 단계에서는 같다. 또한 거의 같은 조건에 놓이기 때문에 더욱더 그 유사를 유지하게 될 것이다. 이러한 체부는 많든 적든 변화했다 하더라도, 공통의 기원을 완전히 알 수 없게 되어버리지 않는 한, 계열적으로 같아질 것이다.

큰 강인 연체동물에서는 어떤 한 종의 체부를 다른 종의 체부와 같다고 규정할 수 있지만, 계열상동에서 그 예는 이를테면 딱지조개의 등딱지의 예처럼 극히 조금밖에 없다. 즉, 동일 개체의 체내에서 어떤 체부 또는 기관이 다른 체부 또는 기관과 같은 예는 드물다는 사실을 이해할 수 있다. 연체동물 중에는, 이 강의 최하등한 것조차, 어떤 부위든지 몇 번이나 반복되는 종류는 없기 때문이다. 이것이 동물계나 식물계의 다른 큰 강과는 다른 점이다.

그러나 형태학은 최근에 레이 랭케스터가 자신의 주목할 만한 논문에서 제시한 것처럼, 처음에 생각한 것보다 훨씬 복잡한 학문이다. 그는 내추럴리스트들이 서로 같다고 해서 모두 같은 것으로 분류한 어떤 종류에 중요한 구별을 지었다. 그는 서로 다른 동물을 구분할 때, 공통 조상에서 나와 변화했기에 서로 닮은 구조를 가진 것을 '기원상동적(起源相同的)'이라 하고, 설명할 수 없는 유사를 '성인상동적(成因相同的)'이라고 할 것을 제안했다. 예를 들어 조류와 포유류의 심장은 전체적으로는 기원상동적, 즉 공통 조상에서 나온 것이라고 믿는다. 그러나 2개의 강에서 심장의 4개의 심방은 성인상동적, 즉 독립적으로 발생된 것이라고 믿는다. 랭케스터는 또한 몸의 좌우 양쪽에서 볼 수 있는 여러 체부의 밀접한 유사와 동일한 개체 동물의 서로 붙어 있는 여러 체부간의 밀접한 유사를 들고 있다.

여기서 우리는 공통 조상에서 나온 상이한 후손과 아무런 관계도 없는 여러 체부가 일반적으로 상동적이라고 불리는 것을 본다. 이원적인 구조는 내가 매우 불완전하기는 하지만 상사적 변화, 또는 유사로서 분류한 것과 같다. 그들의 형성은 일부는 다른 생물 또는 같은 생물의 다른 체부가 비슷한 방법으로 변화한 것에서 기인하며, 일부는 그와 같은 변화가 같은 일반적인 목적 또는 기능으로 인해 보존된 것에서 기인한다고 할 수 있다. 그러한 것에 대해서는 많은 예를 들 수 있다.

내추럴리스트들은 흔히 다음과 같이 말한다. 두개골은 변태한 등골뼈로 이루어져 있다. 게(蟹)의 턱은 변태한 다리이고, 꽃의 수술과 암술은 변태한 잎이라는 등등이 그것이다. 그러나 이러한 예에서는 헉슬리(Huxley) 교수가 지적했듯이 두개골과 등골뼈, 턱과 다리가 한쪽이 다른 쪽으로 변태한 것이 아니라 각각 함께 어떤 공통 요소로 인해 변태한 것이라고 주장하는 편이 아마도 더 정확할 것이다.

그러나 내추럴리스트들은 이 말을 단지 비유적인 의미로 쓰고 있을 뿐이다. 그들은 유래의 길고 긴 과정에서 어떤 형태의 원초적 기관—한쪽 예에서는 등골뼈, 다른 쪽 예에서는 다리—이 실제로 두개골이나 턱으로 변화했다고 말하는 것은 아니다. 그러나 이와 같은 성질이 변화했다는 증거가 매우 명확하기에, 내추럴리스트들은 분명한 의미를 지니는 이 말을 불가피하게 사용하는 것이다.

나의 생각으로는 이와 같은 말들은 글자 그대로의 의미로 사용해도 무방할 것 같다. 예컨대 게의 턱이 유래의 기나긴 과정에서 진짜 다리 또는 단순한 부속지(附屬肢)에서 변태해 온 것이 맞다면, 아마도 유전에 의해 보존되었을 많은 형질을 아직도 지니고 있다는 놀라운 사실이 부분적으로 설명되는 것이다.

발생학

이것은 박물학 전체에서 가장 중요한 문제이다. 누구나 알고 있는 곤충의 변태는 일반적으로 몇 단계만으로 갑자기 이루어지지만, 변태는 설령 숨겨져 있다 해도 실제로는 수없이 많은 점진적인 단계를 통해 이루어진다. 어떤 하루살이 곤충은 그것이 발생하는 동안 러보크(J. Lubbock) 경이 보여준 바와 같이 20번 이상이나 탈피하고 그때마다 어느 정도 변화한다. 이때 그 변태 행위가 일차적으로, 그리고 점차적인 방법으로 수행되는 것을 보았다. 많은 곤충과 특히 어떤 갑각류는 발생 도중에 얼마나 놀라운 구조의 변화가 일어나는지 보여

준다.

　그러한 변화는 하등 동물의 경우 세대교체에서 그 절정에 이른다. 폴립 (polyp)이 총총히 박혀 있고 미묘한 가지를 가졌으며 바다 속 암석에 붙어 있는 산호가 처음에는 싹이 틈으로써, 다음에는 옆으로 분열함으로써 부유성(浮遊性) 해파리군을 낳고, 그것이 알을 낳아 그 알에서 부유하는 미세한 동물이 부화하고, 이 미세동물이 암석에 붙어서 산호로 발달하여 끊임없이 순환되어 간다는 사실에 매우 놀랐다. 세대교체와 일반 변태과정이 본질적으로 같다는 신념은 바그너(Wagner)의 발견으로 크게 강화되었다. 그에 따르면 파리, 즉 세시도미아(Cecidomyia)의 유충이나 구더기가 무성생식으로 다른 유충을 낳고, 마지막으로 그 다른 유충이 성숙한 암컷과 수컷으로 발달하여 알에 의한 일반적인 방법으로 종류를 번식시킨다는 것이다.

　바그너의 주목할 만한 발견이 처음으로 발표되었을 때, 내가 이 파리가 어떻게 무성생식력을 갖게 되었느냐는 질문을 받은 것은 주목할 만한 일이다. 이 예가 유일하다면 아무런 설명도 할 수 없지만, 이미 그림(Grimm)이 또 다른 파리인 키로노무스(Chironomus)도 거의 같은 생식을 한다는 것을 보여주었고, 또 그는 이러한 예가 그 목에서는 종종 일어난다고 믿고 있다. 이러한 능력을 가지고 있는 것은 키로노무스의 유충이 아니라 번데기이다. 그림은 더 나아가 그것이 어느 정도 '세시도미아의 단성생식과 깍지벌레(Coccidae)의 단성생식은 같은 것'임을 증명한다고 믿는다.

　단성생식이라는 용어는 깍지벌레가 성숙한 수컷과 암컷의 교배 없이 생식력이 있는 알을 낳는다는 것을 의미한다. 몇몇 강의 어떤 동물들이 아주 어릴 때 일반적인 생식력을 갖고 있다는 것은 현재 알려진 사실이다. 그리고 점진적 단계에 따라 어린 시기에 진행됨을 알게 됨으로써 단성생식을 점차 강조해 나가면—키로노무스는 거의 조금도 다르지 않은 중간단계, 즉 번데기의 그것을 우리에게 보여주고 있다—키로노무스의 신비한 예를 설명할 수 있을 것이다.

　성숙해지면 현저하게 다른 것이 되며, 여러 다른 목적으로 사용되는 개체 안의 어떤 기관이 배에서는 매우 닮았다는 사실에 대해서는 앞에서 설명했다. 같은 강에 속하는 다른 동물의 배(胚)도 흔히 매우 비슷하다. 폰 베어(Von baer)가 말한 다음과 같은 사실만큼 잘 증명되는 것은 없을 것이다. "포유류, 조류, 도

마뱀, 뱀, 그리고 어쩌면 거북이의 배도 초기에는 전체적으로나 부분적인 발생양식에서 서로 매우 비슷하다. 사실 우리가 크기만으로도 구별할 수 있을 만큼 매우 유사하다. 나는 알코올에 담긴 두 개의 배를 갖고 있는데, 거기에 이름표를 붙여두지 않는 바람에 지금은 그것들이 어느 강에 속하는 것인지 전혀 알 수가 없다. 그것은 도마뱀일지도 모르고 작은 새일지도 모르며, 또는 극히 어린 포유류일지도 모른다. 이러한 동물의 머리와 몸통의 형성양식은 그토록 완벽하게 닮았다. 이러한 배에 아직 사지는 생기지 않았지만, 이러한 동물이 발생하는 초기에 사지가 존재한다 해도 우리는 아무것도 알 수 없을 것이다. 도마뱀이나 포유류의 다리 또는 조류의 날개와 다리도, 인간의 수족과 마찬가지로 모두 동일한 기본형에서 생기기 때문이다."

서로 같은 발생단계에 있는 대부분의 갑각류 유충은 그 성체가 아무리 다르더라도 서로 밀접하고 유사한 관계를 가진다. 수많은 동물도 마찬가지이다. 배의 유사 법칙의 흔적은 좀 더 늦은 연령까지 계속된다. 예를 들어 같은 속이나 근연한 속의 새는 티티새의 새끼에게 생기는 무늬 있는 날개에서 볼 수 있는 것처럼 성숙하기 전의 깃털이 서로 매우 유사하다. 고양이 속에서는, 대부분의 종은 성장하면 줄무늬에 길쭉한 반점이 생긴다. 그런데 줄무늬와 점무늬는 사자와 퓨마의 새끼에서 뚜렷이 볼 수 있다. 식물에서도 희귀하지만 때로는 같은 종류를 볼 수 있다. 이를테면 울렉스나 아카시아의 어느 한 종의 떡잎은 콩과식물의 잎처럼 날개 모양으로 갈라져 있다.

같은 강에 속하는 현저하게 다른 동물의 배가 구조상 서로 유사하다는 사실은 때때로 그러한 동물의 생존조건과 직접적인 관계가 없다. 예를 들면, 척추동물의 배에서 아가미구멍 가까이 있는 동맥의 특수한 환상 주행(環狀走行)은 각각의 배가 놓인 환경 조건의 유사성과 관계가 있다—모체의 자궁 안에서 길러지는 포유류의 태아나 둥지 안에서 부화되는 새의 알, 물속에 방출되는 개구리 알—고는 생각할 수 없다. 사람의 손, 박쥐의 날개, 돌고래의 지느러미에 있는 똑같은 뼈가 서로 닮은 조건과 관계가 있다고 믿기 어려운 것과 같다. 사자 새끼가 가진 줄무늬나 어떤 새 새끼에 있는 반점이 이러한 동물들에게 어떤 쓸모가 있다든가 그들이 직면한 조건과 관계가 있다고는 아무도 생각하지 않을 것이다.

그러나 배의 어느 시기에 활동하여 스스로 먹이를 얻지 않으면 안 되는 동물에서는 사정이 다르다. 활동 시기는 일생 중에서 일찍 올지도 모르고 늦게 올지도 모른다. 그러나 그것이 언제 온다 해도 생활 조건에 대한 유생의 적응은 성체와 마찬가지로 완전하고 훌륭하다. 이것이 얼마나 중요한 방법으로 작용하는지는 최근에 러보크 경이 그 생활 습성에 따라 매우 다른 목에 속하는 어떤 곤충들의 유충은 매우 비슷하며, 같은 목에 속하는 다른 곤충들의 유충은 그렇지 않다는 그의 견해에 잘 나타나 있다. 이와 같은 특수한 적응 때문에 근연한 동물의 유생, 즉 활동적인 배의 유사성은 때로는 매우 모호해진다.

2개 종 또는 2개 군간의 유생이 성체와 동등하게, 또는 더욱 뚜렷하게 서로 다른 예도 여러 가지 들 수 있다. 그러나 대다수 유생은, 아무리 능동적인 유생이라도, 역시 배의 공통적인 유사 법칙에 철저히 따른다. 따개비는 좋은 예를 제공한다. 지금은 확인된 사실이지만, 고명한 퀴비에조차 따개비가 갑각류라는 사실을 확인하지 못했다. 그러나 유생을 한 번만 보면 따개비가 갑각류임은 의심할 나위 없이 알 수 있다. 그리고 만각류의 2가지 중요한 종류인 유병류(有柄類)와 무병류는 외관상으로는 현저하게 다르지만, 양자의 유생은 여러 발생단계 가운데 어느 단계에서도 거의 구별이 되지 않을 정도이다.

배(胚)의 발생과정에서는 일반적으로 몸의 기본 구조가 고등(高等)해진다. 나는 체제가 고등하다든가 하등하다고 하는 말의 뜻을 명확하게 정의하기란 거의 불가능하다는 것을 알고 있으면서도 이 표현을 사용하고 있다. 그러나 아마도 나비가 유충보다 고등하다는 사실에 반론을 제기할 사람은 아무도 없을 것이다. 그러나 어떤 경우에는 성체가 유생보다 저급한 단계에 있다고 생각하지 않을 수 없다. 기생갑각류의 어떤 종이 그 한 예이다.

다시 만각류의 예로 돌아가보자. 제1기 유생은 3쌍의 다리와 극히 간단한 홑눈과 부리 모양의 입을 갖추고 있다. 이 유생은 그 입으로 먹이를 잡아먹고 몸집이 매우 커진다. 나비의 번데기 시기에 해당하는 제2기 유생은 6쌍의 멋진 유영용(游泳用)의 다리와 1쌍의 당당한 겹눈, 그리고 매우 복잡한 촉각을 가지고 있다. 그러나 이 유생의 입은 닫혀 있어서 불완전하며 먹이를 잡아먹을 수가 없다. 이 시기의 유생의 기능은 달라붙어서 마지막 변태를 하기에 좋은 장소를 잘 발달된 감각기관으로 탐색한 뒤, 활발한 유영 능력으로 그곳에 도달하는

데 있다. 이것이 끝나면 그 다음에는 평생 거기에 정착한다. 그렇게 되면 다리는 포착(捕捉) 기관으로 변하고, 다시 잘 발달한 입을 갖게 된다. 그런데 이때는 촉각이 없으며, 2개의 눈은 다시 변화하여 단 하나의 작고 간단한 홑눈이 되어 버린다. 이 마지막 상태에서 만각류는 유생 상태일 때보다 체제가 고등하다고 할 수도 있고 하등하다고 할 수도 있다.

그런데 어떤 속의 유생은 발생해서 일반적인 구조를 갖는 자웅동체의 개체가 되거나, 내가 보웅체(補雄體)라고 이름을 붙인 것이 된다. 이 후자에서의 발달은 분명히 퇴행하고 있다. 이 수컷은 단기간만 살아 있는 단순한 주머니일 뿐, 생식기관 외에는 입이고 위고 중요한 기관은 아무것도 없기 때문이다.

우리는 배와 성체의 구조 차이를 흔히 보기 때문에, 이와 같은 사실들은 성장과 관계가 있는 것으로 오해하기 쉽다. 그러나 박쥐의 날개나 돌고래의 지느러미는 배에 저마다 구조가 형성되기 시작하는 초기 단계부터 왜 적절한 비율로 모든 부분과 기관이 갖추어진 축소판이 나타나지 않는가? 그 자명한 이유는 없다. 그리고 동물의 어떤 군 전체 및 다른 군의 약간의 구성원에서는, 배는 어떠한 시기에도 성체와 판이하게 다르지 않다. 예를 들면 오언은 오징어에 대해 "변태는 일어나지 않는다. 두족류적 형질(頭足類的形質)은 배의 여러 부분이 완성되기 훨씬 이전에 뚜렷하게 볼 수 있다"고 말했다. 육서 패류와 담수 갑각류는 거의 고유한 형태를 가지고 나오지만, 같은 2개의 큰 강 가운데 해서류는 발생하는 동안 상당한 변화, 때로는 매우 큰 변화를 경험한다. 그는 거미에 대해서도 "변태라고 할 만한 것은 아무것도 없다"고 말했다.

곤충의 유충은 극도로 다양하고 활동적인 습성에 적응한 종류건, 어미가 먹여준다든지 충분한 영양물 속에서 자란 극히 비활동적인 종류건, 거의 모두가 비슷한 연충류(蠕蟲類)의 발생과정을 겪는다. 그런데 진드기 같은 소수의 예에서도, 헉슬리 교수가 그린 진드기의 발생에 관한 훌륭한 그림을 보면, 연충류 단계는 흔적도 찾아볼 수 없다.

변화를 수반하는 유래설과 발생학

그러면 발생학에서 이와 같은 갖가지 사실—배와 성체 사이에서 매우 널리 볼 수 있지만 보편적이지는 않은 구조상의 차이, 즉 동일한 개체의 배의 여러 부분이 결국은 매우 다른 모양이 되고 기능마저 달라지는 데도 성장 초기에는 닮았다는 것, 같은 강에 속하는 다른 종의 배가 보편적이지는 않지만 대체로 서로 닮았다는 것, 배는 알 또는 자궁 속에 있는 시기에는 그때나 그 뒤 생애에서나 쓸모없는 구조를 가지는 일이 종종 있는 한편, 자신에게 필요한 것을 갖춰야 하는 유생은 주위 조건에 완전히 적응한다는 것, 배는 때로는 그것이 발생하여 도달하는 성숙한 동물보다 고등한 체제를 가지고 있는 것처럼 보인다는 것 등―이러한 사실들을 어떻게 설명할 수 있을 것인가? 나는 이러한 사실들은 모두 다음과 같이 설명할 수 있다고 믿는다.

아마도 기형이 종종 매우 이른 시기의 배를 침범한다는 사실에서, 보통 경미한 변이도 그것과 마찬가지로 조기에 나타나는 것으로 생각된다. 그러나 이 점에 대해서는 증거가 거의 없다. 오히려 그 반대의 사실을 나타내는 증거가 있을 정도이다. 소와 말, 그 밖의 갖가지 애완동물의 사육가가 동물이 태어나서 어느 정도 시간이 지난 뒤가 아니면, 그 동물이 어떤 장점과 체형을 가지게 될지 확실하게 말할 수 없다는 것은 누구나 아는 사실이기 때문이다. 이 사실은 인간의 아기에서도 명백히 볼 수 있다. 아이의 키가 크게 될지 작게 될지 얼굴 모습이 어떻게 될지는 장담할 수 없다. 문제는 생애 어떤 시기에 변이가 일어날 것이냐가 아니고, 어느 시기에 그것이 충분히 뚜렷해질 것이냐에 있다. 원인은 생식 행위 이전에 부모 중 한쪽 또는 양쪽에 작용할 수 있으며, 또한 일반적으로 그랬다고 나는 믿는다. 매우 어린 동물의 행복에 관한 한, 그것이 모태 안이나 알 속에 있는 동안, 또는 부모가 양육하고 보호하는 동안은 형질 획득이 약간 빠르거나 늦는 것은 아무런 문제도 아니다. 예를 들면, 긴 부리로 먹이를 잘 먹는 새도 어미새가 먹여 살리는 동안에는 그렇게 긴 부리를 갖게 될지 어떨지는 의미가 없는 일일 것이다.

나는 1장에서 처음에 부모의 어떤 연령에 변이가 일어나면, 자손에게도 그 연령에 틀림없이 다시 나타나는 경향이 있음을 뒷받침할 만한 몇몇 증거가 있다고 언급했다. 어떤 변이는 일정 연령에서만 나타날 수 있다. 누에의 유충, 고치, 성충들이 보여주는 각각 특징이나, 거의 완전히 자란 소의 뿔이 그 예이다. 그런데 그러한 것들뿐만 아니라, 우리가 볼 수 있는 모든 범위에서 생애 중 더욱 일찍 혹은 더욱 늦게 나타난 것으로 보이는 변이도 자손과 부모에게 일정한 연령에서 나타나는 경향이 있다. 그렇다고 언제나 그렇다고 말하는 것은 결코 아니다. 나는 변이—이 말을 가장 넓은 의미로 보고—가 부모보다 자손에게서 조기에 나타난 예를 얼마든지 들 수 있다.

이 두 가지 원칙, 즉 경미한 변이는 일반적으로 성장 단계 중 그리 이르지 않은 시기에 나타나며, 역시 그만큼 이르지 않은 시기에 유전한다는 것을 진실로 인정해도 된다면, 이제까지 상세히 기술한 발생학의 중요 사실은 모두 설명된다고 나는 확신한다. 그러나 먼저, 사육변종으로 그와 비슷한 예를 좀 더 살펴보기로 하자.

개과(犬科)에 대해 저술한 어떤 저자들은, 그레이하운드와 불도그는 외관은 아주 큰 차이가 있지만 실제로는 매우 근연한 변종이며, 아마도 동일한 야생계주(野生系株)에서 유래하는 것이라고 주장한다. 그래서 나는 양자의 새끼가 서로 얼마나 다른지 조사해보면 재미있을 것이라고 생각했다. 육종가들은 나에게 강아지들 사이에는 그 부모와 같은 정도로 크기에 차이가 있다고 알려주었다. 눈어림으로 판단한 바로도 대체로 그런 것 같았다. 그런데 어미개와 태어난 지 6일 된 강아지를 측정해 보았더니, 강아지에서는 성견끼리의 차이만큼 비례 차가 그다지 뚜렷이 보이지 않는다는 사실을 알 수 있었다. 나는 또한 짐수레용 말과 경주용 말의 망아지는 부모들 만큼이나 차이가 있다는 말을 들었다. 나는 이 두 종류 말의 차이, 주로 사육 상태에서의 선택에 따라 결정되었다고 확신하고 있었기 때문에 무척 놀랐다. 그런데 경주용 말 및 무거운 짐수레용 말의 어미말과 생후 3일의 망아지를 각각 세밀히 비교해 본 바로는, 망아지는 어미말끼리의 차이에 상당하는 비례 차를 아직 보이지 않는 것으로 판명됐다.

비둘기의 수많은 사육 품종이 하나의 야생종에서 유래한다는 사실에 대한 증거가 결정적이라고 생각한 나는, 갖가지 품종의 부화한 지 12시간이 지나지 않은 새끼를 비교해 보았다. 야생의 조상종과 파우터비둘기, 공작비둘기, 런트비둘기, 바브비둘기, 드래곤비둘기, 전서구, 공중제비비둘기 등의 여러 품종에서 부리, 입의 폭, 콧구멍과 눈꺼풀의 길이, 발의 크기, 다리의 길이 등의 비율을 세밀하게 계측했다—상세한 것은 여기서는 언급하지 않겠다—. 그런데 이들 새의 어떤 종류에서는 성장한 것끼리는 부리의 길이와 모양이 매우 달랐다. 만약 그것이 자연의 산물이었다면 별개의 속으로 분류되었을 것은 의심할 나위가 없을 정도였다. 그러나 이러한 다수 품종의 새끼를 일렬로 늘어놓자 대부분은 서로 구별이 되었으나 위에 든 여러 점에 관한 비례적 차이는 완전한 성조(成鳥)의 경우와는 비교가 안 될 정도로 작았다. 다만 이 규칙에는 주목할 만한 예외가 한 가지 있었다. 즉, 단면공중제비비둘기의 새끼는 들비둘기의 새끼와도 다른 여러 품종의 새끼와도 모든 점에서 다르다는 사실이다. 그 비율차는 성조끼리의 차이만큼이나 뚜렷한 차이를 나타냈다.

이러한 사실은 앞에서 말한 두 가지 원칙으로 설명된다. 사육자들은 말이나 개, 비둘기를 육성할 때, 그것들이 대체로 성장을 마칠 무렵에 선택한다. 그들에게는 바람직한 성질이나 구조를 완전히 성장한 동물이 지니고 있으면 충분하다고 생각할 뿐, 그것이 성장 단계 조기에 얻어진 것인지 만기에 얻어진 것인지에 대해서는 무관심하다.

위에 든 여러 가지 예, 그중에서도 특히 비둘기의 예는 각각의 품종에 가치를 부여한다. 또한 인간의 손으로 집적되어 온 특징적인 차이는 일반적으로 생애 초기에 나타나기 시작한 것이 아니고, 자손에게도 그다지 이르지 않은 시기에 유전된 것이라는 사실을 말해준다. 그러나 생후 11시간 만에 고유의 비례에 도달하는 단면공중제비비둘기의 예는, 이것이 보편적으로 들어맞는 규칙은 아니라는 것을 증명한다. 이 예에서 특징적 차이는 보통보다 조기에 나타났거나, 그 차이에 해당하는 시기가 아니라 그보다 이른 연령에 유전되었거나 둘 중 하나일 것이 분명하기 때문이다.

그러면 이와 같은 두 원칙—그중 뒤의 것은 진실로 증명되지는 않았지만 어느 정도는 확실한—을 자연 상태에 있는 종에 적용해 보자. 새의 어떤 한 속을 생각해 보자. 나의 학설에 의하면, 같은 속의 종은 1개의 원종에서 유래하며, 다양한 습성에 적합하도록 자연선택에 의해 변이함으로써 신종이 생겨났다. 그런데 다수의 경미하고 기계적인 변이는 상당히 늦은 연령에서 일어나며 그것에 해당하는 연령에 유전되어온 것이기 때문에, 우리가 가정한 속의 신종 새끼는 성조끼리보다 서로 훨씬 닮는 경향이 현저히 나타난다. 이것은 비둘기의 예에서 보아온 바와 같다.

이와 같은 견해는 과 전체 또는 강으로까지 확대할 수 있다. 예컨대, 조상종에서 보행을 위한 다리로 사용되었던 앞다리는 장기간 변화의 과정을 거쳐 어떤 자손에서는 손으로, 다른 자손에서는 물갈퀴로, 또 다른 자손에서는 날개로 사용되도록 적응했을지도 모른다. 앞에 든 두 가지 원칙에 입각하여, 앞다리는 단계 성체 단계에서는 형태가 크게 다르기지만 여러 형태의 배 단계에서는 그다지 변화하지 않았을 것이다.

오래 계속된 용불용이 다리나 그 밖의 부분이 변화하는 데 어떤 영향을 미쳤든, 그것이 거의 성숙했을 때, 다시 말해 살아가기 위해 전력을 기울여야 하게 되었을 때 주로 또는 전적으로 그 종에 영향을 미쳤을 것이다. 그리고 이렇게 하여 생긴 결과는 해당하는 성숙한 나이의 자손에게 유전될 것이다. 그런데 어린 것은 용불용의 작용에 따라 변화하지 않거나 경미한 정도로 변화할 뿐이다.

어떤 동물에는 계속적인 변이가 우리에게 전혀 알려져 있지 않은 원인 때문에, 일생 중의 극히 초기에 일어나는 수가 있을지도 모른다. 또는 그 변이의 각 단계가 그것이 처음 나타났을 때보다 더 이른 시기에 유전될 수도 있다. 어떤 경우에도―단면공중제비비둘기에서 볼 수 있듯이―새끼 또는 배(胚)는 성숙한 부모의 형태를 많이 닮게 될 것이다. 우리는 이미 이것이 오징어, 육서패류, 담수생 갑각류, 약간의 군 전체에서, 그리고 커다란 강인 곤충류에서는 진드기 따위의 소수에서 발생원칙이 된 것을 보았다. 이와 같은 예들에서 보이는, 새끼가 변화하지 않는 어린 나이 때부터 부모를 많이 닮았다는 사실에 대한 종국적인 원인에 대해서 우리는 이것이 다음의 2가지 사정에서 연유한 것으로 이해할 수 있다.

첫째, 많은 세대에 걸쳐 변이를 거듭하는 동안 새끼가 발생의 아주 초기부터 자립해서 살아가지 않으면 안 되었다는 사실이다. 둘째, 새끼가 부모와 완전히 똑같은 생활습성을 따르고 있었다는 사실이다. 새끼는 아주 어린 나이에 부모와 똑같이 변하여 습성을 일체시키지 않으면 종의 존속이 위태로워지기 때문이다. 또한 육지생활을 하는 동물이나 담수생활을 하는 동물은 전혀 변이하지 않는데, 같은 군의 바다에 사는 구성원이 여러 가지로 변형하는 기묘한 사실에 대해 뮐러는 이렇게 말했다. 즉, 어떤 동물을 서서히 변화시켜서 바다 대신 육지나 담수에서 살 수 있도록 적응시키는 과정은, 그것이 유생 단계를 거치지 않는다는 사실로 매우 간단히 밝혀진다는 것이다. 그처럼 새롭고 지극히 다른 생활 조건에서 유생 및 성체의 두 단계에 모두 적합한 장소가 다른 생물에게 전혀 점령되지 않았거나 충분히 점령되어 있지 않은 곳이 쉽게 눈에 띄리라고는 생각되지 않기 때문이다. 이때 경우 자연선택은 점점 더 이른 시기에 어미의 구조를 획득하도록 촉진시키며, 결국 모든 기존 형태의 흔적은 없어지고 말 것이다.

한편 부모와는 조금이라도 다른 생활습성을 따르기 위해 경미하게 다른 구조를 가지는 편이 새끼에게 유리하다면, 활동적인 새끼나 유생을 일정한 연령에 유전한다는 원칙에 입각하여 자연선택에 의해 용이하게 어느 정도 부모와 다르게 되어갈 것이다. 이와 같은 갖가지 차이는 순차적인 발생단계와도 관련이 있다. 따라서 많은 동물에서 볼 수 있는 것처럼 제1기 유생이 제2기 유생과는 매우 다를 수도 있다. 성체는 이동기관이나 감각기관이 필요없는 장소와 습성에 적합하게 되는데, 이때 마지막 변태는 퇴행적이라고 표현해도 무방하다.

지금까지 이야기한 것에서, 변화한 생활 습성에 따라 해당하는 연령에 유전됨으로써 동물은 조상과 전혀 다른 발생단계를 경과한다는 사실을 알 수 있다. 뛰어난 권위자들은 대부분 곤충의 유충이나 번데기 단계는 이와 같은 적응에 의해 얻어진 것이지 어떤 낡은 형태의 유전에 의한 것이 아니라고 확신한다. 파브르가 기록한 바와 같이, 갑충류인 벽가뢰(Sitaris)—어떤 이상한 발달단계를 갖는 갑충—의 이상한 예는 그것이 어떠한 경로로 일어났는지를 보여준다. 첫 유충형태는 6개의 다리, 2개의 긴 촉각, 그리고 4개의 눈을 가진 활발한 작은 곤충이라고 파브르는 기록했다. 이러한 유충은 벌집에서 부화한다. 봄이 되어 유충은 암벌보다 먼저 나가는 수벌에게 달려들었다가, 나중에 수벌이 암벌과 교미할 때 암벌에게 기어들어간다. 암벌이 벌집에 저장해 둔 꿀의 표면에 알을 낳으면, 벽가뢰 유충은 그 알 위에 뛰어내려 알을 먹어버린다. 그 뒤에 그것은 완전히 변하게 된다. 눈은 사라지고 다리와 촉각도 흔적만 남으며, 꿀을 먹고 산다. 그리하여 그것은 일반 곤충의 유충과 훨씬 더 비슷해진다. 궁극적으로 그것은 더욱 변형하여 결국 완전한 갑충이 된다. 그런데 만약 이 벽가뢰처럼 변모하는 곤충이 하나의 새로운 강의 시조가 된다면, 그 새로운 강의 발달 과정은 오늘날 존재하는 곤충의 그것과는 매우 다를 것이다. 그리고 그 최초의 유충 단계는 확실히 성체 및 오랜 이전 상태를 나타내지는 못할 것이다.

반면 많은 동물에서 배 또는 유충 단계가 성체 상태에 있는 모든 군의 시조 상태를 다소나마 완전하게 나타낸다는 것은 상당히 그럴 듯한 일이다. 갑각류라는 커다란 강에서는 서로 매우 다른 형태, 즉 흡반을 가진 기생동물, 만각류, 절갑류 및 연갑류까지 처음에는 노플리우스 형태의 유충으로 나타난다. 이 유충은 넓은 바다에서 살며, 먹이를 구하기에 적합하도록 어떤 특수한 생활 습성에 적응되어 있지는 않다. 여기에 뮐러가 설명한 다른 이유를 종합해 볼 때, 어떤 매우 오래된 시기에 노플리우스와 유사한 독립적인 성체동물이 존재했고, 그 뒤에 여러 가지로 갈라진 계통선을 따라 위에서 말한 커다란 갑각류의 여러 군을 낳은 것으로 추정된다. 마찬가지로 포유류, 조류, 어류 및 파충류의 배에 대해 우리가 알고 있는 바에 의하면, 이 동물들은 성체 상태에서 아가미, 물갈퀴, 4개의 지느러미 같은 다리, 그리고 긴 꼬리 등 수중생활에 적합한 모든 기관을 갖춘 어떤 오래된 조상의 변화한 자손인 것 같기도 하다.

멸종종, 현생종에 관계없이, 과거에 지구상에 생존했던 모든 생물은 하나로 묶을 수 있고, 또 우리의 학설에 따르면 각각의 강에 있는 모든 구성원은 전에는 극히 미세한 점진적 차이에 의해 결합되어 있었다. 따라서 가장 좋은 배열 방법은, 아니 만약 표본 수집이 거의 완벽하다면 그야말로 유일하게 가능한 배열 방법은 계통을 반영한 것이어야 한다. 유래는 나의 견해에 의하면, 내추럴리스트들이 '자연 분류'라는 이름 아래 탐색해 온, 결합의 숨겨진 유대이다. 이러한 견해에 입각하여, 대다수 내추럴리스트가 배(胚)의 구조를 분류를 위해 성체의 구조보다 더욱 중요하게까지 생각했던 것은 무슨 까닭인지 이해할 수 있다.

오늘날에는 구조와 습성이 서로 아무리 크게 다를지라도, 두 동물군에서 동일하거나 유사한 발생단계를 거친다면 그 2군은 같거나 거의 같은 조상에게서 유래한 것이며, 그래서 그토록 밀접한 유연관계를 갖는다고 확신해도 무방할 것이다. 이와 같이 배의 구조의 공통성은 유래의 공통성을 나타낸다. 그러나 배의 발달의 비유사성은 계통의 불일치를 증명하지는 못한다. 2개의 군 가운데 한 쪽에서는 발달단계가 억압되었거나, 새로운 생활 습성에 적응하고 몹시 변화해서 잘 알아볼 수 없게 되었을지도 모르기 때문이다. 성체의 구조가 크게 변화하여 모호해진 군에서도 유래의 공통성은 유충의 구조로 나타날 것이다. 이를테면 만각류는 겉으로 보아서는 패류와 매우 유사하지만, 유생을 보면 곧 갑각류라는 큰 강에 속한다는 사실을 알 수 있다고 이미 앞에서 말했다. 각각의 종과 군의 배 상태를 조사해 보면, 아직 그다지 변화하지 않았던 옛날 조상의 구조를 알 수 있다. 따라서 우리는 옛날에 멸종한 종류들이 왜 그들의 자손—현존하는 여러 종—의 배와 비슷한 것인지 명확하게 이해할 수 있다.

아가시는 이것을 자연의 보편 법칙이라고 믿는다. 그러나 나는 이 법칙이 진실이라는 것이 앞으로 증명되기를 바란다. 다만 그것은, 오늘날 많은 현생종 배에 나타나 있다고 추정되는 고대종의 상태가 변화의 긴 과정에서 계속적인 변이가 아주 이른 나이에 일어나거나, 아니면 변이가 처음 나타났을 때보다 이른 시기에 유전되거나, 어느 한쪽에 의해 소멸되지 않았을 경우에만 진실로 증명될 수 있을 것이다. 다음과 같은 사실 또한 유의해야 한다. 고대종의 여러 형태가 많은 현생종의 배의 단계와 비슷하다는 가정은 진실일 수 있지만, 지질학적 기록은 시간을 아주 멀리 거슬러 올라가지는 못하기 때문에 그 법칙은 앞으로 오랫동안, 또는 영원히 증명되지 못할지도 모른다는 사실이다. 고대종이 유충상태에서 어떤 특수한 생활방법에 적응하게 되고, 그것이 같은 유충상태를 자손의 군 전체에 전할 경우, 이 법칙은 엄밀하게 적용되지 않는다. 그러한 유충은 성체상태일 때 훨씬 더 오래된 그 어떤 형태와도 닮지 않을 것이기 때문이다.

이상과 같은 사정에서, 자연사학상 가장 중요한 발생학의 중요한 여러 사실은, 경미한 여러 변화가 어떤 태고의 조상에서 생긴 자손의 대다수에서 각각의 생애의 매우 이른 시기에는 나타나지 않고, 또 그것에 해당하는 이르지 않은 시기에 유전되었다는 원칙으로 설명된다. 우리가 배를, 각각의 커다란 동물강의 공통의 조상형을 흐릿하게나마 보여주는 그림이라고 볼 때 발생학의 흥미는 더욱 더 증가하는 것이다.

흔적기관의 기원

쓸모없다는 낙인이 찍힌, 이 기묘한 상태에 있는 기관 또는 체부는 자연계에서 매우 흔히 볼 수 있다. 예컨대 포유류 수컷에 흔적으로 남아 있는 유방은 널리 알려진 사실이다. 하늘을 나는 조류의 작은 날개는 발가락이 흔적 상태가 된 것으로 보는 것이 정확할 것으로 생각된다. 매우 많은 뱀에서는 한쪽 폐엽(肺葉)이 흔적적이다. 어떤 뱀에는 골반과 뒷다리의 흔적이 있다.

흔적기관의 몇 가지 예는 더없이 흥미롭다. 성장한 고래의 두부(頭部)에는 이빨이 없는데 태아에는 이빨이 있다는 것, 소의 태아의 위턱에는 잇몸을 뚫고 나오지 않은 이빨이 있다는 것 등이 바로 그런 예이다. 어떤 새에서는 배(胚)의 부리에 이빨의 흔적이 발견된다는 사실까지 확실한 전거에 의해 밝혀져 있다.

흔적기관은 분명히 그 기원과 의미를 여러 모로 나타낸다. 같은 종의 갑충 중에는―같은 종일 때조차―나머지는 똑같으면서 한쪽은 완전한 날개를 가지고 다른 한쪽은 흔적처럼 막만 남은 것이 있다. 이때 이 막이 날개에 해당하는 것은 의심할 여지가 없다. 잠재 능력을 갖고 있으나 발달하지 않았을 뿐만 흔적기관도 있다. 포유류 수컷의 유방이 그 예다. 이 기관이 완전히 성장한 수컷에서 잘 발달하여 유즙(乳汁)을 분비한 예가 기록으로 많이 남아 있다. 또 소속(牛屬 ; Bos)의 유방에는 정상적으로는 발달한 4개의 젖꼭지와 2개의 흔적적 젖꼭지가 있는데, 사육되는 젖소에서는 때때로 후자의 2개가 발달하여 유즙이 나오는 수가 있다.

같은 종의 식물 중에도 개체에 따라 꽃잎이 단순한 흔적인 경우도 있고 잘 발달되어 있는 경우도 있다. 자웅이주 식물에서 수꽃이 암술의 흔적을 갖는 수가 종종 있다. 쾰로이터(Kölreuter)는 이와 같은 웅주(雄株)를 암수 동화(雌雄同花)인 종과 교잡한 결과, 그 잡종인 자손에서는 암술의 흔적이 훨씬 커진다는 사실을 발견했다. 이것은, 흔적적인 암술과 완전한 암술이 본질적으로는 똑같은 성질임을 나타내는 것이다.

어떤 동물이 여러 부분을 완전한 상태로 갖고 있을 수 있지만, 어떤 의미로는 쓸모가 없기 때문에 흔적적일 수 있다. 이를테면 루이스는 "일반 도롱뇽류의 새끼는 아가미도 물에서만 생활하지만, 살라만드라 아트라(Salamandra atra)는 높은 산속에서 살며 완전한 모양을 갖춘 새끼를 낳는데, 이 동물은 결코 물에서 살지 않는다. 그러나 새끼를 밴 암컷을 해부해 보면 태내의 새끼는 날개 모양의 아가미가 있음을 알 수 있다. 이 새끼는 물속에 넣어주면 일반 도롱뇽 새끼처럼 헤엄치고 돌아다닌다. 이러한 수서적(水棲的)인 체제는 분명히 이 동물의 미래 생활과는 아무 관계가 없으며, 태내에서의 생활 조건에 대해서도 아무런 적응이 없다. 그것은 오직 조상의 적응과 관계가 있을 뿐이며, 조상의 발달상의 일면이 재현된 것"이라고 했다.

두 가지 목적을 다하는 기관으로서, 그 한쪽의 목적 대해서는 설사 그쪽이 더 중요한 것일지라도 흔적적이 되거나 아예 발육을 정지해 버리고, 다른 쪽의 목적에 대해서는 계속 완전하게 유효한 경우가 있다. 예컨대 식물에서 암술이 하는 역할은 그 밑 부분에 있는 씨방 속에서 보호받는 밑씨까지 꽃가루관을 도달시키는 것이다. 암술은 암술대가 암술머리를 받치고 있다. 그런데 국화과 식물 중 어떤 것에는, 물론 열매를 맺지 않는 수꽃에, 암술머리가 없는 흔적 상태의 암술이 있다. 이 암술의 암술대는 잘 발달해 있어서, 국화과 식물의 다른 것과 마찬가지로 주위 꽃밥에서 꽃가루를 긁어내는 구실을 하는 털로 덮여 있다.

한 개의 기관이 원래의 목적에서는 흔적적인 것이 되고, 그것과 다른 목적으로 사용되는 경우도 있다. 어떤 어류에서 부레는 부력을 부여한다는 본디 기능에 대해서는 흔적으로 남고, 불완전한 호흡기관으로서 폐 역할을 하도록 변해 있다. 그 밖에도 많은 예를 들 수 있다.

쓸모 있는 기관은 설령, 그다지 발달해 있지 않아도 옛날에는 더욱 고도로 발달해 있었을 것으로 상상될 만한 이유가 없는 한, 흔적기관으로 간주해서는 안 된다. 그것들은 발생 초기 상태에 있을 수도 있고, 좀더 발달하는 과정에 있을 수도 있다.

이에 비해 흔적기관은 결코 잇몸을 뚫고 나오지 않는, 아쉽게도 완전히 쓸모 없거나 단순히 돛의 역할만 하는 타조의 날개와 같이 거의 무용하다. 이러한 상태의 기관은 아직 발달 정도가 낮았던 예전에는 오늘날보다 훨씬 덜 필요했을 것이며, 따라서 옛날에 그것이 변이에 의해 만들어졌거나 유익한 변화의 보존을 위해 작용하는 자연선택에 의해 만들어졌을 리는 없다. 그것들은 부분적으로는 유전의 힘으로 보존되어 왔고 또 사물의 이전 상태와 관련이 있다.

그러나 흔적기관과 발생 초기의 기관을 구별하기란 이따금 어려운 일이다. 어떤 부분이 그 이상으로 발달할지 여부는 오직 추측으로 판단할 뿐이고, 그렇게 발달할 때에만 발생기라고 할 수 있기 때문이다. 이와 같은 상태에 있는 기관은 드물다. 그러한 기관을 가진 생물은 보통보다 더 완전한 상태의 기관을 가진 후계자들에게 쫓겨나게 되고, 따라서 틀림없이 더 먼 옛날에 멸종했을 것이기 때문이다. 펭귄의 날개는 지느러미 역할을 하는 데 크게 유용하다. 그러므로 그것은 날개의 발생 초기의 상태를 나타낸다고 할 수 있을지도 모른다.

그러나 나는 모든 것이 다 그렇다고 생각하지는 않는다. 아마 그것은 하나의 새로운 기능 때문에 변화한 퇴화기관일 것이다. 이에 비해 키위새의 날개는 전혀 쓸모없는 진정한 흔적 기관이다. 폐어류의 실과 같은 간단한 사지를 오언은 "고등한 척추동물에서 기능적으로 충분히 발달하는 기관의 시작"이라고 보지만, 최근에 귄터 박사가 주장한 바에 의하면 그것은 불완전한 옆지느러미의 가시나 옆가지를 갖춘 지느러미의 강한 축으로 이루어진 유물이다. 오리너구리의 유선(乳腺)은 암소의 유방과 비교해 볼 때 하나의 발생초 기관이라고 볼 수 있다. 어떤 만각류에서 보란대(保卵帶)는 알을 부착시키는 일을 그만두고 조금 더 발달하여 발생기의 아가미로 변했다.

흔적기관은 같은 종의 여러 개체에서 발달 정도나 그 밖의 면에서 매우 변이하기 쉽다. 그뿐만 아니라 극히 근연한 여러 종에서 동일한 기관이 흔적으로 남는 정도는 때때로 큰 차이를 보인다. 이 후자의 사실은, 어떤 군에서 속하는 나방 암컷의 날개 상태에 잘 나타나 있다. 흔적기관이 완전히 사라져 버리는 경우도 있다. 당연히 있을 법한 기관인데도 그 흔적조차 찾아볼 수 없는 경우가 그것이다. 이를테면 현삼과(玄蔘科)에 속하는 식물의 대다수에서는 다섯 번째 수술이 전혀 발육하지 않는다. 그러나 그 흔적이 같은 과에 속하는 많은 종에서 나타나기 때문에 그것이 과거에는 존재했다고 결론지을 수 있다. 이 흔적은 때때로 일반 금어초(金魚草)에서 볼 수 있듯이 이따금 완전히 발달하게 된다. 어떤 한 강의 여러 구성원에 대해 동일한 체부의 서로 같은 점을 추적해 갈 때, 흔적기관의 사용과 발견만큼 일반적이고 필요한 것은 없다. 이 사실은 오언이 말, 소, 무소의 다리뼈를 그린 그림을 통해 충분히 증명되었다.

고래나 반추류 위턱의 이빨과 같은 흔적기관이 종종 배에서 발견되었다가 그 뒤에는 완전히 사라져 버린다는 것은 중요한 사실이다. 다음과 같은 것도 보편적인 규칙이라고 나는 믿는다. 흔적적인 체부 내지 기관은 배에서는 인접한 여러 체부에 비해 상당히 크며, 따라서 그 기관은 아직 이른 단계에서는 그다지 흔적적이 아니거나 어떠한 정도로든 흔적적이라고 할 수도 없다는 사실이다. 그래서 성체에서의 흔적기관은 때때로 배 단계의 상태를 유지하고 있다는 것이다.

나는 지금까지 흔적기관에 대한 중요한 사실들을 설명해왔다. 그것을 되돌아보면 누구나 놀라움을 금치 못할 것이다. 왜냐하면 대부분의 체부(體部)와 기관이 각각의 목적을 위해 더할 나위 없는 적응을 하고 있음을 우리에게 명백하게 알려주는 것과 똑같은 추리의 힘이, 이러한 흔적적 또는 퇴화한 기관이 불완전하고 쓸모없는 것이라는 사실을 마찬가지로 명백하게 우리에게 알려주기 때문이다.

박물학의 여러 저서에는 흔적기관은 일반적으로 '상칭성(相稱性)을 위해서' 또는 '자연의 계획을 완성하기 위해서' 창조된 것이라고 기술되어 있는데, 이것은 설명이 아니라 단순히 사실에 대한 표현을 바꾼 것에 지나지 않는다고 나는 생각한다. 오히려 그것은 그 자체로서 모순이 있다. 예를 들면 왕뱀에는 흔적적인 뒷다리와 골반이 있는데, 만일 뼈가 '자연의 계획을 완성하기 위해' 보존되었다면 바이즈만 교수가 질문한 것처럼 어째서 다른 뱀에는 뒷다리와 골반이 없는 것인가? 다른 뱀에는 이런 뼈의 흔적조차 없다. 행성은 태양 주위를 타원궤도를 그리면서 회전하므로, 위성도 행성의 주위를 상칭성을 위해, 그리고 자연의 계획을 완성시키기 위해 똑같은 타원궤도를 그리면서 회전하는 것이라고 하면 그것으로 충분할까?

어떤 저명한 생리학자는 흔적기관의 존재를 과잉 물질 또는 그 계통에 유해한 물질을 배출하는 구실을 한다는 가정아래 설명한다. 그러나 수꽃에서 때때로 암술을 나타내는, 단순한 세포조직에 불과한 매우 작은 돌기가 그와 같은 구실을 한다고 상상할 수 있을까? 나중에 흡수되어 버리는 흔적적인 이빨이 귀중한 인산석회를 배출해버리는 것이 빠르게 성장하는 소의 배(胚)에 대해 무슨 도움이 된다고 생각할 수 있을까? 사람의 손가락이 절단되었을 때, 그 잘린 자리에 불완전한 손톱이 생기는 수가 있다. 손톱의 이와 같은 흔적은 미지의 성장법칙 때문이 아니라, 각질의 물질을 배출하기 위해 생긴 것이라고 믿을 수도 있을 것이다. 다만 듀공의 지느러미에 있는 흔적적인 손톱이 이와 똑같은 목적으로 생겼다고 믿어도 된다면 말이다.

변화를 수반하는 유래라는 내 견해에 따르면, 흔적기관의 기원은 매우 간단명료하다. 그리고 불완전한 발생을 지배하는 법칙을 대충 이해할 수 있다. 사육 재배 생물에서 흔적기관의 예를 수없이 많이 알고 있다. 즉 꼬리가 없는 품종에서의 꼬리의 흔적, 귀가 없는 양의 품종에서의 귀의 흔적, 뿔이 없는 소의 품종에서, 유아트(Youartt)에 의하면 특히 어린 새끼의 밑으로 늘어진 작은 뿔의 재출현, 그리고 꽃배추에서의 완전한 꽃의 상태 등이 그것이다. 또 때때로 기형에서 갖가지 체부의 흔적을 볼 수 있다. 그러나 나는 이러한 예 중, 자연계에서 흔적기관이 어떻게 생겨나는지 하는 물음에 기원에 빛을 던져줄 것이 있을지 미심쩍다. 그 예들은 단순히 흔적기관은 자연계에서도 확실히 생겨난다는 사실을 알려줄 뿐이다. 종이 자연 속에서 급격한 변화를 보이는 일은 없다고 생각하기 때문이다.

나는 불용(不用)이 그 주된 원인이었을 것으로 믿는다. 즉 불용은 세대를 거듭해가면서 갖가지 기관을 점차 축소시켜 마침내 흔적으로 만들어 버렸다는 식으로 말이다. 어두운 동굴에서 사는 동물의 눈이나, 대양도(大洋島)에 살면서 맹수에게 쫓겨 힘들게 날아야 할 일이 좀처럼 없어서 결국 힘을 잃어버린 새의 날개가 그 예다. 작고 노출된 섬에 사는 갑충류의 날개에서 볼 수 있듯이, 일정한 조건에서 유용한 기관이 다른 조건에서는 유해한 경우도 있을 수 있다. 이때 자연선택은 계속 기관을 서서히 축소시켜서 마침내 무해한 흔적기관으로 만들어버릴 것이다.

구조와 기능의 변화는 느끼지 못할 정도로 서서히 작용을 받을 수 있지만, 그 변화는 자연선택의 힘 안에 있다. 그래서 생활습성이 변화해가는 동안 하나의 목적에는 쓸모없거나 유해한 기관이 다른 목적에는 알맞도록 쉽게 변화되어 사용되는 경우도 생긴다. 그렇지 않으면 전의 여러 기능 중 하나만 위해 기관이 유지되는 수도 있다.

사용하지 않게 된 기관은 자연선택 그 변이에 간섭할 수 없기 때문에 매우 쉽게 변이하는 경향이 있다. 이러한 현상은 우리가 자연 상태에서 관찰하는 것과 잘 일치한다. 불용 또는 선택이 기관을 축소시키는 것은, 일반적으로는 생물이 성숙기에 달하여 충분한 활동력을 갖게 되는 시기에 일어나는데, 그것이 생애 어느 시기에서 일어났든 기관은 일정한 연령에 유전한다는 원칙에 따라 자손 대에도 그와 똑같은 발육 단계에 축소된 상태에서 일어난다. 따라서 배에서 그 기관이 영향을 받거나 환원되는 일은 좀처럼 없다. 이 사실로써 우리는 흔적기관이 배에서는 상대적으로 크고, 성체에서는 상대적으로 작은 까닭을 이해할 수 있다. 이를테면 생활 습성이 변했기 때문에 성체 동물의 손가락이 대를 거듭함에 따라 점차 사용하지 않게 된다든지, 어떤 기관이나 분비선의 기능이 점점 적게 작용할 때 그 기관은 자손의 성체에서는 크기가 축소되지만, 배에서는 원래의 발달 표준을 거의 유지한다고 추론해도 무방할 것이다.

그러나 아직도 다음과 같은 문제가 남아 있다. 어떤 기관이 사용을 정지한 다음, 어떻게 해서 그 크기가 점점 작아져서 마침내 흔적만이 남게 될 수 있을까? 그리고 또 어떻게 해서 마침내 흔적이 완전히 사라질 수 있는 것일까? 기관이 한번 그 기능을 잃은 뒤에는 불용은 그 이상 아무런 영향도 미칠 수 없다. 여기서 어떤 부가적인 설명이 요구되지만 나는 그럴 수가 없다. 가령 체제의 모든 부분이 크기를 증가시키는 것보다 감소시키는 쪽으로 변이하는 경향이 있다는 것이 증명된다면, 쓸모없어진 기관이 불용의 효과와는 상관없이 흔적적인 것이 되어 마침내 완전히 사라져버린다는 것을 이해할 수 있을 것이다. 크기를 축소하는 변이는 더는 자연선택에 의해 억제당하지 않기 때문이다.

구조의 어떤 부분이든 소유자에게 쓸모가 없다면 그것을 만드는 재료는 가능한 한 절약된다는, 앞장에서 언급한 성장의 경제 원칙도 아마 불용부분을 흔적적인 것으로 만드는 데 일정한 역할을 할 것이다.

흔적기관은 어떤 단계를 밟아 현재와 같은 무용한 상태로 퇴화했든 사물의 과거 상태에 대한 기록이며, 오로지 유전의 힘에 의해 보존되어 왔다. 따라서 분류학자가 생리학적으로 매우 중요한 부위와 같은 정도로, 때에 따라서는 그 이상으로 분류 작업에 도움이 된다는 사실을 발견한 이유를 이해할 수 있다. 흔적기관은 철자 속에 남아 있지만 발음에 불필요하며, 그러나 어원을 찾아내는 열쇠로서는 유용한 글자에 비유할 수 있다. 흔적적이고 불완전하며 쓸모없는 기관, 또는 완전히 발육이 정지된 기관의 존재는 일반적인 창조론으로는 설명할 수 없는 기묘한 난제다. 그러나 변화를 수반하는 유래라는 견해에 입각한다면, 그 존재는 난제는커녕 예측 범위 내에 있으며, 유전 법칙으로 충분히 설명된다.

간추림

내가 이 장에서 밝히려 한 바는 다음과 같다. 즉, 시대와 관계없이 모든 생물은 계층적 군을 이룬다는 것, 현존하거나 멸종한 모든 생물을 복잡하고 방산적(放散的)이며 우회적인 유연의 연계에 의해 소수의 큰 강으로서 결합시킬 수 있는 유연관계의 본질, 분류에서 내추럴리스트들이 따르는 규칙과 당면 문제, 생활상의 중요성이 높은가 낮은가 흔적기관처럼 아예 없는가에 관계없이 일정하고 일반적인 형질에는 나름의 가치가 있다는 것, 상사적 또는 적응적 형질과 진정한 유연관계를 나타내는 형질과는 가치의 차이가 매우 크다는 사실—이 모든 것은 내추럴리스트들이 근연이라고 간주하는 형태는 공통의 조상을 가졌으며 변이와 자연선택에 의해 변화해온 것이고, 그 자연선택은 형질의 소멸과 분기(分岐)를 가져온다는 견해에 입각하면 당연한 결론이 된다.

분류에 관한 이러한 견해를 생각할 때는, 동종 간에 암수의 차나 나이차, 그리고 이종간에 커다란 차이가 있을지라도, 그것들을 같은 종으로 분류하는 데는 유래의 요소가 보편적으로 사용되어 왔다는 사실을 염두에 두어야 한다. 유래라는 이 요소—생물의 유사성에 관해 알려져 있는 유일한 원인—의 사용을 확장한다면, '자연 분류'라는 말의 의미를 이해할 수 있게 될 것이다. 이렇게 해서 이루어진 분류는 계통적인 것이 되며, 획득된 변화의 정도는 변종, 종, 속, 과, 목, 강으로 구별된다.

변화를 수반하는 유래라는 이와 같은 견해에 입각하면, '형태학'의 여러 위대한 사실을 이해할 수 있게 된다. 이 견해는 어떤 목적에 사용되는가 하고는 상관없이, 같은 강에 속하는 종의 상동기관(相同器官)에 동일한 패턴이 보인다는 사실이나, 개개 동식물에서 같은 패턴으로 이루어진 상동한 부분이 보인다는 사실에도 적용된다.

계속해서 일어나는 경미한 여러 변이는 반드시 성장단계의 극히 이른 시기에 일어나는 것은 아니고, 일반적인 것도 아니며, 또 여러 변이는 일정한 시기에 유전된다는 원칙에 따라, 우리는 '발생학'상 위대하고 중요한 사실들을 이해할 수 있다. 곧, 같은 개체에 있는 복수의 상동 부위는 성숙하면 구조도 기능도 서로 현저하게 달라지지만 배 단계에서는 매우 닮았다는 사실, 그리고 같은 강에 속하는 종끼리도 성체의 상동부분이나 상동기관은 놀랍도록 다른 목적에 적합한데도 배 단계에서는 놀랍도록 비슷하다는 사실이다.

유생 및 유충은 변화가 일정한 연령에 유전된다는 원칙에 따라 생활습성과 관련하여 특수한 변화를 이루게 된 활동적인 배이다. 이와 같은 원칙에 입각하면, 그리고 기관이 불용 또는 선택 때문에 작아지는 때는 일반적으로 생물이 자립할 시기이며 유전 법칙이 얼마나 강력한지를 염두에 둔다면, 흔적기관의 출현은 예측할 수 있는 일이다. 발생학적 형질과 흔적기관이 분류에 중요하다는 것은, 배열은 계통적이어야 비로소 자연적인 것이 될 수 있다는 견해를 통해 이해가 가능해진다.

마지막으로 이 장에서 고찰한 모든 사실은, 이 세계를 채우고 있는 생물의 무수한 종, 속 및 과가 모두 각각의 강 또는 군의 범위에서 공통 조상에서 유래한 것이라는 점을, 또 그러한 모든 것들은 유래되는 가운데 변화해온 것이라는 점을 명백하게 보여준다. 그래서 나는 이 견해를, 그 밖에 그것을 지지하지 않는 사실이나 논의가 있다 하더라도, 주저 없이 채택하는 바이다.

14장 요약과 결론

자연선택설에 대한 문제점 요약―자연선택설에 유리한 일반적 및 특수한 상황 요약―일반적으로 종의 불변성을 믿는 이유―자연선택설은 어디까지 적용할 수 있는가―박물학 연구에 자연선택설을 채택한 효과―결론

이 책 전체가 하나의 긴 논증이기 때문에, 마지막으로 독자의 편의를 위해 여기서 중요한 사실과 추론을 간략하게 요약하고자 한다.

반론 요약

변이(variation)와 자연선택(natural selection)에 의해 변화를 수반하는 유래설에 대해, 중대한 반론이 다수 제기될 수 있다는 점을 나는 부정하지 않는다. 나는 그러한 반론들이 활발하게 논의될 수 있도록 노력해 왔다.

복잡한 기관(organ)과 본능(instinct)을 더욱 복잡하게 발달시킨 것은 인간의 이성과 비슷한 초인적인 수단이 아니라, 각 소유자에게 유리하고 경미한 수많은 변이가 조금씩 축적된 결과이다. 많은 사람들이 처음에는 나의 이러한 주장을 믿지 않았을 것이다. 이러한 주장에 대한 거부감이 도저히 극복할 수 없을 만큼 크게 보일지 모르지만, 다음에 제시하는 몇 가지 명제를 인정한다면 오히려 그 거부감을 비현실적이라고 생각하게 될 것이다.

즉 체제의 각 부분과 본능은 개체적 차이를 보인다는 것, 구조와 본능의 유리한 변화를 보존으로 이끄는 생존 경쟁이 있다는 것, 마지막으로 각 기관의 완성 상태에는 종에 유리한 점진적 변화가 존재할 수 있다는 것 등이다. 이러한 주장이 옳다는 점에 대해서는 반론을 제기할 여지가 없다고 생각한다.

다양한 구조가 어떠한 단계를 거쳐 완성되었는지는 추측하기조차 매우 어렵다. 하물며 쇠퇴해가는 생물군에 대해서는 더 말할 것도 없다. 그러나 자연계

에는 우리가 아직 알지 못하는 중간 단계가 수없이 많다. 그러므로 어떠한 기관이나 본능, 생물이 수많은 단계를 거쳐 현재의 상태에 도달했다는 점을 부정하려면 매우 신중해야 한다. 자연선택설에 아주 특수한 문제가 있다는 점도 인정하지 않을 수 없다. 그 가운데 가장 흥미로운 문제는 개미 사회에는 생식이 불가능한 암컷으로 이루어진 일개미가 여러 계급으로 구분된다는 점이다. 나는 이러한 문제를 어떻게 극복할 수 있는지 보여주고자 시도했다.

종 사이의 첫 교잡이 거의 언제나 불임인데 반해 변종 간의 교잡은 거의 늘 가임이다. 이 점에 대해서는 8장 말미에 소개한 여러 가지 사실의 요약을 참조하기 바란다. 종간교잡이 불가능한 것은 두 종류의 나무를 접목할 수 없는 것 이상으로 특수한 천성이 아니라, 교잡된 종의 생식 계통에 우연히 체질적 차이가 있었기 때문이라고 생각한다. 이 결론은 상호교잡의 결과가 크게 다른 점으로 증명할 수 있다. 2개의 같은 종을 교잡한 경우, 한 쪽을 처음에 부성(父性)으로 했을 때와, 다음에 모성(母性)으로 했을 때 결과가 다르게 나타나는 일이 적지 않기 때문이다. 양형(兩形) 또는 삼형(三形) 식물의 고찰에서 드러나는 유사성을 통해 같은 결론을 내릴 수 있다. 왜냐하면 여러 형태가 부적법하게 교잡하면 거의 또는 전혀 씨앗을 만들어 내지 못하며, 그 자손도 많든 적든 곧 불임이 되는 까닭이다. 더욱이 이러한 형태는 확실히 같은 종에 속하며, 생식기관과 기능을 제외하면 다른 어떤 경우에도 서로 다르지 않다.

변종 사이의 교잡으로 인한 그 잡종 자손의 생식가능성은 매우 많은 저자들에 의해 일반적인 것으로 주장되고 있으나, 최고 권위인 게르트너가 제시한 사실에 따르면 반드시 그렇지 않다. 실험이 이루어진 변종의 대부분은 사육 재배 아래에서 이루어진 것이다. 그리고 사육 재배—감금을 뜻하는 것이 아니다—시에는 교잡할 때의 원종(原種)에 영향을 미치는 불임성을 제거하려는 경향이 있으므로, 변종 간 교잡 불임인 잡종이 태어나리라고 기대할 수 없다. 이 불임성의 제거는 사육동물을 다양한 환경 속에 두고 자유롭게 생식시키는 것과 같은 원인에서 일어난다. 또한 이 사실은 사육동물이 그들의 생활 조건의 빈번한 변화에 서서히 순화된 결과이다.

평행하는 여러 사실의 계열은 최초에 교잡된 종과 그 중간적인 자손의 불임성에 많은 빛을 던져주는 것처럼 생각된다. 한편 생활 조건의 극히 적은 변화가 모든 생물의 건강과 임성(稔性)을 증대시킨다고 믿을 만한 충분한 이유가 있다. 또한 같은 변종 개체 사이, 그리고 다른 변종 개체 사이의 교잡은 자손 수를 증가시키며, 확실히 그 크기와 건강을 증대시킨다. 이것은 보통 교잡된 형태가 조금 다른 생활 조건에 노출된 까닭이다. 왜냐하면 나는 고통스러운 많은 실험을 통해 같은 변종의 모든 개체가 몇 세대 동안 같은 조건에 놓일 경우, 교잡에서 얻은 이익이 때로는 감소하거나 아주 소멸해 버린다는 사실을 확인했기 때문이다. 이것은 그러한 경우의 일면이다. 한편 오랫동안 거의 같은 조건에 놓였던 종은, 크게 변화한 새로운 조건 속에 구속되면 죽어버리거나 비록 생존해서 완전한 건강을 유지한다 해도 불임이 된다. 이러한 현상은 오랫동안 변동하기 쉬운 조건 속에 있는 사육동물에게는 일어나지 않으며, 일어난다 해도 아주 미미하다. 그래서 서로 다른 두 종의 교잡에 의해 태어난 잡종(hybrid)은 수정(fertilization)된 지 얼마 안 되었을 때나 매우 어린 시기에 죽어버리거나, 생존한다 해도 많든 적든 불임이 되기 때문에 그 수가 적은 것을 발견할 때, 그 결과는 그들 잡종이 2개의 다른 체제를 합한 것이므로 실제로 생활 조건의 큰 변화에 굴복했기 때문이라고 생각된다. 코끼리와 여우는 그들이 태어난 나라에서도 구속되면 번식하지 않는데 사육 돼지나 개는 매우 다양한 조건 속에서 자유롭게 번식하는 것을 명확하게 설명할 수 있는 사람은, 교잡된 2개의 다른 종은 그 잡종 자손과 마찬가지로 많든 적든 불임이 되는 데, 어째서 교잡된 2개의 사육변종과 그 잡종 자손은 완전히 임성을 갖는가 하는 의문에도 명쾌한 답을 줄 수 있을 것이다.

지리적 분포로 눈을 돌리면, 변화를 수반하는 유래설은 심각한 문제점에 부닥친다. 같은 종의 각 개체 및 같은 속의 모든 종, 또는 그보다 높은 군의 모든 종이 공통 조상에서 유래했다. 그러므로 그것이 지금 세계의 아무리 멀리 고립된 지역에서 발견된다 하더라도, 세대를 거듭하는 동안 어느 한 지역에서 다른 지역으로 옮겨간 것이 틀림없다. 대체로 어떻게 해서 그러한 일이 일어났는지 상상조차 하기 어렵다. 그러나 어떤 종이 헤아릴 수 없는 오랜 세월 동안 동일한 종의 형태를 유지하고 있다고 믿을 만한 이유가 있기 때문에, 같은 종이 널리 분포되어 있다고 하여 지나치게 중요시할 필요가 없다. 오랜 기간 동안 다양한 수단에 의한 광대한 지역으로 퍼져 나갈 기회는 얼마든지 있었을 것이기 때문이다.

분포지가 끊어지고 중단되어 있는 경우는, 종종 중간 지역에서 종이 멸종한 것으로 설명된다. 근대에 들어와 지구에 영향을 준 여러 가지 기후적, 지리적 변화에 대해 매우 무지하다는 사실은 부정할 수 없으나, 그와 같은 변화가 때로 이주를 쉽게 했을 것이 틀림없다. 나는 그 예로, 전 세계에 같은 종과 근연 종이 분포하는 데 빙하시대가 얼마나 큰 영향을 끼쳤는지를 설명했다.

우리는 많은 우연적인 수송 방법에 대해 아직도 전혀 아는 바가 없다. 같은 속의 다른 종이 멀리 떨어진 고립된 지역에서 생활하게 되기까지의 변화 과정은 틀림없이 완만했을 것이므로, 모든 이주 방법이 매우 오랜 기간 동안 가능했을 것이다. 따라서 같은 속의 여러 종이 광범하게 분포하는 문제는 어느 정도 해소된다.

자연선택설에 의하면, 현재 존재하는 변종과 같이 매우 작은 단계적 차이에 의해 하나하나의 군에서 각각의 종을 연결하는 무수한 중간 형태가 존재했을 것이 틀림없다. 그렇다면 우리는 왜 주위에서 이런 연쇄적인 형태를 발견하지 못하는가? 왜 모든 생물은 해명할 수 없을 만큼 복잡하게 섞여 있는 것인가?

오늘날 존재하는 직접 연결하는 고리를 찾으리라는—아주 드문 몇몇 예외를 제외하고—기대는 하지 말아야 한다. 우리는 그러한 현존생물과 멸종하여 다른 것에게 자리를 물려준 생물을 잇는 고리를 찾을 수 있을 뿐이다. 기후나 다른 생활 조건이 오랜 기간 동안 계속되어 왔으며 한 종이 차지하고 있는 지방에서 근연종이 차지하고 있는 다른 지방으로 눈에 보이지 않을 만큼 서서히 진행되었다면, 우리는 중간지대에서 중간 변종이 발견되리라고 기대할 수 없다. 왜냐하면 하나의 속 안의 약간의 종만이 변화하고 다른 종은 모두 멸종되어, 변화된 자손이 하나도 남아 있지 않다는 믿을 만한 이유가 있기 때문이다. 변화하는 종 가운데 같은 지역 안에서 동시에 변화하는 것은 얼마 되지 않으며, 모든 변화는 서서히 일어난다.

또한 나는 최초의 중간지대에 생활하던 중간적 변종은 인접한, 그 어느 쪽의 근연한 형태로도 변하기 쉽다고 설명했다. 왜냐하면 이와 같이 근연한 형태는 무수히 존재하므로, 소수의 중간적 변종보다 빨리 변화하고 개량되기 때문이다. 그리하여 중간적 변종은 마침내 다른 것으로 대체되어 멸종하는 것이다.

오늘날 세계에 현존하는 생물과 멸종한 생물 사이, 그리고 각 시대에 멸종한 종과 더욱 오래된 종 사이의 무수한 연결고리가 소멸되어 버렸다는 학설의 입장에서 볼 때, 왜 각 지층은 그와 같은 고리로 가득 차 있지 않은 것인가? 아무리 화석을 수집해도 생명체의 점진적인 차이와 변화에 대한 분명한 증거를 얻지 못하는 이유는 무엇인가?

지질학적인 탐험은 옛날부터 많은 연쇄가 존재한 사실을 명확히 밝혀냈고, 많은 생활체를 훨씬 가깝게 접근시켰으나, 자연선택의 이론상 필요한 과거 및 현재 사이의 무한히 적은 점진적 단계를 부여하지 않았으며, 내 사실은 이 학설에 대한 수많은 반론 가운데 가장 골치아픈 문제이다. 또한 왜 근연종의 모든 군(群)은―비록 이러한 출현이 이따금 거짓이라 해도―계속되는 지질학적인 단계에서 느닷없이 발생하는 것처럼 보이는 것일까? 생물이 이 지구상에 나타난 것은 헤아릴 수 없을 만큼 먼 캄브리아계의 최하층이 침전하기 훨씬 이전임을 안다고 해도, 왜 화석군의 조상의 유물을 저장한 대기층을 발견하지 못하는 것일까? 나의 학설에 의하면, 그러한 지층은 세계 역사에서 완전히 미지에 싸여 있는 태고 시대에 어딘가에서 퇴적했기 때문이다.

나는 이와 같은 의문이나 중대한 반론에 대해, 지질학적인 기록은 많은 지질학자들이 믿고 있는 것보다 훨씬 불완전하다는 가정을 통해 대답할 수 있다. 온 세계의 박물관에 진열된 생물 표본의 수는, 이미 존재했던 무수한 종과 방대한 세대를 비교한다면 새 발의 피나 다름없기 때문이다. 둘 또는 그 이상의 종의 조상 형태가 모든 형질에서 그의 변화된 형태와의 사이의 직접적인 중간이 아니다. 이는 들비둘기가 모이주머니와 꼬리로 보아 그의 자손인 파우터비둘기와 공작비둘기의 직접적인 중간종이 아닌 것과 같다. 우리가 어떤 종을 다른 변화한 종의 조상이라고 인정하려면, 그것을 얼마간 자세히 조사하더라도 많은 중간적 고리를 갖고 있지 않는 한 불가능하다. 또한 지질학적인 기록이 불완전하기 때문에, 우리는 그토록 많은 고리를 발견할 수 없다.

2개나 3개, 또는 그 이상의 연쇄 형태가 발견되며, 특히 그 차이가 매우 작다고 해도 다른 지질학적인 아층(亞層)에서 발견된 경우 내추럴리스트들은 새로운 종으로 간단히 취급해 버릴 것이다. 오늘날 여러 의심스러운 종류는 변종으로 분류할 수 있다. 그러나 장래에는 많은 화석적인 연쇄가 발견되어, 이러한 의심스러운 종류가 변종인지 아닌지의 여부를 결정할 수 있다고, 과연 누가 단언할 수 있겠는가? 지질학 답사가 이루어진 것은 세계의 작은 일부분에 지나지 않는다. 또한 화석으로 보존된 것은 일부 강(綱)의 생물뿐이다.

대다수의 종은 한 번 형성되면 그 이상 변화하지 않고, 변화한 자손을 남기지 않은 채 멸종한다. 종이 변화한 기간은 햇수로는 길지만, 같은 형태를 유지하고 있었던 기간과 비교하면 아마도 짧을 것이다. 가장 자주, 많이 변이하는 종은 우수하여 널리 전파되는 종이며, 변종은 처음에는 때로 국지적이다. 이 두 가지 원인 때문에 한 지층에서 중간 고리를 발견할 기회는 더욱 줄어든다. 국지적인 변종은 어느 정도 변화하여 개량되기 전에는 다른 먼 지역으로 퍼져 나가지 않는다. 그렇게 전파된 변종 화석이 어느 지층에서 발견될 경우, 마치 갑자기 그곳에서 창조된 것으로 보이기 때문에 단순히 새로운 종으로 분류될 것이다.

대부분의 지층 퇴적 동안 단절되며, 그 기간은 종의 평균 존속기간보다 짧았을 것이다. 연속적인 지층에는 실은 방대한 공백 기간이 있다. 왜냐하면 장래의 붕괴를 견딜 수 있을 만큼 두껍고 화석이 함유된 지층은 침하하고 있는 바다 밑에 다량의 침적물이 모이는 경우에만 퇴적되기 때문이다. 융기와 정상 상태가 되풀이 되는 시기에는 지질학의 기록도 공백이 된다. 이러한 공백 기간에는 모든 생물이 쉽게 변이할 수 있었는지도 모른다. 그리고 침하 시기에는 수많은 생물이 멸종했다.

캄브리아기층 최하부 밑에는 화석이 함유된 지층이 없다는 주장에 대해서는, 9장에서 설명한 가설을 되풀이할 수밖에 없다. 오늘날의 대륙과 대양은 어마어마하게 긴 기간 동안 거의 오늘날과 같은 상대적 위치를 지니고 있지만, 그렇다고 그것이 항상 그러했다고 가정할 수는 없다. 오늘날 알려져 있는 것보다 훨씬 오래된 지층이 큰 바다 밑에 묻혀 있을 것이다. 이 지구(planet)가 응고된 이래 추정되는 유기적 변화를 이룰 만큼 충분한 시간이 지나지 않았다는 것은 윌리엄 톰프슨 경의 설명에 의하면, 이미 제시된 것처럼 매우 중요한 이론의 하나이다. 이것에 대해 나는 다만 첫째, 우리가 햇수로 측정할 때 종이 어느 정도의 속도로 변화하는지 알 수 없다는 것, 둘째, 많은 철학자는 우리가 우주의 구성이나 지구 내부에 대해, 과거의 기간을 완전히 추측할 수 있을 만큼 알고 있다는 사실을 인정하려 하지 않는다는 것만 말해 두겠다.

지질학적 기록이 불완전하다는 것은 누구나 인정하겠지만, 나의 이론이 요구하는 정도까지 불완전하다고 인정하는 사람은 소수에 불과할 것이다. 만약 우리가 충분히 긴 시간 간격을 두고 볼 때, 지질학은 종이 모두 변화해온 과정을 뚜렷이 밝혀 주며, 종은 내 이론에 필요한 방법에 의해 서서히 조금씩 변화해 왔음을 명백하게 선언할 것이다. 이 사실은 연속되는 지층에서 나오는 화석 유물이 시간적으로 매우 떨어져 있는 지층에서 나온 화석보다 훨씬 더 밀접한 유연관계를 갖고 있는 점으로 알 수 있다.

이상의 내용이 내 학설에 대해 제기되는 주요 반론과 문제점이다. 이에 대해 내가 아는 범위 내에서 제시할 수 있는 답변과 설명을 간략히 요약했다. 나는 오랫동안 이 문제점 때문에 매우 고민했고 그 중요성을 의심하지 않았다. 그러나 비교적 중요한 반론은 우리가 무지하다는 문제와 관련이 있으며, 우리가 얼마나 무지한지 알지 못한다는 점을 특히 주의해야 한다. 우리는 가장 단순한 기관에서 가장 완전한 기관 사이에 있을 수 있는 모든 과도적인 단계에 대해 모르고 있다. 또한 오랜 세월 동안의 분포 방법을 모두 안다고 할 수 없으며, '지질학적 기록'이 얼마나 불완전한지에 대해서도 알지 못한다. 이러한 여러 가지 문제점들이 중요한 것은 사실이지만, 내가 볼 때 변화를 수반하는 유래설을 뒤엎을 만큼은 아니다.

품종 개량과 자연선택

논의를 다른 방향으로 돌려보자. 사육 재배 아래에서 변화한 생활 조건에 의해 야기되었거나 적어도 자극을 받아 많은 변이가 일어난다. 그러나 그것은 때로 매우 불확실한 방법에 의해 일어나기 때문에 흔히 변이를 우발적인 것이라고 생각하기 쉽다. 변이성은 여러 복잡한 법칙—성장의 상관관계, 용불용(用不用), 물리적 조건의 직접적인 작용 등—에 지배된다. 우리가 사육 재배하는 생물이 얼마나 뚜렷하게 변화했는지 확인하는 일은 매우 어렵지만 변화의 양이 크다는 것과 변화가 오랜 기간 동안 유전된다는 것은 쉽게 추론할 수 있다. 생활 조건이 같다면, 이미 많은 세대 사이에 계속해서 유전되어 온 변화가 앞으로도 거의 무한한 세대를 거듭하면서 계속 유전된다고 믿어도 좋다. 반면에 변이성이 작용을 시작하면 결코 정지하지 않는다는 증거도 있다. 우리는 아직까지 그것이 정지한 예를 알지 못한다. 가장 오래된 사육 재배 생물에서 지금도 이따금 새로운 변종이 나오고 있기 때문이다.

변이는 사람의 손으로 만들어지지 않는다. 사람은 오직 아무런 의도 없이 생물을 새로운 생활 조건에 노출시킬 뿐이며, 자연이 생물의 신체 조직에 작용하여 변이시키는 것이다. 그러나 사람은 자연이 제공하는 변이를 선택할 수 있으며, 실제로 선택함으로써 변이를 원하는 방향으로 축적시킨다. 그리하여 사람은 동식물을 자기 이익 또는 취향에 적합하도록 개량한다. 사람은 이러한 일을 조직적·방법적으로 달성하기도 하고, 그 품종을 변화시키려는 생각이 없을지라도 자기에게 가장 유용하고 마음에 드는 개체를 보존함으로써 무의식적으로 달성하기도 한다. 사람은 상당히 훈련된 안목이 없으면 판단할 수 없을 만큼 아주 미미한 개체적 차이를 선택함으로써, 어떤 품종의 형질에 크나큰 영향을 미쳐 왔다. 이 무의식적인 선택과정이 대부분의 유용한 사육 품종을 형성하게 만든 큰 원인이다. 사람에 의해 만들어진 많은 품종은 자연종의 형질을 갖고 있다. 그 대부분의 품종이 변종인가, 아니면 고유종인가 하는 문제는 풀 수 없는 의문으로 남아 있다.

사육 재배 아래에서 유력하게 작용한 원칙이 자연 상태에서 작용하지 않을 이유는 없다. 끊임없이 되풀이되는 '생존 경쟁'을 통해 유리한 개체 또는 품종을 보존하는 것이 바로 강력하고 끊임없이 작용하는 '선택'의 형태이다. 기하급수적인 증가율은 모든 생물의 공통된 속성이며, 그 속에서 생존 경쟁은 피할 수 없다.

이 높은 증가율은 3장에서 설명했듯이, 계산이나, 많은 동식물이 특수한 계절이 계속되거나 새로운 지방에 귀화했을 때 발생하는 급속한 증가에 의해 증명된다. 그리하여 자연계에서는 생존할 수 있는 것보다 더 많은 개체가 태어난다. 어떤 개체가 생존하고 어떤 개체가 죽을 것인가. 또 어떠한 변종 또는 종은 개체수가 늘어나고 다른 종은 개체수가 줄어 결국 멸종할지는 아주 사소한 차이로 결정된다. 같은 종의 개체는 모든 점에서 가장 격렬하게 경쟁하기 때문에 그들 사이의 투쟁은 일반적으로 매우 치열하다. 이 투쟁은 같은 종의 변종 사이에서도 그에 못지않게 치열하며, 그 다음이 같은 속의 종 사이에서 일어나는 경쟁일 것이다. 한편 자연의 질서에서 매우 멀리 떨어져 있는 생물 사이에서도 종종 매우 치열한 경쟁이 벌어진다. 어떤 개체가 연령이나 계절에서 경쟁 상대보다 약간이라도 이점을 가지거나, 주위의 물리적 조건에 아주 미미한 정도라도 좀더 적응해 있으면 그 생물은 결국 우세한 위치를 차지한다.

암수가 나뉜 동물에서는 대체로 암컷을 소유하기 위하여 수컷 사이에 경쟁이 일어난다. 가장 건강한 수컷, 또는 그 생활 조건과 싸워서 성공한 개체가 가장 많은 자손을 남기게 된다. 그러나 성공은 가끔 수컷의 특수한 무기나 방어수단이나 매력에 좌우되며, 아주 사소한 이점도 승리로 이끌어줄 것이다.

하나하나의 육지도 물리적으로 큰 변화를 입은 사실은 지질학을 통해 널리 알려져 있으므로, 생물이 사육되어 변이하는 것과 마찬가지로 자연 속에서도 변이하는 사실을 당연히 예상할 수 있다. 그리고 자연 속에 변이성이 존재하는데, 거기에 자연선택이 작용하지 않는다면 도저히 설명할 길이 없을 것이다. 자연 속에서 변이되는 양은 엄밀히 제한되어 있다는 주장도 가끔 제기되지만, 그 주장은 증명이 불가능하다.

인간은 오직 외적인 형질에만, 그것도 종종 아무렇게나 간섭할 뿐이지만, 사육 재배 생물의 단순한 개체적 차이를 누적시키는 것만으로 단기간에 커다란 결과를 만들어낼 수 있다. 종이 개체적 차이를 나타낸다는 것은 누구나 인정하는 사실이다. 그러나 이와 같은 차이 외에, 모든 내추럴리스트는 분류학상 기록해둘 가치가 있을 만큼 충분히 확실하다고 생각되는 변종의 존재를 인정한다. 개체적 차이와 미묘한 변종 사이, 또는 비교적 특징이 뚜렷한 변종 및 아종과 종 사이에 명확한 경계선을 그을 수 있는 사람은 아무도 없다. 분리된 대륙 또는 어떠한 장애에 의해 격리된 대륙의 여러 지방에, 또는 멀리 떨어진 섬 위를 보면, 어떤 학자는 변종으로 분류하고 다른 학자는 지리적인 종족 또는 아종으로 분류하며, 또 다른 학자는 극히 가깝기는 하지만 다른 종으로 분류하는 종류가 얼마나 많은가!

동식물이 아무리 경미하고 완만하기는 해도 변이한다면, 어떻게 유익한 변이 또는 개체적 차이가 자연선택이나 적자생존에 의해 보존되고 축적되지 않는다고 할 수 있겠는가? 사람도 자신에게 유리한 변이를 참을성 있게 선택하는데, 변화하는 생활 조건 속에서 어떻게 자연계의 생물에 유용한 변이가 보존되고 선택되지 않을 수 있겠는가? 오랜 기간에 걸쳐 각 생물의 체질과 구조, 습성을 엄밀하게 음미하여 유용한 것은 선택하고 해로운 것은 배제하는 작용을 해온 이 힘을 과연 제할 수 있을까? 나는 교묘하게 각 생물을 매우 복잡한 생활 관계에 적응시키는 이 힘에 제한이 있으리라고는 생각지 않는다. 이 이상 검토하지 않아도 자연선택설이 본질적으로 매우 옳다고 나는 생각한다. 나는 되도록 공정하게 이 학설에 제기된 문제점과 반론에 대해 간략히 요약했다. 그러므로 다음에는 이 학설에 유리한 특수한 사실과 논의에 대해 알아보기로 하겠다.

자연선택설에 유리한 사실

종은 확실한 특징이 있는 영속적인 변종에 지나지 않으며, 또 각각의 종은 본디 변종으로서 존재했다는 견해에서 보면, 보통 창조주가 만들었다고 여겨지는 종과, 2차적인 법칙에 의해 만들어졌다고 여겨지는 변종 사이에 명확한 경계선을 긋지 못하는 이유가 설명된다. 이러한 견해로 보면, 어떤 한 속에서 여러 종이 발생하고, 지금도 번영하고 있는 지역에서는 어디서나 이러한 종들이 여러 변종을 낳는 까닭이 무엇인지도 이해할 수 있다. 왜냐하면 종의 생산 공장이 계속 가동되어온 곳에서는 일반 규칙으로서 아직도 가동되고 있다고 기대할 수 있기 때문이다. 또 변종이 발단종이라면 그야말로 그렇게 되어야 한다. 그뿐만 아니라 여러 변종 또는 발단종을 다수 만들어내는 비교적 큰 속의 종은 어느 정도 변종의 성격을 유지하고 있다. 그러한 종을 구별하는 차이가, 비교적 작은 속의 종 사이의 차이보다 적기 때문이다. 큰 속에 속한 근연종은 분포지가 한정되어 있으며, 그 유연관계는 다른 종 주위에 작은 군을 이루고 뭉쳐 있다. 이 두 가지 점에서도 변종과 유사하다. 이러한 관계는 각각의 종이 개별적으로 창조되었다는 견해에서 볼 때는 기묘하게 보이겠지만, 모든 종이 처음에는 변종이었다고 생각하면 쉽게 이해할 수 있다.

모든 종은 기하급수적인 비율로 증식하여 그 개체수를 무한히 증가시키려는 경향이 있다. 또한 각 종의 변화된 자손은 습성이나 구조가 더욱 복잡해져서 자연의 질서 안에 많고 다양한 지위를 차지함으로써 개체수를 늘릴 수 있기 때문에, 자연선택에서는 어느 종이나 가장 분기적인 자손을 보존하려는 경향을 끊임없이 볼 수 있다. 그래서 오랫동안 변화과정을 겪으면서, 같은 종의 변종 사이에서 보이는 경미한 차이는 같은 속의 종 사이에서 나타나는 더 큰 차이로 확대된다.

개량된 새로운 변종은 필연적으로 오래되고 그다지 개량되지 않은 중간적인 변종을 밀어내고 멸종시킬 것이다. 그리하여 종은 매우 확실하게 구별된다. 큰 속에 속하는 우세한 종에는, 새로운 우세한 종류를 탄생시키는 경향이 있다. 그 결과 큰 군은 더욱 커지고, 동시에 그 형질을 더욱 분기하는 경향을 가지게 된다.

그런데 모든 군이 그렇게 커지는 것은 아니다. 자연이 그들을 다 포용할 수 없기 때문에 더 우세한 군이 열등한 군을 패배시키게 된다. 큰 군이 종의 수를 늘리고 형질을 분기하는 한편 다수의 멸종도 불가피하다. 이로써 모든 생물이 계층적으로 배열되는 이유가 설명된다. 작은 군은 큰 군에 속하고 마지막에는 몇몇 큰 강으로 묶을 수 있다. 모든 생물을 이 '자연분류법'으로 구분할 수 있다는 위대한 사실은 창조이론으로는 도저히 설명하지 못할 것이다.

자연선택은 계속적으로 일어나는 유리한 변이를 축적함으로써 작용하므로, 크고 급격한 변화를 낳지는 못한다. 아주 짧고 느릿한 걸음을 한 발 한 발 옮겨 갈 뿐이다. 우리의 지식에 새로운 것이 더해질수록 점점 더 부정하기 어려워지는 '자연은 비약하지 않는다'는 격언은 자연선택설을 통해 완전히 이해할 수 있다. 우리는 자연계를 통해 왜 똑같은 일반적인 목적이 거의 무한대로 복잡한 수단에 의해 달성되는지를 알게 된다. 그것은 모든 특징이 한 번 얻으면 오래 유전하며, 다른 많은 방법에 의해 이미 변화된 구조는 같은 일반적인 목적에 적응해야 하기 때문이다. 자연이 변종에는 관대하지만 혁신에는 인색한 까닭도 이로써 명백해진다. 그러나 각 종이 개별적으로 창조되었다면 이러한 자연의 법칙이 왜 존재하는지 아무도 설명할 수 없을 것이다.

그 밖의 많은 사실도 자연선택설로 설명할 수 있고 생각한다. 딱따구리 (Woodpecker) 모양을 한 새가 땅 위의 곤충을 잡아먹도록 창조되거나, 여간해서는 또는 전혀 헤엄치지 않는 높은 지대에 사는 거위에 물갈퀴가 있고, 개똥지 빠귀(Thrush)와 비슷한 새가 물속에 들어가서 수생곤충을 잡아먹으며, 바다제 비(Petrel)가 바다까마귀(Auk)나 초병아리와 같은 생활에 적합한 습성과 구조를 가지도록 창조된 까닭은 무엇인가? 이밖에도 이처럼 기묘한 사례는 얼마든지 있다. 그러나 모든 종은 끊임없이 개체수를 늘리려 하고 있고, 자연선택은 언제나 서서히 변이하는 각 종의 자손을 자연계의 아직 점령되지 않은, 또는 조금밖에 점령되지 않은 장소에 적응시킬 준비를 하고 있다고 생각해 보면, 이러한 사실은 기묘한 것이 아니라 오히려 당연한 것이다.

우리는 자연계에 수많은 아름다움이 존재하는 원인을 어느 정도 이해할 수 있다. 왜냐하면 그것은 대부분 자연선택의 작용에 의한 것이기 때문이다. 우리의 미적 감각으로 보아 아름다움이 보편적인 것이 아니라는 것은 독사나 어류, 또는 불쾌하고 사람 얼굴을 닮은 무서운 박쥐를 본다면 누구나 인정할 것이다. 성선택은 매우 화려한 색깔과 아름다운 모양, 장식이 많은 조류와 나비류, 또는 여러 동물의 수컷과 때에 따라서는 양성에 나타난다. 조류의 경우 성선택에 의해 가끔 수컷의 소리가 그 암컷이나 우리의 귀에 음악적으로 들리게 된다. 꽃과 과일에, 곤충이 꽃을 쉽게 알아보고 찾아와 수정할 수 있도록, 또한 조류가 씨앗을 널리 퍼뜨릴 수 있도록 녹색 잎과 대조되는 화려한 색채로 눈길을 끈다. 어떤 색체와 소리, 형태가 인간과 그보다 하등한 동물에게 쾌감을 주게 되었는가, 즉 어떻게 하여 더욱 단순한 형태의 미적 감각을 처음 획득하게 된 원인을, 어떤 향기와 맛이 처음에 가장 알맞게 된 까닭을 알 수 없는 것처럼 그 또한 알지 못한다.

자연선택은 경쟁에 의해 작용하므로, 어느 지방에 사는 생물이든 함께 사는 생물과의 관계를 통해서만 적응하고 개량된다. 따라서 어떤 지방에서 고유하게 창조되고 적응한 종이 다른 지방에서 귀화한 생물에게 패하여 쫓겨나는 것을 보아도 조금도 놀랄 필요는 없다. 또한 자연계의 모든 장치가, 예컨대 사람의 눈처럼 우리가 판단하기에 전적으로 완전하지 않고, 또 합목적성의 관념에서 벗어나는 생물이 있다 해도, 역시 놀랄 필요가 없다. 벌이 적에게 침을 사용하면 그 자신도 죽어버리고, 단 한 번의 교미를 위해 그토록 많은 수벌이 태어나 결국 불임인 자매들에게 죽임을 당하고, 전나무가 많은 꽃가루를 낭비하고, 여왕벌이 임성을 가진 딸을 본능적으로 증오하고, 맵시벌 유충이 쐐기벌레(Catepillar)의 몸 안에 살면서 그것을 먹어치우는 등 그 밖의 비슷한 여러 예를 보더라도 이상하게 여길 필요는 없다. 자연선택설의 입장에서 볼 때 놀라운 점은 절대적인 완전성이 없는 예가 이처럼 흔히 관찰되지 않는다는 사실이다.

변이를 지배하는 복잡한 법칙은 거의 밝혀지지 않았지만 우리가 알고 있는 범위 안에서는 종의 형태 생성을 지배해온 법칙과 같다. 두 경우 모두 물리적 조건이 직접적인 영향을 약간 미치지만, 그것이 어느 정도인지는 알 수 없다. 다만 변종이 새로운 장소에 들어가면 그 종이 가진 고유한 형질 가운데 그 땅에 적합한 형질을 띠게 된다.

변종이든 종이든 용불용의 영향을 받아온 듯하다. 집오리(Domestic duck)처럼 날지 못하는 작은 날개를 가진 먹통오리(Logger-headed duck), 굴속에서 사는 눈먼 투코투코(Tucu-tucu)나 눈이 피부로 덮여 있어 앞을 보지 못하는 두더지(Mole), 아메리카나 유럽의 어두운 동굴 속에 사는 눈이 보이지 않는 동물들을 보면, 용불용의 영향을 부정하지 못할 것이다.

변종이나 종 모두 성장의 상관관계가 중요한 구실을 하는 듯하다. 어떤 한 부분이 변하면 다른 부분도 필연적으로 변하는 것이다. 변종이나 종이나, 오랫동안 잃어버렸던 형질로 돌아가는 귀선유전(歸先遺傳)이 때때로 일어난다. 말속(馬屬)에 속하는 몇몇 종이나 그 잡종의 어깨와 발에 이따금 무늬가 나타나는 것은 창조이론으로는 설명할 수 없다. 그러나 사육하는 비둘기 품종이 파란 몸에 줄무늬가 있는 들비둘기에서 나온 것처럼, 이러한 말 속의 종도 모두 줄무늬가 있는 조상에게서 나왔다고 믿는다면, 이 사실은 참으로 간단히 설명할 수 있다.

같은 속의 종이 지닌 상이한 형질이, 그 속의 모든 종에 공통으로 나타나는 형질보다 더 쉽게 변이한다. 개개의 종이 독립적으로 창조되었다는 기존의 창조이론으로 이 점을 어떻게 설명할 것인가? 예컨대 한 속의 어느 종이 지닌 꽃 색깔이 변이할 때, 독립적으로 창조되었다고 여겨지는 같은 속 다른 종의 꽃 색깔이 다를 가능성이, 모든 종의 꽃 색깔이 같은 경우보다 더 크다. 그 까닭은 형질이 거의 영속적으로 고정되어 명확해진 변종이 종에 지나지 않다고 생각하면 이해하기 쉽다. 종마다 서로 다른 형질은 그 종이 공통된 조상에게서 분기한 이후에 변이를 일으켜 왔으므로, 기나긴 세월 동안 변화하지 않고 유전되어 온 속 전체의 공통 형질보다도 훨씬 변이하기 쉽기 때문이다. 어떠한 속의 오직 하나의 종에만 극히 이례적으로 발달한 부분, 즉 그 종에서 매우 중요하다고 추론할 수 있는 체부가 왜 두드러지게 변이하기 쉬운가는 창조설로 설명하지 못한다. 나의 학설에 따르면, 이 체부는 많은 종이 공통의 조상으로부터 분기한 이래 헤아릴 수 없이 많은 변이와 변화를 거듭해 왔으며, 따라서 그 체부가 일반적으로 지금도 여전히 쉽게 변이한다고 예상할 수 있다. 그러나 박쥐 날개처럼 극히 비정상적으로 발달했다고 해도, 그 체부가 많은 하위 종 형태와 공통된다면, 즉 매우 오랫동안 유전되어온 것이라면 다른 구조보다 쉽게 변이하지 않는다. 이 경우 그 체부는 오래 계속된 자연선택에 의해 영속적인 형질이 되었기 때문이다.

본능에 대해 살펴보면, 어떤 것은 확실히 놀랍지만 그 본능도, 계속적으로 일어나는 경미하고 유용한 여러 가지 변화에 자연선택이 작용한다는 학설에 의한다면, 신체적 구조보다 더 큰 문제점을 제기하지 않는다. 그리하여 자연이 같은 강에 속하는 여러 동물에 많은 본능을 부여할 때 점진적 단계를 밟는 이유를 이해할 수 있다. 나는 점진적인 변화의 원칙이 꿀벌의 놀라운 집짓기 능력을 이해하는 데에 얼마나 많은 빛을 던져주는지 설명하고자 했다. 물론 습성도 때때로 본능을 변화시키는 데 작용하지만, 오래 유지된 습성을 물려 줄 자손을 낳지 않는 중성 곤충의 경우에서 볼 수 있듯이 반드시 필요한 요소는 아니다.

같은 속의 모든 종이 공통의 조상에서 나왔고, 많은 특징을 공통으로 물려받았다는 견해에 따르면, 왜 근연종이 전혀 다른 생활 조건 속에서도 거의 같은 본능에 따르는 것인지, 이를테면 왜 열대 및 온대인 남아메리카의 티티새가 영국산 종과 마찬가지로 둥지 안에 진흙을 바르는지를 설명할 수 있다. 본능이 자연선택에 의해 서서히 얻어진 것이라는 견해에서 보면, 어떤 본능은 완전하지 않고 잘못을 저지르기 쉬운 것과, 다른 동물들을 괴롭히는 본능이 많이 있는 것도 전혀 놀라운 일이 아니다.

종이 단지 특징이 뚜렷한 영속적인 변종에 불과하다면, 우리는 교잡된 자손이 조상을 닮는 정도나 또는 닮는 방법에서—연속적으로 내려오는 교잡에 의해 서로 흡수되는 등 그 밖의 점에서—변종으로 인정되는 것들의 교잡으로 태어난 자손의 경우와 똑같은 복잡한 법칙을 따르는지 이해할 수 있다. 만일 종이 독립적으로 창조되고 변종은 2차적인 법칙에 의해 만들어졌다면 이러한 사실을 이해할 수 없다.

지질학적인 기록이 매우 불완전하다는 점을 인정한다면, 이 기록이 제공하는 사실은 변화를 수반하는 유래설을 확고히 지지해 준다. 새로운 종은 서서히, 계속되는 간격을 둔 단계 위에 나타나며, 변화의 총량은 같은 시간 간격을 두고 나타난 경우라도 각각의 군에 따라 매우 다르다. 종과 종군(種群) 전체의 멸종은 생물계의 역사에 매우 뚜렷한 역할을 했는데, 이는 거의 필연적으로 자연선택의 원리에서 발생한다. 새롭게 개량된 생물이 오래된 생물의 지위를 빼앗기 때문이다. 개개의 종이든 종군이든 일반적인 세대의 연쇄가 한번 끊어져버리면 다시는 출현하지 않는다.

우세한 생물이 자손을 서서히 변화시키면서 점차 영역을 넓혀가면, 오랜 시간이 지난 뒤에는 여러 종류가 전 세계에서 동시에 나타난 것처럼 보인다. 각 지층의 화석이 그 위아래의 지층에 있는 화석에 비해 어느 정도 중간적 형질을 가지고 있다는 사실은, 그러한 화석이 유래의 연쇄 속에서 중간적인 위치를 차지하기 때문이라고 간단히 설명할 수 있다. 멸종한 모든 생물이 현존하는 생물과 같은 계통에 속하고, 후자와 똑같은 어느 군 또는 중간적인 군 속에 들어간다는 위대한 사실은 현존하는 생물과 멸종한 생물이 공통조상의 자손이기 때문이다. 종은 보통 오래된 기원과 변화과정 사이에서 형질이 분기되었기 때문에 더 오래된 종류, 즉 각 군의 초기 조상이 어떻게 때때로 현존하는 여러 군 사이에서 중간적인 지위를 차지하는지, 그 이유를 이해할 수 있을 것이다.

새로운 종류는 일반적으로 그 체제의 단계상, 전체적으로는 오래된 종류보다 고등해 보인다. 실제로 그러한 종류는 후기에 더욱 개량된 종류가 생존 경쟁에서 더 오래되고 덜 개량된 종류들만큼 고등하다. 그러한 종류는 여러 기능면에서도 한층 더 전문화된 기관을 가지고 있다. 이 사실은 많은 생물이 단순한 생활 조건에 적합한 단순하고 별로 개량되지 않은 구조를 갖고 있는 것과 완전히 양립한다. 그것은 어떤 종류가 유래의 각 단계에서 새롭고 퇴화된 생활 습성에 더욱 잘 적응하게 되어 그 체제를 퇴화시킨 것과도 양립한다. 마지막으로 같은 대륙에서 근연한 생물이—호주의 유대류(Marsupials), 남아메리카의 빈치류(Edentata) 등—오래 생존하는 불가사의한 법칙도 이해할 수 있다. 고립된 토지에서는 현존하는 생물과 멸종한 생물 모두 공통조상에게서 유래했기 때문이다.

지리적 분포를 살펴보자. 옛날에 일어난 기후·지리 변화와 잘 알지도 못한 채 이용한 여러 가지 이동 수단에 의해 오랫동안 세계의 어느 지역에서 다른 지역으로 대규모 이주가 이루어졌음을 인정한다면, '분포'에 관한 위대하고 중요한 사실 대부분은 변화를 수반하는 유래 이론으로 이해할 수 있다. 생물의 공간적 분포와 시간적인 지질학적 변천 사이에는 뚜렷한 평행 관계가 존재한다. 그 까닭은 어느 쪽이든 생물은 변화를 수반하지 않는 세대교체라는 유대로 결합되어 있고, 또 그 변화방법이 예나 지금이나 같기 때문이다.

모든 여행자들을 놀라게 하는 불가사의한 사실이 있다. 바로 같은 대륙의 더운 곳과 추운 곳, 고산과 저지대, 사막과 습지 같은 매우 다양한 조건 속에서 같은 강에 속하는 각종 생물이 살고 있으며 서로 명백한 유연관계를 가진다는 것이다. 그 까닭은 이러한 생물이 같은 조상이나 이른 시기에 이주한 생물의 자손이기 때문이다.

과거에 이주했다는 점과 이주자 대부분이 그 뒤 변화를 겪었다는 점, 그리고 그 사이에 끼어 있는 빙하시대를 생각하면, 멀리 떨어진 산과 산에서, 또 북쪽과 남쪽의 따뜻한 지대에서 몇 가지 식물이 동일할 뿐만 아니라 다른 많은 식물들이 매우 근연인 것을 이해할 수 있고, 마찬가지로 북쪽과 남쪽의 온대 바다는 열대 바다에 의해 완전히 분리되어 있는데도 양쪽의 온대 바다에 사는 생물 일부가 밀접한 유연관계를 가지는 것을 이해할 수 있다.

어떤 두 지역이 생활의 물리적 조건이 같더라도 두 지역이 오랫동안 완전히 격리되어 있었다면, 그곳에 사는 생물이 서로 매우 다르다 해도 놀라운 일이 아니다. 생물에게 가장 중요한 관계는 물리적 환경이나 다른 여러 요인보다 생물간의 관계가 가장 중요하기 때문이다. 이 두 지역은 다양한 시기에 다른 비율로 제3의 지역에서 또는 상호 간에 이주자를 받아들였을 것이므로, 두 지역의 변화과정은 필연적으로 달랐을 것이다.

이주한 뒤의 변화를 생각하면, 대양도(大洋島)에는 생물종이 많지 않지만 특유한 종류인 까닭을 이해할 수 있다. 또한 개구리나 육생포유류(陸生哺乳類)처럼 넓은 바다를 건널 수 없는 동물이 대양도에 살지 않는 이유는 무엇인지, 한편 바다를 건널 수 있는 박쥐의 고유종이 어느 대륙에서나 멀리 떨어진 섬에서 종종 발견되는 것은 무엇 때문인지 명백하게 이해할 수 있다. 대양도에 박쥐의 고유종이 있는데 다른 포유류는 전혀 없다는 사실은 창조이론으로는 전혀 설명할 수 없다.

두 지역에 매우 근연한 종 또는 대체종(代替種)이 있는 까닭은, 변화를 수반하는 유래 이론에 따르면, 한때 같은 조상이 두 지역에 살고 있었다는 뜻이다. 그리고 두 지역에 매우 근연한 종이 많이 살고 있는 경우에는 거의 언제나 두 지역에 동일한 같은 종이 현재도 몇 종류 존재하고 있다. 매우 비슷하지만 다른 종이 많이 있는 경우에는, 반드시 같은 종의 변종이나, 변종인지 다른 종인지 의심스러운 종류도 많이 발견된다. 각각의 지역에 사는 생물이 이주자의 원 거주지였을 가능성이 높은 매우 근접한 토지의 생물과 유연 관계를 가진다는 것은 아주 일반적인 규칙이다. 이것은 갈라파고스(Galapagos) 제도, 칠레의 후안 페르난데스(Juan Fernaadez)섬, 그 밖에 아메리카의 여러 섬에 사는 거의 모든 동식물이 섬과 가까운 아메리카 본토의 동식물과 뚜렷한 유연 관계가 있으며, 케이프베르데 제도 및 아프리카 여러 섬의 동식물도 아프리카 본토의 생물과 똑같은 관계를 보인다. 이러한 사실은 창조이론으로는 전혀 설명할 수 없다.

과거와 현재의 모든 생물이 군에 종속하는 군을 이루고, 멸종한 군이 때로는 현생의 군 사이에 끼어 설명한 큰 강에 모두 배열된다는 사실은, 멸종이나 형질 분기가 생긴다는 학설로 설명할 수 있다. 이와 같은 원칙에 의해, 각각의 강에 속하는 생물 상호 간의 유연관계가 매우 복잡하고 우회적인 이유를 알 수 있다. 또한 왜 어떤 형질이 다른 형질보다 분류에 더 유용한가—적응 형질은 생물에게 더없이 중요한데 왜 분류에 있어서는 별로 도움이 되지 않는가—어째서 흔적기관에서 나온 형질은 그 생물에게 별로 쓸모가 없는데 분류상으로는 때때로 높은 가치를 지니는가, 왜 발생학적 형질이 무엇보다 가장 중요한가 등을 이해할 수 있다.

적응에 의한 분류와는 달리, 모든 생물의 진정한 유연관계는 유전 또는 공통된 유래에 바탕한다. 자연 분류는 계통적인 배열이며, 변종·종·속·과 등으로 분류된다. 그에 따라 살아가는 데 전혀 도움이 안 되더라도 가장 영속적인 형질에 의해 유래의 계통을 발견하게 된다.

사람의 손, 박쥐 날개, 돌고래(Porpoise) 지느러미, 말의 다리를 구성하는 뼈가 같은 것, 기린과 코끼리 등에서 목을 구성하는 등골뼈의 수가 같은 것과 같은 셀 수 없는 사실은 완만하고 경미하게 계속되는 변화를 수반하는 유래 이론으로 쉽게 설명할 수 있다. 서로 다른 목적으로 사용되는 박쥐의 날개와 발, 게 (Crab)의 턱과 발, 꽃의 꽃잎과 수술, 암술 등의 구조패턴이 비슷한 것도, 원래 이런 각 강의 초기 조상 때는 닮았던 체부나 기관이 점차 변화했기 때문이라고 이해할 수 있다.

연속적인 변화가 반드시 성장 초기에 발생하지 않으며, 또 일생 가운데 빠른 시기가 아닌 일정한 연령에 유전된다는 원리에 의하면, 포유류와 조류 그리고 파충류와 어류의 배는 매우 비슷한데 그 성체는 닮지 않은 까닭을 명백히 알 수 있다. 공기를 호흡하는 포유류와 조류의 배가 잘 발달된 아가미로 물속에 용해된 공기를 호흡하는 어류와 마찬가지로 아가미구멍과 고리 모양으로 달리는 동맥을 가지고 있다는 사실도 더는 놀랍지 않다.

습성이나 생활 조건의 변화로 어떤 기관이 쓸모없게 되었을 때는 불용(不用)이 자연선택의 도움을 받아 그 기관을 축소시켜 간다. 이렇게 생각하면 흔적기관의 의미를 확실히 이해할 수 있다. 그러나 보통 불용이나 선택은 생물이 각기 성숙기에 이르러 생존 경쟁 속에서 충분히 자기 역할을 발휘할 때 그 생물에 작용하며, 성장시기의 기관에는 거의 영향을 주지 않는다. 그러므로 이 기관은 어린 시기에는 축소되지도 않고 흔적으로 남지도 않는다.

태내의 송아지에게는 위턱의 잇몸 속에 묻혀 있는 이빨이 있다. 이는 잘 발달된 이빨을 가졌던 초기 조상으로부터 유전받았다. 따라서 성장한 소의 이빨은 세대를 거듭하는 동안 불용에 의해, 또는 혀와 위턱, 입술 등이 자연선택에 의해 이빨의 도움을 받지 않고 풀을 잘 뜯어 먹도록 적응했기 때문에 축소된 반면, 송아지의 이빨은 불용이나 선택의 영향을 받지 않고, 일정한 연령에 유전하는 원칙에 따라 오랜 옛날부터 오늘날까지 전해진 것이라고 믿어도 무방하다.

각각의 생물과 서로 다른 기관이 개별적으로 창조되었다는 생각에 의한다면, 송아지의 이빨이나, 일부 집게벌레(Beetle)에 유착된 날개덮개(wing-cover) 아래 숨어 있는 날개 같은 부위에 이토록 빈번하고 명백하게 불용의 낙인이 찍혀 있는 것을 설명할 길이 없다. 자연은 흔적기관이나 상동구조(相同構造)를 통해 변경 순서를 알려주고 있는 셈이다. 그러니 우리가 일부러 그것을 이해하지 않으려고 애쓸 이유도 없을 것이다.

변화를 수반하는 유래이론의 유효성

이상으로 나는 종이 오랜 유래의 과정을 지나는 동안 변화했음을 확신하게 해준 사실과 고찰에 대해 요약했다. 이 변화는 계속되는 사소하고 유리한 변이의 자연선택에 의해 주로 이루어지지만, 각 체부의 용불용의 유전효과에도 매우 큰 도움을 받고 있고, 또 별로 중요하지는 않지만, 과거 또는 현재의 적응적 구조에 대해서는 외부 조건의 직접 작용에 의해 큰 도움을 받으며, 우리의 무지 때문에 우발적으로 생기는 것처럼 보이는 변이의 도움도 받는다. 나는 전에는 나중에 말한 이 종류의 변이 빈도와 가치를, 자연선택과는 관계없이 구조의 영속적인 변이로 이끄는 것으로서 지나치게 과소평가했던 것 같다.

그런데 최근에는 나의 결론이 매우 잘못 받아들여져서, 내가 종의 변화는 오로지 자연선택의 결과라고 말한 것처럼 알려진 까닭에, 여기서는 이 책의 초판에서도, 또 그 다음에도 독자의 눈에 가장 잘 띄는 곳—서론의 끝—에서 이렇게 말해 두었음을 유의해 주기 바란다. "나는 자연선택이 변화의 가장 중요한 방법이기는 하지만 유일한 방법은 아니라고 확신한다."

그러나 이 말은 별다른 효과가 없었다. 독자들에게 계속해서 잘못 전달되는 경향이 많기 때문이다. 그러나 다행히도 과학의 역사가 그러한 경향이 오래가지 못함을 보여주고 있다.

이 이론이 틀렸다면, 자연선택설과 마찬가지로 앞에서 열거한 몇 가지 사실들을 그토록 만족스럽게 설명하지 못했을 것이다. 최근에는 이것이 논의 방법으로서 좀 안전하지 못하다는 반대 의견도 있지만, 이는 생활에서 일반적으로 생기는 일을 판단하는 방법으로 이따금 자연철학자들이 종종 사용한 방법이기도 하다. 빛의 파동설은 이렇게 함으로써 이룩되었고, 지구가 자전축 위를 회전한다는 견해도 최근까지는 거의 직접적이 아닌 증거로 지지되었다. 과학이 생명의 본질이나 기원 등 좀더 고차원적인 문제에는 빛을 밝히지 못한다는 것 역시 정당한 반대 의견이라고 할 수 없다. 어느 누가 중력의 본질이 무엇인지 설명할 수 있단 말인가.

라이프니츠가 한때 "신비성과 기적을 철학 속으로" 유도해 넣었다며 뉴턴을 비난했지만, 오늘날 인력이라는 미지의 요소에서 나오는 결과를 탐구하는 것에 반대하는 사람은 아무도 없다.

왜 이 책에서 말한 견해가 모든 사람의 종교심을 뒤흔들었는지 나는 그 까닭을 알지 못한다. 그와 같은 인상이 얼마나 유동적인 것인가를 표시하려면, 인간이 한때 이룬 최대의 발견인 중력의 법칙 역시 "자연종교에 의해 계시종교를 파괴시킨 것"으로서 라이프니츠의 공격을 받은 것이 생각날 뿐이다. 어느 유명한 책을 저술한 한 신학자가 나에게 편지를 보내 말했다. "저절로 발달하여 다른 유용한 생물이 되는 능력을 가진 소수의 근원적인 종류를 하느님이 창조했다고 믿는 것은, 하느님 법칙의 작용으로 생긴 빈자리를 채우기 위해 하느님이 새로운 창조 행위를 필요로 했다고 믿는 것과 마찬가지로, 하느님에 대한 참으로 고귀한 개념이라는 것을 차츰 이해하게 되었습니다."

그런데 왜 현대의 가장 뛰어난 내추럴리스트와 지질학자들은, 종이 변화할 수 있다고 보는 이 견해를 일축하고 말았던 것일까?

생물은 자연 상태에서 결코 변이하지 않는다고 단언할 수 없으며, 오랜 세월 동안 일어나는 변이의 양이 한정되어 있다는 점은 증명할 수 없다. 종과 확실한 변종 사이는 지금까지 명확히 구별되지 않았고, 구별할 수도 없다. 종이 교잡하면 반드시 불임이 되지만 변종 사이에서는 반드시 임성이 생긴다거나, 불임성은 특별한 천성이고 창조의 증거라는 주장도 할 수 없다. 세계 역사가 짧다고 생각하던 때에는 종이 변화하지 않는다고 믿을 수밖에 없었다. 그러나 시간이 지남에 따라 어느 정도 개념을 얻게 된 오늘날에도 자칫하면 지질학적 기록은 완전하여, 종이 변화해 왔다면 그 명백한 증거가 있어야 할 것이라고, 근거도 없이 단순하게 생각하기 쉽다.

그러나 하나의 종에서 또 다른 종이 태어났다는 점을 믿지 않으려는 자연스러운 경향의 주요 원인은, 우리가 단계를 찾지 못한 채 큰 변화를 인정하려면 마음의 준비를 할 시간이 필요하기 때문이다. 깊숙한 내륙에 길게 갈라진 절벽이 생기거나 거대한 골짜기가 패인 것은 해안에 밀어닥친 파도가 시나브로 만들어낸 것이라고 라이엘(Lyell) 경이 처음 주장했을 때, 많은 지질학자들이 지금과 같은 난색을 표했다. 인간의 머리로는 백만 년이라는 숫자의 의미를 충분히 이해하지 못했고, 더욱이 거의 무한한 세대 동안 축적된 수많은 작은 변이들이 가져온 완전한 효과에 대해서는 더더욱 지각할 수 없었기 때문이다.

나는 개요의 형식으로 책에서 소개한 견해가 진리라고 마음속으로 확신하지만, 오랫동안 나와는 정반대되는 시각으로 본 여러 가지 사실로 머리가 꽉 차 있는 관록 있는 생물학자들을 이 책으로 설득할 수 있다고는 생각지 않는다. '창조의 설계' 또는 '설계의 일치' 같은 말로 우리의 무지를 감추고, 그저 표현을 바꾸는 것만으로 설명이 끝났다고 생각하는 것은 매우 쉬운 일이다.

한편 수많은 사실을 설명한 것보다 설명할 수 없는 어려운 문제에 중점을 두는 경향이 있는 사람은, 틀림없이 나의 학설을 거부할 것이다. 융통성 있고 이미 종의 불변성에 의문을 품기 시작한 몇몇 사람들은 이 책에 영향을 받을 것이다. 그러나 나는 확신을 가지고 미래에, 문제를 편견 없이 양쪽에서 공정하게 바라볼 수 있는, 앞날을 짊어질 젊은 내추럴리스트들에게 기대한다. 종은 변한다고 믿게 된 사람은 누구나 양심을 가지고 스스로 확신하는 바를 표명하기만 해도 자신의 역할을 훌륭하게 해내는 셈이다. 그렇게 함으로써만 이 문제를 왜곡시키는 편견의 무거운 짐을 제거할 수 있다.

몇몇 저명한 내추럴리스트들이 최근에 각각의 속에 포함된 종으로 간주된 것 대부분이 사실은 종이 아니며, 나머지는 진정한 종, 즉 개별적으로 창조된 종이라는 의견을 발표했다. 나로서는 참으로 괴이한 결론에 도달했다고 생각하지 않을 수 없다. 그들은 최근까지 자신이 창조물이라고 생각했고, 지금도 대다수의 내추럴리스트들이 그렇게 믿고 있으며, 따라서 진정한 종의 외관상 특징을 지닌 많은 형태가 변이에 의해서 생겼음을 인정하고 있다. 그런데 그들은 아주 작은 차이 밖에 없는 다른 종류로 그들의 생각을 확대하는 것은 거부하고 있다. 그러면서도 어느 것이 창조된 생물이고, 어느 것이 2차적인 방법으로 발생한 것인지 결정할 수 있다고는 주장하지 않으며, 추측할 수 있다고도 말하지 않는다.

어떤 경우에는 변이를 '진정한 원인'으로 인정하고 다른 경우에는 그것을 임의로 거부하며, 더욱이 이러한 두 경우에 아무런 구별도 두지 않는다. 언젠가 이것은 선입견 때문에 눈앞이 흐려진 흥미로운 사례로 인용될 것이다. 그러한 사람들은 창조의 기적적인 행위에도 평범하게 새끼가 태어나는 것 이상의 놀라움을 느끼지 않는다. 그런데 그들은 지구의 역사에서 무수히 많은 시기에 기본적인 원자가 갑작스럽게 생명조직으로 바뀌라는 명령을 받았다고 정말로 믿고 있는 것일까? 한 번 창조행위가 있을 때마다 한 개 또는 여러 개체가 만들어졌다고 정말로 믿는 것일까?

헤아릴 수 없을 만큼 많은 종류의 동식물은 알 또는 씨앗으로 창조되었을까, 아니면 성체로서 창조되었을까? 포유류의 경우 모체의 자궁에서 자양분을 얻었다고 하면 그것은 가짜 창조된 것인가? 내추럴리스트들은 종이 변한다고 믿는 사람들에게는 모든 문제에 완벽히 답할 것을 당연하게 요구한다. 그러나 그들은 종이 맨 처음 출현했을 때와 관련된 모든 문제에는 엄숙한 표정으로 못들은 척한다. 몇몇 저자들은 100만 가지 생물의 창조를 믿는 것도 단 하나의 생물 창조를 믿는 것과 같이 쉬운 일이라고 주장했는데, 특히 모페르튀(Maupertuis)의 '최소작용(最小作用)'의 철학적 공리는 억지로 적은 수를 인정하는 쪽으로 마음을 끌고 간다. 그러나 우리는 개개의 큰 강에 있는 무수히 많은 생물은 확실히 하나의 조상에서 나온 것처럼 보이지만 사실은 거짓된 표시를 단 채 창조된 것이라고 믿어서는 안 된다.

나는 사물의 예전 상태의 기록으로서 앞의 몇 개 항과 또 다른 곳에서 내추럴리스트들은 각각의 종이 독립적으로 창조되었다고 믿는다는 말을 쓴 적이 있는데, 그런 말을 한 탓에 엄청난 비난을 받았다. 그러나 이 책의 초판이 출간되었을 때는 그것이 일반적인 신념이었다. 나는 이전에도 진화 문제에 대해 매우 많은 생물학자들과 이야기를 나눈 바 있지만, 한 번도 내 견해에 동의하거나 찬성하는 사람을 본 적이 없다. 그때도 진화를 믿는 자가 있기는 있었던 모양이지만, 그들이 침묵을 지키거나 아니면 상당히 애매모호하게 말을 해서 그 뜻을 거의 이해하지 못할 정도였다. 그런데 지금은 사정이 완전히 달라져 거의 모든 내추럴리스트들이 진화의 대원칙을 인정하고 있다. 하지만 지금도 얼토당토 않은 방법으로, 종이 갑자기 다른 새로운 종류를 만들었다고 주장하는 사람이 있다. 그러나 이미 내가 설명한 것처럼, 갑작스런 큰 변화를 인정하지 않을 만한 중대한 증거가 있다. 과학적인 입장에서 볼 때나 좀 더 연구를 발전시키고자 할 때, 설명할 수 없는 방법으로 갑자기 완전히 다른 옛 종류에서 새로운 종류가 발달했다고 믿을지라도, 종이 지구의 먼지에서 창조되었다는 케케

묵은 생각 이상으로 얻을 수 있는 것은 별로 없다.

이쯤에서 내가 종이 변화한다는 이론을 어디까지 펼쳐갈 생각인지 궁금할 법도 하다. 우리가 고찰하는 종류가 다르면 다를수록 유래의 공통에 찬성하는 유리한 논의는 점차 감소되고 그 힘도 줄어드는 까닭에, 이 질문에 대답하기란 어려운 일이다. 그러나 가장 중요한 가치가 있는 논의는 널리 보급되기 마련이다. 일반적으로 강에 속하는 모든 구성원은 유연관계의 연쇄에 의해 결합되며, 그것은 모두 같은 원칙에 의해 군에 종속하는 군으로 분류할 수 있다. 때때로 화석이 현존하는 목과 목 사이의 매우 큰 틈을 채워주기도 한다. 흔적 상태인 기관은 초기 조상이 그 기관을 완전히 발달한 상태로 가지고 있었음을 뚜렷이 보여준다. 그리고 어떤 경우에는 자손에게 아주 많은 변화가 일어났음을 의미한다.

모든 강에서 다양한 구조가 똑같은 기본그림에 따라 만들어졌으며, 배아 시기에 종과 종은 매우 유사하다. 따라서 나는 변화를 수반하는 유래 이론을 동일한 강 또는 계(界)에 속한 모든 구성원에 적용할 수 있다고 믿어 의심치 않는다. 나는 동물은 네다섯 종류의 조상에서 나왔고, 식물은 그와 같거나 더 적은 조상에서 유래한다고 믿는다.

유추(analogy)는 나를, 모든 동식물이 어느 하나의 원형에서 유래한다는 신념으로 이끈다. 그러나 유추는 사람을 기만하기 쉬운 안내인이다. 그렇지만 모든 생물은 화학적 조성과 배포(胚胞), 세포 구조, 성장과 생식 법칙, 그리고 유해한 영향을 받기 쉽다는 점에서 많은 공통점을 가진다. 이는 한 가지 같은 독이 동물과 식물에 비슷한 해를 끼친다거나, 오배자벌레(Gall-fly)가 분비하는 독이 들장미(Wild rose)나 참나무에 기형적인 성장을 일으키는 등 매우 사소한 사실로도 확인할 수 있다. 매우 하등한 몇 가지를 제외하면 모든 생물의 유성생식(有性生殖; germinal vesicles)은 본질적으로 같다고 생각한다. 그러므로 모든 생물은 하나의 공통된 바탕에서 출발한다. 현재 알려져 있는 한, 모든 생물의 배포는 같으므로 모든 생물은 공통된 기원에서 출발한다고 할 수 있다. (생물의) 2대 구별, 즉 동물계와 식물계를 보더라도, 어떤 하등한 종류는 형질이 매우 중간적이어서 어느 쪽에 분류할 것인가를 두고 내추럴리스트 사이에 논쟁이 벌어졌을 정도이다. 에이사 그레이 교수는 말했다. "많은 하등한 조류(藻類; Algae)의 포자

(spores) 및 그 밖의 생식체는, 처음에는 틀림없는 동물적 존재이고, 다음에는 분명히 식물적 존재라고 할 수 있다." 그러므로 형질이 분기되는 자연선택의 원리에 의하면, 이런 하등하고 중간적인 형태에서 동물과 식물이 함께 발달해 왔다고 믿어도 아무런 문제가 없다. 그렇다면 이 지구상에 생존한 모든 생물이 어느 하나의 원초적인 형태에서 유래했을 수 있다는 점도 인정하지 않을 수 없다.

그러나 이 추론은 유추에 의한 것이며, 그것이 받아들여질지 아닐지는 중요한 문제가 아니다. 루이스(G.H. Lewis)가 주장하는 바처럼, 생명의 시원기(始原期)에 다른 여러 형태가 많이 발생했다는 가정도 물론 가능하며, 만일 그렇다면 그 가운데 극소수가 변화한 자손을 남겼다는 결론을 내려도 무방할 것이다. 왜냐하면 척추동물이나 체절동물 같은 각 강의 범위 안에서는 모든 구성원이 하나의 조상에서 유래했다는 사실을 나타내는 뚜렷한 증거가 발생학적인 상동구조 및 흔적구조 안에 존재하기 때문이다.

결론

종의 기원에 대해, 내가 이 책에서 말했고 월리스도 말했으며, 그 밖에도 이같은 견해가 일반적으로 받아들여질 때는, 박물학에 중대한 혁명이 일어날 것이라고 어렴풋이나마 예견할 수 있다. 분류학자는 오늘날과 같은 방법으로 연구를 계속하지만, 다만 이러저러한 종류가 진정한 종인가 아닌가 하는 막연한 의문에 끊임없이 시달리는 일은 없어질 것이다. 내가 경험한 바에 따르면 이것은 틀림없이 큰 구원이 될 것이다. 그리하여 50종의 영국산 나무딸기(Brambles)가 진정한 종인가 아닌가 하는 끝없는 논쟁은 종결을 고할 것이다. 분류학자는 오직 어떤 종류가 정의를 내려도 될 만큼 충분히 영속적이고, 다른 종류와 어떻게 다른지를 결정하고—그 결정 자체가 쉽다는 뜻은 아니다—, 만약 정의할 수 있다면 그 차이가 종으로 명명할 가치가 있을 만큼 중요한지 아닌지를 결정하기만 하면 된다. 이 후자는 현재보다 훨씬 더 본질적으로 중요한 고찰이 될 것이다. 두 종류 사이의 여러 가지 차이가 아무리 미미하더라도 중간적 단계로 연결되어 있다면, 대부분의 내추럴리스트는 그 두 종류를 종의 계급으로 올리는 데 충분하다고 보기 때문이다.

앞으로는 종과 특징이 뚜렷한 변종을 구별하는 기준은 현 시점에서 세세한 중간 단계에 의해 결합되어 있음이 판명되거나 그렇게 생각해도 좋다면 변종이고, 옛날에 그렇게 결합되어 있었다면 좋다. 따라서 두 종류 사이에 중간 단계적 차이가 현재 존재하는가에 대한 고찰을 거부하지 않고, 두 종류 사이에 실제로 존재하는 차이의 양을 더욱 주의 깊게 저울질하고 더욱 높게 평가할 것이다. 지금은 일반적으로 변종에 지나지 않는 것이, 앞으로는 종의 명칭을 얻을 가치가 있다고 여겨질 가능성도 충분히 있다. 이 경우 보편적인 이름으로만 구별되던 것이 학명으로도 구별된다. 요컨대 속은 편의를 위해 만들어진 단순한 인위적 결합체라고 생각하는 내추럴리스트가 속을 다룰 때처럼, 종을 다루어야 한다. 이것은 결코 반가운 예측이 아닐지도 모른다. 그러나 적어도 아직 발견되지 않았고, 또 발견할 가능성도 없는 종의 본질을 쓸데없이 찾아 헤매는 일에서는 해방될 것이다.

그 밖에 더욱 일반적인 박물학의 분야도 크게 관심이 쏠릴 것이다. 유연(類緣 ; affinity), 관계(relationship), 형(型)의 공통성(community), 부계(父系 ; paternity), 형태학(形態學 ; morphology), 적응 형질(adaptive characters), 흔적기관(rudimentary organs) 및 발육을 정지한 기관(aborted organs) 같은 내추럴리스트들의 용어는 비유적인 범주에서 벗어나 좀 더 명료한 의미를 갖게 될 것이다. 우리가 더는, 야만인이 그들의 이해 범주를 초월한 대상으로서 바다 위의 배를 바라보는 듯한 태도로 생물을 보지 않게 될 때, 자연의 산물은 모두 다 오랜 역사를 갖고 있다고 보고, 커다란 기계의 발명이 많은 노동자들의 노력과 경험과 이성과 실패의 축적물로 보듯 생물의 모든 복잡한 구조와 본능도 다양한 노력이 축적된 결과라고 여길 때, 우리가 각각의 생물을 이와 같이 볼 때—내가 경험한 것에 비추어 말하건대—박물학 연구는 지금보다 더 흥미로운 학문이 될 것이다.

변이의 원인과 법칙, 성장의 상관관계(correlation), 용불용(用不用)의 효과, 외적 조건의 직접적인 작용 등 거의 개척되지 않은 새롭고 커다란 연구 분야가 열릴 것이다. 또한 사육 재배 생물의 연구는 그 가치가 두드러지게 높아질 것이다. 인간이 만들어낸 새로운 변종은 이미 기록된 무수한 종에 추가된 하나의 종보다 훨씬 중요하고 흥미로운 연구 주제가 될 것이다. 분류는 우리가 할 수 있는 범위 안에서 계통학이 되고, 그제야 정말로 창조의 청사진이라고 부를 만한 것을 제공하게 될 것이다. 목적을 갖고 있으면 분류의 규칙은 틀림없이 더욱 단순화 될 것이다. 계도(系圖)와 문장(紋章)은 가지고 있지 않다. 또한 오래 유전되어온 다양한 종류의 형질에 의해, 자연의 계보에서 분기한 여러 계통을 발견하고 추적해야 한다. 흔적기관은 오래전에 상실한 구조의 성질에 대해 말해줄 것이다. 이형적이라고 불리거나, 살아 있는 화석이라는 환상적인 이름으로 불리는 종과 종군은 태고의 생명 형태의 모습을 복원할 때 도움이 될 것이다. 발생학은 개개의 큰 강의 원형의 구조를 어렴풋이나마 엿볼 수 있게 해줄 것이다.

같은 종의 모든 개체, 대부분의 속의 근연종은 그다지 멀지 않은 옛날에 하나의 조상에서 나왔고, 어느 한 곳에서 출생하여 이주해 왔다고 확신할 수 있을 때, 또 다양한 이주 방법을 더 잘 알게 되면, 육지의 기후와 고저에 관한 과거의 변화에 대해 지질학이 지금 해명하고 있고 앞으로 해명할 일에 근거해 전 세계의 생물이 과거에 이주한 흔적을 멋지게 추적할 수 있을 것이다. 지금도 대륙 양쪽에 펼쳐진 바다에 사는 생물의 차이나 온갖 대륙 생물의 성질을, 그들이 이용할 수 있는 이주 수단에 비추어 조명해 보면, 태고의 지리학에 약간의 빛을 던져줄 수 있을 것이다.

지질학이라는 고귀한 과학은 기록이 극도로 불완전한 까닭에 그 영광을 상실하고 있다. 화석이 매장되어 있는 지각은 진열품이 꽉 들어찬 박물관이 아니라, 그저 무질서하고 빈틈 많은 초라한 수집품이라고 보아야 한다. 화석을 품은 각 지층의 퇴적은 여러 가지 요건이 비정상적으로 공존함으로써 일어난 것이고, 또 차례로 이어지는 계층 사이의 공백은 광대한 기간에 걸친 것이라고 인정해야 할 것이다. 그러나 우리는 그 앞뒤의 생물을 비교해서 그런 공백의 기간을 어느 정도 정확하게 측량할 수 있다. 동일한 종이 거의 매장되어 있지 않은 두 지층을 모든 생명 형태의 일반적인 변천에 의해 엄밀하게 동시대의 것으로 판정할 때 우리는 신중을 기해야 한다.

종이 생기고 멸종하는 것은 서서히 작용하며, 현재도 존재하고 있는 모든 원인에 의한 것이지, 창조라는 기적이나 천재이변에 의한 것이 아니다. 또 생물 변화의 모든 원인 가운데 가장 중요한 것은 물리적 조건의 변화이며, 그것 또한 갑작스러운 변화와는 거의 상관이 없다. 다시 말해 생물과 생물의 상호관계, 어떤 생물의 개량이 다른 생물의 개량 또는 멸종을 부르는 관계가 가장 중요하다. 따라서 연속하는 지층의 화석은 실제가 아닌 상대적인 시간의 경과를 잘 헤아리는 데 도움이 될 것이다. 그러나 수많은 종은 하나의 집단을 이루며, 오랜 시대 동안 변치 않고 있었음에 비해, 그러한 시대에 이들 종 가운데 몇 가지는 새로운 지방으로 이주하여 새로운 동반자들과 경쟁한 끝에 변화했을 가능성도 있다. 그러므로 우리는 시간상의 척도로서 유기적 변화의 정확성을 과대평가해서는 안 된다. 지구 역사의 초기, 아직 생물 종류도 적고 구조도 단순하던 무렵의 변화 속도는 아마도 느렸을 것이다. 아주 단순한 생물이 몇 종류밖에 없던 여명기의 변화 속도는 극단적으로 느렸을 것이다. 세계의 역사는 지금 우리가 알고 있는 것만으로도 상상을 초월할 만큼 길다. 그러나 그 긴 시간조차 멸종한 수많은 종과 현생종의 조상인 최초의 생물이 창조된 이후에 경과한 시간에 비하면 아주 짧은 일부일 것이다.

앞으로 나는 매우 중요하고 광범위한 연구 분야를 기대해 마지않는다. 심리학은 이미 허버트 스펜서가 이룩한 토대, 즉 정신의 힘이나 능력은 각각 필연적인 단계를 거쳐 획득된다는 기초 위에 확고히 세워질 것이다. 그리고 인류의 기원과 역사에 밝은 빛을 비춰줄 것이다.

최고의 명성을 가진 저자들은 종이 각각 독립적으로 창조되었다는 견해에 충분히 만족하는 것처럼 보인다. 내가 생각하는 바로는 과거와 현재의 생물의 탄생과 멸종이 개체의 삶과 죽음을 결정하는 것과 같은 2차적인 원인에 기인한다고 보는 편이, 조물주가 물질에 부여한 여러 가지 법칙에 대해 우리가 알고 있는 것과 더 잘 부합된다. 모든 생물은 특수한 창조물이 아닌, 캄브리아계 최초의 층이 침전되기 훨씬 전에 살던 몇몇 생물의 직계 자손으로 볼 때, 그 생물을 훨씬 고귀한 존재로 여기는 것이라고 나는 생각한다.

과거의 사실로 판단할 때 지금의 모습을 그대로 유지한 채 먼 미래에까지 자손을 남기는 현생종은 하나도 없다고 추론해도 좋을 것이다. 현재 살고 있는 종 가운데 매우 먼 미래에 자손을 전파하는 것은 극소수일 것이다. 왜냐하면 모든 생물이 나뉘어진 양상을 보면, 각 속에 포함된 대다수의 종이, 또 많은 속의 모든 종이, 전혀 자손을 남기지 않고 모두 멸종했기 때문이다. 또한 미래를 예견해 보건대, 궁극적인 승리를 차지하여 새롭고 우세한 종을 만드는 것은 개개의 강 속에서 크고 유리한 군을 이루며 일반적으로 널리 퍼져 있는 종일 거라고 예언할 수 있다.

현재 생존한 생물은 모두 캄브리아기보다 훨씬 앞서 생존했던 종의 계통을 잇는 자손이므로, 우리는 일반적인 계승은 지금까지 한 번도 끊어진 적이 없고, 천재지변이 전 세계를 황폐화시킨 일도 없다고 확신해도 좋을 것이다. 따라서 우리는 어느 정도 안심하고, 훨씬 이후의 확실한 장래를 내다볼 수 있다. 또한 자연선택은 흔히 개개의 생물의 이익에 의해, 또 그 이익을 위해 작용하므로 육체와 정신의 모든 천성은 완성을 향해 진보하는 경향이 있다.

온갖 종류의 식물이 자라고, 숲속에서는 새가 노래하고 곤충은 여기저기 날아다니며, 축축한 땅속을 벌레들이 기어다니는 번잡스러운 땅을 살펴보는 일은 재미있다. 개개의 생물은 제각기 기묘한 구조를 가지고 있고, 서로 매우 다르며 매우 복잡한 연쇄를 통해 서로 의지하고 있지만, 그런 생물 모두 지금 우리 주위에서 작용되는 여러 가지 법칙에 따라 만들어졌음을 깊이 생각해 보는 것도 흥미롭다. 그러한 법칙을 대체적으로 살펴보면 '성장'에 뒤이은 '생식', 생식과 큰 차이가 없는 '유전', 외적 생활 조건의 직접 또는 간접적인 작용과 용불용에 의한 '변이성', '생존 경쟁'을 통한 '자연선택'을 초래하고, 마침내 '형질의 분기'와 열등한 생물을 '멸종'시키는 높은 '증가율' 등이다. 즉 자연계의 싸움에서, 기아와 죽음에서 우리가 생각할 수 있는 가장 고귀한 목적인 고등동물의 탄생이라는 직접적인 결과가 나온다. 이 생명관에서는 장엄함이 느껴진다. 생명은 몇몇 또는 한 종류에 모든 능력과 함께 불어 넣어졌으며, 이 행성이 확고한 중력법칙에 의해 회전하는 동안 단순한 발단에서 지극히 아름답고 놀라운 형태가 끝없이 태어났고, 지금도 태어나고 있다.

Appendix 자연선택설에 대한 여러 다른 의견들

장수(長壽)—반드시 동시에 일어나는 것은 아닌 변화—직접으로는 필요하지 않은 것처럼 보이는 변화—진보적인 발달—기능상 중요성이 적은 형질이 가장 항구적(恒久的)이다—쓸모 있는 구조의 초기 단계를 설명하는 데 예상되는 자연선택의 부적당성—자연선택을 통한 쓸모 있는 구조의 획득을 간섭하는 여러 원인—기능 변화에 따르는 구조의 단계—같은 강(綱)에 속하는 것으로서 동일한 근원에서 발달한 현저하게 다른 여러 기관—갑자기 일어나는 큰 변화를 믿지 못하는 까닭

나는 이 장에서 나의 견해와는 다른 여러 가지 이견에 대해 살펴보고자 한다. 그렇게 함으로써 앞서 제기된 몇 가지 논점이 보다 명확해질 것이다. 그러나 이러한 논점들 가운데에는 이 문제를 이해하는 데 그다지 도움이 되지 않는 자료들도 많이 있는데 그런 것까지 다루지는 않을 것이다. 예를 들어 독일의 어느 유명한 내추럴리스트는 나의 학설의 가장 큰 취약점은 내가 모든 생물을 불완전한 것이라고 생각하는 데 있다고 지적했다. 그것은 내 견해와는 사뭇 다르다. 나는 모든 생물은 그들의 생활 조건과 관련하여 마땅히 그러해야 할 정도로 완전하지는 않다고 생각한다. 이는 세계 여러 지방에서 매우 많은 토착종들이 외부에서 침입해온 것들에게 자리를 빼앗긴 경우가 많다는 것을 예로 들며 증명했다. 이를테면, 생물의 생활 조건이 변화했을 때 생물 자체도 이에 따라 변화하지 않는다면, 어느 시기까지는 그 생물들이 생활 조건에 적응한다 하더라도 계속 적응상태로 남아 있을 수는 없다. 생물들이 각 나라의 물리적 조건이나 생물의 개체수, 종류가 무수한 변화를 겪으며 살아간다는 데 대해 부정할 사람은 아무도 없을 것이다.

최근에 어떤 비평가가 자신의 수학적 정밀성을 과시하면서 주장하기를, 장수(長壽)한다는 것은 어떤 종에서나 더할 수 없는 이익이므로, 자연선택을 믿는 사람은 조상보다 그 자손들이 오래 사는 것처럼 '그 계통수(系統樹)를 배열해야 한다'고 했다. 그 비평가는 2년생 식물이나 종의 하등동물이 추운 지방에 살면서 해마다 겨울에 죽는다 하더라도, 자연선택을 통해 얻은 이점 덕분에 씨앗이나 알에 의해 해마다 종을 이어간다는 것은 생각하지 못한 것일까? 레이 랭케스터(E. Ray Lankester)는 최근에 이 문제에 대해 논하면서 다음과 같은 결론을 내렸다. 즉 이 문제는 매우 복잡하지만 그것이 판단을 허용하는 한에서는, 장수는 일반적으로 각각의 종이 체제의 척도의 어디에 위치하는가와 관계가 있고, 또 생식과 일반 활동에서 소비하는 양과 관계가 있다는 것이다. 이러한 조건은 아마도 자연선택에 따라 결정되었을 것이다.

우리가 약간의 지식을 가지고 있는 이집트의 동식물은 지나간 3, 4천 년 동안 변화한 것이 하나도 없으므로, 세계 어느 곳에서나 그럴 것이라는 논의도 있었다. 그러나 루이스(G.H. Lewis)가 언급한 것처럼, 이 논의는 지나친 감이 있다. 왜냐하면 이집트의 기념비 등에 그려져 있는 것이나 미라로 남아 있는 고대의 가축들은 오늘날 살아남은 생물과 매우 유사하거나 똑같은 것들이기는 하지만, 모든 내추럴리스트들은 그러한 품종이 원형과는 달라져 있음을 인정하고 있기 때문이다. 이집트에서는 우리가 아는 한 지난 수천 년 동안 생활 조건이 전혀 변하지 않았다. 그러나 빙하기가 시작된 이래 변치 않고 그대로 있는 다수의 동물들은 기후의 큰 변화로 인해 먼 거리를 이동했으므로, 그러한 동물들은 전자와는 비교가 되지 않을 정도로 유력한 예가 될 수 있다.

빙하시대 이후 별로 변화가 일어나지 않았거나 아무런 변화가 없었다는 사실은 발달의 내재적인 필연성을 믿는 사람들에게는 얼마쯤 쓸모 있을지 모르지만, 자연발생적으로 일어나는 유리한 점들이 개체에 따라 차이가 있거나 변화가 있다면 그것은 자연선택설이나 적자생존설에 대해서는 쓸모없는 것이다. 이 견해는 이익이 되는 종류의 변이, 즉 개체적인 차이가 생겼을 때 보존될 것이라고 보지만 그것이 일어나는 것은 유리한 환경에서만이라고 설명하고 있기 때문이다.

유명한 고생물학자(古生物學者)인 브롱(Bronn)은 이 책의 독일어 번역판 후기에서, 자연선택의 원리에 의존한다면 어떤 개체의 변종이 그들의 원종과 어떻게 함께 살아갈 수 있는가 하는 의문을 제기했다. 만일 이 두 종이 조금 다른 그들의 생활 습성이나 조건에 적용만 한다면 그들은 함께 살 수 있다. 어떤 변이성의 특수한 성질과 변이성을 갖고 있다고 생각되는 다형적인 종, 그리고 크기, 색소결핍증 같은 단순히 일시적인 변이를 제외하고 생각해보자. 내가 알고 있는 바로는 비교적 영구적 변종은 일반적으로 저마다 다른 곳—고지대에서 저지대로, 건조지대에서 습지대로—으로 옮겨 사는 것을 볼 수 있다. 그뿐만 아니라 광범위하게 이동하며 자유롭게 교잡하는 동물들에 있어서 변종은 대체로 다른 지역에 국한되어 있는 것처럼 여겨진다.

이 밖에도 브롱은 서로 다른 것은 종은 하나의 형질뿐만 아니라 여러 부분에서 차이를 나타낸다고 강조한다. 그는 또 체제의 많은 부분이 어찌하여 변이와 자연선택에 의해 동시에 변화해 왔느냐고 묻고 있다. 그러나 어떤 생물도 모든 체부가 반드시 동시에 변화한다고 상상할 필요는 없다. 어떤 목적을 위해 훌륭하게 적용한 변화들은, 앞에서도 말한 것처럼 비록 작은 변이일지라도 먼저 어느 체부에, 다음에는 다른 체부로 옮겨가서 계속적으로 일어남으로써 얻어진 것일지도 모른다. 그것이 모두 함께 전해지기 때문에 우리 눈에는 마치 동시에 발달한 것처럼 보일 것이다. 그러나 위의 이론에 대해 가장 좋은 대답은, 주로 인간의 선택의 힘으로 어떤 특수한 목적을 위해 변화된 사육재배 품종에 의해 주어진다. 경주마나 짐말 또는 그레이하운드와 마스티프(Mastiff)를 보라. 그들의 체격과 나아가 심리적 성질까지 변화되어 있다. 그런데 그러한 변천사의 각 단계를 추적해 볼 수 있다면—최근의 단계는 추적할 수 있다—큰 변화는 동시에 일어나지 않고 다만 처음에 어느 한 부분이, 다음에는 또 다른 부분이 순차적으로 변화하고 개량되어 왔음을 알 수 있다. 어느 하나의 형질에만 인위적인 선택이 작용했을 때도—이것의 가장 좋은 예는 재배식물이다—꽃이든 열매든 잎이든 어느 한 체부가 크게 변화하는 동시에, 거의 모든 다른 체부도 약간씩 변화한 것을 언제나 볼 수 있다. 이것은 일부는 상관성장의 원칙에, 또 다른 일부는 이른바 자발적 변이(spontaneous variation)에 돌릴 수 있을 것이다.

이러한 사실보다 훨씬 중대한 이론이 브롱에 의하여, 그리고 최근에는 브로카(Broca)에 의하여 제기되었다. 많은 형질이 그 소유자에게는 쓸모가 없어 자연선택의 영향을 받지 않는다는 것이다. 브롱은 여러 종류의 토끼와 쥐에 있어서 꼬리와 귀의 길이—많은 동물의 이빨에서 볼 수 있는 법랑질(에나멜질)의 복잡한 주름, 그 밖에 이와 비슷한 많은 예를 많이 들고 있다. 식물에 대해서는 네겔리(Nägeli)의 훌륭한 논문에서 이 문제가 논의되었다. 그는 자연선택이 많은 영향을 미치고 있음을 인정하지만, 식물의 여러 과는 종의 번영에는 조금도 중요하게 보이지 않는 형태상의 형질에서 서로 현저하게 다르다고 강조한다. 그래서 그는 진보적이고 더욱 완전하게 발달하려는 내재적인 경향을 믿기에 이르렀다. 그는 자연선택이 작용할 수 없는 예로, 생물 조직 안의 세포 배열 및 줄기에 달린 잎의 배열을 들고 있다. 이에 덧붙이자면 꽃의 각 부분이 분할되어 있는 수(數), 밑씨의 위치, 씨앗의 형태가 수정(受精)하는 데 아무런 도움이 되지 않는 경우도 들 수 있을 것이다.

앞에서 설명한 것은 상당한 영향력을 가지고 있다. 그렇더라도 우리는 첫째, 어떤 구조가 여러 종에서 예전부터 지금까지 유익했는지를 결정짓는 데 매우 신중하지 않으면 안 된다. 둘째로, 식물의 어느 한 부위가 변화했을 때는 다른 부위도 한 부위에 대한 영양의 흐름의 증가와 감소, 상호 간의 압박 및 조기 발달한 부위가 뒤에 발달한 부위에 미치는 영향 등과 같은, 그다지 명확하지 않은 원인에 의해 변화되는지 잘 지켜보아야 한다. 이밖에도 우리로서는 도저히 이해할 수 없는 신비스러운 상관관계의 사례를 이끌어 내는 다른 여러 원인에 의해 변화하게 된다는 것 또한 늘 염두에 두어야 한다. 이러한 여러 작용은 간단히 말해서 성장의 법칙들이라고 말할 수 있다. 셋째, 우리는 변화한 생활 조건의 직접적이고도 결정적인 작용이나, 조건의 성질이 완전히 종속적인 역할을 하는 것이 분명한 이른바 우발적인 변이도 고려할 필요가 있다. 평범한 장미나무에 원예종 장미(Mossrose)가 피어나거나, 복숭아나무에 승도복숭아의 싹이 나는 것 같은 싹의 변이는 우발적 변이의 좋은 예이다. 그러나 이 경우에도 단 한 방울의 독이 복잡한 벌레집을 만드는 힘을 가지고 있다는 것을 유념해야 한다. 그렇다면 여러 가지 변이가 어떤 조건상의 변화에 따라 수액(樹液)의 성질이 국부적(局部的)으로 바뀐 작용에 의한 것이 아니라고는 할 수 없다. 때로는 각 개체 사이에 아주 작은 차이가 발생하는 비교적 특이한 변이에는 그 나름의 원인이 있어야 한다. 만일 알 수 없는 어떤 원인이 끊임없이 작용한다면 그 종의 모든 개체가 똑같은 변화를 하게 될 것은 의심할 여지가 없다.

나는 이 책보다 먼저 나온 모든 판에서 우발적 변이에 의한 변화의 빈도와 중요성을 과소평가했다는 생각이 든다. 그러나 여러 종의 생활습성에 잘 적응한 수많은 구조를 이와 같은 원인에 귀결시키는 것은 불가능하다. 인간에 의한 선택의 원리를 충분히 이해하기 전에는, 옛날의 내추럴리스트들을 놀라게 했던 경주마나 그레이하운드의 잘 적응된 형태가 이로써 설명될 거라고는 믿지 않으며, 위에서 말한 것 역시 가능할 것 같지가 않다.

앞에서 기술한 사항을 몇 가지 예를 들어 설명하기로 한다. 쓸모없는 여러 체부와 기관은 도태된다는 것은 잘 알려진 고등 동물에서 볼 수 있다. 그것이 중요하다는 것을 아무도 의심하지 않는데도, 그 역할이 아직 확인되지 않았거나 겨우 최근에 와서 확인된 다수의 구조가 존재한다는 것은 구태여 조사할 필요도 없을 정도이다.

브롱은 특수한 용도를 가질 수 없는 구조상의 예로서 비록 사소한 것이기는 하지만 몇 종의 생쥐의 귀와 꼬리의 길이를 들고 있다. 나는 쉐블(Schöbl) 박사와 마찬가지로 보통 생쥐의 바깥귀는 굉장히 많은 신경이 분포되어 있어서 의심할 여지없이 촉각기관의 구실을 하고 있다고 말하고 싶다. 이 경우, 귀의 길이가 중요하지 않다고는 말할 수 없다. 또한 뒤에서 설명하겠지만 어떤 종에서는 꼬리가 물건을 붙잡는 기관으로서 매우 쓸모 있으며, 여기에는 꼬리의 길이가 상당한 영향을 끼치고 있다.

식물에 대해서는 네켈리의 논문이 있으므로 다음과 같은 설명으로 그치고자 한다. 난초의 꽃은 여러 가지 다양한 구조를 가졌으나 몇 해 전만 해도 어떤 특별한 기능없이 단순히 형태상의 차이만 있는 것으로 생각되어 왔다. 그러나 그것은 사실 곤충의 도움이 수정하는 데 매우 중요하며, 이는 자연선택에 의해 얻어진 것으로 알려져 있다. 최근까지 양형(兩形)이나 삼형(三形)의 식물에서 수술과 암술의 길이 차이와 배열이 뭔가 쓸모 있을 것이라고 생각하는 사람은 아무도 없었지만, 지금은 그러한 것들이 실제로 도움이 된다는 것이 알려져 있다.

어떤 식물군에서는 밑씨가 모두 곧게 서 있고 다른 군에서는 모두 늘어져 있다. 그리고 몇몇 소수의 식물에서는 같은 씨방 안에서 어떤 밑씨는 곧게 서 있고 다른 밑씨는 늘어져 있다. 이것은 처음 봤을 때는 형태학적인 것이거나, 생리학적인 의미는 전혀 없는 것으로 생각된다. 그러나 후커(Hooker) 박사가 나에게 알려준 바로는 같은 씨방 안에서 어떤 경우에는 위쪽의 밑씨만이, 또 어떤 경우에는 아래쪽의 밑씨만이 수정된다고 한다. 그는 화분관(花粉管)이 씨방 속으로 들어가는 방향에 따라 결정되는 것 같다고 했다. 만일 그렇다면 밑씨의 위치는, 씨방에서 어떤 것은 곧게 서고 어떤 것은 늘어져 있는 경우라도 그것은 수정이나 씨앗의 생산에 유리하도록 위치의 편차를 선택한 결과일 수 있다.

서로 다른 목(目)에 속하는 수많은 식물 가운데 두 종류의 꽃—한쪽은 일반적인 구조를 가진 열린 꽃이고, 다른 한 쪽은 닫혀 있는 불완전한 꽃—을 피우는 습성을 가진 것이 있다. 이 두 종류의 꽃은 구조 자체가 놀랄 만큼 다르기도 하지만, 같은 포기에서는 서로 점차적으로 달라지는 경우도 볼 수 있다. 일반적으로 열린 꽃은 교잡이 가능하며, 이 과정에서 확실히 얻어지는 이익이 분명해진다. 그런데 닫혀 있는 불완전한 꽃도 놀랄 만큼 적은 양의 꽃가루로 많은 씨앗을 안전하게 만들어내는데, 사실 이것은 매우 중요한 것이다. 위에서 말한 바와 같이 이 두 종류의 꽃은 때때로 구조가 전혀 다른 것도 있다. 불완전한 꽃의 꽃잎은 거의 언제나 단순히 흔적처럼 남아 있고, 꽃가루 입자의 지름도 작은 편이다. 양파줄기는 5개의 어긋나는 수술이 발육부전이다. 제비꽃(Viola) 가운데 몇몇 종에서는 3개의 수술이 그런 상태이고, 2개는 본디 기능을 발휘하고 있으나 크기가 매우 작다. 어떤 인도산 제비꽃—내가 사는 곳에서는 완전한 꽃을 피운 적이 한번도 없기 때문에 이름은 모른다—에서는 닫힌 꽃 30개 가운데 6개는 꽃받침이 보통 5개인 것이 3개로 줄어 있었다. 드 주슈(A. de Jussieu)에 의하면, 말피기아과(Malpighiaceae)의 어떤 종류는 닫힌 꽃이 더 많은 변화를 보이고 있었다. 이를테면 꽃받침 맞은편에 있는 5개의 수술이 모두 사라졌거나, 꽃잎 맞은편에 있는 6번째 수술만이 홀로 발달되어 있었던 것이다. 이 수술은 이런 종의 보통 꽃에는 볼 수 없고, 암술대는 퇴화했으며 씨방은 3개에서 2개로 줄어 있었다. 그런데 자연선택은 어떤 꽃이 피는 것을 방해하고 꽃을 피지 못하게 함으로써 꽃가루의 양을 크게 줄일 수 있는 힘을 충분히 가지고 있다 해도, 위에서 말한 특수한 변화가 모두 그것에 의해 결정된다고 하기는 어렵다. 그보다는 체부의 기능적면에서 꽃가루의 감소와 꽃의 폐쇄과정 사이에 일어나는 비활동성을 포함한 성장법칙들의 결과인 것이 틀림없다.

이 성장법칙의 효과를 인정하는 것은 매우 중요하고도 필요하다. 그래서 나는 다른 종류의 몇 가지 예를 추가하고자 한다. 그것은 동일한 식물에서의 상대적 위치의 차이에 따른 동일한 체부 또는 기관의 차이에 대한 예이다. 샤흐트(Schact)에 의하면 스페인산 밤나무와 어느 전나무에서 잎의 나누어진 각도가 똑바로 서 있는 가지와 거의 수평인 가지에서 차이를 보였다. 일반적인 운향(芸香)[1]이나 다른 몇몇 식물에서는 하나의 꽃, 보통은 가운데 꽃이나 꼭지꽃이 맨 먼저 피며, 5개의 꽃받침과 꽃잎이 있고 씨방도 5개로 되어 있다. 그런데 같은 포기의 다른 꽃은 모두 4개씩이다. 영국산 연복초(連福草 ; Adoxa)에서는 맨 위쪽 꽃은 보통 꽃받침이 2개이고, 다른 기관은 4개씩이지만, 주변부의 꽃은 보통 3개의 꽃받침에 다른 기관은 5개씩이다. 대부분의 국화과(Compositae)와 미나리과(Umbelliferae) 식물—및 다른 몇몇 식물—에서는 주변부의 꽃은 중앙의 꽃보다 꽃부리가 훨씬 발달해 있다. 이는 생식기관의 퇴화와도 관계가 있는 듯하다. 앞에서 말한 것처럼 주변부의 꽃과 중앙의 꽃의 수과(瘦果 ; achene)와 씨앗이 때때로 모양과 색깔, 그 밖의 형질에서 현저하게 다른 것은 더욱 기묘한 사실이다. 잇꽃(Carthamus)과 다른 몇몇 국화과 식물에서는 중앙의 수과만이 갓털이 있으며, 히오제리스(Hyoseries)에서는 같은 두상화(頭狀花)에 세 가지 모양의 다른 수과가 생긴다. 타우시(Tausch)에 의하면, 어느 미나리과에서는 바깥쪽 씨앗만이 똑바로 서고 중앙의 씨앗은 구부러져 있다고 한다. 이것은 드 캉돌이 다른 종에 있어서 분류상 가장 중요하다고 생각한 형질이다. 브라운(Braun) 교수는 양꽃주머니(Fumariaceous)과의 한 속에 대해 언급했다. 이 속에서는 수상꽃차례의 아래쪽에 있는 꽃은 달걀형이고 줄무늬가 있으며 씨앗이 한 개 들어 있는 작은 견과(堅果)를 맺는다. 그런데 위쪽에 있는 꽃은 끝이 갈라진 2장의 꽃잎을 가지며 씨앗 2개가 들어 있는 장각과(長角果)를 맺는다고 했다. 이런 몇 가지 예를 통해 알 수 있는 것은 꽃을 곤충의 눈에 쉽게 띄게 하는 잘 발달된 사출화(射出花)를 제외하면 우리가 판단할 수 있는 한 자연선택은 작용할 수 없었거나, 작용했다 하더라도 완전히 종속적인 것에 불과했을 것이라는 점이다.

---

1) 산형과의 여러해살이풀. 궁궁이라고도 함.

이러한 모든 변화는 모두 여러 체부의 상대적인 위치와 상호작용에서 오는 것이다. 만일 동일한 식물의 모든 꽃과 잎이 안팎으로 같은 조건 아래 있었다면 모두 똑같이 변화했으리라는 것은 거의 틀림없는 사실이다.

다른 많은 사례에서는 식물학자들이 일반적으로 매우 중요한 성질을 가진 것으로 생각하고 있는 다음과 같은 구조의 변화를 찾아볼 수 있다. 그것은 같은 포기의 어떤 꽃에만, 또는 같은 조건 속에 모여서 자라고 있는 식물 가운데 특정한 것에만 일어난다. 이러한 변이는 식물에 있어서 특별한 목적이 없는 것으로 생각되므로, 그것은 자연선택의 영향을 받은 것일 리가 없다. 그 원인에 대해서는 알려진 바가 없어 위에서 말한 마지막 사례의 경우처럼, 상대적 위치와 같은 작용 탓으로 돌릴 수도 없다. 이와 같은 실례를 2,3가지 더 들어보자. 같은 포기에서 멋대로 4개 또는 5개로 분할되어 피는 꽃이 있다는 것은 일일이 그 예를 들 필요가 없을 정도로 흔한 일이다. 그러나 수적인 변이는 체부가 소수인 경우에는 비교적 희귀하므로, 나는 드 캉돌에 따라 양귀비속의 브라크티아툼(Papaver bracteatum)에서는 2개의 꽃받침에 4장의 꽃잎이거나—이것은 양귀비에는 흔한 형이다—, 3개의 꽃받침에 6장의 꽃잎이라는 것을 여기에 밝혀둔다. 꽃잎이 꽃봉오리 안에 접혀 있는 것은 어떤 부류에도 흔한 형태학상의 특징이지만, 그레이 교수는 물꽈리아재비(Mimulus)의 어떤 종에 대해, 싹의 발아는 이 속에 속하는 금어초(金魚草) 아과(亞科), 또는 리난티다(Rhinanthideae) 아과의 그것과 거의 비슷한 빈도로 볼 수 있다고 말하고 있다.

오귀스트 생틸레르는 다음과 같은 예를 들고 있다. 왕좀피나무(Zantnoxyion)속은 단 한 개의 씨방을 갖는 운향과의 한 부류에 속하지만, 어떤 종에서는 씨방이 하나인 꽃과 두 개인 꽃이 동일한 포기에, 또 동일한 원추꽃차례 속에서도 발견된다. 해바라기 속에서는 껍질이 단방(單房) 또는 삼방(三房)의 것으로 기재되어 왔고, 또 헬리안테뭄 무타빌레(Helianthemum mutabile)에서는 '약간 큰 한 장의 막이 과피(果皮)와 태좌(胎座)[2] 사이에 있다'고 적혀 있다. 마스터스(Masters) 박사는 비누패랭이꽃(Saponaria offcinalis)에서 외연태좌(外緣胎座)와 유리중앙태좌(遊離中央胎座)의 예를 관찰했다. 마지막으로 생틸레르는 곰피아 올레아 포르

---

2) 밑씨가 씨방 안에 붙어 있는 부위.

미스(Gomphia Oleaeformis)의 분포 구역 남단에서 두 개의 형태를 발견하고, 처음에는 그것이 별종인 줄 알았으나, 나중에 그것이 같은 가지에서 생겨나는 것을 알고는 다음과 같이 덧붙였다. "이와 같이 동일 개체에서 씨방과 암술대가 직립 축에 붙어 있는 것과 씨방 바닥에 붙어 있는 것이 있다."

그러므로 우리는 식물의 여러 형태적 변화가 자연선택과는 상관없이 성장법칙과 체부의 상호작용에 의한 것임을 알 수 있다. 네겔리는 식물이 완전한 것을 만들어내려고 하는 내재적 경향이 있다고 했다. 그렇다면 이러한 변이의 예를 살펴본 것만으로 식물이 고도의 발달 상태를 향해 전진하고 있는 것을 확인했다고 말할 수 있을까? 나는 그것과는 반대로 문제의 여러 부분이 같은 포기 안에서도 차이를 나타내거나 크게 변이하고 있다는 그 사실만으로, 이러한 변화는 식물 자신에게는 그다지 중요하지 않다고 추론할 수밖에 없다. 쓸모없는 부분을 갖게되는 것이 자연 질서 속에서의 그 생물의 단계를 끌어올린다고 말하기는 어렵다. 앞에서 말한 닫혀 있는 불완전한 꽃의 경우에서 만약 뭔가 새로운 원리를 찾아야 한다면, 그것은 전진의 원리가 아니라 퇴행의 원리이다. 그것은 기생동물이나 퇴화동물에서도 마찬가지이다. 우리는 위에 열거한 변화를 불러일으킨 원인에 대해서는 아무것도 모르고 있다. 그러나 만약 알 수 없는 원인이 오래도록 거의 일정하게 작용해 왔다면 그 결과는 한결같다고 추론할 수 있다. 그리고 이 경우에는 종의 모든 개체가 같은 변화를 입게 된다.

위에 열거한 모든 형질이 종의 번영에 중요하지 않다는 사실로 미루어, 그들에게 생긴 작은 변이가 자연선택에 의해 축적된 결과 더 분명해지는 일은 없었을 것이다. 오래 계속된 선택에 의해 발달한 구조는, 그 종에 더 이상 소용없게 되면 흔적기관에서 볼 수 있는 것처럼 쉽게 변이하는 것이 보통이다. 왜냐하면, 그것은 이제 선택력으로는 조절되지 않기 때문이다. 그러나 생물의 성질과 조건의 성질에 따라 종의 번영에 중요하지 않은 변화가 일어나게 되었을 때는 그러한 변화는 거의 같은 상태로, 그렇지 않으면 변화했을 다수의 자손에게 전해져 갈 것이고, 또 실제로 전해졌을 것이다. 대다수의 포유류, 조류 및 파충류에 있어서는 털과 깃털과 비늘 가운데 어느 것으로 덮여 있는지는 결코 중요한 문제가 아니었다. 그런데 털은 모든 포유류에, 깃털은 모든 조류에, 그리고 비늘은 모든 파충류에 전해져 왔다. 많은 근연종에 공통된 구조는 그게 어떤 것이든 우리에게 분류학상 매우 중요하게 다뤄지고 있고, 그래서 종의 생활에서 매우 중요한 것으로 여겨지고 있다. 나는 꽃잎의 배치나 꽃 또는 씨방의 구분, 밑씨의 위치 등과 같이 우리가 중요하다고 생각하는 형태학적인 차이는 여러 경우에 방황변이(彷徨變異)로 나타나며, 그것이 생물과 환경조건의 성질에 따라, 또는 다른 개체와의 교잡에 따라 영속적인 것이 되었지만 자연선택에 의한 것은 아니라고 생각한다. 이러한 형태학적 특징은 종의 번영에 영향을 주는 것은 아니므로 그 형질에서 생기는 사소한 변이는 자연선택의 작용에 따라 지배되거나 축적되지는 않는다. 그래서 우리에게는 어떤 종에 있어서 그리 중요하지 않은 형질이 계통학자에게는 가장 중요하다는 결론을 끌어낼 수 있다. 이것은 다음에 분류의 계통학적 원리(genetic principle)를 논할 때 알게 되겠지만, 얼핏 보는 것처럼 모순된 것은 아니다.

우리는 생물이 전진적 발달을 이루려는 내재적 경향이 있다는 것에 대해서는 충분한 증거를 가지고 있지 않다. 내가 제4장에서 설명한 대로, 자연선택의 계속적인 작용에 의해 생기는 필연적 결과는 아니다. 왜냐하면, 고도의 체제기준에 대해 이제까지 주어진 가장 좋은 정의는, 부분이 특수화하거나 분화한 정도라고 규정한 것이다. 자연선택은 여러 부분의 기능을 더욱 효과적으로 영위할 여지가 남아 있는 한, 이 목적을 향해 나아가기 때문이다.

저명한 동물학자인 성 조지 미바트(St. George Mivart)는 월리스와 내가 제창한 자연선택설에 대해, 나와 몇몇 사람들이 제기한 반론을 모두 수집하여 그것을 능란한 기교와 설득력을 가지고 설명했다. 다른 의견들을 이렇게 모아놓고 보면 막강한 세력이 될 것이다. 또 미바트의 결론에 반대되는 사실과 고찰에 대해 설명하는 것은 그의 계획에는 들어가 있지 않았기 때문에, 양쪽으로부터의 증명을 저울에 달아보고 싶어하는 독자들에게 이성과 기억을 작용시키고자 하는 노력의 여지를 조금도 남겨두지 않았다. 특수한 실례를 논할 때 미바트는 내가 믿고 있으며 늘 중요하다고 주장한 믿는 바에 의하면 '사육재배 아래에서 발생하는 변이'의 장에서 논했던 여러 부분의 용불용(用不用)의 중대한 효과에 대해 다른 어느 저자보다도 훨씬 장황하게 반박하고 있다. 그는 또 내가 자연선택과 무관한 변이의 작용을 전적으로 인정하지 않는 것처럼 추정하고 있다. 그런데 나는 위에 말한 책에서, 지금까지의 나의 저서나 내가 알고 있는 어떠한 저서에서 볼 수 있는 것보다 훨씬 더 충분하게 확증된 예를 수록했다. 이에는 믿을 만한 근거가 없을지도 모른다. 하지만, 나는 미바트의 저작을 모두 주의 깊게 읽고 그 장과 절을 같은 제목에 대해 내가 말한 것과 비교해 본 뒤, 이 책에서 도달한 결론이 전반적으로 진실하다는 것을 전보다 더욱 강하게 확신하게 되었다. 미바트의 다른 견해는 모두 이 책에서 고찰될 예정이거나, 아니면 이미 고찰된 것이다. 많은 독자를 놀라게 한 단 하나의 새로운 점은 '자연선택은 유용한 구조의 발생 순서를 설명하는 데 무력하다'는 것이다. 이러한 문제는 앞의 장의 두 제목에서 논한 여러 가지 사실, 다시 말하면 기능의 변화가 뒤따르는 형질의 점차적 과정, 예컨대 부레가 허파로 변화하는 과정과 같은 문제와 밀접한 관계가 있다. 그러나 미바트가 내놓은 여러 가지 예들을 모두 설명할 수는 없으므로, 그중 가장 적합한 것 2, 3가지만 선택하여 자세히 고찰해 보고자 한다.

기린은 키가 매우 크고 목이 길다. 앞다리, 머리, 혀에 의해 전체의 형태가 높은 나뭇가지에 달린 것을 따먹기에 안성맞춤이다. 그러므로 기린은 같은 나라에 사는 다른 유제류(有蹄類)가 맛보지 못한 먹이를 구할 수 있으며, 이것은 먹이가 부족한 가뭄에는 크게 유리한 조건이 된다. 한편 남아메리카에 사는 니아타(Niata) 소는 가뭄에 매우 작은 구조상의 차이가 동물의 생명을 보존하는 데 얼마나 큰 영향을 미치는가를 보여준다. 니아타 소는 여느 소들과 마찬가지로 풀을 먹을 수 있으나 되풀이되는 가뭄에는 불쑥 나온 아래턱 때문에, 보통 소나 말이 쉽게 먹을 수 있는 작은 나뭇가지나 잡초를 뜯어먹을 수가 없다. 그래서 이런 가뭄에는 사육자들이 먹이를 주지 않으면 니아타 소는 굶어 죽고 만다.

미바트의 또 다른 견해를 고찰하기에 앞서, 일반적인 경우에 자연선택이 어떤 방식으로 작용되는지에 대해 다시 한번 설명해 두는 것도 좋을 것 같다. 사람들은 거의 자기가 사육하는 동물들의 특수한 구조에는 주목하지 않는다. 이를테면 경주마나 그레이하운드의 경우에는 그저 가장 빠른 개체를 보존하고 번식시키며, 투계의 경우에는 우승한 닭을 번식시킴으로써 변화시켜온 것을 보아서도 알 수 있다. 자연 상태에서도 이와 마찬가지이다. 태초의 기린은 가장 높은 곳에 있는 연한 나뭇잎을 먹을 수 있었을 것이다. 가뭄 때 다른 동물보다

1,2인치라도 더 높은 곳에 닿을 수 있는 개체가 생존 기회를 더 많이 얻었을 게 분명하다. 기린은 먹을 것을 찾아 온 나라를 이리저리 돌아다녔을 것이다. 동일한 종의 개체에서 체부의 상대적인 길이가 약간씩 다른 것은 많은 박물학 서적에서 볼 수 있으며, 거기에는 자세한 계측도 곁들여져 있다. 성장과 변이의 법칙에 따라 생긴 비례상의 아주 작은 차이는 대다수의 종에서 그리 쓸모 있는 것도 아니고 중요하지도 않다. 그러나 생활 습성이 특수했던 태초의 기린을 살펴보면 그렇지 않았음을 뚜렷이 알 수 있다. 그것은 기린 몸의 한 부분 또는 여러 부분이 보통보다 긴 개체는 살아남았을 거라고 생각된다. 그러한 개체들이 서로 교잡하여 몸의 어떤 특수한 성질이, 또는 동일한 방법으로 다시 변이하는 경향이 유전된 자손을 남겼을 것이다. 한편 이 점에서 혜택을 덜 받은 개체는 훨씬 쉽게 도태되었을 것이다.

이런 경우에는, 인간이 방법적으로 품종을 개량할 때처럼 한 쌍을 분리할 필요가 없었다는 것을 알 수 있다. 자연선택은 우수한 개체를 모두 생존시키고 분리하며, 그러한 개체를 자유롭게 교잡시켜 열등한 개체를 모두 도태시켜 버릴 것이다. 내가 인간에 의한 무의식적인 선택이라고 부른 것에 해당하는 이 과정이 오래 계속되면, 그것은 용불용의 증대에 의한 유전적 효과와 연관되어 일반적인 유제사족류(有蹄四足類)를 기린으로 변화시키게 되었음이 거의 확실하다고 나는 생각한다.

미바트는 이러한 결론에 대해 두 가지의 다른 견해를 주장하고 있다. 그중 하나는 몸의 크기가 커지면 반드시 먹이의 공급량도 늘어난다는 것으로, 그는 이에 대해 다음과 같이 생각하고 있다. "여기서 생기는 불이익이 먹이가 없을 때 발생하는 이익과 상쇄될 수 있을지 매우 의심스럽다." 그러나 현재 기린은 남아프리카에 많이 서식하고 있으며, 또 수소(牡牛)보다 키가 크고 몸이 큰 영양(Antelope)류의 어떤 것들도 많이 있다. 이전에도 현재와 마찬가지로 혹독한 식량부족이 있었을 것이다. 그런데 우리는 왜 크기에 관한 한 중간적인 여러 단계의 것이 그런 혹독한 환경 속에서도 생존했다는 것을 의심해야 하는 것일까? 크기가 커져가는 각 단계에서, 그 나라에 사는 다른 유제사족류에게 먹히지 않고 남아 있는 먹이의 공급원에 닿을 수 있었다는 것이, 생성기의 기린에게 어느 정도 이익이 되었을 것은 틀림없다. 또한 체구의 증대가 사자를 제외한 거의 모든 육식동물에 대해 방어 역할을 했으리라는 것, 그리고 사자에 대해서는 그 높은 목—높으면 높을수록 좋다—이 라이트(Chauncey Wright)가 말한 것처럼 감시탑 역할을 했으리라는 것을 놓쳐서는 안 된다. 기린은 세상에서 가장 가까이 하기 어려운 동물이라고 베이커(S. Baker)가 묘사한 것도 바로 이런 까닭이다. 이 동물은 또 나무 그루터기 같은 뿔로 무장된 머리를 세차게 흔듦으로서, 그 긴 목을 공격과 방어용으로 사용한다. 어느 종에서든 그 보존이 단 하나의 이점에 의해 결정되는 일은 드물며, 크고 작은 모든 이점의 통합에 의해 결정된다.

다음으로 미바트는—이것이 그의 두 번째 반론이다—, 만약 자연선택이 그토록 강력한 것이라면, 또 만약 높은 곳에 있는 것을 먹을 수 있는 것이 그토록 큰 이점이 된다면, 기린보다 뒤떨어지지만 낙타, 과나코(Guanaco), 마크로케니아(Macrauchenia)와 함께 다른 유제사족류가 긴 목과 큰 키를 타고 나지 않은 것은 무슨 까닭이며, 이 군의 구성원 가운데 주둥이가 긴 것이 없는 것은 어째서냐고 반문한다. 전에는 기린 떼가 살고 있었던 남아프리카에 대해서는 이 질문에 대답하는 것은 그리 어렵지 않다. 거기에는 다음과 같은 예를 드는 것이 가장 좋을 것이다. 영국의 목장에서 나무가 자라고 있는 곳이면 어디든, 낮은 가지는 소와 말에게 먹혀 일정한 높이에서 베어낸 것처럼 평평해져 버린다. 만약 그곳에서 양이 사육되었더라면, 목이 조금 길어진다고 해서 무슨 이익을 얻을 수 있을까? 어떤 곳에서든 한 종류의 동물이 다른 것보다 높은 곳에 있는 나뭇잎을 먹을 수 있다. 그리고 그 한 종류만이 그 목적을 위해, 자연선택과 많은 사용의 영향에 의해 목이 길어지는 것도 확실한 사실이다. 남아프리카에서는 아카시아와 그 밖의 나뭇잎을 먹기 위한 경쟁은 기린과 기린 사이에서 일어났고, 다른 유제류와의 사이에서는 일어나지 않았을 것이 분명하다.

세계의 다른 지방에서 같은 목에 속하는 여러 동물들이 왜 긴 목과 주둥이를 타고 나지 않았는가 하는 의문에 명확하게 대답할 수는 없다. 그러나 이러한 의문에 명쾌한 대답을 기대하는 것은, 인류 역사에서 어떤 사건이 이 나라에서는 일어났는데 왜 다른 나라에서는 일어나지 않았느냐고 하는 것과 마찬가지로 무리이다. 종마다의 개체수와 생식범위를 결정하는 모든 조건에 대해서는 알고 있는 것이 없다. 어떤 새로운 곳에서 어떤 구조의 변화가 유리한지 추측하는 것도 불가능하다. 그러나 일반적으로 긴 목과 주둥이의 발달에는 다양한 원인이 개입했으리라는 것은 알 수 있다. 상당히 높은 곳에 있는 잎에 닿기—유제류는 나무타기에는 소질이 없으므로 그것은 제외하고—위해서는 몸이 매우 크지 않으면 안 된다. 이를테면 남아메리카의 일부 지역에서는 생물은 풍부하지만 큰 사족류는 조금밖에 살지 않고, 이에 비해 남아프리카에서는 그것과 비교도 되지 않을 만큼 많은 수의 큰 사족류가 서식하는 것이 알려져 있다. 왜 그런 건지, 또 왜 제3기 후기가 그러한 동물의 생존에 있어서 현재보다 더 유리했는지 그 이유는 알 수 없다. 원인이야 어떻던, 어떤 지역과 시대는 다른 지역과 시대보다 기린 같은 큰 사족류의 발달에 좋은 환경이었던 것이 틀림없다.

어떤 동물이 특수화하여 고도로 발달된 구조를 얻기 위해서는 다른 모든 체부도 변화하여 거기에 적응해야만 한다. 몸의 모든 부분에서 사소한 변이가 일어나지만, 반드시 필요한 부분이 언제나 올바른 방향으로, 또 적당한 정도로 변이하는 것은 아니다. 영국의 가축 품종을 살펴보면 몸의 여러 부분마다 변이의 그 양식과 정도가 다르며, 어떤 종은 다른 것들보다 뚜렷이 크게 변이한다. 이를테면 적합한 변이가 일어났다 해도 자연선택이 그것에 작용하여 명백하게 그 종에 유리한 구조를 만들어낸다고 할 수는 없다. 이를테면, 만약 어떤 토지에 생존하는 개체수가 주로 육식동물에 의한—또 외부와 내부의 기생충에 의한—파괴에 의해 결정되는 것이라면, 자연선택은 먹이를 얻기 위한 특수한 구조를 변화시키기 위해서는 아주 조금밖에 작용할 수 없으며 그 작용 또한 크게 지연될 것이다. 마지막으로, 자연선택은 느릿한 과정으로 뭔가 현저한 작용이 생기기 위해서는 똑같은 유리한 조건이 오래 계속되지 않으면 안 된다.

이와 같이 일반적이고 명확하지 않은 이유를 인정하지 않는다면, 왜 세계의 대부분의 지방에서 유제류가 더 높은 가지에서 잎을 따먹기 위해 긴 목이나 다른 수단을 갖지 않았는지에 대해 설명할 수 없다. 많은 학자들이 이와 같은 성격의 반론을 제기해 왔다. 어떤 경우에도 일반적인 원인과 함께 다양한 원인이, 어떤 종에 유리했을 구조가 자연선택을 통해 얻게 되는 데 개입했을 것이다. 어떤 필자는 타조는 왜 나는 능력을 갖지 못했느냐고 묻고 있다. 그러나 조금만 생각해보면, 이 사막의 새가 그 육중한 체구로 공중을 날아가기 위해서는 얼마나 많은 먹이가 필요할지 금방 알 수 있을 것이다.

섬에는 박쥐와 바다표범은 살고 있지만 육생포유류는 없다. 그러나 그 박쥐 가운데 어떤 것은 특유한 종이기 때문에, 현재의 서식지에서 오래 거주하고 있었을 것이 틀림없다. 그래서 라이엘(C. Lyell) 경은 왜 바다표범이나 박쥐는 섬에서 육상생활에 적합한 종을 탄생시키지 않은 것인지 의문을 제기하고, 그 대답으로 몇 가지 이유를 들고 있다. 바다표범은 먼저 체구가 큰 육생육식동물로, 또 박쥐는 육생식충류로 변하지 않으면 안 되었을 것이다. 바다표범에게는 먹이가 없었을 것이다. 박쥐의 먹이는 지상의 곤충인데, 그 곤충은 대부분 이미 대다수의 바다섬에 최초로 정착하여 번식하고 있는 파충류와 조류에게 먹혀버렸을 것이다. 변화하고 있는 종에게는 구조의 점진적 변화의 각 단계가 도움이 되지만, 이러한 점진적 변화는 단지 어떤 특수한 조건 속에서만 쓸모가 있다. 엄밀한 육생동물이 이따금 얕은 물속에서 먹이를 뒤지다가 다음에는 강이나 호수로 나가 먹잇감을 찾고, 마침내 바다까지 나가는 완전한 수생동물로 바뀌어 갈 수 있다. 그러나 바다표범은 바다섬에서 육생하는 종류로 다시 천천히 바뀌어 가는 데 필요한 유리한 조건을 얻지 못한 것 같다. 박쥐는 날다람쥐와 마찬가지로 처음에는 적을 피하거나 추락을 면하기 위해 나무에서 나무로 활주함으로써 그 비막(飛膜)을 얻게 되었을 것이다. 그런데 한번 비행능력을 얻은 뒤에는 효율이 나쁜 공중활주로 돌아가지는 않았다. 대부분의 다른 새도 마찬가지지만, 박쥐는 날개를 쓰지 않음으로 인해 현저하게 작아지거나 완전히 사라지는 일도 있을 수 있다. 그러나 이 경우 박쥐는 먼저, 섬이나 다른 육상의 동물과 경쟁할 수 있도록 뒷다리만으로 지상을 질주하는 능력을 얻어야만 한다. 그런데 박쥐는 이러한 변화에서 불리하게 되어 있다.

이상과 같이 상상 속의 예를 들어 기술한 것은 각 단계에서 쓸모 있는 구조의 추이가 고도로 복잡한 일이라는 것이다. 또 그러한 추이가 어떤 특수한 경우에 일어나지 않았다는 것은 조금도 이상한 일이 아니라는 것을 보여주기 위한 것일 뿐이다.

몇몇 저자는 다음과 같이 묻고 있다. 정신적 능력의 발달은 어떤 동물에게나 유리한 것이 틀림없다. 그런데 왜 어떤 동물은 다른 동물보다 그것을 고도로 발달시키지 못했으며, 원숭이는 어째서 인간과 동등한 지력을 얻지 못한 것인가? 여기에는 여러 가지 원인을 들 수 있다. 그러나 그러한 것들은 추측일 뿐만 아니라 확실성을 논할 수도 없으므로, 여기서 설명하는 것은 무의미한 일이다. 후자의 물음에 대해서는, 2종족의 야만인 가운데 한쪽이 다른 쪽보다 문명의 계단을 더 높이 올라간 것은 어째서인가 하는 단순한 문제조차 해결할 수 없다. 또 그것은 명백하게 두뇌의 능력 증대를 포함하고 있다는 것을 생각한다면 확정적인 대답은 도저히 기대할 수 없는 것이다.

여기서 미바트의 다른 반론으로 돌아가기로 하자. 곤충은 자기를 지키기 위해 다양한 물체를 닮는 일이 종종 있다. 푸른 잎이나 마른 잎, 마른 가지, 이끼 한 조각, 꽃, 가시, 새똥, 살아 있는 곤충 등이다. 이 마지막 예에 대해서는 뒤에 다시 언급하기로 한다. 그것들은 확실히 놀랄 만큼 비슷해 보인다. 단지 색깔만 비슷한 것이 아니라 모양까지, 나아가서는 곤충이 몸을 지탱하는 모습까지 닮았다. 쐐기벌레가 자신의 먹이인 관목의 마른 나뭇가지처럼 몸을 쭉 뻗어서 꼼짝 않고 붙어 있는 것이 그 유사함의 좋은 예이다. 새똥과 비슷한 형체로 변하는 경우는 매우 드물며 예외적인 것이다. 미바트는 이에 대해 다음과 같이 말했다. "다윈의 학설에 따르면 끊임없이 일정하지 않은 변이로 향하는 경향이 있으며, 미미한 발단의 변이는 모든 방향으로 향하므로 그것들은 서로 상쇄될 것이고, 처음에는 매우 불안정한 변화를 일으킬 것이다. 그러므로 무한하게 작은 발단의 이와 같은 동요가 어떻게 자연선택에 의해 포착되고 영구화되며, 잎이나 버섯, 그 밖의 물체에 대해 명백한 유사성을 낳게 되는지를 보여주는 것은 불가능하지는 않더라도 곤란한 일이다."

그런데 앞에서 말한 모든 경우는 처음으로 변화하기 시작한 곤충이 자주 찾아다니던 곳에서 흔히 볼 수 있는 물체와, 약간 조잡하지만 우연하게 닮는다는 것은 의심할 여지가 없다. 또한 이것은 주위에서 생존하는 물체의 수가 거의 무한하다는 것과, 생존하는 곤충의 형태와 색채가 다양하다는 것을 생각하면 결코 이상한 일이 아니다. 변화가 일어나는 초기에는 그 조잡한 유사성이 필요하므로, 커다란 고등동물―내가 알고 있는 단 한 마리의 물고기는 제외하고―이 보호를 받기 위해 특수한 물체를 닮지 않고 다만 보통 그들을 둘러싸고 있는 표면, 그중에서도 주로 색채만 닮고 있는 까닭을 당연한 것으로 이해할 수 있다. 어떤 곤충이 원래 마른 나뭇가지나 나뭇잎을 조금이라도 닮았고 그것이 여러 가지 방법으로 조금 변이한다고 가정해보자. 그 곤충을 조금이라도 더 마른가지나 마른 잎을 닮게 함으로써 몸을 보호하는 데 유리하게 하는 변이는 모두 보존되고, 다른 변이는 무시되고 결국 소멸할 것이다. 만일 변이가 곤충의 물체에 대한 유사성을 감소시키는 것이라면 그러한 변이는 제거되고 말 것이다.

이러한 유사성을 자연선택과 상관없이 그저 방황변이만으로 설명하려고 한다면, 미바트의 반론은 힘을 얻게 될 것이다. 그러나 실제로는 전혀 그렇지 않다. 월리스가 예를 든 '기어가는 이끼(Creeping moss) 즉 중거마니아(Jungermannia)로 덮인 막대기'와 흡사한 지팡이곤충(Ceroxylus lacratrus)에 관해서, '의태(擬態)를 완성 마지막 손질'에 대해 미바트가 말한 문제점도 주목할 만한 것은 아니다. 그것은 토착민인 다이애크(Dyak)[3]족들까지 나뭇잎 같은 그 혹(excrescence)을 진짜 이끼라고 주장했을 정도로 매우 닮았다. 인간보다 시각이 예민한 조류나 그 밖의 적에게 표적이 되고 있는 곤충을 그 적으로부터 보호하는 데는, 그 정도가 어떠하든 이러한 유사성이 도움이 된다. 그래서 이 유사성은 보존되기 쉬웠을 것이다. 또 그 유사성이 완전하면 할수록 곤충에 유리했을 것이다. 위에서 예를 든 지팡이 곤충을 포함하는 군의 종과 종 사이의 차이가 어떤 성질의 것인지를 생각하면, 이 곤충의 몸 표면에 불규칙한 변이를 일으켜 조금이라도 초록색을 띠게 된 것은 확실한 것으로 생각된다. 왜냐하면 어떤 군에서도 수많은 종 사이에 다른 형질은 가장 변이하기 쉬운 한편, 모든 종에 공통되는 속의 형질은 가장 적게 변하기 때문이다.

그린란드(Greenland) 고래는 세계에서 가장 경이로운 동물의 하나이다. 그리고 그 고래수염(Baleen) 또는 고래뼈라 불리는 것은 참으로 신기하다. 고래수염은 위턱 양쪽 끝에 줄을 지어 자라는데, 약 300장의 얇은 판(laminae)으로 이루어져 있으며, 그 얇은 판은 입의 긴 축에 대해 가로로 빽빽하게 자라고 있다. 주열(主列) 사이에 몇 개의 부열(副列)이 있다. 얇은 판 맨 끝과 안쪽 가장자리는 온통 단단한 강모(剛毛)로 다발을 이루고 있다. 그런데 이것은 물을 걸러내는 역할, 즉 체에 치는 일을 한다. 그리고 이 거대한 동물의 식량이 되는 작은 먹잇감을 잡을 수 있다. 이 고래의 중앙에 있는 가장 긴 얇은 판은 10피트, 12피트도 있고, 그 중에는 15피트나 되는 것도 있다. 그러나 고래류의 여러 종에서 길

---

3) 보르네오 토인.

이는 단계적으로 변화하고 있다. 스코레스비(Scoresby)에 의하면, 중앙에 있는 얇은 판의 길이는 어떤 종에서는 4피트이고, 어떤 종은 3피트이며, 또 다른 종에서는 16인치나 되는 것도 있다. 또 큰고래의 일종인 발래노프테라 로스트라타(Balaenoptera rostrata)에서는 겨우 9인치밖에 되지 않는다고 한다. 고래뼈의 성질도 종에 따라서 여러 가지 차이가 있다.

미바트는 고래수염에 대해 다음과 같이 말했다. "만일 고래수염이 조금이라도 쓸모 있는 크기로 발달한다면, 쓸모 있는 범위 안에서의 보존과 증대는 주로 자연선택에 의해 늘어날 것이다. 그러나 그렇게 쓸모 있는 발달을 할 수 있는 그런 단서는 어떻게 얻어지는가?" 이에 대한 답변으로 우리는 다음과 같이 묻고 싶다. 우선 지금은 굉장한 수염을 가진 고래이지만, 그 조상은 오리 종류가 갖고 있는 것처럼 얇은 판이 있는 부리와 비슷한 구조의 입을 가졌다고 생각해서는 안 되는 것일까? 고래와 마찬가지로 오리 종류는 진흙이나 물에서 먹이를 걸러먹는다. 그래서 이 과(科)는 이따금 크리블라토레스(Criblatores), 다시 말해 '체질하는 자'라고 불렀던 적도 있다. 다만 나는 고래의 조상이 실제로 오리의 부리와 비슷한 얇은 판이 있는 입을 가졌다고 말하는 것은 아니다. 오해하지 말기 바란다. 다만 그럴 수도 있다고 생각하며, 그린란드 고래의 수염에 갖춰진 수많은 얇은 판이, 위에 말한 얇은 판에서 소유자 각각에게 쓸모 있는 섬세하고 점진적인 발달의 단계들을 밟아서 만들어진 것인지도 모른다는 것을 말하고 싶을 뿐이다.

삽질오리(Spatula clypeata)의 부리는 고래의 입보다 더욱 미묘하고 복잡하다. 윗부리 양쪽에—내가 검사한 표본에 의하면—비스듬하고 뾰족하게 기울어져 입의 긴 축을 가로지르고 있는 188장의 얇고 탄력 있는 판의 줄 또는 빗과 비슷한 것이 있다. 이 얇은 판(lamellae)은 위턱에서 생겨나 탄력 있는 막(membrane)으로 아랫부리의 양쪽에 이어져 있다. 한가운데의 것은 가장 길어서 약 3분의 1인치 정도가 되며, 그 가장자리 아래로 0.14인치 정도가 삐죽이 나와 있다. 그 밑바닥에는 비스듬하게 장축을 가로지르는 하나의 짧은 부열(副列)이 있다. 이런 면에서 볼 때 그것은 고래수염의 얇은 판과 매우 비슷하다. 그리고 특히 다른 점이 있다면 부리 끝이 곧장 아래로 뻗치지 않고 안쪽으로 돌출되어 있다는 사실이다. 삽질오리의 머리 부분은 도저히 비교할 수 없을 만큼 작지만, 겨우 9인치 정도의 고래수염을 가지고 있는 발래노프테라 로스트라타의 머리 길이의 약 19분의 1 정도의 크기이다. 그러므로 만일 발래노프테라의 머리만큼 삽질오리의 머리를 길게 늘인다면, 얇은 판은 6인치가 될 것이다. 말하자면 이종의 고래수염 길이의 3분의 2가 되는 셈이다. 삽질오리에는 윗부리와 길이가 비슷하고 좀 더 가는 얇은 판이 아랫부리에 있다. 바로 이 점이 수염이 없는 고래의 아래턱과 다른 점이다. 그러나 그 아랫부리에 있는 얇은 판의 끝은 가느다란 강모(bristle)가 빽빽한 점으로 얽혀 있어서, 이상하게도 그것은 고래수염의 얇은 판과 비슷하다. 바다제비(海燕 ; Petrel)과에 속하는 프리온(Prion) 속에서는 위턱에만 얇은 판이 있고 이것이 잘 발달하여 그 주위의 아래쪽으로 돌출해 있다. 그러므로 이 새의 부리는 고래의 입과 비슷하다고 할 수 있다.

고도로 발달된 삽질오리의 구조에서—샐빈이 나에게 알려준 사실과 보내준 표본에서 본다면—단지 물을 여과하는 데 적당하게 되었다는 점에 대해서는, 메르가네타 아르마타(Merganetta armata)의 부리를 통해, 또 어떤 면에서는 아익스 스폰사(Aix sponsa)의 부리를 통해서 큰 단절 없이 보통 오리의 부리까지 더듬어 갈 수 있다.

아익스 스폰사의 얇은 판은 삽질오리의 경우보다 훨씬 더 거칠며, 아래턱의 측면에 단단하게 부착되어 있다. 가장자리에서 아래쪽으로 전혀 돌출하지 않은 얇은 판의 수는 양쪽에 각각 50여 장밖에 되지 않는다. 그 끝은 네모 반듯하며 마치 먹이를 잘게 씹어먹기 위한 것처럼 투명하고 단단한 조직이 가장자리를 감싸고 있다. 아래턱 가장자리에는 많은 자잘한 융기가 가로지르고 있는데, 그 융기는 아주 조금 돌출해 있을 뿐이다. 따라서 이 부리는 체(sifter)로서는 삽질오리의 그것보다 훨씬 뒤떨어지지만 널리 알려진 바와 같이, 이 새는 언제나 체질하는 목적으로 부리를 사용하고 있다. 내가 샐빈에게서 들은 바에 의하면 얇은 판의 발달이 보통 오리보다 뒤떨어진 다른 종도 있다고 하는데, 나는 그 종이 물을 거르는 데 부리를 사용하고 있는지 여부는 잘 알지 못한다.

같은 과(科)의 다른 군(群)으로 눈을 돌려보자. 부리가 보통 오리와 비슷하게 닮은 이집트산 거위(Chenopex)는 얇은 판의 수가 대체로 적고 그만큼 경계가 뚜렷하지 않으며, 안쪽으로 삐죽하게 나오지도 않았다. 그렇지만 바틀릿(E. Bartlett)은 나에게 '한쪽 구석에서 힘차게 물을 뿜어댐으로써 오리와 비슷하게 부리를 사용한다'고 말한 바 있다. 그런데 이것이 주로 먹는 것은 풀 따위이며, 보통 거위와 마찬가지로 그것을 베어 먹는다. 일반적으로 거위 부리의 얇은 판은 보통 오리보다 매우 조잡하여 양쪽에 27장씩 서로 붙어 있으며, 또 끝 쪽에는 이빨 비슷한 혹이 위를 향해 나 있다. 위턱도 또한 단단하고 둥근 혹으로 싸여 있다. 오리보다 더 튀어나온 아랫부리의 가장자리에는 거칠고 날카로운 이빨이 톱니처럼 뾰족하게 솟아 있다. 일반적으로 거위는 주로 풀을 베고 자르는 데 부리를 사용하는데 그 목적에 매우 적합하게 되어 있어 거의 다른 동물보다 더 가늘게 풀을 자르고 씹을 수가 있다. 또 바틀릿이 나에게 알려준 바에 의하면 보통 거위보다도 얇은 판이 그다지 발달되지 않은 다른 종의 거위도 있다고 한다.

그러므로 오리과의 어떤 종류는 대체로 부리의 구조가 보통 거위와 비슷하여 오로지 풀을 씹어 먹기에만 적응되어 있다. 또 그보다 더 발달하지 못한 얇은 판을 가진 종이 조금씩 변이를 일으켜서 이집트산 거위와 같은 종으로 전화되었다. 이것이 다시 보통 오리와 흡사한 종으로 변이를 일으켜 마침내 물을 거르는 데 편리한 부리를 가진 삽질오리와 같은 종으로 전화했음을 이해할 수 있다. 이 삽질오리는 갈퀴 달린 끝부분 말고는 단단한 먹이를 잡거나 자르는 데 있어서 부리의 어떤 부분도 사용하지 않는다. 여기에 덧붙인다면, 거위의 부리는 조금씩 변화하면서 비오리(Merganser)—같은 과에 속한다—의 부리처럼 살아 있는 물고기를 잡는 등의 현저하게 다른 목적에 필요한, 돌출하고 구부러진 이가 있는 것으로 전화해 갈 수 있을 것이다.

다시 고래로 화제를 돌려 보자. 히페루돈 비덴스(Hyperoodon bidens)는 위용 있는 튼튼한 이빨을 갖지는 못했으나, 라스페드(Lacepéde)에 의하면 그 입천장은 불규칙하고 단단한 작은 각질의 돌기가 뾰족하게 나 있어서 까칠까칠하다고 한다. 그래서 고래류의 어떤 종류의 입천장에 그러한 각질의 뾰족한 돌기가 위와는 달리 규칙적으로 배열되어 있고, 그것이 거위의 부리에 있는 혹처럼 먹이를 잡거나 찢는 데 사용되었을 거라고 상상할 수도 있다. 만일 그렇다면 그러한 돌기가 변이와 자연선택에 의해 이집트 거위처럼 발달한 얇은 판이 되어 먹이를 잡거나 물을 거르는 등 양쪽에 사용되었다. 오리의 부리에서처럼 얇은 판이 되어 변화를 거듭했다. 그리고 마침내 삽질오리와 같은 완전한 구조가 되어 오로지 물을 거르는 장치로서의 역할을 하게 되었다는 것을 부정하기는 어렵다. 얇은 판이 발레노프테라 로스트라타의 고래수염의 그것에 비해 3분의 2의 길이가 된 단계에서, 현재의 고래류에서 볼 수 있는 단계적 변화에 의해 그린란드산 고래의 수염판처럼 거대한 것까지 도달하게 된다. 이 서열의 각 단계가 오리과의 현존하는 모든 구성원의 부리에서 볼 수 있는 단계적 변화(gradations)와 마찬가지로 여러 국부의 기능이 발달 과정에서 서서히 변화함으로써, 태고의 고래류에 유용했으리라는 것은 의심할 여지가 없다. 오리의 모든 종은 엄격한 생존경쟁에 처해 있으며, 그 체제 모든 부분의 구조가 생활 조건에 충분히 적응되어 있을 것이라는 점을 염두에 두어야 한다.

넙치과(Pleuronectidae)의 물고기는 몸이 좌우대칭이 아니라는 점에서 눈길을 끈다. 넙치과는 몸의 한쪽을 아래로 하여 눕는다. 대부분의 종은 왼쪽으로 눕지만 어떤 것은 오른쪽으로 눕기도 한다. 그런데 성장하면서 습성이 달라지기도 한다. 아래쪽이 되는 몸의 표면은 얼핏 보면 보통 물고기의 배와 비슷하다. 그 빛깔은 흰색이고 여러 가지 점에서 위쪽보다 덜 발달되어 있으며, 옆지느러미도 작다. 그러나 두 눈이 머리 위쪽에 달려 있다는 두드러진 특질을 나타내고 있다. 이 눈은 어렸을 때는 서로 마주보고 있는데, 그때는 몸 전체가 대칭이고 양쪽 색깔이 같다. 그러나 자라면서 아래쪽에 있던 눈이 차츰 위쪽을 향해 머리 주위를 돌아간다. 예전에 상상했던 것처럼 두개골을 곧장 뚫고 나가지는 않는다. 만약 아래쪽에 있는 눈이 이렇게 돌아서 옮겨가지 않는다면, 이 물고기가 한쪽을 아래로 하여 눕는 일반적인 체위에서는 눈을 사용할 수 없다. 아래쪽 눈은 또 모래 바닥에 스쳐 상처를 입기 쉬울 것이다. 넙치류가 그 넓적하고 비대칭적인 구조로 생활 습성에 훌륭하게 적응한 것은 혀넙치, 가자미 같은 많은 종이 매우 일반적인 물고기가 되어 있는 것으로도 잘 알 수 있다. 이렇게 얻게 된 주요 이점은 적으로부터 몸을 보호하는 것과 바다 바닥에서 먹이를 쉽게 찾는 것인 듯하다. 그런데 시외테(Schiödte)가 말한 것처럼, 이 과의 여러 구성원은 '알에서 부화했을 때의 모습과 그다지 바뀌지 않는 히포글로수스 핑구이스(Hippoglossus pinguis)[4]부터, 몸이 완전히 한쪽으로 쏠려버린 혀넙치까지, 형

---

4) 가자미속의 일종.

태의 점진적인 변화를 나타내는 긴 서열을' 보여주고 있다.

미바트는 이 예를 들며, 눈의 위치가 갑자기 자연발생적으로 변화한다고는 생각하기 어렵다고 말했다. 그 점에서는 나도 완전히 동감한다. 그는 다시 말한다. "만약 이행이 서서히 진행된다면, 눈이 이렇게 이동하여 머리 반대쪽으로 향하는 아주 사소한 한 걸음이 어떻게 그 개체에게 이익을 줄 수 있었는지 의문이 생긴다. 이러한 발단의 변형은 오히려 유해했을 것이라는 생각조차 든다." 그러나 그는 맘(Malm)이 1867년에 발표한 뛰어난 관찰 속에서 이 반론에 대한 해답을 찾을 수 있었을 것이다. 넙치류는 아직 너무 어려서 몸이 대칭이고 눈은 머리의 각각 반대쪽에 달려 있을 때는, 몸체가 너무 두껍고 옆지느러미가 작은 데다 부레가 없기 때문에 수직의 체위를 유지할 수가 없다. 그래서 쉽게 피곤해지므로 몸 한쪽을 아래로 하여 바닥에 누워버린다. 맘의 관찰에 의하면, 그렇게 누워 있는 동안 물고기는 위쪽을 보기 위해 아래쪽 눈을 위로 향하며 몸을 비튼다. 그때 물고기는 눈을 눈구멍 위쪽을 향해 강하게 치뜨게 되는데, 그것이 매우 힘들기 때문에 두 눈 사이가 일시적으로 모여서 좁아지게 된다. 맘은 어떤 경우에는 어린 물고기가 아래쪽 눈을 약 70도나 치떠서 위로 밀어붙이는 것을 보았다고 한다. 이와 같이 어린 시기에는 머리뼈가 연골질이어서 휘어지기 쉬우며, 따라서 근육의 작용에 좌우되기 쉽다.

고등동물은 어린 시절을 보낸 뒤에도, 피부 또는 근육이 병이나 사고 때문에 계속 수축하면, 머리뼈도 그 영향을 받아서 변형한다는 것은 널리 알려진 사실이다. 귀가 긴 토끼의 경우에도, 한쪽 귀가 앞쪽으로 늘어져 있으면 그 무게로 두개골의 모든 뼈가 그쪽으로 끌려간다. 나는 그것을 그림으로 그려 나타낸 적이 있다. 맘은 갓 부화한 농어와 연어, 그 밖의 수많은 대칭형 물고기에서 때때로 몸 한쪽을 바닥에 대고 눕는 습성을 볼 수 있다고 한다. 이러한 어린 물고기는 자주 위를 쳐다보기 위해 아래쪽 눈을 치뜨다가 결국 머리뼈가 약간 구부러진다는 것을 이미 관찰한 바 있다. 그러나 어린 물고기는 곧 수직의 자세를 취할 수 있으므로 끊임없이 영향을 미치지는 않는다. 한편 넙치류는 성장함에 따라 몸이 더욱 편평해져서 한쪽을 아래로 향해 눕는 것이 습관이 되어, 머리 형태와 눈의 위치에도 끊임없이 영향을 미치게 된다.

미루어 판단하면, 그렇게 변해가는 경향은 의심할 여지없이 유전의 원리에 따라 증대되어 간다. 시외테는 다른 몇몇 내추럴리스트들과는 반대로 넙치류는 번식기에도 완전히 대칭은 아니라고 믿고 있다. 만일 그것이 사실이라면, 왜 어떤 종은 어릴 때 바다 밑에 내려가 왼쪽을 아래로 하고 눕는지, 또 다른 종은 어째서 오른쪽을 아래로 하고 눕는지를 잘 알 수 있을 것이다. 맘은 앞의 견해를 확증하기 위해 넙치류와는 무관한 커다란 트라키프테루스 아르크티쿠스(Trachypterus arcticus)는 바다 밑에서는 왼쪽을 아래로 하여 눕고, 물속에서는 비스듬히 헤엄친다고 덧붙였다. 이 물고기의 머리는 양쪽이 조금씩 다르다는 것이다. 어류에 대한 권위자인 권터(Günther) 박사는 맘의 논문을 발췌하여 '이 저자는 넙치류의 이상 상태에 대해 너무 간단하게 설명했다'는 말로 끝맺고 있다.

따라서 미바트가 유해할 것이라고 생각한, 머리의 한쪽에서 다른 쪽으로 눈이 이동하는 것은, 한쪽을 아래로 하여 바닥에 누워 있는 동안 두 눈으로 위를 보기 위해 노력하는 개체와 종에 있어서 유용한 습성이라고 할 수 있다. 또한 우리는 넙치의 몇몇 종류에서는, 트라케르(Traquair) 박사가 상상한 것처럼 바다에서 먹이를 잡아먹기 쉽도록 입이 아래를 향해 완만하게 구부러져 있고, 머리의 눈이 없는 쪽의 턱뼈가 다른 쪽보다 튼튼해서 능률적으로 되어 있다는 것은 사용의 유전적인 효과라 할만하다. 이에 비해 옆지느러미를 포함하여 신체 아랫부분 전체가 덜 발달된 것은, 아무리 야렐(Yarrell)이 이렇게 지느러미가 작아진 것은 '위쪽의 큰 지느러미보다 활용할 여지가 훨씬 적기 때문에' 물고기에게 유리하다고 생각하고 있다 해도, 불사용에 의해 설명할 수 있다. 가자미류에서 양 턱의 상반부에는 이빨이 하반부의 25개 내지 30개에 비해 4배 내지 7배의 비율로 줄어든 것도, 마찬가지로 사용치 않은 까닭으로 설명할 수 있다. 대부분의 물고기와 다른 여러 동물들의 배 부분에는 색깔이 없다는 점으로 미루어 넙치류에서 오른쪽이든 왼쪽이든 바로 아랫부분에 색이 없는 것은 빛이 닿지 않기 때문이라고 생각해도 될 것이다. 그러나 혀넙치의 위쪽에 바다 밑 모래와 비슷한 특수한 반점 무늬가 있고, 최근에 푸세(Pouchet)가 보여준 것처럼 어떤 종은 주위 환경에 따라 색깔을 바꿀 수 있으며, 또 가자미의 위쪽에는 골질(骨質)의 결절(結節)이 있는 것을 빛의 작용 때문이라고 생각할 수는 없다. 이런 예에서는 아마 그러한 물고기의 일반적인 체형이나 그 밖의 숱한 형질이 그 생활 습성에 맞도록 적응한 것과 마찬가지로 자연선택의 작용이 있었을 것이다. 내가 앞에서 의견을 피력한 것처럼 우리는 여러 부분 쓰이거나 또는 쓰이지 않음의 빈도가 미치는 유전적 영향은 자연선택의 작용에 의해 강화된다는 것을 유의해 두어야 한다. 왜냐하면 적절한 방향을 향한 모든 우발적인 변이는 자연선택에 의해 보존되기 때문이다. 어떤 부분을 많이, 그리고 유효하게 사용하는 것에 의한 영향이 가장 많이 유전된 개체도 마찬가지이다. 개개의 경우에 있어서 얼마만큼을 사용의 효과에 돌리고, 얼마만큼을 자연선택에 돌릴 것인지 결정할 수는 없다.

구조의 기원이 오로지 사용 즉 습성에 있는 것처럼 보이는 다른 예를 들어 보겠다. 미국에 사는 어떤 원숭이는 꼬리 끝이 놀라울 정도로 완벽한 파악기관(把握器官)으로 변화하여, 이른바 다섯 번째 손의 역할을 하고 있다. 미바트와 같은 견해를 가진 어느 비평가는 이 변화된 구조에 대해 다음과 같이 말하고 있다. "어느 연령의 것이든, 파악에 관한 최초의 사소한 시초적 경향이 그것을 가진 개체의 생명을 유지시키거나 자손을 낳고 키우는 것을 유리하게 한다고 믿는 것은 불가능하다." 그러나 그렇게 믿을 필요는 없다. 습성은 그것에 의해 얻을 수 있는 크고 작은 이점을 포함한다고 해석해도 좋지만, 그 습성만으로도 거의 충분히 일을 할 수 있다. 브렘(Brehm)은 아프리카산 원숭이 중에 긴 꼬리원숭이(Cercopithecus)의 새끼는 손으로 어미의 뱃가죽을 붙잡는 동시에, 작은 꼬리를 어미의 꼬리에 걸고 있는 것을 본 적이 있다고 한다. 헨슬로(Henslow) 교수는 구조상으로는 결코 물건을 쥘 수 없는 꼬리를 가진 어떤 들쥐(Mus messorius)를 길렀는데, 그것이 우리 안에 넣어 둔 나뭇가지를 꼬리로 감아서 그것을 딛고 위로 기어 올라가는 것을 자주 보았다고 한다. 나는 귄터 박사한테서 그와 비슷한 이야기를 들은 적이 있는데, 그도 또한 쥐가 이런 식으로 몸을 지탱하는 것을 보았다고 한다. 만약 이 들쥐에게 나무 위에서 사는 습성이 좀 더 있었더라면, 이 쥐의 꼬리는 같은 목의 몇몇 종류와 마찬가지로 물건을 잡는 구조가 되었을 것이다. 어린 시절의 습성을 생각하여, 긴꼬리원숭이가 왜 그런 꼬리를 가지게 되었는지를 설명하는 것은 곤란하다. 그러나 이 원숭이의 긴 꼬리는 파악기관으로서보다는 도약할 때 평형기관으로서 훨씬 더 크게 도움이 될지도 모른다.

젖샘은 포유류의 모든 강(綱)이 공통적으로 가지고 있는 것으로, 생존에 필수불가결한 것이다. 그 젖샘은 아주 오랜 옛날부터 발달한 것이 확실하지만, 그 경과에 대해서는 아무것도 확실하게 알아낼 수가 없다. 미바트는 다음과 같이 질문하고 있다. "어떤 동물의 어린 새끼가 우연히 비대해진 어미의 피부선(皮膚 腺; cutaneous gland)에서 영양분이 거의 없는 한 방울의 액체를 우연히 빨아먹음 으로써 죽음을 면했다는 것을 생각할 수 있을까? 어쩌다 그런 일이 있었다 하 더라도, 그러한 변이를 영속시킬 어떤 기회가 있을 수 있을까?" 그러나 이 예 가 적절하다고는 할 수 없다. 대부분의 진화론자들은 포유류가 유대류적(有袋 類的) 형태에서 발생한 것임을 인정하고 있다. 실제로 그렇다면 젖샘은 애당초 유대류의 주머니 속에서 발달했을 것이다. 해마(Hippocampus)라는 물고기의 경 우 이와 같은 성질을 가진 주머니 속에서 알을 부화하여 한때는 새끼를 그 안 에서 키우게 된다. 미국의 생물학자 록우드(Lockwood)는 그 새끼의 성장과정을 관찰한 결과 주머니 속의 피부선에서 분비되는 분비물로 키워지는 것이라고 믿 고 있다. 그런데 포유류라고는 부를 수 없는 초기의 조상들은 새끼를 그와 비 슷한 방법으로 키우는 것도 가능하지 않았을까? 이 경우 가장 영양분이 많은 젖의 성질을 지닌 액체를 분비한 개체는, 오랜 세월 동안 영양이 부족한 액체 를 분비한 개체보다 영양이 좋은 자손을 훨씬 많이 길러냈을 것이다. 그리하여 젖샘과 같은 피부선이 개량되어 훨씬 쓸모 있게 되었으리라 생각한다. 주머니 의 어떤 일정한 부분의 선(腺)이 나머지 부분보다 고도로 발달한 것이 틀림없 다는 것은 넓은 의미에서 특수화의 원리와 일치한다. 이윽고 그것은 유방을 형 성하게 되었다. 처음에는 포유류 계열의 맨 밑에 있는 오리너구리(Ornithohyncus) 에서 볼 수 있는 것처럼 젖꼭지가 없는 것이었을 것이다. 어떠한 요인에 의해 어 떤 부분의 선이 다른 부분의 것보다 고도로 특수화했는가 하는 문제는, 그것 이 부분적으로 성장의 조절, 사용의 효과, 자연선택 가운데 어느 것에 의한 것 인지 단정하지 않기로 하겠다.

젖샘의 발달이 젖먹이로 하여금 그 어미의 분비물을 섭취할 수 없게 하는 것이라면 아무 소용도 없을 뿐 아니라 자연선택의 작용도 받을 수 없을 것이다. 포유류의 어린 새끼가 본능적으로 젖꼭지를 빠는 것을 알게 되었는지, 알 속의 병아리가 어떻게 특수하게 적응된 부리를 이용해서 알껍질을 깨뜨리는 것을 알게 되었는지, 또는 어떻게 부화한 지 몇 시간 뒤에 모이를 쪼아 먹는 것을 알게 되었는지를 이해하는 것만큼 곤란한 일은 아니다. 이러한 예에서 가장 그럴 듯한 해답은, 그 습성이 처음에는 약간 자랐을 때의 연습에 의해 얻어지고 그 것이 자손에게는 더욱 빠른 시기에 전해진 것처럼 보이는 데에서 찾을 수 있다. 그런데 캥거루의 경우, 어미는 아직 움직이지 못하는 미완성의 새끼의 입에 젖을 넣어주는 능력을 가지고 있고, 새끼는 어미의 젖꼭지에 매달리기만 할뿐 빨지는 않는 것으로 알려져 있다. 이 주제에 대해 미바트는 이렇게 말한다. "뭔가 특별한 준비가 없으면, 새끼는 기관에 젖이 흘러 들어가서 질식해 버릴 것이 틀림없다. 그러나 특별한 준비는 있다. 후두는 길게 늘어나 있고 비도(鼻道) 뒤끝의 내부에 높이 걸린 것처럼 되어 있으며, 따라서 젖이 늘어난 양쪽 후두 사이를 아무런 방해도 받지 않고 통과하여 그 뒤에 있는 식도에 도달하는 동안 공기가 자유롭게 폐에 들어갈 수 있다." 미바트는 이것에 이어 다 자란 캥거루—또는 유대류적 형태에서 유래한 것으로 가정하고 다른 대부분의 포유류에서도—의 경우, 자연선택은 '적어도 그 죄 없는 무해한 구조를' 제거해 버린 것이냐고 반문한다. 이에 대한 대답으로서 많은 동물에게 매우 중요하고도 틀림없는 목소리는, 후두가 비도에 들어가 있는 사이에는 마음껏 소리 지를 수 없다는 예를 들 수 있다. 플라워(Flower) 교수는 이 구조는 딱딱한 형태의 음식을 삼키는 동물에게는 큰 장애가 되었을 거라고 나에게 알려 주었다.

　여기서 동물계의 하등한 부류에 대해 조금만 지면을 할애하기로 하자. 극피동물—불가사리, 성게 등—에는 갈래가시라고 하는 독특한 기관이 있다. 이 것이 잘 발달한 것은 세 갈래의 겸자(鉗子 ; 집게)로 구성되어 있다. 즉 근육으로 움직이는 잘 휘어지는 줄기 끝에 톱니 같은 세 개의 팔이 달려 있는데, 그것이 족집게처럼 정확하게 맞물리도록 되어 있어서 어떤 물체도 단단히 붙잡을 수 있다. 알렉산더 아가시(Alexander Agassiz)는 성게(Echinus)가 자신의 배설물 조각을, 자신의 껍질을 더럽히지 않도록 몸의 일정한 선을 따라 겸자에서 겸자로 재빨리 넘겨서 제거하는 것을 보았다. 이러한 겸자는 모든 종류의 오물을 제거하는 것 외에 다른 기능도 할 것이 분명하다. 그 하나로 방어를 들 수 있다.

　이 기관에 대해 미바트는 앞에서 얘기한 여러 경우에 대한 것과 마찬가지로, 다음과 같이 묻고 있다. "이러한 구조의 최초의 원기적(原基的) 발단이 과연 어떤 역할을 할 수 있을까? 이렇게 갓 움이 튼 싹이 어떻게 하나의 성게의 생명을 존속시킬 수 있었을까?" 그는 또 이렇게 덧붙인다. "붙잡는 능력이 갑자기 생겨났다 해도, 자유롭게 움직이는 줄기가 없으면 쓸모가 없었을 것이고, 또 후자는 무는 턱이 없으면 아무 소용이 없었을 것이다. 그런데 불규칙한 여러 가지 사소한 변이가, 구조의 이러한 복잡한 상호조정을 동시에 일어나게 하는 것은 불가능하다. 이것을 부정하는 것은 사람들을 놀라게 하는 역설을 승인하는 것이나 다름없다고 생각한다." 미바트에게는 역설로 보일지 모르지만, 밑바닥이 움직이지 않게 고정되어 있고 붙잡는 능력을 가진 세 개의 겸자가 어떤 불가사리에는 분명히 존재하고 있다. 그리고 그러한 겸자가 적어도 부분적으로 방어에 도움이 된다면, 이것은 이치에 닿는 것이다. 나는 아가시의 깊은 친절 덕분에 이 주제에 대한 많은 지식을 얻었다. 그는 나에게 겸자의 세 개의 팔 가운데 하나가 축소하여 다른 두 개를 받치고 있는 불가사리가 있으며, 세 번째 팔이 완전히 사라져버린 속도 있다는 것을 알려 주었다. 페리에(Perrier)의 기록에 의하면 성게류에는 두 종류의 갈래가시가 있는데, 그 하나는 성게의 것과 비슷하고 다른 하나는 스파탄구스(Spatangus)의 것과 비슷하다고 한다. 이러한 예는 하나의 기관이 가진 두 개의 상태 가운데, 한쪽이 사라짐으로써 겉으로 보기에 갑작스러운 전이를 일으키는 수단을 보여주는 것이다.

이러한 이색적인 기관이 생긴 과정에 대해 아가시는, 그 자신의 연구와 뮐러의 연구에서 불가사리와 성게의 갈래가시는 의심할 여지없이 가시의 변형으로 보아야 한다고 추론했다. 개체에서 갈래가시가 발생하는 상황에 의해, 또 다양한 종과 속에서 그것이 단순한 알갱이 모양에서 일반적인 가시로 나아가서 완전한 세 가닥의 갈래가시에 이르는 그 단계적인 변화의 긴 계열을 통해 그러한 추론이 성립될 수 있다. 단계적 변화는 일반적인 가시 및 갈래가시가 막대 모양을 한 석회질의 지지체를 가진 채 껍질에 붙어 있는 방법에도 영향을 미치고 있다. 불가사리의 몇몇 속에서는 '갈래가시는 변형하여 갈라진 가시에 지나지 않는다는 것을 나타내는 데 필요한, 여러 가지 장치'를 발견할 수 있다. 이를테면 서로 같은 간격을 두고 톱니를 가진 움직이는 세 개의 가지가 기부(基部) 근처에 붙어 있는 고정된 가시가 있고, 또 그 가시 위쪽에는 다른 세 개의 움직이는 가지가 붙어 있는 것이다. 그런데 이 후자가 가시의 정점에 생길 때는 조잡한 세 갈래의 가시 형태를 취하게 된다. 그런데 그것이 아래쪽 세 개의 가지와 함께 같은 가시 위에 보이게 된다. 이 경우, 갈래가시의 팔과 가시의 움직이는 가지가 같은 성질의 것임은 확실하다. 가시가 방호 역할을 하는 것은 널리 인정되고 있으나, 만약 그렇다면 톱니 모양으로 움직이는 가지를 가진 가시도 같은 역할을 한다는 것을 의심할 이유가 없다. 그리고 그것들은 함께 모여 뭔가를 붙잡거나 끼우는 장치가 되면 훨씬 효과적으로 그 역할을 할 것이다. 이렇게 일반적인 고정된 가시에서 고정된 갈래가시에 이르는 이행의 각 단계가 유용한 것이 되는 셈이다.

불가사리의 몇몇 속에서는 이러한 기관은 고정되어 있지도 않고, 또 움직이지 않는 지지체 위에 얹혀 있는 것이 아니라 짧기는 해도 유연한 근육질의 줄기 꼭대기에 있다. 이 경우 그러한 기관은 아마 방어뿐만 아니라 다른 작용도 하고 있을 것이다. 성게에서는 고정된 가시가 껍질과 관절로 연결되며, 그로 인해 점차 움직일 수 있게 되어 가는 과정을 더듬어 확인할 수 있다. 나는 여기에 지면의 여유만 있다면, 갈래가시의 발생에 대한 아가시의 흥미로운 관찰에 대해 간략하나마 충분하게 설명하고 싶은 마음이다. 그가 덧붙이기로는, 모든 가능한 단계적 변화를 불가사리류의 갈래가시와 극피동물의 다른 군(群)에 속하는 거미불가사리류의 갈퀴 사이에서도, 또 성게류의 갈래가시와 역시 같은 큰 강에 속하는 해삼류의 닻 모양의 뼈 사이에서도 볼 수 있다고 한다.

옛날에는 식충류(植蟲類)라고 불리던 태형동물(Polyzoa)이라고 하는 군체동물(群體動物)에는 조취체(鳥嘴體)라고 하는 기묘한 기관이 갖춰져 있다. 이 기관의 구조는 여러 가지 종에 따라 매우 다르다. 가장 완전한 상태의 것은 독수리(Vulture)의 머리와 부리를 축소한 것과 닮았고, 줄기 위에 위치하고 있어 움직일 수 있다. 그러한 점에서도 아래턱과 비슷하다. 내가 관찰한 어떤 종에서는 같은 가지에 달려 있는 모든 조취체가 자주 아래턱을 약 90도 각도로 넓게 벌리고 5초 동안 일제히 앞뒤로 운동하고 있었다. 이 운동에 의해 군체 전체가 진동하고 있었다. 바늘로 턱을 건드려 보면 가지가 떨릴 정도로 바늘을 꽉 붙잡는다.

미바트가 이 예를 제시하는 까닭은 그가 '본질상 동일하다'고 생각하는 기관, 말하자면 태형동물의 조취체나 극피동물의 갈래가시 같은 기관이, 동물계의 매우 동떨어진 부문에서 자연선택에 의해 발달했다고 하기는 어렵다고 보았기 때문이다. 그렇지만 내가 관찰한 바에 의하면 구조에 관한 한, 세 가닥의 갈래가시와 조취체 사이에 어떠한 유사성도 찾을 수가 없었다. 조취체는 오히려 갑각류의 집게와 매우 비슷하다. 한 걸음 더 나아가 미바트가 이 유사성을 조류의 머리나 부리와 비슷하다고 비교했더라면 매우 타당성이 있었을 것이다. 특히 이에 대해서 세밀하게 연구한 버스크(Busk)와 스미트(Smitt) 박사 및 니체(Nitsche) 박사—모두 이 종류를 깊이 연구한 내추럴리스트들이다—는 조취체가 식충을 구성하는 개충(個蟲) 및 그 개충의 충방(蟲房)과 같으며, 그 방의 움직이는 입술, 즉 충방의 뚜껑은 조취체의 움직이는 아래턱에 해당한다고 확신하고 있다. 한편 버스크는 개충과 조취체 사이에 벌어지는 과정에 대해서는 전혀 알지 못하고 있다. 그러므로 A에서 B로 변화하기까지 어떠한 단계적 변화가 필요한지 추측할 수 없다. 그렇다고 해서 앞에서 말한 단계적 변화가 아주 없다는 결론이 나오는 것은 물론 아니다.

갑각류의 집게는 대체로 어느 정도까지는 태형동물의 조취체와 마찬가지로 집게로 쓰인다. 앞의 경우에 이용할 수 있는 단계적 변화의 기나긴 계열이 오늘날에도 존재하고 있다는 것은 흥미로운 사실이다. 처음의 가장 간단한 단계에서는 가지의 맨 끝 마디는 그 아래의 굵은 마디의 네모난 꼭대기 끝을 향해, 또는 한쪽의 측면 전체와 마주보고 꺾여 있다. 그리하여 물체를 붙잡을 수 있도록 되어 있으나, 그 가지는 여전히 이동 기관으로서 작용하고 있다. 다음 단계에서는 다음 굵은 마디의 한 귀퉁이가 약간 돌출하여 종종 불규칙한 이빨을 갖추고 있고, 끝마디는 그것을 향해 꺾여 있는 것을 볼 수 있다. 이 돌기의 크기가 커지고 그 모양과 끝마디의 모양이 약간 변화하여 개량됨으로써 집게는 더욱 완전해지고, 마침내 새우의 집게처럼 효과적인 도구가 되는 것이다. 이러한 단계적 변화는 모두 실제로 그 자취를 더듬어볼 수 있다.

태형동물은 조취체 외에도 진편체(振鞭體 ; vibracular)라고 하는 기묘한 기관을 갖고 있다. 이것은 보통 움직일 수 있으며 자극에 민감한 긴 강모(剛毛)로 되어 있다. 내가 연구했던 종에서는 진편체가 약간 꼬부라져 있고, 바깥쪽은 톱니바퀴처럼 삐죽삐죽했다. 그리고 동일군체(同一群體)에 있는 진편체는 때때로 전체가 동시에 움직이는데, 그 때문에 기다란 노처럼 작용하여 군체의 한 가지를 현미경의 대물렌즈를 가로질러 잽싸게 쓸어버렸다. 군체의 잔가지를 대물렌즈 위에 놓았더니 진편체는 서로 뒤엉켜서 빠져나가려고 맹렬하게 움직였다. 진편체는 방어 역할을 하는 것으로 추측되며, 버스크가 말한 것처럼 '군체의 표면을 천천히 정성들여서 청소하여 충방 속의 섬약한 거주자가 촉수(觸手 ; trantacular)를 뻗는 데 방해가 되는 것을 제거하고 있는' 것으로 생각된다. 조취체도 진편체와 마찬가지로 방어 역할을 하겠지만, 조취체는 또한 살아 있는 미세한 생물을 잡아죽이기도 한다. 그러한 생물은 이윽고 수류(水流)에 의해 개충의 촉수가 닿는 곳으로 흘러간다고 여겨지고 있다. 어떤 종은 두 가지 기관을 다 갖추고 있지만 어떤 종은 조취체만 있고, 진편체를 가지고 있는 것은 소수이다.

강모 즉 진편체와 새의 머리와 비슷한 조취체, 이 두 가지만큼이나 다른 두 개의 물체를 상상해 보는 것은 쉬운 일이 아니다. 그런데 양자는 거의 확실하게 서로 같으며 공통의 기원, 즉 충방(蟲房)을 갖춘 개충(個蟲)에서 발달한 것이다. 여기서 우리는 버스크가 알려준 것처럼 두 기관이 어떤 경우에 서로 단계적으로 변화하는 까닭이 무엇인지 이해할 수 있다. 이를테면 레프랄리아(Lepralia) 속의 몇몇 종에서는, 그 조취체는 움직이는 턱이 더욱 뚜렷해져서 강모의 형태가 되어 있다. 위쪽의, 즉 고정된 부리의 존재만으로 조취체로서의 성질을 결정지을 정도이다. 그러나 진편체는 조취체의 단계를 거쳐 왔다고 하는 편이 훨씬 확실한 것이다. 왜냐하면 변화의 초기 단계가 진행되는 동안 개충을 속에 가지고 있는 충방의 다른 여러 부분이 잠시 소멸하는 일은 거의 있을 수 없기 때문이다. 대부분의 경우 진편체는 홈이 나 있는 지지체를 기저부에 가지고 있는데, 그것은 고정된 부리를 나타내는 것으로 생각된다. 그러나 이 지지체는 일부 종에서는 완전히 결여되어 있다. 진편체의 발달에 대한 이 견해가 믿을 만한 것이라면 매우 흥미로운 일이 아닐 수 없다. 왜냐하면 조취체를 갖춘 종이 모두 절멸해 버린 경우를 상상해 보면, 아무리 생생한 상상력을 가진 사람이라도 진편체가 원래 조류의 머리나 불규칙한 상자 또는 두건과 비슷한 기관의 일부였을 거라고 생각하지는 않을 것이기 때문이다. 이렇게 아주 다른 두 개의 기관이 공통의 기원에서 발달한 것임을 아는 것은 참으로 흥미롭다. 충방의 움직이는 입술은 개충을 보호하는 역할을 하고 있다. 따라서 입술이 먼저 조취체의 아래턱이 되고, 이어서 긴 강모가 되는 변화의 모든 단계가 여러 가지 다른 방법과 상황에서이기는 하지만 역시 보호에 유용했음을 믿는 데는 아무런 어려움도 없는 것이다.

미바트는 식물계에서는 두 가지 예를 인용하고 있을 뿐이다. 그것은 난꽃의 구조와 반연식물(攀緣植物)의 운동이다. 난초과에 대해서 그는 다음과 같이 말하고 있다. "그것의 '기원'에 대한 설명은 무척 마음에 들지 않는다. 상당히 발달한 뒤에야 겨우 유용해지는 구조의 극히 미세하고 미미한 발단을 설명하는데는 매우 부족하다고 생각한다." 나는 이 주제를 다른 저서에서 상세하게 논했기 때문에 여기서는 난꽃의 뚜렷하고 현저한 특징의 하나, 그 꽃가루덩이에 대해서만 어느 정도 상세하게 설명하는 데 그칠 생각이다. 꽃가루덩이는 충분히 발달한 것에서는 탄력성이 있는 꽃가루덩이자루에 부착한 대량의 꽃가루로 형성된다. 이 꽃가루덩이자루는 또 점착성이 매우 높은 물질의 작은 덩어리에 붙어 있다. 꽃가루덩이는 이러한 수단에 의해 어떤 꽃에서 다른 꽃의 암술머리로 곤충에 의해 운반된다. 어떤 난에서는 꽃가루덩이에 꽃가루덩이자루가 없고, 꽃가루 알갱이는 가느다란 실에 의해 서로 연결되어 있을 뿐이다. 이것은 난에만 해당되는 것은 아니므로 여기서 고찰할 필요는 없지만, 난과(科) 계열의 최하위인 시프리페디움 속(Cypripedium)―개불알꽃 등―에서 처음에 실이 어떻게 발달했는지 관찰할 수 있다는 것만 밝혀두고자 한다. 다른 난에서는 꽃가루덩이의 한쪽 끝에 붙어 있고, 그것이 방금 발생한 꽃가루덩이자루의 첫 흔적을 형성하고 있다. 이것이 상당한 길이와 높은 수준으로 발달하는 꽃가루덩이자루의 기원을 이룬다는 것에 대해서는, 중앙의 단단한 부분 속에 묻혀 있는 발육이 덜된 꽃가루 알갱이가 이따금 발견되는 것이 그 증거가 된다.

두 번째 중요한 특징, 즉 점착성 물질의 작은 덩어리가 꽃가루덩이자루의 끝에 부착해 있다는 것에 대해서는, 각각의 식물에 쓸모 있는 단계적 변화의 긴 계열을 들 수 있다. 다른 목에 속하는 대부분의 꽃에서는, 암술머리는 소량의 점착성 물질을 분비한다. 그런데 몇몇 난에서는 같은 점착성 물질이 분비되는데 그것은 3개의 암술머리 가운데 하나에서만 다량으로 분비되는 것이다. 그리고 그 암술머리는 아마 엄청난 분비의 결과로서 불임이 되어 있을 것이다. 이런 종류의 꽃을 곤충이 찾았을 때, 곤충은 약간의 점착성 물질을 몸에 묻히고, 동시에 약간의 꽃가루 알갱이를 운반하게 된다. 대다수의 일반적인 꽃과 아주 조금밖에 차이가 나지 않는 이 단순한 상태에서, 무한한 단계적 변화―꽃가루덩이가 매우 짧은, 유리된 꽃가루덩이자루에 붙어 있는 종에 대한, 또는 꽃가루 덩이자루가 점착성 물질에 꼭 달라붙어 있고 불임의 암술머리 자체도 크게 변해 버린 종에 대한—가 있다. 후자의 경우에 꽃가루덩이는 고도로 발달해 있고 상태도 완전하다. 누구라도 난꽃을 주의 깊게 조사해 본다면 위와 같은 단계적 변화의 계열—꽃가루 알갱이의 덩어리가 단순히 실에 의해 결합되어 있고 암술머리가 일반적인 꽃과 별로 다르지 않다면, 곤충에 의한 운반에 훌륭하게 적응한 고도로 복잡한 꽃가루 덩이에 이르는—이 있음을 알게 될 것이다. 또 그는 수많은 종의 모든 단계적 변화가 각각의 종이 지닌 일반적 구조에 대해, 다른 곤충에 의한 수정을 위해 훌륭하게 적응한 것임을 부정하지 않을 것이다. 이 경우에도, 또 거의 모든 다른 경우에도 의문은 멀리 기원으로 거슬러 올라가서 제기될 수도 있다. 즉, 일반 꽃의 암술머리는 어떻게 해서 점착성을 가지게 되었는가 하는 식이다. 그러나 우리는 생물의 어느 군에 대해서도 그 역사를 충분히 알고 있지 못하므로 그러한 의문에 대답하고자 하는 것은 무모한 일이고, 그런 것을 묻는 것도 마찬가지로 소용없는 일이다.

다음에는 반연식물(攀緣植物)[5]에 대해 살펴보기로 하자. 오로지 기둥을 감고 올라가는 식물에서부터 내가 이름붙인 엽반식물(葉攀植物 ; leaf climbers), 또는 꼬불거리는 수염을 가진 것에 이르기까지 이런 종류의 식물은 긴 계열로 늘어세울 수 있다. 후자의 두 강(綱)에서는 늘 그런 것은 아니지만 일반적으로 엉겨붙는 힘은 잃어버려도 휘감는 힘은 유지하고 있다. 그런데 덩굴손도 이 휘감는 힘을 가지고 있다. 엽반식물에서 덩굴손을 가진 식물에 이르는 단계적 변화는 놀랄 만큼 조밀해서, 어떤 식물은 차별 없이 어느 강에 넣어도 괜찮은 식물도 있다. 그러나 단순한 전요식물(纏繞植物 ; 덩굴식물)에서 엽반식물로 서열이 올라갈 때는 하나의 중요한 성질이 더해진다. 다름 아닌 접촉에 대한 감수성으로 그것에 의해 잎자루와 꽃받침, 또는 그것이 변형하여 덩굴손이 된 것이 접촉한 물체의 주위를 따라 휘어져서 그것을 붙잡도록 자극받는 것이다. 이러한 식물에 대해 내가 쓴 글을 읽은 사람은, 단순한 전요식물과 덩굴손식물 사이에서 볼 수 있는, 기능과 구조의 많은 단계적 변화 가운데 어느 것이든 각각 그 종에

---

5) 다른 물건을 감아 뻗어올라가는 식물. 호박·나팔꽃·오이 따위.

매우 쓸모 있는 것임을 인정할 것이라고 나는 생각한다. 이를테면 전요식물에 있어서 엽반식물이 되는 것은 큰 이익이다. 긴 잎자루를 갖춘잎을 가진 전요식물은 아마 모두 이 잎자루가 조금이라도 접촉에 필요한 감수성을 가지고 있었다면 엽반식물로 발달했을 거라고 생각한다.

여기서 으레 나올 만한 질문은, 전요(纏繞)[6]는 기둥을 타고 올라가기 위한 가장 단순한 수단이고 방금 말한 계열의 가장 하위를 구성하는 것이므로, 식물이 이 능력을 어떻게 발단단계에서 얻었으며 그것이 그 뒤 어떻게 자연선택에 의해 개량되고 증대될 수 있었는가 하는 점이다. 전요는 어릴 때는 그 줄기가 매우 유연하다는 사실에 의존한다―그러나 이 성질은 반연하지 않는 식물의 대부분에도 공통된다―. 두 번째로는 줄기가 둘레의 모든 점에서 차례로 똑같이 굴곡해 가는 것에 의존한다. 줄기는 이 운동을 통해 모든 방향으로 기울어지면서 빙글빙글 돌아가게 된다. 줄기의 아랫부분이 뭔가에 부딪쳐 나아갈 수 없을 때도 윗부분은 여전히 구부러지며 돌아가기 때문에 필연적으로 기둥을 감고 올라가게 되는 것이다. 선회운동은 각각 묘조(苗條)[7]의 초기성장을 지난 뒤에는 멈춰버린다. 두드러지게 다른 많은 과의 식물 가운데 단독 종과 속이 선회 능력을 가지고 전요식물이 되어 있으므로, 그러한 식물은 그 능력을 각각 독립적으로 얻은 것이지 공통의 조상으로부터 유전된 것은 아니었음이 틀림없다. 그래서 나는 이런 종류의 운동에 대한 약간의 경향은 결코 반연하지 않는 식물에서도 그리 드문 일이 아니며 그 경향은 자연선택이 작용하여 개량하는 바탕을 제공했을 거라고 예언하기에 이르렀다. 내가 이 예언을 했을 때 나는 불완전한 한 례밖에 알지 못했다. 그것은 마우란디아(Maurandia)의 꽃자루인데, 이것은 전요식물의 줄기와 마찬가지로 가볍게 또 불규칙하게 선회하지만 이 습성은 아무런 쓸모가 없는 것이다. 얼마 뒤에 프리츠 뮐러(Fritz Müller)는 질경이택사(Alisma)와 아마(Linum)―휘감아오르지 않는 식물로, 분류체계에서 매우 동떨어져 있는 식물이다―의 어린 줄기가 불규칙하기는 하지만 명백하게 휘감아 도는 것을 발견했다. 그는 다른 어떤 식물에서도 같은 일이 일어난다고 추정할 만한 이유가 있다고 말했다. 이러한 경미한 운동은 그 식물에 아무런

6) 덩굴 따위가 친친 휘감음.
7) 식물의 발생 초기, 잎과 줄기의 구분이 분명하지 않을 때의 잎과 줄기를 통틀어 이르는 말.

이익도 주지 않는 것처럼 보인다. 어쨌든 지금 우리가 다루고 있는 휘감아 오르는 방법에서는 전혀 도움이 되지 않는 것이다. 그러나 이러한 식물의 줄기가 유연하여 그것이 처한 조건 속에서 식물이 높은 곳에 올라가는 것을 도울 수 있다면, 가벼운 정도로 불규칙하게 휘감아 도는 습성은 자연선택에 의해 더욱 발달하고 이용되어, 마침내 그 식물을 잘 발달한 전요식물로 변화시킬 것으로 추측된다.

잎과 꽃의 자루 및 덩굴손의 감수성에 대해서도 전요식물의 선회운동의 경우와 거의 같은 설명을 할 수 있다. 판이하게 다른 종류에 속하는 수많은 종이 이러한 종류의 감수성을 가지고 있으므로 반연식물이 아닌 대부분의 식물에서도 그 감수성이 맹아의 상태에서 발견되어 마땅하다. 또 실제로도 그런 것이 발견되고 있다. 나는 위에 말한 마우란디아의 어린 꽃자루가 뭔가에 닿으면 그쪽으로 서서히 구부러지는 것을 관찰했다. 모렌(Morren)은 괭이밥(Oxalis) 속의 몇 종에서 잎과 잎자루가 특히 뜨거운 햇빛을 받은 뒤에는 여러 번 가볍게 접촉하거나 전체를 흔들면 움직이는 것을 발견했다. 나는 괭이밥 속의 다른 몇몇 종에서 이러한 실험을 반복하여 같은 결과를 얻었다. 어떤 종에서는 운동하는 것이 확실했고, 특히 어린 잎에서 잘 관찰할 수 있었다. 다른 종에서는 매우 경미했다. 대권위자인 호프마이스터(Hofmeister)에 의하면, 어떤 식물에서도 어린 묘조나 잎을 건드린 뒤에는 움직인다고 하는데, 이것은 훨씬 더 중요한 사실이다. 이미 말한 것처럼 반연식물에서 잎자루와 덩굴손이 감수성을 가지는 것은 성장의 초기 단계뿐이다.

어린 식물의 아직 성장하고 있는 기관을 건드리거나 흔듦으로써 일어나는, 위에 말한 경미한 운동이 식물에 있어서 기능상 중요성을 가지는 것은 거의 있을 수 없는 일이다. 그러나 식물은 다양한 자극에 반응한다. 그러한 식물들은 명백하게 중요한 운동을 일으키는 힘을 가지고 있다. 이를테면 빛을 향하는 운동, 그보다 드물기는 하지만 빛에서 멀어지는 운동, ─중력에 역행하는 운동, 그보다 드물기는 하지만 중력의 방향을 따라가는 운동 등이다. 동물의 신경과 근육이 전류에 의하여, 또는 스트리크닌(Strychnine)[8]의 흡수에 의해 흥분했을

8) 마전의 씨에 함유되어 있는 알칼로이드.

때 일어나는 운동은 우연한 결과라고 할 수 있다. 왜냐하면, 신경과 근육은 그러한 자극에 대해 특별히 감수성을 가지고 있지는 않기 때문이다. 마찬가지로 식물에 있어서도 일정한 자극에 따라 운동하는 힘을 가지고 있으므로, 건드리거나 흔듦으로서 우연히 흥분시키는 것으로 생각된다. 이러한 까닭으로 엽반식물이나 덩굴식물의 경우에, 자연선택에 의해 이용되고 증대된 것은 이러한 경향 때문이다. 그러나 내 논문에서 말한 여러 가지 이유에 의해, 이것은 이미 휘감아 도는 힘을 얻어 전요식물이 된 것에서만 일어난 것이 거의 확실해 보인다.

나는 식물의 전요가 어떤 방법에 의해 일어나는지 설명하려고 노력해 왔다. 그것은, 처음에는 식물에게 전혀 도움이 되지 않는 경미하고 불규칙한 선회운동의 경향이 커졌기 때문이라는 설명이었다. 이 운동은 건드리거나 흔듦으로써 일어나는 운동과 마찬가지로 다른 유리한 목적을 위해 획득한, 움직이는 힘의 우연한 결과이다. 반연식물이 점진적으로 발달하는 사이 자연선택이 사용의 유전적 영향에 도움을 받았는지의 여부에 대해서는 굳이 결론 내리고 싶지 않다. 그러나 어떤 종류의 주기적인 운동, 이를테면 식물의 수면이 습성에 지배받고 있음을 알고 있다.

이상으로 나는, 자연선택으로는 유용한 구조가 발단하는 단계를 설명할 수 없다는 것을 증명하기 위해 노련한 한 내추럴리스트가 세심하게 선택한 여러 가지 예에 대해 충분히, 지나칠 정도로 고찰했다. 그리고 이 주제에 그리 큰 어려움이 없다는 것을 내가 보여주었기를 희망한다. 따라서 이제는 변화한 기능과 종종 결합하고 있는 구조의 단계적 변화에 대해 잠시 고찰해볼 차례가 되었다고 생각한다. 이것은 이 책 이전에 나온 모든 판에서는 충분히 다뤄지지 않았던 중요한 문제이다. 여기서 앞에 든 예들을 간단하게 요약해 두고자 한다.

기린의 경우, 이미 멸종한 어떤 키 큰 반추류에서 가장 긴 목과 다리를 가지고, 평균보다 약간 높은 곳의 잎을 따먹을 수 있었던 개체가 연속하여 보존되고, 높은 곳의 잎을 따먹지 못한 개체는 끊임없이 도태되는 것만으로도 이 신기한 사족류를 설명하는 데 충분했을 것이라 생각한다. 모든 체부의 계속적인 사용이 유전과 함께 그러한 체부의 상호조정에 중요한 도움이 되었을 것이다. 곤충이 다양한 물체를 모방하는 것에 대해 다음과 같이 믿는 데 불확실한 것은 아무것도 없다. 이를 테면 일반적인 어떤 물체와 우연하게 닮은 모든 경우에 자연선택의 작용하는 바탕이 되었다. 이어서 그것은 더 많이 닮도록 하는 경미한 변이가 그때마다 보존됨으로써 완전해지고, 곤충이 변이를 계속하는 동안 모방이 더욱 완벽해져서 시각이 예민한 적을 속일 수 있게 될 때까지 계속해서 일어난다는 것이다. 고래의 몇몇 종에서는 입천장에 각질로 이루어진 불규칙한 작은 입자들이 나 있다. 그리고 모든 유리한 변이를 보존하여, 그러한 입자들을 먼저 거위의 부리처럼 얇은 판으로 변한 결절, 즉 이빨로 변화시키고 다음에는 집오리처럼 짤막한 얇은 판으로, 그 다음에는 삽질오리에서 볼 수 있는 완전한 얇은 판으로, 마지막에는 그린란드산 고래의 입에 있는 고래수염의 거대한 판으로 변화시켰다. 이것은 완전히 자연선택의 작용 범위 안에 있었던 것으로 생각된다. 오리과의 경우에는, 얇은 판은 처음에는 이빨로 사용된 다음에 일부는 이빨, 일부는 여과장치로 사용되고, 마지막에는 거의 오로지 걸러내는 목적을 위해서만 사용되었다.

위에 말한 각질의 얇은 판 또는 고래수염 같은 구조에 있어서 우리가 판단할 수 있는 한 습성이나 사용은 그러한 구조의 발단을 위해 약간의 일밖에 하지 못하거나, 때로는 아무런 작용도 하지 않았다. 이에 비해 넙치의 아래쪽 눈이 머리 위쪽으로 이동한 것과, 물체를 잡을 수 있는 꼬리가 생긴 원인은 거의 끊임없는 사용과 유전으로 돌릴 수 있다. 고등동물의 유방에 있어서 가장 확실한 추측은 다음과 같다. 즉, 초기에 유대류의 주머니 표면 전체에 걸쳐 피부샘에서 영양 있는 액체를 분비한다. 이어서 그 피부샘의 기능이 자연선택에 의해 개량되어 한정된 부분에 집중된 뒤 거기에 유방이 생긴 것으로 여겨진다. 어떤 태고의 극피동물에서 방어 역할을 하고 있었던, 가지가 갈라진 가시가 자연선택에 의해 어떻게 발달하여 세 가닥의 갈래가시가 되었는지 이해하는 것은 매우 어려운 일이다. 이것은 갑각류의 집게의 발달을, 처음에는 이동에만 사용되었던 부속지(附屬肢)의 말단 관절과 그 다음 관절에 일어난 경미하고 유용한 여러 변화를 통해 이해하는 것보다 더 곤란한 일은 없을 것이다. 태형동물의 조취체와 진편체는 동일한 기원에서 발달하여 판이하게 다른 겉모습을 보여주는 기관의 예이다. 우리는 이 진편체에서 계속적으로 일어나는 단계적 변화가 어떻게 유효할 수 있었는지를 이해할 수 있다. 난의 꽃가루덩이에서는 원래 꽃가루 입자들을 결합하는 역할을 하고 있었던 실이 서로 붙어서 꽃가루덩이자루가 되기까지의 흔적을 더듬을 수 있다. 또 마찬가지로 일반 꽃의 암술머리에서 분비되며 지금도 거의, 완전하지는 않지만 같은 목적에 유용한 점착성 물질이 꽃가루덩이자루의 분리된 끝에 달라붙게 되는 과정도 더듬어볼 수 있다. 이러한 단계적 변화는 모두 그 식물에 명백하게 유리한 것이다. 반연식물의 경우는 바로 앞에서 설명했으므로 되풀이할 필요는 없을 것이다.

　만약 자연선택이 그토록 강력하다면, 왜 여러 종에서 그 종에 명백하게 유리하다고 생각되는 여러 가지 구조가 획득되지 않았는가 하는 의문이 곧잘 제기되고 있다. 그러나 어떤 종에서도 과거의 역사와 현재 그 개체수 및 분포범위를 결정하는 조건들에 대해 우리가 얼마나 무지한지를 생각한다면, 이러한 의문에 적확한 대답을 기대하는 것은 무리한 일이 될 것이다. 대다수의 경우에는 그저 일반적인 이유밖에 말할 수 없지만, 어떤 소수의 경우에는 특수한 이유도 들 수 있다. 이를테면 어떤 종을 새로운 생활 습성에 적응시키기 위해서는 서로 조정하는 많은 변화가 반드시 일어나야 한다. 그런데 필요한 부분이 적절한 양식으로, 또 적절한 과정으로 변이하지 않는 경우가 자주 발생한다. 우리에게는 그 종에 유리한 것처럼 보이기 때문에 자연선택에 의해 얻어진 것으로 추측되는 구조와는 아무런 관계도 없는 파괴적인 작용이 개체수의 증가를 저해한 종도 다수 있을 것이다. 이 경우 생활을 위한 투쟁은 그러한 구조에 의존하지 않다. 그러한 구조는 자연선택에 의해 얻어진 것이 될 수 없다. 대부분의 경우에 복잡하고 오래 지속되며 종종 특수한 성질을 가진 조건들이 어떤 구조의 발달에 반드시 필요하다. 그 적절한 조건은 거의 드물었을지도 모른다. 우리가—때로는 잘못 생각하여—어떤 종에 유리할 거라고 여기는 구조가 어떠한 상황에서도 자연선택에 의해 획득된 것이 틀림없다고 믿어서는 안 된다. 미바트는 자연선택이 뭔가를 했다는 것을 부정하지는 않았지만, 그는 자연선택을, 내가 그것으로 설명하는 여러 가지 현상을 해석하기에는 '논증이 부족한 것'으로 생각하고 있다. 그의 중요한 논의는 이미 고찰한 셈이고, 다른 것도 계속해서 살펴보고 싶다. 그러한 논의는 그다지 예증적인 성질은 가지지 않는 것으로 생각된다. 또 자주 설명했던 다른 요인들의 도움을 받아 일어나는 자연선택의 힘을 인정하는 논의에 비하면 그다지 무게가 없는 것으로 생각된다. 또한 나는 내가 여기서 열거한 사실과 논의 가운데 어떤 것은 '외과의학 평론'(Medico

-Chirurgical Review) 최근 호에 실린 뛰어난 한 논문 속에서, 같은 목적으로 제출 되어 있다는 것을 덧붙이고 싶다.

오늘날 대부분의 내추럴리스트들은 어떤 형태에서의 진화(evolution)를 시인 하고 있다. 반면에 미바트만은 종의 변이는 '내부의 힘이나 경향'에 의하는 것 이라고 주장하는데, 그것에 대해서는 아무것도 알려진 바가 없다. 모든 진화론 자들은 종 자체가 변이하는 능력이 있다는 것을 인정할 것이다. 하지만 나로서 는 인위선택의 결과로 잘 적응된 사육 품종을 많이 발생시키고, 또 자연선택에 의해서도 마찬가지로 자연품종이나 종을 점진적 단계를 통해 발생시켰을 일반 변이성을 초월한 내적인 힘에 의지할 필요는 전혀 없다고 생각한다. 마지막의 결과는 대체로 체제의 발달을 가져왔으나, 극히 드문 경우에는 퇴행했을 것이 분명하다.

특히 미바트는 새로운 종은 '갑자기 그리고 일시에 나타나는 변화에 의 해' 발생한다고 믿는 경향이 있다. 또 몇몇 내추럴리스트들도 이에 의견을 같 이하고 있다. 예컨대 그는 이미 사멸되어 없어진 발가락이 3개인 히파리온 (Hipparion)과 말의 차이는 갑자기 발생한 것이라고 추측하고 있다. 또한 그는 새의 날개가 '뚜렷하고 중요한 성질을 가진, 비교적 갑작스러운 변화 말고 다른 방법으로 발달했다'고 믿기는 어렵다고 한다. 그는 분명히 그와 똑같은 견해를 박쥐와 익룡(翼龍)에도 적용할 것이다. 이러한 결론은 점진적 단계의 계열 사이 에 커다란 단절이나 파탄이 존재한다는 것을 뜻하는데, 나는 그것을 인정할 수 가 없다.

완만하고 점진적인 진화를 믿는 사람이라면 누구나, 종의 변화가 사육재 배 상태에서나 자연 상태에서 볼 수 있는 단일한 변이(single variation)에 못지않 게 돌발적이고 큰 것일 수도 있다는 것을 인정할 것이다. 그러나 종은 자연 상 태에서보다는 사육재배할 때 더욱 변이하기 쉬운 것이므로, 이렇게 크고 돌발 적인 변이가, 사육재배 상태에서 이따금 알려져 있는 것만큼 자연계에서도 자 주 일어나는 일은 없을 것이다. 사육재배 상태에서 생기는 변이 중에는 조상의 형질로 다시 되돌아가려는 귀선유전(歸先遺傳)의 경우도 있다. 이렇게 다시 나 타나는 형질은 그 초기에는 점진적인 방법으로 얻어진 듯하다. 이를테면 아주 색다른 변이를 가진 것, 즉 육손인 사람, 고슴도치처럼 털이 난 사람, 앵콘 양

(Ancon sheep), 니아타(Niata) 소 등 더 많은 변화는 기형이라고 불러야 옳을 것이다. 이러한 기형들은 자연의 종과는 형질이 완전히 다르므로 여기서 논의할 문제는 아니다. 이렇게 기형적 돌연변이의 예를 제외한 나머지는 비록 그것이 자연 상태에서 발견할 수 있는 것일지라도 조상의 모습과 매우 밀접하게 연관된 극히 의심스러운 종을 형성할 뿐이다.

사육 품종이 이따금 변하는 것과 마찬가지로 자연의 종도 돌발적으로 변화했다는 것을 내가 의심하는 이유, 또 자연의 종이 미바트가 보여주는 놀라운 방법으로 변화했다는 설을 내가 전혀 믿지 않는 이유는 다음과 같다.

우리의 경험에 의하면 돌발적이고 매우 뚜렷한 변이는 가축과 작물에 있어서 단독으로, 또 상당히 긴 시간을 두고 일어난다. 만일 그러한 변이가 자연계에서 발생했다 하더라도, 그것은 어떤 우연한 파괴적인 원인에 의해, 또는 교잡에 의해 쉽게 소멸해 버렸을 것이다. 사육재배 상태에서도 이러한 종류의 돌발적 변이는, 인간이 주의를 기울여 특별히 보존하고 격리하지 않으면 소멸되고 만다는 것이 알려져 있다. 그러므로 미바트가 생각하는 것처럼 새로운 종이 갑자기 출현하는 것이라면, 모든 유추와 반대로 경이적으로 변화한 수많은 개체가 같은 지방에 동시에 출현한 것을 거의 필연적으로 믿지 않으면 안 된다. 이러한 난점은 인간에 의한 무의식적인 선택의 경우와 마찬가지로, 조금이라도 유리한 쪽으로 변이한 다수의 개체가 보존됨으로 인한 점진적 진화의 이론과, 그것과 반대되는 변이를 한 수많은 개체의 파멸 이론을 통해 피할 수 있다.

다수의 종이 매우 점진적인 양식으로 진화해 온 것은 거의 틀림없는 사실이다. 자연에 존재하는 많은 과에 속하는 모든 종은, 그리고 그러한 과에 속하는 모든 속까지 서로 매우 비슷하여 거의 구별하기 힘든 것도 적지 않다. 북쪽에서 남쪽으로, 저지대에서 고지대로 나아가는 동안 밀접한 관계를 가진, 즉 대표적인 종을 매우 많이 만나게 된다. 이것은 과거에는 연결되어 있었다고 믿을 만한 이유가 있는 각각의 대륙에서도 마찬가지이다. 그러나 나는 이러한 것과 다음의 여러 가지에 주목하면서, 나중에 논할 예정인 몇 가지 주제에 대해 언급하지 않을 수 없다. 우선 대륙 주위에 떨어져 있는 많은 섬을 살펴보기로 하자. 그리고 그곳에는 얼마나 많은 서식자가 의심스러운 종의 계급에 올라 있는지 알아보자. 우리가 과거에 주목하여 이제 막 소멸한 종과 지금도 같은 지역에서 생존해 있는 것을 비교한 경우, 또는 동일한 지층에 몇 개의 아층(亞層) 속에 묻혀 있는 화석종(化石種)을 비교한 경우에도 그것은 마찬가지이다. 근래에 소멸한 종, 또는 현재까지 생존해 있는 다른 종들이 서로 밀접하게 관련되어 있다는 것은 명백하지만 각각의 종이 돌발적으로 발생했다고 주장하는 것은 곤란하다. 또 각각의 종 자체가 아니라 근연종의 특수한 부분을 주목해 보면 다수의 놀랍고 섬세한 단계적 변화를 더듬을 수 있고, 그로 인해 매우 다른 구조가 서로 결합되어 있다는 것도 잊어서는 안 된다.

여러 가지 사실들은, 종이 매우 작은 한 걸음 한 걸음을 통해 진화한다는 원리를 통해서만 이해할 수 있다. 이를테면, 큰 속에 포함되어 있는 모든 종은 작은 속의 모든 종보다 서로 매우 비슷하며 많은 변종을 만들어내고 있다는 사실이 그것이다. 전자는 또 종의 주변에 변종이 배치되듯이 작은 군을 이루어 모일 수 있고, 이 책의 제2장에서 설명한 것처럼 그 밖의 면에서 변종과 유사한 점도 보여주고 있다. 우리는 또 이와 같은 원리에 의해 종의 형질이 어떻게 속의 형질보다 변이하기 쉬운지, 또 특별한 정도 또는 양상으로 발달한 부분이 어떻게 같은 종의 다른 부분보다 변이하기 쉬운지를 이해할 수 있다. 그리고 같은 방향을 가리키는 유사한 사실들을 추가할 수 있을 것이다.

매우 많은 종이 유사한 변종들을 구별하는 것보다 작은 단계를 거듭하여 발생한 것은 거의 확실하지만, 어떤 종은 그것과는 다른 돌발적인 방법으로 발생했다는 것을 인정해도 무방할 것이다. 그러나 강력한 증거를 제출하지 않고는 이러한 것을 허용할 수 없다. 라이트(Chauncey Wright)가 이 견해를 지지하기 위해 언급한 예, 즉 무기물질의 돌연한 결정화나 다면타원체가 어떤 면에서 다른 면으로 기울어지는 것 같은, 어떤 점에서는 잘못되어 있는 모호한 유추는 거의 고찰할 가치가 없다. 그러나 어떤 일련의 사실들, 즉 여러 가지 지질층에서 확실하게 다른, 새로운 종류의 생물이 갑자기 출현하고 있다는 사실은 얼핏 보아서는 돌발적인 발생을 지지하는 것처럼 보인다. 그러나 이 증거의 가치는 세계 역사의 아득히 먼 과거 시대에 관한 지질학적 기록의 완전성에 전적으로 의존하고 있다. 만약 이 기록이, 다수의 지질학자들이 힘주어 말하고 있는 것처럼 단편적인 것이라면, 새로운 형태가 갑자기 발생한 것 같은 느낌을 준다 해도 이상한 일이 아니다.

변형(transformation)은 미바트가 말한 것처럼 경이로운 것이며, 새와 박쥐의 날개가 갑자기 발생하고 히파리온이 갑자기 말로 변화한 것과 같은 일이라는 것을 우리가 인정하지 않는 한, 연결이 결여된 이 지질층에서 돌발적인 변화가 있었다고 믿는 것은 아무런 의미가 없다. 그런데, 이러한 돌발적 변화의 신념에 대해서는 발생학이 강력하게 항의하고 있다. 발생 초기에는 새나 박쥐의 날개와 말, 그 밖의 사족류의 다리를 구별할 수 없다는 것, 또 그러한 것은 느껴지지 않을 만큼 미세한 발걸음을 거듭하여 분화해 간다는 것은 잘 알려져 있는 사실이다. 발생학적 유사성은 어떤 종류의 것이든 모두 뒤에 설명하듯이 현생 종의 조상이 어린 시기가 지난 뒤에 변화하여 새롭게 획득된 형질을 자손에게, 그 해당하는 시기에 전한다는 것으로 설명할 수 있다. 그래서 배(胚)는 거의 영향을 받지 않은 그대로이고, 종의 과거의 상태를 기록하는 역할을 한다. 현생 종이 발생 초기 단계에, 같은 강에 속하는 옛날의 절멸한 형태와 비슷한 것은 그 때문이다. 발생학적 유사성의 의미에 대해 이러한 견지에 선다면, 아니 어떤 견해를 취한다 해도, 어떤 동물이 중대한 돌발적 변화를 입었는데도 배의 상태 속에 갑작스러운 변화의 흔적을 전혀 남기지 않고, 어떠한 세부 구조도 감지할 수 없을 만큼 미세한 단계를 밟아 발생한다는 것은 믿기 어려운 일이다.

옛날의 어떤 형태가 내적인 힘 또는 경향에 의해 갑자기, 변형되었다고 믿는 사람은 거의 모든 유추에 반하여 다수의 개체가 동시에 변이했다고 가정하지 않을 수 없게 된다. 이렇게 돌발적이고 큰 구조의 변화는 대부분의 종이 받은 것으로 여겨지는 변화와는 판이하게 다른 것이다. 그 사람은 또, 같은 생물의 다른 모든 부분 및 주위의 조건에 훌륭하게 적응한 다수의 구조가 갑자기 발생한 것이라고 믿지 않을 수 없으며, 이렇게 복잡하고 경탄할 만한 상호적응에 대해 설명할 수 없을 것이다. 또한 돌발적인 커다란 변형이 배에 어떠한 작용의 흔적도 남기지 않았음을 인정해야 할 것이다. 이러한 것을 모두 승인하는 것은 '과학'의 세계를 버리고 기적의 세계에 발을 들여놓는 것이라고 나는 생각한다.

다윈의 생애와 사상 그리고 《종의 기원》

'동식물의 습성을 오랜 시간에 걸쳐 관찰해 온 까닭에,
어느 곳에서나 보이는 생존경쟁의 의미를 알아낼 준비가
되어 있었다. 그래서 이런 상황에서는 유리한 변종이
살아남고, 불리한 변종은 사라지게 될 것이라고 문득 깨닫게 되었다.'
찰스 다윈《자서전》(1887)에서

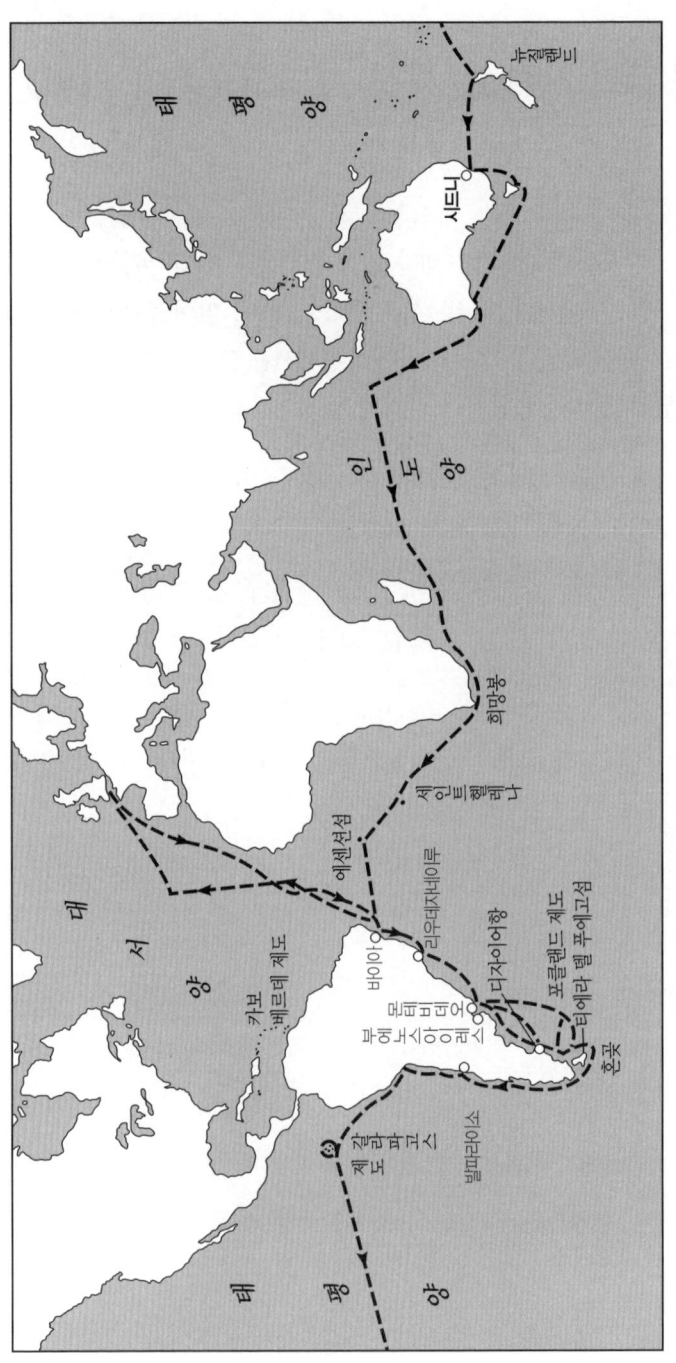

비글호 항해로

I. 다윈의 발걸음

모험의 꿈

출항의 날

1831년 12월 27일, 영국 해군 측량선 비글호는 마침내 플리머스항을 출항했다. 빅토리아 여왕의 통치 아래 영국에서는 유럽 여러 나라들에 앞서 산업혁명이 진행되고 있었다. 수작업이 기계로 대치되고 철도가 개통되었으며, 자유주의가 유행하기 시작했다.

그 무렵, 찰스 바베지는 계산기 만들기에 몰두하고 있었다. 프랑스의 자카르 방직기에서 착상을 얻어 그가 발명한 계산기는 이런 평을 들었다.

'자카르 방직기가 꽃이나 잎을 짜내는 것처럼 해석기관이 대수(代數)적인 모양을 짜낸다.'(골드스타인《계산기의 역사》)

두 번이나 악천후에 시달리다 돌아온 뒤, 이날 출항하게 된 비글호의 목적은 주로 남아메리카 연안의 측량이었다. 지난 항해에서 손상된 부분을 보수하는 바람에 조금 중량이 무거워져 242톤이 된 쌍돛대 비글호는 그로부터 5년 동안 6만 4천㎞ 이상을 항해한다. 이 비글호가 뒤에 진화론의 확립자 다윈, 진화의 섬 갈라파고스 제도와 나란히 과학사에서 가장 유명한 배가 되리라고는 당시에는 아무도 상상하지 못했음이 분명하다.

찰스 다윈이 항해 길에 들어서기 한 해 전 독일에서는 7월 혁명이 일어났다. 이 소식은 오늘날의 바이마르에도 전해져 모두가 흥분의 도가니에 빠졌다. 그러나 시인이자 형태학자이기도 했던 늘그막의 괴테는 이때 혁명이 아니라 같은 프랑스의 아카데믹한 논쟁—퀴비에와 조프루아 생틸레르의 동물형태학상의—을 화제로 삼아 생틸레르라는 '강력한 동맹자를 얻었다'고 한다.(에커만《괴테와의 대화》)

한편 7월 혁명은 영국에도 영향을 끼쳐 1832년 선거법 개정을 가져온다. 그러나 이것은 부르주아에게만 이익이 되는 것이었다. 선거권이 주어지지 않는 것에 불만이던 노동자계급은 이윽고 대규모 선거권 획득 운동인 차티스트 운동으로 발전시킨다. 그 무렵은 다윈이 항해를 끝내고 마침내 진화이론을 구축하던 시기였다.

무보수의 내추럴리스트로서 비글호에 타고 있던 다윈은 케임브리지 대학교 신학부에서 공부한 인문학 학사(Bachelor of Arts)라는 자격뿐인 22세 청년이었다. 처음으로 장기 여행에 나선 다윈은 동경하는 남아메리카를 향하여 항해하는 배 위에서 겨울 바다를 바라보고 있었다. 출항하는 날의 일기는 일주일 뒤 메모 형식으로 기록되었을 뿐이어서, 그것으로는 그때 그의 심정을 헤아려 볼 수가 없다. '11시에 닻을 끌어올렸다. 시속 7, 8노트로 달렸다. 그날 저녁 뱃멀미는 하지 않았으나 일찍 잠자리에 들었다.'《비글호 일기》

상쾌한 바람을 타고 달리는 배의 침대에 누워 그는 무슨 생각을 했을까? 승선에 이르기까지의 아슬아슬했던 과정을 회상했을지도 모른다. 아니면 훔볼트의 《남아메리카 여행기》를 읽은 뒤로 동경해 마지않던 남반구 여행에 설레는 마음을 진정시키려고 애썼는지도 모른다. 또는 일찍이 보낸 과거 시간 속에서 가장 비참했던, 항구에 발이 묶였던 지난 두 달을 되새겨 보았는지도 모른다.

아슬아슬했던 과정

승선에 이르기까지의 아슬아슬했던 과정을 되짚어 보자. 비글호 함장 피츠로이는 항해에 동행할 무보수의 내추럴리스트를 찾고 있었다. 그 소식은 케임브리지의 식물학 교수인 찰스 다윈의 스승 헨슬로에게 전해졌고, 헨슬로는 케임브리지 트리니티 칼리지 교수 피콕의 편지를 동봉하여 피츠로이의 요청을 찰스에게 알렸다. 헨슬로는 편지를 통해 다윈에게 승선을 강하게 권유했다. 이 소식이 다윈에게까지 닿게 된 것은, 사실은 헨슬로 자신과 레너드 제닝스라는 내추럴리스트가 승선을 사퇴했기 때문이다. 다윈은 기뻐하며 즉각 이에 응하려 했다.

그러나 다음 날 아침 찰스는 아버지가 반대한다는 것을 알았다. 아버지 로버트 다윈(Robert Darwin, 1766~1848)의 의견은 이러했다. 신학을 공부한 아들 찰스가 앞으로 성직자가 되었을 때 이로 말미암아 좋지 않은 평판을 들으리라는 것, 항해 계획이 엉성하다는 것, 선내에서의 대우가 나쁘리라는 것 등 8개 항목이나 되었다. 다윈은 체념하고 거절하는 편지를 보냈다.

서른한 살 때의 다윈

그런데 외삼촌 조사이어 웨지우드 2세가 아버지의 반대 이유 8개 항목에 하나하나 세심하게 의견을 달아서 아버지의 태도를 뒤집어 주었다. 그의 편지는 매우 설득력이 있었다. '찰스가 성직자가 되었을 때 세간에 좋지 않은 평가가 생기리라고는 생각하지 않습니다. 박물학 탐구는 성직자에게 매우 어울리는 일입니다. 배의 형편만 괜찮다면 충분한 대우를 요구할 수도 있다고 해군청이 약속했습니다.'

조사이어 외삼촌의 편지 말고도 찰스가 모르는 곳에서 승선 결정과 관련된 또 하나의 문서가 날아들었다. 그것은 피츠로이 함장에게서 온 것으로, 보낸 사람은 해군 수로학자 뷰포트였다. 서른한 살 때의 다윈 그 글에는 내추럴리스트로서 피콕이 찾아낸 인물이 '저명한 철학자이자 시인이었던 다윈의 손자'라고 쓰여 있었다. 할아버지 에라스무스 다윈(Erasmus Darwin, 1731~1802), 즉 《주노미아 Zoonomia》와 그 밖의 저서로 유명한 의사였던 인물을 언급하며 이 후보자에 관한 이야기를 진행해도 좋을지를 문의하고 있었다. 진화 사상가의 손자가 후보자가 된 것을 보수적인 함장이 어떻게 생각했을지는 알 수 없다.

그런데 피츠로이가 당초 다윈을 채용하지 않으려 했던 것은 분명하다. 그는 다른 인물을 찾을 생각이었다. 그러나 체스터라는 그 후보자는 결국 승선 기회를 놓치고 찰스가 승선하게 되었다. 이때, 또 한 가지 위태로운 요소가 있었다. 함장 피츠로이는 다윈과의 면접 때, 코의 생김새를 살펴보고 이 남자에게는 항해에 필요한 에너지와 결단력이 부족하지 않을까 생각했다고 나중에 말했다고 한다. 그는 골상학에 심취해 있었던 것이다.

찰스의 아버지 로버트는 착실한 의사였다. 로버트와 낭만적인 사상가이자 사교계 명사였던 할아버지 에라스무스의 닮은 점은 둘 다 명의라는 평을 받았다는 정도이다.

영국이 차근차근 식민지를 확대해 가던 18세기 중반, 에라스무스 다윈은 메리 하워드와 결혼했다. 세 아들이 태어났고 그 중 막내가 로버트였다. 메리가 일찍 죽자 에라스무스는 엘리자베스 찬도스 폴과 재혼했다. 두 사람 사이에 나중에 우생학자 프랜시스 골튼의 어머니가 되는 딸과, 아들 하나가 태어났다. 에라스무스는 이 밖에도 사생아를 둘 낳았다고 한다.

영국 문화에 에라스무스가 이룩한 공헌은 크다. 그는 친구들과 과학·기술을 촉진하는 기관으로서 월광협회(Lunar Society)를 설립했다. 회원들은 '자유·평등·박애'의 정신에 공감하여 프랑스 혁명을 지지했다. 월광협회의 명칭은 그 회원이자 산소의 발견자로 알려진 조셉 프리스틀리를 비롯하여 자유롭고 진보적인 의사와 과학자, 지식인들의 이름과 함께 오늘날까지 전해진다.

프랑스의 내추럴리스트 뷔퐁은 저서인 《박물지》에서 진화 사상을 표명하고 있다. 에라스무스 다윈은 뷔퐁에게 자극을 받아 생물의 기원과 변화 및 발달에 대하여 곰곰이 생각했다. 바다 속에 가는 실 형태(필라멘트)의 생명이 일찍이 단 한 번 생겨났는데, 그것이 발달하고 변화하여 여러 종류의 생물이 생겨났다고 에라스무스는 생각했다.

로버트 다윈은 아버지 에라스무스의 이러한 공상적인 사색에는 비판적이었다. 증기기관의 실용화와 함께 산업혁명이 진행되어 공장에 힘이 넘쳤던 시대, 해외와의 왕래가 빈번해지고 미국인 풀턴에 의하여 발명된 증기선으로 세계의 거리 단축을 상징했던 시대에 태어난 로버트는 좀 더 실제적인 일에서 가치를 찾았는지도 모른다. 두 턱진 얼굴에 건장한 체구, 그의 초상화는 사람 좋게 보이는 그 온화한 눈빛을 캔버스에 남겼다.

다음은 아버지 로버트에 대한 찰스의 증언이다.

'아버지는 키가 189cm에 어깨가 넓고 몸집이 커서, 일찍이 본 사람 가운데 가장 큰 사람이었다.'

'아버지는 남의 신뢰를 얻는 데 숙달되어 있어서, 고민이나 죄과에 대하여 기묘한 고백을 수없이 들어야 했다.'

'신뢰를 획득하는 무한한 힘이 아버지에게 부여되었고, 또한 그 결과 아버지를 의사로서 크게 성공시킨 것도 아버지가 가진 배려 덕분이었다.'

'아버지는 기억력이 매우 좋았다.'

'아버지는 과학적인 사고방식을 지닌 사람은 아니었다. 다시 말하자면 그 지식을 일반적인 법칙에 따라 보편화하려고 하지 않았다. 그러나 아버지는 거의 모든 사건에 대하여 이론을 만들어 냈다.'

'아버지가 갖추었던 것으로서 무엇보다 두드러진 것은, 사람의 성격을 꿰뚫어보는 능력이었고, 또 아주 잠깐 만났을 뿐인데도 그 사람의 생각까지 읽어내는 능력이 있었다.'《자서전》

이 마지막 증언을 읽어 보면 로버트의 온화해 보이는 눈빛 속에는 예리함이 숨어 있었는지 모른다.

아버지 로버트는 서른 살 때 수잔나 웨지우드와 결혼했다. 수잔나는 큰 도기 제조업자였던 조사이어 웨지우드 1세의 딸이었다. 웨지우드 도기는 현재도 세계적으로 이름이 높으며 초대 웨지우드는 고온계(pyrometer)를 발명한 사람으로도 알려졌다. 그는 에라스무스 다윈과 친분이 있었던 지식인으로 과학과 예술에 큰 관심을 가지고 있었다. 또한, 노예제도 반대를 주장하는 원형부조(圓形浮彫 ; medallion)를 만들기도 한 진보적인 인물이었다. 조사이어 웨지우드 1세는 당시 성장하며 힘을 획득해 나아가던 새로운 산업자본가의 대표였다.

수잔나에 대한 자료는 별로 없다. 가족과 함께 승마를 즐기는 소녀 시절의 초상화에서는 단정한 귀여움이 보인다. 어머니에 대한 다윈의 기억은 많지 않다.

'어머니는 1817년 7월에 돌아가셨다. 그때 나는 여덟 살이 조금 넘었다. 어머니에 대해, 임종하신 침대와 검은 벨벳 가운과 별난 모양의 책상 외에는 거의 아무것도 기억나지 않는 것은 이상한 일이다.'《자서전》

소녀 시절 '승마하는 그림'에서 볼 수 있는 쾌활해 보이는 수잔나의 모습은 그의 자서전에 조금도 나타나 있지 않다. 그러나 찰스 다윈이 경애했던 외삼촌

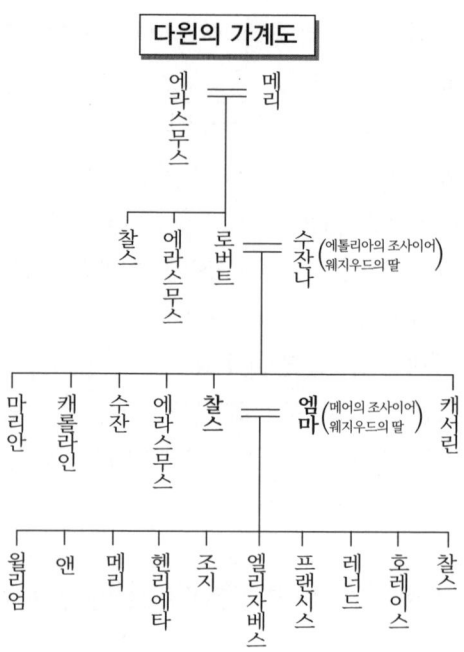

다윈의 가계도

조사이어 웨지우드 2세의 누이로서의 수잔나를 상상하면 교양 있고 마음씨 고운 재원이 떠오른다.

　찰스의 만년의 《자서전》에는 지금 인용한 정도만 기록되어 있지만 어머니에 대한 그의 동경은 무한했을 것이다. 찰스 다윈이 외삼촌 조사이어의 딸 엠마와 맺어진 것을 생각하면 그러한 상상도 근거가 있다. 다윈 가문과 웨지우드 가문의 결합은 깊어서 찰스의 딸 캐롤라인도 웨지우드 가문의 조사이어 3세와 결혼했다.

감수성이 예민한 소년

　에라스무스 다윈이 타계한 1802년, 시인 W. 워즈워스는 런던에 대하여 한탄하는 시를 지었다.

　　검소한 생활, 고매한 사색은 이미 없고
　　예스럽고 꾸밈없는 선한 주장의 아름다움은 떠나가고

슈루즈버리에 있는 집에서 웨지우드 부부와 아이들의 모습   오른쪽 말 탄 이가 다윈이 어렸을 때 죽은 어머니의 소녀 시절 모습이고, 왼쪽 말 탄 이가 조스 외삼촌이다. 외삼촌은 다윈이 자연 과학자가 되는 데 결정적인 역할을 하였다.

우리의 평화, 우리의 경건함이 가득한 천진함
집안의 법도가 될 수 있는 순수한 종교도 모두 잃었다.

그 무렵 영국에서는 화학자 돌턴과 데비가 활약하고, 유럽의 다른 곳에는 헤겔, 괴테, 베토벤이 있었다. 찰스는 뒷날 워즈워스의 시를 애독하며 성장했다. 그가 태어난 것은 이 시보다 7년 뒤인 1809년 2월 12일이었다. J.S. 밀보다 3년 늦고, 마르크스보다 9년 앞섰다. 라마르크가 진화론적 저작 《동물철학》을 낸 바로 그해였다. 세번 강가의 작은 도시 슈루즈버리의 훌륭한 집에서였다. 찰스 다윈에게는 세 명의 누나와 다섯 살 위의 형 에라스무스가 있었다. 찰스가 태어난 이듬해 여동생 캐서린이 태어났다.

여덟 살에 어머니를 잃은 찰스는 그전부터 아홉 살 위였던 누나 캐롤라인에게 교육을 받았다. 어린 찰스에게는 엄한 누나로 느껴진 듯하다. 그는 자주 잔소리를 들었다고 기억하고 있다. 학교 교육을 받은 것은 여덟 살 봄부터였다. 1년 동안 케이스 목사의 초등학교를 다니고, 이듬해 여름 자택에서 1마일이 조금 못되는 곳에 있는 버틀러 박사의 학교에 들어가 열여섯 살 여름까지 기숙하며 7년 간의 소년 시절을 보냈다. 학창 시절의 다윈은, '크게 부풀어오른 호기심 덩어리'였다고 한다. 바로 그 호기심 덕분에 '진화', '생태', '행동'과 관련한 과학 분야에 일대 변혁이 일어났으며 지질학의 길도 활짝 열리게 되었다.

박물학을 좋아하게 될 싹은 일찍부터 생겨난 것으로, 여덟 살 무렵부터 조개 껍데기나 화폐, 광물 등의 수집에 열중했다고 기록되어 있다. 그러나 버틀러의 학교에서 중시되었던 시를 짓거나 베르길리우스나 호메로스의 시를 암송하는 일에서는 의미를 발견하지 못했다. 그는 이렇게 썼다.

'꿈의 발달에 있어 버틀러 박사의 학교보다 나쁜 것은 없었을 것이다. 그것은 철두철미하게 고전적이고, 아주 약간의 고대지리학과 역사 외에는 아무것도 가르쳐 주지 않았다.' 또 이렇게 회상한다. '모든 선생님들이나 아버지가 볼 때도 더할 나위 없이 평범한 아이로 오히려 지능은 평균 이하라고 여겼을 것이다.' 《자서전》

소년 시절의 찰스에게 장래의 다윈을 예상할 만한 조짐이 있었을까? 그 자신은 전도가 유망해 보이는 자질로서, '다방면에 걸친 강한 취미와 흥미를 가진 사항에 대한 크나큰 열중, 복잡한 일을 이해하는 데 대한 큰 기쁨'을 들고, 기하학의 증명에서 느꼈던 만족감, 길이를 측정하기 위한 노리가늠자의 원리를 이해한 기쁨, 독서의 즐거움, 자연의 풍경을 보는 상쾌함 등을 떠올린다.

'크리스마스가 가까워오면 되새(검은방울새와 비슷한 새) 떼가 들판에 나타난다. 놀랍게도 그 무리는 거의 모두 암컷뿐인 듯하다.' '되새 암컷 무리는 아직 이 고장을 떠나지 않았다. 1월의 매서운 추위 때문에 찌르레기나 개똥지빠귀의 수가 크게 줄어 쓸쓸해졌다'는 화이트 목사의 《셀본 박물지》 전원 풍경 묘사와 함께 기록된 새나 작은 동물의 생태에 관한 글을 찰스는 가슴 설레며 읽었고 또 실제로 관찰했다.

광물 수집에도 열중하여 웨일스 해안의 모기나 길앞잡이를 경탄하며 채집하고, 새의 습성을 관찰하며 기록하는 일에 기쁨을 느끼는 어린 찰스가 박물 (Natural history)의 전통 속에 있었음은, 그를 이해하는 데 중요한 요소임이 분명하다. 그러나 이것들은 자연에 흥미를 가진 소년들이라면 누구나 해 볼 만한 일이라고 생각할 수도 있다.

형 에라스무스는 소년 시절부터 총명함이 눈에 띄었다. 문학·예술·과학 등 여러 방면에 걸친 취미를 가진 형이 열중했던 화학 실험을 도와 찰스는 여러 종류의 가스나 화합물을 만들고 화학책을 여러 권 읽었다. 실험과학의 의미를 배운 경험이 소년 시절의 교육 가운데 가장

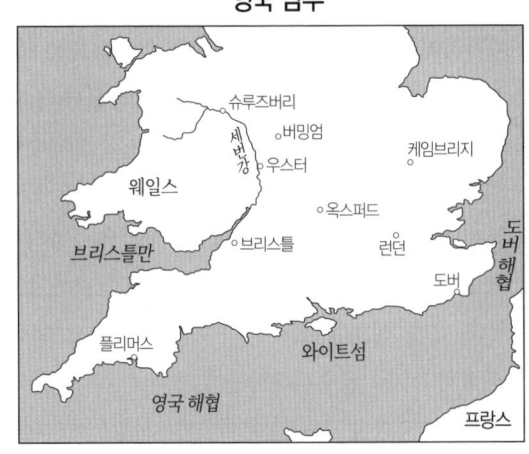

영국 남부

좋았다고 그 자신은 회상하지만, 교장인 버틀러에게서는 쓸데없는 일에 시간을 낭비하는 게으름뱅이라고 모두가 보는 앞에서 핀잔을 듣는다. 버틀러 학교의 교육 방침은 자연과학에는 맞지 않았던 것 같다.

아버지 로버트는 현명하게도 다윈으로 하여금 이 학교를 일찌감치 그만두게 하고 에든버러 대학교로 보내 의학을 공부하게 했다. 1학년 때는 형 에라스무스도 함께하였다. 그러나 의사가 되기 위한 기초적인 훈련도 다윈에게는 즐겁지가 않았다. 그는 이렇게 썼다.

'겨울날 아침 8시에 시작하는 던컨 박사의 '약물학'은 떠올리기만 해도 오싹하다. 먼로 박사의 인체해부학 강의는 그 성품과 마찬가지로 지루해서 더욱 이 과목을 아주 싫어하게 되었다.'《자서전》

또한 그는 마취가 없던 시절의 수술 견학에 참을 수 없는 고통을 느껴, 단 두 번을 본 뒤로는 도저히 출석할 마음이 들지 않았다. 여기서 젊은 찰스 다윈의 비판 정신과 예리한 감수성을 알아차릴 수 있다.

에든버러에서의 다윈

형은 1년을 머물고는 에든버러를 떠났다. 가족으로부터 떨어져 혼자가 된 열일곱 살의 다윈은 그해 가을 청년 시절이 시작되었다. 에든버러에서의 두 번째 해, 이제 막 청년 시절로 발을 들여놓은 다윈의 성장은 주목할 만하다. 그것은

자연과학을 좋아하는 젊은 선배들과의 교제나 플리니언학회 입회로 나타난다.

지질학자가 된 앤즈워스, 동물학자인 콜드스트림 박사, 맥길리브레이, 그랜트 박사 등 청년 과학자들과 교류하는 가운데서 다윈이 얻은 것도 많았겠지만, 특히 그랜트 박사의 영향은 컸다. 그는 느닷없이 《동물철학》을 쓴 라마르크를 거침없이 찬미하는 정열가이기도 했다. 다윈은 그랜트 박사와 바다에 사는 동물들을 채집하고 해부하여 현미경으로 조사했다. 이 무렵 다윈은 이끼벌레의 알이라고 불리던 것이 사실은 유생임을 발견하고 이것을 플리니언학회에서 발표했다. 또한, 해초인 모자반의 어린 상태라고 생각했던 작은 구체가 환형동물인 바다거머리의 알주머니임을 밝혔다.

플리니언학회란 학생들로 구성된 모임으로, 대학 내 지하실에서 모임을 갖고 자연과학에 대한 논문을 읽어가며 토의를 했다. 다윈은 이 모임에 규칙적으로 출석했다. '이 모임은 나에게 정열을 불러일으킨 점에서도, 또한 마음이 맞는 동료들과 가까워질 수 있게 해 준 점에서도 유익했다'고 그는 말한다. 그는 이 밖에 왕립의학회에도 참여했으며, 또한 그랜트 박사의 권유로 박물학 연구 발표와 토론을 하는 베르너학회에도 출석했다.

적극적 성격인 다윈은 대학 강의에 만족할 수 없었다. 에든버러 박물관 관장으로 근무하기도 했던 내추럴리스트이자 베르너학회의 창립자이기도 한 제임슨 교수의 지질학과 동물학 강의가 다 더할 나위 없이 지루했다고 깎아내린다.

여름 휴가 때는 북웨일스 지방으로 도보 여행을 갔다. 친구 둘과 배낭을 메고 거의 날마다 30마일(약 48km)씩 걸었다고 하니 그는 매우 튼튼한 다리를 가졌던 것 같다. 머지않아 남아메리카를 누빌 다윈의 모습이 이미 여기에 나타났다고도 하겠다.

도보여행 말고 다윈에게 마음의 휴식처가 된 곳은 메어 지방이었다. 메어는 외삼촌인 조사이어 웨지우드의 영지로, 슈루즈버리에서 불과 20마일 떨어진 곳이었다. 그는 메어에서 사냥에 열중하여 '멧닭 사냥을 나가서 정신을 차렸을 때는 메어 영지 내 가장 먼 곳까지 가고 말았다. 거기서 사냥터지기와 꼬박 하루 걸려서 무성히 자란 히스와 어린 스코틀랜드 전나무 사이를 힘들게 빠져나왔다'고 말할 정도로 몰두했다. 메어에는 사냥 말고도 즐길 거리가 많았다.

'그 무렵 2, 3년 동안 계속된 메어 방문은 즐거운 일뿐이었다. 그곳에서의 생활은 정말로 자유로웠다. 땅은 산책하기에도 승마를 하기에도 쾌적했고, 저녁이 되면 음악을 들으며 즐거운 대화를 나누었다. 여름에는 곧잘 가족이 모두 모여 낡은 현관 계단에 앉아 있곤 했다. 앞에는 화단이 있고 집 반대편에는 나무가 우거진 급경사의 제방이 호수에 비쳤고, 그 호수에서는 여기저기서 물고기가 튀어 올랐으며 물새가 조용히 헤엄치고 있었다. 메어에서의 저녁 풍경만큼 내 마음에 또렷하게 남아 있는 것은 없다.'《자서전》

만년의 회상에서는 이렇게 담담하게 정경 묘사가 이루어질 뿐으로 젊은 날 다윈의 마음속을 들여다볼 수 있는 것은 별로 없다. 나중에 아내가 되는 웨지우드가의 막내딸 엠마의 모습은 그의 마음에 어떻게 각인되어 있었을까?

메어 다음으로 우드하우스의 오웬 저택으로 사냥을 갔던 일이 조금 적혀 있다. 오웬 가문에도 파니라는 매력적인 소녀가 있었다. 비글호 항해 중에 쓴 편지에서는 파니의 이름을 정열적으로 말하고 있으나 《자서전》에는 나오지 않는다.

케임브리지 대학교로

에든버러 시절 다윈은 애초부터 의사가 되기 위해 진심으로 애쓰지는 않았다. 그 이유로서 그는 아버지가 재산을 남겨 주리라고 생각한 것을 들고 있으나, 의사가 되지 않고 무엇을 하고 싶었는지에 대해서는 확실하게 언급하지 않았다. 아버지는 의사가 될 마음이 없으면 목사가 되는 건 어떠냐고 권했다. 에든버러에서 2년을 보낸 뒤의 일이었다. 다윈은 망설였다. 영국 교회의 교의를 믿느냐는 질문에 아무런 의심 없이 모든 교의를 다 믿는다고 대답할 수는 없었다. 그런 상태로 목사가 되어도 좋은 걸까? 그러나 앞으로 목사로서 시골에 사는 것도 나쁘지는 않다고 생각했다.

결국 그리스어 등의 고전 공부를 다시 하고 나서 보통보다 늦게, 이듬해 초 새로이 케임브리지 생활을 시작했다. 케임브리지 대학교 신학부에서였다.

케임브리지에서의 다윈은 활기에 넘쳐 청춘의 나날을 자유로이 헤엄치고 다녔다. 그 자신은 이것을 조금 거창하게 자조를 담아 이렇게 썼다.

'나의 시간은 케임브리지에서 덧없이 낭비했다. 사격이나 사냥에 열중했고 그것을 할 수 없을 때에는 시골로 말을 타러 다니거나, 단정치 못하거나 질이

좋지 않은 청년들이 섞인 친구들과 어울렸다.'(《자서전》)

그러나 이것은 조금 지나친 과장이다. 그 자신이 바로 뒤에 썼지만, 이러는 동안 그는 수학 우등생이 된 청년들과도 어울리고, 미술이나 음악에 마음을 쏟았다. 박물학에 관련된 것으로는 육촌인 다윈 폭스에게 이끌려 딱정벌레 채집에 열중하거나 식물학 교수인 헨슬로와 친하게 지내 케임브리지 시절 후반에는 '헨슬로와 산책하는 남자'라고 불렸을 정도였다. 또, 논리학·수학·철학에도 흥미를 가지게 되어 평생 이 분야에 관심을 이어간다. 유명한 의사였던 아버지가 "너는 사냥과 개와 지렁이 수집에만 관심을 가지고 있으니, 언젠가는 부끄러움을 당하게 될 것이다. 그리고 가족에게도 수치를 안겨줄 게 분명해." 말했지만 이는 아들의 지성을 걱정한 것이 아니라, 직업을 갖지 못하는 게 아닐까 걱정한 나머지 했던 말이다.

헨슬로는 믿음이 두텁고 자비로우며 박식한 인물로 저명한 철학자 윌리엄 휴벨과도 친하게 지냈다. 다윈은 헨슬로의 집에 초대되었다가 돌아오는 길에 몇 번인가 휴벨과 함께 어울릴 수 있었다. 다윈은 그에 대해서 '중대한 문제에 대해서 말을 잘했다'고 말했는데, 젊은 다윈이 휴벨로부터 무엇을 들었는지는 확실치 않다. 휴벨은 그로부터 10년쯤 뒤에 《귀납과학의 역사》와 《귀납과학의 철학》이라는 방대한 두 저서를 세상에 내놓았다. 그것으로 추측컨대 당시의 화제는 자연과학의 역사나 방법에 관한 것이었는지도 모른다.

헨슬로 덕분에 다윈은 휴벨 말고도 여러 뛰어난 학자들과 아는 사이가 될 수 있었다. 그 중에는 나중에 비글호의 내추럴리스트 직분을 사퇴하는 레너드 제닝스도 있었고, 저명한 지질학자 세지크도 있었다. 헨슬로는 다윈에게 지질학 연구를 시작하도록 권하며 세지크의 지질조사 여행에 동행할 허가를 얻어주었다. 케임브리지 졸업시험이 끝나고 비글호 승선이 화제에 오르기 직전의 일이었다.

자연과학에 기여하고 싶다

당시 대학에서는 학사 학위 취득을 위한 시험에 페일리의 《그리스도교의 증거》를 통달하는 것이 의무로 정해져 있었다(이것은 1920년대까지 계속되었다고 한다). 다윈은 공책을 만들어 이것을 철저하게 공부했다. 나아가 같은 저자의 《자

연신학》도 마음 깊이 새겼다. 이들 책의 이
론은 유클리드 기하학과 마찬가지로 다윈
을 매료시켰다. 이들 책에 담긴 사상은 그리
스도교와 신을 합리적으로 이해하려는 것
으로, 신이 지상의 존재들에게 직접 개입하
는 증거로서 신의 설계가 있으며 거기서 신
의 존재를 확인한다는 논리를 갖는다. 생물
의 환경에 대한 적응 등, 합목적적인 자연에
서 신의 의지와 신의 배려를 보는 것이다. 한
참 뒤에 다윈이 자연선택에 의한 진화이론
을 제출할 때, 그는 이 생물의 환경적응이라

헨슬로(1796~1861)

는 문제, 생물에 있어서의 합목적성의 문제에 전혀 다른 해석을 부여한다.

그러나 다윈은 페일리의 이론에 매료된 젊은 시절의 자기 자신에 대하여 나
중에 다음과 같이 썼다.

'이들 서적을 어느 부분이건 통째로 암기하는 것이 아니라 주의 깊게 공부한
것은, 나의 대학과정 가운데 유일하게 내 마음의 교육에 아주 조금이나마 도움
이 된 부분이라고 당시에도 그렇게 느꼈고, 지금도 그렇게 믿는다. 당시 나는 페
일리의 전제에 대해서는 신경도 쓰지 않았다. 그리고 그들 전제를 신뢰하고 일
련의 긴 논증에 매혹되고 또한 확신한 것이다.'《자서전》

대학과정과는 별도로, 케임브리지에서의 마지막 해에 읽은 것 가운데 다윈
의 마음을 크게 움직인 책이 훔볼트의《남아메리카 여행기》였다. 저자 알렉산
더 폰 훔볼트는 독일의 식물지리학자였다. 다윈은 감격하여 그것을 자기만의
것으로 두지 않고 이 책에서 테네리페에 대한 부분을 발췌하여 헨슬로 등에게
들려주기도 했다.

'가열된 수증기는 칼데라에 산재하는 용암 파편에 작용하여 그 일부를 점토
상태로 바꾸었다. 조사 결과 이 무른 덩어리에서 황산알루미늄 결정을 검출했
다. 데비와 게이뤼삭은 예를 들어, 나트륨처럼 산화하기 쉬운 금속이 아마도 화
산의 분화에 중요한 역할을 담당하고 있을 거라는 독창적인 의견을 이미 내놓
았다. 칼륨은 장석, 운모, 경석, 휘석뿐만이 아니라 흑요석 속에서도 검출된다.

테네리페에는 이 흑요석이 많아서 현무암의 원료가 되고 있다. 테네리페 화산 정상을 향한 모험 여행은 그저 과학적인 연구 대상으로서 흥미로운 것이 아니다. 그것은 대자연의 위대한 광경에 감동하는 자에게 훌륭한 매력을 제기해 주는 것이다.'

다윈은 테네리페로 가 보자는, 반은 농담인 동료의 말을 곧이곧대로 받아들여서 배편을 알아보기 위해 런던의 상인 앞으로 보내는 소개장을 입수하는 등 열심을 보였다. 그렇다고는 해도 한 번 가 보고 싶다, 테네리페를 보고 싶다는 그 생각이 머지않아 실현되리란 것을 그는 예상할 수 있었을까?

'테네리페는 그 위치나 생김새 덕에 그다지 높지는 않으면서도 산의 장점과 높은 산의 특수한 장점을 두루 갖추고 있었다. 정상에 서서 광대한 바다를 바라볼 수 있을 뿐 아니라, 색과 형태의 아름다운 대비를 만들어 내기 위하여 마치 계산이라도 한 것 같은 위치에 삼림지대와 사람이 사는 지대가 펼쳐져 있다. 이 화산은 섬을 제압하듯이 치솟아 뭉게구름이 떠 있는 3배 높이까지 높이 솟아 있다.'

이렇게 대자연을 모험하려는 꿈에 마음이 설레는 한편, 다윈은 과학철학의 엄밀한 사고의 세계로도 깊이 빠져들었다. 당시의 일류 천문학자이자 물리학자인 존 허셜의 저서 《자연철학 서론》은 뉴턴 물리학을 중심에 놓고 자연과학의 방법을 말한다.

다윈은 훔볼트와 허셜의 책을 읽고 자신도 자연과학이라는 고귀한 건조물에 아주 작은 기여라도 하고 싶다고 간절히 바랐다. 아무리 그렇다고는 해도 당시 그는 어떤 장래를 꿈꾸고 있었을까? 나중에 생물학의 뉴턴이라고도 불리는 다윈으로 완성되어 가는 모습을 여기서도 얼마간 찾아볼 수 있다.

비글호 승선이 결정되다

헨슬로가 지질학자 세지크에게 다윈을 지질조사 여행에 동행시켜 달라고 부탁했다는 사실은 이미 말했다. 1831년 8월 초 다윈은 세지크를 따라 북웨일스로 나가서 암석 표본을 캐고 지도에 성층을 기입하는 지질 연구의 기본 훈련을 받았다.

조사를 끝내고 혼자가 된 다윈은 지도와 자석에 의지하여 산맥을 가로질러

테네리페 화산봉의 바위 카나리아 제도의 가장 큰 섬 테네리페

버마스에 있는 친구에게로 갔다가 서둘러 슈루즈버리로 돌아왔다. 그것은 9월 1일부터 시작하는 사냥에 맞춰 메어로 가기 위해서였다. '당시 자고새를 사냥할 날들을 지질학이나 그 밖의 과학을 위해 희생하는 것은 제정신으로 할 짓이 아니라고 생각'(《자서전》)했기 때문이다.

슈루즈버리로 돌아와서 다윈은 헨슬로에게서 온 편지를 받았다. 비글호 승선을 권하는 스승의 편지에 대하여 다윈은 처음에 말했던 것처럼 거절하는 편지를 썼다. 그리고 다음 날 아침 그는 돌아가신 어머니의 남동생인 조사이어 외삼촌 곁으로, 그 딸들이 있는 밝고 흥거운 메어로, 자고새 사냥터로 떠났다.

사정을 알게 된 조사이어 웨지우드는 헌신적이었다. 사냥을 나간 다윈을 심부름꾼을 보내 불러들였다. 그리고 비글호 승선에 반대하는 아버지의 의견에, 앞서 언급했듯이 매우 설득력 있는 편지를 써서 아버지의 동의를 얻어냈다.

다윈, 아버지 그리고 외삼촌이자 나중에 장인이 되는 조사이어의 이 대목에서의 역할은 재미있다. 왜냐하면 강경하게 반대하는 아버지는, 그래도 양식 있고, 더구나 '너에게 가라고 권하는 사람을 네가 찾을 수만 있다면 나도 동의하겠다'고 미리 확실하게 말을 해놓은 데다, 다윈에 따르면 아버지는 이 외삼촌을 세상에서 가장 분별력 있는 사람이라고 평소 주장하던 터였다. 아버지는 처음부터 처남인 웨지우드의 의견을 받아들일 생각이었는지도 모른다.

이리하여 몇 가지 위태로운 요소를 뛰어넘어 비글호 승선이 결정되었다. 다윈은 긴 항해에 나섰다. 밀턴의 《실낙원》, 라이엘의 《지질학 원리》를 손에 들고……

'진화' 여행

대서양에서 남아메리카로

비글호는 전체 길이 30m의 작은 선박이었다. 이 작은 선박에 74명이 승선하자 숨이 막힐 정도로 혼잡했다. 다윈은 여기서 정리정돈을 익혔다. 영국 해군성은 지도 작성의 기준이 될 수 있도록 지구를 완전히 한 바퀴 돌아 위도를 계측하는 것과 남아메리카 해안선 측량 완료라는 두 가지 목적을 가지고 항해를 명한 것이다. 피츠로이 선장은 지난 항해에서 인질로 잡은 현지인 3명을 티에라 델 푸에고로 돌려보내려고 생각하고 있었다(그중 한 명이 페기아 바스켓이었다). 다윈으로서는 생애 최고의 기회가 온 것이다.

처음에 말한 것처럼 1831년 말에 출항한 비글호는 대서양에 떠 있는 섬, 테네리페에 이르렀다. 훔볼트를 읽은 뒤부터 다윈이 꿈꾸었던 그 섬이다.

1832년 1월 6일, 테네리페에 도착했으나 콜레라 때문에 상륙하지 못했다.

다음 날 아침 바라보니 태양은 그란 카나리아섬의 심하게 들쭉날쭉한 산 뒤쪽에서 솟아 느닷없이 테네리페 산봉우리를 비추었다. 그 산기슭은 양털처럼 흰구름에 감추어져 있었다. 이것이 바로 잊을 수 없는 수많은 기쁜 나날들 가운데 첫날이었다.(《비글호 항해기》)

1832년 1월 16일, 포르투갈령 카보베르데 제도 상티아구섬에 닻을 내리고 잠시 머물렀다. 닻을 내리기 전날 다윈은 배에 떨어진 많은 먼지를 보았다. 그 먼지는 규산질의 원생생물로 대부분 담수에서 난 것이고, 바람의 방향으로 볼

항해 중 시드니항에 정박한 비글호

영국 해군 군함으로, 다윈이 탄 비글호는 3 대째였다. 1820년에 건조된 범선이며, 무게는 235톤, 길이는 30m. 돛대 두 개와 대포 열 문을 갖춘 군함이었다. 해군 대령 피츠로이는 두 번째로 세계를 항해하면서 사비로 다윈을 태워주었다. 이리하여 항해기가 탄생했고, 우리는 생물학적으로 커다란 수확을 얻었다.

비글호의 내부 모습

①다윈의 방 ②선장실 ③장교실 ④하사관실 ⑤식당 ⑥구명 보트 ⑦중앙의 보트 ⑧고기 저장통 ⑨물 탱크 ⑩식량 창고

때 아프리카에서 온 것으로 여겨졌다. 이 사실은 뒤에 진화 문제를 고찰할 때도 연관되는 것인데, 포자가 바람에 날려 퍼질 가능성을 제시하고 있다.

다윈은 지도자도 없는 가운데 어떻게 연구를 했을까? 다윈이 가지고 있던 그즈음 막 출판된 라이엘의 책 《지질학 원리》가 조사에 큰 도움이 되었다. 헨슬로는 전에 다윈에게, 이 책은 읽어도 좋지만 "믿어서는 안 된다"고 말했다. 다윈은 뱃멀미와 싸우며 잠자기 전 그물침대에 누워 이 책을 읽었다.

'새로운 지역을 처음 탐색할 때는 암석이 혼동되어 어찌할 바를 모르게 된다. 그러나 많은 지점에서 성층과 암석의 성질, 화석을 기록하고 다른 곳에서 무엇이 발견되는지를 항상 추리해 나감으로써 그 지방에 대해 밝힐 수 있으며 전체 구조를 조금이나마 이해할 수 있게 된다. 나는 라이엘의 《지질학 원리》 제1권을 가지고 가서 주의 깊게 공부했다. 이 책은 많은 점에서 나에게 큰 도움이 되었다. 내가 맨 처음 조사한 장소인 베르데 제도의 상티아구는 지질학을 다루는 라이엘의 방법이 탁월했음을 나에게 확실히 보여 주었다.'《자서전》

남아메리카 대륙의 브라질에 도착하여 처음 간 살바도르(바이아)에서는 삼림을 산책했다. 꽃은 화려했고 곤충 소리는 컸으며 밀림은 깊었고 비는 세찼다. 다윈은 훔볼트가 걸었던 길을 따라 설레는 가슴을 안고 감격에 넘쳐 걸었다.

리우데자네이루에는 3개월 동안 머물렀다. 여기서 박물학 표본수집 임무를 겸했던 비글호의 의사 매코믹이 배에서 내려 영국으로 돌아갔다. 다윈이 함장 피츠로이에게 좋은 대우를 받은 것과는 달리 매코믹은 모두에게서 호감을 사지 못한 모양이다. 다윈도 그가 없어진 것을 손실로는 생각하지 않았다.

가족에게서 오는 편지는 가슴 벅찬 기쁨이었다. 젊은 다윈은 1832년 4월 5일자 편지에서 고향 사람들과 아가씨들에 대한 마음을 토로하고 있는데, 여기서는 탐험가로서의 다윈을 살펴보기로 하자.

리우에 머무는 동안 다윈은 말을 타고 짧은 여행을 하거나 생물과 지질을 관찰하며 시간을 보냈다. 겨울이 시작되는 5월과 6월의 기후는 상쾌했다.

7월 5일 닻을 올리고 리우항을 떠나, 26일에는 몬테비데오에 닻을 내렸다. 이곳에서 《지질학 원리》 제2권을 우편으로 받았다.

비글호는 그 뒤 2년 동안 남아메리카 남단과 동해안, 라플라타강 남쪽의 측량에 종사했으며 다윈은 그 사이 내추럴리스트로서의 직무에 힘썼다. 우루과이 말도나도에 10주 동안 체재했을 때는 여러 종의 포유류와 80종의 조류, 9종의 뱀을 포함한 많은 파충류를 채집했다.

인간에 대해서도 생각하게 되었다. 브라질 흑인 노예들의 모습이나, 처음 보는 티에라 델 푸에고 원주민들의 원시적인 상태는 참으로 놀라웠다. 다윈은 헨슬로에게 이런 편지를 썼다. '굿 석세스 만에 들어갈 때 그들이 소리를 지르며 우리를 맞이한 모습은 결코 잊을 수 없습니다. 그들은 바

남아메리카 남부

닷가 깊은 숲에 둘러싸인 바위 꼭대기에 앉아 야만적으로 머리를 흔들고 팔을 휘두르며 긴 머리칼을 나부꼈습니다. 그 모습은 마치 별천지에 사는 미친 사람들 같았습니다.'

거인의 뼈

아르헨티나 바이아블랑카 해안에서 몇 마일 떨어져 있는 평지는 큰 팜파스층에 속하는데, 그 안에 거대한 육지에 서식하는 동물 뼈가 묻혀 있었다. 메가테리움(거대 땅늘보), 메갈로닉스, 밀로돈, 톡소돈 등등이다. 《항해기》에는 이렇게 적혀 있다.

'거대 동물 9종의 흩어진 뼛조각들이 바닷가에서 사방 약 200야드 넓이에 매몰된 채 발견되었다. 이렇게나 많은 서로 다른 종이 함께 발견된 것은 놀랄 만한 일이다. 이것은 이 지방에 살았던 고생물의 종이 얼마나 다양했는지를 보여 준다.'

1833년 8월의 일이었다.

또, 다윈은 동료들에게서 떨어져 바이아블랑카에서 부에노스아이레스를 향하여 육로 여행을 했다. 가우초(에스파냐인과 혼혈인 초원의 목동)를 고용하여 약 600km에 이르는, 사람이 거의 없는 거친 지역을 말을 타고 가며 10여 일 동안 육류만 먹으며 견뎠다.

부에노스아이레스부터는 라플라타강 상류, 파라나강 기슭을 북상하면서 채집여행을 했다. 로사리오 근처의 평지 리오 테르세로에서는 화석을 채집했다. 그 시냇가는 '짜다'는 뜻에서 할라피뇨라고 불린다.

'하루의 대부분을 근처에서 화석 뼈를 찾으며 보냈다. 톡소돈의 완전한 이빨과 여러 뼛조각 말고 두 개의 커다란 두개골이 나란히 파라나강의 수직 낭떠러지에서 대담한 부조처럼 튀어나와 있는 것을 발견했다.'

마을에서 떨어진 파라나강 북상 여행은 인디언에게 습격당할 우려도 있었으나 10월 2일 무사히 산타페에 도착했다. 그런데 거기에서 두통을 동반한 병에 걸려 이틀 동안 드러누워 있었다. 일기에는 이렇게 적혀 있다.

'몸 상태가 좋지 않고 열이 있다. 햇빛 아래서 너무 힘을 쓴 탓이다.'

완전히 회복되지는 않았지만, 파라나를 건너 동쪽 강변 마을 산타페 바하타에서는 지질학적인 조사를 하여 아르마딜로와 비슷한 거대 동물의 골질화(骨質化)한 등껍데기, 톡소돈, 마스트돈, 말 이빨 등을 발견했다. 당시까지는 남아메리카 원산의 말이 있던 것이 확인되지 않았기 때문에 이 이빨은 그를 흥분시켰다.

파라나강 연안 여행은 결국 부에노스아이레스부터 약 500km 지점에서 중단되었다. 채집 여행을 계속하려 했으나 몸 상태가 좋지 않아 부에노스아이레스로 돌아가는 배에 타기로 한 것이다.

몬테비데오에 도착해서 비글호가 아직 출항하지 않은 것을 확인하고 반다오리엔탈(우루과이) 조사에 나섰다. 네그로강(우루과이) 메르세데스까지 가서 돌아오는 길에 네그로강으로 흘러드는 실개천 사란디스강을 따라 자리잡고 있는 농가 부근에 '거인의 뼈'가 있다는 소문을 듣고 들러 보았다. 그것은 톡소돈의 머리뼈였다. '거인의 언덕'이나 '동물의 강'이라는 지명과, '뼈가 커지는 강' 이야기가 있을 정도로 다윈이 가는 길마다 화석들이 지천에 묻혀 있었다.

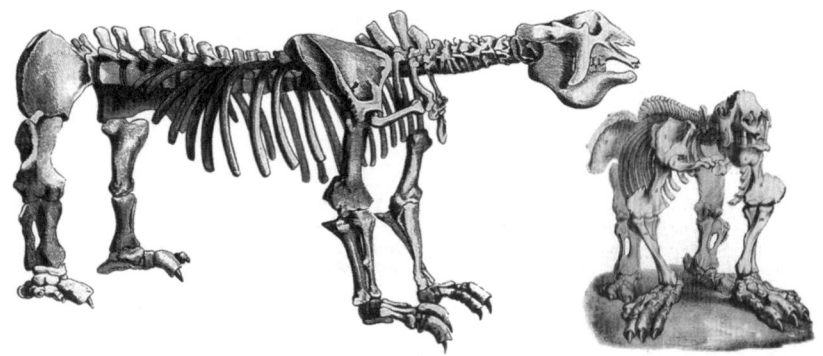

메가테리움 화석 나무늘보와 아주 비슷하기 때문에 그 무리로 분류했다. 그러나 코끼리만큼이나 컸기 때문에 다윈은 과연 메가테리움이 매달려도 부러지지 않을 나무가 있었을까 의문이 생겼다.

파타고니아 탐험

비글호는 라플라타를 출항하여 파타고니아 지방의 디자이어항(데세아도항)을 향했다. 12월 23일에 남위 47도인 디자이어항에 닻을 내렸다. 영국을 출발한 지 2년이 되어 간다. 다음 날 일기에는 벌써 부근의 지질학적인 관찰 사실을 기록하고 있다.

'북쪽을 오랜 시간 산책했다. 바위를 올라가니 넓은 평지가 있었다. 사방으로 펼쳐진 평야는 계곡으로 구분되어 있었다. 바이아블랑카 근처에서 사막을 본 기억이 났으나 이 일대는 훨씬 식물이 적어서 여기만이 진정한 사막이라고 할 수 있을 정도였다. 평지는 아주 적은 식물이 있는 모래와 자갈로 이루어져 있고 물은 한 방울도 없다. 계곡에 조금 있는 물은 매우 염분이 강하다. 평지 표면에 현재와 같은 종의 조개껍데기가 있는 것은 주목할 만하며, 이로 미루어 이 지방 일대는 몇 세기 동안 해저였음이 분명하다. 이 지방은 불모지처럼 보이지만 매우 많은 과나코(야생 라마, 구아나코라마)가 자라고 있다. 실로 운좋게 한 마리를 잡았다. 내장을 제거하니 170파운드였다. 이걸로 크리스마스에 모두가 신선한 고기를 먹을 수 있다.'

크리스마스에는 떠들썩하게 놀았다. 선원들은 더할 나위 없이 취했다.

이듬해 1월 9일, 비글호는 디자이어항 남쪽 170km에 있는 산훌리안에 닻을 내렸다. 이 지방은 디자이어보다 심한 불모지로 보였다. 소금물을 마시는 과나코는 여기에도 있었다.

산훌리안에서 90km 남쪽에 있는 산타크루스 하구에서 배를 물가로 올렸다. '충돌로 배의 보조 용골이 빠졌으나 그리 큰 손상은 아니다. 한 차례 만조가 되었을 때 수리가 끝나, 오후가 되자 배는 다시 물에 뜬 채 안전하게 매어 있었다.' 《비글호 일기》

산타크루스강에 대해서는 비글호가 지난 항해 때 하구에서 45km 거슬러 올라간 부근까지 조사했을 뿐이다. 피츠로이 함장은 그 물의 흐름을 추적하려 했다. 일기에는 이렇게 적혀 있다.

'1834년 4월 18일 아침, 고래용 보트 세 척이 함장의 지휘 아래 출발했다. 3주치 식량을 싣고 있었으며, 25명으로 편성된 일행은 모두 중무장을 하여 인디언 대군과도 맞설 수 있을 것 같았다.'

'29일, 높은 곳에서 눈 덮인 코르디예라의 정상을 보고 기쁨의 소리를 질렀다. 어둑한 구름이 쌓인 곳에서 가끔씩 그 꼭대기가 얼굴을 보였다.'

'5월 4일, 함장은 보트를 더 이상 진행시키지 않기로 했다. 산은 20에서 30마일 떨어진 곳에 있고 강은 뱀처럼 구부러져 있었다.'

'8일, 우리가 낮이 조금 지나 배로 돌아갔을 때, 돛대를 세우고 다시 칠을 하여 프리깃함처럼 화사해진 비글호를 발견했다. 대부분 이 탐색이 불만이었다. 많은 중노동에 엄청난 시간 손실이 있었으나 본 것과 얻은 것은 거의 없었다. 그러나 우리는 언제나 건조하고 맑고 푸른 하늘을 즐기는 행운에 감사했다. 나는 이 순항에서 파타고니아의 아주 멋지고 새로운 지층의 단면을 얻었기 때문에 매우 만족스러웠다.'

그 뒤 대륙에서 떨어진 포클랜드 제도 조사를 마치고 비글호의 다윈은 1834년 5월 말, 남아메리카 남단과 푸에고섬 사이의 마젤란 해협으로 들어갔다. 전에 이곳을 지난 것은 여름 기후인 2월이었다. 그때에 비하면 이번은 매우 을씨년스럽게 느껴졌다.

'6월 1일. 파민항에 도착했다. 이보다 음침한 풍경은 본 적이 없다. 눈으로 얼룩진 어두운 숲이 흐리게 어른거릴 뿐이었다.'

'2일~8일. 그동안은 거의 안개가 두껍게 끼고 추웠다.'

그러나 맑은 하늘 덕분에 기분까지 맑게 개는 날도 있었다.

'6월 9일. 아침에 안개 장막이 점차 걷히고 사르미엔토가 드러나는 것을 보니 기뻤다. 이들 거대한 풍경을 바라보는 즐거움은 아직 묘사할 수 없다. 그것은 결코 녹지 않고 이 세상이 계속되는 한 영원히 운명을 함께할 듯이 느껴지는 숭고한 눈덩어리이다.'

비글호는 그 뒤 남아메리카 대륙 서쪽 기슭을 따라 북상하여, 6월 말 칠로에 섬에 닻을 내렸다. 땅은 산과 언덕으로 이루어졌고 깊은 숲에 덮여 있었다. 다윈은 그 인상을 '삼림은 티에라 델 푸에고와는 비교할 수 없을 정도로 아름답다'고 일기에 적었다. 그래도 역시 쓸쓸한 풍경인지라 칠로에를 출발할 때에는 모두 기뻐했다. 다윈은 여름에 다시 올 때면 분명 칠로에는 좀 더 좋아져 있으리라고 기대하면서 태평양의 물결을 바라보았다.

안데스 산기슭에서

살풍경한 티에라 델 푸에고와 칠로에 다음이었기 때문인지 칠레 발파라이소의 아침은 한층 더 상쾌하게 느껴졌다. '천국의 계곡'이라는 뜻의 지명도 마음을 들뜨게 했다. 하늘은 맑고 푸르렀으며 공기는 건조했다. 북동쪽으로는 안데스가 보였다.

안데스 산기슭 지질조사 여행에 말을 타고 갈 기회가 있었다. 파낸 뒤 석회를 만드는 현세(제4기 후기)의 조개껍데기 층이 보고 싶었던 것이다. 해안선의 융기를 뚜렷이 볼 수 있었고, 조개 주위에 붙어 있는 부식물질(Humus)은 미세한 유기물을 풍부하게 머금은 바다의 진흙이라는 사실도 알았다.

종(鐘)의 산, 캄파나에도 올라갔다. 안내인과 함께 말을 타고 올라가 대나무 아래에서 불을 피워 마테(호랑가시나무과의 식물) 차를 마시고 말린 쇠고기를 기름에 튀겨 먹으며 푸른 하늘 아래에서 노숙을 했다. 밤은 설치류인 비스카차의 날카로운 울부짖음과 쏙독새의 아련한 울음소리가 가끔씩 들리는 것 말고는 매우 잠잠했다.

지질조사 여행을 계속하는 다윈은 구리 광산인 하우엘을 통과해 기트론 평야를 지나 산티아고에 이르렀다. 여기서 일주일 동안 머무르며, 시 중앙의 작은 바위 언덕 산타루시아 요새에 올라 평야에서 말을 달리고 다양한 계층의 남자들과 식사를 함께 즐긴 뒤 발파라이소로 돌아오기로 했다. 올 때는 북쪽으로 돌아왔기 때문에 이번에는 남쪽으로 멀리 돌아갈 생각이었다.

카차푸알강 협곡을 통과해 카우케네스 온천에 이르렀고 그곳에서 다시 클라로강 마을로 나왔다. 9월 중순이었다. 야킬 금광에서 잠을 잔 뒤, 산티아고에서 몇 km 떨어진 틴데리디카강을 따라 평야로 나갔다. 그러나 다윈은 이날 '하루 종일 기분이 좋지 않았고, 이로부터 10월 말까지는 몸이 회복되지 않았다.' 《비글호 일기》

건강은 썩 좋지 않았으나 며칠 동안 작업을 계속하여 제3기 지층에서 수많은 해양 화석을 모았다. 그리고 '26일 발파라이소로 사람을 보내 마차를 불러타고, 다음 날 코필드 저택에 도착했다.' 코필드는 옛 동급생으로 8월에도 그의 쾌적한 집에 머무른 바 있으나 이번에는 10월 말까지 장기 체류가 되었다.

화산과 지진

비글호는 또 다시 칠로에 닻을 내렸다. '섬은 상당히 상쾌할 것 같았다. 태양은 밝은 대지와 어둑한 숲 구석구석을 눈부시게 비추었다.' 섬의 서쪽을 따라 고래 보트를 타고 측량한 뒤, 난바다를 거쳐 섬 남단에서 비글호와 합류할 계획이었다. 다윈은 말을 빌려 내륙을 조사하고 나서 보트에 다시 올랐다.

칠로에 남동쪽 끝 산페드로섬에서는 희귀한 '칠로에 여우'를 잡았다. 이것은 뒤에 박제가 되어 런던 동물학회 박물관에 소장되었다.

초노스 제도 부근에서 악천후가 계속되는 가운데 크리스마스를 맞았고, 출항 뒤 네 번째 해(1835)가 거칠어지려는 날씨 속에 찾아왔다. 다윈은 끊임없이 불어오는 세찬 북서풍이 다시 시작되려는 해를 예시한다고 생각했다.

주위는 화산활동이 활발하여 오소르노 화산의 분화를 관찰할 수 있었다. '참으로 장관이었다. 망원경으로 보면 커다랗고 붉게 반짝이는 빛 한가운데에 검은 물체가 연거푸 솟아올랐다가 낙하하는 것이 보였다.'

칠로에를 떠나기 직전 짧은 소풍을 두 번 나갔다. 한 번은 커다란 나무들이 가득한 삼림의 100m 높이에 있는 굴 껍데기 지층을 보는 것이었고, 다른 한 번은 우에추쿠쿠이 곶으로의 소풍이었다.

상쾌한 기분을 맛보며 칠로에를 떠나 북쪽으로 항로를 잡아 발디비아에 머물렀다. 거기서 기록적인 대지진을 경험했다.

'1822년 대지진 때 발파라이소에 있던 사람들도 그때만큼이나 강력한 지진

이라고 말했다. 지진은 느닷없이 찾아와서 2분 동안 계속되었다 ─ 그러나 실제로는 더 길게 느껴졌다 ─.'

'이러한 지진은 이제까지의 통념을 단번에 깬다. 모든 확고한 것들의 전형인 세계가 발 아래에서 유동체를 감싼 껍질처럼 움직인다.《비글호 일기》'

그 뒤에 상륙한 콘셉시온항도 파괴가 심각했다. 다윈은 라이엘의 예리한 제일설(uniformitarianism ; 동일과정설) 지질학이 이러한 지각 변동까지 포함하고 있다는 것을 다시금 강하게 느꼈음이 분명하다. '생각건대, 영국을 떠난 뒤 우리가 이렇게 깊은 관심을 가진 광경은 달리 없었다. 지진과 화산은 이 세계가 속하는 커다란 현상의 주요 부분이다'라고 3월 5일의 장대한 일기를 끝맺었다.

안데스산을 넘다

비글호는 또다시 발파라이소에 입항했다. 다윈은 안데스를 넘어 멘도사 공화국에 이르는 여행을 떠났다. 높고 위험하여 넘는 사람도 적은 포르티요 고갯길을 택했다.

험한 길을 오르면서도 다윈은 지질 관찰을 계속했다.《항해기》안의 기술에서 인용해 보자.

'골짜기에서는 마지막, 즉 가장 높은 곳에 있는 민가까지 말을 달렸다. 코르디예라의 주요 계곡은 양쪽 모두 엉성한 층상을 이루는 자갈이나 모래로 된 눈에 띄게 두꺼운 지층 가장자리, 또는 분지가 있는 것이 특징이다. 이러한 양쪽 가장자리는 분명히 과거에는 골짜기를 온통 채우며 하나로 합쳐져 있던 곳이다. 그것은 골짜기 입구에서는 코르디예라의 주요한 산맥 기슭, 산으로 둘러싸인 평원(이것도 자갈로 이루어져 있다)에 연속해서 합쳐져 있다. 이 평원은 일찍이 바다가 칠레를 관통했던 시절에 현재 남쪽 해안에서 이루어지듯, 침전에 의하여 생긴 것이다.'

자갈로 이루어진 성긴 지층의 분지가 남아메리카 지질 가운데 가장 흥미로운 것이었다고 한다.

포르티요 정상부 높은 지점에서의 체험 묘사에도 다윈의 감동이 나타나 있어 재미있다. 일기에서 인용한다.

'어두워지더니 곧바로 구름이 맑게 갠다. 그 효과는 정말 마술 같아서, 보름

달에 비추어진 거대한 산들이 모든 방향에서 우리에게 기대오는 것처럼 보였다. 마치 깊은 균열의 밑바닥에 있는 것 같았다. 한층 더 빛나기 시작한 달과 별은 이 높이에서 매우 눈길을 끈다. 예사롭지 않은 공기의 투명함 때문이 분명하며, 그것이 풍경을 독특하게 보이게 하는 것이다. 모든 것의 일정한 확장이 그림에서처럼 평면에 주어져 있다. 이러한 대기 상태는 건조함이 원인일 것이라고 추정한다. 또 한 가지 기묘한 효과는 정전기가 쉽게 일어난다는 것이다. 나의 플란넬 조끼는 어두운 곳에서 문지르면 마치 인(燐)을 바른 것처럼 보였다.'
《비글호 일기》

멘도사 도착 전날, 룩산강을 건너 룩산 마을에서 묵었다. 그날 밤 다윈의 만년을 괴롭힌 병의 원인이라고도 할 크고 검은 빈대, 벤추카의 공격을 받았다. '부드럽고 날개 없는 1인치 정도의 곤충이 몸을 기어다니는 느낌만큼 소름끼치는 것은 없다.' 이것은 침노린재의 일종으로 병원균 트리파노소마의 숙주인데 당시에는 알려져 있지 않았다.

진화의 섬 갈라파고스

다윈의 지질학 조사에 대한 헌신과 그의 모험심은 여기까지 순서대로 기록한 비글호의 항해 모습을 통해 이해할 수 있을 것이다. 이번에는 조금 건너뛰어, 진화 사상을 품었다는 결과에서 보아 중요했을 것으로 여겨지는 항해 장면을 조명해 보자.

'비글호가 항해하는 동안 나는 현재의 아르마딜로와 같은 갑옷으로 둘러싸인 커다란 화석동물을 팜파스 층에서 발견한 것과 대륙을 남쪽으로 내려감에 따라 순차적으로 밀접하게 비슷한 동물로 바뀌어 가는 모습, 갈라파고스 제도에 있는 대부분의 생물이 남아메리카적인 특징을 갖고 있는 것, 또한 무엇보다도 제도의 모든 섬이 지질학적인 의미에서는 그렇게 오래되지는 않은 것 같은데도 생물은 저마다의 섬에서 조금씩 다른 모습을 보이고 있어 깊은 인상을 받았다.'《자서전》

뒤에 다윈은 이렇게 회상한다. 그가 갈라파고스 제도에 내려선 것은 1835년 9월이었다. 갈라파고스는 10개의 주도(主島)로 이루어지며 남아메리카 서해안에서 약 1천 km 떨어진 적도 바로 아래 있는 화산섬이다. 다윈이 찾아간 곳은

갈라파고스 다윈이 종의 기원에 대한 문제 해명의 극적인 영감을 얻은 것은 갈라파고스 제도에서의 조사였다.

채텀섬, 찰스섬, 알베마르섬, 제임스섬 등 4곳이다. 다윈은 섬들을 돌아다니며 지질을 조사하고 동식물을 관찰, 채집했다.

'이 제도의 생물은 특징이 두드러져서 주의할 필요가 있다. 많은 생물은 이 땅 고유의 것으로 다른 어디에서도 보이지 않는다. 섬이 다르면 사는 종류도 변한다. 아메리카 대륙과는 대양의 넓은 공간에 의해 500~600마일(1마일≒1.6㎞)의 거리가 있지만, 모두 아메리카의 생물과 뚜렷한 관계를 보인다.'

현재는 그의 이름을 따서 다윈핀치라고 불리는 검은방울새가 13종이 있는데, 부리 구조와 꽁지, 몸 형태 등이 비슷하면서도 조금씩 다르다. '가장 신기한 사실은 게오스피자 속(屬)의 다양한 종의 부리 형태가 순서에 따라 조금씩 변화한 것'이라고 말한다. 그러나 그는 당시에는 아직 각각의 표본을, 그것이 산출되는 섬에 따라 나누어 두어야 한다는 것을 깨닫지 못했다.

핀치의 서식지 분리
나무핀치와 땅 핀치를 분리하여 먹이 환경에 따라 부리 등의 특징이 어떻게 진화되어 있는지 연구하였다.

　각각의 섬과 거기에 사는 동물의 종류에 대하여 눈뜨게 된 것은 부지사인 로슨이 거북은 각각의 섬에 따라 달라서, 어떤 거북이 어느 섬 것인지 확실히 알 수 있다고 단언했기 때문이다. 다윈은 두 섬의 채집품 일부를 섞어 버렸던 것이다. 그는 섬들이 대개는 저마다 약 50 내지 60마일의 거리를 두고 서로 시야 안에 있으며 분명히 동종의 암석으로 이루어져 있고, 또 완전히 같은 기후 아래에 있으면서도 거의 동등한 고도이기 때문에, 섬에 사는 것들이 저마다 다르다는 것은 상상도 하지 못했다.

　다윈은 조사한 식물들을 표로 정리했는데, 여기에서는 위의 지도에서와 같이 나타내었다.

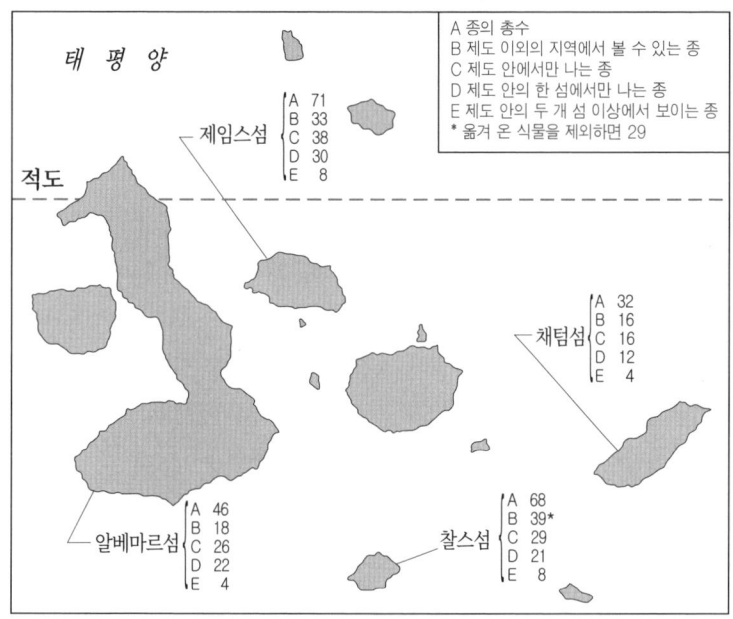

갈라파고스 제도와 그 식물의 종류

태평양

A 종의 총수
B 제도 이외의 지역에서 볼 수 있는 종
C 제도 안에서만 나는 종
D 제도 안의 한 섬에서만 나는 종
E 제도 안의 두 개 섬 이상에서 보이는 종
* 옮겨 온 식물을 제외하면 29

제임스섬
A 71
B 33
C 38
D 30
E 8

적도

채텀섬
A 32
B 16
C 16
D 12
E 4

알베마르섬
A 46
B 18
C 26
D 22
E 4

찰스섬
A 68
B 39*
C 29
D 21
E 8

'이 조사에 의하면 우리는 정말로 놀랄 만한 사실을 알게 될 것이다. 제임스섬에는 갈라파고스 제도의 식물, 즉 세계의 다른 곳에서는 볼 수 없는 38종 가운데 30종이 한정되어 있다. 또한 알베마르섬에는 26종의 갈라파고스 원산 식물 가운데 22종이 한정되어 있다. 다시 말해, 현재는 4종만이 제도 안의 다른 섬에서도 서식한다고 알려져 있다.'

다윈은 진화론의 열쇠가 되는 이런 놀라운 사실들을 접할 수 있었다. 그러나 항해 당시 그는 아직 그런 것들을 이론화하지 않았다. 우리도 지금 여기서는 다윈의 관찰 사실을 훑어보기만 하고 진화론에 대해 깊이 파고드는 것은 피하기로 한다.

다섯 번째 크리스마스

비글호는 그 뒤 타히티를 거쳐 뉴질랜드 북섬 아일랜드만으로 들어갔다.

타히티에서는 당당한 체격의 선량한 남자들을 거느리고 맛있는 코코넛과 파인애플을 먹으며 산이 이어지고 파초가 우거지는 숲을 걸었다. 11월 26일 저녁 무렵 조용한 뭍바람을 타고 항로는 뉴질랜드로 향했다. '일몰 때 우리는 여행자들이 한 사람도 빠짐없이 찬미라는 공물을 바친 섬, 타히티의 산들을 마지막으로 바라보고, 12월 19일 저녁에는 멀리서 뉴질랜드를 바라보았다. 지금 나아가는 1리그(3마일, 약 4.8km), 1리그가 여행의 행운 덕분이며, 그만큼 더 영국에 가까워지고 있다'고 그는 일기에 썼다. 고국이 그리운 나머지 상륙하여 들른 선교사들의 집 앞 정원에서 영국 꽃들을 보는 것이 다윈은 더없이 기뻤다. 몇 종류의 장미와 인동, 재스민, 스톡 그리고 해당화가 울타리에 가득 있었다.

그는 크리스마스날 일기에 이렇게 썼다. '이제 며칠만 더 있으면 우리가 영국을 떠나 있었던 4년 동안의 여행이 완결된다. 첫 번째 크리스마스는 플리머스에서 보냈다. 두 번째는 케이프혼 부근 생마르탱 후미에서, 세 번째는 파타고니아 디자이어항에서, 네 번째는 트레몬테반도에 정박 중이었다. 다섯 번째는 이곳, 그리고 다음은 하늘에 맡기겠지만, 다시 영국에서.'

12월 30일 시드니를 향했다. 뉴질랜드는 좋은 인상을 남기지 못했다. 그는 이렇게 감상을 말했다. '우리 모두 뉴질랜드를 떠나는 것을 기뻐한다고 믿는다. 원주민에게는 타히티에서 볼 수 있었던 매력적인 소박함이 없었고 영국인들 대부분은 그야말로 사회의 쓰레기였다.'

1836년 1월 12일 배는 시드니만에 정박했다.

'저녁때 거리를 거닐다가 그 풍경에 매우 놀라서 돌아왔다. 그것은 영국 국민의 힘을 보여 주는 가장 큰 증거이다.'

깨끗하게 구획된 시가와 커다란 가옥과 건물, 풍부한 상품을 본 다윈은 자신이 영국인임을 자랑스럽게 생각했다. 이제까지 보아 온 라틴계 국민이 이주한 남아메리카와 너무나 큰 차이를 느꼈기 때문이다.

그러나 당연하게도 자연은 파괴되어 있었다. 캥거루 사냥과 관련해서 동물의 멸종이 고찰되었다.

'우리는 그날 낮 대부분을 말을 타고 돌아다녔으나 사냥은 재미가 없었다. 캥거루 한 마리, 들개 한 마리 눈에 띄지 않았다. 몇 년 전 이 지방에는 야생동물이 많았다. 그러나 지금 에뮤는 먼 곳으로 쫓겨나고 캥거루는 줄어들었다. 영국의 개 그레이하운드는 그 둘 모두에게 파괴적인 존재였다. 이들 동물이 모두 멸종하는 데는 긴 시간이 걸릴 것이다. 그러나 그 멸망은 확실하다.'《비글호 일기》

하지만 다행히도 오리너구리 몇 마리가 물에서 놀고 있는 것을 보았고 캥거루쥐도 붙잡았다.

오스트레일리아 남쪽에 떠 있는 섬 태즈메이니아에는, 커다란 딕소니아 덤불과 키큰나무들의 삼림이 당당히 자리한다. 웰링턴산 등정은 힘들었지만, 이곳 태즈메이니아에서는 감독관의 초대를 받아, 영국을 떠난 뒤 처음으로 가장 기분이 온화한 상태로 저녁을 보낼 수 있었다.

산호초 관찰

항해가 끝나가고 있었다. 배는 오스트레일리아를 떠나 인도양 킬링섬에 들렀다. 이 섬은 산호로 만들어진 라군 아일랜드로 고리 형태의 암초 주위에 작은 섬들이 흩어져 있었다. 다윈은 여기서 산호초의 다양한 종류인 환초(環礁), 보초(堡礁), 거초(裾礁)가 생기는 법에 대해 연구할 기회를 가졌다. 산호초 연구는 지질학자 다윈의 커다란 업적으로 남았을 뿐 아니라, 생물과 그 환경, 즉 산호충과 바다 깊이의 상호 관계를 연구할 기회이기도 했다. 그것은 뒤에 《산호초의 구조와 분포》로 정리되는데, 여기서는 일기에 따라서 그의 관찰을 살펴보자.

'4월 4일. 하루 종일 이 섬들의 매우 흥미롭고도 간단한 구조와 기원을 조사했다. 물은 전에 없이 잔잔했기 때문에 살아 있는 산호충 제방까지 물속을 걸어갔다. 그 제방 위에서 난바다의 굽이치는 물결이 부서진다.'

'4월 6일. 피츠로이 함장을 따라 초호(礁湖 : 산호초 때문에 섬 둘레에 바닷물이 얕게 괸 곳)곶 부근 섬까지 갔다. 물이 지나는 길은 섬세하게 가지가 갈라진 산호 들판을 굽이쳐 매우 복잡하게 얽혀 있다.'

'4월 12일. 오전 중에 초호에서 나왔다. 섬들을 방문한 것은 기쁘다. 이러한 구성(構成)은 이 세계의 경이적인 것들 중에서도 상위를 차지한다. 그것은 처음부터 육체적인 눈을 번쩍 뜨게 하지는 않지만, 오히려 잘 생각한 뒤에 이성의 눈을 두드린다. 여행자는 오래된 폐허의 광대한 퇴적과 그 넓이에 놀라지만, 다양한 작은 동물에 의해 축적된 이것과 비교하면 폐허 중에서 가장 큰 것이라 해도 얼마나 무의미한가. 피츠로이 함장이 해안에서 1마일이 조금 더 되는 거리에서, 7200피트의 측연선(測鉛線)을 써서 재어 보았으나 바다를 찾을 수 없었다. 따라서 이 섬은 높이 솟은 산의 정상이라고 생각하는 것이 맞다. 산호충이

산호초 다윈은 산호초로 형성된 킬링섬을 살펴보고 기존의 라이엘설에서 새로운 가설을 세우게 된다.

얼마나 깊고 두껍게 퍼져 있는지 전혀 짐작할 수 없다.'

그 무렵 환초 형성에 대해서 일반적으로 인정받고 있던 설은, 수면 아래의 화산 화구에 암초가 만들어졌다는 라이엘의 설이었다. 그러나 환초의 형태와 크기를 미루어 생각할 때 그것은 옳지 않다고 여겨졌다. 다윈은 그에 대하여 산호의 생육 조건을 고려해서 해저침하를 도입한 가설을 세웠다.

화산 활동으로 생긴 섬의 기초가 일정 기간 뒤에 점점 가라앉는 것에 따라 바위의 형태를 만드는 폴립이 위쪽으로 계속 자란다는 견해가 진실이라고 인정한다면, 산호의 석회암은 매우 두꺼워질 것이 분명하다. 타히티나 에이메오처럼, 태평양 위에는 섬이 해안에서 떨어져서 산호초에 둘러싸여 있는 것이 있다. 이것은 물길이나 물이 후미져 흐르는 영향으로 자연스레 생겨난 현상이다. 이와 같은 정황에서는 여러 가지 원인이 산호의 가장 효과적인 생장을 막고 있다.

따라서 이러한 섬이 남아메리카 대륙(의 융기)과 마찬가지 방식으로, 그러나 반대 방향의 운동으로 오랜 시간이 흐른 뒤 계속해서 솟아오를 것이다. 시간이 지나 중앙의 섬은 해수면 아래 가라앉아 보이지 않게 된다. 그러나 산호는 그

글렌로이의 평행로

원형의 벽을 완성할 것이다.'(《비글호 일기》)

귀환

배는 아름답기로 유명한 모리셔스섬에 들렀다가, 아프리카 남단 희망봉을 방문했다. 다윈은 이륜마차로 케이프타운으로 떠났다.

'6월 8일~15일. 이 기간에 호감이 가는 몇 사람을 알게 되었다. 회귀선을 넘은 흥미로운 탐험에서 최근 돌아온 A. 스미스 박사와 오랜 시간 지질학적인 이야기를 나누었다. 어느 날인가는 마크리아(천문학자), 코로넬 벨, J. 허셜 경이 식사에 초대해 주었다.'

허셜과의 회견은 가장 기억해야 할 사건이었다.(《비글호 일기》)

허셜은 학생 시절에 감명 깊게 읽은 《자연철학서론》의 저자였다.

1836년 7월 8일, 나폴레옹의 유형지 세인트헬레나에 이르렀다. '이 섬은 종종 들은 것과 같은 불길한 모습으로 거대한 성처럼 대양에서 튀어나와 있다'고 일기에 썼는데, 다윈은 나폴레옹의 무덤 가까이에 묵으면서 지질조사를 할 수 있었다.

비글호는 그 뒤 어센션섬을 지나 8월 1일, 또 다시 남아메리카 바이아(살바도르)에 도착하여 5년에 걸친 크로노미터 세계 측량을 마쳤다.

8월 12일, 악천후를 피하여 브라질 페르난부코에 임시로 머물렀다. 카보베르데 제도의 프라이아에 두 번째로 닻을 내린 것은 8월 31일, 그리고 영국의 플리머스항에 되돌아온 것은 그해 10월 2일이었다.

'나는 항해하는 동안 두 가지 이유로 열심히 작업에 임했다. 그것은 첫째, 연구가 즐거웠기 때문이고, 둘째는 자연과학의 많은 사실들에 조금이라도 새로운 사실을 보태고 싶다는 강한 욕구가 있었기 때문이다. 그러나 나에게는 과학자들 사이에서 높은 위치를 차지하고 싶다는 야심도 있었다.'《자서전》

항해는 꼬박 5년이 걸렸다. 갓 출판된 지질학서, 찰스 라이엘의 《지질학 원리》를 들고 항해에 나선 다윈은, 지구의 역사는 현재진행형인 지학 현상으로 설명할 수 있다는 라이엘의 주장이 눈앞에서 증명되는 것을 보았다.

항해 중에 일어난 사건들은 모두 의식의 변혁을 촉구하는 것이었다. 하느님이 천지를 창조했다고 믿으며 승선한 청년은, 세상의 생물은 하느님이 창조한 뒤로 한 번도 모습을 바꾸지 않았다는 창조설에 회의를 품은 진화론자가 되어 하선한다.

출항할 때 무명이던 청년 다윈은, 여행지에서 보낸 방대한 표본과 관찰일지 덕분에 귀환했을 때에는 학계의 총아가 되어 있었다. 그러나 오히려 그것이 다윈에게는 생각지 못한 큰 부담이 되었다. 그를 인정하는 학계의 명사들이 모두 창조론자였던 것이다. 다윈은 이단시되는 진화론을 마음속으로 믿고 있었다.

뒷날 그는 항해 중에 노력한 동기에 대해 분석하고 있다. 이제까지 둘러보고 온 것을 정리하면, 다음과 같이 말할 수 있을 것이다. 비글호가 방문한 각지의 자연이 탁월한 과학자를 만드는 장소를 제공하고, 라이엘의 《지질학 원리》가 그를 인도하였으며, 자연의 관찰과 이론이 열매를 맺게끔 다윈 자신이 노력했다. 그의 모든 능력은 이렇게 이끌려나온 것이다.

진화이론을 세우기까지

바쁜 나날들

1836년 10월, 5년에 걸친 항해에서 귀환한 다윈은 12월 케임브리지의 하숙에 머물면서 항해 중에 채집한 표본을 정리하기 시작했다. 광물, 동식물 수집품을 분류하기 위해서는 많은 학자들의 도움이 필요했다.

'벨과 통성명을 하게 되었습니다. 놀란 것은 내가 (채집한) 갑각류, 파충류에 대단한 관심을 가져 주고, 기꺼이 연구해 줄 것 같습니다'라고, 헨슬로에게 보내는 편지에 썼다.(1836년 11월 2일자) 수집품이 각각 전문가의 눈에 들고, 손을 빌리기 위한 교섭도 매우 중요한 일이었다.

다윈은 이듬해 3월 런던으로 옮기고 거기에서 《비글호 항해기》 집필을 시작했다. 이 책은 전문 학술서가 아닌, 일반인을 대상으로 한 책이었다. 《비글호 항해기》는 1839년 출판되어 큰 호평을 받았으며, 다윈의 이름은 학계뿐 아니라 자연사학을 좋아하는 일반 독자에게까지 널리 퍼져나갔다. 이로써 다윈은 과학 전문작가로 등단한다.

1837년은 다윈에게 기념할 만한 해였다. '7월에 지금까지 깊이 생각해 왔던 《종의 기원》에 관계가 있는 사실들을 처음으로 노트에 쓰기 시작'한 것이다. 노트(B·C·D·E)의 내용에 대해서는 제2편에서 다루도록 하고, 여기서는 독신 시대의 그의 마지막 활동에 대해 쓰기로 한다.

다윈은 《지질학 원리》의 저자 라이엘과 절친한 사이였다. 늘그막에 그가 회상한 것을 보면 '이 2년 사이에 사교계에도 조금 얼굴을 내밀고, 지질학회의 명예 간사의 일원으로도 활동했다. 나는 라이엘과 가끔 만났다. 그는 다른 일에 호의를 갖는 특징이 있었다. 영국으로 돌아와 산호초에 관한 나의 견해를 그에게 설명했을 때, 그가 흥미를 보여 준 것이 놀라웠고, 또 기뻤다'라고 쓰고 있다. 라이엘은 그 뒤로도 다윈에게는 좋은 조언자였다.

과학적 연구의 작은 실패에 대해서 쓴 것도 이때의 일이다.

'그것(글렌로이 평행로)에 대해서는 《왕립학회지》에 발표했다. 그 논문은 대단한 실패였고, 나는 그것을 부끄럽게 생각하고 있다. 나는 남아메리카에 있는 땅의 융기가 너무 인상 깊었기 때문에 평행하게 달리고 있는 몇 개의 선을 바다의 작용으로 돌렸다. 그러나 그 견해는 아가시가 빙하호 설을 제시했을 때 내버려두면 안 된다는 것이었다.'《자서전》

그는 이 실패를 가슴속에 깊이 새겼다. 당시로서는 그렇게밖에 설명할 수 없다고 생각한 끝에 내린 결론이었으나, 완전히 다른 새로운 견해가 있었다. 가능성을 제거하고 남는 것이 타당하다는 결론이라고 하는 방법의 오류를 통감했다.

젊은 날의 의혹

지질학회 사건, 종의 기원에 대한 고찰, 자료수집으로 바쁜 나날을 보내는 중에도 겉으로는 드러나지 않는 또 하나의 정열이 마음속에 끓어오르고 있었다. 워즈워스나 콜린스의 시를 애독하고 그것을 표현하는 것이었다. 그중에서도 특히 워즈워스의 단편시를 런던의 바쁜 생활 속에서 때때로 듣는 거라면 그런 대로 이해할 수 있다. 그런데 워즈워스의 만년의 철학적 장편시를 바쁜 시기임에도 두 번씩이나 읽은 것은 무슨 까닭일까.

'되풀이되는 삶이란
신 또는 사람에게 사랑의 에너지가 된다.
아픔에, 싸움에, 괴로움의 고뇌에
이런 인생의 고통스런 울림
혹은 세대의 갱신과 전진에의 의문을 표하며
사람은 희망의 아들이 되어
진보하는 일 없이
세대는 세대에 밀려든다.'

한 시인의 목소리를 다윈은 어떻게 느꼈을까. 그것에 대한 기록은 없다.

그의 마음의 의혹을 나타내는 전혀 별개의 종잇조각이 발견되었다. 그것은 결혼을 해야 할지 말아야 할지를 고찰한 것이었다.

'결혼하면—아이—변함없는 반려. 그리고 가사를 돌보는 누군가—음악과 여자의 젖꼭지의 매력. 그것들은 건강에 좋다. ……결혼하지 않으면—아이가 없음……가고 싶은 곳에 갈 수 있는 자유—사교계의 선택. 클럽에서 슬기로운 사람들과의 대화……'

두 개의 대조적인 검토 끝에 '결혼이 필요하다는 것이 증명되었다'라고 하는 요약이 있다.

시의 애독, 결혼에 대한 깊은 생각 등은 젊은 시절의 의혹을 나타내는 것이라고 볼 수 있다. 이것은 다윈의 진지한 면을 보여주는 것들이다.

결혼과 병

다윈은 병으로 고통받는 날이 많았고 힘들었다. 그렇지만 여기에 나온 종잇조각의, '변함없는 반려'의 축복을 받아 위로받는 일이 많았다. 그의 '증명'은 틀리지 않았던 것이다. 아내인 엠마 웨지우드, 경애했던 외삼촌 조사이어 웨지우드의 딸은 피아노 연주에 뛰어난, 음악을 좋아하는 밝은 여성이었다.

결혼한 지 얼마 되지 않았을 때의 엠마
엠마가 언니에게 보낸 편지 중에는 헨슬로 부부, 라이엘 부부와 함께 다윈 부부가 마련했던 저녁 식사 이야기가 유명하다.

1838년 11월 다윈은 메어를 방문하고 엠마에게 청혼했다. 이 청혼은 기꺼이 받아들여져 이듬해 1월 메어에서 결혼식을 올렸다. 신혼 살림을 차릴 곳은 다윈이 여기저기 알아본 끝에 겨우 정해졌다. 런던의 아파가와가(街)였다. 흔하디 흔한 런던식이었지만 넓은 정원이 딸린 제법 좋은 집이었다. 여기에서 다윈은 장년기의 3년 정도를 보낸다.

이때 항해 중에 걸린 풍토병인 샤가스 병의 징후가 나타났다. 피로감, 현기증, 위장의 불쾌감, 심장 발작 등 그가 남긴 자서전에 있는 증상과, 여행 중에 물린 벤추카라고 하는 벌레에 대한 기록으로 현재 그렇게 추측할 수 있지만 그때는 병명도 원인도 모르는 병이었다. 여기에 덧붙여 다윈의 병세에 대해서는 이밖에도 항해 중의 뱃멀미 등 정신적인 것이라고 하는 설도 말해지고 있다.

'런던에 살았던 3년 8개월 간, 나는 가능한 한 힘써 활동했음에도 불구하고, 과학 관계의 일은…… 조금밖에 하지 않았다. 이것은 빈번하게 반복되는 건강상의 문제로, 한 번 긴 병을 앓았기 때문이다.'《자서전》

이것은 장기간 앓게 될 병마의 시작이었다.

1839년 12월 27일 첫아들이 태어났다. 다윈은 8년 전 같은 날, 항구를 출발한 긴 항해의 첫날을 떠올렸을 것이다. 윌리엄이라고 이름을 붙인 장남을 놓고도 다윈은 바로 과학적 관찰을 시작했다. 유아의 발달에 관한 관찰로, 그때 그가 가지고 있던 동물이나 인간의 감정 표현에 대한 흥미와 관련된 것이었다. 그것이 《사람과 동물의 감정표현》이라는 제목의 책으로 간행된 것은 1872년이고, 또한 학교에 들어가기 전의 어린아이, 즉 유유아(乳幼兒)의 발달에 관한 논문으로서 심리학 잡지에 게재된 것은 더 늦은 1877년이었다.

《인구론》을 읽다

이야기가 조금 달라지지만 다윈이 '종의 기원' 문제에 대해서 해결할 수 있다는 자신을 얻은 것은 1838년 가을이라고 말한다. 청혼 바로 조금 전이 될 것이다.

'1838년 10월(정확하게는 9월 28일부터 10월 3일), 조직적인 연구를 시작하고부터 15개월 뒤 나는 우연히 그저 즐기기 위해서 맬서스의 《인구론》을 읽었다. 나는 동식물의 습성을 장기간에 걸쳐서 관찰해 왔고, 모든 곳에서 일어나고 있는 생존 경쟁의 중요성을 충분히 알아야 했다. 나는 금세 그것들의 조건 아래에서는 유리한 변이는 보존되고, 불리한 변이는 멸망하는 경향이 있을 것이라고 생각했다. 그 결과는 새로운 종의 형성이 될 것이다.'

《자서전》의 이 부분은 잘 언급되는 부분이고, 여러 가지 논의도 있다. 그것은 맬서스의 《인구론》이 다윈 학설에 미친 영향과 기여에 대해서이다. 대충 말하자면 다윈이 《인구론》에서 부딪친 것은 '생물의 다산' 현상, 그리고 환경이 그 대부분의 성장을 저해한다고 하는 잘 알려진 것의 재인식이라고 해도 될 것이다.

그 즈음 다윈은 종의 문제에 대해서 세 권째 노트를 쓰고 있었다. D노트로 불리는 그것을 9월 28일자 페이지에 맬서스의 주장에 대해서 쓰고 있다. 하지만 다음 날 노트에는 영장류에 대한 호기심을 보이면서 그의 관심이 얼마나 광범위한 지를 드러낸다. 그때 다윈은 벌써 동물과 사람과의 관계에 대해서 깊은 관심을 가지고 있었고, 인간이나 모럴이나 표현의 문제를 다룬 M노트를 만들기 시작했다. 이것은 뒷날 《인간의 유래》 등의 저작의 밑바탕이 되는 것이다.

학자들과의 교류

런던에 살고 있는 동안 다방면의 학자들과 교류했다. 고생물학자인 리처드 오언은 뒷날 《종의 기원》을 격렬하게 비판하고 다윈의 강적이 되지만, 이때에는 업무상 친구였다. 그렇다고 해도 다윈은 '그를 대단히 존경하기는 하지만 그의 성격은 도무지 이해할 수가 없었다. 그와 친하지도 않았다'라고 나중에 회상하고, 또 다른 한 사람의 고생물학자인 포그너가 R. 오언에 대해서 가지고 있던 나쁜 감정을 소개했다.

천문학자이고 물리학자이며 《자연철학 서론》의 저자인, 케이프타운에서 만난 허셜, 계산기의 발명가 찰스 바베지, 철학자 허버트 스펜서 등과도 교류할 기회가 있었다.

자연과학 분야뿐만 아니라 역사가인 매콜리, 평론가인 칼라일도 다윈에게는 인상 깊은 사람들이었다. 칼라일은 형 에라스무스의 친구였으며 비판적인 시각과 말투를 가진, 하지만 정이 깊은 사람이었다. 형의 소개로 만난 사람 중에는 평론가 해리엇 마티노도 있었는데 그녀의 이름은 자서전에는 등장하지 않지만 노트 속에는 언급되고 있다. 칼라일이나 마티노는 반종교적인 견해를 가지고 있었다. 형도 무신론자였다고 한다.

《산호초의 구조와 분포》

항해 중에 관찰하고 결혼 전부터 저술을 시작하고 있었던 연구가 아직 완성되지 않았다. 산호초에 관해서였다. 전에 항해 중의 일기를 인용했으나 다윈은 그 연구를 위해서 '태평양의 섬들에서의 저작을 전부 읽지 않으면 안 되었고, 또한 많은 지도를 참조해야 했다'라고 한다. 그 자신은 '이 저작은 소책자였음에도 불구하고, 20개월간이나 고생했다'고 한다. 1842년에 출판된 《산호초의 구조와 분포》는 다윈 자신 및 다른 연구자의 산호초의 관찰을 서술하고 산호초 특유의 형태가 만들어지는 이유를 설명하려고 한 것이다. 그 196쪽 분량은 많지는 않았지만 종래의 산호초의 형성 원인에 관한 설을 바로잡는 것이었고, 학문상의 의미도 큰 것이었다.

산호초의 형성에 관한 다윈의 설에 라이엘이 흥미를 보인 것에 대해서 다윈의 감상은 전에도 인용했었다. 다윈의 설은 크게 지지를 받아 그 이후에는 산호초 관찰자의 찬동을 얻었다. 1847년에 출판된 《프라이호의 항해기》 속에서 주크스 박사가 '오스트레일리아 북동부의 대산호초(Great Barrier Reef ; 대보초) 대부분을 보고, 그것에 관해서 많이 생각하여 다윈이 도달한 결론을 피할 수 있는 길을 모색해 보았다. 그 결과, 그의 가설이 완벽하고, 그것이 단순한 가설을 넘어 산호초의 참된 이론이 된다고 덧붙여 말할 수밖에 없다'라고 쓴 부분을 다윈은 《산호초》의 제2편의 제언에 인용하고 있다.

산호초의 이론은 이렇게 기쁘게 세상에 나왔으나 그보다 1년 앞서 이미 하나의 큰 기쁨이 있었다. 그것은 둘째의 탄생으로, 앤이라고 이름 붙인 딸이었다. 10년 뒤에 소녀로 성장한 앤을 덮친 죽음은 다윈의 일생 속에서 가장 깊은 슬픔이 되었지만, 1842년 당시 다윈은 가정적인 행복, 일의 안정을 얻어 안정된 나날을 보내고 있었다. 때때로 일어나는 병이 불안을 주기는 했지만 당시는 그것이 일생을 따라다닐 것이라고는 생각하지 않았을 것이다.

업무상의 안정이라고 하는 것은 《산호초》 출판뿐만이 아니라 종의 문제에 대한 고찰에도 있다. '1842년 6월 나는 비로소 내 자신의 이론의 아주 간단한 개요를 연필로 35쪽 정도 썼다'라고 했다.

켄트주 다운으로

연필로 쓴 '개요'는 깊숙이 묻어 두었다. 친한 동료들에게도 보이지 않고, 혼자서 그에 대해서 반복하여 생각하고 정리했다. 2년 후에 다시 쓰고 보충해서 230쪽의 논문이 되었으나, 그것은 다운으로 이사하고 얼마 지나지 않았을 때였다.

개요를 쓰기 조금 전부터 다윈은 런던에서 사는 것이 건강에 좋지 않다고 판단하고 시골에 집을 알아보고 있었다. '사리 그리고 그 밖의 지역에서 찾았으나 잘 되지 않았고, 그 뒤 우리들은 이 집을 발견하고 샀다'라고 하는 집은 켄트주 다운의 넓은 토지가 딸린 저택이었다. 여기에서 다윈은 1842년 9월부터 생애가 끝날 때까지의 시간을 보냈다.

흰 축대 위에 있는 집은 일대에 조용한 전원 풍경이 펼쳐졌다. 새로운 주거는 정원의 나무들이 있는 산책로와 함께 다윈의 마음에 꼭 들었다. 이사하고 나서 바로 엠마는 세 번째 아이를 출산했다. 다윈은 여기에서 본격적으로 종의 문제에 대해서 생각하게 된다. 여기서는 세상을 상대로 고생할 일이 없었고, 과학자나 정치가의 차가운 시선을 의식하지 않고 사색할 수 있었으며, 마음껏 글로 표현할 수도 있었다. 다윈은 '구릉지대에 떠 있는 내 배(船)'에서 온 세계의

다운에 있는 다윈의 집 갈라파고스에서 돌아온 지 6년 뒤인 1842년에 런던 변두리인 이 곳으로 이사했다. 그는 1882년 세상을 떠날 때까지 이곳에서 가족들과 함께 살았다.

전문가와 편지를 교환하고, 바다 저 멀리까지 확산하는 종자나 해파리에 이르기까지 온갖 문제에 대한 정보를 받아볼 수 있었다. 이따금 자녀들의 도움을 받으며 온실에서 식물을 늘리는 실험을 하거나 몇십 종에 이르는 비둘기를 키워 변종을 조사하면서 동식물의 습성이나 생태에 대해 새로운 사실을 알아내기 위해 관찰을 게을리 하지 않았다.

이는 현재 존재하는 거의 모든 생물을 하나로 정리하여 다윈 학설의 증거로 삼고자 하는 대규모적인 박물학이었다. 혼자 연구하는 다윈의 스타일은 평생 변함이 없었다. 그러나 공적인 일로부터 동떨어진 생활을 하고 있기는 했지만 토마스 헨리 헉슬리와 같은, 제자라 해도 될 만한 실력자들과는 친분을 맺고 있었다. 예를 들어, 큐식물원 원장이었던 조셉 후커는 국가 소유의 표본이나 자료를 아무런 주저함 없이 다윈에게 보내 주었다. 다운에서 생활하는 동안, 그 옛날 캠브리지셔 펜스(지난날에는 늪지대였으나 오랜 기간에 걸친 배수사업에 의해 옥토로 개량된 지역)에서 장수풍뎅이를 필사적으로 수집하던 때처럼 많은 정보를 모아서는 독특한 재능을 발휘하여 하나하나 새로운 착상을 해갔다. 과학 분야에서 발견에 이르는 중요한 두 가지 방법, 즉, 연역법(일반적인 원리에서 개개의 사례를 설명하는 논법)과 (이것이 박물학자로서는 일반적일 것이다) 귀납법(사실을 모아 거기서 일반적인 법칙을 이끌어내는 방법)이 바로 그것인데 다윈은 필요에 따라 양자를 구별하여 사용했다.

차녀 메어리는 불행하게도 짧은 생을 살았지만, 그것은 다윈에게 큰 타격이 되지는 않았던 것 같다. 과학자들과도 계속 사귀고 싶다고 생각하고 있었다. '2, 3주간에 하룻밤, 거리에 나가서 과학자들과의 유대관계를 계속하고 싶다'라고 편지에 썼고, 실제로 런던까지 다닌 다윈의 노력은 몇 년 동안 계속되었다.

다음 1843년, 딸 헨리에타가 태어났다. 헨리에타는 성인이 되고 나서부터 다윈의 버팀목이 된다. 이 해 J.S. 밀은 《논리학체계》를 내고, 콩트의 실증주의의 영향 아래 연역법과 귀납법과의 총합을 시험했다. 다윈은 향후 종의 문제에 대해서 '진정한 베이컨적(귀납적) 원리에 입각하여 연구했다'라고 강조했으나, 그것은 은사 가운데 한 명인 지질학자 세지윅으로부터 '자네는 진정한 귀납법을 버리고 말았다'고 비판받은 것과 관계가 있다. 세지윅의 이 비판에 대해서 T.H. 헉슬리가 밀의 말을 빌려 반론한다.

1844년의 시론

'종의 이론에 대해서 나의 스케치는 지금 완성되었다. 내가 믿고 있는 나의 이론이 언젠가 유능한 판정자에 의해 받아들여진다면 그것은 과학 발전의 큰 걸음이 될 것이다.'

다윈은 아내 엠마에게 보낸 편지—유서—의 서두에 이렇게 적고 있다. '그러니까 나는 나의 심연, 곧 죽음의 장소를 생각해서 이것을 적소. 마지막 중대한 부탁은, 당신이 나의 의지를 좇아 합법적으로 생각해 줄 것으로 믿고는 있지만 그 '스케치 원고'의 출판을 위해서 400파운드를 사용하시오. 또 당신이나 헨슬로가 그것을 진척시키도록 해 주길 바라오.'

'책을 출판해 줄 사람에 대해서는 받아들여 주기만 한다면 라이엘이 가장 좋을 것이오. 그는 그 일을 기꺼이 해줄 것이고, 그에게 있어서 새로운 사실을 배울 수 있게 될 것이오. 그 편자는 지질학자나 내추럴리스트가 되지 않으면 안 되니까, 다음으로 좋은 편자는 런던의 E. 포브스 교수일 것이오. 다음으로 좋은 사람은(그리고 많은 점에서 가장 좋은) 헨슬로 교수일 테지. 후커 박사도 아주 좋아.'

이 유서가 말하고 있는 것은 1844년의 종에 관한 《시론》의 출판과 그 방법이다. 다윈은 스스로 도달한 단계에 확신을 하고 있었다.

다윈은 이미 1844년에 자연선택에 대해 발표하려고 생각하고 있었으나, 마침 그 해에 로버트 챔버스가 (익명으로) 라마르크류의 진화론을 강력히 지지한 《창조의 흔적》을 출판했다. 당시 유럽대륙은 혁명의 소용돌이 속에 있었으므로, 이 《창조의 흔적》은 정치적으로는 자유주의 사상가들 사이에서 호평을 얻었으나 과학계에서는 혹평을 받았다. 그리고 정부는 이를 위험한 사상이라 낙인찍었다. 이를 지켜본 다윈은 천천히 신중하게 라이엘이나 헉슬리와 같은 권위 있는 사람들을 지지자로 만든 다음에 자신의 학설을 발표해야 한다는 것을 알게 되었다. 그런 의미에서 챔버스의 저서는 다윈에게 있어 상황을 가늠할 좋은 본보기가 되었던 것이다.

다윈은 자신의 이론이 《창조의 흔적》 등과는 전혀 다른 과학적인 이론이라고 확신하고 있었다. 챔버스에 대한 다윈의 평가는 나중에 기술하겠으나, 종의 변화에 대해서 언명하는 것에 대한 공포를 다윈은 생각하지 않은 것은 아니었다. 성서 창세기의 기술에 반기를 드는 것이 되기 때문에 다윈은 앞서 갈릴레이 등이 받았던 종교적 탄압을 떠올렸다. '한때의 천문학자가 받았던 박해를 명심할 것이다'라는 문구가 그의 노트에 적혀 있다. 1838년 4월경에 쓴 것이다.

《시론》을 쓴 다윈은 곧바로 그것에 대한 저작 집필에 착수했다. 그는 무언가를 계속 하는 것처럼 완전히 새로운 연구 테마에 착수했다. 그것은 '만각류의 분류'에 관한 연구로 8년간에 걸친 것이었다.

후커에게 보낸 편지

다윈이 종의 문제를 다루는 저작에 바로 몰두하지 않았던 이유를 추측하기는 어렵다. 하지만 지금 말한 것처럼, 그가 종의 변화 문제를 논하는 데 두려움을 느끼고 있었던 것만은 확실하다. 비글호로 남극 탐험을 하고 돌아온 지 얼마 되지 않아, 식물학자 J.D. 후커 앞으로 쓴 편지에서도 그것을 짐작할 수 있다.

'나는 갈라파고스의 생물 분포 등에 매우 충격을 받았습니다. ……그래서 저는 무턱대고 종이란 무엇인가에 대해 관계 있는 사실은 무엇이든 모으고자 결심했습니다. 농업과 원예에 관한 책을 산처럼 쌓아놓고 읽고, 끊임없이 사실을 모았습니다. 마침내 광명이 비쳤습니다. 그리고 나는, 종이 불변이 아님(살인을 고백하는 것 같지만)을 거의 확신(당초의 생각과는 전혀 반대로)하게 되었습니다.'

이것은 1844년 1월 11일 날짜로 되어 있으므로, '에세이' 쓰기 반년 전의 심정이다.

다윈은 '살인을 고백하는 것 같은' 기분으로 후커에게 자신의 견해를 살짝 드러낸 것이다. 거기서 그는 먼저 젊고 유망하며, 남반구의 동식물을 보고 온 후커를 선택했을 것이다.

다윈은 그전에도 그에게 편지를 썼다. 그것은 후커가 비글호의 내추럴리스트로서 지구의 자기를 조사하러 남극 탐험을 갔던 임무가 끝났을 때였다.

후커가 '남극 탐험에서 돌아온 직후, 다윈과 나의 편지 왕래는 그가 보낸 긴 편지로 시작되었다.(1843년 12월) ……그는 푸고섬의 식물 양상을 코르디예라, 그리고 유럽의 식물 양상과 연관시키는 것의 중요성을 나에게 깨우쳐 주고, 그가 갈라파고스 제도, ……에서 채집한 식물을 연구하도록 나를 이끌었다'고 기록하고 있는 것에서도, 다윈이 후커에게 건 기대를 짐작할 수 있다. 마지막까지 결코 배신하는 일이 없었던 후커와의 우정은, 이 무렵부터 시작된 것이다.

다윈은 후커에 대해 '그는 내가 지금까지 만난 사람 가운데 가장 지치지 않고 일하는 사람으로, 하루 종일 현미경 앞에 앉아 있어도, 저녁에는 여느 때와 다름없이 힘차고 쾌활하다. ……매우 충동적이고 성미가 약간 급하지만, 그 먹구름은 거의 눈 깜짝할 사이에 지나가 버린다. ……나는 후커 이상으로 사랑할 수밖에 없는 인물을 거의 한 사람도 만난 적이 없다'고 썼다.《자서전》후커는 나중에 많은 식물지를 저술하고, 저명한 식물학자가 되었는데, 다윈의 종의 문제에 대한 발표에 즈음해서도 라이엘과 함께 다윈의 절대적인 옹호자가 된다.

슬픔과 질병 속에서

만각류라는 것은 절지동물 문에 속한다. 옛날에는 조개류에 가깝다고 하여, 18세기까지 연체동물 문에 속한다고 여겨졌다. 다윈은 '칠레의 해변에 있었을 때, 콘코레파스의 껍데기 속에 숨은 매우 기묘한 종류를 발견하고', 다른 만각류의 구조와 비교하기 위해 다수의 종류를 해부하여 조사했다. 마침내, '이 작업이, ……그 무리 전부를 연구하도록 이끌었다'고 한다.

왼쪽부터 후커, 라이엘, 다윈
이미 식물학과 지질학에서 학문적 기반을 쌓아 온 후커와 라이엘은 다윈의 적극적인 지지자가 된다.

그리고 '이미 알고 있는 현생 종(種) 전부를 기록한 두 권의 두꺼운 책과 멸종한 종을 기록한, 네 개로 나눈 두 권의 얇은 책을 출판' 하게 되었다. 애매모호한 분류 체계를 정리하고, 발생과 해부학적 식견을 더해 이 정도의 작업을 달성하는 데에는 엄청난 고난이 뒤따랐다.

그는 만각류에 대한 작업이 한창일 때, 번번이 병으로 고통스러워하면서도 다른 두 가지 슬픔을 겪어야만 했다. 1848년 11월에 아버지가 돌아가신 것이다. 다윈은 이때 건강 상태가 매우 나빠 '장례식에 참가할 수도, 아버지의 유언 집행자의 한 사람으로서도 행동할 수 없었다'고 한다.

다른 하나는 더욱 큰 슬픔이었다. 힘껏 일하고, 그 사람이 가지고 있는 힘을 충분히 발휘한 다음 고령으로 죽는다는 것은, 슬픔 속에서도 사람의 마음을 평온하게 한다. 하지만 어린아이, 이제부터 아름다운 삶을 살려고 하는 아이의 죽음은, 슬퍼하고 또 슬퍼해도 새로운 슬픔이 솟아난다. 그는 늘그막에 '우리가 단 한번 깊은 슬픔에 부딪친 것은, 1851년 4월 24일에…… 앤이 죽었을 때였다. 그때, 그 아이는 겨우 열 살이었다. ……나는 지금도 그 아이의 사랑스러운 표정을 떠올리면 눈물이 흐른다'고 썼다. 지병 치료를 위해 갔던 모르반이라는 광천 휴양지에서 그는 장녀 앤을 잃었다. 때마침 엠마는 출산이 임박하여 다윈이 혼자서 딸을 데리고 간 여행지에서의 일이었다.

'작고 귀여운 앤은 가엾게도, ……구토에 시달렸습니다. 처음에는 별일 아
닌 것 같았으나 갑자기 (잠복해 있던) 엄청난 열이 나기 시작하더니 열흘 만에
애니를 데리고 가 버렸습니다.'《서간》

여행지에서 사랑하는 아이의 죽음을 맞아야 했던 다윈이, 육촌 형제로 케
임브리지 시절의 곤충을 함께 연구한 동료인 윌리엄 다윈 폭스에게 보낸 편지
이다.

만각류의 연구는, 슬픔과 병고 속에서도 계속된 다윈 자신, 그 연구의 학문
상 의의와 그 자신의 앞으로의 이론 형성을 위한 기여에 대해 다음과 같이 정
리하고 있다.

'만각류……의 작업은 상당히 가치 있다고 생각한다. 몇 가지 새로 주목해야
할 종류를 기재한 것과 함께, 여러 부분의 상동관계를 증명하고…… 어
떤 약간의 속(屬)에서는, 암수 동체를 보조하고 그것에 기생하는 왜소한 수
컷이 있음을 증명했기 때문이다. ……만각류는 고도로 변이적이어서 분류하기
가 어려운 종의 무리이다. 나의 이 작업은 내가 《종의 기원》에서 자연 분류의
원리를 논해야만 했을 때 상당히 도움이 되었다.'《자서전》

다윈의 불도그

당시의 영국에서는 과학적 탐험이 유행하고 있었다. T.H. 헉슬리가 라톨스네
이크호로 오스트랄리아 방면의 항해에서 귀국한 것은, 1851년이 저물어 갈 무
렵이었다. 또 그 조금 뒤에, 다윈의 친구가 된 후커가 히말라야와 티베트 탐험
여행에서 돌아왔다. 이 세 사람은 모두 매우 젊었을 때 탐험 항해를 했다는 공
통점이 있다. 그 중에서도 마침내 '다윈의 불도그'가 되는 헉슬리는 가장 젊었
는데, 다윈보다 여덟 살 아래인 후커보다도 여덟 살이나 더 아래였다.

헉슬리가 다윈의 신뢰를 받는 친구가 된 것은 상당히 나중의 일이지만, 친밀
해진 헉슬리는 금세 그 유머 감각으로 다윈을 사로잡았다. 다윈은 '그의 마음
은 번개의 번쩍임처럼 빠르고 면도칼처럼 날카롭다. 그는 내가 아는 사람 가운

데 가장 훌륭한 이야기꾼이다. 그는 어떤 일도 평범하게 쓰거나 말하지 않는다'
며 그 인상을 전하고 있다. 헉슬리의 예리함, 뛰어난 화술은 나중에 다윈을 지
키기 위해 그 힘을 유감없이 발휘하게 된다. 그것은 유명한 영국과학진흥협회
의 회합에서 다윈에게 공격이 가해졌을 때이다. 다윈의 대리인 헉슬리가 그 공
격을 날카로운 유머로 멋지게 되받아친 것이다.

작은 실험과 미완의 대저작

다윈은 만각류의 작업을 완수한 뒤, 그때야말로 종의 문제를 끝내려고 했다.
'나는 1854년 9월 이후 계속, 내 시간의 전부를 거대한 산더미 같은 노트를 정
리하고 종의 전성(轉成 ; transmutation)에 관련해 관찰하고 실험하는 데 바쳤다'고
하는데, 산더미 같은 노트라는 것은 1837년부터 붙이기 시작한 B·C·D·E라는
이름의 것이다. 그 노트에는 잡지와 단행본에서 읽은 지식, 그때그때 떠오른 생
각들, 항해 중에 관찰한 여러 가지 사실들 가운데, 종의 변화 문제와 관계될 만
한 것이 메모되어 있었다. 그 밖에 가축을 육종하는 사람들에게 보냈던 설문지
에 대한 회답, 직접 비둘기 육종에서 얻은 지식들을 정리하고, 설득력 있는 이
론 형식을 만들어야만 했다. 만각류 연구가 의외로 시간이 걸려서 '종과 변이에
대한 10년간의 메모의 산더미를 훑어 보자'고 후커에게 써 보내고부터 벌써 8
년이 지나 있었다.

종의 이론을 세우기 위해서는 별것 아닌 것 같은 작은 실험도 해야만 했다.
1855년 4월, 후커에게 보낸 편지에 다음과 같이 썼다.

'네덜란드 겨자와 상추가 21일간 (소금물에) 담근 뒤 지금 막 싹이 텄다.
······만약 그대가, 내가 하고 있는 실험(이라고 부를 수 있다면) 몇 가지를 알게
되어 비웃는다 해도 좋다. 왜냐하면 나의 견해 중에서도 매우 시시한 것임
을 굳이 말하지 않을 것이기 때문이다. ······종자는 소금물에 저항하는 강한
힘을 가지고 있는 것이 틀림없다. 왜냐하면, 그렇지 않다면 어떻게 종자가 섬
에 이르렀겠는가. 이것이 문제를 푸는 참된 방법이다.'

다윈은 항해 중에 관찰한 여러 섬의 동식물의 유사점과 사소한 차이점에 대

해 생각하고 있었다. 종자가 해류로 옮겨지는 사이에 발아력이 사라지지 않는 다는 것을 조사하기 위해 그는 이런 실험을 해 본 것이다.

1856년 초, 라이엘의 권유로 다윈은 자신의 이론을 집필하기 시작했다. 1844 년에 쓴 '에세이'를 바탕으로 지금까지 모은 방대한 자료, 여러 가지 작은 실험 결과 등을 정리하는 작업이었다. 그것은 완성되면, '나중의 《종의 기원》을 3배 나 4배로 늘린' 크기가 되는 것이었다. '하지만 그래도 내가 모은 자료의 요점을 기록한 것에 불과했다'고 한다. 이런 규모에서 '거의 반 정도 완성했다. 하지만 나의 계획은 무너졌다. 왜냐하면 1858년의 초여름에 당시 말레이 제도에 있던 월리스가 나에게 《변종이 원종에서 무한히 멀어져 가는 경향에 대해서》라는 논문을 보내왔는데, 이 논문이 나와 완전히 똑같은 이론을 담고 있었기 때문이 다.'《자서전》 이 미완의 대작은 이 책의 서문에 쓴 것처럼, 1875년 《자연선택》이 라는 제목으로 출판되었는데, 그때까지 12년 가까이 공개되지 않았던 것이다.

다윈은 '거의 반 정도 완성했다'고 했지만, 이 책을 《종의 기원》과 비교해 보 면, 목차의 구성은 대체로 같고 '지리적 분포'라는 장까지로 되어 있다. 따라서 대부분 이미 쓰여져 있었다고 생각해도 좋을 것이다. 하지만 어쨌든 다윈의 집 필은 중단되었다. 월리스의 논문을 받은 6월부터 바로 7월의 린네학회의 회합 에 두 사람의 논문이 공동논문의 형태로 발표된 경위에 대해서는 자주 언급되 고 있으므로, 여기서는 매우 간단하게만 언급하겠다.

월리스의 편지

1858년 6월 18일, A.R. 월리스라는 내추럴리스트가 보낸 편지가 다윈에게 도 착했다. 그가 보낸 편지를 받는 것은 이것이 처음이 아니었다. 월리스가 처음 다윈에게 편지를 쓴 것은 2년 전 10월이라고 한다. 월리스는 1842년에 《항해기》 를 읽은 이후, 다윈에게 많은 관심을 가지고 있었다. 월리스는 최초의 편지에서 갈라파고스 제도의 동식물에 대한 자신의 견해를 쓴 것으로 추측된다. 다윈은 여행지에서 온 월리스의 이 첫 편지를 다음 해 4월에 받고 답장을 써서 보냈다. 바다를 건너는, 오랜 시간이 걸리는 편지의 왕복이었다.

현재도 '월리스 선(線)'으로 이름을 남긴 월리스는, 1858년 2월, 탐험여행 중 테르나테섬에서 병에 걸렸다. 고열에 시달리면서도 그는, 종의 문제를 생각했다.

그리고 겨우 도달한 퍼즐의 정답을 '변종이 원종에서 무한히 멀어져 가는 경향에 대해서'라는 제목을 붙인 짧은 논문으로 서둘러 정리했다. 그는 이 논문에 편지를 동봉해 다윈에게 보냈다. 그것이 6월에 다윈에게 도착한 것이다.

이것을 받은 다윈은 놀랐다. 논문에 첨부된 편지에는 라이엘에게 보여 주었으면 한다고 쓰여 있었다. 다윈은 월리스의 의뢰를 실행했다. 라이엘 앞으로 다음과 같은 편지도 함께 붙여 보냈다.

월리스(1823~1913)
영국의 내추럴리스트이며 진화론자.

'몇 년 전에, 《애널스》에 게재된 월리스의 논문을 읽어 보도록 나에게 권했는데……, 내가 그에게 편지를 썼을 때 "월리스가 논문이 재미있다고 했다"고 전했습니다. 오늘 그는 동봉한 것을 보내와, 당신에게 보내 달라고 의뢰했습니다. 한번 읽어 볼 가치가 있다고 생각됩니다. 선수를 빼앗길지도 모른다는 당신의 충고가 무서운 현실이 되었습니다. 이토록 절묘한 우연의 일치는 나도 처음입니다. 내가 1842년에 쓴 초고를 월리스가 읽었다고 해도 이토록 간결하게 요약할 수는 없을 것입니다! 그가 쓰는 용어가 내 장(章)의 소제목으로 나올 정도입니다.'《서간》

다윈의 편지를 받은 라이엘과, 다윈이 가장 크게 신뢰하는 식물학자 조셉 후커는 여기서 월리스의 논문만을 발표하는 것은 공평하지 못하다고 생각했다. 지금까지의 다윈의 노력이 세상에 알려지도록 힘을 빌려주자고 생각했다. 그들은 한 가지 방책을 궁리해 냈다. 자연선택설에 대한 다윈과 월리스 두 사람의 우선권을 동시에 인정하는 형태로 해결을 보기로 한 것이다.

다윈은 라이엘의 의견에 대해 마음속 깊이 감사하고, 1844년에 쓴 '에세이'를 '12년 정도 전에 후커가 읽어 주었던' 것, '약 1년 전, 사견의 ……짧은 스케치를 에이서 그레이'라는 미국의 식물학자에게 써서 보낸 것 등을 답장에 썼다. 그러면서 다윈은 월리스가 이 처치를 부당하다고 생각하는 게 아닐까 염려해 망설였다.

하지만 결국 월리스의 논문, 다윈의 '에세이'에서 발췌한 것, 에이서 그레이에게 보낸 편지를 나란히 공동논문으로서 발표하게 되었다. 멀리 떨어진 곳에 있던 월리스는 이것을 전혀 몰랐다. 그는 《린네학회 회보》에 게재된 자신의 논문을 교정할 기회도 없었다고 한다. 또 다윈 자신에게는 막내아들 찰스의 죽음과 시기가 겹쳐, 괴롭고 불안정한 나날이었다.

《종의 기원》 출판

다윈은 괴로움에서 곧 회복했다. 7월 20일부터 8월 12일까지의 일기에 '종의 요약 개시'라고 되어 있고, '9월 16일, 요약 재개'라고 되어 있다. 7월 초부터 잉글랜드의 남쪽 해변에 있는 와이트섬에 가, 거기에서 예의 대저작 《자연선택》의 초록을 만들기 시작한 것이다.

다윈이 이 큰 작업에 매달렸을 때, 영국에서는 국가적인 큰 사업—대서양 횡단 해저 케이블 부설—이 시작되고 있었다. 그 때문에 설립된 회사 애틀랜틱 텔레그라프사의 중역에는 물리학자 윌리엄 톰슨도 있었다. 그는 나중에 다윈설에 반대하는 인물이 된다.

다윈이 이 작업을 시작했을 때는 《종의 기원》이라는 표제가 붙어 있지 않았다. 당초에는 이런 책으로 만들려고 했던 것이 아니라, 린네학회의 논문 또는 연재 논문 형식으로 내려고 했다고 한다. 그래서 '초록'이라고 불렀던 것이다.

그런데 초록을 만드는 중에 생각이 바뀌었다. '나는 매일 초록에 두세 시간을 보내고 있다. 재미있고 몸에도 좋은 작업이다. ……예정하고 있던 것보다 오래 하려고 한다'고 후커 앞으로 편지를 썼다. 의욕이 생겨 쾌적한 출발이었던 것 같다. 만년의 회상에서는 '라이엘과 후커의 강력한 권유로 '종의 전성'에 대한 책을 쓰는 작업에 매달렸지만, 병과……물치료법 시설에 단기간씩 외출함으로 인해, 번번이 중단되었다'고 고통스럽게 떠올렸고 '그 때문에 13개월 10일간의 중노동을 했다'고 기록하고 있다.

출판은 다음 해인 1859년 11월에 이루어졌다. 월리스와의 공동논문이 나오고부터 1년 남짓 지난 뒤였다. 《종의 기원》은 전문가를 위한 학술서가 아니라 일반 독자들이 즐겨 읽도록 출판된 책이다. 그리고 전문지식 없는 평범한 사람들이 이 책을 구입해서 읽었다. 현대사회에서도 《종의 기원》은 단순한 고전으로서가 아니라 동시대의 책으로 읽어볼만하다.

초판 인쇄 부수는 1250부였으나, 저자의 몫과 서평용으로 쓸 책을 빼고 실제로는 1170부가 서점에 배포되었다. 팔림새는 좋았고, 일반 독자용으로 발매되자마자 매진되었다고 한다. 11월 24일에 출판사에서 편지를 보내어 그 소식을 알렸다.

기뻐서 덩실거리다가 다윈은 무심코 큰 착각을 한다. 11월 24일에 발매되면서

《종의 기원》(1859, 런던)

동시에 매진되었다고 일기에 잘못 적고, 친구에게도 편지로 그렇게 알린 것이다. 그 결과 《종의 기원》의 발매일은 11월 24일이라는 설이 자리잡게 되었다.

다윈은 매진 소식을 듣고 곧바로 재판 준비에 착수하여 이듬해인 1860년 1월 초순에 제2판을 출판했다. 그 이후로도 세간의 비판에 응수하는 형태로 61년, 66년, 69년 72년에 각각 개정판을 내어 최종적으로 제6판까지 출판한다.

다윈은 《종의 기원》이 곧바로 증쇄되자 기쁨을 감추지 못했지만, 그의 이론을 비판하는 의견에도 민감하게 반응했다. 다윈은 판을 거듭할 때마다 내용을 수정하고 보완했다. 제3판(1861) 이후에는, 전판을 수정하고 보충한 부분의 목록을 만들어 제시하고 〈종의 기원에 대한 견해의 진보에 관한 역사적 개요〉라는 제목의 7쪽짜리 논고를 추가했다. 또한 마지막 제6판에서는 〈자연선택설에 대한 다양한 반론〉이라는 장을 제7장으로 새로이 삽입하여 전체를 15장으로 구성했다. 제2판부터는 첫머리의 인용구에 버틀러의 말을 추가했다.

현재는 '진화'를 뜻하는 evolution이라는 말이 일반적으로 사용되고 있는데, 이 말은 제6판에서 처음 등장한다. 진화라는 뜻으로 evolution이라는 말을 쓴

사람은 사회학자 허버트 스펜서로, 제6판을 출판할 때에는 이 말이 이미 일반적인 용어로 정착되어 있었다. 또한 다위니즘의 키워드로 종종 사용되는 '적자생존'도 스펜서가 만들어낸 말로 《종의 기원》에는 제5판부터 등장한다.

《종의 기원》의 성공은 "그 문제는 이미 통념이 되어 있었다"라든지, "사람들은 이미 마음의 준비가 되어 있었다"는 것을 증명하는 것이라고 사람들이 가끔 말할 때가 있었다'고 한다.《자서전》 다윈은 그것에 반론하며 그 의견이 옳지 않다고 말하고, '왜냐하면, 나는 기회 있을 때마다 적지 않은 수의 내추럴리스트의 의견을 들어 보았는데, 종(種)의 영구성에 대해 의심하고 있는 것처럼 보이는 이는 단 한 사람도 만나지 못했기 때문이다'라고 말하고 있다. 다윈 자신조차 처음에는 '살인을 고백하는 것 같은' 기분으로 종의 변화에 대한 생각을 드러냈던 것을 떠올려 볼 수 있을 것이다.

《종의 기원》을 증정한 옛 스승인 지질학자 세지윅은 '기쁨보다는 고통을 느끼며 읽었다'고 말해, 앞서 말한 것처럼 '자네는 진정한 귀납법을 버리고 말았다'고 비판했다. 하지만 그 출판을 기쁘게 맞아들인 학자도 있었다. 헉슬리도 그 가운데 한 사람으로, '어제 책을 다 읽었습니다. ……베어(Baer)[1]의 에세이를 읽은 이래……저에게 이만큼 커다란 인상을 준 박물학상의 업적은 없습니다. 저에게 새로운 관점이라는 커다란 재보(財寶)를 주신 것, 마음 속 깊이 감사드립니다.《서간》라고 말한 이후, 그는 종이 변화한다는 사상의 힘 있는 지지자가 되었다.

《종의 기원》 책으로서의 가치

앞에서 이야기했듯, 다윈은 오랜 항해에서 돌아온 직후인 1836년부터 생물진화를 고찰하는 비밀 노트를 만들기 시작했다. 《종의 기원》은 그로부터 23년 뒤, 그의 학설을 초고(1842)와 시론(1844) 형태로 정리한 뒤로도 약 15년이 지나고 나서야 출판되었다. 다윈은 그의 학설을 공표하기를 왜 그토록 망설였을까.

물론 다윈의 진짜 속마음은 아무도 알지 못한다. 다만 생물의 기원에 관한

---

1) 에스토니아 발생학자.

그 시절 사회와 학계에는, 모든 생물은
하느님이 개별적으로 창조했으며 그 이후
로 조금도 달라지지 않았다는 창조이론
이 정통이론으로 받아들여지고 있었다.

다윈이 《종의 기원》으로 이룬 두 가지
위대한 업적은 진화 연구를 과학으로 자
리매김한 것과 진화가 일어나는 메커니
즘을 제창한 것이다.

생물이 변화한다고 생각하는 진화론
을 처음 주창한 사람은 다윈이 아니다.
다윈 이전에도 프랑스의 자연사학자 라
마르크와 다윈의 할아버지 이래즈머스

마흔일곱 살 때의 다윈(1856)

가 있었다. 또는 저명한 언론인 로버트 체임버스는 1844년에 《창조의 자연사
흔적》이라는 책을 익명으로 출판했다. 지구가 형성된 뒤부터 인류가 등장하기
까지의 역사를 상상하여 쓴 책이다. 대중은 환영했지만 학계는 진화의 테마와
증거를 전혀 찾아볼 수 없다고 혹평했다. 이 책의 평판이 나빴던 점도 다윈이
그의 학설을 공표하기를 꺼리게 된 한 원인일 것이다.

생물의 진화는 지구의 기나긴 역사 속에서 딱 한 번 일어났다는 이야기이
다. 예를 들면 티라노사우루스가 두 번 다시 부활하는 일은 없다. 따라서 개개
의 생물진화를 실험으로 재현하기란 불가능하다. 즉 평범한 과학적 방법으로
는 이 현상을 다룰 수 없다. 그렇다면 어떻게 해야 하는가. 다윈은 반론을 구축
하고 방증을 수집하는 역사과학적 방법을 확립함으로써 진화론을 과학화했다.
반론을 반박하는 새로운 증거가 나타나면 다윈은 순순히 가설을 철회하고 증
거에 입각한 새로운 가설을 구축했다. 다윈은 《종의 기원》에서 그의 이론과 관
련된 문제점을 들며 자신의 이론을 스스로 엄격하게 검증한다.

당시 사회에서 이단시되던 생물진화라는 사고방식을 세상에 주장하려면 그
만큼 용의주도한 논증이 필요했던 것이다. 이것도 그가 이론을 공표하기까지
오랜 기간이 걸린 한 이유이다.

다윈의 또 한 가지 업적은 진화의 메커니즘으로서 자연선택설을 제창한 것

이다. 이 이론은 결과적으로 월리스와 동시 발표하는 형식으로 공표했다. 다윈이 자연선택설을 언제 완성했는지는 여기서 이야기하지 않겠다. 그러나 발표한지 겨우 1년 만에 자연선택설을 방대한 양의 방증을 통해 정리한 《종의 기원》을 출판한 사실을 보면 다윈이 얼마나 용의주도한지 알 수 있다.

월리스도 다윈에게 완전히 매료되었다. 《종의 기원》 출판 1년 뒤, 월리스는 이렇게 말했다.

"다윈의 훌륭한 저서 《종의 기원》을 읽으면 그가 제시하는 사실과 견해는 나의 그것과 거의 완전히 일치함을 알 수 있다. 그러나 그의 저서에는 내가 생각도 못했던 점에 관한 자세한 설명과 언급이 다수 있다. 변이의 법칙, 성장의 상관작용, 성 선택, 본능의 기원, 불임곤충, 배(胚)의 분류에 관한 설명 등이다."

다윈의 자연선택설은 단순명쾌하다는 점에서도 뛰어나며, 그 골자는 《종의 기원》의 모두에서 제4장에 이르기까지 설명되어 있다. 먼저, 신종을 만들어 내기 위해 실행하고 있는 선별재배의 잘 알려진 효력에 대해 증거를 제시하며 논한다. 다음으로 개체군의 변이성과 그 변종의 중요한 부분이 유전 가능하다는 것을(예를 들면 운동이나 의지의 힘에 의해 1세대에 나타나거나 사라지거나 하는 특징과 대비하여) 입증한다. 그리고 억제하지 않으면 모든 개체군이 '기하급수적으로 증가'할 가능성이 있기 때문에, 거기서 생기는 자연계의 끊임없는 '생존경쟁'에 대해 인정한다. 어느 종도 극소수의 자손이 살아남아 성숙하면, 이번에는 자연계가 특정한 조건에 제일 적합한 변이개체를 보호하여 적합한 종족이 아니라 새로운 종이 탄생하게 되는 것이다.

"인간이 조직적으로, 무의식적으로 선택하는 방법을 써서 커다란 성과를 내는 것은 가능하며, 실제로도 그렇게 해왔는데 자연계가 그것을 못할 이유가 없지 않은가."

자연선택은 바람직하지 않은 변종을 제거하는 것이 가장 큰 역할이라 할 수 있으나 때로는 변화를 일으키는 일도 있다. 비슷한 현상이 '성선택'을 통해 최고의 반려를 선택하는 것과 관련하여 암수의 차이가, 이를테면 공작 수컷의 날개처럼 손바닥을 펼친 모양으로 나타나는 이유를 설명하고 있다. 실례가 넘칠 정도로 많은 까닭은 다윈이 생물의 지리적 분포에 대해 숙지하고 있었기 때문이며, 그것을 무기로 생물의 다양성은 복수의 '창조의 중심'이 있기 때문이라는 종래의 설을 논파할 수 있었다. 다윈 측 사람에 의하면, 현존하는 생물도 화석이 된 생물도 다종다양한 이유는 시대와 지역에 따라 종이 끊임없이 분기한 결과인 것이다.

《종의 기원》의 강점은, 이의가 제기될 만한 문제에 대해 다윈이 미리 예상하고 그에 대한 답을 마련해 두었기 때문이다. 지층에 남겨진 기록은 불완전하더라도, 진화에 의해 다양한 종류의 생물이 태어나거나, ('단순한 시신경의 조직에서') 눈이나 (손발) 날개와 같은 아주 새로운 기관이 만들어지기까지는 시간이 걸리므로 지구는 그만큼 오래된 것이어야 한다는 이야기이다. 또한 다윈은 "만약 몇 번이나 연속해서 조금씩 변화했다고 생각되지 않는 복잡한 기관이 존재한다고 증명되면, 내 학설은 전혀 성립될 수 없게 되고 만다. 그러나 그런 예를 발견할 수 없다"고 자신의 학설이 문제가 되었을 때 말했다. 《종의 기원》에서 설명하는 이러한 논증은 집요하게 느껴질지 모르지만 이 점이 바로 다윈의 진면목인 것이다.

앞에서 다윈이 이룬 두 가지 위대한 업적을 이야기했는데, 《종의 기원》 및 다윈의 위대함은 그뿐만이 아니다. 다윈은 《종의 기원》에서 현재에 이르는 진화생물학 연구의 방향성을 놀랍도록 정확하게 예견했다. 물론 유전의 구조와 지사학적 정확한 연대 등 당시로서는 알 수 없는 요소가 많았다. 그러나 지질학적 기록에 나타나는 진화의 양식, 성 선택, 복잡한 구조의 기원, 종분화 양식, 신종의 기원은 새로운 생태적 지위로의 진출이라는 탁견 등 이후의 진화생물학이 추구해 온 거의 모든 과제를 《종의 기원》에서 이야기하고 있다. 후세의 진화생물학자들은 다윈의 발자취를 뒤쫓을 뿐이라고 해도 과언이 아니다. 《종의 기원》은 아이디어의 보고이다.

한편 다윈의 진화이론은 사회적으로 오용되고 악용되기도 했다. 그러나 《종의 기원》을 꼼꼼히 읽어보면 다윈의 주장에 그러한 오해의 근거가 전혀 없음을 한눈에 알 수 있다. 생물 간의 경쟁과 투쟁이라는 표현으로 보아 다위니즘의 근간은 경쟁지상주의라는 말이 유포되었지만 그것 역시 오해이다. 다윈은 그러한 표현은 어디까지나 비유일 뿐이라고 분명히 말해 두었다.

어쨌든 다윈에 대해 불평하는 사람들 대부분은 그의 책을 읽지 않았다고 할 수 있다.

《종의 기원》의 반향

《종의 기원》의 초판은 1859년 11월에 출판되었다. 다윈이 견본쇄를 처음 받아본 것은 같은 달 2일. 짙은 녹색 표지로 장정한 490쪽짜리 책으로, 정가는 15실링이었다. 그때 다윈은 자택을 떠나 노스요크셔의 온천에서 수치료법(水治療法)을 받고 있었다. 1년 넘게 쌓인 몸과 마음의 피로를 치유해야 했기 때문이다.

앞에서 발행일이 11월 22일이라고 소개했는데 조금 더 보충하겠다. 정확히 말하면 출판사가 업자에게 발매한 날이 22일이고 일반 소매서점에서는 24일에 판매가 시작되었다. 초판 판권장에는 발행일이 찍혀 있지 않지만, 1866년에 출판된 제4판 이후의 판에는 1859년 11월 24일에 발행되었다고 인쇄되어 있다.

《종의 기원》의 출판은 다윈이 예측한 만큼 큰 파란을 일으키지 않았다. 사회는 의외로 냉정하게 받아들였다. 오히려 노동자계급은 열렬히 환영했다. 일부 성직자와 성직을 겸한 과학자는 반발과 실망을 표시했지만 그것도 큰 영향을 주진 않았다.

《종의 기원》에서 인류의 기원에 대해서는 거의 언급하지 않았지만, 사람들은 다윈이 흐린 말끝에 숨은 뜻을 날카롭게 파악했다. 인류의 조상이 원숭이라는 점이다. 아니 정확히는 원숭이가 아니다. 조상을 원숭이와 공유하고 있다는 해석이 옳다. 그러나 이 오해가 오늘날까지 끈질기게 살아남은 것으로 보아, 당시 사람들이 잘못 해석했다고 해서 크게 놀라운 일은 아니다. 항간에는 다윈을 원숭이에 비유한 풍자화가 나돌았지만 그것은 어디까지나 해학적인 풍자 영역을 벗어나지 않았다.

책이 발매된 날에도 다윈은 여전히 요양지에 머무르고 있었다. 다윈은 런던에 있을 때부터 자율신경실조증인 듯한 증상에 시달렸으며, 그러한 증상은 평생 계속되었다. 다윈은 증상을 완화하기 위해 따뜻한 수건을 몸에 두르고 물을 뒤집어쓰거나 건포마찰을 하는 등 수치료법을 받았다. 논쟁에서 도피하기 위한 일종의 피난처로서 온천 같은 보양시설을 이용하기도 했다.

《종의 기원》은 판매를 시작하자마자 매진되었다. 그러나 지식계급에 영향력 있는 잡지의 서평은 좋지 않았다. 인간의 조상은 원숭이라고 다윈이 주장한다고 단정하고 그 터무니없는 생각을 비웃는 논평이 실렸다. 그러나 이 책을 읽어보면 알겠지만, 인간이 원숭이에서 진화했다는 이야기는 《종의 기원》에 한 마디도 나오지 않는다. "인간의 기원과 그 역사도 나중에는 조명될 것이다"라는 글이 마지막 장 끝부분에 나와 있을 뿐이다.

그러나 세상은 인간의 뿌리와 그 윤리관에 민감하게 반응했다. 인간이 짐승으로부터 진화했다고 인정하면 짐승과의 경계가 모호해지고, 오직 인간만이 하늘로부터 윤리관을 부여받았다는 그리스도교 교의가 흔들릴 수 있기 때문이다. 게다가 진화를 일으키는 유전적 변이가 우발적으로 생긴다면 우리의 미래에 대해 어떠한 보증도 할 수 없게

잡지에 실린 다윈을 원숭이에 비유한 풍자화(1871)

된다. 따라서 당시 진화론이 집중적인 비난을 받았고, 그 점을 알기 때문에 다윈은 그의 이론에서 도출되는 인간의 기원에 관한 당연한 귀결을 언급하지 않는 신중함을 보인 것이다.

한편 식물학자 조셉 후커와 형태학자 토머스 헉슬리 등 다윈과 절친한 학자들은 《종의 기원》을 극찬하는 서평을 발표했다. 그러나 두 사람의 태도에는 미묘한 차이가 있었다.

헉슬리는 자연선택설에 회의적이었다. 품종개량에 의해 신종이 만들어진 사례가 없으므로, 품종개량과 자연선택의 유추는 무리수라고 생각했다. 그래도 과학의 민주화를 지지하는 헉슬리는 성직자의 손아귀에서 과학을 빼앗아오기 위해서는 다윈이 주창하는 진화이론이 강력한 무기가 될 것이라고 생각했다.

반면 후커는 이론을 면밀하게 펼쳐 나가는 다윈의 논리력을 높이 평가했다. 그리고 맛있는 딸기 품종이 만들어진 것처럼 자연은 더 좋은 생물을 만들어왔다고 말하며, 다윈의 진화론에 담긴 냉철한 존재론을 다시 부드럽게 표현한 서평을 발표했다.

《종의 기원》을 출판한 다음 해 계통적인 다윈 공격이 개시되었다. 〈애딘버러

윌버포스 주교 초상 그는 반진화론자였다.

리뷰〉라는 잡지에 게재된 유명하지 않은 논문이 그 시작이었다. 사실 그 논문의 집필자는 다윈도 알고 있는 저명한 고생물학자이자 비교해부학자인 리처드 오언이었다. 오언에 대한 다윈의 감상은 앞에서 인용했는데, 그는 계속해서 '《종의 기원》 출판 후에 그는 나의 불쾌한 적이 되었다. 내가 판단할 수 있는 한에서 그것은 우리 사이의 어떠한 언쟁 때문도 아니고, 그 책의 성공에 대한 질투 때문이었다'고 썼다.《자서전》

1860년 6월 말, 옥스퍼드에서 영국과학진흥협회(현 영국과학협회)의 연차총회가 개최되었다. 이 총회는 오언을 방패로 한 윌버포스 주교의 악의에 가득찬 연설에 의한 도전으로, 또 다윈의 대리인인 헉슬리의 기지 넘치는 응전으로 유명한 일화를 남겼다. 영국과학진흥협회는 과학의 의의와 위광을 사회에 나타내 보이기 위해 1831년에 설립된 비영리단체이다. 연차총회는 매년 장소를 달리하여 강연과 공개토론 같은 행사를 진행한다. 이 총회에서 공룡을 뜻하는 다이너소어, 과학자를 뜻하는 사이언티스트라는 명칭이 처음 제안되기도 했다.

1860년 6월 30일 토요일, 회의장인 옥스퍼드 대학 자연사박물관에 1천 명 가까운 청중이 몰려들었다. 반(反)진화론의 선봉인 옥스퍼드 교구의 주교 사무엘 윌버포스와 다윈을 지지하는 학자들의 대결을 보기 위해서였다.

윌버포스 주교는 언변이 매우 뛰어난 만만찮은 상대였다. 토머스 헉슬리는 종교인을 매우 싫어하며 수사가 뛰어나고 기지가 풍부하기로 유명했다. 주교는 과학적 탐구의 의의는 인정하지만 자연선택설에 입각한 다윈의 진화이론은 과학적 증거가 전혀 없다고 말하며, 마지막으로 헉슬리에게 "유인원에서 유래했다는 조상은 당신의 외가 쪽이오, 친가 쪽이오?" 하고 비꼬며 물었다.

그에 대한 헉슬리의 답변은 공식 기록으로 남아 있지 않고, 단지 관계자의 편파적이고 단편적인 증언만이 남아 있다. 다윈은 전과 다름없이 수치료법을 받으러 갔기 때문에 그 자리에 참석하지 않았다. 헉슬리는 그때의 상황을 다윈에게 편지로 설명했다.

T.H. 헉슬리(1825~1895)
영국의 동물학자. 다윈의 진화론을 옹호하고 보급에도 힘썼다.

　'나에게, 당신은 불쌍한 유인원이 조상인 게 좋은가, 아니면 태어나면서부터 풍부한 소질을 갖고 많은 재산과 영향력을 가지고 있는데도 실없는 소리를 진지한 과학 토론의 장으로 끌어들이는 데에만 그 능력과 영향력을 이용하는 사람인 게 좋은가라고 물었고, 나는 망설임 없이 유인원이라고 대답했습니다.'

　전하는 말로는 이 논전을 계기로 다윈 진화론이 단숨에 우세해졌다고 하지만, 큰 영향력은 미치지 못한 듯하다. 주교 측은 자신들이 승리했다고 선언했다고 한다. 헉슬리의 반격도 크게 효과적이지 않았다. 그 자리에 있던 후커는 헉슬리의 목소리가 너무 작아 잘 들리지 않았다고 다윈에게 보고했다. 오히려 그 뒤에 이루어진 후커의 반론이 논리 정연하고 청중의 반응도 좋았다고 한다.

　한편, 기상학자가 되어 기상국장으로 취임한 전 비글호 선장 로버트 피츠로이는 객석에서 일어나 성서를 흔들며 하느님을 믿는다고 외쳤다고 한다. 비글호 출항으로부터 30년이 흐르면서 다윈이 얼마나 먼 곳까지 나아갔는지, 《종의 기원》이 그 시절 사람들의 마음에 얼마나 큰 영향을 미쳤는지를 상징적으로 나타내는 사건이다.

　영국의 어떤 연구자에 의하면, 윌버포스에게 자연선택에 의한 진화설은 이중의 의미로 모욕이었다고 한다. 그것은 첫째로 창조 관념에 모순된다는 점이고, 둘째로 종이 불완전한 것임을 나타내고 있는 점이었다고 한다.

　다윈 비판자의 예는 계속된다. 해저 케이블의 부설에 관여한 기술자 H.C.F. 젠킨, 마찬가지로 물리학자인 윌리엄 톰슨, 생물학자 마이바트, ……. 젠킨의 논점은 유전학적인 것으로, 변이한 것이 나타나도 집단 속에서 서로 뒤섞임으로써 옅어져 버린다는 것이고, 톰슨의 주장은 지질학적 연대가 다윈이 말한 것보다 훨씬 짧다는 것이었다. 또 마이바트는 자연선택설에서는 적응 초기 단계를 설명할 수 없다고 했다. 하지만 마이바트의 공격은 단순히 생물학상의 것이 아니라, 월리스에게 보낸 다윈의 편지글을 빌리면, '종교적 열정에 자극받은' 것이었다.

다윈은 주의 깊게 《종의 기원》을 썼다. 그럼에도, 이런 비판과 공격을 받은 것이다. 다윈은 신종이 어떻게 생겨나는지를 문제로 삼은 것이다. 공연히 사람들의 마음을 자극하지 않도록 유의했다. 그는 그 연장선상의 문제, 즉 '생명이 어떻게 생겨났는가, 인간은 어떻게 만들어졌는가' 하는 두 가지 커다란 문제를 주의 깊게 피했다. 그것은 종교적인 배려였다. 구약성서의 〈창세기〉에 저촉되는 것을 회피한 것은, 20년 전 마음에 새긴 '옛 천문학자가 받았던 박해'와 관계가 있을지도 모른다. 다윈의 종교관에 대해서는 다른 부분에서 소개하기로 하고, 이 장을 마치고자 한다.

인간 다윈

가정에서

지금까지는 주로 과학자로서, 또는 《종의 기원》을 쓴 주인공의 행보로서 다윈을 바라보았다. 생애를 서술하는 제1편의 마지막인 이 장에서는 이제 각도를 조금 바꿔, 인간으로서의 다윈에 빛을 비추어 보고자 한다.

다윈은 아이들을 깊이 사랑했다. 그것은 장남의 성장 관찰기록을 한 것이나, 장녀 앤을 잃었을 때에 그가 나타낸 슬픔의 크기에서도 알 수 있다. 늘그막에 막내아들 호레이스가 케임브리지의 B·A(Bachelor of Arts)의 첫시험 리틀고를 통과했을 때에 쓴 편지에도 그 마음이 잘 나타나 있다. 그 편지는 '우리는 매우 기뻐하고 있단다'라고 쓰고, 어떻게 과학상의 발견이 이루어지는가에 대한 고찰로 발전해, '왜 이런 것을 쓰는 걸까. ……네가……합격한 것을 진심으로 기쁘게 생각하기 때문이란다'라고 끝맺고 있다. 아이들을 향한 사랑은 다윈이 성인이 된 아들과 딸들을 매우 의지한 것에서도 나타난다. 그 하나는 아주 만년에 있었던 '버틀러와의 논쟁'의 처리 방법인데 그것은 나중에 다시 서술하기로 하고, 여기서는 셋째아들 프랜시스와의 공동연구를 예로 들어 보자.

1880년에 출판된 저작으로 《식물의 운동력》이 있다. 이 책의 타이틀 페이지에는 '프랜시스 다윈에게 도움을 받았다'고 기록되어 있고, 서문에는 '자고 있는 식물의 스케치는 대부분 조지 다윈이 주의 깊게 그렸다'며 물리학자인 둘째아들의 이름도 들고 있다.

이것은 《지렁이의 작용에 의한 부식토의 형성》(1881)과 나란히 아주 만년의 저작이다. 다윈은 1860년 이후, 여러 가지 식물의 연구에 관여하고 있었다. 그 성과는 《난의 수정》《덩굴식물》《식충식물》과 같은 저작으로 정리되었는데, 《식물의 운동력》은 《덩굴식물》에서 발전해 나온 것이다. 그는 일반적인 식물의 운동력에 대해 연구하게 된 동기를 '덩굴식물이 그만큼 광범위하게 다른 무리보다 발달해 온 이유를 설명하는 것은, 모든 종류의 식물이 유사한 종류의 경미한 운동력을 가지고 있지 않는 한 불가능하기 때문이다'라고 설명하고 있다.

다윈은 자택 마당에서 이러한 연구를 했다. 그는 생애 동안 대학이나 연구소 등에서 직업을 가진 적이 없었던 것이다. 아버지로부터 물려받은 재산이 있었으므로 직업을 가질 필요가 없었기 때문이기도 하지만, 종에 대한 저작 예정과 그의 건강상의 문제로 그렇게 되어 버린 것인지도 모른다. 앞서 말한 그의 젊은 시절 결혼에 관한 메모에 교수직에 오르는 것이 언급되어 있었다. 그러니 그가 전혀 취업을 생각하지 않았던 것은 아님을 알 수 있다.

그의 건강은 은둔 생활을 선택하게 하고, 사교도 피하게 했다. '흥분, 심한 떨림으로 일으키는 구토의 발작'으로 괴로워해, 다윈의 집에도 몇 안 되는 과학상의 지인밖에 초대할 수 없었다고 한다.

'젊고 건강할 때는 사람들과 매우 친밀하게 사귈 수 있었는데, 늘그막에는……누구와도 깊이 사귈 힘이 없어져 버렸다. ……후커와 헉슬리조차도 전처럼 깊게는 사귈 수 없게 되었다. 생각해 보면, 내가 이런 슬퍼해야 마땅한 감정의 상실에……침해받고 있었던 것은, 아내와 아이들말고 다른 사람과 한 시간 이상 이야기하고 있으면 어김없이 녹초가 되고, 나중에 일어날 심한 고통이 예기되었기 때문일 것이다.'《자서전》

이리하여 다윈에게 가족은 특별했고, 특히 아내는 절대적인 구원이었다. 형식적으로는 자신의 아이들을 향해 쓴 자서전에서, 아내에 대해 다음과 같이 표현했다.

'하나하나의 도덕적 자질, 그 어느 것을 따져 보아도 나보다 무한히 뛰어난 이 사람이, 나의 아내가 되는 것에 동의해 준 것은 얼마나 행운이었던가. 이 사람은 나의 생애를 통해 나의 현명한 조언자이고, 쾌활한 위안이었다. 이 사람이 없었다면 나의 생애는 병든 몸 때문에 매우 오랫동안 비참했을 것이다.'

아내 엠마는, 종교상의 문제 말고는 다윈에게 철저히 협력하고 봉사했다. 다윈의 종교적 사고에 대해서는 제2편에서 서술하겠지만, 엠마는 규칙적으로 교회에 가고 아이들에게도 세례를 받게 했다. 신앙심이 두터운 엠마는, 결혼생활 초기에 다윈의 신앙에 대한 회의로 괴로운 나머지 그에게 편지를 쓸 정도였다. 그것에 대해 다윈은, 자신이 죽은 뒤, 소중히 간직해 두었던 그 편지에 이 위에 몇 번이고 입맞추며 울었음을 알아달라고 적어 두었다.

규칙적인 생활

다윈의 병에 대해서는 지금까지 언급해 왔고, 자서전에서의 인용문에도 나왔다. 그는 자신의 병이 무엇인지 기록하지 않았다. 치료를 위해 우스타샤의 휴양지 모르반에 가거나, 무어공원에 가서 물리치료를 받은 것이 기록되어 있을 뿐이다.

그의 병에 대해서는 지금까지 여러 가지 설이 있었다. 신경적인 것으로 유전성이라는 설, 또는 '폭군적'인 아버지에 대한 무의식적 적의의 표현이라는 설, 어머니의 상실로 인한 감정적 욕구에 유래한다는 설 등 가지각색인데, 모두 정신적 원인을 들고 있다. 그런데 그것에 대해, 항해 부분에서 서술한 것처럼 풍토병, 특히 벤추카의 매개에 의한 트리파노소마 감염설이 제출되기도 했다. 잠복기가 길다는 점, 이 병원균이 심근을 병들게 하고, 또 장에도 장애를 일으킨다는 점에서 다윈의 병을 잘 설명한다고 말한다.

자서전의 거의 마지막에서 다윈은 자신의 생활에 대해 언급하면서 '병든 몸은 내 생애의 여러 해를 엉망으로 만들었지만, 그것 또한 사교와 오락으로 정신이 흐트러지는 것으로부터 나를 구해 주었다'고 병이 오히려 보탬이 되었다는 측면을 평가하려 하고 있다.

'나의 습관은 질서 있는 것으로, 이것은 나의 특별한 작업의 길을 위해 적지

다운에서의 한가로운 오후 창가에 앉은 엠마 부인이 아이들에게 책을 읽어 주고 있다. 그 아래에 다윈이 아끼는 '보브'라는 개가 엎드려 있다.

않은 도움을 주었다'라고 스스로 기록하고 있다.

아들 프랜시스의 회상에 의하면, 다윈이 자신의 신체에 신경 쓰면서 조금씩 착실하게 작업했음을 알 수 있다. 다윈의 작업은 아침 식사를 마치고 바로, 즉 8시쯤에 시작해 한 시간 반 정도 순조롭게 진행된다. 9시 반에 응접실로 와서 소파에 옆으로 누워 10시 반쯤까지 가족이 읽어 주는 편지나 소설류 등을 듣는다. 그런 다음 다시 작업으로 돌아가, 12시 15분에 하루의 작업이 끝난다. 그 다음에는 비가 오나 눈이 오나 개를 데리고 산책을 나간다. 다윈은 개를 아주 좋아했다.

산책 도중 온실에서 키우고 있는 실험 식물과 발아시키고 있는 종자를 살펴보거나 샌드워크라 불리는 가늘고 긴 식수대(植樹帶)에 들릴 때도 있다. 산책을 마친 뒤 점심을 먹고, 점심 식사 뒤에는 소파에서 신문을 읽는다. 프랜시스의 말에 의하면, 이것이 다윈이 스스로 읽는 과학 이외의 유일한 읽을 거리였다고 한다. 신문을 읽은 다음에는 편지를 썼다. 3시쯤 편지를 다 쓰고 나면 낮잠을 자고, 4시부터 30분간 오후 산책을 했다.

저녁 식사 뒤에는 엠마와 주사위놀이를 즐겼다. 늘 두 게임을 겨루고 게임이 끝나면 활기를 띠었다고 한다. 게임 후에는 과학책을 읽고, 엠마의 피아노 연주에 귀를 기울인다. 밤에는 빨리 지치기 때문에 10시에 응접실을 떠나 10시 반에 잠자리에 들었다.

이런 병든 몸이었음에도 저술한 것은 실로 방대하다. 《종의 기원》을 집필하느라 중단한 '종의 대저'는 여러 권으로 분책되어 출판되었다. 그 밖에도 《가축과 재배식물의 변이》(1868) 《사람과 동물의 감정표현》(1872)이 있고, 아주 만년의 식물학상의 여러 저작이 있다.

《종의 기원》에서는 인간의 진화라는 가장 큰 논의를 불러일으킬 문제는 언급하지 않았으나, 그에 이은 저술에서는 이 문제를 다루고 있다. 여전히 동식물의 방대한 자료를 바탕 하여 논리적으로 문제를 풀어나가는 방식으로 세상에 커다란 영향력을 미치게 될 《인간의 유래》(1873)를 발표했다. "이 책의 유일한 목적은, 인간도 다른 생물과 마찬가지로 앞선 다른 종으로부터 생긴 것인지 아닌지를 고찰하는 데 있다." 아직 인류의 화석이 많이 발견되지 않았던 시대였으므로, 다윈의 견해는 많은 부분에서 문제시되었다. 또 유인원과 원숭이의 비교가 차지하는 부분이 상당히 많았다. 또 다윈은 망설임 없이 언어와 사회적 행동, 도덕체계의 기원과 종교의 기원에 이르기까지를 망라해서 다루고 있다. 《인간의 유래》에는 성선택에 관한 다윈의 생각이 집약되어 있다. 다윈은 성선택이야말로 인종의 차이가 생기게 된 원점이라고 말한다. 따라서 다윈은, 모든 것이 생물이 서서히 진화해 온 집대성 중 일부라는 것을 나타내기 위해 혼신의 힘을 기울였다. 저자에게도 독자에게도 매우 까다로운 저작이었다. 다윈은 "정말 믿을 수 없는 엉뚱한 자라고 비난하는 사람들이 생겨날 것"임을 각오하고 있었다. 그러나 "종의 탄생도 개체의 탄생도 모두 하나의 연장선상에 있는 장대한 사건의 일부이다. 그런 까닭에 특별한 목적을 부여받은 것이 아닌 그저 어쩌다 생긴 우연의 산물이라고 생각할 수 없는 것"이었다.

시·음악·회화

엠마는 피아노를 매우 잘 쳤다. 다윈은 음악에 어느 정도의 이해를 보였던 것일까. 예술 전반에 대해서는 어떨까. 만년에는 다음과 같이 기술하고 있다.

'서른 살 때까지, 또는 서른 살 넘어서까지 많은 종류의 시……가 나에게 커다란 기쁨을 주었다. ……이전에는 회화가 상당한, 또 음악이 아주 큰 기쁨을

황혼의 다윈과 엠마 부인 피아노 연주 실력이 뛰어난 엠마가 다윈에게 연주를 들려 주고 있다.

나에게 주었다……. 하지만 지금은 이미 오랜 세월, 한 행의 시를 읽는 것도 참을 수 없다. ……나는 또한, 회화와 음악에의 취미도 거의 잃어버렸다. 음악은 일반적으로 나에게 기쁨을 주는 것이 아니라, 연구 중의 사항에 주력해 생각하게 만든다. ……소설은 매우 수준 높은 것이 아니더라도 오랜 세월에 걸쳐 …… 훌륭한 위로이자 즐거움이었다.'《자서전》

젊은 시절에 밀턴의 《실락원》을 애독하고, 워즈워스의 장편 《소요》를 두 번이나 반복해서 읽은 다윈이지만, 그 기쁨은 무엇이었고 만년이 되고부터 느낀 혐오는 왜일까? 각각의 시는 다윈에게 어떤 이미지를 불러일으키고 어떤 영감을 주었을까?

회화에 대해서는, 프랜시스가 쓴 바에 의하면 '젊은 시절의 회화에 대한 사랑은, 그가 초상화를 그 닮은 정도로 평가하지 않고, 예술작품으로서의 초상화를 평가할 수 있었음에 틀림없음을 증명하고 있다'고 한다. 학생 시절에는 피츠 윌리엄 화랑에 다니고 런던에서는 내셔널 갤러리의 그림을 즐겼다고 다윈 자신도 썼다.

하지만 그가 회화에서 얻은 것은 시와 음악만큼 크지 않았던 게 아닐까. 이것은 단순히 상상이므로 확실히 말할 수는 없지만 《인간의 유래》나 《감정의 표현》에 관한 고찰 가운데, 회화에 관한 것이 적은 것에서 그렇게 느끼는 것이다. 다만 동물의 미의식, 또는 심미 능력을 전제로 하는 고찰은 관계가 있다고 할 수 있다.

음악에 대한 다윈의 관심은 좀 더 깊었고, 회화보다 지속된 것처럼 보인다. '연구 중인 사항을 주력해서 생각하게 만들어 버린다'는 인용구에서도 알 수 있고, 또 표현에 관한 고찰에 임하여 《자연의 음악》이라는 책을 참조하고 있을 뿐 아니라, 음악에서 직관을 얻었다고 여겨지는 점이 있는 것에서도 그것을 알 수 있다.

'우리의 언어는 노래하는 것에서 시작되었는가'라고 노트에 적힌 말도 그 하나이다. 이것은 원숭이나, 항해 중에 들은 흉내지빠귀의 울음소리, 영국의 검은 노래새와 나이팅게일의 노랫소리에서 연상한 것이 분명하다. 이를 통해 인간의 마음을 표현하는 방법으로서의 음악에 다윈이 깊은 통찰력을 가지고 있었음을 암시하고 있다고 할 수는 없을까.

다윈 자신은 회화와 마찬가지로 케임브리지 시절에 음악에 대한 관심을 가지기 시작한 것을 기록하고, 킹스 칼리지 교회에서 예배당의 찬미가를 '등골이 오싹해지는 것처럼 느끼는' 일도 있을 정도로 넋을 잃고 들었음을 밝히고 있다. 하지만 '귀가 안 좋아서' 잘 알고 있는 곡이라도, 느리게 또는 빠르게 연주하면 분간할 수 없었다고도 고백하고 있다.

프랜시스의 말로는 '귀가 좋지는 않았지만, 그럼에도 좋은 음악에 대한 진정한 애정을 가지고 있었다'며, 다윈이 베토벤의 심포니와 헨델의 곡을 즐겼음을 기록하고 있다. 다윈은 1881년 6월에 한스 리히터(헝가리의 지휘자)가 그를 방문했을 때, 그 훌륭한 피아노 연주에 완전히 흥분했다. 이것은 그가 죽기 불과 10개월 전의 일이다. 그는 평생 음악을 사랑했다고 해도 좋지 않을까.

다윈은 '생명이란 무엇인가'라는 과제에 몰두했다. 그런데 그가 전혀 다른 형식의 생명 표현인 예술에 감동하고, 거기서 많은 것을 얻었다는 것도 전혀 이상하지 않다. 회화에 대한 프랜시스의 말은 초상화에 나타난 인물의 생생한 표정을 다윈이 사랑했음을 이야기하는 것이다. 또 베토벤이나 헨델의 음악을 좋아했던 것은 그것이 인간의 기쁨과 고뇌, 희망을 표현하고, 무엇보다도 활력이 넘친다고 느꼈기 때문일 것이다.

다윈의 말을 두 가지 정도 인용하고 이 항목을 마치도록 하자. 우선, M노트의 메모에서 시와 음악에 대한 것을 말해 보도록 하겠다. '음악과 시, 한 가지 척도의 양끝. 전자는 본능을 통해 귀를 즐겁게 하고……짧고 생기 넘치는 이미지와 사색을 창조하게 한다. 시……의 사고는, 마찬가지로 생기 넘치고 크다.' 회화와 음악에 대해서는 N노트의 메모를 들겠다. 다윈은 음악을 본능적, 또는 타고난 즐거움이라고 여겼고, 그림이나 시는 그렇지 않다고 생각했던 것 같다. '미의 즐거움은, 획득한 기호이다. 한편, 음악은 매우 원시적이다. 맛이나 냄새의 기호와 거의 같다.'

다윈의 기질

과학에 종사하고 예술을 즐기며, 상냥한 남편이자 좋은 아버지였던 인간 다윈에 대해 말해 왔다. 여기서는 좀더 일반적인 그의 기질, 성격 등에 대해 살펴보자.

그에 대한 자료 하나가 다윈의 사촌이자 인류유전학자였던 프랜시스 골턴의 설문지로 남아 있다. 다윈은 골턴의 설문에 하나하나 답한 뒤, 마지막에 '나의 성격을 평정하는 것은 전혀 불가능하다는 것을 알았습니다'라고 일부러 주를 달고 있다. 기질에 대해서는 '다소 신경질적'이라고 답하고, 심신의 에너지에 대해서는 건강했을 때 항해 중에 보인 왕성한 활동력, 하나의 주제를 엄밀하게 오랜 기간 계속 연구하는 힘이라고 대답했다. 과학을 좋아하는 것은 선천적인 것이라 생각한다고 말하고, 교육에 대해서는 '배움으로써의 어떤 가치가 있는 것은 모두, 독학한 것이라고 생각한다'고 말했다. 학문을 매우 좋아하고, 기억력은 기계적인 것이면 좋지 않지만, 많은 사실을 막연히 기억하는 것에는 좋고, 판단은 매우 주관적이며, '특수한 재능은?'이라는 질문에는 사무적 재능이 있다고 답했다. 그리고 '과학상의 성공으로 의미를 가지는 매우 현저한 심적 특성'에 대해서는 '착실함—사실과 그 의미에 대한 커다란 호기심. 새로운 것, 불가사의한 것에 대한 어떤 종류의 애정'을 들고 있다.

이것으로 다윈의 성격을 대강 상상할 수 있을지도 모른다. 하지만 골턴의 설문은 모두 '과학자'로서의 방향이었으므로, 전면적인 성격을 밝히려고 하지는 않았다. 다윈의 전체적인 성격은 오히려 《자서전》 속에서 이야기되고 있다. 그 문제가 《자서전》에 채택되어 있다는 의미가 아니라, 그의 말투나 친구에 대한 비평의 말 속에서 그의 성격을 느낄 수 있다는 것이다.

지질학자 찰스 라이엘의 생각의 명석함, 주의 깊음, 건전한 판단력, 유머 감각과 같은 것을 평가하고, 저명인이나 지위 높은 사람과의 사교를 즐긴 것을 라이엘의 단점이라 단정하는 다윈의 평언에서 그의 기질이 드러난다. 저속하고 품위가 없다며 지질학자 버클랜드를 싫어하고, 지질학자 머치슨에 대해 '지위를 어리석을 정도로 존경한다'고 비판한 점에서도, 다윈의 기질이 나타나 있다.

헉슬리의 예리함을 그리고 있는 말은 앞서 기술했다. 다윈은 헉슬리의 사물을 보는 안목의 예리함, 의외의 측면에서 진실을 밝히는 능력, 거기서 생겨나는 유머를 사랑했을 것이다.

다윈은 아버지에 대해, 사람의 성격을 꿰뚫어 보는 능력이 뛰어나다고 했다. 그것은 그 자신이 가지고 있는 능력이기도 했다고 생각된다. 그리고 그는 과학자 동료들이 지닌 명석함, 예리함, 유머 감각을 사랑했고, 자신도 그런 기질, 능력을 지니고 있었을 것이다. 그 자신은 헉슬리처럼 빠른 이해력도, 기지도 없다고 썼지만.

관찰 중시

타고난, 또는 어른이 되면서 만들어진 그런 기질을 지니고 있던 다윈은, 어떤 사고방식을 가지고 있었을까. 현재 이용할 수 있는 자료는 주로 과학적인 사항에 관한 것이므로, '인간 다윈'의 장에는 반드시 적절하다고는 할 수 없겠지만 얼마간 엿보기로 하자.

다윈은 '관찰 전에 추리하는 것은 필요하고 관찰 후에 추리하는 것은 유용하지만, 관찰 중에 추리하는 것은 치명적인 실수이다'라고 말했다. 그는 관찰을 좋아하고 중시했으며, 관찰에서 실로 많은 것을 이끌어 냈다. 관찰에 대한 그 마음이 이런 표현을 하게 했다고 생각된다. 자기 자신의 관찰과 해석에 관한 다음과 같은 설명이 있다.

'나는 쉽게 지나쳐 버리는 사물을 깨닫거나, 그들을 주의 깊게 관찰하는 것에 있어서는……뛰어나다고 생각한다. ……나는 아주 젊을 때부터 관찰한 것은 무엇이든 이해하거나 설명하고 싶은—모든 사실을 어떤 일반적인 법칙을 바탕으로 정리하고 싶은— 매우 강한 욕망을 갖고 있었다.'(《자서전》)

아들 프랜시스도 아버지 다윈은 예리한 관찰력으로, 예외를 그냥 넘기지 않는 능력이 있다고 했다. '예외에 주목하는 특수한 본능을 가지고 있었다'는 것이다. 다윈은 보통 사람들이라면 못 보고 넘겨버리는 사실을 재빠르게 포착하는 이 능력을, 단순히 사실의 관찰기록을 만드는 일에만 쓰지는 않았다. 그의 관찰은 항상 이론과 결부되어 있었다. 그는 '어떤 가설이라도, 설령 그것이 매우 마음에 드는 것이라고 해도, ……사실이 그에 반하는 것이 증명되면 그것을 바로 포기할 수 있도록, 언제든 변함없이 자신을 자유롭게 하려고 힘써 왔다'고 말했다.

그가 관찰을 중시한 것은, 《곤충기》로 유명해진 파브르에 대한 평가에서도 알 수 있다. 파브르는 진화론에는 정면으로 반대했다. 그러나 진화론자와 반진화론자 둘 사이에는 편지 왕래가 있었다.

1880년에 다윈이 쓴 편지에는 '본능의 진화에 대해 쓸 수 있다면, 귀하가 제시한 여러 사실 가운데 몇 개를 이용하게 되겠지요'라고 말하고, 또한 유럽 안에 자신만큼 파브르의 연구를 찬미하고 있는 사람은 없을 거라고 생각한다고 써 보냈다고 한다.

진화론에 반대하는 파브르와 기분 좋은 편지 왕래가 있었다는 것은, 다윈이 편견을 가지지 않은 공평한 인물이었다는 사실을 나타내고 있다.

버틀러와의 논쟁

지금까지 써 온 것에서도 대충 파악한 것처럼, 다윈은 사실에 충실한 과학자이고 차분한 인물이어서, 스스로 논쟁을 일으키는 일은 없었을 것이라고 상상될 것이다. 그의 만년을 괴롭힌 한 논쟁도, 새뮤얼 버틀러가 일으킨 것이었다. 새뮤얼 버틀러는 다윈이 어릴 때 다닌 '버틀러 전사의 학교'의 교장이었던 버틀러의 손자인데, 이제부터 말하려는 논쟁은 버틀러가 《에레혼》이라는 소설을 발표하고부터 7년 정도 뒤에 시작되었다.

다윈이 일흔 살이 된 1879년, 버틀러는 진화론자에 대한 책을 저술했다. 그

파브르(1823~1913)
프랑스의 곤충학자. 진화론을 반대하였지만
다윈과 편지 왕래는 있었다.

것은 《신구의 진화론, 즉 뷔퐁, 에라스무스 다윈 박사, 라마르크의 학설과 C. 다윈의 학설 비교》라는 것인데, 그의 말에 의하면, 그 책의 주장이 다윈의 저작 《에라스무스 다윈의 생애》에서 비난, 공격되고 있다는 것이다. 다윈의 저작에는 독일 학자 에른스트 클라우제가 쓴 논문이 게재되어 있었는데, 원래 독일의 잡지에 실었을 때는 없었던 대목이 영어판에 보충되어 있어, 그 부분이 자신의 책을 비난하고 있다고 버틀러는 해석했다. 그리고 영어판에서 보충이 이뤄졌다는 것에 대해, 다윈이 서문에 언급하지 않은 것은 부당하다는 것이 버틀러의 주장이었다.

다윈은 나중에 '클라우제 박사가……논문을 번역하기 전에 증보하고 정정한 것을, 내가……빠뜨리고 말하지 않은 것으로 인해, 사무엘 버틀러는 거의 미친 듯이 독살스럽게 나에게 욕설을 퍼부었다'고 썼다.《자서전》

이 문제로 다윈의 가족과 헉슬리는 다윈과 함께 고민하고 함께 생각했다. 다윈은 가족을 사랑했을 뿐 아니라 의지하기도 했다. 이 논쟁에 관한 편지가 몇 통이나 남아 있는 것이 그것을 말해 준다.

다윈의 자서전 완본의 편집자로, 이 논쟁의 자료를 발굴한 다윈의 손녀 노라 버로우는 다윈의 집을 비둘기집에 비유해서 '편지 교환은 다윈 가(家)라는 《비둘기집》 속에서의 우왕좌왕이 얼마나 심각한 것이었는지를 나타내고 있다'고 말한다.

나아가 노라 버로우는, 버틀러와의 논쟁과 관련된 편지 종류가 프랜시스 다윈이 편집한 서간집에 들어가지 않은 것, 이 건에 관한 기사가 딸 헨리에타 저술의 《엠마 다윈》에도 언급되어 있지 않은 것, 《토머스 헨리 헉슬리의 생애》에도 버틀러에 대해 서술하지 않도록 프랜시스가 부탁했음을 밝히는 편지가 있는 것 등에서, '찰스의 전기 작자인 프랜시스 다윈이 마지막에는, 버틀러에게 불평을 할 진정한 이유가 있었다고 생각했다'고 추측하고 있다.

앞서 인용한 자서전의 버틀러에 대한 부분은 말할 것도 없이 프랜시스가 편집한 다윈의 자서전에서는 생략되어 있다. 버틀러의 주장이 정당했든지 아니든지 간에, 이 논쟁이 다윈과 그의 가족에게 커다란 고통을 주었음에는 틀림없다.

자서전 집필

지금까지 여러 번 자서전의 문장을 인용했는데, 여기서 자서전을 쓴 다윈의 시점을 만년의 모습에 고정해 보자. 그러

버틀러(1835~1902)
영국의 소설가·비평가. 다윈의 《종의 기원》을 읽고 다윈의 열렬한 숭배자가 되기도 했던 버틀러는 만년에 자신의 신을 찾자, 신을 배제한 다윈의 학설을 전면 부정하게 된다.

나 자서전을 쓰기 시작한 것은 그다지 나이가 들지 않았을 때부터였다.

자서전의 1쪽에 〈1876년 5월 31일, 나의 마음과 성격의 발달에 대한 회상〉으로서, 독일 편집자의 의뢰로 쓰기 시작했다는 것이 기록되어 있다. 따라서 자서전을 쓰기 시작한 것은 67세 때라는 말이 된다. 마지막 페이지에는 같은 해 8월 3일 날짜가 있고, '내 생애의 이 스케치는 5월 2일경, 호프덴에서 쓰기 시작한 이래, 거의 매일 오후 한 시간 정도씩 써 왔다'고 끝맺고 있다.

다윈은 5년 후인 1881년 5월 1일 자서전에 가필해서, 1876년 이후에 출판된 저작, 버틀러와의 논쟁과 같은 것에 대한 회상을 삽입했다. 죽기 불과 몇 개월 전의 일이다. 그 밖에도 언제 썼는지 불확실한 덧붙여 쓴 글이 조금 있다. 다윈은 자서전을 소중하게, 또 천천히 완성하려고 했을 것이다. 그 문장은 꾸밈이 없고 담담했다.

다윈은 만년의 식물학 연구 중에도 틈을 내어, 즐기면서 조금씩 써 나갔을 것이다. 특히 유년기에서 결혼할 때까지를 쓴 네 개의 장은 어떤 구애도 받지 않고 홀가분하게 썼음이 틀림없다. 때때로 나타나는 신랄한 인물평도, 다윈의

솔직함을 느끼게 한다.

하지만 즐기면서 쓰는 자서전 집필도 마음대로 되지 않았던 때도 있지 않았을까. 제5장은 그때까지의 부분과는 완전히 바뀌어, 이론적인 문제를 포함하고 있다. 결혼 당시 그의 마음 한쪽에 자리하고 있던 '종교상의 신앙'에 대한 사색이다. '최근 2년간, 나는 종교에 대해 많은 것을 생각했다'고 그 장을 쓰기 시작한 것을 보면 그의 머리에 진화이론과 종교가 양립하지 않는다는 문제가 있었음은 말할 것도 없다.

그와 동시에 앞서 말한 아내 엠마와 신앙에 대해 주고받았던 것이 떠올랐음이 틀림없다. 그것은 '그분(다윈의 형을 가리킨다)이 당신보다 먼저 그렇다(신에 대해 회의적)고 하는 것이―당신이 똑같이 하는 것을 손쉽게 해……'라고 한 말을 포함한 아내로부터의 편지였다. 다윈의 종교관에 대해서는 나중에 다시 문제삼기로 하고, 여기서는 그의 아버지와 형에 관련된 부분을 인용하고자 한다.

'왜 인간은 그리스도교가 진리이기를 간절히 바라는지 이해하기 힘들다. 만약 그렇다면 성서의 말을 문자대로 받아들일 때, 불신하는 사람들은 영원히 벌을 받게 되는데, 거기에는 나의 아버지, 형, 가장 좋은 친구 거의 전부가 포함되기 때문이다.'

'내가 혼약하기 전에 아버지는 나에게, 자신의 회의는 주의 깊게 숨겨두라고 충고했다'고, 그는 나중에 고쳐 썼다. '아버지는 이런 일로 일어난 극도의 불행을 자신은 알고 있다고 말한 것이다'라고.

'종교상의 신앙' 다음이 런던의 생활에 대한 장인데, 다윈이 이 순서대로 서술했는지는 확실하지 않다. 여기서는 아이들에게 상냥하게 말을 거는 어조로 설명하기 시작한다. 아내, 앤의 죽음, 일, 친구에 대한 것 등을 역시 처음 네 개의 장과 마찬가지로 거침없이 써내려가는 모습이 머릿속에 그려진다.

'다윈의 정착'이라는 매우 짧은 장이 그 다음에 이어지고, 마지막 장인 '나의 저서'에 이른다. 1876년 초여름에 쓴 것으로 여겨지는 부분에는, 그 이후의 출판 계획과 희망이 죽음의 예상과 함께 기록되어 있다.

'난에 대한 저작의 개정판을 내고 싶기도 하고, ……2형성 및 3형성의 식물에 대한 나의 여러 논문을, 지금까지 정리할 시간이 없었던 그것과 유사한 여러 점에 대한 약간의 보충적인 관찰과 대조해 다시 내고 싶다. 내 체력은 바닥

나 버려서, 나는 이제 "당신은 지금 나를 죽이려 한다"고 외칠 마음이 생겼을 것이다.'

다윈은 이것을 쓰고 나서 6년 가까이 살았고, 여기에 쓴 출판 계획을 수행했으며,《식물의 운동력》과 지렁이에 대한 책을 쓰기까지 했다.

라이엘의 죽음과 마이바트의 비판

자서전 집필 전 해에 다윈이 경애했던 지질학자 라이엘이 죽었다. 다윈은 그의 저서《지질학 원리》를 가지고 항해에 나아갔던 날, 그리고 귀국 후 처음으로 만났을 때의 일을 떠올렸다. 다윈은 '말씀하신 산호초와 남아메리카에 대해 얼마나 큰 동정과 관심을 보이셨던지'라고 라이엘의 비서 앞으로 조서를 써 보냈다.

라이엘의 죽음으로, 자신의 죽음도 머지않았다고 느꼈다. 그때까지 대체 얼마만큼의 작업을 할 수 있을까.《종의 기원》후에만 해도 진화론과의 관련에서 육종학을 다룬《가축과 재배식물의 변이》, 성선택과 인간을 다룬《인간의 유래》등 2권의 대저작과《난의 수정》,《사람과 동물의 감정표현》을 냈으며,《식충식물》도 출판되려 하고 있었는데, 앞으로 얼마만큼의 일할 시간이 남아 있는지 걱정되었을 것이다.

지질학자 라이엘은 영국의 명예로운 사람으로서 웨스트민스터 사원에 묻혔다. 라이엘은《제일설》을 확립한 지질학자였지만, 그의 설은 부분적으로 새로운 것이 없었다. 라이엘은 아가시가 주장한 대빙하시대의 존재에도 부정적이었다.

한편 다윈은 지질학자로서 출발했다고 해도 좋은데, 만년까지 그 분야에 관심을 가지고 있기도 했다. 1876년 11월,《유럽의 선사시대》의 대빙하시대에 대한 기사에 관해 저자 기키에게 긴 편지를 쓰고, 사우샘프턴에서 본 표적물에 대해 논의하고 있다. 또한, 당시의 고생물학에 대한 지식도 하나하나 축적되고 있었다.

《종의 기원》에 '지질학적 기록의 불완전성에 대하여'라는 장이 있다. '유럽의 여러 바위층에서 종(種)의 모든 무리가 갑자기 출현하고 있는 것, 실루리아기층보다 아래에는 화석을 포함한 바위층이 거의 없는 것, 이들 모두가 의심의 여지없이 매우 중요하다. 이것은 가장 뛰어난 고생물학자 모두, 즉 큐비에, 오언,

아가시, ……또 라이엘, ……세지윅과 같은……위대한 지질학자 모두가 일치해, 자주 격렬하게 종의 불변성을 주장한 것에서 가장 명백하게 나타나 있다'《종의 기원》)고 쓴 것은, 다윈의 만년에는 조금씩 바뀌고 있었다.

미국 서부 개발, 특히 대륙횡단 철도 부설공사에 따라 중생대의 화석이 많이 발굴되었다. 이것은 물론 고생대의 '실루리아기층'보다 훨씬 새로운 것이었지만, 미국의 학자 O.C. 마시에 의해 치조류(齒鳥類)로 불리는 화석도 보고되었다. 다윈은 도판에 게재된 보고서를 보고, '이들 옛 조류와 북아메리카의 많은 화석동물에 대한 업적은, 진화이론에 대한 최대의 지원입니다'라고 기쁨의 말을 적어 마시 앞으로 보냈다. 다윈은 이렇게 자신의 학설이 분명하다는 확신을 가지면서 만년을 보낼 수 있었다.

그러나 다윈의 이론에 대한 비판이 사라진 것은 아니었다. 앞 장에서도 말했지만, 마이바트의 비판은 혹독했다. '그는……헉슬리가 말한 "중앙형사재판소의 법률가"처럼 나에게 공격했다'고 한다. 마이바트는 《종의 생성》이라는 책을 1871년에 냈는데, 그는 근소한 변이의 차이가 선택에 유효함을 의문시하고, 새로이 기관이 형성되는 단계에서 자연선택이 효력을 갖는다고는 생각할 수 없다고 주장했다. 다윈은 마이바트의 학설이 '믿을 만하다'고 느껴 걱정하며, 다음 해에 내려고 했던 《종의 기원》의 제6판에서, 이것에 답하려고 했다. 실제로 제6장 '학설의 난점'에 이어 새로운 장을 만들어 마이바트 무리의 이론에 반론했다.

마이바트의 공격은 더욱이 《자연으로부터의 교훈》으로 재개되었다. 일찍이 다윈과 함께 처음으로 자연선택설을 제출한 월리스는, 마이바트가 '다윈의 학설에 대한 격렬한 공격에 있어……틀을 벗어난 심한 말을 사용하고 있다'고 평했다. 마이바트는 종교적인 점에서도 다윈과 대립하고 있었던 것이다. '다윈의 견해의 영벌(永罰 : 지옥에서 받는 영원한 벌)'이라는 마이바트의 말에서도 그것을 볼 수 있다.

'죽음은 무섭지 않다'

마이바트의 공격과 버틀러의 도전은 있었지만, 다윈의 만년은 대체로 평온했다고 할 수 있다. 1870년대는 건강 상태도 꽤 좋았고, 심장의 고통을 호소하는 일도 적어, 작업도 이전보다 잘 진행되고 있었다.

하지만 마지막 3년 정도는 친구에게 보낸 편지에서, 체력의 소모를 우려하고 자신에 대한 낙담을 한탄하기도 한다. 확실히 죽음에 가까워지고 있었지만, 다윈은 그것을 어느 정도 예감하고 있었던 것일까. 사려 깊은 그가 자신의 불의의 죽음에 대비해 진화이론의 개요를 기록한 것은 거의 40년 전이었다. 1881년 7월에 알즈워터 호수에서 월리스 앞으로 쓴 편지에, '인생의 남은 몇 년 동안 무엇을 해야 할까, 거의 말을 할 수가 없습니다. 나는 자신을 행복하게 하고 만족시키는

C. 라이엘(1797~1875)
영국의 지질학자. '제일설'로 근대 지질학의 기초를 이룩하였다. 그는 다윈의 학문적 지지자요 평생 동지였다.

모든 것을 가졌지만, 인생은 나를 매우 지치게 했습니다'라고 말했다.

프랜시스의 말에 의하면, 그해 가을까지는 작업도 꽤 할 수 있었다고 한다. 하지만 겨울에 들어서면서부터 계속 건강 상태가 안 좋아졌고, 12월에 일주일간 런던에 있는 딸 집에 머물 때는 외출했다가 발작을 일으키기도 했다.

다음 해 2월 말부터 3월에 걸쳐 부정심박을 동반하는 심장 주위의 고통이 빈번해져, 거의 매일 오후가 되면 고통에 시달리게 되었다. 하지만 평온한 상태도 찾아와 헉슬리의 문안 편지에 답하며 '친절한 편지는 무엇보다 심장을 강하게 만들어 주는 술입니다. 최근 3주 중, 오늘은 가장 기분이 좋고 고통도 덜합니다'라고 말했다.

갑작스러운 변화는 4월 15일에 찾아왔다. 저녁 무렵, 식사 때 어지럼증이 일어나 소파에 앉으려다가 혼절했다. 그런데 17일에는 회복되어 프랜시스 대신 실험 기록을 할 수 있을 정도였다. 그러나 곧 다시 나빠져서, 18일 밤중에 심한 발작을 일으키며 기절했다. 겨우 의식이 돌아오고부터, 죽음이 가까이 다가온 것을 느낀 것처럼 '죽는 것을 조금도 무섭다고 생각하지 않는다'고 했다. 그 이튿날은 오전 중에 심한 구토 증세로 괴로워하다 의식을 잃었다. 오후 4시경 삶의

투쟁은 끝났다.

다윈이 일생 동안 일관되게 관심을 기울인 동물은 지렁이이다. 항해를 마치고 돌아와 맨 처음 발표한 학술논문은 지렁이에 관한 것이었으며, 생을 마감하기 전해에도 《지렁이의 작용에 의한 부식토의 형성》을 출판할 정도였다. 다윈은 작은 지렁이가 왕성한 활동력으로 스톤헨지의 거대한 돌까지 땅속으로 끌고 들어가는 모습에서 대자연의 섭리와 생명의 영속성을 보았다.

그러니 눈을 감은 뒤에는 사랑하는 지렁이들이 열심히 흙을 파 뒤집는 다운 마을의 묘지에 묻히기를 바랐을 것이다. 하지만 그의 바람은 이루어지지 않았다. 다윈의 죽음이 친구들에게 전해지자 토머스 헉슬리 등이 국장에 준하는 장례를 준비한 것이다.

그가 죽은 1882년 4월 19일로부터 이틀 뒤, 20명의 저명한 국회의원들이 다윈을 웨스트민스터 사원에 묻어야 한다는 문서를 제출했다. 프랜시스는 '가족들은 아버지를 다운에 묻으려 생각하고 있었다'고 썼다. 가족들이 설득되었고 26일 장례식이 거행되었다. 라이엘의 죽음에 대해 다윈이 후커에게 보낸 편지에, 라이엘이 웨스트민스터에 묻히게 되어 '매우 기쁘다. 그럴 가능성이 있을 줄은 생각도 못했다'고 쓴 적이 있다. 종교에서는 대립했던 다윈이었지만, 업적을 인정받는 것은 기쁜 일임에 틀림없다는 것이다.

그의 유체는 많은 국왕과 여왕, 쟁쟁한 문인과 계관시인, 뉴턴 등이 매장되어 있는 웨스트민스터 성당의 지하 납골당에 안장했다. 다윈의 관은 헉슬리, 월리스, 후커 등이 곁에서 시중을 들었다. 장례식에는 프랑스·독일·이탈리아·에스파냐·러시아의 대표들도 참석했고, 베토벤의 장송행진곡이 연주되었다. 다윈의 묘비는 18세기의 거성 아이작 뉴턴의 무덤 바로 옆에 놓였다.

이 사실에 후세 사람들이 아쉬움을 느낄 수도 있겠지만, 여기에는 그보다 큰 의미가 담겨 있다. 이단시되던 진화론을 주창한 인물이 어째서 마지막에는 국장에 준하는 대우를 받았는지 그 배경을 생각해 보아야 한다. 그 무렵에는 적어도 사상으로서의 진화론이 사회적으로 무시할 수 없을 만큼 큰 위치를 차지하고 있었던 것이다.

현재 다윈의 초상화는 영국의 10파운드 지폐를 장식하고 있으며 탄생 200주년이었던 2009년에는 조폐국에서 기념으로 11파운드짜리 금화까지 발행했다.

다윈의 작업실

영국 켄트주 다운에 있는 저택에서 다윈은 만년을 보냈다. 그 건물은 현재 다윈박물관이 되었다. 그가 밤낮으로 글을 썼던 서재도 고스란히 보존되어 있다. 다윈은 따로 직업을 가지지 않았다. 아버지가 막대한 유산을 남겨 주었으므로 그럴 필요가 없었기 때문이다.

"진화의 조명을 받지 않는 생물학은 의미가 없다"고 주장한 생물학자가 있었듯, 진화학은 모든 생물학의 근간이며, 그 뿌리는 모두 《종의 기원》 초판에서 시작되었다. 《종의 기원》을 읽지 않고는 생명을 이야기할 수 없다.

다윈의 계승과 영향

다윈은 무엇을 위해 살았던 것일까? 가족을 부양하기 위해서도 아니고, 제자를 양성하기 위해서도 아니다. 다윈은 자신의 일을 위해 살았던 것이 아닐까. 자연선택의 이론을 완성하기 위한 긴 시간, 그것을 넓고 깊게 하기 위한 여러 가지 연구—그런 것을 위해 다윈은 살았던 것 같다.

다윈의 작업은 그의 사후, 몇 명의 학자에 의해 계승되었다. 말할 것도 없이 헉슬리는 그 제일인자이고, 그는 다윈설의 보급에 힘썼다. 진화해 온 동물로서의 사람에 대한 문제를 더욱 깊이 추구한 헉슬리의 만년 저작 《진화와 윤리》

(1873)에서 인용해 보자. 다윈의 생존 투쟁에 대한 생각이 인간 사회의 문제에 적용되어 있다.

'사회에서의 인간이 우주 과정의 작용을 받는 것은 의심의 여지가 없다. ……생존 투쟁은, 생존하고 있는 환경에 적응하고 있는 것보다 부적합한 것을 제외시키는 경향이 있다. ……사회의 진화에 관한 우주 과정의 영향은 문명화가 흔적 상태에 있는 것일수록 크다. 사회적인 진보는 모든 단계에서 우주의 과정을 저지하고, 다른 것으로의 치환을 저지하는 것을 뜻한다. 이것을 윤리적인 과정이라 불러도 좋을지 모른다. 그 마지막에는 획득한 조건 전체에 가장 잘 적응한 사람이 아니라, 가장 윤리적인 사람이 생존하게 된다.'

헉슬리와는 별개로 월리스도 《다위니즘》(1889)을 저술해, 다윈의 이론을 널리 알리려 했다. 월리스는 일찍이 다윈과 함께 자연선택설을 발표했지만, 그 이론을 '다위니즘'이라고 부름으로써 다윈을 한 차원 높였다. 그러나 그 자신은 만년에 신비주의적인 경향에 빠져 다위니즘을 관철하지 못했다.

외국에서는, 독일에서 E. 헤켈이 일찍부터 다위니즘을 소개하는 데 힘써, 스케일이 큰 진화론의 계몽서 《자연창조사》(1868)를 냈는데, 그가 한 일은 다위니즘을 확장하고 철학적인 것으로 완성하는 것이었다. 한편, 다위니즘은 생물학 연구의 무기로서 러시아에서 기쁘게 맞아들여졌다. 발생학자인 코발레프스키와 나중에 프랑스로 이주한 메치니코프, 식물학자인 티미랴제프는, 다위니즘을 연구에 응용하고, 그것을 발전시키려 했다. 티미랴제프는 또한 계몽 활동에도 힘써, 러시아에서 다위니즘을 반대하는 사상적 캠페인이 일어났을 때에도 '다위니즘에 반박할 수 있는가'라는 강연을 해, 청중을 훌륭히 납득시키고 공감하게 했다고 한다.

이론으로서뿐만 아니라 생물의 생활 전체에 주목하는 다윈의 시점은, 영국 본토에서도 깊이 뿌리를 내렸다. 다윈의 작업 자체가 F. 베이컨, 밀과 같은 영국 경험론의 전통, 화이트의 《셀본 박물지》에 나타나 있는 것처럼 자연 역사의 전통에 입각한 것인데, 그 위에 다윈이 만든 이론과 학풍은 20세기에 들어서면서부터 마침내 찰스 엘턴과 같은 동물생태학자를 낳았다고 할 수 있다.

진화론의 이론적 검토는 집단유전학이라는 새로운 분야를 형성하고, 영국에서는 R.A. 피셔, J.B.S. 홀덴이 새로운 유전학의 성과를 도입하고, 다윈설을 발전시키게 되었다. 다윈이 표면적으로는 논하지 않았던 생명의 기원에 대한 문제도, 소련의 A.I. 오파린, 영국의 J.D. 버널 등에 의해 논리적으로 검토되어, 생명의 기원을 과학의 문제로 삼을 수 있게 되었다.

　인간의 문제에 대해서도 20세기에 들어서면서부터 직립원인의 자리매김과 오스트랄로피테쿠스의 발견과 같은 새로운 성과가 나타나, 진화론의 내용이 풍부해졌다. 사회사상상의 영향인 사회 다위니즘에 대해서는 그 방면의 전문서적에 양보하지만, 다윈의 이론이 사회에 부여한 충격의 크기와 함께 그 영향의 크기에 대해 상상하는 것은 어렵지 않을 것이다.

Ⅱ. 다윈의 진화론

진화론과 《종의 기원》

뷔퐁과 에라스무스 다윈의 학설

찰스 다윈의 조부 에라스무스 다윈이 프랑스의 내추럴리스트 뷔퐁의 영향을 받고 생물의 변화와 발달에 대해 기록한 것은 앞에서 말했지만, 찰스 다윈의 진화론이 세상에 나오기까지 생물 진화에 대해 본래 어떠한 생각들이 제출되었는지, 그 주요한 것들에 대해 여기서 살펴보기로 하자. 그렇게 함으로써 찰스 다윈의 진화론과 그 이전의 학설과의 차이를 조금이라도 더 분명하게 밝힐 수 있으리라 생각하기 때문이다.

먼저 다윈의 말을 인용해 보자. '고대의 저작가들이 이 주제(생물의 진화)에 대해 시사하고 있는 것을 빼면, 근대에 있어서 과학적 정신을 가지고 그 주장을 편 최초의 사람은 뷔퐁이었다.'《종의 기원》

뷔퐁은 영국을 여행하고, 뉴턴 역학에 감명받은 내추럴리스트였다. 그는 《박물지》라는 43권이나 되는 대저작에, 지구의 이론에서 시작하는 장대한 세계관을 제시했다. 그때는 계몽주의 시대, 디드로를 중심으로 《백과사전》이 나온 시대였다. 뷔퐁은 작열하던 지구가 서서히 차가워지고, 대기 중 수증기가 응고해서 해양이 만들어진다고 했다. 화산의 폭발, 지각변동의 시기를 거쳐 현재와 같은 상태로 되기까지는 약 7만 년의 시간이 걸렸다고 말했다. 생물에 대해서는 자연발생을 주장했다. 뷔퐁에 관해 다윈은 '시기에 의해 두드러지듯이 동요하고 있고, ……종 변천의 기원 혹은 방도까지는 파고들지 않는다'고 평하고 있다. 그러나 신의 천지창조, 생물의 개별창조라는 설에 대해 뷔퐁의 주장이 가진 의의는 컸다. 당시 신학적 연구는 천지창조 이래 경과하고 있는 시간은 겨우 6천 년이었다. 성서 및 교회에 대해 뷔퐁의 주장은 위협으로도 받아들여졌을 수도 있다. 그는 신학자로부터 간섭받고, 자신의 의견을 철회했다고 전해진다.

18세기 프랑스 계몽사상의 흐름 속에 생물진화 사상은 라마르크에게 마지막 꽃을 피게 했지만, 라마르크에 대해 말하기 전에 뷔퐁의 영향을 받은 영국의 에라스무스 다윈의 사상을 엿보기로 하자. 그의 사후 출판된 《자연의 전당》에 있는 생명의 기원에 대한 요약적 표현을 적어 보자.

뷔퐁(1709~1788)
프랑스의 내추럴리스트. 다윈은 뷔퐁을 진화론사의 선구자로 평가하고 있다.

불타는 카오스가 던져지고, 시간은
　시작되고
　둥근 세상을 이루는 빛나는 구슬의 시작.
　각각의 태양보다, 갑자기 지구에서 나와
　게다가 행성보다 위성에서 나온다.

　같이 태어나고 언덕이 없는 지구를 안은 바다는
　물결치고 또 물결친다.
　파도 밑에 태어나고 유기적 생명은
　기원의 동굴 속, 따뜻한 햇볕에서 자라지 않는다.

　우선 화학적 용해의 열이 나오고
　그 파도는 벗어나고 날개를 물질에 주고
　강한 인력을 가지고, 폭발하는 덩어리를 부수고
　녹여 깨끗한 물로 하고, 기체로 만든다.

　다음 인력은 땅이나 바람이 잠잠할 때
　빛보다 앞서 오거나 하고 무거운 원자를 나누고

가깝게 다가오는 조각들을 연결지어
크게 지구로 하고 길게 부분이 된다.

다음으로 작은 침과 글루텐의 실, 일어날 때
끈은 끈을 잡고 직포(織布)는 직포와 만난다.
그리고 빨리 수축(收縮)이, 에테르 불꽃으로
실로 짜인 것에 생명의 불을 붙인다.

이렇게 부모 없이 스스로 탄생하고
생명있는 땅에 첫 얼룩이 지고.
자연의 자궁(子宮)을 헤엄쳐 나가는 작은 손발이나 나뭇가지도
초목이나 벌레는 싹이 나고 숨을 쉰다.

　생전에 발표된 《주노미아》에도 진화의 관념이 있지만, 이것에 대해 찰스 다윈이 자서전에 적고 있는 감상은 흥미롭다. 그것은 그의 젊은 날, 그랜트 박사와 산책하고 있었을 때의 일과 관련하여 쓴 것이다. 그랜트 박사가 갑자기 라마르크 진화론을 칭찬하기 시작했다. 찰스 다윈은 이전에 읽은 조부의 《주노미아》에서도 같은 견해가 있었지만, 거기서 어떤 영향도 받지 않았다고 회상한다. '그렇지만 꽤 젊었을 때 이러한 견해가 주장되거나 칭찬받거나 하는 것을 들은 것은, 나의 《종의 기원》 중에서 다른 형태로 그것들이 지지되도록 작용했다는 것은 있을 수 있는 일이다. 당시 나는 《주노미아》에 매우 감동했다. 하지만 10년인가 15년이 흐른 뒤에 다시 한번 이것을 읽었을 때에는 매우 실망했다. 사실에 비해 사변(思辨 : 생각하여 변별함)이 너무 많다'고 한다.

라마르크의 진화론
　그러면 라마르크의 사고방식은 어떠한 것일까? 라마르크는 에라스무스 다윈 이상으로 뷔퐁의 영향 아래에 있던 인물이다. 그는 처음에는 식물학자로서 출발하여 《프랑스 식물지》를 쓰고 뷔퐁이 원장으로 있던 왕립식물원의 석엽(腊葉 : 말린 잎)실에서 근무하게 되었다. 곧 프랑스 혁명이 일어나고, 왕립이었던

식물원도 개조되어 자연지(自然誌) 박물관이 되었다. 라마르크는 동물학 부문의 두 개의 강좌, '척추동물학', '곤충·연충학' 중 후자의 교수 지위를 얻게 되었다. 당시는 린네에 의한 동물 분류법이 채용되고 있어 곤충·연충(꿈틀꿈틀 기어다니는 벌레)이라는 것은 실제 척추동물 이외의 모든 것을 의미했다. 그래서 라마르크의 무척추동물 전반에 대한 연구가 본격적으로 시작되었다. 그의 진화 사상은 프랑스 혁명 시대의 정신 반영과 함께 폭넓은 무척추동물 분류 탐구 중에서 길러졌다고 할 수 있다. 그의 대표적 저작

라마르크(1744~1829)
프랑스의 내추럴리스트·진화론자. 자연발생설과 용불용설을 주장했다.

인《무척추동물지》(1815~22) 및 그전에 발표한《동물철학》(1809)이 그의 진화론을 대표하는 것으로 들 수 있다.

라마르크는 지구상 생물이 오랜 시간 동안 자연에 의해 만들어진 것이라는 것, 처음에는 단순했던 생물이 그 욕구를 만족시키기 위해 행동하는 것에 따라 점차 여러 기관을 발달시켜, 다양하고 복잡한 것이 되어 왔다고 말했다. 라마르크의 상세한 이론은 진화사상사를 다룬 책으로 넘기기로 한다. 다윈은 라마르크를 평가하여 '그는 생물계에 있어서도 모든 변화가 법칙의 결과이고, 기적의 관여가 있던 것은 아니고 확실하게 주의를 환기시킨다는 점에서 중요한 공헌을 했다'고 말했다. 또 라마르크의 진화설을 소개한 부분에서는 '그는 또 전진적 발달 법칙을 믿고, 생물의 모든 종류는 이렇게 진보를 향해 가므로 현재에도 단순한 생물이 존재하는 것을 설명하기 위해 그는 그러한 종류의 생물은 지금도 자연발생을 하고 있다고 주장했다'(《종의 기원》)고 비판했다.

익명의 진화 사상

신에 의한 만물의 창조설은 오랫동안 사람들의 마음에 머물러 있었지만, 자연을 예리하게 바라보고, 자연에 질문을 던지는 영혼의 중심에는 진화의 개념

이 점점 커져 갔다. 영국에서는 신학의 입장에서 자연을 관찰하고, 해석하는 학문이 넘쳐났으며, 윌리엄 페일리의 《자연신학》은 그 대표였다. 다윈이 페일리의 저작을 배운 것은 앞에 말해 두었지만, 19세기 중반 가까이에는 넓은 의미에서의 신을 인식하는 이신론(理神論)의 입장에서 진화 사상을 표명하는 책도 나왔다.

《자연사적인 창조의 흔적》이 바로 그것으로 1844년에 익명으로 출판되었다. '가장 단순하고 오래된 것에서 가장 높은 차원으로 새로운 것에 이르는 생물 계열은 신의 섭리 아래에서' 주어지고 추진되는 동물의 결과라고 말하고 있다. 또 종은 불변의 것이 아니라 '생명은 세대를 거듭하는 사이에 생물의 구조를 식물, 서식지의 성질, 기상 요인 등의 외적 환경에 따라 변화시키는 경향을 가진 것이다. 이것들이 자연신학자가 말하는 "적응"이다'라고 논한 익명의 저자는 로버트 체임버스라는 스코틀랜드 사람이었다. 이 익명의 저자에 의한 책에 대해 다윈은 '가정된 "동물"에 의해 우리들이 자연계를 통해 보는 다수의 아름다운 상호적응이 과학적 의미에서 얼마나 설명되는 것인가'라고 비판하면서도 그 책이 '이 나라에서 이 주장에 주의를 환기시키고, 편견을 빼고, 이러한 견해를 수용하는 토대를 준비한 점에서 뛰어난 역할을 했다'(《종의 기원》)고 평가했다.

그렇다 하더라도 《자연사적인 창조의 흔적》에 담겨진 사상은 기본적으로 다윈의 것과는 완전히 달랐다. 한편으로는 이러한 이신론과는 달리 사회 사상에 나타난 허버트 스펜서의 진화 사상도 있다. 이 소개는 생략하지만, 당시 이미 생물이 진화해서 살아 왔다는 생각이 드문 사상으로 없어졌다는 것만큼은 확실할 것이다. 문제는 '생물은 어떻게 해서 변했던 것인가'라는 점에 있었다.

'생명나무'의 요인

다윈의 진화 이론이 나오기에 앞서 지금까지 말한 진화론이 나왔다. 따라서 종이 진화해서 생겼다는 사상은 유럽의 사상계에 근거했다고 생각해도 좋다. 볕이 잘 들거나 들지 않거나 하는 것과 상관없이 진화론은 계속 성장했다. 그렇지만 '어떻게 해서 종은 진화했는가' 하는 요인에 대해서는 확실하지 않았다. 라마르크가 썼던 것도 '의지'나 '욕구' 등을 가정한 것으로 설득력이 부족했다. 다윈이 지향했던 것은 과학적으로 진화 요인을 찾는 것이었다.

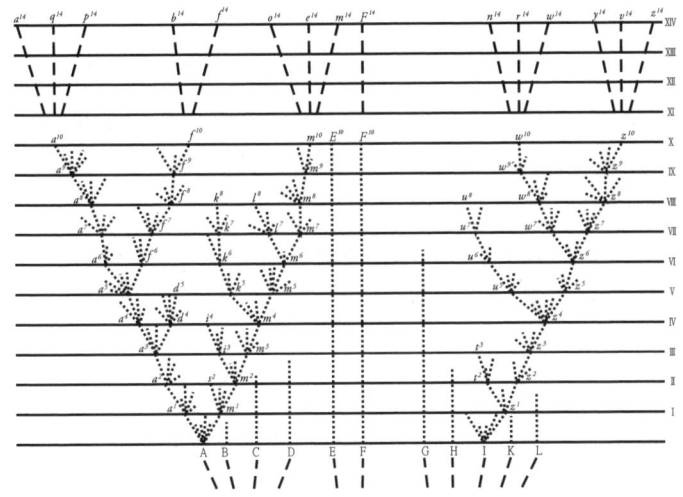

생명의 나무
다원이 지향했던 것은 과학적으로 진화 요인을 찾는 것이었다.

　종은 변화하는 것이다…… 그것은 왜…… 다원은 계속 생각을 했다. 종의 문제에 대한 그의 '최초의 노트는 1837년 7월에' 쓰기 시작했다. 항해에서 돌아와 9개월이 지난 즈음이었다.

　종은 변화해 왔다고 생각하지 않을 수 없는데도 종이 변하지 않는 것은 왜일까? 그런데도 암수 한 쌍을 떼어 새로운 섬에 가져다 놓은 경우에 그것들이 변하지 않는 채 그대로 있다고는 생각할 수 없다. 격리된 한 쌍이 새롭게 살게 되는 섬은 지금까지의 환경과는 다르고, 그 생물에 새로운 변화를 가져다 줄 것이고, 그 자손들은 그 사이에서 교배하게 되기 때문에 새로운 이변이 고정되기 쉽다……고 젊은 다원은 생각한다.

　그의 노트에서 몇 개의 단편을 버리고, 초기 다원의 생각을 살펴보자.

　'변화는 동물의 의지 결과가 아니라 적응의 법칙이다.' 여기서 그는 라마르크를 염두에 두고 있다고 생각된다.

　'생물은 불규칙적으로 원래의 가지에서 갈라져 나간 하나의 나무를 나타낸다. 몇 개의 가지는 더 갈라진다―따라서 대부분의 맨 끝 싹이 죽고, 새로운 싹이 돋는다.' 이러한 분지(分枝)의 개념은 《종의 기원》에 채용된다.

　'세 개의 요소―공기, 땅, 물―에 의존하고 있기 때문에 생명의 나무에는 세 종류의 분지가 있는 것은 아닐까.' 물질에 근거하여 생각하려고 하면 다원의 생각이 보인다.

'조류와 포유류 사이에 있는 커다란 균열. 척추동물과 체절동물(體節動物) 사이에도 커다란 균열이 있고, 동물과 식물 사이에도 균열이 있다.' 노년이 된 그는 식물의 운동 등에 대해 연구하지만, 그것은 동물과 식물의 균열을 메우려는 것이었다.

여기서 볼 수 있듯이 다윈은 생물 변화의 원인을 라마르크가 생각한 의지나 욕구 때문이라고는 생각하지 않고, 물리적인 환경 탓이라고 생각한다. 그래서 그 결과가 생긴 여러 생물에 대한 분열을 머리에 그렸다. 잘게 갈라진 '생명나무'의 분지 뒤에 있는 요인으로서 그것이 공기, 땅, 흙이라는 물리적인 것이라고 생각하고 있다는 점이 젊은 다윈이 가진 사고의 특징이다. 게다가 그러한 사고 방식은 노년이 되기까지 일관되었다.

'엄청난 증식'

다윈이 종의 문제에 대한 첫 번째 B노트를 다 쓰고, 두 번째 노트를 쓰기 시작한 것은 이듬해 2월이었다. 그즈음 다윈은 생물의 각각 그룹 사이에 있는 불연속, 균열에 대해 이리저리 생각하고 있었다. 생물이 서서히 변화해 간다면 각각의 생물은 좀더 연속적으로 배열되는 그룹을 형성한다고 설명하기 쉽다. 그는 '종에서 종으로의 변화를 따르는 것의 극단적인 어려움은 별개의 창조에 사람을 끌어들이도록 유혹한다. 예를 들어 그 변화가 생긴다는 것을 알고 있어도' 각각의 생물을 신이 창조했다고 하는 개별 창조설에 대해 언급하고 있다.

그러나 다윈은 거기에 그치지 않았다. 돌파구 하나는 미생물학의 새로운 연구 성과를 읽었던 것에서 발견했다.

'에렌베르크에 의해…… 최근의 종류와 같은 제3기 화석 미생물이 존재하는 것을 알 수 있다. 따라서 우리들이 창조(라는 말)로 해 가는 것은 아무것도 없는 것이다.'

만약 생물이 점점 진화하고 있다면 하등 생물은 없어져 버린다. 이것에 대해 라마르크는 이 빈자리를 메우려고 새롭게 하등 미생물이 자연발생하고 있다고 생각했지만, 다윈은 6천만 년 이상의 옛날부터 변하지 않은 미생물의 존재를 아는 것으로, 신의 창조를 배제할 수 있는 것을 기뻐하고 있다. 변화의 축적으로 전혀 다른 종류의 생물이 태어나고 분지한 가지 끝 생물들은 불연속으로 보인다. 그렇지만 가지를 따라가면 본래 가지와 연결되어 있고, 근원에 가까운(태고) 생물과 같은 종류의 것이 맨 끝(현대)에서도 발견된다는 것은 개별 창조를 고려하지 않아도 좋다는 것을 의미한다.

또 같은 저자의 논문에서 다윈은 또 하나의 중대한 사실을 알아냈다.

'논문 속에서 엄청난 증식―며칠에 수백만―을 알아차릴 때 하나의 동물이 …… 그 정도로 큰 결과를 낳을 수 있을지 의심스럽다.'

맬서스(1766~1834)
《인구론》(1798)은 다윈의 《인간의 유래》 저작에 밑바탕이 된다.

'엄청난 증식'은 그의 진화설 중심 문제인 자연선택 속에서 커다란 의미를 갖는다. 그런데 이것을 기록해 넣을 즈음 다윈은 자연선택의 관념을 확실히 갖고 있지 않았다고 한다. 또 조금 지나 세 번째 D노트를 시작했을 때, 이 미생물의 다산의 의미가 되살아난다. 그것은 '로디티의 정원에서 1279 품종의 장미를 보았다. 변이 가능성의 탄생이다'라는 메모를 통해 알 수 있듯이 다윈은 여기서 엄청난 변이에 감동하고 있다. 영국의 원예 기술은 다윈의 머리에 변이의 수에 대한 강한 인상을 남겼다. 그리고 며칠 뒤 다윈은 맬서스의 《인구론》을 읽는다. 여기에는 '인구는 제한받지 않으면 등비수열적으로 증대하고, 생활 자료는 등차수열적으로만 증대한다. 이것이 같은 것에 유지되고 있는 것은 인구에 대해 강하고 끊임없는 저지가 작용하고 있다는 것을 의미한다'라는 사상이 쓰여 있다. 생물의 다산, 엄청난 변이, 많이 낳은 아이들에게 가해지는 저지(沮止)…… 이러한 것에 그는 점점 접근해 갔다.

네 번째 E노트의 메모는 그의 생각이 굳어지는 하나의 단계를 분명히 하고 있다.

세 개의 원리가 모든 것을 설명할 것이다.

(1) 손자는 할아버지를 닮는다.

⑵ 특히 물리적 변화에 의해 작은 변화가 생기는 경향.

⑶ 부모의 양육 능력을 넘는 다산.

유전·변이·다산 이 세 개의 개념을 여기에서 말하고 있다. 이 개념들은 다윈이 완성한 진화이론의 구성 중에서 전제가 되는 부분이다.

다윈의 이론은 이렇게 점점 완성되어 가고, 1838년 가을에 거의 완성되었지만, 확실한 형태로 쓰인 것은 1842년이다. 그러나 그것은 35쪽의 짧은 것으로 2년 뒤에 230쪽으로 완성되었다.

'시론'이라 불리는 이 1844년의 논문에 따라 편지는 앞에서 말했지만, 이 논문은 불의의 죽음을 대비해 준비된 것이다.

논문은 크게 두 부분으로 되어 있다. 우선 사육·재배 및 자연 상태에 있어서 생물의 변이에 대해(제1부) 쓰고, 다음으로 종은 공통의 계통에서 유래한 자연으로 형성한다는 설에 유리한 증거와 반대의 증거에 대해(제2부) 쓰고 있다.

1844년의 논문 내용에 들어가기 전에 《종의 기원》에 쓰인 '자연선택설'이라는 것에 대해 여기서 간단히 설명해 두자.

인간이 사육하고 있는 가축이나 재배식물은 사람 손에 의해 선택되고 개량되어 새로운 품종이 만들어진다. 이것이 인위선택이다. 한편 자연계에서는 동식물은 다산이지만, 살아남는 것은 태어난 자손 중에서 극히 적은 숫자이다. 자연은 엄격한 생존 투쟁의 장소이고, 이 투쟁 속에서 이겨가는 것은 유리한 변이를 가진 개체이다. 많은 변이는 유전적이다. 이렇게 적자가 생존하고, 그 다음 대에서도 적자가 생존해 가는 형태로 선택이 이루어진다. 이것이 자연선택이다. 인위선택으로 새로운 품종이 만들어지듯 자연선택에 의해서도 변종이 생긴다. 게다가 변이가 축적되고, 결국 그것은 종으로서 확립된다. 이것이 '자연선택설'의 개략이다.

1844년의 논문에 대한 설명으로 돌아가자. 제1부는 나중의 《종의 기원》의 주된 논의를 포함하고 있다. 가축 연구에 근거하고, 인간 관리 아래에서의 변이와 인위선택으로 설명되며, 자연 아래에서의 변이, 자연선택, 생존경쟁에 대한 논의가 이어진다. 이것은 《종의 기원》 1장에서 5장의 구조로 생각되어 좋지만, 7장의 본능에 대한 기록이 포함되어 있고, 6장의 '학설의 난점'에서 고찰되고 있는 몸의 기관 문제로, 제1부가 끝나고 있는 점 등 《종의 기원》의 구성과 다른

갈라파고스 제도의 육지이구아나(왼쪽)**와 바다이구아나**(오른쪽)

부분도 있다.

논문 제2부는 《종의 기원》 6장 이후에 대응하는 것으로 중간형, 생물의 점차적 출현과 소멸, 생리적 분포, 형의 일치(형태학, 발생학), 흔적기관에 대해 기록하고 있다. 전반을 보충하고, 자연선택에 의한 종의 기원이라는 이론이 넓은 범위의 사실에서 납득할 수 있다는 것을 설명하고 있다. 논문의 구조를 말하는 것밖에 할 수 없었지만, 《종의 기원》과의 관계가 이해되기를 바란다.

월리스의 논문

《종의 기원》의 사상을 말하기 전에 이미 하나, 다윈이 거기에 착수하는 기회를 만든 월리스의 논문에 대해 말해 두고 싶다. 〈변종이 원래 형태에서 무한히 멀어지는 경향에 대해〉라는 제목의 월리스의 논문은 매우 짧은 것이지만, 다윈의 설과 비교하는 재료로서 재미있는 것이다.

월리스는 지금까지 '종이 기원적으로 또 영구히 다르다는 것을 증명하기 위해 만들어진 가장 강력한 논의의 하나'로서 '사육재배에서 만들어진 변종이…… 불안정하고, 방치해 두면 양친의…… 형태로 돌아가 버리는 경향이…… 있다'는 것이다. 그런데 그것은 '자연 아래에서 일어난 변종은 모든 점에서 가축의 그것과 비교된다'고 가정을 세우고 있는 것을 비판한다.

월리스는 그것에 대해 이 논문의 목적은 '이 가정이 다르고, 자연계에는 양친의 종의 마지막까지 살아남는 많은 변종의 원인이 되는 일반원리가 존재하고, 원래 형태에서 점점 멀어져 가는 계속적인 변이를 만들게 하고, 가축에 있어서는 양친의 형태로 돌아가는 변종의 경향도 만들어진다는 것을 보이는' 것에 있다고 했다.

'야생동물의 생활은—가축의 경우와 달리—생존을 위한 투쟁이다'라고 한다. 야생동물의 '본능적, 모든 에너지를 충분히 발휘하는 것이 그들 자신의 생존을 보유하고, 어린 자손의 생존에 대비하기 위해 요구된다.' 하나의 종이 각 개체의 죽음이냐 생존이냐를 결정하는 것은 그 동물 자신에게 달려 있다. 약한 것은 죽고 강한 것은 살아갈 수 있다. '한 지역의 동물 개체군은 주기적인 먹이 부족과 그 밖에 저지되는 것에 의해 억제되고…… 몇 개의 종의 개체수의 비교적 많고 적음은 그들 체제나 결과로서 나타나고 있는 습성에 의해서이다.' 게다가 하나의 종의 전형적인 형태에서의 변이는 개체의 습성, 능력에 얼마큼 효과를 가진다. 예를 들면 '손발과 그 외의 외부 기관의 힘이나 크기의 증가 같은 중대한 변화는 포식(捕食) 방법이나 서식지의 범위에…… 영향을 미친다.' 이러한 변종이 우위를 얻어 수를 늘리고, 그리고 발달하여 고도로 조직화된 형태를 가진 종으로 변한다. 이러한 변종이 원래 형태로 돌아가는 것은 불가능하다.

한편 가축은 다르다고 월리스는 말한다. 가축의 감각 능력, 육체적인 힘은 간단히 부분적으로밖에 사용되지 않고, 변종이 생길 때 어떤 기관이나 감각의 힘이 증가했다 하더라도 이러한 증가는 전혀 사용되지 않는다. 가축의 변종은 야생으로 바뀔 경우 원래 야생의 선조 형태로 돌아가지 않으면 생존할 수 없고, 아니면 사라진다고 한다. '따라서 자연계의 변종에 대해서는 가축 사이에 생존하는 변종의 관찰에서 연역된 추론은 불가능하다는 것이 분명해졌다'고 한다. 자연계에는 어느 변종의 종류가 원래 형태에서 점점 멀어져가는 경향이 있고, 그 같은 원리가 가축이 원래의 형태로 돌아가려고 하는 경향이 있다는 것에 대한 설명도 된다.

월리스의 논문에는 '자연선택'이라는 말이 사용되지 않았지만, 그중에 있는 '생존경쟁'이나 제지가 가해져 생물의 개체수가 본래보다 감소된다는 관념은 다윈과 마찬가지이다. 그러나 여기에서 말하듯이 그 논리에서 가축에 대한 위치는 전혀 다르다. 다윈은 가축 등의 예를 좀더 적극적으로 사용하고, 자연계에서 변종이 생기는 것을 가축이나 재배식물의 예로 비교하여 생각하고 있다.

변종이 원래 형태에서 무한히 멀어지는 경향에 대해서 월리스는 '야생동물은 가축의 경우와는 달리 생존을 위해 투쟁한다'라고 하며 그로 인해 개체수가 감소한다고 하였다.

다윈의 자연선택설

다윈의 자연선택설은 《종의 기원》으로 전개되고 있지만, 여기서 그 논리를 보기로 하자.

우선 첫 장이 '사육 재배 아래에서의 변이'로, 다음에는 '자연 아래에서의 변이'가 놓인다. 1844년의 '시론'에서도 마찬가지였지만, 가축이나 농작물의 변이 또는 선택의 집적 효과(集積效果)에 대해 확인한 뒤에 자연계로 눈을 돌린다.

'예전부터 사육 재배되어 온 동식물의 변종에 속하는 모든 개체를 볼 때……그것들에 있어서는 일반적으로 자연 상태 아래에서 종 또는 변종의 개체 간에 있어서보다도 상호 차이가 매우 뚜렷하다.'

이것은 1장의 첫머리 부분이지만 다윈 자신은 집비둘기의 여러 품종을 모아 각각의 차이를 자세하게 조사했다.

'비둘기의 모든 품종 간 차이는 이렇게 크지만, 나는 내추럴리스트에게 "비둘기의 모든 품종이 양비둘기(Rock dove)[1]에 유래한다"는 의견이 옳다는 것을 확신

---

1) 집비둘기의 원종. 낭비둘기·굴비둘기.

하고 있다.'

선조는 하나라는 것이 확실하지만, 왜 이렇게 다른 품종이 생기는 것일까?

'그 열쇠는 선택을 점차 늘려 가는 인간의 능력에 있다. 자연은 계속 일어나는 변이를 주고, 인간은 그것을 자연에 유용한 일정 방향으로 합산해 간다. 이런 의미에서 인간은 자신에게 도움이 되는 품종을 만들어 간다고 할 수 있다.'

한편 자연계에 있어서 선택은 인간을 대신해 자연이 행한다. 자연에 의한 선택이 그려지고 있는 것이 3장 '생존경쟁', 4장 '자연선택'이다.

'라이엘은 모든 생물이 혹독한 경쟁을 하는 것을 광범위하게 그리고 철학적으로 밝혔다. …… 생활을 위한 보편적인 투쟁이 진리라는 것을 말로 인정하는 것은 쉽지만, 동시에 이 결론을 늘 마음에 남겨두는 것 이상으로 곤란한 것은 없다.'

그리고 이 경쟁 내지 투쟁은 모든 생물이 막대한 비율로 증가하는 것의 불가피한 결과이고, 이 투쟁이 변이를 선택한다는 것이다.

'예를 들어 경미하면서도 다른 것에 대해 어떤 이점이 되는 것을 가진 개체는 생존의 기회와 동류를 늘리는 기회에 둘러싸이고 …… 한편 적은 정도에서도 유해한 변이는 엄중하게 떨쳐 버리고 떠나게 된다 …… . 이러한 유리한 변이의 존재와 유해한 변이의 기각(棄却 : 버리고 쓰지 아니함)을 나는 "자연선택"이라 부르는 것이다.'

이러한 자연선택을 통해 인위선택으로 가축이나 작물의 품종이 되도록 자연계에서는 변종이 생기고, 결국 그것이 이동해서 지리적으로 격리되거나 함으로써 신종으로서 확립된다는 것이 다윈의 논리이다. 가축이나 재배식물과 자연의 생물을 비교하고, 생물의 다산성과 생물에 대비된 변이를 전제로 하고, 생존경쟁으로 인한 변이의 선택과 집적을 통해 변종이 생기고, 결국 신종이 된다고 결론짓는 다윈의 학설은 《종의 기원》 마지막 장에서 광범위한 형태로 보충되고 있다. 다음은 그것에 대해 논하기로 하자.

예상되는 반론에

《종의 기원》 5장은 다윈의 논리 중에서 전제가 되었던 변이에 대해 고찰한 것으로 생각된다. 변이의 원인, 변이하기 쉬운 조건 등에 대해서 말이다. 결국

사육 또는 재배 아래에서의 변이 비둘기의 품종은 다양하지만 그 선조는 하나이다. 왜 이같이 다른 품종이 생기는 것일까?

다윈은 '변이의 법칙에 대한 우리들의 무지는 크다'고 말하지 않을 수 없었다. 하지만 다음 장 '학설의 난점'에서는 자연선택설에 대한 쪽으로 향해진다고 예상되는 반대론에 부응하고 있다.

종이 '다른 종에서 인지하기 어려운 미세한 점차적 변화에 의해 만들어진 것이라고 한다면 무수한 이행형(移行型)을 볼 수 없는 것은 왜일까?', '박쥐같은 구조와 습성을 가진 동물이 습성이 아주 다른 동물의 변화에 의해 생길 수 있다는 것이 과연 있을 수 있는 일일까?' 이러한 문제를 내세워 이행적 변종이 그것보다 나은 종류로 변해간다는 것, 몸의 구조의 아주 작은 변이가 그것을 사용하는 생물에게 쓸모없다 하더라도 보존되고 축적된다고 말하고 있다. 이 장에는 눈의 구조에 대한 설명이 있다. 그것은 자연신학에 의한 설명에 대한 반론이다.

7장 '본능', 8장 '잡종'도 자연선택설에 대한 반론에 부응하는 내용이다. 본능에도 변이가 있는데 동물 생존에 있어서 그것은 중요한 의미를 갖는다. 본능의 변화가 쓸모없는 방향으로 축적된다고도 말하고, 당시 내추럴리스트 사이에서 믿어졌던 '잡종불임(雜種不稔 : 잡종은 씨를 맺지 못함)'의 문제에 대해 그것이 절대적

갈라파고스의 코끼리거북
다윈연구소는 이들의 멸종을 막기 위하여 인공부화시키는 등 암수 개체 수를 조절하고 있다.

인 것은 아니라는 것도 언급되고 있다.

　지질학적 기록의 불완전함에 대하여 논한 9장에서는 이행적인 테두리가 발견되지 않는 것으로 그의 설을 부정하려고 하는 생각에 대해 '라이엘의 비유에 따라 자연의 지질적 기록은 불완전하게 유지되어, 변화하는 방언으로 쓰인 세계 역사로 본다', '우리들은 이 역사에 대해 마지막 권만을 소유하고 있고, 그 권에는 두세 나라만 관계할 뿐이다'고 한다. 이행형의 화석이 없는 것이 다윈의 설에 대한 반론은 아니라는 주장이다.

　뒤의 모든 장에 대해서는 표제를 제시하는 것으로 그쳐야겠다. '생물의 지질학적 변천에 대하여' '지리적 분포' '생물의 상호 유연, 형태학, 발생학, 흔적기관' '요약과 결론'이지만, 이것을 본 것만으로도 《종의 기원》이 매우 넓은 범위의 지식에 근거하여 쓰인 것임을 알 수 있다. 현재 생물학 분야는 발생학·유전학·분류학·생태학 등등으로 불리는 범위에 이르고 있다. 특히 동물과 동물, 동물과 식물, 생물과 무생물 등 관계에 대한 다윈의 분석은 날카롭다.

　이번에는 넓은 의미에서 '생태학의 시조'라고도 할 수 있는 다윈의, 그러한 측면을 《종의 기원》 속에서 찾아보자.

생태학의 시조로서
　생물 간의 관계가 얼마나 복잡한지를 보여 주기 위해 다윈은 히스의 황무지

갈라파고스의 다윈연구소

에 나무를 심고, 그 주위에 울타리를 친 경우에 어떠한 결과가 나타나는지를 예로 들고 있다. 울타리로 둘러싼 부분에는 '히스에는 발견되지 않았던 12종의 식물이' 자라고, '발견하지 못했던 6종의 곤충을 먹이로 하는 새 종류가 자주 온 것을 보면, 곤충에 미치는 영향은 매우 크다는 것이 확실하다. 가축이 깊숙이 들어오지 않도록 울타리를 치는 것은 거기에 나무 한 그루만을 이식할 경우에라도 그것이 가축에게 어떻게 영향을 미치는지를 이 예로 살펴볼 수 있다'고 하였다.

또한 팬지나 붉은토끼풀의 꿀을 따는 뒝벌[2]과, 그 벌집을 파괴하는 들쥐의 상호 관계에 대해 이렇게 말했다. "어느 지방에 고양잇과 동물이……많이 있으면, 우선 쥐, 다음으로 뒝벌에 의해 그 지방에 있는 어떤 종류의 꽃의 수가 결정될 것이다."

마지막으로《종의 기원》의 말미 단락에서 일부를 인용하자. 생태학자 다윈의 눈이 이 부분에서 빛나고 있는 것을 볼 수 있다.

'여러 종류의 많은 식물들이 뒤덮이고 그 무성함 속에 새는 노래하고, 여러 곤충들은 춤추며, 습한 땅속을 연충은 기어 돌아다닌다. 그러한 혼잡한 둑을

---

2) 땅속에 집을 짓고 사는 꿀벌 종.

주시해 본다. 서로 이처럼 다르면서 이처럼 복잡하게 서로 의지하며, 정묘하게 만들어진 생물들이 모두 우리들 주위에서 작용하는 법칙에 의해 만들어진 것이라는 것을 숙고하는 것은 매우 흥미롭다.'

《종의 기원》과 《인구론》

다윈 자신은 《종의 기원》의 머리말 중에서 '생존경쟁'에 대하여 '맬서스의 원리를 모든 동식물계에 적용한 것'이라고 말하고 있다. 지금까지 사상사(思想史)에서 맬서스의 《인구론》과의 관계가 몇 사람에 의해 여러 형태로 논의되어 왔다. 여기서는 그것들과는 달리 《인구론》과 《종의 기원》 중 닮은 표현이나 사상, 같은 말의 의미의 차이 등에 대하여 생각해 보고 싶다.

맬서스의 중심 사상은 앞에서도 말했지만, 그것을 받은 부분을 《종의 기원》에서 찾으면 다음과 같은 것이 있다.

'모든 동식물은 기하급수적으로 증가하는 경향이 있다는 것, 존속할 수 있는 장소라면 어디에서라도 매우 급속도로 가득 채운다는 것, 그래서 이 기하급수적 증가 경향은 생애의 어느 시기에 파괴에 의해 제한되어야만 한다는 것이다.'

다윈이 맬서스에 따르고 있다고 생각되는 점을 맬서스의 것과 나란히 내세워 보자.

'유럽의 어느 근대국가보다도 생존수단이 풍부하고 사람들의 생활 양식이 순수하다. 따라서 조혼(早婚)에 대한 제한이 적었던 미국에 있어서는 인구는 25년간 두 배로 늘었다는 것을 알 수 있다.'(맬서스)

'어느 생물도 자연적으로 멸망하지 않는다면, 단 한 쌍의 자손만으로 곧 지구상에 가득 차버릴 정도로 높은 비율로 자손이 증가한다는 규칙에는 예외가 없다. 번식이 늦는 인간조차 25년간 두 배가 되었다.'(다윈)

다음으로 어느 문장인지 모르는 부분을 인용하자. 실제로는 《인간론》 부분이다.

'그것들(식물 및 동물)은 모두 강력한 능력으로 종의 증가를 촉진하고, 또 이 본능은 어느 사고(思考)에 의해, 혹은 자손을 부양하는 것에 의해 방해받게 되는 일은 없다. 따라서 자유가 있는 곳에서는 어디서도 증가력은 발휘되고, 그래서 과잉 결과는 동물 및 식물에 공통적인 공간과 양분의 부족에 의해, 또 동

물에 있어서는 다른 것의 먹이가 됨으로써 억제된다.'(맬서스)

《종의 기원》에는 다음과 같은 부분이 있다.

'생존투쟁은 모든 생물이 높은 비율로 증가하는 경향을 가진 것의 불가피한 결과이다. ……이것은 맬서스의 학설을 모든 동식물계에 몇 배의 힘으로 적용한 것이다. 왜냐하면 이 경우에는 식물의 인위적인 증가도 아니고 게다가 결혼 준비 제한도 있을 수 없기 때문이다.'(다윈)

이렇게 같은 말이 쓰이고 있다. 부분적으로 추려 내어 보면 비슷한 사상이 이야기되는 것처럼 보인다. 그러나 한편으로는 '생존투쟁'을 좁은 의미에서 사용하고, 다른 한편으로는 넓은 의미에서 사용하고 있는 것이 분명하다.

'그들(목축민족)이 자신들과 같은 어떤 종족과 뜻하지 않게 만났을 때에도 그들은 생존을 위해 투쟁했다.'(맬서스)

'나는 생존경쟁이라는 말을 모든 생물이 다른 생물에 의존한다는 것과 개체가 살아가는 것만이 아니라 자손을 남기는 것에 성공하는 것……을 포함시켜, 넓은 의미에서 또 비유적인 의미에서 사용한다.'(다윈)

이 네 개의 《종의 기원》 인용은 '생존경쟁'의 장에 있는 것이다. 적어도 생존경쟁의 개념형성에는 맬서스의 사상이 영향을 미치고 있는 듯하다. 그렇지만 다윈과 비슷한 즈음 자연선택의 개념을 낸 월리스도 《인간론》에서 언급하고 있기 때문에, 자연선택설의 형성 그 자체에 맬서스의 사상이 커다란 힘을 가졌다고 생각하는 사람도 있다. 그러나 다윈의 이론 전체에 대한 맬서스의 직접적인 영향은 그만큼 큰 것이 아니라고 봐도 좋다. 예를 들면 맬서스에서는 품종개량의 한계가 강하게 드러나고, 양배추처럼 커다란 카네이션은 불가능하다고 기술되어 있다. 다윈의 가장 기본적인 관념인 변이의 양의 축적이 질의 변화를 가져온다는 사상은 맬서스에게는 전혀 없다.

발생·유전·진화

발생·유전·진화

생물의 각각 개체는 수정란이 분열을 반복해서 여러 형태를 거쳐 성장하고,

일정 형태를 취함으로써 성립한다. 생물학상 이것을 개체발생이라 부른다. 또 그 개체가 어느 형태를 취하고 어느 형질을 가짐에 따른 발생이라는 현상은 부모로부터 물려받은 것을 전제로 하고 있다. 부모에게서 아이로, 아이에게서 자손으로 전해지는 형태와 형질의 유전이라 불리는 현상은 발생 현상을 통해 실현되는 것이다.

이 발생과 유전이라는 현상을 시간 축에 놓고 생각해 보면 발생은 개체의 일생 일부분, 혹은 성장을 포함하면 꽤 많은 부분을 차지하는 현상이라는 것을 알 수 있다. 유전은 하나의 대에서 다음 대로 그리고 그 다음 대로…… 어떤 대에도 이어가는 현상이기 때문에 발생이라는 현상의 몇 배의 시간이 걸린다.

이 시간 축을 늘려 가면 어떻게 될까? 몇천 대 몇만 대를 거듭해서 진화라는 현상이 위치하는 것을 알아차릴 것이다. 이 세 개의 현상은 하나의 축에 놓일 수 있다는 점에서 공통된다.

한편 개체발생은 또 그 종의 역사인 진화라는 현상을 개개의 수정란 속에 내재시키는 것이고, 시간 축의 원점은 몇 겹으로 겹쳐 있게 된다. 진화를 그린 그래프 용지는 생명의 기원 이래, 한 세대를 주기로 하여 축에 휘감긴 무한한 종이 테이프라고도 할 수 있다.

발생·유전·진화라는 생물학상 현상은 매우 밀접하면서도 떼어 낼 수 없는 관계에 있다. 다윈은 이러한 현상을 폭넓게 관찰하기 위해 애쓰고 생각을 더한다. 그의 진화론을 완성된 것으로 만들기 위해서는 그 모든 현상을 관련된 것으로 파악해야만 한다.

생명의 기원에 대하여

《종의 기원》에서 다윈은 생명의 기원에 대해 쓰는 것을 주의 깊게 피했다고 제1편에서 말했지만, 그가 그것에 대해 한 마디도 쓰지 않았던 것은 아니다. 그 문제는 '창조'의 문제와 깊은 관계가 있다. 발생·유전에 대한 다윈의 생각을 말하기 전에, 먼저 생명 발생에 대해 다윈이 말하고 있는 것을 확실히 해두고 싶다. 지금 말한 시간 축의 원점 문제이기 때문이다.

다윈은 창조설에 대한 몇 가지 점을 언급하고 있다.

'우리들은 내추럴리스트에 의해 많이 논의되었던 문제, 즉 종은 지구 표면의

한 지점에서 창조된 것인지 아니면 많은 지점에서 창조된 것이지 의문에 맞닥뜨린다.'《종의 기원》

'개개의 종이 독립적으로 창조된 것이라는 보통 생각으로는 도대체 왜 종적형질(種的形質) 즉 같은 속의 모든 종을 서로 구별하는 형질이, 그 종 전부와 일치하는 속적형질(屬的形質)보다도 변이하기 쉽게 된 것일까?'《종의 기원》

창조설로는 설명하기 어려운 현상을 들면서 다윈은 진화설에 대한 신뢰를 설명하고 있지만, 맨 처음 생명이 어떻게 해서 살았다고 생각하고 있던 것일까? 뷔퐁, 에라스무스 다윈, 라마르크 등과

파스퇴르(1822~1895)
프랑스의 미생물학자. 부패가 공기 중의 미생물 때문에 일어남을 실험으로 증명하고, 자연발생설을 부정하였다.

달리 찰스 다윈은 이 문제에 대해 자신의 주장을 분명히 표명하지는 않았다. 《종의 기원》 말미의 말—'생명은 많은 힘과 함께 최초 얼마 안 되는 것 혹은 단 하나의 것에 불어온 이 견해 그리고……이렇게까지 단순한 발단에서 매우 아름답고 매우 감탄할 만한 무한 형태가 만들어지고, 지금도 계속 생긴다는 견해 안에는 장대한 것이 있다'—에서 간파될 뿐이다.

그런데 만년에 쓴 편지 중에 나타난 그의 생각을 보면 다윈은 태고에서 생명의 자연발생을 추정하고 있었지만, 현재 지구상에서는 생명이 자연발생했다 하더라도 바로 확고한 생물에 먹혀 버리고, 번식할 수 없었을 것임을 간파했던 것을 알 수 있다. 이것은 파스퇴르가 백조 머리 모양 플라스크 등을 사용한 일종의 실험으로, 지금까지의 자연발생설을 부정함으로써 진화론의 근원이 흔들려 보인 시기이다.

생명 자연발생론자는 진화론자였다. 그들은 신에 의한 생물 창조를 부정하고, 생명 기원의 문제를 생각했다. 한편 자연발생설을 부정하려고 하는 실험은 진화론에 반대하는 학자에 의해 이루어졌다. 그리고 파스퇴르도 그중 한 사람이었지만, 그의 근대적인 실험적 방법은 종래 자연발생의 관념에 일격을 가했

다. 그러나 그로 인해 비로소 진화 문제와 관련된 생명 기원의 문제가 20세기가 되어 오파린에 의해 과학적으로 문제가 된다. 하지만 다윈은 이 시기에 이미 파스퇴르에 의한 자연발생 부정의 태곳적 생명의 기원 관념과 모순되지 않는다는 것을 이해하고 있다.

유전에 대한 '무지'

《종의 기원》 중에 변이·유전에 대한 고찰은 아주 많지만, 그 대부분이 실제로는 유전에 대해 혹은 변이에 대해 정확한 것은 모른다는 무지의 표명이다.

'유전을 지배하는 법칙은 전혀 알려져 있지 않다.'

'변이 법칙에 대한 우리의 무지는 아주 심각하다. 몸이 왜 부모와 같은 부분이 있고 또 다소 다른가에 대해, 수많은 예 중 하나도 그 이유를 알 수 있는 것이 없다.'《종의 기원》

그런데 다윈은 같은 책 안에서, '사육 재배 아래에서 일생 동안 어느 정해진 시기에 나타난 변이는 그 자손에 있어서도 그것과 같은 시기에 나타나는 경향이 있다는 것……이 알려져 있듯이 자연 상태의 것에서는 자연선택이 생물에 대해 어느 시기에는 작용하고, 그 시기에 있어서 도움을 주는 변이를 집적하며, 그 시기에 유전되는 것에 의해 그 생물을 변화시켜갈 수 있을 것이다'《종의 기원》라고 쓰고 있다. 다윈은 자신의 과제로서 '유전을 지배하는 법칙' '변이의 법칙'을 발견해야만 했다. 그래서 《종의 기원》 속에 들어갈 수 없었던 방대한 자료와, 유전에 관한 고찰을 포함한 저작 《가축과 재배식물의 변이》(1868)를 내게 된다.

만각류 연구에 기초하여

발생에 대한 다윈의 생각은 《종의 기원》의 '생물의 상호유연, 형태학, 발생학, 흔적기관'의 장에 나타나 있다.

'성숙하게 되면 매우 다른 목적을 위해 쓰는 개체적인 몇몇 기관이 배아와 꼭 닮아 있다', '같은 강(綱)에 속한 다른 동물의 배도 또 매우 닮아 있다', '배아는 때로는 그것들이 발생해서 도달하는 성숙한 동물보다도 고급 체제를 가지고 있는 것처럼 보인다.' 그는 이 현상들을 어떻게 설명하면 좋을까 하는 문제를 내고, '이 사실들은 모두 변화를 수반하는 유래의 견해에 의해서' 이해된다고 답한다. 어느 선조로부터 조금씩 여러 변화가 축적되면서 다양한 자손이 만들어진다. 발생학상 문제도 이 견해에 의해 설명할 수 있다.

'퀴비에조차 만각류가…… 갑각류의 "중간"이라는 것을 인정하지 않았다. 그러나 유생(幼生)을 한 번 본다면 만각류가 그것(갑각류)이라는 것은 틀림없이 알 수 있다. 만각류는 두 가지로 기생하는 것과 고착하는 것으로 외관상 뚜렷하게 다르다. 그런데 두 유생은 많은 발생 단계에 있어서 거의 구별이 되지 않는다.'

다윈은 진화 문제에 대한 저작에 몰두하기 전 8년 동안에 쓴 만각류 분류·

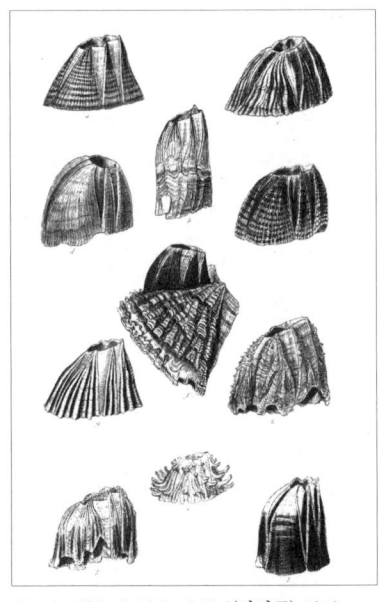

《종의 기원》에 실린 따개비(만각류) 삽화

형태 연구에 근거하여 발생 단계의 모든 현상이 관찰자에게 보이게 하는 열쇠를 나타내고 있다.

다윈에게 있어 발생 현상이 의미하는 점은 이렇게 명확하지만 발생이 유전과 관련된 점, 즉 발생의 메커니즘 문제는 당시 아무것도 몰라도 상관없다. 그리고 그것은 오히려 발생 문제라기보다 유전 문제로서 인식되었다.

《가축과 재배식물의 변이》

유전 문제를 집중적으로 다룬 저작 《가축과 재배식물의 변이》는 두 권이다. 그 머리말은 14쪽에 달하는 것이지만 내용의 대부분은 그의 진화이론 개설이고, 그 저작이 진화이론과의 관계 속에 쓴 것임을 밝히고 있다.

자서전에는 이 저작에 대해 '사양생물(飼養生物 : 사육 재배되는 생물)에 관해 내가 스스로 했던 관찰 전부와 여러 원천에서 모은 막대한 사실들이 들어 있다'고 적고 있다.

첫 번째 권은 개, 고양이, 말, 당나귀, 돼지 …… 비둘기, 그리고 곡류, 과수, 관상식물 등 각종 동식물에 대해 모은 자료가 정리되어 있고, 책 끝에서는 이론적인 문제로 이동하고 있으며, '두 번째 권에서는 변이, 유전 등의 원인 및 규칙이 지식 현상이 허락하는 한에서 논해지고 있다.'《자서전》 그는 《종의 기원》 중에서 유전법칙의 미비함을 여기서 메우려고 하고, 유전법칙에 따르려고 했다.

'쓸데없는 것은 유전된다. 5대에 걸쳐 전해지고, 또 어느 경우에는 1, 2대 또는 3대나 사라졌던 뒤에 다시 나타났다. ……이때 제5대째 아이는 맨 처음 선조의 피를 32분의 1밖에 갖고 있지 않을 것이다.'《가축과 재배식물의 변이》

'F. 다윈(셋째아들)은…… 암돼지를, 잘 길들인 알프스 멧돼지와 교배시켰다. 그러나 그 새끼는 그 혈관에 반가축화된 혈액을 가지고 있는데도 불구하고 '……매우 야생적이고, 보통 영국 돼지처럼 먹다 남은 밥을 먹으려고도 하지 않았다."《가축과 재배식물의 변이》

이 인용에서 알 수 있듯이 다윈은 유전이라는 현상의 물질적 근거로서 혈액을 생각한다. 현재도 '혈연'이나 '혼혈'이라는 말이 사용되는 것처럼 유전의 근거를 19세기 인간이 피로 구했던 것은 결코 무리가 아니다.

가설 '판게네시스'

유전의 이러한 관념을 일반적으로 '혼합유전'이라 부르지만, 더 나아가 혈액 중 무엇이 그 작용을 하는 것인지 다윈은 묻는다. 그래서 그는 유전만이 아니라 넓은 의미에서 발생학상 현상인 발아, 재생, 생장 등도 설명할 수 있는 것을 찾았다. 식물의 발아도, 동물이 잃은 신체 부분을 재생하는 것도 같은 원리로 설명되는 것이라 생각했기 때문이다.

다윈은 어느 입자를 가정했다. 그 입자는 혈액 중에 존재한다고 하고, 그것에 의해 문제의 모든 현상을 설명하고자 했다. 그러나 이 혈액 중 어느 입자가 유전을 지배한다는 가설은 다윈의 사촌인 인류유전학자 골턴의 실험으로 부정되어 버렸다. 골턴은 토끼의 다른 변종 수혈에 의해 다윈설을 확인하고자 했던 것이다.

그래서 다윈은 입자가 신체 조직 중에 분산한다고 생각했다.

'신체 세포 즉 단위는 자기분열 즉 증식에 의해 같은 성질을 유지하면서 증가하고, 마침내는 신체의 여러 조직이나 물질로 변하는 것이 널리 인지되고 있다. 그런데 이 증식 말고 그 단위가 모든 조직에 분산되는 아주 작은 과립을 방출한다고 가정한다. 그래서 그 과립들은 적당한 영양이 공급되면 자기분열에 의해 증가하고, 마지막으로는 비로소 그것이 유래한 단위로 발달한다. 이 과립들을 제뮬(gemmule ; 소분체(小分體))이라 불러도 좋을 것이다. 제뮬은 생식요소를 구성하기 때문에 그 몸의 모든 부분에서 모이고, 그 다음 대에 발달하면서 새로운 생물체를 형성한다.《가축과 재배식물의 변이》

이 가설 전체를 다윈은 판게네시스(Pangenesis : 범생설(汎生說))라 불렀다. 여기서 인용한 부분에 체내에서의 제뮬 증식이 등장하고, 개체발생에 대해서도 언급되고 있지만, 재생에 관해 다윈이 가지고 있던 이미지는 다음에 인용하는 것처럼 화학상 개념과 비교한 것이었다.

'생리학 사실 중에서 재생의 힘보다 불가사의한 것은 없다. ……이러한 사례는 각 부분에 유래하고, 신체 중에 퍼져 있는 제뮬 존재에 의해 설명된다. ……이 과정은 잘려진 뿔의 재생에 의한 회복 과정과 비교된다. 두 개의 과정은 공통점을 많이 가지고 있다. 한 사례는 분자의 극성이 원인이고, 또 한 사례에서는 특수한 발생을 시작한 세포에 대한 제뮬의 친화성(선택적으로 결합하려는 성질)이 그 과정의 원인이다.《가축과 재배식물의 변이》

여기서 나타나고 있는 판게네시스 관념을 보면 다윈이 그것을 만들기 위해 쏟은 노력이 그대로 전해져 온다. 아주 작은 입자를 상정한 것은 다윈이 17세기 말부터 18세기 과학자 라이프니츠의 단자(單子 : 단위를 뜻하는 모나드) 등에 익숙해져 있기 때문일 것이다. '단자에 속해서 그 단자를 자신의 엔텔레케이아(entelecheia : 영혼, 완전현실태) 또는 정신으로 하고 있는 물체는 엔텔레케이아와 함께 생물이라 이름지을 수 있는 것을 구성한다'고 라이프니츠는 말하고 있다. 다윈은 어린 시절부터 모르는 것을 이해하고자 할 때 유물론적으로 생각했다. 뇌의 작용을 고찰했을 때도 그렇다. '내가 유물론이라 부르는 그 말의 의미는 뇌의 형태와 사색의 종류와의 긴밀한 관계에 지나지 않는다―요소의 본성과 인력의 종류 같은'이라는 문구가 가지고 있는 책의 여백에 쓰여 있지만, 그러한 정신을 가지고 그는 유전과 발생의 메커니즘 문제에 몰두했을 것이다.

노력해서 만든 이 가설에 대하여 그는 스스로 변명하고 있다.

'귀납과학의 역사가인 휴얼(W. Whewell)이 "가설은 불완전하거나 오해의 소지가 있을 때 과학에 이바지하는 것이 있다" 평가하고 있듯이 이러한 관점에서

나는 무리하게 판게네시스 가설을 제출한다.'《가축과 재배식물의 변이》

멘델의 유전이론이 재발견된 것은 1900년이기 때문에, 다윈이 자서전을 썼을 때에도 유전법칙은 밝혀지지 않았다. 그래서 그는 변명과 함께 다음과 같이 적어서 자신이 세운 가설에 꿈을 맡겼던 것이다.

'입증되지 않은 가설은 약간의 가치가 있을 뿐이거나 또는 전혀 없다. 그러나 앞으로 누군가가 이러한 가설을 확립할 수 있는 관찰을 하게 된다면 나는 충분히 도움을 줄 수 있을 것이다. 놀랍게도 수많은 분리된 사실이 이렇게 해서 서로 결합되고, 이해할 수 있게 되기 때문이다.'《자서전》

유전 실험

다윈은 유전에 대해 어느 정도의 인식을 가지고 있던 것일까? 다윈은 유전학 이론상 멘델의 선구가 되는 교육자들—퀼로이터, 게르트너 등에 의한 교배 실험에 대해 읽었다. 또 스스로도 스위트피(콩과의 한해살이풀)를 사용해 교배를 하고, 잡종 제4대 정도까지의 지금 말로 하면 표현형을 관찰하기도 했다.

'나는 암적자색 꽃잎과 제비꽃 색의 꽃잎을 가진 보랏빛 스위트피를 앵두색 꽃잎과 거의 흰색 꽃잎을 가진 스위트피 꽃가루로 수분시켰다. …… 같은 콩깍지부터 둘 다 매우 닮은 식물을 두 번 길렀다. 아버지 쪽을 닮은 것의 수가 많았다. …… 나는 이 잡종식물들과 그 후손을 길렀다. 그들은 흰색 꽃과 닮았다. 그런데 그 뒤부터는 보라색이 더 나타나게 되었다.'《가축과 재배식물의 변이》

또 한 가지 다윈이 인용하고 있는 교배실험의 예를 살펴보는 것으로 그가 유전이론의 근거로 한 것에 대한 소개를 끝내자.

'클라크는 작고 털이 없는 1년생 다년초를 크고 붉은 꽃의 까칠까칠한 잎의 2년생 다년초 …… 꽃가루로 교배했다. 그 결과 반은 털이 없고, 나머지 반은 까칠까칠했지만, 그 중간은 없었다. …… 잡종인 까칠까칠한 잎에서 나온 것에서는 털이 없는 식물이 약간 나타났다. 이러한 털이 없는 성질은 까칠까칠한 잎과 혼합하여 이것을 변화시킬 수는 없지만, 이 식물의 가계에 항상 잠재되어 있다는 것을 나타내고 있다.'《가축과 재배식물의 변이》

여기서 나타나고 있는 예는 식물을 사용한 것이기도 하지만, 전에 들은 동물 예에서 예상되는 '혼혈'과 같은 것이라고는 보기 어렵다. 다윈은 마지막까지 혼합

유전을 다루었고, 어느 유전학 역사가는 '다윈의 진화기구에 있는 가정 중 가장 불행한 것이 그 혼합유전이었다는 것은 지금도 잘 알려져 있다'고 평하고 있다.

해당 나이에 유전된다

지금 다시 한번 《종의 기원》으로 돌아가 다윈의 유전 관념에 관련된 또 하나의 측면을 보고 싶다. 먼저 이 장 처음에 인용한 문장 한 부분을 다시 골라낸다. '자연 상태 아래에서는 자연선택이 생물에 대해 어느 시기에 작용하고, 그 시기에 도움이 되는 변이를 집적하고, 그래서 그것이 해당 시기에 유전되는 것에

멘델(1822~1884)
오스트리아의 유전학자. 혼합유전설을 부정하고 입자유전을 만들어 냈다.

의해 그 생물을 변화시켜 갈 수 있을 것이다.' 이 '해당 시기의 유전'은 원문에서는 'inheritance at a corresponding age'로 되어 있다. 따라서 '해당 시기의 상속'이라고도 해석할 수 있다. 같은 예를 들어 보자.

'각각의 품종에 가치를 매기는 것이고, 또 인간의 손으로 집적해온 특수한 차이는 일반적으로는 생애 초기에 나타나기 시작한 것이 아니라 자손에게도 해당하는 이르지 않은 시기에 유전되어 온 것이다.'《종의 기원》

이 부분도 'inherited at a corresponding not early period'이고, '상속된다' '계속 받아들인다'라고도 해석할 수 있고, 그렇게 읽는 것이 자연스럽다. 실제로 이 직전에 다음과 같은 기술이 놓인다.

'사육자들은 말과 개, 비둘기 등을 육성함에 있어서 그들이 거의 성장을 끝낼 즈음에 선택을 한다. 그들에게 있어서 바람직한 성질과 구조는 완전히 성장한 동물이 가지고 있으면 좋은 것으로 그것들이 생애 초기에 얻었는지 늘그막에 얻었는지 하는 것에 대해서는 무관심하다.'

유전이라는 것은 이렇게 유산 상속이라는 의미를 가지고, 다윈의 유전 관념에 자주 그것이 따라오지만, 발생 문제에 관련시켜도 '해당 나이에 유전된다'고

말하고 있다.

'잇따라 일어나는 변이는 반드시 이른 나이에 일어나는 것이 아니고, 또 일생 중 이른 시기가 아니고 해당 나이에 유전된다는 원칙에 근거하면 왜 포유류, 조류, 파충류 및 조류의 배아는 자주 닮아 있고, 게다가 성체 형태는 닮지 않았는지에 대한 이유를 분명히 알 수 있다.'《종의 기원》

각각의 생물에 특유한 일정 형태가 나타난 뒤의 인용 예의 경우, 또 어느 종의 동물 중 특정 개체가 가진 성질이 그 후손에게 재현된다는 앞의 예의 경우, 모두 다 결정된 해당 나이에 부모가 가진 형질이 나타나는 것을 유전이라는 말로 표현하고 있다.

문자 그대로 읽으면 다윈은 생물의 성장에 따라 유산이 손에 들어오듯 일정 형질이 얻어지고, 환경으로부터의 자연선택이 작용하여 변이가 대대로 집적되고, 진화가 이루어졌다고 해석한다.

딸이 성장함에 따라 엄마의 어린 시절과 닮은 듯한 일상의 낯익은 예를 다윈은 '해당 나이에 유전된다'고 말했지만, 이 문제는《가축과 재배식물의 변이》에서는 하나의 장으로 다루면서 많은 예를 가지고 설명하고 있다.

'이 원리―생애에 해당하는 나이의 유전―는 어느 점에서는 너무나 명백하기 때문에 주의를 끌지 않게 된다'고 말하고, '고슴도치 돌기가 그 아버지에게도 그 아들에게도 같은 나이, 즉 생후 약 9주간 나타난' 사례를 든다. 그런데 모두 아버지 대보다 빨리 증상이 나타나는 것으로 실명(失明)과 내장안(內障眼)을 들고, 게다가 암은 '훨씬 이른 시기에 유전'되기 쉽다고 한다.

인용한 몇 개의 문장을 통해 다윈이 유전법칙을 찾으려 암흑 속을 헤매고 있다는 것을 알 수 있다.《가축과 재배식물의 변이》는《종의 기원》보다도 더 방대한 책이지만, 여러 원천에서 모인 자료에 근거하여 다윈은 정말 악전고투하였다.

다윈과 멘델

이 책 초판이 출판된 것은 1868년이지만, 이보다 조금 앞서 1866년에 멘델의 유전 논문이 브루노 잡지에 독일어로 발표되었다. 그것은 다윈의 것에 비하면 매우 짧은 것으로 '식물잡종 실험'이라는 제목으로 현재 '멘델법칙'으로 유명한 내용의 논문이다. 완두를 사용한 교배실험 결과를 수량적으로 정리하고, 유전법칙을 수식으로 정리하고 있다. 그 논문 서문에 멘델은 잡종 형식에 대한 실험이 생물 진화 문제에 의의를 갖는다고 쓰고 있다. 이것은 당시 진화 문제를 얼마나 깊이 의식하고 있었는지를 나타낸 것이라고 할 수 있다.

멘델 논문은 그가 별쇄를 보내 준, 당시 저명한 식물학자 네겔리에게는 이해되지 않았다. 멘델은 자신이 도달한 아름다운 결과를 정리한 논문을 왜 다윈에게는 보내지 않은 것일까? '38부―멘델 별쇄―가 세계 어디에 존재하는지, 그것을 탐색하는 것이 하나의 연구 테마이다. …… 다윈의 책 중에는 멘델 별쇄는 없었지만, 만약 앞으로 조사에 의해 다윈이 그것을 가지고 있다고 하면 멘델이 다윈에게 무시되고 있다는 것이 되고, 새로운 견해가 필요하게 된다'는 지적도 있다.

유전학 연구에서, 마음가는 대로 솟아나는 희망은 이루어지지 않고, 수도원장이라는 직무에 쫓기다가 스스로의 연구를 '멘델법칙'이라고 불리게 되는 시대를 보지도 못한 채 멘델은 사망했다(1884년 1월 4일). 다윈의 죽음보다 2년 뒤의 일이다. 그 직전 멘델은 다가오는 죽음을 느끼고 '그리 머지않아, 세계가 이 성과를 인정해 줄 것'이라고 말했다고 하지만, 멘델법칙이 재발견된 것은 그로부터 16년이 지난 뒤였다.

다윈은 멘델보다 2년 먼저 죽었지만, 세상에서 인정받았다는 점에서는 행운이었다. 저작 《가축과 재배식물의 변이》는 초판 발행 7년 뒤, 1875년에 제2판이 출판되었다. 다윈설은 멘델 논문에 비해 많은 학자들이 보았다. 정상적인 혼합 유전설이 널리 보급되고, 요소 우열에 의해 설명하는 새로운 설은 평가되지 않았다는 것이 역사상 사실이다.

멘델은 식물, 특히 완두를 재료로 하여 유전학 연구를 했고 다윈은 스위트 피를 사용했다. 다윈에게는 그 외에도 식물학의 집중적인 연구가 있었다. 그것은 식물의 꽃이 보여 주는 형태나 애정에 관한 것으로 그 첫 계기는 아직 진화 이론을 발표하지 않은 젊은 시절, 꽃의 형태가 두 가지라는 것을 알게 되었다. 그 의미가 분명해진 것은 20년 이상 지난 뒤 〈앵초의 두 가지 형태 즉 이형화적 상태(二形花的狀態)에 대하여〉라는 표제 논문이 완성될 무렵의 연구에서였다. '두 가지 형태는 모두 완전한 양성화이지만, 서로 통상적인 동물의 양성과 대부분 같은 관계를 갖는다는 것'을 알았다.

《난의 수정》《타화수정과 자화수정의 효과》도 관련 있는 테마로 전자에서는 곤충 등에 의한 꽃의 타화수정 문제를 다루고, 난꽃에서 '타화수정을 위한 수단이 얼마나 완벽한 것인가'를 나타냈다. 후자에서는 한 그루에서 같은 종의 다른 그루로 꽃가루가 이동하는 놀라움에 대해 설명하고 있다. 이 문제도 진화론과 관련 있는 테마이다. 다윈은 그것에 대해 '종의 기원에 관해 사색을 더해 종의 형태를 일정하게 유지하면서 교배가 중요한 역할을 한다'《자서전》고 생각했기 때문에 1839년 즈음부터 몰두했다고 한다.

또 하나의 테마인 식물의 운동력에 관한 것은 다른 곳에서 언급했기 때문에 여기서는 생략하지만, 다윈 연구 중에서 진화 문제가 얼마나 탐구되고, 확대되었는지 분명해졌다고 생각한다.

다윈 그 뒤의 움직임

다윈의 가장 큰 약점은 유전의 구조를 알지 못한 점이다. 1868년에 출판한 《가축과 재배식물의 변이》에서는 세포 안의 미립자 제뮬(gemmule)이 생식세포에 모였다가 자손으로 전달된다는 판게네시스를 제창했다. 제뮬은 환경의 영향을 받기 때문에 부모가 획득한 성질이 자손에게 전해진다는 일종의 획득형질 유전을 지지하는 이론이다.

판게네시스는 증명되지 않은 가설로서 점점 사람들의 기억 속에서 사라져 갔지만, 그때는 이미 1866년에 당시 오스트리아령(현재는 체코)이던 브루노(브륀)의 수도사 그레고르 멘델이 이른바 멘델의 유전법칙을 현지 학회지에 발표한 상태였다. 그러나 다윈이 멘델의 업적을 알았다 하더라도 상황은 크게 달라지지 않았을 것이다. 멘델의 유전법칙이 1900년에 재발견됨으로써 오히려 자연선택설을 부정하는 경향이 강해졌기 때문이다.

멘델 유전법칙에 근거하여 유전형질이 이산적(離散的)이라는 인식이 확산되면서 조금씩 끊임없이 작용한다는 자연선택이 자연히 힘을 잃은 것이다. 그 결과 대규모의 돌연변이가 진화를 촉진한다는 돌연변이설과, 신체와 뿔 등의 대형화 및 말의 발가락 감소와 같은 진화는 한 방향으로 진행한다는 정향진화설 등이 등장한다.

그러한 흐름은 1930년대에 집단 유전학이 대두되면서 또다시 바뀐다. 집단유전학은 생물집단 전체에 생긴 돌연변이나 유전적 재편성에 의한 유전적 변이가 온 집단에 확산되고 정착되어 가는 과정을 이론적으로 해명하는 학문으로, 유전적 변이가 집단에 정착될 때 자연선택이 큰 역할을 한다는 사실을 수학적으로 증명했다. 이로써 멘델 유전학과 자연선택설이 융합되었다.

만년의 다윈

이러한 이론적 예측은 초파리와 무당벌레 등 실제 생물집단을 통한 실증적 연구로 증명되었다. 그 성과 보고를 계기로 분류학·체계학·고생물학·생태학 등의 최신 성과를 모아, 1940년대에 진화학설의 현대적 종합을 확립했다. 그 체계는 자연선택설을 중심으로 형성되었으며, 진화의 종합설이라 불린다.

종합설은 유전학과 여러 과학의 종합에 의해 이루어졌다. 그러나 그 당시에는 중대한 결함도 있었다. 유전의 구조를 구성하는 실체인 유전자의 정체가 알려지지 않았기 때문이다. 또한 "개체발생은 계통발생을 반복한다"라는 반복설(생물발생원칙)을 제창한 독일의 생물학자 에른스트 헤켈 등의 활약으로, 한때는 다윈진화론 보급에 큰 역할을 한 발생학이 종합설에는 그다지 힘을 쓰지 못했다. 개체발생과 계통발생의 유사는 표면적인 것이라는 재인식과, 발생을 담당하는 형성체의 정체를 둘러싼 혼란 때문에 발생학자들이 진화생물학을 떠나기 시작했다.

그런데 종합설이 성립되고 얼마 뒤, 유전물질의 정체는 DNA(데옥시리보핵산)이며, 유전자의 실체는 4종류의 염기배열이라는 사실이 확증되었다. 1960년대 초에는 21종의 아미노산의 생성을 지정하는 유전암호가 거의 해명되었다. 그러나 분자생물학은 생리화학에 근거해 부흥한 학문이므로, 실험으로 검증하지 못하는 진화는 연구과제로서 적절치 못하다는 생각도 뿌리 깊었다. 그 때문에 분자생물학의 발전이 곧바로 진화생물학의 진전으로 이어지지 못했다.

그러한 흐름을 바꾼 계기가 바로 기무라 모토오(木村資生)가 1968년에 발표한 분자 진화의 중립설이다. 단백질 수준의 변이는 대체로 중립이라는 분자진화중립설이 기폭제가 되어 자연선택의 유효성을 둘러싼 격렬한 논쟁에 다시불이 붙었다. 중립설에는 분자시계라는 개념이 도입되었다. 자연선택에 대한 중립적인 분자의 치환이 평균을 내면 시계처럼 거의 일정한 속도로 일어난다고상정하면, 그 진행을 시계 삼아 분자 수준에서의 진화속도를 검증할 수 있다.

1960년대 말에는 분자진화학자가 사람과 아프리카 유인원의 분기연대는 약400만~500만 년 전이라는 추정치를 발표하여, 적어도 1000만 년 이전이라고여기던 고생물학자와 논쟁을 벌였다. 그러나 그때에는 단백질 수준의 비교밖에 하지 못했기 때문에 분자시계의 정밀도에도 문제가 있었다. 그런데 1980년대가 되자 DNA 염기배열 데이터를 이용한 방법을 쓸 수 있게 되었다. 게다가그 뒤 DNA의 염기배열해석기술이 진보하고, 진화속도와 분기 순서를 산출하는 컴퓨터프로그램이 발달함으로써 분자진화 연구가 단숨에 활기를 띠었다.

발생생물학이라는 새 이름을 갖게 된 발생학도 분자생물학에 의해 급속히발전했다. 1980년대 중반에는 초파리의 다리와 더듬이 및 체절의 발달을 제어하는 호메오틱유전자라 불리는 복수의 유전자군을 밝혀냈다. 그리고 그 유전자군에는 모두 60개의 아미노산 배열을 코드화하는 공통 염기배열이 포함되어 있음이 밝혀져 호메오박스라 불리게 되었다. 또한 그것과 기원이 같은 똑같은 호메오박스가 사람을 포함한 척추동물, 플라나리아, 성게, 선충, 그리고 식물 등에서도 발견되었다. 즉 호메오박스는 동물과 식물이 분기하기 이전부터존재한 염기배열이라는 사실이 증명되었다.

그러자 염기배열이 같은데 왜 이토록 다양한 형태와 다양한 생물종이 존재하는가라는 문제가 대두되었다. 해답의 열쇠는 조절유전자의 개입이 쥐고 있었다. 생물 구조를 결정하는 단백질의 생성을 명령하는 유전자가 같다고 해도,조절유전자가 그러한 유전자의 발현 시기를 조절함으로써 발생과정의 진로가달라지는 것이다. 그리고 그 조절유전자가 작용하는 장소와 시기를 변경함으로써 더욱 다양한 발생과정이 실현된다.

이처럼 거의 모든 동물이 공유하는 신체구조 유전자가 발견됨으로써 발생생물학 및 분자생물학이 진화학에 접근할 수 있게 되었다. 이로써 탄생한 이분야(異分野) 융합 영역이 진화발생생물학(Evolutionary Developmental Biology)이다. 현재 각종 생물에서 모든 게놈 해독 프로젝트가 진행되는 한편, 진화의 수수께끼에 접근하는 연구가 급속히 진전되고 있다.

한편 자연선택설을 가장 크게 보강한 것은 동물행동학이었다. 《종의 기원》에서 다윈이 고민했듯이, 스스로 번식하지 않고 동료의 번식을 돕는 사회성 곤충의 노동 개체—일벌과 일개미—의 존재는 자연선택설로 풀기 어려웠다. 그러한 이타행동의 진화는 1960년대 중반에 등장한 포괄적응도라는 사고를 기반으로 하는 혈연선택설에 의해 자연선택설과 모순하지 않으면서 설명된다는 사실이 판명되었다.

이를 계기로 1970년대 초에 동물행동학, 동물사회학, 진화생태학, 집단생물학의 각 분야를 종합한 사회생물학 또는 행동생태학이라는 분야가 탄생했고, 동물의 적응 행동에 관한 연구가 가속화되었다. 리처드 도킨스가 이기적 유전자라는 말을 하게 된 것도 그 일환이었다. 또한 혈연관계가 없는 개체 간의 호혜적인 이타행동 등을 게놈이론을 적용하여 설명하는 연구도 활성화되었다.

동물의 행동은 자연선택으로 진화된 적응형질이라는 전제에 입각한 이 접근은 현재 심리학, 언어학, 인류학, 의학 등의 분야에도 적용되고 있다.

생태학에서는 1950년대 이후 주로 자연선택의 유효성을 생태학적으로 연구하는 진화생태학이 활성화되어 산자수(産子數)의 적응적 의의, 군집구조의 진화 등이 활발하게 검토되었다. 또한 수학자와 물리학자 등의 이론생태학 참여를 촉진하고, 1970년대 말에는 개체 수 변동의 주기성 해석의 연구로 카오스이론이 등장했다. 1990년대에 들어서자 진화현상을—카오스이론에서 발전한—복잡계의 거동으로 해석하는 움직임이 일었다.

고생물학에서는 1970년대에 스티븐 제이 굴드와 나일즈 엘드리지가 단속평형설을 제창하면서, 진화의 진행이 점진적인가 단속적인가 하는 문제를 둘러싸고 논쟁이 일어났다. 이는 화석의 기록이 불완전하기 때문에 점진적인 진화를 실증하기 어렵다고 논한 다윈의 딜레마를 단숨에 해소하고자 한 고생물학의 도전이었다. 신종 형성은 처음부터 단속적이라는 것이다. 이 논쟁은 양쪽 다 한마디로 결정하기 어려운 모호한 상태에서 흐지부지되고 있지만, 이로 인해 진화의 패턴과 프로세스에 관한 연구가 활성화되었다.

주목할 것은, 이 논쟁으로 《종의 기원》을 다시 읽는 움직임이 활발해졌다는 점이다. 그리고 다윈의 용의주도한 논증과 선견지명을 재평가하게 되었다.

1980년에는, 백악기 말에 공룡이 멸종한 원인은 거대한 운석 충돌 때문이라는 설이 등장하면서 큰 논쟁을 불러일으켰다. 이 이론은 현재 거의 확실시되고 있으며, 운석이 충돌한 장소는 멕시코 유카탄반도라는 점까지 판명되었다. 지구의 역사에는 때때로 외부 요인에 의해 돌발적인 대규모 멸종과 진화가 일어나면서 자연선택이 축적한 성과가 사라지고 처음부터 다시 시작된 경우가 몇 번이나 있었다. 그러나 그러한 격변이 잠잠해지면 다시 자연선택이 시작된다. 이 구도로 진화의 필연성과 우발성을 이해할 수 있다.

지구 역사에서 몇 차례나 되풀이된 생물의 대량멸종은 운석충돌 이외에도 지구생리학적인 현상과 관련이 깊다. 그 대표 격이 1960년대 후반에 증명된 육지의 역동적인 운동, 즉 판구조론이다. 다윈은 대륙의 분단과 통일 가능성은 예상했지만 대륙이 움직인다는 사실까지는 생각하지 못했다. 그럼에도 진화 유형과 육지의 분포 유형, 빙하의 전진후퇴, 생물의 이동 등의 관계를 고찰한 점이 놀라울 따름이다. 이는 아마도 다윈이, 생물의 진화 역사는 어디까지나 지구 역사의 한 부분이라는 지질학자의 시점을 가지고 있었기 때문일 것이다.

현대의 진화이론

다윈이 살던 시대에서 보면 진화학은 크게 발전했다. 그러나 생물의 진화에 대한 이해는 그다지 진보하지 못했다. 이는 다윈이 150여 년 전에 꿰뚫어 보았던, 진화란 분기를 반복해 온 역사라는 사실에 대한 인식이 확산되지 않았던 탓이 크다. 인간의 조상이 침팬지라는 등의 오해 때문이다. 침팬지의 조상과 인간의 조상은 약 500만 년 전에 갈래가 갈라졌다. 현존하는 생물 가운데 침팬지가 사람과 가장 가까운 종이기는 하지만 결코 사람의 조상은 아니다.

한편 개의 생물종의 DNA 배열을 비교할 수 있게 되자 모든 생물이 생각했던 것보다 공통점이 훨씬 많다는 사실이 드러났다. 물론 모든 생물이 공통된 조상에게서 진화했다는 다윈의 진화론에 비추어 보면 당연한 결과이다. 생물의 겉모습이 이토록 다른 반면 유전적인 구조는 놀라울 만큼 닮았다는 사실을 알게 된 것이다. 그 까닭을 규명하고 있는 것이 바로 앞에서 말한 진화발생생물학이다.

구조를 만드는 유전자와, 그 스위치를 올리거나 내리는 유전자의 조합에 의해 상상을 뛰어넘는 다양한 형태가 형성되는 것이다. 진화를 믿기 어려운 예로 곧잘 거론하는 의태(擬態) 등도 그 진화 구조가 밝혀지고 있다. 예를 들어 나비나 나방 중에는 날개에 눈알 무늬가 있는 것이 많다. 지금까지는 눈알무늬에 포식자를 위협하는 효과가 있어 큰 눈알무늬를 가진 개체가 생존하기 쉽기 때문에 눈알무늬가 진화했다고 설명되어 왔다.

확실히 같은 종의 나비라도 사는 환경과 계절에 따라 눈알무늬의 크기에 변이가 나타난다. 그러므로 큰 눈알무늬를 가진 개체끼리 교배하면 눈알무늬가 더 큰 나비를 어느 정도 만들어 낼 수 있다. 이처럼 인간의 손으로 할 수 있는 일을 자연이 못할 리 없다. 큰 눈알무늬가 유리하다면 그러한 경향을 가진 개체가 생존하여 번식할 가능성이 크기 때문이다. 이것이 다윈이 말하는 자연선택의 원리이다.

그렇다면 왜 애초에 눈알무늬가 생겼을까. 실은 나비 날개에 눈알무늬를 형성하는 유전자는 곤충의 다리 형성을 관장하는 유전자와 동일하다. 같은 유전자라도 스위치가 들어오는 장소와 시기에 따라 전혀 다른 구조를 만드는 것이다. 그러한 예는 이 밖에도 얼마든지 발견된다. 생물은 기존의 유전자를 재이용하여 다양성을 증대해 왔다. 말하자면 유전자의 브리콜라주[3]이다.

유전자는 재이용될 뿐만 아니라 그것 자체로도 변이를 거듭해 왔다. 자연선택이 일어나지 않은, 유리하지도 불리하지도 않은 유전자(중립 유전자)가 우연히 변이를 일으킬 때 그것을 후세에 남길지 아닐지도 우연에 의해 결정된다. 이것이 진화의 중립설의 기본 사고방식이다. 중립 유전자는 언젠가 쓸모 없는 것에서 유용한 유전자로 바뀔 수 있다.

또는 같은 유전자의 중복도 일어났음이 밝혀졌다. 중복하여 여분으로 존재하는 유전자군은 그 안에서 우연의 돌연변이가 일어나도 개체의 생존에 당장 영향을 주지 않을 것이다. 그러나 그런 일이 계속되면 나중에 생각지도 못할

---

3) 주어진 재료로 최고의 작품을 만들어내는 예술 기법.

만큼 유용한 유전자가 자연선택과 무관하게 진화할 수 있다. 이를 유전자 중복에 의한 진화설이라 한다.

중립설과 중복설은 자연선택과 무관하게 일어나는 진화의 구조를 설명한다. 그러나 그렇게 생긴 새로운 유전자가 유리하다고 판명되면 그때부터는 자연선택이 일어난다. 마지막 주자는 역시 자연선택인 것이다.

야생 생물로 자연선택을 실증하는 연구도 진행되었다. 가장 유명한 것이 다윈핀치에 관한 그랜트 부부의 연구이다. 부부는 오랫동안 갈라파고스 제도의 작은 섬인 다프네섬을 거점으로 삼으며 핀치의 부리 변이를 추적하여 자연선택이 실제로 작용된 현장을 포착했다.

흔히 다윈이 다윈핀치를 보고 진화론에 눈을 뜨게 되었다고 이야기한다. 그러나 이는 후세에 만들어진 전설이다. 다윈은 갈라파고스 제도에 머물면서 핀치류에는 거의 관심을 기울이지 않았다.

다윈도 갈라파고스에 고유종이 많으며, 흉내지빠귀가 섬마다 다른 변이를 일으켰음을 알고 있었다. 그러나 다윈핀치류라 불리는 작은 새들이 아주 근연하며, 원래는 남아메리카 대륙에서 건너간 한 종에서 갈라져 나와 갈라파고스에서 다양화를 이루었다는 사실을, 그가 가지고 돌아간 표본을 살펴본 조류학자가 이야기하기 전에는 깨닫지 못했다.

그랜트 부부 연구팀은 해마다 다프네섬을 방문하여 새들의 가계도를 만들고 생존율을 산출했다. 화산섬인 작은 섬에는 녹음이 부족하고 그해의 강우량에 따라 식물 종류별로 씨앗을 맺는 방법도 다르다. 단단하고 큰 씨앗이 많은 해에는 작은 씨앗이 적다. 그러면 부리가 큰 새는 먹을거리를 얻을 수 있지만 부리가 작은 새는 먹을 것이 없다. 같은 종의 새라도 개체별 부리의 변이에 따라 생존율이 좌우되는 것이다. 또한 부리가 큰 새는 그 자손도 역시 부리가 크다. 그랜트 부부 연구팀은 씨앗의 크기가 새 부리의 크기를 좌우하는 도태압(淘汰壓)이 된다는 사실을 입증했다.

환경과 먹이의 도태압이 작용하여 원래는 한 종류였던 핀치는 섬마다 크기가 다양한 변종으로 분화했다. 그리고 먹이와 영역을 서로 나누고, 변종끼리 번식하지 않음으로써 공존하게 되었다. 그 결과로 1종에서 10종의 다윈핀치류가 진화했다.

진화론의 현대적 의의

"진화로 조명할 수 없는 생물학은 의미가 없다." 1930년대부터 40년대에 걸쳐 종합된 진화종합설의 중심인물인 테오도시우스 도브잔스키가 1973년에 한 말이다. 각종 생물의 유전자 해석이 이루어진 현대에서 보면 이보다 중요한 말이 없다. 앞에서 이야기했듯, 모든 생물은 놀랍도록 많은 수의 유전자를 공유하고 있기 때문이다. 이는 모두 공통된 조상에서 유래했다는 사실을 인정하지 않고는 도저히 설명할 방법이 없다.

다윈은 왜 이토록 다양한 생물이 존재하는가라는 물음에서 출발했다. 그리고 도출한 해답이 '변화를 수반한 유래'와 '분기 원리'였다. 즉 생물은 조금씩 변화하면서 가지를 쳐온 것이다. 그 결과 현재의 다양한 생물이 생겼다.

다윈의 결론이 옳았음이 해가 갈수록 하나하나 증명되고 있다. 유전의 구조도 모르던 시대를 살면서 이토록 놀라운 선견지명을 가질 수 있었다니 놀라울 따름이다. 그러한 다윈의 원점이 《종의 기원》이다. 따라서 이 책을 읽지 않고는 생물학을 논할 수 없다.

또한 진화론은 "사람은 어디에서 왔고 어디로 가는가"라는 철학적인 물음과 관계가 있다. 우리가 신에게 축복 받은 존재라고 믿기는 쉬울 것이다. 그러나 눈앞의 현실은 결코 그렇지 않다. 사람은 때로 아무렇지도 않게 다른 사람을 죽이고 생존에 반드시 필요한 조건인 환경을 파괴하는 데 힘쓰기도 한다. 우리의 이성은 대체 무엇을 위해 존재하는가? 그 의미를 밝혀내려면 우리의 뿌리를 다시 돌아보지 않을 수 없다.

진화가 일어나는 방법은 언제나 우연과 필연에 좌우되며 그 행방은 정해져 있지 않다. 처음부터 정해진 운명은 존재하지 않는다. 생존의 의미를 물으며 허무를 향해 달리기는 쉽다. 그러나 우연이 무한히 반복된 결과로서 인생이 존재한다는 사고에는 장엄함까지 느껴진다. 《종의 기원》을 읽지 않고는 인생을 논할 수 없다.

사람이란 무엇인가

인간에 대한 관심

《종의 기원》이 출판되자 가해진 공격에, 다윈의 대리인으로 나선 헉슬리는 그 뒤 1863년 《자연계에서의 인간의 위치》를 저술했다. 그는 '인간과 하등동물의 관계는, 결국 다윈의 견해를 지킬 수 있는가 없는가라는 한층 커다란 문제 속으로 저절로 사라져 간다. ……우리 인간의 정확한 위치를, 세심하게 주의를 기울여 결정하는 것은 우리의 의무이다'라고 써, 진화의 문제를 인간에까지 확대해 논했다. 다윈 자신이 인간에 대해 쓴 저작은, 훨씬 뒤에 나왔다. 《인간의 유래 및 성선택》(1871), 《사람과 동물의 감정표현》(1872)이 그것이다. 다윈이 예순두셋 때의 일이다.

다윈이 이 두 권의 저작을 연달아 출판한 것은 만년이 되어서였지만, 사실 인간에 대한 사색은 종의 문제에 대한 고찰 초기에 이미 시작되고 있었다. 앞서 서술한 것처럼 1839년 끝 무렵 장남 윌리엄이 태어났을 때 유아를 관찰하기 시작했지만, 인간에 대한 관심은 훨씬 더 일찍, 앞서 말한 항해 중의 티에라 델 푸에고 원주민을 보았을 때의 강한 충격에서도 나타나 있다고 할 수 있다. 특히 인간의 문제를 기입하는 노트를 갖춘 것은 1838년 7월로, 종의 문제에 대한 노트를 쓰기 시작하고부터 1년밖에 지나지 않은 시기였다.

다윈은 인간의 문제를 진화의 문제 속에 놓고 생각하고 있었지만, 인간에 대한 그 이전의 주된 사상은 어떤 것이었는가. 다윈의 인간론을 보기 전에, 이를 먼저 정리해 두기로 한다.

르네상스까지의 '인간'

고대 그리스에서 아름다운 나체 조각 작품이 프락시텔레스 등에 의해 만들어졌을 무렵, 아리스토텔레스는 자연계의 사물을 '자연의 계단'으로 정리

했다. 조각가는 인체를 아름다운 것으로 보고, 아리스토텔레스는 인간을 자연계의 가장 높은 위치에 있는 것으로 보았다. 그의 '자연의 계단'은 무생물에서부터 식물을 거쳐, 동물, 인간으로 높아져 가는 사다리로, 자연은 좀더 높고, 좀더 완전한 것을 향해 배열된다는 것이었다. 무생물은 영혼이 없지만, 식물은

생장하고 생식한다는 점에서 영양의 영혼을 가진다고 생각되었다. 동물은 거기에 더해 느끼고 운동한다는 점에서 감각의 영혼을 지닌다고 여겨졌다. 인간은 그 두 가지 영혼 말고도 말을 하고 생각하는 이성의 영혼을 가지고 있다고 설명하고 있다.

유럽이 그리스도교로 지배되자, 사람들은 구약성서의 《창세기》에 입각한 인간관을 가지게 되었다. 인간은 신에 의해 창조된 아담의 자손으로 죄 많은 존재이다. 나체의 인간은 아름다운 존재가 아니고 자연은 탐구되어야 하는 것이 아니며, 인간의 눈은 오로지 자신의 마음으로 향했다. 중세의 약 1천 년 동안 사람들의 마음은 닫혀 있었다.

레오나르도 다빈치는 베로키오의 공방(工房)에서 미술가가 되기 위한 수업을 했다. 거기서는 사람이나 동물을 더욱 잘 그리기 위해 해부가 실시되었다. 레오나르도가 남긴 '해부학 노트'는 그가 죽고 나서 400년이 지난 뒤에야 발견되었지만, 그는 해부학적 지식을 바탕으로 하여 《최후의 만찬》《모나리자》 등 많은 명화를 남겼다. 자연에 작용하여 인간을 아름다운 존재로 보는 르네상스였다. 또 하나의 거장 미켈란젤로의 작품 《다비드 상》은 그 젊디젊은 육체의 아름다움으로, 《피에타》는 그 축 늘어진 신체 표현의 진실성으로 이를 보는 사람들을 감동시킨다. 미켈란젤로 또한 인체해부를 배우고, 골격과 근육의 지식을 풍부하게 갖추고 있었다. 레오나르도와 미켈란젤로는 해부의 메스를 잡으면서 인체의 정교함, 아름다움에 감동했음에 틀림없다.

미술가의 작업이 아니라, 전문 해부학서로 나타난 베살리우스의 《인체의 구조》는, 중세 해부학의 쇠퇴 원인이 의사가 스스로 집도하지 않았던 것에 있다고 중세 의학자들을 비판하고, 베살리우스 자신이 한 해부와 칼카르의 동판화로, 인체의 구조를 상세하고 훌륭하게 나타내 보였다. 《인체의 구조》가 출판된 것은, 코페르니쿠스의 《천구의 회전에 대하여》가 출판된 것과 같은 해인 1543년이었다. 이때부터 그리스도교에 의해 만들어진 세계관, 인간관은 흔들리기 시작했다.

데카르트의 '인간'

16세기에 벗겨진 베일은 인체 구조를 분명하게 보여 주었지만, 그 기능을 나타내는 일은 17세기 이후의 일로 돌려졌다. 생리학·해부학자로서 그 일을 맡은 것은 먼저 윌리엄 하비였다. 그는 비교해부학에 입각하여 《동물의 심장과 혈액의 운동에 관한 해부학적 연구》를 출판하고, 혈액순환을 제시했다.

그 직후 인간론을 전개한 사람으로 데카르트가 있다. 데카르트는 인간을 고찰함에 있어 그것을 동물과 비교하고 동물을 기계와 비교하는 방법을 취했다. '만약 원숭이 또는 그 어떤 이성을 갖지 못한 동물의 기관과 외형을 갖춘 기계가 있다면, 우리는 이들 기계가 어떤 점에 있어서나 앞서 말한 동물과 같은 본성을 가지고 있는지 없는지를 인식할 어떠한 수단도 갖지 못할 것이다'라고 데카르트는 말한다. 그에게 동물은 기계이지만 인간은 이성을 가진 존재이고, 사상을 표현하는 말을 가지고 있으며, 자각에 의해 행동하는 존재로서 기계장치와 구별된다.

그렇지만 인간의 생리적인 현상에 대해서는 기계적으로 설명하고 있다. 데카르트가 만년에 쓴 저서 《정념론》에서 조금 인용해 보겠다.

'(눈물의 원인에 대하여) 인체의 어떤 부분에서도 끊임없이 다량의 증기가 나오고 있는데, 눈만큼 증기가 많이 나오는 곳은 없다. ……눈에서 나오는 증기가 눈물로 바뀌는 원인은 단 두 가지밖에 발견되지 않는다. 첫 번째는 증기가 지나는 기공(氣孔)의 모양이 이유 없는 어떤 고장 때문에 변화하는 것이다. ……또 하나의 원인은 사랑이나 기쁨, 또는 일반적으로 심장이 다량의 혈액을 동맥에서 밀어내는 것과 같은 원인을 동반하는 슬픔이다. 이 경우 슬픔이 필요하다는 것은, 그것이 혈액 전부를 냉각시켜 눈의 기공을 수축시키기 때문이다.'

데카르트는 프랑스인이었지만 주로 네덜란드에서 집필 활동을 했다. 당시 네덜란드는 격렬한 투쟁을 거쳐 에스파냐로부터 독립, 번영하는 과정에 있었다. 위대한 화가 렘브란트가 《툴프 박사의 해부》를 그리고, 리얼리즘 예술을 세상에 내놓은 시기이기도 했다.

이슬은 걷힌다

하비를 배출하고 데카르트를 낳은 17세기에 이은 18세기의 유럽은, 프랑스를 중심으로 유물론 사상, 계몽주의가 전성기를 이루었다. 인간의 이성을 믿고 인간의 평등을 주장했다. 영국에서 태어난 뉴턴 역학의 체계가 계몽사상가에 의

해 프랑스에 소개되었고, 방대한 《백과
전서》가 편집되었다. 계몽사상가 중 대표
적인 한 사람인 의사 드 라메트리는 《인
간기계론》을 익명으로 발표하여 데카르
트의 인간관을 비판했다. 이것은 동물과
인간을 가로막고 있는 벽을 떼어 내려는
것이었다.

'인체는 스스로 태엽을 감는 기계이고,
영구 운동의 산 표본이다. 열이 소모시키
는 것을 음식이 보충해 간다.'

'동물로부터 인간으로, 이 추이는 급격
하지 않다. ……말이 발명되기 전 언어의
지식이 없었을 때, 인간이란 무엇이었는

데카르트(1596~1650)
프랑스의 철학자·수학자·물리학자. 데카르
트는 인간을 동물과 비교하고 동물을 기계
와 비교하는 방법을 취했다.

가? 인간이라는 종속의 동물, 다른 동물보다는 훨씬 적은 자연의 본능을 가지
고 있었으며, 다른 동물의 영장이라고는 그때는 생각지도 않았다.'

이들 문장 및 '인간이 동물에 지나지 않고, 태엽의 집합에 다름없다'는 말에
서 그의 급진적인 사상을 읽을 수가 있는데, 동물과 인간 사이의 관념상의 거
리가 줄어들고 있었다는 것은 확실하다. 같은 시기 동식물을 분류하고 이명법
(二名法)을 확립한 스웨덴의 린네는 네 발 짐승 안에서 원숭이 속과 함께 호모
속을 두어 사람을 호모 사피엔스라고 명명했다. '분별 있는 사람'이라는 뜻이다.

《박물지》를 낸 뷔퐁은, 원숭이는 인간의 퇴화형이라고 했다. 《동물철학》의 저
자 라마르크는 인간에 대해, 원숭이류인 사수류(四手類) 뒤에 인류를 포함한
이수류(二手類)를 두고, 어떤 종의 수상동물(樹上動物)이 나무에 오르는 것을
그만두고, 손발로 가지를 움켜쥐는 습관을 잃은 경우, 뒷다리를 보행에만 쓰고
앞다리를 보행에 쓰지 않는 것과 같은, 두 발로 걸어다니는 짐승이 출현할 가
능성을 말하였다.

다윈의 진화론이 나온 뒤, 앞서 말한 헉슬리가 《자연계에 있어서의 인간의
위치》를 썼는데, 이에 대해 다윈은 '헉슬리 교수는 ……가시적인 모든 형질에
있어서 고등한 원숭이가 같은 영장목의 하등 구성원과 다르다고 하는 것 보다

는, 인간과 고등한 원숭이의 차이는 적다는 것을 나타냈다'고 썼다.

다윈의 진화론을 독일에 보급하는 일에 힘쓴 헤겔은 그의 저서 《자연창조사》 속에서, 인류와 유인원 사이에 잃어버린 강(綱)이 하나 있다고 하고, 그것에 피테칸트로푸스(원인)라는 이름을 붙였다. 이것은 나중에 미싱 링크 발견의 정열을 불러일으키게 되었는데, 다윈은 이 저작에 대해 《인간의 유래》의 서문에서 다음과 같이 말하고 있다. '이 속에서 그(헤겔)는 인류의 계통에 대해 충분히 고찰하고 있다. 만약 그 저작이 나의 논문(《인간의 유래》)이 쓰여지기 전에 나타났다면, 아마도 내가 그것을 완성하는 일은 없었을 것이다. 내가 도달한 결론의 대부분이 이 내추럴리스트에 의해 확인되어 있음을 알 수 있다.'

그렇다고는 하나 《인간의 유래》의 사상이 헤겔과 같다고는 할 수 없다. 또 다윈은 헤겔의 저작이 일찍 나왔다면 이것을 완성할 수는 없었을 것이라고 말하고 있지만, 오히려 그는 헉슬리나 헤겔의 저작이 나옴으로써 자신의 인간론을 발표하기 위한 길이 열려, 일이 개운하게 정돈되었다고 느끼지 않았을까?

3부로 구성된 《인간의 유래》

마침내 다윈의 인간에 대한 사상을 살펴볼 시기에 이르렀는데 《인간의 유래》는 사실 인간에 대해서만 서술한 것이 아니다. 정확한 표제는 《인간의 유래 및 성선택》로, 3부로 이루어진 구성의 제2부는 곤충, 어류, 조류, 포유류의 제2차 성징(性徵)의 기술에 할애되어 있다.

인간 이외의 동물에 대한 문제에 많은 페이지가 할애되어 있는 것만으로도 알 수 있지만, 다윈은 인간에게 동물의 법칙을 적용함으로써 인간을 논하려고 했다. 다윈 자신은 이 책을 다음과 같이 자리매김하고 있다.

'《인간의 유래》는 1871년 2월에 출판되었다. ……종(種)은 변할 수 있다는 것을 확신하게 되자, 곧 인간도 같은 법칙에 따를 것이라는 신념에서 벗어날 수 없었다. 그래서 나는 ……그 문제에 대한 생각을 써 모았다.'《자서전》

《종의 기원》에서 그는, 인간에 대해서는 아주 조금밖에 언급하지 않았었다. 하나는, 인종 간 차이의 기원 문제를 성선택으로 설명할 수 있다고 생각한다고 서술한 것이고, 또 하나 《종의 기원》의 끝에 이르러 '먼 미래에는……여러 가지 분야가 개척될 것이라고 생각한다. 심리학은 개개의 정신적인 힘이나 가능성의, 점차적인 변화에 의한 필연적 획득이라는 새로운 기초 위에 세워지게 될 것이다. 인간의 기원과 역사에 대해 광명이 던져질 것이다'라는 부분이다. 이 정도밖에 쓰지 않은 것에 대해 자서전에는, 《종의 기원》의 성공을 위해 '어떤 증거도 제시하지 않고 인간의 기원에 관한 나의 신념을 남에게 보이는 것은 유해하다'고 생각한 것이 암시되어 있다.

또 자서전에는 《인간의 유래》에 대해 다음과 같이 말하고 있다.

린네(1707~1778)
스웨덴의 식물학자. 처음으로 생물의 종, 속을 정의하는 원리를 만들었다. 그의 저서 《식물의 종》(1753)에서 식물 학명이 완전히 정착되었다.

'많은 내추럴리스트들이 종의 진화설을 충분히 받아들인 것을 알았을 때, 내가 소지하는 비망록을 완성해 인간의 기원에 대한 특별 논고를 발표하는 것이 타당하다고 생각했다. 그것은 또한 성선택……에 대해 충분히 논할 기회를 주는 것이었으므로, 나는 그렇게 하는 것이 더욱 기뻤다.'《자서전》

두 가지 특징

《인간의 유래》는, '하등 품종으로부터의 인간 유래의 증거'라는 표제의 장으로 시작된다. 그 서두 부분을 인용해 본다.

'인간이 이전에 존재하고 있던 어떤 품종이 변화한 자손인가 아닌가를 결정하고 싶으면, 맨 먼저 인간이 조금이라도 신체적 구조나 지능에 있어 차이가 있는지를 물을 것이다. 그리고 만약 있다면, 그 차이는 하등동물에게 작용하고 있는 법칙에 따라 자손에게 전해지는지의 여부를 물을 것이다.'

그는 표제의 문제에 대해, 인간의 신체구조는 다른 포유류와 같은 일반적 구조라는 것을 지적한다. 골격, 근육, 신경 등에 대해 그렇다고 할 수 있으며, 또 태아의 발생에 있어 초기에는 다른 척추동물의 태아와 구별조차 할 수 없을 정도이고, 인간과 유인원의 태아의 차이가 확실히 나타나는 것은 착상한 지 한

참 뒤의 일이라고 주의한다.

또 인간의 신체에 있는 흔적기관—귀를 움직이는데 쓰이는 근육, 꼬리뼈 등—을 들며, 이런 것의 존재를 이해하려면 옛 선조가 그런 기관을 완전한 형태로 가지고 있었다는 것, 그리고 그것이 습성의 변화, 또는 용도 폐기로 인해 퇴화했다고 생각할 수밖에 없다고 말한다.

이렇게 다윈은 인간이 하등 조상으로부터 유래했다는 증거는, 인간의 여러 신체구조에서 관찰된다고 한 뒤, 그럼 어떻게 하등인 것에서 진화해 왔는지를 묻는다. 그래서 그는, 일반적인 진화이론을 적용하여 인간의 과거를 추측하고 미래를 조망하려고 한다.

인간을 특별히 만들어진 것으로 보는 그리스도교 사상에 반해, 다윈은 인간을 동물로 보고, 동물의 법칙을 적용하여 인간의 유래에 대한 설을 여기서부터 전개한다. 동물은 다산으로 혹독한 생존경쟁에 노출되어 자연선택이 작용한 결과, 유리한 변이가 보존되고 유해한 것은 제거되어, 마침내 신종(新種)이 형성되었다는 그의 진화이론을 당시로서는 대담하게도 인간에게 적용하겠다는 것이었다.

《인간의 유래》의 특징 중 하나는 인간을 동물로 보는 것이지만, 그 관점의 바탕에는 또 하나의 특징이 있다. 그것은 자연선택 가운데 성선택을 크게 들추고 있다는 점이다. 《종의 기원》에서는 자연선택의 장의 한 절로써 성선택이 다뤄졌을 뿐이지만, 이 저작에서는 제2부 전체가 인간 이외의 동물의 기술에 할당되어, 사슴 등의 동물 수컷의 훌륭한 뿔이나, 공작에게 현저한 조류 수컷의 아름다움이 성선택이라는 말로 설명되어 있다. 암컷을 차지하기 위해서 다른 수컷과 싸우거나, 암컷을 유혹하는 데 도움이 되는 변이가 수컷에게 축적되어, 수컷에게 두드러진 제2차 성징이 나타났다는 것이다. 나중에 서술하겠지만 다윈은 이 생각을 인종의 기원을 고찰하는 데에 사용하려고 했다.

인간과 자연선택

다윈이 가진 견해의 특징 중 하나, 즉 인간을 동물로 보고 거기에 자연선택의 원리를 적용하고 있는 예를 다음에서 보기로 하자. 인간의 옛 선조에 대한 추측이다.

'다른 모든 동물과 마찬가지로 초기 인간의 선조도 식량 이상으로 증가하는 경향이 있었음에 틀림없다. 그래서 그들은 자주 투쟁을 하고, 그 결과 자연선택이라는 혹독한 법칙에 노출되어야만 했다. 이렇게 해서 모든 종류의 유리한 변이는 우연적으로나 습성적으로 보존되어, 유해한 변이는 제거되었을 것이다.' 《인간의 유래》

이런 일반적인 견해를 바탕으로 사수류(四手類)의 원숭이에서 사람으로의 진화로 논의를 진행시킨다. 우선 원숭이의 손과 사람의 손을 비교해서 사수류(四手類)의 손은, 우리 자신과 일반적으로 공통된 형태로 만들어져 있지만 여러 가지로 사용되기 위해서는 훨씬 불완전한 적응을 보이고 있다'고 한다. 사수류의 손은 나무타기에는 적응하고 있지만, 개의 발처럼 보행에 도움이 되지 못해, 침팬지나 오랑우탄은 손바닥 가장자리나 손가락 관절뼈를 땅에 대고 보행한다고 한다. 또 원숭이가 엄지손가락을 다른 손가락과 마주 향하게 해서 물건을 집는 것을 지적한다. 원숭이가 그런 신체구조를 가지는 점에 주의를 환기한 뒤에, 다윈은 그들의 옛 선조로부터 두 다리로 걷는 인간의 출현을 추측한다.

'생활의 양식을 얻는 수단이 변화하거나 환경조건이 변화했기 때문에, 영장류의 일대계열(一大系列)에 있었던 옛 구성원의 수상성(樹上性)을 감소시킨 직후에, 그 습성적 전진 방법이 바뀌었을 것이다.……인간이 두 발로 걷는 동물이 된 것은 유리했겠지만 대부분의 동작을 위해서는 팔과 상반신 전체가 자유로워지는 것이 불가결했고, 그 때문에 인간은 자신의 다리로 튼튼하게 서지 않으면 안 되었다. 이 큰 이점을 얻기 위해 발은 평평해지고 발가락은 붙잡는 능력을 거의 완전히 잃었지만 특수한 변화를 했다. 손이 붙잡기 위해 완전해짐에 따라 발이 서 있고, 걷기 위해 완전해진 것은, 동물계에 널리 미치고 있는 생리학적 분업의 원리와 일치하고 있다.'(앞의 책)

직립이족(直立二足) 보행을 한다는 특징적인 인간의 신체구조와 행동에 대한 문제 말고 더 깊이 고찰하고 더 설득력 있게 서술해야만 하는 문제가 있었다. 그것은 인간의 마음, 정신적인 능력의 문제였다.

인간의 마음의 진화

일찍이 데카르트는 인간의 이성이라는 정신적 기능을 이유로 인간을 동물과 마찬가지로 기계로 보는 것을 거부했다. 인간의 마음이 어떻게 발달해 왔는지 이것이야말로 큰 문제로, 다윈이 그의 이론을 완전하게 하기 위해 논해야만 하는 가장 큰 문제이기도 했다.

다윈은 인간의 마음의 문제를 분명히 하기 위해, 먼저 동물의 '마음'에 대해 고찰하려고 했다. 개와 원숭이의 심리적 능력이 어느 정도 발달된 것인가를 아는 것이, 인간의 마음의 파악으로 이어질 것이라고 생각했다. 오히려 인간과 동물의 연속성을 강하게 내세우려고 했다는 것이 옳을지도 모른다. 그는 '인간과 고등 포유류 사이에는 기본적인 차이가 없다'는 것을 보이려 했던 것이다.

동물의 모성애나 주인에게 보이는 애정, 동물의 도구 사용, 미적 감각을 지니는 것과 같은 예를 들어 동물의 심리적 능력이 뛰어남을 마음에 새긴 뒤, 다윈은 문제를 한층 더 깊이 파고들어 도덕감각의 분석으로 향한다. 도덕감각이야말로 인간 고유의 것이라고 일반적으로 생각되고 있었기 때문이다. 그 문제에 대해 그는, 동물이 '사회적 본능'을 가진다는 것, 그것이 점차 발달해 고도에 이르러 도덕감각이 생긴다고 서술한다.

다윈은 본능이 집단의 각 구성원의 행동 지침으로 발달하는 모습을 네 단계로 나누어 추측한다. 첫 번째 단계로, 사회적 본능이 동료에 대한 동정심을 키워 동료에게 봉사하도록 한다. 두 번째로, 심리적 능력이 더욱 발달하면 과거의 행동 이미지를 가질 수 없게 되어, 식욕 같은 욕망보다도 오랫동안 만족감을 맛볼 수 있는 욕구를 만족시키는 것을 알게 된다. 세 번째로, 언어 능력을 얻게 되면 공동체의 희망을 표현할 수 있게 되어, 각자가 공공의 이익을 위해 어떻게 행동해야 하는가 하는 지침이 생긴다. 그리고 마지막으로, 개체의 습성이 강화되어 공동체의 희망과 판정에 따라 행동하게 된다. 이상이 도덕적 감각과 행동 발달에 대한 다윈의 주장을 요약한 것이다.

그러나 문제는 그것으로 끝이 아니다. 도덕감각, 양심의 획득이 진화이론의 생존경쟁 명제와 모순되는 것처럼 생각되기 때문이다. 그는 다음과 같이 묻는다.

'누구보다 동정과 자선의 마음이 가득한 부모와, 동료에게 가장 충실한 부모의 자손이, 같은 부족에 속하는 이기적이고 신뢰를 배신하는 부모의 아이들보다 많이 자라는지는 매우 의심스럽다. 굳이 말하자면, 동료를 배신하기보다 많

은 미개인처럼 자신의 생명을 자진해서
희생하는 사람은 대부분의 경우, 고상
한 성질을 전할 자손을 하나도 남기지
않았을 것이다. 전쟁에서 늘 전선에 나가
기를 바라고, 다른 사람을 위해 아낌없
이 한 목숨 바치는 매우 용감한 인간은,
그렇지 않은 인간보다 평균적으로 많이
죽었을 것이다.'(앞의 책)

이것에 대해 그는, 첫째 구성원의 추리
력과 앞을 내다보는 능력이 발달해, 만
약 자신이 동료를 구하면 그 답례로 구
조를 받게 됨을 배우는 것, 그리고 자선

화려한 공작 수컷 꼬리 다윈은 암컷을 유
혹하기 위해 도움되는 변이가 수컷에 축적
되어 2차 성징이 나타났다고 생각하였다.

행위를 하는 것이 습성이 되고 유전적이 된다고 대답한다. 그리고 '사회적 미덕
의 발달을 위한 또 하나의 다른, 그리고 더 강력한 자극은 우리 동료로부터의
칭찬과 비난에 의해 주어진다'고 말한다. 동료의 시인을 얻는 행동이 늘 이루어
지도록 자극되었다고 생각하는 것이다.

이렇게 해서 점차 도덕적 행위가 쌓여 서서히 몸에 배어서 '용기 있고 동정
심이 많으며 충실한 구성원을 많이 가지고, 언제나 서로 위험을 바로 경고하고,
서로 돕고 지키는' 부족은, 그렇지 않은 부족과의 싸움에서 승리하여 사회적
자질, 도덕적 자질이 높은 인간이 늘고 퍼져 간다고 생각한다. 집단 생존 투쟁
의 승리이다.

성차(性差)와 인종

《인간의 유래》에서 다윈이 논하고 싶어했던 또 하나의 문제는, 성선택을 통
한 인종생성 문제였다. 그는 젊었을 때부터 노예제 폐지론자였고, 원시적인 생
활을 영위하는 푸에고섬 주민도 교육을 통해 고도의 능력을 얻을 수 있다고
보았다. 다윈이 여기에서 문제삼으려 한 것은 더욱 기본적인 문제, 인종의 기
원에 관한 고찰이었는데, 그 문제와 관련해 인간 남녀의 양성 차이에 대해서도
논하고 있다. 먼저 다윈이 제시하고 있는 남녀 차이의 기원을 보자.

다윈은 남자와 여자의 신체적인 차이를 먼 옛날의 생존경쟁, 인간 선조의 수컷이 암컷을 차지하려고 서로 싸웠던 결과라고 생각한다.

'여자와 비교해 남자가 어깨가 넓고 근육이 발달했고, 거친 신체 윤곽을 가졌으며 용기가 있고 호전적임과 동시에 아주 강한 것은 모두 인간이 된 수컷 선조로부터의 유전으로 대부분 귀착된다. 그러나 이들 형질은 인간의 긴 미개 시대 동안에 가장 대담한 남자가 일반적인 생존경쟁과 아내를 얻기 위한 싸움에서 성공함으로써 보존되거나 나아가서 증진되기도 한다.'(앞의 책)

이와 같은 신체적 구조의 차이뿐만 아니라 심리적 능력의 차이도 그와 같은 투쟁에서 선택되어 용기와 내구력이 성장했다고 생각한다. 여자와 아이들을 지키고 공동으로 사냥을 함으로써 고도의 심리적 능력, 즉 관찰력, 추리력, 고안 능력, 상상력이 발달했다고 본다. 다윈은 사실 매우 단순하게 남자의 심리적 능력의 평균이 여자의 그것을 웃돌고 있다는 전제 아래, 이렇게 그 기원을 논하고 있는 것이다. '양성의 지적 능력의 주된 차이는 무엇을 문제삼아도 남자가 여자보다 높은 곳에 도달할 수 있다는 사실로써 제시된다'고 말한다.

이제 인종 차이의 문제로 옮겨 가자. 다윈은 약간 괴로운 듯이 이 문제를 제기하고 있다. 성선택이라는 개념도 그가 처음으로 제시한 것이었는데, 그 개념으로 인종차를 설명하는 데에는 망설임이 있었을지도 모른다.

'외견상 인종 간의 특징적 차이는 생활조건의 직접적 작용에 의해서나 부분의 계속적인 사용 결과에 의해서나, 상관 원리에 의해서도 만족스럽게 설명되지는 않는다. 따라서 인간에게 생기기 쉬운 근소한 개체차가, 자연선택에 의해 몇 세기 동안이나 보존되고 증대한 것이 아닐까 물어본다. 그런데 여기서 이내 유리한 변이밖에 보존되지 않는다는 설과 맞닥뜨리게 된다. ⋯⋯우리는 이렇게 해서 인종 간의 차이를 설명하려 할 때마다 좌절해 왔다. 그렇지만 한 가지 중요 인자, 즉 많은 다른 동물과 마찬가지로 인간에게도 강력하게 작용했다고 여겨지는 성선택이 남아 있다.'(앞의 책)

예를 들어 피부색에 대해 생각해 보자. 다윈은 여러 종류의 원숭이 얼굴색 차이에서 유추해 인간의 피부색 차이를 해명하려 한다. '니그로의 칠흑 같은 피부가 성선택의 결과 얻어졌다는 것이 처음에는 기괴한 가정처럼 생각된다. 그러나 이 견해는 여러 가지 유추에 의해 지지되고, 우리는 니그로가 자신들의 피부색을 칭찬하고 있다는 것을 알고 있다'고 하고, 다른 포유류의 수컷이 암컷보다 어두운 색임을 들어 '빨강, 파랑, 주황, ……검정의 원숭이 피부색은, 양성에 공통되고 있는 경우에도 그 선명한 모피의 색이나 얼굴 주위의 장식적인 술 모양 털과 마찬가지로, 모두 성선택에 의해 획득되어 왔다고 믿어야 할 이유도 있다'고 그는 말한다. 좀더 검은 남자가 여자에게 아름답게 여겨지고, 더 검은 남자가 아내를 얻는 데 성공하여 그 형질이 강화, 보존되어 왔다고 생각하는 것이다.

인종에 대한 또 하나의 문제, 즉 인종이 나누어져 온 시기에 대해서는 그가 쓴 문장을 소개하는 것으로 끝마치기로 한다.

'인간은 인간이라는 높은 지위에 도달한 뒤 별개의 인종, 더 적절히 말하면 아종(亞種)으로 갈렸다.'(앞의 책)

《사람과 동물의 감정표현》

인간에 대한 다윈의 또 다른 저작 《사람과 동물의 감정표현》도, 진화이론의 연장선상에 있다. 《자연의 음악》이라는 책에, 아이들은 아직 말을 못할 때에도 자신의 욕구와 고통, 기쁨을 어려움 없이 표현한다고 쓰여 있는데, 일찍이 그는 주의를 기울여 그것을 노트에 기록한 적이 있었다. 자신의 첫째 아이가 태어나자마자 표정을 관찰하기도 했다. 해부학자 벨의 표정에 대한 저작을 읽고 흥미가 생겼다. 그렇지만 '여러 근육이 표정을 위해 특별히 창조된 것이라는 그(벨)의 신념에는 전혀 동의할 수 없었다'고 한다. 그 뒤, 그는 '사람과 가축 양쪽에 관련해, 이 문제에 정성을 쏟았다.' 그리고 30년 이상 지난 뒤에 저작이 출판되었다.

《사람과 동물의 감정표현》에서 몇 가지 부분을 인용해 보자. 사랑이라는 문제에 대해서는 어떨까. 다윈은 애견가였다. 개나 고양이는 주인에게 몸을 비빔으로써 사랑을 표현한다. 침팬지에 대해서는 다른 사람으로부터 들은 예로 다음과 같은 표현을 들고 있다. '두 마리는 마주 보고 앉아 툭 튀어나온 입술을 서로 만지고, 한 마리는 또 한 마리의 어깨에 손을 올린다. 그리고 두 마리는 서로 팔짱을 낀다. 그 뒤 두 마리는 일어나 한 팔을 상대편의 어깨에 올리고 머리를 쳐들고 가며, 입을 벌리고 기쁨으로 울부짖었다'는 애정 표현법이다.

'두 마리'라고 번역했지만 원어는 'they'이다. '그들'로 바꾸어서도 읽어 보길 바란다. 이런 침팬지의 표현 방법을 보이고, 나아가 여러 민족의 사랑 표현법에 대해 서술한다. 키스나 서로 코를 비비는 동작, 가슴과 배를 서로 만지는 동작, 서로 두드리는 것과 같이 표현법은 다르지만 그것이 밀접한 접촉의 기쁨을 바탕으로 하고 있음을 지적한다.

운다는 표현에 대해서는 어떨까. 눈물이란 눈에서 나오는 증기라고 데카르트가 말한 것을 여러분은 기억하고 있을 것이다. 다윈은 먼저, '아이들은 배가 고프거나 고통을 느꼈을 경우, 대부분의 어린 동물과 마찬가지로 큰 소리로 운다. 이것은 한 편으로는 도움을 구하며 양친을 부르는 것이고, 다른 한편으로는 과장된 활동이 고통을 경감시키는 데 도움이 되기 때문이다'라고 우는 것의 의미를 파악한 뒤 생리학적인 설명을 한다.

'오랫동안 소리를 지르면 눈의 혈관이 충혈되는 것을 피할 수 없다. 그래서 처음에는 의식적으로 나중에는 습관적으로 눈 주위의 근육을 수축시켜 혈관을 보호하게 된다. 동시에 반드시 의식적인 감각을 따르지 않아도 눈의 표면에 대한 경련적인 압력과 눈 안쪽의 혈관 팽창이 반사작용에 의해 눈물샘에 영향을 끼친다.'《사람과 동물의 감정표현》

그리고 결국 '고통이 바로 눈물의 분비를 야기하게 되었다'고 서술한다. 또 고통 때문이 아니라 동정이나 극도의 기쁨으로 눈물이 흐르는 것에 대해서도 고찰하고 있는데 그것에 대해서는 생략하겠다.

다윈은 동물과 인간의 연속성을 주장하면서 눈물을 흘리는 인간 특유의 감정표현도 많이 채택해 그것을 과학적으로 분석하려 했는데, 얼굴이 붉어지는 것도 그 하나이다. 부끄러워 얼굴이 붉어지는 것은 인간에게만 있는 현상이다. 그는 '얼굴이 붉어지는 것은 모든 표현 가운데 가장 특수하고 가장 인간적인 것이다. 원숭이는 열정으로 붉어지는데, 어떤 동물이건 얼굴이 붉어진다고 믿기 위해서는 압도적으로 많은 증거가 필요할 것이다'라고 말한다. 젊은이는 노인보다 얼굴이 쉽게 붉어지고, 아이들이나 백치 환자는 얼굴이 잘 붉어지지 않으며, 여자는 남자보다 자주 얼굴이 붉어진다고 여러 사람에게서 들은 데이터를 수집하여 참고로 하고 있다.

인간과 동물의 다양한 표현을 그린 그림이 몇 장이나 실리고, 《오디세이아》,

침팬지의 감정표현
《사람과 동물의 감정
표현》(1872)에서 다윈
은 침팬지의 애정 표현
법과 여러 민족의 사
랑 표현법을 아울러
서술한다.

《햄릿》 등의 시구가 군데군데 인용되어 있어 다윈의 다른 저작과 분위기가 다
르게 느껴진다.

마지막으로 이 저작의 끝부분을 읽어 보자.

'표현이론 연구는 인간이 어떤 하등동물 종류로부터 유래했다는 결론과 일
정 범위에서 일치한다는 것을 알게 되었다. ……표현 그 자체……또는 감정이라
는 말은, 인류의 행복을 위해서 확실히 중요하다는 것도 알게 되었다. 주위 사
람들의 얼굴에 끊임없이 나타나는 여러 가지 표정의 원천, 즉 기원을 가축에
대해 언급하지 않고 최대한 이해하는 것은 더욱 재미있을 것이다.'(앞의 책)

여기에 덧붙여 그는 감정표현 문제에 대해 앞으로도 주의를 기울이도록, 특
히 '유능한 생물학자'들이 관심을 가지고 주목해 주기를 바란다면서 끝을 맺고
있다.

모든 생물의 관계 속에

다윈 자신의 관심이 감정표현의 생리학적 연구라는 방향으로 한층 더 나아
가는 일은 없었던 것 같다. 앞서 언급한 것처럼 그 뒤 다윈이 발표한 저작은, 동
물보다는 오히려 식물을 주제로 한 것이 많다. 《식충식물》, 《타화수정과 자화수
정》, 《식물의 운동력》, 《지렁이의 작용에 의한 부식토의 형성》 등이다.

언뜻 보기에 연속적이지 않은 이런 테마는 다윈 자신에게는 완전히 연속적

이었다. 젊을 때부터 그는 식물과 동물의 관계에도 깊은 관심을 보였다. 식물이 빛 쪽을 향하는 것을 식물의 감각으로써 파악하고, 매일 반복되는 식물의 현상—잎을 닫는 것 같은—을 식물의 기억이라 표현하고 있다.

《자서전》에서 '식충식물'에 대해 '식물이 특유의 흥분 상태에서 산과 효소를 포함한, 동물의 소화액과 매우 비슷한 액체를 분비하는 사실은 확실히 주목해야 할 발견이었다'고 썼다. 또 '식물의 운동력'과 관련해 쓴 부분에 '생물의 사다리에서 식물의 위치를 높이는 것은 늘 나를 기쁘게 했다. 그래서 나는 뿌리 끝이 얼마나 많은, 또 얼마나 훌륭하게 적응하는 운동을 하는지 증명했을 때에는 각별한 기쁨을 느꼈다'는 감개를 기록하고 있다.

다윈은 식물과 동물의 연속성을 이런 형태로 보이고, 식물과 동물과 사람의 연속성, 모든 생물의 연속성을 주장하며 진화론의 여러 측면을 정리했다. 다윈은 《종의 기원》의 밑바탕에는 엄연히 존재하고 있었음에도 불구하고, 거기에는 나타나지 않았던 모든 생물계의 관계 속에서 사람을 파악하고, 그것을 만년에 이르기까지 모든 저작에 표현한 것이다. 그는 아리스토텔레스의 '자연의 계단' (사다리)을 염두에 두고, 그 말을 사용하고 있다. 그러나 다윈이 가지고 있던 이미지는 전혀 다르다. 생물의 관계에 대한 그의 이미지는, 사다리가 아니라 생물의 나무(줄기에서 가지가 갈라져 나오는)였다. 그것이 진화의 관념을 나타내는 것이었기 때문이다.

세계로 향한 시야

다윈을 만든 것

이제까지 다윈의 주된 저서를 바탕으로 그의 진화사상 및 진화이론을 보충하고 있는 주위의 여러 과제에 관한 그의 생각을 소개하였다. 이 책의 마지막인 본 장(章)에서는 더욱 넓은 범위의 다윈의 세계관, 종교관에 대하여 다루어보고자 한다.

그렇다고는 하지만 이들 문제에 대해 정리된 논술이 있는 것이 아니기 때문에, 《자서전》이나 《항해기》를 중심으로 관련된 문제를 찾아 모아 보기로 한다.

지금까지의 장과 다소 중복된 것이 될지 모르나 새삼 다윈을 어떻게 파악할 수 있는가, 다윈은 어떤 식으로 만들어졌는가, 그가 우리에게 주는 것은 무엇인가라는 문제에 다가서는 형태로 몇 가지 자료를 바탕으로 그가 가진 사상에 대해 생각해 보고자 한다.

다윈의 자연선택에 의한 진화이론은 그리스도교에 반하는 것이었지만 결국 유럽의 사상적 전통 위에 뿌리내린 것이었으며, 특히 영국 전통 안에서 배양된 것이기도 하다. 그러기에 그와 관련해 다윈의 사상을 생각해 보고자 한다. 따라서 좀더 좁은 과학자로서의 방법, 사상에도 눈을 돌려야 할 것이다. 그러기 위해서는 어떠한 순서로 그러한 사항들을 쫓는 것이 좋을까. 별다른 방법은 없지만 다윈의 성장을 따라 가는 형태를 통해 알아보자. 우선 다윈을 둘러싸고 있던 영국의 사상 문제를 더듬어 보고, 다음으로 남아메리카 대륙에서의 청년 시절의 경험과도 관계되는 노예제도 등 사회적인 문제도 살펴보자. 그런 연후에 과학을 창조하는 인간으로서 고찰한 과학 방법 문제에 대해 언급하고 마지막에 진화론을 다루는 한 벗어날 수 없었던 신에 대한 문제를 생각해 보기로 한다.

최근 《젊은 다윈과 교양》이라고 해석될 만한 표제의 책이 간행되었는데, 그 안에 다윈이 기록하였던 노트에 인용되어 있는 서적의 저자 일람표가 들어 있다. 그에 따르면 5회 이상 인용된 46명에는 지질학자, 동·식물학자, 자연애호가(Naturalist) 등이 압도적으로 많고, 이른바 철학자, 사상가는 극히 일부로 맬서스, 흄, 콩트, 휴얼 등 5~6명이다. 그 일람표를 보고는 다윈의 사상, 이론 형성에는 유럽, 영국의 사상이 그다지 큰 영향을 끼치지 않았다고도 생각할 수 있다.

그러나 자서전에서 말하고 있던 '베이컨적 원리'의 문제를 이해하기 위해서만이 아니라 그의 자연선택설에 나타난 관념을 풀이하기 위해서나, 인간의 윤리감각 발달의 추리를 읽기 위해서도 영국의 사상적 배경과의 관련을 짚어 둘 필요가 있지 않을까 여겨진다.

따라서 일반적인 형태가 아닌 어디까지나 다윈이 서술하고 있는 것에 입각해서 고찰하면서 이 문제를 생각해 보기로 한다.

'시적(詩的)인' 내추럴 히스토리

화이트의 《셀본 박물지》를 읽고 새의 관찰에 열중하여 조류학자가 되지 않은 것을 모두가 의아하게 생각한 것은 다윈 인생의 극히 초기의 일이었다.

비글호가 항해 하는 동안 시간이 날 때에는 밀턴의 《실락원》을 읽었으나 그 이전에는 바이런이나 월터 스콧, 제임스 톰슨의 시를 읽었다. 시를 읽는다는 것은 자연 묘사를 즐기기 위해서였을까. 자서전에 '시의 즐거움과 관계하여 1822년 웨일스 지방을 말 타고 여행했을 때, 나의 마음에 처음으로 찍힌 여러 풍경을 향한 생동감 넘치는 기쁨' 이라는 구절이 쓰여 있다.

친구가 가지고 있던 《세계의 불가사의》를 몇 번이고 읽으며 먼 세계로의 생각을 키운 다윈은 몇 년 뒤 훔볼트의 《남아메리카 여행기》로 가슴에 불을 지피게 되었다. 할아버지 에라스무스 다윈의 《주노미아》, 《자연의 전당》, 《식물의 동산》도 박물지의 읽을거리였고, 곤충채집에 열중하고 새를 잡는데 열중했던 다윈과는 어떤 의미에서는 맥이 닿는 일이었다.

워즈워스의 《소요편》에 대해서는 앞에서 말한 바 있으므로 되짚지는 않겠으나, 이러한 영국 문학이나 박물지 전통에 다윈이 덧붙인 것은 무엇이었을까. 예를 들자면 끝도 없다. 《비글호 항해기》가 전형적이다.

앞에서 생태학자로 안목이 있다고 인용한 《종의 기원》의 마지막의 '혼잡한 둑(堤)'의 문장은 때로는 '시적인'이라 일컬어지기도 하는 부분인데, 그것이 동시에 박물지라는 것은 두말할 나위가 없다. 서로 상호 관계를 이루며 살아가는 생물의 생활을 훌륭하게 파악하고 있다.

다윈이 사용하고 있는 회화적인 비유도 예를 들어 보자. 그것은 공통된 선조에서 형질이 나뉘어 가지각색의 것으로 되어 간다는 설명 부분이다.

'같은 강(綱)에 속하는 모든 생물 사이의 유연(類緣) 관계는 때로 한 그루의 커다란 나무로 나타낼 수 있다. 녹색의 새싹이 돋아난 작은 나뭇가지는 현재의 종(種)을 나타낸다. 이제까지 해마다 자라난 작은 가지는 오랫동안 연속된 절멸종(絶滅種)에 해당한다.…… 싹은 성장하여 새로운 싹을 틔우고, 이들 새로운 싹은 만약에 튼튼하다면 모든 측면으로 나뉘어 그보다 약한 많은 수의 가지를 사라지게 함과 동시에, "생명의 큰 나무"도 세대를 거치며 말라 비틀어진 가지로 지각(地殼)을 채우고, 분기를 계속하는 아름다운 가지들로 지구 표면을 덮고 있

는 것이다.'《종의 기원》

경험론의 전통 위에

맬서스에 대해서는 앞에서 고찰했기 때
문에 이번엔 로크, 애덤 스미스, J.S. 밀의 사
상과 다윈과의 연관을 생각해 보기로 한다.

다윈은 동정(同情)에 대한 고찰에서 애덤
스미스를 예로 꺼내고, 또 도덕적 행위에 대
해 논하는 부분에서 밀을 언급하고 있다. 어
느 쪽도《인간의 유래》이다.

'애덤 스미스는 오래 전에, 동정의 기초는
우리가 과거의 고통이나 기쁨 상태를 강하

A. 스미스(1723~1790)
영국의 사회과학자. 고전경제학 창시자.

게 유지하고 있는 것에 존재한다'라고 하여 다윈은 인간뿐만 아니라 동물에 대
한 동정의 기원이나 발달에 논의를 진행하였다.

'제아무리 복잡한 방식으로 이 감정이 생겼다 하더라도 그것은 서로 도와주
고 지켜 주는 모든 동물에게 매우 중요한 것이었기 때문에 자연선택에 의해 증
가되었을 것이다. 왜냐하면 가장 동정적인 성원을 많이 가지는 공동체가 가장
번영하고 많은 자손을 키웠을 것이기 때문이다.'

도덕감각에 대해 다윈은 밀이 말한 '도덕감정이 천성적인 것이 아니라 얻어
진 것이라 하여도 그 때문에 본디의 것이 아니라고 하는 말은 아니다'를 주로
인용하면서 동물의 사회적 본능과 결부된 천성의 감각임을 설명하고 있다.

'다음 명제는 고도로 개연적이라고 생각된다. 즉 부모와 자식의 애정을 포함
해 현저한 사회적 본능이 풍부한 동물이라면, 어떤 동물도 그 지적인 능력이
인간과 같거나 혹은 그에 가까운 정도까지 발달할 경우 이내 도덕감각, 혹은
양심을 획득할 것이다.'

그리고 나서 앞 장에 서술한 바와 같이 도덕감각의 발달을 설명한 것이다.
또한 밀이 덕성의 기초를 '최대 행복'의 원리에 두고 있는 것에 대해 다윈은
'이 원리는 행위의 동기가 아니라 그 표준이라고 하는 것이 옳다'고 말하고 위
험에 직면한 동료를 구할 경우 충동적인 힘으로 움직이는 것이지 어떠한 동기

라 말할 만한 것은 아니라고 말한다.

그 외에 남녀차를 논한 부분에서도 밀을 언급하고 있는데 어느 것이나 근본적인 사상적 일치를 나타내고 있지 않다. 밀은 동시대의 사상가였지만 다윈 안에서는 오히려 훨씬 오래 전의 로크의 사상과 상통하는 부분이 있는 것처럼 여겨진다.

다윈은 로크의 이름을 들고 있지는 않으나 사회적 미덕의 발달에 대해서 말하고 있는 대목은 로크의 《교육에 관한 고찰》의 '평판'에 대한 생각과 비슷하다.

먼저 다윈부터 인용해 보자.

'사회적 미덕의 발달을 위한……강력한 자극은, 우리 동료로부터 칭찬과 비난에 의해 부여된다.…… 인간의 선조가 그 발달 과정의 어느 정도의 초기에 그 동료인 생물의 칭찬이나 비난을 느끼고 그로 인해 자극을 받게 되었는가를 언명할 수 없다는 것은 두말할 나위가 없다. 그러나 개라도 격려와 상찬, 비난을 인식하고 있다는 것을 알 수 있다.'《인간의 유래》

한편 로크는 아이들의 훈육에 관해 다음과 같이 말하고 있다.

'존경과 불명예는…… 다른 그 무엇보다도 정신에 가장 강력한 자극을 주는 것입니다.…… 아이들은―아마도 우리가 생각하는 것보다도 일찍부터―칭찬과 찬양에 굉장히 민감합니다.'

이 밖에도 로크의 쾌(快) 밖에 고(苦)에 관한 고찰《인간지성론》 등도 다윈의 마음에 깊이 뿌리를 내리고 있는 것처럼 느껴진다. 그것은 다윈이 종교에 대해 논하고 있는 것 안에 나타나 있다. 그는 신을 인정하지 않을 경우 '세계가 자비 깊은 배치로 되어 있는 것은 어떻게 설명하면 좋은가?'라는 문제에 대한 대답으로 그것이 자연선택에 일치한다고 보고 '지각을 가진 모든 생물은 일반적인 규칙으로는 행복을 즐길 수 있도록 만들어져 있다'고 말한다. 또 '지각을 가진 생물은 자연선택에 의해 쾌감이 습성적인 길 안내 역할을 하도록 발달해 왔다'고도 말하고 있다.

엄밀한 의미에서 이것만으로 판단하는 것은 불가능하나, 어림잡아 영국의 경험론의 전통 위에 서서 다윈은 자신의 학설을 전개했다는 것이 이해되었을 것이라고 믿는다.

노예제도에 대하여

다윈의 청년 시절을 에워싸고 있던 인문과학이나 문학과 함께 영국 경험론의 전통 위에 선 과학 방법론, 과학 철학에 대해서도 말하지 않으면 안 된다. 그러나 그전에 젊은 시절, 그가 보여 준 휴머니즘의 발로를 전망해 보고자 한다. 그것은 특히 비글호의 항해 도중 노예제를 사용하고 있는 남아메리카 여러 국가에서 겪게 된 일들에 대한 감상에 나타나 있다.

'드디어 브라질의 해안을 떠났다. 신에게 감사한다. 나는 더 이상 노예제도가 있는 나라를 방문하는 일은 없을 것이다.…… 페르남부쿠[4] 근교의 어느 집 앞을 지나칠 때, 나는 더 없이 애처로운 고민의 목소리를 들은 적이 있다. 불쌍한 노예가 학대받고 있다는 것은 의심할 여지가 없었다.…… 리우데자네이루에서 나는 어느 늙은 귀부인의 집 맞은편에 머문 적이 있었다. 그 부인은 여성 노예의 손가락을 으깨버리는 죔나사를 준비하고 있었다.

노예제도에 대해서는 비글호 선장 피츠로이와도 서로 논하였다. 선장은 노예제도 옹호자였다. 그는 '지금 막 많은 노예를 소유하고 있는 사람을 만나고 왔는데, 그 사람이 많은 노예를 불러…… '자유로운 몸이 되고 싶은가'라고 물어보았더니 모두 "아니요"라고 대답했다'는 것이다. 《항해기》에서 다윈은 피츠로이와 같은 사람을 넌지시 가리키며, 다음과 같이 이야기하고 있다.

'니그로들의 명랑한 성격에 눈이 현혹되어 노예제도도 허용해도 좋을 악이라고 공언하는 몇몇 사람들을 만나지 않았다면, 위에서 말한 바와 같은 소름 끼치는 세세한 일을 입 밖으로 내는 일조차 하지 않았을 것이다.'

노예제도에 대한 미움은 그 뒤에도 표명되어 미국의 남북 전쟁 때에는 북부에 편드는 편지를 썼다. 《인간의 유래》에서도 노예제도는 죄악이라고 하는 말을 찾아볼 수 있다. 그리고 노예제도는 '극히 최근까지, 가장 문명화된 국민에 의해서조차도 죄악이라 인정에 않았다. 그것은 특히 노예가 일반적으로 주인과는 다른 인종으로 속해 있기 때문에 그런 것이다'라고 쓰고 있다.

다윈이 인종의 생성에 대해 논하고 원시적인 생활을 영위하고 있는 민족도 교육에 의해 고도의 능력을 발휘하게 되리라 주장한 것은 앞서 기록하였으나, 그

---

4) 브라질 북동부 대서양 연안에 위치하는 주.

의 젊은 시절부터의 노예제도에 대한 반감 역시 그것과 동일한 문제였던 것이다.

과학의 방법

다윈의 인간에 관한 고찰은 휴머니즘의 기초로서 후세에도 영향을 미쳤으나 그의 과학 방법도 뒷날 여러 문제를 제기하고 영향도 끼쳤다. 그래서 다윈의 과학 방법에 관련한 몇 가지 사항에 대해 서술하고자 한다.

우선 문제의 '베이컨적 원리는 어떠한 것인가' 하는 점이다. 프랜시스 베이컨에 대해 어떤 연구가는 베이컨은 라이프니츠에 의해 인정받고 디드로 등의 계몽가에 의해 찬미되어 옹호되었다고도 하고, '공예에서 배워라'는 베이컨의 권고가 주목받게 되었다고 한다. 베이컨은 일반적으로 귀납주의의 논리를 제출한 것으로 유명하였으나 경험을 중시하고 기술을 배운다고 하는 넓은 시야를 가진 학자였다.

그렇다면 다윈이 말하고 있는 '참다운 베이컨적 원칙에 입각해서 일을 하였다'는 것은 무엇을 말하는 것인가. 그 후에 이어지는 문장에서 읽을 수 있는 것은 ⑴ 어떠한 이론도 가지지 않고 ⑵ 육종가(育種家), 원예가, 책에서 사실을 모은다는 것이다. 베이컨은 '4개의 우상' 이라고 해서 선입견은 배제하도록 주의했으나 그것은 이⑴에 해당하고, 베이컨의 기술을 배우고 귀납적으로 논리를 진행시킴으로써 새로운 성과를 얻을 수 있다고 하는 생각은⑵에 해당한다고 말할 수 있을지 모른다.

여기서 생각나는 것이 청년 시절의 다윈이 열심히 읽었던 허셜의 과학철학서이다. 허셜은 편견에 관한 정통적인 베이컨설의 계승자였다고 일컬어지고 있다. 다윈은 허셜을 통해서도 베이컨의 방식을 배운 것으로 여겨진다.

다윈이 관찰을 중시한 것은 이미 서술한 바 있으나 《종의 기원》에는 수많은 관찰 사실이 열거되고 있을 뿐만 아니라, 관찰 사실이나 책에서 채택된 사실을 분석, 비교, 분류하고 있다. 그리고 사실에 대한 분석을 통해서 사실 사이의 관계를 끌어 내 그 관계를 일반화하는 과학의 분석, 종합 방법이 잘 나타나 있다.

여기서, 편지 속에 기록되어 있는 과학 방법에 관계된 부분을 인용해 보기로 한다. 하나는 앞에서 기술했던 아들 호레이스에게 보낸 편지 안에서 언급되고 있는 과학상의 발견에 대한 생각이고, 다른 하나는 식물학자 에이사 그레이 앞으로 관찰한 것을 이론화할 것을 격려하는 부분이다.

'무엇이 인간을 발견되지 않은 미지 사물의 발견자로 만드는가.…… 그 기법이라고 하는 것은 일어나는 모든 사물의 원인이나 의미를 끊임없이 찾는 데에 있다. 이것은 예리한 관찰을 포함한 것이자 또한 탐구하는 문제에 대해서 가능한 한 다수의 지식을 요구하는 것이기도 하다.'

'지금까지 완성된 일에서 주의하여 가능한 일반화하는 것은 당신의 의무라고 생각합니다.…… 관찰가는 자기 자신의 관찰을 다른

F. 베이컨(1561~1626)
영국 철학자. 고전경험론 창시자.

누구와도 비교되지 않을 정도로 훌륭히 일반화할 수 있다는 것을 절대로 잊어서는 안 됩니다. 얼마나 많은 천문학자가 그의 전 생애를 걸고 관찰에 종사하며, 그럼에도 불구하고 단 하나의 결론조차도 끌어내지 못하고 있는가! 만약 그들이 헌신하고 있는 일을 잠시 멈추고 그 일 속에서 끄집어 낼 수 있을지 모를 것을 본다면 얼마나 좋은가 라고 말하는 이는 허셜이라고 나는 생각합니다.'

과학 사랑

다윈은 귀납적인 방법을 주장하고는 있는데, 그저 사실을 많이 모으면 저절로 결론이 얻어진다고 생각하지 않았다는 것은 지금까지 서술한 것으로 명백히 밝혀졌으리라 생각한다.

그 자신이 한 가지 전혀 다른 연역적인 방법으로 시작했다는 산호초 형성의 이론도 있다. 그는 먼저 암초의 형성에 대해 해저 침강(沈降)에 의한 것이라고 가정했다. 그 이론은 그가 '진짜 산호초를 보기 전에 남아메리카의 서해안에서 착상한 것이다.' 그는 육지의 융기(隆起) 현상에 대해 자세히 관찰하고 있었기 때문에 거꾸로 '침강의 효과에 대해서 곧잘 생각했다'고 말한다. 연역적이라고는 하지만 그보다 앞서 관찰이 있었던 셈이다.

산호초의 이론 형성 얼마 뒤 역시 지질학 연구상의 일로서, '중대한 실패'라

고 할 만한 것이 있었다. 이것은 이론을 형성할 때 몇 개의 설명을 준비해 두었다가 적합하지 않은 설명을 하나씩 배제해 나가 마지막에 남는 것을 옳은 것으로 채택하는 방식이었다. 평행로를 바다의 작용으로 돌린 다윈은 훗날 빙하호설이 제출되어 굴복할 수밖에 없게 되었다. 이 실패로 인해 그는 과학에서 이러한 배제 논법을 믿어서는 안 된다고 하는, 좋은 공부가 되었다고 말했다.

다윈은 관찰한 것을 이해하고 일반적인 법칙으로 정리하려고 하는 욕망을 가지고 있다고 적고 있음을 앞서 기록했다. 그런데 그는 또한 가설이 사실에 위배된다는 것을 알게 되면 바로 파기하도록 해 왔다고 한다. 그리고 '산호초의 예를 제외하면 처음에 만든 가설을 후에 파기하거나 크게 변경하지 않은 경우는 하나도 기억해 내지 못한다'(《자서전》)고 말하고 있다. 다윈의 방법을 이 발언에서 이해할 수가 있다.

지질학자로서 출발하여 동물분류학의 커다란 성과를 발표한 뒤 진화론자로서 다윈은 세상에 나왔으나, 그의 수비 범위는 넓어서 훗날에는 인간 문제를 다루고 또 심리학을 과학으로 만들려고 생각하고 있었다. 만년에는 식물의 감각이나 운동력의 문제에 힘을 쏟았다. 게다가 그러한 문제는 계통적이고 그 자신의 안에서 깊이 관련한 문제였다. 과학자로서의 자기 자신을 직시하며 자서전을 엮은 구절을 살펴보자.

'과학자로서의 나의 성공은, 그것이 어느 정도의 것인지는 별도로 하고……복잡한 갖가지 심적 소질과 조건에 의해 결정되어 왔다. 이들 중에서 가장 중요한 것은—과학을 향한 사랑—어떤 문제라도 오랫동안 끝까지 생각하는 무제한의 강한 인내심—관찰이나 사실 수집에서의 근면함— 그리고 창안력과 상식이 함께 부여되어 있었다는 것이다……'

과학적인 종교관

다윈의 진화론은 단순히 생물학과 과학 안에서만 머무르지 않고 광범위한 영향을 끼쳤다. 사람들의 신앙에 대해서도 그러하였다. 그것은 《종의 기원》을 출판한 다음 해, 옥스퍼드에서 개최된 영국과학진흥협회의 회합을 회상해 보아도 알 수 있다.

그럼 다윈 자신은 신앙 문제를 어떻게 생각하고 있었는가. 《인간의 유래》 안

에 종교에 관한 구절이 있는데, 미개인의 예를 들어 심령적인 것에 대한

신앙의 기원을 설명하고 있다. 그리스도교 국가의 국민처럼 전능한 신의 존재에 대해서 고귀한 신앙을 인간이 본디 부여되었다는 증거는 전혀 없다. 그러나 심령적인 작용에 대한 신앙은 문명이 낮은 인종에 보편적인 것처럼 여겨진다고 한다. 신앙이 어떻게 생성되었는가 하면 상상력, 경이심, 호기심과 같은 중요한 여러 능력, 거기에 더하여 약간의 추리의 힘이 부분적으로 발달하면 주위에서 일어나고 있는 일을 설명하려고 한다. 자연의 여러 물체나 여러 가지 작용이 영적인, 즉 생명이 있는 실체에 의해 생명이 불어넣어진다고 상상을 하게 된다는 것이다. 그리고 영적인 힘을 믿는 것은 유일신 혹은 다수의 신을 믿는 것으로, 나아가 여러 가지 종교의 형태가 확립되는 것, 종교적 신앙심이 성립되었다는 것을 서술하고 있다. 그리고 《인간의 유래》의 총괄과 결론의 장(章)에서 다음과 같이 기술하고 있다.

'신을 믿는 것은 인간과 하등 동물과의 모든 차이 속에서 가장 큰 차이라는 데에 머물지 않고, 가장 완전한 것이라고들 말해 왔다. 그러나…… 이 신앙이 애초 인간에게 타고난 것이라고 주장할 수는 없다.…… 신에의 본능적 신앙의 가정은 많은 사람들에 의해 신의 존재를 말하기 위해서 논의에서 사용되어 왔다는 것을 나는 알고 있다. 그리고 이것은 경솔한 논의이다.'

다윈이 아내 엠마를 신앙상의 일로 애먹인 일은 앞에서도 서술하였는데 그것은 일반에게는 알려지지 않았다. 생전에 발표된 것으로 다윈의 종교에 대한 생각이 명확하게 나타나 있는 것은 《인간의 유래》뿐이라 말해도 좋을 것이다. 그리고 그것은 당연한 일이지만 극히 과학적인 종교관이었다.

다윈의 신앙에 대한 절실한 감정, 신에 대한 솔직한 견해는 자서전 한 장에 나타나 있다. 그러나 그 내용은 아들 프랜시스가 엮은 《찰스 다윈의 생애와 서한》에서는 거의 삭제되어 있고, 그것이 원래의 형태로 부활된 것은 처음에 말한 것처럼 다윈 진화론 100년 기념의 해인 1958년이 되고나서이다.

《자서전》에서 우선 그가 신앙을 잃게 된 경과를 읽어 보자.

'그리스도교를 지탱하고 있는 기적을 건전한 정신의 소유자에게 확실하게 믿게 하려면 확실한 증거가 필요하다는 것, 확정된 자연의 여러 법칙을 알면 알수록 기적은 점점 믿을 수 없게 된다는 것, 그 당시의 인간은 우리가 이해하기

힘들 정도로 무지하여 잘 믿기 쉬웠다는 것, 복음서는 여러 가지 사건과 같은 시기에 쓰였다고는 증명할 수 없다는 것…… 이들 여러 가지 생각에 의해 나는 점차로 신의 계시로서 그리스도교를 믿지 않게 되었다.'

'불신의 마음은 점진적으로 그러나 천천히 진행되기 때문에 고뇌를 느끼지 않았고…… 그 뒤 단 1초도 자신의 결론이 옳다는 것을 의심하지 않았다.'

다윈은 이처럼 종교의 기원을 과학적으로 고찰하고 그 자신은 신앙을 잃었다. 그렇다고는 하지만 일반적으로 신앙을 가지고 있는 삶의 방식 위에서의 역할에 대해서는 어떻게 생각하였을까. 다윈은 신앙이 없는 사람에 대해 서술하고 있다.

'인격신의 존재, 또는 응보(應報)가 있는 내세의 존재를 확고하고 또한 영속적으로 믿지 않는 사람은;…… 그 생활의 규칙으로서 그저 더욱 강한, 혹은 그 사람에게 가장 좋은 것으로 여겨지는 충동과 본능에 따를 수밖에 없을 것이다.'

자기 자신에 대해서는 '시종 변함없는 과학에 종사하고 내 한평생을 과학에 바친다는 점에서 틀림없이 행동해 왔다고 믿고 있다. 나는 무엇인가 커다란 죄를 범했다는 점에 대하여 후회하지는 않지만 동포에게 좀더 많은 직접적인 선행을 하지 않았던 것을 유감스레 생각해 왔다'고 말하고 있다. 과학에 생애를 바친다는 것이 생활 방식의 규범이었다는 그의 말은 다윈의 한 평생을 개관해 온 우리로서는 납득할 만한 일이다. 그러나 신앙을 가진다는 것과 과학자라는 것이 전혀 모순되지 않는 시대에 그는 살았고, 현재에도 신앙자이며 과학자인 것 역시 가능한 일이다. 그것에 대해서 그는 조금도 의견을 말하지 않고 있다.

자연선택설과 신

다윈은 한때 신학부에서 공부하며 목사가 되어도 좋다고 생각했다. 또한 페일리의 자연신학을 열심히 공부한 적도 있었다.

목사 지망은 비글호 승선 결과 사라져 버렸지만 다윈은 '비글호에 승선 중, 나는 완전한 정통파였다'고 한다. 그러나 정통파의 신앙도 앞에서 서술한 바와 마찬가지로 점차 사라져 버렸다. 다윈의 자연은 신을 필요로 하지 않게 되었다. 신에 의한 자연 계획이라는 관념을 다윈은 '자연선택설'과 명확히 대치시키게 되었다.

'페일리가 주고 있는 것 같은 자연의 계획에 대한 낡은 논의는 이전에는 결정적인 것처럼 나에게는 여겨졌으나, 자연선택의 법칙이 발견되었기에 더 이상은 쓸모가 없다. 우리는 이미 예컨대 한 쌍의 조개의 아름다운 이음새가…… 어떤 지적인 존재에 의해 만들어졌음이 틀림없다는 식으로 논할 수는 없다.…… 자연계의 모든 것은 확정된 모든 법칙의 결과이다.'《자서전》

적응이라는 말로 신의 계획 관념을 바꿔 놓은 다윈은 그렇다면 고통에 대해서는 어떤 생각이었을까. 동물의 고통이나 기쁨과 자연선택의 관련에 대해서 그는 쾌감이 길

영국 자연사박물관에 있는 다윈 상

안내의 역을 맡도록 발달해 왔다고 말함과 동시에 고통도, 생물이 스스로의 몸을 지키기 위해 잘 적응하게 되었다고 설명한다.

다윈의 사상을 전반에 걸쳐 소개하고자 한 이 마지막 장을 그의 말로써 끝맺고자 한다. 과학자로서, 진화이론의 확립자로서의 삶을 산 인간, 또한 위장이나 심장의 고통에 오랜 기간 견디어온 인간의 말이다.

'동물은 고통, 굶주림, 메마름, 공포라고 하는 괴로움에 의해―혹은 먹는 것, 마시는 것, 종족 번식, 그 밖의 기쁨에 의해 또는 먹을거리를 찾는 경우

처럼, 쌍방이 결합한 것에 의해 그 종에서 가장 유리한 활동의 길로 나아가게 되리라.…… 고통 혹은 고뇌는 오래 지속되면 쇠약을 일으키고 활동력을 약화시킨다. 그런데 그것은 생물이 얼마나 큰, 또 갑작스런 재해에 대해서도 자신의 몸을 지켜내기 위해서 잘 적응한 것으로 되어 있다. 한편 쾌감은…… 계(系) 전체의 활동을 높이도록 자극한다. 그래서……지각(知覺)을 가진 생물은 자연선택에 의해 쾌감이 습성적인 길 안내역을 하도록 발달해 온 셈이다. ……자연선택의 작용은 완전한 것은 아니다. 그것은 단지 각각의 종을 다른 종과의, 놀랍고도 복잡하며 또한 변화해 가고 있는 환경 아래에서 일어나는 생존을 위한 싸움에서 가능한 한 성공을 거두도록 시키는 것에 지나지 않는다.(앞의 책)

■갈라파고스의 생물

바다이구아나

육지이구아나

코끼리거북

펭귄 열대지역에 사는 펭귄이 있다.

▲군함새

▶용암 위에 자
라는 선인장

▼바다사자

날카로운 부리

핀치나무 핀치

선인장핀치

딱따구리핀치

먹이따라 달라진 부리 모양
다윈은 갈라파고스 제도에서 핀치 새의 부리가 먹이의 상태에 따라 각각 다른 형태로 변한 것을 보고 진화론의 힌트를 얻었다.

다윈 연보

1809년	2월 12일 영국 슈루즈버리에서 태어남.
1817년(8세)	초등학교 입학. 어머니 사망.
1818년(9세)	슈루즈버리의 버틀러 학교 입학.
1825년(16세)	의학을 배우기 위해 에든버러 대학교에 입학.
1826년(17세)	플리니언 학회에 입회.
1828년(19세)	케임브리지 대학교 신학부 입학.
1831년(22세)	학사(Bachelor) 학위 받음.
	비글호에 승선, 플리머스항 출항.
1832년(23세)	브라질 살바도르 도착.
	바이아 도착.
	리우데자네이루 도착.
	몬테비데오 우루과이 도착. 라이엘의 《지질학 원리》 제2권을 우편으로 받음.
	티에라 델 푸에고 도착.
1833년(24세)	포클랜드 제도 도착.
	바이아블랑카에서 부에노스아이레스로 말을 타고 감.
	파타고니아의 항구 도착.
1834년(25세)	산타크루스강 주변 조사.
	포클랜드 제도 도착.
	마젤란 해협 통과.
	티에라 델 푸에고 도착.
	칠레 발파라이소 도착.
	안데스산맥 조사.

칠로에섬 도착.

초노스 제도 도착.

1835년(26세) 다시금 칠로에섬으로 돌아옴.

발디비아에서 대지진을 목격함.

다시 칠레 발파라이소 도착.

에콰도르 갈라파고스 제도 조사.

타히티섬 도착.

뉴질랜드 도착.

1836년(27세) 오스트레일리아 시드니 도착.

태즈메이니아 도착.

인도양 킬링섬 도착, 산호초 관찰.

케이프타운 도착.

세인트헬레나섬 도착.

대서양의 어센션섬 도착.

바이아(브라질 살바도르)에 도착.

아조레스 제도(포르투갈 서쪽) 도착.

10월 귀국.《항해기》집필.

1837년(28세) 종의 문제에 대해 최초의 노트 기록.

1838년(29세) 지질학회 서기로 취임.

맬서스의《인구론》을 읽음.

1839년(30세) 왕립학회 회원으로 천거됨.

외사촌인 엠마 웨지우드와 결혼.

《비글호 항해기》출판.

맏아들 윌리엄 태어남.

1841년(32세) 지질학회 서기 사임.

맏딸 앤 태어남.

1842년(33세) 종의 문제에 대해 대략적인 스케치 기록.

《산호초의 구조와 분포》출판.

켄트주 다운으로 이전.

둘째딸 메어리 태어남, 사망.

1843년(34세)　셋째딸 헨리에타 태어남.

1844년(35세)　종의 문제에 대한 시론을 기록.

1845년(36세)　둘째아들 조지 태어남.

1846년(37세)　만각류(barnacle, 따개비) 연구 시작.

1847년(38세)　넷째딸 엘리자베스 태어남.

1848년(39세)　셋째아들 프랜시스 태어남. 부친 사망.

1850년(41세)　넷째아들 레너드 태어남.

1851년(42세)　맏딸 앤 사망. 다섯째아들 호레이스 태어남.
　　　　　　　《만각류》 제1권, 《만각류화석》 제1권 출판.

1854년(45세)　만각류에 대한 서적 제2권을 출판.
　　　　　　　《종의 기원》에 대한 글을 쓰기 위한 준비 시작.

1856년(47세)　종의 문제에 대한 방대한 규모의 《자연선택》 집필 시작.
　　　　　　　여섯째아들 찰스 태어남.

1857년(48세)　저작 집필에 전념.

1858년(49세)　월리스로부터 미발표 논문 〈변종이 원종으로부터 무한히 멀어
　　　　　　　져 가는 경향에 관하여〉의 편지 도착.
　　　　　　　여섯째아들 찰스 사망.
　　　　　　　린네 학회에서 월리스의 논문과 함께 공동논문으로 진화학설
　　　　　　　발표.

1859년(50세)　《종의 기원》 출판.

1860년(51세)　옥스퍼드에서 열린 영국과학진흥협회에서 다윈의 대리인 헉슬리
　　　　　　　(Huxley)와 성직자 윌버포스가 논쟁을 벌임.

1862년(53세)　《곤충에 의해 수정되는 영국과 외국의 난(蘭)의 여러 가지 고안
　　　　　　　에 관하여》 출판.

1868년(59세)　《가축과 재배식물의 변이》 출판.

1871년(62세)　《인간의 유래》 출판.

1872년(63세)　《사람과 동물의 감정표현》 출판.

1875년(66세)　《식충식물》, 《덩굴식물의 운동과 습성》 출판.

1876년(67세) 《식물계에서 타가수정과 자가수정의 효과》 출판. 자서전 집필.

1879년(70세) 버틀러와 논쟁.

1880년(71세) 《식물의 운동력》 출판.

1881년(72세) 《자서전》을 다듬음. 형 에라스무스 사망.

《지렁이의 작용에 의한 부식토의 형성》 출판.

1882년(73세) 4월 19일 세상을 떠남. 웨스트민스터 대성당에 안치.

2008년 9월 다윈 탄생 200주년을 앞두고, 영국성공회가 지난날의 오해와 잘 못된 대응에 대해 다윈에게 사과 표명.

10월 런던 자연사박물관 '다윈전' 개최(2009년 4월까지)

2009년 3월 바티칸 교황청 후원으로, 《종의 기원》이 인류에 미친 영향을 논 의하는 학술행사 열림. 종교와 이념의 제약 없이 순수하게 과학적으 로 다윈의 업적 재조명.

2012년 한국 송철용 다윈 《종의기원》 10년 연구 세계최초 컬러 결정판 출간.

송철용

중앙대학교 대학원 생물학과 석·박사과정 졸업(이학박사). 중앙대 의과대 및 자연과학대 생명과학과 교수·Balyor College of Medicine 교환교수. Harvard Medical School 연수. 중앙대 자연과학대학장·한국미생물학회·한국유전학회·국립과학수사연구소 자문위원 중앙대 명예교수, 2004년 홍조근정훈장을 받았다. 지은책에《생명과학》《대학미생물학》《생물학실험》《생물학》등이, 논문에《간흡충 성충의 마우스 복강내 주입에 관한 실험적 연구》《담수어중의 총수은함량에 관한 연구》《경기도지방의 충류감염실태에 관한 조사》등이 있다.

Charles Robert Darwin
ON THE ORIGIN OF SPECIES
BY MEANS OF NATURAL SELECTION
OR THE PRESERVATION OF FAVOURED RACES
IN THE STRUGGLE FOR LIFE
종의 기원
찰스 로버트 다윈 지음/송철용 옮김
1판 1쇄 발행/2013. 1. 11
1판 16쇄 발행/2023. 8. 1
발행인 고윤주
발행처 동서문화사
창업 1956. 12. 12. 등록 16-3799
서울 중구 마른내로 144(쌍림동)
☎ 546-0331~2 Fax. 545-0331
www.dongsuhbook.com
*

*
사업자등록번호 211-87-75330
ISBN 978-89-497-0795-2 03470